良問集・数学 III のご挨拶

本書は，2023 年度に出題された数学の大学入試問題の中から抜粋した問題集である．「大学入試で効率よく点を取るための良問」を集めた数学 III の入試対策の書籍である．同系統の問題も集めてある．「類題で練習したい，類題を演習させたい」という要望に応えるためである．

毎年 7 月に解答集が終わり，良問集にとり掛かるのだが，問題の内容を見て，解答の改良をして，ときには解答全体を書き直し，表題をつけ，時間設定をして並べ換えることをやっていると，膨大な時間が掛かる．本当は，時間設定も，表題つけもやりたくないのであるが「あると便利」という要望に応えようとする結果である．ときの経つのは早く，いつの間にやら師走である．

24 歳のときに予備校講師になって半世紀近く，依頼された学校に教えに行っている．生徒に解いてもらい，うまい解答やら，注目すべき間違いやらを反映することは，出版にとっても大きな要因であるのだが，一週間の半分をそれに割くのは，時間的には大きな制約でもある．教えに行くのはやめて，来年からはこの出版の仕事に注力しようと思っている．解答集の業務を一ヶ月早め，同時に良問集を完了する手段を講じることを考えている．乞うご期待．

ご購入してくださった皆様に，感謝いたします．　2023 年 12 月　安田亨

● 本書の使い方

入試対策は，入試によく出る問題，思考力を養う良い問題を，できるだけ多く経験することが基本である．時間制限があるいじょう，見たことがあれば，解きやすくなるのは当然である．

《和と積の計算（A5）☆》は．A レベル（基本）で，目標解答時間は 5 分であることを示している．☆は推薦問題である．B は標準問題，C は少し難しい問題，D は超難問である．難易度と時間は，私の感覚である．読者の方とズレていることは多いだろうから，ないよりましと思っていただきたい．

今まで，同系統の問題があるときに，従来はどっちか一方を取り上げ，他方は削っていた．数学 III を独立させたことで，問題数を増やし，両方とも取り上げることができるようにした．余裕がない受験生は，類題は飛ばせばよい．大人の人は，類題が多い方が，教材作りの参考になるだろう．基本的な問題を増やしているので，収録問題数を多くしたが，そのままでは大変なので，推薦問題マークには，☆マークを入れておいた．☆のある問題は，ほとんど，基本から，標準レベルである．C でも，ついているのは，難しくてもよい問題だからである．場合によっては，敢えて，タイトルをヒントにした問題もある．

受験生の場合は，☆のついた問題は，鉛筆を手に取って，自分で解いていただきたい．☆のないものは飛ばしてもよいし，ドンドン解答を読んでもよい．正しい勉強方法というものはないから，自分の信じる方法で行えばよい．**難問は無視して構わない**．タイトルが同じものは，類題である．**類題は適宜飛ばし**てほしい．

受験生の方で，時間のない方はどんどん解答を読んでもいい．使い方は自由である．問題数が多いと思うなら，☆の偶数番だけ解くとかでもよいだろう．「書籍は三割も読めば読破したことになる」というのは，私が尊敬する一松信京大名誉教授のお言葉である．

【目次】

問題編

解答編

【楕円】

［楕円］

《接線の基本 (B5) ☆》

1．直線 $x+y=a$ が楕円 $C：x^2+2y^2=20$ の接線となるのは $a=\pm\boxed{}$ のときである．これらの接線に垂直となる C の接線は 2 本ある．これら 4 本の接線で囲まれた部分の面積は $\boxed{}$ である．（23　聖マリアンナ医大・医-後期）

《接線の基本 (B5)》

2．座標平面において，楕円 $x^2+\dfrac{y^2}{6}=1$ 上の点 $\left(\dfrac{\sqrt{30}}{6},\ -1\right)$ における接線 l の方程式は $y=\boxed{}$ である．この直線 l が楕円 $\dfrac{x^2}{a^2}+y^2=1\ (a>0)$ にも接しているとき，$a=\boxed{}$ である．（23　成蹊大）

《交わる条件 (A5)》

3．楕円 $2x^2+3y^2=9$ と直線 $y=-2x+k$ が異なる 2 点で交わるような定数 k の値の範囲を求めよ．

（23　福島県立医大・前期）

《面積は円に変換 (B10) ☆》

4．原点を O とする座標平面上の曲線 $y=\sqrt{1-4x^2}$ を C とする．曲線 C 上の第 1 象限にある点 A における接線を l とし，接線 l と x 軸，y 軸との交点をそれぞれ P，Q とする．このとき，次の問いに答えなさい．

（1） 直線 OA の傾きを m，接線 l の傾きを n とするとき，mn の値は点 A のとり方によらず一定であることを示しなさい．

（2） △OPQ の面積が △OPA の面積の 2 倍であるときを考える．

（i） 点 A の座標を求めなさい．

（ii） 曲線 C と 2 つの線分 OA，OP とで囲まれた部分の面積を求めなさい．（23　山口大・後期-理）

《面積は円に変換 (B20)》

5．楕円 $\dfrac{x^2}{3}+\dfrac{y^2}{9}=1\ (x\geqq 0)\cdots$① 上の点 P における ① の接線の傾きが -1 であるとき，P の座標は $\left(\dfrac{\sqrt{\boxed{}}}{\boxed{}},\ \dfrac{\boxed{}\sqrt{\boxed{}}}{\boxed{}}\right)$ である．次に，$a,\,b$ を定数とする．放物線 $x+ay^2+b=0\cdots$② が P を通り，P において ① と共通の接線をもつとき，$a=\dfrac{\sqrt{\boxed{}}}{\boxed{}},\ b=-\dfrac{\boxed{}\sqrt{\boxed{}}}{\boxed{}}$ である．このとき，① と ② で囲まれる部分の面積は $\dfrac{\boxed{}}{\boxed{}}-\sqrt{\boxed{}}\pi$ である．（23　金沢医大・医-前期）

《軌跡 (B10) ☆》

6．xy 平面上の楕円

$$C：\frac{x^2}{a^2}+\frac{y^2}{b^2}=1\quad (a,\,b>0)$$

について以下の問に答えよ．

（1） $m,\ t$ を実数とする．直線 $y=mx+t$ と楕円 C とが相異なる 2 点を共有するために $m,\ t$ の満たすべき必要十分条件を求めよ．

（2） （1）において m を固定し，傾き m の直線 $l_t：y=mx+t$ が C と相異なる 2 点を共有するように t を動かす．直線 l_t と楕円 C との 2 つの共有点のうち，x 座標の小さい方を $P(t)$，x 座標の大きい方を $Q(t)$ とする．t を動かしたとき，線分 $P(t)Q(t)$ の中点はある直線上にのることを証明せよ．（23　奈良県立医大・後期）

《接線の基本性質 (B20) ☆》

7．xy 平面上で楕円 $C：\dfrac{x^2}{4}+\dfrac{y^2}{a^2}=1\ (0<a<2)$ 上の点 $\mathrm{P}(x_1,\,y_1)\ (y_1\neq 0)$ を通る直線 $\dfrac{x_1}{4}x+\dfrac{y_1}{a^2}y=1$ を l とする．楕円 C の焦点のうち，x 座標が正の方を F，負の方を F′ とし，F，F′ から l へ下した垂線と l との交点をそれぞれ H，H′ とする．下の問いに答えよ．

（1） 直線 l は点 P において楕円 C に接することを示せ．

（2） △PHF と △PH′F′ は相似であることを示せ．

（3） △PHF と △PH′F′ の面積の比が $1:4$ となる点Pが存在する a の範囲を求めよ．（23　東京学芸大）

《三角形の面積（B20）》

8．原点Oの座標平面上に楕円 $C: \dfrac{x^2}{9}+\dfrac{y^2}{4}=1$ および直線 $l: y=-2x+k$ がある．このとき，以下の問いに答えなさい．

（1） C と l が共有点をもつときの k の取り得る値の範囲を求めなさい．

（1）で求めた範囲のうち，k の最大値を Max，最小値を Min で表すこととする．また，$k=\mathrm{Max}$ となるときの共有点をAで表す．

（2） $\mathrm{Min}<k<\mathrm{Max}$ を満たす k に対して，C と l の2つの交点の中点をPとする．さらに，点Pを通り l に垂直な直線が C と交わる2点の中点をQとする．P, Qの座標を k を用いて表しなさい．

（3） （2）のP, Qに対して，三角形APQを作り，その面積を S とする．S を k の式で表し，$0 \leqq k \leqq \mathrm{Max}$ の場合に S の最大値を求めなさい．（23　日大・医-2期）

《円錐の断面（B20）☆》

9．xyz 空間上に点 $\mathrm{A}(0, -\sqrt{2}, \sqrt{2})$ があり，xz 平面上に円 $C: x^2+z^2=1$ がある．$\mathrm{P}(x, 0, z)$ を C 上の点とし，直線APと xy 平面との共有点を $\mathrm{Q}(X, Y, 0)$ とおく．このとき以下の設問に答えよ．

（1） x と z をそれぞれ X と Y を用いて表せ．

（2） 点Pが円 C 上を動くとき，点Qの描く軌跡を xy 平面上に図示せよ．（23　東京女子大・数理）

《混雑した問題（B20）》

10．xy 平面上の楕円

$C: \dfrac{x^2}{a^2}+\dfrac{y^2}{b^2}=1 \ (a>b>0)$

は円 $x^2+y^2=r^2 \ (r>0)$ を x 軸をもとにして y 軸方向に $\dfrac{\sqrt{3}}{2}$ 倍したものである．C の2つの焦点のうち，x 座標が負であるものを F_1，正であるものを F_2 とする．また C と y 軸との2つの交点のうち，y 座標が負であるものをAとするとき，$\mathrm{F}_1\mathrm{A}=2\sqrt{5}$ が成り立っている．

このとき，$r=\square\sqrt{\square}$ であり，F_1 の座標は $\left(-\sqrt{\square}, 0\right)$ である．

（1） 直線 $\mathrm{F}_1\mathrm{A}$ に平行な楕円 C の接線のうち，y 切片が正であるものを l とすると，l の方程式は

$y=-\sqrt{\square}x+\square\sqrt{\square}$ である．

また，Pを楕円 C 上の点とするとき，三角形 $\mathrm{F}_1\mathrm{AP}$ の面積の最大値は

$$\frac{\square\sqrt{\square}\left(\sqrt{\square}+1\right)}{2}$$

であり，このとき点Pの x 座標は $\square$ である．

（2） Qを楕円 C 上の第1象限の点とする．三角形 $\mathrm{QF}_1\mathrm{F}_2$ の内心をIとし，点Q，点Iの y 座標をそれぞれ y_Q, y_I とするとき

$y_\mathrm{Q}=\square y_\mathrm{I}$

が成り立つ．

また，点 $(0, y_\mathrm{Q})$ を焦点，直線 $y=y_\mathrm{I}$ を準線とする放物線が点Qを通るとき

$$y_\mathrm{Q}=\frac{\square\sqrt{\square}}{\square}$$

である．（23　獨協医大）

【双曲線】

《古い出題の仕方（B20）》

11．座標平面上の曲線 $C: y=\dfrac{1}{2}x^2+\dfrac{3}{2} \ (x>0)$ を考える．曲線 C 上の2点P, Qは，次の条件 $(*)$ を満たすよ

うに動く．

(*)　点 Q の x 座標は点 P の x 座標より大きく，かつ点 P における C の接線 l_1 と点 Q における C の接線 l_2 のなす角は 45° である．

点 P の x 座標を p，点 Q の x 座標を q とする．以下の問いに答えよ．

（1）　q を p を用いて表せ．

（2）　l_1 と l_2 の交点を $\mathrm{R}(r, s)$ とする．r, s を p を用いて表せ．

（3）（2）で定めた r, s に対し，$s^2 - r^2$ を計算せよ．さらに，2 点 P, Q が条件 (*) を満たすように動くとき，（2）で定めた点 R の軌跡を求めよ．　(23　広島大・理-後期)

《よい出題の仕方 (B20) ☆》

12． 放物線 $y^2 = 2x$ を C とする．

（1）　C 上の 2 点 $\mathrm{A}\left(\dfrac{9}{2}, 3\right)$, $\mathrm{B}\left(\dfrac{1}{8}, \dfrac{1}{2}\right)$ での接線の交点を P とする．このとき，P の座標は $\left(\boxed{モ}, \boxed{ヤ}\right)$ である．また，∠APB の大きさを弧度法で表すと $\boxed{ユ}$ である．

（2）　C 上の 2 点を $\mathrm{A}\left(\dfrac{a^2}{2}, a\right)$, $\mathrm{B}\left(\dfrac{b^2}{2}, b\right)$ とおく．ただし $a > b$ である．A，B での接線の交点を $\mathrm{P}(X, Y)$ とするとき，X と Y を a, b で表すと $X = \dfrac{\boxed{ヨ}}{2}$, $Y = \dfrac{\boxed{ラ}}{2}$ ある．

（3）（2）において ∠APB を（1）の $\boxed{ユ}$ に保ったまま A，B を動かすとき，X の最小値は $\boxed{リ}$ となる．また，点 P の軌跡は双曲線

$$\frac{x^2}{\boxed{ル}} - \frac{y^2}{\boxed{レ}} = 1$$

を x 軸方向に $\boxed{ロ}$ だけ平行移動した曲線の一部である．　(23　聖マリアンナ医大・医)

《定義が重要 (C20) ☆》

13． 座標平面において，点 (0, 0) を中心とし半径が 2 の円 A と，点 (5, 0) を中心とし半径が 1 の円 B について，以下の問いに答えよ．

（1）　A と B のどちらにも外接する円 C の中心の軌跡を求めよ．

（2）　A と B がともに内接する円 D の中心の軌跡を求めよ．

（3）　B と（1）の円 C の接点の x 座標が動く範囲を求めよ．　(23　筑波大・理工(数)-推薦)

【2 次曲線と直線】

《接線 (A5)》

14． 双曲線 $x^2 - \dfrac{y^2}{4} = 1$ 上の点 $(\sqrt{2}, 2)$ における接線の方程式を求めよ．　(23　茨城大・工)

《逆手流か直接動かすか (B30) ☆》

15． 点 (x, y) は不等式 $x^2 + (y-1)^2 \leqq 1$ の表す領域を動くとする．このとき，$\dfrac{x-y-1}{x+y-3}$ の最大値は $\boxed{}$ であり，$x(y-1)$ の最大値は $\boxed{}$ である．また，$\dfrac{x^2-6x+9}{y^2-2y-3}$ の最大値は $\boxed{}$ である．　(23　北里大・医)

《双曲線の極方程式 (A5) ☆》

16． 極方程式 $r = \dfrac{3}{1+2\sin\theta}$ で表された曲線の漸近線のうち，傾きが正のものを直交座標に関する方程式で表すと $y = \boxed{}$ である．　(23　関大・理系)

《双曲線の極方程式 (B30)》

17． 原点 O の座標平面上に，曲線 $H : \dfrac{x^2}{4} - \dfrac{y^2}{9} = 1$,（ただし，$x \geqq 2$）がある．$H$ 上の点 P を $\mathrm{P}(r\cos\theta, r\sin\theta)$ と極座標表示して，P と OP ⊥ OQ を満たす点 Q を H 上に取れる場合を考える．以下の問いに答えなさい．

（1）　Q が H 上に取れるための P の x 座標の取り得る値の範囲を求めなさい．

（2）　x が（1）で求めた範囲にあるとき，$\dfrac{1}{\mathrm{OP}^2} + \dfrac{1}{\mathrm{OQ}^2}$ は一定の値をとることを示し，その値を求めなさい．

（3） x が（1）で求めた範囲にあるとき，PQ の最小値を求めなさい． （23　日大・医）

《楕円の反転 (B30) ☆》

18．O を原点とする座標平面上において，楕円 $\dfrac{x^2}{9}+\dfrac{y^2}{5}=1$ の $y>0$ を満たす部分を C とし，A$(2, 0)$ とする．

（1） A を極，x 軸の正の方向を始線とする極座標 (r, θ) を定める．このとき，C の極方程式を求めよ．

（2） 点 P を C 上の動点とする．点 Q が A を始点とする半直線 AP 上の点で，AP・AQ $=\dfrac{5}{2}$ を満たしながら動くとき，OQ の最小値を求めよ． （23　大阪医薬大・後期）

【複素数平面】

《x, y の計算 (B10)》

19．0 でない複素数 z について，$z+z^2i$ の実部は 0，$z+\dfrac{1}{z}$ の虚部は 0 であるという．このような複素数 z をすべて求めよ． （23　東京女子大・数理）

《x, y の計算 (B5)》

20．複素数 z の方程式 $z^2-3|z|+2=0$ を考える．この方程式は［イ］個の解をもち，このうち実数でない解の個数は［ウ］個である． （23　明治大・数 III）

《バーの計算 (B10) ☆》

21．虚部が正である複素数 α について，

$\dfrac{\alpha^2}{\alpha+2}$，$\dfrac{2\alpha}{\alpha^2+4}$ はともに実数であるとする．このとき，$\alpha=$［　］である． （23　芝浦工大）

《実部の計算 (B10)》

22．z は複素数で，$|z|=1$ であるとき，

$z^2-2z+\dfrac{1}{z}$

が純虚数であるような z の値は

$$z=\frac{\square\pm\sqrt{\square}\,i}{\square}$$

である． （23　久留米大・後期）

《2 次方程式を解く (B10) ☆》

23．式 $4z^2+4z-\sqrt{3}i=0$ を満たす複素数 z は 2 つある．それらを α, β とする．ただし i は虚数単位である．α, β に対応する複素数平面上の点をそれぞれ P，Q とすると，線分 PQ の長さは［（え）］であり，PQ の中点の座標は（［（お）］，［（か）］）である．また，線分 PQ の垂直二等分線の傾きは［（き）］である． （23　慶應大・医）

《点の図示 (B20) ☆》

24．a, b, c, d は実数とし，$x^4+ax^3+bx^2+cx+d$ を $f(x)$ とおく．4 次方程式 $f(x)=0$ が 2 つの実数解 $\sqrt{6}, -\sqrt{6}$ および 2 つの虚数解 α, β を持つとする．次の問に答えよ．

（1） $\alpha+\beta, \alpha\beta, c, d$ を a, b を用いて表せ．

（2） 複素数平面上において点

A(α), B(β), C$(-\sqrt{6})$

が同一直線上にあるとき，a の値を求めよ．

（3）（2）において，さらに点

A(α), B(β), D$(\sqrt{6})$

が正三角形の 3 つの頂点となるとき，b の値を求めよ． （23　佐賀大・医）

《成分で計算する (B20)》

25．$z\neq-1$ を満たす複素数 z について

（条件） $\dfrac{z-3-4i}{z+1}$ は純虚数である

を考える．ただし，i は虚数単位である．

（1） 実数 z で（条件）を満たすものを求めよ．

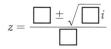

（2）（条件）を満たし，かつ $|z+1|=2$ を満たす複素数 z_1, z_2 を求めよ．また，z_1, z_2 について，それぞれの偏角 θ_1, θ_2 を答えよ．ただし，$0 \leqq \theta_1 < 2\pi$, $0 \leqq \theta_2 < 2\pi$ とし，z_1, z_2 の解答の順序は問わない．

（23　学習院大・理）

《成分で計算する (B20) ☆》

26. 次の問いに答えよ．ただし，i は虚数単位とする．

（1） z_1, z_2 を異なる 2 つの複素数とするとき，$\dfrac{1+iz_1}{z_1+i} \neq \dfrac{1+iz_2}{z_2+i}$ となることを示せ．ただし，$z_1 \neq -i$, $z_2 \neq -i$ とする．

（2） w を i 以外の複素数とするとき，

$\dfrac{1+iz}{z+i}=w$ かつ $z \neq -i$ を満たす複素数 z が存在することを示せ．

（3） $-i$ 以外の複素数 z について，z の虚部が b となることと，$w=\dfrac{1+iz}{z+i}$ が $\left|w-\dfrac{i}{2}\right|=\dfrac{1}{2}$ を満たすことが同値になるように実数 b を定めよ．

（23　鹿児島大・医，歯，理，工）

《実部と虚部の論証 (B20) ☆》

27. n を 3 以上の自然数とする．複素数 z であって，条件

$|z| \leqq n$ かつ 複素数 $z^2-6z+10$ は実数でありかつ整数である

を満たすものの個数を求めよ．

（23　京都工繊大・後期）

《絶対値で調べる (B10)》

28. 複素数のうち実部も虚部も整数であるものをガウス整数と呼ぶ．特に実部も虚部も正整数のとき，そのガウス整数は“正である”ということにする．虚数単位を i とする．

（1） 0 以上の整数 n のうち，ガウス整数の絶対値の 2 乗となるものを，小さい方から順に 10 個求めよ．

整数 5 は $5=(2+i)(2-i)$ と表せる．同じように整数を 2 つのガウス整数の積で表す方法を考える．

（2） ガウス整数 z, w が $6=zw$ かつ $|z| \leqq |w|$ を満たすとき，絶対値の組 $(|z|, |w|)$ として考えられるものを 3 つ求めよ．

（3） 整数 6 を 2 つのガウス整数の積で表す方法を考える．2 つのガウス整数のうち少なくとも一方が正であるような表し方を 2 通り求めよ．ただし，積の順序を入れ替えただけの表し方は同一のものと考える．

（23　奈良県立医大・前期）

《三角形 (B20)》

29. a, b, c, d は実数とし，$x^4+ax^3+bx^2+cx+d$ を $f(x)$ とおく．4 次方程式 $f(x)=0$ が 2 つの実数解 $\sqrt{6}, -\sqrt{6}$ および 2 つの虚数解 α, β を持つとする．次の問に答えよ．

（1） 整式 $f(x)$ は x^2-6 で割り切れることを示せ．

（2） $\alpha+\beta, \alpha\beta, c, d$ を a, b を用いて表せ．

（3） 複素数平面上において点 $\mathrm{A}(\alpha)$, $\mathrm{B}(\beta)$, $\mathrm{C}(-\sqrt{6})$ が同一直線上にあるとき，a の値を求めよ．

（4）（3）において，さらに点

$\mathrm{A}(\alpha)$, $\mathrm{B}(\beta)$, $\mathrm{D}(\sqrt{6})$ が正三角形の 3 つの頂点となるとき，b の値を求めよ．

（23　佐賀大・理工）

《軽い 1 次分数関数 (B10)》

30. i を虚数単位とする．複素数 z が $z \neq 1$ をみたすとき，$g(z)=\dfrac{2z+4i}{z-1}$ とする．以下の問いに答えなさい．ただし，複素数の値を答えるとき，答えが実数でも純虚数でもない場合は $a+bi$ (a, b は実数) の形にすること．

（1） $g(u)=-3$ となる複素数 u を求めなさい．

（2） $g(v)=1-i$ となる複素数 v を求めなさい．

（3） 複素数 z が $|z|=1$ かつ $z \neq 1$ をみたし，$w=g(z)$ の実部が 2 となるとする．このとき w を求めなさい．

（23　都立大・数理科学）

《二次方程式を解く (B20)》

31. k を $k \geqq 4$ を満たす実数とし，x についての 2 次方程式 $x^2-\sqrt{k-4}x-\dfrac{1}{8}k^2+5=0$ を考える．ただし，以下において i は虚数単位を表している．

（1） $k=5$ のとき，この2次方程式の解は，$x=\dfrac{\square \pm \sqrt{\square}\,i}{\square}$ と書ける．

（2） この2次方程式の解が異なる2つの純虚数となるときの実数 k の値は，$k=\square$ であり，そのときの解は，$x=\pm\sqrt{\square}\,i$ となる．

（3） この2次方程式が虚数解をもつような実数 k の値の範囲は，$\square \leqq k < \square$ である．

（4） 実数 k が（3）で求めた範囲にあるときを考える．この2次方程式の異なる2つの虚数解を α，β とおいたとき，$|\alpha-\beta|=1$ が成り立つような実数 k の値は，$k=-\square+\sqrt{\square}$ である．ここで，$|\alpha-\beta|$ は $\alpha-\beta$ の絶対値を表している．

（23　東京理科大・先進工）

《絶対値と整数の融合（C20）》

32．複素数 $\omega=\dfrac{-1+\sqrt{3}i}{2}$ と自然数 L をとる．次の問いに答えよ．

（1） k, m が整数ならば，$|k+m\omega|^2$ も整数であることを示せ．

（2） $|k| \leqq L$ を満たす整数 k に対して，$|k+\omega|$ の最大値を求めよ．

（3） 整数 k, m が

$|k| \leqq L,\ |m| \leqq L,\ |k-m| \leqq L$

を満たすとき，$|k+m\omega| \leqq L$ を示せ．

（4） $|k+m\omega| \leqq L$ を満たす整数の組 (k, m) の個数を N とする．不等式 $N \geqq 3L^2+3L+1$ を示せ．

（23　金沢大・理系）

《偏角と整数の融合（B30）》

33．S を実部，虚部ともに整数であるような0以外の複素数全体の集合，T を偏角が0以上 $\dfrac{\pi}{2}$ 未満であるような S の要素全体の集合とする．ただし，複素数 z の偏角を $\arg z$ とするとき $0 \leqq \arg z < 2\pi$ の範囲で考えることとする．また，i は虚数単位とする．以下の問いに答えよ．

（1） $\alpha=2, \beta=1+i, \gamma=1$ のとき，$|\alpha\beta\gamma|$ の値を求めよ．

（2） 複素数 z について，$\arg z=\dfrac{\pi}{8}$ のとき $\arg(iz)$ の値を求めよ．

（3） α, β, γ を T の要素とする．このとき，$0<|\alpha\beta\gamma| \leqq \sqrt{5}$ を満たす α, β, γ の組の総数 k の値を求めよ．

（4） α, β, γ を S の要素とする．このとき，$0<|\alpha\beta\gamma| \leqq \sqrt{5}$ および

$\dfrac{\pi}{8} \leqq \arg(\alpha\beta\gamma) < \dfrac{5}{8}\pi$

を満たす α, β, γ の組の総数を m とするとき，m を k で割った商と余りを求めよ．

（23　浜松医大）

【複素数の極形式】

《270 度回転（A1）》

34．複素数平面上の点 z を原点まわりに $\dfrac{3}{2}\pi$ だけ回転した点を表す複素数は $1-2i$ である．点 z を表す複素数を求めよ．ただし，i は虚数単位である．

（23　長崎大・情報）

《偏角の考察（B10）》

35．i を虚数単位とし，a, b, c を1以上6以下の整数とする．等式

$\cos\dfrac{2(a-b+c)\pi}{5}+i\sin\dfrac{2(a-b+c)\pi}{5}=1$ が成り立つような (a, b, c) の総数は $\square$ である．

（23　福岡大・医-推薦）

《複素数と漸化式（B10）》

36．数列 $\{a_n\}$，$\{b_n\}$ を，条件

$a_1=1,\ b_1=-2,$

$a_{n+1}=\sqrt{3}a_n-b_n,\ b_{n+1}=a_n+\sqrt{3}b_n$

によって定める．i を虚数単位とするとき，次の問に答えよ．

（1） $a_2+ib_2=(a_1+ib_1)(x+iy)$ を満たす実数 x, y を求めよ．

（2）（1）で求めた x, y に対し，

$$a_{n+1}+ib_{n+1}=(a_n+ib_n)(x+iy)$$

$(n=1, 2, 3, \cdots)$ が成り立つことを示せ．

（3）（1）で求めた x, y に対し，$x+iy$ を極形式で表せ．ただし，$x+iy$ の偏角 θ は $0 \leqq \theta < 2\pi$ とする．

（4）a_{13} を求めよ．（23　名城大・情報工，理工）

《整数と複素数 (B20) ☆》

37. 2 つの整数 253 と 437 の最大公約数を d として，不定方程式

$$253x-437y=d$$

を考える．この不定方程式の整数解 (x, y) のうち，原点 $(0, 0)$ との距離が最小の整数解を (a, b) とする．このとき，次の問いに答えよ．

（1）d を求めよ．

（2）(a, b) を求めよ．

（3）i を虚数単位とし，複素数 $z=a+bi$ を考える．z の偏角を $\theta\,(0 \leqq \theta < 2\pi)$ とするとき，$k\theta > \dfrac{\pi}{2}$ となるような最小の自然数 k を求めよ．（23　電気通信大・後期）

《複素数と確率 (B10)》

38. 次の 6 つの複素数が 1 つずつ書かれた 6 枚のカードがある．

$$\frac{1}{2},\ 1,\ 2,\ \cos\frac{\pi}{6}+i\sin\frac{\pi}{6},\ \cos\frac{\pi}{3}+i\sin\frac{\pi}{3},$$

$$\cos\frac{\pi}{2}+i\sin\frac{\pi}{2}$$

これらから無作為に 3 枚選び，カードに書かれた 3 つの複素数を掛けた値に対応する複素数平面上の点を P とする．

（1）点 P が虚軸上にある確率は $\dfrac{\square}{\square}$ である．

（2）点 P の原点からの距離が 1 である確率は $\dfrac{\square}{\square}$ である．（23　上智大・理工）

《複素数と漸化式 (C20) ☆》

39. 実数が書かれた 3 枚のカード $\boxed{0}$，$\boxed{1}$，$\boxed{\sqrt{3}}$ から，無作為に 2 枚のカードを順に選び，出た実数を順に実部と虚部にもつ複素数を得る操作を考える．正の整数 n に対して，この操作を n 回繰り返して得られる n 個の複素数の積を z_n で表す．

（1）$|z_n| < 5$ となる確率 P_n を求めよ．

（2）$z_n{}^2$ が実数となる確率 Q_n を求めよ．（23　東工大・前期）

《三角不等式 (B20) ☆》

40. 次の問いに答えよ．

（1）複素数 z，w に対して，不等式

$$|z+w| \leqq |z|+|w|$$

が成り立つことを示せ．

（2）複素数平面上で，原点を中心とする半径 1 の円周上に 3 点 α，β，γ がある．ただし，$\alpha+\beta+\gamma \neq 0$ とする．

（i）等式

$$\left|\frac{\alpha\beta+\beta\gamma+\gamma\alpha}{\alpha+\beta+\gamma}\right|=1$$

が成り立つことを示せ．

（ii）不等式

$$|\alpha(\beta+1)+\beta(\gamma+1)+\gamma(\alpha+1)| \leqq 2|\alpha+\beta+\gamma|$$

が成り立つことを示せ．（23　富山大・理(数)-後期）

《10 乗根の問題 (B20)》

41. 複素数 z が，$2z^4+(1-\sqrt{5})z^2+2=0$ を満たしているとき，次の問いに答えなさい．

（1） $z^{10}=1$ が成り立つことを示しなさい．

（2） $z+z^3+z^5+z^7+z^9$ の値を求めなさい．

（3） $\cos\frac{\pi}{5}\cos\frac{2\pi}{5}=\frac{1}{4}$ が成り立つことを示しなさい．　（23　山口大・理，工，教）

【ド・モアブルの定理】

《基本計算 (A5)》

42. $\theta=\frac{\pi}{15}$ のとき，$\frac{(\cos 2\theta+i\sin 2\theta)^4}{\cos 3\theta+i\sin 3\theta}=\square$ となる．　（23　北見工大・後期）

《2 乗すればわかる (A2)》

43. 複素数 $\alpha=\frac{4i}{1-i}$ を極形式

$\alpha=r(\cos\theta+i\sin\theta)\ (r>0,\ 0\leqq\theta<2\pi)$

で表すと，$\theta=\square$ である．複素数 α^n が実数になるような自然数 n のうち，最も小さいものは $n=\square$ である．

このとき，$\alpha^n=\square$ である．　（23　関西学院大・理系）

《基本的な問題 (B5)》

44. 複素数 z は $z+\overline{z}=-4,\ |z+6|=2\sqrt{7}$ を満たすとする．ただし，$\overline{z}$ は z の共役な複素数である．

（1） i を虚数単位とする．$z=\boxed{11}\boxed{12}\pm\boxed{13}\sqrt{\boxed{14}}\,i$ である．

（2） z^n が実数になるような最小の自然数 n の値は $\boxed{15}$ であり，そのときの z^n の値は $\boxed{16}\boxed{17}$ である．

（23　日大・医）

《回転に変形 (B10)》

45. $x_0=0,\ y_0=-1$ のとき，非負整数 $n\geqq 0$ に対して，

$$x_{n+1}=\left(\cos\frac{3\pi}{11}\right)x_n-\left(\sin\frac{3\pi}{11}\right)y_n$$

$$y_{n+1}=\left(\sin\frac{3\pi}{11}\right)x_n+\left(\cos\frac{3\pi}{11}\right)y_n$$

で定義される数列において，x_n が最小値をとる最初の n を求めよ．　（23　早稲田大・教育）

《基本的な問題 (B10)》

46. 複素数 $\left(\frac{1+\sqrt{3}i}{1+i}\right)^n$ $(i^2=-1,\ n$ は自然数$)$ が正の実数となる最小の n を m とする．$\frac{m}{8}$ の値を求めよ．

（23　自治医大・医）

《偏角の和 (A10) ☆》

47. i は虚数単位とする．3 つの複素数の積

$\left(\cos\frac{\pi}{9}+i\sin\frac{\pi}{9}\right)\left(\cos\frac{2\pi}{9}+i\sin\frac{2\pi}{9}\right)\left(\cos\frac{\pi}{3}+i\sin\frac{\pi}{3}\right)$

を計算すると $\square$ である．ただし，sin, cos を用いずに答えること．　（23　茨城大・工）

《分母と分子 (A10) ☆》

48. $\left(\frac{\sqrt{3}-1-(\sqrt{3}+1)i}{1+\sqrt{3}i}\right)^5=\square+\square i$ である．ただし i は虚数単位である．

（23　藤田医科大・ふじた未来入試）

《n 乗を計算する (B5) ☆》

49. $(1+i)^n=(1-i)^n$ をみたす 2023 以下の正の整数 n は $\square$ 個ある．ただし，i は虚数単位である．

（23　藤田医科大・医学部前期）

《多項式の割り算への応用 (B15) ☆》

50. x^{2023} を $x^2-\sqrt{3}x+1$ で割った余りを求めよ．　（23　愛知医大・医-推薦）

《$z^3=a$ を解く (B10) ☆》

51. 虚数単位を i とする．次の問いに答えよ．

（1） 複素数 $-64i$ を極形式で表せ．

（2） 方程式 $z^3=-64i$ を満たす複素数 z をすべて求めよ． （23 日本女子大・理）

《$z^2=a$ を解く（B5）》

52．複素数 z は実部も虚部も負であり，

$z^2=-2+2\sqrt{3}i$ を満たすものとする．偏角を 0 以上 2π 未満として，z^2，z を極形式で表せ． （23 三重大）

《$z^4=a$ を解く（B4）☆》

53．$z^4=-8+8\sqrt{3}i$ の解のうち実部が負で虚部が正のものを求めよ．ただし，i は虚数単位である． （23 会津大）

《$z^3=a$ を解く（B20）》

54．（1） $\sin\frac{\pi}{12}$ と $\cos\frac{\pi}{12}$ の値を求めよ．

（2） 方程式 $z^3=\frac{1}{\sqrt{2}}-\frac{i}{\sqrt{2}}$ の解を求めよ．ただし，i は虚数単位とする． （23 滋賀県立大・後期）

《対称性（B10）》

55．a を正の実数として，複素数 $1+ai$ の偏角を $\theta\left(0<\theta<\frac{\pi}{2}\right)$ とする．このとき，複素数 $a+i$ の偏角を θ で表せ．さらに，$(1+ai)^6+(a+i)^6$ の実部を求めよ． （23 三重大・前期）

《和の計算（A5）》

56．$z=1+\sqrt{3}i$ とする．このとき，

$1+z+z^2+z^3+z^4+z^5$

の値を求めなさい． （23 福島大・共生システム理工）

《分母の実数化（B20）☆》

57．n を自然数とする．z を 0 でない複素数とし，

$$S=z^{-2n}+z^{-2n+2}+z^{-2n+4}+\cdots$$
$$+z^{-2}+1+z^2+\cdots+z^{2n-4}+z^{2n-2}+z^{2n}$$

とする．以下の各問に答えよ．

（1） $z^{-1}S-zS$ を計算せよ．

（2） i を虚数単位とし，θ を実数とする．$z=\cos\theta+i\sin\theta$ のとき，自然数 k に対して，$z^{-k}+z^k$ の実部と $z^{-k}-z^k$ の虚部を θ と k を用いて表せ．

（3） θ を実数とし，$\sin\theta\neq 0$ とする．次の等式を証明せよ．

$$1+2\sum_{k=1}^{n}\cos 2k\theta=\frac{\sin(2n+1)\theta}{\sin\theta}$$

（23 茨城大・理）

《円周等分多項式（B20）☆》

58．$z=\cos\left(\frac{2\pi}{7}\right)+i\sin\left(\frac{2\pi}{7}\right)$ のとき

$z^7=\square$，$z+z^2+z^3+z^4+z^5+z^6=\square$

であり，

$(1-z)(1-z^2)(1-z^3)(1-z^4)(1-z^5)(1-z^6)=\square$

である．ただし i は虚数単位とする． （23 藤田医科大・医学部後期）

《三角関数などとの融合（B20）》

59．自然数 n に対して，複素数 z_n を

$$z_n=(1+\sqrt{3}i)^n$$

と定める．ただし，i は虚数単位とする．次の問いに答えよ．

（1） z_8 の虚部を求めよ．

（2） 不等式

$$|z_n|>|z_n-2\cdot 10^{10}i|$$

を満たす最小の自然数 n を求めよ．必要があれば，$3.3<\log_2 10<3.4$ であることを用いてよい．

(23　弘前大・医(保)，理工，教(数))

《極形式に表す (B20)》

60. a を正の実数とし，i を虚数単位とする．2つの複素数

$$z=(a+\sqrt{3}i)(3+ai),\ w=1+\sqrt{3}i$$

を考える．z は $|z|=6\sqrt{2}$ をみたすとする．以下の問いに答えよ．

(1)　a の値を求めよ．

(2)　z の偏角 θ を $0\leqq\theta<2\pi$ の範囲で求めよ．

(3)　$z^n w$ が実数となる最小の自然数 n を求めよ．　(23　奈良女子大・理，工-後期)

《相反方程式 (B20) ☆》

61. 実数 $a=\dfrac{\sqrt{5}-1}{2}$ に対して，整式

$f(x)=x^2-ax+1$

を考える．

(1)　整式 $x^4+x^3+x^2+x+1$ は $f(x)$ で割り切れることを示せ．

(2)　方程式 $f(x)=0$ の虚数解であって虚部が正のものを α とする．α を極形式で表せ．ただし，$r^5=1$ を満たす実数 r が $r=1$ のみであることは，認めて使用してよい．

(3)　設問(2)の虚数 α に対して，$\alpha^{2023}+\alpha^{-2023}$ の値を求めよ．　(23　東北大・理系)

《相反方程式的方程式 (B20)》

62. a を実数とする．0でない複素数 z に対し

$$f(z)=z^6+4z^3+a+\frac{8}{z^3}+\frac{4}{z^6}$$

と定める．以下の問いに答えなさい．

(1)　$x=z^3+\dfrac{2}{z^3}$ とする．$f(z)$ を x を用いて表しなさい．

(2)　$f(z)=0$ をみたす x がただ1つ存在するとき，a の値と x の値を求めなさい．

(3)　(2)で求めた a の値に対し，$f(z)=0$ をみたす z の値をすべて求め，極形式で表しなさい．ただし，偏角は0以上 2π 未満とする．　(23　都立大・理，都市環境，システム)

《変わった設問 (B20) ☆》

63. i を虚数単位とする．

(1)　複素数 $\dfrac{3+15i}{3+2i}$ を極形式で表せ．ただし，偏角 θ は $0\leqq\theta<2\pi$ を満たすとする．

(2)　x を実数とする．複素数

$$z=(x^2-1+xi)^3$$

が正の実数になる x をすべて求めよ．　(23　学習院大・理)

《実部の考察 (B20)》

64. z は0でない複素数とする．0以上の整数 n に対して，$a_n=z^n+\overline{z}^n$ とおく．ここで $\overline{z}$ は z と共役な複素数である．

(1)　a_n は実数であることを証明せよ．

(2)　$z=1+i$ とする．ただし i は虚数単位である．0以上の整数 k に対して，

$a_{4k},\ a_{4k+1},\ a_{4k+2},\ a_{4k+3}$ を求めよ．

(3)　次の条件を満たす z をすべて求めよ．

条件：0以上のすべての整数 k に対して

$a_{6k}=a_{6k+2}$ である．　(23　京都府立医大)

《整数との融合 (B20)》

65. 実数 a, b と虚数単位 i を用いて複素数 z が $z=a+bi$ の形で表されるとき，a を z の実部，b を z の虚部とよび，それぞれ $a=\mathrm{Re}(z), b=\mathrm{Im}(z)$ と表す．

(1)　$z^3=i$ を満たす複素数 z をすべて求めよ．

（2） $z^{100}=i$ を満たす複素数 z のうち，

$\mathrm{Re}(z) \leqq \dfrac{1}{2}$ かつ $\mathrm{Im}(z) \geqq 0$

を満たすものの個数を求めよ．

（3） n を正の整数とする．$z^n=i$ を満たす複素数 z のうち，$\mathrm{Re}(z) \geqq \dfrac{1}{2}$ を満たすものの個数を N とする．$N > \dfrac{n}{3}$ となるための n に関する必要十分条件を求めよ．（23　千葉大・前期）

《先の見えにくい問題 (B20)》

66．定数 p を 3 以上の奇数，i を虚数単位とし，$\alpha=\cos\left(\dfrac{2\pi}{p}\right)+i\sin\left(\dfrac{2\pi}{p}\right)$ とする．また，複素数 z に対して $f(z)=\dfrac{1}{z+1}$ とし，複素数 z の偏角 $\arg z$ を $0 \leqq \arg z < 2\pi$ の範囲で考える．n を p 以下の自然数とするとき，以下の問いに答えよ．

（1） α^n の実部および虚部を，p と n を用いてそれぞれ表せ．

（2） $f(\alpha^n)$ は実部 $\dfrac{1}{2}$ の複素数であることを示せ．

（3） $\tan(\arg f(\alpha^n))$ の最大値とそのときの n を，p を用いてそれぞれ表せ．（23　公立はこだて未来大）

【複素数と図形】

《単にメネラウス (B10) ☆》

67．複素数平面上に，異なる 3 点

$\mathrm{A}(\alpha)$, $\mathrm{B}(\beta)$, $\mathrm{C}(\gamma)$ と，$z=\dfrac{2\alpha-3\beta+6\gamma}{5}$

を満たす点 $\mathrm{P}(z)$ がある．直線 AP と直線 BC の交点を Q とすると，$\dfrac{\mathrm{AP}}{\mathrm{AQ}}=\dfrac{\square}{\square}$ である．また，直線 AC と直線 BP の交点を R とすると，$\dfrac{\mathrm{BP}}{\mathrm{BR}}=\dfrac{\square}{\square}$ である．（23　東邦大・医）

《割って変換する (B20) ☆》

68．z を複素数とし，z, z^2, z^3 が表す複素数平面上の点をそれぞれ A, B, C とする．これらは互いに異なり，また AB ＝ AC であるとする．

（1） 上の条件をみたす z 全体を考えたとき，A はどのような図形を描くか．

（2） A, B, C を結んだ図形が直角二等辺三角形になる z を求めよ．

（3） A, B, C を結んだ図形が正三角形になる z を求め，そのときの三角形 ABC を図示せよ．（23　和歌山県立医大）

《形状決定・正三角形 (B5) ☆》

69．複素数平面上に異なる 3 点

$\mathrm{P}_1(z_1)$, $\mathrm{P}_2(z_2)$, $\mathrm{P}_3(z_3)$

がある．複素数 z_1, z_2, z_3 が次の 3 つの条件を満たすとする．

条件 1：$z_1{}^2+z_2{}^2-z_1z_2=0$

条件 2：$|z_1|=\sqrt{2}$

条件 3：$z_3=z_1+z_2$

このとき，$|z_2|$ は $\square$ である．また，この 3 つの条件を満たす $\mathrm{P}_1(z_1)$, $\mathrm{P}_2(z_2)$, $\mathrm{P}_3(z_3)$ を頂点とする三角形の面積は $\square$ になる．（23　防衛医大）

《ナポレオンの問題 (B20)》

70．α, β を複素数とし，複素数平面上の 3 点 $\mathrm{O}(0)$, $\mathrm{A}(\alpha)$, $\mathrm{B}(\beta)$ が三角形をなすとする．点 A を点 O を中心として $\dfrac{\pi}{3}$ だけ回転した点を P，点 O を点 B を中心として $\dfrac{\pi}{3}$ だけ回転した点を Q，点 B を点 A を中心として $\dfrac{\pi}{3}$ だけ回転した点を R とする．△POA, △QBO, △RAB の重心をそれぞれ G，H，I とする．以下の問いに答えよ．

（1） 3 点 P，Q，R を表す複素数のそれぞれを α, β を用いて表せ．

（2） 3 点 G，H，I を表す複素数のそれぞれを α, β を用いて表せ．

（3） 3 点 G，H，I が三角形をなすとき，△GHI が正三角形かどうか判定せよ．（23　熊本大・医，理，薬，工）

《正三角形 (B5)》

71. Oを原点とする複素数平面上で，$\mathrm{OA}=\sqrt{3}$ となる点Aをとる．点AをOを中心として $\dfrac{\pi}{3}$ だけ回転した点をBとする．このとき，正三角形となる△OABの頂点A，Bを表す複素数をそれぞれ α，β とする．また，辺ABの中点をM，△OABの重心をGとする．以下の問に答えよ．

（1） 点Mと点Gを表す複素数を，それぞれ α, β を用いて表せ．

（2） β を α を用いて表せ．

（3） 点Gを表す複素数の実部が正，虚部が $-\dfrac{\sqrt{3}}{3}$ であるとき，$\alpha+\beta$ の虚部を求めよ．さらに，$\alpha+\beta$ の実部を求めよ．　（23　岐阜大・医-医，工，応用生物，教）

《正三角形 (B15) ☆》

72. 以下の問いに答えよ．

（1） 4次方程式 $x^4-2x^3+3x^2-2x+1=0$ を解け．

（2） 複素数平面上の△ABCの頂点を表す複素数をそれぞれ α, β, γ とする．

$$(\alpha-\beta)^4+(\beta-\gamma)^4+(\gamma-\alpha)^4=0$$

が成り立つとき，△ABCはどのような三角形になるか答えよ．　（23　九大・理系）

《正三角形 (B10)》

73. i を虚数単位とする．方程式 $z^3=8i$ の解で，実部が正の複素数を α，実部が負の複素数を β，実部が0の複素数を γ とする．

（1） α, β, γ を求めよ．

（2） $\dfrac{\gamma-\alpha}{\beta-\alpha}$ と $\left|\dfrac{\gamma-\alpha}{\beta-\alpha}\right|$ の値を求めよ．

（3） 複素数平面上の3点 $\mathrm{A}(\alpha), \mathrm{B}(\beta), \mathrm{C}(\gamma)$ を頂点とする△ABCが，正三角形であることを示せ．

（23　室蘭工業大）

《正三角形 (B10) ☆》

74. 複素数平面上の3点 $\mathrm{A}(\alpha), \mathrm{B}(\beta), \mathrm{C}(\gamma)$ を頂点とする△ABCは正三角形であるとする．また，$\omega=\dfrac{\gamma-\alpha}{\beta-\alpha}$ とおく．このとき，次の問いに答えよ．

（1） $n=1, 2, 3, 4, 5$ に対しては $\omega^n \neq 1$ であり，かつ $\omega^6=1$ であることを示せ．

（2） $\omega^2-\omega+1=0$ であることを示せ．

（3） $\alpha^2+\beta^2+\gamma^2=\beta\gamma+\gamma\alpha+\alpha\beta$ であることを示せ．

（4） $\alpha=2-i, \beta=5+i$ のとき，γ の値を求めよ．ただし，i は虚数単位とする．　（23　静岡大・理，教）

《正三角形と移動 (B20)》

75. i を虚数単位とする．c を複素数として，z に関する3次方程式 $z^3-3(1+i)z^2+cz+2-i=0$ が異なる3つの複素数解 α, β, γ をもつとする．このとき，$u=\dfrac{1}{3}(\alpha+\beta+\gamma)$，$v=\alpha\beta\gamma$ とおくと，u の値は□，v の値は□である．次に，複素数平面上の3点 $\mathrm{A}(\alpha), \mathrm{B}(\beta), \mathrm{C}(\gamma)$ を頂点とする三角形が正三角形であるとき，$w=\alpha-u$ とおくと，w^3 の値は□，c の値は□であり，α, β, γ のそれぞれの実部の値のうち，最大の値は□である．

（23　同志社大・理工）

《成分で表す (B5)》

76. 以下の問いに答えよ．

（1） 条件 $(z_1-\overline{z_1})\left(\dfrac{1}{\overline{z_1}}-\dfrac{1}{z_1}\right)=-\mathrm{Im}(z_1)$

および $\mathrm{Im}(z_1) \neq 0$

を満たす複素数平面上の点 z_1 はどのような図形を描くか．ただし，$\mathrm{Im}(z_1)$ は z_1 の虚部を表す．

（2） 複素数平面において，原点を中心とする半径 $2\sqrt{2}$ の円と（1）の点 z_1 が描く図形の共有点の偏角 θ を求めよ．ただし，偏角 θ の範囲は $0 \leqq \theta < 2\pi$ とする．

（3） 条件

$$|z_2-1-ai|=|z_2-(1+a)i|$$

を満たす複素数平面上の点 z_2 が描く図形と（1）の点 z_1 が描く図形が共有点を持つように，定数 a の値の範囲を定めよ．ただし，a は実数とし，i は虚数単位とする．（23　愛知県立大・情報）

《回転移動（B10）》

77． 複素数平面上に 3 点 $\mathrm{A}(\alpha)$, $\mathrm{B}(\beta)$, $\mathrm{C}(\gamma)$ を頂点とする正三角形 ABC がある．次の問いに答えよ．

（1） $\gamma=(1-v)\alpha+v\beta$（$v$ は複素数）と表すとき，v をすべて求めよ．

（2） 三角形 ABC の重心を $\mathrm{G}(z)$ とする．α, β, γ が次の条件（＊）をみたしながら動くとき，$|z|$ の最大値を求めよ．

$$(*)\quad \begin{cases} |\alpha|=1,\ \beta=\alpha^2,\ |\gamma|\geqq 1, \\ \alpha \text{ の偏角 } \theta \text{ は } 0<\theta\leqq\dfrac{\pi}{2} \text{ の範囲にある．} \end{cases}$$

（23　横浜国大・理工，都市）

《点の通過（B20）》

78． 複素数平面上に 2 点 $\mathrm{A}(1)$, $\mathrm{B}(\sqrt{3}i)$ がある．ただし，i は虚数単位である．複素数 z に対し $w=\dfrac{3}{z}$ で表される点 w を考える．以下の問に答えよ．

（1） $z=1, \dfrac{1+\sqrt{3}i}{2}, \sqrt{3}i$ のときの w をそれぞれ計算せよ．

（2） 実数 t に対し $z=(1-t)+t\sqrt{3}i$ とする．$\alpha=\dfrac{3-\sqrt{3}i}{2}$ について，αz の実部を求め，さらに $(w-\alpha)\overline{(w-\alpha)}$ を求めよ．

（3） w と原点を結んでできる線分 L を考える．z が線分 AB 上を動くとき，線分 L が通過する範囲を図示し，その面積を求めよ．（23　早稲田大・理工）

《偏角の読み方（B20）☆》

79． 2 つの複素数 α, β を次のように定める．

$$\alpha=\frac{\sqrt{3}}{2}+\frac{1}{2}i,\ \beta=\cos\theta+i\sin\theta$$

$$\left(0\leqq\theta<\frac{\pi}{6}, \frac{\pi}{6}<\theta\leqq\pi\right)$$

複素数平面上において，原点を O，$\alpha+\beta$ が表す点を A，$\alpha-\beta$ が表す点を B，α が表す点を C とする．さらに，点 O と点 A を通る直線を l，点 O と点 B を通る直線を m とする．ここで，i は虚数単位とする．このとき，次の各問いに答えよ．

（1） 直線 l と直線 m が直交することを証明せよ．

（2） $\triangle\mathrm{OBC}$ において，$\angle\mathrm{BOC}$ の大きさを θ を用いて表せ．

（3）（2）において，$\cos\angle\mathrm{BOC}$ のとり得る値の範囲を求めよ．（23　芝浦工大・前期）

《1 次分数変換・除外点あり（B10）☆》

80． i を虚数単位とする．複素数平面において，点 z が，2 点 $0, i$ を結ぶ線分の垂直二等分線上を動くとき，$w=\dfrac{2z-1}{iz+1}$ を満たす点 w のえがく図形を求めよ．（23　愛媛大・医，理，工）

《1 次分数変換・円→直線（B25）☆》

81． i を虚数単位とする．複素数平面に関する以下の問いに答えよ．

（1） 等式 $|z+2|=2|z-1|$ を満たす点 z の全体が表す図形は円であることを示し，その円の中心と半径を求めよ．

（2） 等式

$$\{|z+2|-2|z-1|\}|z+6i|$$
$$=3\{|z+2|-2|z-1|\}|z-2i|$$

を満たす点 z の全体が表す図形を S とする．このとき S を複素数平面上に図示せよ．

（3） 点 z が（2）における図形 S 上を動くとき，$w=\dfrac{1}{z}$ で定義される点 w が描く図形を複素数平面上に図示せよ．
(23 筑波大・前期)

《1 次分数変換・円→円 (A10)》

82. z を 1 でない複素数とし，$w=\dfrac{2z+1}{z-1}$ とおく．

（1） z を w を用いて表しなさい．

（2） 複素数平面上で，点 z が原点 O を中心とする半径 2 の円上を動くとき，点 w も円を描く．その円の中心を点 α，半径を r とするとき，α と r の値を求めなさい．
(23 北海道大・フロンティア入試(共通))

《1 次分数変換・円→円 (B5)》

83. 複素数平面上の点 z は，点 i を中心とする半径 $\dfrac{1}{2}$ の円上を動くとする．このとき，$w=\dfrac{z}{3z-3i}$ で表される点 w が描く図形を答えよ．
(23 防衛大・理工)

《1 次分数変換・円→円 (B10)》

84. $\dfrac{i}{2}$ と異なる複素数 z に対して，複素数 w を

$$w=\frac{z-2i}{1+2iz}$$

で定める．複素数 z および w の共役複素数をそれぞれ $\overline{z}$，$\overline{w}$ で表すとき，次の問に答えよ．

（1） $z=1$ のとき，w の実部と虚部をそれぞれ求めよ．

（2） z を w で表せ．また，$\overline{z}$ を $\overline{w}$ で表せ．

（3） 複素数平面上で点 z が $|z|=1$ を満たしながら動くとき，点 w はどんな図形をえがくか．

(23 佐賀大・理工-後期)

《1 次分数変換・円→直線 (B10)》

85. 複素数平面上の点 z が原点を中心とする半径 1 の円周上を動くとし，

$$w=-\frac{2(2z-i)}{z+1}\ (z\neq-1)$$

とする．ただし，i は虚数単位とする．次の問いに答えよ．

（1） $z=i$ のときの w の実部と虚部を求めよ．

（2） z を w を用いて表せ．

（3） 点 w の描く図形を複素数平面上に図示せよ．

（4） $|w|$ の最小値とそれを与える z を求めよ．
(23 新潟大・前期)

《1 次分数変換・本当は除外点あり (B20)》

86. i を虚数単位とする．複素数 z に対して $w=\dfrac{z-3i}{i(z-4)}$ とおく．

（1） 複素数平面において，w が実数となる点 z の描く図形は，中心が点 $\square+\dfrac{\square}{\square}i$，半径 $\dfrac{\square}{\square}$ の円である．この円を C_1 とする．

（2） 複素数平面において，$|w+1|=2$ を満たすような点 z の描く図形は，中心が点 $\dfrac{\square}{\square}-\dfrac{\square}{\square}i$，半径 $\square$ の円である．この円を C_2 とする．

（3） 点 z が（2）の C_2 全体を動くとき，複素数 α に対して，点 $z+\alpha$ が描く図形を C_3 とする．（1）の C_1 と C_3 が共有点をもたないのは，点 α が

点 $\dfrac{\square}{\square}+\square i$ を中心とする半径 $\dfrac{\square}{\square}$ の円の内部，または

点 $\dfrac{\square}{\square}+\square i$ を中心とする半径 $\dfrac{\square}{\square}$ の円の外部

にあるときである．
(23 獨協医大)

《1 次関数 $w=az+b$ (B20) ☆》

87. 複素数平面上における図形 $C_1, C_2, \cdots, C_n, \cdots$ は次の条件 (A) と (B) をみたすとする．ただし，i は虚数単位とする．

(A) C_1 は原点 O を中心とする半径 2 の円である．

(B) 自然数 n に対して，z が C_n 上を動くとき $2w = z+1+i$ で定まる w の描く図形が C_{n+1} である．

(1) すべての自然数 n に対して，C_n は円であることを示し，その中心を表す複素数 α_n と半径 r_n を求めよ．

(2) C_n 上の点と O との距離の最小値を d_n とする．このとき，d_n を求めよ．また，$\lim_{n\to\infty} d_n$ を求めよ．

(23 北海道大・理系)

《$w=\dfrac{1}{z}$ (B20)》

88. 複素数平面上の原点 O を中心とする半径 1 の円周を C とする．C 上に異なる 2 点 $P_1(z_1)$, $P_2(z_2)$ をとり，C 上にない 1 点 $P_3(z_3)$ をとる．さらに，

$$w_1 = \frac{1}{z_1},\ w_2 = \frac{1}{z_2},\ w_3 = \frac{1}{z_3}$$

とおき，複素数 w_1, w_2, w_3 と対応する点をそれぞれ Q_1, Q_2, Q_3 とする．また，i を虚数単位とする．このとき，次の各問に答えよ．

(1) $z_1 = \dfrac{1+\sqrt{3}i}{2},\ z_2 = \dfrac{-\sqrt{3}+i}{2}$,

$z_3 = \dfrac{z_1+z_2}{2}$

のとき，w_1, w_2, w_3 をそれぞれ $a+bi$ (a, b は実数) の形で求めよ．

(2) $\angle P_1OP_2$ が直角であるとき，P_3 が線分 P_1P_2 上にあれば，$\angle Q_1Q_3Q_2$ も直角であることを示せ．

(23 宮崎大・教(理系))

《$w=z^2,\ w=\dfrac{1}{z}$ (B25)》

89. (1) 複素数 z に対して，$w=z^2$ とおく．点 z が複素数平面上の点 $\dfrac{3}{8}$ を通り，虚軸に平行な直線上を動くとする．このとき，$z=\dfrac{3}{8}+yi,\ w=u+vi$ とおくと $u=\dfrac{\square}{\square}-\dfrac{\square}{\square}v^{\square}$ という関係が得られるので，点 w は複素数平面上で実軸と点 $\dfrac{\square}{\square}$ で交わり，虚軸と $\pm\dfrac{\square}{\square}i$ の 2 点で交わる放物線を描く．

(2) 複素数 z に対して，$w=\dfrac{1}{z}$ とおく．点 z が複素数平面上の点 $2i$ を通り，実軸に平行な直線上を動くとする．このとき $z=x+2i,\ w=u+vi$ とおくと $u^2+v^2=\dfrac{1}{x^2+\square}$ となり，

$u^2+\left(v+\dfrac{\square}{\square}\right)^{\square}=\dfrac{\square}{\square}$ という関係が得られるので，点 w は複素数平面上で点 $\dfrac{\square}{\square}i$ を中心とする半径 $\dfrac{\square}{\square}$ の円を描く．ただし点 $\square$ を除く．

(23 順天堂大・医)

《点の動きを追う (B20)》

90. 複素数平面上の複素数 α, β, γ を考える．α, β は

$1 \leqq |\alpha-1+i| \leqq 2,\ \overline{\beta}=-\beta$

かつ $0 \leqq |2\beta+i| \leqq 1$ を満たす．さらに γ の実部 s，虚部 t がそれぞれ $0 \leqq s \leqq 1,\ -1 \leqq t \leqq 0$ を満たし，$|\gamma-1+i|=1$ を満たす．ただし，i は虚数単位とし，$\overline{\beta}$ は β の共役複素数である．このとき，以下の問いに答えよ．

(1) 点 α が存在する領域の面積を求めよ．

(2) 点 α と点 β の距離の最大値およびそのときの α と β を求めよ．

(3) 点 β と点 γ を結ぶ線分の中点 M が存在する領域を図示せよ．また，その領域の面積を求めよ．

(23 福井大・医)

《正 n 角形 (B20)》

91. n を 3 以上の自然数，i を虚数単位として，複素数 z_k は以下の式を満たすとする．

$$z_k = \cos\left(\frac{2\pi}{n}k\right) + i\sin\left(\frac{2\pi}{n}k\right)$$

$(k = 0, 1, 2, \cdots, n-1)$

また，n 以下の自然数 l に対して，複素数平面上の点 $P_l(a_l)$ があり，複素数 a_l は次の式を満たすとする．

$$a_l = z_0 + z_1 + z_2 + \cdots + z_{l-1}$$

以下の問いに答えよ．

（1） $a_l = \dfrac{z_l - 1}{z_1 - 1}$ となることを示せ．

（2） $l \geqq 3$ のとき，三角形 $P_lP_{l-1}P_{l-2}$ の面積を求めよ．

（3） $P_1, P_2, \cdots, P_n$ を頂点とする n 角形に外接する円の方程式と n 角形の面積を求めよ．　（23　九大・後期）

《ネットを掛ける (C30)》

92. 複素数 α について，実部を $\mathrm{Re}(\alpha)$，虚部を $\mathrm{Im}(\alpha)$ とおく．次に答えよ．

（1） 複素数 z について，方程式 $\dfrac{z-1}{z} = z$ を解け．

（2） 整数 a, b, c, d は $ad - bc = 1$ をみたしている．等式

$$\mathrm{Im}\left(\frac{az+b}{cz+d}\right) = \frac{\mathrm{Im}(z)}{|cz+d|^2}\ (cz+d \neq 0)$$

が成り立つことを示せ．

以下では，複素数 z について，

条件 P：$|z| = 1,\ -\dfrac{1}{2} < \mathrm{Re}(z) \leqq \dfrac{1}{2}$

を考える．

（3） ある整数 m, n について，$|mz + n| = 1$ と条件 P をみたす複素数 z が存在する．このとき，m, n の組をすべて求めよ．

（4） $ad - bc = 1,\ b < 0$ をみたすある整数 a, b, c, d について，$\dfrac{az+b}{cz+d} = z$ と条件 P をみたす複素数 z が存在する．このとき，a, b, c, d の組をすべて求めよ．

（23　九州工業大・前期）

《正五角形と等式 (B15)》

93. i を虚数単位として，複素数

$$z = \cos\frac{2}{5}\pi + i\sin\frac{2}{5}\pi$$

を考える．次の□を適切な数値で埋めよ．ただし，答えは結果のみ解答欄に記入せよ．

$w = z + z^3$ とし，w と共役な複素数を $\overline{w}$ で表す．このとき $w + \overline{w} =$ □ である．$w \cdot \overline{w}$ の実部は□であり，虚部は□である．点 z^2 と z^3 を焦点とし，焦点からの距離の差の大きさが z^2 の虚部で定まる双曲線を考える．この双曲線の漸近線の傾きの絶対値は□である．

（23　昭和大・医-1 期）

《円周角 (B30)》

94. 複素数の数列 $\{z_n\}$ に対する次の 2 つの条件を考える．

（i） すべての自然数 n に対して，

$|z_n - z_{n+1}| = 2^n$ が成り立つ．

（ii） すべての自然数 n に対して，

$\dfrac{(z_n - z_{n+1})(z_{n+2} - z_{n+3})}{(z_{n+1} - z_{n+2})(z_{n+3} - z_n)}$ は実数である．

複素数の数列 $\{z_n\}$ で（i）と（ii）をともに満たすものをすべて考えたとき，$\dfrac{z_{2022} - z_{2023}}{z_{2023} - z_{2024}}$ がとり得る値をすべて求めよ．　（23　京大・特色入試）

《円周上の点 (B20)》

95. i を虚数単位とする．α と β は異なる複素数とする．α とも β とも異なる複素数 z が条件

$\dfrac{1}{2} \leqq \left| \dfrac{z-\beta}{z-\alpha} \right| \leqq 3$

かつ

$\dfrac{z-\beta}{z-\alpha}$ の偏角は $-\dfrac{\pi}{2}$ である

を満たしながら動く．このとき，次の問いに答えよ．

（1） 実数 $|z-\alpha|+|z-\beta|$ の取り得る値の範囲を求めよ．

（2） 実数 $|z-\alpha|+|z-\beta|$ が（1）の値の範囲内の最小の実数に等しくなるような z の値をすべて求めよ．

（23 京都工繊大・前期）

《3 次方程式の共役解（C30）》

96. a, b を実数とする．x に関する 3 次方程式

(*) $x^3-3ax+b=0$

は虚数解をもち，3 個の解は複素数平面上で一直線上にないものとする．このとき，次の各問いに答えよ．

（1）（i） a, b の満たす条件を示し，それを ab 平面上に図示せよ．

（ii） 方程式 (*) の実数解を c とするとき，虚数解を a，c および虚数単位 i を用いて表せ．

（2） 複素数平面上で方程式 (*) の 3 個の解を頂点とする三角形を K とする．

（i） K が点 1 を中心とする半径 2 の円 $|z-1|=2$ に内接しているとき，a と b の値を求めよ．

（ii） K が点 1 を中心とする半径 r の円に内接しているとき，K の 3 つの頂点を表す複素数と半径 r を a を用いてそれぞれ表し，a のとりうる値の範囲を求めよ．

（23 旭川医大）

《4 次方程式の解と係数（B20）☆》

97. 実数係数の 4 次方程式

$x^4-px^3+qx^2-rx+s=0$

は相異なる複素数 α，$\overline{\alpha}$，β，$\overline{\beta}$ を解に持ち，それらは全て複素数平面において，点 1 を中心とする半径 1 の円周上にあるとする．ただし，$\overline{\alpha}$，$\overline{\beta}$ はそれぞれ α，β と共役な複素数を表す．

（1） $\alpha+\overline{\alpha}=\alpha\overline{\alpha}$ を示せ．

（2） $t=\alpha+\overline{\alpha}$，$u=\beta+\overline{\beta}$ とおく．p，q，r，s をそれぞれ t と u で表せ．

（3） 座標平面において，点 (p, s) のとりうる範囲を図示せよ．

（23 名古屋大・前期）

《極と極線・円の接線（B20）》

98. 複素数平面上に原点 O を中心とする単位円 C があり，2 点 $\mathrm{A}(z_1)$，$\mathrm{B}(z_2)$ は，円 C の周上にある．

$z_1=\cos\alpha+i\sin\alpha$，$z_2=\cos\beta+i\sin\beta$，

$0<\alpha<\dfrac{\pi}{2}<\beta<\pi$

とするとき，以下の問いに答えよ．ただし，i は虚数単位である．

（1） z_1 と z_2 の積 z_1z_2 および和 z_1+z_2 を，それぞれ極形式で表せ．

（2） $w=\dfrac{2z_1z_2}{z_1+z_2}$ で表される点を $\mathrm{P}(w)$ とするとき，w を極形式で表せ．

また，原点 O，点 $\mathrm{P}(w)$，点 $\mathrm{D}(z_1+z_2)$ の 3 点は，同一直線上にあることを示せ．

（3） 直線 AP は，円 C の接線であることを示せ．

（4） 直線 AB に関して点 P と対称な点を $\mathrm{Q}(v)$ とする．点 Q が円 C の周上にあるとき，β を α の式で表せ．

（23 長崎大・医）

《折り返し（B25）》

99. i は虚数単位を表すものとする．複素数 z に関する方程式

$z=\left(\cos\dfrac{\pi}{3}-i\sin\dfrac{\pi}{3}\right)\overline{z}$

の表す複素数平面上の図形を l とする．次の問いに答えよ．

（1） l は直線であることを証明せよ．

（2） 直線 l に関して複素数 w と対称な点を w の式で表せ．

（3） 複素数zに対して，zを点1を中心に反時計回りに $\dfrac{2\pi}{3}$ 回転した点をz_1とし，次にz_1を原点を中心に反時計回りに $\dfrac{2\pi}{3}$ 回転した点をz_2とする．さらに，直線lに関してz_2と対称な点を$f(z)$とする．$f(z)$をzの式で表せ．

（4） $f(z)$は（3）のとおりとする．複素数zに関する方程式

$$f(z)=-z-\frac{3}{2}-\frac{\sqrt{3}}{2}i$$

の表す複素数平面上の図形を図示せよ．　（23　大阪公立大・理系）

《円と直線 (C30) ☆》

100. αを±1ではない複素数とする．複素数平面上で $\left|\dfrac{\alpha z+1}{z+\alpha}\right|=2$ を満たす点z全体からなる図形をCとする．Cはαが **ア** を満たすとき直線となり，**ア** を満たさないとき円となる．αが **ア** を満たさないとき，円Cの中心をαを用いて表すと □ となる．αが **ア** を満たすとき，直線C上の点zのうち，その絶対値が最小となるものをαを用いて表すと □ となる．　（23　慶應大・理工）

《側の判断 (B10)》

101. 複素数平面上の点0と点$1+i$を通る直線をLとする．ただし，iは虚数単位である．複素数aは1と異なり，かつ次の条件(＊)を満たすとする．

（＊） 直線L上にあるすべての点zに対して，$\left|\dfrac{z+a}{z+1}\right|=1$が成り立つ．

以下の問いに答えよ．

（1） 複素数aを求めよ．

（2） $z=x+yi$（x, yは実数）を，-1と異なる複素数とする．$x>y$は $\left|\dfrac{z+a}{z+1}\right|<1$ であるための必要十分条件であることを示せ．　（23　東北大・理系-後期）

《複素数と区分求積 (B10)》

102. nを2以上の整数とする．複素数平面上の4点をO(0), A(1), B(i), C(-1)とする．ACを直径として点Bを含む半円を考える．弧ACをn等分する分点を点Aに近い方から順に$P_1, P_2, \cdots, P_{n-1}$とし，$A=P_0$, $C=P_n$とおく．ただし，iは虚数単位とする．

（1） $\triangle OP_1P_2$の面積が $\dfrac{1}{4}$ になるとき，点P_1を表す複素数αおよび点P_2を表す複素数βを求めよ．

（2） $0<k<n$に対して，$AP_k \leqq CP_k$を満たす$\triangle AP_kC$の2辺の長さの和AP_k+CP_kが$\sqrt{6}$になるとき，$\dfrac{k}{n}$の値を求めよ．

（3） $0<k<n$に対して，$\triangle AP_kC$の面積をS_kとするとき，$\displaystyle\lim_{n\to\infty}\frac{S_1+S_2+\cdots+S_{n-1}}{n}$ を求めよ．

（4） 点Bを原点Oを中心として $\dfrac{\pi}{3}$ だけ回転した点を表す複素数をzとする．zの2023乗を求めよ．

（23　徳島大・医(医)，歯，薬）

《楕円 (B5)》

103. 複素数平面上で，

$|z+1+i|+|z-1-i|=6$

を満たす点zの全体をCとする．このとき，Cによって囲まれる部分の面積は □ である．（23　山梨大・医-後期）

《円周等分多項式 (B30)》

104. 以下の問いに答えよ．

（1） nを2以上の整数とする．実数係数のn次方程式$f(x)=0$が虚数解αをもつならば，αの共役複素数$\overline{\alpha}$も$f(x)=0$の解であることを示せ．

（2） nを正の整数とする．

半径1の円に内接する正$2n+1$角形$A_0A_1A_2\cdots A_{2n-1}A_{2n}$について，$n$個の線分の長さの積

$A_0A_1\times A_0A_2\times A_0A_3\times\cdots\times A_0A_n$ をLとする．

複素数平面上で中心O，半径1の円に内接する正$2n+1$角形$A_0A_1A_2\cdots A_{2n-1}A_{2n}$を考えることで，$L$を求めよ．

（23　大阪医薬大・前期）

《分数形の漸化式 (C30) ☆》

105. $z \neq 1$ なる複素数 z に対して

$$f(z)=\frac{z}{z-1}$$

と定める．また，$z \neq -1$ なる複素数 z に対して

$$g(z)=\frac{-z}{z+1}$$

と定める．

（1） 複素数 z を $z=x+yi$ (x, y は実数，i は虚数単位) で表す．(i)，(ii) の □ に当てはまる適切な選択肢を (a)〜(h) より選び，その記号を解答用紙の所定の欄に記入せよ．

(i) $|f(z)|=|g(z)|$ が成り立つための z の必要十分条件は □ である．

(ii) $z \neq 0$ とする．$\arg\dfrac{f(z)}{g(z)}=\dfrac{\pi}{2}$ が成り立つための z の必要十分条件は □ かつ □ である．

(a) $x=0$　(b) $y=0$

(c) $x>0$　(d) $y>0$

(e) $x<0$　(f) $y<0$

(g) $x^2+y^2=1$　(h) $x^2+y^2=2$

（2） $z \neq -1$ かつ $g(z) \neq 1$ である z に対して，

$$h(z)=f(g(z))=\frac{g(z)}{g(z)-1}$$

と定める．(i)〜(iii) の □ に当てはまる適切な数または式を解答用紙の所定の欄に記入せよ．

(i) $z=h(z)$ を満たす複素数は $z=$ □ である．

(ii) $z_1=2$ として，

$$z_{n+1}=h(z_n)\quad (n=1, 2, 3, \cdots)$$

と定める．数列 $\{z_n\}$ の一般項を n を用いて表すと $z_n=\dfrac{2}{\square}$ である．

(iii) 複素数平面において，点 1 を中心とする半径 1 の円 C_1 の周上を点 z が動くとき，$w=h(z)$ で定まる点 w のえがく図形 C_2 は点 □ を中心とする半径 □ の円となる．

同様に $n=2, 3, 4, \cdots$ に対して，図形 C_{n+1} を「点 z が C_n の周上を動くとき，$w=h(z)$ で定まる点 w のえがく図形」と定義する．図形 C_n は点 □ を中心とする半径 □ の円となる．（23　聖マリアンナ医大・医-後期）

《円と線分 (B20)》

106. i を虚数単位とする．z を 1 でない複素数とし，$w=\dfrac{2z-4}{z-1}$ とおく．また，複素数の偏角 θ は，$0 \leqq \theta < 2\pi$ の範囲で考えるものとする．

（1） z が $|z|=1$ を満たしながら変化するとき，複素数平面上において，点 w は点 **ア** と点 **イ** を結ぶ線分の垂直二等分線を描く．ただし，**ア**，**イ** は実数であり，**ア** < **イ** とする．

（2） 複素数平面上において，点 z が虚軸上を動くとする．

(i) 複素数平面上において，点 w は，点 □ を中心とする半径 □ の円を描く．ただし，点 □ を除く．

(ii) $\alpha=\arg w$ とすると，$\tan\alpha$ のとり得る値の範囲は，$\dfrac{\boxed{ウ}\sqrt{\boxed{エ}}}{\boxed{オ}} \leqq \tan\alpha \leqq \dfrac{\sqrt{\boxed{エ}}}{\boxed{オ}}$ である．

（3） 複素数平面上において，点 z が点 $\dfrac{3}{5}+\dfrac{4}{5}i$ を中心とする半径 $\dfrac{2}{5}$ の円上を動くとする．

(i) $|z|$ のとり得る値の範囲は $\dfrac{\square}{\square} \leqq |z| \leqq \dfrac{\square}{\square}$ である．

(ii) $\arg z$ が最大，最小となる点をそれぞれ z_1, z_2 とする．

$\beta = \arg \dfrac{z_1}{z_2}$ とすると，$\tan\beta = \dfrac{\square\sqrt{\square}}{\square}$ である．

（iii） 複素数平面上において，点 w は，点 $\dfrac{\square}{\square} + \dfrac{\square}{\square} i$ を中心とする半径 $\dfrac{\square}{\square}$ の円を描く．

（23　国際医療福祉大・医）

《ファン・デン・バーグの定理 (C40)》

107． 複素数 α, β は $|\alpha| > |\beta| > 0$ を満たし，それらの積 $\alpha\beta$ は正の実数であるとする．複素数 z に対して，

$$f(z) = \alpha z + \beta \overline{z}$$

とおく．ここで，$\overline{z}$ は z に共役な複素数である．さらに，$\omega = -\dfrac{1}{2} + \dfrac{\sqrt{3}}{2} i$ とおき，

$$z_1 = 2,\ z_2 = 2\omega,\ z_3 = 2\omega^2,$$

$$w_1 = f(z_1),\ w_2 = f(z_2),\ w_3 = f(z_3)$$

とおく．ここで，i は虚数単位である．このとき，以下の問いに答えよ．

（1） 頂点が z_1, z_2, z_3 である三角形と，単位円 $|z| = 1$ を同じ複素数平面上に図示せよ．

（2） 点 z が単位円 $|z| = 1$ 上を動くとき，$w = f(z)$ で表される点 w はどのような図形を描くか．

（3） 実数 x に対して，

$$g(x) = (x - w_1)(x - w_2)$$
$$+ (x - w_2)(x - w_3) + (x - w_3)(x - w_1)$$

とおくとき，$g(x) = 0$ を満たす実数 x を α, β を用いて表せ．　（23　東北大・理-AO）

【逆関数・合成関数】

《分数関数の逆関数 (B20) ☆》

108． 関数 $f(x) = \dfrac{bx}{x + a}$ の逆関数 $f^{-1}(x)$ が存在し，$f^{-1}(x)$ が $f(x)$ と一致するための，定数 a, b がみたすべき条件を求めよ．　（23　愛知医大・医-推薦）

【数列の極限】

《r^n (B5) ☆》

109． $r \neq -1$ のとき，数列 $\left\{\dfrac{r^n + 3}{r^n + 2}\right\}$ の極限を調べよ．ただし，n は正の整数である．　（23　日本福祉大・全）

《無限等比級数 (A1)》

110． 次の条件によって定められる数列 $\{a_n\}$ を考える．

$$a_1 = 2,\ a_{n+1} = \frac{a_n}{3}\ (n = 1, 2, 3, \cdots)$$

$S_n = \sum_{k=1}^{n} a_k$ とするとき，S_n と $\lim_{n\to\infty} S_n$ を求めなさい．　（23　龍谷大・推薦）

《挟む (B10) ☆》

111． n を自然数とする．

（1） すべての自然数 n に対して，

$$\left(\frac{3}{2}\right)^n \geqq 1 + \frac{n}{2}$$

となることを，数学的帰納法によって示せ．

（2） 極限 $\lim_{n\to\infty} \sqrt{n}\left(\dfrac{2}{3}\right)^n$ を求めよ．　（23　室蘭工業大）

《解の個数を挟む (B10) ☆》

112． 関数 $f(x) = \sin 3x + \sin x$ について，以下の問いに答えよ．

（1） $f(x) = 0$ を満たす正の実数 x のうち，最小のものを求めよ．

（2） 正の整数 m に対して，$f(x) = 0$ を満たす正の実数 x のうち，m 以下のものの個数を $p(m)$ とする．極限値 $\lim_{m\to\infty} \dfrac{p(m)}{m}$ を求めよ．　（23　東北大・理系）

《挟む (B10)》

113. 自然数 n に対し，関数 $f_n(x)$ を

$$f_n(x) = x^3 + nx^2 + 6n^2x - 9n^2 - 1\ (x \geqq 0)$$

により定める．

（1） 自然数 n に対し，等式 $f_n(\alpha) = 0$ を満たす正の実数 α がただ 1 つ存在し，かつ不等式 $\alpha < 2$ を満たすことを示せ．

（2） 数列 $\{a_n\}$ を条件

$$a_n > 0,\ f_n(a_n) = 0\ (n = 1, 2, 3, \cdots)$$

で定める．極限 $\displaystyle\lim_{n\to\infty} a_n$ を求めよ．（23　京都工繊大・後期）

《挟む (B10)》

114. α を正の数とし，数列 $\{a_n\}$ と $\{b_n\}$ を

$$a_1 = \alpha$$

$$a_{n+1} = \sqrt{9a_n{}^2 + 12}\ (n = 1, 2, 3, \cdots)$$

$$b_n = \sqrt{3(a_n{}^2 + 1)}\ (n = 1, 2, 3, \cdots)$$

によって定める．

（1） $a_{n+1} > 3a_n$ を示せ．

（2） $\dfrac{b_n}{a_n} > \dfrac{b_{n+1}}{a_{n+1}}$ を示せ．

（3） $\displaystyle\lim_{n\to\infty} \frac{b_n}{a_n}$ を求めよ．

（4） $\displaystyle\lim_{n\to\infty} \frac{b_n{}^2}{a_n a_{n+1}}$ を求めよ．（23　熊本大・理-後期）

《挟む (B20)》

115. n を自然数とする．このとき，次の問いに答えよ．

（1） すべての n に対して，不等式 $n < \left(\dfrac{3}{2}\right)^n$ が成り立つことを示せ．

（2） $\displaystyle\lim_{n\to\infty} n\left(\frac{3}{5}\right)^n = 0$ が成り立つことを示せ．

（3） すべての n に対して，不等式

$$\frac{n(n+1)}{2} < 3\left(\frac{3}{2}\right)^n - 3$$

が成り立つことを示せ．

（4） $\displaystyle\lim_{n\to\infty} n^2\left(\frac{3}{5}\right)^n = 0$ が成り立つことを示せ．（23　静岡大・理，情報，工）

《積で約分 (A10)》

116. 無限級数 $\displaystyle\sum_{n=1}^{\infty} \log \frac{(n+1)(n+2)}{n(n+3)}$ の和は $\boxed{\text{ア}}$ である．（23　明治大・数 III）

《1 次分数形 (B10) ☆》

117. n は自然数とする．漸化式

$a_1 = -2,$

$a_{n+1} = 5 - \dfrac{4}{a_n}$

で定まる数列 $\{a_n\}$ について，次の問いに答えよ．

（1） 一般項 a_n を n の式で表せ．

（2） $\displaystyle\lim_{n\to\infty} a_n$ を求めよ．（23　昭和大・医-2 期）

《漸化式を解く (B5)》

118. 数列 $\{a_n\}$ は，$a_1 = 1,\ a_{n+1} - a_n = 3^n$（$n$ は自然数）を満たしている．

（1） $a_5 = \boxed{}$ である．

（2） a_n の一般項は $\boxed{}$（n は自然数）となる．

（3） 数列 $\{b_n\}$（n は自然数）は，$b_n = \dfrac{a_n}{4^n}$ であるとする．$S_n = \sum_{k=1}^{n} b_k$ としたとき，$S_n = \square$ となる．

（4） $\lim_{n\to\infty} 3S_n = \square$ となる． （23 自治医大・医）

《漸化式を解く（B5）☆》

119．c を定数とする．

$a_1 = c$,

$a_{n+1} - 3a_n = 2^n \ (n = 1, 2, 3, \cdots)$

で定められた数列 $\{a_n\}$ について，数列

$\left\{ \dfrac{a_n}{2^n} \right\}$ が収束するとき，c の値は $\square$ である． （23 芝浦工大）

《連立漸化式（B10）☆》

120．a, b を異なる実数とし，実数 α, β は

$\beta < 0 < \alpha$

を満たすとする．2 つの数列 $\{a_n\}$, $\{b_n\}$ を条件

$a_1 = a,\ b_1 = b$,

$a_{n+1} = \alpha a_n + \beta b_n,\ b_{n+1} = \beta a_n + \alpha b_n$

によって定めるとき，$\lim_{n\to\infty} \dfrac{a_n}{b_n} = \square$ である． （23 福岡大・医-推薦）

《連立漸化式（B10）》

121．$a_1 = 0,\ b_1 = 6$ とし，

$$a_{n+1} = \frac{a_n + b_n}{2},\ b_{n+1} = a_n \ (n \geqq 1)$$

で定まる a_n, b_n を用いて，平面上の点 $\mathrm{P}_n(a_n, b_n)$ $(n = 1, 2, 3, \cdots)$ を定める．

（1） 点 P_n は常に直線 $y = \square x + \square$ 上にある．

（2） n を限りなく大きくするとき，点 P_n は点（$\square$, $\square$）に限りなく近づく． （23 上智大・理工-TEAP）

《点列の計算（B20）☆》

122．平面上に，同一直線上にない 3 点 $\mathrm{O}(0, 0)$，$\mathrm{A}(s, t)$，$\mathrm{B}(v, w)$ がある．点 P_n，Q_n $(n = 1, 2, \cdots)$ を以下のように定める．線分 OA の中点を P_1，線分 $\mathrm{P}_1\mathrm{B}$ を 2 : 1 に内分する点を Q_1，線分 OQ_1 の中点を P_2，線分 $\mathrm{P}_2\mathrm{B}$ を 2 : 1 に内分する点を Q_2 とする．同様に，$n = 3, 4, \cdots$ に対して，線分 OQ_{n-1} の中点を P_n，線分 $\mathrm{P}_n\mathrm{B}$ を 2 : 1 に内分する点を Q_n とする．このとき，以下の問いに答えよ．

（1） $\overrightarrow{\mathrm{OP}_{n+1}}$ を $\overrightarrow{\mathrm{OP}_n}$ と $\overrightarrow{\mathrm{OB}}$ を用いて表せ．

（2） 点 P_n の座標を (x_n, y_n) とする．x_n，y_n を s，t，v，w，n を用いて表せ．

（3） S_n を $\triangle \mathrm{AP}_n\mathrm{Q}_n$ の面積とする．$\lim_{n\to\infty} S_n$ を求めよ． （23 愛知県立大・情報）

《コスの積をサインに（B15）☆》

123．数列 $\{a_n\}$ を

$$a_n = 2\cos\frac{\pi}{2^n} \ (n = 1, 2, 3, \cdots)$$

で定める．以下の問いに答えよ．

（1） 2 以上のすべての自然数 n について

$$a_2 \times a_3 \times a_4 \times \cdots \times a_n \times \sin\frac{\pi}{2^n} = 1$$

となることを，数学的帰納法を用いて示せ．

（2） 極限値

$$\lim_{n\to\infty} \left(\frac{a_2}{2}\right) \times \left(\frac{a_3}{2}\right) \times \left(\frac{a_4}{2}\right) \times \cdots \times \left(\frac{a_n}{2}\right)$$

を求めよ． （23 愛知教育大・前期）

《部分分数分解など（B20）》

124．初項が a_1 の等差数列 $\{a_n\}$ は，すべての項が正の実数で，次の条件をみたすとする．

$$a_1 \cdot a_2 = 45,\ a_2 \cdot a_3 = 105$$

n を正の整数とするとき，以下の問いに答えよ．

（1） 一般項 a_n を求めよ．

（2） $T_n=\sum_{k=1}^{n}(a_k\cdot a_{k+1})$ を n を用いて表せ．

（3） $S_n=\sum_{k=1}^{n}a_k$ とする．極限値 $\lim_{n\to\infty}\dfrac{T_n}{nS_n}$ を求めよ．

（4） $U_n=\sum_{k=1}^{n}\dfrac{1}{a_k\cdot a_{k+1}}$ を n を用いて表せ．

（5） 極限値 $\lim_{n\to\infty}U_n$ を求めよ．（23 電気通信大・前期）

《格子点の個数 (B15)》

125． n を自然数とする．連立不等式

$$\begin{cases} y\geqq 0 \\ y\leqq x(2n-x) \end{cases}$$

の表す領域を D_n とし，D_n に属する格子点の個数を a_n とする．ただし，座標平面上の点 (x, y) において，x, y がともに整数であるとき，点 (x, y) を格子点という．

（1） D_2 を図示せよ．

（2） a_2 を求めよ．

（3） k を $0\leqq k\leqq 2n$ を満たす整数とする．D_n と直線 $x=k$ の共通部分に属する格子点の個数を k, n を用いて表せ．

（4） a_n を求めよ．

（5） 直線 $y=0$ と曲線 $y=x(2n-x)$ とで囲まれた図形の面積を b_n とする．このとき，$\lim_{n\to\infty}\dfrac{b_n}{a_n}$ を求めよ．

（23 愛媛大・工，農，教）

《等比数列で抑える (B20)》

126． r を $0<r<\dfrac{1}{2}$ をみたす実数とする．数列 $\{a_n\}$ が以下の条件をみたすとする．

$a_1=a_2=1$,

$a_{n+2}a_n=a_{n+1}{}^2-r^n a_{n+1}a_n\ (n=1, 2, 3, \cdots)$

このとき，$a_n>0\ (n=1, 2, 3, \cdots)$ が成り立つ．以下の問に答えよ．

（1） a_3, a_4 を求めよ．

（2） 数列 $\{b_n\}$ を $b_n=\dfrac{a_{n+1}}{a_n}$ で定める．$b_{n+1}-b_n$ を r, n を用いて表せ．また，$\{b_n\}$ の一般項を求めよ．

（3） $n\geqq 2$ のとき，$b_n\leqq 1-r$ が成り立つことを示せ．

（4） 極限 $\lim_{n\to\infty}a_n$ を求めよ．（23 岐阜大・工）

《複素数で変則等比数列 (B20) ☆》

127． r を正の実数とし，n を 3 以上の自然数とする．α を絶対値が r，偏角が $\dfrac{\pi}{n}$ の複素数とする．複素数 $z_k\ (k=1, 2, 3, \cdots, n+1)$ を

$$z_1=1,\ z_{k+1}=\frac{\alpha}{\overline{z_k}+1}-1\ (k=1, 2, 3, \cdots, n)$$

により定める．ただし，$\overline{z_k}$ は z_k の共役複素数を表す．以下の問いに答えよ．

（1） z_2+1 と z_3+1 を極形式で表せ．

（2） $z_k+1\ (k=1, 2, 3, \cdots, n+1)$ を極形式で表せ．

（3） 複素数平面上で z_k が表す点を P_k とし，-1 が表す点を Q とする．$k=1, 2, 3, \cdots, n$ に対し，3 点 P_k, P_{k+1}, Q を頂点とする三角形 $\mathrm{P}_k\mathrm{P}_{k+1}\mathrm{Q}$ の面積 S_k を求めよ．

（4） （3）で定めた $S_k\ (k=1, 2, 3, \cdots, n)$ に対し，T_n を $T_n=\sum_{k=1}^{n}S_k$ により定める．このとき，$\lim_{n\to\infty}T_n$ を求めよ．

（23 広島大・理-後期）

《ルートの力学系 (B20) ☆》

128. 正の数列 $x_1, x_2, x_3, \cdots, x_n, \cdots$ は以下を満たすとする．

$$x_1 = 8,\ x_{n+1} = \sqrt{1 + x_n} \quad (n = 1, 2, 3, \cdots)$$

このとき，次の問（1）～（4）に答えよ．

（1） x_2, x_3, x_4 をそれぞれ求めよ．

（2） すべての $n \geqq 1$ について

$$(x_{n+1} - \alpha)(x_{n+1} + \alpha) = x_n - \alpha$$

となる定数 α で，正であるものを求めよ．

（3） α を（2）で求めたものとする．すべての $n \geqq 1$ について $x_n > \alpha$ であることを，n に関する数学的帰納法で示せ．

（4） 極限値 $\lim_{n \to \infty} x_n$ を求めよ．（23 立教大・数学）

《ルートの力学系 (B20) ☆》

129. 数列 $\{a_n\}$ は

$$a_1 = 1,\ a_{n+1} = \sqrt{2 + 7\sqrt{a_n}}\ (n = 1, 2, 3, \cdots)$$

をみたす．次の問いに答えよ．

（1） $\alpha = \sqrt{2 + 7\sqrt{\alpha}}$ をみたす $\sqrt{2}$ より大きい実数 α がただ1つ存在することを示し，α を求めよ．

（2） （1）で求めた α に対して，$a_n < \alpha\ (n = 1, 2, 3, \cdots)$ を示せ．

（3） 数列 $\{a_n\}$ の極限を調べ，収束する場合はその極限値を求めよ．（23 横浜国大・理工，都市）

《2 次式の力学系 (B10) ☆》

130. 次の条件によって定められる数列 $\{a_n\}$ がある．

$$a_1 = 1,\ a_{n+1} = \frac{-a_n{}^2 + 4a_n + 2}{3}\ (n = 1, 2, 3, \cdots)$$

このとき，次の問いに答えよ．

（1） $0 < a_n < 2$ が成り立つことを証明せよ．

（2） 次の不等式が成り立つことを証明せよ．

$$2 - a_{n+1} < \frac{2}{3}(2 - a_n)$$

（3） 極限 $\lim_{n \to \infty} a_n$ を求めよ．（23 津田塾大・学芸-数学）

《折れ線の力学系 (B25) ☆》

131. α を実数とする．数列 $\{a_n\}$ が

$$a_1 = \alpha,$$
$$a_{n+1} = |a_n - 1| + a_n - 1 \quad (n = 1, 2, 3, \cdots)$$

で定められるとき，以下の問いに答えよ．

（1） $\alpha \leqq 1$ のとき，数列 $\{a_n\}$ の収束，発散を調べよ．

（2） $\alpha > 2$ のとき，数列 $\{a_n\}$ の収束，発散を調べよ．

（3） $1 < \alpha < \frac{3}{2}$ のとき，数列 $\{a_n\}$ の収束，発散を調べよ．

（4） $\frac{3}{2} \leqq \alpha < 2$ のとき，数列 $\{a_n\}$ の収束，発散を調べよ．（23 九大・理系）

《分数関数の力学系 (B20)》

132. 数列 $\{a_n\}$ を

$$a_1 = \frac{1}{2},\ a_{n+1} = 3 - \frac{1}{a_n{}^2}$$

で定める．また，方程式

$$x = 3 - \frac{1}{x^2}$$

の実数解のうち，最も大きいものを c とおく．次の問いに答えよ．

（1） $c>2$ を示せ．

（2） $n \geqq 3$ のとき，$a_n \geqq 2$ であることを示せ．

（3） $n \geqq 3$ のとき，$|a_{n+1}-c| \leqq \dfrac{1}{4}|a_n-c|$ であることを示せ．

（4） $\lim_{n\to\infty} a_n = c$ を示せ． （23 大阪公立大・理-後）

《平方根に収束する力学系 (B20)》

133．a を正の実数とし，数列 $\{x_n\}$ を次のように定める．

$$x_1 = 4a,$$
$$x_{n+1} = \frac{1}{2}\left(x_n + \frac{a^2}{x_n}\right) \ (n=1, 2, 3, \cdots)$$

このとき，次の問いに答えよ．

（1） すべての n に対して $x_n > a$ が成り立つことを示せ．

（2） すべての n に対して $x_n > x_{n+1}$ が成り立つことを示せ．

（3） $y_n = \dfrac{x_n - a}{x_n + a}$ とおく．数列 $\{y_n\}$ の一般項を求めよ．また，極限 $\lim_{n\to\infty} y_n$ を求めよ．

（4） 極限 $\lim_{n\to\infty} x_n$ を求めよ． （23 富山県立大・工）

《文字定数は分離せよ (B20)》

134．整数 $k\,(\geqq 2)$ を一つ固定する．正整数 n に対して，k 次の方程式

$$(E)_n : x^k + nx^{k-1} - (n+2) = 0$$

を与える．

（1） すべての正整数 n に対して，方程式 $(E)_n$ は正の解をただ一つしか持たないことを証明せよ．

（2） 各正整数 n に対して，（1）における正の解を a_n とおく．$n \to \infty$ のとき数列 $\{a_n\}_{n=1,2,\cdots}$ は収束することを示し，その極限値を求めよ． （23 奈良県立医大・後期）

《典型的不備な問題文 (B10)》

135．次の漸化式で与えられる数列 $\{a_n\}$ について，以下の問いに答えよ．

$$a_n = 3a_{n-1} - 2a_{n-2} \ (n \geqq 3)$$

ただし，$a_1 = 1, a_2 = 3$ とする．

（1） 上記の漸化式を次の形に変形するとき，2 つの実数の組 (α, β) をすべて求めよ．

$$a_n - \alpha a_{n-1} = \beta(a_{n-1} - \alpha a_{n-2}) \ (n \geqq 3)$$

（2） 一般項 a_n を n を用いて表せ．

（3） 極限 $\lim_{n\to\infty} \dfrac{a_{n+1}}{a_n}$ を求めよ． （23 奈良教育大・前期）

《面積と極限 (B20)》

136．曲線 $y = x^4$ 上の点列

$\mathrm{P}_1(x_1, y_1), \mathrm{P}_2(x_2, y_2), \cdots, \mathrm{P}_n(x_n, y_n), \cdots$

を考える．ただし，

$1 = x_1 < x_2 < \cdots < x_n \cdots$ とする．原点を O として，線分 OP_1 と曲線の弧 OP_1 とで囲まれる部分の面積を S_1 とし，また，線分 OP_{n-1} と線分 OP_n と曲線の弧 $\mathrm{P}_{n-1}\mathrm{P}_n$ とで囲まれる部分の面積を $S_n\ (n=2, 3, \cdots)$ とする．以下の問いに答えなさい．

（1） S_1 を求めなさい．

（2） $n = 2, 3, \cdots$ に対して，S_n を x_n と x_{n-1} を用いて表しなさい．

（3） $S_1, S_2, \cdots, S_n, \cdots$ が公比 $\dfrac{31}{32}$ の等比数列になっているとする．n が限りなく大きくなるとき，点 P_n はある点に限りなく近づくが，その点の座標を求めなさい． （23 日大・医-2 期）

《確率漸化式で極限 (B5)》

137．十分広い机の上にコインを 1 枚置いて机をたたくとき，コインが表から裏に返る確率を p とし，裏から表に返る確率を q とする．ここで p, q は $0<p<1, 0<q<1$ をみたす定数である．最初は表を上にしてコインを机に置き，机を n 回たたいたときに表が上になっている確率を a_n とする．このとき，以下の設問に答えよ．

（1） a_1 を求めよ．

（2） a_{n+1} と a_n の関係式を求めよ．

（3） a_n を求めよ．

（4） $\lim_{n\to\infty} a_n$ を求めよ． （23　東京女子大・数理）

《確率漸化式で極限（B10）☆》

138．箱Aに赤玉1個と白玉2個が入っている．箱Bには，赤玉は入っておらず，白玉2個が入っている．この状態から始めて，箱Aの玉1個と箱Bの玉1個を交換する試行を繰り返し行う．n 回の試行後に赤玉が箱Bに入っている確率を p_n とする．ただし，n は自然数とする．

（1） p_1 の値を求めなさい．

（2） p_{n+1} を p_n を用いて表しなさい．

（3） $\lim_{n\to\infty} p_n$ の値を求めなさい． （23　北海道大・フロンティア入試（共通））

《確率漸化式で極限（B20）》

139．0から3までの数字を1つずつ書いた4枚のカードがある．この中から1枚のカードを取り出し，数字を確認してからもとへもどす．これを n 回くり返したとき，取り出されたカードの数字の総和を S_n で表す．S_n が3で割り切れる確率を p_n とし，S_n を3で割ると1余る確率を q_n とするとき，次の問に答えよ．

（1） p_{n+1} および q_{n+1} を p_n, q_n を用いて表せ．

（2） p_n および q_n を n を用いて表せ．また，極限値 $\lim_{n\to\infty} p_n$ および $\lim_{n\to\infty} q_n$ を求めよ． （23　佐賀大・医）

《確率漸化式で極限（B20）》

140．点A，B，C，Tが線で結ばれた図1のような経路がある．この経路上を点Pが1秒ごとに以下のような確率で動く．

- 点Aから点B，C，Tに動く確率はそれぞれ $\frac{1}{3}$ である．
- 点Tから点Aに動く確率は $\frac{1}{3}$，点Tから右向きに出て反時計回りに動いて点Tに戻る確率は $\frac{1}{3}$，左向きに出て時計回りに動いて点Tに戻る確率は $\frac{1}{3}$ である．
- 点Bから点Aに動く確率，点Cから点Aに動く確率は，どちらも1である．

最初，点Pが点Aにあるとする．n 秒後に点Pが点A，B，C，Tにある確率をそれぞれ a_n, b_n, c_n, t_n とするとき，次の問いに答えよ．ただし n は正の整数とする．

（1） a_1, a_2, a_3, a_4 を求めよ．

（2） a_{n+1} を b_n, c_n, t_n を用いて表せ．

（3） a_n, a_{n+1}, a_{n+2} の間の関係式を求めよ．

（4） $n\to\infty$ における a_n の極限値を求めよ．

図1

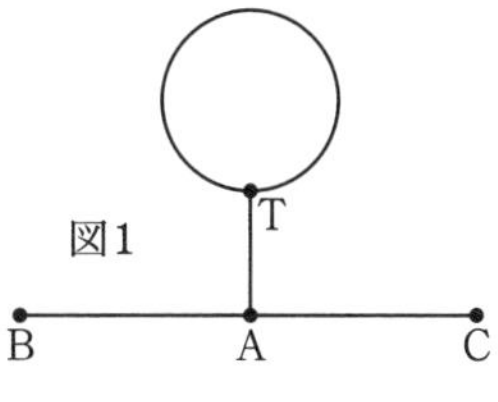

（23　藤田医科大・ふじた未来入試）

《確率漸化式（B20）》

141．複数の玉が入った袋から玉を1個取り出して袋に戻す事象を考える．どの玉も同じ確率で取り出されるものとし，n を自然数として，以下の問いに答えよ．

（1） 袋の中に赤玉1個と黒玉2個が入っている．この袋の中から玉を1個取り出し，取り出した玉と同じ色の玉をひとつ加え，合計2個の玉を袋に戻すという試行を繰り返す．n 回目の試行において赤玉が取り出される確率を p_n とすると，次式が成り立つ．

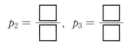

$$p_2 = \frac{\square}{\square},\quad p_3 = \frac{\square}{\square}$$

（2） 袋の中に赤玉 3 個と黒玉 2 個が入っている．この袋の中から玉を 1 個取り出し，赤玉と黒玉を 1 個ずつ，合計 2 個の玉を袋に戻す試行を繰り返す．n 回目の試行において赤玉が取り出される確率を P_n とすると，次式が成り立つ．

$$P_2 = \frac{\square}{\square},\ P_3 = \frac{\square}{\square}$$

n 回目の試行開始時点で袋に入っている玉の個数 M_n は $M_n = n + \square$ であり，この時点で袋に入っていると期待される赤玉の個数 R_n は $R_n = M_n \times P_n$ と表される．n 回目の試行において黒玉が取り出された場合にのみ，試行後の赤玉の個数が試行前と比べて $\boxed{\text{ア}}$ 個増えるため，$n+1$ 回目の試行開始時点で袋に入っていると期待される赤玉の個数は

$R_{n+1} = R_n + (1 - P_n) \times \boxed{\text{ア}}$ となる．したがって

$$P_{n+1} = \frac{n + \square}{n + \square} \times P_n + \frac{1}{n + \square}$$

が成り立つ．このことから

$$(n+3) \times (n + \square) \times \left(P_n - \frac{\square}{\square} \right)$$

が n に依らず一定となることがわかり，

$$\lim_{n \to \infty} P_n = \frac{\square}{\square}$$

と求められる．（23 杏林大・医）

《非有名角の和 (B30)》

142. 3 つの数列 $\{a_n\}$, $\{b_n\}$, $\{c_n\}$ は

$$\tan a_n = \frac{n^2 + 3n - 2}{n^2 + 3n + 4}\ (n = 1, 2, 3, \cdots)$$

$$\tan b_n = \frac{3}{n^2 + 3n + 1}\ (n = 1, 2, 3, \cdots)$$

$$\tan c_n = n\ (n = 1, 2, 3, \cdots)$$

を満たす．さらに，

$0 < a_n < \frac{\pi}{2}\ (n = 1, 2, 3, \cdots)$,

$0 < b_n < \frac{\pi}{2}\ (n = 1, 2, 3, \cdots)$,

$0 < c_n < \frac{\pi}{2}\ (n = 1, 2, 3, \cdots)$

とする．以下の問いに答えよ．

（1） $a_1 + b_1$ の値を求めよ．

（2） $\displaystyle\sum_{k=1}^{n} (a_k + b_k)$ を n を用いて表せ．

（3） 極限値 $\displaystyle\lim_{n \to \infty} \sum_{k=1}^{n} (c_{k+3} - c_k)$ を求めよ．

（4） 極限値 $\displaystyle\lim_{n \to \infty} \left(n\pi - 4 \sum_{k=1}^{n} a_k \right)$ を求めよ．（23 京都府立大・環境・情報）

《収束性を証明する (B30)》

143. 実数からなる 2 つの数列 $\{a_n\}$，$\{b_n\}$ は

$a_1 > b_1 > 0$,

$$a_{n+1} = \frac{a_n + b_n}{2}\ (n = 1, 2, \cdots),$$

$$b_{n+1} = \sqrt[3]{\frac{(3{a_n}^2 + {b_n}^2) b_n}{4}}\ (n = 1, 2, \cdots)$$

を満たすとする．このとき，以下の問いに答えよ．

（1） $a_n > b_n > 0\ (n = 1, 2, \cdots)$ を示せ．

（2） $a_n > a_{n+1}\ (n = 1, 2, \cdots)$ を示せ．

（3） $b_n < b_{n+1}\ (n = 1, 2, \cdots)$ を示せ．

（4） 極限 $\lim_{n\to\infty}(a_n - b_n)$ を求めよ．（23　東北大・理-AO）

《積分で評価する (B30)》

144．数列 $\{a_n\}$ は次を満たす．

$$a_1 = 1,\ a_2 = 1,$$

$$a_{n+1} = \frac{1}{a_n} + a_{n-1} \quad (n = 2, 3, 4, \cdots)$$

（1） a_3, a_4, a_5 を求めよ．

（2） $n \geqq 3$ のとき，$1 < a_n < n$ を示せ．

（3） $\lim_{n\to\infty} a_{2n+1} = \infty$ を示せ．（23　徳島大・医(医)，歯，薬）

《係数に n がある漸化式 (C20)》

145．次のように定義される数列 $\{a_n\}$ を考える．

$$a_1 = \frac{1}{2},\ a_{n+1} = a_n\left(1 - \frac{a_n}{n}\right) \quad (n = 1, 2, 3, \cdots)$$

以下の問いに答えよ．

（1） すべての自然数 n について $0 < a_n < 1$ であることを証明せよ．

（2） $\lim_{n\to\infty} n\left(\frac{1}{a_{n+1}} - \frac{1}{a_n}\right)$ を求めよ．

（3） $\lim_{n\to\infty} a_n \log n$ を求めよ．（23　筑波大・理工(数)-推薦）

【無限等比級数】

《公式を使うだけ (B10) ☆》

146．無限級数 $\sum_{n=1}^{\infty}(9x^2 + 36x + 34)^n$ が収束するような x の値の範囲は $\boxed{}$ であり，この無限級数の和が 2 のとき，x の値は $\boxed{}$ である．（23　福岡大・医）

《公式を使うだけ (B10)》

147．n を自然数とする．$a_n = \tan^n \frac{\theta}{2}\ (-\pi < \theta < \pi)$ で定められる数列 $\{a_n\}$ を考える．

（1） $\theta = -\frac{\pi}{12}$ のとき，$\lim_{n\to\infty} a_n = \boxed{34}$ である．

（2） $\theta = \frac{\pi}{\boxed{35}}$ のとき，$\lim_{n\to\infty} a_n$ は収束するが，$\sum_{n=1}^{\infty} a_n$ は収束しない．このとき，$\lim_{n\to\infty} a_n = \boxed{36}$ である．

（3） $\theta = \frac{\pi}{3}$ のとき，$\sum_{n=1}^{\infty} a_n = \frac{\sqrt{\boxed{37}} + \boxed{38}}{\boxed{39}}$

であり，$\theta = \frac{\pi}{6}$ のとき，

$$\sum_{n=1}^{\infty} a_n = \frac{\sqrt{\boxed{40}} - \boxed{41}}{\boxed{42}}$$

である．（23　日大・医）

《際どい出題 (B20)》

148．すべての項が有理数である数列 $\{a_n\}$, $\{b_n\}$ は以下のように定義されるものとする．

$$\left(\frac{1 + 5\sqrt{3}}{10}\right)^n = a_n + \sqrt{3}b_n \quad (n = 1, 2, 3, \cdots)$$

ここで，a_{n+1}, b_{n+1} はそれぞれ a_n, b_n と有理数 A, B, C, D を用いて，

$a_{n+1} = Aa_n + Bb_n,\ b_{n+1} = Ca_n + Db_n$

と表すことができ，このとき $A + B + C + D$ は $\boxed{}$ である $(n \geqq 1)$．また，$\lim_{n\to\infty}\sum_{i=1}^{n} a_i$ は $\boxed{}$ となる．（23　防衛医大）

《N の値で場合分け (B25) ☆》

149. (1) 初項 1，公比 $-\dfrac{4}{5}$ の等比数列の初項から第 n 項までの和を S_n とおくと，$S_n < \dfrac{1}{2}$ を満たす n の最大値は $n = \square$ である．ただし，$\log_{10} 2$ の小数点第 4 位までの近似値は 0.3010 である．

(2) 一般項が $a_n = \sin^n\left(\dfrac{2}{3}n\pi\right)$ である数列 $\{a_n\}$ について，$\displaystyle\sum_{n=1}^{6} a_n = \dfrac{\square\sqrt{\square}+\square}{\square}$ である．また，$\displaystyle\sum_{n=1}^{\infty} a_n = \dfrac{\square\sqrt{\square}+\square}{\square}$ である．

(23　順天堂大・医)

《142 とか (B10)》

150. 次の $\square$ をうめよ．ただし，$\log_{10} 2 = 0.3010$ とし，i を虚数単位とする．

$x^4+4=0$ の解のうち実部と虚部がともに正であるものを α とおくと，$\alpha = \square$ である．このとき，$|\alpha^n| > 10^{100}$ となる最小の自然数 n は $\square$ である．α^n が実数であるための必要十分条件は n が $\square$ の倍数であることであり，さらに，$\alpha^n > 10^{100}$ となる自然数 n のうち最小のものは $\square$ である．

また，自然数 n について α^{-n} の実部を a_n とおく．このとき，自然数 k について $a_{4k-3} = \square\left(\square\right)^k$ であり，無限級数 $\displaystyle\sum_{k=1}^{\infty} a_{4k-3}$ の和は $\square$ である．

(23　関大・理系)

《樹形図から始める漸化式 (B30) ☆》

151. 投げたときに表が出る確率と裏が出る確率が等しい硬貨がある．この硬貨を繰り返し投げ，3 回連続して同じ面が出るまで続けるゲームをする．n を自然数とし，n 回目，$n+1$ 回目，$n+2$ 回目に 3 回連続して表が出てゲームが終了するときの場合の数を a_n とおく．このとき，次の各問いに答えよ．

(1) a_1，a_2，a_3，a_4，a_5 をそれぞれ求めよ．求める過程も示せ．

(2) $F_1 = 1$，$F_2 = 1$，

$F_{n+2} = F_n + F_{n+1}$ $(n = 1, 2, 3, \cdots)$

で定められた数列 $\{F_n\}$ の一般項は，

$F_n = \dfrac{1}{\sqrt{5}}\left\{\left(\dfrac{1+\sqrt{5}}{2}\right)^n - \left(\dfrac{1-\sqrt{5}}{2}\right)^n\right\}$ で与えられる．このとき，級数 $\displaystyle\sum_{n=1}^{\infty} \dfrac{F_n}{2^n}$ の和を求めよ．

(3) n 回目，$n+1$ 回目，$n+2$ 回目に 3 回連続して表が出てゲームが終了する確率を P_n とおく．(2) の結果を用いて，級数 $\displaystyle\sum_{n=1}^{\infty} P_n$ の和を求めよ．

(23　旭川医大)

《三角形の列 (B12)》

152. p は $0 < p < 1$ を満たす定数とする．$\triangle$ABC の辺 AB を $p : (1-p)$ に内分する点を C_1，辺 BC を $p : (1-p)$ に内分する点を A_1，辺 CA を $p : (1-p)$ に内分する点を B_1 として $\triangle A_1B_1C_1$ を作る．以下，n を自然数として，$\triangle A_nB_nC_n$ の辺 A_nB_n を $p : (1-p)$ に内分する点を C_{n+1}，辺 B_nC_n を $p : (1-p)$ に内分する点を A_{n+1}，辺 C_nA_n を $p : (1-p)$ に内分する点を B_{n+1} として $\triangle A_{n+1}B_{n+1}C_{n+1}$ を作る．$\triangle$ABC の面積を S，$\triangle A_nB_nC_n$ の面積を S_n とする．

(1) $p = \dfrac{1}{2}$, $S = 4096$ のとき，$S_5 = \boxed{32}$ である．

(2) $p = \dfrac{1}{3}$ のとき，

$\displaystyle\sum_{k=1}^{n} S_k = \dfrac{\boxed{33}}{\boxed{34}}\left\{1-\left(\dfrac{\boxed{35}}{\boxed{36}}\right)^n\right\}S$ である．

(3) $p = \dfrac{\boxed{37} \pm \sqrt{\boxed{38}}}{\boxed{39}\boxed{40}}$ のとき，$\displaystyle\sum_{n=1}^{\infty} S_n = \dfrac{2}{3}S$ である．

(23　日大・医-2 期)

【無限級数】

《分数形の和 (A2) ☆》

153. 次の無限級数の和を求めよ．

$$\frac{1}{1\cdot 4}+\frac{1}{4\cdot 7}+\frac{1}{7\cdot 10}+\frac{1}{10\cdot 13}+\cdots$$

（23　岩手大・理工-後期）

《分数形の和 (B5)》

154. 数列 $\{a_n\}$ の初項から第 n 項までの和が $S_n=n^3+3n^2+2n$ であるとする．このとき $\sum_{n=1}^{\infty}\frac{1}{a_n}=\square$ である．

（23　立教大・数学）

《分数形の和 (B10)》

155. 数列 $\{a_n\}$ が等式

$$\sum_{k=1}^{n}k(2k+1)(2k+3)a_k=n(n+1)$$

$(n=1,2,3,\cdots)$ を満たしているとする．

また，数列 $\{b_n\}$ を

$b_n=n(2n+1)(2n+3)a_n\quad(n=1,2,3,\cdots)$

で定める．次の問いに答えよ．

（1） a_1, a_2, b_1, b_2 を求めよ．

（2） 数列 $\{b_n\}$ の一般項を求めよ．

（3） 数列 $\{a_n\}$ の初項から第 n 項までの和 S_n を求めよ．また，$\lim_{n\to\infty}S_n$ を求めよ．

（23　広島市立大・前期）

《5 連続 (B20) ☆》

156. n を自然数とする．5 個の赤玉と n 個の白玉が入った袋がある．袋から玉を取り出し，取り出した玉は袋に戻さない．袋から 1 個ずつ玉を取り出していくとき，6 回目が赤玉で袋の中の赤玉がなくなる確率を $p(n)$ とする．以下の問に答えなさい．

（1） $p(n)$ を二項係数を用いて表しなさい．

（2） $p(n)=A\left(\frac{1}{{}_{n+4}\mathrm{C}_4}-\frac{1}{{}_{n+5}\mathrm{C}_4}\right)$ となる定数 A を求めなさい．

（3） $S_n=p(1)+p(2)+\cdots+p(n)$ とおくとき，$\lim_{n\to\infty}S_n$ を求めなさい．　（23　大分大・医）

《差分の公式 (B10)》

157. 次の条件で定められる数列 $\{a_n\}$ がある．

$$a_1=1,\ \frac{a_{n+1}}{n+1}=\frac{a_n}{n+2}+1\ (n=1,2,3,\cdots)$$

（1） 数列 $\{b_n\}$ を $b_n=(n+1)a_n$ により定める．b_{n+1} を b_n と n を用いて表せ．

（2） 数列 $\{a_n\}$ の一般項を求めよ．

（3） 極限 $\lim_{n\to\infty}\sum_{k=1}^{n}\frac{k+1}{{a_k}^2}$ を求めよ．　（23　滋賀県立大・後期）

《見通しよく計算 (B20) ☆》

158. 数列 $\{a_n\}$ を

$$a_1=2,$$

$$a_{n+1}=\left(\frac{n^6(n+1)}{{a_n}^3}\right)^2\ (n=1,2,3,\cdots)$$

により定める．また

$$b_n=\log_2\frac{a_n}{n^2}\ (n=1,2,3,\cdots)$$

とおく．次の問いに答えよ．必要ならば，$\lim_{n\to\infty}\frac{n\log_2 n}{6^{2n}}=0$ であることを用いてよい．

（1） b_1, b_2 を求めよ．

（2） 数列 $\{b_n\}$ は等比数列であることを示せ．

（3） $\lim_{n\to\infty}\frac{1}{6^{2n}}\sum_{k=1}^{n}\log_2 k=0$ であることを示せ．

（4） 極限値 $\lim_{n\to\infty}\dfrac{1}{6^{2n}}\sum_{k=1}^{n}\log_2 a_{2k}$ を求めよ．（23　広島大・理系）

《区分求積が普通でしょ（A5）》

159. $\lim_{n\to\infty}\sum_{k=1}^{n}\left(\dfrac{nk-k^2}{n^3}\right)=\dfrac{\square}{\square}$ である．（23　藤田医科大・ふじた未来入試）

【関数の極限（数 III）】

《分子の有理化（A2）☆》

160. $\lim_{x\to\infty}(x^2-x\sqrt{x^2-5})=\dfrac{\square}{\square}$ である．（23　藤田医科大・医学部前期）

《$-\infty$ の極限（A2）》

161. 次の極限値を求めよ．

$$\lim_{x\to-\infty}\frac{\sqrt{x^2+x+1}}{x+1}$$

（23　長崎大・情報）

《三角関数の極限（A2）☆》

162. 次の極限を求めよ．

（1） $\lim_{x\to\infty}(\sqrt{x^2+4x+5}-x+2)$

（2） $\lim_{x\to 0}\dfrac{1-\cos 4x}{4x\sin 3x}$ （23　豊橋技科大・前期）

《三角関数の極限（B2）》

163. $\lim_{x\to 0}\dfrac{x\tan 2x}{\cos x-1}=\square$ （23　城西大・数学）

《e の極限（B2）☆》

164. $f(x)=(1+x)\log(3+x)$
$-(1+x)\log(5+x)$

とするとき，$\lim_{x\to\infty}f(x)=\square$ である．（23　東京医大・医）

《e の極限（B2）☆》

165. 極限値 $\lim_{x\to 0}\dfrac{\sin 2x}{\log_2(x+2)-1}$ を求めよ．（23　福島県立医大・前期）

《e の極限（A2）》

166. 次の極限を求めよ．

（1） $\lim_{x\to 2}\dfrac{\sqrt{2+x}-\sqrt{6-x}}{x^2-4}=\square$

（2） $\lim_{x\to 0}\dfrac{1}{x}\log\left(\dfrac{e^x+1}{2}\right)=\square$ （23　茨城大・工）

《e の極限（A2）》

167. 次の極限を求めよ．

（1） $\lim_{x\to\infty}\{\log(x+2)-\log x\}$

（2） $\lim_{x\to\infty}x\{\log(x+2)-\log x\}$ （23　茨城大・工）

《e の極限（A2）》

168. $\lim_{x\to 0}\dfrac{(e^x-1)\log(4x+1)}{x^2}=\square$ である．（23　藤田医科大・医学部後期）

《e の極限（A2）☆》

169. 自然対数の底 e は $\lim_{h\to 0}(1+h)^{\frac{1}{h}}=e$ で定義される．極限値 $\lim_{x\to\infty}\left(1-\dfrac{1}{2x}\right)^x$ を求めよ．

（23　電気通信大・後期）

《本質的な項をくくりだせ（B2）》

170. 座標平面上の双曲線 $x^2-4y^2=5$ を C とおき，点 $(1,0)$ を通り傾き m が正となる直線を l とおく．

C の漸近線は $y=\dfrac{\boxed{ア}}{\boxed{イ}}x$ と $y=-\dfrac{\boxed{ア}}{\boxed{イ}}x$ である．また，l と C の共有点がただ1つとなるのは，m が $\dfrac{\sqrt{\boxed{ウ}}}{\boxed{エ}}$ または $\dfrac{\boxed{オ}}{\boxed{カ}}$ のときである．$m=\dfrac{\sqrt{\boxed{ウ}}}{\boxed{エ}}$ ならば l は C の接線となる．ここで $a=\dfrac{\boxed{オ}}{\boxed{カ}}$ とおく．$m<a$ であるときに，l と C の共有点の y 座標のうち最大のものを y_m とすれば，

$$y_m=\frac{m}{\boxed{キ}-\boxed{ク}m^2}\left(-\boxed{ケ}+\sqrt{\boxed{コ}-\boxed{サシ}m^2}\right)$$

となる．このとき，

$$\lim_{m\to a-0} y_m=\boxed{ス}$$

が成り立つ． （23 明治大・数 III）

《$\dfrac{有限}{無限大}$ の極限 (B5)》

171．以下の極限値を求めよ．

（1） $\displaystyle\lim_{x\to 0}\frac{2x^2+\sin x}{x^2-\pi x}$

（2） $\displaystyle\lim_{x\to -\pi}\frac{2x^2+\sin x}{x^2-\pi x}$

（3） $\displaystyle\lim_{x\to\infty}\frac{\sin x}{x^2}$

（4） $\displaystyle\lim_{x\to\infty}\frac{2x^2+\sin x}{x^2-\pi x}$

（5） $\displaystyle\lim_{x\to\infty}\frac{2x^2\sin x-\cos^2 x+1}{x^3(x-\pi)}$ （23 岩手大・前期）

《双曲線で極限 (B20)》

172．定数 a は正の実数とする．$x\geqq 1$ で定義された関数 $f(x)=a\sqrt{x^2-1}$ を考える．また，点 $(t,\ f(t))$（ただし，$t>1$）における曲線 $y=f(x)$ の接線を l とする．$a,\ t$ のうち必要なものを用いて，以下の問いに答えよ．

（1） 接線 l の方程式を答えよ．

（2） 接線 l と x 軸の交点の x 座標を答えよ．

（3） 接線 l と直線 $y=ax$ の交点の座標を答えよ．

（4） 接線 l と x 軸，および直線 $y=ax$ で囲まれた部分の面積 $S(t)$ を答えよ．

（5） 極限 $\displaystyle\lim_{t\to\infty}S(t)$ を答えよ． （23 大阪公立大・工）

《双曲線の定義と極限 (B30) ☆》

173．座標平面上の 2 つの円 $C_1,\ C_2$ を

$C_1:(x+2)^2+y^2=1,$

$C_2:(x-3)^2+y^2=4$

とする．次の問いに答えよ．

（1） 点 $(3,\ 0)$ と直線 $x-2\sqrt{6}y+7=0$ の距離を求めよ．

（2） 直線 l は 2 つの円 $C_1,\ C_2$ とそれぞれ点 $\mathrm{P}_1,\ \mathrm{P}_2$ で接し，点 $\mathrm{P}_1,\ \mathrm{P}_2$ の y 座標はいずれも正であるとする．P_1 の座標を求めよ．

（3） 中心の座標が $\left(-\dfrac{1}{5},\ \dfrac{12}{5}\right)$ である円 D が $C_1,\ C_2$ の両方に外接しているとする．D の半径を求めよ．また，このときの C_1 と D の接点の座標を求めよ．

（4） q を正の実数とし，中心の y 座標が q であるような円 E_q が $C_1,\ C_2$ の両方に外接しているとする．E_q の中心の x 座標を p としたとき，p を q の式で表せ．また，極限 $\displaystyle\lim_{q\to\infty}\frac{p}{q}$ を求めよ．

（5）（4）の円 E_q と C_2 の接点の座標を $(s,\ t)$ とする．極限 $\displaystyle\lim_{q\to\infty}s,\ \lim_{q\to\infty}t$ をそれぞれ求めよ．（23 同志社大・理工）

【微分係数】

《基礎的な微分 (A2)》

174．関数 $f(x)=\log|\tan 4x|$ の $x=\dfrac{\pi}{48}$ における微分係数は $\boxed{}$ である． （23 藤田医科大・医学部前期）

《基礎的な微分 (A2)》

175. 関数 $f(x) = \log_e\left(\cos\frac{x}{2}\right)$ の $x = \frac{\pi}{2}$ における微分係数を求めなさい. (23 福島大・共生システム理工)

《微分係数の定義 (B2) ☆》

176. すべての実数 x に対し $4x - x^2 \leqq g(x) \leqq 2 + x^2$ を満たす関数 $g(x)$ は, $x = 1$ において微分可能であることを示せ. (23 岩手大・前期)

《微分可能性 (A2) ☆》

177. $g(x) = |x|\sqrt{x^2+1}$ とする. $g(x)$ が $x = 0$ で微分可能でないことを証明しなさい. (23 慶應大・理工)

《微分可能性 (B2) ☆》

178. a, b を正の実数とする. 関数

$$f(x) = \begin{cases} ax + 2e^{ax} & (x < 0) \\ \sin\dfrac{x}{a} + b & (x \geqq 0) \end{cases}$$

が $x = 0$ で微分可能であるとき, $a = \square$, $b = \square$ である. (23 愛媛大・後期)

《微分可能性 (B2)》

179. a, b, c を実数の定数とし, 関数 $f(x)$ を

$$f(x) = \begin{cases} \dfrac{1 + 3x - a\cos 2x}{4x} & (x > 0) \\ bx + c & (x \leqq 0) \end{cases}$$

で定める. $f(x)$ が $x = 0$ で微分可能であるとき

$$a = \boxed{ア},\ b = \frac{\boxed{イ}}{\boxed{ウ}},\ c = \frac{\boxed{エ}}{\boxed{オ}}$$

である. (23 明治大・理工)

【導関数】

［導関数］

《基本的微分 (A2)》

180. 関数 $y = x\log_e x$ を x について微分しなさい. (23 福島大・共生システム理工)

《基本的微分 (A2)》

181. 次の関数の導関数を求めよ.

$$y = \cos(3^{-x}\pi)$$

(23 広島市立大)

《基本的微分 (A2)》

182. $y = \frac{\log x}{x}$ を微分せよ. (23 愛知医大・医)

《基本的微分 (A2)》

183. $y = \log(x + \cos x)$ の導関数は, $y' = \square$ である. (23 北見工大・後期)

《基本的微分 (A2)》

184. 関数 $f(x) = \cos\sqrt{x+1}$ の導関数は,
$f'(x) = \square$ である. (23 宮崎大・工)

《基本的微分 (A2)》

185. 関数 $f(x) = \frac{x^2}{\log x}$ の導関数は, $f'(x) = \square$ である. (23 宮崎大・工)

《対数微分法 (B7)》

186. 対数は自然対数とする. 関数

$$f(x) = (\sin x + \cos x)^{5\sin x + 5\cos x + \log(\sin x + \cos x)}$$

について, $f'\left(\frac{\pi}{2}\right) = \square$, $f''\left(\frac{\pi}{2}\right) = \square$ である. (23 東邦大・医)

《分数関数 (B10)》

187. $x>1$ に対して $f(x)=\dfrac{5x^3+8x^2+15}{x^3-x}$ とする．

（1） $\displaystyle\lim_{x\to\infty} f(x)=\square$, $f(9)=\dfrac{\square}{\square}$ である．

（2） $g(x)=x^2(x^2-1)^2f'(x)$ とおくと

$g'(x)=-\square x^3-\square x^2-\square x$

である．ただし，$f'(x)$, $g'(x)$ はそれぞれ $f(x)$, $g(x)$ の導関数である．

（3） $y=f(x)$ を満たす自然数の組 (x, y) はただ1つ存在し，それを (a, b) としたとき $f(b)=\dfrac{\square}{\square}$ である．

（23　東京理科大・工）

《減衰振動の関数 (B10)》

188. 関数 $f(x)=e^{-x}\sin x\ (x>0)$ が極大となる x の値を，小さい方から順に並べた数列を $a_1, a_2, a_3, \cdots$ とする．このとき，次の問に答えよ．

（1） $f(x)$ の $x=\dfrac{\pi}{4}$ における微分係数 $f'\left(\dfrac{\pi}{4}\right)$ の値を答えよ．

（2） a_2 の値を答えよ．

（3） $b_n=e^{\frac{\pi}{4}}f(a_n)$ とおくとき，無限級数 $\displaystyle\sum_{n=1}^{\infty} b_n$ の和を答えよ．（23　防衛大・理工）

《n 階導関数 (B10)》

189. n は自然数とする．関数 $f(x)=x^2e^{2x}$ の n 次導関数 $f^{(n)}(x)$ について次の等式が成り立つことを証明せよ．

$$f^{(n)}(x)=2^{n-2}(4x^2+4nx+n(n-1))e^{2x}$$

（23　津田塾大・学芸-数学）

《n 階導関数 (B10)》

190. 関数 $f(x)=e^{\sqrt{3}x}\cos 3x$ の第50次導関数を $f^{(50)}(x)$ とする．三角関数の合成を考えることにより，方程式 $f^{(50)}(x)=0$ の $0\leqq x\leqq 2\pi$ における解をすべて求めよ．（23　福島県立医大・前期）

《n 階導関数 (B15)》

191. $f(x)=xe^x$, $g(x)=x^2e^x$ とする．ただし，e は自然対数の底である．$f(x)$, $g(x)$ の第 n 次導関数をそれぞれ $f^{(n)}(x)$，$g^{(n)}(x)\ (n=1, 2, 3, \cdots)$ とする．以下の問に答えよ．

（1） $f^{(1)}(x)$, $f^{(2)}(x)$, $f^{(3)}(x)$ を求めよ．

（2） $f^{(n)}(x)$ を推測し，それが正しいことを数学的帰納法を用いて証明せよ．また，曲線 $y=f^{(n)}(x)$ と x 軸の共有点の個数を求めよ．

（3） $g^{(n)}(x)$ は，実数 p_n, q_n を用いて

$g^{(n)}(x)=(x^2+p_nx+q_n)e^x$

と表せることを数学的帰納法を用いて示せ．

（4） $g^{(n)}(x)$ を求めよ．また，曲線 $y=g^{(n)}(x)$ と x 軸の共有点の個数を求めよ．

（23　岐阜大・医-医，工，応用生物，教）

【平均値の定理】

《増加性は平均値の定理で示す (A5) ☆》

192. 閉区間 $[0, 1]$ 上で定義された連続関数 $h(x)$ が，開区間 $(0, 1)$ で微分可能であり，この区間で常に $h'(x)<0$ であるとする．このとき，$h(x)$ が区間 $[0, 1]$ で減少することを，平均値の定理を用いて証明しなさい．

（23　慶應大・理工）

《導関数が 0 ならば定数 (B5) ☆》

193. 平均値の定理

a, b は実数とする．関数 $f(x)$ が閉区間 $[a, b]$ で連続，開区間 (a, b) で微分可能ならば，次の条件を満たす実

数 c が存在する.

$$\frac{f(b)-f(a)}{b-a}=f'(c),\ a<c<b$$

について, 次の問いに答えよ.

（1） この定理が意味していることを, $y=f(x)$ のグラフを用いて図形的に説明せよ.

（2） この定理において, 関数 $f(x)$ は閉区間の端 $x=a$ または $x=b$ においては, 連続でありさえすれば, 微分可能でなくてもよい. このことを, 関数 $y=\sqrt{4-x^2}$ を例にして説明せよ.

（3） この定理は, 関数 $f(x)$ が開区間 $(a,\ b)$ に微分可能でない点を一つでももつと, 一般には成り立たない. このことを, 関数の例を一つ挙げて説明せよ.

（4） 平均値の定理を用いて, 次の命題が成り立つことを示せ.

「関数 $f(x)$ は, すべての実数 x で微分可能であるとする. このとき, すべての x の値で $f'(x)=0$ ならば, $f(x)$ はすべての x の値で一定の値をとる.」 (23 広島大・光り輝き入試-教育 (数))

《最大値がひっくり返る定理 (B20)》

194. 関数 $f(x)$ と実数 t に対し, x の関数 $tx-f(x)$ の最大値があればそれを $g(t)$ と書く.

（1） $f(x)=x^4$ のとき, 任意の実数 t について $g(t)$ が存在する. この $g(t)$ を求めよ.

以下, 関数 $f(x)$ は連続な導関数 $f'(x)$ を持ち, 次の 2 つの条件 (i), (ii) が成り立つものとする.

(i) $f'(x)$ は増加関数, すなわち $a<b$ ならば $f'(a)<f'(b)$

(ii) $\lim_{x\to-\infty}f'(x)=-\infty$ かつ $\lim_{x\to\infty}f'(x)=\infty$

（2） 任意の実数 t に対して, x の関数 $tx-f(x)$ は最大値 $g(t)$ を持つことを示せ.

（3） s を実数とする. t が実数全体を動くとき, t の関数 $st-g(t)$ の最大値は $f(s)$ となることを示せ.

(23 千葉大・前期)

《e の無理数性 (B30)》

195. e を自然対数の底, n を 2 以上の自然数とする. a_n を等式

$$e=1+\frac{1}{1!}+\frac{1}{2!}+\cdots+\frac{1}{n!}+\frac{a_n}{(n+1)!}$$

を満たす数とし, 関数 $f(x)$ を

$$f(x)=e^x\left\{1+\frac{1-x}{1!}+\frac{(1-x)^2}{2!}+\cdots+\frac{(1-x)^n}{n!}\right\}+\frac{a_n}{(n+1)!}(1-x)^{n+1}$$

で定める. 以下の設問に答えよ. なお, 必要ならば, $2<e<3$ であることは用いてよい.

（1） $f(0)$ 及び $f(1)$ の値を求めよ.

（2） $f(x)$ の導関数 $f'(x)$ を $a_n,\ n,\ x$ を用いて表せ.

（3） 関係式 $a_n=e^c,\ 0<c<1$ を満たす実数 c が存在することを示せ. さらに, 不等式 $0<\dfrac{a_n}{n+1}<1$ が成り立つことを示せ.

（4） e が無理数であることを示せ. (23 気象大・全)

《力学系 (C20)》

196. 数列 $\{a_n\}$ を次のように定める.

$$a_1=1,\quad a_{n+1}=\cos(a_n)\quad (n=1,\ 2,\ 3,\ \cdots)$$

（1） $\cos\alpha=\alpha$ かつ $0<\alpha<\dfrac{\pi}{2}$ を満たす実数 α がただ一つ存在することを示せ.

以下, α は（1）の実数とする.

（2） 次の不等式を示せ.

$0<x<\alpha$ のとき $x<\cos(\cos x)$,

$\alpha<x<\dfrac{\pi}{2}$ のとき $x>\cos(\cos x)$

（3） 不等式

$a_{2k}<a_{2k+2}<\alpha<a_{2k+1}<a_{2k-1}(k=1,\ 2,\ \cdots)$

を示せ．

（4） $0 < x \leqq 1$ かつ $x \neq \alpha$ を満たす実数 x に対して，不等式 $0 < \dfrac{\alpha - \cos x}{x - \alpha} < \sin 1$ が成り立つことを示せ．

（5） 数列 $\{a_n\}$ が α に収束することを示せ．（23　津田塾大・推薦）

【接線（数 III）】

《接線の基本（A2）》

197．a, b を実数とする．関数 $f(x) = \dfrac{x+10}{x^2+7x+14}$ について，曲線 $y = f(x)$ 上の点 $(0, f(0))$ における接線の方程式が $y = ax + b$ であるとき，$a = \square$，$b = \square$ である．（23　愛媛大・医，理，工，教）

《平行な接線を引く（A2）》

198．関数 $f(x) = \sqrt{x}$ を考える．曲線 $y = f(x)$ 上の 3 点

$\mathrm{A}(1, f(1)), \mathrm{B}(4, f(4)), \mathrm{P}(t, f(t))\ (1 < t < 4)$

について，直線 AB の傾きは $\square$ であり，△ABP の面積が最大となるとき，$t = \square$ である．（23　愛媛大・後期）

《接線の方程式（B5）☆》

199．直線 $y = 3x + 2$ が曲線 $y = x(a - \log x)^2$ の接線であるとき，実数 a の値を求めよ．（23　東京電機大）

《パラメタ表示の微分（A2）☆》

200．媒介変数 t を用いて，

$$x = \frac{4}{\sqrt{t^2+16}},\ y = \frac{t}{\sqrt{t^2+16}}$$

で表される曲線について，点 $\left(\dfrac{4}{5}, \dfrac{3}{5}\right)$ における接線の方程式を求めなさい．（23　福島大・共生システム理工）

《パラメタ表示の微分（B20）》

201．原点を O とする座標平面において，実数 $\theta \left(0 < \theta < \dfrac{\pi}{2}\right)$ に対し，次の条件をみたす点 P をとる．

- 点 P は第 1 象限にある
- 直線 OP と x 軸のなす角は θ
- 線分 OP の中点 M を通り，直線 OP に垂直な直線を l とする．l と x 軸との交点を Q とし，l と y 軸との交点を R とするとき，QR $= 1$

θ を $0 < \theta < \dfrac{\pi}{2}$ の範囲で動かしたときの点 P の軌跡を C とする．

（1） 長さ OM を θ を用いて表せ．

（2） 点 P の座標を θ を用いて表せ．

（3） 点 P の x 座標の値の範囲を求めよ．

（4） 点 $\mathrm{P}(x, y)$ における C の接線の傾きが 1 であるとき，$\dfrac{y}{x}$ の値を求めよ．（23　名古屋工大）

《接線と座標軸で囲む三角形（B10）》

202．$a > 0$ とする．座標平面で関数 $y = \dfrac{1}{x^a}$ のグラフ上の点 $(1, 1)$ における接線が x 軸と交わる点を A，y 軸と交わる点を B とし，原点を O とする．三角形 OAB の面積を $S(a)$ とする．次の問いに答えよ．

（1） $S(a)$ を求めよ．

（2） $S(a)$ の最小値とそのときの a の値を求めよ．（23　琉球大）

《接線と極限（B20）☆》

203．自然数 n に対して，関数 $f_n(x)$ を

$$f_n(x) = \left(\frac{\log x}{x}\right)^n$$

と定義し，曲線 $y = f_n(x)$ の接線のうち，原点を通り，かつ傾きが正であるものを直線 l_n とする．さらに，曲線 $y = f_n(x)$ と直線 l_n の接点の x 座標を p_n とする．以下の問いに答えよ．

（1） 導関数 $f_n{}'(x)$ を求めよ．

（2） p_n を求めよ．

（3） $\displaystyle\lim_{n\to\infty}\{(p_n)^n f_n(p_n)\}$ を求めよ．（23　早稲田大・人間科学-数学選抜）

《接線が 4 本引ける存在範囲 (B30)》

204. P を座標平面上の点とし，点 P の座標を (a, b) とする．$-\pi \leqq t \leqq \pi$ の範囲にある実数 t のうち，曲線 $y = \cos x$ 上の点 $(t, \cos t)$ における接線が点 P を通るという条件をみたすものの個数を $N(\mathrm{P})$ とする．$N(\mathrm{P}) = 4$ かつ $0 < a < \pi$ をみたすような点 P の存在範囲を座標平面上に図示せよ． (23 阪大・前期)

【法線 (数 III)】

《法線の基本 (B5) ☆》

205. 関数 $f(x) = e^{x^2}$ の $x = 1$ における微分係数は $f'(1) = \boxed{}$ であり，関数

$g(x) = \sqrt{ex} - ex \ (x > 0)$

の $x = e$ における微分係数は $g'(e) = \boxed{}$ である．また，関数 $h(x)$ を合成関数 $h(x) = (g \circ f)(x)$ で定めると，曲線 $y = h(x)$ 上の点 $(1, h(1))$ における法線の傾きは $\boxed{}$ である． (23 茨城大・工)

《パラメタ表示の法線 (B20)》

206. $0 \leqq \theta \leqq 2\pi$ において，曲線 C_1, C_2 が媒介変数 θ を用いて，それぞれ

$$C_1 : \begin{cases} x = \cos\theta + \theta\sin\theta \\ y = \sin\theta - \theta\cos\theta \end{cases}$$

$$C_2 : \begin{cases} x = \cos\theta \\ y = \sin\theta \end{cases}$$

と表される．

曲線 C_1 上の $\theta = \alpha$ に対応する点を点 $\mathrm{A}(\cos\alpha + \alpha\sin\alpha, \sin\alpha - \alpha\cos\alpha)$ とし，点 A における C_1 の接線を l，点 A における C_1 の法線を m とするとき，次の問いに答えよ．

（1） $\alpha = \frac{\pi}{4}$ のとき，接線 l の方程式を求めよ．

（2） $\alpha = \frac{\pi}{4}$ のとき，法線 m の方程式を求めよ．

（3） 曲線 C_2 上の $\theta = \frac{\pi}{4}$ に対応する点における接線の方程式を求めよ．

（4） α の値に関わらず，法線 m は常に曲線 C_2 に接することを示し，m と C_2 の接点の座標を求めよ．

(23 岩手大・前期)

《曲線が接する (B20)》

207. a を実数の定数とする．2 つの曲線 $y = x^2$，$y = \log x + a$ が共有点 P をもち，点 P において共通の接線 L をもつとする．また，点 P を通り接線 L と垂直に交わる直線を N とする．以下の問いに答えよ．

（1） 定数 a の値を求めよ．

（2） 接線 L の方程式を求めよ．

（3） 直線 N の方程式を求めよ．

（4） 接線 L，直線 N，および y 軸で囲まれた図形 D の面積 S を求めよ．

（5） 原点 O を通り，（4）で求めた図形 D の面積 S を 2 等分する直線の方程式を求めよ．(23 豊橋技科大・前期)

【関数の増減・極値 (数 III)】

《三角関数の極値 (A5)》

208. 関数 $f(t) = a\cos^3 t + \cos^2 t$ が $t = \frac{\pi}{4}$ で極値をとるとき，$a = \boxed{}$ である． (23 立教大・数学)

《対数関数のグラフ (B10) ☆》

209. 関数

$$f(x) = -x^2 + 5x - 3\log(x + 1)$$

を考える．

（1） $f(x)$ の極値を求めなさい．

（2） k を定数とする．曲線 $y = f(x)$ と直線 $y = k$ の共有点の個数を求めなさい． (23 龍谷大・推薦)

《分数関数の極値 (A2) ☆》

210. 関数 $f(x)=\dfrac{x^3+18x^2-2x-4}{x+2}$ の極値をすべて求めよ．　(23　岩手大・前期)

《分数関数の極値 (B20) ☆》

211. 定数 a を $a \neq -1$ とする．関数 $f(x)=\dfrac{x^2+a}{x-1}$ について，次の(ⅰ)，(ⅱ)に答えよ．

(1)　関数 $f(x)$ が極大値と極小値をもつような a の値の範囲を求めよ．

(2)　関数 $f(x)$ が極小値 6 をもつような a の値を求めよ．　(23　山形大・医，理)

《漸近線の係数を求める (B15) ☆》

212. 関数 $f(x)=(x+6)e^{\frac{1}{x}}$ について，次の問いに答えよ．

(1)　$f(x)$ の極値を求めよ．

(2)　$\displaystyle\lim_{x\to\infty}\{f(x)-(ax+b)\}=0$ が成り立つような定数 a, b の値を求めよ．　(23　信州大・工，繊維-後期)

《頻出問題 $m^n=n^m$ (B10) ☆》

213. 下の問いに答えよ．

(1)　$\log x<\sqrt{x}$ を示し，$\displaystyle\lim_{x\to\infty}\frac{\log x}{x}$ を求めよ．

(2)　$m^n=n^m$ を満たす自然数 $m, n\ (m<n)$ の組をすべて求めよ．　(23　東京学芸大・前期)

《分子の有理化で符号判別 (B20) ☆》

214. 下図のように，xy 座標平面上に，原点 O を中心とする単位円周上の動点

P$(\cos\theta, \sin\theta)$ $(0 \leqq \theta \leqq 2\pi)$

と x 軸上の動点 Q$(x, 0)$ $(x>0)$ がある．2 点 P，Q 間の距離は a $(a>1)$ で一定とし，定点 A$(a+1, 0)$ と動点 Q$(x, 0)$ の 2 点間の距離を $f(\theta)$ とするとき，以下の問いに答えよ．ただし，(1)は答えのみでよい．

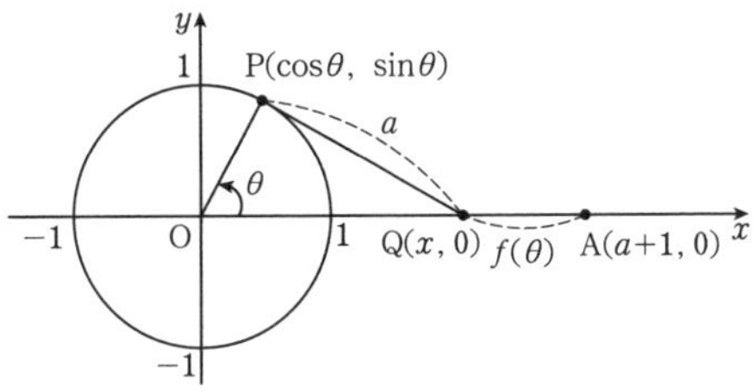

(1)　$f(0),\ f\left(\dfrac{\pi}{2}\right),\ f(\pi)$ の値をそれぞれ求めよ．

(2)　点 Q の x 座標を a, θ を用いて表せ．

(3)　$f(\theta)$ を a, θ を用いて表し，$f(\theta)$ の導関数 $f'(\theta)$ を求め，$f(\theta)$ の増減を調べよ．

(4)　極限値 $\displaystyle\lim_{\theta\to 0}\frac{f(\theta)}{\theta^2}$ を求めよ．　(23　長崎大・歯，工，薬，情報，教 B)

《三角関数の極値 (B0)》

215. a，b は $0<a<1$，$b>0$ を満たす実数の定数とする．関数 $f(x)=\cos(ax+b)$ について，以下の問いに答えよ．

(1)　$f'(x)$ および $f''(x)$ を求めよ．

(2)　$f(x)$ は $x=\dfrac{\pi-b}{a}$ において極小値をとることを示せ．

(3)　自然数 n に対して f の第 n 次導関数を $f_n(x)$ とするとき，

$$f_n(x)=a^n\cos\left(ax+b+\frac{n\pi}{2}\right)$$

となることを証明せよ．

(4)　数列 $\{c_n\}$ を

$$c_n=f_n\left(-\frac{n\pi}{2a}\right)-f_{n+2}\left(-\frac{n\pi}{2a}\right)$$

とするとき，無限級数 $\displaystyle\sum_{n=1}^{\infty}c_n$ の和を a，b を用いて表せ．　(23　東邦大・理)

《分数関数の増減 (B20)》

216. (1)　x が実数のとき，関数

$f(x)=\sqrt{13-x}-x+1$

の最小値は$\square$である.

（2） 無限等比数列 $\left\{\left(\dfrac{x-1}{\sqrt{13-x}}\right)^n\right\}$ が収束するような，整数 x の個数は$\square$個である.

（3） 無限級数 $\displaystyle\sum_{n=1}^{\infty}\left(\dfrac{x-1}{\sqrt{13-x}}\right)^n$ が収束するとき，整数 x の個数は$\square$個である．また，整数 x で収束するときの和の最大値と最小値は

$x=\square$ のとき，最大値 $\dfrac{\square+\sqrt{\square}}{\square}$

$x=\square$ のとき，最小値 $\dfrac{\square-\sqrt{\square}}{\square}$

である.

（23 久留米大・後期）

《エルデスの問題 (C30)》

217. 3角形ABCに対して，点Pを3角形ABCの内部の点とする．また，直線AB，BC，CA上の点で，点Pに最も近い点をそれぞれX，Y，Zとする．線分PA，PB，PCの長さをそれぞれ a, b, c とし，その和を s とする．線分PX，PY，PZの長さをそれぞれ x, y, z とし，その和を t とする．$\angle\mathrm{APB}=2\gamma$ とし，その2等分線と直線ABの交点を X′ とする．このとき，次の問いに答えよ.

（1） 3角形ABCは正3角形であり，点Pは∠Aの2等分線上にあるときの $\dfrac{s}{t}$ の最小値を求めよ.

（2） 線分PX′ の長さを $a, b, \cos\gamma$ を用いて表せ.

（3） 3角形ABCと点P（ただし，点Pは3角形ABCの内部の点）を任意に動かすときの $\dfrac{s}{t}$ の最小値を求めよ．$\angle\mathrm{BPC}=2\alpha$，$\angle\mathrm{CPA}=2\beta$ としたとき，以下の不等式が成立することを利用してもよい.

$(a+b+c)$

$-2(\sqrt{ab}\cos\gamma+\sqrt{bc}\cos\alpha+\sqrt{ca}\cos\beta)\geqq 0$

（23 早稲田大・教育）

【曲線の凹凸・変曲点】

《分数関数の凹凸 (B15) ☆》

218. 関数 $y=\dfrac{3}{x}-\dfrac{1}{x^3}$ の増減，極値，グラフの凹凸および変曲点を調べて，そのグラフをかけ.

（23 弘前大・医（保健-放射線技術），理工，教育（数学））

《頻出問題 $m^n=n^m$ (B20) ☆》

219.（1） 関数

$f(x)=\dfrac{\log x}{x}\ (x>0)$

の増減と $y=f(x)$ のグラフの凹凸を調べ，グラフの概形をかけ．ただし，$\displaystyle\lim_{x\to\infty}\dfrac{\log x}{x}=0$ は用いてよい.

（2） 次を満たす自然数の組 (m, n) をすべて求めよ.

$m^n=n^m$ かつ $m<n$

（23 信州大・理）

《対数関数の凹凸 (B15)》

220. 正の実数 x に対して

$f(x)=(\log_2 x)^2-x$

と定める．以下では，e は自然対数の底を表すものとする．また，$2<e<3$ が成り立つことを用いてよい.

（1） $f(2^m)=0$ を満たす自然数 m を2つ求めよ.

（2） x が $x>e$ を満たすとき，$f''(x)<0$ であることを示せ．ただし，$f''(x)$ は $f(x)$ の第2次導関数を表す.

（3） $f(n)>0$ を満たす自然数 n の個数を求めよ.

（23 学習院大・理）

《4 次関数の凹凸 (B20)》

221. 4 次関数 $f(x) = -x^4 + 2x^2 - 1$ について，以下の問いに答えよ．

（1） $f(x)$ の増減を調べよ．また，$f(x)$ の極大値と，そのときの x の値をすべて求めよ．さらに，$f(x)$ の極小値と，そのときの x の値をすべて求めよ．

（2） 曲線 $y = f(x)$ の変曲点の座標をすべて求めよ．また，それぞれの変曲点における $y = f(x)$ の接線の方程式を求めよ．

（3） $y = f(x)$ のグラフが下に凸になる x の範囲を求めよ．

（4） xy 平面内に曲線 $y = f(x)$ の概形をかけ．さらに，（2）で求めた変曲点における接線を，曲線 $y = f(x)$ と同じ xy 平面内にかけ． （23 北見工大・後期）

《凸性の利用 (B20)》

222. 角 A が鈍角で OB $= 1$ である △OAB がある．辺 AB 上に 2 点 P，Q を ∠AOP $=$ ∠POQ $=$ ∠QOB となるようにとる．∠QBO $= \alpha$, ∠QOB $= \beta$ として，以下の問に答えよ．

（1） $\mathrm{OA} = \dfrac{\sin\alpha}{\sin(\alpha + 3\beta)}$ であることを示せ．

（2） $f(x) = \dfrac{1}{\sin x}\left(0 < x < \dfrac{\pi}{2}\right)$ とおく．$y = f(x)$ のグラフは下に凸であることを示せ．

（3） OA $+$ OB と OP $+$ OQ の大小を比較せよ． （23 神戸大・後期）

《分数関数 (B10) ☆》

223. 関数 $f(x) = \dfrac{x+2}{ax^2+1}$ は $x = 1$ で極値をとる．定数 a の値および $f(x)$ の最大値と最小値を求めよ．

（23 岩手大・理工-後期）

《分数関数の最大最小 (B20)》

224. 実数 x, y が $x + y = 6$ を満たすとき，$3^x + 27^y$ の最小値を求めなさい． （23 信州大・教育）

《分数関数の最大最小 (B20) ☆》

225. $a, b\ (a \neq 0)$ を定数とするとき，関数

$$f(x) = \frac{ax+b}{x^2-2x+2}$$

が $x = 4$ で極値をとるとする．このとき，下の問いに答えよ．

（1） b を a を用いて表せ．

（2） $f(x)$ の最小値が $-\dfrac{1}{2}$ であるとき，a, b の値を求めよ．また，このとき $f(x)$ が最大値をもつことを示し，その値を求めよ． （23 東京学芸大・前期）

《分数関数の最小 (B30)》

226. 関数 $f(x)$ を

$$f(x) = -1 + x - |x| + |x-2|$$

とし，$y = f(x)$ のグラフを C とする．

（1） C の概形をかけ．

（2） a を実数とするとき，C と直線 $y = ax$ との共有点の個数を求めよ．

（3） （2）の共有点の個数が 2 個以上であるような a に対し，C と直線 $y = ax$ で囲まれた部分の面積を $S(a)$ とする．$S(a)$ の最小値とそれをとる a を求めよ． （23 和歌山県立医大）

《置き換えて分数関数 (B20)》

227. 関数 $f(x) = \dfrac{1}{x^2-x-2}$ について，次の問いに答えよ．

（1） $f(x)$ の増減を調べ，$y = f(x)$ のグラフの概形をかけ．ただし，グラフの凹凸は調べなくてよい．

（2） 次の条件を満たす実数 a をすべて求めよ．

$x \leqq a$ の範囲で，$f(x)$ の最大値は $\dfrac{1}{4}$ である．

（3） 次の条件を満たす実数 b をすべて求めよ．

$b \leqq x \leqq b + \dfrac{3}{2}$ の範囲で，$f(x)$ の最大値は $-\dfrac{4}{9}$，最小値は $-\dfrac{4}{5}$ である． （23 信州大・理-後期）

《長さの最小 (B15)》

228. xy 平面上の x 軸の正の範囲に点 P，y 軸の正の範囲に点 Q があり，直線 PQ が点 $(1, 8)$ を通るように動くとき，点 P と点 Q の距離の 2 乗の最小値は $\square$ である．（23　藤田医科大・ふじた未来入試）

《無理関数の最大 (B10) ☆》

229. 関数 $f(x)=-x-1+\sqrt{4x+1}\ (x \geqq 0)$ について，$f(x) \geqq 0$ であるための必要十分条件は $0 \leqq x \leqq \square$ であり，また，$f(x)$ の最大値は $\square$ である．（23　愛媛大・医，理，工，教）

《2 曲線が接する (B20) ☆》

230. $a<0,\ b>0$ とする．2 つの曲線

$C: y=\dfrac{1}{x^2+1}$

と $D: y=ax^2+b$ がある．いま，$x>0$ で C と D が共有点をもち，その点における 2 つの曲線の接線が一致しているとする．その共有点の x 座標を t とし，D と x 軸で囲まれた部分の面積を S とする．以下の問いに答えよ．

（1） D と x 軸の交点の x 座標を $\pm p$ とし，$p>0$ とする．S を a と p を用いて表せ．

（2） a, b を t を用いて表せ．

（3） S を t を用いて表せ．

（4） $t>0$ の範囲で，S が最大となるような D の方程式を求めよ．（23　岡山大・理系）

《共通接線・接点ズレ (B20) ☆》

231. a を実数とし，xy 平面において，2 つの曲線

$$C_1: y=x\log x \quad \left(x>\frac{1}{e}\right)$$

と

$$C_2: y=(x-a)^2-\frac{1}{4}$$

を考える．ここで $e=2.718\cdots$ は自然対数の底である．C_1 上の点 $(t, t\log t)$ における C_1 の接線が C_2 に接するとする．次の問いに答えよ．

（1） 点 $(t, t\log t)$ における C_1 の接線の方程式を求めよ．

（2） a を t を用いて表せ．

（3） 実数 t の値が $t>\dfrac{1}{e}$ の範囲を動くとき，a の最小値を求めよ．（23　埼玉大・後期）

《対数関数の値域 (B5)》

232. 閉区間 $\dfrac{1}{2} \leqq x \leqq 3$ を定義域とする関数

$y=\log\left(\dfrac{x}{x^2+1}\right)$ の値域は

$$\square \leqq y \leqq \square$$

である．（23　茨城大・工）

《最大と極限 (B20) ☆》

233. 2 つの実数 a, b は $0<b<a$ を満たすとする．関数

$$f(x)=\frac{1}{b}\left(e^{-(a-b)x}-e^{-ax}\right)$$

の最大値を $M(a, b)$，最大値をとるときの x の値を $X(a, b)$ と表す．ここで，e は自然対数の底である．

（1） $X(a, b)$ を求めよ．

（2） 極限 $\displaystyle\lim_{b \to +0} X(a, b)$ を求めよ．

（3） 極限 $\displaystyle\lim_{b \to +0} M(a, b)$ を求めよ．（23　千葉大・前期）

《接線で台形 (B20)》

234. 関数 $f(x)=\log(1+x)\ (x>-1)$ とする．a を正の実数とし，曲線 $C: y=f(x)$ 上の点 $\mathrm{P}(t, f(t))$ $(0<t<a)$ における C の接線を l とする．また直線 l と x 軸，y 軸および直線 $x=a$ で囲まれる台形の面積を $S(t)$ とする．次の問いに答えよ．ただし，対数は自然対数とする．

（1） $S(t)$ を求めよ．

（2） $S(t)$ $(0 < t < a)$ の最小値を求めよ．

（3） 極限値 $\displaystyle\lim_{x \to 0} \frac{f(x)}{x}$ を求めよ．

（4） （2）で求めた最小値を $m(a)$ とする．極限値 $\displaystyle\lim_{a \to +0} \frac{m(a)}{a^2}$ を求めよ． （23 名古屋市立大・後期）

《円錐の最小（B20）☆》

235． 半径 r の円を底面とする直円錐 C に，半径 $\sqrt{2}$ の球 S が内接している．

（1） C の体積 V を，r を用いて表せ．

（2） V の最小値，および最小値を与える r の値を求めよ．

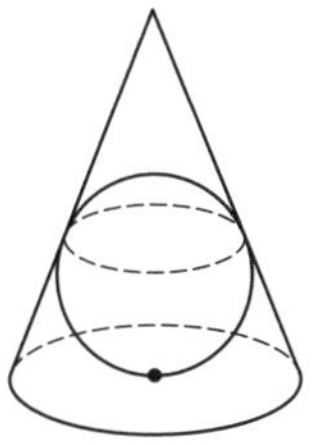

（23 岐阜薬大）

《円錐の体積（B10）》

236． a を正の定数，e を自然対数の底とする．方程式 $x^2 + y^2 + z^2 - 2ay - 2e^{-a}z = 0$ で表される球面を S とし，その中心を点 P とする．また，S と xy 平面が交わる部分のなす円を C とし，その中心を点 Q とする．このとき，以下の設問（1）～（4）に答えよ．

（1） P の座標を求めよ．

（2） Q の座標と C の半径を求めよ．

（3） P を頂点とし，C とその内部を底面とする円錐の体積を $V(a)$ とする．$V(a)$ を求めよ．

（4） 設問（3）で求めた $V(a)$ の最大値を求めよ． （23 秋田県立大・前期）

《円錐の問題（B20）》

237． 高さ h，底面の半径 R，体積一定の直円錐が球に内接している．この球の半径が最小になるとき，$\dfrac{h}{R} = \square$ である． （23 産業医大）

《三角関数の最大（A5）☆》

238． $0 \leqq t \leqq \dfrac{\pi}{2}$ の範囲で，関数

$f(t) = \sin 2t + 2\sin t$

は $t = \square$ で最大値 $\square$ をとる． （23 立教大・数学）

《三角関数の最大（B10）》

239． 座標平面上に 3 点

$\mathrm{A}(2\cos\theta,\ 2\sin\theta),\ \mathrm{B}(\cos\theta,\ -\sin\theta),\ \mathrm{C}\left(\dfrac{8}{3},\ 0\right)$

がある．ただし，$0 < \theta < \pi$ とする．次の問いに答えよ．

（1） 直線 AB と x 軸との交点を P とする．点 P の座標を θ で表せ．

（2） 三角形 ABC の面積 $S(\theta)$ を求めよ．

（3） 面積 $S(\theta)$ が最大になるときの点 A の座標を求めよ． （23 岡山県立大・情報工）

《三角関数の最大（B20）》

240． i を虚数単位とし，$0 \leqq \theta < 2\pi$ とする．

$z = \cos\theta + i\sin\theta$ とし，$z,\ z^2,\ z^3$ の虚部はすべて正であるとする．複素数平面において，7 点

$\mathrm{A}(1)$，$\mathrm{B}(z)$，$\mathrm{C}(z^2)$，$\mathrm{D}(z^3)$，$\mathrm{E}\left(\dfrac{1}{z^3}\right)$，

$\mathrm{F}\left(\dfrac{1}{z^2}\right)$，$\mathrm{G}\left(\dfrac{1}{z}\right)$

を頂点とする七角形 ABCDEFG の面積を $S(\theta)$ とする．以下の各問に答えよ．

（1） θ のとり得る値の範囲を求めよ．

（2） $S(\theta)$ を求めよ．

（3） $S(\theta)$ が最大となる θ の値を求めよ． （23 茨城大・理）

《置き換える (B20)》

241． 次の関数 $f(x)$ の最大値と最小値を求めよ．

$$f(x) = e^{-x^2} + \frac{1}{4}x^2 + 1 + \frac{1}{e^{-x^2} + \frac{1}{4}x^2 + 1}$$

$(-1 \leqq x \leqq 1)$

ただし，e は自然対数の底であり，その値は

$e = 2.71\cdots$ である． （23 京大・前期）

《座標の問題か図形問題か (B20) ☆》

242． $0 < a < 1$ とし，座標平面上の 2 点

$\mathrm{A}(a, 0)$, $\mathrm{B}(1, 0)$ を直径の両端とする円を C とする．円 C 上の点 P における接線は原点 O を通り，かつ P の y 座標は正であるとする．このとき，次の問に答えよ．

（1） 円 C の方程式を求めよ．

（2） 点 P の座標を a を用いて表せ．

（3） 点 P の y 座標が最大となるような a の値を求めよ． （23 佐賀大・理工-後期）

《三脚で垂線の長さ (B20)》

243． t を正の実数とする．四面体 OABC において，$\mathrm{OA} = \mathrm{OB} = \mathrm{OC} = t$, $\mathrm{AB} = \mathrm{BC} = \mathrm{CA} = 2$ とする．△ABC の重心を G とする．辺 AB の中点を M とし，点 M から直線 OC に下ろした垂線と直線 OC との交点を N とする．s を実数とし，$\overrightarrow{\mathrm{ON}} = s\overrightarrow{\mathrm{OC}}$, $\overrightarrow{\mathrm{OA}} = \vec{a}$, $\overrightarrow{\mathrm{OB}} = \vec{b}$, $\overrightarrow{\mathrm{OC}} = \vec{c}$ とおく．以下の各問に答えよ．

（1） 内積 $\vec{a}\cdot\vec{b}$, $\vec{b}\cdot\vec{c}$, $\vec{c}\cdot\vec{a}$ をそれぞれ t を用いて表せ．

（2） $|\overrightarrow{\mathrm{OG}}|$ を t を用いて表せ．また，t のとり得る値の範囲を求めよ．

（3） s を t を用いて表せ．また，$|\overrightarrow{\mathrm{OG}}| = |\overrightarrow{\mathrm{MN}}|$ となる t の値を求めよ．

（4） t が（2）の範囲を動くとき，$|\overrightarrow{\mathrm{MN}}| + |\overrightarrow{\mathrm{NC}}|$ の最大値を求めよ． （23 茨城大・理）

《対数関数の最小 (B5)》

244． 関数

$f(x) = x\log 2x + (1-x)\log(2-2x) + 2x^2 - 2x$

$(0 < x < 1)$ について，次の問いに答えなさい．ただし，対数は自然対数とする．

（1） $f'\left(\frac{1}{2}\right)$ を求めなさい．

（2） $f(x)$ の最小値を求めなさい． （23 山口大・後期-理）

《対数関数の最小 (B20)》

245． 関数 $f(x) = -\log(3 - 2^{-x}) + x\log 2$ について，次の問いに答えよ．

（1） $f(x)$ の定義域を求めよ．

（2） 方程式 $f(x) = 0$ の解を求めよ．

（3） $f(x)$ の最小値が $-2\log\frac{3}{2}$ となることを示せ． （23 島根大・前期）

《三角関数の最大など (B30)》

246． **以下の文章の空欄に適切な数または式を入れて文章を完成させなさい．**

座標平面において原点 O を中心とする半径 1 の円を C_1 とし，C_1 の内部にある第 1 象限の点 P の極座標を (r, θ) とする．さらに点 P を中心とする円 C_2 が C_1 上の点 Q において C_1 に内接し，x 軸上の点 R において x 軸に接しているとする．また，極座標が $(1, \pi)$ である C_1 上の点を A とし，直線 AQ の y 切片を t とする．

（1） r を θ の式で表すと $r =$ ［（あ）］ となり，t の式で表すと $r =$ ［（い）］ となる．

（2） 円 C_2 と同じ半径をもち，x 軸に関して円 C_2 と対称な位置にある円 C_2' の中心を P′ とする．三角形 POP′ の面積は $\theta =$ ［（う）］ のとき最大値 ［（え）］ をとる．条件 $\theta =$ ［（う）］ は条件 $t =$ ［（お）］ と同値である．

（3） 円 C_1 に内接し，円 C_2 と $C_2{}'$ の両方に外接する円のうち大きい方を C_3 とする．円 C_3 の半径 b を t の式で表すと $b=$ （か） となる．

（4） 3つの円 $C_2, C_2{}', C_3$ の周の長さの和は $\theta=$ （き） のとき最大値 （く） をとる．　（23　慶應大・医）

《対数部分法 (B20)》

247. n を正の定数とし，$n>a>0$ とする．関数 $f(x)=\dfrac{e^x}{1+e^x}$ に対して，関数 $g(x)$ を

$$g(x)=f(x)^a(1-f(x))^{n-a}$$

とおく．以下の設問（1）〜（3）の $\square$ にあてはまる適切な数または式を解答用紙の所定の欄に記入せよ．

（1） x が実数全体を動くとき，$f(x)$ のとりうる値の範囲は

$$\square<f(x)<\square$$

である．また，$f(x)=\dfrac{1}{2}$ となる x の値は $\square$ である．

（2） $g(x)$ が最大となる x の値は $\square$ であり，その最大値 L を n と a を用いて表すと $\square$ である．

（3） （2）で求めた L を a の関数と考える．a が $n>a>0$ の範囲を動くとき，L の最小値は $\square$ である．

（23　聖マリアンナ医大・医-後期）

《フェルマー点の問題 (B20)》

248. 座標平面上に4点

A$(-1, 1)$, B$(-1, -1)$, C$(1, -1)$, D$(1, 1)$

からなる正方形 ABCD があり，x 軸上に2点 P$(-a, 0)$, Q$(a, 0)$ をとる．ただし，$a>0$ とする．このとき，$L=\mathrm{PQ}+\mathrm{PA}+\mathrm{PB}+\mathrm{QC}+\mathrm{QD}$ が最小値をとるのは

$$a=\square-\frac{\sqrt{\square}}{\square}$$

のときであり，最小値は

$$L=\square\left(\square+\sqrt{\square}\right)$$

である．　（23　埼玉医大・後期）

《楕円の問題 (B20)》

249. O を xy 平面の原点とする．楕円 $x^2+2y^2=2$ を C とする．第1象限内の C 上に点 P をとり，その座標を P(p, q) とする．さらに，第2象限内の C 上に点 S を OP $\perp$ OS となるようにとり，その座標を S(s, t) とする．以下の問に答えよ．

（1） s^2, t^2 を p, q を用いてそれぞれ表せ．

（2） $u=p^2$ とおく．$\mathrm{OP}^2\cdot\mathrm{OS}^2$ を u を用いて表せ．また，△OPS の面積 A を u を用いて表せ．

（3） P が第1象限内の C 上を動くとき，A の最小値を求めよ．　（23　岐阜大・工）

【微分と方程式 (数 III)】

《e^{-x} を括り出せ (B20) ☆》

250. 0以上の整数 n に対して，

$$f_n(x)=\left(\sum_{k=0}^{n}\frac{x^k}{k!}\right)+\frac{x^n}{n!}-e^x$$

とおく．ここで $x^0=1, 0!=1$ である．

（1） 方程式 $f_n(x)=0$ は $x>0$ においてただ1つの解を持つことを示せ．ただし，$\displaystyle\lim_{x\to\infty}x^ne^{-x}=0$ であることは証明せずに用いてよい．

（2） 方程式 $f_n(x)=0$ の $x>0$ における解を α_n とするとき，$\displaystyle\lim_{n\to\infty}\alpha_n=\infty$ であることを証明せよ．

（23　千葉大・医，理）

《e^{-x} を括り出せ (B30) ☆》

251. （1） 方程式 $e^x=\dfrac{2x^3}{x-1}$ の負の実数解の個数を求めよ．

（2） $y=x(x^2-3)$ と $y=e^x$ のグラフの $x<0$ における共有点の個数を求めよ．

（3） a を正の実数とし，関数 $f(x)=x(x^2-a)$ を考える．$y=f(x)$ と $y=e^x$ のグラフの $x<0$ における共有点は 1 個のみであるとする．このような a がただ 1 つ存在することを示せ．（23 名古屋大・前期）

《文字定数は分離・三角関数 (B20) ☆》

252. 関数 $f(x)=-2\sqrt{3}x+2\sin 2x+1\ (0\leqq x\leqq\pi)$ を考える．

（1） $y=f(x)$ の最大値と最小値を求めよ．

（2） k を実数とする．$0\leqq x\leqq\pi$ において方程式 $f(x)=k$ が異なる 2 つの実数解をもつとき，k のとり得る値の範囲を求めよ．（23 愛媛大・後期）

《文字定数は分離・三角関数 (B20)》

253. （1） 関数

$$y=-\frac{\cos 3x}{\sin^3 x}\ (0<x<\pi)$$

の増減と極値を調べ，そのグラフの概形を描け．ただし，グラフの凹凸は調べなくてよい．

（2） a を実数の定数とする．x についての方程式 $-\cos 3x=a\sin^3 x$ が $\frac{\pi}{6}<x<\frac{2\pi}{3}$ の範囲に実数解をもつような a の値の範囲を求めよ．（23 青学大・理工）

《文字定数は分離・対数関数 (B10)》

254. 関数

$f(x)=\log(2x^2-2x+1)-2\log x\ (x>0)$

について，次の問いに答えよ．

（1） $f(x)$ を微分せよ．

（2） $f(x)$ の増減を調べ，極値を求めよ．

（3） 方程式 $f(x)=k$ が異なる 2 つの実数解をもつような定数 k の値の範囲を求めよ．（23 大工大・推薦）

《文字定数は分離・指数関数 (B20)》

255. 以下の問いに答えよ．ただし，e は自然対数の底を表す．

（1） k を実数の定数とし，$f(x)=xe^{-x}$ とおく．方程式 $f(x)=k$ の異なる実数解の個数を求めよ．ただし，$\lim_{x\to\infty}f(x)=0$ を用いてもよい．

（2） $xye^{-(x+y)}=c$ をみたす正の実数 x,y の組がただ 1 つ存在するときの実数 c の値を求めよ．

（3） $xye^{-(x+y)}=\frac{3}{e^4}$ をみたす正の実数 x,y を考えるとき，y のとりうる値の最大値とそのときの x の値を求めよ．（23 北海道大・理系）

《文字定数は分離・指数関数 (B20)》

256. 関数 $f(x)$ を

$$f(x)=\frac{(2x-9)e^x}{x}$$

により定める．ただし，e は自然対数の底とする．次の問いに答えよ．

（1） $\lim_{x\to-\infty}f(x)$ を求めよ．

（2） a は実数とする．方程式 $f(x)=a$ の実数解の個数を求めよ．

（3） b は実数とする．関数 $g(x)$ を

$$g(x)=x^2-9x+b(x+1)e^{-x}$$

により定める．関数 $g(x)$ が $x=p$ で極小になる実数 p が 2 個存在するように，b の範囲を定めよ．

（23 東京農工大・後期）

《ベクトルの力 (B20) ☆》

257. a,b を $a^2+b^2<1$ をみたす正の実数とする．また，座標平面上で原点を中心とする半径 1 の円を C とし，C の内部にある 2 点 $\mathrm{A}(a,0)$, $\mathrm{B}(0,b)$ を考える．$0<\theta<\frac{\pi}{2}$ に対して C 上の点 $\mathrm{P}(\cos\theta,\sin\theta)$ を考え，P における C の接線に関して B と対称な点を D とおく．

（1） $f(\theta)=ab\cos 2\theta+a\sin\theta-b\cos\theta$ とおく．方程式 $f(\theta)=0$ の解が $0<\theta<\dfrac{\pi}{2}$ の範囲に少なくとも 1 つ存在することを示せ．

（2） D の座標を b,θ を用いて表せ．

（3） θ が $0<\theta<\dfrac{\pi}{2}$ の範囲を動くとき，3 点 A，P，D が同一直線上にあるような θ は少なくとも 1 つ存在することを示せ．また，このような θ はただ 1 つであることを示せ． （23　北海道大・理系）

《文字定数は分離・無理関数（B15）》

258. k は定数とし，$f(x)=x^2-kx$ とする．このとき，次の問いに答えよ．

（1） 2 つの文字 a,b を含む整式 $f(a)-f(b)$ を因数分解せよ．

（2） 関数 $g(x)=x+\sqrt{1-x^2}\ (-1\leqq x\leqq 1)$ のグラフをかけ．

（3） 曲線 $y=f(x)$ と曲線
$y=f(\sqrt{1-x^2})\ (-1\leqq x\leqq 1)$ の共有点の個数を求めよ． （23　津田塾大・学芸-数学）

【微分と不等式（数 III）】

《cos の基本不等式（B5）☆》

259. $x>0$ のとき $\cos x>1-\dfrac{x^2}{2}$ が成り立つことを示せ． （23　岡山県立大・情報工）

《log の基本不等式（A5）☆》

260. $x>0$ のとき，不等式

$$\log(1+x)<x-\frac{x^2}{2}+\frac{x^3}{3}$$

が成り立つことを証明せよ．ただし，対数は自然対数とする． （23　長崎大・前期）

《e^{-x} を掛けて（B10）☆》

261. n を正の偶数とし，$f(x)=1+\displaystyle\sum_{k=1}^{n}\frac{x^k}{k!}$ とする．さらに，$g(x)=f(x)e^{-x}$ とする．このとき，次の問いに答えよ．

（1） 導関数 $g'(x)$ を求めよ．

（2） $x<0$ のとき，$g(x)>1$ であることを示せ．

（3） 方程式 $f(x)=0$ は実数解をもたないことを示せ． （23　高知大・医，理工）

《e^{-x} を掛けて（B10）☆》

262. e を自然対数の底とする．次の各問いに答えよ．

（1） $f(x)=\left(1+x+\dfrac{x^2}{2}\right)e^{-x}$ とする．$x>0$ のとき，$f(x)<1$ であることを証明せよ．

（2） $0<x<3$ のとき，

$$1+x+\frac{x^2}{2}<e^x<1+x+\frac{x^2}{2}+\frac{x^3}{2(3-x)}$$

であることを証明せよ． （23　芝浦工大）

《1 次から $n+1$ 次を作る（B10）》

263. n を自然数とする．$\displaystyle\lim_{x\to\infty}\frac{x^n}{e^x}=0$ がなりたつことを以下の手順で示そう．

（1） すべての実数 t に対して不等式 $e^t>t$ がなりたつことを示せ．

（2） （1）の不等式において，t に適当な x と n の式を代入することにより，次を示せ：

「すべての正の実数 x に対して不等式
$e^x>\left(\dfrac{x}{n+1}\right)^{n+1}$ がなりたつ．」

（3） （2）の結果を用いて，$\displaystyle\lim_{x\to\infty}\frac{x^n}{e^x}=0$　がなりたつことを示せ． （23　会津大）

《log をとって大小比較（B20）》

264. e を自然対数の底とし，π を円周率とする．以下の問に答えよ．

（1） $e\leqq x<y$ のとき，不等式 $y\log x>x\log y$ が成り立つことを証明せよ．

（2） 3 つの数 $3^{2\sqrt{2}\pi},\ \pi^{6\sqrt{2}},\ 2^{\frac{9}{2}\pi}$ の大小関係を明らかにせよ． （23　群馬大・医）

《log をとり置き換えて (B15) ☆》

265. 以下で e は自然対数の底である．必要ならば $\lim_{x\to\infty}\left(1+\frac{1}{x}\right)^x=e$ を用いてもよい．

（1） $t>0$ のとき，e と $\left(1+\frac{1}{t}\right)^t$ の大小を判定し，その結果が正しいことを示せ．

（2） $t>0$ のとき，$e^{1-\frac{1}{2t}}$ と $\left(1+\frac{1}{t}\right)^t$ の大小を判定し，その結果が正しいことを示せ． （23　北海道大・後期）

《tan の不等式 (B15)》

266. 以下の問いに答えよ．

（1） $\tan\frac{\pi}{12}$ を求めよ．

（2） $0\leqq x<\frac{\pi}{2}$ に対し，$x\geqq\tan x-\frac{\tan^3 x}{3}$ を示せ．

（3） $\pi>3.1$ を示せ． （23　一橋大・後期）

《不等式で挟む (C30)》

267. 関数 $f(x)=e^{-x}$ を考える．次の問いに答えよ．

（1） 正の実数 x に対して，以下の不等式を示せ．

$$1-x<f(x)<1-x+\frac{x^2}{2}$$

2 以上の整数 $n,\ N$ (ただし $N\geqq n$) に対して

$$S_{n,\,N}=\sum_{k=n}^{N}\frac{1}{k^2-1}f\left(\frac{1}{k}\right)$$

とおく．

（2） 2 以上の整数 $n,\ N$ (ただし $N\geqq n$) に対して，次の不等式を示せ．

$$\frac{1}{n}-\frac{1}{N+1}<S_{n,\,N}<\left(\frac{1}{n}-\frac{1}{N+1}\right)\left(1+\frac{1}{2n(n-1)}\right)$$

（3） 各 n に対して，極限値 $\lim_{N\to\infty}S_{n,\,N}$ は存在し，その極限値を S_n とおく．S_9 の小数第 3 位まで (小数第 4 位切り捨て) を求めよ． （23　横浜国大・理工，都市，経済，経営）

【不定積分 (数 III)】

《部分積分 $\log x$ (A2)》

268. 不定積分 $\int\log_e x\,dx$ を求めなさい． （23　福島大・共生システム理工）

《置換積分 $\sqrt{x-1}=t$ (A2)》

269. 不定積分 $\int\frac{x^2}{\sqrt{x-1}}\,dx$ を求めよ． （23　岩手大・前期）

《置換積分 $\sqrt{2x+1}=t$ (A2)》

270. 関数 $f(x)=\frac{x}{\sqrt{2x+1}}$ の不定積分は，

$\int f(x)\,dx=\square+C$ である．ただし，C は積分定数とする． （23　宮崎大・工）

《置換積分 $\cos x=t$ (A5)》

271. 関数 $f(x)=\frac{\sin x}{1-\cos^2 x}$ の不定積分は，

$\int f(x)\,dx=\frac{1}{2}\log\square+C$ である．ただし，C は積分定数とする． （23　宮崎大・工）

《三角関数 (B2)》

272. 不定積分 $\int(8\cos^4 x-8\cos^2 x+1)\,dx$ を求めよ． （23　岡山県立大・情報工）

《特殊基本関数 $\frac{f'}{f}$ (B5)》

273. 不定積分 $\int\frac{e^{-x}}{e^{-2x}+5e^{-x}+6}\,dx$ を求めよ． （23　滋賀県立大・後期）

【定積分 (数 III)】

《$(ax+b)^n$ (A3)》

274. 次の定積分を求めよ．

$$\int_0^1 (x+2)(x-1)^9\,dx$$

（23　兵庫医大）

《ルートの積分 (A2)》

275. $\displaystyle\int_{-1}^{1} x\sqrt{x+1}\,dx = \square$ である．（23　北見工大・後期）

《ルートの積分 (A2)》

276. $0 \leqq t \leqq 3$ の範囲にある t に対し方程式

$$x^2-4+t=0$$

の実数解のうち，大きい方を $\alpha(t)$，小さい方を $\beta(t)$ とおく．

$$\int_0^3 \{\alpha(t)-\beta(t)\}\,dt$$

の値を求めよ．（23　東北大・歯 AO）

《三角関数 (B20)》

277. 関数 $f(x)$ を

$$f(x)=\left|2\sqrt{3}\sin^2 x-\sqrt{3}+2\sin x\cos x-\sqrt{2}\right|$$

とするとき，次の問いに答えよ．

（1）　$0 \leqq x \leqq \pi$ のとき，$f(x)=0$ となる x の値を求めよ．

（2）　定積分 $\displaystyle\int_0^{\pi} f(x)\,dx$ を求めよ．（23　名古屋市立大・前期）

《三角関数 (B10)》

278. 次の定積分を計算せよ．

（1）　$\displaystyle\int_0^{\frac{\pi}{3}} \sin^2 2x\,dx = \frac{\sqrt{\square}}{\square}+\frac{\pi}{\square}$

（2）　$\displaystyle\int_0^{\frac{\pi}{2}} \cos 3x\cos\frac{x}{3}\,dx = \frac{\square\sqrt{\square}}{\square}$

（3）　$\displaystyle\int_{-\frac{\pi}{6}}^{\frac{\pi}{4}} \tan^2 x\,dx = \square+\frac{\sqrt{\square}}{\square}-\frac{\square}{\square}\pi$（23　青学大・理工）

《三角関数 (B20) ☆》

279. 以下の問いに答えよ．

（1）　$\displaystyle\int_{-\pi}^{\pi} \sin^2 x\,dx$ を求めよ．

（2）　$\displaystyle\int_{-\pi}^{\pi} \sin x\sin 2x\,dx$ を求めよ．

（3）　m，n を自然数とする．

$\displaystyle\int_{-\pi}^{\pi} \sin mx\sin nx\,dx$ を求めよ．

（4）　$\displaystyle\int_{-\pi}^{\pi} \left(\sum_{k=1}^{2023}\sin kx\right)^2 dx$ を求めよ．（23　富山大・工，都市デザイン-後期）

《円の面積 (B2)》

280. 定積分 $\displaystyle\int_0^{\sqrt{2}} \sqrt{1-\frac{x^2}{2}}\,dx$ を求めよ．（23　愛知医大・医）

《分数関数と三角関数 (A5)》

281. 次の不定積分，定積分を求めよ．

（1）　$\displaystyle\int \frac{1}{2x^2+x-1}\,dx$

（2）　$\displaystyle\int_0^{\frac{\pi}{3}} \sin^2 x\cos^2 x\,dx$

（23　広島市立大・前期）

《e^x と分数関数 (A2)》

282. 次の定積分を求めよ．

（1） $\displaystyle\int_{-1}^{1} e^{3x+3}\,dx$

（2） $\displaystyle\int_{1}^{4} \frac{(\sqrt{x}+1)^2}{x}\,dx$ （23　茨城大・工）

《分数関数 (B3)》

283. a は正の定数とする．定積分 $\displaystyle\int_{a}^{2a} \frac{x-a}{(x-3a)^2}\,dx$ の値を答えよ． （23　防衛大・理工）

《分数関数 (B10) ☆》

284.（1） 次の等式が x についての恒等式となるように定数 a, b, c の値を定めなさい．

$$\frac{4x^2-9x+6}{(x-1)(x-2)^2} = \frac{a}{x-1}+\frac{b}{x-2}+\frac{c}{(x-2)^2}$$

（2） 定積分 $\displaystyle\int_{3}^{4} \frac{4x^2-9x+6}{(x-1)(x-2)^2}\,dx$ を計算しなさい． （23　福島大・人間発達文化）

《分数関数 (B10)》

285. n を自然数とし，定積分 I_n を

$$I_n = \int_{1}^{n} \frac{1}{x(x^2+1)}\,dx$$

と定める．以下の問いに答えよ．

（1） $x \geqq 1$ のとき，$x+1 \leqq x^2+1 \leqq 2x^2$ であることを用いて，次の不等式を証明せよ．

$$\frac{1}{4}\left(1-\frac{1}{n^2}\right) \leqq I_n \leqq \log\left(\frac{2n}{n+1}\right)$$

（2） $\displaystyle\frac{1}{x(x^2+1)} = \frac{a}{x}+\frac{bx+c}{x^2+1}$ が x についての恒等式となるように，定数 a, b, c の値を定めよ．さらに，定積分 I_n を求めよ．

（3） 極限 $\displaystyle\lim_{n\to\infty} I_n$ を求めよ． （23　公立はこだて未来大）

《部分積分 (B5)》

286. 定積分 $\displaystyle\int_{1}^{4} \sqrt{x}\log(x^2)\,dx$ の値を求めよ． （23　京大）

《log (A2)》

287. 定積分 $\displaystyle\int_{-2}^{0} \log(x+3)\,dx$ の値は，$\boxed{}$ である． （23　宮崎大・工）

《部分積分 $\log x$ (B20) ☆》

288. a は実数とし，

$$f(x) = x(\log x)^2-(a+2)x\log x+2ax$$

とする．次の問いに答えよ．ただし，以下の問いにおいて，e は自然対数の底とする．

（1） 関数 $f(x)$ が $1<x<e^2$ の範囲において極値をもたないような a の値を求めよ．

（2） $a=0$ のとき，次の定積分を求めよ．

$$\int_{1}^{e^2} |f(x)|\,dx$$

（23　弘前大・理工）

《部分積分 xe^x (A2)》

289. 定積分 $\displaystyle\int_{0}^{1} xe^x\,dx$ を計算しなさい． （23　福島大・人間発達文化）

《部分積分 x^ne^x (A10)》

290. $a_0 = \displaystyle\int_{0}^{1} e^{2x}\,dx$, $a_n = \displaystyle\int_{0}^{1} x^n e^{2x}\,dx$

$(n=1, 2, 3, \cdots)$ とおくとき，$a_0 = \boxed{}$ であり，

$2a_n + na_{n-1} = \boxed{}$ $(n=1, 2, 3, \cdots)$ である． （23　愛媛大・後期）

《部分積分と特殊基本関数 (B10) ☆》

291. 次の定積分を求めよ．$\displaystyle\int_{-\frac{\pi}{4}}^{\frac{\pi}{3}} \frac{x}{\cos^2 x}\,dx$　（23　弘前大・医 (保健-放射線技術)，理工，教育 (数学)）

《$(\log x)^n$ (A5)》

292. 次の積分を計算しなさい．

$$\int_1^e x^2 \log x\,dx$$

（23　産業医大）

《$(\log x)^n$ (B5)》

293. e を自然対数の底とする．自然数 n に対して，$S_n = \displaystyle\int_1^e (\log x)^n\,dx$ とする．

（1） S_1 の値を求めよ．

（2） すべての自然数 n に対して，$S_n = a_n e + b_n$，ただし a_n, b_n はいずれも整数と表せることを証明せよ．

（23　上智大・理工）

《減衰振動の関数 (B10) ☆》

294. 関数 $f(x) = e^{-x}\sin 2x$ について以下の問に答えよ．

（1） $f(x)$ の導関数を求めよ．

（2） $f(x)\left(0 \leqq x \leqq \dfrac{\pi}{2}\right)$ が $x = a$ で最大となるとき，$\tan a$ を求めよ．

（3） $I = \displaystyle\int_0^{\frac{\pi}{2}} f(x)\,dx$ とすると

$I = 2\displaystyle\int_0^{\frac{\pi}{2}} e^{-x}\cos 2x\,dx$ となることを示せ．

（4） 定積分 $\displaystyle\int_0^{\frac{\pi}{2}} f(x)\,dx$ を求めよ．　（23　群馬大・理工，情報）

《減衰振動の関数 (B10)》

295. a, b を定数，e を自然対数の底として，

$f(x) = e^{-x}(a\sin x + b\cos x)$

とする．次の問いに答えよ．

（1） $f'(x) = e^{-x}\sin x$ となる a，b を求めよ．

（2） 不定積分 $\displaystyle\int e^{-x}\sin x\,dx$ を求めよ．

（3） 自然数 n に対し，定積分

$S_n = \displaystyle\int_{(n-1)\pi}^{n\pi} (-1)^{n-1} e^{-x}\sin x\,dx$

を求めよ．

（4） （3）で求めた S_n に対し，無限級数 $\displaystyle\sum_{n=1}^{\infty} S_n$ の和を求めよ．　（23　東京女子医大）

《$(sinx)^n$ (B20)》

296. $n = 1, 2, 3, \cdots$ に対して

$$a_n = \int_0^{\frac{\pi}{2}} \cos^5 x \sin^{2n-1} x\,dx$$

とおくとき，次の各問に答えよ．

（1） a_1 を求めよ．

（2） a_n を n の式で表せ．

（3） $\displaystyle\lim_{n\to\infty}\sum_{k=1}^{n} k a_k$ を求めよ．

（4） $\displaystyle\lim_{n\to\infty}\sum_{k=1}^{n} a_k$ を求めよ．　（23　成蹊大）

《部分積分・面倒な問題 (B20)》

297. 関数 $f(x) = \log\left|x - \dfrac{1}{x}\right|$ $(x \neq -1, 0, 1)$ を考える．ただし，$\log$ は自然対数とする．

（1） $y=f(x)$ のグラフの概形を増減と凹凸の様子が分かるように描け．$y=f(x)$ の変曲点の x 座標，および $y=f(x)$ と x 軸との交点も求めること．

（2） 関数 $F(x)$ $(x \neq -1, 0, 1)$ で
$F'(x)=f(x)$ を満たすものを 1 つ求めよ．

（3） 極限値 $\displaystyle\lim_{c \to +0} \int_c^{1-c} f(x)\,dx$ を求めよ．必要ならば，$\displaystyle\lim_{x \to +0} x \log x = 0$ であることを証明せずに用いてもよい．

（23　千葉大・理，工）

《部分積分と $f'e^f$ (B10) ☆》

298. 次の積分を求めよ．

（1） $\displaystyle\int_0^1 (2x+1)\log(x+1)\,dx$

（2） $\displaystyle\int_{\frac{1}{2}}^1 x^{-2}e^{\frac{1}{x}}\,dx$

（3） $\displaystyle\int_0^{\pi} \sin 3x \cos 2x\,dx$

（23　会津大）

《特殊基本関数 ff' (A2)》

299. 定積分 $\displaystyle\int_1^{e^2} \frac{\log x}{x}\,dx$ を計算せよ．

（23　岩手大・前期）

《$\dfrac{f'}{f}$ と log (A5)》

300. 次の定積分を求めよ．

（1） $\displaystyle\int_{-\frac{\pi}{2}}^{\frac{\pi}{2}} \frac{\cos x}{2+\sin x}\,dx = \square$

（2） $\displaystyle\int_0^3 \frac{x+2}{\sqrt{x+1}}\,dx = \square$

（3） $\displaystyle\int_e^{e^2} \log\sqrt{x}\,dx = \square$

（23　茨城大・工）

《$\dfrac{f'}{f}$ (A3)》

301. $\displaystyle\int_{-\frac{\pi}{3}}^{\frac{\pi}{3}} (x+\tan x)\,dx = \square$ であり，

$\displaystyle\int_{-\frac{\pi}{3}}^{\frac{\pi}{3}} |x+\tan x|\,dx = \square$ である．

（23　愛媛大・医，理，工，教）

《$f^{\Xi} f'$ (B20)》

302. 次の問いに答えよ．

（1） すべての実数 x に対して

$\sin 3x = 3\sin x - 4\sin^3 x$,

$\cos 3x = -3\cos x + 4\cos^3 x$

が成り立つことを，加法定理と 2 倍角の公式を用いて示せ．

（2） 実数 θ を，$\dfrac{\pi}{3} < \theta < \dfrac{\pi}{2}$ と $\cos 3\theta = -\dfrac{11}{16}$ を同時に満たすものとする．このとき，$\cos\theta$ を求めよ．

（3） （2）の θ に対して，定積分 $\displaystyle\int_0^{\theta} \sin^5 x\,dx$ を求めよ．

（23　高知大・医，理工）

《対称性の利用と $\dfrac{f'}{f}$ (B20)》

303. 関数

$f(x) = -\cos x + \dfrac{\cos x}{2\sqrt{2}\sin x}$ $(0 < x < \pi)$

について，次の問いに答えよ．

（1） 極限 $\displaystyle\lim_{x \to +0} f(x)$ と $\displaystyle\lim_{x \to \pi - 0} f(x)$ を求めよ．

（2） $f(x)$ の増減を調べ，極値を求めよ．

（3） 定積分 $\displaystyle\int_{\frac{\pi}{4}}^{\frac{3\pi}{4}} |f(x)|\,dx$ の値を求めよ． （23　東京海洋大・海洋工）

《置換積分と部分積分 (B5)》

304. 次の不定積分，定積分を求めよ．

（1） $\displaystyle\int \frac{1}{x\sqrt{1-x}}\,dx$

（2） $\displaystyle\int_0^{\frac{\pi}{2}} x\sin x\cos x\,dx$ （23　広島市立大）

《円の積分 (A2)》

305. 定積分 $\displaystyle\int_{-\sqrt{3}}^{1} \sqrt{4-x^2}\,dx$ を計算しなさい． （23　福島大・共生システム理工）

《サインの置換 (B15)》

306. 次の問いに答えよ．

（1） 定積分 $\displaystyle\int_0^{\frac{1}{2}} \frac{x^3}{\sqrt{1-x^2}}\,dx$ を求めよ．

（2） 定積分 $\displaystyle\int_{-3}^{5} \frac{3x}{\sqrt{6-x}}\,dx$ を求めよ．

（3） 不定積分 $\displaystyle\int \frac{x^2+2x-2}{2x^3+x^2-5x+2}\,dx$ を求めよ． （23　岡山県立大・情報工）

《タンの置換 (B2)》

307. $\displaystyle\int_{\frac{1}{\sqrt{3}}}^{\sqrt{3}} \left(\frac{x}{1+x^2}\right)^2 dx = \frac{\square}{\square}\pi$ である． （23　藤田医科大・医-後期）

《$\dfrac{1}{\cos x}$ (B2)》

308. 定積分 $\displaystyle\int_{-\frac{\pi}{3}}^{\frac{\pi}{3}} \frac{1}{\cos x}\,dx$ の値を求めよ． （23　福岡教育大・中等，初等）

《置換積分・対称性の利用 (B10) ☆》

309. 関数

$$f(x) = \frac{x^2}{1+e^x}$$

について，

$$g(x) = f(x) + f(-x),$$

$$h(x) = f(x) - f(-x)$$

とおく．以下の問いに答えよ．ただし，e は自然対数の底である．

（1） 定積分

$$\int_{-1}^{1} g(x)\,dx$$

の値を求めよ．

（2） $h(x)$ は奇関数であることを示せ．

（3） 定積分

$$\int_{-1}^{1} f(x)\,dx$$

の値を求めよ． （23　愛知教育大・前期）

《置換積分・対称性の利用 (B15)》

310. a, b を定数とする．関数 $f(x)$ について，等式

$$\int_a^b f(x)\,dx = \int_a^b f(a+b-x)\,dx$$

が成り立つことを証明せよ．また，定積分 $\displaystyle\int_1^2 \frac{x^2}{x^2+(3-x)^2}\,dx$ を求めよ． （23　長崎大・前期）

《置換積分・対称性の利用 (B20)》

311. $f(x)=\dfrac{\sin^3 3x}{\sin^3 3x+\cos^3 3x}$ について，$\displaystyle\int_0^{\frac{\pi}{6}}\left\{f(x)-f\left(\frac{\pi}{6}-x\right)\right\}dx=\square$ であるから，

$\displaystyle\int_0^{\frac{\pi}{6}} f(x)\,dx=\frac{\pi}{\square}$ である． (23 藤田医科大・医学部前期)

《置換積分 (B10)》

312. e を自然対数の底とする．関数

$f(x)=(x^7-3x^3)e^{-\frac{x^4}{4}}$

について，次の問いに答えなさい．

（1） 定積分 $I=\displaystyle\int_0^{\sqrt[4]{3}} f(x)\,dx$ の値を求めなさい．

（2） $f'(x)=0$ を満たす実数 x の値をすべて求めなさい．

（3） 関数 $y=f(x)$ の増減を調べて，そのグラフの概形をかきなさい．ただし，凹凸は調べなくてもよい．また，$\displaystyle\lim_{x\to\pm\infty} f(x)=0$ であることと $e<3$ であることは証明せずに用いてもよい． (23 前橋工大・前期)

《微分を用意する (B20)》

313. 以下の問いに答えよ．

（1） 次の関数の導関数を求めよ．ただし，対数は自然対数とする．

（i） $\log\left|x+\sqrt{1+x^2}\right|$

（ii） $\dfrac{1}{2}\left(x\sqrt{1+x^2}+\log\left|x+\sqrt{1+x^2}\right|\right)$

（2） 次の等式を示せ．

$\displaystyle\int_0^{\frac{\pi}{2}}\frac{\cos^3 x}{\sqrt{1+\sin^2 x}}\,dx=\frac{1}{2}\{3\log(1+\sqrt{2})-\sqrt{2}\}$ (23 奈良教育大・前期)

《タンの半角表示 (B20) ☆》

314. 次の問いに答えよ．

（1） $t=\tan\dfrac{x}{2}\ (-\pi<x<\pi)$ とおく．このとき，$\sin x=\dfrac{2t}{1+t^2}$，$\cos x=\dfrac{1-t^2}{1+t^2}$，$\dfrac{dx}{dt}=\dfrac{2}{1+t^2}$ であることを示せ．

（2） 定積分 $\displaystyle\int_0^{\frac{\pi}{2}}\frac{dx}{1+\sin x+\cos x}$ を求めよ．

（3） 2つの定積分 $\displaystyle\int_0^{\frac{\pi}{2}}\frac{1+2\sin x}{1+\sin x+\cos x}\,dx$，$\displaystyle\int_0^{\frac{\pi}{2}}\frac{1+2\cos x}{1+\sin x+\cos x}\,dx$ が等しいことを示せ．

（4） 定積分 $\displaystyle\int_0^{\frac{\pi}{2}}\frac{1+2\sin x}{1+\sin x+\cos x}\,dx$ を求めよ．

（5） 定積分 $\displaystyle\int_0^{\frac{\pi}{2}}\frac{\sin x}{1+\sin x+\cos x}\,dx$ を求めよ． (23 富山大・医，理-数，薬)

《置換とコタン (B15) ☆》

315. 定積分 $\displaystyle\int_{\log\frac{\pi}{4}}^{\log\frac{\pi}{2}}\frac{e^{2x}}{(\sin(e^x))^2}\,dx$ を求めよ． (23 横浜国大・理工，都市科学)

《タンの置換 (B20)》

316. 以下の問いに答えよ．ただし，e は自然対数の底とする．

（1） 等式

$$\frac{1}{(e^x+e^{-x})(1+e^x)(1+e^{-x})}=\frac{a}{e^x+e^{-x}}+\frac{b}{(1+e^x)(1+e^{-x})}$$

が x についての恒等式となる実数 a,b の値を求めよ．

（2） 定積分 $I=\displaystyle\int_0^1\frac{1}{1+x^2}\,dx$ の値を求めよ．

（3） 定積分 $J=\displaystyle\int_0^{\log\sqrt{3}}\frac{1}{e^x+e^{-x}}\,dx$ の値を求めよ．

（4） 定積分

$$K=\int_0^{\log\sqrt{3}}\frac{1}{(e^x+e^{-x})(1+e^x)(1+e^{-x})}\,dx$$

の値を求めよ．（23　工学院大）

《タンの置換（B0）》

317．2つの関数を

$f(x)=x^2(x+1)^2(x-1)^2$, $g(x)=x^2+1$

とおく．$f(x)$ を $g(x)$ で割ったときの商を Q，余りを R とするとき，以下の設問に答えよ．

（1） $0\leqq x\leqq 1$ における $y=f(x)$ の値域を求めよ．

（2） Q と R を求めよ．

（3） $\displaystyle\int_0^1\frac{R}{g(x)}\,dx$ を求めよ．

（4） 円周率が3.2より小さいことを証明せよ．（23　関西医大・後期）

《$(1+x^3)^{-2}$（B0）》

318．以下の問いに答えなさい．

（1） $\displaystyle\int_0^1\frac{1}{1+x^2}dx=\frac{\pi}{\square}$ である．

（2） $\displaystyle\frac{1}{1+x^3}=\frac{1}{a}\left(\frac{1}{1+x}-\frac{x+b}{x^2+cx+d}\right)$ と部分分数に分解するとき，$a=\square$, $b=\square$, $c=\square$, $d=\square$ である．

（3） $\displaystyle I=\int_0^1\frac{1}{1+x^3}dx$

$$=\frac{1}{\square}\left(\log\square+\frac{\pi}{\sqrt{\square}}\right)$$

である．ただし，log は自然対数とする．

（4） $\displaystyle J=\int_0^1\frac{1}{(1+x^3)^2}dx$

$$=\frac{1}{\square}+\frac{\square}{\square}\left(\log\square+\frac{\pi}{\sqrt{\square}}\right)$$

である．ただし，log は自然対数とする．（23　東北医薬大）

《$(\cos x)^{-3}$（B20）》

319．次の問に答えよ．

（1） 等式 $(\tan\theta)'=\dfrac{1}{\cos^2\theta}$ を示せ．また，定積分 $\displaystyle\int_0^{\frac{\pi}{4}}\frac{1}{\cos^2\theta}\,d\theta$ の値を求めよ．

（2） 等式

$$\frac{\cos\theta}{1+\sin\theta}+\frac{\cos\theta}{1-\sin\theta}=\frac{2}{\cos\theta}$$

を示せ．また，定積分 $\displaystyle\int_0^{\frac{\pi}{6}}\frac{1}{\cos\theta}\,d\theta$ の値を求めよ．

（3） 定積分 $\displaystyle\int_0^{\frac{\pi}{6}}\frac{1}{\cos^3\theta}\,d\theta$ の値を求めよ．（23　佐賀大・理工）

《逆関数の利用（B30）》

320．実数 x の区間 $a\leqq x\leqq b$（ただし $0<a<b$）で正の値をとる微分可能な関数 $f(x)$ に対して，微分可能な逆関数 $g(x)$ が存在するとき，定積分 S_1, S_2 を次式で定義する．

$$S_1=\int_a^b f(x)\,dx$$

$$S_2=\int_{f(a)}^{f(b)} g(x)\,dx$$

次の問いに答えよ．

（1） S_1+S_2 を $a,\ b,\ f(a),\ f(b)$ で表せ．

（2） 定積分 $\displaystyle\int_3^{99}\sqrt{\sqrt{1+x}-1}\,dx$ を求めよ．

（3） 定積分 $\displaystyle\int_1^{3}\sqrt{\frac{4}{x}-1}\,dx$ を求めよ． （23 藤田医科大・医学部前期）

《評価する (C30)》

321． 実数 $\displaystyle\int_0^{2023}\frac{2}{x+e^x}\,dx$ の整数部分を求めよ． （23 東工大・前期）

【定積分と不等式】

《0 の周りの展開 (B20) ☆》

322． 以下の問いに答えよ．

（1） $t>0$ のとき，不等式

$$1+t+\frac{1}{2}t^2<e^t<1+t+\frac{1}{2}t^2e^t$$

が成り立つことを証明せよ．

（2） $\displaystyle\lim_{x\to+0}\int_x^{2x}\frac{e^t-1}{t^2}\,dt$ を求めよ．

（3） （2）で求めた値を c とするとき，

$\displaystyle\lim_{x\to+0}\frac{1}{x}\left(\int_x^{2x}\frac{e^t-1}{t^2}\,dt-c\right)$ を求めよ． （23 岐阜薬大）

《積分の上端に注意 (B20) ☆》

323． 以下の問いに答えよ．

（1） α は $\alpha>1$ をみたす実数とする．2 以上の自然数 n に対して，不等式

$$1-\frac{1}{(n+1)^{\alpha-1}}\leqq(\alpha-1)\sum_{k=1}^{n}\frac{1}{k^\alpha}\leqq\alpha-\frac{1}{n^{\alpha-1}}$$

が成り立つことを示せ．

（2） 3 以上の自然数 n に対して，不等式

$$\frac{3}{2}-\log 3\leqq\sum_{k=1}^{n}\frac{1}{k}-\log n\leqq 1$$

が成り立つことを示せ．ただし，$\log x$ は x の自然対数である． （23 北海道大・後期）

《式で挟む (B20)》

324． 定数ではない多項式 $f(x)$ についての不等式

$$(*)\quad \left|f(x)\right|\leqq\int_0^x\sin t\,dt$$

を $0\leqq x\leqq 2\pi$ の範囲で考える．

（1） $f(x)$ の次数は少なくとも 4 であることを示せ．つまり，$0\leqq x\leqq 2\pi$ の範囲で不等式 $(*)$ をみたす 1 次式，2 次式，3 次式は存在しないことを示せ．

（2） $f(x)$ を $0\leqq x\leqq 2\pi$ の範囲で不等式 $(*)$ をみたす 4 次式とするとき，$f'(\pi)=0$ となることを示せ．

（23 熊本大・理-後期）

《挟む式の工夫 (B20)》

325． 以下の問いに答えよ．

（1） α を $\tan\alpha=3$ を満たすような $\dfrac{\pi}{2}$ より小さい正の数とする．定積分 $\displaystyle\int_1^3\frac{1}{(1+x^2)^2}\,dx$ を α の式で表せ．

（2） n を 2 以上の自然数とする．定積分 $\displaystyle\int_1^2\frac{x}{(1+x^2)^n}\,dx$ を n の式で表せ．

（3） 極限値 $\displaystyle\lim_{n\to\infty}\int_1^2\left(\frac{2}{1+x^2}\right)^n dx$ を求めよ． （23 三重大・工）

《π を抑える (B0)》

326．（1） 定積分 $\displaystyle\int_0^1\frac{dx}{1+x^2}$ を求めよ．

（2） $0\leqq x\leqq 1$ のとき，$\dfrac{1}{1+x^2}-1+\dfrac{1}{2}x\geqq 0$ が成り立つことを証明せよ．

（3）（2）を用いて，$\pi > 3$ であることを証明せよ．（23　芝浦工大・前期）

《分数関数で π を抑える (B20) ☆》

327．次の問いに答えよ．ただし，$\sqrt{3} > 1.73$ である．

（1）$x = \tan t$ のとき，$\dfrac{1}{1+x^2}$ を $\cos t$ を用いて表せ．

（2）定積分 $\displaystyle\int_0^{\frac{1}{\sqrt{3}}} \frac{1}{1+x^2}\,dx$ を求めよ．

（3）すべての実数 x に対して，$\dfrac{1}{1+x^2} \geqq 1 + ax^2$ が成り立つような実数 a の最大値を求めよ．

（4）円周率は 3.07 より大きいことを示せ．（23　和歌山大・システム工）

《$(\log x)^n$ の漸化式 (B20)》

328．$a_n = \dfrac{1}{n!}\displaystyle\int_1^e (\log x)^n\,dx$ $(n = 1, 2, 3, \cdots)$ とおく．

（1）a_1 を求めよ．

（2）不等式 $0 \leqq a_n \leqq \dfrac{e-1}{n!}$ が成り立つことを示せ．

（3）$n \geqq 2$ のとき，$a_n = \dfrac{e}{n!} - a_{n-1}$ であることを示せ．

（4）$\displaystyle\lim_{n\to\infty}\sum_{k=2}^{n}\frac{(-1)^k}{k!}$ を求めよ．（23　青学大・理工）

《$x^n e^x$ の漸化式 (B20)》

329．定積分

$$I_n = \int_0^1 x^n e^x\,dx \ (n = 1, 2, 3, \cdots)$$

を考える．ただし，e を自然対数の底とする．以下の問に答えよ．

（1）I_1, I_2 を求めよ．

（2）I_n は 2 つの整数 a_n, b_n を用いて

$I_n = a_n + b_n e$ と表せることを数学的帰納法を用いて示せ．

（3）（2）における b_n について，$n \geqq 3$ のとき，b_n は $n-1$ の倍数であることを示せ．

（4）I_6, I_7 を求めよ．また，$2.71 < e < 2.72$ を示せ．（23　岐阜大・工）

《置換をすると見える (C30) ☆》

330．（1）正の整数 k に対し，

$$A_k = \int_{\sqrt{k\pi}}^{\sqrt{(k+1)\pi}} \left|\sin(x^2)\right|\,dx$$

とおく．次の不等式が成り立つことを示せ．

$$\frac{1}{\sqrt{(k+1)\pi}} \leqq A_k \leqq \frac{1}{\sqrt{k\pi}}$$

（2）正の整数 n に対し，

$$B_n = \frac{1}{\sqrt{n}}\int_{\sqrt{n\pi}}^{\sqrt{2n\pi}} \left|\sin(x^2)\right|\,dx$$

とおく．極限 $\displaystyle\lim_{n\to\infty} B_n$ を求めよ．（23　東大・理科）

《珍しい級数 (B25)》

331．以下の問いに答えよ．

（1）次の式が成り立つことを示せ．

$$\lim_{n\to\infty}\frac{1}{\log n}\sum_{m=1}^{n}\frac{1}{m} = 1$$

（2）数列 $\{a_n\}$ を

$$a_n = \int_0^1 \frac{x^{n-1}}{\sqrt{x+1}}\,dx \quad (n = 1, 2, 3, \cdots)$$

と定める．正の整数 n に対して，部分積分を用いて次の式が成り立つことを示せ．

$$a_n = \frac{1}{\sqrt{2}n} + \frac{1}{4\sqrt{2}n(n+1)}$$

$$+\frac{3}{4n(n+1)}\int_0^1 \frac{x^{n+1}}{(x+1)^{\frac{5}{2}}}\,dx$$

（3） 設問（2）で定めた数列 $\{a_n\}$ を用いて

$$b_n=\frac{1}{\log n}\sum_{m=1}^{n} a_m \quad (n=2,\ 3,\ 4,\ \cdots)$$

とおくとき，極限値 $\lim_{n\to\infty} b_n$ を求めよ． （23　東北大・理系-後期）

【区分求積】

《x^2 の積分（A2）》

332. $\lim_{n\to\infty}\frac{1}{n^3}\sum_{k=1}^{2n}k^2=\square$ である． （23　北見工大・後期）

《x^4 の積分（A2）》

333. $\lim_{n\to\infty}\frac{1+2^4+3^4+\cdots+n^4}{n^5}=\square$

（23　明治大・総合数理）

《x^m の積分（B5）》

334. $m,\ n$ を自然数として，$S_n(m)=\sum_{k=1}^{n}k^m$ とする．このとき，$\lim_{n\to\infty}\frac{\{S_n(1)\}^3}{\{S_n(2)\}^2}=\frac{\square}{\square}$，および $\lim_{n\to\infty}\frac{\{S_n(3)\}^3}{\{S_n(5)\}^2}=$

$\frac{\square}{\square}$ が成り立つ． （23　東邦大・医）

《$\log(1+x)$ の積分（B2）》

335. 極限 $\lim_{n\to\infty}\frac{1}{n^2}\sum_{k=1}^{n}k\log\left(\frac{n+k}{n}\right)$ の値を求めよ．ただし，対数は自然対数とする． （23　福岡教育大・中等）

《$x^3,\ \sin x$ の積分（A10）》

336. $\lim_{n\to\infty}\frac{1^3+2^3+3^3+\cdots+n^3}{n^4}=\square$，

$\lim_{n\to\infty}\frac{1}{n}\left(\sin\frac{\pi}{n}+\sin\frac{2\pi}{n}+\sin\frac{3\pi}{n}+\cdots+\sin\frac{n\pi}{n}\right)=\square$ （23　愛知工大・理系）

《2^x の積分（B5）☆》

337. $\lim_{n\to\infty}\frac{1}{n}\left(\sqrt[n]{2}+\sqrt[n]{2^2}+\sqrt[n]{2^3}+\cdots+\sqrt[n]{2^n}\right)$ を求めよ． （23　会津大）

《$\frac{1}{\sin x}$ の積分（B10）》

338. 極限値 $\lim_{n\to\infty}\frac{1}{n}\sum_{k=2n+1}^{3n}\frac{1}{\sin\frac{\pi k}{6n}}$ を求めよ． （23　電気通信大・後期）

《$\frac{x}{x^2+1}$ の積分（A5）》

339. 次の極限値 S を求めよ．

$$S=\lim_{n\to\infty}\sum_{k=1}^{n}\frac{k}{k^2+n^2}$$

$$=\lim_{n\to\infty}\left(\frac{1}{1+n^2}+\frac{2}{4+n^2}+\cdots+\frac{n}{n^2+n^2}\right)$$

（23　福井大・工-後）

《区分求積の誤差（C30）☆》

340. 関数 $f(x)$ は第2次導関数をもち，$0\leqq x\leqq 1$ の範囲で $f''(x)\geqq 0$ を満たすとする．自然数 n に対して，

$$S_n=\sum_{k=0}^{n-1}\int_{\frac{k}{n}}^{\frac{k+1}{n}}\left\{\left(x-\frac{k}{n}\right)f'\left(\frac{k}{n}\right)+f\left(\frac{k}{n}\right)\right\}dx$$

$$T_n=\sum_{k=0}^{n-1}\int_{\frac{k}{n}}^{\frac{k+1}{n}}\left\{\left(x-\frac{k}{n}\right)f'\left(\frac{k+1}{n}\right)+f\left(\frac{k}{n}\right)\right\}dx$$

と定める．次の問いに答えよ．

（1） $0\leqq a<b\leqq 1$ とするとき，$a\leqq x\leqq b$ の範囲で

$$(x-a)f'(a)+f(a)\leqq f(x)$$

$\leqq (x-a)f'(b)+f(a)$

が成り立つことを示せ．

（2） $S_n \leqq \int_0^1 f(x)\,dx \leqq T_n$ を示せ．

（3） $p=f(0),\ q=f(1)$ とおくとき，

$\lim_{n\to\infty}\left\{n\int_0^1 f(x)\,dx-\sum_{k=0}^{n-1} f\left(\frac{k}{n}\right)\right\}$ を p と q を用いて表せ． （23 大阪公立大・理-後）

《$\sqrt{x}$ の積分 (B20) ☆》

341．次の問いに答えよ．

（1） L を 2 以上の自然数とする．各辺の長さが自然数で，3 辺の長さの和が $4L$ である二等辺三角形の個数 $N(L)$ を求めよ．ただし，合同な三角形は同じとみなし，重複して数えない．

（2） （1）のような $N(L)$ 個の二等辺三角形の面積の平均値を $S(L)$ とする．このとき，極限

$$\lim_{L\to\infty}\frac{S(L)}{L^2}$$

を求めよ． （23 信州大・理）

《$\sqrt{x}$ の積分 (B20)》

342．数列 $\{a_n\}$ は，すべての項が正であり，

$$\sum_{k=1}^{n} {a_k}^2 = 2n^2+n\ (n=1,\ 2,\ 3,\ \cdots)$$

を満たすとする．$S_n=\sum_{k=1}^{n} a_k$ とおくとき，

$\lim_{n\to\infty}\frac{S_n}{n\sqrt{n}}$ を求めよ． （23 信州大・医，工）

《空間で四角形 (B10)》

343．xyz 空間の 4 点

A(1, 0, 0)，B(0, 1, 0)，C(0, 0, 1)，D(1, 1, 1)

を頂点とする四面体 ABCD を考える．また，

$n,\ k$ を $0<k<n$ を満たす整数とする．

平面 $\alpha : z=\frac{k}{n}$ による四面体 ABCD の切り口の面積を $S(k)$ とするとき，以下の問に答えよ．

（1） 平面 α と線分 AC の交点の座標と，平面 α と線分 AD の交点の座標を求めよ．

（2） $S(k)$ を $n,\ k$ を用いて表せ．

（3） 極限値 $\lim_{n\to\infty}\frac{1}{n}\sum_{k=1}^{n-1} S(k)$ を求めよ． （23 青学大・理工）

《3 次関数の逆関数 (B20) ☆》

344．定義域が実数全体である関数

$y=2x^3-3x^2+2x$

の逆関数を $y=g(x)$ とする．

（1） $g(8)=\square$ であり，$g'(8)=\frac{\square}{\square}$ である．

（2） 曲線 $y=g(x)$ と直線 $y=x$ の交点の x 座標の値を小さい順に並べると，$\square,\ \frac{\square}{\square},\ \square$ である．

（3） 曲線 $y=g(x)$ と直線 $y=x$ で囲まれた部分の面積は $\frac{\square}{\square}$ である． （23 埼玉医大・後期）

《指数関数の逆関数 (B10) ☆》

345．実数全体で定義された関数 $f(x)=2^x-1$ を考える．

（1） 関数 $y=f(x)$ の逆関数 $y=f^{-1}(x)$ を求めよ．またその定義域を求めよ．

（2） 2つの曲線 $y=f(x)$ と $y=f^{-1}(x)$ の共有点の座標をすべて求めよ．

（3） 2つの曲線 $y=f(x)$ と $y=f^{-1}(x)$ で囲まれた部分の面積を求めよ． （23 鹿児島大・教）

《双曲線関数（B15）☆》

346． 実数全体を定義域とする関数 $y=f(x)$ を $f(x)=\dfrac{e^x-e^{-x}}{e^x+e^{-x}}$ で定義する．このとき，以下の設問に答えよ．

（1） 関数 $y=f(x)$ の値域を求めよ．

（2） 関数 $y=f(x)$ の逆関数 $y=f^{-1}(x)$ を求めよ．

（3） $y=f(x)$ のグラフと直線 $y=\dfrac{1}{2}$ および y 軸で囲まれた部分の面積を求めよ． （23 東京女子大・数理）

《指数関数と対数関数（B20）》

347． 実数 x に対して関数 $f(x)$ を

$f(x)=e^{x-2}$

で定め，正の実数 x に対して関数 $g(x)$ を

$g(x)=\log x+2$

で定める．また $y=f(x),\ y=g(x)$ のグラフをそれぞれ $C_1,\ C_2$ とする．以下の問に答えよ．

（1） $f(x)$ と $g(x)$ がそれぞれ互いの逆関数であることを示せ．

（2） 直線 $y=x$ と C_1 が2点で交わることを示せ．ただし，必要なら $2<e<3$ を証明しないで用いてよい．

（3） 直線 $y=x$ と C_1 との2つの交点の x 座標を $\alpha,\ \beta$ とする．ただし $\alpha<\beta$ とする．直線 $y=x$ と $C_1,\ C_2$ をすべて同じ xy 平面上に図示せよ．

（4） C_1 と C_2 で囲まれる図形の面積を（3）の α と β の多項式で表せ． （23 早稲田大・理工）

《無理関数と接線（B5）☆》

348． 関数 $f(x)=\dfrac{1}{\sqrt{x+1}}$ を考える．

曲線 $C:y=f(x)$ 上の点 $(1,\ f(1))$ における接線を l とする．次の問いに答えよ．

（1） 関数 $f(x)$ の導関数と第2次導関数を求めよ．

（2） 直線 l の方程式を求めよ．

（3） 曲線 C と直線 l，および y 軸で囲まれた部分の面積を求めよ． （23 弘前大・医（保健-放射線技術））

《2つの無理関数（B10）☆》

349． a を $a>0$ を満たす定数とする．2つの関数

$$f(x)=\sqrt{|x-a|}\ (x\geqq 0),$$

$$g(x)=\left|\sqrt{x}-\sqrt{a}\right|\ (x\geqq 0)$$

について，次の問いに答えなさい．

（1） $\{f(x)\}^4-\{g(x)\}^4$ を計算することにより，$x\geqq 0$ のとき $f(x)\geqq g(x)$ が成り立つことを示しなさい．また，$f(x)=g(x)$ を満たす x の値をすべて求めなさい．

（2） 座標平面において，不等式 $0\leqq x\leqq 2a,\ g(x)\leqq y\leqq f(x)$ の表す領域の面積 S を a を用いて表しなさい．

（23 前橋工大・前期）

《斜めの放物線（B5）☆》

350． 方程式 $\sqrt{x}+\sqrt{y}=1$ で定められる x の関数 y について，以下の問いに答えよ．（1）では，空欄に入れるのに適する数値または式を解答箇所に記せ．証明や説明は必要としない．（2）と（3）では，答えを導く過程も示すこと．

（1）（i） 関数 y の定義域は $\square\leqq x\leqq\square$ である．

（ii） 関数 $y\ (x>0)$ の導関数を求めると $\dfrac{dy}{dx}=\square$ となる．

（2） 関数 y について，増減表を求め，グラフの概形を図示せよ．

（3） 曲線 $\sqrt{x}+\sqrt{y}=1$ と x 軸，y 軸とで囲まれた領域の面積を求めよ． （23 北九州市立大・前期）

《基本的面積（B10）☆》

351． 関数 $y=x\sqrt{9-x^2}$ に対して，次の問いに答えよ．

（1） 増減を調べてこの関数のグラフの概形をかけ．

（2） この関数のグラフと x 軸で囲まれてできる図形の面積を求めよ． （23 琉球大・理-後）

《サインでの置換 (B20)》

352．関数 $f(x)=x^2+2x^2\sqrt{2-x^2}$ $(0\leqq x\leqq\sqrt{2})$ に対して，$y=f(x)$ の表す曲線を C とする．次の問いに答えよ．

（1） $f(x)$ の増減，極値を調べ，C の概形を描け．ただし，C の凹凸，変曲点は調べなくてよい．

（2） C と x 軸と直線 $x=1$ および $x=\sqrt{2}$ で囲まれた部分の面積を求めよ． （23 横浜国大・理工，都市科学）

《法線とで囲む面積 (B20) ☆》

353．xy 平面上の曲線

$$C: y=\frac{1}{x} \quad (x>0)$$

を考える．次の問いに答えよ．

（1） 点 $\left(t,\ \dfrac{1}{t}\right)$ $(t>0)$ における C の法線の方程式を求めよ．

（2） 点 (k, k) を通る C の法線が直線 $y=x$ のほかにちょうど 2 本存在するような実数 k の範囲を求めよ．

（3） 点 $\left(\dfrac{5}{2},\ \dfrac{5}{2}\right)$ を通る C の法線であって，$y=x$ と異なるものは 2 本ある．これら 2 本の法線と C で囲まれた図形の面積を求めよ． （23 埼玉大・理系）

《直線と囲む面積 (B15)》

354．座標平面上の曲線 C を

$$C: y=\frac{3}{x}-8 \quad (x>0)$$

で定める．また，p を正の数とし，点 $\left(p,\ \dfrac{3}{p}-8\right)$ における C の接線を l とする．さらに，a を実数とし，直線 $y=ax$ を m とする．このとき，次の問（1）〜（5）に答えよ．

（1） l の方程式を求めよ．

（2） l が原点を通るとき，p の値を求めよ．

（3） C と m が異なる 2 点 P, Q を共有するとき，a の値の範囲を求めよ．

（4） （3）のとき，Q の x 座標 x_0 は P の x 座標 x_1 よりも大きいとする．$x_0-x_1=1$ であるときの a の値を求めよ．

（5） （4）のとき，C と直線 m で囲まれる図形の面積 S を求めよ． （23 立教大・数学）

《tan の置換 (B20)》

355．関数 $f(x)=\log\dfrac{3x+3}{x^2+3}$ について，次の問いに答えよ．

（1） $y=f(x)$ のグラフの概形をかけ．ただし，グラフの凹凸は調べなくてよい．

（2） s を定数とするとき，次の x についての方程式 (*) の異なる実数解の個数を調べよ．

(*) $f(x)=s$

（3） 定積分 $\displaystyle\int_0^3\frac{2x^2}{x^2+3}\,dx$ の値を求めよ．

（4） （2）の (*) が実数解をもつ s に対して，（2）の (*) の実数解のうち最大のものから最小のものを引いた差を $g(s)$ とする．ただし，（2）の (*) の実数解が一つだけであるときには $g(s)=0$ とする．関数 $f(x)$ の最大値を α とおくとき，定積分 $\displaystyle\int_0^{\alpha}g(s)\,ds$ の値を求めよ． （23 広島大・理系）

《分数関数の漸近線 (B15) ☆》

356．$f(x)=x+2+\dfrac{2}{x-1}$ $(x\neq 1)$ とする．以下の各問に答えよ．

（1） 関数 $y=f(x)$ の増減，極値，グラフと x 軸との交点，グラフの凹凸，変曲点，漸近線を調べ，グラフの概形をかけ．

（2） k を実数の定数とする．方程式 $f(x)=k$ の異なる実数解の個数を求めよ．

（3） 曲線 $y=\log f(x)$ $(x>1)$ と直線 $y=\log 6$ で囲まれた部分の面積 S を求めよ．ただし，対数は自然対数とする． （23 茨城大・理）

《接線と面積 (B20) ☆》

357. 関数 $f(x) = \dfrac{x}{1+x^2}$ および座標平面上の原点Oを通る曲線 $C : y = f(x)$ について，次の各問に答えよ．

（1） $f(x)$ の導関数 $f'(x)$ および第2次導関数 $f''(x)$ を求めよ．

（2） 直線 $y = ax$ が曲線 C にOで接するときの定数 a の値を求めよ．また，このとき，$x > 0$ において，$ax > f(x)$ が成り立つことを示せ．

（3） 関数 $f(x)$ の増減，極値，曲線 C の凹凸，変曲点および漸近線を調べて，曲線 C の概形をかけ．

（4） （2）で求めた a の値に対し，曲線 C と直線 $y = ax$ および直線 $x = \sqrt{3}$ で囲まれた部分の面積 S を求めよ．

（23　宮崎大・工）

《直線を引いて調べる (B20) ☆》

358. 関数 $f(x) = x^2 - \dfrac{1}{x}$ について，$y = f(x)$ のグラフを C とする．k を実数とし，C 上の点 A(1, 0) を通り傾きが k の直線を l とする．以下の問いに答えよ．

（1） $f(x)$ の増減，極値，および凹凸を調べ，C の概形をかけ．

（2） C と直線 l の共有点が2つであるとき，k の値を求めよ．

（3） C と直線 l の共有点が3つであるとき，3つの共有点の x 座標がすべて正であるような k の条件を求めよ．

（4） k が（3）で求めた条件をみたすとする．曲線 $y = f(x)$ $(x > 0)$ と直線 l で囲まれる2つの部分の面積の和を k を用いて表せ．

（23　奈良女子大・理）

《文字定数は分離 (B20)》

359. 関数

$$f(x) = \frac{2x^3 + x^2 - 4x - 3}{x^2 - 3}$$

に関する次の問いに答えよ．

（1） $f(x)$ の極値を求めよ．

（2） 曲線 $y = f(x)$ と x 軸で囲まれた図形の面積 S を求めよ．

（3） m を定数とするとき，曲線 $y = f(x)$ と直線 $y = mx + 1$ の共有点の個数を求めよ．

（23　名古屋工大）

《基本的配置 (B15)》

360. 関数 $f(x) = \dfrac{x}{x^2+1}$ $(x \geqq 0)$ について，以下の問いに答えよ．

（1） 極限 $\displaystyle\lim_{x\to\infty} f(x)$ を求めよ．

（2） $f(x)$ の増減を調べ，$y = f(x)$ のグラフをかけ．（1）の結果にも注意すること．なお，グラフの凹凸を調べる必要はない．

（3） a は正の実数とする．曲線 $y = f(x)$ と x 軸および直線 $x = a$ で囲まれた部分の面積を S，曲線 $y = f(x)$ と x 軸および2直線 $x = a$, $x = 2a$ で囲まれた部分の面積を T とする．$S = T$ のとき，a の値を求めよ．

（23　小樽商大）

《x 軸と囲む面積 (B20)》

361. $f(x) = \dfrac{2x^2 - x - 1}{x^2 + 2x + 2}$ とする．

（1） $\displaystyle\lim_{x\to-\infty} f(x)$ および $\displaystyle\lim_{x\to\infty} f(x)$ を求めよ．

（2） 導関数 $f'(x)$ を求めよ．

（3） 関数 $y = f(x)$ の最大値と最小値を求めよ．

（4） 曲線 $y = f(x)$ と x 軸で囲まれた部分の面積を求めよ．

（23　徳島大・医，歯，薬，理工）

《接線と面積 (B20)》

362. $f(x) = \dfrac{8x}{x^2+1}$ とする．原点をOとする座標平面において，曲線 $y = f(x)$ の変曲点のうち，x 座標が正であるものをAとする．曲線 $y = f(x)$ 上の点Aにおける接線と x 軸との交点をBとする．次の問いに答えよ．

（1） 関数 $y = f(x)$ の増減，グラフの凹凸を調べて，グラフを図示せよ．

（2） 三角形OABの面積 S_1 を求めよ．

（3） 曲線 $y = f(x)$ と直線OAで囲まれた図形のうち，$x \geqq 0$ の部分の面積 S_2 を求めよ．また，S_2 と（2）の

S_1 の大小関係を示せ．必要ならば，自然対数の底 e が 2.718… であることを用いてよい．

（23　岡山県立大・情報工）

《線分の動き (C30)》

363．関数 $f(x)=-\frac{1}{2}x-\frac{4}{6x+1}$ について，以下の問いに答えよ．

（1）曲線 $y=f(x)$ の接線で，傾きが 1 であり，かつ接点の x 座標が正であるものの方程式を求めよ．

（2）座標平面上の 2 点 $\mathrm{P}(x,\ f(x))$，

$\mathrm{Q}(x+1,\ f(x)+1)$ を考える．x が $0 \leqq x \leqq 2$ の範囲を動くとき，線分 PQ が通過してできる図形 S の概形を描け．また S の面積を求めよ．

（23　東北大・理系）

《頻出の構図 (B10) ☆》

364．曲線 $y=e^{-2x}$ を C とし，x 軸上の点 P_n，C 上の点 Q_n $(n=1,2,3,\cdots)$ を次のように定める．

- P_1 は原点とする．
- 点 P_n を通り y 軸に平行な直線と曲線 C の交点を Q_n とする．
- 点 Q_n における C の接線を L_n とし，L_n と x 軸との交点を P_{n+1} とする．

このとき，次の問いに答えよ．

（1）点 P_n の x 座標を x_n とするとき，L_n の方程式を x_n を用いて表し，x_{n+1} を x_n で表せ．また，x_n を求めよ．

（2）直線 L_n，直線 $\mathrm{P}_{n+1}\mathrm{Q}_{n+1}$，および曲線 C で囲まれた図形の面積を S_n とする．S_n を求めよ．

（3）無限級数 $\sum_{n=1}^{\infty} S_n$ の和を求めよ．

（23　津田塾大・学芸-数学）

《指数関数と接線 (B10) ☆》

365．関数 $f(x)$ を $f(x)=2xe^x$ と定める．曲線 $y=f(x)$ の点 $(2,\ f(2))$ における接線を l とする．ただし，e は自然対数の底とする．

（1）接線 l の方程式を求めよ．

（2）不定積分 $\int f(x)\,dx$ を求めよ．

（3）曲線 $y=f(x)$ と x 軸および接線 l で囲まれた図形の面積 S を求めよ．

（23　室蘭工業大）

《曲線と直線で囲む面積 (B2) ☆》

366．関数 $f(x)=3e^{-x}-e^{-2x}$ について，次の問いに答えよ．

（1）$f'(x)$，$f''(x)$ を求めよ．

（2）関数 $f(x)$ の増減，極値と，曲線 $y=f(x)$ の変曲点，凹凸を調べよ．

（3）k を実数とするとき，方程式 $f(x)=k$ を満たす解の個数を調べよ．

（4）曲線 $y=f(x)$ と直線 $y=2$ で囲まれた部分の面積を求めよ．

（23　広島市立大）

《x 軸と囲む面積 (B20)》

367．a,b を定数とする．関数

$$f(x)=\frac{e^{2x}+ae^x+b}{e^x+1}$$

に対し，曲線 $y=f(x)$ と x 軸との共有点は点 $(0,0)$ と点 $(\log 7,0)$ の 2 点である．このとき，次の問に答えよ．

（1）a,b の値を求めよ．

（2）関数 $f(x)$ の極値を求めよ．

（3）曲線 $y=f(x)$ と x 軸で囲まれた部分の面積を求めよ．

（23　名城大・情報工，理工）

《易しい曲線 (B10) ☆》

368．$f(x)=|x-1|e^x$ とする．次の問いに答えよ．ただし，e は自然対数の底とする．

（1）関数 $f(x)$ は $x=1$ において微分可能でないことを示せ．

（2）関数 $f(x)$ の極値を求めよ．

（3）$g(x)=2xe^x$ とする．2 つの曲線

$y=f(x)$，$y=g(x)$ と y 軸によって囲まれた部分の面積を求めよ．

（23　福岡教育大・中等）

《2 曲線と y 軸 (B20)》

369. 実数全体を定義域とする関数

$f(x)=(\sin x-\cos^2 x)e^{\sin x}+2e$

を考える.

（1） 関数 $f(x)$ の最大値および最小値を求めよ.

（2） xy 平面内において $y=f(x)$ のグラフと x 軸，y 軸，および直線 $x=\dfrac{\pi}{2}$ で囲まれた部分の面積を求めよ.

（23　京都工繊大・後期）

《少し考えにくい積分 (B20)》

370. xy 平面上において，不等式

$(ye^x)^2 \leqq (\sin 2x)^2,\ 0 \leqq x \leqq \pi$

の表す領域を D とし，領域 D と直線 $x=a$ の共通部分の線分の長さを $l(a)$ とする．以下の問に答えよ.

（1） $l(a)$ が $a=a_0$ で最大となるとき，$\tan a_0$ の値を求めよ.

（2） 領域 D の面積を求めよ.　（23　群馬大・医）

《2 曲線が接する (B20) ☆》

371. $x \geqq 0$ で定義される 2 つの曲線 $y=x^a$ と $y=e^{bx}$ が点 P において接している．a, b は正の実数とし，$a \leqq e$ である．e は自然対数の底とする．以下の問いに答えよ.

（1） 点 P の座標を a のみを用いて表せ．また，点 P が取り得る範囲を xy 平面に図示せよ.

（2） $y=e^{bx}$ が $y=\sqrt{2x}$ と点 Q において接している．このとき，a の値と点 Q の座標を求めよ.

（3） a が（2）で求めた値のとき，$y=x^a$ と $y=e^{bx}$ と $y=\sqrt{2x}$ に囲まれた領域の面積 S を求めよ.

（23　九大・後期）

《2 曲線が接する (B15)》

372. a, b を正の数とし，座標平面上の曲線 $C_1: y=e^{ax}$，$C_2: y=\sqrt{2x-b}$ を考える．次の問いに答えよ.

（1） 関数 $y=e^{ax}$ と関数 $y=\sqrt{2x-b}$ の導関数を求めよ.

（2） 曲線 C_1 と曲線 C_2 が 1 点 P を共有し，その点において共通の接線をもつとする．このとき，b と点 P の座標を a を用いて表せ.

（3）（2）において，曲線 C_1，曲線 C_2, x 軸，y 軸で囲まれる図形の面積を a を用いて表せ.（23　新潟大・前期）

《直線と囲む面積 (B20) ☆》

373. a を実数とし，$f(x)=xe^{-|x|}$, $g(x)=ax$ とおく．次の問いに答えよ.

（1） $f(x)$ の増減を調べ，$y=f(x)$ のグラフの概形をかけ．ただし，$\displaystyle\lim_{x\to\infty} xe^{-x}=0$ は証明なしに用いてよい.

（2） $0<a<1$ のとき，曲線 $y=f(x)$ と直線 $y=g(x)$ で囲まれた 2 つの部分の面積の和を求めよ.（23　琉球大）

《解を方程式で抑える (B20)》

374. n を 2 以上の自然数とする．$x>0$ において関数 $f_n(x)$ を,

$f_n(x)=x^{n-1}e^{-x}$

と定義する．また，関数 $f_n(x)$ の最大値を m_n とする.

（1） m_n を n を用いて表せ.

（2） $x>0$ であるとき，$xf_n(x) \leqq m_{n+1}$ が成り立つことを利用して，極限値 $\displaystyle\lim_{x\to\infty} f_n(x)$ を求めよ.

a を正の実数とするとき，x に関する方程式

$x=ae^x$ ……………………………………………………①

を考える.

（3） 方程式 ① における正の実数解の個数を調べよ.

以下，方程式 ① が，相異なる 2 つの正の実数解 α, β を持ち，$\beta-\alpha=\log 2$ をみたす場合を考える.

（4） α, β, a を求めよ.

（5） xy 平面上において $y=f_2(x)$ と $y=a$ で囲まれた領域の面積を求めよ.　（23　札幌医大）

《接線と囲む面積 (B20)》

375. $f(x)=(x^2-1)e^{-x}$ として，曲線 $y=f(x)$ 上の点 $(1, 0)$ における接線を l とする．このとき，曲線

$y=f(x)$ と接線 l の共有点は2個である．2個の共有点の中で点 $(1,\ 0)$ とは異なる点を $(t,\ f(t))$ とする．

（1） 接線 l の方程式を求めよ．

（2） 不定積分 $\int xe^{-x}\,dx$ を求めよ．

（3） 不定積分 $\int (x^2-1)e^{-x}\,dx$ を求めよ．

（4） $t<0$ であることを示し，曲線 $y=f(x)\ (x\geqq 0)$ と接線 l および y 軸で囲まれた図形の面積を求めよ．ただし，自然対数の底 e は $2<e<3$ であることを利用してもよい．（23　徳島大・理工）

《領域と最大最小 (B15)》

376． 平面上で不等式

$e^x+e^{-x}-4\leqq y\leqq 4-e^x-e^{-x}$

が定める領域を D とする．

（1） D の概形を図示せよ．

（2） D の面積を求めよ．

（3） 点 $(x,\ y)$ が D 内を動くとき，$x+y$ の最小値と最大値を求めよ．また，最小値を与える $x,\ y$，および最大値を与える $x,\ y$ を求めよ．（23　学習院大・理）

《2つの関係にせよ (B20)》

377． 関数 $f(x)=2^x-x^2$ について考える．必要ならば，

$0.6<\log 2<0.7,\ -0.4<\log(\log 2)<-0.3$

を用いてよい．

（1） $f(x)$ は区間 $x\geqq 4$ で増加することを示せ．

（2） 方程式 $f'(x)=0$ の異なる実数解の個数を求めよ．

（3） 方程式 $f(x)=0$ の異なる実数解の個数を求めよ．

（4） 方程式 $f(x)=0$ の実数解のうち，最小のものを p とする．このとき，曲線 $y=f(x)$ の $x\leqq 0$ の部分，放物線 $y=-x^2+\dfrac{2}{\log 2}x$，および2つの直線 $x=p,\ x=0$ で囲まれた図形の面積を求めよ．（23　北里大・医）

《3本の接線を引く (B25)》

378． 関数 $f(x)=\dfrac{x}{e^x}$ について，以下の問いに答えよ．ただし，e は自然対数の底とし，任意の自然数 n に対して $\displaystyle\lim_{x\to\infty}\frac{x^n}{e^x}=0$ が成り立つことを用いてよい．

（1） $f(x)$ の増減，凹凸を調べて，$y=f(x)$ のグラフをかけ．

（2） 曲線 $y=f(x)$ の変曲点における接線と曲線 $y=f(x)$，y 軸で囲まれた図形の面積を求めよ．

（3） 点 $\mathrm{P}(0,\ a)$ から曲線 $y=f(x)$ に3本の接線を引くことができるとき，実数 a のとり得る値の範囲を求めよ．（23　大阪医薬大・後期）

《和と差を計算する (B20)》

379． 関数 $f(x)=e^{2x}+e^{-2x}-4,\ g(x)=e^x+e^{-x}$ に対して，2つの曲線 $C_1,\ C_2$ を

$$C_1: y=f(x),\quad C_2: y=g(x)$$

とする．このとき，次の問（1）～（5）に答えよ．

（1） $g(x)$ の最小値を求めよ．

（2） $t=e^x+e^{-x}$ とおくとき，$f(x)$ を t を用いて表せ．

（3） C_1 と C_2 の共有点の y 座標を求めよ．

（4） $f(x)\leqq g(x)$ となる x の値の範囲を求めよ．

（5） C_1 と C_2 で囲まれた図形の面積 S を求めよ．（23　立教大・数学）

《減衰振動の関数 (B10)》

380． $f(x)=e^x(\cos x-\sin x)$ について，以下の問いに答えよ．

（1） $f'(x)$，$f''(x)$ を求めよ．

（2） $-\frac{3\pi}{4} \leqq x \leqq \frac{\pi}{4}$ の範囲で $f(x)$ の増減および凹凸を調べ，$y=f(x)$ のグラフの概形をかけ．また，変曲点も求めよ．

（3） $-\frac{3\pi}{4} \leqq x \leqq \frac{\pi}{4}$ の範囲で $y=f(x)$ のグラフと x 軸で囲まれる部分の面積を求めよ．（23　東北学院大・工）

《減衰振動的関数（B20）》

381．関数 $f(x)=e^x\sin(e^x)$ について，以下の問いに答えよ．ただし，e は自然対数の底とする．

（1） 曲線 $y=f(x)$ と x 軸との共有点を，x 座標の小さい方から順に $A_1, A_2, A_3, \cdots$ とし，$A_n\ (n=1, 2, 3, \cdots)$ の x 座標を a_n とする．また，線分 A_nA_{n+1} と曲線 $y=f(x)$ で囲まれた図形の面積を S_n とする．a_n と S_n を求めよ．

（2） A_n における曲線 $y=f(x)$ の接線と x 軸，y 軸で囲まれた図形の面積を T_n とする．$\lim_{n\to\infty}\frac{T_{n+1}}{T_n}$ を求めよ．

（3） $a_n<x<a_{n+1}$ における曲線 $y=|f(x)|$ と曲線 $y=e^x$ との共有点を B_n とし，$\triangle A_nA_{n+1}B_n$ の面積を U_n とする．$\lim_{n\to\infty}U_n$ を求めよ．（23　大阪医薬大・前期）

《接線と面積（B5）☆》

382．曲線 $C: y=\log x$ 上の点 $(a, \log a)\ (a>1)$ での接線 l を考える．

（1） l の方程式を求めよ．

（2） l が原点を通るとき，a の値を求めよ．

（3） 定積分

$$\int_1^e \log x\,dx$$

を求めよ．

（4） （2）のとき，C と l と x 軸とで囲まれた部分の面積 S を求めよ．（23　南山大・理系）

《基本的構図（B10）☆》

383．関数 $f(x)=\frac{\log x}{x}\ (x \geqq 1)$ について，以下の問いに答えよ．

（1） 極限値 $\lim_{x\to\infty}\frac{\log x}{x}$ を求めよ．ただし，必要ならば，$x \geqq 1$ のとき $\log x<\sqrt{x}$ であることを用いてよい．

（2） $f(x)$ の増減を調べ，$y=f(x)$ のグラフの概形をかけ．

（3） 定数 $a>1$ に対し，曲線 $y=f(x)$，x 軸および直線 $x=a$ で囲まれた部分の面積を求めよ．

（23　鳥取大・工-後期）

《対数関数と接線（B10）》

384．曲線 $y=x\log(x^2+1)$ の $x \geqq 0$ の部分を C とすると，点 $(1, \log 2)$ における C の接線 l の方程式は［（く）］である．また，曲線 C と直線 l，および y 軸で囲まれた図形の面積は［（け）］である．（23　慶應大・医）

《対数関数と共通接線（B20）☆》

385．a を正の実数とし，曲線 $y=\log x$ を C_1 とする．また，C_1 を x 軸方向に a，y 軸方向に $\log(2a+1)$ だけ平行移動した曲線を C_2 とする．以下の問いに答えよ．

（1） C_1 と C_2 の共有点の x 座標を a の式で表せ．

（2） 正の実数 t に対し，x 座標が t である C_1 上の点を P とし，x 座標が $t+a$ である C_2 上の点を Q とする．直線 PQ の傾き m を a の式で表せ．

（3） C_1 と C_2 の両方に接する直線を l とする．$a=4$ のとき，l と C_1 の接点の x 座標を求めよ．

（4） $a=1$ のとき，C_1, C_2 および x 軸で囲まれた部分の面積 S を求めよ．（23　工学院大）

《対数で分数関数（B15）》

386．$t \geqq \frac{1}{2}$ で定義された 2 つの関数 $f(t)$，$g(t)$ を

$$f(t)=t\sqrt{t},\ g(t)=\sqrt{t(2t-1)}$$

とする．座標平面上の曲線 C の方程式が，媒介変数 t を用いて

$$x=f(t),\ y=g(t)$$

と表されるとき，以下の問いに答えよ．

（1） 曲線 C と x 軸との共有点の座標を求めよ．

（2） 曲線 C と直線 $y=x$ との共有点の座標を求めよ．

（3） 曲線 C は不等式 $y \leqq x$ の表す領域に含まれることを示せ．

（4） 曲線 C 上の点 $(5\sqrt{5}, 3\sqrt{5})$ における接線の方程式を求めよ．

（5） 曲線 C，直線 $y=x$ および x 軸で囲まれた部分の面積 S を求めよ． （23 電気通信大・前期）

《差と積で写像 (B20) ☆》

387. 実数 s, t が不等式 $s+t>0$ を満たしながら変化するとき，座標平面上で点 $\mathrm{P}\left(\dfrac{1+st}{s+t}, \dfrac{1-st}{s+t}\right)$ の動く領域を D とする．このとき，以下の問いに答えよ．

（1） $x=\dfrac{1+st}{s+t}$，$y=\dfrac{1-st}{s+t}$ とおく．このとき，$s+t$ と st を x, y の式で表せ．

（2） 領域 D を図示せよ．

（3） 関数 $f(x)=x\sqrt{x^2+1}+\log(x+\sqrt{x^2+1})$ の導関数を求めよ．ただし，$\log$ は自然対数を表す．

（4） 実数 s, t が連立不等式

$$0<s+t \leqq 2,\ \frac{1-st}{s+t} \leqq 1$$

を満たしながら変化するとき，点

$\mathrm{P}\left(\dfrac{1+st}{s+t}, \dfrac{1-st}{s+t}\right)$ の動く領域の面積 S を求めよ． （23 電気通信大・後期）

《x 軸との間の面積 (B20)》

388. $f(x)=\dfrac{1+2\log x}{x^2}$ $(x>0)$

とする．このとき，次の問いに答えよ．

（1） 曲線 $y=f(x)$ のただ一つの変曲点を求めよ．

（2） （1）で求めた変曲点の x 座標を a とするとき，x 軸，直線 $x=1, x=a$，および曲線 $y=f(x)$ で囲まれた部分の面積を求めよ． （23 津田塾大・学芸-数学）

《対数の分数関数 (B10)》

389. 関数

$$f(x)=\frac{\log x}{(x+e)^2} \quad (x>0)$$

を考える．ただし，$\log x$ は e を底とする自然対数を表す．このとき，以下の問いに答えよ．

（1） 導関数 $f'(x)$ を $f'(x)=\dfrac{g(x)}{x(x+e)^3}$ と表すとき，$g(x)$ を求めよ．

（2） 関数 $g(x)$ の極値を求めよ．さらに，$x>0$ の範囲で方程式 $g(x)=0$ がただ一つの実数解をもつことを示せ．必要なら $\displaystyle\lim_{x \to +0} x\log x=0$ を用いてもよい．

（3） 関数 $f(x)$ の極値を求めよ．

（4） 定積分 $I=\displaystyle\int_1^e \frac{1}{x(x+e)}\,dx$ を求めよ．

（5） 曲線 $y=f(x)$，x 軸および直線 $x=e$ で囲まれた部分の面積 S を求めよ． （23 電気通信大・前期）

《曲線と直線で囲む面積 (B20)》

390. 関数 $f(x)=x(\log x)^2-3x$ $(x>0)$ について，次の問いに答えよ．

（1） 関数 $f(x)$ の増減，極値と，曲線 $y=f(x)$ の変曲点，凹凸を調べよ．

（2） 不等式 $f(x) \leqq -2x$ を満たす x の値の範囲を求めよ．

（3） （i） 不定積分 $\displaystyle\int x\log x\,dx$ を求めよ．

（ii） （2）で求めた x の範囲において，曲線 $y=f(x)$ と直線 $y=-2x$ で囲まれた部分の面積を求めよ．

（23 広島市立大・前期）

《上下の判断 (B20)》

391. 関数 $F(x)=\sin x-\log(1+x)$ と

$f(x)=F'(x)$ を考える．次の問いに答えよ．

（1） $f'(\alpha)=0$ となる α が開区間 $\left(0,\ \dfrac{\pi}{2}\right)$ に 1 つだけあることを示せ．

（2） $f(\beta)=0$ となる β が開区間 $\left(0,\ \dfrac{\pi}{2}\right)$ に 1 つだけあることを示せ．

（3） 開区間 $\left(0,\ \dfrac{\pi}{2}\right)$ において，$F(x)>0$ であることを示せ．ただし，自然対数の底 e が $e>2.7$ を満たすことを用いてもよい．

（4） $0\leqq x\leqq\dfrac{\pi}{2}$ の範囲において，曲線 $y=\sin x$，曲線 $y=\log(1+x)$，および直線 $x=\dfrac{\pi}{2}$ で囲まれた図形の面積を求めよ．

（23　金沢大・理系）

《2 つの対数関数 (B20)》

392．以下の問いに答えよ．必要ならば，正の数 a に対し，$a>\log(a+1)$ であることを用いてよい．

（1） 極限値

$\displaystyle\lim_{n\to\infty}\frac{\log(n+1)}{n\log n}$,

$\displaystyle\lim_{n\to\infty}\frac{n\{\log n-\log(n+1)\}}{\log n}$

を求めよ．

（2） 関数

$y=x\log(x+1)-(x+1)\log x\ (x>1)$

について，常に $y'<0$ であることを示せ．さらに y'' の符号と $\displaystyle\lim_{x\to\infty}y$ を調べて，この関数のグラフをかけ．

（3） 不定積分

$\displaystyle\int x\log(x+1)\,dx$,

$\displaystyle\int(x+1)\log x\,dx$ を求めよ．

（4） n を 4 以上の自然数とし，曲線

$y=x\log(x+1)-(x+1)\log x$

と x 軸，および 2 直線 $x=3$, $x=n$ で囲まれた図形の面積を S_n とする．極限値 $\displaystyle\lim_{n\to\infty}\frac{S_n}{n\log n}$ を求めよ．

（23　三重大・医）

《逆数の変換による等積性 (B20) ☆》

393．次の各問に答えよ．ただし，$\log x$ は x の自然対数を表す．

（1） $a>1$ を満たす定数 a と，区間 $\dfrac{1}{a}\leqq x\leqq a$ において連続な関数 $f(x)$ に対して，等式

$$\int_{\frac{1}{a}}^{a}\frac{f(x)}{1+x^2}\,dx=\int_{\frac{1}{a}}^{a}\frac{f\left(\frac{1}{x}\right)}{1+x^2}\,dx$$

が成り立つことを示せ．

（2） 定積分 $I=\displaystyle\int_{\frac{1}{\sqrt{3}}}^{\sqrt{3}}\frac{1+x}{x(1+x^2)}\,dx$ の値を求めよ．

（3） 関数 $g(x)=\dfrac{\log x}{1+x^2}$ は，区間 $0<x\leqq\sqrt{e}$ においてつねに増加することを示せ．

（4） （3）の関数 $g(x)$ に対して，$y=g(x)\ (x>0)$ のグラフを C とする．曲線 C と x 軸および直線 $x=\dfrac{1}{\sqrt{e}}$ で囲まれた部分の面積を S_1 とし，曲線 C と x 軸および直線 $x=\sqrt{e}$ で囲まれた部分の面積を S_2 とする．このとき，S_1 と S_2 は等しいことを示せ．

（23　宮崎大・医）

《易しい面積 (A5)》

394．次の曲線と x 軸で囲まれた図形の面積を求めよ．

$$y=\cos 2x+\frac{1}{2}\ \left(\frac{\pi}{4}\leqq x\leqq\frac{3}{4}\pi\right)$$

（23　岩手大・前期）

《差を調べる (A10) ☆》

395. 関数 $f(x)=x,\ g(x)=2x\sin x$ について，$f'(0)=1$ であり，$g'(0)=\boxed{}$ である．また，$0\leqq x\leqq\dfrac{\pi}{6}$ において，直線 $y=f(x)$ と曲線 $y=g(x)$ とで囲まれた図形の面積は $\boxed{}$ である．(23　愛媛大・医，理，工，教)

《$\tan^n x$ (B20)》

396. 関数

$f(x)=4\tan^3 x-9\tan^2 x$,

$\left(-\dfrac{\pi}{2}<x<\dfrac{\pi}{2}\right)$

は $x=a$ で極大であるとする．座標平面上の曲線

$C: y=f(x)$ の変曲点の座標を $(b,\ f(b))$ とする．このとき，次の問に答えよ．

（1） 実数 $a,\ b$ の値を求めよ．

（2） 座標平面上で，連立不等式 $\begin{cases} f(x)\leqq y\leqq 0 \\ a\leqq x\leqq b \end{cases}$ の表す領域の面積を求めよ．(23　福岡大・医)

《三角関数 (B10) ☆》

397. xy 平面において，曲線

$y=\sin x$ と $y=a\sin\dfrac{x}{2}$

がある．ただし，a は実数の定数であり，x の取りうる範囲は $0\leqq x\leqq 2\pi$ である．この 2 曲線は $0<x<2\pi$ の範囲においてただ 1 つ交点をもつものとし，その交点の x 座標を x_0 とする．このとき，この 2 曲線で囲まれる図形は 2 つあり，y 軸と直線 $x=x_0$ で挟まれる方の面積を S_1，もう一方の面積を S_2 とする．$S_1=4S_2$ であるとき，

a を x_0 で表すと $a=\boxed{}\cos\dfrac{x_0}{\boxed{}}$ となり，a の値は $a=-\dfrac{\boxed{}}{\boxed{}}$ である．(23　防衛医大)

《三角関数の周期性 (B15)》

398. 関数

$$f(x)=\left|\cos x-\sqrt{5}\sin x-\frac{3\sqrt{2}}{2}\right|$$

について，以下の問いに答えよ．

（1） $f(x)$ の最大値を求めよ．

（2） $\displaystyle\int_0^{2\pi} f(x)\,dx$ を求めよ．

（3） $S(t)=\displaystyle\int_t^{t+\frac{\pi}{3}} f(x)\,dx$ とおく．このとき $S(t)$ の最大値を求めよ．(23　千葉大・前期)

《2 つの三角関数 (B10) ☆》

399. a は正の実数とする．曲線 $y=a\cos x$ の $0\leqq x\leqq\dfrac{\pi}{2}$ の部分を C_1 とし，曲線 $y=\sin x$ の $0\leqq x\leqq\dfrac{\pi}{2}$ の部分を C_2 とする．C_1, C_2 および x 軸で囲まれる部分の面積を S とし，C_1, C_2 および y 軸で囲まれる部分の面積を T とするとき，次の問いに答えよ．

（1） S と T を a を用いて表せ．

（2） $S=T$ となるとき，a の値を求めよ．(23　信州大・工，繊維-後期)

《グルッと回る (B20) ☆》

400. 媒介変数表示

$x=\sin t,\ y=\cos\left(t-\dfrac{\pi}{6}\right)\sin t$

$(0\leqq t\leqq\pi)$

で表される曲線を C とする．以下の問に答えよ．

（1） $\dfrac{dx}{dt}=0$ または $\dfrac{dy}{dt}=0$ となる t の値を求めよ．

（2） C の概形を xy 平面上に描け．

（3） C の $y\leqq 0$ の部分と x 軸で囲まれた図形の面積を求めよ．(23　神戸大・理系)

《パラメタ表示の面積 (B15) ☆》

401. $f(t)=e^t,\ g(t)=t^2e^t$ とし，t がすべての実数を動くとき

$$\begin{cases} x=f(t) \\ y=g(t) \end{cases}$$

で与えられる曲線を C とする．この曲線 C の概形は下図である．

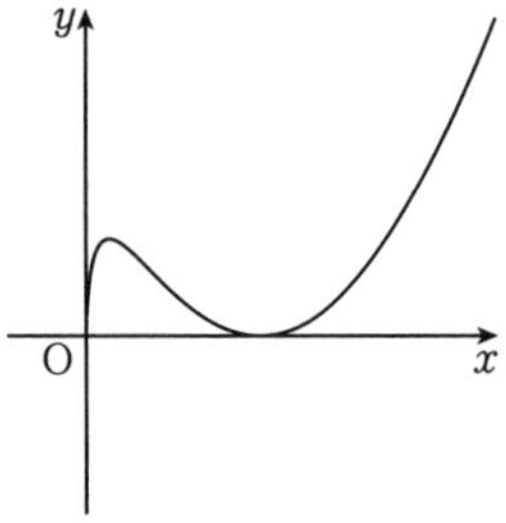

以下の問いに答えよ．ただし，e は自然対数の底である．

（1） 曲線 C 上の点 $\mathrm{P}(f(t),\ g(t))$ で曲線 C に接する接線の方程式を t を用いて表せ．

（2） （1）において $t=-1$ としたときの接線を l とする．接線 l と曲線 C の交点は $(e^{-1},\ e^{-1})$ のみであることを示せ．

（3） 曲線 C と（2）の接線 l および直線 $x=1$ で囲まれた部分の面積を求めよ．　（23　愛知教育大・前期）

《パラメタ表示の面積 (B10) ☆》

402. $f(t)=2e^t-e^{2t},\ g(t)=te^t$ とし，$f(t)$ が極大になる t の値を α，$f(t)=0$ となる t の値を β とする．xy 平面上の曲線 C を $x=f(t),\ y=g(t)\ (t\geqq\alpha)$ で与える．このとき，以下の問いに答えよ．

（1） α と β の値をそれぞれ求めよ．

（2） $t>\alpha$ のとき，$\dfrac{dy}{dx}$ を t の関数として表し，$\dfrac{dy}{dx}<0$ となることを示せ．

（3） 曲線 C と x 軸および y 軸で囲まれた図形の面積を求めよ．　（23　福井大・医）

《等角螺線 (B10) ☆》

403. 座標平面上に，媒介変数 t を用いて

$x=e^t\cos t,\ y=e^t\sin t\ (0\leqq t\leqq\pi)$

と表される曲線 C がある．C と x 軸で囲まれた部分を S とする．以下の問いに答えよ．

（1） C 上の点で x 座標が最大になる点 P と y 座標が最大になる点 Q の座標を求めよ．

（2） C と y 軸の交点 R における C の接線の方程式を求めよ．

（3） S の面積を求めよ．　（23　京都府立大・環境・情報）

《等角螺線 (B20)》

404. k を正の実数とし，原点を O とする座標平面上で媒介変数 t を用いて

$$x=f(t)=e^{kt}\cos t,\ \ y=g(t)=e^{kt}\sin t$$

と表される曲線 C を考える．曲線 C 上の点 P の座標を $(a,\ b)$ とし，$ka\neq b$ を満たすものとする．このとき，次の各問いに答えよ．

（1） 点 $\mathrm{P}(a,\ b)$ における接線 l の傾きを $a,\ b,\ k$ を用いて表せ．

（2） （1）で求めた接線 l 上に点 P と異なる任意の点 $\mathrm{Q}(x,\ y)$ をとる．ベクトル $\overrightarrow{\mathrm{OP}}$ とベクトル $\overrightarrow{\mathrm{PQ}}$ とのなす角を θ とするとき，$|\cos\theta|$ を k を用いて表せ．

（3） $\tan\alpha=k\left(0<\alpha<\dfrac{\pi}{2}\right)$ とする．関数

$f(t)$ は $\alpha\leqq t\leqq\dfrac{\pi}{2}$ の範囲で減少関数であることを示せ．

（4） α を（3）で定めた数とし，

$x_1=f(\beta)\left(\alpha<\beta<\dfrac{\pi}{2}\right)$ とする．このとき，x 軸，y 軸，直線 $x=x_1$，および曲線 C の $\beta\leqq t\leqq\dfrac{\pi}{2}$ の部分によって囲まれる図形の面積を求めよ．　（23　旭川医大）

《楕円のパラメタ表示 (B10) ☆》

405. 座標平面上に媒介変数 θ を用いて

$x=2\cos\theta,\ y=1+\sin\theta$

と表される曲線 C がある．次の問いに答えなさい．

（1） 媒介変数 θ を消去して x と y の関係式を求めなさい．

（2） $\theta=\dfrac{\pi}{6}$ に対応する点における C の接線 l の方程式を求めなさい．

（3） 曲線 C と（2）の接線 l および x 軸で囲まれた図形の面積を求めなさい． （23　秋田大・前期）

《斜めの放物線（B20）》

406. 座標平面上の曲線 C を次で定めるとき，以下の問いに答えよ．

$$C:\begin{cases} x=t^2-1 \\ y=(t-1)^2-1 \end{cases} \quad (-1\leqq t\leqq 2)$$

（1） 曲線 C 上の点 P と原点 O との距離の最小値 d を求めよ．

（2） 曲線 C と x 軸および y 軸で囲まれる図形の面積 S を求めよ． （23　鳥取大・工-後期）

《伸ばす（B20）》

407. xy 平面上に点 $\mathrm{P}(\cos\theta, \sin\theta)$ をとり，θ が $-\dfrac{\pi}{2}\leqq\theta\leqq\dfrac{\pi}{2}$ の範囲を動くとする．点 A は y 軸上の点で，y 座標が負であり，$\mathrm{AP}=2$ を満たす．点 Q は $\overrightarrow{\mathrm{AQ}}=4\overrightarrow{\mathrm{AP}}$ を満たす点とする．以下の問いに答えよ．

（1） 点 Q の座標を θ を用いて表せ．

（2） 点 Q の x 座標の最大値と最小値および y 座標の最大値と最小値をそれぞれ求めよ．

（3） 点 Q の軌跡と y 軸で囲まれた図形の面積を求めよ． （23　熊本大・医）

《曲線の左右（B30）》

408. xy 平面上の曲線 C を，媒介変数 t を用いて次のように定める．

$x=t+2\sin^2 t,\quad y=t+\sin t\quad (0<t<\pi)$

以下の問いに答えよ．

（1） 曲線 C に接する直線のうち y 軸と平行なものがいくつあるか求めよ．

（2） 曲線 C のうち $y\leqq x$ の領域にある部分と直線 $y=x$ で囲まれた図形の面積を求めよ． （23　九大・理系）

《三角表示された曲線（B20）》

409. 媒介変数 t で表される xy 平面上の次の曲線を C とする．

$x=1-\cos 2t,\ y=\sin 3t\ \left(0\leqq t\leqq\dfrac{\pi}{3}\right)$

このとき，次の問いに答えよ．

（1） C 上の点で x 座標が最大となる点を P，y 座標が最大となる点を Q とする．P，Q の座標を求めよ．

（2） $t=\dfrac{\pi}{4}$ に対応する点における C の法線 l の方程式を求めよ．

（3） 直線 $x=\dfrac{1}{2}$ と l および C で囲まれた部分の面積 S の値を求めよ． （23　富山県立大・工）

【体積】

《回転一葉双曲面（B20）》

410. 空間において，2 点 A，B を

$\mathrm{A}\left(\dfrac{1}{2}, 0, 0\right)$, $\mathrm{B}\left(0, 1, \dfrac{1}{2}\right)$ とする．$0\leqq t\leqq 1$ である t に対して，線分 AB 上にあり y 座標が t である点を P とし，y 軸上にあり y 座標が t である点を Q とする．点 Q を中心とし，線分 PQ を半径とする円を平面 $y=t$ 上に作り，その円の周および内部からできる円板を D とする．

（1） 点 P の座標を求めよ．

（2） 円板 D の面積を求めよ．

（3） t の値が 0 から 1 まで動くとき，円板 D が空間を通過してできる立体の体積を求めよ．（23　愛知工大・理系）

《回転一葉双曲面（B20）☆》

411. xyz-空間内の 2 点 $\mathrm{A}(1, 1, -1)$ と $\mathrm{B}(-3, 1, 3)$ を結ぶ線分 AB を z 軸を中心に回転させてできる回転面を S とする．以下の問に答えなさい．

（1） S と yz-平面との交わりを y と z の方程式で表し，yz-平面に図示しなさい．

（2） 2 つの平面 $z=3$ 及び $z=-1$ と S で囲まれる立体の体積を求めなさい．（23 大分大・医）

《よく見れば四角錐 (B20) ☆》

412. 次の問いに答えよ．

（1） t は $0<t<\frac{1}{2}$ を満たす実数とする．xy 平面において

$$|x|+|y| \leqq 1,\ |x| \leqq 1-t,\ |y| \leqq 1-t$$

を満たす点全体からなる図形を図示し，その面積を求めよ．

（2） xyz 空間において

$$|x|+|y| \leqq 1,$$

$$|y|+|z| \leqq 1,\ |z|+|x| \leqq 1$$

を満たす点全体からなる立体の体積を求めよ．（23 兵庫県立大・工）

《線分で曲面を作る (C20)》

413. t を実数とし，座標空間内の 2 点

$\mathrm{P}(0,\ 0,\ t^2-1),\ \mathrm{Q}(t,\ 1,\ e^t+e^{-t}-e-e^{-1})$

を考える．t を $-1 \leqq t \leqq 1$ の範囲で動かすとき，線分 PQ が通過してできる曲面および 2 平面 $y=1,\ z=0$ で囲まれてできる立体の体積を求めよ．（23 信州大・医）

《円柱を切る (B20) ☆》

414. 座標空間において，xy 平面上の原点 O を中心とする半径 6 の円 C を 1 つの底面とし，平面 $z=3$ 上にもう 1 つの底面がある直円柱 P がある．

M(3, 0, 0) を通り x 軸に垂直な平面 α と円 C の交点を A，B とする．また，点 (6, 0, 3) を D とする．次の問い（1）〜（4）に答えよ．

（1） $\mathrm{AB}=\square\sqrt{\square}$，$\mathrm{DM}=\square\sqrt{\square}$ である．

（2） 平面 α によって円柱 P を 2 つの部分に分けるとき，小さい方の部分の体積は

$$\square\pi-\square\sqrt{\square}$$

である．

（3） 3 点 A，B，D を通る平面で，円柱 P を 2 つの部分に分けるとき，小さい方の部分を立体 Q とする．t を $3 \leqq t \leqq 6$ を満たす実数とし，Q を平面 $x=t$ によって切断した切り口の面積を $S(t)$ とするとき，

$$S(t)=\square\left(t-\square\right)\sqrt{\square-t^2}$$

である．

（4） 立体 Q の体積 V は

$$V=\square\sqrt{\square}-\square\pi$$

である．（23 岩手医大）

《側面積も (B30)》

415. O を原点とする座標空間内に，底面の円の半径が 1 で高さが 1 の円柱

$$C: x^2+y^2 \leqq 1,\ 0 \leqq z \leqq 1$$

がある．xy 平面上の直線 $y=-\frac{1}{2}\ (z=0)$ を含み，点 (0, 1, 1) を通る平面を α とする．平面 α で円柱 C を 2 つの立体に分けるとき，点 (0, 1, 0) を含む方の立体を K とする．また，円柱 C の側面と平面 α との交線（円柱 C の側面と平面 α との共通部分）を L とする．

曲線 L 上に点 P をとる．円 $x^2+y^2=1\ (z=0)$ 上の点 Q を線分 PQ が xy 平面に垂直となるような点とする．ただし，点 P が xy 平面上にあるときは，点 Q は点 P と同じ点であるとする．点 P の y 座標が t であるとき，線分

PQ の長さを t を用いて表すと

$$PQ = \frac{\square}{\square}t + \frac{\square}{\square}$$

である.

（1） 立体 K の平面 $y = t\left(-\frac{1}{2} \leqq t \leqq 1\right)$ による切断面の面積を $S(t)$ とすると

$$S(t) = \left(\frac{\square}{\square}t + \frac{\square}{\square}\right)\sqrt{\square - t^{\square}}$$

であり，立体 K の体積を V とすると

$$V = \frac{\sqrt{\square}}{\square} + \frac{\square}{\square}\pi$$

である.

（2） $A\left(\frac{\sqrt{3}}{2}, -\frac{1}{2}, 0\right)$ とし，円

$x^2 + y^2 = 1\ (z = 0)$ の $y \geqq -\frac{1}{2}$ の部分における弧 AQ の長さを θ とする．このとき，線分 PQ の長さを θ を用いて表すと

$$PQ = \frac{\square}{\square}\sin\left(\theta - \frac{\square}{\square}\pi\right) + \frac{\square}{\square}$$

である.

したがって，円柱の側面のうち，円

$x^2 + y^2 = 1\ (z = 0)$ の $y \geqq -\frac{1}{2}$ の部分と L で囲まれた部分の面積を W とすると

$$W = \frac{\square\sqrt{\square}}{\square} + \frac{\square}{\square}\pi$$

である.

（23　獨協医大）

《円板の回転（B30）☆》

416. 原点を中心とする半径 1 の球面 K が，平面 $z = \frac{1}{2}$ と交わってできる円を C とする．半径 1 の円板 L が，L の中心 P で K と接しているとき，次の問いに答えよ.

（1） 点 P は円 C 上の点 $P_0\left(\frac{\sqrt{3}}{2}, 0, \frac{1}{2}\right)$ にあるとして，円板 L 上の任意の点の z 座標 t のとり得る値の範囲を求めよ.

（2） t は（1）で得られた値をとるとし，平面 $z = t$ と円板 L の共通部分を M とする．M 上の点で z 軸に一番近い点と z 軸との距離を d_1 とするとき，d_1 を t で表せ.

（3） 点 P が P_0 から出発して円 C 上を 1 周するとき，円板 L が通過してできる立体の体積 V を求めよ.

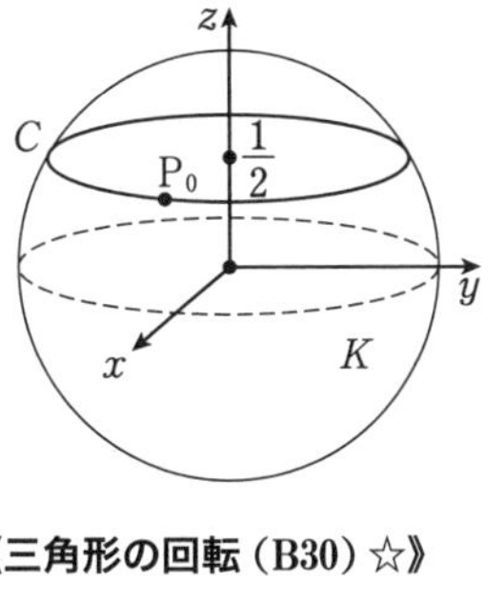

（23　愛知医大・医）

《三角形の回転（B30）☆》

417. xyz 空間において，3 点

A(2, 1, 2), B(0, 3, 0), C(0, −3, 0)

を頂点とする三角形 ABC を考える．以下の問に答えよ．

（1） $\angle$BAC を求めよ．

（2） $0 \leqq h \leqq 2$ に対し，線分 AB, AC と平面 $x = h$ との交点をそれぞれ P, Q とする．点 P, Q の座標を求めよ．

（3） $0 \leqq h \leqq 2$ に対し，点 $(h, 0, 0)$ と線分 PQ の距離を h で表せ．ただし，点と線分の距離とは，点と線分上の点の距離の最小値である．

（4） 三角形 ABC を x 軸のまわりに 1 回転させ，そのときに三角形が通過する点全体からなる立体の体積を求めよ．

（23 早稲田大・理工）

《三角形と円板 (B40)》

418. （1） 点 O を原点とする座標空間において，2 点 $A\left(\sqrt{3}, \frac{1}{2}, \frac{\sqrt{3}}{2}\right)$, $B\left(\sqrt{3}, -\frac{1}{2}, -\frac{\sqrt{3}}{2}\right)$ をとる．△OAB は 1 辺の長さが $\square$ の正三角形である．

t を実数として，$0 \leqq t \leqq \frac{\sqrt{3}}{2}$ のとき平面 $z = t$ と辺 OA は点 $\left(\square t, \frac{\sqrt{\square}}{\square}t, t\right)$ で交わり，平面 $z = t$ と辺 AB は点

$\left(\sqrt{\square}, \frac{\sqrt{\square}}{\square}t, t\right)$ で交わる．

△OAB を z 軸の周りに 1 回転して得られる立体を V とすると，立体 V と平面 $z = t$ は $-\frac{\sqrt{3}}{2} \leqq t \leqq \frac{\sqrt{3}}{2}$ のとき交わりを持ち，そのときの立体 V の平面 $z = t$ による切り口は半径 $\frac{\sqrt{\square}}{\square}t$ と $\sqrt{\square + \frac{\square}{\square}t^2}$ の同心円で囲まれた部分となる．したがって，切り口の面積は $\left(\square - \square t^2\right)\pi$ となり，V の体積は $\square\sqrt{\square}\pi$ となることがわかる．

（2） 3 点 O, A, B を通る円 C は中心が点 $\left(\frac{\square\sqrt{\square}}{\square}, \square, \square\right)$，半径が

$\frac{\square\sqrt{\square}}{\square}$ の円であり，$z = \sqrt{\square}y$ で表される平面上にある．円 C と平面 $z = t$ は $\square \leqq t \leqq \square$ のとき交点を持ち，その交点の座標は

$\left(\frac{\square\sqrt{\square}}{\square}\left(\square \pm \sqrt{\square - t^2}\right), \frac{\sqrt{\square}}{\square}t, t\right)$

と表される．したがって，円 C とその内部からなる円板を z 軸の周りに 1 回転して得られる立体の体積は $\frac{\square}{\square}\pi^2$ である．

（23 順天堂大・医）

《直交角柱と円柱 (C40)》

419. xyz 空間において，x 軸を軸とする半径 2 の円柱から，$|y| < 1$ かつ $|z| < 1$ で表される角柱の内部を取り除いたものを A とする．また，A を x 軸のまわりに 45° 回転してから z 軸のまわりに 90° 回転したものを B とする．A と B の共通部分の体積を求めよ．

（23 東工大・前期）

《放物線が動く (B20) ☆》

420. 空間内に平面 α がある．α 上に，点 O_1 を中心とする半径 1 の円 C_1 があり，C_1 上の 2 点 A，B は，弦 AB が点 O_1 を通るものとする．点 F は，直線 BF が α に垂直で，線分 BF の長さが 2 であるものとする．今，線分 AB 上に点 O_2 をとり，線分 AO_2 の長さを t とおく．ただし，$0 < t \leqq 1$ とする．C_1 の 2 点 X, X′ は，弦 XX′ が点 O_2 を通り，直線 AB に直交するものとする．点 Y は，線分 AF 上にあり，直線 O_2Y が直線 BF に平行であるもの

とする．3 点 X, X′, Y を通る平面を β とおく．β 上の 2 点 X, X′ を通り，Y を頂点とする放物線を C_2 とおく．β 上で，C_2 と線分 XX′ で囲まれた領域を D とおく．以下の問いに答えよ．

（1） 平面 β 上の各点の (x, y) 座標を，O_2 を原点 $(0, 0)$ とし，半直線 O_2X を x 軸の正の部分とし，半直線 O_2Y を y 軸の正の部分として定めるとき，放物線 C_2 の方程式を x, y, t を用いて表せ．

（2） D の面積を M とおく．M を t を用いて表せ．

（3） O_2 が A から O_1 まで移動するとき D が通過してできる立体の体積を V とおく．V の値を求めよ．ただし，$t=0$ のとき，$M=0$ とおく． （23 福井大・工-後期）

《不思議な立体 (D30)》

421. O を原点とする座標空間において，不等式 $|x| \leqq 1, |y| \leqq 1, |z| \leqq 1$ を表す立方体を考える．その立方体の表面のうち，$z<1$ を満たす部分を S とする．

以下，座標空間内の 2 点 A，B が一致するとき，線分 AB は点 A を表すものとし，その長さを 0 と定める．

（1） 座標空間内の点 P が次の条件（ i ），（ii）をともに満たすとき，点 P が動きうる範囲 V の体積を求めよ．

（ i ） $\mathrm{OP} \leqq \sqrt{3}$

（ii） 線分 OP と S は，共有点を持たないか，点 P のみを共有点に持つ．

（2） 座標空間内の点 N と点 P が次の条件（iii），（iv），（ v ）をすべて満たすとき，点 P が動きうる範囲 W の体積を求めよ．必要ならば，$\sin\alpha = \dfrac{1}{\sqrt{3}}$ を満たす実数 $\alpha\left(0<\alpha<\dfrac{\pi}{2}\right)$ を用いてよい．

（iii） $\mathrm{ON}+\mathrm{NP} \leqq \sqrt{3}$

（iv） 線分 ON と S は共有点を持たない．

（ v ） 線分 NP と S は，共有点を持たないか，点 P のみを共有点に持つ． （23 東大・理科）

《指数関数 (A10) ☆》

422. 曲線 $y=\sqrt{x+1}e^{2x}$ と x 軸，y 軸，および直線 $x=1$ で囲まれた図形を x 軸のまわりに 1 回転してできる回転体の体積を求めよ． （23 岩手大・前期）

《指数関数 (B10) ☆》

423. 関数 $f(x)=4\cdot 2^x-4^x$ を考える．$2^x=t$ とし，$f(x)$ を t で表した関数を $g(t)$ とする．このとき，以下の設問（1）～（4）に答えよ．ただし，設問（1）は答えのみでよい．

（1） $g(t)$ を求めよ．

（2） 不等式 $f(x) \geqq 0$ を解け．

（3） 曲線 $y=f(x)$ と x 軸および 2 直線 $x=0, x=1$ で囲まれた部分の面積 S を求めよ．

（4） 曲線 $y=f(x)$ と x 軸および 2 直線 $x=0$，$x=1$ で囲まれた部分が x 軸の周りに 1 回転してできる回転体の体積 V を求めよ．

（23 秋田県立大・前期）

《接線と曲線と x 軸 (B10)》

424. 曲線 $y=\sqrt{4x-2}$ と，原点からこの曲線に引いた接線および x 軸で囲まれた図形を x 軸のまわりに 1 回転してできる回転体の体積を求めよ． （23 岩手大・理工-後期）

《接線と曲線と x 軸 (B10) ☆》

425. a, p を実数とする．曲線 $C : y=2\log_e x$ が直線 $l : y=ax$ と点 $\mathrm{P}(p, ap)$ で接している．このとき，以下の問いに答えなさい．

（1） 実数 p, a の値を求めなさい．

（2） 曲線 C と直線 $x=p, y=0$ で囲まれた図形の面積 S を求めなさい．

（3） 関数 $y=x(\log_e x)^2$ を x について微分しなさい．

（4） 曲線 C と直線 $l, y=0$ で囲まれた図形を x 軸のまわりに 1 回転してできる立体の体積 V を求めなさい．

（23 福島大・共生システム理工）

《接線と曲線と x 軸 (B20)》

426. aを実数とする．曲線$C : y = \sqrt{3x-1}$と直線$l : y = 3ax + a$が接するとする．Cとlおよびx軸で囲まれた部分をAとする．

（1） aの値を求めよ．

（2） Aの面積Sを求めよ．

（3） Aをx軸の周りに1回転させてできる立体の体積Vを求めよ． （23 滋賀県立大・後期）

《対数関数 (B20)》

427. 関数$f(x) = \dfrac{e^2}{\sqrt{x}}\log x \ (x > 0)$について，以下の問いに答えよ．

（1） $f(x)$の増減と極値，およびグラフの変曲点を調べよ．

（2） 連立不等式$0 \leqq y \leqq \dfrac{e^2}{\sqrt{x}}\log x$, $0 < x \leqq e^2$で定まる領域の面積Sを求めよ．

（3） （2）で定めた領域をx軸の周りに1回転してできる回転体の体積Vを求めよ． （23 三重大・前期）

《三角関数と座標軸 (B15)》

428. 次の問いに答えなさい．

（1） （i），（ii）の定積分の値を求めなさい．

（i） $\displaystyle\int_0^{\pi} \sin^2 x\,dx$

（ii） $\displaystyle\int_0^{\pi} \sin 2x \sin x\,dx$

（2） m, nが自然数のとき，定積分

$\displaystyle\int_0^{\pi} \sin mx \sin nx\,dx$の値を求めなさい．

（3） a, bが実数の定数のとき，xについての関数$f(x) = a\sin x + b\sin 2x \ (0 \leqq x \leqq \pi)$がある．$f(x)$は$x = \dfrac{2\pi}{3}$で極小値$-\dfrac{3\sqrt{3}}{4}$をとる．（i），（ii）に答えなさい．

（i） a, bの値を求めなさい．

（ii） 曲線$y = f(x)$とx軸とで囲まれる部分をx軸のまわりに1回転してできる立体の体積を求めなさい．

（23 長崎県立大・前期）

《三角関数と座標軸 (B15) ☆》

429. 関数$f(x) = \sin\left(x + \dfrac{\pi}{4}\right)$のグラフが，

$0 \leqq x \leqq \pi$の範囲で，x軸と交わる点のx座標をpとする．以下の各問に答えよ．

（1） pの値を求めよ．

（2） $0 \leqq x \leqq p$の範囲で，曲線$y = f(x)$，x軸，およびy軸で囲まれた図形Dの面積Sを求めよ．

（3） 前問（2）で定めた図形Dをx軸のまわりに1回転してできる立体の体積Vを求めよ． （23 茨城大・工）

《三角関数と直線 (B20)》

430. 以下の問いに答えよ．

（1） $0 \leqq x \leqq 2\pi$の範囲で$y = x + 2\sin x$の増減と極値，およびグラフの凹凸を調べよ．

（2） 不定積分$\displaystyle\int x\sin x\,dx$と$\displaystyle\int \sin^2 x\,dx$を求めよ．

（3） $0 \leqq x \leqq \pi$の範囲で曲線$y = x + 2\sin x$と直線$y = x$とで囲まれた図形を，x軸の周りに1回転してできる回転体の体積Vを求めよ． （23 三重大・前期）

《三角関数 (B20)》

431. 以下の問いに答えよ．

（1） 関数$y = x + 2\sin x$の第1次導関数y'と第2次導関数y''を求めよ．

（2） 関数$y = x + 2\sin x \ (0 \leqq x \leqq 2\pi)$の極値を求めよ．

（3） 不定積分$\displaystyle\int x\sin x\,dx$を求めよ．

（4） 曲線$y = x + 2\sin x \ (0 \leqq x \leqq 2\pi)$と直線$y = x$で囲まれた2つの部分を，それぞれ$x$軸の周りに1回転させてできる2つの立体の体積の和$V$を求めよ． （23 豊橋技科大・前期）

《三角関数 (B20)》

432. $-\dfrac{\pi}{2} < x < \dfrac{\pi}{2}$ で定義された 2 つの関数

$f(x) = 1 + 2\cos x,\ g(x) = \dfrac{1}{\cos x}$

を考える．このとき，次の問いに答えよ．

（1） 曲線 $y = f(x)$ と曲線 $y = g(x)$ の共有点の x 座標をすべて求めよ．

（2） $-\dfrac{\pi}{3} \leqq x \leqq \dfrac{\pi}{3}$ のとき，不等式

$f(x) \geqq g(x) > 0$ が成り立つことを示せ．

（3） 曲線 $y = f(x)$ と曲線 $y = g(x)$ で囲まれた図形の面積 S を求めよ．

（4） 曲線 $y = f(x)$ と曲線 $y = g(x)$ で囲まれた図形を，x 軸のまわりに 1 回転させてできる立体の体積 V を求めよ．

（23　静岡大・教）

《三角関数 (B20)》

433. 座標平面上の曲線 $y = \sin x$ を C_1，曲線 $y = \cos x$ を C_2 とする．さらに，C_1 を x 軸方向に $\dfrac{\pi}{2}$，y 軸方向に 1 だけ平行移動した曲線を C_3 とし，C_2 を x 軸方向に $-\dfrac{\pi}{2}$，y 軸方向に 1 だけ平行移動した曲線を C_4 とする．このとき，次の問いに答えなさい．

（1） C_3, C_4 を表す式をそれぞれ求めなさい．

（2） $0 \leqq x \leqq \dfrac{\pi}{2}$ とする．

（i） C_1 と C_2，C_2 と C_3，C_3 と C_4，C_4 と C_1 の交点をそれぞれ $\mathrm{P}_1, \mathrm{P}_2, \mathrm{P}_3, \mathrm{P}_4$ とする．$\mathrm{P}_1, \mathrm{P}_2, \mathrm{P}_3, \mathrm{P}_4$ の x 座標をそれぞれ求めなさい．

（ii） C_1 と C_3 で囲まれた図形と，C_2 と C_4 で囲まれた図形の共通部分を x 軸のまわりに 1 回転してできる立体の体積 V を求めなさい．

（23　山口大・後期-理）

《2 曲線が接する (B20) ☆》

434. a を正の定数とする．座標平面上に 2 つの曲線 $C_1 : y = ax^2$ と $C_2 : y = \log x$ がある．C_1 と C_2 は共有点 P をもち，点 P において共通の接線をもつ．次の問いに答えよ．

（1） 点 P の x 座標を t とおく．t と a の値を求めよ．

（2） 不定積分 $\displaystyle\int (\log x)^2\, dx$ を求めよ．

（3） C_1 と C_2 および x 軸で囲まれた図形を，x 軸のまわりに 1 回転させてできる立体の体積を求めよ．

（23　神奈川大・給費生）

《斜めの放物線の回転 (C20) ☆》

435. O を原点とする xyz 空間において，点 P と点 Q は次の 3 つの条件 (a), (b), (c) を満たしている．

(a) 点 P は x 軸上にある．

(b) 点 Q は yz 平面上にある．

(c) 線分 OP と線分 OQ の長さの和は 1 である．

点 P と点 Q が条件 (a), (b), (c) を満たしながらくまなく動くとき，線分 PQ が通過してできる立体の体積を求めよ．

（23　京大・前期）

《変曲点における接線 (B15) ☆》

436. $x > 0$ で定義された曲線 $C : y = (\log x)^2$ を考える．

（1） a を正の実数とするとき，点 $\mathrm{P}(a, (\log a)^2)$ における曲線 C の接線 L の方程式を求めよ．

（2） $a > 1$ のとき，接線 L と x 軸の交点の x 座標が最大となる場合の a の値 a_0 を求めよ．

（3） a の値が（2）の a_0 に等しいとき，直線 L の $y \geqq 0$ の部分と曲線 C と x 軸で囲まれた部分を，x 軸の周りに 1 回転させてできる図形の体積を求めよ．

（23　鹿児島大・医，歯，理，工）

《折り返す (B20) ☆》

437. xy 平面において，2 つの曲線

$y = \sin x \left(\dfrac{\pi}{4} \leqq x \leqq \dfrac{5}{4}\pi \right)$,

$y = \cos x \left(\dfrac{\pi}{4} \leqq x \leqq \dfrac{5}{4}\pi \right)$

で囲まれた部分の面積は$\square$である．また，この部分をx軸のまわりに1回転してできる立体の体積は$\square$である．
（23　山梨大・医-後期）

《折り返す (B20)》

438．座標平面における2つの曲線

$C_1 : y = 2\log x$

および$C_2 : y = (\log x)^2 - 8\ (x > 0)$

に関して，次の問いに答えよ．ただし，$\log x$はeを底とするxの対数とする．

（1）C_1とC_2の共有点を求めよ．

（2）C_1とC_2で囲まれる領域の面積Dを求めよ．

（3）C_1とC_2および2つの直線$x = 1$，$x = e^2$で囲まれる図形をx軸のまわりに1回転してできる立体の体積Vを求めよ．
（23　名古屋市立大・薬）

《折り返す (B20) ☆》

439．xy平面上で，曲線$x^2 + 3y^2 = 2$を曲線①とする．曲線①を原点$\mathrm{O}(0, 0)$を中心に$\dfrac{\pi}{4}$だけ回転した曲線を曲線②とする．次の各問いに答えよ．ただし，答えは結果のみを解答欄に記入せよ．

（1）曲線①をx軸のまわりに回転してできる立体の体積V_1を求めよ．

（2）曲線②の方程式をx, yを用いて表せ．

（3）曲線②上の点のx座標がとりうる値の範囲を求めよ．

（4）曲線②とx軸，y軸との交点の座標をすべて求めよ．

（5）曲線②をx軸のまわりに回転してできる立体の体積V_2を求めよ．
（23　昭和大・医-2期）

《折り返す (B20)》

440．$f(x) = \sin x,\ g(x) = -\cos 2x$とする．ただし$-\dfrac{\pi}{2} \leqq x \leqq \dfrac{\pi}{2}$とする．

（1）不等式$f(x) \geqq g(x)$を解け．

（2）$y = f(x)$のグラフと$y = g(x)$のグラフで囲まれた図形の面積を求めよ．

（3）（2）の図形をx軸のまわりに1回転してできる回転体の体積を求めよ．
（23　津田塾大・推薦）

《多面体と球 (C30)》

441．次の条件(a)，(b)を満たす凸多面体を考える．

(a)　面は正三角形または正方形である．

(b)　合同な2つの面は辺を共有しない．

このとき，以下の問いに答えよ．

（1）一つの頂点を共有する面の数は4であることを証明せよ．

（2）正三角形と正方形の面の数をそれぞれ求めよ．

（3）正八面体を平面で何回か切断することで条件(a)，(b)を満たす凸多面体が得られる．どのように切断するのか説明せよ．

（4）（3）の切断で得られる凸多面体をFとし，Fの1辺の長さは1とする．Fのすべての正三角形の面に接する球をBとする．BとFの共通部分の体積を求めよ．
（23　京都府立医大）

《体積の最小値 (B20)》

442．a, bを実数とし，

$f(x) = x + a\sin x,\ g(x) = b\cos x$

とする．

（1）定積分

$$\int_{-\pi}^{\pi} f(x)g(x)\,dx$$

を求めよ．

（2）不等式

$$\int_{-\pi}^{\pi} \{f(x) + g(x)\}^2\,dx \geqq \int_{-\pi}^{\pi} \{f(x)\}^2\,dx$$

が成り立つことを示せ．

（3） 曲線 $y=\left|f(x)+g(x)\right|$，
2 直線 $x=-\pi$, $x=\pi$，および x 軸で囲まれた図形を x 軸の周りに 1 回転させてできる回転体の体積を V とする．このとき不等式 $V \geqq \dfrac{2}{3}\pi^2(\pi^2-6)$ が成り立つことを示せ．さらに，等号が成立するときの a, b を求めよ．

（23　筑波大・前期）

《球の体積 (C30)》

443. $0<b<a$ とする．xy 平面において，原点を中心とする半径 r の円 C と点 $(a, 0)$ を中心とする半径 b の円 D が 2 点で交わっている．

（1） 半径 r の満たすべき条件を求めよ．

（2） C と D の交点のうち y 座標が正のものを P とする．P の x 座標 $h(r)$ を求めよ．

（3） 点 $\mathrm{Q}(r, 0)$ と点 $\mathrm{R}(a-b, 0)$ をとる．D の内部にある C の弧 PQ，線分 QR，および線分 RP で囲まれる図形を A とする．xyz 空間において A を x 軸の周りに 1 回転して得られる立体の体積 $V(r)$ を求めよ．ただし，答えに $h(r)$ を用いてもよい．

（4） $V(r)$ の最大値を与える r を求めよ．また，その r を $r(a)$ とおいたとき，$\displaystyle\lim_{a\to\infty}(r(a)-a)$ を求めよ．

（23　名古屋大・前期）

《楕円 (B20)》

444. 曲線 $C: 4x^2+y^2=4$ とする．直線 $l: y=2(x-1)$ と曲線 C で囲まれた部分のうち，原点を含まない方を D とする．このとき，次の問いに答えよ．

（1） 曲線 C と直線 l の交点の座標を求めよ．

（2） 直線 l に平行な，曲線 C の接線の方程式を求めよ．

（3） D の面積を，三角関数の置換積分法を用いた定積分を計算して求めよ．

（4） D を x 軸のまわりに 1 回転してできる立体の体積 V_1 を求めよ．

（5） D を y 軸のまわりに 1 回転してできる立体の体積 V_2 を求めよ．　（23　大教大・前期）

《逆関数 (B20)》

445. 関数 $f(x)=\sin x \quad \left(0 \leqq x \leqq \dfrac{\pi}{2}\right)$ の逆関数を $g(x)$ とする．

（1） 関数 $g(x)$ の定義域は $\square$ である．

（2） $y=g(x)$ の $x=\dfrac{4}{5}$ における接線の傾きは $\dfrac{\square}{\square}$ である．

（3） $\displaystyle\int_0^{\frac{1}{2}} g(x)\,dx$
$=\dfrac{\pi}{\square}+\square+\dfrac{\square}{\square}\sqrt{\square}$ である．

（4） $y=g(x)$ のグラフと $x=1$ および x 軸で囲まれた図形を x 軸のまわりに 1 回転させてできる立体の体積は $\dfrac{\pi^a}{\square}+\square\pi$，ただし $a=\square$ である．　（23　上智大・理工）

《無理関数と x 軸 (B20) ☆》

446. $0 \leqq x \leqq 1$ で定義された関数

$$f(x)=\sqrt{1-x^2}+\frac{x}{2}-1$$

を考える．以下の問いに答えよ．

（1） $0<x<1$ における $f(x)=0$ の解を求めよ．

（2） 第 2 次導関数 $f''(x)$ を求めよ．

（3） $0<x<1$ における $f(x)$ の極値を求めよ．

（4） 次の2つの不定積分 I, J を求めよ．ただし，積分定数は省略してもよい．

$$I=\int x\sqrt{1-x^2}\,dx,\ J=\int \frac{x^3}{\sqrt{1-x^2}}\,dx$$

（5） 曲線 $y=f(x)$ と x 軸で囲まれた部分を，y 軸のまわりに1回転して得られる立体の体積 V を求めよ．

（23 電気通信大・後期）

《放物線と直線 (B20) ☆》

447. a, b を実数の定数とする．座標平面において，曲線 $y=-x^2$ を，x 軸方向に a，y 軸方向に b だけ平行移動して得られる曲線を C とし，直線 $y=x$ を l とする．以下の各問に答えよ．

（1） 曲線 C が直線 l と x 軸の両方に接するとする．定数 a, b の値を求めよ．また，曲線 C，直線 l，および x 軸で囲まれた部分の面積 S を求めよ．

（2） $a=2, b=4$ とする．曲線 C の法線で，原点を通るものの方程式をすべて求めよ．

（3） $a=2, b=4$ とする．曲線 C と直線 l で囲まれた部分を，y 軸のまわりに1回転してできる立体の体積 V を求めよ．

（23 茨城大・理）

《4 次関数 (B20) ☆》

448. s, t を実数とし，x の関数

$f(x)=3sx^4+35tx^2+15$

を考える．このとき，以下の問いに答えよ．

（1） 積分 $I=\int_0^1\{f(x)\}^2\,dx$ を計算し，s, t を用いて答えよ．

（2） （1）の I が最小となる s と t の値を答えよ．

（3） s と t が（2）で求めた値のとき，直線 $y=15$ と曲線 $y=f(x)$ で囲まれた部分を y 軸のまわりに1回転させてできる立体の体積 V を答えよ．

（23 大阪公立大・工）

《指数関数 (B20)》

449. 座標平面において，2曲線 $y=\log x, y=\log(x+1)$ と直線 $x=2$ および x 軸で囲まれた図形を D とするとき，次の問に答えよ．ただし，対数は自然対数とする．

（1） 図形 D の面積を求めよ．

（2） 図形 D を，y 軸のまわりに1回転させてできる立体の体積を求めよ．

（23 福岡大・医-推薦）

《分数関数 $x^2=$ (y の式) (B20) ☆》

450. $-1<x<1$ を定義域とする関数

$f(x)=\dfrac{1}{1-x^2}$ について，次の問に答えよ．

（1） 原点から曲線 $C: y=f(x)$ に引いた2本の接線それぞれの方程式を求めよ．

（2） C と（1）の2本の接線で囲まれてできる図形 D の面積を求めよ．

（3） D を y 軸のまわりに1回転させてできる立体の体積を求めよ．

（23 香川大・創造工，教，医-臨床，農）

《対数関数 $x^2=$ (y の式) (B20)》

451. 曲線 $C: y=\log x$ に原点から引いた接線を l とする．また，C, l および x 軸で囲まれた図形を D とする．以下の問に答えよ．

（1） 接線 l の方程式を求めよ．

（2） 図形 D を x 軸のまわりに1回転してできる立体の体積を求めよ．

（3） 図形 D を y 軸のまわりに1回転してできる立体の体積を求めよ．

（23 青学大・理工）

《y での積分を x に変換 (B20) ☆》

452. $f(x)=\dfrac{e^x-1}{x}$ $(x>0)$ とするとき，以下の問に答えよ．

（1） $x>0$ のとき，$f'(x)>0$ であることを示せ．

（2） 曲線 $y=f(x)$ $(x>0)$ と y 軸および2直線 $y=\dfrac{e^2-1}{2}, y=\dfrac{e^3-1}{3}$ で囲まれた部分を y 軸のまわりに1回転してできる立体の体積を求めよ．

（23 神戸大・後期）

《y での積分を x に変換 (B20)》

453. 関数 $f(x)$ を

$$f(x)=-\frac{(\log x)^3}{x^2}\ (x>0)$$

とする．また，xy 平面上の曲線 $y=f(x)$ を C とおく．ただし，対数は自然対数とし，e は自然対数の底とする．次の問いに答えよ．

（1） 関数 $f(x)$ の極値を求めよ．また，極値をとるときの x の値を求めよ．

（2） 曲線 C の接線のうち，原点を通る接線の方程式を求めよ．

（3） 曲線 C，x 軸，y 軸および直線 $y=f\left(\frac{1}{\sqrt{e}}\right)$ で囲まれた部分を，y 軸の周りに 1 回転させてできる立体の体積を求めよ．

（23 東京農工大・前期）

《y での積分を x に変換 (B20)》

454. $0 \leqq x \leqq \frac{\pi}{2}$ において，曲線 $C_1: y=x^2$ と曲線 $C_2: y=1-\cos x$，および直線 $l: y=1$ で囲まれた図形を D とする．図形 D を y 軸のまわりに 1 回転してできる回転体の体積 V を求めよ．（23 富山大・理 (数)-後期）

《円の回転 (B20)》

455. θ を $0<\theta<\frac{\pi}{2}$ を満たす実数とする．xy 平面において，曲線

$$y=\sqrt{1-x^2}\ (0 \leqq x \leqq 1)$$

と直線

$$y=(\tan\theta)x$$

と x 軸で囲まれた部分を D とする．D を x 軸の周りに 1 回転させてできる立体の体積を V とし，D を y 軸の周りに 1 回転させてできる立体の体積を W とする．次の問いに答えよ．

（1） V を θ を用いて表せ．

（2） W を θ を用いて表せ．

（3） $W=\sqrt{3}V$ が成り立つときの θ の値を求めよ．

（4） α を $0<\alpha<\frac{\pi}{4}$ を満たす実数とする．

$$W=\frac{V}{\tan\alpha}$$

が成り立つときの θ の値を α を用いて表せ．

（23 埼玉大・後期）

《パラメタで x 軸回転 (B20) ☆》

456. 座標平面上の曲線 C を次で定める．

$$C:\begin{cases} x=\theta-2\sin\theta \\ y=2-2\cos\theta \end{cases}\quad (0 \leqq \theta \leqq 2\pi)$$

（1） 曲線 C 上の点 P の x 座標の値の範囲を求めよ．

（2） 曲線 C と x 軸で囲まれた図形の面積 S を求めよ．

（3） （2）の図形を x 軸のまわりに 1 回転させてできる立体の体積 V を求めよ．（23 名古屋工大）

《三角関数 (B15) ☆》

457. 曲線 C を媒介変数 θ を用いて

$$\begin{cases} x=3\cos\theta \\ y=\sin 2\theta \end{cases}\ \left(0 \leqq \theta \leqq \frac{\pi}{2}\right)$$

と表す．

（1） 曲線 C 上の点で，y 座標の値が最大となる点の座標 (x, y) を求めなさい．また，曲線 C 上の点で，y 座標の値が最小となる点の座標 (x, y) をすべて求めなさい．

（2） 曲線 C と x 軸で囲まれた図形の面積 S を求めなさい．

（3） 曲線 C と x 軸で囲まれた図形を x 軸のまわりに 1 回転してできる回転体の体積 V を求めなさい．

（23 大分大・理工）

《サイクロイド (B20)》

458. 以下の問いに答えなさい.

(1) 定積分 $\displaystyle\int_0^{2\pi} 2\theta\sin^2\theta\,d\theta$ を求めなさい.

(2) 定積分 $\displaystyle\int_0^{2\pi} \theta^2\sin\theta\,d\theta$ を，必要ならば部分積分を 2 回行うことにより求めなさい.

(3) 定積分 $\displaystyle\int_0^{2\pi} \sin^3\theta\,d\theta$ を求めなさい.

(4) サイクロイド

$$\begin{cases} x=\theta-\sin\theta \\ y=1-\cos\theta \end{cases}$$

の $0\leqq\theta\leqq 2\pi$ の部分と x 軸で囲まれた図形を D とする. D を y 軸のまわりに 1 回転してできる立体の体積 V を求めなさい.

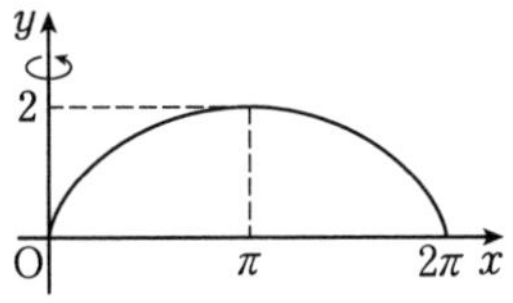

(23 都立大・理，都市環境，システム)

《サイクロイドで法線 (B30)》

459. 座標平面上でサイクロイド $C: x=\theta-\sin\theta,\ y=1-\cos\theta\ (0\leqq\theta\leqq 2\pi)$ を考える. C 上の点 $\mathrm{P}(t-\sin t,\ 1-\cos t)\ (0<t<2\pi)$ における接線および法線をそれぞれ l_t, L_t で表す. また, l_t と x 軸の交点を A, L_t と x 軸の交点を B, 線分 PB の中点を Q とする. このとき，以下の問いに答えなさい.

(1) L_t の傾きを t を用いて表すと $\square\tan\dfrac{t}{\square}$ となる.

(2) $t=\dfrac{4}{3}\pi$ のとき，3 点 A, B, Q の座標は，

$$\mathrm{A}\left(\frac{\square}{\square}\pi+\square\sqrt{\square},\ 0\right),\quad \mathrm{B}\left(\frac{\square}{\square}\pi,\ 0\right)$$

$$\mathrm{Q}\left(\frac{\square}{\square}\pi+\frac{\sqrt{\square}}{\square},\ \frac{\square}{\square}\right)$$

である.

(3) t が $0<t<2\pi$ を動くとき，点 Q が描く軌跡と x 軸で囲まれた図形の面積は $\dfrac{\square}{\square}\pi$ である. この図形を x 軸の周りに回転して得られる立体の体積 V を $V=a\pi^b$ と整数 a, b を用いて表すとき，$a=\square$, $b=\square$ となる.

(23 東北医薬大)

《誘導付き (B20) ☆》

460. xy 平面上で，直線 $y=\dfrac{3}{4}x$ を ①，第 1 象限上かつ直線 ① 上に存在し，原点 O(0, 0) から距離 5 の点を A とする. また，軸が y 軸に平行で，A を通り，原点 O で ① と交わる放物線を ② とする. ただし，放物線 ② の原点 O における接線は直線 ① と直交する. さらに，放物線 ② 上で OA 間に存在する点を P とし，その x 座標を p とする. 点 P を通り直線 ① と直交する直線と直線 ① との交点を B として，線分 PB の長さを h とし，線分 OB の長さを t とする. 次の各問いに答えよ. ただし，答えは結果のみを解答欄に記入せよ.

(1) 点 A の座標を求めよ.

(2) 放物線 ② の方程式を x, y を用いて表せ.

(3) h を p を用いて表せ.

(4) t を p を用いて表せ.

（5） 直線①と放物線②で囲まれる範囲について，直線①を軸として回転したときにできる立体の体積を V とする．体積 V を求めよ．（23 昭和大・医-1 期）

《このままだと異常積分 (B20)》

461．xy 平面上において，曲線 $C: y=\sqrt{x}$ と，直線 $l: y=x$ を考える．以下の問いに答えよ．

（1） C と l で囲まれる図形の面積を求めよ．

（2） 曲線 C 上の点 $\mathrm{P}(x, \sqrt{x})$ $(0 \leqq x \leqq 1)$ に対し，点 P から直線 l に下ろした垂線と，直線 l との交点を Q とする．線分 PQ の長さを x を用いて表せ．

（3） C と l で囲まれる図形を直線 l の周りに一回転してできる立体の体積を求めよ．（23 鳥取大・医，工）

《直線の通過領域 (B30)》

462．$0 \leqq \theta \leqq 2\pi$ とする．xy 平面において原点 $\mathrm{O}(0, 0)$ と点 $\mathrm{P}(\cos\theta, \sin\theta)$ を通る直線を l とし，点 $\mathrm{Q}(2, 0)$ と点 P を結ぶ線分の垂直二等分線を m とする．次の問いに答えよ．

（1） l と m が交点を持つための，θ に関する条件を求めよ．

（2） θ が（1）の条件を満たしながら $0 \leqq \theta \leqq 2\pi$ の範囲を動くとき，l と m の交点の軌跡の方程式を求めよ．

（3）（2）で求めた曲線によって，不等式 $x^2+y^2 \leqq 1$ の表す領域は 2 つの部分に分けられる．そのうちで O を含まない方を S とする．S を x 軸の周りに 1 回転させてできる立体の体積を求めよ．（23 大阪公立大・理-後）

《$y=4$ の周りの回転 (B20) ☆》

463．関数 $f(x)=\dfrac{x^2+3x+a}{x+2}$ は $x=0$ で極値をとるとする．曲線 $C: y=f(x)$ と直線 $l: y=4$ を考える．次の問いに答えよ．

（1） 定数 a の値を定めよ．

（2） 関数 $f(x)$ の極値をすべて求めよ．

（3） 曲線 C と直線 l のすべての交点の x 座標を求めよ．

（4） 曲線 C と直線 l で囲まれた部分の面積 S を求めよ．

（5） 曲線 C と直線 l で囲まれた部分を直線 l の周りに 1 回転させてできる立体の体積 V を求めよ．

（23 関西学院大・理系）

【曲線の長さ】

《$y=x^{\frac{3}{2}}$ (B3) ☆》

464．曲線 $y=2x\sqrt{x}$ $\left(0 \leqq x \leqq \dfrac{5}{3}\right)$ の長さは $\dfrac{\square}{\square}$ である．（23 藤田医科大・医学部前期）

《面積はガウス・グリーン (B30) ☆》

465．2 つの関数

$f(t)=2\sin t+\sin 2t$,

$g(t)=2\cos t-\cos 2t$

を用いて定義される座標平面上の曲線

$x=f(t)$, $y=g(t)$ $(0 \leqq t \leqq \pi)$

は下図のような概形をもつ．この曲線を C として，以下の問いに答えよ．

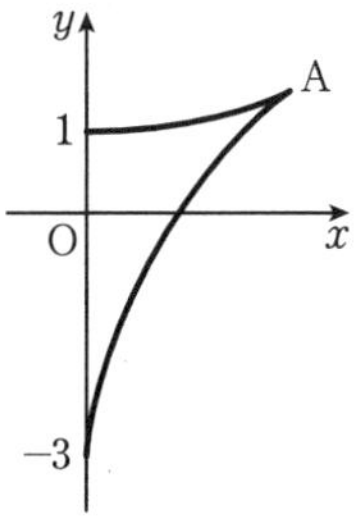

（1） $\{f'(t)\}^2+\{g'(t)\}^2$ を $a\cos^2 bt$ （a, b は正の定数）の形に変形せよ．

（2） C 上で x 座標が最大となる点 A の座標と，対応する t の値 t_0 を求めよ．

（3） $0<t<\pi$, $t \neq t_0$ を満たす t に対して，点 $(f(t), g(t))$ における C の接線の傾きを $m(t)$ とするとき，極限値 $\displaystyle\lim_{t \to t_0} m(t)$ を求めよ．

（4） 曲線 C の長さ L を求めよ．

（5） 曲線 C と y 軸で囲まれた部分の面積 S を求めよ． （23 電気通信大・後期）

《等角螺線 (B10) ☆》

466. t を媒介変数として

$x=e^{-t}\cos t,\ y=e^{-t}\sin t\ (0 \leqq t \leqq 2\pi)$

で表される曲線 C について，$t=\pi$ に対応する点における接線の傾きは □ であり，C の長さは □ である．

（23 愛媛大・後期）

《楕円の縮閉線 (B30) ☆》

467. 楕円 $\dfrac{x^2}{a^2}+\dfrac{y^2}{b^2}=1$ 上の異なる 2 点

$\mathrm{P}(a\cos\theta, b\sin\theta),\ \mathrm{Q}(a\cos\theta', b\sin\theta')$

$\left(0<\theta<\dfrac{\pi}{2}, 0<\theta'<\dfrac{\pi}{2}\right)$

を考える．ただし $a>b>0$ とする．点 P，Q における楕円の法線をそれぞれ l, l' とする．このとき，次の問に答えよ．

（1） l の方程式を求めよ．

（2） l と l' の交点の x 座標を a, b, θ, θ' を用いて表せ．

（3） $\theta'=\theta+h\ (h \neq 0)$ とする．$h \to 0$ のとき，（2）の交点はある点 R に限りなく近づくという．R の座標を a, b, θ を用いて表せ．

（4） $a=2, b=1$ とする．θ が $\dfrac{\pi}{6} \leqq \theta \leqq \dfrac{\pi}{3}$ の範囲を動くときに点 R が描く曲線の長さを求めよ．

（23 香川大・医-医）

《放物線の弧長 (B20)》

468. 2 つの曲線

$C_1 : y=2x^2\quad (x \geqq 0)$

$C_2 : y=\dfrac{x\sqrt{x}+3}{2}\quad (x \geqq 0)$

を考える．曲線 C_1 と C_2 の共有点はただ 1 つである．C_1 と C_2 および y 軸で囲まれた図形を D とおく．

（1） 曲線 C_1 と C_2 の共有点を求めよ．

（2） 図形 D の面積 S を求めよ．

（3） $f(x)=x\sqrt{x^2+1}+\log(x+\sqrt{x^2+1})$ の導関数を求めよ．

（4） 図形 D の周の長さ L を求めよ． （23 名古屋工大）

《円の伸開線 (B20) ☆》

469. 図のように，原点 O を中心とし，$y \geqq 0$ に存在する半径 1 の半円に巻きつけられた糸をひっぱりながら動かす．糸の一端は点 $\mathrm{A}(-1, 0)$ に固定され，動かす方の端である点 P は，はじめ点 $\mathrm{B}(\sqrt{2}, 0)$ にある．点 P が反時計回りに動くとき，次に x 軸に重なるまでの点 P の描く曲線 C の長さを求めよ．

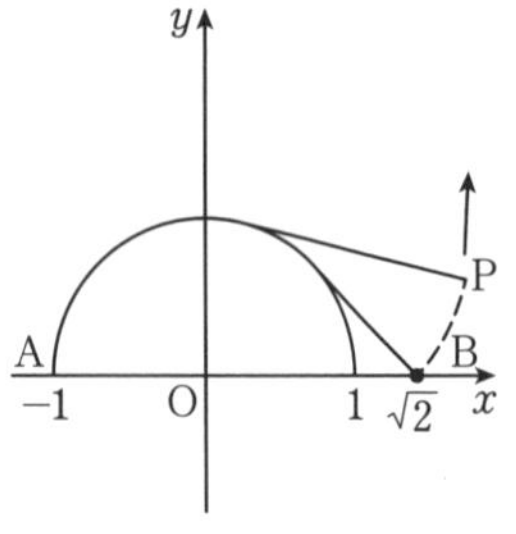

（23　名古屋市立大・前期）

《放物線の伸開線・ガウス・グリーン (B30)》

470. O を原点とする xy 平面上の曲線 $y=\frac{2}{3}(1-x^{\frac{3}{2}})\ (x \geqq 0)$ 上に点 A(1, 0), B$\left(0,\ \frac{2}{3}\right)$ をとり，伸び縮みしない糸を曲線 AB，線分 BO 上に緩まないように沿わせる．

この糸は，一端を点 A に固定して，曲線 AB に沿わせて点 B で折り，y 軸の下方向にまっすぐに沿わせると，ちょうど点 O に達する長さである．点 A に固定した糸の端とは反対側の端を点 P とする．

はじめ点 O に点 P があり，糸が緩まないように点 P を時計回りに動かしていくと，途中まで点 P は点 B を中心とし線分 OB の長さを半径とする円の周上にある．その後，糸は曲線 AB から徐々に離れはじめる．糸のうち曲線 AB 上の部分の点 P に近い側の点を点 Q とする．点 P は点 O から動き始めてから後，点 Q が点 A に達するまで動く．次の問いに答えよ．

（1） 糸の長さを求めよ．

（2） 点 Q の x 座標を t とする．$0<t<1$ のとき，点 P が曲線 AB の点 Q における接線上にあることに注意して，点 P の座標を t を用いて表せ．

（3） 点 O を起点とする点 P の軌跡を図示せよ．

（4） 糸が通過した部分の面積を求めよ．

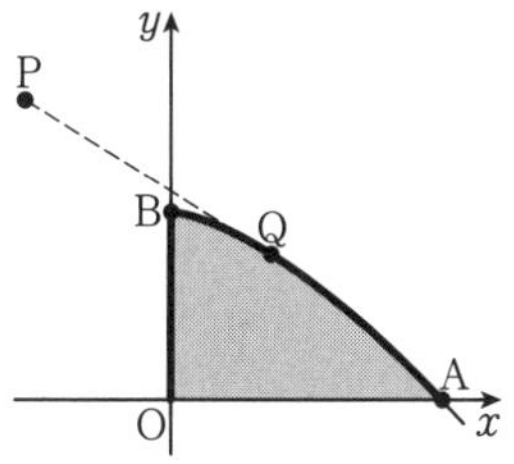

（23　藤田医科大・医学部後期）

《平方完成できる (B20)》

471. $f(x)=\frac{1}{8}x^2-\log x\ (x>0)$ とし，座標平面上の曲線 $y=f(x)$ を C とする．ただし，$\log x$ は x の自然対数を表す．関数 $f(x)$ は $x=$ **あ** で最小値をとる．曲線 C 上の点 A$(1,\ f(1))$ における曲線 C の接線を ℓ とすると，ℓ の方程式は $y=$ **い** である．曲線 C と接線 ℓ および直線 $x=2$ で囲まれた部分の面積は **う** である．また，点 $(t,\ f(t))\ (t>1)$ を P とし，点 A から点 P までの曲線 C の長さを $L(t)$ とすると $L(2)=$ **え** である．また，$\lim_{t\to 1+0}\frac{L(t)}{t-1}=$ **お** である．

（23　明治大・理工）

《放物線の縮閉線 (B20)》

472. 座標平面上で，放物線 $C: y=x^2$ 上の異なる 2 点 A$(a,\ a^2)$ と B$(b,\ b^2)$ における 2 本の法線の交点を P とし，点 B を点 A に限りなく近づけたときに点 P が近づく点を Q とする．

（1） 放物線 C の点 A における法線の方程式を求めよ．

（2） Q の座標を a を用いて表せ．

（3） a が $-1 \leqq a \leqq 1$ の範囲を動くとき，点 Q が描く曲線の長さを求めよ．

（23　大阪医薬大・前期）

《三角関数 (B20)》

473. （1） 関数 $f(t)=\log(t+\sqrt{t^2+1})$ の導関数は $f'(t)=$ □ である．また，関数 $g(t)=t\sqrt{t^2+1}+\log(t+\sqrt{t^2+1})$ の導関数は $g'(t)=$ □ である．

（2） 媒介変数 θ を用いて定義される曲線

$$C:\begin{cases} x=\cos^4\theta \\ y=\sin^4\theta \end{cases}\quad \left(0 \leqq \theta \leqq \frac{\pi}{2}\right)$$

を考える．曲線 C 上の点で最も原点に近い点の座標は $\left(\square,\ \square\right)$ である．次に，曲線 C の長さ L を求める．

$\dfrac{dx}{d\theta}$, $\dfrac{dy}{d\theta}$ を $\cos\theta$, $\sin\theta$ を用いて表すと

$$\frac{dx}{d\theta}=\square,\ \frac{dy}{d\theta}=\square$$

であるから，L は

$$L=4\int_0^{\frac{\pi}{2}}\cos\theta\sin\theta\sqrt{\cos^4\theta+\sin^4\theta}\,d\theta$$

である．$s=\sin^2\theta$ とおいて置換積分法を用いると

$$L=2\int_0^1\sqrt{\square}\,ds$$

となる．さらに（1）を利用して

$$L=\square$$

が得られる．（23　立命館大・理系）

【定積分で表された関数（数 III）】

《微分係数（A5）☆》

474. 次の極限値を求めよ．$\displaystyle\lim_{x\to\frac{\pi}{2}}\frac{1}{x-\frac{\pi}{2}}\int_{\frac{\pi}{2}}^{x}\frac{1}{\sin t}\,dt$（23　東北大・医 AO）

《積分せず微分する（B3）》

475. 関数 $F(x)=\displaystyle\int_1^{e^x}(\log t)^3\,dt$ に対して，$F'(x)$ を求めよ．（23　会津大）

《まず微分する（B10）》

476. $x\neq 0$ で定義された関数 $f(x)=\displaystyle\int_1^{x^2}\frac{1}{2\sqrt{t}}\,dt$ の導関数 $f'(x)$ を求め，$y=f'(x)$ のグラフをかけ．

（23　広島市立大・前期）

《タンの逆関数（B10）》

477. 関数

$$f(x)=\int_0^x\frac{1}{1+t^2}\,dt$$

を考える．以下の問に答えよ．

（1） $x=\tan y\left(-\dfrac{\pi}{2}<y<\dfrac{\pi}{2}\right)$ と表すとき，$f(x)=y$ が成り立つことを示せ．

（2） 曲線 $y=f(x)$ の点 $\mathrm{P}(\sqrt{3},\ f(\sqrt{3}))$ における接線の方程式を求めよ．

（3） （2）で求めた接線と曲線 $y=f(x)$ $(0\leqq x\leqq\sqrt{3})$ の共有点が点 P だけであることを示せ．

（4） （2）で求めた接線と y 軸，および曲線 $y=f(x)$ $(0\leqq x\leqq\sqrt{3})$ によって囲まれた部分の面積を求めよ．（23　岐阜大・工）

《サインの逆関数（B15）》

478. $|x|<1$ となる x に対して関数 $S(x)$ を

$$S(x)=\int_0^x\frac{dt}{\sqrt{1-t^2}}$$

として定義します．このとき，以下の各問いに答えなさい．

（1） $\displaystyle\lim_{x\to 0}\frac{S(x)}{x}$ を求めなさい．

（2） $S\left(\dfrac{1}{\sqrt{2}}\right)$ を求めなさい．

（3） 不定積分 $\displaystyle\int\frac{t}{\sqrt{1-t^2}}\,dt$ を求めなさい．

（4） 定積分 $\displaystyle\int_0^{\frac{1}{\sqrt{2}}}S(x)\,dx$ を求めなさい．（23　横浜市大・共通）

《先に微分する（B5）☆》

479. 関数 $f(x)=\int_{x-2}^{x+1} t(t-1)\,dt$ の最小値を答えよ. (23 防衛大・理工)

《x を外に出す (B10) ☆》

480. 関数 $f(x)$ を

$$f(x)=\frac{1}{8}x^2-\int_0^x \frac{x-t}{4+t^2}\,dt$$

と定める. 次の問いに答えよ.

(1) 微分係数 $f'(2)$ を求めよ.

(2) 関数 $f(x)$ の極値を求めよ. (23 弘前大・理工)

《置換して x を外に出す (B20) ☆》

481. 関数 $f(x)$ を

$$f(x)=\int_x^{2x}(\sin t)e^{-(t-x)^2}\,dt\ (0<x<\pi)$$

により定める. このとき, x に関する方程式

$$f(x)+f''(x)=0$$

の, $0<x<\pi$ の範囲における実数解の個数を求めよ. ただし, $f''(x)$ は関数 $f(x)$ の第 2 次導関数である.

(23 京都工繊大・前期)

《絶対値で積分して微分 (B20) ☆》

482. 関数 $f(x)$ を

$$f(x)=\int_0^{\log 2}|x-e^t|\,dt$$

と定める. ただし, 対数は自然対数とし, e は自然対数の底とする. 次の問いに答えよ.

(1) $f(1)$ を求めよ.

(2) $0\leqq x\leqq 2$ における $f(x)$ の最小値を求めよ. (23 弘前大・理工 (数物科学))

《x を外に出す (B20)》

483. 2 つの関数 $F(x)$, $g(x)$ が

$$F(x)=\int_1^x (x-2t)g'(t)\,dt\ (x>0)$$

をみたすとする. ここで $g'(t)$ は $g(t)$ の導関数とする. 以下の問いに答えよ.

(1) $F(x)$ の導関数 $F'(x)$ に対して, 次の等式が成り立つことを示せ.

$$F'(x)=g(x)-g(1)-xg'(x)$$

(2) $g(x)=x(\log x)^2$ のとき, $F(x)$ を求めよ. ここで対数は自然対数とする. (23 奈良女子大・理, 工-後期)

《タンの関数 (B10)》

484. $F(x)=\int_0^x \frac{dt}{1+t^2}$ とし, $f(x)=F(3x)-F(x)$ とする. 次の問いに答えよ.

(1) $f'(x)$ を求めよ.

(2) $x\geqq 0$ の範囲で, $f(x)$ の最大値を求めよ. (23 琉球大・理-後)

《タンの関数 (B20) ☆》

485. 次の問いに答えなさい.

(1) 定積分 $\int_{-1}^{1}\frac{dt}{1+t^2}$ を求めなさい.

(2) $x>0$ のとき, 定積分 $\int_{-\frac{1}{x}}^{x}\frac{dt}{1+t^2}$ を求めなさい. (23 信州大・教育)

《定積分は定数 (B10)》

486. 条件

$$f'(x)+\int_0^1 f(t)\,dt=2e^{2x}-e^x$$

かつ $f(0)=0$ を満たす関数 $f(x)$ を求めよ. ただし, $f'(x)$ は $f(x)$ の導関数を表す. (23 学習院大・理)

《定積分は定数 (B10)》

487. 等式 $f(x)=\sin 2x+\int_0^{\frac{\pi}{2}} tf(t)\,dt$ を満たす関数 $f(x)$ を求めよ．（23　山梨大・工）

《定積分は定数 (B20)》

488. 関数 $f(x)$ と定数 C が

$$\int_0^x f(t)\,dt+\int_0^{\frac{\pi}{2}} f(t)\sin(x+t)\,dt=x+C$$

をみたすとする．以下の問いに答えなさい．

（1） 定数 a, b を

$$a=\int_0^{\frac{\pi}{2}} f(t)\sin t\,dt,$$

$$b=\int_0^{\frac{\pi}{2}} f(t)\cos t\,dt$$

とするとき，関数 $f(x)$ を a, b を用いて表しなさい．

（2） 定数 a, b の値，および関数 $f(x)$ を求めなさい．

（3） 定数 C の値を求めなさい．（23　都立大・数理科学）

《定積分は定数 (B5)》

489. 関数 $f(x)$ は $x>0$ において以下をみたす．

$$f(x)=(\log x)^2-\int_1^e f(t)\,dt$$

このとき，$f(x)$ を求めよ．（23　横浜国大・理工，都市科学）

《積分の不等式 (B30) ☆》

490. 連続関数 $f(x)$ は次の 2 つの条件（ア）と（イ）を満たしている．

（ア） $f(0)=1$

（イ） 任意の実数 x に対して，

$$\int_{-x}^x f(t)\,dt=a\sin x+b\cos x$$

が成り立つ．

（1） 定数 a，b の値を求めよ．

（2） $g(x)=f(x)-\cos x$ とすると，

$g(-x)=-g(x)$ が成り立つことを示せ．

（3） $x>0$ のとき，

$$\int_{-x}^x \{f(t)\}^2\,dt \geqq \int_{-x}^x \cos^2 t\,dt$$

が成り立つことを示し，等号が成立する条件を求めよ．（23　大阪医薬大・後期）

《積分方程式 (B30) ☆》

491. n を自然数，a を正の定数とする．関数 $f(x)$ は等式

$$f(x)=x+\frac{1}{n}\int_0^x f(t)\,dt$$

をみたし，関数 $g(x)$ は $g(x)=ae^{-\frac{x}{n}}+a$ とする．2 つの曲線 $y=f(x)$ と $y=g(x)$ はある 1 点を共有し，その点における 2 つの曲線の接線が直交するとき，次の問いに答えよ．ただし，e は自然対数の底とする．

（1） $h(x)=e^{-\frac{x}{n}}f(x)$ とおくとき，導関数 $h'(x)$ と $h(x)$ を求めよ．

（2） a を n を用いて表せ．

（3） 2 つの曲線 $y=f(x)$，$y=g(x)$ と y 軸で囲まれた部分の面積を S_n とするとき，極限値

$\lim_{n\to\infty}\frac{S_1+S_2+\cdots+S_n}{n^3}$ を求めよ．（23　東京慈恵医大）

《部分積分と特殊基本関数 (B15)》

492. n を自然数とする．正の実数 x に対し，関数 $f_n(x)$，$g_n(x)$ を

$$f_n(x)=\int_1^x (\log t)^n\,dt,$$

$$g_n(x)=\int_1^x \frac{(\log t)^n}{t}\,dt$$

と定める．ただし，対数は自然対数とする．

（1） 不定積分 $\int \log x\,dx$ と $\int \frac{\log x}{x}\,dx$ を求めよ．

（2） $f_{n+1}(x)$ を $f_n(x)$ を用いて表せ．

（3） $g_{n+1}(x)$ を $g_n(x)$ を用いて表せ． （23 室蘭工業大）

《積分するだけ (B10)》

493. 3つの関数 $f(x)$, $g(x)$, $h(x)$ を

$$f(x)=2e^{-2x},\ g(x)=e^{-x},$$

$$h(x)=\int_0^x f(x-t)g(t)\,dt$$

で定める．次の問に答えよ．

（1） $f(x)=g(x)$ を満たす x の値を求めよ．

（2） $h(x)$ を x の式で表せ．また，関数 $h(x)$ の極値を求めよ．

（3） 極限 $\lim_{x\to\infty}h(x)$ および $\lim_{x\to-\infty}h(x)$ の値をそれぞれ求めよ． （23 佐賀大・理工-後期）

《微分するだけ (B20)》

494. a を0でない実数とする．$f(x)$ は実数全体を定義域とする連続関数で

$$\int_0^x f(t)\,dt=xe^{-ax^2}$$

をみたしている．以下の問に答えよ．

（1） $f(x)$ を求めよ．

（2） b を実数とする．方程式 $f(x)=b$ が異なる4個の実数解をもつための a, b のみたす必要十分条件を求めよ．ただし，$\lim_{x\to\infty}x^2e^{-x^2}=0$ であることは用いてよい． （23 神戸大・後期）

《積分して $f(x)$ について解く (B20)》

495. a, b を正の実数，p を a より小さい正の実数とし，すべての実数 x について

$$\int_p^{f(x)} \frac{a}{u(a-u)}\,du=bx,\ 0<f(x)<a$$

かつ $f(0)=p$ を満たす関数 $f(x)$ を考える．このとき以下の各問いに答えよ．

（1） $f(x)$ を a, b, p を用いて表せ．

（2） $f(-1)=\frac{1}{2}$, $f(1)=1$, $f(3)=\frac{3}{2}$ のとき，a, b, p を求めよ．

（3） （2）のとき，$\lim_{x\to-\infty}f(x)$ と $\lim_{x\to\infty}f(x)$ を求めよ． （23 東京医歯大・医）

《いろいろな形 (B20)》

496. 関数 $f(x)$ は積分区間の範囲の中で定義される連続な関数である．ただし，a は実数の定数とし，e は自然対数の底とする．

（1） $\int_1^{\log x} f(t)\,dt=2x-2e$ のとき，

$f(x)=\square e^x$ である．

（2） $\int_1^2 (x+t)f(t)\,dt=f(x)+2x-4$

のとき，$f(x)=\frac{\square x+\square}{5}$ である．

（3） $\int_1^{\log x} f(t)\,dt-\int_1^2 (x+t)f(t)\,dt=2x+a$

のとき，$f(x)=\frac{\square e^x}{e^2-e-1}$ であり，

$a=\frac{\square e^2+\square e}{e^2-e-1}$ である． （23 久留米大・医）

【積分を含む等式】

《(B0)》

497. 関数 $f(x)$ を

$$f(x)=\int_x^{2x}(\sin t)e^{-(t-x)^2}\,dt\ (0<x<\pi)$$

により定める．このとき，x に関する方程式

$$f(x)+f''(x)=0$$

の，$0<x<\pi$ の範囲における実数解の個数を求めよ．ただし，$f''(x)$ は関数 $f(x)$ の第 2 次導関数である．

(23　京都工繊大・前期)

《(B0)》

498. a を 0 でない実数とする．$f(x)$ は実数全体を定義域とする連続関数で

$$\int_0^x f(t)\,dt=xe^{-ax^2}$$

をみたしている．以下の問に答えよ．

(1) $f(x)$ を求めよ．

(2) b を実数とする．方程式 $f(x)=b$ が異なる 4 個の実数解をもつための a,b のみたす必要十分条件を求めよ．ただし，$\lim_{x\to\infty}x^2e^{-x^2}=0$ であることは用いてよい．

(23　神戸大・後期)

《(B0)》

499. a,b を正の実数，p を a より小さい正の実数とし，すべての実数 x について

$$\int_p^{f(x)}\frac{a}{u(a-u)}\,du=bx,\ 0<f(x)<a$$

かつ $f(0)=p$ を満たす関数 $f(x)$ を考える．このとき以下の各問いに答えよ．

(1) $f(x)$ を a,b,p を用いて表せ．

(2) $f(-1)=\frac{1}{2},\ f(1)=1,\ f(3)=\frac{3}{2}$ のとき，a,b,p を求めよ．

(3) (2) のとき，$\lim_{x\to-\infty}f(x)$ と $\lim_{x\to\infty}f(x)$ を求めよ．

(23　東京医歯大・医)

《(B0)》

500. 等式 $f(x)=\sin 2x+\int_0^{\frac{\pi}{2}}tf(t)\,dt$ を満たす関数 $f(x)$ を求めよ．

(23　山梨大・工)

《(B0)》

501. 条件

$$f'(x)+\int_0^1 f(t)\,dt=2e^{2x}-e^x$$

かつ $f(0)=0$ を満たす関数 $f(x)$ を求めよ．ただし，$f'(x)$ は $f(x)$ の導関数を表す．

(23　学習院大・理)

《(B0)》

502. 関数 $f(x)$ は積分区間の範囲の中で定義される連続な関数である．ただし，a は実数の定数とし，e は自然対数の底とする．

(1) $\int_1^{\log x}f(t)\,dt=2x-2e$ のとき，

$f(x)=\square e^x$ である．

(2) $\int_1^2(x+t)f(t)\,dt=f(x)+2x-4$

のとき，$f(x)=\dfrac{\square x+\square}{5}$ である．

(3) $\int_1^{\log x}f(t)\,dt-\int_1^2(x+t)f(t)\,dt=2x+a$

のとき，$f(x)=\dfrac{\square e^x}{e^2-e-1}$ であり，

$a=\dfrac{\square e^2+\square e}{e^2-e-1}$ である．

(23　久留米大・医)

【微積分の融合】

《積分して微分する (B20)》

503. 関数 F，G を

$$F(a)=\int_{-\pi}^{\pi}\{ae^{-x}\sin x-(2a+1)e^{-x}\cos x\}\,dx$$

$$G(a)=\int_{-\frac{\pi}{2}}^{\frac{\pi}{2}}\{ae^{-x}\sin x+2(a+1)e^{-x}\cos x\}^2\,dx$$

で定める．このとき，以下の問いに答えよ．

（1） 定積分 $F(a)$ を求めよ．

（2） 定積分 $G(a)$ を求めよ．

（3） a が実数全体を動くとき，$\dfrac{F(a)}{G(a)}$ に最大値，最小値があれば，それを求めよ． （23 愛知県立大・情報）

《積分を評価する (C30)》

504. $f(x)=\displaystyle\int_0^x \frac{1}{\sqrt{1+t^4}}\,dt$ とおく．以下の問いに答えよ．

（1） $y=\log(x+\sqrt{1+x^2})$ を微分せよ．

（2） $0<x\leqq 1$ において，

$$\log(x+\sqrt{1+x^2})<f(x)<x$$

が成り立つことを示せ．

（3） $x>1$ において，曲線

$$y=\log(x+\sqrt{1+x^2})$$

と曲線 $y=f(x)$ は共有点をちょうど 1 つもつことを示せ． （23 お茶の水女子大・前期）

《平均値の定理で評価する (C30)》

505. 関数 $f(x)=\dfrac{1}{\sin x}$ について，次の問いに答えよ．

（1） $\displaystyle\lim_{x\to 0}\frac{\sin x}{x}=1$ を用いて，定義に従って，$f(x)$ の導関数 $f'(x)$ を求めよ．

（2） 不定積分 $\displaystyle\int f(x)\,dx$ を求めよ．

（3） $0<t<\pi$ とし，点 $(t,\ f(t))$ における接線の方程式を $y=mx+n$ とする．このとき，$0<x<\pi$，$x\neq t$ となるすべての x について，不等式

$$mx+n<f(x)$$

が成り立つことを証明せよ．

（4） $0<a<b<\pi$ のとき，不等式

$$f\left(\frac{a+b}{2}\right)<\frac{f(a)+f(b)}{2}$$

が成り立つことを，（3）の不等式を用いて，証明せよ．

（5） 点 $\left(\dfrac{\pi}{3},\ f\left(\dfrac{\pi}{3}\right)\right)$ における接線，

点 $\left(\dfrac{2}{3}\pi,\ f\left(\dfrac{2}{3}\pi\right)\right)$ における接線および曲線 $y=f(x)$ とで囲まれた部分の面積を求めよ． （23 大教大・後期）

《積分方程式 (B20)》

506. 実数全体を定義域とする微分可能な関数 $f(x)$ は，常に $f(x)>0$ であり，等式

$$f(x)=1+\int_0^x e^t(1+t)f(t)\,dt$$

を満たしている．

（1） $f(0)$ を求めよ．

（2） $\log f(x)$ の導関数 $(\log f(x))'$ を求めよ．

（3） 関数 $f(x)$ を求めよ．

（4） 方程式 $f(x)=\dfrac{1}{\sqrt{2}}$ を解け． （23 滋賀医大・医）

《積分して微分する (B20)》

507. (1) x の関数 $f(x)=\int_0^x (1+t)e^t\,dt$ を計算せよ.

(2) 関数 $y=\dfrac{4e^x}{x^2}$ のグラフを描け.

(3) k を任意定数とするとき，方程式

$\dfrac{f(x)}{x^3}-\dfrac{k}{4}=0$ の異なる実数解の個数を調べよ．ただし，$f(x)$ は (1) に示す x の関数である.

(23　三条市立大・工)

《積分しないで微分する (B30) ☆》

508. 点 $\mathrm{P}\left(t,\ \dfrac{1}{2}t^2\right)$ $(t>0)$ を曲線 $C: y=\dfrac{1}{2}x^2$ の上の点とする．点 P における曲線 C の法線を ℓ とし，ℓ と曲線 C の共有点のうち，P と異なるものを $\mathrm{Q}\left(s,\ \dfrac{1}{2}s^2\right)$ とする.

(1) 法線 ℓ の方程式を求めよ.

(2) 点 Q の x 座標 s を t で表せ.

(3) 曲線 C における点 P から点 Q までの部分の長さを $f(t)$ とおくと，$f(t)$ はある関数 $g(x)$ により

$$f(t)=\int_s^t g(x)\,dx$$

と表せる．この関数 $g(x)$ を求めよ．途中経過を記述する必要はない.

(4) $f(t)$ が最小となる t の値を求めよ．ただし $f'(t)=g(t)-g(s)\dfrac{ds}{dt}$ であることは用いてよい.

(23　明治大・総合数理)

《微積分の融合 (円) (B20)》

509. a は実数とする．座標平面上において，点 $(a,0)$ を中心とする半径 1 の円を C とする．次の問いに答えなさい.

(1) $a=0$ とし，θ は $0\leqq\theta\leqq\dfrac{\pi}{2}$ を満たすとする．円 C と 2 直線 $x=\cos\theta,\ x=-\sin\theta$ で囲まれた部分の面積の最大値と，そのときの θ の値を求めなさい.

(2) a は $0\leqq a\leqq 1$ を満たすとする．円 C と 2 直線 $x=0,\ x=1$ で囲まれた部分の面積の最大値と，そのときの a の値を求めなさい.

(23　秋田大・前期)

《微積分の融合 (log) (B20)》

510. 原点を O とする座標平面上に，2 点

$\mathrm{A}(e^2-1,\ 0),\ \mathrm{P}(t,\ 0)$

をとる．ただし，$0<t<e^2-1$ とする．さらに，曲線 $y=\log(x+1)$ を C とし，曲線 C 上に 2 点 $\mathrm{B}(e^2-1,\ 2)$, $\mathrm{Q}(t,\ \log(t+1))$ をとる．$\triangle\mathrm{APB}$ の面積を $f(t)$ とし，曲線 C，線分 PQ，線分 OP によって囲まれた図形の面積を $g(t)$ とする．このとき，次の問いに答えなさい．ただし，log は自然対数，e は自然対数の底を表す.

(1) $f(t)$ を t を用いて表しなさい.

(2) $g(t)$ を t を用いて表しなさい.

(3) $h(t)=f(t)+g(t)$ とおく．$0<t<e^2-1$ における $h(t)$ の最小値とそのときの t の値を求めなさい.

(23　秋田大・理工-後期)

《面積の最小 (B20)》

511. $f(x)=x^{-2}e^x$ $(x>0)$ とし，曲線 $y=f(x)$ を C とする．また h を正の実数とする．さらに，正の実数 t に対して，曲線 C，2 直線 $x=t,\ x=t+h$，および x 軸で囲まれた図形の面積を $g(t)$ とする.

(1) $g'(t)$ を求めよ.

(2) $g(t)$ を最小にする t がただ 1 つ存在することを示し，その t を h を用いて表せ.

(3) (2) で得られた t を $t(h)$ とする．このとき極限値 $\displaystyle\lim_{h\to+0}t(h)$ を求めよ.

(23　筑波大・前期)

【数列との融合】

《マチンの公式 1 (B15) ☆》

512. $I_n=\int_0^{\frac{\pi}{4}}\tan^{2n}x\,dx\ (n=0,\ 1,\ 2,\ \cdots)$ とする．次の問いに答えよ．ただし，$\tan^0 x=1$ とする．

（１） I_0 および I_1 の値を求めよ．

（２） n を 0 以上の整数とするとき，

$I_n+I_{n+1}=\dfrac{1}{2n+1}$ が成り立つことを示せ．

（３） 無限級数

$$1-\frac{1}{3}+\frac{1}{5}-\frac{1}{7}+\frac{1}{9}-\frac{1}{11}+\cdots$$

の和を求めよ．（23　福岡教育大・中等）

《マチンの公式 2 (B20) ☆》

513. 以下の問いに答えよ．

（１） 無限級数 $\displaystyle\sum_{n=1}^{\infty}\frac{1}{2n-1}$ が発散することを示せ．

（２） 任意の自然数 N に対して，次の等式が成り立つことを示せ．ただし，x を実数とする．

$$\frac{1}{1+x^2}=1-x^2+x^4-\cdots$$
$$+(-1)^{N-1}x^{2N-2}+\frac{(-1)^N x^{2N}}{1+x^2}$$

（３） 次の無限級数の収束，発散を調べ，収束するときはその無限級数の和を求めよ．

$$\sum_{n=1}^{\infty}\frac{(-1)^{n-1}}{2n-1}$$

（23　九大・後期）

《マチンの公式の誤差 (B30) ☆》

514. n を 2 以上の自然数とする．

（１） $0\leqq x\leqq 1$ のとき，次の不等式が成り立つことを示せ．

$$\frac{1}{2}x^n\leqq(-1)^n\left\{\frac{1}{x+1}-1-\sum_{k=2}^{n}(-x)^{k-1}\right\}$$
$$\leqq x^n-\frac{1}{2}x^{n+1}$$

（２） $a_n=\displaystyle\sum_{k=1}^{n}\frac{(-1)^{k-1}}{k}$ とするとき，次の極限値を求めよ．

$$\lim_{n\to\infty}(-1)^n n(a_n-\log 2)$$

（23　阪大）

《ベータ関数 (B20) ☆》

515. $m,\ n$ を 1 以上の整数とし，

$$I_{m,\,n}=\int_0^1 x^m(1-x)^n\,dx$$

とおく．このとき，次の問に答えよ．

（１） $n\geqq 2$ のとき $I_{m,\,n}=cI_{m+1,\,n-1}$ をみたす c を $m,\ n$ を用いて表せ．

（２） $I_{m,\,n}$ を $m,\ n$ を用いて表せ．

（３） 定積分

$\displaystyle\int_0^{\frac{\pi}{4}}\tan^4 x(1+\tan^2 x)(1-\tan x)^5\,dx$ を求めよ．（23　東京電機大）

《$\cos^n x$ の積分 (B20)》

516. 数列 $\{a_n\}$ を

$$a_n=\int_{-\frac{\pi}{2}}^{0}\cos^n x\,dx\ (n=0,\ 1,\ 2,\ \cdots)$$

で定義する．次の問いに答えよ．

（１） a_{n+2} を a_n を用いて表せ．

（2） a_n の一般項を求めよ．　　（23　名古屋市立大・前期）

《$\sin^n x$ の積分（B0）》

517．0 以上のすべての整数 n に対し，

$$I_n=\int_0^{\frac{\pi}{2}}\sin^n x\,dx$$

とおく．このとき，次の問いに答えよ．

（1） I_2 および I_3 を求めよ．

（2） 2 以上のすべての整数 n に対し，等式

$$I_n=\frac{n-1}{n}I_{n-2}$$

が成立することを示せ．

（3） 1 以上のすべての整数 n に対し，

$I_{2n+1}\leqq I_{2n}\leqq I_{2n-1}$

が成立することを示し，$\displaystyle\lim_{n\to\infty}\frac{I_{2n}}{I_{2n+1}}$ を求めよ．

（4） I_{2n} および I_{2n+1} を求めよ．

（5） 等式

$$\frac{1}{I_{2n+1}}=\sqrt{\frac{1}{I_{2n}I_{2n+1}}}\sqrt{\frac{I_{2n}}{I_{2n+1}}}$$

を用いて，$\displaystyle\lim_{n\to\infty}\frac{1}{\sqrt{n}I_{2n+1}}$ を求めよ．

（6） $\displaystyle\lim_{n\to\infty}\sqrt{n}\,{}_{2n}\mathrm{C}_n\left(\frac{1}{2}\right)^{2n}$ を求めよ．ただし，${}_n\mathrm{C}_k$ は n 個から k 個取る組合せの総数を表す．（23　大教大・後期）

《不定積分できない関数（B30）》

518．関数 $f(x)$ を

$$f(x)=\int_0^x\sqrt{t}\sin t\,dt\ (x\geqq 0)$$

により定める．$x\geqq 0$ の範囲で $f(x)$ が極大となる x の値を，小さい方から順に $x_1, x_2, x_3, \cdots$ とする．以下の問いに答えよ．

（1） 自然数 k に対し，x_k を求めよ．

（2） 自然数 k に対し，次の等式を示せ．

$$f(x_{k+1})-f(x_k)$$
$$=\int_{2k\pi}^{(2k+1)\pi}(\sqrt{t}-\sqrt{t-\pi})\sin t\,dt$$

（3） 自然数 k に対し，$2k\pi\leqq t\leqq(2k+1)\pi$ のとき，次の不等式が成り立つことを示せ．

$$\sqrt{t}-\sqrt{t-\pi}>\frac{1}{2}\sqrt{\frac{\pi}{2k+1}}$$

（4） n を自然数とし，$0\leqq x\leqq 2(n+1)\pi$ における $f(x)$ の最大値を M_n とする．次の不等式を示せ．

$$M_n>f(x_1)+\sum_{k=1}^{n}\sqrt{\frac{\pi}{2k+1}}$$

（23　広島大・理-後期）

《格子点と積分（B20）》

519．a を正の実数とする．関数 $f(x)=e^{ax}$ を考え，自然数 n に対し，連立不等式

$$\begin{cases}0\leqq x\leqq n\\0\leqq y\leqq f(x)\end{cases}$$

の表す xy 平面内の領域を D_n とする．D_n の点 (x, y) のうち，x と y がともに整数であるものの個数を $S(n)$ とし，また，D_n の面積を $T(n)$ とする．このとき，次の問いに答えよ．

（1） 自然数 n に対し，$T(n)$ を求めよ．

（2） 自然数 n に対し，$R(n)=\sum_{k=0}^{n} f(k)$ とおく．極限 $\lim_{n\to\infty}\frac{R(n)}{e^{an}}$ を求めよ．

（3） 極限 $\lim_{n\to\infty}\frac{S(n)}{T(n)}$ を求めよ．ただし，

$\lim_{n\to\infty}\frac{n}{e^{an}}=0$ であることを証明なしに用いてよい． （23　京都工繊大・前期）

《微分して積分する (C20)》

520． n を 2 以上の整数として

$$f_n(x)=\int_0^x (\sin(nt)-\sin t)\,dt$$

とする．以下の問いに答えよ．

（1） 関数 $y=f_5(x)\left(0\leqq x\leqq\frac{\pi}{2}\right)$ の増減を調べ，このグラフの概形をかけ．ただし，グラフの凹凸と変曲点については調べなくてよい．

（2） 関数 $y=f_n(x)$ の $0\leqq x\leqq\frac{\pi}{2}$ における最大値を M_n とおく．これを求めよ．

（3） （2）の M_n について，極限 $\lim_{n\to\infty}M_n$ を求めよ． （23　お茶の水女子大・前期）

《$\log x$ を挟む (C20)》

521． 次の問いに答えよ．

（1） a,b は実数とし，$f(x)$ は a,b が属する開区間で定義された関数とする．$f(x)$ が連続な第 2 次導関数 $f''(x)$ をもつとき，次の等式を証明せよ．

$$\int_a^b (b-x)(x-a)f''(x)\,dx$$
$$=(b-a)(f(a)+f(b))-2\int_a^b f(x)\,dx$$

（2） t を正の実数とする．次の不等式を証明せよ．

$$0\leqq\int_t^{t+1}\log x\,dx-\frac{1}{2}(\log t+\log(t+1))$$
$$\leqq\frac{1}{8}\left(\frac{1}{t}-\frac{1}{t+1}\right)$$

（3） 次で定まる数列 $\{a_n\}$ に対し，極限値 $\lim_{n\to\infty}\frac{a_n}{\log n}$ を求めよ．

$$a_n=\log(n!)-n\log n+n\ (n=1,2,3,\cdots)$$

（23　大阪公立大・理系）

《t^ne^{-t} (B20)》

522． 負でない整数 $n=0,1,2,\cdots$ と正の実数 $x>0$ に対し，$I_n=\int_0^x t^ne^{-t}\,dt$ とおく．以下の問いに答えよ．

（1） I_0,I_1 を求めよ．

（2） $n=1,2,3,\cdots$ に対し，I_n と I_{n-1} の関係式を求めよ．

（3） $I_n\ (n=0,1,2,\cdots)$ を求めよ． （23　鳥取大・医）

《チェビシェフの多項式 (B20)》

523． 0 以上の整数 n に対し，関数 $f_n(x)$ を

$$f_0(x)=1,\ f_1(x)=x,$$

$$f_{n+2}(x)=2xf_{n+1}(x)-f_n(x)\ (n=0,1,2,\cdots)$$

により定める．

（1） 0 以上の整数 n と任意の実数 θ に対し，等式 $f_n(\cos\theta)=\cos n\theta$ が成り立つことを示せ．

（2） 自然数 p,q に対し，

$I_{p,q}=\int_{-\frac{1}{2}}^{\frac{1}{2}} f_{3p}{}'(x)f_{3q}{}'(x)\sqrt{1-x^2}\,dx$ を求めよ．ただし，$f_n{}'(x)$ は $f_n(x)$ の導関数である．

（23　山梨大・医-後期）

《級数の難問 (C30)》

524. (1) $0 \leqq x \leqq \frac{\pi}{2}$ において常に不等式

$|b| \leqq |b+1-b\cos x|$

が成り立つような実数 b の値の範囲は

$\boxed{ア} \leqq b \leqq \boxed{イ}$ である.

以下, b を $\boxed{ア} \leqq b \leqq \boxed{イ}$ を満たす0でない実数とし, 数列 $\{a_n\}$ を

$$a_n = \int_0^{\frac{\pi}{2}} \frac{\sin x(\cos x)^{n-1}}{(b+1-b\cos x)^n}\,dx$$

$(n=1, 2, 3, \cdots)$ で定義する.

(2) $\lim_{n\to\infty} b^n a_n = 0$ が成り立つことを証明しなさい.

(3) $a_1 = \boxed{}$ である.

(4) a_{n+1} を a_n, n, b を用いて表すと,

$a_{n+1} = \boxed{}$ となる.

(5) $\lim_{n\to\infty}\left\{\frac{1}{1\cdot 2} - \frac{1}{2\cdot 2^2} + \frac{1}{3\cdot 2^3} - \cdots + \frac{(-1)^{n+1}}{n\cdot 2^n}\right\} = \boxed{}$

である. (23 慶應大・理工)

《級数の難問 (B30)》

525. 以下の各問いに答えよ. (2)(ii), (3)については導出過程も記せ.

(1) 次の定積分の値を求めよ. 答えのみでよい.

$$\int_0^{\sqrt{3}-1} \frac{dx}{x^2+2x+4}$$

(2) $n=0, 1, 2, \cdots$ とするとき, $0<a<1$ を満たす a に対し

$$I_n(a) = \int_0^a \frac{x^{3n}}{1-x^3}\,dx$$

(i) 次の不等式が成り立つことを証明せよ.

$$0 \leqq I_n(a) \leqq \frac{a^{3n+1}}{(1-a^3)(3n+1)}$$

(ii) $I_n(a) - I_{n+1}(a)$ を n と a のみで表せ.

(3) 次の無限級数は収束する. その和を求めよ.

$$\sum_{n=0}^{\infty} \frac{1}{3n+1}\left(\frac{3\sqrt{3}-5}{4}\right)^n$$

(23 日本医大・後期)

【速度と道のり】

《古本的な弧長 (B5) ☆》

526. 座標平面上を運動する点Pの時刻 t における座標 (x, y) が

$x = 4t^3,\ y = 6t^2$

で表されるとき, $t=0$ から $t=1$ までにPが通過する道のりを求めよ. (23 広島市立大)

《数直線の運動 (B20) ☆》

527. 関数 $f(t) = t - \sin t$ について, 次の問いに答えよ.

(1) 数直線上を運動する点Pの時刻 t における速度 v が

$v = tf(t)$

であるとする. $t=0$ におけるPの座標が0であるとき, $t = \frac{\pi}{2}$ のときのPの座標を求めよ.

(2) 数直線上を運動する点Qの時刻 t における速度 v が

$v = -6f\left(2t - \frac{2}{3}\pi\right)$

であるとする. $t=0$ から $t = \frac{\pi}{2}$ までの間にQが動く道のりを求めよ. (23 東京農工大・前期)

《サイクロイドの速度と道のり (B10) ☆》

528. xy 平面上の動点 P の時刻 t における座標が $(x, y) = (t - \sin t, 1 - \cos t)$ であるとし，時刻 t における動点 P の速さを $v(t)$ とおく．$t > 0$ において $v(t) = 0$ となる最小の t を t_1 とし，時刻 $t = 0$ から $t = t_1$ まで動点 P が移動した道のりを L とおく．L の値を求めよ．（23　福井大・工-後）

《等角螺旋の速度と道のり (B10) ☆》

529. 座標平面上を運動する点 P の座標 (x, y) が時刻 t の関数として，

$$\begin{cases} x = e^{-t}\cos\dfrac{\pi t}{2} \\ y = e^{-t}\sin\dfrac{\pi t}{2} \end{cases}$$

で表されるとき，点 P の速さは $\dfrac{e^{-t}}{2}\sqrt{\boxed{ア}}$ であり，点 P が時刻 $t = 0$ から $t = \boxed{}$ までの間に動く道のりは $\dfrac{\sqrt{\boxed{ア}}}{4}$ である．（23　聖マリアンナ医大・医）

【物理量の雑題】

《水の問題 (B15) ☆》

530. xyz 空間の原点を O とする．空間内の 2 点 P(0, 1, 1)，Q(1, 0, −1) を通る直線を l とする．

（1）点 $\mathrm{R}(x, y, z)$ が直線 l 上を動くとき，ベクトル $\overrightarrow{\mathrm{OR}}$ を $\overrightarrow{\mathrm{OR}} = \overrightarrow{\mathrm{OQ}} + t\overrightarrow{\mathrm{QP}}$ と表す．このとき，x, y, z は t の 1 次式として $x = \boxed{}$，$y = \boxed{}$，$z = \boxed{ア}$ と表される．

l を z 軸の周りに 1 回転させてできる曲面を S とする．

（2）曲面 S と平面 $z = \boxed{ア}$ との交わりは円であり，その半径は $\boxed{}$ である．

（3）曲面 S の $z \geqq 0$ の部分と平面 $z = 0$ で囲まれた部分を内側とする容器を考える．初め空であったこの容器に単位時間あたり V の割合で水を注入する．高さ h まで容器に水が入ったとすると，それに要した時間は V と h を用いて $\boxed{}$ と表される．（23　奈良県立医大・推薦）

《平面の速度 (B20)》

531. はじめに，図 1 のように xy 座標平面上に 4 点 P(0, 0)，Q(2, 0)，R(2, 2)，S(0, 2) を頂点とする一辺の長さが 2 の正方形 PQRS がある．この正方形を，図 2 のように反時計周りに移動させる．ただし，P が x 軸上を点 (0, 0) から点 (2, 0) に毎秒 1 の速さで正の方向に動くと同時に，S は y 軸上を点 (0, 2) から点 (0, 0) に動くものとする．この移動で，2 秒後には図 3 のような状態になる．

この移動を繰り返すことによって，正方形は 8 秒後には図 1 の状態に戻る．以下の問いに答えよ．ただし，（1）は答えのみでよい．

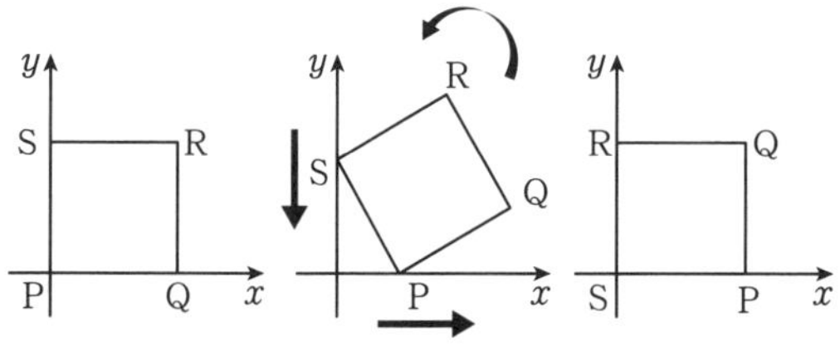

図1　図2　図3

（1）正方形が移動をはじめてから t $(0 \leqq t \leqq 2)$ 秒後における 4 点 P，Q，R，S の座標を，それぞれ t を用いて表せ．

（2）正方形が移動をはじめてから t $(0 \leqq t \leqq 2)$ 秒後における点 $\mathrm{Q}(x, y)$ の速度 $\vec{v} = \left(\dfrac{dx}{dt}, \dfrac{dy}{dt}\right)$ を求めよ．また，$t = \sqrt{2}$ のときの Q の速さを求めよ．

（3）正方形が移動をはじめてから t $(0 \leqq t \leqq 2)$ 秒後における点 Q の x 座標を $f(t)$ とする．$f(t)$ の最大値を求めよ．また，そのときの Q と R の座標を求めよ．

（4）正方形の対角線の交点を $\mathrm{D}(x, y)$ とする．正方形が移動をはじめてから 8 秒間における点 D は，どのよう

な図形上にあるか説明せよ．

（5） 正方形が移動をはじめてから 8 秒間における点 P の軌跡を C とする．C で囲まれる図形の面積 T を求めよ．

（23　長崎大・医，歯，工，薬，情報，教 B）

《平面の速度加速度（B20）☆》

532． ω および γ を正の定数とする．座標平面上を運動する点 P の時刻 t における座標 $(x,\ y)$ が

$$x=\omega t-\gamma\sin\omega t,\ y=1-\gamma\cos\omega t$$

で表されるとき，次の問いに答えよ．

（1） 点 P が描く曲線について，時刻 $t=\dfrac{\pi}{2\omega}$ に対応する点における接線の方程式を求めよ．

（2） 点 P の時刻 t における速度を $\overrightarrow{v}$，加速度を $\overrightarrow{\alpha}$ とするとき，速さ $|\overrightarrow{v}|$ と加速度の大きさ $|\overrightarrow{\alpha}|$ を求めよ．

（3） 点 P の速さの最大値とそのときの時刻 t を求めよ．

（4） $\gamma=1$ とする．このとき，時刻 $t=0$ から $t=\dfrac{2\pi}{\omega}$ までに点 P が通過する道のり L を求めよ．

（23　山梨大・工）

《水の問題（B15）》

533． π を円周率とする．$f(x)=x^2(x^2-1)$ とし，$f(x)$ の最小値を m とする．

（1） $m=\dfrac{\square}{\square}$ である．

（2） $y=f(x)$ で表される曲線を y 軸の周りに 1 回転させてできる曲面でできた器に，y 軸上方から静かに水を注ぐ．

（ⅰ） 水面が $y=a$（ただし $m\leqq a\leqq 0$）のときの水面の面積は $\boxed{\alpha}$ である．（あてはまる数式を解答欄に記述せよ．）

（ⅱ） 水面が $y=0$ になったときの水の体積は $\dfrac{\square}{\square}\pi$ である．

（ⅲ） 上方から注ぐ水が単位時間あたり一定量であるとする．水面が $y=0$ に達するまでは，水面の面積は，水を注ぎ始めてからの時間の $\dfrac{\square}{\square}$ 乗に比例して大きくなる．

（ⅳ） 水面が $y=2$ になったときの水面の面積は $\square\pi$ であり，水の体積は $\dfrac{\square}{\square}\pi$ である．

（23　上智大・理工-TEAP）

【楕円】

［楕円］

《接線の基本 (B5) ☆》

1. 直線 $x+y=a$ が楕円 $C: x^2+2y^2=20$ の接線となるのは $a=\pm\boxed{}$ のときである．これらの接線に垂直となる C の接線は 2 本ある．これら 4 本の接線で囲まれた部分の面積は $\boxed{}$ である．

（23　聖マリアンナ医大・医-後期）

▶解答◀ $x+y=a$ と C から y を消去して

$$x^2+2(a-x)^2=20$$

$$3x^2-4ax+(2a^2-20)=0 \quad \cdots\cdots\text{①}$$

$x+y=a$ と C が接する条件は ① が重解をもつことで，それは ① の判別式を D としたとき $D=0$ である．

$$\frac{D}{4}=4a^2-3(2a^2-20)$$

$$=-2a^2+60=0$$

よって，$a=\pm\boldsymbol{\sqrt{30}}$ である．$x+y=\sqrt{30}$, $x+y=-\sqrt{30}$ に垂直な接線を考えると，図のようになる．これより，4 本の接線で囲まれた図形は，1 辺の長さが $\sqrt{2}\cdot\sqrt{30}=\sqrt{60}$ の正方形となるから，その面積は **60** である．

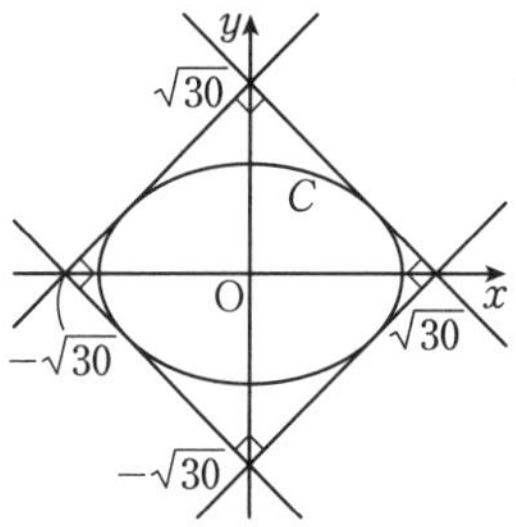

《接線の基本 (B5)》

2. 座標平面において，楕円 $x^2+\frac{y^2}{6}=1$ 上の点 $\left(\frac{\sqrt{30}}{6}, -1\right)$ における接線 l の方程式は $y=\boxed{}$ である．この直線 l が楕円 $\frac{x^2}{a^2}+y^2=1$ $(a>0)$ にも接しているとき，$a=\boxed{}$ である．

（23　成蹊大）

▶解答◀ $l: \frac{\sqrt{30}}{6}x+\frac{(-1)\cdot y}{6}=1$ となる．

$$l: \boldsymbol{y=\sqrt{30}x-6}$$

$\frac{x}{a}=X$ とおくと，第 2 の楕円は円 $X^2+y^2=1$ となり，l は $\frac{a\sqrt{30}}{6}X-\frac{y}{6}=1$ となる．

円 $X^2+y^2=1$ と直線 $a\sqrt{30}X-y=6$ が接する条件は，O と直線の距離が半径 1 に等しいことで

$$\frac{6}{\sqrt{30a^2+1}}=1$$

$36=30a^2+1$ となり，$a>0$ より $\sqrt{35}=a\sqrt{30}$

$$a=\sqrt{\frac{7}{6}}=\boldsymbol{\frac{\sqrt{42}}{6}}$$

◆別解◆ $y=\sqrt{30}x-6$ を $x^2+a^2y^2=a^2$ に代入し

$$x^2+a^2(30x^2-12\sqrt{30}x+36)=a^2$$

$$(30a^2+1)x^2-12a^2\sqrt{30}x+35a^2=0$$

判別式を D として

$$\frac{D}{4}=36a^4\cdot 30-(30a^2+1)\cdot 35a^2$$

$$=30a^4-35a^2=5a^2(6a^2-7)=0$$

のときで $a>0$ より $a=\sqrt{\frac{7}{6}}=\boldsymbol{\frac{\sqrt{42}}{6}}$

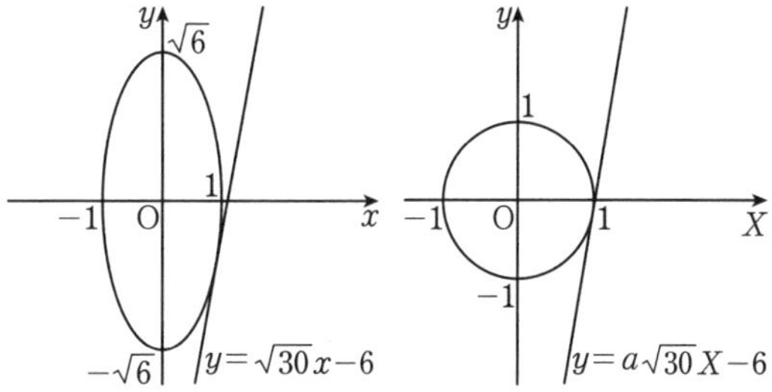

《交わる条件 (A5)》

3. 楕円 $2x^2+3y^2=9$ と直線 $y=-2x+k$ が異なる 2 点で交わるような定数 k の値の範囲を求めよ．

（23　福島県立医大・前期）

▶解答◀ $2x^2+3(-2x+k)^2=9$

$$14x^2-12kx+3k^2-9=0$$

判別式を D とすると

$$\frac{D}{4}=(-6k)^2-14(3k^2-9)=6(21-k^2)>0$$

$$\boldsymbol{-\sqrt{21}<k<\sqrt{21}}$$

《面積は円に変換 (B10) ☆》

4. 原点を O とする座標平面上の曲線 $y=\sqrt{1-4x^2}$ を C とする．曲線 C 上の第 1 象限にある点 A における接線を l とし，接線 l と x 軸，y 軸との交点をそれぞれ P，Q とする．このとき，次の問いに答えなさい．

（1） 直線 OA の傾きを m，接線 l の傾きを n とするとき，mn の値は点 A のとり方によらず一定であることを示しなさい．

（2） △OPQ の面積が △OPA の面積の 2 倍であ

るときを考える.

（i） 点Aの座標を求めなさい.

（ii） 曲線Cと2つの線分OA, OPとで囲まれた部分の面積を求めなさい.

（23　山口大・後期-理）

▶解答◀ （1） $y=\sqrt{1-4x^2}$

$$4x^2+y^2=1$$

の第1象限の部分である.

$A\left(\frac{1}{2}\cos\theta,\ \sin\theta\right),\ 0<\theta<\frac{\pi}{2}$

とおけて, lは

$$4\cdot\frac{\cos\theta}{2}x+y\sin\theta=1$$

$n=-\frac{2\cos\theta}{\sin\theta}$ である. また $m=\frac{2\sin\theta}{\cos\theta}$ であるから $mn=-4$ で一定である.

（2）（i） $P\left(\frac{1}{2\cos\theta},\ 0\right)$, $Q\left(0,\ \frac{1}{\sin\theta}\right)$

$\triangle OPQ=2\triangle OPA$ のときAはPQの中点で $\frac{1}{\sin\theta}=2\sin\theta$, $0<\theta<\frac{\pi}{2}$ より $\theta=\frac{\pi}{4}$

$A\left(\boldsymbol{\frac{\sqrt{2}}{4},\ \frac{\sqrt{2}}{2}}\right)$ である.

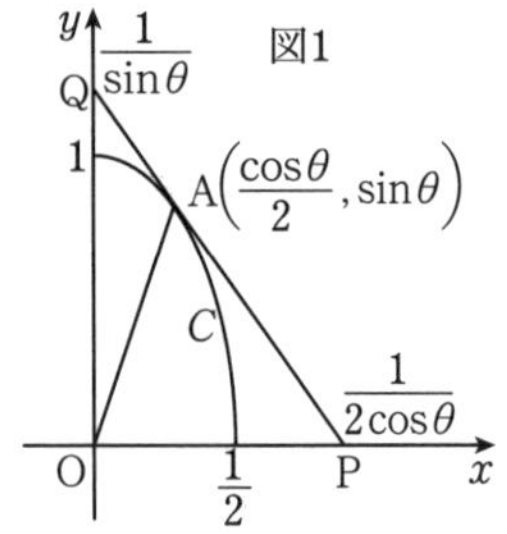

図1

（ii） 図2の網目部分の面積を求める. これをx軸方向に2倍すると, Cは円$x^2+y^2=1$, Aは$A'\left(\frac{\sqrt{2}}{2},\ \frac{\sqrt{2}}{2}\right)$に移る. 図3の網目部分の扇形の面積は $\frac{1}{2}\cdot 1^2\cdot\frac{\pi}{4}=\frac{\pi}{8}$ であるから, これをx軸方向に$\frac{1}{2}$倍して, 求める面積は $\frac{\pi}{8}\cdot\frac{1}{2}=\boldsymbol{\frac{\pi}{16}}$ である.

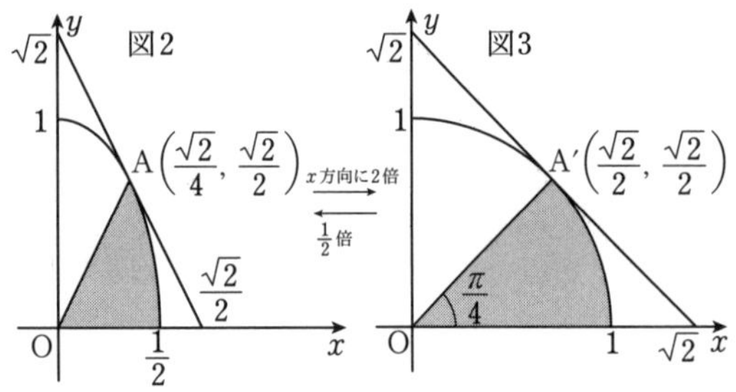

図2　図3

《面積は円に変換（B20）》

5. 楕円 $\frac{x^2}{3}+\frac{y^2}{9}=1\ (x\geqq 0)\cdots$① 上の点Pにおける①の接線の傾きが$-1$であるとき, Pの座標は

$\left(\frac{\sqrt{\square}}{\square},\ \frac{\square\sqrt{\square}}{\square}\right)$である. 次に, a, bを定数とする. 放物線 $x+ay^2+b=0\cdots$② がPを通り, Pにおいて①と共通の接線をもつとき, $a=\frac{\sqrt{\square}}{\square}$, $b=-\frac{\square\sqrt{\square}}{\square}$ である. このとき, ①と②で囲まれる部分の面積は $\frac{\square}{\square}-\sqrt{\square}\pi$ である.

（23　金沢医大・医-前期）

▶解答◀ Pにおける接線を$l: x+y=c$とおく. 図形的に$c>0$である. ①は

$\left(\frac{x}{\sqrt{3}}\right)^2+\left(\frac{y}{3}\right)^2=1$ と書ける. $\frac{x}{\sqrt{3}}=X$, $\frac{y}{3}=Y$ とおくと, ①は$X^2+Y^2=1$となりlは$\sqrt{3}X+3Y=c$となる. $X+\sqrt{3}Y=\frac{c}{\sqrt{3}}$ で, Oとの距離$=1$より

$\frac{\frac{c}{\sqrt{3}}}{\sqrt{1+3}}=1$ となり, $c=2\sqrt{3}$ である.

$$\frac{1}{2}X+\frac{\sqrt{3}}{2}Y=1$$

は$X^2+Y^2=1$の$\left(\frac{1}{2},\ \frac{\sqrt{3}}{2}\right)$における接線である.

$$\frac{x}{\sqrt{3}}=\frac{1}{2},\ \frac{y}{3}=\frac{\sqrt{3}}{2}$$

より $P\left(\boldsymbol{\frac{\sqrt{3}}{2},\ \frac{3\sqrt{3}}{2}}\right)$ である.

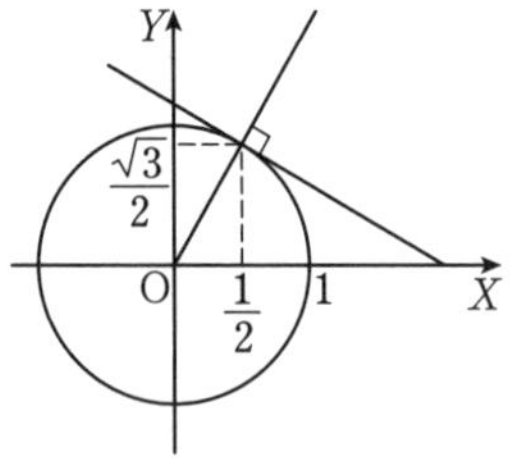

$x=2\sqrt{3}-y$ と $x=-ay^2-b$ を連立させて

$$2\sqrt{3}-y=-ay^2-b$$

$$ay^2-y+2\sqrt{3}+b=0$$

これが$y=\frac{3\sqrt{3}}{2}$を重解にもつ. 解と係数の関係より

$$\frac{1}{a}=\frac{3\sqrt{3}}{2}+\frac{3\sqrt{3}}{2},\quad \frac{2\sqrt{3}+b}{a}=\frac{3\sqrt{3}}{2}\cdot\frac{3\sqrt{3}}{2}$$

$$a=\frac{1}{3\sqrt{3}}=\frac{\sqrt{3}}{9}$$

$$b=\frac{27}{4}\cdot\frac{\sqrt{3}}{9}-2\sqrt{3}=-\frac{5\sqrt{3}}{4}$$

放物線は $x=-\frac{\sqrt{3}}{9}y^2+\frac{5\sqrt{3}}{4}$ となる．楕円は $x=\sqrt{3-\frac{y^2}{3}}$ で，求める面積を S, $\frac{3\sqrt{3}}{2}=\alpha$ とおく．

$$S=\int_{-\alpha}^{\alpha}\left(\left(\frac{5\sqrt{3}}{4}-\frac{\sqrt{3}}{9}y^2\right)-\sqrt{3-\frac{y^2}{3}}\right)dy$$

$$=\frac{1}{\sqrt{3}}\int_{-\alpha}^{\alpha}\left(\left(\frac{15}{4}-\frac{y^2}{3}\right)-\sqrt{9-y^2}\right)dy$$

$\frac{1}{6}$ 公式を用いる．図形ABCから弓形ADCをひくと考え

$$S=\frac{1}{\sqrt{3}}\Big(\frac{1}{6}\cdot\frac{1}{3}(2\alpha)^3$$

$$-\left(\frac{\pi\cdot3^2}{3}-\frac{1}{2}\cdot3^2\cdot\sin\frac{2}{3}\pi\right)\Big)$$

$$=\frac{(3\sqrt{3})^3}{6\cdot3\sqrt{3}}-\sqrt{3}\pi+\frac{9}{2\sqrt{3}}\cdot\frac{\sqrt{3}}{2}$$

$$=\frac{9}{2}+\frac{9}{4}-\sqrt{3}\pi=\frac{27}{4}-\sqrt{3}\pi$$

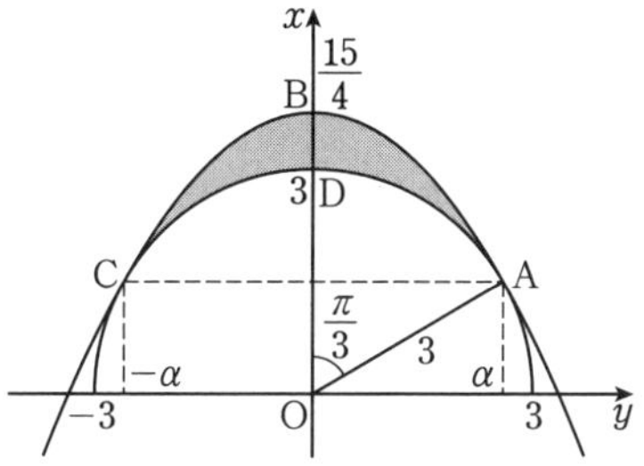

◆別解◆ Pの座標を (x_0, y_0) とすると，接線は $\frac{x_0x}{3}+\frac{y_0y}{9}=1$ であり，$y_0\neq0$ より，傾きは $-\frac{3x_0}{y_0}$ で，これが -1 に一致するから

$$-\frac{3x_0}{y_0}=-1 \qquad \therefore\ y_0=3x_0$$

また，$\frac{{x_0}^2}{3}+\frac{{y_0}^2}{9}=1$ であるから，これと合わせて

$$\frac{{x_0}^2}{3}+{x_0}^2=1$$

$x_0>0$ より $x_0=\frac{\sqrt{3}}{2}$ となり，$y_0=\frac{3\sqrt{3}}{2}$ よりPの座標は $\left(\frac{\sqrt{3}}{2}, \frac{3\sqrt{3}}{2}\right)$ である．

$x+ay^2+b=0$ を x で微分して

$$1+2ayy'=0$$

$y=\frac{3\sqrt{3}}{2}$ のとき，$y'=1$ であるから

$$1+2a\cdot\frac{3\sqrt{3}}{2}\cdot(-1)=0$$

$$a=\frac{1}{3\sqrt{3}}=\frac{\sqrt{3}}{9}$$

放物線②はPを通るから

$$\frac{\sqrt{3}}{2}+\frac{\sqrt{3}}{9}\left(\frac{3\sqrt{3}}{2}\right)^2+b=0$$

$$b=-\frac{5\sqrt{3}}{4}$$

《軌跡 (B10) ☆》

6. xy 平面上の楕円

$$C:\frac{x^2}{a^2}+\frac{y^2}{b^2}=1\quad(a, b>0)$$

について以下の問に答えよ．

（1） m, t を実数とする．直線 $y=mx+t$ と楕円 C とが相異なる2点を共有するために m, t の満たすべき必要十分条件を求めよ．

（2）（1）において m を固定し，傾き m の直線 $l_t: y=mx+t$ が C と相異なる2点を共有するように t を動かす．直線 l_t と楕円 C との2つの共有点のうち，x 座標の小さい方を $P(t)$, x 座標の大きい方を $Q(t)$ とする．t を動かしたとき，線分 $P(t)Q(t)$ の中点はある直線上にのることを証明せよ． （23 奈良県立医大・後期）

▶解答◀ （1） $y=mx+t$ を $b^2x^2+a^2y^2=a^2b^2$ に代入し

$$b^2x^2+a^2(mx+t)^2=a^2b^2$$

$$(a^2m^2+b^2)x^2+2a^2mtx+a^2t^2-a^2b^2=0 \quad\cdots①$$

判別式を D とすると

$$\frac{D}{4}=(a^2mt)^2-(a^2m^2+b^2)(a^2t^2-a^2b^2)>0$$

$$a^2b^2(a^2m^2-t^2+b^2)>0$$

$a^2b^2>0$ であるから $\boldsymbol{a^2m^2-t^2+b^2>0}$

（2） ①の2解が α, β で，解と係数の関係より

$$\alpha+\beta=-\frac{2a^2mt}{a^2m^2+b^2}$$

線分 $P(t)Q(t)$ の中点を $\mathrm{M}(X, Y)$ とおくと

$$X=\frac{\alpha+\beta}{2}=-\frac{a^2mt}{a^2m^2+b^2}$$

$$Y=mX+t=-\frac{a^2m^2t}{a^2m^2+b^2}+t=\frac{b^2t}{a^2m^2+b^2}$$

これらから t を消去して $a^2mY=-b^2X$ が成り立つから，Mは直線 $a^2my=-b^2x$ 上にある．

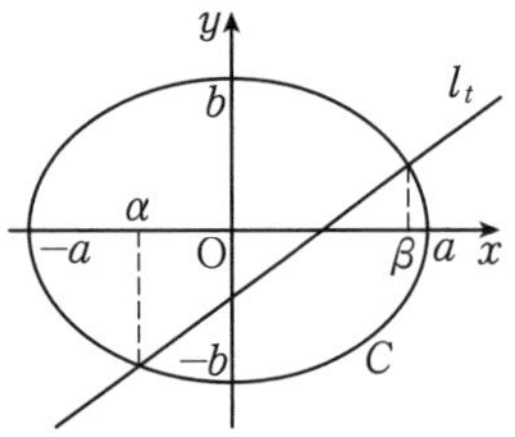

◆別解◆　（1）　$\dfrac{x}{a}=X$，$\dfrac{y}{b}=Y$ とおく．C は

C' : $X^2+Y^2=1$ となり，l : $y=mx+t$ は

l' : $bY=maX+t$ となる．C' と l' が 2 交点をもつ条件は

$$\frac{|t|}{\sqrt{b^2+m^2a^2}}<1$$

$$\boldsymbol{t^2<a^2m^2+b^2}$$

（2）　C' と l' の 2 交点の中点は，O を通って l' に垂直な直線 $maY=-bX$ 上（C' の内部）にある．

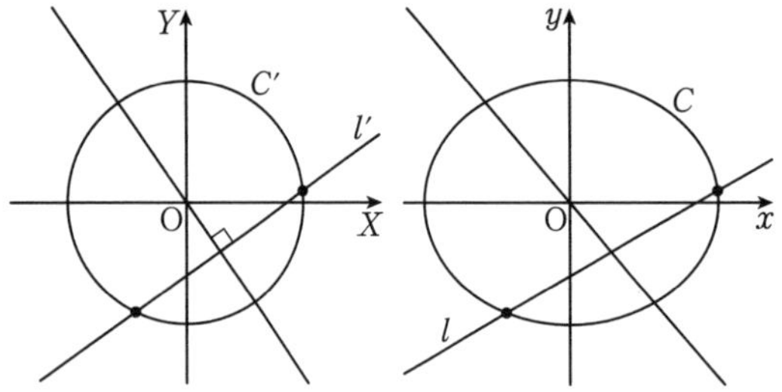

もとにもどすと $ma\cdot\dfrac{y}{b}=-b\cdot\dfrac{x}{a}$

直線 $ma^2y=-b^2x$ 上にある．

注意　変換 $\dfrac{x}{a}=X$，$\dfrac{y}{b}=Y$ で中点は中点に写る．

《接線の基本性質（B20）☆》

7． xy 平面上で楕円 C : $\dfrac{x^2}{4}+\dfrac{y^2}{a^2}=1$ $(0<a<2)$ 上の点 $\mathrm{P}(x_1,\ y_1)$ $(y_1\neq 0)$ を通る直線 $\dfrac{x_1}{4}x+\dfrac{y_1}{a^2}y=1$ を l とする．楕円 C の焦点のうち，x 座標が正の方を F，負の方を F′ とし，F，F′ から l へ下した垂線と l との交点をそれぞれ H，H′ とする．下の問いに答えよ．

（1）　直線 l は点 P において楕円 C に接することを示せ．

（2）　△PHF と △PH′F′ は相似であることを示せ．

（3）　△PHF と △PH′F′ の面積の比が 1 : 4 となる点 P が存在する a の範囲を求めよ．

（23　東京学芸大）

▶解答◀　（1）　C の方程式を x で微分し，

$\dfrac{x}{2}+\dfrac{2y}{a^2}y'=0$ となり，$y\neq 0$ のとき $y'=-\dfrac{a^2x}{4y}$ となる．点 P における C の接線の方程式は，

$$y-y_1=-\frac{a^2x_1}{4y_1}(x-x_1)$$

$$\frac{x_1}{4}x+\frac{y_1}{a^2}y=\frac{{x_1}^2}{4}+\frac{{y_1}^2}{a^2}$$

となり $\dfrac{{x_1}^2}{4}+\dfrac{{y_1}^2}{a^2}=1$ だから接線は $\dfrac{x_1}{4}x+\dfrac{y_1}{a^2}y=1$ となる．l は P における C の接線である．

（2）　$c=\sqrt{4-a^2}$ とおき，$\mathrm{F}(c,\ 0)$，$\mathrm{F}'(-c,\ 0)$ とする．

${y_1}^2=a^2-\dfrac{a^2{x_1}^2}{4}$ である．

$$\begin{aligned}\mathrm{FP}^2&=(x_1-c)^2+{y_1}^2\\&={x_1}^2-2cx_1+c^2+a^2-\frac{a^2}{4}{x_1}^2\\&=\frac{4-a^2}{4}{x_1}^2-2cx_1+4\\&=\frac{c^2}{4}{x_1}^2-2cx_1+4=\left(2-\frac{c}{2}x_1\right)^2\end{aligned}$$

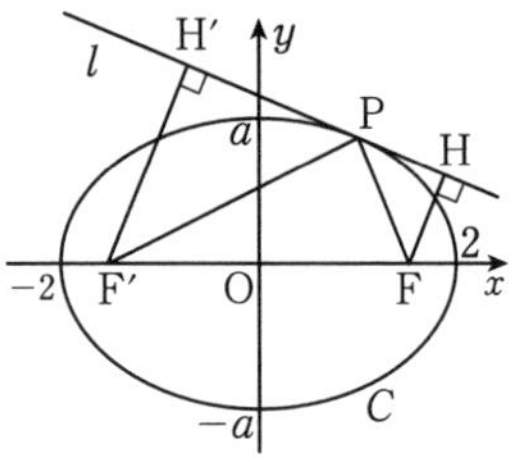

$0<c<2$，$|x_1|<2$ であるから $\left|\dfrac{c}{2}x_1\right|<\dfrac{c}{2}\cdot 2<2$ であり $\mathrm{FP}=2-\dfrac{c}{2}x_1$ となる．同様に $\mathrm{F'P}=2+\dfrac{c}{2}x_1$ である．F，F′ と l との距離を考えて

$$\mathrm{FH}=\frac{\left|\dfrac{x_1}{4}c-1\right|}{\sqrt{\left(\dfrac{x_1}{4}\right)^2+\left(\dfrac{y_1}{a^2}\right)^2}}=\frac{\dfrac{1}{2}\left|2-\dfrac{x_1}{2}c\right|}{\sqrt{\left(\dfrac{x_1}{4}\right)^2+\left(\dfrac{y_1}{a^2}\right)^2}}$$

$$\mathrm{F'H'}=\frac{\dfrac{1}{2}\left|2+\dfrac{x_1}{2}c\right|}{\sqrt{\left(\dfrac{x_1}{4}\right)^2+\left(\dfrac{y_1}{a^2}\right)^2}}$$

$$\begin{aligned}\mathrm{FH}:\mathrm{F'H'}&=\left(2-\frac{c}{2}x_1\right):\left(2+\frac{c}{2}x_1\right)\ \cdots\cdots①\\&=\mathrm{FP}:\mathrm{F'P}\end{aligned}$$

が成り立つ．直角三角形の相似から △PHF ∽ △PH′F′

（3）　△PHF と △PH′F′ の面積比が 1 : 4 であるから，① の比が 1 : 2 に等しく

$$\left(2-\frac{c}{2}x_1\right):\left(2+\frac{c}{2}x_1\right)=1:2$$

$$2\left(2-\frac{c}{2}x_1\right)=2+\frac{c}{2}x_1$$

$$\frac{3}{2}cx_1=2$$

$x_1>0$ であり，点 P が存在する条件は $x_1<2$ であるから $c>\dfrac{2}{3}$ である．$\dfrac{4}{9}<4-a^2$ であり，$a^2<\dfrac{32}{9}$

$0<a<2$ と合わせて，$\boldsymbol{0<a<\dfrac{4\sqrt{2}}{3}}$

♦別解♦（2） l に関して F と対称な点を K とする．このとき F′，P，K は一直線上にある……………………Ⓐ

ことが知られている．$\triangle \mathrm{PFH} \equiv \triangle \mathrm{PKH}$ であるから，$\angle \mathrm{FPH} = \angle \mathrm{KPH} = \angle \mathrm{F'PH'}$ となり，直角三角形の相似の条件から $\triangle \mathrm{PHF} \backsim \triangle \mathrm{PH'F'}$ である．

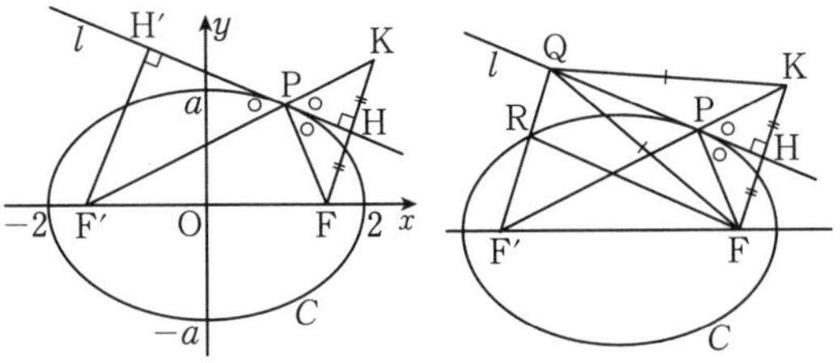

注意 Ⓐ を証明する．l 上の任意の点 Q について，

$$\mathrm{F'Q} + \mathrm{QF} = \mathrm{F'Q} + \mathrm{QK} \geqq \mathrm{F'K}$$

等号は F′, Q, K の順で一直線上にあるときに成り立つ．

次に，l 上の P 以外の任意の点 Q について，この Q は C の外部にある．線分 F′Q は C と交わり，その交点を R とする．R，Q，F は三角形をなす．本問では長軸の長さは 4 である．

$$4 = \mathrm{F'P} + \mathrm{PF} = \mathrm{F'R} + \mathrm{RF}$$
$$< \mathrm{F'R} + \mathrm{RQ} + \mathrm{QF} = \mathrm{F'Q} + \mathrm{QF}$$

よって，l 上の任意の点 Q に対して F′Q + QF の最小値は 4 であり，それは，Q が P に一致するときに成り立つ．そして，そのとき，F′, P, K の順で一直線上にある．

《三角形の面積（B20）》

8. 原点 O の座標平面上に楕円 $C : \dfrac{x^2}{9} + \dfrac{y^2}{4} = 1$ および直線 $l : y = -2x + k$ がある．このとき，以下の問いに答えなさい．

（1） C と l が共有点をもつときの k の取り得る値の範囲を求めなさい．

（1）で求めた範囲のうち，k の最大値を Max，最小値を Min で表すこととする．また，$k = \mathrm{Max}$ となるときの共有点を A で表す．

（2） $\mathrm{Min} < k < \mathrm{Max}$ を満たす k に対して，C と l の 2 つの交点の中点を P とする．さらに，点 P を通り l に垂直な直線が C と交わる 2 点の中点を Q とする．P, Q の座標を k を用いて表しなさい．

（3） （2）の P, Q に対して，三角形 APQ を作り，その面積を S とする．S を k の式で表し，$0 \leqq k \leqq \mathrm{Max}$ の場合に S の最大値を求めなさい．

（23 日大・医-2 期）

▶解答◀（1） C と l の方程式を連立し

$$4x^2 + 9(-2x + k)^2 = 36$$
$$40x^2 - 36kx + 9(k^2 - 4) = 0 \quad \cdots\cdots\cdots\cdots\cdots\cdots①$$
$$x = \frac{18k \pm \sqrt{4 \cdot 9(40 - k^2)}}{40}$$

$\boldsymbol{-2\sqrt{10} \leqq k \leqq 2\sqrt{10}}$ である．

（2） P の x 座標を p とおく．C と l の 2 つの交点の x 座標は ① の 2 解であるから，解と係数の関係より

$$p = \frac{1}{2} \cdot \frac{36k}{40} = \frac{9}{20}k$$
$$y = -2p + k = -\frac{9}{10}k + k = \frac{1}{10}k$$

である．よって，P の座標は $\boldsymbol{\left(\dfrac{9}{20}k,\ \dfrac{1}{10}k\right)}$

P を通り l に垂直な直線 m の方程式は

$$y - \frac{1}{10}k = \frac{1}{2}\left(x - \frac{9}{20}k\right)$$
$$y = \frac{1}{2}x - \frac{1}{8}k \qquad \therefore \quad x = 2y + \frac{1}{4}k$$

である．C と m の方程式を連立すると

$$4\left(2y + \frac{1}{4}k\right)^2 + 9y^2 = 36$$
$$25y^2 + 4ky + \frac{1}{4}k^2 - 36 = 0 \quad \cdots\cdots\cdots\cdots\cdots\cdots②$$

となる．Q の y 座標を q とおく．C と m の 2 つの交点の y 座標は ② の 2 解であるから，解と係数の関係より

$$q = \frac{1}{2} \cdot \left(-\frac{4k}{25}\right) = -\frac{2}{25}k$$
$$x = 2q + \frac{1}{4}k = 2 \cdot \left(-\frac{2}{25}k\right) + \frac{1}{4}k = \frac{9}{100}k$$

である．よって，Q の座標は $\boldsymbol{\left(\dfrac{9}{100}k,\ -\dfrac{2}{25}k\right)}$

（3） A の x 座標を a とおく．a は $k = 2\sqrt{10}$ のときの ① の重解であるから

$$a = \frac{18k}{40} = \frac{18 \cdot 2\sqrt{10}}{40} = \frac{9\sqrt{10}}{10}$$
$$y = -2a + 2\sqrt{10} = -\frac{9\sqrt{10}}{5} + 2\sqrt{10} = \frac{\sqrt{10}}{5}$$

である．よって，$\mathrm{A}\left(\dfrac{9\sqrt{10}}{10},\ \dfrac{\sqrt{10}}{5}\right)$ であるから，A から $m : x - 2y - \dfrac{1}{4}k = 0$ の距離 h は

$$h = \frac{1}{\sqrt{1+4}}\left|\frac{9\sqrt{10}}{10} - 2 \cdot \frac{\sqrt{10}}{5} - \frac{1}{4}k\right|$$
$$= \frac{1}{\sqrt{5}}\left|\frac{\sqrt{10}}{2} - \frac{1}{4}k\right| = \frac{1}{4\sqrt{5}}\left|k - 2\sqrt{10}\right|$$

である．また，m の傾きが $\dfrac{1}{2}$ であることから

$$\mathrm{PQ} = \frac{\sqrt{5}}{2}\left|\frac{9}{20}k - \frac{9}{100}k\right| = \frac{9\sqrt{5}}{50}|k|$$
$$S = \frac{1}{2} \cdot \mathrm{PQ} \cdot h = \frac{1}{2} \cdot \frac{9\sqrt{5}}{50}|k| \cdot \frac{1}{4\sqrt{5}}\left|k - 2\sqrt{10}\right|$$

$$= \frac{9}{400}\left|k(k-2\sqrt{10})\right|$$

であるから，$0 \leqq k \leqq 2\sqrt{10}$ のとき

$$S = -\frac{9}{400}k(k-2\sqrt{10}) = -\frac{9}{400}(k-\sqrt{10})^2 + \frac{9}{40}$$

となり，S は $k = \sqrt{10}$ のとき最大値 $\boldsymbol{\frac{9}{40}}$ をとる．

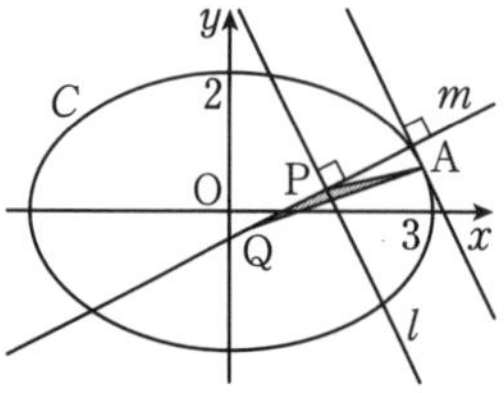

《円錐の断面 (B20) ☆》

9. xyz 空間上に点 $\mathrm{A}(0, -\sqrt{2}, \sqrt{2})$ があり，xz 平面上に円 $C: x^2+z^2=1$ がある．$\mathrm{P}(x, 0, z)$ を C 上の点とし，直線 AP と xy 平面との共有点を $\mathrm{Q}(X, Y, 0)$ とおく．このとき以下の設問に答えよ．

（1） x と z をそれぞれ X と Y を用いて表せ．

（2） 点 P が円 C 上を動くとき，点 Q の描く軌跡を xy 平面上に図示せよ．（23　東京女子大・数理）

▶解答◀ （1） 直線 AQ 上に点 P があるから，

$\overrightarrow{\mathrm{OP}} = (1-t)\overrightarrow{\mathrm{OA}} + t\overrightarrow{\mathrm{OQ}}$

$$\begin{pmatrix} x \\ 0 \\ z \end{pmatrix} = (1-t)\begin{pmatrix} 0 \\ -\sqrt{2} \\ \sqrt{2} \end{pmatrix} + t\begin{pmatrix} X \\ Y \\ 0 \end{pmatrix}$$

$$= \begin{pmatrix} tX \\ -\sqrt{2}+t(Y+\sqrt{2}) \\ \sqrt{2}(1-t) \end{pmatrix}$$

と表せる．

$x = tX$ ……①

$0 = -\sqrt{2}+t(Y+\sqrt{2})$ ……②

$z = \sqrt{2}(1-t)$ ……③

②のとき $Y+\sqrt{2} \neq 0$ であり $t = \dfrac{\sqrt{2}}{Y+\sqrt{2}}$ ……④

④を①と③に代入して

$$x = \boldsymbol{\frac{\sqrt{2}X}{Y+\sqrt{2}}},\ z = \boldsymbol{\frac{\sqrt{2}Y}{Y+\sqrt{2}}}$$

（2） $x^2+z^2=1$ であるから

$$\left(\frac{\sqrt{2}X}{Y+\sqrt{2}}\right)^2 + \left(\frac{\sqrt{2}Y}{Y+\sqrt{2}}\right)^2 = 1$$

$$2X^2+2Y^2 = (Y+\sqrt{2})^2$$

$$2X^2+2Y^2 = Y^2+2\sqrt{2}Y+2$$

$$2X^2+Y^2-2\sqrt{2}Y = 2$$

$$2X^2+(Y-\sqrt{2})^2 = 4$$

$$\frac{X^2}{2} + \frac{(Y-\sqrt{2})^2}{4} = 1$$

このとき $Y \geqq \sqrt{2}-2$ であるから $Y \neq -\sqrt{2}$ は成り立つ．よって，Q の描く軌跡は楕円で，図 2 のようになる．

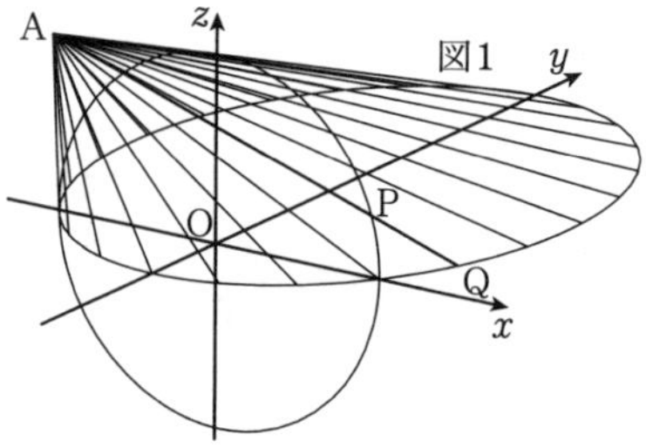

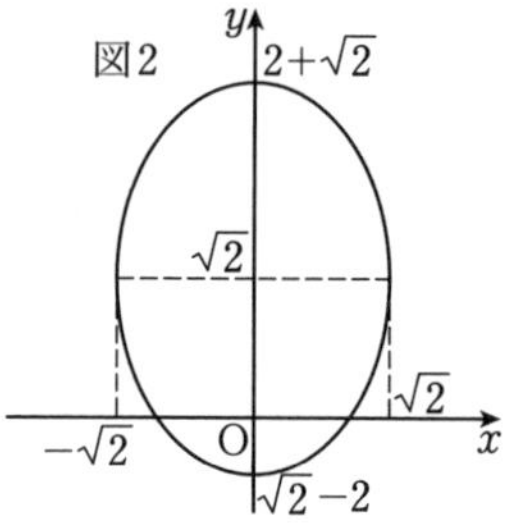

《混雑した問題 (B20)》

10. xy 平面上の楕円

$C: \dfrac{x^2}{a^2} + \dfrac{y^2}{b^2} = 1\ (a > b > 0)$

は円 $x^2+y^2=r^2\ (r>0)$ を x 軸をもとにして y 軸方向に $\dfrac{\sqrt{3}}{2}$ 倍したものである．C の 2 つの焦点のうち，x 座標が負であるものを $\mathrm{F_1}$，正であるものを $\mathrm{F_2}$ とする．また C と y 軸との 2 つの交点のうち，y 座標が負であるものを A とするとき，$\mathrm{F_1A} = 2\sqrt{5}$ が成り立っている．

このとき，$r = \square\sqrt{\square}$ であり，$\mathrm{F_1}$ の座標は $\left(-\sqrt{\square}, 0\right)$ である．

（1） 直線 $\mathrm{F_1A}$ に平行な楕円 C の接線のうち，y 切片が正であるものを l とすると，l の方程式は $y = -\sqrt{\square}x + \square\sqrt{\square}$ である．

また，P を楕円 C 上の点とするとき，三角形 $\mathrm{F_1AP}$ の面積の最大値は

$$\frac{\square\sqrt{\square}\left(\sqrt{\square}+1\right)}{2}$$

であり，このとき点 P の x 座標は $\square$ である．

（2） Q を楕円 C 上の第 1 象限の点とする．三角形 $\mathrm{QF_1F_2}$ の内心を I とし，点 Q，点 I の y 座標をそれぞれ $y_{\mathrm{Q}}, y_{\mathrm{I}}$ とするとき

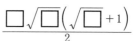

$y_{\mathrm{Q}} = \square\, y_{\mathrm{I}}$

が成り立つ．

また，点 $(0,\ y_Q)$ を焦点，直線 $y=y_I$ を準線とする放物線が点Qを通るとき

$$y_Q=\frac{\square\sqrt{\square}}{\square}$$

である．　　　　　　　　　　　　（23　獨協医大）

▶解答◀　円上の点 $(x,\ y)$ をとると，$x^2+y^2=r^2$ である．その点が C 上の点 $(X,\ Y)$ にうつるとすると

$$X=x,\ Y=\frac{\sqrt{3}}{2}y$$

$$x=X,\ y=\frac{2}{\sqrt{3}}Y$$

であるから，

$$X^2+\left(\frac{2}{\sqrt{3}}Y\right)^2=r^2$$

となる．よって，C の方程式は $\dfrac{x^2}{r^2}+\dfrac{y^2}{\frac{3}{4}r^2}=1$ と書ける．これより，$F_1\left(-\dfrac{r}{2},\ 0\right)$, $F_2\left(\dfrac{r}{2},\ 0\right)$, $A\left(0,\ -\dfrac{\sqrt{3}}{2}r\right)$ である．

$$F_1A=\sqrt{\left(\frac{r}{2}\right)^2+\left(\frac{\sqrt{3}}{2}r\right)^2}=r$$

であり，$F_1A=2\sqrt{5}$ であるから，$\boldsymbol{r=2\sqrt{5}}$ である．これより，F_1 の座標は $\boldsymbol{(-\sqrt{5},\ 0)}$ となる．また，$F_2(\sqrt{5},\ 0)$, $A(0,\ -\sqrt{15})$ である．

（1）　C の方程式は $\dfrac{x^2}{20}+\dfrac{y^2}{15}=1$ である．C 上の点 $(a,\ b)$ における接線の方程式は $\dfrac{a}{20}x+\dfrac{b}{15}y=1$ であり，C と l の接点は第1象限であるから，$a>0,\ b>0$ としてもよく，これは

$$y=-\frac{3a}{4b}x+\frac{15}{b}$$

と書ける．この傾きが F_1A の傾きと等しいとき

$$-\frac{3a}{4b}=\frac{-\sqrt{15}}{\sqrt{5}}\qquad\therefore\quad b=\frac{\sqrt{3}}{4}a$$

これを $\dfrac{a^2}{20}+\dfrac{b^2}{15}=1$ に代入して

$$\frac{a^2}{20}+\frac{a^2}{80}=1\qquad\therefore\quad a=4$$

このとき，$b=\sqrt{3}$ である．よって，l の方程式は

$$\boldsymbol{y=-\sqrt{3}x+5\sqrt{3}}$$

である．また，$\triangle F_1AP$ が最大となるのはPから F_1A に下ろした垂線の長さ h が最大となるときで，そのようなPは上で求めた接点になるから $(\boldsymbol{4},\ \boldsymbol{\sqrt{3}})$ である．このPと直線 $F_1A：y=-\sqrt{3}x-\sqrt{15}$ の距離は

$$h=\frac{\left|4\sqrt{3}+\sqrt{3}+\sqrt{15}\right|}{\sqrt{3+1}}=\frac{1}{2}(5\sqrt{3}+\sqrt{15})$$

であるから，$\triangle F_1AP$ の最大値は

$$\frac{1}{2}\cdot 2\sqrt{5}\cdot\frac{1}{2}(5\sqrt{3}+\sqrt{15})=\boldsymbol{\frac{5\sqrt{3}(\sqrt{5}+1)}{2}}$$

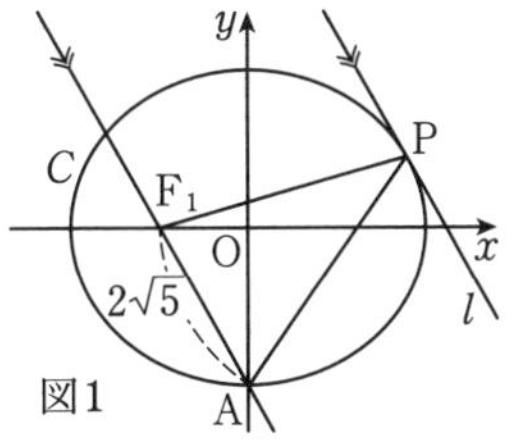

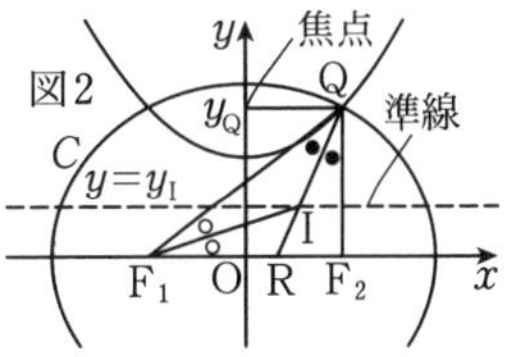

（2）　$F_1Q=d_1,\ F_2Q=d_2$ とすると，楕円の性質から

$$d_1+d_2=F_1A+F_2A=4\sqrt{5}$$

である．$\triangle QF_1F_2$ の内接円の半径が y_I であるから，$\triangle QF_1F_2$ の面積を2通りで表すと

$$\frac{1}{2}\cdot F_1F_2\cdot y_Q=\frac{1}{2}(F_1F_2+d_1+d_2)\cdot y_I$$

$$\frac{1}{2}\cdot 2\sqrt{5}\cdot y_Q=\frac{1}{2}(2\sqrt{5}+4\sqrt{5})\cdot y_I$$

である．よって，$\boldsymbol{y_Q=3y_I}$ である．

ここで，Qと準線の距離は $y_Q-y_I=\dfrac{2}{3}y_Q$ であり，これが焦点 $(0,\ y_Q)$ との距離と等しいから，Qの座標は $\left(\dfrac{2}{3}y_Q,\ y_Q\right)$ となる．これが C 上にあるから

$$\frac{\frac{4}{9}{y_Q}^2}{20}+\frac{{y_Q}^2}{15}=1$$

$y_Q>0$ より $y_Q=\sqrt{\dfrac{45}{4}}=\boldsymbol{\dfrac{3\sqrt{5}}{2}}$ である．

♦別解♦　（1）　F_1A の傾きは $-\sqrt{3}$ だから，l の方程式を $y=-\sqrt{3}x+k\ (k>0)$ とおいて $C：3x^2+4y^2=60$ と連立すると

$$3x^2+4(-\sqrt{3}x+k)^2=60$$

$$15x^2-8\sqrt{3}kx+4k^2-60=0$$

l と C が接する条件は，これが重解をもつことである．この判別式を D とすると

$$\frac{D}{4}=(4\sqrt{3}k)^2-15(4k^2-60)$$

$$=-12k^2+15\cdot 60=0\qquad\therefore\quad k^2=75$$

$k>0$ より $k=5\sqrt{3}$ となるから，l の方程式は $\boldsymbol{y=-\sqrt{3}x+5\sqrt{3}}$ である．また，このときの重解は $x=\dfrac{4\sqrt{3}\cdot 5\sqrt{3}}{15}=4$ であるから，Pの x 座標は $\boldsymbol{4}$ である．

【双曲線】

《古い出題の仕方 (B20)》

11. 座標平面上の曲線 $C: y=\dfrac{1}{2}x^2+\dfrac{3}{2}\ (x>0)$ を考える．曲線 C 上の 2 点 P, Q は，次の条件 (*) を満たすように動く．

(*) 点 Q の x 座標は点 P の x 座標より大きく，かつ点 P における C の接線 l_1 と点 Q における C の接線 l_2 のなす角は 45° である．

点 P の x 座標を p, 点 Q の x 座標を q とする．以下の問いに答えよ．

（1） q を p を用いて表せ．

（2） l_1 と l_2 の交点を $\mathrm{R}(r, s)$ とする．r, s を p を用いて表せ．

（3）（2）で定めた r, s に対し，s^2-r^2 を計算せよ．さらに，2 点 P, Q が条件 (*) を満たすように動くとき，（2）で定めた点 R の軌跡を求めよ．

（23 広島大・理-後期）

▶解答◀ （1） l_1, l_2 と x 軸正方向とのなす角をそれぞれ θ_p, θ_q とおく．$y=\dfrac{1}{2}x^2+\dfrac{3}{2}$ のとき $y'=x$ であるから

$$\tan\theta_p=p,\ \tan\theta_q=q$$

である．図を見よ．$p<q$ より $\theta_q-\theta_p=45°$ から

$$\tan(\theta_q-\theta_p)=\frac{\tan\theta_q-\tan\theta_p}{1+\tan\theta_q\tan\theta_p}$$

$$1=\frac{q-p}{1+pq}$$

$$pq+1=q-p$$

$$(1-p)q=1+p$$

$$\boldsymbol{q=\frac{1+p}{1-p}}$$

$\theta_p+45°=\theta_q<90°$ より $\theta_p<45°$ が成り立つから，$0<p<1$ である．

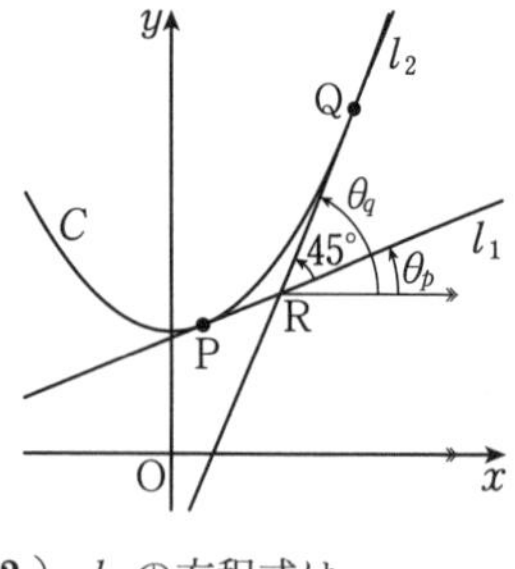

（2） l_1 の方程式は

$$y=p(x-p)+\frac{p^2}{2}+\frac{3}{2}$$

$$y=px-\frac{p^2}{2}+\frac{3}{2}$$

であり，l_2 の方程式は

$$y=qx-\frac{q^2}{2}+\frac{3}{2}$$

であるから l_1 と l_2 の交点について

$$qx-\frac{q^2}{2}+\frac{3}{2}=px-\frac{p^2}{2}+\frac{3}{2}$$

$$(q-p)x=\frac{1}{2}(q-p)(q+p)$$

$q\neq p$ であり，（1）より

$$x=\frac{1}{2}(q+p)=\frac{1}{2}\left(\frac{1+p}{1-p}+p\right)$$

$$=\frac{1+2p-p^2}{2(1-p)}$$

$$y=\frac{p(1+2p-p^2)}{2(1-p)}-\frac{p^2}{2}+\frac{3}{2}$$

$$=\frac{p(1+2p-p^2)+(3-p^2)(1-p)}{2(1-p)}$$

$$=\frac{3-2p+p^2}{2(1-p)}$$

したがって，$\boldsymbol{r=\dfrac{1+2p-p^2}{2(1-p)}}$，$\boldsymbol{s=\dfrac{3-2p+p^2}{2(1-p)}}$

（3）（2）より

$$s^2-r^2=\frac{\{(3-2p+p^2)^2-(1+2p-p^2)^2\}}{4(1-p)^2}$$

$$=\frac{1}{4(1-p)^2}\{(3-2p+p^2)+(1+2p-p^2)\}$$

$$\times\{(3-2p+p^2)-(1+2p-p^2)\}$$

$$=\frac{2(1-2p+p^2)}{(1-p)^2}=2$$

$$\frac{r^2}{2}-\frac{s^2}{2}=-1 \quad\cdots\cdots①$$

（1）より $0<p<1$ であるから，l_1 上の点 R の y 座標である s について，$s>\dfrac{3}{2}$ である．① から

$$r^2=s^2-2$$

$$r=\pm\sqrt{s^2-2}$$

$s>\dfrac{3}{2}$ であるから，$r>\dfrac{1}{2}$

以上のことから，R の軌跡は双曲線の一部

$$\boldsymbol{\frac{x^2}{2}-\frac{y^2}{2}=-1\left(x>\frac{1}{2},\ y>\frac{3}{2}\right)}$$

である．

《よい出題の仕方 (B20) ☆》

12. 放物線 $y^2=2x$ を C とする．

（1） C 上の 2 点 $\mathrm{A}\left(\dfrac{9}{2}, 3\right)$, $\mathrm{B}\left(\dfrac{1}{8}, \dfrac{1}{2}\right)$ での接線の交点を P とする．このとき，P の座標は $\left(\boxed{モ}, \boxed{ヤ}\right)$ である．また，∠APB の大きさを弧度法で表すと $\boxed{ユ}$ である．

（2） C 上の 2 点を $\mathrm{A}\left(\dfrac{a^2}{2}, a\right)$, $\mathrm{B}\left(\dfrac{b^2}{2}, b\right)$ とおく．ただし $a>b$ である．A, B での接線の交点を $\mathrm{P}(X, Y)$ とするとき，X と Y を a, b で表

すと $X = \frac{\boxed{ヨ}}{2}$, $Y = \frac{\boxed{ラ}}{2}$ ある．

（3）（2）において ∠APB を（1）の $\boxed{ユ}$ に保ったまま A, B を動かすとき，X の最小値は $\boxed{リ}$ となる．また，点 P の軌跡は双曲線

$$\frac{x^2}{\boxed{ル}} - \frac{y^2}{\boxed{レ}} = 1$$

を x 軸方向に $\boxed{ロ}$ だけ平行移動した曲線の一部である．　（23　聖マリアンナ医大・医）

考え方　日本の受験の世界には奇妙な用語があり，「x 軸の正方向から回る角」という用語もその一つである．

図 a で，$\angle\text{AOB} = \theta$ は「x 軸の正方向から回る角が θ」としていいけれど，$\angle\text{COB} = \theta$ は，「x 軸の正方向から回る角が θ」ではないのか？と思う人はいるだろう．

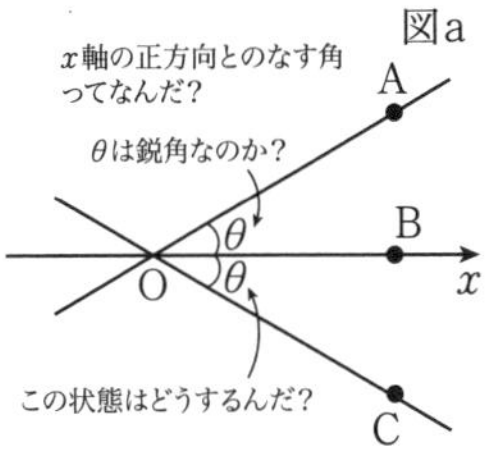

図a

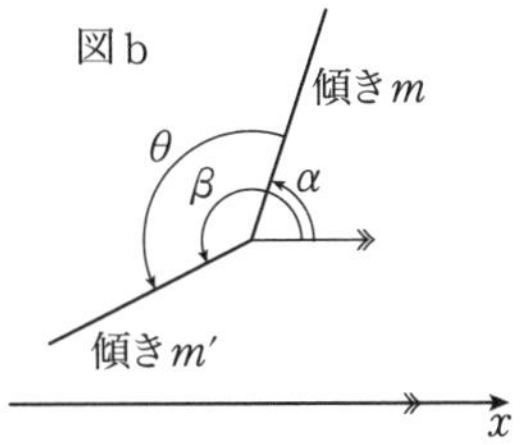

図b

「x 軸の正方向から回る角が θ」と言う人達は，きっと ∠AOB のことを考えているのであるが，こうした言い方は，生徒を惑わせる．

偏角（へんかく，偏向角度，argument の訳で，日本の教科書では複素数でのみ使われている）を使うのがよい．角の測り方は左まわりを正，右回りを負として，一般角で測る．一般角というのは 1 つの角を α_0, β_0 とし，$\alpha = \alpha_0 + 2m\pi$, $\beta = \beta_0 + 2n\pi$（m, n は整数）として考え，ただし本問の場合，$\alpha - \beta = \angle\text{BPA}$ となるような整数 m, n の範囲で考える．

なお，横向き放物線が好きな人は右方向に x 軸，上方向に y 軸をとればよい．ただし，この場合，「分母が 0 かどうか？」が問題となる．空欄補充では関係ないが，論述の場合には影響がある．

横向き放物線，気持ちが悪いという人は，右方向に y 軸，上方向に x 軸をとればよい．よく口では「数学は自由だ」と言いながら「そんなやり方はいかん」「高校の教科書に載っていないことは使ったらいかん」という大人が多い．きっと，そういう大人にとっては「私が許容する範囲の中で，数学は自由だ」というのであろう．それを世間一般では「数学は不自由だ」という．その大人の許容範囲があるのは，その大人の自由である．しかし，私の世界には，私の自由がある．答えが正しく出るのなら，書き方は自由だ．それが，私の自由である．

図 b を見よ．傾き m の線分と傾き m' の線分が直交しないとき，傾き m の線分から傾き m' の線分に回る角を θ とすると

$$\tan\theta = \frac{m' - m}{1 + mm'}$$

である．これは「証明しながらやる」など馬鹿げたことである．特に，交角が鈍角になるか，鋭角になるか分からない場合には，証明などしないで一気に結果を書け．

どうしても証明するなら，図 b のような角 α, β に対して

$\tan\alpha = m$, $\tan\beta = m'$ として

$$\tan\theta = \tan(\beta - \alpha) = \frac{\tan\beta - \tan\alpha}{1 + \tan\beta\tan\alpha} = \frac{m' - m}{1 + mm'}$$

▶解答◀　（1）$x = \frac{y^2}{2}$ を y で微分すると，$x' = y$ となる．横軸を y 軸としたときの，A における接線の傾きは 3，B における接線の傾きは $\frac{1}{2}$ である．

$$\tan\angle\text{APB} = \frac{\frac{1}{2} - 3}{1 + \frac{1}{2} \cdot 3} = -1 \quad \cdots\cdots\cdots\cdots\text{①}$$

$\angle\text{APB} = \boldsymbol{\frac{3}{4}\pi}$ である．

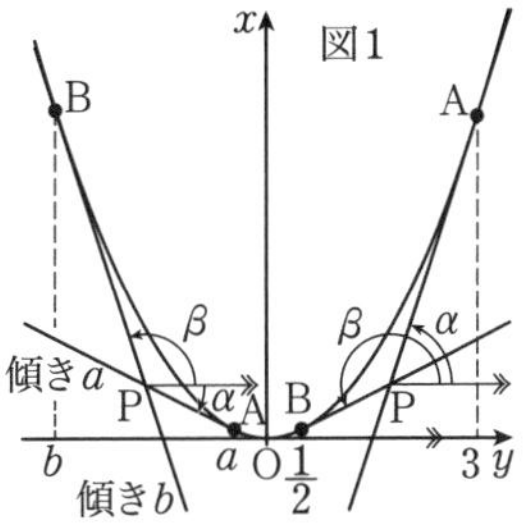

なお，どうしても証明しながらやりたい場合には図の α, β を用いて $b = \tan\beta$, $a = \tan\alpha$ として，

$$\tan\angle\text{APB} = \tan(\beta - \alpha) = \frac{\tan\beta - \tan\alpha}{1 + \tan\beta\tan\alpha}$$

$$= \frac{b - a}{1 + ab}$$

と導け．① では $a = 3$, $b = \frac{1}{2}$ である．

P の座標は（2）の計算を見よ．$x = \frac{ab}{2}$, $y = \frac{a + b}{2}$ を用いる．$\text{P}\left(\boldsymbol{\frac{3}{4}, \frac{7}{4}}\right)$ である．

（2）A における接線は $x = a(y - a) + \frac{a^2}{2}$

$$x = ay - \frac{a^2}{2}$$

B における接線は

$$x = by - \frac{b^2}{2}$$

これらを連立させる．辺ごとに引いて

$$0 = (a - b)y - \frac{(a - b)(a + b)}{2}$$

$a \neq b$ より $y = \dfrac{a+b}{2}$

$$x = a \cdot \frac{a+b}{2} - \frac{a^2}{2} = \frac{ab}{2}$$

$$X = \boldsymbol{\frac{ab}{2}},\ Y = \boldsymbol{\frac{a+b}{2}}$$

(**3**) $\tan\angle\mathrm{APB} = \dfrac{b-a}{1+ab}$

$\angle\mathrm{APB} = \dfrac{3}{4}\pi$ となる条件は $\dfrac{b-a}{1+ab} = -1$

$$a - b = ab + 1$$

いま，$a > b$ より，

$$\sqrt{(a+b)^2 - 4ab} = ab + 1$$

$$\sqrt{(2Y)^2 - 8X} = 2X + 1$$

左辺は正であるから $2X + 1 > 0$ のもとで平方すると

$$4Y^2 - 8X = 4X^2 + 4X + 1$$

$$4X^2 + 12X - 4Y^2 + 1 = 0$$

$$\frac{\left(X + \frac{3}{2}\right)^2}{2} - \frac{Y^2}{2} = 1,\ X > -\frac{1}{2}$$

X の最小値は

$\boldsymbol{-\dfrac{3}{2} + \sqrt{2}}$ である．なお，$-\dfrac{3}{2} + \sqrt{2} > -\dfrac{1}{2}$ であるから，双曲線の右の枝になる．

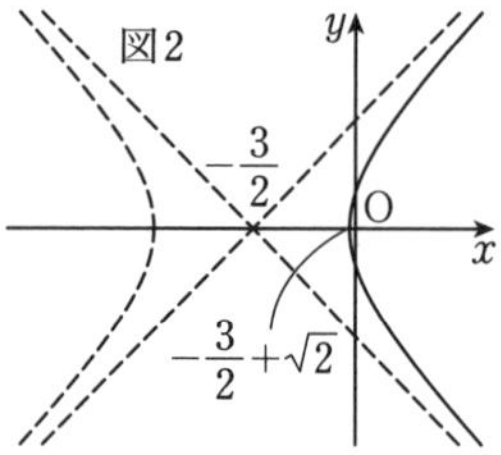

これより，P の軌跡は双曲線 $\boldsymbol{\dfrac{x^2}{2} - \dfrac{y^2}{2} = 1}$ を x 軸方向に $\boldsymbol{-\dfrac{3}{2}}$ だけ平行移動した曲線の $x > -\dfrac{1}{2}$ の部分であり，x 切片を考えると，

注意 【判別式はとらないの？】

私が高校生のとき，Z 会のパンフレットを取り寄せたら「数学は高い知識に立つと見通しがよくなるから大学の教科書を読め」と書いてあった．土師政雄先生という方が書かれていた．「高校の教科書に載っていないことは使ったらいかん」などという心の狭いことが書いてないのが素晴らしかった．大いなるエンジンとなった．今の Z 会の話ではないので，何かを保証するものではない．英語と国語は平均点の半分，数学は平均点の少し上という，低レベルな少年は，それを信じて，大学の教科書や，海外の書籍を読み始めた．受験雑誌「大学への数学」の増刊号に熱中し，勉強を始めて 1 ヶ月で数学は学年一番になり，やがて他科目も成績を上げていった．

$a \neq 0$ のとき $ax^2 + bx + c = 0$ の解を α, β として，「$D = a^2(\alpha - \beta)^2$ を $ax^2 + bx + c$ の判別式」という．高校では $D = b^2 - 4ac$ を 2 次方程式 $ax^2 + bx + c = 0$ の判別式と習うが，正しくは上の定義である．高校教科書の定義と，本当の定義が違っていることは，私は，高校時代に知っていた．勿論 2 つの定義は一致する．

$a \neq 0$ のとき，$ax^3 + bx^2 + cx + d = 0$ の解を α, β, γ として $D = a^4(\alpha-\beta)^2(\beta-\gamma)^2(\gamma-\alpha)^2$ を 3 次式 $ax^3 + bx^2 + cx + d$ の判別式という．

$D = b^2c^2 - 4ac^3 - 4b^3d - 27a^2d^2 + 18abcd$ となる．

解答で $D > 0$ に相等することを書いていないが，それは必要ないのかと，思う人がいるだろう．

$D = (a-b)^2 > 0$ に相等することを書かないのか？ということである．それは成立するに決まっている．なぜなら $a - b = ab + 1 > 0$ だからである．私が採点者ならそんなことは採点の対象にはしない．もし，書いている答案を見たら「ああ，この生徒は，本当の判別式の定義を知らないな．高校生ならしかたがない」と思うだけである．

別の言い方をしよう．$a - b = ab + 1 > 0$ を同値変形した式

$$\frac{\left(X + \frac{3}{2}\right)^2}{2} - \frac{Y^2}{2} = 1,\ X + \frac{1}{2} > 0$$

により $X + \dfrac{3}{2} = \dfrac{\sqrt{2}}{\cos\theta},\ Y = \dfrac{\sqrt{2}}{\tan\theta},\ -\dfrac{\pi}{2} < \theta < \dfrac{\pi}{2}$ とパラメータ表示される．$a - b = 2X + 1,\ a + b = 2Y$ であるから $a = X + Y + \dfrac{1}{2}$，$b = Y - X - \dfrac{1}{2}$ は実数に決まっている．和 $a + b$ と差 $a - b$ が実数なら a, b は実数である．

以下は，右方向に x 軸を出す場合の答案である．人によってはこっちが解答であろうから，別解とはしない．

【普通の書き方】 (**1**) $x = \dfrac{y^2}{2}$ のとき $\dfrac{dx}{dy} = y$ となるから，$y \neq 0$ のとき $\dfrac{dy}{dx} = \dfrac{1}{y}$ である．A における接線 l_A の方程式は

$$y = \frac{1}{3}\left(x - \frac{9}{2}\right) + 3$$

$$y = \frac{1}{3}x + \frac{3}{2}$$

B における接線 l_B の方程式は

$$y = 2\left(x - \frac{1}{8}\right) + \frac{1}{2}$$

$$y = 2x + \frac{1}{4}$$

l_A と l_B を連立すると

$$\frac{1}{3}x + \frac{3}{2} = 2x + \frac{1}{4} \qquad \therefore \quad x = \frac{3}{4}$$

これより，P の座標は $\boldsymbol{\left(\dfrac{3}{4},\ \dfrac{7}{4}\right)}$ である．

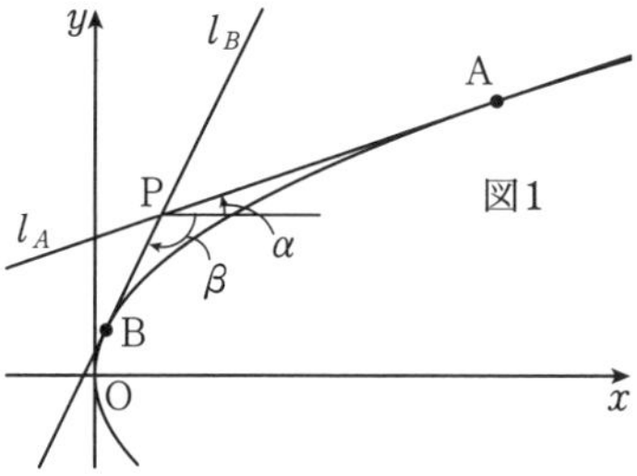

PA, PB の偏角を一般角で α, β とおく．

$\tan\alpha = \dfrac{1}{3}$, $\tan\beta = 2$ である．最初の解法とは角の取り方が違うから注意せよ．

$$\tan(\alpha-\beta) = \frac{\frac{1}{3}-2}{1+2\cdot\frac{1}{3}} = -1$$

これより，$\alpha - \beta = \boldsymbol{\dfrac{3}{4}\pi}$ である．

$a \neq 0, b \neq 0$ のとき，$\tan\alpha = \dfrac{1}{a}$, $\tan\beta = \dfrac{1}{b}$ より，

$\tan(\alpha-\beta) = \dfrac{\frac{1}{a}-\frac{1}{b}}{1+\frac{1}{a}\cdot\frac{1}{b}} = \dfrac{b-a}{ab+1}$ となる．この結果は $a=0$ や $b=0$ のときも正しい．

（２）（１）と同様に考えると，$a \neq 0$ のとき

$$l_A : y = \frac{1}{a}\left(x - \frac{a^2}{2}\right) + a$$

$$l_A : 2ay = 2x + a^2 \quad \cdots\cdots ①$$

この結果は $a=0$ でも成立する．また，

$$l_B : 2by = 2x + b^2 \quad \cdots\cdots ②$$

である．① − ② より

$$2(a-b)y = a^2 - b^2$$

$a > b$ であるから，$y = \dfrac{a+b}{2}$ である．これを ① に代入して

$$2a\cdot\frac{a+b}{2} = 2x + a^2 \qquad \therefore \quad x = \frac{ab}{2}$$

よって，$X = \boldsymbol{\dfrac{ab}{2}}$, $Y = \boldsymbol{\dfrac{a+b}{2}}$ である．

《定義が重要（C20）☆》

13. 座標平面において，点 (0, 0) を中心とし半径が 2 の円 A と，点 (5, 0) を中心とし半径が 1 の円 B について，以下の問いに答えよ．

（１） A と B のどちらにも外接する円 C の中心の軌跡を求めよ．

（２） A と B がともに内接する円 D の中心の軌跡を求めよ．

（３） B と（１）の円 C の接点の x 座標が動く範囲を求めよ． （23 筑波大・理工（数）-推薦）

▶解答◀ A(0, 0), B(5, 0) とする．

（１） 図 1 を見よ．円 C の中心を C，半径を r とすると，AC $= r+2$, BC $= r+1$ であるから，AC − BC $= 1$ であり，**A，B を焦点，2 頂点の間の距離が 1 の双曲線の右の分枝**を描く．

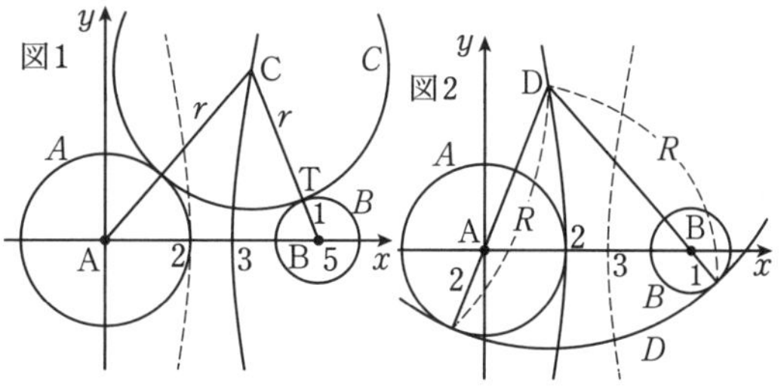

式が要求されているわけではないから以下は不要である．AB の中点は $\left(\dfrac{5}{2}, 0\right)$ である．

$a > 0, b > 0$ として，式を $\dfrac{\left(x-\frac{5}{2}\right)^2}{a^2} - \dfrac{y^2}{b^2} = 1$ とおく．$2a = 1$, $a^2 + b^2 = \left(\dfrac{5}{2}\right)^2$ より $a = \dfrac{1}{2}$, $b^2 = 6$ で，

$4\left(x - \dfrac{5}{2}\right)^2 - \dfrac{y^2}{6} = 1$, $x > \dfrac{5}{2}$

（２） 図 2 を見よ．円 D の中心を D，半径を R とすると，AD $= R-2$, BD $= R-1$ であるから，BD − AD $= 1$ であり，**A，B を焦点，2 頂点の間の距離が 1 の双曲線の左の分枝**を描く．式は $4\left(x - \dfrac{5}{2}\right)^2 - \dfrac{y^2}{6} = 1$, $x < \dfrac{5}{2}$

（３） C の中心を C(X, Y) とする．

AC $= r+2$，BC $= r+1$ より

$$X^2 + Y^2 = (r+2)^2 \quad \cdots\cdots ①$$

$$(X-5)^2 + Y^2 = (r+1)^2 \quad \cdots\cdots ②$$

① − ② より $10X - 25 = 2r + 3$ となり $r = 5X - 14$

B, C の接点を T とする，T は BC を $1 : r$ に内分するから T の x 座標は

$$x = \frac{r\cdot 5 + 1\cdot X}{r+1} = \frac{5(5X-14)+X}{5X-13} = \frac{26X-70}{5X-13}$$

となる．$f(X) = \dfrac{26X-70}{5X-13}$ とおく．$X \geqq 3$ で，

$$f'(X) = \frac{26(5X-13)-(26X-70)\cdot 5}{(5X-13)^2}$$

$$= \frac{12}{(5X-13)^2} > 0$$

$f(3) = 4$, $\displaystyle\lim_{X\to\infty} f(X) = \frac{26}{5}$

$$\boldsymbol{4 \leqq x < \frac{26}{5}}$$

注意 C の方程式について：$r = 5X - 14$ を ① に代入すると $Y^2 = 24X^2 - 120X + 144$ を得る．これによって C の方程式を求めることができる．

最後の $\dfrac{26}{5}$ について：問題の双曲線の右上に伸びる漸

近線は $y=2\sqrt{6}\left(x-\frac{5}{2}\right)$ だからBを通って漸近線に平行な直線 $y=2\sqrt{6}(x-5)$ と円 B の右の交点の x 座標 $\frac{26}{5}$ を求めてもよい．

【2次曲線と直線】

《接線（A5）》

14．双曲線 $x^2-\frac{y^2}{4}=1$ 上の点 $(\sqrt{2},\ 2)$ における接線の方程式を求めよ．（23　茨城大・工）

▶解答◀ $x^2-\frac{y^2}{4}=1$ 上の点 $(\sqrt{2},\ 2)$ における接線の方程式は $\sqrt{2}x-\frac{2y}{4}=1$

すなわち $\boldsymbol{y=2\sqrt{2}x-2}$ である．

《逆手流か直接動かすか（B30）☆》

15．点 $(x,\ y)$ は不等式 $x^2+(y-1)^2\leqq 1$ の表す領域を動くとする．このとき，$\frac{x-y-1}{x+y-3}$ の最大値は□であり，$x(y-1)$ の最大値は□である．また，$\frac{x^2-6x+9}{y^2-2y-3}$ の最大値は□である．（23　北里大・医）

考え方 「$=k$ とおいて共有点をもつ条件を調べる」という解法は受験の世界では逆手流と呼ばれている．実際に変数を動かすか，どちらかで考える．

▶解答◀ $C:x^2+(y-1)^2\leqq 1$ ……………………①

とおく．$x+y\neq 3$ のもとで，$\frac{x-y-1}{x+y-3}=k$ とおく．

$$x-y-1=k(x+y-3)$$

$$(k-1)x+(k+1)y+1-3k=0 \quad \cdots\cdots\cdots\cdots ②$$

①かつ②を満たす実数 $x,\ y$ が存在する条件は C の中心 $(0,\ 1)$ と②の距離が①の半径以下になることで

$$\frac{|k+1+1-3k|}{\sqrt{(k-1)^2+(k+1)^2}}\leqq 1$$

$$2|1-k|\leqq\sqrt{2(k^2+1)}$$

$$2(k^2-2k+1)\leqq k^2+1$$

$$k^2-4k+1\leqq 0$$

$$2-\sqrt{3}\leqq k\leqq 2+\sqrt{3}$$

したがって，k の最大値は $\boldsymbol{2+\sqrt{3}}$ である．

ただし，②は定点 $(2,\ 1)$ を通る直線を表し，①，②が共有点をもつとき，その共有点は $x+y\neq 3$ を満たす．図を見よ．

図1

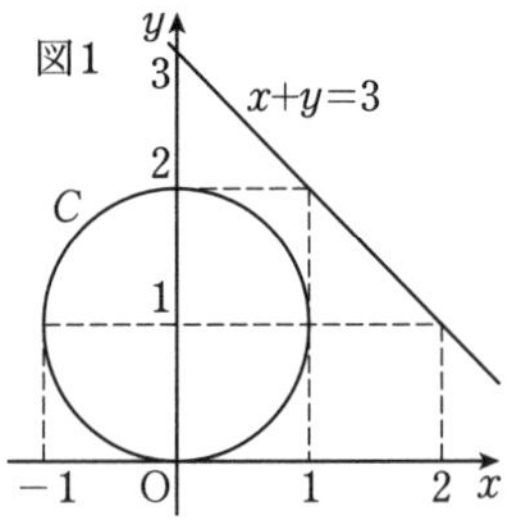

①上の点 $(x,\ y)$ は

$$x=r\cos\theta,\ y-1=r\sin\theta,\ 0\leqq r\leqq 1$$

とおけて

$$x(y-1)=r^2\cos\theta\sin\theta=\frac{r^2}{2}\sin 2\theta$$

の最大値は $\boldsymbol{\frac{1}{2}}$ である．たとえば $r=1,\ \theta=\frac{\pi}{4}$ でおこる．

$\frac{x^2-6x+9}{y^2-2y-3}=\frac{(3-x)^2}{(y-1)^2-4}=f$ とおく．

この式の分子は正，分母は負であるから $f<0$ である．負の最大は考えにくい．要するに，できるだけ0に近づけるとよい．

$|f|=\frac{(3-x)^2}{4-(y-1)^2}$ が0に近いとは，最小ということであり，$-1\leqq x\leqq 1,\ 0\leqq(y-1)^2\leqq 1$ であるから，分母が最大（分母を4に近づける），分子が最小（できるだけ3に近い x を考える）のときである．

$(y-1)^2=0,\ x=1$ のときに最小値1をとる．f の最大値は $\boldsymbol{-1}$ である．

◆別解◆ $x(y-1)=k$ とおく．最大を考えるから $k>0$ とする．$(0,\ 1)$ が中心の反比例のグラフが①と共有点をもつときで k が最大になるのは，図2で点 $\mathrm{A}\left(\frac{1}{\sqrt{2}},\ 1+\frac{1}{\sqrt{2}}\right)$ を通るときである．k の最大値は

$$\frac{1}{\sqrt{2}}\cdot\frac{1}{\sqrt{2}}=\boldsymbol{\frac{1}{2}}$$

図2

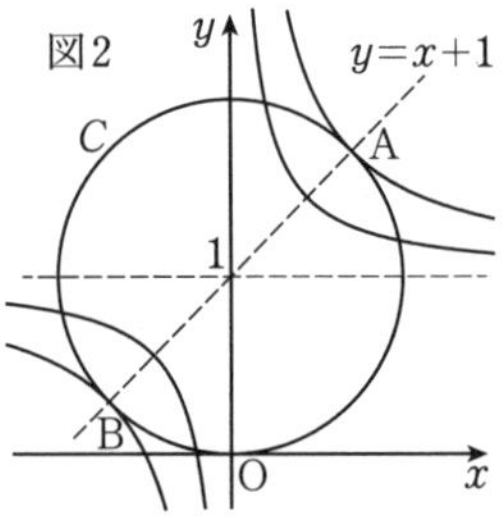

あるいは，相加相乗平均の不等式より

$$1\geqq x^2+(y-1)^2\geqq 2\sqrt{x^2(y-1)^2}=2|x(y-1)|$$

$-\frac{1}{2}\leqq x(y-1)\leqq\frac{1}{2}$ となり，右の等号は $x=y-1=\frac{1}{\sqrt{2}}$ のときに成り立つ．

$\dfrac{x^2-6x+9}{y^2-2y-3}=\dfrac{(3-x)^2}{(y-1)^2-4}=-k$ とおく．$k>0$ である．$\dfrac{(x-3)^2}{4k}+\dfrac{(y-1)^2}{4}=1$

$-k$ の最大を考えるから k の最小を考える．楕円が ① と共有点をもつときで，長半径が一番短いのは図 3 で点 $(1, 1)$ を通るときであり，$\sqrt{4k}=2$ である．k の最小値は 1 である．求める最大値は $\mathbf{-1}$

図3

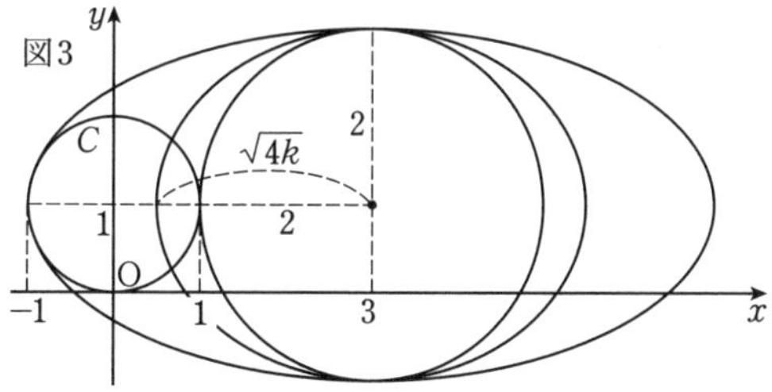

注意【見た目では危ない】

最後の設問であるが，「$\dfrac{x^2-6x+9}{y^2-2y-2}$ の最小値を求めよ」にするとよかった．「簡単だよ．$\dfrac{(3-x)^2}{(y-1)^2-3}=-k$，$k>0$ として，k の最大値をとるときだ．それは，図 3 と同様の図で，今度は $(-1, 1)$ を通るときだ」と思うあなた．甘い，それは誤答である．

図4

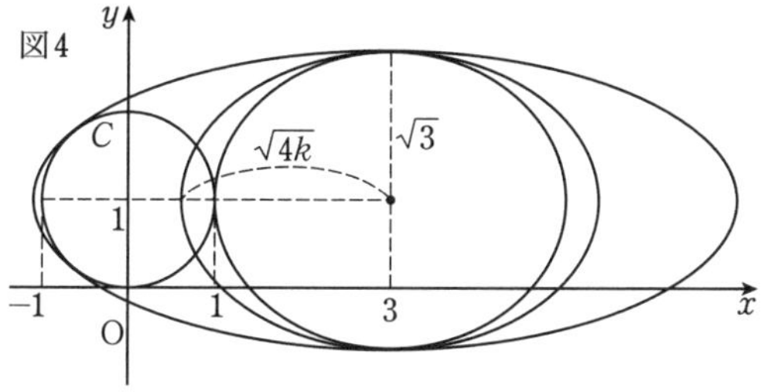

今度は $\dfrac{(x-3)^2}{3k}+\dfrac{(y-1)^2}{3}=1$ となり，図 4 のような形であるから，$(-1, 1)$ を通るときには答えを与えない．

C 上の点を $(\cos\theta, 1+\sin\theta)$ として，

$$k=\frac{(x-3)^2}{3-(y-1)^2}=\frac{(3-\cos\theta)^2}{3-\sin^2\theta}=\frac{(3-c)^2}{2+c^2}$$

$c=\cos\theta$ とした．c で微分すれば $c=-\dfrac{2}{3}$ で最大になるから，$(-1, 1)$ を通るときではないとわかる．

《双曲線の極方程式 (A5) ☆》

16． 極方程式 $r=\dfrac{3}{1+2\sin\theta}$ で表された曲線の漸近線のうち，傾きが正のものを直交座標に関する方程式で表すと $y=\boxed{}$ である．(23 関大・理系)

▶解答◀ $r(1+2\sin\theta)=3$

$$r=3-2r\sin\theta$$

両辺を平方して

$$r^2=(3-2r\sin\theta)^2$$

$r^2=x^2+y^2$, $r\sin\theta=y$ を代入して

$$x^2+y^2=(3-2y)^2$$

$$x^2-3y^2+12y=9$$

$$\frac{x^2}{3}-(y-2)^2=-1$$

この漸近線は

$$y-2=\pm\frac{x}{\sqrt{3}} \qquad \therefore\ y=\pm\frac{x}{\sqrt{3}}+2$$

傾きが正のものは $\boldsymbol{y=\dfrac{x}{\sqrt{3}}+2}$ である．

《双曲線の極方程式 (B30)》

17． 原点 O の座標平面上に，曲線 H : $\dfrac{x^2}{4}-\dfrac{y^2}{9}=1$，(ただし，$x\geqq 2$) がある．$H$ 上の点 P を $\mathrm{P}(r\cos\theta, r\sin\theta)$ と極座標表示して，P と $\mathrm{OP}\perp\mathrm{OQ}$ を満たす点 Q を H 上に取れる場合を考える．以下の問いに答えなさい．

(1) Q が H 上に取れるための P の x 座標の取り得る値の範囲を求めなさい．

(2) x が (1) で求めた範囲にあるとき，$\dfrac{1}{\mathrm{OP}^2}+\dfrac{1}{\mathrm{OQ}^2}$ は一定の値をとることを示し，その値を求めなさい．

(3) x が (1) で求めた範囲にあるとき，PQ の最小値を求めなさい．(23 日大・医)

▶解答◀ (1) $\mathrm{P}(r\cos\theta, r\sin\theta)$ を $9x^2-4y^2=36$ に代入し

$$r^2(9\cos^2\theta-4\sin^2\theta)=36$$

$$r^2\{9\cos^2\theta-4(1-\cos^2\theta)\}=36$$

$$r^2(13\cos^2\theta-4)=36$$

P が存在する条件はこのような $r^2>0$ が存在することで $13\cos^2\theta>4$ ……………………………………①

一方，P に対し，$\mathrm{OP}\perp\mathrm{OQ}$ であるような Q が存在する条件は (OQ の偏角は OP の偏角 θ に対し $\theta\pm\dfrac{\pi}{2}$ となるから)

$$13\cos^2\left(\theta\pm\frac{\pi}{2}\right)>4$$

$$13\sin^2\theta>4$$

$$|\sin\theta|>\frac{2}{\sqrt{13}} \qquad \therefore\ |\tan\theta|>\frac{2}{3}$$

になることであり，このとき $\dfrac{y^2}{x^2} > \dfrac{4}{9}$ より $9y^2 > 4x^2$ である．ここに $y^2 = \dfrac{9}{4}x^2 - 9$ を代入し

$$\frac{81}{4}x^2 - 81 > 4x^2$$

$$\frac{65}{4}x^2 > 81$$

$x \geqq 2$ であるから $\boldsymbol{x > \dfrac{18}{\sqrt{65}}}$

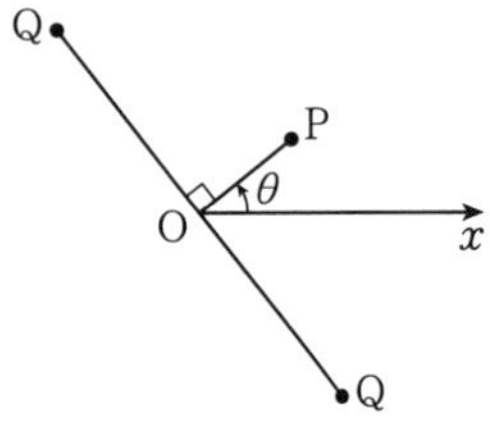

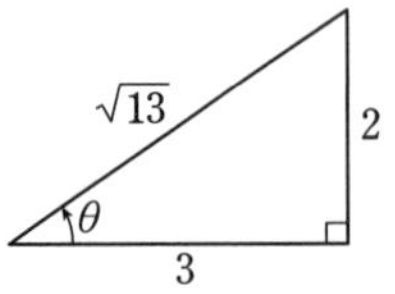

（2） $13\cos^2\theta - 4 = \dfrac{36}{\mathrm{OP}^2}$，$13\sin^2\theta - 4 = \dfrac{36}{\mathrm{OQ}^2}$ を辺ごとに加えて 36 で割り

$$\frac{1}{\mathrm{OP}^2} + \frac{1}{\mathrm{OQ}^2} = \frac{13-8}{36} = \boldsymbol{\frac{5}{36}} \quad \cdots\cdots②$$

（3） $\angle\mathrm{POQ} = 90^\circ$ であるから

$$\mathrm{OP}^2 + \mathrm{OQ}^2 = \mathrm{PQ}^2$$

であり ② より

$$\frac{\mathrm{PQ}^2}{\mathrm{OP}^2 \cdot \mathrm{OQ}^2} = \frac{5}{36} \quad \cdots\cdots③$$

一方，相加・相乗平均の不等式より

$$\frac{5}{36} = \frac{1}{\mathrm{OP}^2} + \frac{1}{\mathrm{OQ}^2} \geqq 2\sqrt{\frac{1}{\mathrm{OP}^2} \cdot \frac{1}{\mathrm{OQ}^2}} = \frac{2}{\mathrm{OP} \cdot \mathrm{OQ}}$$

$$\mathrm{OP} \cdot \mathrm{OQ} \geqq \frac{72}{5} \quad \cdots\cdots④$$

③，④ より

$$\mathrm{PQ} = \frac{\sqrt{5}}{6} \cdot \mathrm{OP} \cdot \mathrm{OQ} \geqq \frac{\sqrt{5}}{6} \cdot \frac{72}{5} = \boldsymbol{\frac{12}{5}\sqrt{5}}$$

等号は $\mathrm{OP} = \mathrm{OQ} = \dfrac{6\sqrt{2}}{\sqrt{5}}$ のときに成り立つ．

そのとき $\cos\theta = \dfrac{1}{\sqrt{2}}$ で，① を満たす．

◆別解◆ （1） 図で漸近線 $y = \pm\dfrac{3}{2}x$ に直交する直線 $y = \mp\dfrac{2}{3}x$（複号同順）と H の交点を考え，$\boldsymbol{x > \dfrac{18}{\sqrt{65}}}$

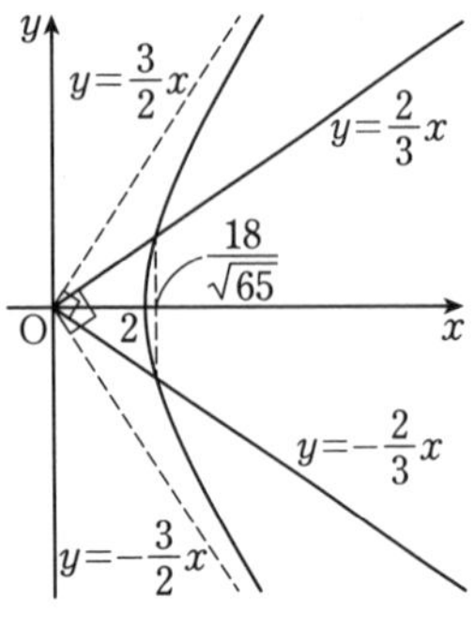

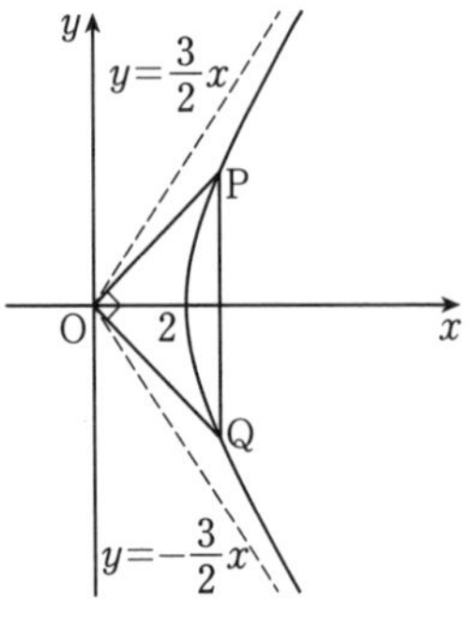

注意 この形での OP, OQ を考える問は，楕円では 1990 年の東大など多くの例があるが双曲線では初出である．

《楕円の反転（B30）☆》

18. O を原点とする座標平面上において，楕円 $\dfrac{x^2}{9} + \dfrac{y^2}{5} = 1$ の $y > 0$ を満たす部分を C とし，A(2, 0) とする．

（1） A を極，x 軸の正の方向を始線とする極座標 (r, θ) を定める．このとき，C の極方程式を求めよ．

（2） 点 P を C 上の動点とする．点 Q が A を始点とする半直線 AP 上の点で，$\mathrm{AP} \cdot \mathrm{AQ} = \dfrac{5}{2}$ を満たしながら動くとき，OQ の最小値を求めよ．

（23　大阪医薬大・後期）

考え方 $\mathrm{AP} = r$ として $\mathrm{P}(2 + r\cos\theta, r\sin\theta)$ を早々に代入するのは下手である．50 年前の参考書には「慌てる乞食はもらいが少ない」という格言のような言葉が書いてあった．まず AP^2 を平方完成せよ．同じことが Q の座標でも言える．慌てて Q の座標を r で書いてはいけない．

▶解答◀ （1） $C : y^2 = 5 - \dfrac{5x^2}{9}$ 上の点を $\mathrm{P}(x, y)$ として

$$\mathrm{AP}^2 = (x-2)^2 + y^2 = (x-2)^2 + 5 - \frac{5x^2}{9}$$

$$= \frac{4}{9}x^2 - 4x + 9 = \left(3 - \frac{2}{3}x\right)^2$$

となる．$|x| \leqq 3$ であるから $\left|\dfrac{2}{3}x\right| \leqq 2 < 3$ であり，$\mathrm{AP} = 3 - \dfrac{2}{3}x$ となる．$\mathrm{AP} = r$, $x = 2 + r\cos\theta$ を代入し $3r = 9 - 2(2 + r\cos\theta)$ となり $r(3 + 2\cos\theta) = 5$

$3 + 2\cos\theta > 0$ であるから $\boldsymbol{r = \dfrac{5}{3 + 2\cos\theta}}$

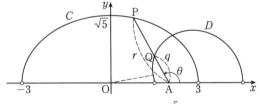

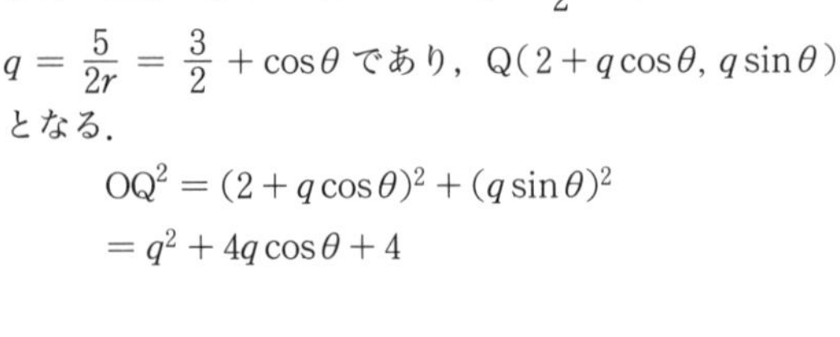

（2） $\mathrm{AQ} = q$ とおく．$\mathrm{AP} \cdot \mathrm{AQ} = \dfrac{5}{2}$ より

$q = \dfrac{5}{2r} = \dfrac{3}{2} + \cos\theta$ であり，$\mathrm{Q}(2 + q\cos\theta, q\sin\theta)$ となる．

$$\mathrm{OQ}^2 = (2 + q\cos\theta)^2 + (q\sin\theta)^2$$

$$= q^2 + 4q\cos\theta + 4$$

$$= \left(\frac{3}{2} + \cos\theta\right)^2 + 4\left(\frac{3}{2} + \cos\theta\right)\cos\theta + 4$$

$$= 5\cos^2\theta + 9\cos\theta + \frac{25}{4}$$
$$= 5\left(\cos\theta + \frac{9}{10}\right)^2 - \frac{81}{4\cdot 5} + \frac{25}{4}$$
$$= 5\left(\cos\theta + \frac{9}{10}\right)^2 + \frac{11}{5}$$

$0 < \theta < \pi$ より $-1 < \cos\theta < 1$ であるから，OQ は

$\cos\theta = -\dfrac{9}{10}$ のとき最小値 $\boldsymbol{\dfrac{\sqrt{55}}{5}}$ をとる．

注意【楕円の反転】

A を中心，半径 a の円 C があり，A と異なる点 P に対し，A を端点とする半直線 AP 上に，$\mathrm{AP}\cdot\mathrm{AQ} = a^2$ となる点 Q をとるとき，P の C に関する反転が Q であるという．A が極で，P が極方程式で表されるなら，反転は簡単だということである．

【複素数平面】

《x, y の計算 (B10)》

19． 0 でない複素数 z について，$z + z^2 i$ の実部は 0, $z + \dfrac{1}{z}$ の虚部は 0 であるという．このような複素数 z をすべて求めよ．　(23　東京女子大・数理)

▶解答◀ $z = x + yi$ とおく．ただし，x と y は実数で，$(x, y) \neq (0, 0)$ とする．

$$z + z^2 i = x + yi + (x^2 - y^2 + 2xyi)i$$
$$= x - 2xy + (y + x^2 - y^2)i$$

この実部が 0 であるから

$$x - 2xy = 0 \qquad \therefore\ x(1-2y) = 0$$

よって，$x = 0$ または $y = \dfrac{1}{2}$ となる．また

$$z + \frac{1}{z} = x + yi + \frac{1}{x+yi}$$
$$= x + yi + \frac{x - yi}{x^2 + y^2}$$
$$= x + \frac{x}{x^2+y^2} + \left(y - \frac{y}{x^2+y^2}\right)i$$

この虚部が 0 であるから

$$y - \frac{y}{x^2+y^2} = 0$$
$$y\left(1 - \frac{1}{x^2+y^2}\right) = 0 \ \cdots\cdots①$$

（ア）　$x = 0$ のとき，① より $y\left(1 - \dfrac{1}{y^2}\right) = 0$

$y = 0$ とすると $(x, y) \neq (0, 0)$ に反するから

$$1 - \frac{1}{y^2} = 0$$
$$y^2 = 1 \qquad \therefore\ y = \pm 1$$

（イ）　$y = \dfrac{1}{2}$ のとき，① より $\dfrac{1}{x^2+y^2} = 1$

$$x^2 + \frac{1}{4} = 1 \qquad \therefore\ x = \pm\frac{\sqrt{3}}{2}$$

以上より $(x, y) = (0, \pm 1), \left(\pm\dfrac{\sqrt{3}}{2}, \dfrac{1}{2}\right)$ であるから，

求める複素数 z は $\boldsymbol{\pm i,\ \pm\dfrac{\sqrt{3}}{2} + \dfrac{1}{2}i}$

《x, y の計算 (B5)》

20． 複素数 z の方程式 $z^2 - 3|z| + 2 = 0$ を考える．この方程式は [イ] 個の解をもち，このうち実数でない解の個数は [ウ] 個である．　(23　明治大・数III)

▶解答◀ $z = x + yi$（x, y は実数）とおける．

$$x^2 - y^2 + 2xyi - 3\sqrt{x^2+y^2} + 2 = 0$$
$$xy = 0 \ \cdots\cdots①$$

かつ，$x^2 - y^2 - 3\sqrt{x^2+y^2} + 2 = 0 \ \cdots\cdots②$

① より，$x = 0$ または $y = 0$

$y = 0$ のとき，② より，$x^2 - 3|x| + 2 = 0$

$$|x|^2 - 3|x| + 2 = 0$$
$$(|x| - 1)(|x| - 2) = 0$$

$|x| = 1, 2$ であり，$z = \pm 1, \pm 2$

$x = 0$ のとき，② より，$-y^2 - 3|y| + 2 = 0$

$$|y|^2 + 3|y| - 2 = 0$$

$|y| \geqq 0$ より，$|y| = \dfrac{-3+\sqrt{17}}{2}$

$$z = yi = \pm\frac{-3+\sqrt{17}}{2}i$$
$$z = \pm 1, \pm 2, \pm\frac{-3+\sqrt{17}}{2}i$$

よって，**6** 個の解をもち，このうち実数でない解は **2** 個．

《バーの計算 (B10) ☆》

21． 虚部が正である複素数 α について，

$\dfrac{\alpha^2}{\alpha+2}, \dfrac{2\alpha}{\alpha^2+4}$ はともに実数であるとする．このとき，$\alpha =$ [　] である．　(23　芝浦工大)

▶解答◀ $\dfrac{\alpha^2}{\alpha+2}$ が実数であるから

$$\frac{\alpha^2}{\alpha+2} = \frac{\overline{\alpha}^2}{\overline{\alpha}+2}$$
$$\alpha^2\overline{\alpha} + 2\alpha^2 - \alpha\overline{\alpha}^2 - 2\overline{\alpha}^2 = 0$$
$$\alpha\overline{\alpha}(\alpha - \overline{\alpha}) + 2(\alpha - \overline{\alpha})(\alpha + \overline{\alpha}) = 0$$

α は虚数だから $\alpha - \overline{\alpha} \neq 0$ で割って

$$\alpha\overline{\alpha} + 2(\alpha + \overline{\alpha}) = 0 \ \cdots\cdots①$$

次に $\dfrac{2\alpha}{\alpha^2+4}$ が実数であるから

$$\frac{\alpha}{\alpha^2+4} = \frac{\overline{\alpha}}{\overline{\alpha}^2+4}$$

$$\alpha\overline{\alpha}^2+4\alpha-\alpha^2\overline{\alpha}-4\overline{\alpha}=0$$

$$\alpha\overline{\alpha}(\overline{\alpha}-\alpha)-4(\overline{\alpha}-\alpha)=0$$

$\overline{\alpha}-\alpha \neq 0$ で割り，$\alpha\overline{\alpha}=4$ となる．① と合わせて

$$\alpha\overline{\alpha}=4,\ \alpha+\overline{\alpha}=-2$$

$\alpha=x+yi$ (x, y は実数，$y>0$) とおくと

$$x^2+y^2=4,\ 2x=-2$$

$x=-1, y=\sqrt{3}$ であり，$\alpha=\boldsymbol{-1+\sqrt{3}i}$ である．

《実部の計算 (B10)》

22. z は複素数で，$|z|=1$ であるとき，

$$z^2-2z+\frac{1}{z}$$

が純虚数であるような z の値は

$$z=\frac{\square\pm\sqrt{\square}i}{\square}$$

である． (23 久留米大・後期)

考え方 大学の複素関数論的立場に立てば，「純虚数は実部が 0 であることを意味し，0 も純虚数」である．高校数学では「虚数」という言葉に引っ張られ，「0 は純虚数ではない」としていることが多い．双方が互いに相手の立場を理解していないから，齟齬が生じる．こうした問題は，出題者の立場をキチンと記述するべきである．あるいは純虚数という用語を避けるべきである．ただし，私立医科大学では外注をしていることが多く，複素関数論を知らない者が作問していることが多いから，0 は純虚数から除外をしておく．あるいは 0 を含めると答えの空欄の形に合わないから，0 を除外しておくというのが大人的かもしれない，

▶解答◀ $z=x+yi$ (x, y は実数) とおく．

$|z|=1$ より $x^2+y^2=1$ ……………………………①

また，$\dfrac{1}{z}=\dfrac{\overline{z}}{|z|^2}=\overline{z}$ であるから

$$z^2-2z+\frac{1}{z}=z^2-2z+\overline{z}$$
$$=(x^2-y^2+2xyi)-2(x+yi)+x-yi$$
$$=x^2-x-y^2+y(2x-3)i$$
$$=x^2-x-(1-x^2)+y(2x-3)i$$
$$=2x^2-x-1+y(2x-3)i$$
$$=(x-1)(2x+1)+y(2x-3)i \quad \text{……………②}$$

これが純虚数となるから $(x-1)(2x+1)=0$ であり，$x=1$ または $x=-\dfrac{1}{2}$ となる．$x=1$ とすると ① より $y=0$ となり，$z=1$ で答えの形に合わない．このとき ② の値は 0 となる．出題者は「純虚数は 0 を除く」という立場であると思われる．$x=-\dfrac{1}{2}$ で，$y=\pm\sqrt{1-x^2}=\pm\dfrac{\sqrt{3}}{2}$ であり，$z=\boldsymbol{\dfrac{-1\pm\sqrt{3}i}{2}}$

◆別解◆ $w=z^2-2z+\dfrac{1}{z}$ とおく．$w=z^2-2z+\overline{z}$ となる．w が純虚数であるから

$w+\overline{w}=z^2+\overline{z}^2-2z-2\overline{z}+\overline{z}+z$
$=(z+\overline{z})^2-2z\overline{z}-(z+\overline{z})$
$=(z+\overline{z})^2-(z+\overline{z})-2$
$=(z+\overline{z}+1)(z+\overline{z}-2)$
$=(2x+1)(2x-2)$

が 0 に等しい．なお，$z=x+yi$ とした．x, y は実数である．以下省略する．

《2 次方程式を解く (B10) ☆》

23. 式 $4z^2+4z-\sqrt{3}i=0$ を満たす複素数 z は 2 つある．それらを α, β とする．ただし i は虚数単位である．α, β に対応する複素数平面上の点をそれぞれ P, Q とすると，線分 PQ の長さは (え) であり，PQ の中点の座標は ((お) , (か)) である．また，線分 PQ の垂直二等分線の傾きは (き) である． (23 慶應大・医)

考え方 そのまま解の公式を使うと

$$z=\frac{-1\pm\sqrt{1+\sqrt{3}i}}{2}$$

と書くことは 2 つの点で，できない．1 つは，z が虚数のとき $\sqrt{z}$ は高校では定義されていないことである．もう 1 つの間違いは $\pm$ を書いている点で，$+$ だけを書くのが正しい．複素関数論では虚数に対するルートは 2 価関数 (2 つの値をとる) で $\sqrt{1+\sqrt{3}i}=\pm\dfrac{\sqrt{3}+i}{\sqrt{2}}$ となる．

▶解答◀ $4z^2+4z-\sqrt{3}i=0$

$$4\left(z+\frac{1}{2}\right)^2=1+\sqrt{3}i$$

$$\left(z+\frac{1}{2}\right)^2=\frac{1}{2}\left(\cos\frac{\pi}{3}+i\sin\frac{\pi}{3}\right)$$

ここで，$w=\dfrac{1}{\sqrt{2}}\left(\cos\dfrac{\pi}{6}+i\sin\dfrac{\pi}{6}\right)$ とおくと

$$\left(z+\frac{1}{2}\right)^2=w^2$$

$$z+\frac{1}{2}=\pm w \qquad \therefore\ z=\pm w-\frac{1}{2}$$

ここで，$\alpha=w-\dfrac{1}{2}, \beta=-w-\dfrac{1}{2}$ としてもよい．このとき

$$\mathrm{PQ}=|\alpha-\beta|=2|w|=\boldsymbol{\sqrt{2}}$$

また，PQ の中点を表す複素数は $\dfrac{\alpha+\beta}{2}=-\dfrac{1}{2}$ であるから，中点の座標は $\left(\boldsymbol{-\dfrac{1}{2}, 0}\right)$ である．さらに，

$\arg(\alpha-\beta)=\arg 2w=\dfrac{\pi}{6}$ であるから，PQ の傾きは $\tan\dfrac{\pi}{6}=\dfrac{1}{\sqrt{3}}$ である．これより，垂直二等分線の傾きは $-\sqrt{3}$ となる．

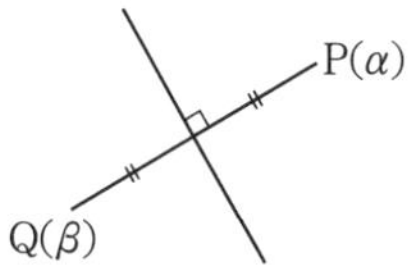

《点の図示（B20）☆》

24. a, b, c, d は実数とし，$x^4+ax^3+bx^2+cx+d$ を $f(x)$ とおく．4 次方程式 $f(x)=0$ が 2 つの実数解 $\sqrt{6}, -\sqrt{6}$ および 2 つの虚数解 α, β を持つとする．次の問に答えよ．

（1） $\alpha+\beta, \alpha\beta, c, d$ を a, b を用いて表せ．

（2） 複素数平面上において点

$\mathrm{A}(\alpha), \mathrm{B}(\beta), \mathrm{C}(-\sqrt{6})$

が同一直線上にあるとき，a の値を求めよ．

（3）（2）において，さらに点

$\mathrm{A}(\alpha), \mathrm{B}(\beta), \mathrm{D}(\sqrt{6})$

が正三角形の 3 つの頂点となるとき，b の値を求めよ． （23　佐賀大・医）

▶解答◀ （1） $f(x)=0$ は $x=\pm\sqrt{6}$ を解にもつから，$f(\pm\sqrt{6})=0$ である．

$$f(\sqrt{6})=6\sqrt{6}a+6b+\sqrt{6}c+d+36=0 \quad\cdots\cdots①$$

$$f(-\sqrt{6})=-6\sqrt{6}a+6b-\sqrt{6}c+d+36=0 \quad\cdots②$$

①＋② より $12b+2d+72=0$

$$\boldsymbol{d=-6b-36}$$

①－② より $12\sqrt{6}a+2\sqrt{6}c=0$

$$\boldsymbol{c=-6a}$$

$$f(x)=x^4+ax^3+bx^2-6ax-(6b+36)$$

で，x^2-6 を因子にもつから

$$f(x)=(x^2-6)(x^2+ax+b+6)$$

$x^2+ax+b+6=0$ の解が $x=\alpha, \beta$ であるから解と係数の関係を用いて

$$\boldsymbol{\alpha+\beta=-a} \quad\cdots\cdots③$$

$$\boldsymbol{\alpha\beta=b+6} \quad\cdots\cdots④$$

（2） $f(x)=0$ は実数係数の方程式であるから，$\beta=\overline{\alpha}$ である．A, B, C が同一直線上のとき，α の実部は $-\sqrt{6}$ であるから，③ より

$$-a=-2\sqrt{6} \qquad \therefore\ a=\boldsymbol{2\sqrt{6}}$$

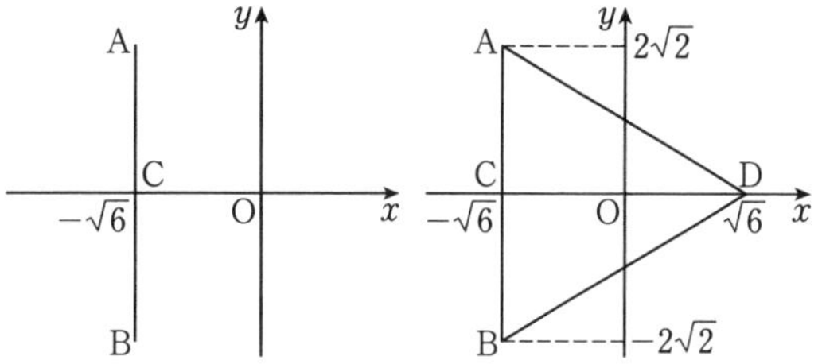

（3） $\mathrm{CD}=2\sqrt{6}$ で，$\triangle\mathrm{ACD}$ は 30 度定規であるから $\mathrm{AC}=\mathrm{BC}=2\sqrt{2}$ となり

$$\alpha=-\sqrt{6}+2\sqrt{2}i,\ \beta=-\sqrt{6}-2\sqrt{2}i$$

とおける．④ より

$$b=\alpha\beta-6=6+8-6=\boldsymbol{8}$$

《成分で計算する（B20）》

25. $z\neq -1$ を満たす複素数 z について

（条件） $\dfrac{z-3-4i}{z+1}$ は純虚数である

を考える．ただし，i は虚数単位である．

（1） 実数 z で（条件）を満たすものを求めよ．

（2）（条件）を満たし，かつ $|z+1|=2$ を満たす複素数 z_1, z_2 を求めよ．また，z_1, z_2 について，それぞれの偏角 θ_1, θ_2 を答えよ．ただし，$0\leqq\theta_1<2\pi, 0\leqq\theta_2<2\pi$ とし，z_1, z_2 の解答の順序は問わない． （23　学習院大・理）

▶解答◀ （1） 大学の複素関数論では 0 も純虚数である．高校では 0 は純虚数から除外している．高校の教科書を見ない大学教員は少なくないし，見ても，微妙な事情の違いに気づかないことは多い．大学入試の採点は大学教授が行う．私は入試対策は大学に合わせるべきと考える．そして，大学側は高校側の事情を考慮するべきと思う．その事情を知っていたら「ただし 0 も純虚数とする」「0 は純虚数でないとする」等を，問題文で述べるべきである．

z が実数で $\dfrac{z-3-4i}{z+1}$ が純虚数になるのは $z=\boldsymbol{3}$ のときである．

（2） x, y を実数として，$z=x+yi$ とおく．

$$\frac{z-3-4i}{z+1}=\frac{x-3+(y-4)i}{x+1+yi}$$

$$=\frac{(x-3+(y-4)i)(x+1-yi)}{(x+1)^2+y^2}$$

$$=\frac{(x-3)(x+1)+y(y-4)+4(y-x-1)i}{(x+1)^2+y^2}$$

の分子の実部が 0 のときで，

$$(x-3)(x+1)+y(y-4)=0$$

$$x^2-2x+y^2-4y=3 \quad\cdots\cdots①$$

次に $|z+1|=2$ より $(x+1)^2+y^2=4$

$$x^2+2x+y^2=3 \quad \cdots\cdots ②$$

② − ① より $4x+4y=0$ となり $y=-x$

これを ② に代入し $2x^2+2x-3=0$

$$x=\frac{-1\pm\sqrt{7}}{2}$$

$$z=x-xi=x(1-i)=\frac{-1\pm\sqrt{7}}{2}(1-i)$$

$z=\dfrac{1+\sqrt{7}}{2}(-1+i)$ のとき $\arg z=\dfrac{3}{4}\pi$

$z=\dfrac{-1+\sqrt{7}}{2}(1-i)$ のとき $\arg z=\dfrac{7}{4}\pi$

なお，$y=x+1$ にはならず，純虚数として 0 の入る余地はないから，取り越し苦労は不要であった．

◆別解◆ （1） $\dfrac{z-3-4i}{z+1}=ri$ とおく．r は実数である．純虚数として 0 を入れるか入れないかで $r=0$ を許すかどうかが分かれる．結果的には $r=0$ ではないから関係ない．

$$z-3-4i=ri(z+1)$$

$$(1-ri)z=3+(r+4)i$$

$$z=\frac{3+(r+4)i}{1-ri}$$

$$z+1=\frac{4+4i}{1-ri}$$

$$|z+1|=\frac{4\sqrt{2}}{\sqrt{1+r^2}}$$

$|z+1|=2$ より $\sqrt{1+r^2}=2\sqrt{2}$ となり $r=\pm\sqrt{7}$

$$z+1=\frac{4(1+i)(1+ri)}{1+r^2}=\frac{1-r+i(1+r)}{2}$$

$$z=\frac{-1-r+i(1+r)}{2}=\frac{(1\pm\sqrt{7})(-1+i)}{2}$$

以下省略．

注意 複素数平面上で $\mathrm{P}(z)$, $\mathrm{A}(-1)$, $\mathrm{B}(3+4i)$ とする．

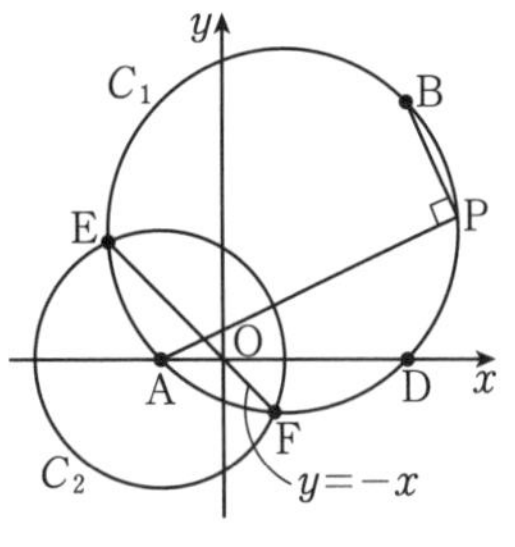

（条件）は PA と PB が直交すること，すなわち $\angle\mathrm{APB}=90^\circ$ であることを表す．これより，P は AB を直径とする円 $C_1:(x-1)^2+(y-2)^2=8$ ……③ 上にある．$(x+1)^2+y^2=4$ と連立させて $y=-x$ を得て，以下は同様である．図の E，F に対応する複素数となる．

《成分で計算する (B20) ☆》

26． 次の問いに答えよ．ただし，i は虚数単位とする．

（1） z_1, z_2 を異なる 2 つの複素数とするとき，$\dfrac{1+iz_1}{z_1+i} \neq \dfrac{1+iz_2}{z_2+i}$ となることを示せ．ただし，$z_1\neq -i$, $z_2\neq -i$ とする．

（2） w を i 以外の複素数とするとき，$\dfrac{1+iz}{z+i}=w$ かつ $z\neq -i$ を満たす複素数 z が存在することを示せ．

（3） $-i$ 以外の複素数 z について，z の虚部が b となることと，$w=\dfrac{1+iz}{z+i}$ が $\left|w-\dfrac{i}{2}\right|=\dfrac{1}{2}$ を満たすことが同値になるように実数 b を定めよ．（23 鹿児島大・医，歯，理，工）

考え方 「存在」「同値」と，論証っぽい言葉があるが，きっと生徒は，なんとなく代入して計算して終わるだけである．「存在性」も，「同値性」も何を言っているのか，わからないであろう．

▶解答◀ （1） $\dfrac{1+iz_1}{z_1+i}-\dfrac{1+iz_2}{z_2+i}$

$$=\frac{(1+iz_1)(z_2+i)-(z_1+i)(1+iz_2)}{(z_1+i)(z_2+i)}$$

$$=\frac{z_2+iz_1z_2+i-z_1-(z_1+iz_1z_2+i-z_2)}{(z_1+i)(z_2+i)}$$

$$=\frac{2(z_2-z_1)}{(z_1+i)(z_2+i)}\neq 0$$

したがって，$\dfrac{1+iz_1}{z_1+i}\neq\dfrac{1+iz_2}{z_2+i}$

（2） $\dfrac{1+iz}{z+i}-w=\dfrac{1-iw+z(i-w)}{z+i}$

であるから，$z=\dfrac{1-iw}{w-i}$ と定めれば $\dfrac{1+iz}{z+i}=w$ となり，さらに

$$z+i=\frac{1-iw}{w-i}+i=\frac{1-i^2}{w-i}=\frac{2}{w-i}\neq 0$$

であるから $z\neq -i$ は満たされる．よって $w\neq i$ である任意の w に対して，$\dfrac{1+iz}{z+i}=w$ かつ $z\neq -i$ となる z が存在する．

（3） x, y を実数として $z=x+yi$ とおく．

$w=\dfrac{1+iz}{z+i}$ に対して

$$\left|w-\frac{i}{2}\right|=\left|\frac{1+iz}{z+i}-\frac{i}{2}\right|=\left|\frac{2+2iz-iz-i^2}{2(z+i)}\right|$$

$$=\left|\frac{3+iz}{2(z+i)}\right|=\left|\frac{3+xi+i^2y}{2(x+yi+i)}\right|$$

$$=\frac{1}{2}\left|\frac{3-y+xi}{x+(y+1)i}\right|=\frac{1}{2}\sqrt{\frac{(3-y)^2+x^2}{x^2+(y+1)^2}}$$

$$=\frac{1}{2}\sqrt{\frac{x^2+y^2-6y+9}{x^2+y^2+2y+1}}$$

$$= \frac{1}{2}\sqrt{1 + \frac{8-8y}{x^2+y^2+2y+1}}$$

が $\frac{1}{2}$ になることは $y=1$ であることと同値である．
$b=\mathbf{1}$．

《実部と虚部の論証 (B20) ☆》

27. n を 3 以上の自然数とする．複素数 z であって，条件
$|z| \leqq n$ かつ 複素数 $z^2-6z+10$は実数でありかつ整数である
を満たすものの個数を求めよ．
（23　京都工繊大・後期）

▶解答◀　$z=x+yi$ とおく．

$$z^2-6z+10 = x^2-y^2+2xyi-6(x+yi)+10$$
$$= x^2-y^2-6x+10+2iy(x-3)$$

が整数であるから，その整数を k として，
$x^2-y^2-6x+10=k$ かつ「$y=0$ または $x=3$」
である．

（ア）　$y=0$ のとき．
$|z| \leqq n$ より $|x| \leqq n$ で，$-n \leqq x \leqq n$

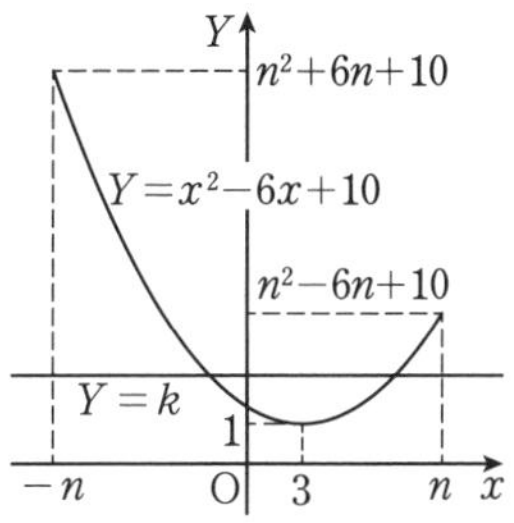

曲線 $Y=x^2-6x+10$ と直線 $y=k$ の共有点を考え，幾つの x があるかを調べる．$1 \leqq k \leqq n^2+6n+10$ の 1 つの k に対して，
$k=1$ のときは $x=3$ ただ 1 つ．
$2 \leqq k \leqq n^2-6n+10$ のときは 2 つ（ただし $n=3$ のとき，これはない）．
$n^2-6n+11 \leqq k \leqq n^2+6n+10$ のときは 1 つ．
の x が定まる．$z=x$ は
$1+(n^2-6n+9)\cdot 2+\{n^2+6n+10-(n^2-6n+11)+1\}$
$=2n^2+19$（個）ある．$n=3$ のとき $n^2-6n+9=0$ になるから，結果は $n=3$ でも成り立つ．

（イ）　$y \neq 0$ のとき．$x=3$ である．$n=3$ のときは $|z| \leqq 3$, $x=3$ になると $y=0$ になるから不適である．以下は $n \geqq 4$ で調べる．

$x^2-y^2-6x+10=k$ に $x=3$ を代入し
$9-y^2-18+10=k$ となり $y^2=1-k$ となる．k はこちらで勝手に設定した文字であるから，結局 y^2 が整数になるということである．

$|z| \leqq n$ より $x^2+y^2 \leqq n^2$ であり，$y^2 \leqq n^2-9$
今は $y \neq 0$ で考えているから，$1 \leqq y^2 \leqq n^2-9$ となり，

$$y=\pm 1, \cdots, y=\pm\sqrt{n^2-9}$$

の $2(n^2-9)$ 個の $z=3+yi$ がある．結果は $n=3$ でも成り立つ．

求める z の個数は $2n^2+19+2(n^2-9)=\mathbf{4n^2+1}$

《絶対値で調べる (B10)》

28. 複素数のうち実部も虚部も整数であるものをガウス整数と呼ぶ．特に実部も虚部も正整数のとき，そのガウス整数は“正である”ということにする．虚数単位を i とする．

（1）　0 以上の整数 n のうち，ガウス整数の絶対値の 2 乗となるものを，小さい方から順に 10 個求めよ．
整数 5 は $5=(2+i)(2-i)$ と表せる．同じように整数を 2 つのガウス整数の積で表す方法を考える．

（2）　ガウス整数 z, w が $6=zw$ かつ $|z| \leqq |w|$ を満たすとき，絶対値の組 $(|z|, |w|)$ として考えられるものを 3 つ求めよ．

（3）　整数 6 を 2 つのガウス整数の積で表す方法を考える．2 つのガウス整数のうち少なくとも一方が正であるような表し方を 2 通り求めよ．ただし，積の順序を入れ替えただけの表し方は同一のものと考える．（23　奈良県立医大・前期）

▶解答◀　（1）　x, y を整数として
$|x+yi|^2=x^2+y^2$
x^2, y^2 は 0, 1, 4, 9, 16, 25, 36, … となる．$n^2=x^2+y^2$ の値は

0, 1, 2, 4, 5, 8, 9, 10, 13, 16, 17, 18,
20, 25, 26, 29, 32, 34, 36, … ……………………①

となる．（1）の答えは 16 以下の部分である．

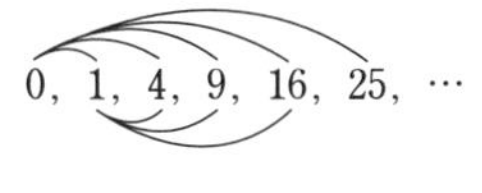

のように和をとっていく．

（2）　$|zw|=6$ であるから $|z|^2|w|^2=36$
36 の正の約数 1, 2, 3, 4, 6, 9, 12, 18, 36 のうちで ① の中にあるもの 1, 2, 4, 9, 18, 36 から 2 つとって積が 36 になるものをとり 1 と 36，2 と 18，4 と 9 となる．
$|z| \leqq |w|$ のとき

$$(|z|, |w|) = \mathbf{(1, 6), (\sqrt{2}, 3\sqrt{2}), (2, 3)}$$

（3） $(|z|, |w|) = (\sqrt{2}, 3\sqrt{2})$ のときを利用する．たとえば $z = 1+i$, $w = 3-3i$ のとき

$$zw = 3(1+i)\overline{(1+i)} = 6$$

となる．$\boldsymbol{(1+i)(3-3i)}$ と $\boldsymbol{(1-i)(3+3i)}$ で 2 通りとなる．

《三角形 (B20)》

29． a, b, c, d は実数とし，$x^4+ax^3+bx^2+cx+d$ を $f(x)$ とおく．4 次方程式 $f(x)=0$ が 2 つの実数解 $\sqrt{6}, -\sqrt{6}$ および 2 つの虚数解 α, β を持つとする．次の問に答えよ．

（1） 整式 $f(x)$ は x^2-6 で割り切れることを示せ．

（2） $\alpha+\beta, \alpha\beta, c, d$ を a, b を用いて表せ．

（3） 複素数平面上において点 $\mathrm{A}(\alpha), \mathrm{B}(\beta), \mathrm{C}(-\sqrt{6})$ が同一直線上にあるとき，a の値を求めよ．

（4） （3）において，さらに点 $\mathrm{A}(\alpha), \mathrm{B}(\beta), \mathrm{D}(\sqrt{6})$ が正三角形の 3 つの頂点となるとき，b の値を求めよ．　（23　佐賀大・理工）

▶解答◀ （1） $f(x)=0$ は $x=\pm\sqrt{6}$ を解にもつから，$(x-\sqrt{6})(x+\sqrt{6}) = x^2-6$ で割り切れる．

（2） 第 3 問（1）を見よ．

（3） 第 3 問（2）を見よ．

（4） 第 3 問（3）を見よ．

《軽い 1 次分数関数 (B10)》

30． i を虚数単位とする．複素数 z が $z \neq 1$ をみたすとき，$g(z) = \dfrac{2z+4i}{z-1}$ とする．以下の問いに答えなさい．ただし，複素数の値を答えるとき，答えが実数でも純虚数でもない場合は $a+bi$ (a, b は実数) の形にすること．

（1） $g(u) = -3$ となる複素数 u を求めなさい．

（2） $g(v) = 1-i$ となる複素数 v を求めなさい．

（3） 複素数 z が $|z|=1$ かつ $z \neq 1$ をみたし，$w = g(z)$ の実部が 2 となるとする．このとき w を求めなさい．　（23　都立大・数理科学）

▶解答◀ （1） $g(u) = -3$

$$\frac{2u+4i}{u-1} = -3 \qquad \therefore \quad 2u+4i = -3u+3$$

$$5u = 3-4i \qquad \therefore \quad \boldsymbol{u = \frac{3-4i}{5}}$$

（2） $g(v) = 1-i$

$$\frac{2v+4i}{v-1} = 1-i$$

$$2v+4i = (1-i)v+i-1$$

$$(1+i)v = -1-3i$$

$$v = \frac{-1-3i}{1+i} = \frac{-1-3i}{1+i}\cdot\frac{1-i}{1-i}$$

$$= -\frac{1}{2}(1+2i-3i^2) = \boldsymbol{-2-i}$$

（3） $w = \dfrac{2(z+2i)}{z-1}$

$$w(z-1) = 2(z+2i)$$

$$(w-2)z = 4i+w$$

$w=2$ すると成立しないから，$w \neq 2$ である．

$$z = \frac{4i+w}{w-2}$$

$|z|=1$ のとき

$$\left|\frac{4i+w}{w-2}\right| = 1$$

$$|w+4i| = |w-2|$$

$w = 2+yi$ とおくと

$$|2+(y+4)i| = |yi|$$

$$4+(y+4)^2 = y^2 \qquad \therefore \quad y = -\frac{5}{2}$$

$\boldsymbol{w = 2-\dfrac{5}{2}i}$ である．

《二次方程式を解く (B20)》

31． k を $k \geqq 4$ を満たす実数とし，x についての 2 次方程式 $x^2-\sqrt{k-4}x-\dfrac{1}{8}k^2+5=0$ を考える．ただし，以下において i は虚数単位を表している．

（1） $k=5$ のとき，この 2 次方程式の解は，$x = \dfrac{\square \pm \sqrt{\square}\,i}{\square}$ と書ける．

（2） この 2 次方程式の解が異なる 2 つの純虚数となるときの実数 k の値は，$k = \square$ であり，そのときの解は，$x = \pm\sqrt{\square}\,i$ となる．

（3） この 2 次方程式が虚数解をもつような実数 k の値の範囲は，$\square \leqq k < \square$ である．

（4） 実数 k が（3）で求めた範囲にあるときを考える．この 2 次方程式の異なる 2 つの虚数解を α, β とおいたとき，$|\alpha-\beta|=1$ が成り立つような実数 k の値は，$k = -\square+\sqrt{\square}$ である．ここで，$|\alpha-\beta|$ は $\alpha-\beta$ の絶対値を表している．　（23　東京理科大・先進工）

▶解答◀

$$x^2-\sqrt{k-4}x-\frac{1}{8}k^2+5=0 \quad \cdots\cdots\cdots ①$$

（1） ① に $k=5$ を代入して

$$x^2-x+\frac{15}{8}=0$$

$$8x^2-8x+15=0$$

$$x=\frac{4\pm\sqrt{16-120}}{8}=\frac{4\pm\sqrt{104}i}{8}=\boldsymbol{\frac{2\pm\sqrt{26}i}{4}}$$

（**2**） ① の判別式を D とおくと

$$D=k-4-4\left(-\frac{1}{8}k^2+5\right)=\frac{1}{2}k^2+k-24$$

であり，① の解は

$$x=\frac{\sqrt{k-4}\pm\sqrt{D}}{2}$$

$k\geqq 4$ であるから $\sqrt{k-4}$ は実数であり，解が異なる 2 つの純虚数となる条件は

$$\sqrt{k-4}=0 \text{ かつ } D<0$$

である．

$\boldsymbol{k=4}$ でこのとき $D=8+4-24=-12<0$ である．

求める解は $x=\dfrac{\pm\sqrt{D}}{2}=\dfrac{\pm\sqrt{-12}}{2}=\boldsymbol{\pm\sqrt{3}i}$

（**3**） 虚数解をもつ条件は $D<0$ であるから

$$\frac{1}{2}k^2+k-24<0$$

$$k^2+2k-48<0$$

$$(k+8)(k-6)<0$$

$$-8<k<6$$

$k\geqq 4$ であるから，$\boldsymbol{4\leqq k<6}$

（**4**） $|\alpha-\beta|=\left|\dfrac{\sqrt{k-4}+\sqrt{D}}{2}-\dfrac{\sqrt{k-4}-\sqrt{D}}{2}\right|$

$$=\left|\sqrt{D}\right|=\left|\sqrt{-D}i\right|=\sqrt{-D}$$

$|\alpha-\beta|=1$ であるから $D=-1$ であり

$$\frac{1}{2}k^2+k-24=-1$$

$$k^2+2k-46=0$$

$$k=-1\pm\sqrt{47}$$

$4\leqq k<6$ であるから $\boldsymbol{k=-1+\sqrt{47}}$

《絶対値と整数の融合（C20）》

32． 複素数 $\omega=\dfrac{-1+\sqrt{3}i}{2}$ と自然数 L をとる．次の問いに答えよ．

（1） k,m が整数ならば，$|k+m\omega|^2$ も整数であることを示せ．

（2） $|k|\leqq L$ を満たす整数 k に対して，$|k+\omega|$ の最大値を求めよ．

（3） 整数 k,m が

$|k|\leqq L,\ |m|\leqq L,\ |k-m|\leqq L$

を満たすとき，$|k+m\omega|\leqq L$ を示せ．

（4） $|k+m\omega|\leqq L$ を満たす整数の組 (k,m) の個数を N とする．不等式 $N\geqq 3L^2+3L+1$ を示せ．

（23　金沢大・理系）

▶解答◀ $|\omega|=1$ である．

（**1**） $|k+m\omega|^2=(k+m\omega)(k+m\overline{\omega})$

$$=k^2+mk(\omega+\overline{\omega})+m^2|\omega|^2$$

$$=k^2-mk+m^2$$

となるから整数となる．

（**2**） $|k+\omega|^2=k^2-k+1=\left(k-\dfrac{1}{2}\right)^2+\dfrac{3}{4}$

$|k|\leqq L$ の範囲で考えると，$k=-L$ のとき $|k+\omega|^2$ は最大値 L^2+L+1 をとる．よって，$|k+\omega|$ の最大値は $\boldsymbol{\sqrt{L^2+L+1}}$ である．

（**3**） 実数 k,m に対して

$$|k|\leqq L,\ |m|\leqq L,\ |k-m|\leqq L$$

を満たす領域を図示すると図 1 のようになるから，これを満たしているとき，$z=k+m\omega$ と表される点の存在範囲は図 2 のような正六角形になる．この正六角形は半径 L の円に内接するから，$|k+m\omega|\leqq L$ を満たしている．

図 1

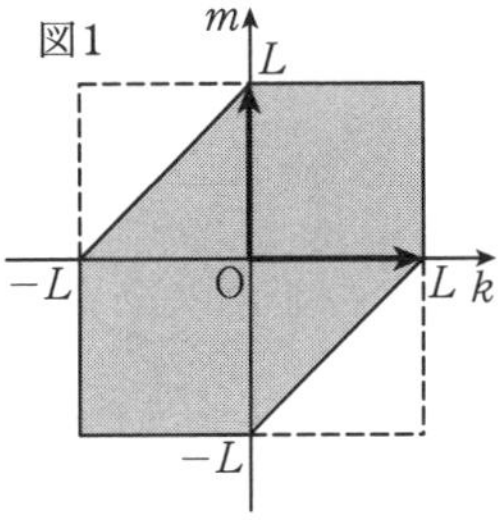

図 2

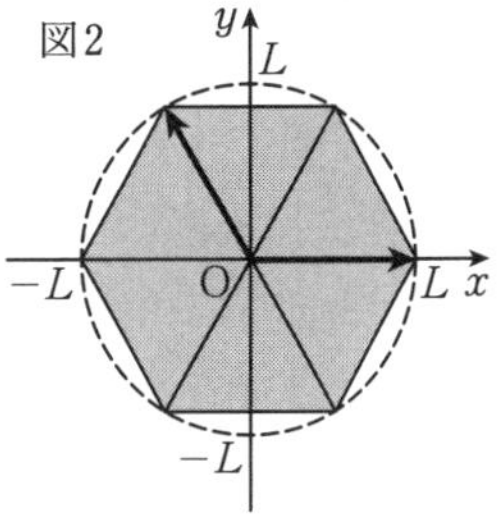

（**4**） $|k|\leqq L,\ |m|\leqq L,\ |k-m|\leqq L$ を満たす整数の組 (k,m) は $|k+m\omega|\leqq L$ を満たしているから，N は図 1 の網目部分に含まれる格子点の数以上である．ここで，図 1 の格子点の個数は正方形に含まれる格子点の個数から三角形に含まれる格子点の個数の 2 倍を引いて

$$(2L+1)^2-2\sum_{j=1}^{L}j$$

$$=4L^2+4L+1-2\cdot\frac{1}{2}L(L+1)$$

$$=3L^2+3L+1$$

となるから，$N\geqq 3L^2+3L+1$ が示された．

注意 $N=3L^2+3L+1$ なのではないか？と思う方がいるかもしれないが，それは言えない．図 2 において，円の内部かつ正六角形の外部にある点の中に，$k+m\omega$（k,m は整数）という形に表されるものがあるかもしれないからである．

《偏角と整数の融合（B30）》

33. S を実部, 虚部ともに整数であるような0以外の複素数全体の集合, T を偏角が0以上 $\frac{\pi}{2}$ 未満であるような S の要素全体の集合とする. ただし, 複素数 z の偏角を $\arg z$ とするとき $0 \leqq \arg z < 2\pi$ の範囲で考えることとする. また, i は虚数単位とする. 以下の問いに答えよ.

(1) $\alpha = 2, \beta = 1+i, \gamma = 1$ のとき, $|\alpha\beta\gamma|$ の値を求めよ.

(2) 複素数 z について, $\arg z = \frac{\pi}{8}$ のとき $\arg(iz)$ の値を求めよ.

(3) α, β, γ を T の要素とする. このとき, $0 < |\alpha\beta\gamma| \leqq \sqrt{5}$ を満たす α, β, γ の組の総数 k の値を求めよ.

(4) α, β, γ を S の要素とする. このとき, $0 < |\alpha\beta\gamma| \leqq \sqrt{5}$ および

$$\frac{\pi}{8} \leqq \arg(\alpha\beta\gamma) < \frac{5}{8}\pi$$

を満たす α, β, γ の組の総数を m とするとき, m を k で割った商と余りを求めよ.

(23 浜松医大)

▶解答◀ (1) $\alpha = 2, \beta = 1+i, r = 1$ のとき, $|\alpha\beta\gamma| = |2+2i| = \mathbf{2\sqrt{2}}$

(2) $\arg(iz) = \arg i + \arg z = \frac{\pi}{2} + \frac{\pi}{8} = \mathbf{\frac{5}{8}\pi}$

(3) α, β, γ は T の要素より, $|\alpha| \geqq 1, |\beta| \geqq 1, |\gamma| \geqq 1$ である. $0 < |\alpha\beta\gamma| \leqq \sqrt{5}$ を満たすとき

$$0 < |\alpha||\beta||\gamma| \leqq \sqrt{5}$$

であるから, $|\alpha|, |\beta|, |\gamma|$ はすべて $\sqrt{5}$ 以下の範囲にある. T の要素で絶対値が $\sqrt{5}$ 以下の複素数は $1, 1+i, 2, 2+i, 1+2i$ の5つ(図1の黒丸で示した点)で, それぞれの絶対値は順に $1, \sqrt{2}, 2, \sqrt{5}, \sqrt{5}$ である. このうち3数の積が $\sqrt{5}$ 以下になる組合せは

$$\{1, 1, 1\}, \{1, 1, \sqrt{2}\}, \{1, 1, 2\}$$
$$\{1, 1, \sqrt{5}\}, \{1, \sqrt{2}, \sqrt{2}\}$$

であるから, それぞれについて α, β, γ の組の個数を求めると

(ア) $\{1, 1, 1\}$ のとき, $\alpha = \beta = \gamma = 1$ となる1組.

(イ) $\{1, 1, \sqrt{2}\}$ のとき, $|\alpha|, |\beta|, |\gamma|$ のうちどれが $\sqrt{2}$ になるかで3組. $\{1, 1, 2\}$, $\{1, \sqrt{2}, \sqrt{2}\}$ のときも同様に考えて, それぞれ3組ある.

(ウ) $\{1, 1, \sqrt{5}\}$ のとき, 絶対値が $\sqrt{5}$ となる複素数は $2+i$ と $1+2i$ の2つあることに注意して, $3 \cdot 2 = 6$ 組.

(ア)〜(ウ)より

$$k = 1 + 3 \cdot 3 + 6 = \mathbf{16}$$

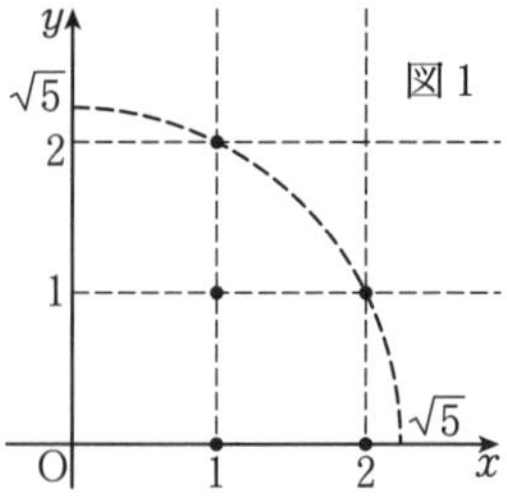

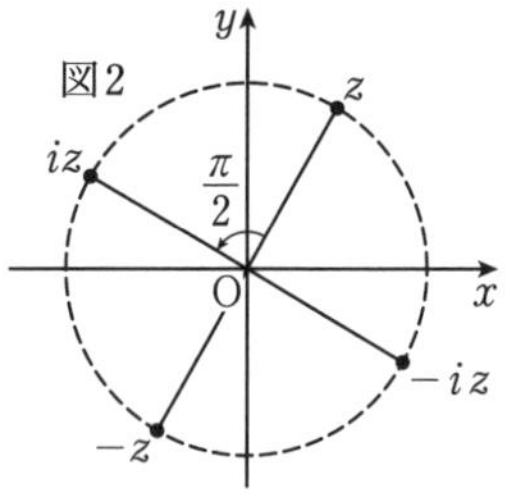

(4) 以下「回転」は原点を中心に回転するものとする.

T の要素全体を $\frac{\pi}{2}$ ごとに回転した複素数の集合はそれぞれ, S の要素で偏角が $\frac{\pi}{2}$ 以上 π 未満, π 以上 $\frac{3}{2}\pi$ 未満, $\frac{3}{2}\pi$ 以上 2π 未満の要素全体の集合に相等するから, 例えば T の要素 z に対して, z を $\frac{\pi}{2}$ ごとに回転した複素数 $iz, -z, -iz$ をとれば(図2), z と同じ絶対値をもつ S の要素を過不足なくすべて考えることができる.

(3)で考えた T の要素 α を α_0 とおき, α_0 を $\frac{\pi}{2} \cdot p$ だけ回転した複素数を α_p $(p = 1, 2, 3)$ とおく(図3). 同様に β_0, γ_0 に対して β_q $(q = 1, 2, 3)$, γ_r $(r = 1, 2, 3)$ をおく.

T の要素で作られた $\alpha_0\beta_0\gamma_0$ の1組に対して $|\alpha\beta\gamma| = |\alpha_0\beta_0\gamma_0|$ となる $\alpha\beta\gamma$ を S の要素で作るとき, α は α_0 から α_3 までの4通り, β は β_0 から β_3 までの4通り, γ は γ_0 から γ_3 までの4通りあるから, 全部で 4^3 組ある. よって絶対値の条件だけを考えれば, $0 < |\alpha\beta\gamma| \leqq \sqrt{5}$ を満たす S の要素 α, β, γ の組は全部で 4^3k 個ある.

ここで, 偏角について考える. 上で考えた 4^3 組の点 $(\alpha_p\beta_q\gamma_r)$ は点 $(\alpha_0\beta_0\gamma_0)$ を $\frac{\pi}{2} \cdot (p+q+r)$ だけ回転させた点になるから, 点 $(\alpha_0\beta_0\gamma_0)$ を点 P_0 とおき, P_0 を $\frac{\pi}{2}$ ごとに回転した点をそれぞれ P_1, P_2, P_3 とおく(図4)と, 点 $(\alpha_p\beta_q\gamma_r)$ は必ずこの4つの点のどれかになる. このとき $p+q$ がどのような値であっても, r を $0, 1, 2, 3$ から1つ選ぶことで P_0, P_1, P_2, P_3 のどこかに対応させることができ, かつこれらは重複しないから, 4^3 組の点は P_0〜P_3 の4つの点に同じ数 $\frac{4^3}{4}$ 個ずつある.

$\frac{\pi}{8} \leqq \arg(\alpha\beta\gamma) < \frac{5}{8}\pi$ は複素数平面上で $\frac{1}{4}$ の領域であり, P_0〜P_3 のうちの1点のみを必ず含む.

以上より, この範囲で条件を満たす α, β, γ の組の総数 m は

$$m = \frac{4^3}{4} \cdot k = 16k$$

となり, m を k で割った商は **16**, 余りは **0** である.

図3

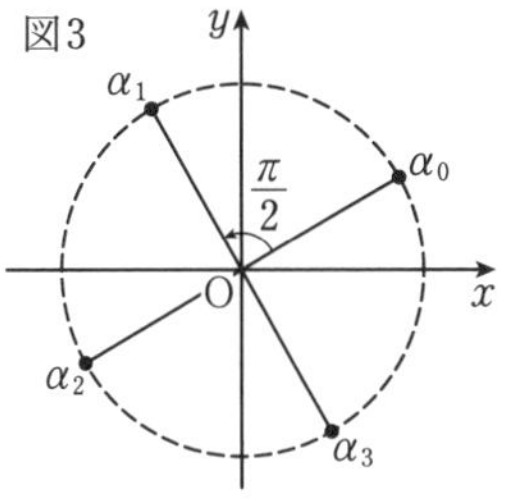

図4

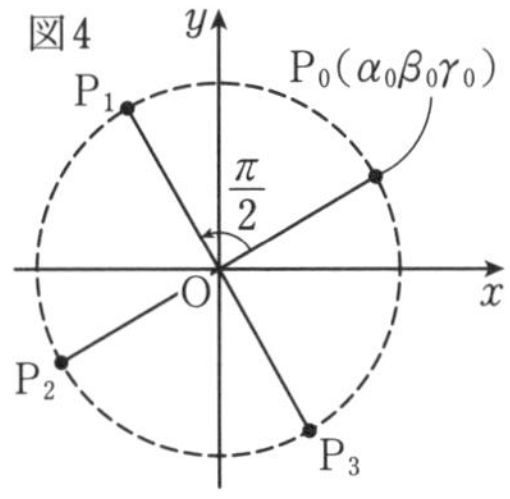

【複素数の極形式】

《270 度回転 (A1)》

34. 複素数平面上の点 z を原点まわりに $\frac{3}{2}\pi$ だけ回転した点を表す複素数は $1-2i$ である．点 z を表す複素数を求めよ．ただし，i は虚数単位である．

(23　長崎大・情報)

▶解答◀ $\frac{3}{2}\pi$ 回転を表す複素数は

$\cos\frac{3}{2}\pi + i\sin\frac{3}{2}\pi = -i$ であるから

$$-iz = 1-2i$$

$$z = \frac{1-2i}{-i} = \boldsymbol{2+i}$$

《偏角の考察 (B10)》

35. i を虚数単位とし，a, b, c を 1 以上 6 以下の整数とする．等式

$\cos\frac{2(a-b+c)\pi}{5} + i\sin\frac{2(a-b+c)\pi}{5} = 1$ が成り立つような (a, b, c) の総数は□である．

(23　福岡大・医-推薦)

▶解答◀

$$\cos\frac{2(a-b+c)\pi}{5} + i\sin\frac{2(a-b+c)\pi}{5} = 1$$

が成り立つとき

$$\frac{2(a-b+c)\pi}{5} = 2n\pi \quad (n \text{ は整数})$$

$$a-b+c = 5n$$

$$a+c = 5n+b$$

$b=1, 2, 3, 4, 5$ のとき，これを，$a+c$ を 5 で割った余りが b（$b=5$ のときは，本当の余りは 0 だが）と読むと，任意の (a, c)（36 通りある）に対して b はそれぞれただ 1 つに定まる．

$b=6$ のとき $a+c=5n+6$ の形になるのは $a+c=6$, $a+c=11$ のときで $(a, c)=(1, 5), (2, 4), \cdots, (5, 1)$ の 5 通りと $(5, 6), (6, 5)$ の 2 通りがあり，(a, b, c) の総数は $36+5+2=\boldsymbol{43}$ である．

注意【良い問題文】

普通なら「サイコロを 3 回投げる．目の出方は何通りあるか」と書くところだが，こうした悪文を避けようという配慮がある．「悪文」の理由は，「サイコロを投げる」は「サイコロを振る，サイコロをころがす」の誤訳だし（思いきり投げたら見つからない），目の出方などという曖昧な日本語はやめるべきだからである．たとえば，サイコロのカドを支点にしてクルクル回り続けるという，変わった「出方」もあろう．

《複素数と漸化式 (B10)》

36. 数列 $\{a_n\}$, $\{b_n\}$ を，条件

$$a_1 = 1,\ b_1 = -2,$$

$$a_{n+1} = \sqrt{3}a_n - b_n,\ b_{n+1} = a_n + \sqrt{3}b_n$$

によって定める．i を虚数単位とするとき，次の問に答えよ．

(1) $a_2 + ib_2 = (a_1+ib_1)(x+iy)$ を満たす実数 x, y を求めよ．

(2) (1) で求めた x, y に対し，

$a_{n+1} + ib_{n+1} = (a_n+ib_n)(x+iy)$

$(n=1, 2, 3, \cdots)$ が成り立つことを示せ．

(3) (1) で求めた x, y に対し，$x+iy$ を極形式で表せ．ただし，$x+iy$ の偏角 θ は $0 \leqq \theta < 2\pi$ とする．

(4) a_{13} を求めよ．

(23　名城大・情報工，理工)

▶解答◀ (1) $a_2 = \sqrt{3}a_1 - b_1 = \sqrt{3}+2$,

$b_2 = a_1 + \sqrt{3}b_1 = 1-2\sqrt{3}$ であるから

$$a_2 + ib_2 = (a_1+ib_1)(x+iy)$$

$$(\sqrt{3}+2) + (1-2\sqrt{3})i = (1-2i)(x+iy)$$

$$(\sqrt{3}+2) + (1-2\sqrt{3})i = (x+2y) + (-2x+y)i$$

x, y は実数であるから

$$x+2y = \sqrt{3}+2,\ -2x+y = 1-2\sqrt{3}$$

$$x = \boldsymbol{\sqrt{3}},\ y = \boldsymbol{1}$$

(2) $(a_n+ib_n)(\sqrt{3}+i)$

$$= (\sqrt{3}a_n - b_n) + (a_n + \sqrt{3}b_n)i = a_{n+1} + ib_{n+1}$$

(3) $\sqrt{3}+i = 2\left(\frac{\sqrt{3}}{2} + \frac{1}{2}i\right) = \boldsymbol{2\left(\cos\frac{\pi}{6} + i\sin\frac{\pi}{6}\right)}$

(4) $a_{13} + ib_{13} = (a_{12}+ib_{12})(\sqrt{3}+i)$

$$= (a_{11}+ib_{11})(\sqrt{3}+i)^2 = \cdots$$

$$= (a_1+ib_1)(\sqrt{3}+i)^{12}$$

$$= (1-2i)\cdot 2^{12}(\cos 2\pi + i\sin 2\pi)$$

$$= 4096 - 8192i$$

$$a_{13} = \boldsymbol{4096},\ b_{13} = -8192$$

《整数と複素数 (B20) ☆》

37. 2 つの整数 253 と 437 の最大公約数を d として，不定方程式

$$253x - 437y = d$$

を考える．この不定方程式の整数解 (x, y) のうち，原点 $(0, 0)$ との距離が最小の整数解を (a, b) とする．このとき，次の問いに答えよ．

（1） d を求めよ．

（2） (a, b) を求めよ．

（3） i を虚数単位とし，複素数 $z = a + bi$ を考える．z の偏角を θ $(0 \leqq \theta < 2\pi)$ とするとき，$k\theta > \frac{\pi}{2}$ となるような最小の自然数 k を求めよ．（23　電気通信大・後期）

▶解答◀ （**1**） $437 = 253 \cdot 1 + 184$

$$253 = 184 \cdot 1 + 69$$

$$184 = 69 \cdot 2 + 46$$

$$69 = 46 \cdot 1 + 23$$

$$46 = 23 \cdot 2$$

$$d = \mathbf{23}$$

（**2**） 文字はすべて整数とする．

$$253x - 437y = 23$$

$$11x - 19y = 1$$

$$x = \frac{19y + 1}{11} = \frac{(22 - 3)y + 1}{11}$$

$$= 2y + \frac{1 - 3y}{11}$$

$1 - 3y = 11k$ とおく．

$$y = \frac{1 - 11k}{3} = \frac{(1 - 12)k + 1}{3}$$

$$= -4k + \frac{k + 1}{3}$$

$k + 1 = 3m$ とおくと，$k = 3m - 1$

$$y = -4(3m - 1) + m = 4 - 11m$$

$$x = 2(4 - 11m) + 3m - 1 = 7 - 19m$$

$$x^2 + y^2 = (7 - 19m)^2 + (4 - 11m)^2$$

$$= 482m^2 - 354m + 65$$

$$= 482\left(m - \frac{177}{482}\right)^2 - \frac{177^2}{482} + 65$$

$\frac{177}{482} < \frac{1}{2}$ であるから $m = 0$ のとき $x^2 + y^2$ は最小となる．$(a, b) = \mathbf{(7, 4)}$ である．

（**3**） $z = 7 + 4i$ は第 1 象限にある．

$$z^2 = (7 + 4i)^2 = 33 + 56i$$

$$z^3 = (33 + 56i)(7 + 4i) = 7 + 524i$$

$$z^4 = (7 + 524i)(7 + 4i) = -2047 + 3696i$$

z^2，z^3 は第 1 象限にあり，z^4 は第 2 象限にあるから最小の k は **4** である．

《複素数と確率 (B10)》

38. 次の 6 つの複素数が 1 つずつ書かれた 6 枚のカードがある．

$$\frac{1}{2},\ 1,\ 2,\ \cos\frac{\pi}{6} + i\sin\frac{\pi}{6},\ \cos\frac{\pi}{3} + i\sin\frac{\pi}{3},$$

$$\cos\frac{\pi}{2} + i\sin\frac{\pi}{2}$$

これらから無作為に 3 枚選び，カードに書かれた 3 つの複素数を掛けた値に対応する複素数平面上の点を P とする．

（1） 点 P が虚軸上にある確率は $\frac{\square}{\square}$ である．

（2） 点 P の原点からの距離が 1 である確率は $\frac{\square}{\square}$ である．（23　上智大・理工）

▶解答◀ （**1**） 6 つの複素数を図示すると図の 6 つの黒丸になり，偏角は順に $0, 0, 0, \frac{\pi}{6}, \frac{\pi}{3}, \frac{\pi}{2}$ である．6 枚のカード $0, 0, 0, \frac{\pi}{6}, \frac{\pi}{3}, \frac{\pi}{2}$ があり，ここから 3 つをとってカードの数の和をつくると考える．3 枚の組合せは全部で ${}_6C_3 = 20$ 通りある．$\frac{\pi}{2}$ になる組合せは $\left\{\frac{\pi}{2}, 0, 0\right\}$ または $\left\{0, \frac{\pi}{6}, \frac{\pi}{3}\right\}$ のときである．0 のカードは 3 枚あるから，前者の「0, 0」はどの 2 枚をとるかで組合せが ${}_3C_2$ 通りあり，後者の 0 はどれをとるかで 3 通りある．求める確率は $\frac{3 + 3}{{}_6C_3} = \mathbf{\frac{3}{10}}$

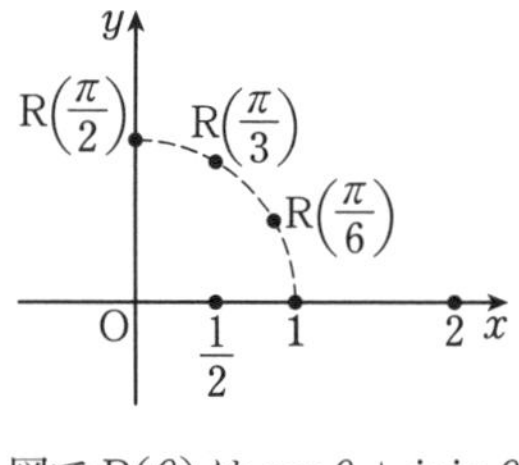

図で $R(\theta)$ は $\cos\theta + i\sin\theta$ に対応する点を表す．

（**2**） 6 つの複素数の絶対値は順に $\frac{1}{2}, 1, 2, 1, 1, 1$ である．このカードがあるとして，ここから 3 つとってカードの数の積が 1 になる組合せは $\{1, 1, 1\}$ または $\left\{\frac{1}{2}, 2, 1\right\}$ のときである．前者の「1, 1, 1」は 4 枚のうちどの 3 枚をとるかで ${}_4C_3$ 通りあり，後者の 1 はどの 1 枚をとるかで 4 通りある．求める確率は $\frac{4 + 4}{{}_6C_3} = \mathbf{\frac{2}{5}}$

《複素数と漸化式 (C20) ☆》

39. 実数が書かれた3枚のカード $\boxed{0}$, $\boxed{1}$, $\boxed{\sqrt{3}}$ から，無作為に2枚のカードを順に選び，出た実数を順に実部と虚部にもつ複素数を得る操作を考える．正の整数 n に対して，この操作を n 回繰り返して得られる n 個の複素数の積を z_n で表す．

（1） $|z_n|<5$ となる確率 P_n を求めよ．

（2） $z_n{}^2$ が実数となる確率 Q_n を求めよ．

（23　東工大・前期）

▶解答◀ 1回操作をするごとに

$1,\ \sqrt{3},\ i,\ \sqrt{3}i,\ \sqrt{3}+i=2\left(\cos\frac{\pi}{6}+i\sin\frac{\pi}{6}\right)$,

$1+\sqrt{3}i=2\left(\cos\frac{\pi}{3}+i\sin\frac{\pi}{3}\right)$ のいずれかが得られる．これらを順に $a\sim f$ とする．$a\sim f$ が得られる確率はすべて $\frac{1}{6}$ である．（1）では絶対値，（2）では偏角が問題となる．

（**1**） $|a|=|c|=1,\ |b|=|d|=\sqrt{3}$,
$|e|=|f|=2$ である．

$$(\sqrt{3})^2<2\sqrt{3}<2^2<5$$

$$2^3>2(\sqrt{3})^2>(\sqrt{3})^3=3\sqrt{3}>5$$

である．b, d, e, f を3個以上掛けると絶対値が5より大きくなり，2個以下なら5より小さい．$|z_n|<5$ となるのは，b, d, e, f が2個以下のときである．1回の試行で，「a または d を得る」確率は $\frac{1}{3}$，「$b,\ d,\ e,\ f$ のいずれかを得る」確率は $\frac{2}{3}$ であるから，$|z_n|<5$ となる確率は

$$P_n=\left(\frac{1}{3}\right)^n+{}_n\mathrm{C}_1\left(\frac{1}{3}\right)^{n-1}\left(\frac{2}{3}\right)$$
$$+{}_n\mathrm{C}_2\left(\frac{1}{3}\right)^{n-2}\left(\frac{2}{3}\right)^2$$
$$=\frac{1+2n+4\cdot\frac{1}{2}n(n-1)}{3^n}=\boldsymbol{\frac{2n^2+1}{3^n}}$$

（**2**） 以下，偏角の記述を簡単にするため，2π の整数倍の違いを無視し，0以上 2π 未満で記述する．$a^2\sim f^2$ の偏角はそれぞれ $0,\ 0,\ \pi,\ \pi,\ \frac{\pi}{3},\ \frac{2}{3}\pi$ であるから，$z_n{}^2$ の偏角は $\frac{k}{3}\pi$ ($k=0\sim5$) のいずれかである．$k=0, 3$ である確率が Q_n である．$k=1, 4$ である確率を R_n，$k=2, 5$ である確率を S_n とおく．このとき，$z_{n+1}{}^2$ が実数となるのは，z_n について $k=0, 3$ で（確率 Q_n），$n+1$ 回目に $a\sim d$ を得る（確率 $\frac{2}{3}$）か，z_n について $k=1, 4$ で（確率 R_n），$n+1$ 回目に f を得る（確率 $\frac{1}{6}$）か，z_n について $k=2, 5$ で（確率 S_n），$n+1$ 回目に e を得る（確率 $\frac{1}{6}$）かのいずれかであるから，

$$Q_{n+1}=\frac{2}{3}Q_n+\frac{1}{6}R_n+\frac{1}{6}S_n$$

となる．また，$Q_n+R_n+S_n=1$ であるから，

$$Q_{n+1}=\frac{2}{3}Q_n+\frac{1}{6}(1-Q_n)=\frac{1}{2}Q_n+\frac{1}{6}$$

$$Q_{n+1}-\frac{1}{3}=\frac{1}{2}\left(Q_n-\frac{1}{3}\right)$$

これより数列 $\left\{Q_n-\frac{1}{3}\right\}$ は等比数列である．さらに，$z_1{}^2$ が実数となるのは1回目に $a\sim d$ を得るときで，$Q_1=\frac{2}{3}$ となるから

$$Q_n-\frac{1}{3}=\left(\frac{1}{2}\right)^{n-1}\left(Q_1-\frac{1}{3}\right)=\frac{1}{3}\left(\frac{1}{2}\right)^{n-1}$$

$$Q_n=\boldsymbol{\frac{1}{3}\left\{1+\left(\frac{1}{2}\right)^{n-1}\right\}}$$

《三角不等式 (B20) ☆》

40. 次の問いに答えよ．

（1） 複素数 $z,\ w$ に対して，不等式

$$|z+w|\leqq|z|+|w|$$

が成り立つことを示せ．

（2） 複素数平面上で，原点を中心とする半径1の円周上に3点 $\alpha,\ \beta,\ \gamma$ がある．ただし，$\alpha+\beta+\gamma\neq0$ とする．

（i） 等式

$$\left|\frac{\alpha\beta+\beta\gamma+\gamma\alpha}{\alpha+\beta+\gamma}\right|=1$$

が成り立つことを示せ．

（ii） 不等式

$$|\alpha(\beta+1)+\beta(\gamma+1)+\gamma(\alpha+1)|$$
$$\leqq2|\alpha+\beta+\gamma|$$

が成り立つことを示せ．

（23　富山大・理（数）-後期）

▶解答◀ （**1**） $z=r(\cos\alpha+i\sin\alpha)$,

$w=R(\cos\beta+i\sin\beta),\ r\geqq0,\ R\geqq0$

として

$$|z+w|^2=(r\cos\alpha+R\cos\beta)^2$$
$$+(r\sin\alpha+R\sin\beta)^2$$
$$=r^2+R^2+2Rr(\cos\alpha\cos\beta+\sin\alpha\sin\beta)$$
$$=r^2+R^2+2Rr\cos(\alpha-\beta)$$
$$\leqq r^2+R^2+2Rr=(r+R)^2$$
$$|z+w|\leqq r+R=|z|+|w|$$

（**2**）（**i**） $|\alpha|=1$ より $\alpha\overline{\alpha}=1$ で，$\frac{1}{\alpha}=\overline{\alpha}$

$$\frac{1}{\beta}=\overline{\beta},\ \frac{1}{\gamma}=\overline{\gamma}$$

$$\alpha\beta+\beta\gamma+\gamma\alpha=\alpha\beta\gamma\left(\frac{1}{\alpha}+\frac{1}{\beta}+\frac{1}{\gamma}\right)$$
$$=\alpha\beta\gamma(\overline{\alpha}+\overline{\beta}+\overline{\gamma})=\alpha\beta\gamma\overline{\alpha+\beta+\gamma}$$

$$|\alpha\beta+\beta\gamma+\gamma\alpha| = |\alpha\beta\gamma|\,|\overline{\alpha+\beta+\gamma}|$$
$$= |\alpha+\beta+\gamma|$$

となり，成り立つ．

（ii）$|\alpha(\beta+1)+\beta(\gamma+1)+\gamma(\alpha+1)|$
$$= |\alpha\beta+\beta\gamma+\gamma\alpha+\alpha+\beta+\gamma|$$
$$\leqq |\alpha\beta+\beta\gamma+\gamma\alpha| + |\alpha+\beta+\gamma|$$
$$= 2|\alpha+\beta+\gamma|$$

よって，不等式は示された．

《10 乗根の問題（B20）》

41．複素数 z が，$2z^4+(1-\sqrt{5})z^2+2=0$ を満たしているとき，次の問いに答えなさい．

（1）$z^{10}=1$ が成り立つことを示しなさい．

（2）$z+z^3+z^5+z^7+z^9$ の値を求めなさい．

（3）$\cos\dfrac{\pi}{5}\cos\dfrac{2\pi}{5}=\dfrac{1}{4}$ が成り立つことを示しなさい．（23　山口大・理，工，教）

▶解答◀（1）$2z^4+(1-\sqrt{5})z^2+2=0$
$$2z^4+z^2+2=\sqrt{5}z^2$$

両辺 2 乗して
$$4z^8+z^4+4+4z^6+4z^2+8z^4=5z^4$$
$$z^8+z^6+z^4+z^2+1=0 \quad \cdots\cdots ①$$

したがって
$$z^{10}-1=(z^2-1)(z^8+z^6+z^4+z^2+1)=0$$

よって，$z^{10}=1$ である．

（2）① より
$$z+z^3+z^5+z^7+z^9$$
$$= z(1+z^2+z^4+z^6+z^8) = \mathbf{0}$$

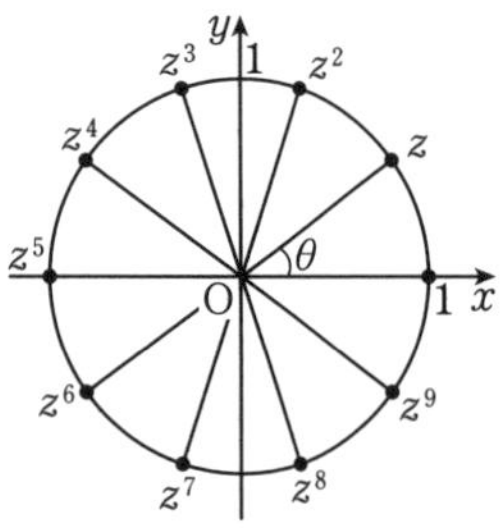

（3）$z^{10}=1$ から
$$|z|^{10}=|z^{10}|=1 \qquad \therefore\ |z|=1$$
$$\arg z^{10}=\arg 1=2n\pi$$
$$10\arg z=2n\pi \qquad \therefore\ \arg z=\frac{n\pi}{5}$$

$\theta=\dfrac{\pi}{5}$ とし，$z=\cos\theta+i\sin\theta$ とおく（図参照）．

（2）より，$z+z^3+z^5+z^7+z^9=0$ の実部について
$$\cos\theta+\cos 3\theta+\cos 5\theta+\cos 7\theta+\cos 9\theta=0$$

が成り立つ．$5\theta=\pi$ であるから
$$\cos\theta+\cos(\pi-2\theta)+\cos\pi$$
$$+\cos(2\theta+\pi)+\cos(2\pi-\theta)=0$$
$$\cos\theta-\cos 2\theta-1-\cos 2\theta+\cos\theta=0$$
$$\cos 2\theta=\frac{2\cos\theta-1}{2} \quad \cdots\cdots ②$$

2 倍角の公式より
$$2\cos^2\theta-1=\frac{2\cos\theta-1}{2}$$
$$2\cos^2\theta-\cos\theta=\frac{1}{2} \quad \cdots\cdots ③$$

②，③ より
$$\cos\frac{\pi}{5}\cos\frac{2\pi}{5}=\cos\theta\cos 2\theta$$
$$=\cos\theta\cdot\frac{2\cos\theta-1}{2}$$
$$=\frac{1}{2}(2\cos^2\theta-\cos\theta)=\frac{1}{4}$$

◆別解◆（3）**【誘導に乗らない】**

$\theta=\dfrac{\pi}{5}$ とおくと
$$\sin\theta\cos\theta\cos 2\theta=\frac{1}{2}\sin 2\theta\cos 2\theta$$
$$=\frac{1}{4}\sin 4\theta=\frac{1}{4}\sin(\pi-\theta)=\frac{1}{4}\sin\theta$$

$\sin\theta\neq 0$ であるから，$\cos\theta\cos 2\theta=\dfrac{1}{4}$ である．

【ド・モアブルの定理】

《基本計算（A5）》

42．$\theta=\dfrac{\pi}{15}$ のとき，$\dfrac{(\cos 2\theta+i\sin 2\theta)^4}{\cos 3\theta+i\sin 3\theta}=\square$ となる．（23　北見工大・後期）

▶解答◀
$$\frac{(\cos 2\theta+i\sin 2\theta)^4}{\cos 3\theta+i\sin 3\theta}=\frac{\cos 8\theta+i\sin 8\theta}{\cos 3\theta+i\sin 3\theta}$$
$$=\cos(8\theta-3\theta)+i\sin(8\theta-3\theta)$$
$$=\cos 5\theta+i\sin 5\theta=\cos\frac{\pi}{3}+i\sin\frac{\pi}{3}$$
$$=\boldsymbol{\frac{1}{2}+\frac{\sqrt{3}}{2}i}$$

《2 乗すればわかる（A2）》

43．複素数 $\alpha=\dfrac{4i}{1-i}$ を極形式
$\alpha=r(\cos\theta+i\sin\theta)\ (r>0,\ 0\leqq\theta<2\pi)$
で表すと，$\theta=\square$ である．複素数 α^n が実数になるような自然数 n のうち，最も小さいものは $n=\square$ である．このとき，$\alpha^n=\square$ である．

（23　関西学院大・理系）

▶解答◀　$\alpha=\dfrac{4i}{1-i}=\dfrac{4i(1+i)}{2}=-2+2i$

$$=2\sqrt{2}\left(\cos\frac{3}{4}\pi+i\sin\frac{3}{4}\pi\right)$$

であるから，$\theta=\boldsymbol{\frac{3}{4}\pi}$ である．

$$\alpha^n=(2\sqrt{2})^n\left(\cos\frac{3}{4}n\pi+i\sin\frac{3}{4}n\pi\right)$$

が実数となるのは，$\dfrac{3}{4}n$ が整数となるときである．最小の自然数 n は **4** である．

$$\alpha^4=(2\sqrt{2})^4(\cos 3\pi+i\sin 3\pi)=\boldsymbol{-64}$$

注意　$\alpha=2(-1+i)$，$\alpha^2=4(-2i)$，$\alpha^3=16(i+1)$ はいずれも実数でなく，$\alpha^4=\boldsymbol{-64}$ は実数であるから，最小の $n=\boldsymbol{4}$ である．

《基本的な問題（B5）》

44．複素数 z は $z+\overline{z}=-4$，$|z+6|=2\sqrt{7}$ を満たすとする．ただし，$\overline{z}$ は z の共役な複素数である．

（１）i を虚数単位とする．$z=$ [11][12] $\pm$ [13]$\sqrt{[14]}i$ である．

（２）z^n が実数になるような最小の自然数 n の値は [15] であり，そのときの z^n の値は [16][17] である．（23　日大・医）

▶解答◀　$z=x+yi$（x，y は実数）とおく．

（１）$z+\overline{z}=-4$，$|z+6|=2\sqrt{7}$ より $2x=-4$ で，

$$(x+6)^2+y^2=28$$

$x=-2$，$y^2=12$ となり $y=\pm 2\sqrt{3}$．

$$z=\boldsymbol{-2\pm 2\sqrt{3}i}$$

（２）$z=4\left(-\dfrac{1}{2}\pm\dfrac{\sqrt{3}}{2}i\right)$

$\theta=\pm\dfrac{2\pi}{3}$ として $z=4(\cos\theta+i\sin\theta)$

ド・モアブルの定理より

$$z^n=4^n(\cos n\theta+i\sin n\theta)$$

となる．これが実数になる n は $n\theta=\pm\dfrac{2n\pi}{3}$ が π の整数倍になるもので，最小の n は **3** である．このとき

$$z^3=4^3(\cos 2\pi)=\boldsymbol{64}$$

《回転に変形（B10）》

45．$x_0=0$，$y_0=-1$ のとき，非負整数 $n\geqq 0$ に対して，

$$x_{n+1}=\left(\cos\frac{3\pi}{11}\right)x_n-\left(\sin\frac{3\pi}{11}\right)y_n$$

$$y_{n+1}=\left(\sin\frac{3\pi}{11}\right)x_n+\left(\cos\frac{3\pi}{11}\right)y_n$$

で定義される数列において，x_n が最小値をとる最初の n を求めよ．（23　早稲田大・教育）

▶解答◀　$\theta=\dfrac{3\pi}{11}$ とおく．

$$x_{n+1}+iy_{n+1}=x_n\cos\theta-y_n\sin\theta$$
$$+i(\sin\theta)x_n+i(\cos\theta)y_n$$
$$=(x_n+iy_n)(\cos\theta+i\sin\theta)$$

数列 $\{x_n+iy_n\}$ は等比数列をなし

$$x_n+iy_n=(\cos\theta+i\sin\theta)^n(x_0+iy_0)$$
$$=-i(\cos n\theta+i\sin n\theta)$$
$$=\cos\left(n\theta-\frac{\pi}{2}\right)+i\sin\left(n\theta-\frac{\pi}{2}\right)$$
$$x_n=\cos\left(\frac{3n}{11}\pi-\frac{\pi}{2}\right)=\cos\frac{6n-11}{22}\pi$$

x_n は $-1\leqq x_n\leqq 1$ のいずれかの値を取りうるが，$6n-11$ は奇数であるから $x_n=-1$ となる n は見つからない．そこで，mod 2 で考えて $\dfrac{6n-11}{22}$ が最も 1 に近くなる n を探す．22 倍して mod 44 で考えて，$6n-11$ が 22 に最も近い n を $n=1$ から順に探すと

$$-5,\ 1,\ 7,\ 13,\ 19,\ 25,\ 31,\ 37,\ 43,\ 49\equiv 5,\ 11,\ 17,\ 23,\ \cdots$$

となるから，$\boldsymbol{n=13}$ である．

《基本的な問題（B10）》

46．複素数 $\left(\dfrac{1+\sqrt{3}i}{1+i}\right)^n$（$i^2=-1$，$n$ は自然数）が正の実数となる最小の n を m とする．$\dfrac{m}{8}$ の値を求めよ．（23　自治医大・医）

▶解答◀

$$\frac{1+\sqrt{3}i}{1+i}=\frac{2\left(\cos\frac{\pi}{3}+i\sin\frac{\pi}{3}\right)}{\sqrt{2}\left(\cos\frac{\pi}{4}+i\sin\frac{\pi}{4}\right)}$$
$$=\frac{2}{\sqrt{2}}\left\{\cos\left(\frac{\pi}{3}-\frac{\pi}{4}\right)+i\sin\left(\frac{\pi}{3}-\frac{\pi}{4}\right)\right\}$$
$$=\sqrt{2}\left(\cos\frac{\pi}{12}+i\sin\frac{\pi}{12}\right)$$

ド・モアブルの定理より

$$\left(\frac{1+\sqrt{3}i}{1+i}\right)^n=(\sqrt{2})^n\left(\cos\frac{n\pi}{12}+i\sin\frac{n\pi}{12}\right)$$

これが正の実数になる条件は

$$\frac{n\pi}{12}=2k\pi\ （k\ は\ 0\ 以上の整数）$$

であるから，これを満たす最小の n は 24 である．

$$\frac{m}{8}=\frac{24}{8}=\boldsymbol{3}$$

《偏角の和（A10）☆》

47. i は虚数単位とする．3 つの複素数の積

$$\left(\cos\frac{\pi}{9}+i\sin\frac{\pi}{9}\right)\left(\cos\frac{2\pi}{9}+i\sin\frac{2\pi}{9}\right)\left(\cos\frac{\pi}{3}+i\sin\frac{\pi}{3}\right)$$

を計算すると□である．ただし，sin, cos を用いずに答えること．（23　茨城大・工）

▶解答◀

$$\left(\cos\frac{\pi}{9}+i\sin\frac{\pi}{9}\right)\left(\cos\frac{2\pi}{9}+i\sin\frac{2\pi}{9}\right)$$
$$\times\left(\cos\frac{\pi}{3}+i\sin\frac{\pi}{3}\right)$$
$$=\cos\left(\frac{\pi}{9}+\frac{2\pi}{9}+\frac{\pi}{3}\right)$$
$$+i\sin\left(\frac{\pi}{9}+\frac{2\pi}{9}+\frac{\pi}{3}\right)$$
$$=\cos\frac{2\pi}{3}+i\sin\frac{2\pi}{3}=\boldsymbol{-\frac{1}{2}+\frac{\sqrt{3}}{2}i}$$

《分母と分子 (A10) ☆》

48. $\left(\dfrac{\sqrt{3}-1-(\sqrt{3}+1)i}{1+\sqrt{3}i}\right)^5=$ □ $+$ □i である．ただし i は虚数単位である．

（23　藤田医科大・ふじた未来入試）

▶解答◀

$$\frac{\sqrt{3}-1-(\sqrt{3}+1)i}{1+\sqrt{3}i}$$
$$=\frac{\sqrt{3}-1-(\sqrt{3}+1)i}{1+\sqrt{3}i}\cdot\frac{1-\sqrt{3}i}{1-\sqrt{3}i}$$
$$=\frac{1}{4}(-4-4i)$$
$$=-1-i=\sqrt{2}\left(\cos\frac{5}{4}\pi+i\sin\frac{5}{4}\pi\right)$$

であるから

$$\left(\frac{\sqrt{3}-1-(\sqrt{3}+1)i}{1+\sqrt{3}i}\right)^5$$
$$=\left\{\sqrt{2}\left(\cos\frac{5}{4}\pi+i\sin\frac{5}{4}\pi\right)\right\}^5$$
$$=4\sqrt{2}\left(\cos\frac{25}{4}\pi+i\sin\frac{25}{4}\pi\right)$$
$$=4\sqrt{2}\left(\frac{1}{\sqrt{2}}+\frac{i}{\sqrt{2}}\right)=\boldsymbol{4+4i}$$

《n 乗を計算する (B5) ☆》

49. $(1+i)^n=(1-i)^n$ をみたす 2023 以下の正の整数 n は□個ある．ただし，i は虚数単位である．

（23　藤田医科大・医学部前期）

▶解答◀ $(1+i)^n=\left\{\sqrt{2}\left(\cos\dfrac{\pi}{4}+i\sin\dfrac{\pi}{4}\right)\right\}^n$

$$=(\sqrt{2})^n\left(\cos\frac{n\pi}{4}+i\sin\frac{n\pi}{4}\right)$$
$$(1-i)^n=\left\{\sqrt{2}\left(\cos\left(-\frac{\pi}{4}\right)+i\sin\left(-\frac{\pi}{4}\right)\right)\right\}^n$$
$$=(\sqrt{2})^n\left\{\cos\left(-\frac{n\pi}{4}\right)+i\sin\left(-\frac{n\pi}{4}\right)\right\}$$
$$=(\sqrt{2})^n\left(\cos\frac{n\pi}{4}-i\sin\frac{n\pi}{4}\right)$$

$(1+i)^n=(1-i)^n$ のとき

$$2(\sqrt{2})^n\sin\frac{n\pi}{4}=0$$

k を整数として，$n=4k$ であるから，$1\leqq n\leqq 2023$ のとき $\dfrac{1}{4}\leqq k\leqq\dfrac{2023}{4}=505.75$ より，これを満たす整数 k は 1～505 であるから，n は **505** 個ある．

注意【2 乗してみれば】

$(1+i)^1=1+i\neq(1-i)^1=1-i$

$(1+i)^2=2i\neq(1-i)^2=-2i$

$(1+i)^3=2i(1+i)\neq(1-i)^3=-2i(1-i)$

$(1+i)^4=-4=(1-i)^4$

周期 4 でイコールになる．$n=4k$ で，後は同じである．

《多項式の割り算への応用 (B15) ☆》

50. x^{2023} を $x^2-\sqrt{3}x+1$ で割った余りを求めよ．

（23　愛知医大・医-推薦）

▶解答◀ x^{2023} を $x^2-\sqrt{3}x+1$ で割ったときの商を $P(x)$，余りを $ax+b$ とおく．a, b は実数である．

$$x^{2023}=(x^2-\sqrt{3}x+1)P(x)+ax+b\ \cdots\cdots①$$

$x^2-\sqrt{3}x+1=0$ を解くと

$$x=\frac{\sqrt{3}\pm i}{2}$$

$\alpha=\dfrac{\sqrt{3}+i}{2}=\cos\dfrac{\pi}{6}+i\sin\dfrac{\pi}{6}$ とおく．

$$\alpha^6=\cos\pi+i\sin\pi=-1$$
$$\alpha^{2023}=(\alpha^6)^{337}\cdot\alpha=-\alpha$$

① に $x=\alpha$ を代入すると

$$\alpha^{2023}=a\alpha+b$$
$$-\alpha=a\alpha+b$$

α は虚数であるから $a=-1, b=0$

求める余りは $\boldsymbol{-x}$

《$z^3=a$ を解く (B10) ☆》

51. 虚数単位を i とする．次の問いに答えよ．

（1） 複素数 $-64i$ を極形式で表せ．

（2） 方程式 $z^3=-64i$ を満たす複素数 z をすべて求めよ．（23　日本女子大・理）

▶解答◀ （1） $-64i=64(0-i)$

$$=\boldsymbol{64\left(\cos\frac{3}{2}\pi+i\sin\frac{3}{2}\pi\right)}$$

（2） $z=r(\cos\theta+i\sin\theta)$ $(r>0,\ 0\leqq\theta<2\pi)$ とおく．

$$z^3=r^3(\cos 3\theta+i\sin 3\theta)$$

（1）より，n を整数として

$$r^3=64,\ 3\theta=\frac{3}{2}\pi+2n\pi$$

となるから

$$r=4,\ \theta=\frac{4n+3}{6}\pi\ (n=0,\ 1,\ 2)$$

である．

$$z=4\left(\cos\frac{\pi}{2}+i\sin\frac{\pi}{2}\right),\ 4\left(\cos\frac{7}{6}\pi+i\sin\frac{7}{6}\pi\right),\ 4\left(\cos\frac{11}{6}\pi+i\sin\frac{11}{6}\pi\right)$$

$$=\boldsymbol{4i,\ \pm 2\sqrt{3}-2i}$$

◆別解◆ （2） $z^3=(4i)^3$

$$\left(\frac{z}{4i}\right)^3=1$$

$w^3=1$ の解は $w=1,\ \dfrac{-1\pm\sqrt{3}i}{2}$ であるから

$$\frac{z}{4i}=1,\ \frac{-1\pm\sqrt{3}i}{2}$$

$$z=\boldsymbol{4i,\ \pm 2\sqrt{3}-2i}$$

《$z^2=a$ を解く (B5)》

52. 複素数 z は実部も虚部も負であり，$z^2=-2+2\sqrt{3}i$ を満たすものとする．偏角を 0 以上 2π 未満として，z^2，z を極形式で表せ．

（23　三重大）

▶解答◀ $z^2=\boldsymbol{4\left(\cos\frac{2}{3}\pi+i\sin\frac{2}{3}\pi\right)}$

実部と虚部が負であるから，

$z=r(\cos\theta+i\sin\theta)$ $\left(r>0,\ \pi<\theta<\dfrac{3\pi}{2}\right)$

とおけて，$z^2=-2+2\sqrt{3}i$ とド・モアブルの定理より

$$r^2(\cos 2\theta+i\sin 2\theta)=4\left(\cos\frac{2}{3}\pi+i\sin\frac{2}{3}\pi\right)$$

$$r^2=4,\ 2\theta=\frac{2}{3}\pi+2n\pi$$

すなわち $r=2,\ \theta=\dfrac{\pi}{3}+n\pi$

おける．n は整数である．$\pi<\theta<\dfrac{3\pi}{2}$ より $n=1$ で，

$z=\boldsymbol{2\left(\cos\frac{4}{3}\pi+i\sin\frac{4}{3}\pi\right)}$ である．

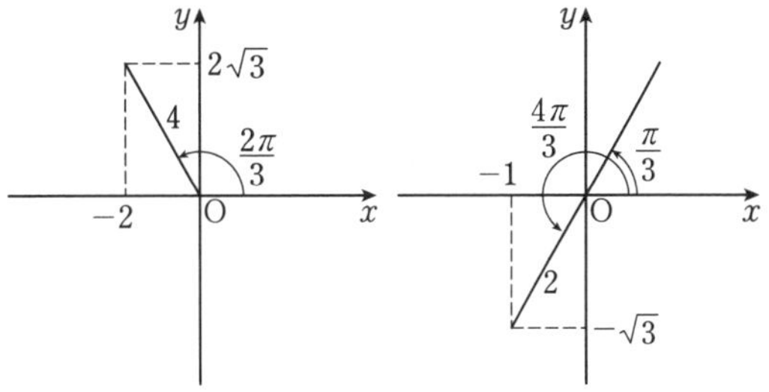

《$z^4=a$ を解く (B4) ☆》

53. $z^4=-8+8\sqrt{3}i$ の解のうち実部が負で虚部が正のものを求めよ．ただし，i は虚数単位である．

（23　会津大）

▶解答◀ 実部が負で虚部が正であるから，

$z=r(\cos\theta+i\sin\theta)$ $\left(r>0,\ \dfrac{\pi}{2}<\theta<\pi\right)$

とおけて，$z^4=-8+8\sqrt{3}i$ とド・モアブルの定理より

$$r^4(\cos 4\theta+i\sin 4\theta)=16\left(\cos\frac{2}{3}\pi+i\sin\frac{2}{3}\pi\right)$$

$$r^4=16,\ 4\theta=\frac{2}{3}\pi+2n\pi$$

すなわち $r=2,\ \theta=\dfrac{\pi}{6}+\dfrac{n}{2}\pi$

おける．n は整数である．$\dfrac{\pi}{2}<\theta<\pi$ より $n=1$ で，

$z=2\left(\cos\dfrac{2}{3}\pi+i\sin\dfrac{2}{3}\pi\right)=\boldsymbol{-1+\sqrt{3}i}$

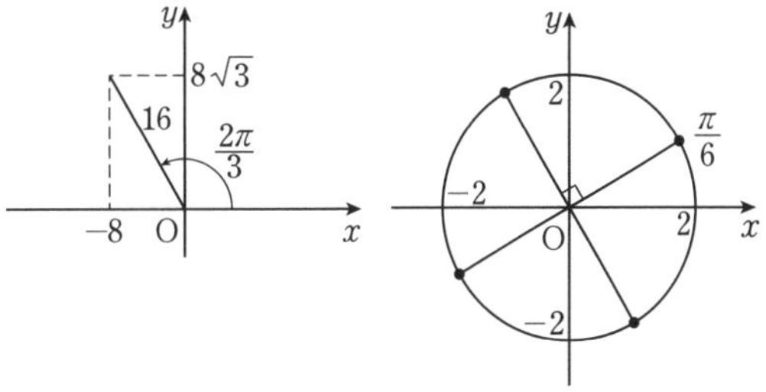

《$z^3=a$ を解く (B20)》

54. （1） $\sin\dfrac{\pi}{12}$ と $\cos\dfrac{\pi}{12}$ の値を求めよ．

（2） 方程式 $z^3=\dfrac{1}{\sqrt{2}}-\dfrac{i}{\sqrt{2}}$ の解を求めよ．ただし，i は虚数単位とする．（23　滋賀県立大・後期）

▶解答◀ （1） $\sin\dfrac{\pi}{12}=\sin\left(\dfrac{\pi}{3}-\dfrac{\pi}{4}\right)$

$$=\sin\frac{\pi}{3}\cos\frac{\pi}{4}-\cos\frac{\pi}{3}\sin\frac{\pi}{4}$$

$$=\frac{\sqrt{3}}{2}\cdot\frac{\sqrt{2}}{2}-\frac{1}{2}\cdot\frac{\sqrt{2}}{2}=\boldsymbol{\frac{\sqrt{6}-\sqrt{2}}{4}}$$

$$\cos\frac{\pi}{12}=\cos\left(\frac{\pi}{3}-\frac{\pi}{4}\right)$$

$$=\cos\frac{\pi}{3}\cos\frac{\pi}{4}+\sin\frac{\pi}{3}\sin\frac{\pi}{4}$$

$$=\frac{1}{2}\cdot\frac{\sqrt{2}}{2}+\frac{\sqrt{3}}{2}\cdot\frac{\sqrt{2}}{2}=\boldsymbol{\frac{\sqrt{6}+\sqrt{2}}{4}}$$

（2） $z=r(\cos\theta+i\sin\theta)$ $(r>0)$ とおく．θ の範囲はあえて書かない．

$$r^3(\cos 3\theta+i\sin 3\theta)=\cos\left(-\frac{\pi}{4}\right)+i\sin\left(-\frac{\pi}{4}\right)$$

$r^3=1$，$3\theta=-\frac{\pi}{4}+2n\pi$（$n$ は整数）とおける．

$r=1$ かつ $\theta=-\frac{\pi}{12}+\frac{2n}{3}\pi$ となる．3 つの z は単位円周上で

$$\cos\left(-\frac{\pi}{12}\right)+i\sin\left(-\frac{\pi}{12}\right)$$
$$=\frac{\sqrt{6}+\sqrt{2}}{4}-\frac{\sqrt{6}-\sqrt{2}}{4}i$$

を 1 つの頂点とする正三角形をなす．他の 2 つは

$$\cos\frac{3\pi}{4}-i\sin\frac{3\pi}{4}=-\frac{\sqrt{2}}{2}-\frac{\sqrt{2}}{2}i$$
$$\cos\left(\frac{\pi}{3}+\frac{\pi}{4}\right)+i\sin\left(\frac{\pi}{3}+\frac{\pi}{4}\right)$$
$$=\frac{\sqrt{2}-\sqrt{6}}{4}+\frac{\sqrt{2}+\sqrt{6}}{4}i$$

図は z に対する偏角の 1 つを度数法で描いた．

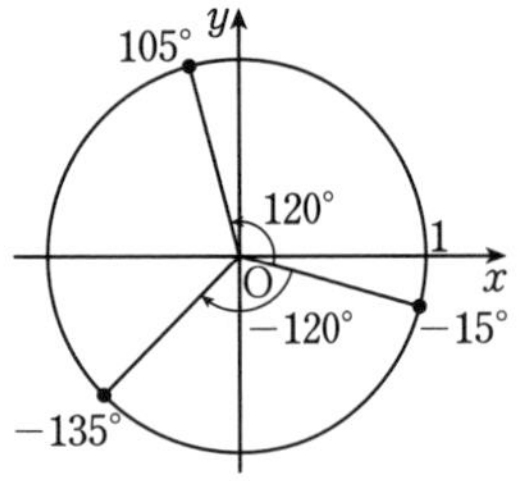

《対称性（B10）》

55．a を正の実数として，複素数 $1+ai$ の偏角を $\theta\left(0<\theta<\frac{\pi}{2}\right)$ とする．このとき，複素数 $a+i$ の偏角を θ で表せ．さらに，$(1+ai)^6+(a+i)^6$ の実部を求めよ．（23　三重大・前期）

▶解答◀ 点 $(1,a)$ と点 $(a,1)$ は直線 $y=x$ に関して対称であるから，$1+ai$ の偏角が θ ならば $a+i$ の偏角は $\boldsymbol{\frac{\pi}{2}-\theta}$ である．

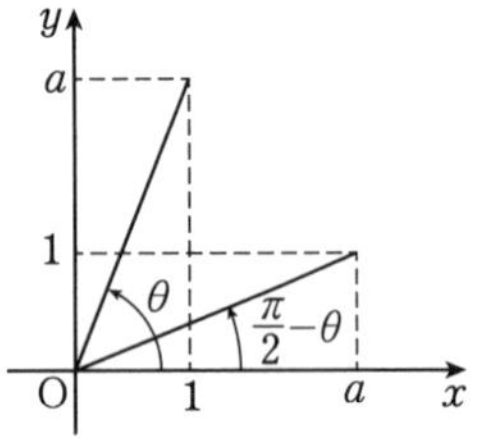

$r=\sqrt{1+a^2}$, $\alpha=\frac{\pi}{2}-\theta$ として

$1+ai=r(\cos\theta+i\sin\theta)$, $a+i=r(\cos\alpha+i\sin\alpha)$

$$(1+ai)^6=r^6(\cos 6\theta+i\sin 6\theta)$$
$$(a+i)^6=r^6(\cos 6\alpha+i\sin 6\alpha)$$
$$=r^6\{\cos(3\pi-6\theta)+i\sin(3\pi-6\theta)\}$$
$$=r^6(-\cos 6\theta+i\sin 6\theta)$$

$(1+ai)^6+(a+i)^6=2r^6 i\sin 6\theta$

求める実部は **0** である．

《和の計算（A5）》

56．$z=1+\sqrt{3}i$ とする．このとき，

$1+z+z^2+z^3+z^4+z^5$

の値を求めなさい．（23　福島大・共生システム理工）

▶解答◀ $z\neq 1$ であるから

$$1+z+z^2+z^3+z^4+z^5=\frac{1-z^6}{1-z}$$

$z=2\left(\cos\frac{\pi}{3}+i\sin\frac{\pi}{3}\right)$ であるから，ド・モアブルの定理より

$$z^6=2^6(\cos 2\pi+i\sin 2\pi)=64$$
$$\frac{z^6-1}{z-1}=\frac{64-1}{\sqrt{3}i}=-\frac{63}{\sqrt{3}}i=\boldsymbol{-21\sqrt{3}i}$$

《分母の実数化（B20）☆》

57．n を自然数とする．z を 0 でない複素数とし，

$$S=z^{-2n}+z^{-2n+2}+z^{-2n+4}+\cdots$$
$$+z^{-2}+1+z^2+\cdots+z^{2n-4}+z^{2n-2}+z^{2n}$$

とする．以下の各問に答えよ．

（1） $z^{-1}S-zS$ を計算せよ．

（2） i を虚数単位とし，θ を実数とする．$z=\cos\theta+i\sin\theta$ のとき，自然数 k に対して，$z^{-k}+z^k$ の実部と $z^{-k}-z^k$ の虚部を θ と k を用いて表せ．

（3） θ を実数とし，$\sin\theta\neq 0$ とする．次の等式を証明せよ．

$$1+2\sum_{k=1}^{n}\cos 2k\theta=\frac{\sin(2n+1)\theta}{\sin\theta}$$

（23　茨城大・理）

▶解答◀（1） S は初項 z^{-2n}，公比 z^2，項数 $2n+1$ の等比数列の和であるから，$z^2\neq 1$ のとき

$$S=z^{-2n}\cdot\frac{1-(z^2)^{2n+1}}{1-z^2}=\frac{z^{-2n-1}-z^{2n+1}}{z^{-1}-z}$$
$$(z^{-1}-z)S=z^{-2n-1}-z^{2n+1}$$
$$z^{-1}S-zS=\boldsymbol{z^{-2n-1}-z^{2n+1}}$$

$z^2=1$ のときも成り立つ．

（2） $z^k=\cos k\theta+i\sin k\theta$

$$z^{-k}=\cos(-k\theta)+i\sin(-k\theta)$$
$$=\cos k\theta-i\sin k\theta$$

であるから

$$z^{-k}+z^k=2\cos k\theta,\ z^{-k}-z^k=-2i\sin k\theta$$

実部は $\boldsymbol{2\cos k\theta}$，虚部は $\boldsymbol{-2\sin k\theta}$ である．

（**3**）（２）より，$z^{-2k}+z^{2k}=2\cos 2k\theta$ であるから

$$1+2\sum_{k=1}^{n}\cos 2k\theta=1+\sum_{k=1}^{n}(z^{-2k}+z^{2k})=S$$

さらに，（２）より

$$z^{-2n-1}-z^{2n+1}=-2i\sin(2n+1)\theta,$$

$$z^{-1}-z^1=-2i\sin\theta$$

であり，$\sin\theta\neq 0$ のとき $z^2\neq 1$ であるから（１）より

$$S=\frac{z^{-2n-1}-z^{2n+1}}{z^{-1}-z}$$

$$=\frac{-2i\sin(2n+1)\theta}{-2i\sin\theta}=\frac{\sin(2n+1)\theta}{\sin\theta}$$

以上のことから

$$1+2\sum_{k=1}^{n}\cos 2k\theta=\frac{\sin(2n+1)\theta}{\sin\theta}$$

が成り立つことが示された．

《円周等分多項式 (B20) ☆》

58. $z=\cos\left(\dfrac{2\pi}{7}\right)+i\sin\left(\dfrac{2\pi}{7}\right)$ のとき

$z^7=\square$，$z+z^2+z^3+z^4+z^5+z^6=\square$

であり，

$(1-z)(1-z^2)(1-z^3)(1-z^4)(1-z^5)(1-z^6)=\square$

である．ただし i は虚数単位とする．

（23　藤田医科大・医学部後期）

▶解答◀　$z=\cos\dfrac{2\pi}{7}+i\sin\dfrac{2\pi}{7}$ のとき $\boldsymbol{z^7=1}$ である．$z\neq 1$ であるから

$$z+z^2+\cdots+z^6=z\cdot\frac{1-z^6}{1-z}$$

$$=\frac{z-z^7}{1-z}=\frac{z-1}{1-z}=\boldsymbol{-1}$$

$x^7-1=0$ の解は

$$(z^k)^7=\left(\cos\frac{2k\pi}{7}+i\sin\frac{2k\pi}{7}\right)^7$$

$$=\cos 2k\pi+i\sin 2k\pi=1\ (k=0,1,\cdots,6)$$

であるから $x=z^k\ (k=0,1,\cdots,6)$ である．

したがって

$$x^7-1=(x-1)(x-z)(x-z^2)\cdots(x-z^6)$$

であり，左辺を因数分解すると

$$(x-1)(x^6+x^5+x^4+x^3+x^2+x+1)$$

$$=(x-1)(x-z)(x-z^2)\cdots(x-z^6)$$

左辺の多項式と右辺の多項式が一致するから，$x-1$ を除いた部分も一致する．よって

$$x^6+x^5+x^4+x^3+x^2+x+1$$

$$=(x-z)(x-z^2)\cdots(x-z^6)$$

この式に $x=1$ を代入して

$$(1-z)(1-z^2)\cdots(1-z^6)$$

$$=1^6+1^5+\cdots+1+1=\boldsymbol{7}$$

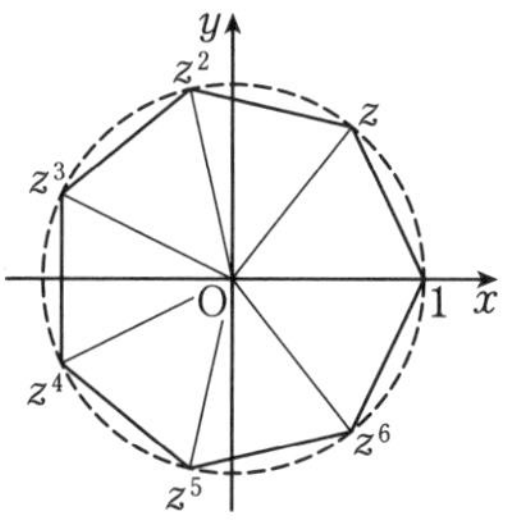

《三角関数などとの融合 (B20)》

59. 自然数 n に対して，複素数 z_n を

$$z_n=(1+\sqrt{3}i)^n$$

と定める．ただし，i は虚数単位とする．次の問いに答えよ．

（１）z_8 の虚部を求めよ．

（２）不等式

$$|z_n|>|z_n-2\cdot 10^{10}i|$$

を満たす最小の自然数 n を求めよ．必要があれば，$3.3<\log_2 10<3.4$ であることを用いてよい．（23　弘前大・医(保)，理工，教(数)）

▶解答◀　（**1**）$1+\sqrt{3}i=2\left(\cos\dfrac{\pi}{3}+i\sin\dfrac{\pi}{3}\right)$

より，ド・モアブルの定理を用いると

$$z_n=(1+\sqrt{3}i)^n=2^n\left(\cos\frac{n}{3}\pi+i\sin\frac{n}{3}\pi\right)$$

$$z_8=2^8\left(\cos\frac{8}{3}\pi+i\sin\frac{8}{3}\pi\right)$$

$$=256\left(-\frac{1}{2}+\frac{\sqrt{3}}{2}i\right)=-128+128\sqrt{3}i$$

よって，z_8 の虚部は $\boldsymbol{128\sqrt{3}}$

（**2**）$|z_n|^2-|z_n-2\cdot 10^{10}i|^2$

$$=|z_n|^2-(z_n-2\cdot 10^{10}i)(\overline{z_n}+2\cdot 10^{10}i)$$

$$=|z_n|^2-|z_n|^2-(z_n-\overline{z_n})\cdot 2\cdot 10^{10}i-4\cdot 10^{20}$$

$$=-2^n\cdot 2i\sin\frac{n}{3}\pi\cdot 2\cdot 10^{10}i-4\cdot 10^{20}$$

$$=2^{n+2}\cdot 10^{10}\cdot\sin\frac{n}{3}\pi-4\cdot 10^{20}$$

$$=4\cdot 10^{10}\left(2^n\sin\frac{n}{3}\pi-10^{10}\right)$$

$|z_n|>|z_n-2\cdot 10^{10}i|$ を満たすとき $2^n\sin\dfrac{n}{3}\pi>10^{10}$

ここで，$\sin\dfrac{n}{3}\pi>0$ となるのは，k を 0 以上の整数として $n=6k+1,\ 6k+2$ のときであり

$$\sin\frac{6k+1}{3}\pi=\sin\frac{6k+2}{3}\pi=\frac{\sqrt{3}}{2}$$

である．$2^{6k+2} > 2^{6k+1}$ であるから

$$2^{6k+1}\cdot\frac{\sqrt{3}}{2} > 10^{10}$$

を満たす最小の k を考える．底が 2 の対数をとると

$$\log_2\left(2^{6k+1}\cdot\frac{\sqrt{3}}{2}\right) > \log_2 10^{10}$$

$$6k+1+\log_2\sqrt{3}-1 > 10\log_2 10$$

$$k > \frac{5}{3}\log_2 10 - \frac{1}{6}\log_2\sqrt{3}$$

$A = \frac{5}{3}\log_2 10 - \frac{1}{6}\log_2\sqrt{3}$ とおく．

$3.3 < \log_2 10 < 3.4$, $0 < \log_2\sqrt{3} < 1$ であるから

$$\frac{5}{3}\cdot 3.3 - \frac{1}{6}\cdot 1 < A < \frac{5}{3}\cdot 3.4 - \frac{1}{6}\cdot 0$$

$$5.5 - \frac{1}{6} < A < 5.66\cdots$$

したがって，$k > A$ を満たす最小の k は $k=6$

よって，求める自然数 $n = 6\cdot 6+1 = \mathbf{37}$

《極形式に表す (B20)》

60. a を正の実数とし，i を虚数単位とする．2 つの複素数

$$z = (a+\sqrt{3}i)(3+ai),\ w = 1+\sqrt{3}i$$

を考える．z は $|z| = 6\sqrt{2}$ をみたすとする．以下の問いに答えよ．

（1） a の値を求めよ．

（2） z の偏角 θ を $0 \leqq \theta < 2\pi$ の範囲で求めよ．

（3） $z^n w$ が実数となる最小の自然数 n を求めよ．

（23　奈良女子大・理，工-後期）

▶解答◀ （1） $z = (a+\sqrt{3}i)(3+ai)$

$$|z|^2 = |a+\sqrt{3}i|^2|3+ai|^2 = (a^2+3)(9+a^2)$$

$|z|^2 = 72$ より

$$(a^2+3)(9+a^2) = 72$$

$$a^4+12a^2-45 = 0$$

$$(a^2+15)(a^2-3) = 0$$

$a > 0$ より $a = \sqrt{\mathbf{3}}$

（2） $z = (\sqrt{3}+\sqrt{3}i)(3+\sqrt{3}i) = 3(1+i)(\sqrt{3}+i)$

$$= 3\cdot\sqrt{2}\left(\cos\frac{\pi}{4}+i\sin\frac{\pi}{4}\right)\cdot 2\left(\cos\frac{\pi}{6}+i\sin\frac{\pi}{6}\right)$$

$$= 6\sqrt{2}\left(\cos\frac{\pi}{4}+i\sin\frac{\pi}{4}\right)\left(\cos\frac{\pi}{6}+i\sin\frac{\pi}{6}\right)$$

$$= 6\sqrt{2}\left(\cos\frac{5}{12}\pi+i\sin\frac{5}{12}\pi\right)$$

よって $\arg z = \theta = \boldsymbol{\frac{5}{12}\pi}$

（3） $z^n = (6\sqrt{2})^n\left(\cos\frac{5}{12}n\pi+i\sin\frac{5}{12}n\pi\right)$

$$w = 2\left(\cos\frac{\pi}{3}+i\sin\frac{\pi}{3}\right)$$

よって

$$z^n w = 2(6\sqrt{2})^n\left(\cos\frac{5n+4}{12}\pi+i\sin\frac{5n+4}{12}\pi\right)$$

$z^n w$ が実数であるとき，k を整数として

$\frac{5n+4}{12}\pi = k\pi$ の形となり

$$5n+4 = 12k$$

$$5n = 4(3k-1)$$

右辺は 4 の倍数であるから，n は 4 の倍数である．

よって最小の自然数は $n = \mathbf{4}$ であり，このとき

$5 = 3k-1$ で $k=2$ となる．

《相反方程式 (B20) ☆》

61. 実数 $a = \frac{\sqrt{5}-1}{2}$ に対して，整式

$f(x) = x^2 - ax + 1$

を考える．

（1） 整式 $x^4+x^3+x^2+x+1$ は $f(x)$ で割り切れることを示せ．

（2） 方程式 $f(x)=0$ の虚数解であって虚部が正のものを α とする．α を極形式で表せ．ただし，$r^5=1$ を満たす実数 r が $r=1$ のみであることは，認めて使用してよい．

（3） 設問（2）の虚数 α に対して，$\alpha^{2023}+\alpha^{-2023}$ の値を求めよ．

（23　東北大・理系）

▶解答◀ （1） $g(x) = x^4+x^3+x^2+x+1$ とおく．しばらく $x \neq 0$ とする．また $x+\frac{1}{x} = X$ とおく．

$$\frac{g(x)}{x^2} = x^2+x+1+\frac{1}{x}+\frac{1}{x^2}$$

$$= \left(x^2+\frac{1}{x^2}\right)+x+\frac{1}{x}+1 = X^2-2+X+1$$

$$= X^2+X-1 = (X-a)(X-b)$$

となる．ただし $b = \frac{-1-\sqrt{5}}{2}$ とする．

$$\frac{g(x)}{x^2} = \left(x+\frac{1}{x}-a\right)\left(x+\frac{1}{x}-b\right)$$

x^2 を掛けて

$$g(x) = (x^2-ax+1)(x^2-bx+1)$$

両辺は多項式として同じ式であるから，$x \neq 0$ は気にせず，成立する．$g(x)$ は $f(x)$ で割り切れる．

（2） $0 < a < 1$ であるから $f(x)=0$ の解は

$$x = \frac{a\pm\sqrt{a^2-4}}{2} = \frac{a\pm\sqrt{4-a^2}i}{2}$$

であり $\alpha = \frac{a+\sqrt{4-a^2}i}{2}$ となる．これを極形式に直すことは難しい．α の実部は正である．（1）を利用する．

$$x^4+x^3+x^2+x+1 = (x^2-ax+1)(x^2-bx+1)$$

$x \neq 1$ のときを考える．$x-1 \neq 0$ を掛けて

$$x^5-1=(x-1)(x^2-ax+1)(x^2-bx+1)$$

となり，$x^2-ax+1=0$ の解について $x^5-1=0$ となる．この解は

$$x=\cos\frac{2}{5}k\pi+i\sin\frac{2}{5}k\pi$$

$(k=\pm2,\pm1,0)$ である．α は実部と虚部が正のものであるから，偏角 $\frac{2\pi}{5}$ のもので，$\boldsymbol{\alpha=\cos\frac{2}{5}\pi+i\sin\frac{2}{5}\pi}$ である．

（３） $\beta=\overline{\alpha}$ とする．α,β は $x^2-ax+1=0$ の２解で $\alpha+\beta=a$ である，$\alpha^5=1$, $\alpha^{-1}=\beta$ であるから

$$\alpha^{2023}+\alpha^{-2023}=\alpha^{-2}+\alpha^2=(\alpha+\alpha^{-1})^2-2$$
$$=(\alpha+\beta)^2-2=a^2-2$$
$$=\left(\frac{\sqrt{5}-1}{2}\right)^2-2=\boldsymbol{\frac{-\sqrt{5}-1}{2}}$$

◆別解◆ （１） $a^2+a=1$ が成り立つ．割り算を実行すると

$$\begin{array}{r|lllll}
 & x^2+ & (a+1)x+ & a^2+a & & \\ \hline
x^2-ax+1 & x^4+ & x^3+ & x^2+ & x & +\ 1 \\
 & x^4- & ax^3+ & x^2 & & \\ \hline
 & & (a+1)x^3+ & x^2+ & x & \\
 & & (a+1)x^3-(a^2+a)x^2+ & (a+1)x & & \\ \hline
 & & & (a^2+a)x^2- & ax & +\ 1 \\
 & & & (a^2+a)x^2- & (a^3+a^2)x & +\ a^2+a \\ \hline
 & & & & (a^3+a^2-a)x-(a^2+a-1) &
\end{array}$$

商は $x^2+(a+1)x+a^2+a=x^2+(a+1)x+1$

余りは $(a^2+a-1)(x-1)=0$ で，割り切れる．

《相反方程式的方程式 (B20)》

62. a を実数とする．0 でない複素数 z に対し

$$f(z)=z^6+4z^3+a+\frac{8}{z^3}+\frac{4}{z^6}$$

と定める．以下の問いに答えなさい．

（１） $x=z^3+\frac{2}{z^3}$ とする．$f(z)$ を x を用いて表しなさい．

（２） $f(z)=0$ をみたす x がただ１つ存在するとき，a の値と x の値を求めなさい．

（３） （２）で求めた a の値に対し，$f(z)=0$ をみたす z の値をすべて求め，極形式で表しなさい．ただし，偏角は 0 以上 2π 未満とする．

（23　都立大・理，都市環境，システム）

▶解答◀ （１） $x=z^3+\frac{2}{z^3}$

$$f(z)=\left(z^3+\frac{2}{z^3}\right)^2-2z^3\cdot\frac{2}{z^3}+4\left(z^3+\frac{2}{z^3}\right)+a$$
$$=\boldsymbol{x^2+4x+a-4}$$

（２） $x^2+4x+a-4=0$

$$x=-2\pm\sqrt{4-(a-4)}=-2\pm\sqrt{8-a}$$

が重解になるときで $\boldsymbol{a=8}$, $\boldsymbol{x=-2}$

（３） $a=8$ のとき $x=-2$ であるから

$$z^3+\frac{2}{z^3}=-2$$
$$z^6+2z^3+2=0$$
$$z^3=-1\pm i$$
$$=\sqrt{2}\left(\cos\left(\pm\frac{3}{4}\pi\right)+i\sin\left(\pm\frac{3}{4}\pi\right)\right)\ \cdots\cdots①$$

$z=r(\cos\theta+i\sin\theta)$ とおくと

$$z^3=r^3(\cos3\theta+i\sin3\theta)$$

① と比較して

$$r^3=\sqrt{2}\qquad\therefore\quad r=\sqrt[6]{2}$$

n を整数として

$$3\theta=\pm\frac{3}{4}\pi+2n\pi\qquad\therefore\quad\theta=\frac{\pm3+8n}{12}\pi$$

これらの中で $0\leqq\theta<2\pi$ を満たすのは $n=0,1,2,3$ を代入して

$$\theta=\frac{3}{12}\pi,\ \frac{5}{12}\pi,\ \frac{11}{12}\pi,\ \frac{13}{12}\pi,\ \frac{19}{12}\pi,\ \frac{21}{12}\pi$$

であるから

$$\boldsymbol{z=\sqrt[6]{2}(\cos\theta+i\sin\theta)}$$

ただし，$\boldsymbol{\theta=\frac{1}{4}\pi,\ \frac{5}{12}\pi,\ \frac{11}{12}\pi,\ \frac{13}{12}\pi,\ \frac{19}{12}\pi,\ \frac{7}{4}\pi}$ の６つである．

《変わった設問 (B20) ☆》

63. i を虚数単位とする．

（１） 複素数 $\frac{3+15i}{3+2i}$ を極形式で表せ．ただし，偏角 θ は $0\leqq\theta<2\pi$ を満たすとする．

（２） x を実数とする．複素数

$$z=(x^2-1+xi)^3$$

が正の実数になる x をすべて求めよ．

（23　学習院大・理）

▶解答◀ （１） $\frac{3+15i}{3+2i}$

$$=\frac{(3+15i)(3-2i)}{(3+2i)(3-2i)}=\frac{39(1+i)}{13}$$
$$=3(1+i)=\boldsymbol{3\sqrt{2}\left(\cos\frac{\pi}{4}+i\sin\frac{\pi}{4}\right)}$$

（２） $x^2-1=X$, $x=Y$ とおくと，$X=Y^2-1$ である．この放物線上の点と O を結ぶ線分と x 軸のなす角を θ とするとき，3 倍して x 軸の正の部分になるものを考える．

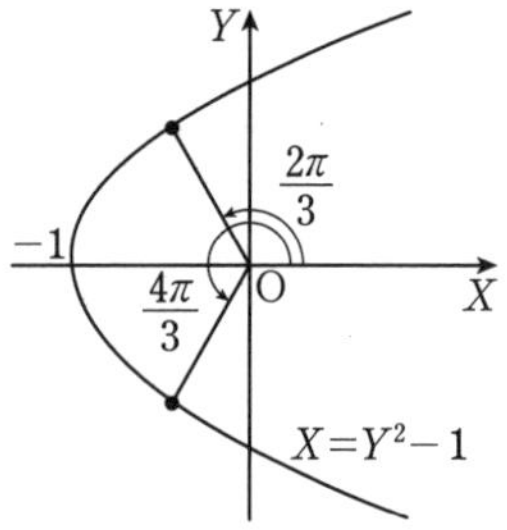

$X+Yi=r(\cos\theta+i\sin\theta)$ $(r>0,\ 0\leqq\theta<2\pi)$ とするとき，

$$z=r^3(\cos 3\theta+i\sin 3\theta)$$

で，これが正の実数となるとき

$$\theta=0,\ \frac{2\pi}{3},\ \frac{4\pi}{3}$$

図を参照せよ．$\theta=0$ のとき，放物線上の点は存在しないから不適である．したがって，放物線 $X=Y^2-1$ と直線 $Y=\pm\sqrt{3}X$ の $X<0$ での交点を求める．連立して

$$X=3X^2-1,\ X<0$$

$$3X^2-X-1=0,\ X<0$$

$$X=\frac{1-\sqrt{13}}{6}$$

$Y=\pm\sqrt{3}X$ に代入して

$$Y=\pm\sqrt{3}\cdot\frac{1-\sqrt{13}}{6}=\frac{\pm\sqrt{3}\mp\sqrt{39}}{6}$$

ただし複号同順である．$Y=x$ であるから

$$x=\boldsymbol{\frac{\sqrt{3}-\sqrt{39}}{6},\ \frac{-\sqrt{3}+\sqrt{39}}{6}}$$

である．

♦別解♦ （2） $x^2-1=a$ とおく．

$$(a+xi)^3=a^3+3a^2xi+3a(-x^2)-x^3i$$

$$=a(a^2-3x^2)+xi(3a^2-x^2)$$

これが正の実数になる条件は

$a(a^2-3x^2)>0$ ……………………………………①

$x(3a^2-x^2)=0$ ……………………………………②

② より $x=0$，$x=\pm\sqrt{3}a$ である．

$x=0$ のとき，$a=-1<0$ となり ① を満たさない．

$x\neq0$ のとき，$x=\pm\sqrt{3}a$ で ① に代入して

$a(-8a^2)>0$ より $a<0$ である．

$$x=\pm\sqrt{3}(x^2-1),\ x^2-1<0$$

$$x=\pm\sqrt{3}(x^2-1),\ -1<x<1$$

を解く．

$x=\sqrt{3}x^2-\sqrt{3}$ のとき，

$$\sqrt{3}x^2-x-\sqrt{3}=0$$

$$x=\frac{1\pm\sqrt{1+12}}{2\sqrt{3}}=\frac{\sqrt{3}\pm\sqrt{39}}{6}$$

$-1<x<1$ より $x=\dfrac{\sqrt{3}-\sqrt{39}}{6}$ である．

$x=-\sqrt{3}x^2+\sqrt{3}$ のとき

$$\sqrt{3}x^2+x-\sqrt{3}=0$$

$$x=\frac{-1\pm\sqrt{13}}{2\sqrt{3}}=\frac{-\sqrt{3}\pm\sqrt{39}}{6}$$

$-1<x<1$ より $x=\dfrac{-\sqrt{3}+\sqrt{39}}{6}$ である．

$$x=\boldsymbol{\frac{\sqrt{3}-\sqrt{39}}{6},\ \frac{-\sqrt{3}+\sqrt{39}}{6}}$$

《実部の考察（B20）》

64. z は 0 でない複素数とする．0 以上の整数 n に対して，$a_n=z^n+\overline{z}^n$ とおく．ここで $\overline{z}$ は z と共役な複素数である．

（1） a_n は実数であることを証明せよ．

（2） $z=1+i$ とする．ただし i は虚数単位である．0 以上の整数 k に対して，

$a_{4k},\ a_{4k+1},\ a_{4k+2},\ a_{4k+3}$ を求めよ．

（3） 次の条件を満たす z をすべて求めよ．

条件：0 以上のすべての整数 k に対して

$a_{6k}=a_{6k+2}$ である． （23 京都府立医大）

▶解答◀ （1） $z=r(\cos\theta+i\sin\theta)$ とおく．ただし $r>0$ とする．

$$a_n=z^n+\overline{z^n}$$

$$=r^n(\cos n\theta+i\sin n\theta)+r^n(\cos n\theta-i\sin n\theta)$$

$$=2r^n\cdot\cos n\theta$$

よって，a_n は実数である．

（2） $z=\sqrt{2}\left(\cos\dfrac{\pi}{4}+i\sin\dfrac{\pi}{4}\right)$

$$z^n=\left(\sqrt{2}\right)^n\left(\cos\frac{n\pi}{4}+i\sin\frac{n\pi}{4}\right)$$

$$a_n=2(\sqrt{2})^n\cdot\cos\frac{n\pi}{4}=2^{\frac{n}{2}+1}\cdot\cos\frac{n\pi}{4}$$

$n=4k$ のとき

$$a_{4k}=2^{\frac{4k}{2}+1}\cdot\cos k\pi=\boldsymbol{2^{2k+1}\cdot(-1)^k}$$

$n=4k+1$ のとき

$$a_{4k+1}=2^{\frac{4k+1}{2}+1}\cdot\cos\left(k\pi+\frac{\pi}{4}\right)$$

$$=2^{2k+\frac{3}{2}}\cdot(-1)^k\cdot\frac{1}{\sqrt{2}}=\boldsymbol{2^{2k+1}\cdot(-1)^k}$$

$n=4k+2$ のとき

$$a_{4k+2}=2^{\frac{4k+2}{2}+1}\cdot\cos\left(k\pi+\frac{\pi}{2}\right)=2^{2k+2}\cdot0=\boldsymbol{0}$$

$n=4k+3$ のとき

$$a_{4k+3}=2^{\frac{4k+3}{2}+1}\cdot\cos\left(k\pi+\frac{3\pi}{4}\right)$$

$$= 2^{2k+\frac{5}{2}}\cdot(-1)^{k+1}\cdot\frac{1}{\sqrt{2}} = 2^{2k+2}\cdot(-1)^{k+1} = \boldsymbol{(-4)^{k+1}}$$

（**3**） $a_{6k} = a_{6k+2}$

$$2r^{6k}\cos 6k\theta = 2r^{6k+2}\cos(6k+2)\theta$$

$$\cos 6k\theta = r^2(\cos 6k\theta\cos 2\theta - \sin 6k\theta\sin 2\theta)$$

$$(r^2\cos 2\theta - 1)\cos 6k\theta = r^2\sin 6k\theta\sin 2\theta \quad \cdots ①$$

が 0 以上のすべての整数 k に対して成立するためには $k=0$, $k=1$ で成り立つことが必要で，

$r^2\cos 2\theta - 1 = 0$

かつ $(r^2\cos 2\theta - 1)\cos 6\theta = r^2\sin 6\theta\sin 2\theta$ となる．

$r^2\cos 2\theta - 1 = 0$ かつ $\sin 6\theta\cdot\sin 2\theta = 0$

となる．後者においては $6\theta = m\pi$ または $2\theta = m\pi$ となる．m はある整数である．

逆に $r^2\cos 2\theta - 1 = 0$ かつ

「$6\theta = m\pi$ または $2\theta = m\pi$」ならば，任意の整数 k に対して ① は成り立つ．

$r^2\cos 2\theta - 1 = 0$ のとき $\cos 2\theta \neq 0$ であり，

$r^2 = \dfrac{1}{\cos 2\theta} > 0$ だから，$\cos 2\theta > 0$ である．

$\sin 2\theta = 0$ のときは $\cos 2\theta = 1$ となる．

$\sin 6\theta = 0$ のときは $3\sin 2\theta - 4\sin^3 2\theta = 0$

となり，$\sin 2\theta = 0$ のときは上で扱ったから $\sin 2\theta \neq 0$ のときを考えると $\sin^2 2\theta = \dfrac{3}{4}$ となり，$\cos^2 2\theta = \dfrac{1}{4}$ となる．よって $\cos 2\theta = \dfrac{1}{2}$ である．

$-\pi < \theta \leqq \pi$ とすると $-2\pi < 2\theta \leqq 2\pi$ となる．

$\cos 2\theta = 1$ のとき $r^2 = 1$ となる．

$2\theta = 0, 2\pi$ で，$\theta = 0, \pi$ となる．

$\cos 2\theta = \dfrac{1}{2}$ のとき $r^2 = 2$ で，$2\theta = \pm\dfrac{\pi}{3}, \pm\dfrac{5\pi}{3}$

$r = \sqrt{2}$ で，$\theta = \pm\dfrac{\pi}{6}, \pm\dfrac{5\pi}{6}$

$$\boldsymbol{z = \pm 1,\ \pm\frac{\sqrt{3}+i}{\sqrt{2}},\ \pm\frac{\sqrt{3}-i}{\sqrt{2}}}$$

図の黒丸は $\cos\theta + i\sin\theta$ を図示したものである．

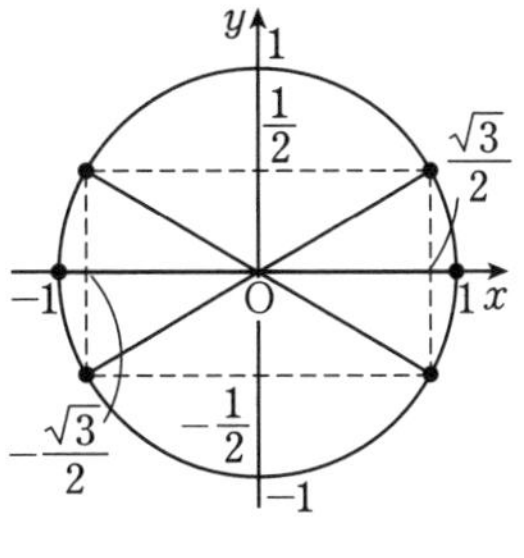

《整数との融合（B20）》

65．実数 a, b と虚数単位 i を用いて複素数 z が $z = a+bi$ の形で表されるとき，a を z の実部，b を z の虚部とよび，それぞれ $a = \mathrm{Re}(z)$, $b = \mathrm{Im}(z)$ と表す．

（１） $z^3 = i$ を満たす複素数 z をすべて求めよ．

（２） $z^{100} = i$ を満たす複素数 z のうち，

$\mathrm{Re}(z) \leqq \dfrac{1}{2}$ かつ $\mathrm{Im}(z) \geqq 0$

を満たすものの個数を求めよ．

（３） n を正の整数とする．$z^n = i$ を満たす複素数 z のうち，$\mathrm{Re}(z) \geqq \dfrac{1}{2}$ を満たすものの個数を N とする．$N > \dfrac{n}{3}$ となるための n に関する必要十分条件を求めよ．（23　千葉大・前期）

▶解答◀（**1**） $z = r(\cos\theta + i\sin\theta)$ とおくと，

$$z^3 = r^3(\cos 3\theta + i\sin 3\theta)$$

であるから，$z^3 = i$ となるのは，$r = 1$，$3\theta = \dfrac{\pi}{2} + 2k\pi$（$k$ は整数）となるときである．

$$\theta = \frac{1+4k}{6}\pi$$

であるから，$0 \leqq \theta < 2\pi$ のとき，

$$\theta = \frac{\pi}{6},\ \frac{5}{6}\pi,\ \frac{3}{2}\pi$$

である（図 1）．

$$\boldsymbol{z = \pm\frac{\sqrt{3}}{2} + \frac{1}{2}i,\ -i}$$

図 1

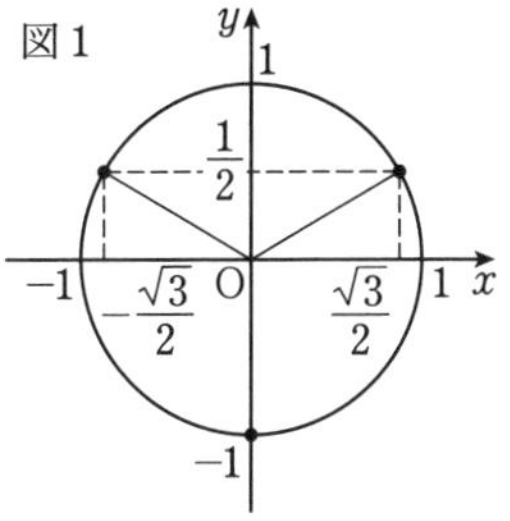

図 2

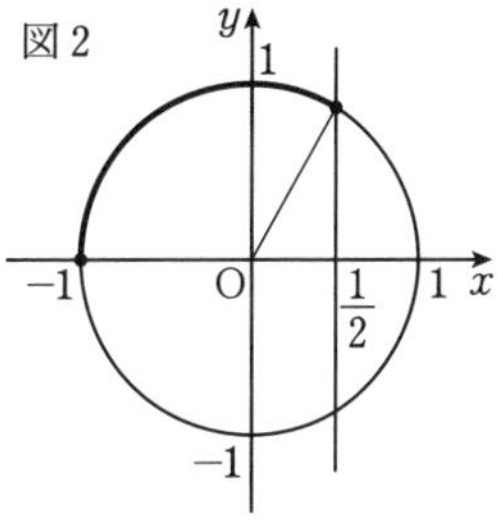

（**2**） $z^{100} = i$ のとき，$r = 1$，$100\theta = \dfrac{\pi}{2} + 2k\pi$ であるから，

$$\theta = \frac{1+4k}{200}\pi$$

である．$\mathrm{Re}(z) \leqq \dfrac{1}{2}$ かつ $\mathrm{Im}(z) \geqq 0$ をみたすのは，$\dfrac{\pi}{3} \leqq \theta \leqq \pi$ のときである（図 2 の太線部分）．

$$\frac{\pi}{3} \leqq \frac{1+4k}{200}\pi \leqq \pi$$

$$200 \leqq 3 + 12k \leqq 600$$

$$\frac{197}{12} \leqq k \leqq \frac{597}{12}$$

$$16.4\cdots \leqq k \leqq 49.75$$

をみたす整数 k は 17 から 49 までの 33 個あるから，条件をみたす z の個数は **33** である．

（**3**） $z^n = i$ のとき，$r = 1$，$n\theta = \dfrac{\pi}{2} + 2k\pi$ であるから，

$$\theta = \frac{1+4k}{2n}\pi$$

である．偏角を $-\pi \leqq \theta \leqq \pi$ で考えると，$\mathrm{Re}(z) \geqq \frac{1}{2}$ をみたすのは，$-\frac{\pi}{3} \leqq \theta \leqq \frac{\pi}{3}$ のときである（図3）．

図3

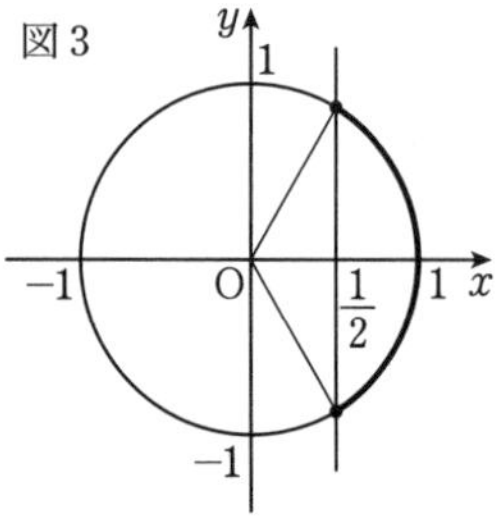

$$-\frac{\pi}{3} \leqq \frac{1+4k}{2n}\pi \leqq \frac{\pi}{3}$$
$$-2n \leqq 3+12k \leqq 2n$$
$$-\frac{2n+3}{12} \leqq k \leqq \frac{2n-3}{12}$$

（ア）m を整数として，$n=6m$ のとき，

$$-\left(m+\frac{1}{4}\right) \leqq k \leqq m-\frac{1}{4}$$

であるから，これをみたす整数 k は，$-m$～$m-1$ の $2m$ 個ある．このとき，$N > \frac{n}{3} = 2m$ をみたさない．

（イ）m を整数として，$n=6m+1$ のとき，

$$-\left(m+\frac{5}{12}\right) \leqq k \leqq m-\frac{1}{12}$$

であるから，これをみたす整数 k は，$-m$～$m-1$ の $2m$ 個ある．このとき，$N > \frac{n}{3} = 2m+\frac{1}{3}$ をみたさない．

（ウ）m を整数として，$n=6m+2$ のとき，

$$-\left(m+\frac{7}{12}\right) \leqq k \leqq m+\frac{1}{12}$$

であるから，これをみたす整数 k は，$-m$～m の $2m+1$ 個ある．このとき，$N > \frac{n}{3} = 2m+\frac{2}{3}$ をみたす．

（エ）m を整数として，$n=6m+3$ のとき，

$$-\left(m+\frac{3}{4}\right) \leqq k \leqq m+\frac{1}{4}$$

であるから，これをみたす整数 k は，$-m$～m の $2m+1$ 個ある．このとき，$N > \frac{n}{3} = 2m+1$ をみたさない．

（オ）m を整数として，$n=6m+4$ のとき，

$$-\left(m+\frac{11}{12}\right) \leqq k \leqq m+\frac{5}{12}$$

であるから，これをみたす整数 k は，$-m$～m の $2m+1$ 個ある．このとき，$N > \frac{n}{3} = 2m+\frac{4}{3}$ をみたさない．

（カ）m を整数として，$n=6m+5$ のとき，

$$-\left(m+\frac{13}{12}\right) \leqq k \leqq m+\frac{7}{12}$$

であるから，これをみたす整数 k は，$-m-1$～m の $2m+2$ 個ある．このとき，$N > \frac{n}{3} = 2m+\frac{5}{3}$ をみたす．

したがって，$N > \frac{n}{3}$ となるための必要十分条件は，**n を6で割った余りが2，または5となること**である（すなわち，**n を3で割った余りが2となること**である）．

《先の見えにくい問題（B20）》

66．定数 p を3以上の奇数，i を虚数単位とし，$\alpha = \cos\left(\frac{2\pi}{p}\right) + i\sin\left(\frac{2\pi}{p}\right)$ とする．また，複素数 z に対して $f(z) = \frac{1}{z+1}$ とし，複素数 z の偏角 $\arg z$ を $0 \leqq \arg z < 2\pi$ の範囲で考える．n を p 以下の自然数とするとき，以下の問いに答えよ．

（1）α^n の実部および虚部を，p と n を用いてそれぞれ表せ．

（2）$f(\alpha^n)$ は実部 $\frac{1}{2}$ の複素数であることを示せ．

（3）$\tan(\arg f(\alpha^n))$ の最大値とそのときの n を，p を用いてそれぞれ表せ．

（23　公立はこだて未来大）

▶解答◀（1）ド・モアブルの定理より，

$$\alpha^n = \cos\left(\frac{2n\pi}{p}\right) + i\sin\left(\frac{2n\pi}{p}\right)$$

であるから，α^n の実部は $\boldsymbol{\cos\left(\frac{2n\pi}{p}\right)}$，虚部は $\boldsymbol{\sin\left(\frac{2n\pi}{p}\right)}$ である．

（2）$\theta = \frac{n\pi}{p}$ とおく．$\alpha^n = \cos 2\theta + i\sin 2\theta$

$$f(\alpha^n) = \frac{1}{1+\alpha^n} = \frac{1}{1+\cos 2\theta + i\sin 2\theta}$$
$$= \frac{1}{2\cos^2\theta + 2i\sin\theta\cos\theta}$$
$$= \frac{1}{2\cos\theta(\cos\theta + i\sin\theta)} = \frac{\cos\theta - i\sin\theta}{2\cos\theta}$$
$$= \frac{1}{2} - \frac{i}{2}\tan\theta$$

（3）$1 \leqq n \leqq p$ であるから $0 < \theta \leqq \pi$ である．$\tan(\arg f(\alpha^n)) = -\tan\theta$ が最大になるのは，$\tan\theta$ が最小，すなわち，$\frac{\pi}{2}$ より大きく，一番 $\frac{\pi}{2}$ に近い $n = \boldsymbol{\frac{p+1}{2}}$ のときで最大値は $\boldsymbol{\tan\frac{(p-1)\pi}{2p}}$ である．

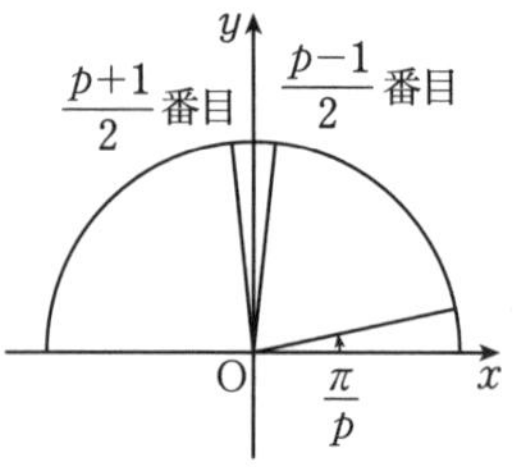

注意 1°【オイラーの公式】

大学の複素関数論では

$$e^{i\theta} = \cos\theta + i\sin\theta$$

を使って次のように変形する．$\alpha^n = e^{i\theta}$ とする．解答

の θ とは異なるものである．

$$\frac{1}{1+z}=\frac{1}{1+e^{i\theta}}$$

で分母・分子に $e^{-\frac{i}{2}\theta}$ をかけて

$$\frac{1}{1+z}=\frac{e^{-\frac{i}{2}\theta}}{e^{-\frac{i}{2}\theta}+e^{\frac{i}{2}\theta}}$$

となり

$$e^{\frac{i}{2}\theta}=\cos\frac{\theta}{2}+i\sin\frac{\theta}{2}$$

$$e^{-\frac{i}{2}\theta}=\cos\frac{\theta}{2}-i\sin\frac{\theta}{2}$$

$$\frac{1}{1+z}=\frac{\cos\frac{\theta}{2}-i\sin\frac{\theta}{2}}{2\cos\frac{\theta}{2}}=\frac{1}{2}-\frac{i}{2}\tan\frac{\theta}{2}$$

2°【普通に書く】

$a=\cos\left(\frac{2n\pi}{p}\right)$，$b=\sin\left(\frac{2n\pi}{p}\right)$ とおく．

$a^2+b^2=1$ であるから，

$$f(\alpha^n)=\frac{1}{\alpha^n+1}=\frac{1}{a+1+bi}$$

$$=\frac{a+1-bi}{(a+1)^2+b^2}=\frac{a+1-bi}{a^2+b^2+2a+1}$$

$$=\frac{a+1-bi}{2(a+1)}=\frac{1}{2}-\frac{b}{2(a+1)}i$$

の実部は $\frac{1}{2}$ であり，A$(-1,0)$，P$(a,-b)$ とすると，O と $f(\alpha^n)$ を結ぶ直線の傾きは $-\frac{b}{a+1}=$（AP の傾き）である．これが最大になる P は，点 $(-1,0)$ に一番近い $y>0$ の部分の点である．$\frac{2n\pi}{p}$ が π より大きく，π に一番近いもので，$2n=p+1$ である．

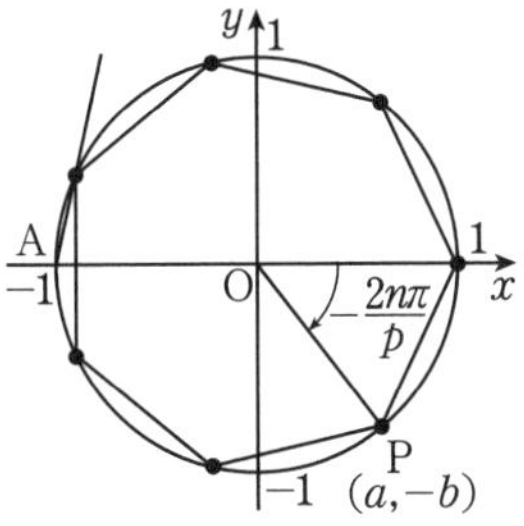

【複素数と図形】

《単にメネラウス (B10) ☆》

67. 複素数平面上に，異なる3点 A(α), B(β), C(γ) と，$z=\frac{2\alpha-3\beta+6\gamma}{5}$ を満たす点 P(z) がある．直線 AP と直線 BC の交点を Q とすると，$\frac{\text{AP}}{\text{AQ}}=\frac{\square}{\square}$ である．また，直線 AC と直線 BP の交点を R とすると，$\frac{\text{BP}}{\text{BR}}=\frac{\square}{\square}$ である．（23 東邦大・医）

▶解答◀

$$z=\frac{2\alpha+3\cdot\frac{-\beta+2\gamma}{-1+2}}{2+3}$$

BC を 2 : 1 に外分する点を Q としたとき，P は AQ を 3 : 2 に内分する点である．図を見よ．

これより，$\frac{\text{AP}}{\text{AQ}}=\mathbf{\frac{3}{5}}$ である．また，△ACQ と直線 BP についてメネラウスの定理より

$$\frac{\text{RP}}{\text{BR}}\cdot\frac{\text{AQ}}{\text{PA}}\cdot\frac{\text{CB}}{\text{QC}}=1$$

$$\frac{\text{RP}}{\text{BR}}\cdot\frac{5}{3}\cdot\frac{1}{1}=1 \qquad \therefore\ \frac{\text{RP}}{\text{BR}}=\frac{3}{5}$$

よって，$\frac{\text{BP}}{\text{BR}}=\mathbf{\frac{8}{5}}$ である．

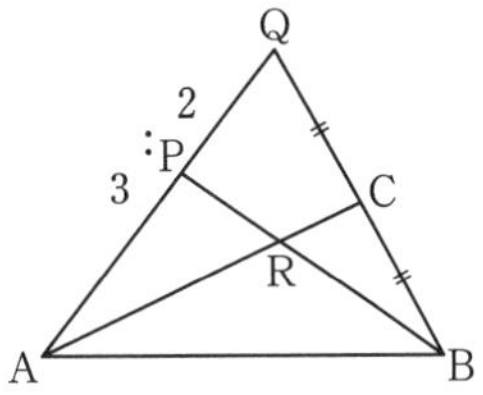

《割って変換する (B20) ☆》

68. z を複素数とし，z, z^2, z^3 が表す複素数平面上の点をそれぞれ A, B, C とする．これらは互いに異なり，また AB $=$ AC であるとする．

（1） 上の条件をみたす z 全体を考えたとき，A はどのような図形を描くか．

（2） A, B, C を結んだ図形が直角二等辺三角形になる z を求めよ．

（3） A, B, C を結んだ図形が正三角形になる z を求め，そのときの三角形 ABC を図示せよ．

（23 和歌山県立医大）

▶解答◀ 0 でない複素数で割ったりかけたりすると回転と拡大・縮小をおこし，複素数を加えたりひいたりすると平行移動をおこし，いずれも図形の形状に影響しない．

z, z^2, z^3 は互いに異なるから $z\neq 0, 1$ （割るのに必要なことだけ書く）である．z で割ると $1, z, z^2$ になる．

1 をひくと $0, z-1, z^2-1$ になり，$z-1$ で割ると $0, 1, z+1$ になる．1 をひくと，$-1, 0, z$ になる．

つまり A(-1), B(0), C(z) と考えても形状は最初の状態と同じである．$z\neq 0, \pm 1$ となる．

(1) AB $=$ AC のとき $|z+1|=1$ かつ $z\neq 0$ かつ $z\neq\pm 1$ （$z\neq\pm 1$ は成り立つ）

図示すると図 1 の白丸を除く円弧．

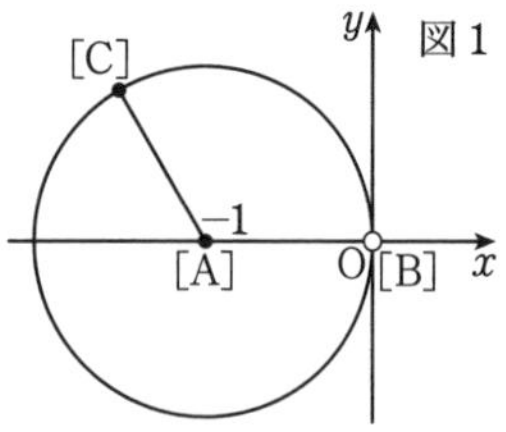

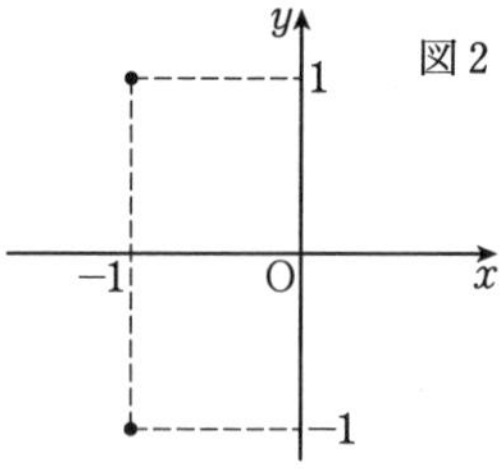

図の [A], [B], [C] は変換後の対応を表す.

（**2**） $z=\boldsymbol{-1\pm i}$（図2の黒丸）

（**3**） $z=\boldsymbol{-\frac{1}{2}\pm\frac{\sqrt{3}}{2}i}$

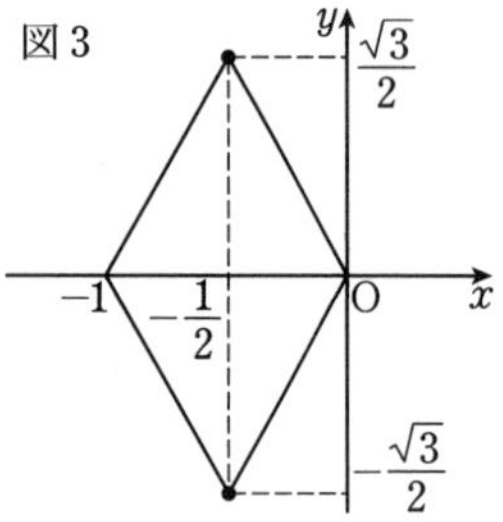

図3は ±120° 回転の複素数（複号同順）である.

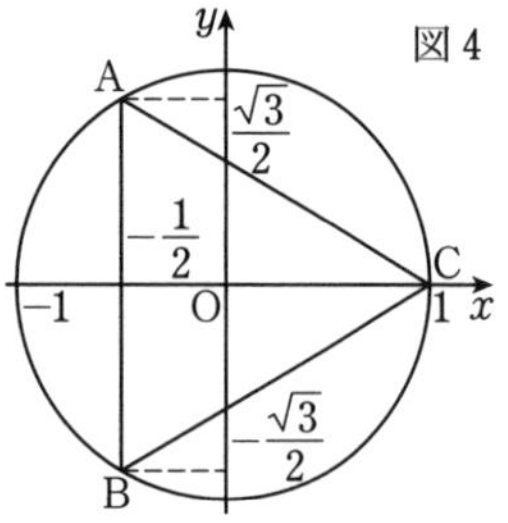

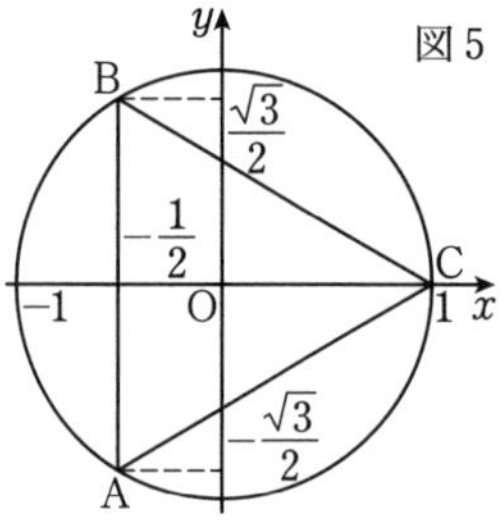

複号が + のとき図4, − のとき図5.

♦別解♦ （**1**） $z\neq z^2$ より $z(z-1)\neq 0$

$z^2\neq z^3$ より $z^2(z-1)\neq 0$

$z^3\neq z$ より $z(z+1)(z-1)\neq 0$

よって $z\neq 0,\ \pm1$ である.

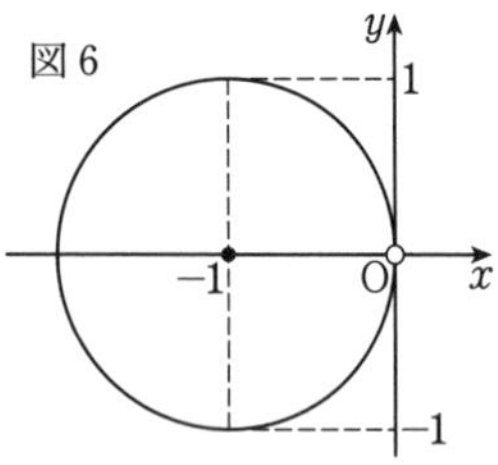

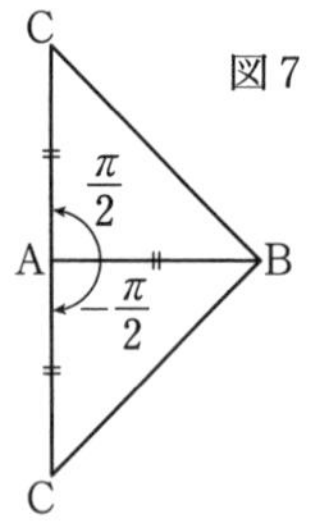

AB = AC より $|z^2-z|=|z^3-z|$

$$|z||z-1|=|z||z+1||z-1|$$

$|z||z-1|\neq 0$ であるから $|z+1|=1$ …………①

A は中心 −1, 半径1の円を描く. ただし点0を除く. 図形は図6の通りである.

（**2**） AB = AC であるから, △ABC が直角二等辺三角形となるのは, $\overrightarrow{\mathrm{AC}}=\overrightarrow{\mathrm{AB}}\times\left(\pm\frac{\pi}{2}\text{回転}\right)$ となるときである（図7）. 以下複号同順とする.

$$\frac{z^3-z}{z^2-z}=\cos\left(\pm\frac{\pi}{2}\right)+i\sin\left(\pm\frac{\pi}{2}\right)$$

$$z+1=\pm i \qquad \therefore\ \ z=\boldsymbol{-1\pm i}$$

（**3**） △ABC が正三角形となるのは, $\overrightarrow{\mathrm{AC}}=\overrightarrow{\mathrm{AB}}\times\left(\pm\frac{\pi}{3}\text{回転}\right)$ となるときである.

$$\frac{z^3-z}{z^2-z}=\cos\left(\pm\frac{\pi}{3}\right)+i\sin\left(\pm\frac{\pi}{3}\right)$$

$$z+1=\frac{1}{2}\pm\frac{\sqrt{3}}{2}i \qquad \therefore\ \ z=\boldsymbol{-\frac{1}{2}\pm\frac{\sqrt{3}}{2}i}$$

$z=\cos\left(\pm\frac{2}{3}\pi\right)+i\sin\left(\pm\frac{2}{3}\pi\right)$ であるから

$$z^2=\cos\left(\pm\frac{4}{3}\pi\right)+i\sin\left(\pm\frac{4}{3}\pi\right)$$

$$=-\frac{1}{2}\mp\frac{\sqrt{3}}{2}i$$

$$z^3=\cos(\pm2\pi)+i\sin(\pm2\pi)=1$$

△ABC を図示すると, 複号が + のときが図4, − のときが図5となる.

《形状決定・正三角形 (B5) ☆》

69. 複素数平面上に異なる3点

$\mathrm{P_1}(z_1),\ \mathrm{P_2}(z_2),\ \mathrm{P_3}(z_3)$

がある. 複素数 $z_1,\ z_2,\ z_3$ が次の3つの条件を満たすとする.

条件1：$z_1{}^2+z_2{}^2-z_1z_2=0$

条件2：$|z_1|=\sqrt{2}$

条件3：$z_3=z_1+z_2$

このとき, $|z_2|$ は □ である. また, この3つの条件を満たす $\mathrm{P_1}(z_1),\ \mathrm{P_2}(z_2),\ \mathrm{P_3}(z_3)$ を頂点とする三角形の面積は □ になる.　　（23　防衛医大）

▶解答◀ 条件2より $z_1\neq 0$ であるから, 条件1の両辺を $z_1{}^2\ (\neq 0)$ で割ると

$$1+\left(\frac{z_2}{z_1}\right)^2-\frac{z_2}{z_1}=0$$

$$\frac{z_2}{z_1}=\frac{1\pm\sqrt{3}i}{2}=\cos\left(\pm\frac{\pi}{3}\right)+i\sin\left(\pm\frac{\pi}{3}\right)$$

よって, $\left|\frac{z_2}{z_1}\right|=1$ より $|z_2|=|z_1|=\boldsymbol{\sqrt{2}}$ である.

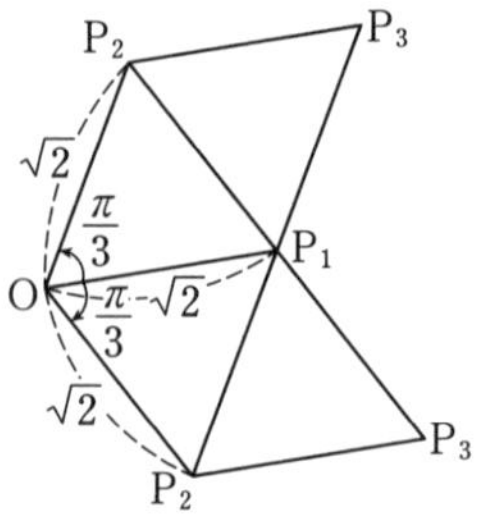

また，0, P_1, P_2, P_3 は図のように平行四辺形になるから，$\triangle P_1P_2P_3$ は1辺が $\sqrt{2}$ の正三角形になる．よって

$$\triangle P_1P_2P_3 = \frac{\sqrt{3}}{4}(\sqrt{2})^2 = \boldsymbol{\frac{\sqrt{3}}{2}}$$

《ナポレオンの問題 (B20)》

70． α, β を複素数とし，複素数平面上の3点 O(0), A(α), B(β) が三角形をなすとする．点Aを点Oを中心として $\frac{\pi}{3}$ だけ回転した点をP，点Oを点Bを中心として $\frac{\pi}{3}$ だけ回転した点をQ，点Bを点Aを中心として $\frac{\pi}{3}$ だけ回転した点をRとする．$\triangle$POA, $\triangle$QBO, $\triangle$RAB の重心をそれぞれG，H，Iとする．以下の問いに答えよ．

（1） 3点P，Q，Rを表す複素数のそれぞれを α, β を用いて表せ．

（2） 3点G, H, Iを表す複素数のそれぞれを α, β を用いて表せ．

（3） 3点G，H，Iが三角形をなすとき，$\triangle$GHI が正三角形かどうか判定せよ．

（23　熊本大・医，理，薬，工）

▶解答◀ （1） 点P，Q，Rを表す複素数をそれぞれ p, q, r とする．$w = \frac{1}{2} + \frac{\sqrt{3}}{2}i$ とおく．

$$p = \alpha w = \boldsymbol{\frac{1+\sqrt{3}i}{2}\alpha}$$

q は β を $-\frac{\pi}{3}$ 回転する．$q = \frac{1}{w}\beta$ であり，

$$q = \frac{\beta}{w} = \boldsymbol{\frac{1-\sqrt{3}i}{2}\beta}$$

$\overrightarrow{AR} = \overrightarrow{AB} \times \left(\frac{\pi}{3}回転\right)$ とみる．

$$r - \alpha = (\beta - \alpha)\cdot w$$

$$r = \alpha + (\beta - \alpha)\cdot w = \alpha + \beta w - \alpha w$$

$$= \boldsymbol{\frac{1-\sqrt{3}i}{2}\alpha + \frac{1+\sqrt{3}i}{2}\beta}$$

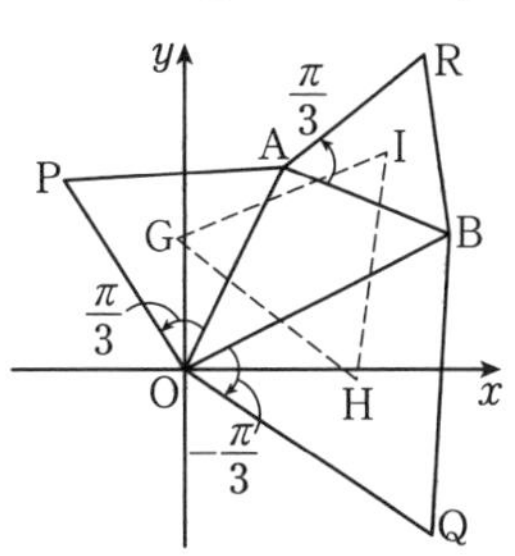

（2） 点G，H，Iを表す複素数をそれぞれ g, h, j とする．

$$g = \frac{1}{3}(\alpha + p) = \frac{1}{3}(\alpha + \alpha w) = \boldsymbol{\frac{3+\sqrt{3}i}{6}\alpha}$$

$$h = \frac{1}{3}(\beta + q) = \boldsymbol{\frac{3-\sqrt{3}i}{6}\beta}$$

であるが，下では $h = \frac{1}{3}\left(\beta + \frac{\beta}{w}\right)$ で使う．

$$j = \frac{1}{3}(\alpha + \beta + r)$$

$$= \frac{1}{3}(2\alpha + \beta + \beta w - \alpha w)$$

$$= \boldsymbol{\frac{3-\sqrt{3}i}{6}\alpha + \frac{3+\sqrt{3}i}{6}\beta}$$

（3） $\overrightarrow{GI} = \overrightarrow{GH} \times \left(\frac{\pi}{3}回転\right)$ を示す．w は $w^2 - w + 1 = 0$ を満たすから $w^2 = w - 1$ を利用する．

$3(j-g) = 3(h-g)w$ を示す．

$$3(h-g)w = (3h)w - (3g)w$$

$$= (\beta w + \beta) - (\alpha w + \alpha w^2)$$

$$= (\beta w + \beta) - \alpha w - \alpha(w-1)$$

$$= \beta w + \beta - 2\alpha w + \alpha$$

$$3(j-g) = \alpha + \beta + \beta w - 2\alpha w$$

であるから成り立つ．よって証明された．

注意 $\triangle$GHI をナポレオンの三角形という．

《正三角形 (B5)》

71． Oを原点とする複素数平面上で，OA $= \sqrt{3}$ となる点Aをとる．点AをOを中心として $\frac{\pi}{3}$ だけ回転した点をBとする．このとき，正三角形となる $\triangle$OAB の頂点A，Bを表す複素数をそれぞれ α，β とする．また，辺ABの中点をM，$\triangle$OAB の重心をGとする．以下の問に答えよ．

（1） 点Mと点Gを表す複素数を，それぞれ α, β を用いて表せ．

（2） β を α を用いて表せ．

（3） 点Gを表す複素数の実部が正，虚部が $-\frac{\sqrt{3}}{3}$ であるとき，$\alpha + \beta$ の虚部を求めよ．さらに，$\alpha + \beta$ の実部を求めよ．

（23　岐阜大・医-医，工，応用生物，教）

▶解答◀ （1） 点M，点Gを表す複素数はそれぞれ $\boldsymbol{\frac{\alpha+\beta}{2}}$，$\boldsymbol{\frac{\alpha+\beta}{3}}$

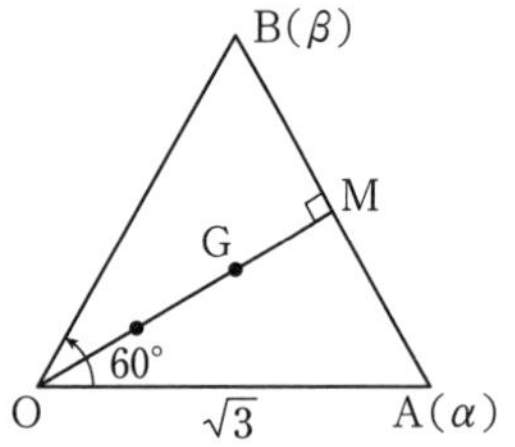

（2） $\beta=\left(\cos\frac{\pi}{3}+i\sin\frac{\pi}{3}\right)\alpha=\boldsymbol{\left(\frac{1}{2}+\frac{\sqrt{3}}{2}i\right)\alpha}$

（3） $\mathrm{OM}=\mathrm{OA}\cos\frac{\pi}{6}=\frac{3}{2}$

であり，OG : GM = 2 : 1 であるから

$$\mathrm{OG}=\frac{2}{3}\mathrm{OM}=1$$

点 G を表す複素数を $x-\frac{\sqrt{3}}{3}i\ (x>0)$ とすると

$$\mathrm{OG}=\sqrt{x^2+\frac{1}{3}}=1$$

$$x^2=\frac{2}{3}\qquad\therefore\quad x=\frac{\sqrt{6}}{3}$$

$$\frac{\alpha+\beta}{3}=\frac{\sqrt{6}}{3}-\frac{\sqrt{3}}{3}i$$

$$\alpha+\beta=\sqrt{6}-\sqrt{3}i$$

$\alpha+\beta$ の虚部は $\boldsymbol{-\sqrt{3}}$，実部は $\boldsymbol{\sqrt{6}}$

《正三角形 (B15) ☆》

72. 以下の問いに答えよ．

（1） 4 次方程式 $x^4-2x^3+3x^2-2x+1=0$ を解け．

（2） 複素数平面上の △ABC の頂点を表す複素数をそれぞれ α, β, γ とする．

$$(\alpha-\beta)^4+(\beta-\gamma)^4+(\gamma-\alpha)^4=0$$

が成り立つとき，△ABC はどのような三角形になるか答えよ． （23 九大・理系）

考え方 条件式が対称性があるから，おそらく正三角形になるだろうと推測がつく．そうなれば，$\frac{\gamma-\alpha}{\beta-\alpha}$ の値を求めて極座標表示をしたとき，見慣れた形になるはずだから，この値を求める方針で式変形を進めていく．

▶解答◀ （1） $x=0$ では成立しないから，両辺を $x^2\neq0$ で割って，

$$x^2-2x+3-\frac{2}{x}+\frac{1}{x^2}=0$$

$$\left(x+\frac{1}{x}\right)^2-2\left(x+\frac{1}{x}\right)+1=0$$

$$\left(x+\frac{1}{x}-1\right)^2=0$$

$$(x^2-x+1)^2=0\qquad\therefore\quad x=\boldsymbol{\frac{1\pm\sqrt{3}i}{2}}$$

（2） $\frac{\gamma-\alpha}{\beta-\alpha}$ を求めたい．

$$\beta-\gamma=(\beta-\alpha)-(\gamma-\alpha)$$

であることから，条件式の両辺を $(\beta-\alpha)^4\neq0$ で割ると

$$1+\left(1-\frac{\gamma-\alpha}{\beta-\alpha}\right)^4+\left(\frac{\gamma-\alpha}{\beta-\alpha}\right)^4=0$$

ここで，$x=\frac{\gamma-\alpha}{\beta-\alpha}$ とおくと

$$1+(1-x)^4+x^4=0$$

$$2x^4-4x^3+6x^2-4x+2=0$$

$$x^4-2x^3+3x^2-2x+1=0$$

（1）より，$x=\cos\left(\pm\frac{\pi}{3}\right)+i\sin\left(\pm\frac{\pi}{3}\right)$ である．

よって，∠BAC = 60° かつ AB = AC とわかるから，△ABC は**正三角形**である．

《正三角形 (B10)》

73. i を虚数単位とする．方程式 $z^3=8i$ の解で，実部が正の複素数を α，実部が負の複素数を β，実部が 0 の複素数を γ とする．

（1） α, β, γ を求めよ．

（2） $\frac{\gamma-\alpha}{\beta-\alpha}$ と $\left|\frac{\gamma-\alpha}{\beta-\alpha}\right|$ の値を求めよ．

（3） 複素数平面上の 3 点 A(α), B(β), C(γ) を頂点とする △ABC が，正三角形であることを示せ． （23 室蘭工業大）

▶解答◀ （1） $z^3=8i$

$$=8\left(\cos\frac{\pi}{2}+i\sin\frac{\pi}{2}\right)$$

$z=r(\cos\theta+i\sin\theta)\ (r>0,\ 0\leqq\theta<2\pi)$ とおくと

$z^3=r^3(\cos3\theta+i\sin3\theta)\ (0\leqq3\theta<6\pi)$ であるから

$$r^3=8,\ 3\theta=\frac{\pi}{2}+2n\pi\ (n=0,\ 1,\ 2)$$

$$r=2,\ \theta=\frac{\pi}{6},\ \frac{5}{6}\pi,\ \frac{3}{2}\pi$$

$$\alpha=2\left(\cos\frac{\pi}{6}+i\sin\frac{\pi}{6}\right)=\boldsymbol{\sqrt{3}+i}$$

$$\beta=2\left(\cos\frac{5}{6}\pi+i\sin\frac{5}{6}\pi\right)=\boldsymbol{-\sqrt{3}+i}$$

$$\gamma=2\left(\cos\frac{3}{2}\pi+i\sin\frac{3}{2}\pi\right)=\boldsymbol{-2i}$$

（2） $\frac{\gamma-\alpha}{\beta-\alpha}=\frac{-2i-(\sqrt{3}+i)}{(-\sqrt{3}+i)-(\sqrt{3}+i)}$

$$=\frac{\sqrt{3}+3i}{2\sqrt{3}}=\boldsymbol{\frac{1}{2}+\frac{\sqrt{3}}{2}i}$$

$$\frac{\gamma-\alpha}{\beta-\alpha}=\cos\frac{\pi}{3}+i\sin\frac{\pi}{3}\quad\cdots\cdots\text{①}$$

であるから，$\left|\frac{\gamma-\alpha}{\beta-\alpha}\right|=\boldsymbol{1}$

（3） ① より，$\overrightarrow{\mathrm{AC}}$ は $\overrightarrow{\mathrm{AB}}$ を $\frac{\pi}{3}$ 回転したものであるから，△ABC は正三角形である．

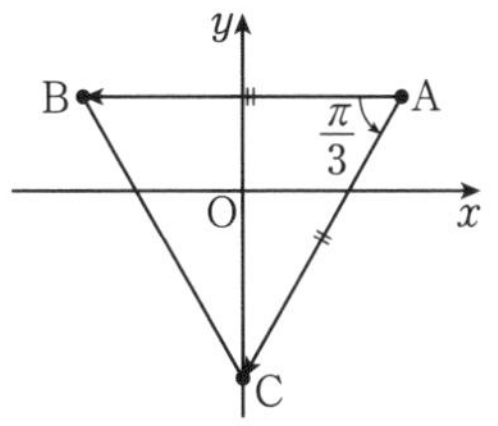

《正三角形 (B10) ☆》

74. 複素数平面上の 3 点 A(α), B(β), C(γ) を頂点とする △ABC は正三角形であるとする．また，$\omega=\dfrac{\gamma-\alpha}{\beta-\alpha}$ とおく．このとき，次の問いに答えよ．

（1） $n=1, 2, 3, 4, 5$ に対しては $\omega^n \neq 1$ であり，かつ $\omega^6=1$ であることを示せ．

（2） $\omega^2-\omega+1=0$ であることを示せ．

（3） $\alpha^2+\beta^2+\gamma^2=\beta\gamma+\gamma\alpha+\alpha\beta$ であることを示せ．

（4） $\alpha=2-i, \beta=5+i$ のとき，γ の値を求めよ．ただし，i は虚数単位とする．

（23　静岡大・理，教）

▶解答◀ （1） △ABC は正三角形であるから，$\overrightarrow{\mathrm{AB}}$ を $\pm\dfrac{\pi}{3}$ 回転して $\overrightarrow{\mathrm{AC}}$ になる．

$|\overrightarrow{\mathrm{AB}}|=|\overrightarrow{\mathrm{AC}}|$ であるから，複号同順で

$$\omega=\frac{\gamma-\alpha}{\beta-\alpha}=\cos\left(\pm\frac{\pi}{3}\right)+i\sin\left(\pm\frac{\pi}{3}\right)$$

$$\omega^n=\cos\left(\pm\frac{n\pi}{3}\right)+i\sin\left(\pm\frac{n\pi}{3}\right)$$

$n=1, 2, 3, 4, 5$ のとき $\omega^n \neq 1$, $\omega^6=1$ である．

（2） $n=3$ のとき複号同順で

$$\omega^3=\cos(\pm\pi)+i\sin(\pm\pi)=-1$$

$$\omega^3+1=0$$

$$(\omega+1)(\omega^2-\omega+1)=0$$

$\omega \neq -1$ であるから，$\omega^2-\omega+1=0$ である．

（3） $\omega^2-\omega+1=0$ に $\omega=\dfrac{\gamma-\alpha}{\beta-\alpha}$ を代入し

$$\left(\frac{\gamma-\alpha}{\beta-\alpha}\right)^2-\frac{\gamma-\alpha}{\beta-\alpha}+1=0$$

$$(\gamma-\alpha)^2-(\gamma-\alpha)(\beta-\alpha)+(\beta-\alpha)^2=0$$

$$\gamma^2-2\alpha\gamma+\alpha^2-(\beta\gamma-\alpha\beta-\gamma\alpha+\alpha^2)$$

$$+\beta^2-2\alpha\beta+\alpha^2=0$$

$$\alpha^2+\beta^2+\gamma^2-\alpha\beta-\beta\gamma-\gamma\alpha=0$$

（4） 複号同順で

$$\gamma=(\beta-\alpha)\omega+\alpha$$

$$=(3+2i)\left(\frac{1}{2}\pm\frac{\sqrt{3}}{2}i\right)+(2-i)$$

$$\left\{\left(\frac{3}{2}\mp\sqrt{3}\right)+\left(1\pm\frac{3\sqrt{3}}{2}\right)i\right\}+(2-i)$$

$$=\boldsymbol{\frac{7}{2}\mp\sqrt{3}\pm\frac{3\sqrt{3}}{2}i}\ \textbf{(複号同順)}$$

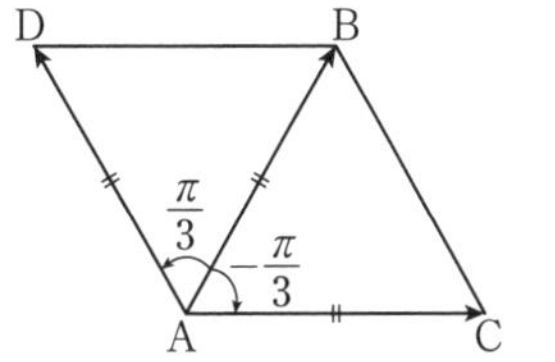

《正三角形と移動 (B20)》

75. i を虚数単位とする．c を複素数として，z に関する 3 次方程式 $z^3-3(1+i)z^2+cz+2-i=0$ が異なる 3 つの複素数解 α, β, γ をもつとする．このとき，$u=\dfrac{1}{3}(\alpha+\beta+\gamma)$, $v=\alpha\beta\gamma$ とおくと，u の値は □，v の値は □ である．次に，複素数平面上の 3 点 A(α), B(β), C(γ) を頂点とする三角形が正三角形であるとき，$w=\alpha-u$ とおくと，w^3 の値は □，c の値は □ であり，α, β, γ のそれぞれの実部の値のうち，最大の値は □ である．

（23　同志社大・理工）

▶解答◀ $z^3-3(1+i)z^2+cz+2-i=0$ ………①

解と係数の関係より

$$\alpha+\beta+\gamma=3(1+i),\ \alpha\beta\gamma=-(2-i)$$

よって

$$u=\frac{1}{3}\cdot 3(1+i)=\boldsymbol{1+i},\ v=\boldsymbol{-2+i}$$

$z-u=z-(1+i)=Z$ とおくと

$$z=Z+(1+i)$$

これを ① に代入して

$$\{Z+(1+i)\}^3-3(1+i)\{Z+(1+i)\}^2$$

$$+c\{Z+(1+i)\}+2-i=0$$

$$Z^3+3(1+i)Z^2+3(1+i)^2Z+(1+i)^3$$

$$-3(1+i)\{Z^2+2(1+i)Z+(1+i)^2\}$$

$$+cZ+c(1+i)+2-i=0$$

$$Z^3+\{-3(1+i)^2+c\}Z$$

$$-2(1+i)^3+c(1+i)+2-i=0$$

$(1+i)^2=2i$, $(1+i)^3=2i(1+i)=2i-2$ より

$$Z^3+(-6i+c)Z+c(1+i)+6-5i=0 \ \cdots\cdots②$$

$\alpha-u=\alpha'$, $\beta-u=\beta'$, $\gamma-u=\gamma'$ とする．

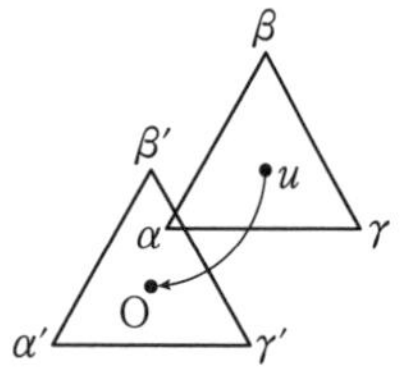

題意の正三角形を $-u$ だけ平行移動すると原点Oを重心とする正三角形となる．α', β', γ' は $Z^3=\delta$（δ は複素数）の形の方程式の解だから，$c=\boldsymbol{6i}$ で ② は $Z^3=-i$ となる．

よって $w^3=(\alpha')^3=\boldsymbol{-i}$

以下複号同順とする．$Z^3=i^3$ により

$$\left(\frac{Z}{i}\right)^3=1$$

$$\frac{Z}{i}=1,\ \frac{-1\pm\sqrt{3}i}{2}$$

$$Z=i,\ -\frac{1}{2}i\mp\frac{\sqrt{3}}{2}$$

よって ① の解は

$$z=Z+(1+i)=1+2i,\ \frac{1}{2}i+1\mp\frac{\sqrt{3}}{2}$$

となり，実部の値の最大値は $\boldsymbol{1+\frac{\sqrt{3}}{2}}$

注意 $\omega=-\frac{1}{2}+\frac{\sqrt{3}}{2}i$ とする．$z^3=\alpha^3$ の形の方程式は

$$\left(\frac{z}{\alpha}\right)^3=1$$

$$\frac{z}{\alpha}=1,\ \omega,\ \omega^2$$

$$z=\alpha,\ \alpha\omega,\ \alpha\omega^2$$

となり，その解は正三角形の頂点をなす．

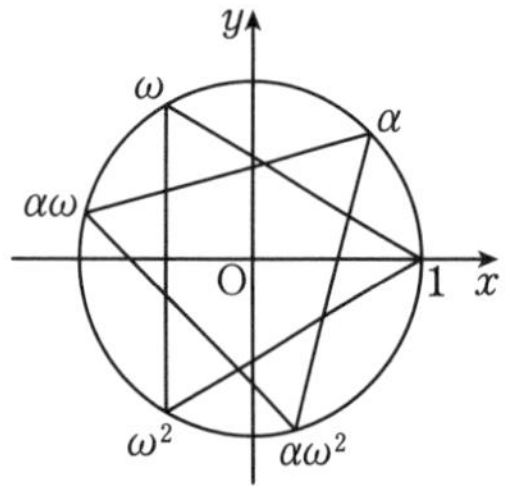

《成分で表す (B5)》

76. 以下の問いに答えよ．

（1） 条件 $(z_1-\overline{z_1})\left(\frac{1}{\overline{z_1}}-\frac{1}{z_1}\right)=-\mathrm{Im}(z_1)$

および $\mathrm{Im}(z_1)\neq 0$

を満たす複素数平面上の点 z_1 はどのような図形を描くか．ただし，$\mathrm{Im}(z_1)$ は z_1 の虚部を表す．

（2） 複素数平面において，原点を中心とする半径 $2\sqrt{2}$ の円と（1）の点 z_1 が描く図形の共有点の偏角 θ を求めよ．ただし，偏角 θ の範囲は $0\leqq\theta<2\pi$ とする．

（3） 条件

$$|z_2-1-ai|=|z_2-(1+a)i|$$

を満たす複素数平面上の点 z_2 が描く図形と（1）の点 z_1 が描く図形が共有点を持つように，定数 a の値の範囲を定めよ．ただし，a は実数とし，i は虚数単位とする．（23 愛知県立大・情報）

▶解答◀

（1） $(z_1-\overline{z_1})\left(\frac{1}{\overline{z_1}}-\frac{1}{z_1}\right)=-\mathrm{Im}(z_1)$

$$\frac{(z_1-\overline{z_1})^2}{|z_1|^2}=-\mathrm{Im}(z_1)$$

$$(z_1-\overline{z_1})^2=-\mathrm{Im}(z_1)\cdot|z_1|^2$$

$z_1=x+yi$（x, y は実数．$y\neq 0$）とおく．

$$(2yi)^2=-y(x^2+y^2)$$

$$-4y^2=-y(x^2+y^2)$$

$y\neq 0$ であるから $x^2+y^2=4y$ となり

$$x^2+(y-2)^2=4 \quad \cdots\cdots①$$

点 z_1 は **$2i$ を中心とする半径 2 の円を描く．ただし原点を除く．**

（2） $C_1: x^2+y^2=4y$，$C_2: x^2+y^2=8$ とする．

$x^2+y^2=4y$ と $x^2+y^2=8$ を連立させると $y=2$，$x=\pm 2$ となる．共有点は $\pm 2+2i$ である．偏角 θ は $\theta=\boldsymbol{\frac{\pi}{4},\ \frac{3}{4}\pi}$ である．

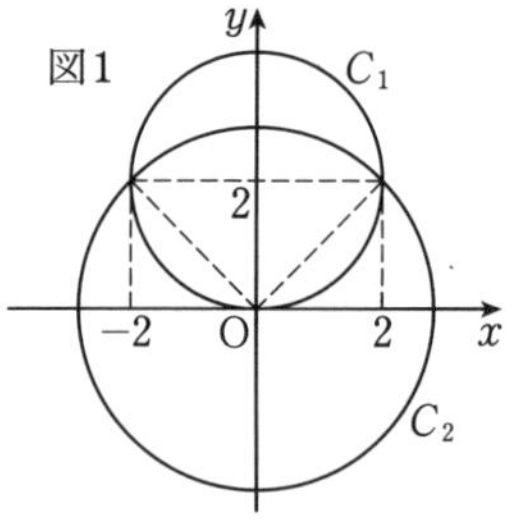

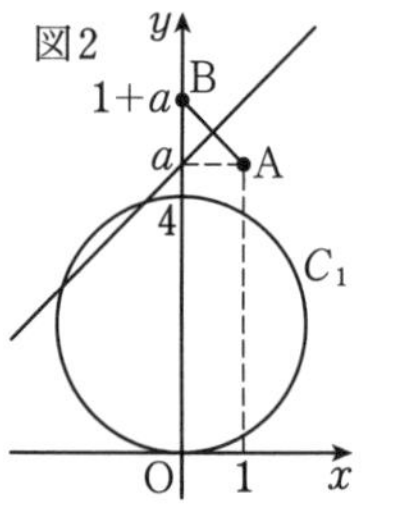

（3） 複素数平面上で z_2, $1+ai$, $(1+a)i$ を表す点をそれぞれ P，A，B とおく．図2を見よ．条件は PA = PB から P が描く図形は AB の垂直二等分線 $y=x+a$ である．これが ① と共有点をもつ条件は $(0, 2)$ と $y=x+a$ の距離が 2 以下になることで

$$\frac{|a-2|}{\sqrt{2}}\leqq 2$$

$$-2\sqrt{2}\leqq a-2\leqq 2\sqrt{2}$$

$$\boldsymbol{2-2\sqrt{2}\leqq a\leqq 2+2\sqrt{2}}$$

《回転移動（B10）》

77. 複素数平面上に 3 点 $A(\alpha)$, $B(\beta)$, $C(\gamma)$ を頂点とする正三角形 ABC がある．次の問いに答えよ．

（1） $\gamma=(1-v)\alpha+v\beta$（$v$ は複素数）と表すとき，v をすべて求めよ．

（2） 三角形 ABC の重心を $G(z)$ とする．α, β, γ が次の条件（＊）をみたしながら動くとき，$|z|$ の最大値を求めよ．

$$(*)\quad \begin{cases} |\alpha|=1,\ \beta=\alpha^2,\ |\gamma|\geqq 1, \\ \alpha \text{ の偏角 } \theta \text{ は } 0<\theta\leqq\dfrac{\pi}{2} \text{ の範囲にある．} \end{cases}$$

（23　横浜国大・理工，都市）

▶解答◀ （1） △ABC は正三角形だから，点 C は点 A を中心として点 B を ±60° 回転した位置にある．

$$\gamma=(1-v)\alpha+v\beta$$

$$\gamma-\alpha=v(\beta-\alpha)$$

であるから v は ±60° 回転の複素数である．

$$v=\cos\left(\pm\frac{\pi}{3}\right)+i\sin\left(\pm\frac{\pi}{3}\right)=\boldsymbol{\frac{1}{2}\pm\frac{\sqrt{3}}{2}}$$

図1

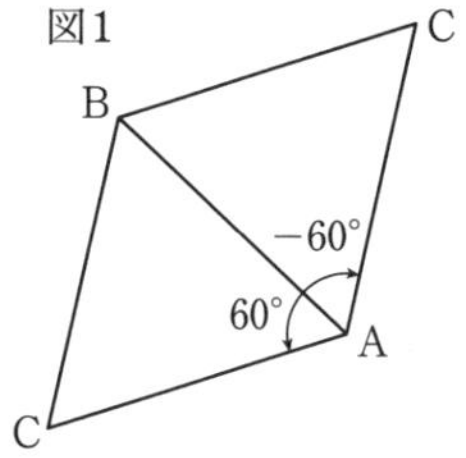

図2

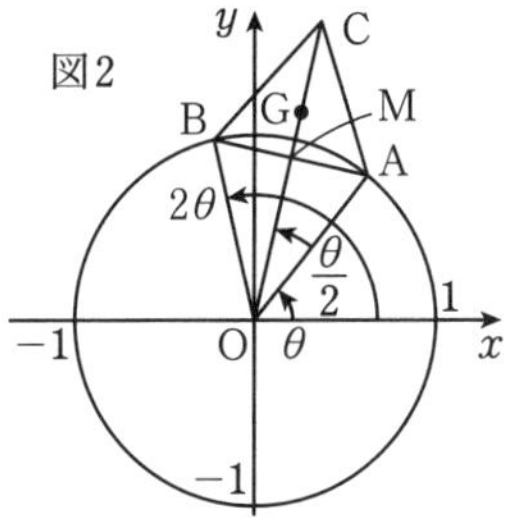

（2） $|\beta|=|\alpha^2|=1$，β の偏角は 2θ である．よって，$\angle AOB=\theta$ であり，A と B の中点を M とすると $\angle AOM=\dfrac{\theta}{2}$ である．△OAB と △CAB はどちらも AB を底辺とする二等辺三角形であるから，O, M, C は一直線上にある．$|\gamma|\geqq 1$ より点 C は単位円の外部にあるから，C は直線 AB に関して O と反対側にあり，G も直線 AB に関して O と反対側にある．

$$OM=\cos\frac{\theta}{2},\ AB=2\sin\frac{\theta}{2}$$

$$GM=\frac{1}{3}CM=\frac{1}{3}\cdot\frac{\sqrt{3}}{2}AB=\frac{1}{\sqrt{3}}\sin\frac{\theta}{2}$$

$$|z|=OG=OM+GM$$

$$=\cos\frac{\theta}{2}+\frac{1}{\sqrt{3}}\sin\frac{\theta}{2}=\frac{2}{\sqrt{3}}\sin\left(\frac{\theta}{2}+\frac{\pi}{3}\right)$$

$\sin\left(\dfrac{\theta}{2}+\dfrac{\pi}{3}\right)=1$ のとき最大値をとるから

$$\frac{\theta}{2}+\frac{\pi}{3}=\frac{\pi}{2}\qquad\therefore\quad \theta=\frac{\pi}{3}$$

このとき $|z|$ は最大値 $\boldsymbol{\dfrac{2}{\sqrt{3}}}$ をとる．

《点の通過（B20）》

78. 複素数平面上に 2 点 $A(1)$, $B(\sqrt{3}i)$ がある．ただし，i は虚数単位である．複素数 z に対し $w=\dfrac{3}{z}$ で表される点 w を考える．以下の問に答えよ．

（1） $z=1,\ \dfrac{1+\sqrt{3}i}{2},\ \sqrt{3}i$ のときの w をそれぞれ計算せよ．

（2） 実数 t に対し $z=(1-t)+t\sqrt{3}i$ とする．$\alpha=\dfrac{3-\sqrt{3}i}{2}$ について，αz の実部を求め，さらに

$(w-\alpha)\overline{(w-\alpha)}$ を求めよ．

（3） w と原点を結んでできる線分 L を考える．z が線分 AB 上を動くとき，線分 L が通過する範囲を図示し，その面積を求めよ．

（23　早稲田大・理工）

▶解答◀ （1） $z=1$ のとき $w=\boldsymbol{3}$

$z=\dfrac{1+\sqrt{3}i}{2}$ のとき $w=\dfrac{6}{1+\sqrt{3}i}=\boldsymbol{\dfrac{3}{2}(1-\sqrt{3}i)}$

$z=\sqrt{3}i$ のとき $w=\dfrac{3}{\sqrt{3}i}=\boldsymbol{-\sqrt{3}i}$

（2） $\alpha z=\dfrac{3-\sqrt{3}i}{2}((1-t)+t\sqrt{3}i)$

$$=\frac{3}{2}+\sqrt{3}\left(-\frac{1}{2}+2t\right)i$$

であるから，$\mathrm{Re}(\alpha z)=\boldsymbol{\dfrac{3}{2}}$ となる．これより

$$\frac{\alpha z+\overline{\alpha z}}{2}=\frac{3}{2}\qquad\therefore\quad \alpha z+\overline{\alpha z}=3\ \cdots\cdots①$$

このとき

$$(w-\alpha)\overline{(w-\alpha)}$$

$$=\left(\frac{3}{z}-\alpha\right)\left(\frac{3}{\overline{z}}-\overline{\alpha}\right)$$

$$=\frac{9}{|z|^2}-3\left(\frac{\alpha}{\overline{z}}+\frac{\overline{\alpha}}{z}\right)+\alpha\overline{\alpha}$$

$$=\frac{9}{|z|^2}-3\frac{\alpha z+\overline{\alpha z}}{|z|^2}+\alpha\overline{\alpha}$$

ここで，$|\alpha|^2=\dfrac{9}{4}+\dfrac{3}{4}=3$ であり，さらに ① を代入すると

$$(w-\alpha)\overline{(w-\alpha)}$$

$$=\frac{9}{|z|^2}-\frac{9}{|z|^2}+3=\boldsymbol{3}$$

（3） （2）より z が線分 AB 上を動くとき，w は $|w-\alpha|=\sqrt{3}$ 上にある．ここで，z が線分 AB 上を動くとき $0\leqq\arg z\leqq\dfrac{\pi}{2}$ であり，$w=\dfrac{3}{z}$ より

$\arg w = -\arg z$ となるから，w はこの円のうち $-\dfrac{\pi}{2} \leqq \arg w \leqq 0$ の部分を動く．よって，線分 L の通過領域は図の境界を含む網目部分で，その面積は

$$(\sqrt{3})^2\pi \cdot \frac{1}{2} + \frac{1}{2}\cdot 3 \cdot \sqrt{3} = \boldsymbol{\frac{3}{2}(\pi + \sqrt{3})}$$

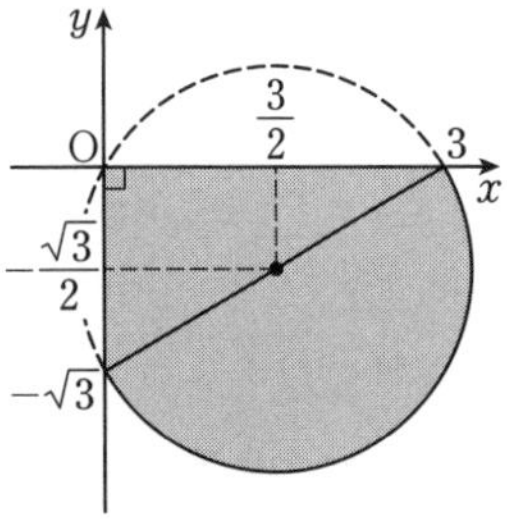

注意【誘導がなければ】式番号は振り直す．
$w = x + yi$ とすると，$z = \dfrac{3}{w}$ $(w \neq 0)$ であるから

$$z = \frac{3}{x+yi} = \frac{3x}{x^2+y^2} - \frac{3y}{x^2+y^2}i$$

$$= \frac{3x}{x^2+y^2}\cdot 1 - \frac{\sqrt{3}y}{x^2+y^2}\cdot(\sqrt{3}i)$$

これが線分 AB 上にある条件は

$$\frac{3x}{x^2+y^2} - \frac{\sqrt{3}y}{x^2+y^2} = 1 \quad \cdots\cdots ①$$

かつ $0 \leqq \dfrac{3x}{x^2+y^2} \leqq 1$ かつ $0 \leqq \dfrac{-\sqrt{3}y}{x^2+y^2} \leqq 1$ ……②

① より

$$3x - \sqrt{3}y = x^2 + y^2$$

$$\left(x - \frac{3}{2}\right)^2 + \left(y + \frac{\sqrt{3}}{2}\right)^2 = 3$$

② より $x \geqq 0$ かつ $y \leqq 0$

ゆえに，w の軌跡は中心が $\dfrac{3-\sqrt{3}i}{2}$，半径が $\sqrt{3}$ の円の実部が 0 以上かつ虚部が 0 以下の部分から原点を除いたものとなる．

《偏角の読み方 (B20) ☆》

79． 2 つの複素数 α, β を次のように定める．

$$\alpha = \frac{\sqrt{3}}{2} + \frac{1}{2}i,\ \beta = \cos\theta + i\sin\theta$$

$$\left(0 \leqq \theta < \frac{\pi}{6},\ \frac{\pi}{6} < \theta \leqq \pi\right)$$

複素数平面上において，原点を O，$\alpha+\beta$ が表す点を A，$\alpha-\beta$ が表す点を B，α が表す点を C とする．さらに，点 O と点 A を通る直線を l，点 O と点 B を通る直線を m とする．ここで，i は虚数単位とする．このとき，次の各問いに答えよ．

（1） 直線 l と直線 m が直交することを証明せよ．

（2） △OBC において，∠BOC の大きさを θ を用いて表せ．

（3） （2）において，$\cos\angle$BOC のとり得る値の範囲を求めよ． （23 芝浦工大・前期）

▶解答◀ （1） 点の命名がまぎらわしい．A，B に対応する複素数を α, β とすることが普通だから混乱をひきおこす．点 O，α，$\alpha+\beta$，β は一辺の長さが 1 のひし形をなす．対角線に対応する複素数 $\alpha-\beta$，$\alpha+\beta$ は直交し l，m は直交する．

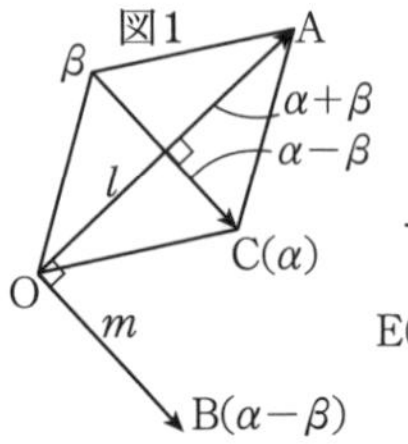

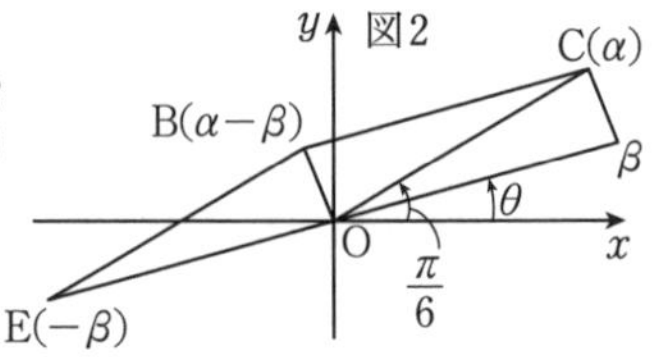

（2） E$(-\beta)$ とする．∠EOC $< \pi$ に合うように OE の偏角をとる．

$\boldsymbol{0 \leqq \theta < \dfrac{\pi}{6}}$ **のとき**（図 2 を見よ），OE の偏角は $\theta + \pi$ である．

$$\angle\text{BOC} = \frac{1}{2}\left(\theta + \pi - \frac{\pi}{6}\right)$$

$$= \boldsymbol{\frac{1}{2}\left(\theta + \frac{5}{6}\pi\right)} \quad \cdots\cdots ①$$

$\boldsymbol{\dfrac{\pi}{6} < \theta \leqq \pi}$ **のとき**（図 3 を見よ），OE の偏角は $\theta - \pi$ である．

$$\angle\text{BOC} = \frac{1}{2}\left(\frac{\pi}{6} - (\theta - \pi)\right)$$

$$= \boldsymbol{\frac{1}{2}\left(\frac{7}{6}\pi - \theta\right)} \quad \cdots\cdots ②$$

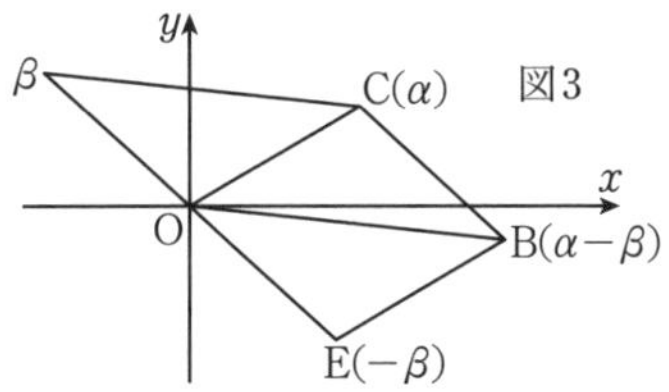

（3） ①，② を θ_1, θ_2 とする．

$$\frac{5}{12}\pi \leqq \theta_1 < \frac{\pi}{2},\ \frac{\pi}{12} \leqq \theta_2 < \frac{\pi}{2}$$

$$\cos\frac{5}{12}\pi \geqq \cos\theta_1 > 0,\ \cos\frac{\pi}{12} \geqq \cos\theta_2 > 0$$

$\cos\dfrac{\pi}{12} > \cos\dfrac{5}{12}\pi$ である．

$$\cos\frac{\pi}{12} = \cos\left(\frac{\pi}{3} - \frac{\pi}{4}\right)$$

$$= \frac{1}{2}\cdot\frac{\sqrt{2}}{2} + \frac{\sqrt{3}}{2}\cdot\frac{\sqrt{2}}{2} = \frac{\sqrt{6}+\sqrt{2}}{4}$$

$$\boldsymbol{0 < \cos\angle\text{BOC} \leqq \frac{\sqrt{6}+\sqrt{2}}{4}}$$

♦別解♦ （1） 計算で押す．$|\alpha| = 1$，$|\beta| = 1$ であ

るから $\alpha\overline{\alpha}=1$, $\beta\overline{\beta}=1$ である．$\dfrac{\alpha+\beta}{\alpha-\beta}=z$ とおく．

$$\overline{z}=\frac{\overline{\alpha}+\overline{\beta}}{\overline{\alpha}-\overline{\beta}}=\frac{\frac{1}{\alpha}+\frac{1}{\beta}}{\frac{1}{\alpha}-\frac{1}{\beta}}=\frac{\beta+\alpha}{\beta-\alpha}=-z$$

よって z は純虚数であるから l と m は直交する．

（**2**） 式が横に長くなるのを避けるために置きかえる．

$u=\dfrac{\theta}{2}-\dfrac{\pi}{12}$, $v=\dfrac{\theta}{2}+\dfrac{5}{12}\pi$ とおく．

$$\frac{\alpha-\beta}{\alpha}=1-\frac{\beta}{\alpha}$$
$$=1-\left(\cos\left(\theta-\frac{\pi}{6}\right)+i\sin\left(\theta-\frac{\pi}{6}\right)\right)$$
$$=1-(\cos 2u+i\sin 2u)$$
$$=2\sin^2 u-2i\sin u\cos u$$
$$=2\sin^2(-u)+2i\sin(-u)\cos(-u)$$
$$=2\sin(-u)(\sin(-u)+i\cos(-u))$$
$$=2\sin(-u)\left(\cos\left(\frac{\pi}{2}+u\right)+i\sin\left(\frac{\pi}{2}+u\right)\right)$$
$$=2\sin(-u)(\cos v+i\sin v)$$

$0\leqq\theta<\dfrac{\pi}{6}$ のとき

$$\sin(-u)=\sin\left(\frac{\pi}{12}-\frac{\theta}{2}\right)>0$$
$$\angle\mathrm{BOC}=\arg\frac{\alpha-\beta}{\alpha}=v=\boldsymbol{\frac{\theta}{2}+\frac{5}{12}\pi}$$

$\dfrac{\pi}{6}<\theta\leqq\pi$ のとき

$$\frac{\alpha}{\alpha-\beta}=\frac{1}{2\sin u(\sin u-i\cos u)}$$
$$=\frac{1}{2\sin u}(\sin u+i\cos u)$$
$$=\frac{1}{2\sin u}\left(\cos\left(\frac{\pi}{2}-u\right)+i\sin\left(\frac{\pi}{2}-u\right)\right)$$

$\sin u=\sin\left(\dfrac{\theta}{2}-\dfrac{\pi}{12}\right)>0$ であるから

$$\angle\mathrm{BOC}=\arg\frac{\alpha}{\alpha-\beta}=\frac{\pi}{2}-u=\boldsymbol{\frac{7}{12}\pi-\frac{\theta}{2}}$$

《1 次分数変換・除外点あり (B10) ☆》

80. i を虚数単位とする．複素数平面において，点 z が，2 点 0, i を結ぶ線分の垂直二等分線上を動くとき，$w=\dfrac{2z-1}{iz+1}$ を満たす点 w のえがく図形を求めよ． （23 愛媛大・医，理，工）

▶解答◀ 点 z は 2 点 0, i を結ぶ線分の垂直二等分線上を動くから，$|z|=|z-i|$ ……………………………①

また，$w=\dfrac{2z-1}{iz+1}$ であるから

$$w(iz+1)=2z-1$$
$$(iw-2)z=-w-1$$

$w=\dfrac{2}{i}$ とすると成り立たないから $w\neq-2i$ であり

$$z=-\frac{w+1}{iw-2}$$

① に代入して

$$\left|-\frac{w+1}{iw-2}\right|=\left|-\frac{w+1}{iw-2}-i\right|$$
$$\frac{|w+1|}{|iw-2|}=\frac{|w+1+i(iw-2)|}{|iw-2|}$$
$$|w+1|=|1-2i| \qquad \therefore\ |w+1|=\sqrt{5}$$

よって，点 w は**点 -1 を中心とする半径 $\sqrt{5}$ の円から 1 点 $-2i$ を除いたもの**を描く．図で，$\alpha=-1-\sqrt{5}$, $\beta=-1+\sqrt{5}$ である．

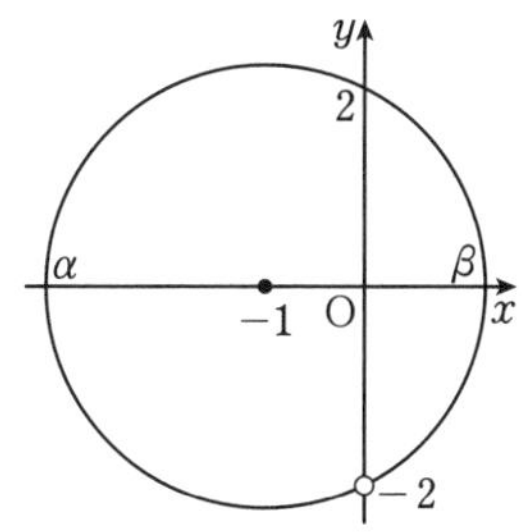

注意 **【実際の動き】**

P(z), Q(w) とする．P が Q に写る様子を線分で表示した．

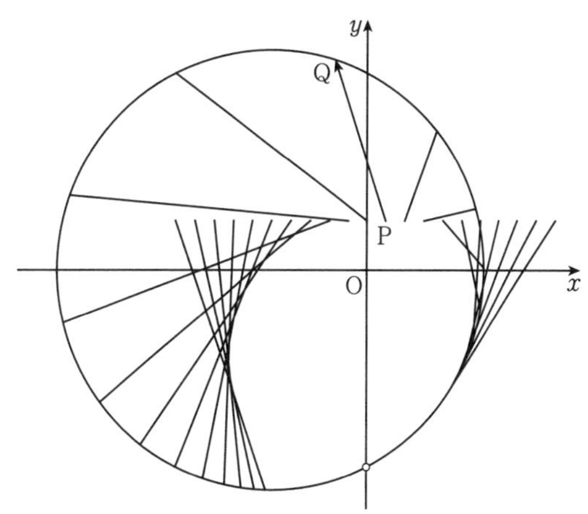

複素関数論では，$|z|\to\infty$ である点を無限遠点とよび，1 つの数のように扱う．$\displaystyle\lim_{z\to\infty}w=\frac{2}{i}=-2i$ である．だから $z=\infty$ のときの $w=-2i$ が除外点になる．1 次分数変換では，z が直線上を動くとき，必ず除外点がある．

◆別解◆ ① が書けなくても，成分で表せば解ける．$w=X+Yi$ とおく．X, Y は実数で $(X, Y)\neq(0, -2)$ である．

$$z=\frac{w+1}{2-iw}=\frac{X+1+Yi}{2+Y-Xi}$$
$$=\frac{(X+1+Yi)(2+Y+Xi)}{(2+Y)^2+X^2}$$

$$= \frac{(X+1)(2+Y) - XY + (2Y+Y^2+X^2+X)i}{(2+Y)^2+X^2}$$

z は $y=\frac{1}{2}$ 上を動くから $\frac{2Y+Y^2+X^2+X}{(2+Y)^2+X^2} = \frac{1}{2}$

X, Y を x, y にかえて

$4y+2y^2+2x^2+2x = x^2+y^2+4y+4$

$x^2+y^2+2x=4$

$(x+1)^2+y^2=5,\ (x, y) \neq (0, -2)$

《1 次分数変換・円→直線 (B25) ☆》

81. i を虚数単位とする．複素数平面に関する以下の問いに答えよ．

（1） 等式 $|z+2| = 2|z-1|$ を満たす点 z の全体が表す図形は円であることを示し，その円の中心と半径を求めよ．

（2） 等式
$\{|z+2|-2|z-1|\}|z+6i|$
$=3\{|z+2|-2|z-1|\}|z-2i|$
を満たす点 z の全体が表す図形を S とする．このとき S を複素数平面上に図示せよ．

（3） 点 z が（2）における図形 S 上を動くとき，$w=\frac{1}{z}$ で定義される点 w が描く図形を複素数平面上に図示せよ．　（23　筑波大・前期）

▶解答◀ （1） $|z+2| = 2|z-1|$

$(z+2)(\overline{z}+2) = 4(z-1)(\overline{z}-1)$

$z\overline{z}+2z+2\overline{z}+4 = 4z\overline{z}-4z-4\overline{z}+4$

$z\overline{z}-2z-2\overline{z}=0$

$(z-2)(\overline{z}-2)=4$　　$\therefore\ |z-2|=2$

よって，点 z の全体が表す図形は，中心が **2**，半径が **2** の円である．

（2） $\{|z+2|-2|z-1|\}|z+6i|$

$=3\{|z+2|-2|z-1|\}|z-2i|$

$\{|z+2|-2|z-1|\}\{|z+6i|-3|z-2i|\}=0$

$|z+2|=2|z-1|$ または $|z+6i|=3|z-2i|$

$|z+2|=2|z-1|$ は（1）より，中心が 2，半径 2 の円を表す．

$|z+6i|=3|z-2i|$ のとき

$(z+6i)(\overline{z}-6i) = 9(z-2i)(\overline{z}+2i)$

$z\overline{z}-6iz+6i\overline{z}+36 = 9z\overline{z}+18iz-18i\overline{z}+36$

$z\overline{z}+3iz-3i\overline{z}=0$

$(z-3i)(\overline{z}+3i)=9$　　$\therefore\ |z-3i|=3$

これは中心が $3i$，半径 3 の円を表す．

以上より，点 z の全体が表す図形 S を図示すると，図 1 である．

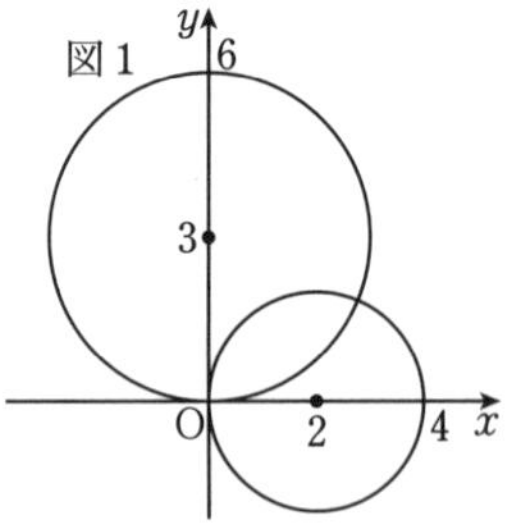

（3） $w=\frac{1}{z}$ のとき，$w \neq 0$ である．

（ア） $|z-2|=2$ のとき．$z=\frac{1}{w}$ を代入して

$\left|\frac{1}{w}-2\right|=2$

$|1-2w|=2|w|$　　$\therefore\ |w|=\left|w-\frac{1}{2}\right|$

点 w が描く図形は 2 点 $0, \frac{1}{2}$ を結ぶ線分の垂直二等分線である．

（イ） $|z-3i|=3$ のとき．$z=\frac{1}{w}$ を代入して

$\left|\frac{1}{w}-3i\right|=3$

$|1-3iw|=3|w|$

$|3i|\left|w-\frac{1}{3i}\right|=3|w|$　　$\therefore\ |w|=\left|w+\frac{1}{3}i\right|$

点 w が描く図形は 2 点 $0, -\frac{1}{3}i$ を結ぶ線分の垂直二等分線である．

以上より，点 w が描く図形を図示すると，図 2 の太線部分である．

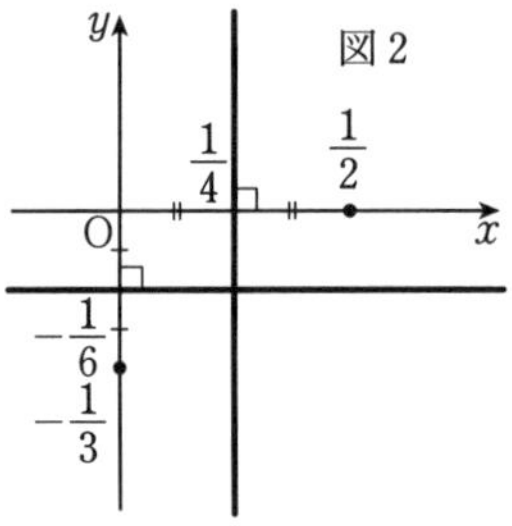

《1 次分数変換・円→円 (A10)》

82. z を 1 でない複素数とし，$w=\frac{2z+1}{z-1}$ とおく．

（1） z を w を用いて表しなさい．

（2） 複素数平面上で，点 z が原点 O を中心とする半径 2 の円上を動くとき，点 w も円を描く．その円の中心を点 α，半径を r とするとき，α と r の値を求めなさい．

（23　北海道大・フロンティア入試（共通））

▶解答◀ （1）$(z-1)w=2z+1$

$(w-2)z=w+1$

$w=2$ のとき左辺は 0，右辺は 3 となり成立しないから，$w\neq 2$ であり $z=\dfrac{\boldsymbol{w+1}}{\boldsymbol{w-2}}$ である．

（2）$|z|=2$ より

$$\left|\frac{w+1}{w-2}\right|=2$$

$$|w+1|=2|w-2|$$

$$(w+1)(\overline{w}+1)=4(w-2)(\overline{w}-2)$$

$$3w\overline{w}-9w-9\overline{w}+15=0$$

$$w\overline{w}-3w-3\overline{w}+5=0$$

$$(w-3)(\overline{w}-3)=4$$

このとき $w\neq 2$ は満たされる．よって，$|w-3|=2$ となるから，$\alpha=\mathbf{3}$, $r=\mathbf{2}$ である．

《1 次分数変換・円→円 (B5)》

83. 複素数平面上の点 z は，点 i を中心とする半径 $\dfrac{1}{2}$ の円上を動くとする．このとき，$w=\dfrac{z}{3z-3i}$ で表される点 w が描く図形を答えよ．

（23　防衛大・理工）

▶解答◀ z は点 i を中心とする半径 $\dfrac{1}{2}$ の円上を動くから，$|z-i|=\dfrac{1}{2}$ ……………………………………①

$w=\dfrac{z}{3z-3i}$ より $w(3z-3i)=z$

$z(3w-1)=3iw$

$w=\dfrac{1}{3}$ とすると成り立たないから，$w\neq\dfrac{1}{3}$ である．

$$z=\frac{3iw}{3w-1}$$

① に代入して

$$\left|\frac{3iw}{3w-1}-i\right|=\frac{1}{2}$$

$$\left|\frac{i}{3w-1}\right|=\frac{1}{2}$$

$$\frac{1}{|3w-1|}=\frac{1}{2}$$

$$|3w-1|=2 \qquad \therefore\ \left|w-\frac{1}{3}\right|=\frac{2}{3}$$

よって，w は**中心が点 $\dfrac{1}{3}$，半径 $\dfrac{2}{3}$ の円**を描く．

《1 次分数変換・円→円 (B10)》

84. $\dfrac{i}{2}$ と異なる複素数 z に対して，複素数 w を

$$w=\frac{z-2i}{1+2iz}$$

で定める．複素数 z および w の共役複素数をそれぞれ $\overline{z}$, $\overline{w}$ で表すとき，次の問に答えよ．

（1）$z=1$ のとき，w の実部と虚部をそれぞれ求めよ．

（2）z を w で表せ．また，$\overline{z}$ を $\overline{w}$ で表せ．

（3）複素数平面上で点 z が $|z|=1$ を満たしながら動くとき，点 w はどんな図形をえがくか．

（23　佐賀大・理工-後期）

▶解答◀ （1）$z=1$ のとき

$$w=\frac{1-2i}{1+2i}=\frac{(1-2i)^2}{(1+2i)(1-2i)}=\frac{-3-4i}{5}$$

w の実部は $-\dfrac{\mathbf{3}}{\mathbf{5}}$，虚部は $-\dfrac{\mathbf{4}}{\mathbf{5}}$ である．

（2）$z\neq\dfrac{i}{2}$ より $1+2iz\neq 0$ である．

$$w(1+2iz)=z-2i$$

$$z(1-2iw)=w+2i$$

$w=\dfrac{1}{2i}$ はこれを満たさないから $w\neq\dfrac{1}{2i}$ で

$$\boldsymbol{z=\frac{w+2i}{1-2iw}},\ \boldsymbol{\overline{z}=\frac{\overline{w}-2i}{1+2i\overline{w}}}$$

（3）$|z|=1$ のとき，$z\overline{z}=1$ であるから

$$\frac{w+2i}{1-2iw}\cdot\frac{\overline{w}-2i}{1+2i\overline{w}}=1$$

$$w\overline{w}-2iw+2i\overline{w}+4$$
$$=4w\overline{w}-2iw+2i\overline{w}+1$$

よって $w\overline{w}=1$ であり，これは $w\neq\dfrac{1}{2i}$ を満たす．

$|w|=1$ より，w は**原点が中心，半径が 1 の円**を描く．

《1 次分数変換・円→直線 (B10)》

85. 複素数平面上の点 z が原点を中心とする半径 1 の円周上を動くとし，

$$w=-\frac{2(2z-i)}{z+1}\ (z\neq -1)$$

とする．ただし，i は虚数単位とする．次の問いに答えよ．

（1）$z=i$ のときの w の実部と虚部を求めよ．

（2）z を w を用いて表せ．

（3）点 w の描く図形を複素数平面上に図示せよ．

（4）$|w|$ の最小値とそれを与える z を求めよ．

（23　新潟大・前期）

▶解答◀ （1）$z=i$ のとき

$$w=-\frac{2(2i-i)}{i+1}=-\frac{2i}{i+1}$$
$$=-\frac{2i(i-1)}{(i+1)(i-1)}=-1-i$$

実部は −1，虚部は −1

（2） $w=-\dfrac{2(2z-i)}{z+1}$

$$w(z+1)=-4z+2i$$

$$z(w+4)=-(w-2i)$$

$w=-4$ とすると成立しないから $w\neq-4$ である．よって，$z=-\dfrac{\boldsymbol{w-2i}}{\boldsymbol{w+4}}$

（3） $|z|=1$ のとき（2）より

$$\left|-\frac{w-2i}{w+4}\right|=1$$

$$|w-2i|=|w-(-4)|$$

よって，点 w の描く図形は 2 点 $2i$, -4 を結ぶ線分の垂直二等分線である．

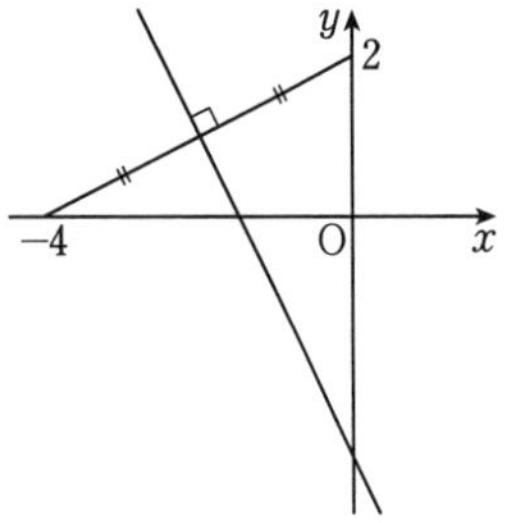

（4） $w=x+yi$ とおくと（x, y は実数），（3）より

$$(x+4)^2+y^2=x^2+(y-2)^2$$

$$x^2+8x+16+y^2=x^2+y^2-4y+4$$

$$4y=-8x-12 \qquad \therefore\quad y=-2x-3$$

$|w|$ の最小値は原点と $y=-2x-3$ との距離に等しく，その値は，$\dfrac{|2\cdot0+0+3|}{\sqrt{2^2+1^2}}=\dfrac{3}{\sqrt5}=\dfrac{\boldsymbol{3}}{\boldsymbol{5}}\boldsymbol{\sqrt5}$

また，原点を通り，$y=-2x-3$ に垂直な直線の方程式は $y=\dfrac12x$ であり，2 直線の交点の座標は $\left(-\dfrac65,\ -\dfrac35\right)$

よって $w=-\dfrac65-\dfrac35i$ であり，このとき

$$z=-\frac{-\frac65-\frac35i-2i}{-\frac65-\frac35i+4}=\frac{-\frac65-\frac{13}{5}i}{\frac{14}{5}-\frac35i}$$

$$=\frac{6+13i}{14-3i}=\frac{(6+13i)(14+3i)}{(14-3i)(14+3i)}$$

$$=\frac{84+18i+182i-39}{205}$$

$$=\frac{45+200i}{205}=\boldsymbol{\frac{9}{41}+\frac{40}{41}i}$$

《1 次分数変換・本当は除外点あり（B20）》

86. i を虚数単位とする．複素数 z に対して $w=\dfrac{z-3i}{i(z-4)}$ とおく．

（1） 複素数平面において，w が実数となる点 z の描く図形は，中心が点 □ $+\dfrac{□}{□}i$，半径 $\dfrac{□}{□}$ の円である．この円を C_1 とする．

（2） 複素数平面において，$|w+1|=2$ を満たすような点 z の描く図形は，中心が点 $\dfrac{□}{□}-\dfrac{□}{□}i$，半径 □ の円である．この円を C_2 とする．

（3） 点 z が（2）の C_2 全体を動くとき，複素数 α に対して，点 $z+\alpha$ が描く図形を C_3 とする．（1）の C_1 と C_3 が共有点をもたないのは，点 α が

点 $\dfrac{□}{□}+□i$ を中心とする半径 $\dfrac{□}{□}$ の円の内部，または

点 $\dfrac{□}{□}+□i$ を中心とする半径 $\dfrac{□}{□}$ の円の外部

にあるときである．（23 獨協医大）

▶解答◀ （1） $w=\overline{w}$ より

$$\frac{z-3i}{i(z-4)}=\frac{\overline{z}+3i}{-i(\overline{z}-4)}$$

$$(z-3i)(\overline{z}-4)+(\overline{z}+3i)(z-4)=0$$

$$2z\overline{z}-(4-3i)z-(4+3i)\overline{z}=0$$

$$\left\{z-\left(2+\frac32i\right)\right\}\overline{\left\{z-\left(2+\frac32i\right)\right\}}=\frac{25}{4}$$

$$\left|z-\left(2+\frac32i\right)\right|=\frac52$$

よって，C_1 は，中心が $\boldsymbol{2+\frac32i}$，半径 $\boldsymbol{\frac52}$ の円である．

（2） $|w+1|=2$ より

$$\left|\frac{z-3i}{i(z-4)}+1\right|=2$$

$$|(1+i)z-7i|=2|i(z-4)|$$

$$\sqrt2\left|z-\frac72(1+i)\right|=2|z-4|$$

$$\left(z-\frac72(1+i)\right)\left(\overline{z}-\frac72(1-i)\right)$$

$$=2(z-4)(\overline{z}-4)$$

$$z\overline{z}-\left(\frac92+\frac72i\right)z-\left(\frac92-\frac72i\right)\overline{z}+\frac{15}{2}=0$$

$$\left\{z-\left(\frac92-\frac72i\right)\right\}\overline{\left\{z-\left(\frac92-\frac72i\right)\right\}}=25$$

$$\left|z-\left(\frac92-\frac72i\right)\right|=5$$

よって，C_2 は，中心が $\boldsymbol{\frac{9}{2}-\frac{7}{2}i}$，半径 **5** の円である．

（**3**） C_1 の中心を $\mathrm{P}\left(2+\frac{3}{2}i\right)$，$C_3$ の中心を $\mathrm{Q}\left(\frac{9}{2}-\frac{7}{2}i+\alpha\right)$ とすると，C_1 の半径が $\frac{5}{2}$，C_3 の半径が 5 であることから，図より C_1 と C_3 が共有点を持たない条件は

$$\mathrm{PQ}<5-\frac{5}{2} \text{ または } \mathrm{PQ}>\frac{5}{2}+5$$

$$\left|\alpha+\frac{5}{2}-5i\right|<\frac{5}{2} \text{ または } \left|\alpha+\frac{5}{2}-5i\right|>\frac{15}{2}$$

よって，C_1 と C_3 が共有点を持たない条件は α が中心 $\boldsymbol{\frac{-5}{2}+5i}$，半径 $\boldsymbol{\frac{5}{2}}$ の円の内部，または中心 $\boldsymbol{\frac{-5}{2}+5i}$，半径 $\boldsymbol{\frac{15}{2}}$ の円の外部にあることである．

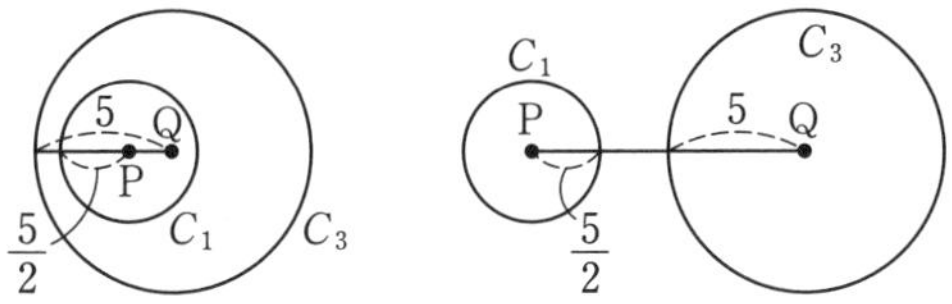

注意 問題文に嘘がある．（1）における点 z の描く図形は C_1 から点 4 を除いたものである．出題者が除外点に気付いていない．（2）においては点 4 は C_2 上にないから問題ない．

《1 次関数 $\boldsymbol{w=az+b}$ (B20) ☆》

87． 複素数平面上における図形 $C_1, C_2, \cdots, C_n, \cdots$ は次の条件 (A) と (B) をみたすとする．ただし，i は虚数単位とする．

（A） C_1 は原点 O を中心とする半径 2 の円である．

（B） 自然数 n に対して，z が C_n 上を動くとき $2w=z+1+i$ で定まる w の描く図形が C_{n+1} である．

（1） すべての自然数 n に対して，C_n は円であることを示し，その中心を表す複素数 α_n と半径 r_n を求めよ．

（2） C_n 上の点と O との距離の最小値を d_n とする．このとき，d_n を求めよ．また，$\lim\limits_{n\to\infty} d_n$ を求めよ．

（23　北海道大・理系）

▶解答◀ （1） すべての自然数 n に対して，C_n が円であることを数学的帰納法によって示す．

$n=1$ のとき，$|z|=2$ であるから，C_1 は中心 $\alpha_1=0$，半径 $r_1=2$ の円である．

$n=k$ で成立している，すなわち C_k は中心 α_k，半径 r_k の円であり

$$C_k : |z-\alpha_k|=r_k$$

とかけているとする．このとき，$z=2w-(1+i)$ であるから，C_{k+1} は

$$|2w-(1+i)-\alpha_k|=r_k$$

$$\left|w-\frac{1+i}{2}-\frac{\alpha_k}{2}\right|=\frac{r_k}{2}$$

となるから，C_{k+1} も円であり，

$$\alpha_{k+1}=\frac{\alpha_k}{2}+\frac{1+i}{2} \quad\cdots\cdots①$$

$$r_{k+1}=\frac{r_k}{2} \quad\cdots\cdots②$$

となる．よって，$n=k+1$ のときも C_{k+1} は円となり成立する．

以上より，すべての自然数 n に対して，C_n が円であることが示された．さらに，① より

$$\alpha_{n+1}-(1+i)=\frac{1}{2}(\alpha_n-(1+i))$$

$c=1+i$ とおくと数列 $\{\alpha_n-c\}$ は等比数列であり

$$\alpha_n-c=\left(\frac{1}{2}\right)^{n-1}(\alpha_1-c)=-\left(\frac{1}{2}\right)^{n-1}c$$

$$\alpha_n=c\left\{1-\left(\frac{1}{2}\right)^{n-1}\right\}$$

$$=\boldsymbol{(1+i)\left\{1-\left(\frac{1}{2}\right)^{n-1}\right\}}$$

である．② より数列 $\{r_n\}$ は等比数列であるから，

$$r_n=\left(\frac{1}{2}\right)^{n-1}r_1=\boldsymbol{\left(\frac{1}{2}\right)^{n-2}}$$

（**2**） O が円の内部にあるかないかで図 1 と図 2 の場合が考えられるが，いずれの場合でも

$$d_n=\big||\alpha_n|-r_n\big|$$

$$=\left|\sqrt{2}\left\{1-\left(\frac{1}{2}\right)^{n-1}\right\}-\left(\frac{1}{2}\right)^{n-2}\right|$$

$$=\boldsymbol{\left|\sqrt{2}-(\sqrt{2}+2)\left(\frac{1}{2}\right)^{n-1}\right|}$$

となり，$\lim\limits_{n\to\infty} d_n=|\sqrt{2}|=\boldsymbol{\sqrt{2}}$ である．実際，d_n の絶対値は $n=1, 2$ のときは $-$ で外れ，$n\geqq 3$ のときは $+$ で外れる．

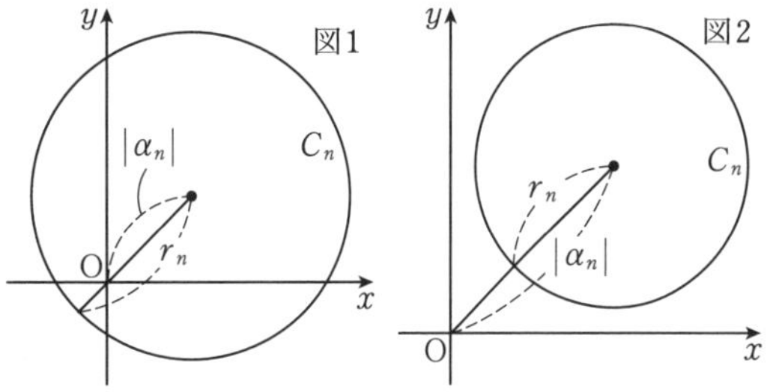

注意 【図形的考察】

変換 $w=az+b$, $a\neq 1$ は $\alpha=\frac{b}{1-a}$ を中心とした相似拡大・縮小である．今は $w-(1+i)=\frac{1}{2}(z-(1+i))$ であるから，点 $1+i$ を中心として，$\frac{1}{2}$ 倍の相似縮小である．C_{n+1} は C_n の

表す図形を $\frac{1}{2}$ 倍に相似縮小したものであるから，計算しなくてもすべての n に対して C_n が円であることはわかる．

《$w=\frac{1}{z}$ (B20)》

88. 複素数平面上の原点 O を中心とする半径 1 の円周を C とする．C 上に異なる 2 点 $P_1(z_1)$, $P_2(z_2)$ をとり，C 上にない 1 点 $P_3(z_3)$ をとる．さらに，

$$w_1=\frac{1}{z_1},\ w_2=\frac{1}{z_2},\ w_3=\frac{1}{z_3}$$

とおき，複素数 w_1, w_2, w_3 と対応する点をそれぞれ Q_1, Q_2, Q_3 とする．また，i を虚数単位とする．このとき，次の各問に答えよ．

（1） $z_1=\frac{1+\sqrt{3}i}{2},\ z_2=\frac{-\sqrt{3}+i}{2}$,

$z_3=\frac{z_1+z_2}{2}$

のとき，w_1, w_2, w_3 をそれぞれ $a+bi$ (a, b は実数) の形で求めよ．

（2） $\angle P_1OP_2$ が直角であるとき，P_3 が線分 P_1P_2 上にあれば，$\angle Q_1Q_3Q_2$ も直角であることを示せ．（23 宮崎大・教(理系)）

▶解答◀ （1） $w_1=\frac{1}{z_1}=\frac{2}{1+\sqrt{3}i}$

$$=\frac{2(1-\sqrt{3}i)}{(1+\sqrt{3}i)(1-\sqrt{3}i)}=\boldsymbol{\frac{1}{2}-\frac{\sqrt{3}}{2}i}$$

$$w_2=\frac{1}{z_2}=\frac{2}{-\sqrt{3}+i}$$

$$=\frac{2(-\sqrt{3}-i)}{(-\sqrt{3}+i)(-\sqrt{3}-i)}=\boldsymbol{-\frac{\sqrt{3}}{2}-\frac{1}{2}i}$$

$z_3=\frac{z_1+z_2}{2}=\frac{1-\sqrt{3}+(\sqrt{3}+1)i}{4}$ で

$$w_3=\frac{1}{z_3}=\frac{4}{1-\sqrt{3}+(\sqrt{3}+1)i}$$

$$=\frac{4\{1-\sqrt{3}-(\sqrt{3}+1)i\}}{\{1-\sqrt{3}+(\sqrt{3}+1)i\}\{1-\sqrt{3}-(\sqrt{3}+1)i\}}$$

$$=\frac{4\{1-\sqrt{3}-(\sqrt{3}+1)i\}}{(1-\sqrt{3})^2+(\sqrt{3}+1)^2}$$

$$=\boldsymbol{\frac{1-\sqrt{3}}{2}-\frac{1+\sqrt{3}}{2}i}$$

（2） $\angle P_1OP_2$ が直角であるから $\frac{z_2}{z_1}=si$ (s は 0 でない実数) とおけて，z_3 が線分 P_1P_2 上にあるから

$$\frac{z_2-z_3}{z_1-z_3}=t\ (t \text{ は } t<0 \text{ の実数})$$

とおける．

$$\frac{w_2-w_3}{w_1-w_3}=\frac{\frac{1}{z_2}-\frac{1}{z_3}}{\frac{1}{z_1}-\frac{1}{z_3}}=\frac{z_3-z_2}{z_3-z_1}\cdot\frac{z_1}{z_2}$$

$$=t\cdot\frac{1}{si}=-\frac{t}{s}i$$

よって $\angle Q_1Q_3Q_2$ は直角である．

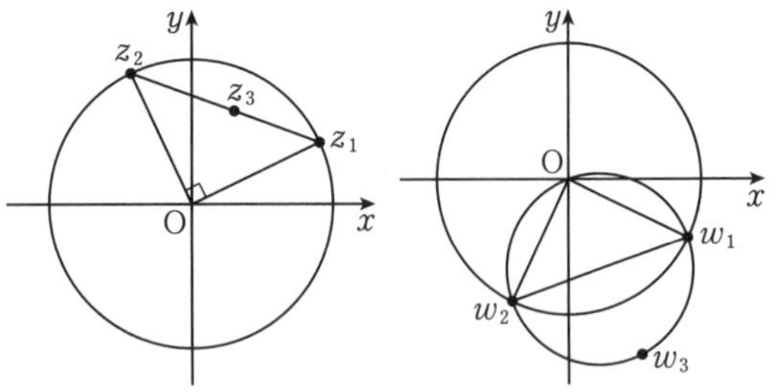

注意 これを見ると $|z_1|=1$, $|z_2|=1$ は使っていない．

《$w=z^2,\ w=\frac{1}{z}$ (B25)》

89. （1） 複素数 z に対して，$w=z^2$ とおく．点 z が複素数平面上の点 $\frac{3}{8}$ を通り，虚軸に平行な直線上を動くとする．このとき，$z=\frac{3}{8}+yi$, $w=u+vi$ とおくと $u=\frac{\square}{\square}-\frac{\square}{\square}v^{\square}$ という関係が得られるので，点 w は複素数平面上で実軸と点 $\frac{\square}{\square}$ で交わり，虚軸と $\pm\frac{\square}{\square}i$ の 2 点で交わる放物線を描く．

（2） 複素数 z に対して，$w=\frac{1}{z}$ とおく．点 z が複素数平面上の点 $2i$ を通り，実軸に平行な直線上を動くとする．このとき $z=x+2i$, $w=u+vi$ とおくと $u^2+v^2=\frac{1}{x^2+\square}$ となり，$u^2+\left(v+\frac{\square}{\square}\right)^{\square}=\frac{\square}{\square}$ という関係が得られるので，点 w は複素数平面上で点 $\frac{\square}{\square}i$ を中心とする半径 $\frac{\square}{\square}$ の円を描く．ただし点 $\square$ を除く．（23 順天堂大・医）

▶解答◀ （1） $w=\left(\frac{3}{8}+yi\right)^2$

$$=\left(\frac{9}{64}-y^2\right)+\frac{3}{4}yi$$

であるから，

$$u=\frac{9}{64}-y^2,\ v=\frac{3}{4}y$$

となる．これより，$y=\frac{4}{3}v$ であるから

$$u=\frac{9}{64}-\left(\frac{4}{3}v\right)^2=\boldsymbol{\frac{9}{64}-\frac{16}{9}v^2}$$

$u=0$ とすると

$$\frac{9}{64}-\frac{16}{9}v^2=0 \qquad \therefore \quad v=\pm\frac{9}{32}$$

であるから，w は実軸と $\boldsymbol{\frac{9}{64}}$ で交わり，虚軸と $\pm\boldsymbol{\frac{9}{32}i}$ で交わる放物線を描く．

（**2**） $w=\dfrac{1}{x+2i}=\dfrac{x}{x^2+4}-\dfrac{2}{x^2+4}i$

であるから，

$$u=\frac{x}{x^2+4},\ v=-\frac{2}{x^2+4}$$

となる．$v\neq 0$ より

$$\frac{u}{v}=-\frac{x}{2} \qquad \therefore \quad x=-\frac{2u}{v}$$

これより

$$v=-\frac{2}{\left(-\frac{2u}{v}\right)^2+4}$$

$$v=-\frac{v^2}{2u^2+2v^2}$$

$$u^2+v^2=-\frac{v}{2}\left(=\boldsymbol{\frac{1}{x^2+4}}\right)$$

$$\boldsymbol{u^2+\left(v+\frac{1}{4}\right)^2=\frac{1}{16}} \quad \cdots\cdots\cdots\cdots\cdots\cdots\cdots\cdots\text{①}$$

よって，w は点 $\boldsymbol{-\frac{1}{4}i}$ を中心とする半径 $\boldsymbol{\frac{1}{4}}$ の円を描く．①において $v=0$ とすると $u=0$ となるから，点 **0** は w の軌跡から除かれる．

注意 (ii)において，横着をしていきなり u^2+v^2 を計算するのは数学的にはあまり好ましくない．

♦別解♦ w の軌跡を求めるだけなら，次のようにする．$w=\dfrac{1}{z}$ より，$z=\dfrac{1}{w}$ かつ $w\neq 0$ である．$w=u+vi$ とおくと

$$z=\frac{1}{u+vi}=\frac{u}{u^2+v^2}-\frac{v}{u^2+v^2}i$$

z の虚部が2であることから

$$-\frac{v}{u^2+v^2}=2 \qquad \therefore \quad u^2+v^2=-\frac{v}{2}$$

となり，これから原点を除いたものが w の軌跡となる．

《点の動きを追う (B20)》

90. 複素数平面上の複素数 α,β,γ を考える．α,β は

$1\leqq|\alpha-1+i|\leqq 2,\ \overline{\beta}=-\beta$

かつ $0\leqq|2\beta+i|\leqq 1$ を満たす．さらに γ の実部 s，虚部 t がそれぞれ $0\leqq s\leqq 1,\ -1\leqq t\leqq 0$ を満たし，$|\gamma-1+i|=1$ を満たす．ただし，i は虚数単位とし，$\overline{\beta}$ は β の共役複素数である．このとき，以下の問いに答えよ．

（1） 点 α が存在する領域の面積を求めよ．

（2） 点 α と点 β の距離の最大値およびそのときの α と β を求めよ．

（3） 点 β と点 γ を結ぶ線分の中点Mが存在する領域を図示せよ．また，その領域の面積を求めよ．

（23 福井大・医）

▶解答◀ （**1**） $1\leqq|\alpha-(1-i)|\leqq 2$

点 α が存在する領域は図1の網目部分で境界を含む．

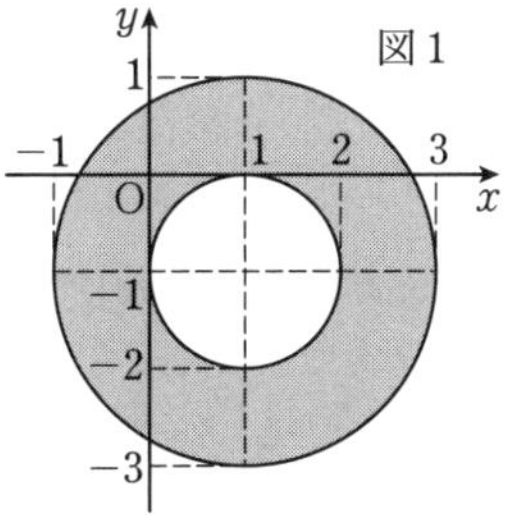

図1

面積は $\pi(2^2-1^2)=\boldsymbol{3\pi}$

（**2**） $\overline{\beta}+\beta=0$ より，β の実部は0で虚軸上にある．また，$0\leqq\left|\beta-\left(-\frac{1}{2}i\right)\right|\leqq\frac{1}{2}$ であるから，点 β は図2の太線部分を動く．

β を固定すると，点 α と点 β の距離が最大となるのは，図3のように α が円 $|z-(1-i)|=2$ 上にあり，3点 $\beta,1-i,\alpha$ がこの順で一直線上にあるときである．次に，β を動かすと，β が点Oと一致するとき距離が最大となる．以上より，最大値 $\boldsymbol{2+\sqrt{2}}$，

$\boldsymbol{\alpha=(1+\sqrt{2})+(-1-\sqrt{2})i,\ \beta=0}$

図2

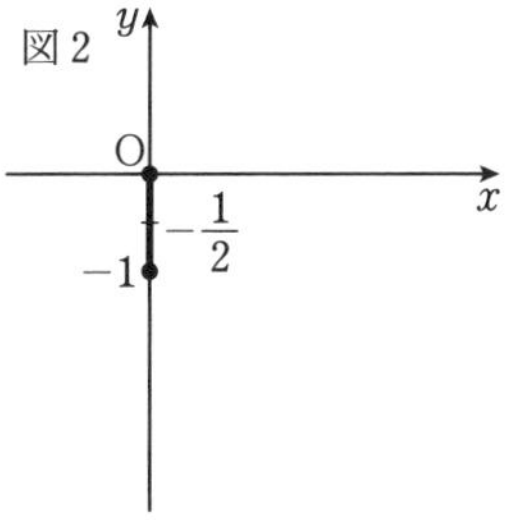

図3

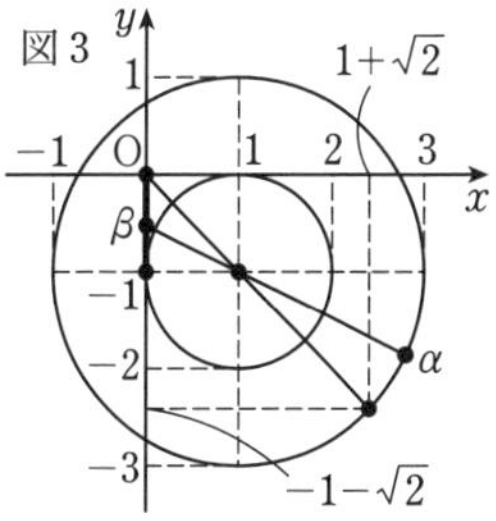

（**3**） $\gamma=s+ti$ で $|\gamma-(1-i)|=1,\ 0\leqq s\leqq 1,$ $-1\leqq t\leqq 0$ であるから，点 γ は図4の太線部分を動く．

$\gamma=1-i+\cos\theta+i\sin\theta\left(\frac{\pi}{2}\leqq\theta\leqq\pi\right)$ とおける．

$z=\dfrac{\gamma+\beta}{2}$ とおくと

$$z=\frac{1-i+\beta}{2}+\frac{1}{2}\cos\theta+\frac{i}{2}\sin\theta$$

$c=\dfrac{1-i+\beta}{2}$ とおくと c は $\dfrac{1-i}{2}$ から $\dfrac{1-2i}{2}$ までの線分を描き，c を固定すると，z は c を中心，半径 $\dfrac{1}{2}$ の四分円を描く．

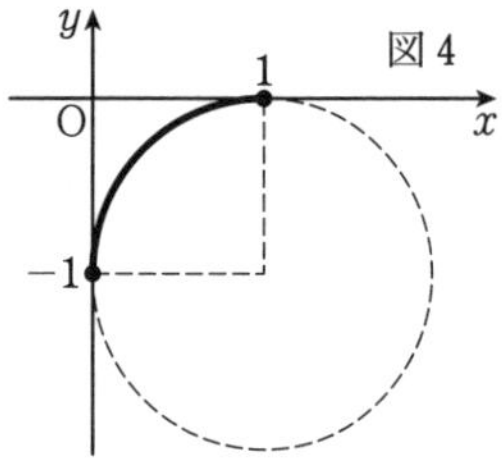

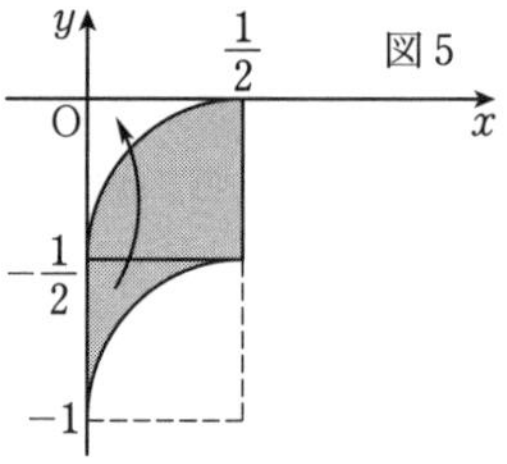

よって，M が存在する領域は図 5 の網目部分で境界を含む．$y \leqq -\frac{1}{2}$ の部分を上方に移動すると，1 辺の長さ $\frac{1}{2}$ の正方形に変形できるから求める面積は $\left(\frac{1}{2}\right)^2 = \boldsymbol{\frac{1}{4}}$

《正 n 角形 (B20)》

91． n を 3 以上の自然数，i を虚数単位として，複素数 z_k は以下の式を満たすとする．

$$z_k = \cos\left(\frac{2\pi}{n}k\right) + i\sin\left(\frac{2\pi}{n}k\right)$$

$(k = 0, 1, 2, \cdots, n-1)$

また，n 以下の自然数 l に対して，複素数平面上の点 $P_l(a_l)$ があり，複素数 a_l は次の式を満たすとする．

$$a_l = z_0 + z_1 + z_2 + \cdots + z_{l-1}$$

以下の問いに答えよ．

（1） $a_l = \frac{z_l - 1}{z_1 - 1}$ となることを示せ．

（2） $l \geqq 3$ のとき，三角形 $P_lP_{l-1}P_{l-2}$ の面積を求めよ．

（3） $P_1, P_2, \cdots, P_n$ を頂点とする n 角形に外接する円の方程式と n 角形の面積を求めよ．

（23　九大・後期）

▶解答◀ z_1 とかくと添字がついて煩わしいから，$z_1 = \alpha$ とおく．また，$\theta = \frac{\pi}{n}$ とする．

（1） $z_k = \alpha^k$ であるから，

$$a_l = \sum_{k=0}^{l-1}\alpha^k = \frac{1-\alpha^l}{1-\alpha} = \frac{z_l - 1}{z_1 - 1}$$

（2） $|z_k| = 1$ である．$a_{l+1} - a_l = \alpha^l$ は，$\overrightarrow{P_lP_{l+1}} = \alpha^l$ と見ることができて，進行方向を 2θ 回転，進む距離は 1 のまま進む．

$$\triangle P_lP_{l-1}P_{l-2} = \frac{1}{2}\cdot 1\cdot 1\cdot\sin(\pi - 2\theta) = \boldsymbol{\frac{1}{2}\sin\frac{2\pi}{n}}$$

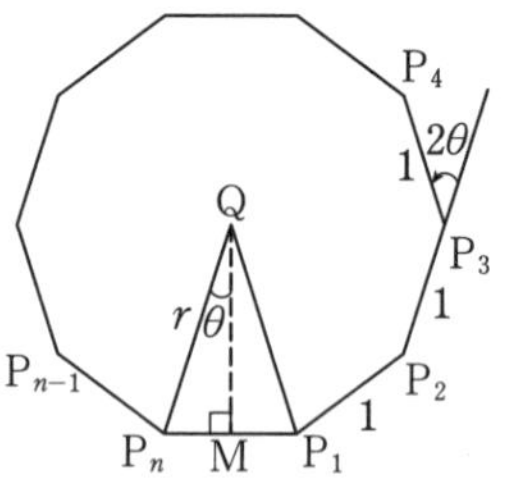

（3） $a_1 = 1, a_n = \frac{z_n - 1}{z_1 - 1} = 0$ である．上の考察より，$P_1, P_2, \cdots, P_n$ を頂点とする n 角形は，1 辺の長さが 1 の正 n 角形である．外接円の半径を r とおくと，

$$r\sin\theta = \frac{1}{2} \qquad \therefore\ r = \frac{1}{2\sin\theta}$$

$$\mathrm{QM}\tan\theta = \frac{1}{2} \qquad \therefore\ \mathrm{QM} = \frac{1}{2\tan\theta}$$

であるから，中心は $\frac{1}{2} + \frac{1}{2\tan\theta}i$ となる．半径が $\frac{1}{2\sin\theta}$ より，外接円の方程式は

$$\boldsymbol{\left|z - \left(\frac{1}{2} + \frac{1}{2\tan\frac{\pi}{n}}i\right)\right| = \frac{1}{2\sin\frac{\pi}{n}}}$$

であり，正 n 角形の面積は

$$\left(\frac{1}{2}\cdot 1\cdot\frac{1}{2\tan\theta}\right)\cdot n = \boldsymbol{\frac{n}{4\tan\frac{\pi}{n}}}$$

《ネットを掛ける (C30)》

92． 複素数 α について，実部を $\mathrm{Re}(\alpha)$，虚部を $\mathrm{Im}(\alpha)$ とおく．次に答えよ．

（1） 複素数 z について，方程式 $\frac{z-1}{z} = z$ を解け．

（2） 整数 a, b, c, d は $ad - bc = 1$ をみたしている．等式

$$\mathrm{Im}\left(\frac{az+b}{cz+d}\right) = \frac{\mathrm{Im}(z)}{|cz+d|^2}\ (cz + d \neq 0)$$

が成り立つことを示せ．

以下では，複素数 z について，

$$\text{条件 P}: |z| = 1,\ -\frac{1}{2} < \mathrm{Re}(z) \leqq \frac{1}{2}$$

を考える．

（3） ある整数 m, n について，$|mz + n| = 1$ と条件 P をみたす複素数 z が存在する．このとき，m, n の組をすべて求めよ．

（4） $ad - bc = 1, b < 0$ をみたすある整数 a, b, c, d について，$\frac{az+b}{cz+d} = z$ と条件 P をみたす複素数 z が存在する．このとき，a, b, c, d の組をすべて求めよ．

（23　九州工業大・前期）

▶解答◀ （1） $\frac{z-1}{z} = z$

$$z^2 - z + 1 = 0$$

$$z=\frac{1\pm\sqrt{1-4}}{2}=\frac{\mathbf{1}\pm\sqrt{\mathbf{3}}\boldsymbol{i}}{\mathbf{2}}$$

（**2**） $\dfrac{az+b}{cz+d}=\dfrac{(az+b)(c\overline{z}+d)}{|cz+d|^2}$

この分子は

$$ac|z|^2+adz+bc\overline{z}+bd$$

（$z=x+yi$, x, y は実数とおくと）

$$=ac|z|^2+bd+ad(x+yi)+bc(x-yi)$$

$$=ac|z|^2+bd+adx+bcx+(ad-bc)yi$$

虚部は $(ad-bc)y=y$ であるから

$$\mathrm{Im}\left(\frac{az+b}{cz+d}\right)=\frac{\mathrm{Im}(z)}{|cz+d|^2}\ \cdots\cdots\cdots\cdots①$$

が成り立つ．

（**3**） $z=\cos\theta+i\sin\theta$ とおく．$-\dfrac{1}{2}<\cos\theta\leqq\dfrac{1}{2}$ である．$|m(\cos\theta+i\sin\theta)+n|^2=1$

$$(m\cos\theta+n)^2+(m\sin\theta)^2=1$$

$$m^2+2mn\cos\theta+n^2-1=0$$

$$m=-n\cos\theta\pm\sqrt{n^2\cos^2\theta-n^2+1}$$

$\cos^2\theta\leqq\dfrac{1}{4}$ であるから

$$D=n^2\cos^2\theta-n^2+1\leqq\frac{n^2}{4}-n^2+1=1-\frac{3}{4}n^2$$

$|n|\geqq2$ のとき $D\leqq1-\dfrac{3}{4}n^2\leqq1-3<0$ で不適．

$n=0$ のとき，$m^2-1=0$　　　$\therefore\ m=\pm1$

$n=\pm1$ のとき，$m^2+2mn\cos\theta=0$

$\cos\theta=0$ のときは，$m=0$

$\cos\theta\neq0$ のとき，$m=0$ または $m=-2n\cos\theta$

$n=1$ ならば，$m=-2\cos\theta$

$n=-1$ ならば，$m=2\cos\theta$

$\mathbf{Re}(\boldsymbol{z})=\dfrac{\mathbf{1}}{\mathbf{2}}$ のとき

$$(m,n)=\mathbf{(0,\pm1),(\pm1,0),(-1,1),(1,-1)}$$

$-\dfrac{\mathbf{1}}{\mathbf{2}}<\mathbf{Re}(\boldsymbol{z})<\dfrac{\mathbf{1}}{\mathbf{2}}$ のとき $(m,n)=\mathbf{(0,\pm1),(\pm1,0)}$

（**4**） ①で $\dfrac{az+b}{cz+d}=z$ を代入すると

$$\mathrm{Im}(z)=\frac{\mathrm{Im}(z)}{|cz+d|^2}\ \cdots\cdots\cdots\cdots\cdots②$$

$\mathrm{Im}(z)=0$ とすると z は実数となり $|z|=1$ より $z=\pm1$ となるが $-\dfrac{1}{2}<\mathrm{Re}(z)\leqq\dfrac{1}{2}$ に反する．

よって $\mathrm{Im}(z)\neq0$ である．ゆえに②より $|cz+d|=1$

$\dfrac{az+b}{cz+d}=z$, $|z|=1$ より $\dfrac{|az+b|}{|cz+d|}=1$

よって $|az+b|=1$ となる．（３）の結果と $b<0$ より

$$(a,b)=(0,-1),(1,-1)$$

また，$|cz+d|=1$ と（３）の結果より

$$(c,d)=(0,\pm1),(\pm1,0),(-1,1),(1,-1)\cdots③$$

ただし，いずれも $(1,-1)$, $(-1,1)$ になるのは $\cos\theta=\dfrac{1}{2}$ のときである．

（ア） $(a,b)=(0,-1)$ のとき．$ad-bc=1$ より $c=1$ となり，$d=0$ または -1 となる．

$\dfrac{az+b}{cz+d}=z$ は $\dfrac{-1}{z}=z$, $\dfrac{-1}{z-1}=z$ となる．

$$z^2=-1,\ z^2-z+1=0$$

$$z=\pm i,\ \frac{1\pm\sqrt{3}i}{2}$$

となり，条件 P を満たす．

（イ） $(a,b)=(1,-1)$ のとき．$ad-bc=1$ より $d+c=1$ となる．③のうちで和が 1 になるものは $(c,d)=(0,1),(1,0)$ となる．

$\dfrac{az+b}{cz+d}=z$ は $\dfrac{z-1}{1}=z$, $\dfrac{z-1}{z}=z$ となる．

前者は不適で後者より $z^2-z+1=0$ で $z=\dfrac{1\pm\sqrt{3}i}{2}$ となる．$\mathrm{Re}(z)=\dfrac{1}{2}$ で適する．

$$(a,b,c,d)=\mathbf{(0,-1,1,0),(0,-1,1,-1),}$$
$$\mathbf{(1,-1,1,0)}$$

注意 【ベクトルのネットをかける】

$w=mz+n$ とおく．m, n を整数で動かすと，点 w は図の格子の点（いずれか 2 直線の交点）になる．図は $z=\dfrac{1}{2}+\dfrac{\sqrt{3}}{2}i$ のときであり，$|w|=1$ になるのは黒丸をつけた点である．ただし w_5, w_6 が適するのはこのときだけで，$-\dfrac{1}{2}<\mathrm{Re}(z)<\dfrac{1}{2}$ のときは $|w|=1$ になるのは w_1, w_2, w_3, w_4 だけになる．

2022 年九工大後期に類題がある．

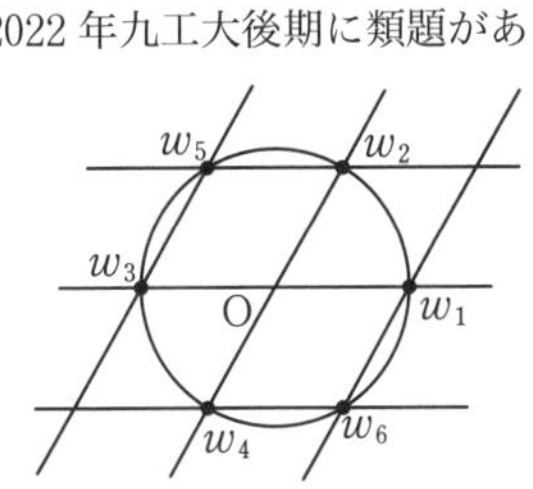

《正五角形と等式（B15）》

93. i を虚数単位として，複素数

$$z=\cos\frac{2}{5}\pi+i\sin\frac{2}{5}\pi$$

を考える．次の□を適切な数値で埋めよ．ただし，答えは結果のみ解答欄に記入せよ．

$w=z+z^3$ とし，w と共役な複素数を $\overline{w}$ で表す．このとき $w+\overline{w}=$ □ である．$w\cdot\overline{w}$ の実部は□であり，虚部は□である．点 z^2 と z^3 を焦点とし，焦点からの距離の差の大きさが z^2 の虚部で定まる双曲線を考える．この双曲線の漸近線の傾きの絶対値は□である．

(23　昭和大・医-1期)

▶解答◀　$1, z, z^2, z^3, z^4$ は図1のように正五角形の頂点となる．z と z^4，z^2 と z^3 は共役な複素数である．$z^5=1$ であるから，$z^5-1=0$

$$(z-1)(z^4+z^3+z^2+z+1)=0$$

$z\neq 1$ であるから，$z^4+z^3+z^2+z+1=0$

$\theta=\dfrac{2}{5}\pi$ として，以下で使用する値を求めておく．
$2\theta=2\pi-3\theta$ であるから

$$\cos 2\theta=\cos(2\pi-3\theta)=\cos 3\theta$$

$$2\cos^2\theta-1=4\cos^3\theta-3\cos\theta$$

$$4\cos^3\theta-2\cos^2\theta-3\cos\theta+1=0$$

$$(\cos\theta-1)(4\cos^2\theta+2\cos\theta-1)=0$$

$0<\cos\theta<1$ より $\cos\theta=\dfrac{-1+\sqrt{5}}{4}$

$$\cos 2\theta=2\cos^2\theta-1=2\left(\frac{-1+\sqrt{5}}{4}\right)^2-1$$

$$=\frac{1}{8}(6-2\sqrt{5})-1=-\frac{1+\sqrt{5}}{4}$$

ここで

$$w+\overline{w}=z+z^3+\overline{(z+z^3)}$$

$$=z+z^3+z^4+z^2=\mathbf{-1}$$

$$w\cdot\overline{w}=(z+z^3)\overline{(z+z^3)}$$

$$=(z+z^3)(z^4+z^2)=z^5+z^3+z^7+z^5$$

$$=z^2+z^3+2=2\cos 2\theta+2$$

$$=-2\cdot\frac{1+\sqrt{5}}{4}+2=\frac{3-\sqrt{5}}{2}$$

よって，$w\cdot\overline{w}$ の実部は $\boldsymbol{\dfrac{3-\sqrt{5}}{2}}$，虚部は $\mathbf{0}$ である．

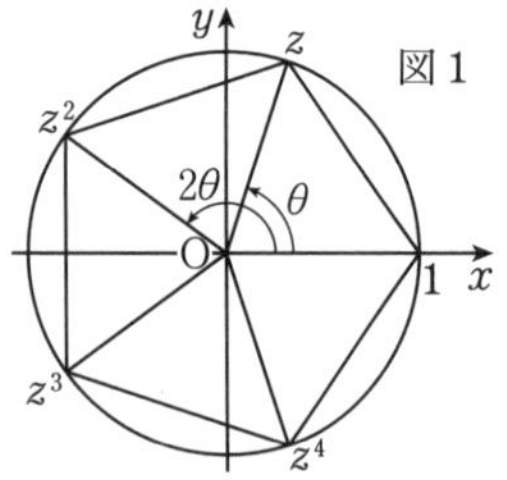

図1

z^2 と z^3 を焦点とし，焦点からの距離の差が z^2 の虚部である双曲線を C とする．

$$C:\frac{(x-c)^2}{a^2}-\frac{y^2}{b^2}=1,\ a>0,\ b>0$$

とおける．$c=\cos\dfrac{4\pi}{5}$ である．

$$a^2+b^2=\sin^2 2\theta,\ 2b=\sin 2\theta$$

であり，$b=\dfrac{1}{2}\sin 2\theta,\ a=\dfrac{\sqrt{3}}{2}\sin 2\theta$

漸近線の傾きの絶対値は $\left|\dfrac{b}{a}\right|=\boldsymbol{\dfrac{1}{\sqrt{3}}}$

図2

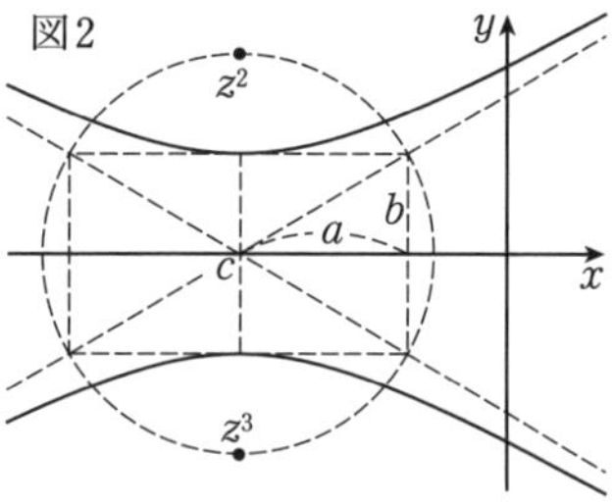

《円周角 (B30)》

94．複素数の数列 $\{z_n\}$ に対する次の2つの条件を考える．

（ i ）すべての自然数 n に対して，
$|z_n-z_{n+1}|=2^n$ が成り立つ．

（ii）すべての自然数 n に対して，
$\dfrac{(z_n-z_{n+1})(z_{n+2}-z_{n+3})}{(z_{n+1}-z_{n+2})(z_{n+3}-z_n)}$ は実数である．

複素数の数列 $\{z_n\}$ で（ i ）と（ii）をともに満たすものをすべて考えたとき，$\dfrac{z_{2022}-z_{2023}}{z_{2023}-z_{2024}}$ がとり得る値をすべて求めよ．　(23　京大・特色入試)

考え方　$\dfrac{(z_1-z_2)(z_3-z_4)}{(z_2-z_3)(z_4-z_1)}$ が実数であるための必要十分条件は，z_1, z_2, z_3, z_4 が同一円周上または同一直線上にある（証明は☞注）ということを利用する．超高校級の知識が要求される京大の特色入試ではこれは事実として使ってよいのかどうか迷う．

▶解答◀　$\dfrac{(z_n-z_{n+1})(z_{n+2}-z_{n+3})}{(z_{n+1}-z_{n+2})(z_{n+3}-z_n)}$ が実数であることから，$z_n, z_{n+1}, z_{n+2}, z_{n+3}$ は同一円周上または同一直線上にある．（ii）よりこれがすべての自然数 n に対して成立しているから，複素数列 $\{z_n\}$ はすべて同一円周上または同一直線上にある．

（ア）すべて同一円周上にあるとき：この円の半径を R とすると，円周上の2点の距離の最大値はその円の直径の $2R$ となるが，十分大きな n に対して

$$|z_n-z_{n+1}|=2^n>2R$$

となってしまうから（ i ）を満たさず不適．

（イ）すべて同一直線上にあるとき：（ i ）より

$$\left|\frac{z_{2022}-z_{2023}}{z_{2024}-z_{2023}}\right|=\frac{2^{2022}}{2^{2023}}=\frac{1}{2}$$

である．また，$z_{2022}, z_{2023}, z_{2024}$ も同一直線上より

$$\arg\frac{z_{2022}-z_{2023}}{z_{2024}-z_{2023}}=0,\ \pi$$

であるから，

$$\frac{z_{2022}-z_{2023}}{z_{2023}-z_{2024}}=-\frac{z_{2022}-z_{2023}}{z_{2024}-z_{2023}}$$

$$=-\frac{1}{2}(\cos 0+i\sin 0),\ -\frac{1}{2}(\cos\pi+i\sin\pi)$$

となるから，$\dfrac{z_{2022}-z_{2023}}{z_{2023}-z_{2024}}$ のとり得る値は $\pm\dfrac{1}{2}$ である．

確かに，$\dfrac{z_{2022}-z_{2023}}{z_{2023}-z_{2024}}=\pm\dfrac{1}{2}$ となる数列 $\{z_n\}$ は構成できる．

注意 相異なる 4 点 $z_n,\ z_{n+1},\ z_{n+2},\ z_{n+3}$ に対して

$$w=\frac{(z_n-z_{n+1})(z_{n+2}-z_{n+3})}{(z_{n+1}-z_{n+2})(z_{n+3}-z_n)}$$

が実数であるための必要十分条件は，

$z_n,\ z_{n+1},\ z_{n+2},\ z_{n+3}$ が同一円周上または同一直線上にあることの証明をする．

【証明 1】 $w=\dfrac{z_n-z_{n+1}}{z_{n+2}-z_{n+1}}\cdot\dfrac{z_{n+2}-z_{n+3}}{z_n-z_{n+3}}$

とおく．

（ア） $z_n,\ z_{n+1},\ z_{n+2}$ が三角形をなすとき．この順で左周りにあるとしても一般性を失わない（逆回りのときも同様にできる）．

これを $w=\dfrac{\overrightarrow{z_{n+1}z_n}}{\overrightarrow{z_{n+1}z_{n+2}}}\cdot\dfrac{\overrightarrow{z_{n+3}z_{n+2}}}{\overrightarrow{z_{n+3}z_n}}$

とベクトル的に見る．$\overrightarrow{z_{n+1}z_{n+2}}$ から $\overrightarrow{z_{n+1}z_n}$ に回る角を α，$\overrightarrow{z_{n+3}z_n}$ から $\overrightarrow{z_{n+3}z_{n+2}}$ に回る角を β とする．

$0<\alpha<\pi,\ -\pi<\beta\leqq\pi,\ -\pi<\alpha+\beta<2\pi$

ただし z_{n+3} が直線 z_nz_{n+2} に関して z_{n+1} と同じ側にあるときは $-\pi<\beta<0$（図 1），反対の側にあるときは $0<\beta<\pi$（図 2），直線 z_nz_{n+2} 上にあるときは $\beta=0$ または π である．

$\left|\dfrac{z_n-z_{n+1}}{z_{n+2}-z_{n+1}}\right|=p,\ \left|\dfrac{z_{n+2}-z_{n+3}}{z_n-z_{n+3}}\right|=q$ とおくと

$$w=p(\cos\alpha+i\sin\alpha)\cdot q(\cos\beta+i\sin\beta)$$
$$=pq(\cos(\alpha+\beta)+i\sin(\alpha+\beta))$$

w が実数 $\iff\alpha+\beta=0,\ \pi$

$\iff\beta=-\alpha$ または $\alpha+\beta=\pi$

$\beta=-\alpha$ のときは図 1 のように，三角形 $z_nz_{n+1}z_{n+2}$ の外接円の弧 z_nz_{n+2} において，z_{n+3} は z_{n+1} と同じ側，$\alpha+\beta=\pi$ のときは図 2 のように，z_{n+1} と反対の側にあり，4 点は同一円周上にある．

（イ） $z_n,\ z_{n+1},\ z_{n+2}$ が一直線上にあるとき．

$\dfrac{z_n-z_{n+1}}{z_{n+2}-z_{n+1}}$ は実数になる．

w が実数 $\iff\dfrac{z_{n+2}-z_{n+3}}{z_n-z_{n+3}}$ が実数

$\iff z_n,\ z_{n+3},\ z_{n+2}$ が一直線上にある．

$z_n,\ z_{n+1},\ z_{n+2}$ が一直線上にあるときだから，4 点は一直線上にある．

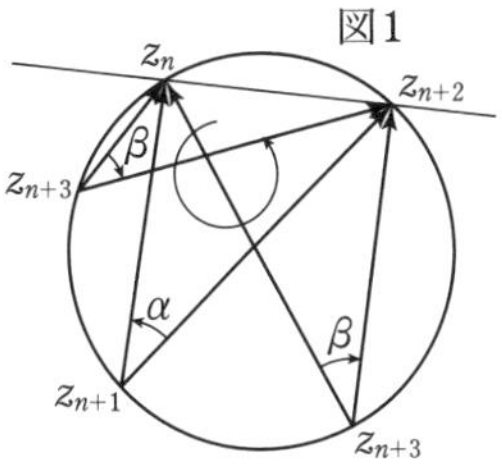

図1

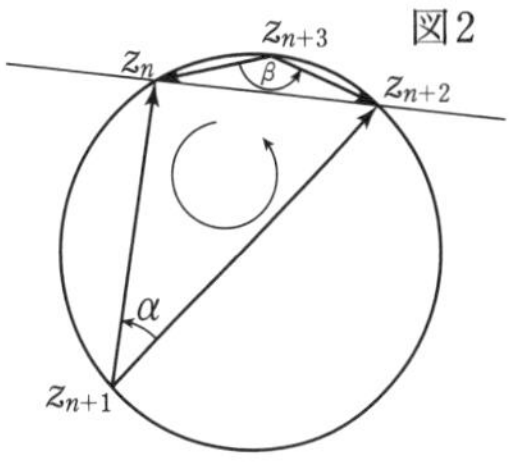

図2

【証明 2】 $S(z)=\dfrac{az+b}{cz+d}$ とおく．このような変換を 1 次分数変換と呼ぶ．変換をした後の値が実数となるような z の軌跡を考えよう．その必要十分条件は

$$\frac{az+b}{cz+d}=\overline{\left(\frac{az+b}{cz+d}\right)}$$

$$\mathrm{Im}(a\overline{c}\,|z|^2+b\overline{c\,z}+b\overline{d})=0\ \cdots\cdots\cdots\cdots\cdots\cdots①$$

となる．ここで，実数 $x,\ y$ を用いて $z=x+yi$ とおくと，実数の定数 $A,\ B,\ C$ を用いて ① は

$$\mathrm{Im}(a\overline{c})(x^2+y^2)+Ax+By+C=0$$

の形にかける．これより，$\mathrm{Im}(a\overline{c})\neq0$ のとき z の軌跡は円になり，$\mathrm{Im}(a\overline{c})=0$ のとき z の軌跡は直線となる．ここで，1 次分数変換として

$T(z)=\dfrac{z-z_{n+1}}{z_{n+3}-z}\cdot\dfrac{z_{n+2}-z_{n+3}}{z_{n+1}-z_{n+2}}$ とおくと，

$$T(z_{n+1})=0,\ T(z_{n+2})=1,\ \lim_{z\to z_{n+3}}T(z)=\infty$$

である．3 点 $0,\ 1,\ \infty$ を通る円または直線は，実軸しかないことに注意する．3 点 $z_{n+1},\ z_{n+2},\ z_{n+3}$ を通る円または直線は一意に決まり，それは $T(z)$ が実数となるような z の軌跡（大学の用語で言うと，$T^{-1}(R\cup\infty)$ となる）によって与えられるから，z_n が 3 点 $z_{n+1},\ z_{n+2},\ z_{n+3}$ を通る円または直線上にあることは $z_n\in T^{-1}(R\cup\infty)$ と同値である．さらに，$z_n\neq z_{n+3}$ であるから，これは $T(z_n)$ が実数になることと同値である．よって示された．

《円周上の点（B20）》

95． i を虚数単位とする．α と β は異なる複素数とする．α とも β とも異なる複素数 z が条件

$\dfrac{1}{2}\leqq\left|\dfrac{z-\beta}{z-\alpha}\right|\leqq3$

かつ

$\dfrac{z-\beta}{z-\alpha}$ の偏角は $-\dfrac{\pi}{2}$ である

を満たしながら動く．このとき，次の問いに答えよ．

（1） 実数 $|z-\alpha|+|z-\beta|$ の取り得る値の範囲を求めよ．

（2） 実数 $|z-\alpha|+|z-\beta|$ が（1）の値の範囲内の最小の実数に等しくなるような z の値をすべて求めよ．

（23 京都工繊大・前期）

▶解答◀ （1） A(α), B(β), Z(z) とする．

$\arg\dfrac{\beta-z}{\alpha-z}=-\dfrac{\pi}{2}$ より Z は AB を直径とする半円を描く．出題者は「α, β は一定である．答えは $|\alpha-\beta|$ を用いて表せ」くらいは書いておくべきである．

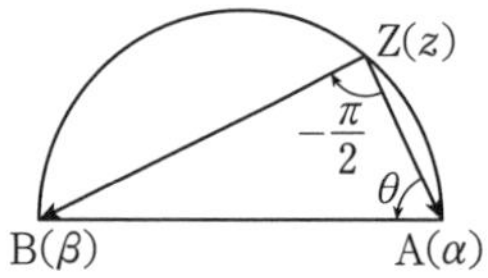

AB $=|\alpha-\beta|=r$, $\arg\dfrac{\beta-\alpha}{z-\alpha}=\theta$ とおく．

$\dfrac{|z-\beta|}{|z-\alpha|}=\tan\theta$ だから $\dfrac{1}{2}\leqq\tan\theta\leqq 3$ である．

$X=\cos\theta$, $Y=\sin\theta$ とおく．

$$|z-\alpha|+|z-\beta|=\text{AZ}+\text{BZ}$$
$$=r(\cos\theta+\sin\theta)$$

$\text{P}_1\left(\dfrac{2}{\sqrt{5}}, \dfrac{1}{\sqrt{5}}\right)$, $\text{P}_2\left(\dfrac{1}{\sqrt{10}}, \dfrac{3}{\sqrt{10}}\right)$, $\text{P}_3\left(\dfrac{1}{\sqrt{2}}, \dfrac{1}{\sqrt{2}}\right)$ とする．$X+Y=k$ をずらして，(X, Y) が図の弧 P_1P_2 と共有点をもつ条件を考えると

$$\frac{4}{\sqrt{10}}\leqq X+Y\leqq\sqrt{2}$$

$X+Y=\sqrt{2}$ は P_3 で円と接するとき，$X+Y=\dfrac{4}{\sqrt{10}}$ は P_2 を通るときにおこる．P_2 は $\text{P}_4\left(\dfrac{1}{\sqrt{5}}, \dfrac{2}{\sqrt{5}}\right)$ より左方にある．

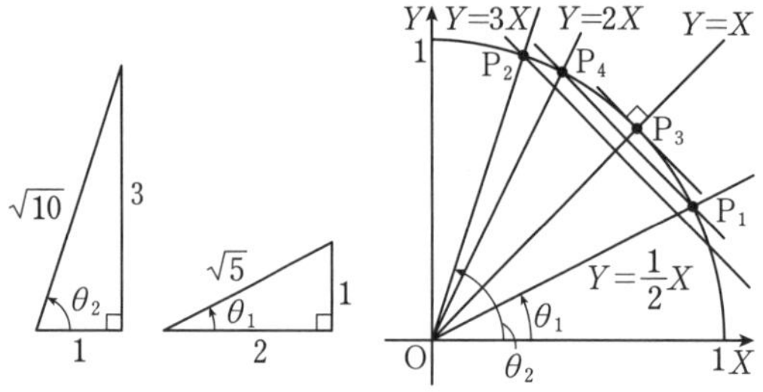

したがって

$$\frac{4}{\sqrt{10}}|\boldsymbol{\alpha}-\boldsymbol{\beta}|\leqq|\boldsymbol{z}-\boldsymbol{\alpha}|+|\boldsymbol{z}-\boldsymbol{\beta}|\leqq\sqrt{2}|\boldsymbol{\alpha}-\boldsymbol{\beta}|$$

（2） $\tan\theta=3$ のときで

$$\overrightarrow{z\beta}=\overrightarrow{z\alpha}(-i)\cdot 3$$

と見ると

$$\beta-z=-3i(\alpha-z)$$
$$z=\frac{\beta+3i\alpha}{1+3i}=\frac{\boldsymbol{(\beta+3i\alpha)(1-3i)}}{\boldsymbol{10}}$$

《3次方程式の共役解（C30）》

96. a, b を実数とする．x に関する3次方程式

（$*$） $x^3-3ax+b=0$

は虚数解をもち，3個の解は複素数平面上で一直線上にないものとする．このとき，次の各問いに答えよ．

（1）（ｉ） a, b の満たす条件を示し，それを ab 平面上に図示せよ．

（ii） 方程式（$*$）の実数解を c とするとき，虚数解を a, c および虚数単位 i を用いて表せ．

（2） 複素数平面上で方程式（$*$）の3個の解を頂点とする三角形を K とする．

（ｉ） K が点1を中心とする半径2の円 $|z-1|=2$ に内接しているとき，a と b の値を求めよ．

（ii） K が点1を中心とする半径 r の円に内接しているとき，K の3つの頂点を表す複素数と半径 r を a を用いてそれぞれ表し，a のとりうる値の範囲を求めよ． （23 旭川医大）

▶解答◀ （1）（ｉ） 実数解を c，虚数解を $p+qi$, $p-qi$（p, q は実数で $q\neq 0$）として，これらが $x^3-3ax+b=0$ の3解であるための必要十分条件は，解と係数の関係より

$$c+(p+qi)+(p-qi)=0 \quad\cdots\cdots\text{①}$$
$$c(p+qi)+c(p-qi)+(p+qi)(p-qi)=-3a\cdots\text{②}$$
$$c(p+qi)(p-qi)=-b\quad\cdots\cdots\text{③}$$

となる．① から $c=-2p$ となり，②，③ に代入し

$$-3p^2+q^2=-3a,\ 2p(p^2+q^2)=b$$

図1

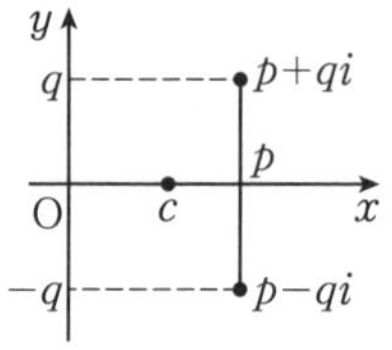

$q^2=3p^2-3a>0$ より $p^2>a$ であり，$q^2=3p^2-3a$ を $2p(p^2+q^2)=b$ に代入すると $2p(4p^2-3a)=b$ となる．3解が一直線上にある条件は $p=c$ であり，$c=-2p$ も合わせて $c=0$ となる．そのとき $b=0$ になる．結局，2つの虚数解を持つという条件のもとでは，3解が一直線上にない条件は $b\neq 0$ となる．結局

$$p\neq 0,\ p^2>a,\ 8p^3-6ap-b=0$$

$f(p)=8p^3-6ap$ とおく．$b=f(p)$ を満たす実数 p が存在するために a, b の満たす必要十分条件を求める．

（ア） $a\leqq 0$ のとき $p\neq 0$ から $p^2>0\geqq a$ は成り立つ．

$$f'(p)=24p^2-6a>0,\ f(0)=0$$

$f(p)=b$ となる $p\neq 0$ が存在する条件は $b\neq 0$

図2

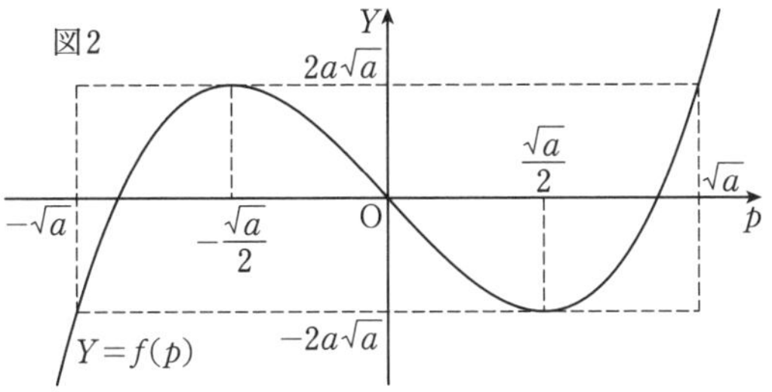

（イ） $a>0$ のとき $|p|>\sqrt{a}$

$$f\left(-\frac{\sqrt{a}}{2}\right)=f(\sqrt{a})=2a\sqrt{a}$$

$$f\left(\frac{\sqrt{a}}{2}\right)=f(-\sqrt{a})=-2a\sqrt{a}$$

$b=f(p)$, $|p|>\sqrt{a}$ となる p が存在するために a, b が満たす必要十分条件は $|b|>2a\sqrt{a}$ である．

求める条件は

「$(\boldsymbol{a\leqq 0}$ かつ $\boldsymbol{b\neq 0})$」または「$(\boldsymbol{a>0}$ かつ $\boldsymbol{|b|>2a^{\frac{3}{2}}})$」

図 3 の境界を含まない網目部分となる．$b=0$（a 軸上）を除く．

図3

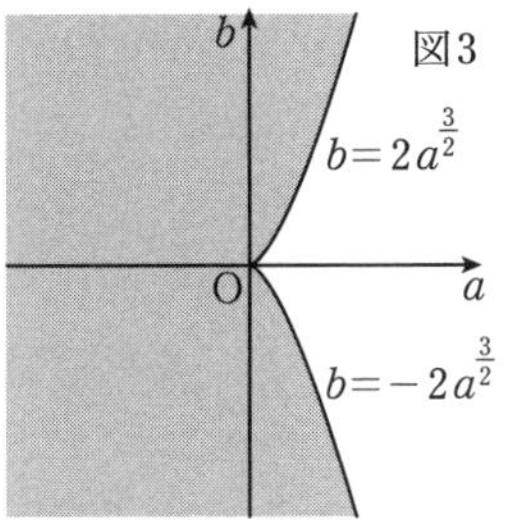

図4

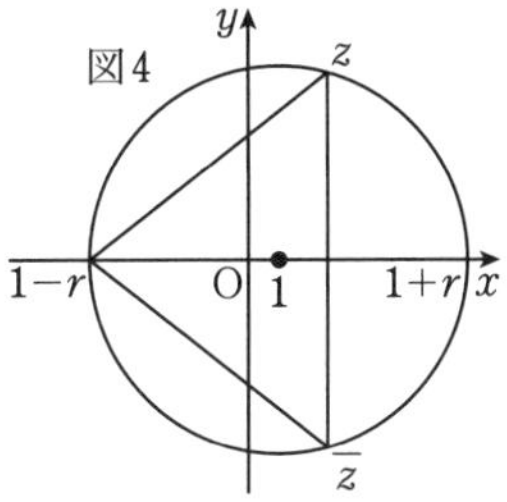

（**ii**） 以上で述べたように

$$p=-\frac{c}{2},\ q^2=3p^2-3a=\frac{3c^2}{4}-3a$$

$$p\pm qi=-\boldsymbol{\frac{c}{2}}\pm\boldsymbol{\frac{\sqrt{3c^2-12a}}{2}i}$$

これを ③ に代入すると $b=-c(c^2-3a)$ ……………④

（**2**） $p\pm qi$ が $|z-1|=r$ 上にある条件を考える．

$$\left|-\frac{c}{2}-1\pm\frac{\sqrt{3c^2-12a}}{2}i\right|=r$$

$$\left(-\frac{c}{2}-1\right)^2+\frac{3c^2-12a}{4}=r^2$$

$$c^2+c+1-3a=r^2 \quad ……………………………⑤$$

また，c は円 $|z-1|=r$ 上の実数であるから，$c=1+r$ または $c=1-r$ である．これを ⑤ に代入する．

$c=1-r$ のとき，整理すると $a=1-r$

$c=1+r$ のとき，整理すると $a=1+r$

となる．いずれの場合も $c=a$ になり，④ より $b=-a(a^2-3a)$ となる．

（**i**） $r=2$ のときである．$c=a=-1$ または $c=a=3$ となる．順に $b=4, 0$ となるが $b\neq 0$ であったから後者は不適である．ゆえに $\boldsymbol{a=-1}$, $\boldsymbol{b=4}$

（**ii**） $c=a$ として 3 解は $\boldsymbol{a}$, $\boldsymbol{\dfrac{-a\pm\sqrt{3a(a-4)}i}{2}}$

となり，$a(a-4)>0$ より $a<0$ または $a>4$ である．$a=1-r$ または $a=1+r$ で $r>0$ に注意して

$a>4$ のとき $r=a-1$，$a<0$ のとき $r=-a+1$

である．なお $a>4$ のとき $r=1-a<0$ は不適，$a<0$ のとき $r=a-1<0$ は不適である．

◆別解◆ （1）（**i**） 解答の冒頭と同様に $b\neq 0$ となる．以下はこのもとで考える．$f(x)=x^3-3ax+b$ とおく．$f'(x)=3(x^2-a)$

$a<0$ のとき．$f'(x)>0$ であるから $f(x)$ は増加関数で，$f(x)=0$ の実数解はただ 1 つ（重解ももたない），虚数解が 2 つである．$a=0$ のとき．$f(x)=x^3+b$ となる．$b\neq 0$ では実数解 1 つと虚数解 2 つとなる．

$a>0$ のとき．$f(x)$ は $x=\pm\sqrt{a}$ で極値をとる．

$$f(-\sqrt{a})=b+2a\sqrt{a},\ f(\sqrt{a})=b-2a\sqrt{a}$$

$$f(-\sqrt{a})\cdot f(\sqrt{a})=b^2-4a^3$$

$f(x)=0$ が虚数解をもつ条件は $b^2>4a^3$ となる．答えは解答と同じである．

《4 次方程式の解と係数（B20）☆》

97．実数係数の 4 次方程式

$$x^4-px^3+qx^2-rx+s=0$$

は相異なる複素数 α, $\overline{\alpha}$, β, $\overline{\beta}$ を解に持ち，それらは全て複素数平面において，点 1 を中心とする半径 1 の円周上にあるとする．ただし，$\overline{\alpha}$, $\overline{\beta}$ はそれぞれ α, β と共役な複素数を表す．

（1） $\alpha+\overline{\alpha}=\alpha\overline{\alpha}$ を示せ．

（2） $t=\alpha+\overline{\alpha}$, $u=\beta+\overline{\beta}$ とおく．p, q, r, s をそれぞれ t と u で表せ．

（3） 座標平面において，点 (p, s) のとりうる範囲を図示せよ．（23 名古屋大・前期）

▶解答◀ （**1**） α は点 1 を中心とする半径 1 の円周上にあるから，$|\alpha-1|=1$ である．両辺を 2 乗して

$$|\alpha-1|^2=1$$

$$(\alpha-1)(\overline{\alpha}-1)=1$$

$$\alpha\overline{\alpha}-\alpha-\overline{\alpha}+1=1 \qquad \therefore\ \alpha+\overline{\alpha}=\alpha\overline{\alpha}$$

（**2**） （1）より，$\alpha\overline{\alpha}=\alpha+\overline{\alpha}=t$ であり，同様に，$\beta\overline{\beta}=\beta+\overline{\beta}=u$ である．

$f(x)=x^4-px^3+qx^2-rx+s$ とおくと

$$f(x)=(x-\alpha)(x-\overline{\alpha})(x-\beta)(x-\overline{\beta})$$

$$=(x^2-tx+t)(x^2-ux+u)$$

$$= x^4 - (t+u)x^3 + (tu+t+u)x^2 - 2tux + tu$$

係数を比べて

$$\boldsymbol{p = t+u,\ q = tu+t+u,\ r = 2tu,\ s = tu}$$

(3) まず，t, u の満たすべき条件を求める．α, $\overline{\alpha}$, β, $\overline{\beta}$ がすべて異なることから，α, β はともに虚数であり，x^2-tx+t と x^2-ux+u の(判別式) <0 であるから

$$t^2-4t<0,\ u^2-4u<0$$

$$0<t<4,\ 0<u<4 \quad \cdots\cdots①$$

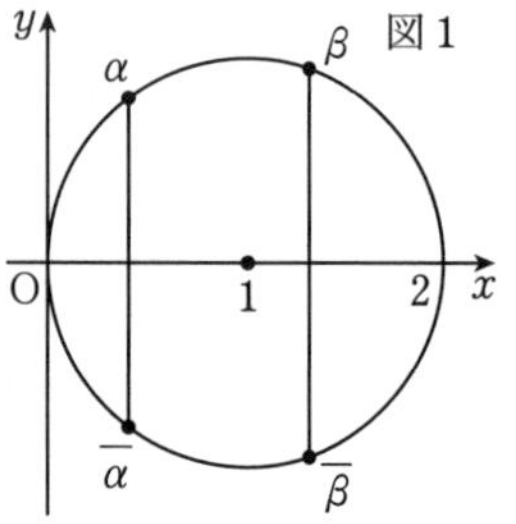

また，α と β の実部が異なることから

$$\frac{t}{2} \neq \frac{u}{2} \qquad \therefore\ t \neq u \quad \cdots\cdots②$$

$t+u=p$, $tu=s$ より，t, u は

$$X^2-pX+s=0 \quad \cdots\cdots③$$

の 2 解であり，①，② より，③ は $0<X<4$ に異なる 2 解をもつ．判別式を D とし，$g(X)=X^2-pX+s$ とおくと

$$D>0,\ 0<\text{軸}<4,\ g(0)>0,\ g(4)>0$$

であるから

$$p^2-4s>0 \qquad \therefore\ s<\frac{p^2}{4}$$

$$0<\frac{p}{2}<4 \qquad \therefore\ 0<p<8$$

$$s>0$$

$$16-4p+s>0 \qquad \therefore\ s>4p-16$$

(p, s) のとりうる範囲は，$C: s=\frac{p^2}{4}$，$l: s=4p-16$ として，図 2 の網目部分になる．境界を除く．

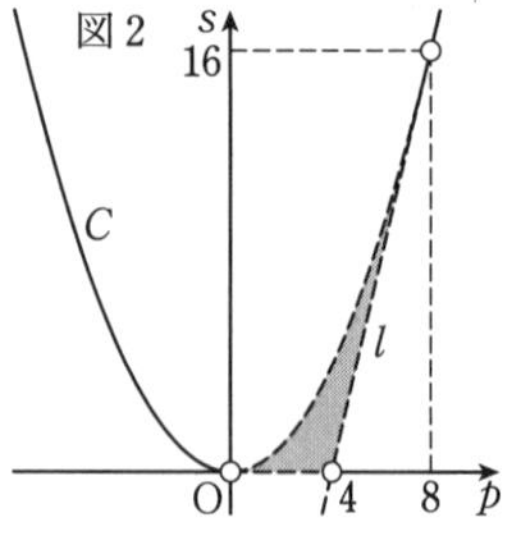

《極と極線・円の接線 (B20)》

98. 複素数平面上に原点 O を中心とする単位円 C があり，2 点 A(z_1)，B(z_2) は，円 C の周上にある．

$z_1=\cos\alpha+i\sin\alpha$，$z_2=\cos\beta+i\sin\beta$，

$0<\alpha<\frac{\pi}{2}<\beta<\pi$

とするとき，以下の問いに答えよ．ただし，i は虚数単位である．

(1) z_1 と z_2 の積 z_1z_2 および和 z_1+z_2 を，それぞれ極形式で表せ．

(2) $w=\frac{2z_1z_2}{z_1+z_2}$ で表される点を P(w) とするとき，w を極形式で表せ．

また，原点 O，点 P(w)，点 D(z_1+z_2) の 3 点は，同一直線上にあることを示せ．

(3) 直線 AP は，円 C の接線であることを示せ．

(4) 直線 AB に関して点 P と対称な点を Q(v) とする．点 Q が円 C の周上にあるとき，β を α の式で表せ．

(23 長崎大・医)

▶解答◀ (1)

$$z_1z_2 = (\cos\alpha+i\sin\alpha)(\cos\beta+i\sin\beta)$$

$$= (\cos\alpha\cos\beta-\sin\alpha\sin\beta)$$

$$+i(\sin\alpha\cos\beta+\cos\alpha\sin\beta)$$

$$\boldsymbol{= \cos(\alpha+\beta)+i\sin(\alpha+\beta)}$$

$\gamma=\frac{\beta-\alpha}{2}$ とおく．O，A(z_1)，D(z_1+z_2)，B(z_2) は 1 辺の長さが 1 のひし形を作る．AB の中点を M とする．$|z_1+z_2|=2\mathrm{OM}=2\mathrm{OA}\cos\gamma$，$z_1+z_2$ の偏角は $\frac{\alpha+\beta}{2}$ であるから

$$\boldsymbol{z_1+z_2 = 2\cos\frac{\beta-\alpha}{2}\left(\cos\frac{\beta+\alpha}{2}+i\sin\frac{\beta+\alpha}{2}\right)}$$

(2) $r=\cos\frac{\beta-\alpha}{2}$，$t=\frac{\beta+\alpha}{2}$ とおく．

$$w=\frac{2z_1z_2}{z_1+z_2}=\frac{2(\cos 2t+i\sin 2t)}{2r(\cos t+i\sin t)}$$

$$=\frac{1}{r}(\cos t+i\sin t)$$

$$\boldsymbol{=\frac{1}{\cos\frac{\beta-\alpha}{2}}\left(\cos\frac{\beta+\alpha}{2}+i\sin\frac{\beta+\alpha}{2}\right)}$$

z_1+z_2 の偏角と w の偏角は等しいから 3 点 O，P，D は同一直線上にある．

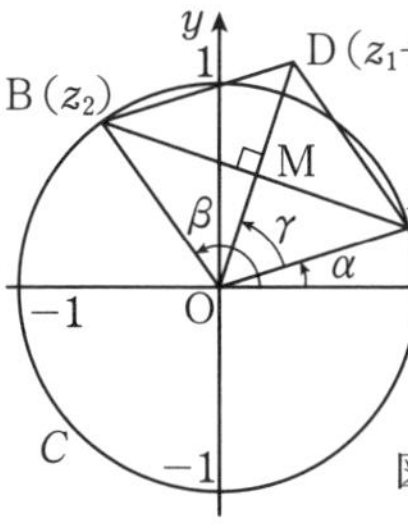

図1

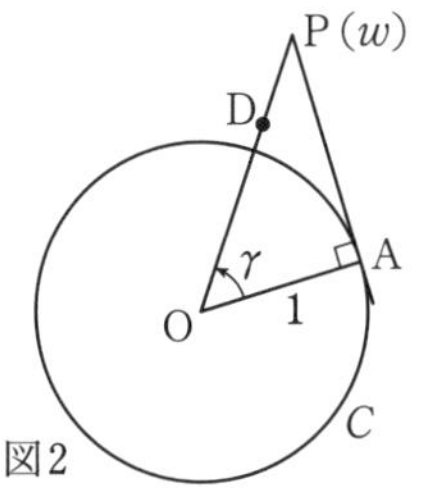

図2

（**3**） $\gamma=\dfrac{\beta-\alpha}{2}$ について $0<\gamma<\dfrac{\pi}{2}$ である．$\overrightarrow{\mathrm{OP}}$ と $\overrightarrow{\mathrm{OD}}$ は同じ向きに平行である．

$\mathrm{OP}=\dfrac{1}{\cos\gamma}$，$\mathrm{OA}=1$ より $\dfrac{\mathrm{OA}}{\mathrm{OP}}=\cos\gamma$ であるから，△OAP は ∠OAP ＝ 90° の直角三角形をなす．よって，直線 AP は C の A における接線である．

（**4**） $z_0=\cos\dfrac{\alpha+\beta}{2}+i\sin\dfrac{\alpha+\beta}{2}$，M を表す複素数を m とする．

$$m=\frac{z_1+z_2}{2}=(\cos\gamma)z_0$$

$$w=\frac{1}{\cos\gamma}z_0$$

$\dfrac{v+w}{2}=m$ より

$$v=2m-w=\left(2\cos\gamma-\frac{1}{\cos\gamma}\right)z_0$$

M は円の内部にあり，P は円の外部にあるから円 C と直線 OP は PM 間の z_0 で交わる．Q は AB に関して z_0 と反対側にある．

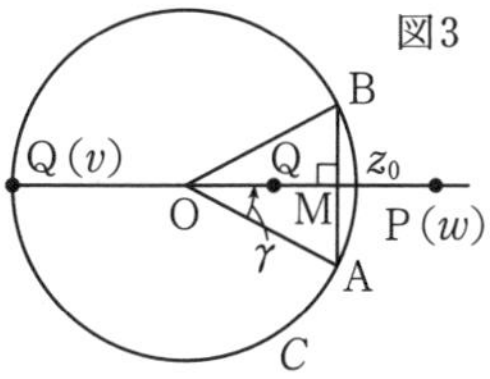

図3

$|v|=1$ のとき，$2\cos\gamma-\dfrac{1}{\cos\gamma}=-1$

$$2\cos^2\gamma+\cos\gamma-1=0$$

$$(2\cos\gamma-1)(\cos\gamma+1)=0$$

$0<\gamma<\dfrac{\pi}{2}$ より $\cos\gamma=\dfrac{1}{2}$ であり，$\gamma=\dfrac{\pi}{3}$ となる．

$$\frac{\beta-\alpha}{2}=\frac{\pi}{3}\qquad\therefore\ \boldsymbol{\beta=\alpha+\frac{2\pi}{3}}$$

《折り返し（B25）》

99．i は虚数単位を表すものとする．複素数 z に関する方程式

$$z=\left(\cos\frac{\pi}{3}-i\sin\frac{\pi}{3}\right)\overline{z}$$

の表す複素数平面上の図形を l とする．次の問いに答えよ．

（1） l は直線であることを証明せよ．

（2） 直線 l に関して複素数 w と対称な点を w の式で表せ．

（3） 複素数 z に対して，z を点 1 を中心に反時計回りに $\dfrac{2\pi}{3}$ 回転した点を z_1 とし，次に z_1 を原点を中心に反時計回りに $\dfrac{2\pi}{3}$ 回転した点を z_2 とする．さらに，直線 l に関して z_2 と対称な点を $f(z)$ とする．$f(z)$ を z の式で表せ．

（4） $f(z)$ は（3）のとおりとする．複素数 z に関する方程式

$$f(z)=-z-\frac{3}{2}-\frac{\sqrt{3}}{2}i$$

の表す複素数平面上の図形を図示せよ．

（23　大阪公立大・理系）

▶解答◀ （**1**） 複素数 z に対して

$$z'=\left(\cos\frac{\pi}{3}-i\sin\frac{\pi}{3}\right)\overline{z}\ \cdots\cdots\cdots①$$

とおき，z, z' が表す点を P, P′ とおく．

$\left|\cos\dfrac{\pi}{3}-i\sin\dfrac{\pi}{3}\right|=1$ であるから，① より

$$|z'|=|z|\qquad\therefore\ \mathrm{OP}=\mathrm{OP'}\ \cdots\cdots\cdots②$$

また，$\arg z=\theta$, $\arg z'=\theta'$ とおくと，① より

$$\theta'=-\frac{\pi}{3}-\theta+2n\pi\ (n\text{ は整数})$$

$$\frac{\theta+\theta'}{2}=-\frac{\pi}{6}+n\pi$$

となる．$\tan\left(-\dfrac{\pi}{6}+n\pi\right)=-\dfrac{1}{\sqrt{3}}$ であるから

直線 $m:y=-\dfrac{1}{\sqrt{3}}x$ は ∠POP′ を二等分する ……③

よって ②, ③ より，点 P′(z') は直線 m に関する P(z) の対称点である．

方程式

$$z\left(\cos\frac{\pi}{3}-i\sin\frac{\pi}{3}\right)\overline{z}\ \cdots\cdots\cdots④$$

は，直線 m に関して対称の位置にある 2 点 P(z), P′(z') が一致することを示しているから，点 P(z) は直線 m 上の点である．

したがって，方程式 ④ の表す図形 l は，直線 $m:y=-\dfrac{1}{\sqrt{3}}x$ である．

図 1

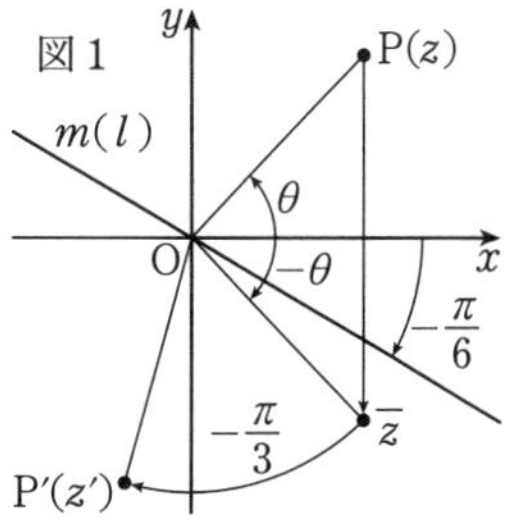

（**2**） （1）での考察で，z, z' が ① をみたすとき，点

P′(z′) は直線 l に関する P(z) の対称点であるから，直線 l に関して複素数 w と対称な点を w' とすると

$$w' = \left(\cos\frac{\pi}{3} - i\sin\frac{\pi}{3}\right)\overline{w}$$

(3) $\alpha = \cos\frac{\pi}{3} + i\sin\frac{\pi}{3}$ とおく．$\alpha^3 = -1$

$\alpha^2 = \cos\frac{2}{3}\pi + i\sin\frac{2}{3}\pi$，$\overline{\alpha} = \cos\frac{\pi}{3} - i\sin\frac{\pi}{3}$ である．

$f(z) = z_3$ とおくと

$$z_1 - 1 = \alpha^2(z-1)$$

$$z_1 = \alpha^2(z-1) + 1$$

$$z_2 = \alpha^2 z_1 = \alpha^4(z-1) + \alpha^2$$

また，(2) より

$$z_3 = \overline{\alpha}\,\overline{z_2} = \overline{\alpha}\{(\overline{\alpha})^4(\overline{z}-1) + (\overline{\alpha})^2\}$$

$$= (\overline{\alpha})^5(\overline{z}-1) + (\overline{\alpha})^3$$

$\alpha^3 = -1$, $\alpha^6 = (\alpha^3)^2 = 1$ より

$\alpha^5 = \frac{1}{\alpha} = \overline{\alpha}$, $(\overline{\alpha})^5 = \overline{(\alpha^5)} = \overline{(\overline{\alpha})} = \alpha$ であるから

$$f(z) = z_3 = \alpha(\overline{z}-1) - 1$$

$$= \left(\cos\frac{\pi}{3} + i\sin\frac{\pi}{3}\right)(\overline{z}-1) - 1$$

図2

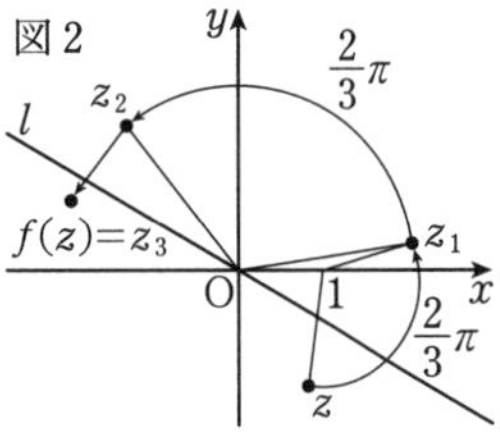

図3

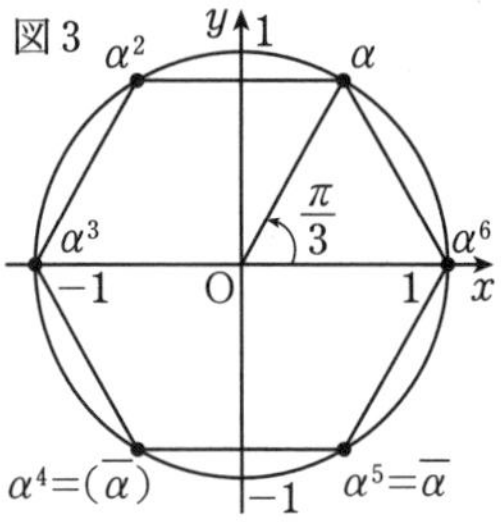

(4) $f(z) = \alpha(\overline{z}-1) - 1 = \alpha\overline{z} - \alpha - 1$

$$= \alpha\overline{z} - \frac{3}{2} - \frac{\sqrt{3}}{2}i$$

であるから

$$\alpha\overline{z} = -z \quad \cdots\cdots ⑤$$

となる．

$$|\alpha\overline{z}| = |\alpha||\overline{z}| = |z| = |-z|$$

であり，$\arg z = \theta$ とおくと，n を自然数として

$$\frac{\pi}{3} + (-\theta) = \pi + \theta + 2n\pi$$

$$\theta = -\frac{\pi}{3} - n\pi$$

となる．$\tan\theta = -\sqrt{3}$ であるから，z が表す図形は直線 $y = -\sqrt{3}x$ である (図4)．

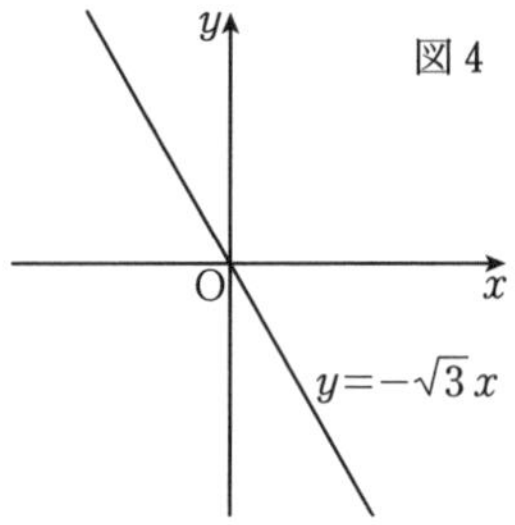

図4

◆別解◆ (1) $z = x + yi$ とおく．与式より

$$x + yi = \frac{1-\sqrt{3}i}{2}(x - yi)$$

$$2x + 2yi = (x - \sqrt{3}y) - (\sqrt{3}x + y)i$$

$$(x + \sqrt{3}y) + (\sqrt{3}x + 3y)i = 0$$

よって

$$x + \sqrt{3}y = \sqrt{3}x + 3y = 0$$

z が表す図形 l は，直線 $x + \sqrt{3}y = 0$ である．

(4) ⑤まで本解答と同じである．$z = x + yi$ とおく．

$$\frac{1+\sqrt{3}i}{2}(x - yi) = -x - yi$$

$$(3x + \sqrt{3}y) + (\sqrt{3}x + y)i = 0$$

よって

$$3x + \sqrt{3}y = \sqrt{3}x + y = 0$$

$$\sqrt{3}x + y = 0$$

《円と直線 (C30) ☆》

100. α を ± 1 ではない複素数とする．複素数平面上で $\left|\frac{\alpha z + 1}{z + \alpha}\right| = 2$ を満たす点 z 全体からなる図形を C とする．C は α が [ア] を満たすとき直線となり，[ア] を満たさないとき円となる．α が [ア] を満たさないとき，円 C の中心を α を用いて表すと [　] となる．α が [ア] を満たすとき，直線 C 上の点 z のうち，その絶対値が最小となるものを α を用いて表すと [　] となる．

(23　慶應大・理工)

▶解答◀ $|\alpha z + 1| = 2|z + \alpha|$

$$|\alpha|\left|z + \frac{1}{\alpha}\right| = 2|z + \alpha|$$

- $|\alpha| = 2$ のとき：$\left|z + \frac{1}{\alpha}\right| = |z + \alpha|$

$\alpha \neq \pm 1$ より，$-\frac{1}{\alpha} \neq -\alpha$ であるから，C は点 $-\frac{1}{\alpha}$，$-\alpha$ を結ぶ線分の垂直二等分線になる．

- $|\alpha| \neq 2$ のとき：

$$(\alpha z + 1)(\overline{\alpha}\,\overline{z} + 1) = 4(z + \alpha)(\overline{z} + \overline{\alpha})$$

$$(|\alpha|^2-4)z\overline{z}+(\alpha-4\overline{\alpha})z$$
$$+(\overline{\alpha}-4\alpha)\overline{z}+(1-4|\alpha|^2)=0$$

$$z\overline{z}+\frac{\alpha-4\overline{\alpha}}{|\alpha|^2-4}z+\frac{\overline{\alpha}-4\alpha}{|\alpha|^2-4}\overline{z}+\frac{1-4|\alpha|^2}{|\alpha|^2-4}=0$$

$$\left(z+\frac{\overline{\alpha}-4\alpha}{|\alpha|^2-4}\right)\overline{\left(z+\frac{\overline{\alpha}-4\alpha}{|\alpha|^2-4}\right)}$$
$$=-\frac{1-4|\alpha|^2}{|\alpha|^2-4}+\frac{|\overline{\alpha}-4\alpha|^2}{(|\alpha|^2-4)^2}$$

$$\left|z+\frac{\overline{\alpha}-4\alpha}{|\alpha|^2-4}\right|^2=\left(\frac{2|\alpha^2-1|}{|\alpha|^2-4}\right)^2$$

となる．よって，$\alpha\neq\pm1$ より，C は中心が $\boldsymbol{-\frac{\overline{\alpha}-4\alpha}{|\alpha|^2-4}}$，半径が $\frac{2|\alpha^2-1|}{||\alpha|^2-4|}$ の円を表す．

$|\alpha|=2$ のとき，C は点 $\mathrm{A}\left(-\frac{1}{\alpha}\right)$, $\mathrm{B}(-\alpha)$ を結ぶ線分の垂直二等分線になる．O から C に下ろした垂線の足を $\mathrm{H}(w)$ とすると，図から $\frac{w-0}{\left(-\frac{1}{\alpha}\right)-(-\alpha)}=\frac{w}{\alpha-\frac{1}{\alpha}}$ は実数となる．

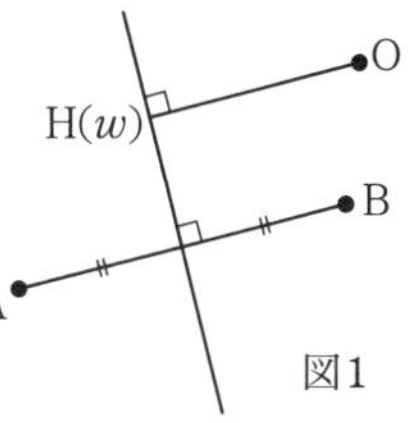

図1

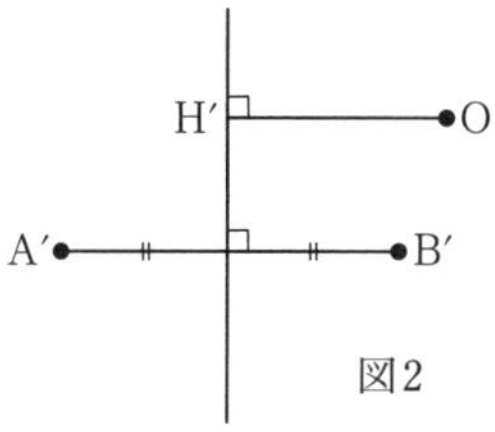

図2

ここで，C の式を変形すると

$$\left(z+\frac{1}{\alpha}\right)\left(\overline{z}+\frac{1}{\overline{\alpha}}\right)=(z+\alpha)(\overline{z}+\overline{\alpha})$$

$$\left(\overline{\alpha}-\frac{1}{\overline{\alpha}}\right)z+\left(\alpha-\frac{1}{\alpha}\right)\overline{z}+4-\frac{1}{4}=0$$

両辺を $\left|\alpha-\frac{1}{\alpha}\right|^2=\left(\alpha-\frac{1}{\alpha}\right)\left(\overline{\alpha}-\frac{1}{\overline{\alpha}}\right)$ で割ると

$$\frac{z}{\alpha-\frac{1}{\alpha}}+\overline{\frac{z}{\alpha-\frac{1}{\alpha}}}=-\frac{15}{4}\cdot\frac{1}{\left|\alpha-\frac{1}{\alpha}\right|^2}$$

$$\mathrm{Re}\,\frac{z}{\alpha-\frac{1}{\alpha}}=-\frac{15}{8}\cdot\frac{1}{\left|\alpha-\frac{1}{\alpha}\right|^2}$$

w はこの直線上にあり，$\frac{w}{\alpha-\frac{1}{\alpha}}$ は実数であることから

$$\frac{w}{\alpha-\frac{1}{\alpha}}=-\frac{15}{8}\cdot\frac{1}{\left|\alpha-\frac{1}{\alpha}\right|^2}$$

$$w=\boldsymbol{-\frac{15}{8}\cdot\frac{\alpha-\frac{1}{\alpha}}{\left|\alpha-\frac{1}{\alpha}\right|^2}}\quad\cdots\cdots\cdots\cdots①$$

◆別解◆　【相似変換の利用】

図形的に見ると少し見通しが良くなるが，計算の手間はあまり変わらない．

図1を見よ．4点 A，B，H，O に対して $\alpha-\frac{1}{\alpha}$ で割るという相似変換を行うと図2のようになる．それぞれ対応する点にダッシュをつけている．このとき，A′B′ は実軸に平行になる．変換後の垂直二等分線上の点の実部は線分 A′B′ の中点 $\frac{1}{2}\cdot\frac{-\alpha-\frac{1}{\alpha}}{\alpha-\frac{1}{\alpha}}$ の実部に等しい．

$$\mathrm{Re}\,\frac{1}{2}\cdot\frac{-\alpha-\frac{1}{\alpha}}{\alpha-\frac{1}{\alpha}}$$
$$=\frac{1}{4}\left(\frac{-\alpha-\frac{1}{\alpha}}{\alpha-\frac{1}{\alpha}}+\overline{\frac{-\alpha-\frac{1}{\alpha}}{\alpha-\frac{1}{\alpha}}}\right)$$
$$=\frac{1}{4\left|\alpha-\frac{1}{\alpha}\right|^2}\left\{\left(-\alpha-\frac{1}{\alpha}\right)\left(\overline{\alpha}-\frac{1}{\overline{\alpha}}\right)\right.$$
$$\left.+\left(-\overline{\alpha}-\frac{1}{\overline{\alpha}}\right)\left(\alpha-\frac{1}{\alpha}\right)\right\}$$
$$=\frac{1}{4\left|\alpha-\frac{1}{\alpha}\right|^2}\left(-2|\alpha|^2+\frac{2}{|\alpha|^2}\right)$$
$$=\frac{1}{4\left|\alpha-\frac{1}{\alpha}\right|^2}\left(-8+\frac{1}{2}\right)=-\frac{15}{8}\cdot\frac{1}{\left|\alpha-\frac{1}{\alpha}\right|^2}$$

以下は本解と同じである．

注意　1°【答え方はいろいろ】

$|\alpha|=2$ という条件があるので，① は色々な形に変形できる．

$$w=-\frac{15}{8}|\alpha|^2\cdot\frac{\alpha-\frac{1}{\alpha}}{|\alpha^2-1|^2}$$
$$=\boldsymbol{-\frac{15}{2|\alpha^2-1|}\left(\alpha-\frac{1}{\alpha}\right)}$$

としてもよいし，$\overline{\alpha}=\frac{4}{\alpha}$ を使って

$$w=-\frac{15}{8}\cdot\frac{1}{\overline{\alpha}-\frac{1}{\overline{\alpha}}}$$
$$=-\frac{15}{8}\cdot\frac{1}{\frac{4}{\alpha}-\frac{\alpha}{4}}=\boldsymbol{\frac{15}{2(\alpha^2-16)}}$$

と答えてもよい．

2°【一般化】

複素平面における，点 α, β を結ぶ線分の垂直二等分線は

$$|z-\alpha|=|z-\beta|$$

という表し方以外に

$$\mathrm{Re}\,\frac{z}{\alpha-\beta}=\frac{|\alpha|^2-|\beta|^2}{2|\alpha-\beta|^2}$$

という書き方や

$$\mathrm{Re}\,\frac{z-\alpha}{\beta-\alpha}=\frac{1}{2}$$

書き方もできる．本問では2つ目を導出した．3つ目は，αだけ平行移動したあと，$\beta-\alpha$で割る相似変換を行うと導出できる．

《側の判断（B10）》

101． 複素数平面上の点0と点$1+i$を通る直線をLとする．ただし，iは虚数単位である．複素数aは1と異なり，かつ次の条件(＊)を満たすとする．

(＊) 直線L上にあるすべての点zに対して，$\left|\frac{z+a}{z+1}\right|=1$が成り立つ．

以下の問いに答えよ．

（1） 複素数aを求めよ．

（2） $z=x+yi$ (x, yは実数)を，-1と異なる複素数とする．$x>y$は$\left|\frac{z+a}{z+1}\right|<1$であるための必要十分条件であることを示せ．

（23 東北大・理系-後期）

▶解答◀ （1） $|z+a|=|z+1|$であり，$a\neq1$であるからL上の点は$-a$と-1を結ぶ線分の垂直二等分線上にある．図より，-1のLに関する対称点は$-i$であるから，

$$-a=-i \qquad \therefore\quad a=\boldsymbol{i}$$

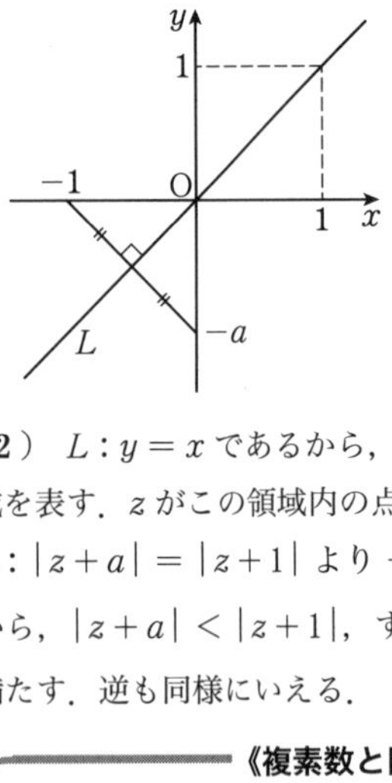

（2） $L: y=x$であるから，$x>y$はLより下側の領域を表す．zがこの領域内の点であるとき，zは$L: |z+a|=|z+1|$より$-i$に近い側の領域にあるから，$|z+a|<|z+1|$，すなわち$\left|\frac{z+a}{z+1}\right|<1$を満たす．逆も同様にいえる．

《複素数と区分求積（B10）》

102． nを2以上の整数とする．複素数平面上の4点をO(0), A(1), B(i), C(-1)とする．ACを直径として点Bを含む半円を考える．弧ACをn等分する分点を点Aに近い方から順に$P_1, P_2, \cdots, P_{n-1}$とし，$A=P_0$, $C=P_n$とおく．ただし，iは虚数単位とする．

（1） $\triangle OP_1P_2$の面積が$\frac{1}{4}$になるとき，点P_1を表す複素数αおよび点P_2を表す複素数βを求めよ．

（2） $0<k<n$に対して，$AP_k \leqq CP_k$を満たす$\triangle AP_kC$の2辺の長さの和AP_k+CP_kが$\sqrt{6}$になるとき，$\frac{k}{n}$の値を求めよ．

（3） $0<k<n$に対して，$\triangle AP_kC$の面積をS_kとするとき，$\displaystyle\lim_{n\to\infty}\frac{S_1+S_2+\cdots+S_{n-1}}{n}$を求めよ．

（4） 点Bを原点Oを中心として$\frac{\pi}{3}$だけ回転した点を表す複素数をzとする．zの2023乗を求めよ．

（23 徳島大・医（医），歯，薬）

▶解答◀ （1） $\angle P_1OP_2=\frac{\pi}{n}$であるから

$$\frac{1}{2}\cdot1\cdot1\cdot\sin\frac{\pi}{n}=\frac{1}{4} \qquad \therefore\quad \sin\frac{\pi}{n}=\frac{1}{2}$$

nは2以上の整数より$n=6$

$$\alpha=\cos\frac{\pi}{6}+i\sin\frac{\pi}{6}=\boldsymbol{\frac{\sqrt{3}}{2}+\frac{1}{2}i}$$

$$\beta=\cos\frac{2}{6}\pi+i\sin\frac{2}{6}\pi=\boldsymbol{\frac{1}{2}+\frac{\sqrt{3}}{2}i}$$

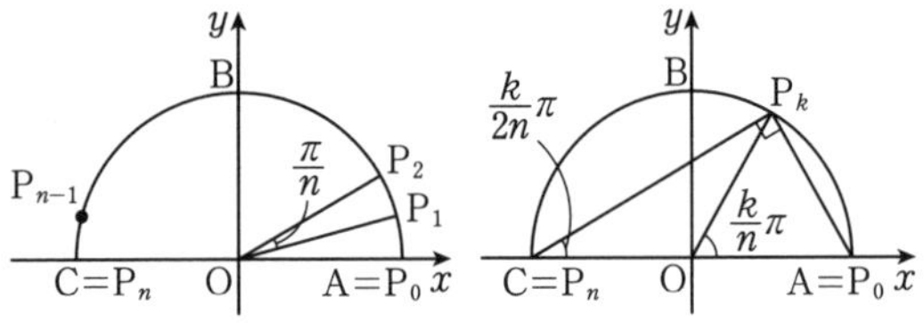

（2） $AP_k \leqq CP_k$より$0<\frac{k}{n}\pi\leqq\frac{\pi}{2}$

$$AP_k=2\sin\frac{k}{2n}\pi$$

$$CP_k=2\cos\frac{k}{2n}\pi$$

であるから

$$AP_k+CP_k=2\left(\sin\frac{k}{2n}\pi+\cos\frac{k}{2n}\pi\right)$$

$$=2\sqrt{2}\sin\left(\frac{k}{2n}\pi+\frac{\pi}{4}\right)$$

$AP_k+CP_k=\sqrt{6}$より

$$2\sqrt{2}\sin\left(\frac{k}{2n}\pi+\frac{\pi}{4}\right)=\sqrt{6}$$

$$\sin\left(\frac{k}{2n}\pi+\frac{\pi}{4}\right)=\frac{\sqrt{3}}{2}$$

$\frac{\pi}{4}<\frac{k}{2n}\pi+\frac{\pi}{4}\leqq\frac{\pi}{2}$より

$$\frac{k}{2n}\pi+\frac{\pi}{4}=\frac{\pi}{3}$$

$$\frac{k}{2n}\pi=\frac{1}{12}\pi \qquad \therefore\quad \frac{k}{n}=\boldsymbol{\frac{1}{6}}$$

（3） $S_k=\frac{1}{2}\cdot1\cdot1\cdot\sin\frac{k}{n}\pi+\frac{1}{2}\cdot1\cdot1\cdot\sin\left(\pi-\frac{k}{n}\pi\right)$

$$=\sin\frac{k}{n}\pi$$

であり，$k=n$ のとき，$S_n=0$ であるから

$$\lim_{n\to\infty}\frac{1}{n}\sum_{k=1}^{n-1}S_k=\lim_{n\to\infty}\frac{1}{n}\sum_{k=1}^{n}S_k$$

$$=\lim_{n\to\infty}\frac{1}{n}\sum_{k=1}^{n}\sin\frac{k}{n}\pi$$

$$=\int_0^1\sin\pi x\,dx=\left[-\frac{1}{\pi}\cos\pi x\right]_0^1=\boldsymbol{\frac{2}{\pi}}$$

（**4**）$z=i\left(\cos\frac{\pi}{3}+i\sin\frac{\pi}{3}\right)$

$$=\left(\cos\frac{\pi}{2}+i\sin\frac{\pi}{2}\right)\left(\cos\frac{\pi}{3}+i\sin\frac{\pi}{3}\right)$$

$$=\cos\frac{5}{6}\pi+i\sin\frac{5}{6}\pi$$

であるから

$$z^{2023}=\cos\left(\frac{5}{6}\cdot 2023\right)\pi+i\sin\left(\frac{5}{6}\cdot 2023\right)\pi$$

$$\left(\frac{5}{6}\cdot 2023\right)\pi=\frac{\pi}{6}(12\cdot 842+11)$$

$$=2\pi\cdot 842+\frac{11}{6}\pi$$

であるから

$$z^{2023}=\cos\frac{11}{6}\pi+i\sin\frac{11}{6}\pi=\boldsymbol{\frac{\sqrt{3}}{2}-\frac{1}{2}i}$$

《楕円 (B5)》

103. 複素数平面上で，

$|z+1+i|+|z-1-i|=6$

を満たす点 z の全体を C とする．このとき，C によって囲まれる部分の面積は□である．

（23　山梨大・医-後期）

▶解答◀ $\mathrm{P}(z)$, $\mathrm{F}(-1-i)$, $\mathrm{F}'(1+i)$ とおくと $|z+1+i|+|z-1-i|=6$ より $\mathrm{PF}+\mathrm{PF}'=6$ であるから，点 P の描く図形 C は F, F′ を焦点とする楕円である．長軸の長さを $2a$，短軸の長さを $2b$ とすると $2a=6$ より $a=3$

また $\mathrm{O}(0)$ とすると $\mathrm{OF}=\mathrm{OF}'=\sqrt{2}$ より $\sqrt{a^2-b^2}=\sqrt{2}$ から $b=\sqrt{7}$

よって C によって囲まれる部分の面積は

$$\pi ab=\pi\cdot 3\cdot\sqrt{7}=\boldsymbol{3\sqrt{7}\pi}$$

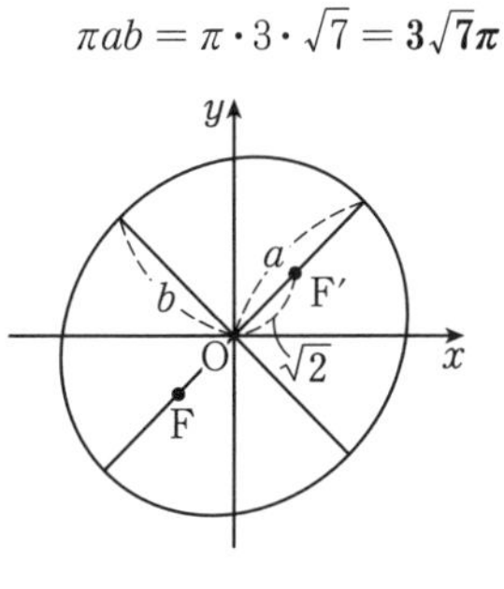

《円周等分多項式 (B30)》

104. 以下の問いに答えよ．

（1）n を 2 以上の整数とする．実数係数の n 次方程式 $f(x)=0$ が虚数解 α をもつならば，α の共役複素数 $\overline{\alpha}$ も $f(x)=0$ の解であることを示せ．

（2）n を正の整数とする．

半径 1 の円に内接する正 $2n+1$ 角形 $\mathrm{A}_0\mathrm{A}_1\mathrm{A}_2\cdots\mathrm{A}_{2n-1}\mathrm{A}_{2n}$ について，n 個の線分の長さの積

$\mathrm{A}_0\mathrm{A}_1\times\mathrm{A}_0\mathrm{A}_2\times\mathrm{A}_0\mathrm{A}_3\times\cdots\times\mathrm{A}_0\mathrm{A}_n$ を L とする．

複素数平面上で中心 O，半径 1 の円に内接する正 $2n+1$ 角形 $\mathrm{A}_0\mathrm{A}_1\mathrm{A}_2\cdots\mathrm{A}_{2n-1}\mathrm{A}_{2n}$ を考えることで，L を求めよ．（23　大阪医薬大・前期）

▶解答◀（**1**）$f(x)$ を実数係数の n 次多項式として

$$f(x)=a_nx^n+a_{n-1}x^{n-1}+\cdots+a_1x+a_0$$

とおく．$f(\alpha)=0$ であるとき

$$a_n\alpha^n+a_{n-1}\alpha^{n-1}+\cdots+a_1\alpha+a_0=0$$

$$\overline{a_n\alpha^n+a_{n-1}\alpha^{n-1}+\cdots+a_1\alpha+a_0}=\overline{0}$$

$$a_n(\overline{\alpha})^n+a_{n-1}(\overline{\alpha})^{n-1}+\cdots+a_1\overline{\alpha}+a_0=0$$

よって $f(\overline{\alpha})=0$ となり，$\overline{\alpha}$ も $f(x)=0$ の解である．

（**2**）$z=\cos\frac{2\pi}{2n+1}+i\sin\frac{2\pi}{2n+1}$ とおくと，

z^k $(k=0, 1, 2, \cdots, 2n)$ は図のように正 $2n+1$ 角形の頂点となる．$\mathrm{A}_k(z^k)$ とする．

$$(z^k)^{2n+1}=\left(\cos\frac{2k\pi}{2n+1}+i\sin\frac{2k\pi}{2n+1}\right)^{2n+1}$$

$$=\cos 2k\pi+i\sin 2k\pi=1$$

であるから，x についての方程式 $x^{2n+1}-1=0$ の解は $x=z^k$ である．よって

$$x^{2n+1}-1=(x-1)(x-z)(x-z^2)\cdots(x-z^{2n})$$

左辺を因数分解して

$$(x-1)(x^{2n}+x^{2n-1}+\cdots+1)$$

$$=(x-1)(x-z)(x-z^2)\cdots(x-z^{2n})$$

これは x についての同じ多項式であるから，両辺の $x-1$ を除いた部分も同じ多項式で

$$x^{2n}+x^{2n-1}+\cdots+1$$

$$=(x-z)(x-z^2)\cdots(x-z^{2n})$$

$x=1$ として

$$(1-z)\cdots(1-z^n)(1-z^{n+1})\cdots(1-z^{2n})=2n+1$$

$$|1-z|\cdots|1-z^n||1-z^{n+1}|\cdots|1-z^{2n}|=2n+1$$

となる．実軸に関する対称性から

$$|1-z^n|=|1-z^{n+1}|,\ \cdots,\ |1-z|=|1-z^{2n}|$$

であるから $L^2 = 2n+1$

$$L = \sqrt{2n+1}$$

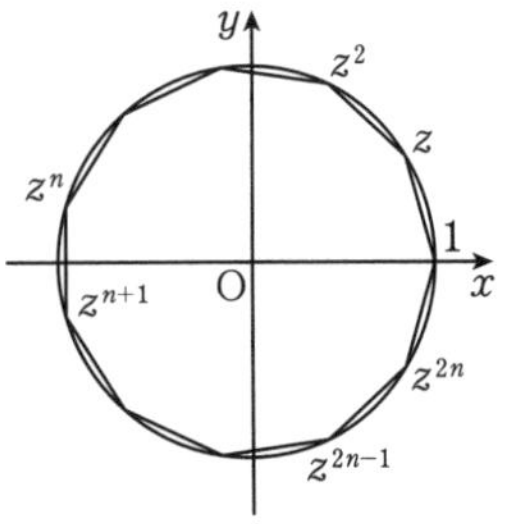

♦別解♦ (1) $\alpha = p+qi$ (p, q は実数，$q \neq 0$) とおく．$x = p+qi$ は $x^2-2px+p^2+q^2=0$ の解である．$f(x)$ を $x^2-2px+p^2+q^2$ で割り，商を $g(x)$，余りを $Ax+B$ とおく．$g(x)$, $Ax+B$ はすべて実数係数である．$f(x) = (x^2-2px+p^2+q^2)g(x)+Ax+B$ に $x=\alpha$ を代入すると $0 = A\alpha+B$ となる．$A \neq 0$ であるとすると $\alpha = -\dfrac{B}{A}$ となり，左辺は虚数，右辺は実数で矛盾する．よって $A=0$ であり，さらに $B=0$ となる．$f(x) = (x^2-2px+p^2+q^2)g(x)$ となり，$x = p-qi$ を代入すると $f(p-qi)=0$ となる．$\overline{\alpha} = p-qi$ も解である．

《分数形の漸化式 (C30) ☆》

105. $z \neq 1$ なる複素数 z に対して

$$f(z) = \frac{z}{z-1}$$

と定める．また，$z \neq -1$ なる複素数 z に対して

$$g(z) = \frac{-z}{z+1}$$

と定める．

(1) 複素数 z を $z = x+yi$ (x, y は実数，i は虚数単位) で表す．(i), (ii) の □ に当てはまる適切な選択肢を (a)～(h) より選び，その記号を解答用紙の所定の欄に記入せよ．

(i) $|f(z)| = |g(z)|$ が成り立つための z の必要十分条件は □ である．

(ii) $z \neq 0$ とする．$\arg\dfrac{f(z)}{g(z)} = \dfrac{\pi}{2}$ が成り立つための z の必要十分条件は □ かつ □ である．

(a) $x=0$　(b) $y=0$
(c) $x>0$　(d) $y>0$
(e) $x<0$　(f) $y<0$
(g) $x^2+y^2=1$　(h) $x^2+y^2=2$

(2) $z \neq -1$ かつ $g(z) \neq 1$ である z に対して，

$$h(z) = f(g(z)) = \frac{g(z)}{g(z)-1}$$

と定める．(i)～(iii) の □ に当てはまる適切な数または式を解答用紙の所定の欄に記入せよ．

(i) $z = h(z)$ を満たす複素数は $z = $ □ である．

(ii) $z_1 = 2$ として，

$$z_{n+1} = h(z_n) \quad (n = 1, 2, 3, \cdots)$$

と定める．数列 $\{z_n\}$ の一般項を n を用いて表すと $z_n = \dfrac{2}{\square}$ である．

(iii) 複素数平面において，点 1 を中心とする半径 1 の円 C_1 の周上を点 z が動くとき，$w = h(z)$ で定まる点 w のえがく図形 C_2 は点 □ を中心とする半径 □ の円となる．

同様に $n = 2, 3, 4, \cdots$ に対して，図形 C_{n+1} を「点 z が C_n の周上を動くとき，$w = h(z)$ で定まる点 w のえがく図形」と定義する．図形 C_n は点 □ を中心とする半径 □ の円となる．

(23 聖マリアンナ医大・医-後期)

▶解答◀ (1) (i) $z = x+yi$ (x, y は実数) とおく．

$$|f(z)| = |g(z)|$$

$$\left|\frac{z}{z-1}\right| = \left|\frac{-z}{z+1}\right|$$

$z=0$ のとき，これは成立する．$z \neq 0$ のとき

$$|z-1| = |z+1|$$

$$|(x-1)+yi| = |(x+1)+yi|$$

$$(x-1)^2+y^2 = (x+1)^2+y^2 \qquad \therefore \quad x=0$$

$z=0$ は $x=0$ も満たしているから，$|f(z)| = |g(z)|$ となるための必要十分条件は，**(a) $x=0$** である．

(ii) $\arg\dfrac{f(z)}{g(z)} = \dfrac{\pi}{2}$ となるための必要十分条件は，$\dfrac{f(z)}{g(z)}$ が，虚部が正の純虚数になることである．ここで，

$$\frac{f(z)}{g(z)} = -\frac{z+1}{z-1} = -\frac{(x+1)+yi}{(x-1)+yi}$$

$$= -\frac{\{(x+1)+yi\}\{(x-1)-yi\}}{(x-1)^2+y^2}$$

$$= -\frac{x^2+y^2-1}{(x-1)^2+y^2} + \frac{2y}{(x-1)^2+y^2}i$$

であるから，$\arg\dfrac{f(z)}{g(z)} = \dfrac{\pi}{2}$ となるための必要十分条件は **(g) $x^2+y^2=1$** かつ **(d) $y>0$** である．

(2) (i) $h(z) = \dfrac{\frac{-z}{z+1}}{\frac{-z}{z+1}-1}$

$$= \frac{-z}{-z-(z+1)} = \frac{z}{2z+1}$$

であるから，$z=h(z)$ のとき

$$z=\frac{z}{2z+1}$$

$$z(2z+1)=z$$

$$2z^2=0 \qquad \therefore \quad z=\mathbf{0}$$

（ii） $z_{n+1}=\dfrac{z_n}{2z_n+1}$

ある n に対して $z_{n+1}=0$ になると仮定すると $z_n=0$ となり，これを繰り返すと $z_{n+1}=0,\ z_n=0,\ \cdots,\ z_1=0$ となる．これは $z_1 \neq 0$ に反する．よって常に $z_n \neq 0$ である．逆数をとって

$$\frac{1}{z_{n+1}}=2+\frac{1}{z_n}$$

$$\frac{1}{z_{n+1}}-\frac{1}{z_n}=2$$

これより，数列 $\left\{\dfrac{1}{z_n}\right\}$ は等差数列であるから，

$$\frac{1}{z_n}=\frac{1}{z_1}+2(n-1)=2n-\frac{3}{2}$$

よって，$z_n=\boldsymbol{\dfrac{2}{4n-3}}$ である．

（iii） $w=\dfrac{z}{2z+1}$

$$(2z+1)w=z$$

$$(2w-1)z=-w$$

$w=\dfrac{1}{2}$ のとき，これは成立しないから $z=-\dfrac{w}{2w-1}$ となる．$C_1:|z-1|=1$ であるから，

$$\left|-\frac{w}{2w-1}-1\right|=1$$

$$|w+(2w-1)|=|2w-1|$$

$$|3w-1|=|2w-1|$$

$$(3w-1)(3\overline{w}-1)=(2w-1)(2\overline{w}-1)$$

$$5w\overline{w}-w-\overline{w}=0$$

$$\left(w-\frac{1}{5}\right)\left(\overline{w}-\frac{1}{5}\right)=\frac{1}{25}$$

$$\left|w-\frac{1}{5}\right|=\frac{1}{5}$$

これより，C_2 は点 $\boldsymbol{\dfrac{1}{5}}$ を中心とする，半径 $\boldsymbol{\dfrac{1}{5}}$ の円である．

さらに，C_1 上にある z に対して，数列 $\{z_n\}$ を

$$z_1=z,\ z_{n+1}=h(z_n)$$

で定めると，z_n は C_n 上にある．$w=z_n$ とおくと，（ii）と同様に考えると

$$\frac{1}{w}=\frac{1}{z}+2(n-1)$$

$$z=\frac{w}{1-2(n-1)w}$$

であるから，これを $C_1:|z-1|=1$ に代入して

$$\left|\frac{w}{1-2(n-1)w}-1\right|=1$$

$$|(2n-1)w-1|=|2(n-1)w-1|$$

$$((2n-1)w-1)((2n-1)\overline{w}-1)$$
$$=(2(n-1)w-1)(2(n-1)\overline{w}-1)$$

$$(4n-3)w\overline{w}-w-\overline{w}=0$$

$$\left(w-\frac{1}{4n-3}\right)\left(\overline{w}-\frac{1}{4n-3}\right)=\frac{1}{(4n-3)^2}$$

$$\left|w-\frac{1}{4n-3}\right|=\frac{1}{4n-3}$$

これより，C_n は点 $\boldsymbol{\dfrac{1}{4n-3}}$ を中心とする，半径 $\boldsymbol{\dfrac{1}{4n-3}}$ の円である．

注意

1°【$z_{n+1} \neq 0$ に関して】

$$z_{n+1}=\frac{1}{2z_n+1}z_n=\frac{1}{2z_n+1}\cdot\frac{1}{2z_{n-1}+1}z_{n-1}$$
$$=\cdots=\frac{1}{2z_n+1}\cdot\frac{1}{2z_{n-1}+1}\cdot\cdots\cdot\frac{1}{2z_1+1}z_1 \neq 0$$

2°【1 次分数形漸化式の一般的解法】

漸化式

$x_{n+1}=\dfrac{ax_n+b}{cx_n+d}$，$ad-bc \neq 0$

では特性方程式 $x=\dfrac{ax+b}{cx+d}$ の解を $\alpha,\ \beta$ とすると

（ア） $\alpha \neq \beta$ のとき $\dfrac{x_n-\beta}{x_n-\alpha}$ が等比数列をなす．だから $\dfrac{x_{n+1}-\beta}{x_{n+1}-\alpha}$ に $x_{n+1}=\dfrac{ax_n+b}{cx_n+d}$ を代入して整理すると

$\dfrac{x_{n+1}-\beta}{x_{n+1}-\alpha}=R\cdot\dfrac{x_n-\beta}{x_n-\alpha}$

の形になる．R は定数である．

（イ） $\alpha \neq \beta$ のとき $\dfrac{1}{x_n-\alpha}$ が等差数列をなす．だから $\dfrac{1}{x_{n+1}-\alpha}$ に $x_{n+1}=\dfrac{ax_n+b}{cx_n+d}$ を代入して整理すると $\dfrac{1}{x_{n+1}-\alpha}=\dfrac{1}{x_n-\alpha}+A$

の形になる．A は定数である．

なお，これを「証明せよ」という入試問題は出たことがないので，証明は無視してよい．文字係数のままで証明するのは，無駄に鬱陶しいだけである．また，これらの性質は複素変換 $w=\dfrac{az+b}{cz+d}$ の定型をふまえたものである．

複素変換 $w=\dfrac{z}{2z+1}$ では，不動点（漸化式では特性方程式というが，複素変換では不動点という）$z=\dfrac{z}{2z+1}$ は $z=0$ の重解である．したがって，$\dfrac{1}{w}=\dfrac{1}{z}+A$ の形になる．

《円と線分（B20）》

106． i を虚数単位とする．z を 1 でない複素数とし，$w=\dfrac{2z-4}{z-1}$ とおく．また，複素数の偏角 θ

は，$0 \leqq \theta < 2\pi$ の範用で考えるものとする．

(1) z が $|z| = 1$ を満たしながら変化するとき，複素数平面上において，点 w は点 ア と点 イ を結ぶ線分の垂直二等分線を描く．ただし， ア ， イ は実数であり， ア ＜ イ とする．

(2) 複素数平面上において，点 z が虚軸上を動くとする．

(i) 複素数平面上において，点 w は，点 □ を中心とする半径 □ の円を描く．ただし，点 □ を除く．

(ii) $\alpha = \arg w$ とすると，$\tan\alpha$ のとり得る値の範囲は，$\dfrac{\text{ウ}\sqrt{\text{エ}}}{\text{オ}} \leqq \tan\alpha \leqq \dfrac{\sqrt{\text{エ}}}{\text{オ}}$ である．

(3) 複素数平面上において，点 z が点 $\dfrac{3}{5} + \dfrac{4}{5}i$ を中心とする半径 $\dfrac{2}{5}$ の円上を動くとする．

(i) $|z|$ のとり得る値の範囲は $\dfrac{\square}{\square} \leqq |z| \leqq \dfrac{\square}{\square}$ である．

(ii) $\arg z$ が最大，最小となる点をそれぞれ z_1, z_2 とする．

$\beta = \arg\dfrac{z_1}{z_2}$ とすると，$\tan\beta = \dfrac{\square\sqrt{\square}}{\square}$ である．

(iii) 複素数平面上において，点 w は，点 $\dfrac{\square}{\square} + \dfrac{\square}{\square}i$ を中心とする半径 $\dfrac{\square}{\square}$ の円を描く．

(23 国際医療福祉大・医)

▶解答◀ (1) $w = \dfrac{2z-4}{z-1}$

$w(z-1) = 2z-4$

$z(w-2) = w-4$

$w = 2$ では成立しないから $w \neq 2$

$z = \dfrac{w-4}{w-2}$

$|z| = 1$ のとき

$\left|\dfrac{w-4}{w-2}\right| = 1$

$|w-4| = |w-2|$

点 w は点 **2** と点 **4** を結ぶ線分の垂直二等分線を描く．

(2) **(i)** z は純虚数だから $z + \overline{z} = 0$ を満たす．

$\dfrac{w-4}{w-2} + \dfrac{\overline{w}-4}{\overline{w}-2} = 0$

$(w-4)(\overline{w}-2) + (\overline{w}-4)(w-2) = 0$

$2w\overline{w} - 6w - 6\overline{w} + 16 = 0$

$w\overline{w} - 3w - 3\overline{w} + 8 = 0$

$(w-3)(\overline{w}-3) = 1$

$|w-3| = 1$

点 w は点 **3** を中心とする半径 **1** の円を描く．ただし，点 **2** を除く．

(ii) 図 1 を見よ．w が点 T にあるとき $\tan\alpha = \dfrac{1}{2\sqrt{2}}$ であるから

$$\boldsymbol{\frac{-\sqrt{2}}{4} \leqq \tan\alpha \leqq \frac{\sqrt{2}}{4}}$$

図1

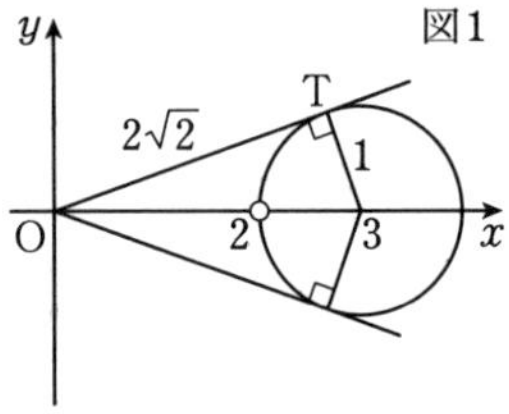

図2

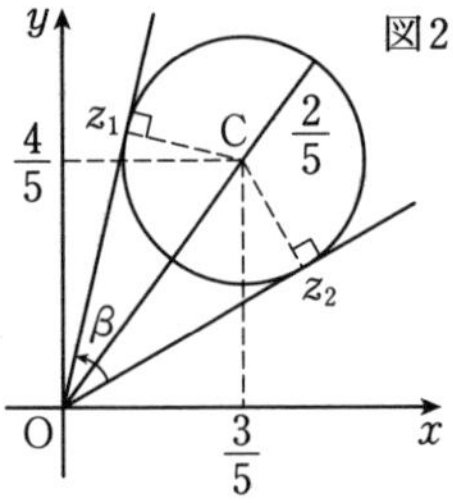

(3) **(i)** $\left|z - \dfrac{3+4i}{5}\right| = \dfrac{2}{5}$ ……………………①

図 2 を見よ．$\left|\dfrac{3+4i}{5}\right| = 1$ であるから

$$\boldsymbol{\frac{3}{5} \leqq |z| \leqq \frac{7}{5}}$$

(ii) 図 3 は図 2 の原点 O，中心 C，接点 z_2 を結ぶ三角形を取り出した図で，値は辺の比を表す．

$\tan\dfrac{\beta}{2} = \dfrac{2}{\sqrt{21}}$ であるから，

$$\tan\beta = \frac{2\tan\frac{\beta}{2}}{1-\tan^2\frac{\beta}{2}} = \frac{\frac{4}{\sqrt{21}}}{1-\frac{4}{21}} = \boldsymbol{\frac{4\sqrt{21}}{17}}$$

図3

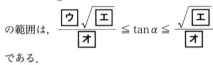

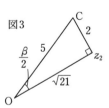

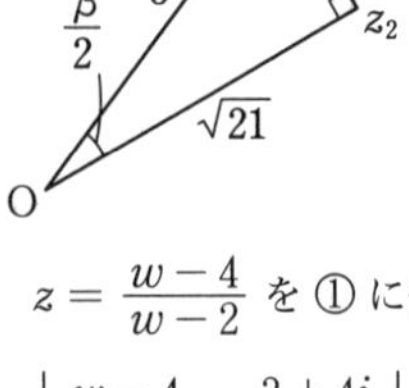

(iii) $z = \dfrac{w-4}{w-2}$ を①に代入して

$\left|\dfrac{w-4}{w-2} - \dfrac{3+4i}{5}\right| = \dfrac{2}{5}$

$|5(w-4) - (3+4i)(w-2)| = 2|w-2|$

$$|(2-4i)w-14+8i|=2|w-2|$$

$$|(1-2i)w-7+4i|=|w-2|$$

$$|1-2i|\left|w-\frac{7-4i}{1-2i}\right|=|w-2|$$

$$\sqrt{5}|w-(3+2i)|=|w-2|$$

$$5(w-(3+2i))(\overline{w}-(3-2i))=(w-2)(\overline{w}-2)$$

$$4w\overline{w}-(13-10i)w-(13+10i)\overline{w}+61=0$$

$$\left(2w-\frac{13+10i}{2}\right)\left(2\overline{w}-\frac{13-10i}{2}\right)=\frac{269}{4}-61$$

$$\left|2w-\frac{13+10i}{2}\right|^2=\frac{25}{4}$$

$$\left|w-\frac{13+10i}{4}\right|=\frac{5}{4}$$

点 w は点 $\boldsymbol{\frac{13}{4}+\frac{5}{2}i}$ を中心とする半径 $\boldsymbol{\frac{5}{4}}$ の円を描く．

《ファン・デン・バーグの定理（C40）》

107．複素数 α, β は $|\alpha|>|\beta|>0$ を満たし，それらの積 $\alpha\beta$ は正の実数であるとする．複素数 z に対して，

$$f(z)=\alpha z+\beta\overline{z}$$

とおく．ここで，$\overline{z}$ は z に共役な複素数である．さらに，$\omega=-\frac{1}{2}+\frac{\sqrt{3}}{2}i$ とおき，

$$z_1=2,\ z_2=2\omega,\ z_3=2\omega^2,$$

$$w_1=f(z_1),\ w_2=f(z_2),\ w_3=f(z_3)$$

とおく．ここで，i は虚数単位である．このとき，以下の問いに答えよ．

（1） 頂点が z_1, z_2, z_3 である三角形と，単位円 $|z|=1$ を同じ複素数平面上に図示せよ．

（2） 点 z が単位円 $|z|=1$ 上を動くとき，$w=f(z)$ で表される点 w はどのような図形を描くか．

（3） 実数 x に対して，

$g(x)=(x-w_1)(x-w_2)$
$+(x-w_2)(x-w_3)+(x-w_3)(x-w_1)$

とおくとき，$g(x)=0$ を満たす実数 x を α, β を用いて表せ． （23 東北大・理-AO）

▶解答◀ （1） 図1を見よ．

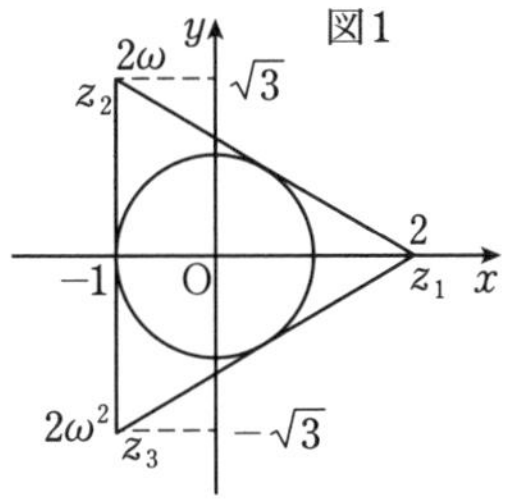

図1

（2） $w=\alpha z+\beta\overline{z}$ ……………………………①

の共役複素数をとり

$\overline{w}=\overline{\alpha}\,\overline{z}+\overline{\beta}z$ ……………………………②

①×$\overline{\alpha}$−②×β より

$\overline{\alpha}w-\beta\overline{w}=(|\alpha|^2-|\beta|^2)z$ ………………③

③の共役複素数をとり

$\alpha\overline{w}-\overline{\beta}w=(|\alpha|^2-|\beta|^2)\overline{z}$ ………………④

③×④を作り，$z\overline{z}=|z|^2=1$ を用いると

$(\overline{\alpha}w-\beta\overline{w})(\alpha\overline{w}-\overline{\beta}w)=(|\alpha|^2-|\beta|^2)^2$

$\alpha\beta$ は正の実数より $\alpha\beta=\overline{\alpha}\,\overline{\beta}$ であるから

$(|\alpha|^2+|\beta|^2)|w|^2-\alpha\beta(w^2+\overline{w}^2)=(|\alpha|^2-|\beta|^2)^2$

$w=x+yi$（x, y は実数）とおくと

$(|\alpha|^2+|\beta|^2)(x^2+y^2)-\alpha\beta(2x^2-2y^2)$
$=(|\alpha|^2-|\beta|^2)^2$

$(|\alpha|^2-2|\alpha||\beta|+|\beta|^2)x^2$
$+(|\alpha|^2+2|\alpha||\beta|+|\beta|^2)y^2$
$=(|\alpha|^2-|\beta|^2)^2$

$(|\alpha|-|\beta|)^2x^2+(|\alpha|+|\beta|)^2y^2$
$=(|\alpha|-|\beta|)^2(|\alpha|+|\beta|)^2$

求める図形は楕円

$$\boldsymbol{\frac{x^2}{(|\alpha|+|\beta|)^2}+\frac{y^2}{(|\alpha|-|\beta|)^2}=1}$$

（3） $\omega^3=1,\ \omega^2+\omega+1=0,\ \overline{\omega}=\omega^2$ である．

$w_1=2(\alpha+\beta)$

$w_2=2(\alpha\omega+\beta\overline{\omega})=2(\alpha\omega+\beta\omega^2)$

$w_3=2(\alpha\omega^2+\beta\overline{\omega^2})=2(\alpha\omega^2+\beta\omega)$

$w_1+w_2+w_3=2(\alpha+\beta)(1+\omega+\omega^2)=0$

$w_1w_2=4(\alpha^2\omega+\alpha\beta\omega^2+\alpha\beta\omega+\beta^2\omega^2)$

$w_2w_3=4(\alpha^2+\alpha\beta\omega^2+\alpha\beta\omega+\beta^2)$

$w_3w_1=4(\alpha^2\omega^2+\alpha\beta\omega+\alpha\beta\omega^2+\beta^2\omega)$

$w_1w_2+w_2w_3+w_3w_1=4\{\alpha^2(1+\omega+\omega^2)$
$+\beta^2(1+\omega+\omega^2)+3\alpha\beta(\omega+\omega^2)\}$
$=12\alpha\beta(-1)=-12\alpha\beta$

$g(x)=3x^2-2(w_1+w_2+w_3)x$
$+(w_1w_2+w_2w_3+w_3w_1)$
$=3x^2-12\alpha\beta$

であるから，$g(x)=0$ の解は $\boldsymbol{x=\pm 2\sqrt{\alpha\beta}}$

注意

【ファン・デン・バーグの定理】

複素平面上で，3 点 α, β, γ が三角形をなすとする．

$$F(z)=(z-\alpha)(z-\beta)(z-\gamma)$$

とする．

$$F'(z)=(z-\beta)(z-\gamma)+(z-\alpha)(z-\gamma)+(z-\alpha)(z-\beta)$$

となる．$F'(z)=0$ の解はスタイナー楕円の焦点である．スタイナー楕円とは，$\triangle\alpha\beta\gamma$ に内接する楕円（楕円と辺の接点は 3 辺の中点である）である．

という有名な定理がある．過去に大学入試で何度か出題されている（ただし楕円を記述しての出題はおそらく初めてであり，頂点を一般に設定すると大変だから，大学入試では，頂点を単純に設定する）．今は楕円の長軸が実軸上にあるようにしてある．そして解法は，$\triangle\alpha\beta\gamma$ を正三角形になるように変換（それは本問の f に対する f^{-1} である）で，正三角形に写すと，スタイナー楕円は，その正三角形の内接円に写ることを利用する．本問では，原点を重心とする正三角形を用意し，その内接円と，3 頂点を f で写し，$\triangle w_1w_2w_3$ と，その内接楕円を用意したのである．これ以上の説明は難しくなるから，興味がある人は自分で調べてほしい．最近の掲載本は知らない．絶版で申し訳ないが「数学点描（I.J. シェーンベルグ，近代科学社，p.69)」にある．どのようになっているかが詳細に書いてある．下の図 2 は $\alpha=2.4+i, \alpha\beta=1$ で作成した．焦点は $(\pm2, 0)$ となる．

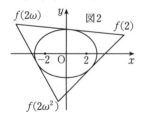

図2

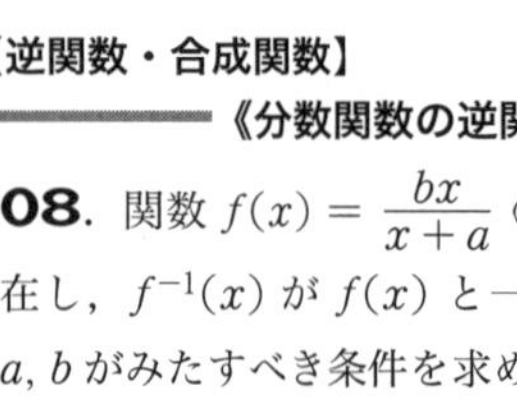

【逆関数・合成関数】

《分数関数の逆関数 (B20) ☆》

108. 関数 $f(x)=\dfrac{bx}{x+a}$ の逆関数 $f^{-1}(x)$ が存在し，$f^{-1}(x)$ が $f(x)$ と一致するための，定数 a, b がみたすべき条件を求めよ．

（23 愛知医大・医-推薦）

▶解答◀ $y=\dfrac{bx}{x+a}$ とおいて，x について解く．

$$(x+a)y=bx$$

$$(y-b)x=-ay \quad\cdots\cdots①$$

x が唯一に定まるのは $y \neq b$ のときであり（もし $y=b$ が値域内にあれば，それに対応する x がない［注を見よ．解なし，不能］か，x が何であってもよい［不定，x に何を代入しても $y=b$ になるのでは，逆関数の定義に反する．x は唯一に定まるのでなければならない］から $y=b$ は値域にない．）

$$x=\dfrac{-ay}{y-b}$$

$a=0$ とすると $x=0$ となり，x が 1 つの値しか取れなくなるから不適である．よって，$a \neq 0$ である．

このとき x と y をとりかえて

$$y=\dfrac{-ax}{x-b}$$

$$f^{-1}(x)=\dfrac{-ax}{x-b}$$

$f^{-1}(x)$ が $f(x)$ と一致するための条件は

$$\dfrac{bx}{x+a}=\dfrac{-ax}{x-b} \quad\cdots\cdots②$$

の両辺の定義域が一致し，かつ，定義域内の任意の x に対して成り立つことである．$f(x)$ の定義域 $x \neq -a$ と $f^{-1}(x)$ の定義域 $x \neq b$ が一致することが必要で $b=-a$ となり，このとき ② の両辺の分子と分母は同じ式になり成り立つ．

以上から求める条件は $\boldsymbol{b=-a, a \neq 0}$

注意 ① で，$y-b=0$ かつ $-ay=0$ のとき（すなわち $-ab=0$ のとき）x が何でも成立し，唯一には定まらない．昔は不定（定まらず）といった．

$y-b=0$ かつ $-ay \neq 0$ のとき ① は成立しない．昔は不能（解くことあたわず）といった．

【数列の極限】

《r^n (B5) ☆》

109. $r \neq -1$ のとき，数列 $\left\{\dfrac{r^n+3}{r^n+2}\right\}$ の極限を調べよ．ただし，n は正の整数である．

（23 日本福祉大・全）

▶解答◀（ア） $\boldsymbol{r=1}$ **のとき**

$$\lim_{n\to\infty}\dfrac{r^n+3}{r^n+2}=\dfrac{1+3}{1+2}=\boldsymbol{\dfrac{4}{3}}$$

（イ） $|r|<1$ すなわち $\boldsymbol{-1<r<1}$ **のとき**

$$\lim_{n\to\infty}\dfrac{r^n+3}{r^n+2}=\dfrac{0+3}{0+2}=\boldsymbol{\dfrac{3}{2}}$$

（ウ） $|r|>1$ すなわち $\boldsymbol{r<-1, r>1}$ **のとき**

$$\lim_{n\to\infty}\dfrac{r^n+3}{r^n+2}=\lim_{n\to\infty}\dfrac{1+3\left(\dfrac{1}{r}\right)^n}{1+2\left(\dfrac{1}{r}\right)^n}=\dfrac{1+0}{1+0}=\boldsymbol{1}$$

《無限等比級数 (A1)》

110. 次の条件によって定められる数列 $\{a_n\}$ を考える．

$$a_1=2,\ a_{n+1}=\frac{a_n}{3}\ (n=1,\ 2,\ 3,\ \cdots)$$

$S_n=\sum_{k=1}^{n}a_k$ とするとき，S_n と $\lim_{n\to\infty}S_n$ を求めなさい．

（23　龍谷大・推薦）

▶解答◀ $a_{n+1}=\frac{a_n}{3}$ より数列 $\{a_n\}$ は公比 $\frac{1}{3}$ の等比数列である．$a_1=2$ であるから

$$S_n=\sum_{k=1}^{n}a_k=2\cdot\frac{1-\left(\frac{1}{3}\right)^n}{1-\frac{1}{3}}$$

$$=\mathbf{3\left\{1-\left(\frac{1}{3}\right)^n\right\}}$$

$$\lim_{n\to\infty}S_n=\lim_{n\to\infty}3\left\{1-\left(\frac{1}{3}\right)^n\right\}=\mathbf{3}$$

《挟む (B10) ☆》

111. n を自然数とする．

（1） すべての自然数 n に対して，

$$\left(\frac{3}{2}\right)^n\geqq 1+\frac{n}{2}$$

となることを，数学的帰納法によって示せ．

（2） 極限 $\lim_{n\to\infty}\sqrt{n}\left(\frac{2}{3}\right)^n$ を求めよ．

（23　室蘭工業大）

▶解答◀ （1） $n=1$ のとき $\frac{3}{2}\geqq 1+\frac{1}{2}$ となり成り立つ．$n=k$ で成り立つとする．

$$\left(\frac{3}{2}\right)^k\geqq 1+\frac{k}{2}$$

この両辺に $\frac{3}{2}$ を掛けて

$$\left(\frac{3}{2}\right)^{k+1}\geqq\frac{3}{2}+\frac{3}{4}k=1+\frac{k+1}{2}+\frac{k}{4}>1+\frac{k+1}{2}$$

$n=k+1$ でも成り立つ．数学的帰納法により証明された．

（2） （1）の結果より $\left(\frac{3}{2}\right)^n\geqq 1+\frac{n}{2}>\frac{n}{2}$ であり，$\left(\frac{2}{3}\right)^n<\frac{2}{n}$ である．$\sqrt{n}$ を掛けて $0<\sqrt{n}\left(\frac{2}{3}\right)^n<\frac{2}{\sqrt{n}}$

$\lim_{n\to\infty}\frac{2}{\sqrt{n}}=0$ であるから，ハサミウチの原理により

$$\lim_{n\to\infty}\sqrt{n}\left(\frac{2}{3}\right)^n=\mathbf{0}$$

《解の個数を挟む (B10) ☆》

112. 関数 $f(x)=\sin 3x+\sin x$ について，以下の問いに答えよ．

（1） $f(x)=0$ を満たす正の実数 x のうち，最小のものを求めよ．

（2） 正の整数 m に対して，$f(x)=0$ を満たす正の実数 x のうち，m 以下のものの個数を $p(m)$ とする．極限値 $\lim_{m\to\infty}\frac{p(m)}{m}$ を求めよ．

（23　東北大・理系）

▶解答◀ （1） $3\sin x-4\sin^3 x=-\sin x$

$4\sin x-4\sin^3 x=0$ となり，$\sin x=0,\ \pm1$ である．

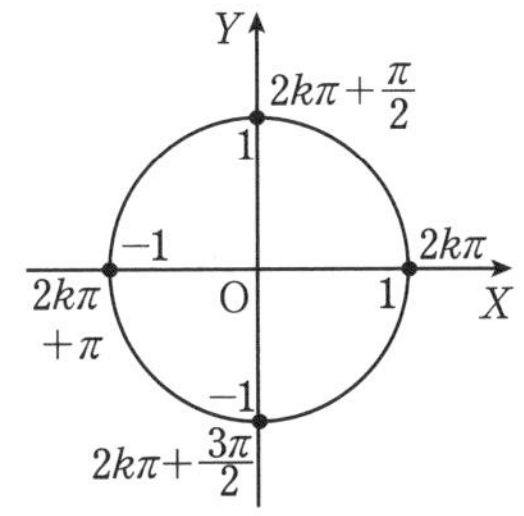

l を整数として，$x=\frac{l}{2}\pi$ とかける．よって，$f(x)=0$ を満たす正の実数 x のうち，最小のものは $x=\boldsymbol{\frac{\pi}{2}}$ である．

（2） 図の k と次の k は無関係である．$\frac{\pi}{2}$ ごとに解が1つずつある．

$\frac{k}{2}\pi<m<\frac{k+1}{2}\pi$ となっているとする．このとき，$p(m)=k$ である．

$$\frac{2}{\pi}m-1<k<\frac{2}{\pi}m$$

$$\frac{2}{\pi}-\frac{1}{m}<\frac{p(m)}{m}<\frac{2}{\pi}$$

$\lim_{m\to\infty}\left(\frac{2}{\pi}-\frac{1}{m}\right)=\frac{2}{\pi}$ であるから，ハサミウチの原理より $\lim_{m\to\infty}\frac{p(m)}{m}=\boldsymbol{\frac{2}{\pi}}$ である．

《挟む (B10)》

113. 自然数 n に対し，関数 $f_n(x)$ を

$$f_n(x)=x^3+nx^2+6n^2x-9n^2-1\ (x\geqq 0)$$

により定める．

（1） 自然数 n に対し，等式 $f_n(\alpha)=0$ を満たす正の実数 α がただ1つ存在し，かつ不等式 $\alpha<2$ を満たすことを示せ．

（2） 数列 $\{a_n\}$ を条件

$$a_n>0,\ f_n(a_n)=0\ (n=1,\ 2,\ 3,\ \cdots)$$

で定める．極限 $\lim_{n\to\infty}a_n$ を求めよ．

（23　京都工繊大・後期）

▶解答◀ （1） 微分するまでもなく，

$f_n(x)$ は $x\geqq 0$ で増加し

$$f_n(0)=-9n^2-1<0,\ f_n(2)=3n^2+4n+7>0$$

であるから $f_n(x)=0$, $x \geqq 0$ はただ 1 つの実数解をもち, それは $0<x<2$ にある.

（2）$f_n(a_n)=0$ より $a_n^3+na_n^2+6n^2a_n-9n^2-1=0$

両辺を n^2 で割って

$$\frac{a_n^3}{n^2}+\frac{a_n^2}{n}+6a_n-9-\frac{1}{n^2}=0$$

$$a_n=\frac{1}{6}\left(9+\frac{1}{n^2}-\frac{a_n^3}{n^2}-\frac{a_n^2}{n}\right)$$

$0<a_n<2$ であるから $\lim_{n\to\infty}\frac{a_n^3}{n^2}=0$, $\lim_{n\to\infty}\frac{a_n^2}{n}=0$

$$\lim_{n\to\infty}a_n=\frac{9}{6}=\frac{3}{2}$$

《挟む（B10）》

114. α を正の数とし, 数列 $\{a_n\}$ と $\{b_n\}$ を

$$a_1=\alpha$$

$$a_{n+1}=\sqrt{9a_n^2+12}\ (n=1,2,3,\cdots)$$

$$b_n=\sqrt{3(a_n^2+1)}\ (n=1,2,3,\cdots)$$

によって定める.

（1）$a_{n+1}>3a_n$ を示せ.

（2）$\dfrac{b_n}{a_n}>\dfrac{b_{n+1}}{a_{n+1}}$ を示せ.

（3）$\lim_{n\to\infty}\dfrac{b_n}{a_n}$ を求めよ.

（4）$\lim_{n\to\infty}\dfrac{b_n^2}{a_na_{n+1}}$ を求めよ. (23 熊本大・理-後期)

▶**解答**◀ （1）$a_1=\alpha=0$ と漸化式の形から, 帰納的に任意の自然数 n に対して $a_n>0$, $b_n>0$ である.

$$a_{n+1}=\sqrt{9a_n^2+12}>\sqrt{9a_n^2}=3a_n$$

（2）$a_{n+1}>3a_n>a_n$ であり数列 $\{a_n\}$ は増加数列である. $\dfrac{b_n}{a_n}=\sqrt{3+\dfrac{1}{a_n^2}}$ は減少数列であるから

$$\frac{b_n}{a_n}>\frac{b_{n+1}}{a_{n+1}}$$

（3）$a_{n+1}>3a_n$ より

$$a_n>3a_{n-1}>3^2a_{n-2}>\cdots>3^{n-1}a_1$$

$\lim_{n\to\infty}3^{n-1}a_1=\infty$ であるから $\lim_{n\to\infty}a_n=\infty$

$$\lim_{n\to\infty}\frac{b_n}{a_n}=\lim_{n\to\infty}\sqrt{3+\frac{1}{a_n^2}}=\sqrt{3}$$

（4）$\dfrac{b_n^2}{a_na_{n+1}}=\dfrac{b_n^2}{a_n\sqrt{9a_n^2+12}}$

$$=\frac{b_n}{a_n}\cdot\frac{b_n}{a_n}\cdot\frac{1}{\sqrt{9+\dfrac{12}{a_n^2}}}$$

$$\lim_{n\to\infty}\frac{b_n^2}{a_na_{n+1}}=\sqrt{3}\cdot\sqrt{3}\cdot\frac{1}{\sqrt{9}}=1$$

《挟む（B20）》

115. n を自然数とする. このとき, 次の問いに答えよ.

（1）すべての n に対して, 不等式 $n<\left(\dfrac{3}{2}\right)^n$ が成り立つことを示せ.

（2）$\lim_{n\to\infty}n\left(\dfrac{3}{5}\right)^n=0$ が成り立つことを示せ.

（3）すべての n に対して, 不等式

$$\frac{n(n+1)}{2}<3\left(\frac{3}{2}\right)^n-3$$

が成り立つことを示せ.

（4）$\lim_{n\to\infty}n^2\left(\dfrac{3}{5}\right)^n=0$ が成り立つことを示せ.

（23 静岡大・理, 情報, 工）

▶**解答**◀ （1）$n<\left(\dfrac{3}{2}\right)^n$ $\cdots\cdots\cdots\cdots\cdots$①

$n=1$ のとき $1<\dfrac{3}{2}$, $n=2$ のとき $2<\dfrac{9}{4}$ で成り立つ.

$n=k\geqq 2$ で成り立つとする. $\left(\dfrac{3}{2}\right)^k>k$

$\dfrac{3}{2}$ 倍して $\left(\dfrac{3}{2}\right)^{k+1}>\dfrac{3}{2}k=k+\dfrac{k}{2}\geqq k+1$

$n=k+1$ のときも成り立つから数学的帰納法により証明された.

（2）①より $0<n<\left(\dfrac{3}{2}\right)^n$ であるから

$$0<n\left(\frac{3}{5}\right)^n<\left(\frac{3}{2}\right)^n\left(\frac{3}{5}\right)^n$$

$$0<n\left(\frac{3}{5}\right)^n<\left(\frac{9}{10}\right)^n$$

$\lim_{n\to\infty}\left(\dfrac{9}{10}\right)^n=0$ であるから, ハサミウチの原理より $\lim_{n\to\infty}n\left(\dfrac{3}{5}\right)^n=0$ である.

（3）①より $1<\dfrac{3}{2}$, $2<\left(\dfrac{3}{2}\right)^2$, $\cdots$, $n<\left(\dfrac{3}{2}\right)^n$ で, 辺ごとに加えて

$$\sum_{k=1}^{n}k<\sum_{k=1}^{n}\left(\frac{3}{2}\right)^k \cdots\cdots\cdots\cdots\cdots\cdots②$$

$$\frac{n(n+1)}{2}<\frac{3}{2}\cdot\frac{1-\left(\dfrac{3}{2}\right)^n}{1-\dfrac{3}{2}}=3\left(\frac{3}{2}\right)^n-3$$

証明された.

（4）$\dfrac{n^2}{2}<\dfrac{n(n+1)}{2}+3<3\left(\dfrac{3}{2}\right)^n$

$$0<n^2\left(\frac{3}{5}\right)^n<6\left(\frac{9}{10}\right)^n$$

$\lim_{n\to\infty}6\left(\dfrac{9}{10}\right)^n=0$ であるから, ハサミウチの原理より $\lim_{n\to\infty}n^2\left(\dfrac{3}{5}\right)^n=0$ である.

◆**別解**◆ （3）数学的帰納法で示す.

$$3\left(\frac{3}{2}\right)^n>\frac{n(n+1)}{2}+3$$

$n=1$ のとき $3\cdot\dfrac{3}{2}>4$ は成り立つ．

$n=2$ のとき $3\cdot\dfrac{9}{4}>6$ は成り立つ．

$n=k\geqq 2$ のとき成り立つとすると

$$3\left(\frac{3}{2}\right)^k>\frac{k(k+1)}{2}+3$$

両辺に $\dfrac{3}{2}$ をかけて

$$3\left(\frac{3}{2}\right)^{k+1}>\frac{3k(k+1)}{4}+\frac{9}{2}$$

ここで

$$\frac{3k(k+1)}{4}+\frac{9}{2}-\left(\frac{(k+1)(k+2)}{2}+3\right)$$

$$=\frac{k^2-3k+2}{4}=\frac{(k-1)(k-2)}{4}\geqq 0$$

$$3\left(\frac{3}{2}\right)^{k+1}>\frac{3k(k+1)}{4}+\frac{9}{2}\geqq\frac{(k+1)(k+2)}{2}+3$$

であるから $n=k+1$ のときも成り立ち，数学的帰納法により証明された．

《積で約分 (A10)》

116．無限級数 $\displaystyle\sum_{n=1}^{\infty}\log\frac{(n+1)(n+2)}{n(n+3)}$ の和は $\boxed{\text{ア}}$ である． (23 明治大・数III)

▶解答◀ $\displaystyle\sum_{n=1}^{N}\log\frac{(n+1)(n+2)}{n(n+3)}$

$$=\log\left\{\frac{2\cdot 3}{1\cdot 4}\cdot\frac{3\cdot 4}{2\cdot 5}\cdot\cdots\cdot\frac{(N+1)(N+2)}{N(N+3)}\right\}$$

$$=\log\frac{(N+1)!\,\frac{(N+2)!}{2!}}{N!\,\frac{(N+3)!}{3!}}=\log\frac{3(N+1)}{N+3}$$

$$\sum_{n=1}^{\infty}\log\frac{(n+1)(n+2)}{n(n+3)}=\lim_{N\to\infty}\log\frac{3(N+1)}{N+3}$$

$$=\lim_{N\to\infty}\log\frac{3+\frac{3}{N}}{1+\frac{3}{N}}=\mathbf{\log 3}$$

◆別解◆ $\displaystyle\log\frac{(n+1)(n+2)}{n(n+3)}$

$$=\log\frac{n+1}{n}+\log\frac{n+2}{n+3}$$

$$\sum_{n=1}^{N}\log\frac{n+1}{n}$$

$$=\log\left(\frac{2}{1}\cdot\frac{3}{2}\cdot\frac{4}{3}\cdot\cdots\cdot\frac{N}{N-1}\cdot\frac{N+1}{N}\right)$$

$$=\log(N+1)$$

$$\sum_{n=1}^{N}\log\frac{n+2}{n+3}$$

$$=\log\left(\frac{3}{4}\cdot\frac{4}{5}\cdot\frac{5}{6}\cdot\cdots\cdot\frac{N+1}{N+2}\cdot\frac{N+2}{N+3}\right)$$

$$=\log\frac{3}{N+3}$$

$$\sum_{n=1}^{N}\frac{(n+1)(n+2)}{n(n+3)}=\log(N+1)+\log\frac{3}{N+3}$$

$$=\log\frac{3(N+1)}{N+3}$$

あとは同じ．

《1次分数形 (B10) ☆》

117．n は自然数とする．漸化式

$a_1=-2$,

$a_{n+1}=5-\dfrac{4}{a_n}$

で定まる数列 $\{a_n\}$ について，次の問いに答えよ．

（1） 一般項 a_n を n の式で表せ．

（2） $\displaystyle\lim_{n\to\infty}a_n$ を求めよ． (23 昭和大・医-2期)

▶解答◀ （i） $a_{n+1}=5-\dfrac{4}{a_n}$ より

特性方程式 $t=5-\dfrac{4}{t}$ を解く．$t^2=5t-4$

$(t-1)(t-4)=0$ となり，$t=1,4$

$$a_{n+1}-1=4-\frac{4}{a_n}$$

$$a_{n+1}-1=\frac{4(a_n-1)}{a_n}\quad\cdots\cdots\text{①}$$

ある n に対して $a_{n+1}=1$ になることがあると仮定すると左辺が0だから右辺も0で，$a_n=1$ となり，これを繰り返すと $a_{n+1}=1$, $a_n=1$, $a_{n-1}=1$, $\cdots$, $a_1=1$ となるが，これは $a_1=-2$ と矛盾する．よって，常に $a_{n+1}\neq 1$ である．$a_1\neq 1$ であるから常に $a_n\neq 1$ である．

$$a_{n+1}-4=1-\frac{4}{a_n}$$

$$a_{n+1}-4=\frac{a_n-4}{a_n}\quad\cdots\cdots\text{②}$$

②÷① より

$$\frac{a_{n+1}-4}{a_{n+1}-1}=\frac{1}{4}\cdot\frac{a_n-4}{a_n-1}$$

数列 $\left\{\dfrac{a_n-4}{a_n-1}\right\}$ は等比数列をなし

$$\frac{a_n-4}{a_n-1}=\left(\frac{1}{4}\right)^{n-1}\cdot\frac{a_1-4}{a_1-1}$$

$$\frac{a_n-4}{a_n-1}=\left(\frac{1}{4}\right)^{n-1}\cdot 2$$

$$4^{n-1}a_n-4^n=2a_n-2$$

$$a_n=\mathbf{\frac{4^n-2}{4^{n-1}-2}}$$

（ii） $$\lim_{n\to\infty}a_n=\frac{4-\frac{2}{4^{n-1}}}{1-\frac{2}{4^{n-1}}}=\mathbf{4}$$

注意【1次分数形漸化式の一般的解法】

漸化式

$$x_{n+1}=\frac{ax_n+b}{cx_n+d},\ ad-bc\neq 0$$

では特性方程式 $x=\dfrac{ax+b}{cx+d}$ の解を α,β とすると

（ア） $\alpha \neq \beta$ のとき $\dfrac{x_n-\beta}{x_n-\alpha}$ が等比数列をなす．だから $\dfrac{x_{n+1}-\beta}{x_{n+1}-\alpha}$ に $x_{n+1}=\dfrac{ax_n+b}{cx_n+d}$ を代入して整理すると

$$\frac{x_{n+1}-\beta}{x_{n+1}-\alpha}=R\cdot\frac{x_n-\beta}{x_n-\alpha}$$

の形になる．R は定数である．

（イ） $\alpha \neq \beta$ のとき $\dfrac{1}{x_n-\alpha}$ が等差数列をなす．だから $\dfrac{1}{x_{n+1}-\alpha}$ に $x_{n+1}=\dfrac{ax_n+b}{cx_n+d}$ を代入して整理すると $\dfrac{1}{x_{n+1}-\alpha}=\dfrac{1}{x_n-\alpha}+A$

の形になる．A は定数である．

なお，これを「証明せよ」という入試問題は出たことがないので，証明は無視してよい．文字係数のままで証明するのは，無駄に鬱陶しいだけである．また，これらの性質は複素変換 $w=\dfrac{az+b}{cz+d}$ の定型をふまえたものである．2023 年の聖マリアンナ医大・後期を見よ．

高校の教科書傍用問題集では，以下の中途半端な解法を載せている．

◆別解◆ ① の後，逆数をとる．

$$\frac{1}{a_{n+1}-1}=\frac{a_n}{4(a_n-1)}$$

$$\frac{1}{a_{n+1}-1}=\frac{a_n-1+1}{4(a_n-1)}$$

$$\frac{1}{a_{n+1}-1}=\frac{1}{4(a_n-1)}+\frac{1}{4}$$

$b_n=\dfrac{1}{a_n-1}$ とおくと

$$b_{n+1}=\frac{1}{4}b_n+\frac{1}{4}$$

$$b_{n+1}-\frac{1}{3}=\frac{1}{4}\left(b_n-\frac{1}{3}\right)$$

数列 $\left\{b_n-\dfrac{1}{3}\right\}$ は公比 $\dfrac{1}{4}$ の等比数列であるから

$$b_n-\frac{1}{3}=\left(b_1-\frac{1}{3}\right)\left(\frac{1}{4}\right)^{n-1}=-\frac{2}{3}\left(\frac{1}{4}\right)^{n-1}$$

$$b_n=-\frac{2}{3}\left(\frac{1}{4}\right)^{n-1}+\frac{1}{3}=\frac{4^{n-1}-2}{3\cdot 4^{n-1}}$$

$$a_n=\frac{1}{b_n}+1=\frac{3\cdot 4^{n-1}}{4^{n-1}-2}+1=\boldsymbol{\frac{4^n-2}{4^{n-1}-2}}$$

注意 **【$a_n \neq 1$ について】**

$$a_{n+1}-1=\frac{4}{a_n}(a_n-1)$$

の添え字をずらして掛けていくと，$n \geqq 2$ のとき

$$a_n-1=\frac{4}{a_{n-1}}(a_{n-1}-1)$$

$$=\frac{4}{a_{n-1}}(a_{n-1}-1)\cdot\frac{4}{a_{n-2}}(a_{n-2}-2)$$

$$\cdots=\frac{4}{a_{n-1}}(a_{n-1}-1)\cdot\cdots\cdot\frac{4}{a_1}(a_1-2)\neq 0$$

《漸化式を解く（B5）》

118. 数列 $\{a_n\}$ は，$a_1=1$, $a_{n+1}-a_n=3^n$ (n は自然数) を満たしている．

（1） $a_5=$ □ である．

（2） a_n の一般項は □ (n は自然数) となる．

（3） 数列 $\{b_n\}$ (n は自然数) は，$b_n=\dfrac{a_n}{4^n}$ であるとする．$S_n=\displaystyle\sum_{k=1}^{n}b_k$ としたとき，$S_n=$ □ となる．

（4） $\displaystyle\lim_{n\to\infty}3S_n=$ □ となる．（23 自治医大・医）

▶解答◀ （1） $a_{k+1}-a_k=3^k$ である．

$n \geqq 2$ のとき，$k=1, 2, \cdots, n-1$ として，辺どうしを足すと

$$a_n-a_1=3+3^2+\cdots+3^{n-1}$$

$$\begin{aligned}a_2-a_1&=3\\ a_3-a_2&=3^2\\ &\vdots\\ a_{n-1}-a_{n-2}&=3^{n-2}\\ a_n-a_{n-1}&=3^{n-1}\end{aligned}$$

$a_1=1$ であるから

$$a_n=1+3+3^2+\cdots+3^{n-1}=\frac{3^n-1}{2}\ \cdots\cdots\cdots ①$$

$$a_5=\frac{3^5-1}{2}=\frac{242}{2}=\boldsymbol{121}$$

（2） ① は $n=1$ でも成り立つから

$$a_n=\boldsymbol{\frac{3^n}{2}-\frac{1}{2}}$$

（3） $b_n=\dfrac{a_n}{4^n}=\dfrac{1}{2}\left(\dfrac{3}{4}\right)^n-\dfrac{1}{2}\left(\dfrac{1}{4}\right)^n$

$$S_n=\sum_{k=1}^{n}b_k=\sum_{k=1}^{n}\left\{\frac{1}{2}\left(\frac{3}{4}\right)^k-\frac{1}{2}\left(\frac{1}{4}\right)^k\right\}$$

$$=\frac{3}{8}\cdot\frac{1-\left(\frac{3}{4}\right)^n}{1-\frac{3}{4}}-\frac{1}{8}\cdot\frac{1-\left(\frac{1}{4}\right)^n}{1-\frac{1}{4}}$$

$$=\frac{3}{2}\left\{1-\left(\frac{3}{4}\right)^n\right\}-\frac{1}{6}\left\{1-\left(\frac{1}{4}\right)^n\right\}$$

$$=\boldsymbol{\frac{1}{6}\left(\frac{1}{4}\right)^n-\frac{3}{2}\left(\frac{3}{4}\right)^n+\frac{4}{3}}$$

（4） $n\to\infty$ のとき，$\left(\dfrac{1}{4}\right)^n\to 0$, $\left(\dfrac{3}{4}\right)^n\to 0$ であるから，$S_n\to\dfrac{4}{3}$ である．

$$\lim_{n\to\infty}3S_n=\boldsymbol{4}$$

《漸化式を解く（B5）☆》

119. c を定数とする．

$a_1=c$,

$a_{n+1}-3a_n=2^n$ ($n=1, 2, 3, \cdots$)

で定められた数列 $\{a_n\}$ について，数列 $\left\{\dfrac{a_n}{2^n}\right\}$ が収束するとき，c の値は □ である．

（23　芝浦工大）

▶解答◀　$a_{n+1}-3a_n=2^n$

2^{n+1} で割り

$$\frac{a_{n+1}}{2^{n+1}}-\frac{3}{2}\cdot\frac{a_n}{2^n}=\frac{1}{2}$$

$\frac{a_n}{2^n}=b_n$ とおくと

$$b_{n+1}=\frac{3}{2}b_n+\frac{1}{2}$$

$$b_{n+1}+1=\frac{3}{2}(b_n+1)$$

これより数列 $\{b_n+1\}$ は等比数列で

$$b_n+1=\left(\frac{3}{2}\right)^{n-1}(b_1+1)$$

$$\frac{a_n}{2^n}+1=\left(\frac{3}{2}\right)^{n-1}\left(\frac{c}{2}+1\right)$$

$\frac{c}{2}+1\neq 0$ のとき $\lim_{n\to\infty}\frac{a_n}{2^n}$ は発散する．

$\frac{c}{2}+1=0$ のとき $\lim_{n\to\infty}\frac{a_n}{2^n}=-1$

よって，$c=\mathbf{-2}$ である．

《連立漸化式（B10）☆》

120．a, b を異なる実数とし，実数 α, β は

$$\beta<0<\alpha$$

を満たすとする．2つの数列 $\{a_n\}, \{b_n\}$ を条件

$a_1=a,\ b_1=b,$

$a_{n+1}=\alpha a_n+\beta b_n,\ b_{n+1}=\beta a_n+\alpha b_n$

によって定めるとき，$\lim_{n\to\infty}\frac{a_n}{b_n}=$ □ である．

（23　福岡大・医-推薦）

考え方　$a_{n+1}=\alpha a_n+\beta b_n,\ b_{n+1}=\beta a_n+\alpha b_n$

のように係数が入れ替わっている形の場合，足して，引くとうまくいく．

▶解答◀　$a_{n+1}=\alpha a_n+\beta b_n$ ……………………………①

$b_{n+1}=\beta a_n+\alpha b_n$ ……………………………②

①＋②から

$$a_{n+1}+b_{n+1}=(\alpha+\beta)(a_n+b_n)$$

数列 $\{a_n+b_n\}$ は公比 $\alpha+\beta$ の等比数列であるから

$$a_n+b_n=(a_1+b_1)(\alpha+\beta)^{n-1}$$

$$a_n+b_n=(a+b)(\alpha+\beta)^{n-1}\ \cdots\cdots③$$

①－②から

$$a_{n+1}-b_{n+1}=(\alpha-\beta)(a_n-b_n)$$

数列 $\{a_n-b_n\}$ は公比 $\alpha-\beta$ の等比数列であるから

$$a_n-b_n=(a_1-b_1)(\alpha-\beta)^{n-1}$$

$$a_n-b_n=(a-b)(\alpha-\beta)^{n-1}\ \cdots\cdots④$$

③＋④から

$$2a_n=(a+b)(\alpha+\beta)^{n-1}+(a-b)(\alpha-\beta)^{n-1}$$

③－④から

$$2b_n=(a+b)(\alpha+\beta)^{n-1}-(a-b)(\alpha-\beta)^{n-1}$$

したがって

$$\frac{a_n}{b_n}=\frac{(a+b)(\alpha+\beta)^{n-1}+(a-b)(\alpha-\beta)^{n-1}}{(a+b)(\alpha+\beta)^{n-1}-(a-b)(\alpha-\beta)^{n-1}}$$

$$=\frac{(a+b)\left(\frac{\alpha+\beta}{\alpha-\beta}\right)^{n-1}+(a-b)}{(a+b)\left(\frac{\alpha+\beta}{\alpha-\beta}\right)^{n-1}-(a-b)}$$

ここで，$\beta<0<\alpha$ であるから

$$\alpha-\beta-(\alpha+\beta)=-2\beta>0$$

$$\alpha+\beta-\{-(\alpha-\beta)\}=2\alpha>0$$

である．したがって

$$-(\alpha-\beta)<\alpha+\beta<\alpha-\beta$$

$$-1<\frac{\alpha+\beta}{\alpha-\beta}<1$$

であり，$a\neq b$ であるから，

$$\lim_{n\to\infty}\frac{a_n}{b_n}=\frac{0+(a-b)}{0-(a-b)}=\mathbf{-1}$$

注意【三角不等式】

実数 x, y に対し

$$|x+y|\leqq|x|+|y|$$

が成り立つ．等号は x, y が同符号（0はすべての実数に対して同符号とする）のときに成り立つ．

$$|\alpha+\beta|<|\alpha|+|\beta|=\alpha-\beta=|\alpha-\beta|$$

（α, β は異符号だから等号は成立しない）

$$\left|\frac{\alpha+\beta}{\alpha-\beta}\right|<1$$

《連立漸化式（B10）》

121．$a_1=0,\ b_1=6$ とし，

$$a_{n+1}=\frac{a_n+b_n}{2},\ b_{n+1}=a_n\ (n\geqq 1)$$

で定まる a_n, b_n を用いて，平面上の点 $\mathrm{P}_n(a_n, b_n)\ (n=1, 2, 3, \cdots)$ を定める．

（1）点 P_n は常に直線 $y=$ □ $x+$ □ 上にある．

（2）n を限りなく大きくするとき，点 P_n は点（□，□）に限りなく近づく．

（23　上智大・理工-TEAP）

▶解答◀　（1）$\mathrm{P}_1(0, 6)$，$\mathrm{P}_2(3, 0)$ であるから，点 P_n は直線 $y=-2x+6$ 上にあると予想できる．

$b_n=-2a_n+6$ が成り立つことを数学的帰納法で示す．

$n=1$ のとき成り立つ．

$n=k$ で成り立つと仮定する．$b_k=-2a_k+6$ である．

$$-2a_{k+1}+6=-(a_k+b_k)+6$$
$$=-(-a_k+6)+6=a_k=b_{k+1}$$

であるから $n=k+1$ のときも成り立つ．よって，点 P_n は常に直線 $\boldsymbol{y=-2x+6}$ 上にある．

（2）（i）より，$b_n=-2a_n+6$ であるから

$$a_{n+1}=\frac{1}{2}(a_n-2a_n+6)$$
$$a_{n+1}=-\frac{1}{2}a_n+3$$
$$a_{n+1}-2=-\frac{1}{2}(a_n-2)$$

数列 $\{a_n-2\}$ は公比 $-\frac{1}{2}$ の等比数列であるから

$$a_n-2=\left(-\frac{1}{2}\right)^{n-1}(a_1-2)$$
$$a_n=2-2\left(-\frac{1}{2}\right)^{n-1}$$

$\lim_{n\to\infty}a_n=2$，$\lim_{n\to\infty}b_n=\lim_{n\to\infty}a_{n-1}=2$ であるから，点 P_n は点 $\boldsymbol{(2,\ 2)}$ に近づく．

♦別解♦（i）$a_{n+1}=\dfrac{a_n+b_n}{2}$ ……………………①

$b_{n+1}=a_n$ ……………………………………………②

④×2＋⑤ より，$2a_{n+1}+b_{n+1}=2a_n+b_n$ であるから，

$$2a_n+b_n=2a_1+b_1=6$$

が成り立ち，P_n は $2x+y=6$ 上にある．求める直線は $\boldsymbol{y=-2x+6}$ である．

注意【極限を予想する】

数列 $\{a_n\}$，$\{b_n\}$ の極限が存在すると仮定して，極限値を $a,\ b$ とおくと

$$a=\frac{a+b}{2},\ b=a$$

が成り立つ．$y=-2x+6$ と $y=x$ を連立させて，$x=2$，$y=2$ を得るから，点 P_n の極限は $(2,\ 2)$ であると予想される．

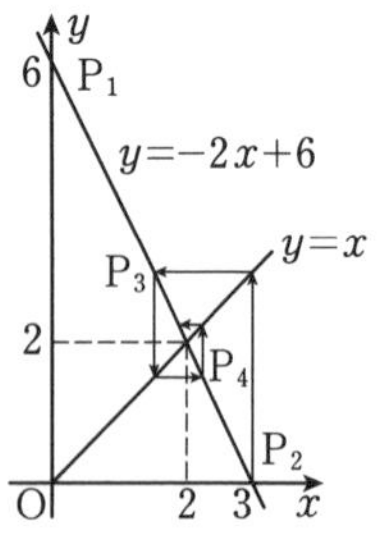

《点列の計算 (B20) ☆》

122．平面上に，同一直線上にない 3 点 $\mathrm{O}(0,\ 0)$，$\mathrm{A}(s,\ t)$，$\mathrm{B}(v,\ w)$ がある．点 P_n，Q_n $(n=1,\ 2,\ \cdots)$ を以下のように定める．線分 OA の中点を P_1，線分 $\mathrm{P}_1\mathrm{B}$ を $2:1$ に内分する点を Q_1，線分 OQ_1 の中点を P_2，線分 $\mathrm{P}_2\mathrm{B}$ を $2:1$ に内分する点を Q_2 とする．同様に，$n=3,\ 4,\ \cdots$ に対して，線分 OQ_{n-1} の中点を P_n，線分 $\mathrm{P}_n\mathrm{B}$ を $2:1$ に内分する点を Q_n とする．このとき，以下の問いに答えよ．

（1）$\overrightarrow{\mathrm{OP}_{n+1}}$ を $\overrightarrow{\mathrm{OP}_n}$ と $\overrightarrow{\mathrm{OB}}$ を用いて表せ．

（2）点 P_n の座標を $(x_n,\ y_n)$ とする．x_n，y_n を s，t，v，w，n を用いて表せ．

（3）S_n を $\triangle\mathrm{AP}_n\mathrm{Q}_n$ の面積とする．$\lim_{n\to\infty}S_n$ を求めよ．（23 愛知県立大・情報）

▶解答◀（1）$\overrightarrow{\mathrm{OP}_n}=\frac{1}{2}\overrightarrow{\mathrm{OQ}_{n-1}}$

$$\overrightarrow{\mathrm{OQ}_n}=\frac{2\overrightarrow{\mathrm{OB}}+\overrightarrow{\mathrm{OP}_n}}{3}$$
$$\overrightarrow{\mathrm{OP}_{n+1}}=\frac{1}{2}\overrightarrow{\mathrm{OQ}_n}=\boldsymbol{\frac{1}{6}\overrightarrow{\mathrm{OP}_n}+\frac{1}{3}\overrightarrow{\mathrm{OB}}}$$

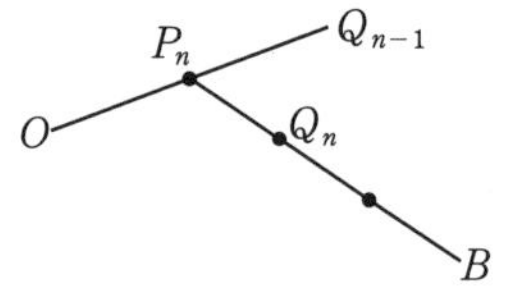

（2）リーゼントのお兄ちゃんでもあるまいに，いつまで頭の上に矢を乗せているのか，時代遅れである．以下，海外の書籍にならって，O を省略し，さらに頭の上の矢を省略する．また，点（ベクトル）をイタリックで表記する．Q_n などは日本では位置ベクトルと呼んでいる点の座標，ベクトルである．$P_n=\frac{1}{2}Q_{n-1}$ であるから $Q_n=2P_{n+1}$ である，これを $Q_n=\dfrac{2B+P_n}{3}$ に代入し $P_{n+1}=\frac{1}{6}P_n+\frac{B}{3}$ となる．$X=\frac{1}{6}+\frac{B}{3}$ を解くと $X=\frac{2}{5}B$ となる．

$$P_{n+1}-\frac{2}{5}B=\frac{1}{6}\left(P_n-\frac{2}{5}B\right)$$

ベクトル列 $\left\{P_n-\frac{2}{5}B\right\}$ は等比数列で

$$P_n-\frac{2}{5}B=\left(\frac{1}{6}\right)^{n-1}\left(P_1-\frac{2}{5}B\right)$$
$$P_n=\frac{2}{5}B+\left(\frac{1}{6}\right)^{n-1}\left(\frac{A}{2}-\frac{2}{5}B\right)$$
$$\boldsymbol{x_n=\frac{2}{5}v+\left(\frac{s}{2}-\frac{2}{5}v\right)\left(\frac{1}{6}\right)^{n-1}}$$
$$\boldsymbol{y_n=\frac{2}{5}w+\left(\frac{t}{2}-\frac{2}{5}w\right)\left(\frac{1}{6}\right)^{n-1}}$$

（3）2 点を結ぶベクトルでは矢を使うが，点（ベクトル）をイタリックで表示するのはそのままとする．$C_n=\left(\frac{1}{6}\right)^{n-1}\left(\frac{A}{2}-\frac{2}{5}B\right)$ とおく．

$$\overrightarrow{AP_n}=P_n-A=\frac{2B-5A}{5}+C_n$$

と，

$\overrightarrow{AQ_n} = Q_n - A = 2P_{n+1} - A = \dfrac{4B-5A}{5} + 2C_{n+1}$

で張る三角形の面積について，C_n が掛かる部分は $n \to \infty$ で 0 に収束するから，

$$\frac{2B-5A}{5} = \frac{1}{5}(2v-5s,\ 2w-5t)$$
$$\frac{4B-5A}{5} = \frac{1}{5}(4v-5s,\ 4w-5t)$$

で張る面積

$$\frac{1}{2}\cdot\frac{1}{25}\left|(2v-5s)(4w-5t)-(4v-5s)(2w-5t)\right|$$
$$= \frac{1}{2}\cdot\frac{1}{25}\left|10(vt-sw)\right| = \boldsymbol{\frac{1}{5}|vt-sw|}$$

に収束する．

◆別解◆ （2） 成分で書く．

$P_n(x_n,\ y_n)$，$P_{n+1}(x_{n+1},\ y_{n+1})$，$B(v,\ w)$ であるから（1）より

$$(x_{n+1},\ y_{n+1}) = \left(\frac{1}{6}x_n,\ \frac{1}{6}y_n\right) + \left(\frac{1}{3}v,\ \frac{1}{3}w\right)$$
$$= \left(\frac{1}{6}x_n + \frac{1}{3}v,\ \frac{1}{6}y_n + \frac{1}{3}w\right)$$
$$x_{n+1} = \frac{1}{6}x_n + \frac{1}{3}v$$
$$y_{n+1} = \frac{1}{6}y_n + \frac{1}{3}w$$

$\overrightarrow{OP_1} = \dfrac{1}{2}\overrightarrow{OA}$ から，$x_1 = \dfrac{s}{2}$，$y_1 = \dfrac{t}{2}$ である．

$$x_{n+1} - \frac{2}{5}v = \frac{1}{6}\left(x_n - \frac{2}{5}v\right)$$

数列 $\left\{x_n - \dfrac{2}{5}v\right\}$ は公比 $\dfrac{1}{6}$ の等比数列であるから

$$x_n - \frac{2}{5}v = \left(x_1 - \frac{2}{5}v\right)\left(\frac{1}{6}\right)^{n-1}$$
$$= \left(\frac{s}{2} - \frac{2}{5}v\right)\left(\frac{1}{6}\right)^{n-1}$$
$$\boldsymbol{x_n = \frac{2}{5}v + \left(\frac{s}{2} - \frac{2}{5}v\right)\left(\frac{1}{6}\right)^{n-1}}$$
$$y_{n+1} - \frac{2}{5}w = \frac{1}{6}\left(y_n - \frac{2}{5}w\right)$$

数列 $\left\{y_n - \dfrac{2}{5}w\right\}$ は公比 $\dfrac{1}{6}$ の等比数列であるから

$$y_n - \frac{2}{5}w = \left(y_1 - \frac{2}{5}w\right)\left(\frac{1}{6}\right)^{n-1}$$
$$= \left(\frac{t}{2} - \frac{2}{5}w\right)\left(\frac{1}{6}\right)^{n-1}$$
$$\boldsymbol{y_n = \frac{2}{5}w + \left(\frac{t}{2} - \frac{2}{5}w\right)\left(\frac{1}{6}\right)^{n-1}}$$

（3） $\overrightarrow{AP_n} = (x_n - s,\ y_n - t)$，

$$\overrightarrow{OQ_n} = \frac{2\overrightarrow{OB} + \overrightarrow{OP_n}}{3}$$
$$= \left(\frac{1}{3}x_n + \frac{2}{3}v,\ \frac{1}{3}y_n + \frac{2}{3}w\right)$$

であるから

$$\overrightarrow{AQ_n} = \left(\frac{1}{3}x_n + \frac{2}{3}v - s,\ \frac{1}{3}y_n + \frac{2}{3}w - t\right)$$

したがって

$$S_n = \frac{1}{2}\left|(x_n - s)\left(\frac{1}{3}y_n + \frac{2}{3}w - t\right) - (y_n - t)\left(\frac{1}{3}x_n + \frac{2}{3}v - s\right)\right|$$
$$= \frac{1}{2}\left|\left(\frac{2}{3}w - t + \frac{1}{3}t\right)x_n - \left(\frac{2}{3}v - s + \frac{1}{3}s\right)y_n + \frac{2}{3}vt - \frac{2}{3}sw\right|$$
$$= \frac{1}{3}\left|(w-t)x_n + (s-v)y_n + vt - sw\right|$$

$\left|\dfrac{1}{6}\right| < 1$ より $\displaystyle\lim_{n\to\infty} x_n = \frac{2}{5}v$，$\displaystyle\lim_{n\to\infty} y_n = \frac{2}{5}w$

$$\lim_{n\to\infty} S_n = \frac{1}{3}\left|(w-t)\cdot\frac{2}{5}v + (s-v)\cdot\frac{2}{5}w + vt - sw\right|$$
$$= \boldsymbol{\frac{1}{5}|vt-sw|}$$

《コスの積をサインに (B15) ☆》

123． 数列 $\{a_n\}$ を

$$a_n = 2\cos\frac{\pi}{2^n}\ (n = 1,\ 2,\ 3,\ \cdots)$$

で定める．以下の問いに答えよ．

（1） 2 以上のすべての自然数 n について

$$a_2 \times a_3 \times a_4 \times \cdots \times a_n \times \sin\frac{\pi}{2^n} = 1$$

となることを，数学的帰納法を用いて示せ．

（2） 極限値

$$\lim_{n\to\infty}\left(\frac{a_2}{2}\right)\times\left(\frac{a_3}{2}\right)\times\left(\frac{a_4}{2}\right)\times\cdots\times\left(\frac{a_n}{2}\right)$$

を求めよ． （23 愛知教育大・前期）

▶解答◀ ×をダラダラ並べるのは数学の慣習に反する．普通の表記に合わせて×を消す．大体何を書いているのか見えにくい．証明すべき等式を

$$a_2a_3a_4\cdots\cdots a_n = \frac{1}{\sin\frac{\pi}{2^n}}$$

と記述する．

（1） $a_2 = 2\cos\dfrac{\pi}{4} = \dfrac{2\cos\frac{\pi}{4}\sin\frac{\pi}{4}}{\sin\frac{\pi}{4}}$

$$= \frac{\sin\frac{\pi}{2}}{\sin\frac{\pi}{4}} = \frac{1}{\sin\frac{\pi}{4}}$$

であるから，$n = 2$ のとき成り立つ．

$n = k\ (\geqq 2)$ で成り立つとする．

$$a_2a_3a_4\cdots\cdots a_k = \frac{1}{\sin\frac{\pi}{2^k}}$$

に $a_{k+1} = 2\cos\dfrac{\pi}{2^{k+1}}$ を掛けて

$$a_2a_3a_4\cdots a_ka_{k+1} = \frac{2\cos\frac{\pi}{2^{k+1}}}{\sin\frac{\pi}{2^k}}$$
$$= \frac{2\cos\frac{\pi}{2^{k+1}}}{2\sin\frac{\pi}{2^{k+1}}\cos\frac{\pi}{2^{k+1}}} = \frac{1}{\sin\frac{\pi}{2^{k+1}}}$$

となり，$n=k+1$ でも成り立つ．数学的帰納法により証明された．

（2） $\dfrac{a_2\cdots a_n}{2^{n-1}}=\dfrac{1}{2^{n-1}\sin\dfrac{\pi}{2^n}}=\dfrac{\dfrac{\pi}{2^n}}{\sin\dfrac{\pi}{2^n}}\cdot\dfrac{2}{\pi}$

$$\lim_{n\to\infty}\frac{a_2\cdots a_n}{2^n}=1\cdot\frac{2}{\pi}=\boldsymbol{\frac{2}{\pi}}$$

《部分分数分解など (B20)》

124． 初項が a_1 の等差数列 $\{a_n\}$ は，すべての項が正の実数で，次の条件をみたすとする．

$$a_1\cdot a_2=45,\ a_2\cdot a_3=105$$

n を正の整数とするとき，以下の問いに答えよ．

（1） 一般項 a_n を求めよ．

（2） $T_n=\sum_{k=1}^{n}(a_k\cdot a_{k+1})$ を n を用いて表せ．

（3） $S_n=\sum_{k=1}^{n}a_k$ とする．極限値 $\lim_{n\to\infty}\dfrac{T_n}{nS_n}$ を求めよ．

（4） $U_n=\sum_{k=1}^{n}\dfrac{1}{a_k\cdot a_{k+1}}$ を n を用いて表せ．

（5） 極限値 $\lim_{n\to\infty}U_n$ を求めよ．

（23　電気通信大・前期）

▶解答◀ （1） $a_1a_2=45$ と $a_2a_3=105$ を辺ごとに足して

$$a_2(a_1+a_3)=150 \quad\cdots\cdots①$$

$\{a_n\}$ は等差数列であるから，$2a_2=a_1+a_3$ である．これを ① に代入して

$$2{a_2}^2=150 \qquad \therefore\quad a_2=5\sqrt{3}$$

$$a_1=\frac{45}{a_2}=\frac{45}{5\sqrt{3}}=3\sqrt{3}$$

公差は $5\sqrt{3}-3\sqrt{3}=2\sqrt{3}$ であるから

$$a_n=3\sqrt{3}+2\sqrt{3}(n-1)=\boldsymbol{\sqrt{3}(2n+1)}$$

（2） $T_n=3\sum_{k=1}^{n}(2k+1)(2k+3)$

$$=3\sum_{k=1}^{n}(4k^2+8k+3)$$

$$=3\left(\frac{4}{6}n(n+1)(2n+1)+8\cdot\frac{n(n+1)}{2}+3n\right)$$

$$=n(2(n+1)(2n+1)+12(n+1)+9)$$

$$=\boldsymbol{n(4n^2+18n+23)}$$

（3） $S_n=\dfrac{a_1+a_n}{2}\cdot n$

$$=\frac{n}{2}\left(3\sqrt{3}+\sqrt{3}(2n+1)\right)=\sqrt{3}n(n+2)$$

$$\lim_{n\to\infty}\frac{T_n}{nS_n}=\lim_{n\to\infty}\frac{n(4n^2+18n+23)}{\sqrt{3}n^2(n+2)}$$

$$=\lim_{n\to\infty}\frac{1}{\sqrt{3}}\cdot\frac{4+\dfrac{18}{n}+\dfrac{23}{n^2}}{1+\dfrac{2}{n}}=\boldsymbol{\frac{4}{\sqrt{3}}}$$

（4） $U_n=\sum_{k=1}^{n}\dfrac{1}{3(2k+1)(2k+3)}$

$$=\frac{1}{3}\sum_{k=1}^{n}\frac{1}{2}\left(\frac{1}{2k+1}-\frac{1}{2k+3}\right)$$

$$=\boldsymbol{\frac{1}{6}\left(\frac{1}{3}-\frac{1}{2n+3}\right)}$$

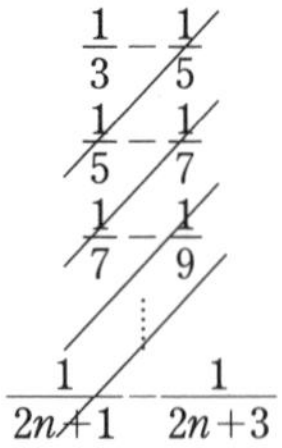

（5） $\lim_{n\to\infty}U_n=\dfrac{1}{6}\lim_{n\to\infty}\left(\dfrac{1}{3}-\dfrac{1}{2n+3}\right)=\boldsymbol{\dfrac{1}{18}}$

◆別解◆ （1） $a_n=a+(n-1)d$ とおくと，

$$a_1=a,\ a_2=a+d,\ a_3=a+2d$$

$a_1a_2=45$ と $a_2a_3=105$ とで辺ごと比をとって

$$\frac{a_1}{a_3}=\frac{3}{7} \qquad \therefore\quad a_3=\frac{7}{3}a_1$$

$$\frac{7}{3}a=a+2d \qquad \therefore\quad d=\frac{2}{3}a$$

$a(a+d)=45$ に代入して

$$a\left(a+\frac{2}{3}a\right)=45$$

$$\frac{5}{3}a^2=45 \qquad \therefore\quad a=3\sqrt{3}$$

$d=\dfrac{2}{3}\cdot3\sqrt{3}=2\sqrt{3}$ であるから

$$a_n=3\sqrt{3}+2\sqrt{3}(n-1)=\boldsymbol{\sqrt{3}(2n+1)}$$

◆別解◆ （2） $T_n=3\sum_{k=1}^{n}(2k+1)(2k+3)$

$$=\frac{1}{2}\sum_{k=1}^{n}((2k+1)(2k+3)(2k+5)$$
$$-(2k-1)(2k+1)(2k+3))$$

$$=\boldsymbol{\frac{1}{2}((2n+1)(2n+3)(2n+5)-15)}$$

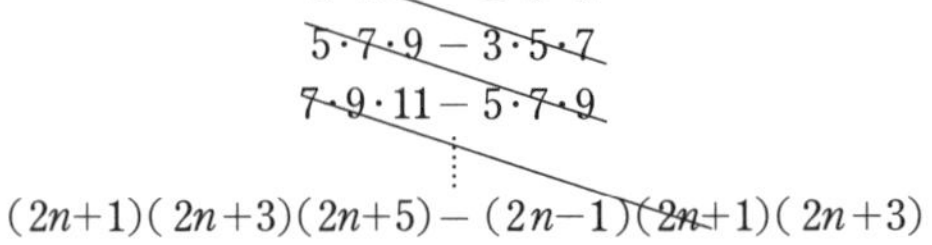

《格子点の個数 (B15)》

125． n を自然数とする．連立不等式

$$\begin{cases} y\geqq 0 \\ y\leqq x(2n-x) \end{cases}$$

の表す領域を D_n とし，D_n に属する格子点の個数を a_n とする．ただし，座標平面上の点 (x,y) において，x,y がともに整数であるとき，点 (x,y)

を格子点という．

（1） D_2 を図示せよ．

（2） a_2 を求めよ．

（3） k を $0 \leqq k \leqq 2n$ を満たす整数とする．D_n と直線 $x = k$ の共通部分に属する格子点の個数を k, n を用いて表せ．

（4） a_n を求めよ．

（5） 直線 $y = 0$ と曲線 $y = x(2n - x)$ とで囲まれた図形の面積を b_n とする．このとき，$\lim_{n \to \infty} \dfrac{b_n}{a_n}$ を求めよ． （23　愛媛大・工，農，教）

▶解答◀ （1） D_2 は $0 \leqq y \leqq x(4 - x)$ であり，図1の網目部分である．ただし境界含む．

（2） D_2 に属する格子点は図1のようになり，$a_2 = \mathbf{15}$

（3） D_n と $x = k$ の共通部分は $0 \leqq y \leqq k(2n - k)$ であり求める格子点の個数は

$$k(2n - k) + 1 = \boldsymbol{-k^2 + 2nk + 1}$$

（4）

$$\begin{aligned} a_n &= \sum_{k=0}^{2n} (-k^2 + 2nk + 1) \\ &= -\frac{1}{6} \cdot 2n(2n + 1)(4n + 1) \\ &\qquad + 2n \cdot \frac{1}{2} \cdot 2n(2n + 1) + 2n + 1 \\ &= \frac{1}{3}(2n + 1)\{-n(4n + 1) + 6n^2 + 3\} \\ &= \boldsymbol{\frac{1}{3}(2n + 1)(2n^2 - n + 3)} \end{aligned}$$

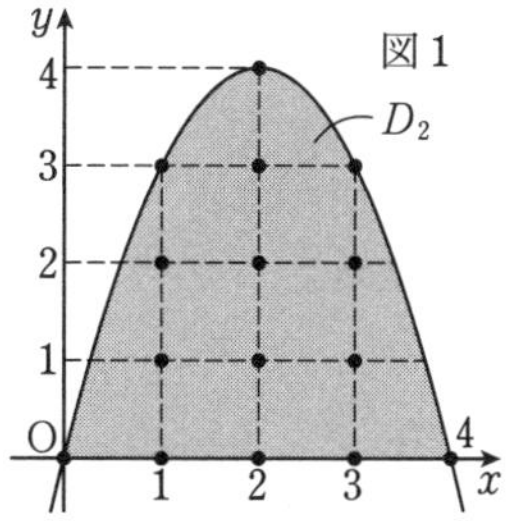

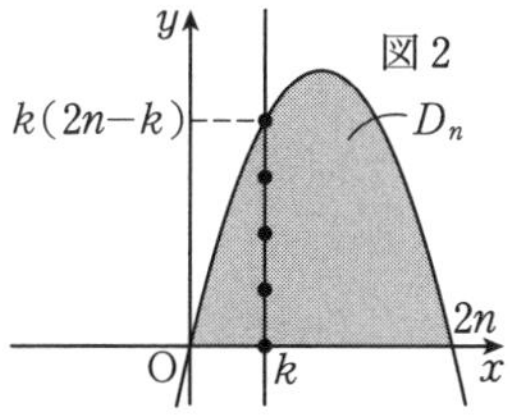

（5） $b_n = \dfrac{1}{6}(2n - 0)^3 = \dfrac{4}{3}n^3$ であるから

$$\begin{aligned} \lim_{n \to \infty} \frac{b_n}{a_n} &= \lim_{n \to \infty} \frac{4n^3}{(2n + 1)(2n^2 - n + 3)} \\ &= \lim_{n \to \infty} \frac{4}{\left(2 + \frac{1}{n}\right)\left(2 - \frac{1}{n} + \frac{3}{n^2}\right)} = \frac{4}{4} = \mathbf{1} \end{aligned}$$

《等比数列で抑える (B20)》

126．r を $0 < r < \dfrac{1}{2}$ をみたす実数とする．数列 $\{a_n\}$ が以下の条件をみたすとする．

$a_1 = a_2 = 1$,

$a_{n+2}a_n = {a_{n+1}}^2 - r^n a_{n+1} a_n$ $(n = 1, 2, 3, \cdots)$

このとき，$a_n > 0$ $(n = 1, 2, 3, \cdots)$ が成り立つ．以下の問に答えよ．

（1） a_3, a_4 を求めよ．

（2） 数列 $\{b_n\}$ を $b_n = \dfrac{a_{n+1}}{a_n}$ で定める．$b_{n+1} - b_n$ を r, n を用いて表せ．また，$\{b_n\}$ の一般項を求めよ．

（3） $n \geqq 2$ のとき，$b_n \leqq 1 - r$ が成り立つことを示せ．

（4） 極限 $\lim_{n \to \infty} a_n$ を求めよ． （23　岐阜大・工）

▶解答◀ （1）

$$a_{n+2}a_n = {a_{n+1}}^2 - r^n a_{n+1} a_n \quad \cdots\cdots ①$$

① で $n = 1$ として，$a_1 = a_2 = 1$ を用いる．

$$a_3 a_1 = {a_2}^2 - r a_2 a_1$$

$$a_3 = \boldsymbol{1 - r}$$

① で $n = 2$ として，$a_2 = 1, a_3 = 1 - r$ を用いる．

$$\begin{aligned} a_4 a_2 &= {a_3}^2 - r^2 a_3 a_2 \\ a_4 &= (1 - r)^2 - r^2(1 - r) \\ &= \boldsymbol{(1 - r)(1 - r - r^2)} \end{aligned}$$

（2） ① の両辺を $a_{n+1}a_n > 0$ で割る．

$$\frac{a_{n+2}}{a_{n+1}} = \frac{a_{n+1}}{a_n} - r^n$$

$$b_{n+1} = b_n - r^n \qquad \therefore \quad b_{n+1} - b_n = \boldsymbol{-r^n}$$

$b_{k+1} - b_k = -r^k$ に $k = 1, 2, 3, \cdots, n - 1$ を代入した式を辺ごとに加えると $(n \geqq 2)$

$$b_n - b_1 = -r - r^2 - r^3 - \cdots - r^{n-1}$$

$$\begin{aligned} b_2 - b_1 &= -r \\ b_3 - b_2 &= -r^2 \\ b_4 - b_3 &= -r^3 \\ &\vdots \\ b_n - b_{n-1} &= -r^{n-1} \end{aligned}$$

$b_1 = \dfrac{a_2}{a_1} = 1$ であるから

$$\begin{aligned} b_n &= 1 - r - r^2 - r^3 - \cdots - r^{n-1} \quad \cdots\cdots ② \\ &= 1 - r(1 + r + r^2 + \cdots + r^{n-2}) \\ &= 1 - r \cdot \frac{1 - r^{n-1}}{1 - r} = \boldsymbol{\frac{1 - 2r + r^n}{1 - r}} \end{aligned}$$

結果は $n = 1$ でも成り立つ．

（3） ② と $b_2 = 1 - r$, $r > 0$ より，$n \geqq 3$ のとき

$$b_n = b_2 - r^2 - r^3 - \cdots - r^{n-1} < b_2 = 1 - r$$

よって，$n \geqq 2$ のとき $b_n \leqq 1 - r$ である．

（4） （3）より，$k \geqq 2$ のとき

$$a_{k+1} = a_k b_k \leqq a_k(1 - r)$$

$n \geqq 3$ のとき，これを繰り返し用いて

$$a_n \leqq a_{n-1}(1-r) \leqq a_{n-2}(1-r)^2$$
$$\leqq \cdots \leqq a_2(1-r)^{n-2} = (1-r)^{n-2}$$

よって，$0 < a_n \leqq (1-r)^{n-2}$ が成り立つ．

$\dfrac{1}{2} < 1-r < 1$ より $\displaystyle\lim_{n\to\infty}(1-r)^{n-2} = 0$ であるから，ハサミウチの原理により，$\displaystyle\lim_{n\to\infty} a_n = \mathbf{0}$

《複素数で変則等比数列 (B20) ☆》

127． r を正の実数とし，n を 3 以上の自然数とする．α を絶対値が r，偏角が $\dfrac{\pi}{n}$ の複素数とする．複素数 z_k $(k=1, 2, 3, \cdots, n+1)$ を

$$z_1 = 1,\ z_{k+1} = \frac{\alpha}{\overline{z_k}+1} - 1\ (k = 1, 2, 3, \cdots, n)$$

により定める．ただし，$\overline{z_k}$ は z_k の共役複素数を表す．以下の問いに答えよ．

（1） z_2+1 と z_3+1 を極形式で表せ．

（2） z_k+1 $(k=1, 2, 3, \cdots, n+1)$ を極形式で表せ．

（3） 複素数平面上で z_k が表す点を P_k とし，-1 が表す点を Q とする．$k = 1, 2, 3, \cdots, n$ に対し，3 点 P_k，P_{k+1}，Q を頂点とする三角形 $\mathrm{P}_k\mathrm{P}_{k+1}\mathrm{Q}$ の面積 S_k を求めよ．

（4） （3）で定めた S_k $(k = 1, 2, 3, \cdots, n)$ に対し，T_n を $T_n = \displaystyle\sum_{k=1}^{n} S_k$ により定める．このとき，$\displaystyle\lim_{n\to\infty} T_n$ を求めよ．（23 広島大・理-後期）

▶解答◀ （1） $\beta = \cos\dfrac{\pi}{n} + i\sin\dfrac{\pi}{n}$ とおく．

$\alpha = r\beta$

$$z_2+1 = \frac{\alpha}{\overline{z_1}+1} = \boldsymbol{\frac{r}{2}\left(\cos\frac{\pi}{n} + i\sin\frac{\pi}{n}\right)}$$

与式から $(z_{k+1}+1)\overline{z_k+1} = \alpha$ となる．この k を 1 減らした $(z_k+1)\overline{z_{k-1}+1} = \alpha$ のバーをとって $\overline{z_k+1}(z_{k-1}+1) = \overline{\alpha} \neq 0$ となり，これらを辺ごとに割ると $\dfrac{z_{k+1}+1}{z_{k-1}+1} = \dfrac{\alpha}{\overline{\alpha}} = \dfrac{\beta}{\overline{\beta}}$ となる．$|\beta| = 1$ であるから，右辺で分母分子に β を掛けると $\dfrac{z_{k+1}+1}{z_{k-1}+1} = \beta^2$

$$z_{k+1}+1 = \beta^2(z_{k-1}+1) \quad \cdots\cdots\text{①}$$

$$z_3+1 = \beta^2(z_1+1) = \boldsymbol{2\left(\cos\frac{2\pi}{n} + i\sin\frac{2\pi}{n}\right)}$$

（2） ①は添え字が 2 ずれると β が 2 個掛かるということであるから，普通の等比数列のようなものである．

k が奇数のとき，1 番から k 番までは間が $k-1$ あるから β が $k-1$ 個掛かり，$z_k+1 = \beta^{k-1}(z_1+1)$

$$z_k+1 = \boldsymbol{2\left(\cos\frac{k-1}{n}\pi + i\sin\frac{k-1}{n}\pi\right)}$$

k が偶数のとき，2 番から k 番までは間が $k-2$ あるから β が $k-2$ 個掛かり，

$$z_k+1 = \beta^{k-2}(z_2+1) = \beta^{k-2}\cdot\frac{r\beta}{2}$$

$$z_k+1 = \boldsymbol{\frac{r}{2}\left(\cos\frac{k-1}{n}\pi + i\sin\frac{k-1}{n}\pi\right)}$$

（3） k が奇数のとき

$$\mathrm{QP}_k = |z_k+1| = 2,\ \mathrm{QP}_{k+1} = |z_{k+1}+1| = \frac{r}{2}$$

k が偶数のとき

$$\mathrm{QP}_k = |z_k+1| = \frac{r}{2},\ \mathrm{QP}_{k+1} = |z_{k+1}+1| = 2$$

であり，$\angle\mathrm{P}_k\mathrm{QP}_{k+1} = \dfrac{\pi}{n}$ であるから

$$S_k = \frac{1}{2}\cdot 2\cdot\frac{r}{2}\sin\frac{\pi}{n} = \boldsymbol{\frac{r}{2}\sin\frac{\pi}{n}}$$

（4） $T_n = \displaystyle\sum_{k=1}^{n} S_k = \frac{nr}{2}\sin\frac{\pi}{n}$

であるから

$$\lim_{n\to\infty} T_n = \lim_{n\to\infty}\frac{\pi r}{2}\cdot\frac{\sin\frac{\pi}{n}}{\frac{\pi}{n}} = \boldsymbol{\frac{\pi r}{2}}$$

注意 **【公式を覚えるな・原理を理解せよ】**

$z_k+1 = w_k$ とする．

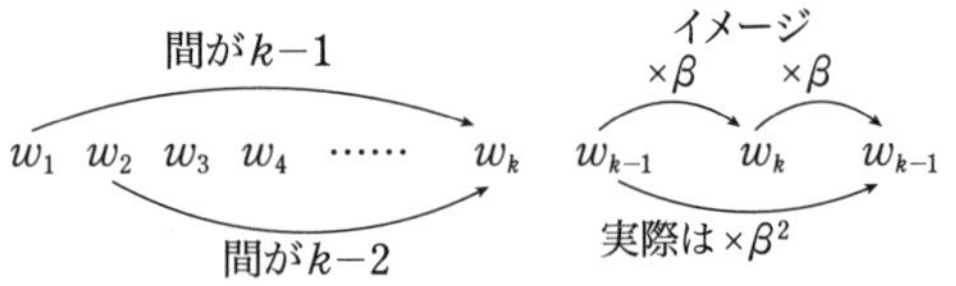

《ルートの力学系 (B20) ☆》

128． 正の数列 $x_1, x_2, x_3, \cdots, x_n, \cdots$ は以下を満たすとする．

$$x_1 = 8,\ x_{n+1} = \sqrt{1+x_n} \quad (n = 1, 2, 3, \cdots)$$

このとき，次の問（1）～（4）に答えよ．

（1） x_2, x_3, x_4 をそれぞれ求めよ．

（2） すべての $n \geqq 1$ について

$(x_{n+1}-\alpha)(x_{n+1}+\alpha) = x_n - \alpha$

となる定数 α で，正であるものを求めよ．

（3） α を（2）で求めたものとする．すべての $n \geqq 1$ について $x_n > \alpha$ であることを，n に関する数学的帰納法で示せ．

（4） 極限値 $\displaystyle\lim_{n\to\infty} x_n$ を求めよ．（23 立教大・数学）

▶解答◀ （1）

$$x_2 = \sqrt{1+x_1} = \sqrt{1+8} = \mathbf{3}$$
$$x_3 = \sqrt{1+x_2} = \sqrt{1+3} = \mathbf{2}$$
$$x_4 = \sqrt{1+x_3} = \sqrt{1+2} = \boldsymbol{\sqrt{3}}$$

（2） $(x_{n+1}-\alpha)(x_{n+1}+\alpha) = x_n - \alpha$ は

${x_{n+1}}^2 - \alpha^2 = x_n - \alpha$ と書けて，与式の $x_{n+1} = \sqrt{1+x_n}$

をここに代入すると

$$1+x_n-\alpha^2=x_n-\alpha$$

$$\alpha^2-\alpha-1=0$$

となる．$\alpha>0$ であるから，$\alpha=\boldsymbol{\dfrac{1+\sqrt{5}}{2}}$

（3） $\dfrac{1+\sqrt{5}}{2}<8$ は成り立つから，$\alpha<x_n$ は $n=1$ のとき成り立つ．$n=k$ で成り立つとする．

$$\alpha<x_k$$

$$1+\alpha<1+x_k$$

$$\sqrt{1+\alpha}<\sqrt{1+x_k}$$

$$\alpha<x_{k+1}$$

なお，$\sqrt{1+\alpha}=\alpha$ である．$n=k+1$ でも成り立つから，数学的帰納法により証明された．

（4） $x_n-\alpha>0$ であり

$$x_{n+1}-\alpha=\frac{1}{x_{n+1}+\alpha}(x_n-\alpha)<\frac{1}{\alpha}(x_n-\alpha)$$

$$x_n-\alpha<\frac{1}{\alpha}(x_{n-1}-\alpha)<\frac{1}{\alpha}\cdot\frac{1}{\alpha}(x_{n-2}-\alpha)$$

$$<\cdots<\left(\frac{1}{\alpha}\right)^{n-1}(x_1-\alpha)$$

$n\geqq 2$ のとき

$$0<x_n-\alpha<\left(\frac{1}{\alpha}\right)^{n-1}(x_1-\alpha)$$

$$\alpha<x_n<\alpha+\left(\frac{1}{\alpha}\right)^{n-1}(x_1-\alpha)$$

$\left|\dfrac{1}{\alpha}\right|<1$ であるから $\displaystyle\lim_{n\to\infty}\left(\frac{1}{\alpha}\right)^{n-1}=0$

ハサミウチの原理より，$\displaystyle\lim_{n\to\infty}x_n=\alpha=\boldsymbol{\frac{1+\sqrt{5}}{2}}$

《ルートの力学系 (B20) ☆》

129. 数列 $\{a_n\}$ は

$$a_1=1,\ a_{n+1}=\sqrt{2+7\sqrt{a_n}}\ (n=1,\ 2,\ 3,\ \cdots)$$

をみたす．次の問いに答えよ．

（1） $\alpha=\sqrt{2+7\sqrt{\alpha}}$ をみたす $\sqrt{2}$ より大きい実数 α がただ1つ存在することを示し，α を求めよ．

（2）（1）で求めた α に対して，$a_n<\alpha$ ($n=1,\ 2,\ 3,\ \cdots$) を示せ．

（3） 数列 $\{a_n\}$ の極限を調べ，収束する場合はその極限値を求めよ．（23 横浜国大・理工，都市）

▶解答◀ （1） $\alpha=\sqrt{2+7\sqrt{\alpha}}>\sqrt{2}$ であるから，実数 α が存在するならばそれは $\sqrt{2}$ より大きい．$\alpha=\sqrt{2+7\sqrt{\alpha}}$ を2乗して

$$\alpha^2=2+7\sqrt{\alpha}\qquad\therefore\quad \alpha^2-2=7\sqrt{\alpha}$$

$$\alpha^4-4\alpha^2-49\alpha+4=0$$

$$(\alpha-4)(\alpha^3+4\alpha^2+12\alpha-1)=0 \quad\cdots\cdots①$$

ここで，$f(x)=x^3+4x^2+12x-1$ とおくと

$$f'(x)=3x^2+8x+12=3\left(x+\frac{4}{3}\right)^2+\frac{20}{3}>0$$

であるから $f(x)$ は増加関数である．

$f(\sqrt{2})=14\sqrt{2}+7>0$ であるから $x>\sqrt{2}$ の範囲に $f(x)=0$ の解は存在しない．したがって ① の解は $\boldsymbol{\alpha=4}$ ただ1つである．

（2） 帰納法で $a_n<4$ であることを示す．

$n=1$ のとき，$a_1=1$ であるから正しい．

$n=k$ のとき正しいと仮定する．$a_k<4$ である．

$$a_{k+1}-4=\sqrt{2+7\sqrt{a_k}}-4$$

$$=\frac{7(\sqrt{a_k}-2)}{4+\sqrt{2+7\sqrt{a_k}}}<0$$

$n=k+1$ のときも正しい．

数学的帰納法により示された．

（3）（1）より極限が存在するならばそれは4である．

$$|a_{n+1}-4|=\left|\sqrt{2+7\sqrt{a_n}}-4\right|$$

$$=\frac{\left|7(\sqrt{a_n}-2)\right|}{\sqrt{2+7\sqrt{a_n}}+4}$$

$$=\frac{7}{\left(\sqrt{2+7\sqrt{a_n}}+4\right)\left(\sqrt{a_n}+2\right)}|a_n-4|$$

ここで $\sqrt{a_n}>\sqrt{2}>1$ であるから，$\sqrt{2+7\sqrt{a_n}}+4>7$，$\sqrt{a_n}+2>3$ である．

$$|a_{n+1}-4|<\frac{1}{3}|a_n-4|$$

この不等式を繰り返し用いて

$$0<|a_n-4|\leqq\left(\frac{1}{3}\right)^{n-1}|a_1-4|$$

$n\to\infty$ のとき $\left(\dfrac{1}{3}\right)^{n-1}\to 0$ であるから，ハサミウチの原理により，$\displaystyle\boldsymbol{\lim_{n\to\infty}a_n=4}$ である．

図の C は $y=\sqrt{2+7\sqrt{x}}$ のグラフである．

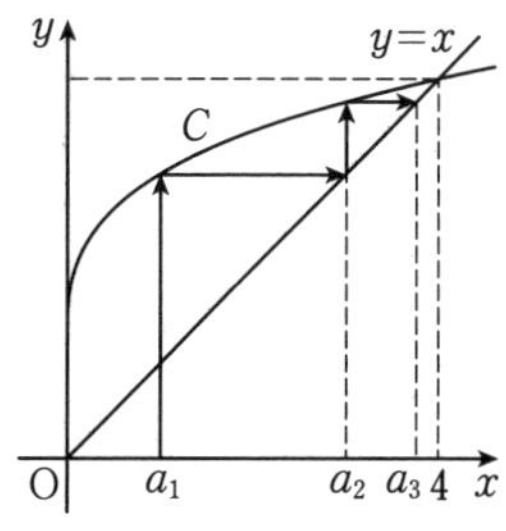

《2 次式の力学系 (B10) ☆》

130. 次の条件によって定められる数列 $\{a_n\}$ がある．

$$a_1=1,\ a_{n+1}=\frac{-a_n{}^2+4a_n+2}{3}\ (n=1,\ 2,\ 3,\ \cdots)$$

このとき，次の問いに答えよ．

（1） $0<a_n<2$ が成り立つことを証明せよ．

（2） 次の不等式が成り立つことを証明せよ．

$$2-a_{n+1}<\frac{2}{3}(2-a_n)$$

（3） 極限 $\lim_{n\to\infty}a_n$ を求めよ．

（23 津田塾大・学芸-数学）

▶解答◀ （1） $a_1=1$ より $n=1$ のとき成り立つ．$n=k$ のとき成り立つとする．$0<a_k<2$ である．

$$f(x)=\frac{1}{3}(-x^2+4x+2)$$

とおく．$f(x)=\frac{1}{3}\{6-(x-2)^2\}$ は $0<x<2$ で増加関数である．

$$f(0)<f(a_k)<f(2)$$

$$0<\frac{2}{3}<a_{k+1}<2$$

$n=k+1$ でも成り立つから数学的帰納法により証明された．

（2） $a_{n+1}=2-\frac{1}{3}(a_n-2)^2$

$0<a_n<2$ より

$$2-a_{n+1}=\frac{2-a_n}{3}(2-a_n)<\frac{2}{3}(2-a_n)$$

（3） $0<2-a_n<\frac{2}{3}(2-a_{n-1})<\left(\frac{2}{3}\right)^2(2-a_{n-2})$

$$<\cdots<\left(\frac{2}{3}\right)^{n-1}(2-a_1)$$

よって，$2-\left(\frac{2}{3}\right)^{n-1}<a_n<2$

$\lim_{n\to\infty}\left(\frac{2}{3}\right)^{n-1}=0$ であるから，ハサミウチの原理により $\lim_{n\to\infty}a_n=\mathbf{2}$

《折れ線の力学系（B25）☆》

131. α を実数とする．数列 $\{a_n\}$ が

$$a_1=\alpha,$$

$$a_{n+1}=|a_n-1|+a_n-1\quad(n=1,\ 2,\ 3,\ \cdots)$$

で定められるとき，以下の問いに答えよ．

（1） $\alpha\leqq1$ のとき，数列 $\{a_n\}$ の収束，発散を調べよ．

（2） $\alpha>2$ のとき，数列 $\{a_n\}$ の収束，発散を調べよ．

（3） $1<\alpha<\frac{3}{2}$ のとき，数列 $\{a_n\}$ の収束，発散を調べよ．

（4） $\frac{3}{2}\leqq\alpha<2$ のとき，数列 $\{a_n\}$ の収束，発散を調べよ．

（23 九大・理系）

▶解答◀ $a_n\geqq1$ のとき：$a_{n+1}=2a_n-2$

$a_n\leqq1$ のとき：$a_{n+1}=0$

（1） $\alpha\leqq1$ のとき，$a_2=0$ である．$a_2=0\leqq1$ より，$a_3=0$．よって，帰納的に $n\geqq2$ のとき $a_n=0$ であるから，数列 $\{a_n\}$ は**収束**し，$\lim_{n\to\infty}a_n=0$ となる．

（2） $\alpha>2$ のとき，$a_2>2\cdot2-2=2$ である．

$a_2>2$ より $a_3>2\cdot2-2=2$

よって，帰納的に $a_n>2$ であるから，漸化式は常に $a_{n+1}=2a_n-2$ であり

$$a_{n+1}-2=2(a_n-2)$$

これより数列 $\{a_n-2\}$ は等比数列であり，

$$a_n-2=2^{n-1}(a_1-2)$$

$$a_n=2^{n-1}(\alpha-2)+2$$

$\alpha-2>0$ より，数列 $\{a_n\}$ は**発散**し，$\lim_{n\to\infty}a_n=\infty$ である．

（3） $1<\alpha<\frac{3}{2}$ のとき，

$$2\cdot1-2<a_2<2\cdot\frac{3}{2}-2$$

すなわち，$0<a_2<1$ である．これより $a_3=0$ であり，$a_3=0\leqq1$ より $a_4=0$．よって，帰納的に $n\geqq3$ のとき $a_n=0$ であるから，数列 $\{a_n\}$ は**収束**し，$\lim_{n\to\infty}a_n=0$ となる．

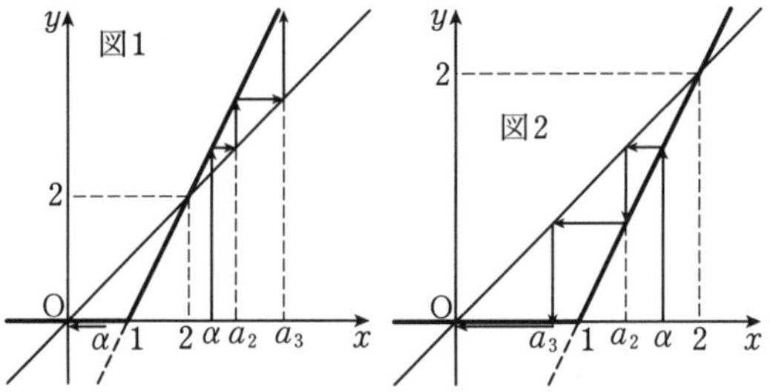

（4） 十分先では $a_n=0$ となることを背理法によって示す．すべての n に対して $a_n>1$ であると仮定する．すると漸化式は常に $a_{n+1}=2a_n-2$ であり，一般項は $a_n=2^{n-1}(\alpha-2)+2$ とかける．ここで，$a_n\leqq1$ を解いてみると

$$2^{n-1}(\alpha-2)+2\leqq1\qquad\therefore\quad 2^{n-1}\geqq\frac{1}{2-\alpha}$$

よって，$2^{n-1}\geqq\frac{1}{2-\alpha}$ を満たすような n に対しては $a_n\leqq1$ となってしまうから，これは仮定に矛盾する．これを満たす最小の n を N とすると，$a_{N-1}>1$，$a_N\leqq1$ となる．すると，$a_{N+1}=0$ となり，帰納的に $n\geqq N+1$

では $a_n=0$ となるから，数列 $\{a_n\}$ は**収束**し，$\lim_{n\to\infty}a_n=0$ となる．

《分数関数の力学系（B20）》

132. 数列 $\{a_n\}$ を

$$a_1=\frac{1}{2},\ a_{n+1}=3-\frac{1}{{a_n}^2}$$

で定める．また，方程式

$$x=3-\frac{1}{x^2}$$

の実数解のうち，最も大きいものを c とおく．次の問いに答えよ．

（1） $c>2$ を示せ．

（2） $n\geqq 3$ のとき，$a_n\geqq 2$ であることを示せ．

（3） $n\geqq 3$ のとき，$|a_{n+1}-c|\leqq\frac{1}{4}|a_n-c|$ であることを示せ．

（4） $\lim_{n\to\infty}a_n=c$ を示せ．（23　大阪公立大・理-後）

▶解答◀ （1） $x=3-\frac{1}{x^2}$ のとき

$$x^3-3x^2+1=0$$

$f(x)=x^3-3x^2+1$ とおく．

$$f'(x)=3x^2-6x=3x(x-2)$$

x	$\cdots$	0	$\cdots$	2	$\cdots$
$f'(x)$	$+$	0	$-$	0	$+$
$f(x)$	↗		↘		↗

$f(0)=1>0$, $f(2)=-3<0$ であるから，3 次方程式 $f(x)=0$ の 3 個の解はすべて実数で，3 つの区間

$$x<0,\ 0<x<2,\ 2<x$$

に 1 個ずつある．c は最も大きい解であるから，$c>2$ である．

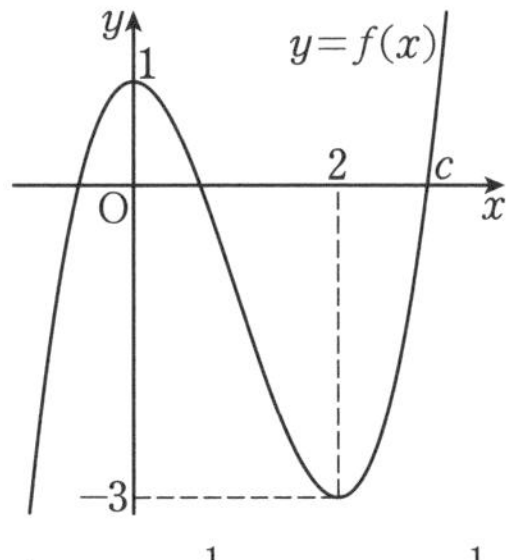

（2） $a_1=\frac{1}{2}$, $a_2=3-\frac{1}{{a_1}^2}=-1$, $a_3=3-\frac{1}{{a_2}^2}=2$

$a_n\geqq 2$ は $n=3$ のとき成り立つ．

$n=k$ のとき成り立つとする．$a_k\geqq 2$ であるから

$$a_{k+1}-2=1-\frac{1}{{a_k}^2}=\frac{{a_k}^2-1}{{a_k}^2}>0$$

$$a_{k+1}>2$$

よって，$n=k+1$ のときも成り立ち，数学的帰納法により証明された．

（3） $a_{n+1}=3-\frac{1}{{a_n}^2}$ ……………………………①

$c=3-\frac{1}{c^2}$ ……………………………②

①－② より

$$a_{n+1}-c=-\frac{1}{{a_n}^2}+\frac{1}{c^2}$$

$$|a_{n+1}-c|=\frac{|{a_n}^2-c^2|}{{a_n}^2c^2}=\frac{a_n+c}{{a_n}^2c^2}|a_n-c|$$

となり，$a_n\geqq 2$, $c\geqq 2$ であるから

$$\frac{a_n+c}{{a_n}^2c^2}=\frac{1}{a_nc}\left(\frac{1}{c}+\frac{1}{a_n}\right)\leqq\frac{1}{2\cdot 2}\left(\frac{1}{2}+\frac{1}{2}\right)=\frac{1}{4}$$

となる．よって

$$|a_{n+1}-c|\leqq\frac{1}{4}|a_n-c|$$

である．

（4） $|a_n-c|\leqq\frac{1}{4}|a_{n-1}-c|$

$$\leqq\frac{1}{4}\cdot\frac{1}{4}|a_{n-2}-c|\leqq\cdots\leqq\frac{1}{4^{n-1}}|a_1-c|$$

$$0\leqq|a_n-c|\leqq\frac{1}{4^{n-1}}|a_1-c|$$

$\lim_{n\to\infty}\frac{1}{4^{n-1}}=0$ であるから，ハサミウチの原理より $\lim_{n\to\infty}|a_n-c|=0$ となり，$\lim_{n\to\infty}a_n=c$ である．

《平方根に収束する力学系（B20）》

133. a を正の実数とし，数列 $\{x_n\}$ を次のように定める．

$$x_1=4a,$$

$$x_{n+1}=\frac{1}{2}\left(x_n+\frac{a^2}{x_n}\right)\ (n=1,\ 2,\ 3,\ \cdots)$$

このとき，次の問いに答えよ．

（1） すべての n に対して $x_n>a$ が成り立つことを示せ．

（2） すべての n に対して $x_n>x_{n+1}$ が成り立つことを示せ．

（3） $y_n=\frac{x_n-a}{x_n+a}$ とおく．数列 $\{y_n\}$ の一般項を求めよ．また，極限 $\lim_{n\to\infty}y_n$ を求めよ．

（4） 極限 $\lim_{n\to\infty}x_n$ を求めよ．（23　富山県立大・工）

▶解答◀ （1） $a>0$ であるから

$x_n>a>0$ ……………………………①

であることを数学的帰納法で示す．

$n=1$ のとき $x_1=4a>a>0$ であるから成り立つ．

$n=k$ のとき ① が成り立つとする．

$$x_k>a>0$$

である．このとき

$$x_{k+1}-a=\frac{1}{2}\left(x_k+\frac{a^2}{x_k}\right)-a$$

$$= \frac{x_k{}^2 - 2ax_k + a^2}{2x_k} = \frac{(x_k - a)^2}{2x_k} > 0 \quad \cdots\cdots②$$

であるから，$x_{k+1} > a$ となり，$n = k+1$ のとき ① は成り立つ．数学的帰納法により，すべての n に対して $x_n > a > 0$ であることが示された．

(2) $x_n - x_{n+1} = x_n - \dfrac{1}{2}\left(x_n + \dfrac{a^2}{x_n}\right)$

$$= \frac{1}{2}\left(x_n - \frac{a^2}{x_n}\right) = \frac{x_n{}^2 - a^2}{2x_n}$$

① より $x_n{}^2 > a^2$ であるから

$$x_n - x_{n+1} = \frac{x_n{}^2 - a^2}{2x_n} > 0$$

したがって $x_n > x_{n+1}$ である．

(3) $x_{n+1} + a = \dfrac{1}{2}\left(x_n + \dfrac{a^2}{x_n}\right) + a$

$$= \frac{x_n{}^2 + 2ax_n + a^2}{2x_n} = \frac{(x_n + a)^2}{2x_n}$$

② と同様にして

$$x_{n+1} - a = \frac{(x_n - a)^2}{2x_n}$$

であるから

$$y_{n+1} = \frac{x_{n+1} - a}{x_{n+1} + a} = \frac{(x_n - a)^2}{(x_n + a)^2} = y_n{}^2$$

したがって

$$y_2 = y_1{}^2$$

$$y_3 = y_2{}^2 = (y_1{}^2)^2 = y_1{}^{2^2}$$

これをくり返し

$$y_n = y_1{}^{2^{n-1}}$$

$$y_1 = \frac{x_1 - a}{x_1 + a} = \frac{3}{5}$$

$\boldsymbol{y_n = \left(\dfrac{3}{5}\right)^{2^{n-1}}}$ で，$\displaystyle\lim_{n\to\infty}\left(\frac{3}{5}\right)^{2^{n-1}} = \mathbf{0}$ である．

(4) $y_n = \dfrac{x_n - a}{x_n + a}$

$$y_n(x_n + a) = x_n - a$$

$$x_n(1 - y_n) = ay_n + a$$

$y_n \neq 1$ であるから

$$x_n = \frac{ay_n + a}{1 - y_n}$$

$$\lim_{n\to\infty} x_n = \lim_{n\to\infty}\frac{ay_n + a}{1 - y_n} = \boldsymbol{a}$$

注意 1°【極限が目的なら】

② と同様にして

$$x_{n+1} - a = \frac{(x_n - a)^2}{2x_n}$$

$$= \frac{1}{2}\cdot\frac{x_n - a}{x_n}\cdot(x_n - a)$$

$x_{n+1} - a > 0,\ x_n - a > 0$ であり，$a > 0$ より $0 < \dfrac{x_n - a}{x_n} < 1$ であるから

$$x_{n+1} - a < \frac{1}{2}(x_n - a)$$

したがって

$$0 < x_n - a < \left(\frac{1}{2}\right)^{n-1}(x_1 - a)$$

$\displaystyle\lim_{n\to\infty}\left(\frac{1}{2}\right)^{n-1}(x_1 - a) = 0$ より，ハサミウチの原理を用いて $\displaystyle\lim_{n\to\infty} x_n = a$ である．

2°【y_n の別の求め方】

$y_{n+1} = y_n{}^2$ で，$y_n > 0$ より両辺の自然対数をとり

$$\log y_{n+1} = 2\log y_n$$

数列 $\{\log y_n\}$ は等比数列で

$$\log y_n = 2^{n-1}\log y_1 = 2^{n-1}\log\frac{3}{5}$$

$$y_n = \left(\frac{3}{5}\right)^{2^{n-1}}$$

《文字定数は分離せよ (B20)》

134. 整数 $k\ (\geqq 2)$ を一つ固定する．正整数 n に対して，k 次の方程式

$$(E)_n : x^k + nx^{k-1} - (n+2) = 0$$

を与える．

(1) すべての正整数 n に対して，方程式 $(E)_n$ は正の解をただ一つしか持たないことを証明せよ．

(2) 各正整数 n に対して，(1) における正の解を a_n とおく．$n \to \infty$ のとき数列 $\{a_n\}_{n=1,2,\cdots}$ は収束することを示し，その極限値を求めよ．

(23　奈良県立医大・後期)

▶解答◀ (1) $x \geqq 0$ で

$f(x) = x^k + nx^{k-1} - (n+2)$ とおく．$x > 0$ のとき

$$f'(x) = kx^{k-1} + n(k-1)x^{k-2}$$

$$= x^{k-2}\{kx + n(k-1)\} > 0$$

$f(x)$ は増加関数で

$$f(0) = -(n+2) < 0$$

$$\lim_{x\to\infty} f(x) = \lim_{x\to\infty} x^k\left(1 + \frac{n}{x} - \frac{n+2}{x^k}\right) = \infty$$

であるから $(E)_n$ は正の解をただ1つしかもたない．

(2) $n(x^{k-1} - 1) = 2 - x^k$

$x = 1$ では成立しないから $x \neq 1$ である．

$n = \dfrac{2 - x^k}{x^{k-1} - 1}$ となる．$g(x) = \dfrac{2 - x^k}{x^{k-1} - 1}$ とおく．

$x > 0,\ x \neq 1$ である．このとき，$g'(x)$ の分子は

$$-kx^{k-1}(x^{k-1} - 1) - (2 - x^k)(k-1)x^{k-2}$$

$$= -x^{2k-2} + kx^{k-1} - 2(k-1)x^{k-2}$$

$$= -x^{k-2}(x^k - kx + 2(k-1))$$

となるから，

$$g'(x) = \frac{-x^{k-2}(x^k - kx + 2(k-1))}{(x^{k-1} - 1)^2}$$

となる．さらに，$h(x)=x^k-kx+2(k-1)$ とおくと，

$$h'(x)=kx^{k-1}-k=k(x^{k-1}-1)$$

これより，$h(x)$ の増減表は次のようになる．

x	0	$\cdots$	1	$\cdots$
$h'(x)$		$-$	0	$+$
$h(x)$		↘		↗

$$h(1)=1-k+2(k-1)=k-1>0$$

であるから，$x>0$ において $h(x)>0$ であり，これより $g'(x)<0$ がわかる．

$x\to1$ のとき $2-x^k\to1$

$0<x<1$ のとき $x^{k-1}-1<0$,

$x>1$ のとき $x^{k-1}-1>0$

$x\to1-0$ のとき $g(x)\to-\infty$

$x\to1+0$ のとき $g(x)\to+\infty$

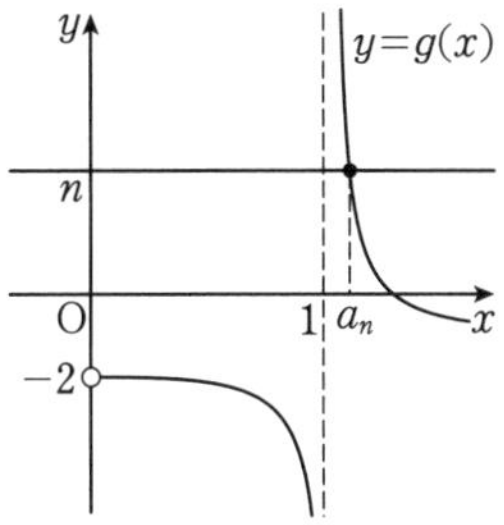

$y=n$ と $y=g(x)$ の交点は，$n\to\infty$ のとき上の方に動き $\lim_{n\to\infty}a_n=\mathbf{1}$ である．

考え方（2）「文字定数（今は n）は分離せよ」という定石である．

《典型的不備な問題文（B10）》

135．次の漸化式で与えられる数列 $\{a_n\}$ について，以下の問いに答えよ．

$$a_n=3a_{n-1}-2a_{n-2}\ (n\geqq3)$$

ただし，$a_1=1,\ a_2=3$ とする．

（1） 上記の漸化式を次の形に変形するとき，2つの実数の組 (α,β) をすべて求めよ．

$$a_n-\alpha a_{n-1}=\beta(a_{n-1}-\alpha a_{n-2})\ (n\geqq3)$$

（2） 一般項 a_n を n を用いて表せ．

（3） 極限 $\lim_{n\to\infty}\dfrac{a_{n+1}}{a_n}$ を求めよ．

（23　奈良教育大・前期）

▶解答◀（1）

$a_n-\alpha a_{n-1}=\beta(a_{n-1}-\alpha a_{n-2})$ を変形して

$$a_n=(\alpha+\beta)a_{n-1}-\alpha\beta a_{n-2}$$

これが $a_n=3a_{n-1}-2a_{n-2}$ と一致するのは

$$\alpha+\beta=3,\ \alpha\beta=2$$

のときであるから，α,β は次の方程式の2解である．

$$x^2-3x+2=0$$

$$(x-1)(x-2)=0 \qquad \therefore\quad x=1,2$$

$$\boldsymbol{(\alpha,\beta)=(2,1),(1,2)}$$

（2） $(\alpha,\beta)=(2,1)$ を用いると

$$a_n-2a_{n-1}=a_{n-1}-2a_{n-2}$$

よって，数列 $\{a_{n+1}-2a_n\}$ は定数数列である．

$$a_{n+1}-2a_n=a_2-2a_1=1 \quad\cdots\cdots①$$

$(\alpha,\beta)=(1,2)$ を用いると

$$a_n-a_{n-1}=2(a_{n-1}-a_{n-2})$$

よって，数列 $\{a_{n+1}-a_n\}$ は公比2の等比数列である．

$$a_{n+1}-a_n=(a_2-a_1)\cdot2^{n-1}=2^n \quad\cdots\cdots②$$

②－①より

$$\boldsymbol{a_n=2^n-1}$$

（3） $\displaystyle\lim_{n\to\infty}\frac{a_{n+1}}{a_n}=\lim_{n\to\infty}\frac{2^{n+1}-1}{2^n-1}$

$$=\lim_{n\to\infty}\frac{2-\frac{1}{2^n}}{1-\frac{1}{2^n}}=\mathbf{2}$$

注意（1）「2つの」は α,β が2つであるということであろう．「すべて求めよ」というのは，普通は「2組求めよ」と書く．本当に「すべて求めよ」ということではない．しかし，今年は「すべて求めよ」と書いた入試問題が他にもあり，本当に「すべて」のつもりなら，困ったことである．

$a_1=a_2$ や $a_2=2a_1$ なら α,β は確定しない．だから，「すべて求める」ためには a_1,a_2 の値を使わないといけない．

【本当にすべて求めるなら】

$$a_3=3a_2-2a_1=9-2=7$$

$$a_4=3a_3-2a_2=21-6=15$$

$$a_n-\alpha a_{n-1}=\beta(a_{n-1}-\alpha a_{n-2})$$

が任意の $n\geqq3$ で成り立つためには

$$a_3-\alpha a_2=\beta(a_2-\alpha a_1)$$

$$a_4-\alpha a_3=\beta(a_3-\alpha a_2)$$

が成り立つことが必要である．

$$7-3\alpha=\beta(3-\alpha) \quad\cdots\cdots Ⓐ$$

$$15-7\alpha=\beta(7-3\alpha) \quad\cdots\cdots Ⓑ$$

Ⓐ$\times(7-3\alpha)-$Ⓑ$\times(3-\alpha)$ より

$$(7-3\alpha)^2-(15-7\alpha)(3-\alpha)=0$$

$$2\alpha^2-6\alpha+4=0$$

$$\alpha^2-3\alpha+2=0$$

$\alpha = 1, 2$ となる．Ⓐ に代入して β を求めると順に $\beta = 2, 1$ となる．

$$(\alpha, \beta) = (1, 2), (2, 1)$$

のいずれかであることが必要となる．

$$a_n - a_{n-1} = 2(a_{n-1} - a_{n-2})$$

$$a_n - 2a_{n-1} = a_{n-1} - 2a_{n-2}$$

は成り立つから十分である．

《面積と極限 (B20)》

136．曲線 $y = x^4$ 上の点列

$P_1(x_1, y_1), P_2(x_2, y_2), \cdots, P_n(x_n, y_n), \cdots$

を考える．ただし，

$1 = x_1 < x_2 < \cdots < x_n \cdots$ とする．原点を O として，線分 OP_1 と曲線の弧 OP_1 とで囲まれる部分の面積を S_1 とし，また，線分 OP_{n-1} と線分 OP_n と曲線の弧 $P_{n-1}P_n$ とで囲まれる部分の面積を S_n $(n = 2, 3, \cdots)$ とする．以下の問いに答えなさい．

（1） S_1 を求めなさい．

（2） $n = 2, 3, \cdots$ に対して，S_n を x_n と x_{n-1} を用いて表しなさい．

（3） $S_1, S_2, \cdots, S_n, \cdots$ が公比 $\frac{31}{32}$ の等比数列になっているとする．n が限りなく大きくなるとき，点 P_n はある点に限りなく近づくが，その点の座標を求めなさい．　　（23　日大・医-2 期）

▶解答◀ （1） $Q_n(x_n, 0)$ とおく．

$$S_1 = \triangle OP_1Q_1 - \int_0^1 x^4\,dx$$

$$= \frac{1}{2} - \left[\frac{1}{5}x^5\right]_0^1 = \frac{1}{2} - \frac{1}{5} = \boldsymbol{\frac{3}{10}}$$

（2） $S_n = \triangle OP_nQ_n - \triangle OP_{n-1}Q_{n-1} - \int_{x_{n-1}}^{x_n} x^4\,dx$

$$= \frac{1}{2}\cdot x_n\cdot x_n{}^4 - \frac{1}{2}\cdot x_{n-1}\cdot x_{n-1}{}^4 - \left[\frac{1}{5}x^5\right]_{x_{n-1}}^{x_n}$$

$$= \frac{1}{2}(x_n{}^5 - x_{n-1}{}^5) - \frac{1}{5}(x_n{}^5 - x_{n-1}{}^5)$$

$$= \boldsymbol{\frac{3}{10}(x_n{}^5 - x_{n-1}{}^5)}$$

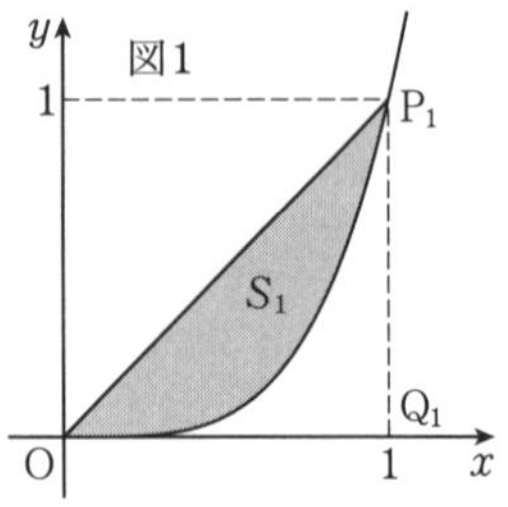

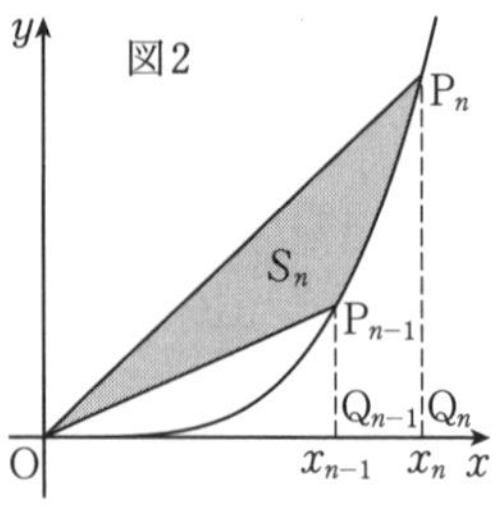

（3） $r = \frac{31}{32}$ とおく．（1）より

$S_n = S_1 r^{n-1} = \frac{3}{10}r^{n-1}$ であるから，（2）より

$$\frac{3}{10}r^{n-1} = \frac{3}{10}(x_n{}^5 - x_{n-1}{}^5)$$

$$x_n{}^5 - x_{n-1}{}^5 = r^{n-1}$$

であり，$n \geqq 2$ に対して

$$x_n{}^5 - x_1{}^5 = \sum_{k=1}^{n-1} r^k$$

$$x_n{}^5 = 1 + r\cdot\frac{1 - r^{n-1}}{1 - r}$$

$$x_n = \sqrt[5]{1 + \frac{r}{1-r}(1 - r^{n-1})}$$

$$x_n{}^5 - x_{n-1}{}^5 = r^{n-1}$$
$$x_{n-1}{}^5 - x_{n-2}{}^5 = r^{n-2}$$
$$\vdots$$
$$x_4{}^5 - x_3{}^5 = r^3$$
$$x_3{}^5 - x_2{}^5 = r^2$$
$$x_2{}^5 - x_1{}^5 = r$$

$0 < r < 1$ であるから

$$\lim_{n\to\infty} x_n = \sqrt[5]{1 + \frac{r}{1-r}} = \sqrt[5]{1+31} = \sqrt[5]{32} = 2$$

よって，求める座標は **(2, 16)**

《確率漸化式で極限 (B5)》

137．十分広い机の上にコインを 1 枚置いて机をたたくとき，コインが表から裏に返る確率を p とし，裏から表に返る確率を q とする．ここで p, q は $0 < p < 1, 0 < q < 1$ をみたす定数である．最初は表を上にしてコインを机に置き，机を n 回たたいたときに表が上になっている確率を a_n とする．このとき，以下の設問に答えよ．

（1） a_1 を求めよ．

（2） a_{n+1} と a_n の関係式を求めよ．

（3） a_n を求めよ．

（4） $\lim_{n\to\infty} a_n$ を求めよ．　　（23　東京女子大・数理）

▶解答◀ （1） 表が上のコインがある机をたたいてコインが表のままである確率は $1 - p$ であるから

$a_1 = \boldsymbol{1 - p}$

（2） 机を $(n+1)$ 回たたいてコインの表が上になっているのは

（ア） n 回机をたたいた後にコインの表が上になり（確率 a_n），さらに机をたたいて表が上になる（確率 $1 - p$）

（イ） n 回机をたたいた後にコインの裏が上になり（確率 $1 - a_n$），さらに机をたたいた後にコインの表が上になる（確率 q）

の 2 通りある．よって

$$a_{n+1} = a_n\cdot(1 - p) + (1 - a_n)\cdot q$$

$$\boldsymbol{a_{n+1}=(1-p-q)a_n+q} \quad\cdots\cdots\cdots\cdots\cdots\cdots ①$$

（3） $x=(1-p-q)x+q$ を解いて $x=\dfrac{q}{p+q}$

①より

$$a_{n+1}-\frac{q}{p+q}=(1-p-q)\left(a_n-\frac{q}{p+q}\right)$$

数列 $\left\{a_n-\dfrac{q}{p+q}\right\}$ は公比 $1-p-q$ の等比数列であるから

$$a_n-\frac{q}{p+q}=(1-p-q)^n\left(a_0-\frac{q}{p+q}\right)$$

最初は表を上にしてコインを机に置くから $a_0=1$ である．よって

$$a_n=\boldsymbol{\frac{q}{p+q}+\frac{p}{p+q}(1-p-q)^n}$$

（4） $0<p<1,\ 0<q<1$ より $-1<1-p-q<1$ であるから

$$\lim_{n\to\infty}(1-p-q)^n=0$$

よって $\displaystyle\lim_{n\to\infty}a_n=\boldsymbol{\frac{q}{p+q}}$

《確率漸化式で極限 (B10) ☆》

138. 箱Aに赤玉1個と白玉2個が入っている．箱Bには，赤玉は入っておらず，白玉2個が入っている．この状態から始めて，箱Aの玉1個と箱Bの玉1個を交換する試行を繰り返し行う．n 回の試行後に赤玉が箱Bに入っている確率を p_n とする．ただし，n は自然数とする．

（1） p_1 の値を求めなさい．

（2） p_{n+1} を p_n を用いて表しなさい．

（3） $\displaystyle\lim_{n\to\infty}p_n$ の値を求めなさい．

（23 北海道大・フロンティア入試（共通））

▶解答◀ （1） 1回目にAから赤の玉を取り出すと赤が箱Bに入るから，その確率は $p_1=\boldsymbol{\dfrac{1}{3}}$ である．

（2） $n+1$ 回目の交換が終わったときに赤玉がBに入っているのは，n 回目の試行が終わったときにAの中に赤玉があり（確率 $1-p_n$），$n+1$ 回目の試行のときにA（赤1個，白2個）から取り出す玉が赤である（確率 $\dfrac{1}{3}$）か，n 回目の試行が終わったときにBの中に赤玉があり（確率 p_n），$n+1$ 回目の試行のときにB（赤1個，白1個）から取り出す玉が白である（確率 $\dfrac{1}{2}$）かのいずれかであるから，

$$p_{n+1}=\frac{1}{3}(1-p_n)+\frac{1}{2}p_n$$

$$\boldsymbol{p_{n+1}=\frac{1}{6}p_n+\frac{1}{3}}$$

（3） $p_{n+1}-\dfrac{2}{5}=\dfrac{1}{6}\left(p_n-\dfrac{2}{5}\right)$

これより，数列 $\left\{p_n-\dfrac{2}{5}\right\}$ は等比数列であり，

$$p_n-\frac{2}{5}=\left(\frac{1}{6}\right)^{n-1}\left(p_1-\frac{2}{5}\right)$$

$$p_n=\frac{2}{5}-\frac{1}{15}\left(\frac{1}{6}\right)^{n-1}\to\boldsymbol{\frac{2}{5}}\quad(n\to\infty)$$

《確率漸化式で極限 (B20)》

139. 0から3までの数字を1つずつ書いた4枚のカードがある．この中から1枚のカードを取り出し，数字を確認してからもとへもどす．これを n 回くり返したとき，取り出されたカードの数字の総和を S_n で表す．S_n が3で割り切れる確率を p_n とし，S_n を3で割ると1余る確率を q_n とするとき，次の問に答えよ．

（1） p_{n+1} および q_{n+1} を $p_n,\ q_n$ を用いて表せ．

（2） p_n および q_n を n を用いて表せ．また，極限値 $\displaystyle\lim_{n\to\infty}p_n$ および $\displaystyle\lim_{n\to\infty}q_n$ を求めよ．

（23 佐賀大・医）

▶解答◀ （1） S_n を3で割ると2余る確率を r_n とする．

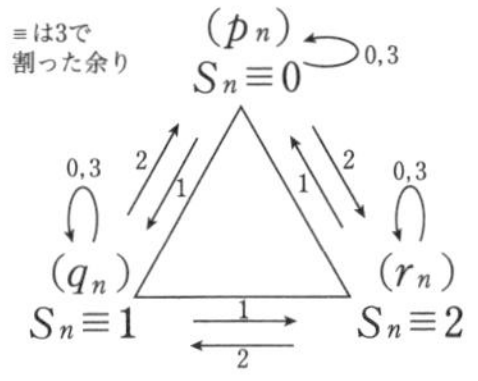

$$p_n+q_n+r_n=1 \quad\cdots\cdots\cdots\cdots\cdots\cdots ①$$

S_{n+1} が3で割り切れる（確率 p_{n+1}）のは，S_n が3で割り切れる（確率 p_n）とき，$n+1$ 回目に0，3のカードを取り出すか（確率 $\dfrac{1}{2}$），S_n を3で割ると1余る（確率 q_n）とき，$n+1$ 回目に2のカードを取り出すか（確率 $\dfrac{1}{4}$），S_n を3で割ると2余る（確率 r_n）とき，$n+1$ 回目に1のカードを取り出すか（確率 $\dfrac{1}{4}$）である．

①を用いて

$$p_{n+1}=\frac{1}{2}p_n+\frac{1}{4}q_n+\frac{1}{4}r_n$$

$$=\frac{1}{4}p_n+\frac{1}{4}(p_n+q_n+r_n)$$

$$\boldsymbol{p_{n+1}=\frac{1}{4}p_n+\frac{1}{4}} \quad\cdots\cdots\cdots\cdots\cdots\cdots ②$$

同様に

$$\boldsymbol{q_{n+1}=\frac{1}{4}q_n+\frac{1}{4}}$$

（2） $p_1=\dfrac{1}{2},\ q_1=\dfrac{1}{4}$ である．

② より $p_{n+1}-\frac{1}{3}=\frac{1}{4}\left(p_n-\frac{1}{3}\right)$

数列 $\left\{p_n-\frac{1}{3}\right\}$ は等比数列であるから

$$p_n-\frac{1}{3}=\left(\frac{1}{4}\right)^{n-1}\left(p_1-\frac{1}{3}\right)$$

$$\boldsymbol{p_n=\frac{1}{6}\left(\frac{1}{4}\right)^{n-1}+\frac{1}{3}}$$

同様に

$$q_n-\frac{1}{3}=\left(\frac{1}{4}\right)^{n-1}\left(q_1-\frac{1}{3}\right)$$

$$\boldsymbol{q_n=\frac{1}{3}-\frac{1}{12}\left(\frac{1}{4}\right)^{n-1}}$$

したがって $\lim_{n\to\infty}p_n=\boldsymbol{\frac{1}{3}}$, $\lim_{n\to\infty}q_n=\boldsymbol{\frac{1}{3}}$

《確率漸化式で極限 (B20)》

140. 点 A, B, C, T が線で結ばれた図 1 のような経路がある．この経路上を点 P が 1 秒ごとに以下のような確率で動く．

- 点 A から点 B, C, T に動く確率はそれぞれ $\frac{1}{3}$ である．
- 点 T から点 A に動く確率は $\frac{1}{3}$，点 T から右向きに出て反時計回りに動いて点 T に戻る確率は $\frac{1}{3}$，左向きに出て時計回りに動いて点 T に戻る確率は $\frac{1}{3}$ である．
- 点 B から点 A に動く確率，点 C から点 A に動く確率は，どちらも 1 である．

最初，点 P が点 A にあるとする．n 秒後に点 P が点 A, B, C, T にある確率をそれぞれ a_n, b_n, c_n, t_n とするとき，次の問いに答えよ．ただし n は正の整数とする．

（1） a_1, a_2, a_3, a_4 を求めよ．

（2） a_{n+1} を b_n, c_n, t_n を用いて表せ．

（3） a_n, a_{n+1}, a_{n+2} の間の関係式を求めよ．

（4） $n\to\infty$ における a_n の極限値を求めよ．

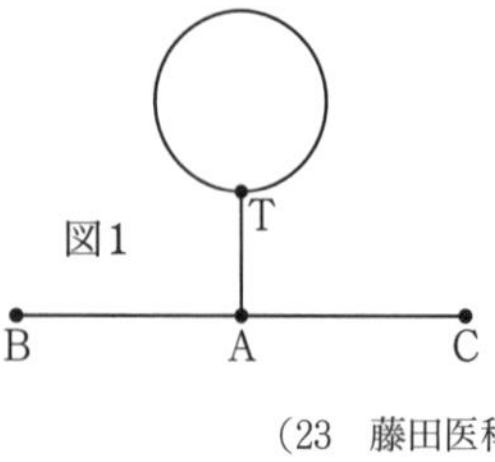

（23　藤田医科大・ふじた未来入試）

▶解答◀ （1） $n+1$ 秒後に P が A にあるのは，n 秒後に P が B にあり（確率 b_n），確率 1 で A に移動するか，n 秒後に P が C にあり（確率 c_n），確率 1 で A に移動するか，n 秒後に P が T にあり（確率 t_n），確率 $\frac{1}{3}$ で A に移動するときであるから

$$a_{n+1}=b_n+c_n+\frac{1}{3}t_n \quad\cdots\cdots①$$

$n+1$ 秒後に P が B にあるのは，n 秒後に P が A にあり（確率 a_n），確率 $\frac{1}{3}$ で B に移動するときであるから

$$b_{n+1}=\frac{1}{3}a_n \quad\cdots\cdots②$$

$n+1$ 秒後に P が C にあるのは B と同様にして

$$c_{n+1}=\frac{1}{3}a_n \quad\cdots\cdots③$$

$n+1$ 秒後に P が T にあるのは，n 秒後に P が A にあり（確率 a_n），確率 $\frac{1}{3}$ で T に移動するか，n 秒後に P が T にあり（確率 t_n），確率 $\frac{2}{3}$ で再び T に戻るときであるから

$$t_{n+1}=\frac{1}{3}a_n+\frac{2}{3}t_n \quad\cdots\cdots④$$

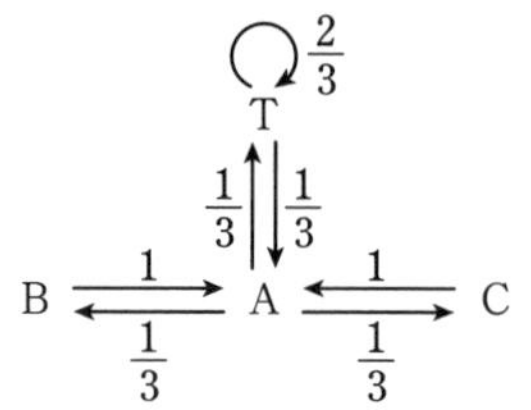

$$(a_1,\ b_1,\ c_1,\ t_1)=\left(0,\ \frac{1}{3},\ \frac{1}{3},\ \frac{1}{3}\right)$$

から始めて ①〜④ に順次代入して

$$(a_2,\ b_2,\ c_2,\ t_2)=\left(\frac{7}{9},\ 0,\ 0,\ \frac{2}{9}\right)$$

$$(a_3,\ b_3,\ c_3,\ t_3)=\left(\frac{2}{27},\ \frac{7}{27},\ \frac{7}{27},\ \frac{11}{27}\right)$$

$$(a_4,\ b_4,\ c_4,\ t_4)=\left(\frac{53}{81},\ \frac{2}{81},\ \frac{2}{81},\ \frac{8}{27}\right)$$

したがって，$a_1=\boldsymbol{0}$, $a_2=\boldsymbol{\frac{7}{9}}$, $a_3=\boldsymbol{\frac{2}{27}}$, $a_4=\boldsymbol{\frac{53}{81}}$ である．

（2） ① より $a_{n+1}=\boldsymbol{b_n+c_n+\frac{1}{3}t_n}$

（3） $a_n+b_n+c_n+t_n=1$ より

$$b_n+c_n=1-a_n-t_n$$

これを ① に代入して

$$a_{n+1}=-a_n-\frac{2}{3}t_n+1$$

$$t_n=\frac{3}{2}(1-a_{n+1}-a_n)$$

であるから，④ に代入して

$$\frac{3}{2}(1-a_{n+2}-a_{n+1})=\frac{1}{3}a_n+(1-a_{n+1}-a_n)$$

$$-\frac{3}{2}a_{n+2}=\frac{1}{2}a_{n+1}-\frac{2}{3}a_n-\frac{1}{2}$$

$$\boldsymbol{9a_{n+2}+3a_{n+1}-4a_n-3=0} \quad\cdots\cdots⑤$$

（4） $9e+3e-4e-3=0\ \left(e=\frac{3}{8}\right)$ ……⑥

⑤ − ⑥ より

$$9(a_{n+2}-e)+3(a_{n+1}-e)-4(a_n-e)=0$$

$a_n - e = p_n$ とすると

$$9p_{n+2} + 3p_{n+1} - 4p_n = 0 \quad \cdots\cdots⑦$$

特性方程式は

$$9x^2 + 3x - 4 = 0$$

$f(x) = 9x^2 + 3x - 4$ とおく．

$$f(-1) = 2 > 0,\ f(0) = -4 < 0,\ f(1) = 8 > 0$$

$f(x) = 0$ は $-1 < x < 0,\ 0 < x < 1$ に1つずつ解をもつ．これらを順に α, β とする．

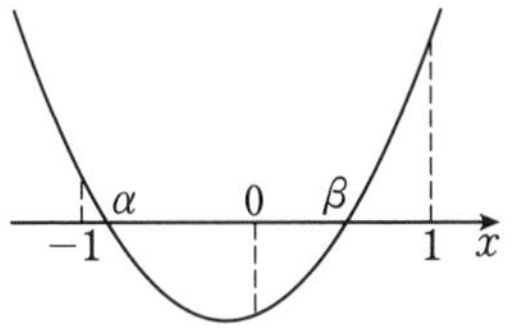

⑦を2通りに変形する．

$$p_{n+2} - \alpha p_{n+1} = \beta(p_{n+1} - \alpha p_n)$$

より数列 $\{p_{n+1} - \alpha p_n\}$ は等比数列であるから

$$p_{n+1} - \alpha p_n = \beta^{n-1}(p_2 - \alpha p_1) \quad \cdots\cdots⑧$$

また

$$p_{n+2} - \beta p_{n+1} = \alpha(p_{n+1} - \beta p_n)$$

より数列 $\{p_{n+1} - \beta p_n\}$ は等比数列であるから

$$p_{n+1} - \beta p_n = \alpha^{n-1}(p_2 - \beta p_1) \quad \cdots\cdots⑨$$

⑧，⑨を辺ごとに引く．

$$(-\alpha + \beta)p_n = \beta^{n-1}(p_2 - \alpha p_1) - \alpha^{n-1}(p_2 - \beta p_1)$$

$$p_n = \frac{1}{\beta - \alpha}\{\beta^{n-1}(p_2 - \alpha p_1) - \alpha^{n-1}(p_2 - \beta p_1)\}$$

$|\alpha| < 1,\ |\beta| < 1$ より

$$\lim_{n\to\infty} \alpha^{n-1} = 0,\ \lim_{n\to\infty} \beta^{n-1} = 0$$

だから $\lim_{n\to\infty} p_n = 0$ である．よって $\lim_{n\to\infty} a_n = e = \boldsymbol{\frac{3}{8}}$

《確率漸化式（B20）》

141．複数の玉が入った袋から玉を1個取り出して袋に戻す事象を考える．どの玉も同じ確率で取り出されるものとし，n を自然数として，以下の問いに答えよ．

（1） 袋の中に赤玉1個と黒玉2個が入っている．この袋の中から玉を1個取り出し，取り出した玉と同じ色の玉をひとつ加え，合計2個の玉を袋に戻すという試行を繰り返す．n 回目の試行において赤玉が取り出される確率を p_n とすると，次式が成り立つ．

$$p_2 = \frac{\square}{\square},\ p_3 = \frac{\square}{\square}$$

（2） 袋の中に赤玉3個と黒玉2個が入っている．この袋の中から玉を1個取り出し，赤玉と黒玉を1個ずつ，合計2個の玉を袋に戻す試行を繰り返す．n 回目の試行において赤玉が取り出される確率を P_n とすると，次式が成り立つ．

$$P_2 = \frac{\square}{\square},\ P_3 = \frac{\square}{\square}$$

n 回目の試行開始時点で袋に入っている玉の個数 M_n は $M_n = n + \square$ であり，この時点で袋に入っていると期待される赤玉の個数 R_n は $R_n = M_n \times P_n$ と表される．n 回目の試行において黒玉が取り出された場合にのみ，試行後の赤玉の個数が試行前と比べて **ア** 個増えるため，$n+1$ 回目の試行開始時点で袋に入っていると期待される赤玉の個数は

$R_{n+1} = R_n + (1 - P_n) \times$ **ア** となる．したがって

$$P_{n+1} = \frac{n + \square}{n + \square} \times P_n + \frac{1}{n + \square}$$

が成り立つ．このことから

$$(n+3) \times (n + \square) \times \left(P_n - \frac{\square}{\square}\right)$$

が n に依らず一定となることがわかり，

$$\lim_{n\to\infty} P_n = \frac{\square}{\square}$$

と求められる． （23　杏林大・医）

▶解答◀ （1） 袋に赤玉が x 個，黒玉が y 個ある状態を (x, y) で表す．最初は赤玉1個と黒玉2個が入っているから $(1, 2)$ である．1回の試行ごとに，取り出す玉と同じ色の玉は1個増え，違う色の玉の個数は変わらないから，袋の中の玉の個数は図のようになる．ただし，↗は赤玉，↘は黒玉を取り出すときを表す．

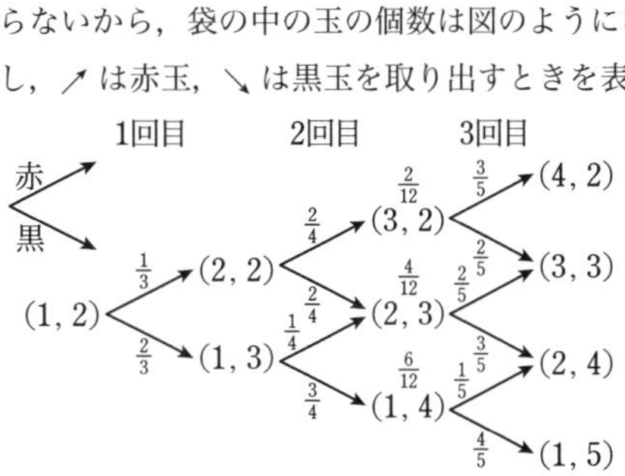

2回目に赤玉を取り出すのは↗↗と↘↗の場合であるから

$$p_2 = \frac{1}{3}\cdot\frac{2}{4} + \frac{2}{3}\cdot\frac{1}{4} = \frac{4}{12} = \boldsymbol{\frac{1}{3}}$$

2 回目の試行直後 (3, 2), (2, 3), (1, 4) である確率はそれぞれ順に

$$\frac{1}{3}\cdot\frac{2}{4}=\frac{2}{12}$$

$$\frac{1}{3}\cdot\frac{2}{4}+\frac{2}{3}\cdot\frac{1}{4}=\frac{4}{12}$$

$$\frac{2}{3}\cdot\frac{3}{4}=\frac{6}{12}$$

であるから，3 回目に赤玉を取り出す確率は

$$p_3=\frac{2}{12}\cdot\frac{3}{5}+\frac{4}{12}\cdot\frac{2}{5}+\frac{6}{12}\cdot\frac{1}{5}$$

$$=\frac{20}{60}=\boldsymbol{\frac{1}{3}}$$

（**2**） 最初，袋の中は (3, 2) であり，1 回の試行ごとに，取り出す玉と同じ色の玉の個数は変わらず，違う色の玉が 1 個増える．

$$P_2=\frac{3}{5}\cdot\frac{3}{6}+\frac{2}{5}\cdot\frac{4}{6}=\boldsymbol{\frac{17}{30}}$$

(3, 4), (4, 3), (5, 2) になる確率はそれぞれ順に

$$\frac{3}{5}\cdot\frac{3}{6}=\frac{9}{30}$$

$$\frac{3}{5}\cdot\frac{3}{6}+\frac{2}{5}\cdot\frac{4}{6}=\frac{17}{30}$$

$$\frac{2}{5}\cdot\frac{2}{6}=\frac{4}{30}$$

であるから

$$P_3=\frac{9}{30}\cdot\frac{3}{7}+\frac{17}{30}\cdot\frac{4}{7}+\frac{4}{30}\cdot\frac{5}{7}$$

$$=\frac{115}{210}=\boldsymbol{\frac{23}{42}}$$

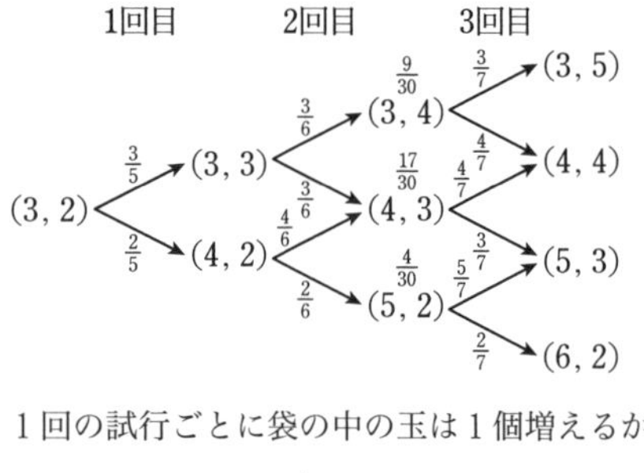

1 回の試行ごとに袋の中の玉は 1 個増えるから

$$M_n=5+(n-1)=n+4$$

n 回目の試行で黒玉が取り出される（確率 $1-P_n$）と，この試行によって赤玉は 1 個増えるから，$n+1$ 回目の試行開始時点で袋に入っていると期待される赤玉の個数は

$$R_{n+1}=R_n+1-P_n\cdot 1$$

である．$R_n=M_nP_n=(n+4)P_n$ より

$$(n+5)P_{n+1}=(n+4)P_n+1-P_n$$

$$(n+5)P_{n+1}=(n+3)P_n+1$$

$$P_{n+1}=\boldsymbol{\frac{n+3}{n+5}P_n+\frac{1}{n+5}}\quad\cdots\cdots①$$

ここで，$\alpha=\frac{n+3}{n+5}\alpha+\frac{1}{n+5}$ が成り立つ α を考えると

$$(n+5)\alpha=(n+3)\alpha+1\qquad\therefore\quad\alpha=\frac{1}{2}$$

よって，すべての自然数 n について

$$\frac{1}{2}=\frac{n+3}{n+5}\cdot\frac{1}{2}+\frac{1}{n+5}\quad\cdots\cdots②$$

が成り立つ．① − ② より

$$P_{n+1}-\frac{1}{2}=\frac{n+3}{n+5}\left(P_n-\frac{1}{2}\right)$$

$$(n+5)\left(P_{n+1}-\frac{1}{2}\right)=(n+3)\left(P_n-\frac{1}{2}\right)$$

両辺に $n+4$ をかけて

$$(n+4)(n+5)\left(P_{n+1}-\frac{1}{2}\right)$$

$$=(n+3)(n+4)\left(P_n-\frac{1}{2}\right)$$

数列 $\left\{(n+3)(n+4)\left(P_n-\frac{1}{2}\right)\right\}$ は定数数列になるから，$\boldsymbol{(n+3)(n+4)\left(P_n-\frac{1}{2}\right)}$ は n に依らず一定となる．$(n+3)(n+4)\left(P_n-\frac{1}{2}\right)=C$（定数）とおくと

$$P_n=\frac{C}{(n+3)(n+4)}+\frac{1}{2}$$

より，$\lim_{n\to\infty}P_n=\boldsymbol{\frac{1}{2}}$ である．

注意 赤玉 a 個と黒玉 b 個が入っている袋から玉を 1 個取り出し，それを袋に戻す際，同じ色の玉を 1 個加えて合計 2 個の玉を戻すという試行を繰り返す．n 回目の試行で赤玉が取り出される確率を p_n とすると

$$p_n=\frac{a}{a+b}\quad\cdots\cdots①$$

が成り立つ．このことを数学的帰納法を用いて示す．

$p_1=\frac{a}{a+b}$ であるから，$n=1$ のとき ① は成り立つ．

$n=k$ のとき ① が成り立つと仮定して p_{k+1} を求めると

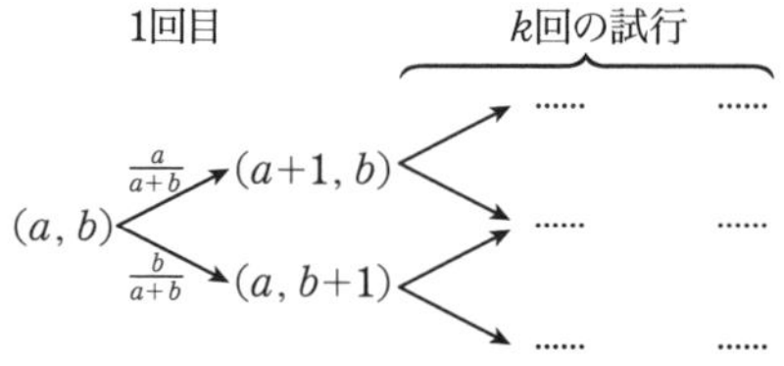

最初に取り出すのが赤玉のとき（確率 $\frac{a}{a+b}$），$k+1$ 回目に赤玉を取り出す確率は，1 回目の試行後赤玉が $a+1$ 個，黒玉が b 個の状態から始めて k 回目の試行で赤玉を取り出す確率に等しいから，仮定の成立より $\frac{a+1}{(a+1)+b}$ である．

同様に，最初に黒玉を取り出すとき（確率 $\frac{b}{a+b}$）も考えて

$$p_{k+1}=\frac{a}{a+b}\cdot\frac{a+1}{(a+1)+b}+\frac{b}{a+b}\cdot\frac{a}{a+(b+1)}$$

$$=\frac{a(a+b+1)}{(a+b)(a+b+1)}=\frac{a}{a+b}$$

$n=k+1$ のときも ① は成り立つから，数学的帰納法より，すべての自然数 n について $p_n=\dfrac{a}{a+b}$ が成り立つ．本問の場合は，(1) で $p_n=\dfrac{1}{1+2}=\dfrac{1}{3}$ である．

《非有名角の和 (B30)》

142． 3つの数列 $\{a_n\}$, $\{b_n\}$, $\{c_n\}$ は

$$\tan a_n=\frac{n^2+3n-2}{n^2+3n+4}\ (n=1,\,2,\,3,\,\cdots)$$

$$\tan b_n=\frac{3}{n^2+3n+1}\ (n=1,\,2,\,3,\,\cdots)$$

$$\tan c_n=n\ (n=1,\,2,\,3,\,\cdots)$$

を満たす．さらに，

$0<a_n<\dfrac{\pi}{2}\ (n=1,\,2,\,3,\,\cdots)$,

$0<b_n<\dfrac{\pi}{2}\ (n=1,\,2,\,3,\,\cdots)$,

$0<c_n<\dfrac{\pi}{2}\ (n=1,\,2,\,3,\,\cdots)$

とする．以下の問いに答えよ．

（1） a_1+b_1 の値を求めよ．

（2） $\displaystyle\sum_{k=1}^{n}(a_k+b_k)$ を n を用いて表せ．

（3） 極限値 $\displaystyle\lim_{n\to\infty}\sum_{k=1}^{n}(c_{k+3}-c_k)$ を求めよ．

（4） 極限値 $\displaystyle\lim_{n\to\infty}\left(n\pi-4\sum_{k=1}^{n}a_k\right)$ を求めよ．

（23　京都府立大・環境・情報）

▶解答◀ $0<a_n<\dfrac{\pi}{2}$, $0<b_n<\dfrac{\pi}{2}$ より，$0<a_n+b_n<\pi$ である．

$$\tan(a_n+b_n)=\frac{\tan a_n+\tan b_n}{1-\tan a_n\tan b_n}$$

$$=\frac{\dfrac{n^2+3n-2}{n^2+3n+4}+\dfrac{3}{n^2+3n+1}}{1-\dfrac{n^2+3n-2}{n^2+3n+4}\cdot\dfrac{3}{n^2+3n+1}}$$

$$=\frac{(n^2+3n-2)(n^2+3n+1)+3(n^2+3n+4)}{(n^2+3n+4)(n^2+3n+1)-3(n^2+3n-2)}$$

$$=\frac{(n^2+3n)^2-(n^2+3n)-2+3(n^2+3n)+12}{(n^2+3n)^2+5(n^2+3n)+4-3(n^2+3n)+6}$$

$$=\frac{(n^2+3n)^2+2(n^2+3n)+10}{(n^2+3n)^2+2(n^2+3n)+10}=1$$

（1） $a_1+b_1=\boldsymbol{\dfrac{\pi}{4}}$

（2） $a_n+b_n=\dfrac{\pi}{4}$ であり，$\displaystyle\sum_{k=1}^{n}(a_k+b_k)=\boldsymbol{\frac{n}{4}\pi}$ ……①

（3） $0<c_n<\dfrac{\pi}{2}$ より，$-\dfrac{\pi}{2}<c_{n+3}-c_n<\dfrac{\pi}{2}$

$$\tan(c_{n+3}-c_n)=\frac{\tan c_{n+3}-\tan c_n}{1+\tan c_{n+3}\tan c_n}$$

$$=\frac{(n+3)-n}{1+(n+3)n}=\frac{3}{n^2+3n+1}=\tan b_n$$

$\tan(c_{n+3}-c_n)>0$ より $0<c_{n+3}-c_n<\dfrac{\pi}{2}$ であるから

$$c_{n+3}-c_n=b_n\ \cdots\cdots②$$

ただし，② はここではなく (4) で用いる．

$\displaystyle\lim_{n\to\infty}\tan c_n=\infty$ であるから $\displaystyle\lim_{n\to\infty}c_n=\frac{\pi}{2}$

$\tan c_1=1$ であるから $c_1=\dfrac{\pi}{4}$

$\tan(c_2+c_3)=\dfrac{2+3}{1-2\cdot3}=-1$, $0<c_2+c_3<\pi$

$$c_2+c_3=\frac{3}{4}\pi$$

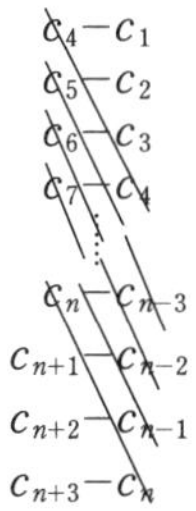

$n\geqq3$ のとき

$$\sum_{k=1}^{n}(c_{k+3}-c_k)$$

$$=c_{n+3}+c_{n+2}+c_{n+1}-(c_1+c_2+c_3)$$

$$=c_{n+3}+c_{n+2}+c_{n+1}-\pi$$

$$\lim_{n\to\infty}\sum_{k=1}^{n}(c_{k+3}-c_k)=\frac{\pi}{2}\cdot3-\pi=\boldsymbol{\frac{\pi}{2}}$$

（4） ①，② を用いる．

$$n\pi-4\sum_{k=1}^{n}a_k=4\sum_{k=1}^{n}(a_k+b_k)-4\sum_{k=1}^{n}a_k$$

$$=4\sum_{k=1}^{n}b_k=4\sum_{k=1}^{n}(c_{k+3}-c_k)$$

$$\lim_{n\to\infty}\left(n\pi-4\sum_{k=1}^{n}a_k\right)=4\cdot\frac{\pi}{2}=\boldsymbol{2\pi}$$

《収束性を証明する (B30)》

143． 実数からなる2つの数列 $\{a_n\}$, $\{b_n\}$ は

$$a_1>b_1>0,$$

$$a_{n+1}=\frac{a_n+b_n}{2}\ (n=1,\,2,\,\cdots),$$

$$b_{n+1}=\sqrt[3]{\frac{(3a_n{}^2+b_n{}^2)b_n}{4}}\ (n=1,\,2,\,\cdots)$$

を満たすとする．このとき，以下の問いに答えよ．

（1） $a_n>b_n>0\ (n=1,\,2,\,\cdots)$ を示せ．

（2） $a_n>a_{n+1}\ (n=1,\,2,\,\cdots)$ を示せ．

（3） $b_n<b_{n+1}\ (n=1,\,2,\,\cdots)$ を示せ．

（4） 極限 $\displaystyle\lim_{n\to\infty}(a_n-b_n)$ を求めよ．

（23　東北大・理-AO）

▶解答◀ （1） $n=1$ のとき成り立つ．

$n=k$ のとき成り立つとする．$a_k>b_k>0$ である．

$$a_{k+1}{}^3-b_{k+1}{}^3=\left(\frac{a_k+b_k}{2}\right)^3-\frac{3a_k{}^2b_k+b_k{}^3}{4}$$

$$=\frac{a_k{}^3+3a_k{}^2b_k+3a_kb_k{}^2+b_k{}^3}{8}-\frac{3a_k{}^2b_k+b_k{}^3}{4}$$

$$= \frac{a_k{}^3 - 3a_k{}^2 b_k + 3a_k b_k{}^2 - b_k{}^3}{8}$$

$$= \left(\frac{a_k - b_k}{2}\right)^3 > 0$$

$$a_{k+1}{}^3 > b_{k+1}{}^3 = \frac{3a_k{}^2 b_k + b_k{}^3}{4} > 0$$

$$a_{k+1} > b_{k+1} > 0$$

$n = k+1$ のときも成り立つ.

(2) $a_n - a_{n+1} = a_n - \dfrac{a_n + b_n}{2} = \dfrac{a_n - b_n}{2} > 0$

よって，$a_n > a_{n+1}$ である.

(3) $b_{n+1}{}^3 - b_n{}^3 = \dfrac{3a_n{}^2 b_n + b_n{}^3}{4} - b_n{}^3$

$$= \frac{3(a_n{}^2 - b_n{}^2)b_n}{4} > 0$$

よって，$b_{n+1} > b_n$ である.

なお，$a_n > b_n > 0$ より $a_n{}^2 - b_n{}^2 > 0$ である.

(4) $a_{n+1} = \dfrac{a_n + b_n}{2}$, $b_n < b_{n+1}$ より

$$a_{n+1} - b_{n+1} = \frac{a_n + b_n}{2} - b_{n+1} < \frac{a_n + b_n}{2} - b_n$$

$$a_{n+1} - b_{n+1} < \frac{1}{2}(a_n - b_n)$$

$$a_n - b_n < \frac{1}{2}(a_{n-1} - b_{n-1})$$

$$< \frac{1}{2} \cdot \frac{1}{2}(a_{n-2} - b_{n-2}) < \cdots < \left(\frac{1}{2}\right)^{n-1}(a_1 - b_1)$$

$$0 < a_n - b_n \leqq \left(\frac{1}{2}\right)^{n-1}(a_1 - b_1)$$

$\displaystyle\lim_{n\to\infty}\left(\frac{1}{2}\right)^{n-1}(a_1 - b_1) = 0$ とハサミウチの原理より

$$\lim_{n\to\infty}(a_n - b_n) = \mathbf{0}$$

注意 **【おそらく難しい話である】**

$\displaystyle\lim_{n\to\infty} a_n$ の値は求められるのだろうか？ということに興味をもつ人もいるだろう.

【算術幾何平均】

$0 < a < b$ とする. 数列 $\{a_n\}$, $\{b_n\}$ を次で定める.

$$a_1 = a,\ b_1 = b,\ a_{n+1} = \sqrt{a_n b_n},\ b_{n+1} = \frac{a_n + b_n}{2}$$

このとき 2 つの数列 $\{a_n\}$, $\{b_n\}$ は次のような値 $\mathrm{ag}(a, b)$ に収束することが知られている.

$$K(a, b) = \int_0^{\frac{\pi}{2}} \frac{d\theta}{\sqrt{a^2\cos^2\theta + b^2\sin^2\theta}}$$

とおくと，$K(a, b)\mathrm{ag}(a, b) = \dfrac{\pi}{2}$ が成り立つ.

$K(a, b)$ は楕円積分とよばれるもので，不定積分 $\displaystyle\int \frac{d\theta}{\sqrt{a^2\cos^2\theta + b^2\sin^2\theta}}$ を具体的に完了することはできない. これらはガウスが深く研究をした. 勿論，大学入試の範囲を越える. 同系統は 2016 年九州大学・工学部-後期日程にも出題されている.

絶版で申し訳ないが「数学点描（I.J. シェーンベルグ，近代科学社，p.145）」には，漸化式の形を少し変えると，楕円積分にならない例がある. しかし，大変難しい話であることに変わりはない.

《積分で評価する (B30)》

144. 数列 $\{a_n\}$ は次を満たす.

$$a_1 = 1,\ a_2 = 1,$$

$$a_{n+1} = \frac{1}{a_n} + a_{n-1} \quad (n = 2, 3, 4, \cdots)$$

（1） a_3, a_4, a_5 を求めよ.

（2） $n \geqq 3$ のとき，$1 < a_n < n$ を示せ.

（3） $\displaystyle\lim_{n\to\infty} a_{2n+1} = \infty$ を示せ.

（23　徳島大・医(医)，歯，薬）

▶解答◀ **(1)** $a_3 = \dfrac{1}{a_2} + a_1 = \mathbf{2}$

$$a_4 = \frac{1}{a_3} + a_2 = \frac{1}{2} + 1 = \mathbf{\frac{3}{2}}$$

$$a_5 = \frac{1}{a_4} + a_3 = \frac{2}{3} + 2 = \mathbf{\frac{8}{3}}$$

(2) $n \geqq 3$ のとき $1 < a_n < n$ ……………………………①

であることを数学的帰納法で示す.

$n = 3, 4$ のとき（1）から $a_3 = 2$, $a_4 = \dfrac{3}{2}$ であるから ① をみたす.

$n = k-1, k$ のとき ($k \geqq 4$)，① が成り立つとすると

$$1 < a_{k-1} < k-1,\ 1 < a_k < k$$

与えられた漸化式より

$$a_{k+1} = \frac{1}{a_k} + a_{k-1}$$

が成り立つ. $\dfrac{1}{k} < \dfrac{1}{a_k} < 1$ であるから

$$\frac{1}{k} + 1 < \frac{1}{a_k} + a_{k-1} < k$$

が成り立ち，$1 < \dfrac{1}{k} + 1$, $k < k+1$ であるから

$$1 < a_{k+1} < k+1$$

となり，$n = k+1$ のときも成り立つ.

以上より $n \geqq 3$ のとき ① は成り立つ.

(3) 与えられた漸化式より

$$a_{2k+1} = \frac{1}{a_{2k}} + a_{2k-1}$$

$$\frac{1}{a_{2k}} = a_{2k+1} - a_{2k-1}$$

$k = 1, 2, 3, \cdots, n$ を代入して辺々たしあわせると

$$\frac{1}{a_2} + \frac{1}{a_4} + \cdots + \frac{1}{a_{2n}} = a_{2n+1} - a_1$$

$$a_{2n+1} = \sum_{k=1}^{n} \frac{1}{a_{2k}} + a_1 \quad \cdots\cdots②$$

$\cancel{a_3}-a_1$
$\cancel{a_5}-\cancel{a_3}$
$\vdots$
$a_{2n+1}-\cancel{a_{2n-1}}$

ここで（2）と $a_2=1$ より $a_{2k}<2k$ が成り立つから $\dfrac{1}{2k}<\dfrac{1}{a_{2k}}$ であり，$k=1, 2, 3, \cdots, n$ を代入して辺々たしあわせると

$$\frac{1}{2}\sum_{k=1}^{n}\frac{1}{k}<\sum_{k=1}^{n}\frac{1}{a_{2k}} \quad \cdots\cdots③$$

が成り立つ．ここで $\displaystyle\sum_{k=1}^{n}\frac{1}{k}$ について，グラフより面積を比較して

$$\int_1^{n+1}\frac{1}{x}\,dx<\frac{1}{1}+\frac{1}{2}+\cdots+\frac{1}{n}$$

が成り立つ．

$$\int_1^{n+1}\frac{1}{x}\,dx=\Big[\log x\Big]_1^{n+1}=\log(n+1)$$

であるから

$$\log(n+1)<\sum_{k=1}^{n}\frac{1}{k}$$

であり，③より

$$\frac{1}{2}\log(n+1)<\sum_{k=1}^{n}\frac{1}{a_{2k}}$$

が成り立つ．したがって②より

$$\frac{1}{2}\log(n+1)+a_1<\sum_{k=1}^{n}\frac{1}{a_{2k}}+a_1$$

$$\frac{1}{2}\log(n+1)+1<a_{2n+1}$$

が成り立ち，$\displaystyle\lim_{n\to\infty}\log(n+1)=\infty$ であるから

$$\lim_{n\to\infty}a_{2n+1}=\infty$$

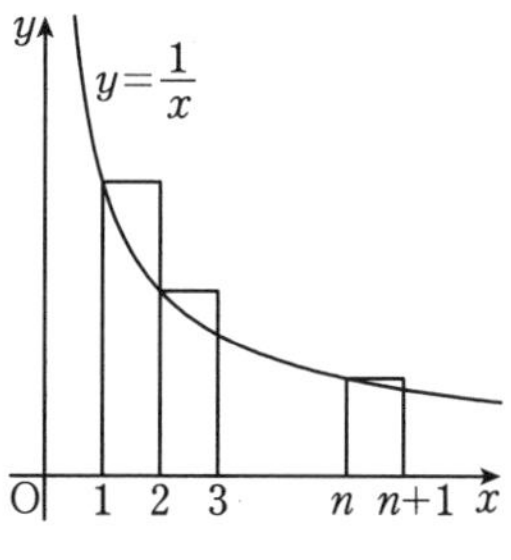

《係数に n がある漸化式（C20）》

145． 次のように定義される数列 $\{a_n\}$ を考える．

$a_1=\dfrac{1}{2}$，$a_{n+1}=a_n\left(1-\dfrac{a_n}{n}\right)$　$(n=1, 2, 3, \cdots)$

以下の問いに答えよ．

（1） すべての自然数 n について $0<a_n<1$ であることを証明せよ．

（2） $\displaystyle\lim_{n\to\infty}n\left(\frac{1}{a_{n+1}}-\frac{1}{a_n}\right)$ を求めよ．

（3） $\displaystyle\lim_{n\to\infty}a_n\log n$ を求めよ．

（23　筑波大・理工（数）-推薦）

考え方　（3） 急に出てきた $\log n$ に戸惑う人も多かろう．極限の問題では，まず大雑把に検討をつけることが大切である．（2）の結果から，

$$\frac{1}{a_{k+1}}-\frac{1}{a_k}\fallingdotseq\frac{1}{k}$$

だろうから，その和を n までとって，

$$\frac{1}{a_n}\fallingdotseq\sum_{k=1}^{n}\frac{1}{k}\fallingdotseq\log n$$

となるだろう．よって，

$$a_n\log n\fallingdotseq\frac{1}{\log n}\cdot\log n=1$$

となるのではないかなぁ，と考える．あとは，この思考過程を不等式で厳密に再現する．

▶解答◀　（1） 数学的帰納法によって示す．

$n=1$ のとき，$0<a_1=\dfrac{1}{2}<1$ より成立している．

$n=k$ で成立しているとする．$0<a_k<1$ である．このとき

$$0\cdot\left(1-\frac{1}{k}\right)<a_{k+1}<1\cdot\left(1-\frac{0}{k}\right)$$

すなわち，$0<a_{k+1}<1$ であるから，$n=k+1$ でも成立する．

よって，すべての自然数 n について $0<a_n<1$ である．

（2） （1）より $a_n\neq 0, a_{n+1}\neq 0$ であるから，両辺を $a_na_{n+1}\neq 0$ で割って

$$\frac{1}{a_n}=\frac{1}{a_{n+1}}\left(1-\frac{a_n}{n}\right)$$

$$\frac{1}{a_{n+1}}-\frac{1}{a_n}=\frac{a_n}{na_{n+1}}$$

$$n\left(\frac{1}{a_{n+1}}-\frac{1}{a_n}\right)=\frac{a_n}{a_{n+1}}$$

再び漸化式より，

$$\frac{a_n}{a_{n+1}}=\frac{1}{1-\dfrac{a_n}{n}}$$

であり，（1）より，$0<a_n<1$ であるから

$$1=\frac{1}{1-\dfrac{0}{n}}<n\left(\frac{1}{a_{n+1}}-\frac{1}{a_n}\right)<\frac{1}{1-\dfrac{1}{n}} \quad \cdots\cdots①$$

ここで，$\displaystyle\lim_{n\to\infty}\frac{1}{1-\frac{1}{n}}=1$ であるから，ハサミウチの原理より $\displaystyle\lim_{n\to\infty}n\left(\frac{1}{a_{n+1}}-\frac{1}{a_n}\right)=\mathbf{1}$ である．

（3） ①より

$$\frac{1}{k}<\frac{1}{a_{k+1}}-\frac{1}{a_k}<\frac{1}{k-1}$$

である．さらに，$\displaystyle\int_k^{k+1}\frac{dx}{x}<\frac{1}{k}$，$\displaystyle\frac{1}{k-1}<\int_{k-2}^{k-1}\frac{dx}{x}$ であるから，

$$\int_k^{k+1}\frac{dx}{x}<\frac{1}{a_{k+1}}-\frac{1}{a_k}<\int_{k-2}^{k-1}\frac{dx}{x}\ \cdots\cdots(*)$$

となる．($*$)の左辺と中辺について，$k=1, 2, \cdots, n-1$ まで和をとると

$$\sum_{k=1}^{n-1}\int_k^{k+1}\frac{dx}{x}<\sum_{k=1}^{n-1}\left(\frac{1}{a_{k+1}}-\frac{1}{a_k}\right)$$

$$\int_1^n\frac{dx}{x}<\frac{1}{a_n}-\frac{1}{a_1}$$

$\displaystyle\int_1^n\frac{dx}{x}=\Big[\log x\Big]_1^n=\log n$ であるから，

$$\log n+2<\frac{1}{a_n}\qquad \therefore\ a_n<\frac{1}{\log n+2}\ \cdots②$$

($*$)の中辺と右辺について，$k=3, 4, \cdots, n-1$ まで和をとると

$$\sum_{k=3}^{n-1}\left(\frac{1}{a_{k+1}}-\frac{1}{a_k}\right)<\sum_{k=3}^{n-1}\int_{k-2}^{k-1}\frac{dx}{x}$$

$$\frac{1}{a_n}-\frac{1}{a_3}<\int_1^{n-2}\frac{dx}{x}=\log(n-2)$$

$$\frac{1}{a_n}<\log n+\log\left(1-\frac{2}{n}\right)+\frac{1}{a_3}$$

$$a_n>\frac{1}{\log n+\log\left(1-\frac{2}{n}\right)+\frac{1}{a_3}}\ \cdots\cdots\cdots\cdots\cdots③$$

②，③ より

$$\frac{\log n}{\log n+\log\left(1-\frac{2}{n}\right)+\frac{1}{a_3}}<a_n\log n<\frac{\log n}{\log n+2}$$

となる．ここで，

$$\frac{\log n}{\log n+\log\left(1-\frac{2}{n}\right)+\frac{1}{a_3}}\to\frac{1}{1+0+0}=1$$

$$\frac{\log n}{\log n+2}\to\frac{1}{1+0}=1\quad(n\to\infty)$$

であるから，ハサミウチの原理より $\displaystyle\lim_{n\to\infty}a_n\log n=\mathbf{1}$ である．

【無限等比級数】

《公式を使うだけ (B10) ☆》

146. 無限級数 $\displaystyle\sum_{n=1}^{\infty}(9x^2+36x+34)^n$ が収束するような x の値の範囲は□であり，この無限級数の和が 2 のとき，x の値は□である．

(23　福岡大・医)

▶解答◀ 無限等比級数 $\displaystyle\sum_{n=1}^{\infty}(9x^2+36x+34)^n$ が収束する条件は

$$-1<9x^2+36x+34<1$$

である．$-1<9x^2+36x+34$ から

$$9x^2+36x+35>0$$

$$(3x+5)(3x+7)>0$$

$$x<-\frac{7}{3},\ -\frac{5}{3}<x$$

$9x^2+36x+34<1$ から

$$3x^2+12x+11<0$$

$$\frac{-6-\sqrt{3}}{3}<x<\frac{-6+\sqrt{3}}{3}$$

x の値の範囲は

$$\boldsymbol{-2-\frac{\sqrt{3}}{3}<x<-\frac{7}{3},\ -\frac{5}{3}<x<-2+\frac{\sqrt{3}}{3}}$$

$\displaystyle\sum_{n=1}^{\infty}(9x^2+36x+34)^n=2$ のとき，

$$\frac{9x^2+36x+34}{1-(9x^2+36x+34)}=2$$

$$9x^2+36x+34=\frac{2}{3}$$

$$27x^2+108x+100=0$$

$$x=\frac{-54\pm\sqrt{54^2-2700}}{27}$$

$$=\frac{-18\pm\sqrt{18^2-300}}{9}=\boldsymbol{-2\pm\frac{2\sqrt{6}}{9}}$$

《公式を使うだけ (B10)》

147. n を自然数とする．$a_n=\tan^n\dfrac{\theta}{2}$ $(-\pi<\theta<\pi)$ で定められる数列 $\{a_n\}$ を考える．

(1) $\theta=-\dfrac{\pi}{12}$ のとき，$\displaystyle\lim_{n\to\infty}a_n=\boxed{34}$ である．

(2) $\theta=\dfrac{\pi}{\boxed{35}}$ のとき，$\displaystyle\lim_{n\to\infty}a_n$ は収束するが，$\displaystyle\sum_{n=1}^{\infty}a_n$ は収束しない．このとき，$\displaystyle\lim_{n\to\infty}a_n=\boxed{36}$ である．

(3) $\theta=\dfrac{\pi}{3}$ のとき，$\displaystyle\sum_{n=1}^{\infty}a_n=\frac{\sqrt{\boxed{37}}+\boxed{38}}{\boxed{39}}$ であり，$\theta=\dfrac{\pi}{6}$ のとき，$\displaystyle\sum_{n=1}^{\infty}a_n=\frac{\sqrt{\boxed{40}}-\boxed{41}}{\boxed{42}}$ である．

(23　日大・医)

▶解答◀ (1) $r=\tan\dfrac{\theta}{2}$ とおく．

$\theta=-\dfrac{\pi}{12}$ のとき $-\dfrac{\pi}{4}<\dfrac{\theta}{2}=-\dfrac{\pi}{24}<\dfrac{\pi}{4}$ であるから $|r|<1$，$a_n=r^n$ であり，$\displaystyle\lim_{n\to\infty}a_n=\mathbf{0}$

(2) $\displaystyle\lim_{n\to\infty}a_n$ が収束する条件は $-1<r\leqq 1$ である．

$-1<r<1$ のときは $\displaystyle\sum_{n=1}^{\infty}a_n$ は収束する．

$r=1$ のときは $a_n=1$ であるから $\displaystyle\sum_{n=1}^{\infty}a_n$ は収束しない．

よって，本問では $r=1$ であり，$\tan\dfrac{\theta}{2}=1$ で $\dfrac{\theta}{2}=\dfrac{\pi}{4}$

ゆえに $\theta=\boldsymbol{\dfrac{\pi}{2}}$ であり，$\displaystyle\lim_{n\to\infty}a_n=\mathbf{1}$

（**3**）$-1<r<1$ のとき $\displaystyle\sum_{n=1}^{\infty}a_n=r\cdot\frac{1}{1-r}=L$

とおく．

$\theta=\dfrac{\pi}{3}$ のとき $r=\tan\dfrac{\pi}{6}=\dfrac{1}{\sqrt{3}}$

$$L=\frac{1}{\sqrt{3}}\cdot\frac{1}{1-\frac{1}{\sqrt{3}}}=\frac{1}{\sqrt{3}-1}=\boldsymbol{\frac{\sqrt{3}+1}{2}}$$

$\theta=\dfrac{\pi}{6}$ のとき

$$r=\tan\frac{\pi}{12}=\tan\left(\frac{\pi}{3}-\frac{\pi}{4}\right)$$

$$=\frac{\tan\frac{\pi}{3}-\tan\frac{\pi}{4}}{1+\tan\frac{\pi}{3}\tan\frac{\pi}{4}}=\frac{\sqrt{3}-1}{1+\sqrt{3}}$$

$$L=\frac{\sqrt{3}-1}{\sqrt{3}+1}\cdot\frac{1}{1-\frac{\sqrt{3}-1}{\sqrt{3}+1}}$$

$$=\frac{\sqrt{3}-1}{\sqrt{3}+1-\sqrt{3}+1}=\boldsymbol{\frac{\sqrt{3}-1}{2}}$$

《際どい出題（B20）》

148. すべての項が有理数である数列 $\{a_n\}$, $\{b_n\}$ は以下のように定義されるものとする．

$$\left(\frac{1+5\sqrt{3}}{10}\right)^n=a_n+\sqrt{3}b_n\quad(n=1,\ 2,\ 3,\ \cdots)$$

ここで，a_{n+1}, b_{n+1} はそれぞれ a_n, b_n と有理数 A, B, C, D を用いて，

$a_{n+1}=Aa_n+Bb_n$, $b_{n+1}=Ca_n+Db_n$

と表すことができ，このとき $A+B+C+D$ は □ である $(n\geqq 1)$．また，$\displaystyle\lim_{n\to\infty}\sum_{i=1}^{n}a_i$ は □ となる．

（23　防衛医大）

▶解答◀ $a_{n+1}+\sqrt{3}b_{n+1}$

$$=\frac{1+5\sqrt{3}}{10}\left(\frac{1+5\sqrt{3}}{10}\right)^n$$

$$=\frac{1+5\sqrt{3}}{10}(a_n+\sqrt{3}b_n)$$

$$=\left(\frac{1}{10}a_n+\frac{3}{2}b_n\right)+\sqrt{3}\left(\frac{1}{2}a_n+\frac{1}{10}b_n\right)$$

a_n, b_n, a_{n+1}, b_{n+1} は有理数，$\sqrt{3}$ は無理数であるから

$$a_{n+1}=\frac{1}{10}a_n+\frac{3}{2}b_n,\quad b_{n+1}=\frac{1}{2}a_n+\frac{1}{10}b_n$$

となる．よって，

$$A+B+C+D=\frac{1}{10}+\frac{3}{2}+\frac{1}{2}+\frac{1}{10}=\boldsymbol{\frac{11}{5}}$$

となる．$\dfrac{1+5\sqrt{3}}{10}=a_1+\sqrt{3}b_1$ より $a_1=\dfrac{1}{10}$, $b_1=\dfrac{1}{2}$

$a_{n+1}-\sqrt{3}b_{n+1}$

$$=\left(\frac{1}{10}a_n+\frac{3}{2}b_n\right)-\sqrt{3}\left(\frac{1}{2}a_n+\frac{1}{10}b_n\right)$$

$$=\frac{1-5\sqrt{3}}{10}(a_n-\sqrt{3}b_n)$$

数列 $\{a_n-\sqrt{3}b_n\}$ は等比数列である．

$$a_n-\sqrt{3}b_n=\left(\frac{1-5\sqrt{3}}{10}\right)^{n-1}(a_1-\sqrt{3}b_1)$$

$$=\left(\frac{1-5\sqrt{3}}{10}\right)^{n-1}\frac{1-5\sqrt{3}}{10}=\left(\frac{1-5\sqrt{3}}{10}\right)^{n}$$

$\alpha=\dfrac{1+5\sqrt{3}}{10}$, $\beta=\dfrac{1-5\sqrt{3}}{10}$ とおく．

$a_n+\sqrt{3}b_n=\alpha^n$, $a_n-\sqrt{3}b_n=\beta^n$

$|\beta|<|\alpha|=\dfrac{1+5\cdot1.73\cdots}{10}=\dfrac{9.6\cdots\cdots}{10}<1$

$\alpha+\beta=\dfrac{1}{5}$, $\alpha\beta=\dfrac{1-75}{100}=-\dfrac{37}{50}$

$$a_n=\frac{1}{2}(\alpha^n+\beta^n)$$

$$\sum_{i=1}^{n}a_i=\frac{\alpha}{2}\cdot\frac{1-\alpha^n}{1-\alpha}+\frac{\beta}{2}\cdot\frac{1-\beta^n}{1-\beta}$$

$$\lim_{n\to\infty}\sum_{i=1}^{n}a_i=\frac{\alpha}{2(1-\alpha)}+\frac{\beta}{2(1-\beta)}$$

$$=\frac{\alpha+\beta-2\alpha\beta}{2(1-\alpha-\beta+\alpha\beta)}$$

$$=\frac{\frac{1}{5}+\frac{37}{25}}{2\left(1-\frac{1}{5}-\frac{37}{50}\right)}=\frac{5+37}{2\left(25-5-\frac{37}{2}\right)}$$

$$=\frac{42}{3}=\mathbf{14}$$

注意【細かなこと】

解答では「$a_n-\sqrt{3}b_n=\beta^n$」を用意した．これを使わない人もいるだろう．その人は，次のことが問題となる．

いきなり

$$\lim_{n\to\infty}\sum_{i=1}^{n}\left(\frac{1+5\sqrt{3}}{10}\right)^i=\lim_{n\to\infty}\sum_{i=1}^{n}a_i+\sqrt{3}\lim_{n\to\infty}\sum_{i=1}^{n}b_i$$

と書くことは問題がある．lim は常に分配可能ではない．$\displaystyle\lim_{n\to\infty}\sum_{i=1}^{n}a_i$ と $\displaystyle\lim_{n\to\infty}\sum_{i=1}^{n}b_i$ が収束することが分かった後に分配できるものである．さらに，

$$\lim_{n\to\infty}\sum_{i=1}^{n}\alpha^i=\alpha\cdot\frac{1}{1-\alpha}$$

$$=\frac{1+5\sqrt{3}}{10}\cdot\frac{1}{1-\frac{1+5\sqrt{3}}{10}}=\frac{1+5\sqrt{3}}{9-5\sqrt{3}}$$

$$=\frac{(1+5\sqrt{3})(9+5\sqrt{3})}{6}=14+\frac{25}{3}\sqrt{3}$$

となり $\displaystyle\lim_{n\to\infty}\sum_{i=1}^{n}a_i=14$, $\displaystyle\lim_{n\to\infty}\sum_{i=1}^{n}b_i=\frac{25}{3}$ としてよいのかが問題である．大げさにいえば「有理数の値を取る数列の極限が有理数か？」が問題となる．たとえば，

有名な数列

$x_1=2,\ x_{n+1}=\dfrac{1}{2}\left(x_n+\dfrac{2}{x_n}\right)$ $(n=1,\ 2,\ \cdots)$

で，x_n は有理数の値をとるが，$\lim_{n\to\infty}x_n=\sqrt{2}$ である．

こうした問題を避けるために a_n を求めてから極限をとった．

《N の値で場合分け (B25) ☆》

149．（1） 初項 1，公比 $-\dfrac{4}{5}$ の等比数列の初項から第 n 項までの和を S_n とおくと，$S_n<\dfrac{1}{2}$ を満たす n の最大値は $n=\square$ である．ただし，$\log_{10}2$ の小数点第 4 位までの近似値は 0.3010 である．

（2） 一般項が $a_n=\sin^n\left(\dfrac{2}{3}n\pi\right)$ である数列 $\{a_n\}$ について，$\sum_{n=1}^{6}a_n=\dfrac{\square\sqrt{\square}+\square}{\square}$ である．また，$\sum_{n=1}^{\infty}a_n=\dfrac{\square\sqrt{\square}+\square}{\square}$ である．（23 順天堂大・医）

▶解答◀ （1） $S_n=\dfrac{1-\left(-\frac{4}{5}\right)^n}{1-\left(-\frac{4}{5}\right)}<\dfrac{1}{2}$

$$1-\left(-\frac{4}{5}\right)^n<\frac{9}{10}\qquad\therefore\quad\left(-\frac{4}{5}\right)^n>\frac{1}{10}$$

n が奇数のとき，左辺は負となるから，これは成立しない．n が偶数のとき，$\left(-\dfrac{4}{5}\right)^n=\left(\dfrac{4}{5}\right)^n$ であるから，$\left(\dfrac{4}{5}\right)^n>\dfrac{1}{10}$ の両辺の常用対数をとって

$$n\log_{10}\left(\frac{4}{5}\right)>-1$$
$$n(2\log_{10}2-\log_{10}5)>-1$$
$$n\{2\log_{10}2-(1-\log_{10}2)\}>-1$$
$$n(3\log_{10}2-1)>-1$$
$$n<\frac{-1}{3\log_{10}2-1}=\frac{1}{0.0970}=10.3\cdots$$

よって，$S_n<\dfrac{1}{2}$ を満たす n の最大値は **10** である．

（**2**） $a_1=\sin\dfrac{2}{3}\pi=\dfrac{\sqrt{3}}{2}$,

$$a_2=\sin^2\frac{4}{3}\pi=\left(-\frac{\sqrt{3}}{2}\right)^2=\frac{3}{4},$$
$$a_3=\sin^3 2\pi=0,$$
$$a_4=\left(\frac{\sqrt{3}}{2}\right)^4=\frac{9}{16},$$
$$a_5=\left(-\frac{\sqrt{3}}{2}\right)^5=-\frac{9\sqrt{3}}{32},\ a_6=0$$

であるから，

$$\sum_{n=1}^{6}a_n=\frac{7}{32}\sqrt{3}+\frac{21}{16}=\mathbf{\frac{7\sqrt{3}+42}{32}}$$

となる．一般に，$a_{3k}=0$ である．ここで，$T_N=\sum_{n=1}^{N}a_n,\ \alpha=\dfrac{\sqrt{3}}{2}$ とおくと

$$T_{3N}=\sum_{k=0}^{N-1}(a_{3k+1}+a_{3k+2}+a_{3k+3})$$
$$=\sum_{k=0}^{N-1}\{\alpha^{3k+1}+(-\alpha)^{3k+2}\}$$
$$=\alpha\cdot\frac{1-(\alpha^3)^N}{1-\alpha^3}+\alpha^2\cdot\frac{1-(-\alpha^3)^N}{1+\alpha^3}$$
$$T_{3N+1}=T_{3N}+\alpha^{3N+1}$$
$$T_{3N+2}=T_{3N}+\alpha^{3N+1}+(-\alpha)^{3N+2}$$

$|\alpha|<1$ であるから $N\to\infty$ のとき $\alpha^{3N+1},\ (-\alpha)^{3N+2}$ は 0 に収束し，$\lim_{N\to\infty}T_{3N}$，$\lim_{N\to\infty}T_{3N+1}$，$\lim_{N\to\infty}T_{3N+2}$ は同じ値 $\dfrac{\alpha}{1-\alpha^3}+\dfrac{(-\alpha)^2}{1-(-\alpha)^3}$ に収束する．よって $\sum_{n=1}^{\infty}a_n$ は収束し

$$\sum_{n=1}^{\infty}a_n=\frac{\alpha}{1-\alpha^3}+\frac{(-\alpha)^2}{1-(-\alpha)^3}=\frac{\alpha}{1-\alpha^3}+\frac{\alpha^2}{1+\alpha^3}$$
$$=\frac{\sqrt{3}}{2}\cdot\frac{8}{8-3\sqrt{3}}+\frac{3}{4}\cdot\frac{8}{8+3\sqrt{3}}$$
$$=\frac{4\sqrt{3}(8+3\sqrt{3})+6(8-3\sqrt{3})}{37}=\mathbf{\frac{14\sqrt{3}+84}{37}}$$

注意 $\sum_{n=1}^{\infty}a_n$ が収束するとは，$T_N=\sum_{n=1}^{N}a_n$ として，数列 $\{T_N\}$ が収束することである．N の値によって T_N の形が違うなら，それをキチンと記述しなければならない．

《142 とか (B10)》

150．次の $\square$ をうめよ．ただし，$\log_{10}2=0.3010$ とし，i を虚数単位とする．

$x^4+4=0$ の解のうち実部と虚部がともに正であるものを α とおくと，$\alpha=\square$ である．このとき，$|\alpha^n|>10^{100}$ となる最小の自然数 n は $\square$ である．

α^n が実数であるための必要十分条件は n が $\square$ の倍数であることであり，さらに，$\alpha^n>10^{100}$ となる自然数 n のうち最小のものは $\square$ である．

また，自然数 n について α^{-n} の実部を a_n とおく．このとき，自然数 k について $a_{4k-3}=\square\left(\square\right)^k$ であり，無限級数 $\sum_{k=1}^{\infty}a_{4k-3}$ の和は $\square$ である．

（23 関大・理系）

▶解答◀ $\alpha=r(\cos\theta+i\sin\theta)$

$\left(r>0,\ 0<\theta<\dfrac{\pi}{2}\right)$ とおくと

$$\alpha^4=r^4(\cos 4\theta+i\sin 4\theta)$$

これが $-4=4(\cos\pi+i\sin\pi)$ に等しいとき，整数 k を用いて

$$r^4=4,\ 4\theta=\pi+2k\pi$$

と書ける．$0<\theta<\dfrac{\pi}{2}$ より $k=0$ であり，

$r=\sqrt{2},\ \theta=\dfrac{\pi}{4}$ となるから

$$\alpha=\sqrt{2}\left(\cos\frac{\pi}{4}+i\sin\frac{\pi}{4}\right)=\mathbf{1+i}$$

である．また $|\alpha|=\sqrt{2}$ であるから

$$|\alpha^n|=2^{\frac{n}{2}}>10^{100}$$

の常用対数をとって

$$\frac{n}{2}\log_{10}2>100$$

$$n>\frac{200}{\log_{10}2}=\frac{200}{0.3010}=664.4\cdots$$

これより $|\alpha^n|>10^{100}$ となる最小の自然数 n は **665** である．さらに α^n が実数であるための必要十分条件は，整数 l を用いて

$$\frac{\pi}{4}n=l\pi \qquad \therefore\quad n=4l$$

と書けること，すなわち n が **4** の倍数であることである．また，α^n が正の実数であるための条件は，n が 8 の倍数であることである．

$\alpha^n>10^{100}$ となるとき，$n>664.4\cdots$ かつ n は 8 の倍数であるから，このような自然数 n のうち最小のものは **672** である．

さらに，$a_n=2^{-\frac{n}{2}}\cos\dfrac{n}{4}\pi$ より

$$a_{4k-3}=2^{-\frac{4k-3}{2}}\cos\frac{4k-3}{4}\pi$$

$$=2^{\frac{3}{2}}\left(\frac{1}{4}\right)^k(-1)^k\cos\left(-\frac{3}{4}\pi\right)=\mathbf{-2\left(-\frac{1}{4}\right)^k}$$

であるから

$$\sum_{k=1}^{\infty}a_{4k-3}=\frac{1}{2}\cdot\frac{1}{1-\left(-\frac{1}{4}\right)}=\mathbf{\frac{2}{5}}$$

《樹形図から始める漸化式 (B30) ☆》

151．投げたときに表が出る確率と裏が出る確率が等しい硬貨がある．この硬貨を繰り返し投げ，3 回連続して同じ面が出るまで続けるゲームをする．n を自然数とし，n 回目，$n+1$ 回目，$n+2$ 回目に 3 回連続して表が出てゲームが終了するときの場合の数を a_n とおく．このとき，次の各問いに答えよ．

（1） a_1，a_2，a_3，a_4，a_5 をそれぞれ求めよ．求める過程も示せ．

（2） $F_1=1$，$F_2=1$，
$F_{n+2}=F_n+F_{n+1}\ (n=1,2,3,\cdots)$
で定められた数列 $\{F_n\}$ の一般項は，
$F_n=\dfrac{1}{\sqrt{5}}\left\{\left(\dfrac{1+\sqrt{5}}{2}\right)^n-\left(\dfrac{1-\sqrt{5}}{2}\right)^n\right\}$ で与えられる．このとき，級数 $\displaystyle\sum_{n=1}^{\infty}\frac{F_n}{2^n}$ の和を求めよ．

（3） n 回目，$n+1$ 回目，$n+2$ 回目に 3 回連続して表が出てゲームが終了する確率を P_n とおく．（2）の結果を用いて，級数 $\displaystyle\sum_{n=1}^{\infty}P_n$ の和を求めよ．

（23　旭川医大）

▶解答◀ （1） 表を○で，裏を×で表す．
○○○で終了するのは，
$n=1$ すなわち 3 回のとき．○○○であり，$\mathbf{a_1=1}$
$n=2$ すなわち 4 回のとき．×○○○であり，$\mathbf{a_2=1}$
$n=3$ すなわち 5 回のとき．○×○○○，××○○○であり，$\mathbf{a_3=2}$
$n=4$ すなわち 6 回のとき．
○○×○○○，○××○○○，×○×○○○
であり，$\mathbf{a_4=3}$

$n=5$ すなわち 7 回のとき．
○○××○○○，○×○×○○○，×○○×○○○，
×○××○○○，××○×○○○
$\mathbf{a_5=5}$

（2） $$\frac{F_n}{2^n}=\frac{1}{\sqrt{5}}\left\{\left(\frac{1+\sqrt{5}}{4}\right)^n-\left(\frac{1-\sqrt{5}}{4}\right)^n\right\}$$

$\alpha=\dfrac{1+\sqrt{5}}{4}$，$\beta=\dfrac{1-\sqrt{5}}{4}$ とおく．$-1<\beta<\alpha<1$

$$\sum_{n=1}^{\infty}\frac{F_n}{2^n}=\frac{1}{\sqrt{5}}\left(\alpha\cdot\frac{1}{1-\alpha}-\beta\cdot\frac{1}{1-\beta}\right)$$

$$=\frac{\alpha(1-\beta)-\beta(1-\alpha)}{\sqrt{5}(1-\alpha)(1-\beta)}$$

$$=\frac{\alpha-\beta}{\sqrt{5}(1-\alpha-\beta+\alpha\beta)}=\frac{\frac{1}{2}}{1-\frac{1}{2}-\frac{1}{4}}=\mathbf{2}$$

（3） 「$n+2$ 個の○または×の列で，途中に○の 3 連続はなく，×の 3 連続もなく，最後に○の 3 連続になる列が a_n 通りある」としている．この中には 1 個目が○のものと×のものがある．これをさらに次の図のようにタイプ分けする．なお，以下では $n\geqq 3$ とする．n 番目，$n+1$ 番目，$n+2$ 番目は○だが，それについては図の中には記述していない．さらに，個数の関係で起こりえな

い場合も，日本語としては記述されるが，起こりえない場合として0通りと考えれば，式としては成立するから気にしないでよい．1個目が○で2個目が○なら3個目は×（①），1個目が○で2個目が×（②），1個目が×で2個目が○（③），1個目が×で2個目が×なら3個目は○（④）となる．②と③を合わせれば a_{n-1} 通りあり，①と④を合わせれば a_{n-2} 通りあるから

$$a_n = a_{n-1} + a_{n-2}$$

が成り立つ．$a_1 = 1,\ a_2 = 1$ であり，初項と漸化式が一致するから，任意の n に対して $a_n = F_n$ である．

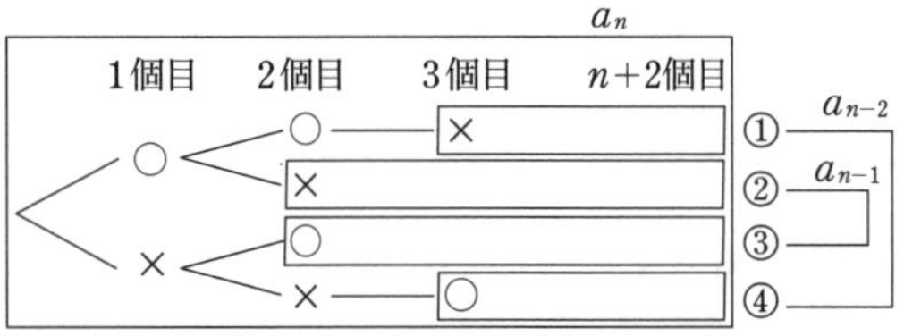

$P_n = \dfrac{a_n}{2^{n+2}} = \dfrac{1}{4}\cdot\dfrac{F_n}{2^n}$ であるから，（2）の結果より

$$\sum_{n=1}^{\infty} P_n = \sum_{n=1}^{\infty} \frac{1}{4}\cdot\frac{F_n}{2^n} = \frac{1}{4}\cdot 2 = \boldsymbol{\frac{1}{2}}$$

注意 【個数の関係で起こりえない，とは】

図の $a_{n-1},\ a_{n-2}$ では○から始まる列も×から始まる列もあるかのように書いてある．個数が小さい場合には，起こりえない場合が含まれている．$n=3$ とすると $a_3 = a_2 + a_1$ となるが，a_1 には○から始まるものしかないし，a_2 には×から始まるものしかない．

《三角形の列（B12）》

152. p は $0 < p < 1$ を満たす定数とする．△ABC の辺 AB を $p : (1-p)$ に内分する点を C_1，辺 BC を $p : (1-p)$ に内分する点を A_1，辺 CA を $p : (1-p)$ に内分する点を B_1 として $\triangle A_1B_1C_1$ を作る．以下，n を自然数として，$\triangle A_nB_nC_n$ の辺 A_nB_n を $p : (1-p)$ に内分する点を C_{n+1}，辺 B_nC_n を $p : (1-p)$ に内分する点を A_{n+1}，辺 C_nA_n を $p : (1-p)$ に内分する点を B_{n+1} として $\triangle A_{n+1}B_{n+1}C_{n+1}$ を作る．△ABC の面積を S，$\triangle A_nB_nC_n$ の面積を S_n とする．

（1） $p = \dfrac{1}{2},\ S = 4096$ のとき，$S_5 = \boxed{32}$ である．

（2） $p = \dfrac{1}{3}$ のとき，

$$\sum_{k=1}^{n} S_k = \frac{\boxed{33}}{\boxed{34}}\left\{1 - \left(\frac{\boxed{35}}{\boxed{36}}\right)^n\right\} S \text{ である．}$$

（3） $p = \dfrac{\boxed{37} \pm \sqrt{\boxed{38}}}{\boxed{39}\,\boxed{40}}$ のとき，$\displaystyle\sum_{n=1}^{\infty} S_n = \frac{2}{3}S$ である．　（23　日大・医-2期）

▶解答◀ （1） $S = S_0$ とおくと，$n \geqq 0$ に対して

$$\begin{aligned} S_{n+1} &= \triangle A_{n+1}B_{n+1}C_{n+1} \\ &= \triangle A_nB_nC_n - \triangle A_nB_{n+1}C_{n+1} \\ &\quad - \triangle A_{n+1}B_nC_{n+1} - \triangle A_{n+1}B_{n+1}C_n \\ &= S_n - p(1-p)S_n - p(1-p)S_n - p(1-p)S_n \\ &= (3p^2 - 3p + 1)S_n \end{aligned}$$

である．$3p^2 - 3p + 1 = r$ とおくと，$S_{n+1} = rS_n$ より

$$S_n = r^n S_0 = r^n S$$

となる．

$p = \dfrac{1}{2},\ S = 4096 = 2^{12}$ のとき

$$r = 3\cdot\frac{1}{4} - 3\cdot\frac{1}{2} + 1 = \frac{1}{4}$$

であるから

$$S_5 = \left(\frac{1}{4}\right)^5\cdot 2^{12} = \frac{4^6}{4^5} = \mathbf{4}$$

（2） $p = \dfrac{1}{3}$ のとき

$$r = 3\cdot\frac{1}{9} - 3\cdot\frac{1}{3} + 1 = \frac{1}{3}$$

であるから

$$\begin{aligned} \sum_{k=1}^{n} S_k &= \sum_{k=1}^{n}\left(\frac{1}{3}\right)^k S \\ &= \frac{1}{3}\cdot\frac{1-\left(\frac{1}{3}\right)^n}{1-\frac{1}{3}}S = \boldsymbol{\frac{1}{2}\left\{1-\left(\frac{1}{3}\right)^n\right\}S} \end{aligned}$$

（3） $r = 3\left(p - \dfrac{1}{2}\right)^2 + \dfrac{1}{4}$ より，$0 < p < 1$ のとき $\dfrac{1}{4} < r < 1$ であるから，無限等比級数 $\displaystyle\sum_{n=1}^{\infty} S_n$ は収束し，その和は

$$\sum_{n=1}^{\infty} S_n = rS\cdot\frac{1}{1-r}$$

である．これが $\dfrac{2}{3}S$ と一致するのは

$$\frac{r}{1-r} = \frac{2}{3}$$

のときであり $r = \dfrac{2}{5}$

$$3p^2 - 3p + 1 = \frac{2}{5}$$

$$5p^2 - 5p + 1 = 0 \qquad \therefore\quad p = \boldsymbol{\frac{5 \pm \sqrt{5}}{10}}$$

これは $0 < p < 1$ を満たす．

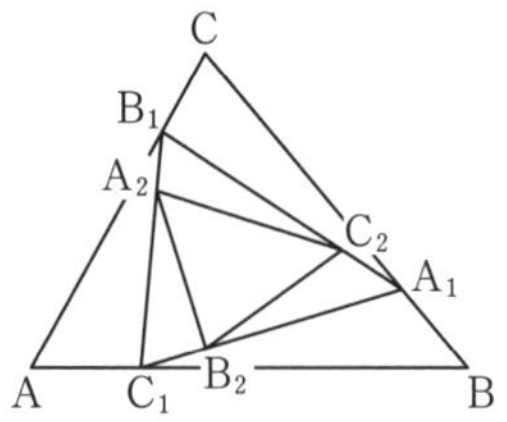

【無限級数】

《分数形の和 (A2) ☆》

153. 次の無限級数の和を求めよ．

$$\frac{1}{1\cdot4}+\frac{1}{4\cdot7}+\frac{1}{7\cdot10}+\frac{1}{10\cdot13}+\cdots$$

（23　岩手大・理工-後期）

▶解答◀ $S_n=\sum_{k=1}^{n}\frac{1}{(3k-2)(3k+1)}$ とおくと

$$S_n=\frac{1}{3}\sum_{k=1}^{n}\left(\frac{1}{3k-2}-\frac{1}{3k+1}\right)$$

$$=\frac{1}{3}\left(1-\frac{1}{3n+1}\right)$$

よって求める無限級数の和は，$\lim_{n\to\infty}S_n=\mathbf{\frac{1}{3}}$

$$\frac{1}{1}-\frac{1}{4}$$
$$\frac{1}{4}-\frac{1}{7}$$
$$\frac{1}{7}-\frac{1}{10}$$
$$\vdots$$
$$\frac{1}{3n-2}-\frac{1}{3n+1}$$

《分数形の和 (B5)》

154. 数列 $\{a_n\}$ の初項から第 n 項までの和が $S_n=n^3+3n^2+2n$ であるとする．このとき $\sum_{n=1}^{\infty}\frac{1}{a_n}=\square$ である．（23　立教大・数学）

▶解答◀ $a_1=S_1=6$ である．また，$n\geqq2$ で

$$a_n=S_n-S_{n-1}$$

$$=n(n+1)(n+2)-(n-1)n(n+1)$$

$$=3n(n+1)$$

結果は $n=1$ でも成り立つ．

$$\sum_{n=1}^{N}\frac{1}{a_n}=\sum_{n=1}^{N}\frac{1}{3n(n+1)}$$

$$=\frac{1}{3}\sum_{n=1}^{N}\left(\frac{1}{n}-\frac{1}{n+1}\right)=\frac{1}{3}\left(1-\frac{1}{N+1}\right)$$

$$\sum_{n=1}^{\infty}\frac{1}{a_n}=\lim_{N\to\infty}\sum_{n=1}^{N}\frac{1}{a_n}=\mathbf{\frac{1}{3}}$$

$$1-\frac{1}{2}$$
$$\frac{1}{2}-\frac{1}{3}$$
$$\frac{1}{3}-\frac{1}{4}$$
$$\vdots$$
$$\frac{1}{N}-\frac{1}{N+1}$$

155. 数列 $\{a_n\}$ が等式

$$\sum_{k=1}^{n}k(2k+1)(2k+3)a_k=n(n+1)$$

$(n=1,2,3,\cdots)$ を満たしているとする．

また，数列 $\{b_n\}$ を

$b_n=n(2n+1)(2n+3)a_n\quad(n=1,2,3,\cdots)$

で定める．次の問いに答えよ．

（1） a_1,a_2,b_1,b_2 を求めよ．

（2） 数列 $\{b_n\}$ の一般項を求めよ．

（3） 数列 $\{a_n\}$ の初項から第 n 項までの和 S_n を求めよ．また，$\lim_{n\to\infty}S_n$ を求めよ．

（23　広島市立大・前期）

▶解答◀ （1） $1\cdot3\cdot5a_1=1\cdot2$

$$a_1=\mathbf{\frac{2}{15}}$$

$$1\cdot3\cdot5a_1+2\cdot5\cdot7a_2=2\cdot3$$

$$2+70a_2=6\qquad\therefore\quad a_2=\mathbf{\frac{2}{35}}$$

$$b_1=1\cdot3\cdot5a_1=\mathbf{2}$$

$$b_2=2\cdot5\cdot7a_2=\mathbf{4}$$

（2） $b_k=k(2k+1)(2k+3)a_k$ より，

$\sum_{k=1}^{n}b_k=n(n+1)$ である．

$n\geqq2$ のとき

$$b_n=\sum_{k=1}^{n}b_k-\sum_{k=1}^{n-1}b_k$$

$$=n(n+1)-(n-1)n=2n$$

（i）より，$n=1$ のときも成り立つことがいえる．

$$b_n=\mathbf{2n}$$

（3） （ii）より，

$$a_n=\frac{b_n}{n(2n+1)(2n+3)}=\frac{2}{(2n+1)(2n+3)}$$

$$=\frac{1}{2n+1}-\frac{1}{2n+3}$$

であるから

$$S_n=\sum_{k=1}^{n}\left(\frac{1}{2k+1}-\frac{1}{2k+3}\right)=\mathbf{\frac{1}{3}-\frac{1}{2n+3}}$$

$$\lim_{n\to\infty}S_n=\lim_{n\to\infty}\left(\frac{1}{3}-\frac{1}{2n+3}\right)=\mathbf{\frac{1}{3}}$$

$$\frac{1}{3}-\frac{1}{5}$$
$$\frac{1}{5}-\frac{1}{7}$$
$$\vdots$$
$$\frac{1}{2n-1}-\frac{1}{2n+1}$$
$$\frac{1}{2n+1}-\frac{1}{2n+3}$$

《分数形の和 (B10)》

《5 連続 (B20) ☆》

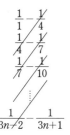

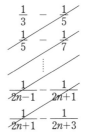

156. n を自然数とする．5 個の赤玉と n 個の白玉が入った袋がある．袋から玉を取り出し，取り出した玉は袋に戻さない．袋から 1 個ずつ玉を取り出していくとき，6 回目が赤玉で袋の中の赤玉がなくなる確率を $p(n)$ とする．以下の問に答えなさい．

（1） $p(n)$ を二項係数を用いて表しなさい．

（2） $p(n)=A\left(\dfrac{1}{{}_{n+4}\mathrm{C}_4}-\dfrac{1}{{}_{n+5}\mathrm{C}_4}\right)$ となる定数 A を求めなさい．

（3） $S_n=p(1)+p(2)+\cdots+p(n)$ とおくとき，$\lim\limits_{n\to\infty}S_n$ を求めなさい．　（23　大分大・医）

▶解答◀ （1） 最初の 5 個の玉の組合せは全部で ${}_{n+5}\mathrm{C}_5$ 通りあり，それが赤 4 個，白 1 個になる組合せは ${}_5\mathrm{C}_4\cdot n$ 通りある．そのようにとり，6 個目に残る n 個の中から赤 1 個をとる（その確率は $\dfrac{1}{n}$）ときで

$$p(n)=\frac{5n}{{}_{n+5}\mathrm{C}_5}\cdot\frac{1}{n}=\boldsymbol{\frac{5}{{}_{n+5}\mathrm{C}_5}}$$

（2）
$$\frac{1}{{}_{n+4}\mathrm{C}_4}-\frac{1}{{}_{n+5}\mathrm{C}_4}=\frac{4!}{(n+4)(n+3)(n+2)(n+1)}$$
$$-\frac{4!}{(n+5)(n+4)(n+3)(n+2)}$$
$$=\frac{(n+5)-(n+1)}{(n+5)(n+4)(n+3)(n+2)(n+1)}\cdot 24$$
$$=\frac{5!}{(n+5)\cdot\cdots\cdot(n+1)}\cdot\frac{4}{5}$$
$$=\frac{5}{{}_{n+5}\mathrm{C}_5}\cdot\frac{4}{25}=p(n)\cdot\frac{4}{25}$$
$$A=\boldsymbol{\frac{25}{4}}$$

（3）
$$S_n=\sum_{k=1}^{n}p(k)=\frac{25}{4}\sum_{k=1}^{n}\left(\frac{1}{{}_{k+4}\mathrm{C}_4}-\frac{1}{{}_{k+5}\mathrm{C}_4}\right)$$
$$=\frac{25}{4}\left(\frac{1}{{}_5\mathrm{C}_4}-\frac{1}{{}_{n+5}\mathrm{C}_4}\right)$$
$$=\frac{25}{4}\left\{\frac{1}{5}-\frac{4!}{(n+5)(n+4)(n+3)(n+2)}\right\}$$
$$\lim_{n\to\infty}S_n=\frac{25}{4}\cdot\frac{1}{5}=\boldsymbol{\frac{5}{4}}$$

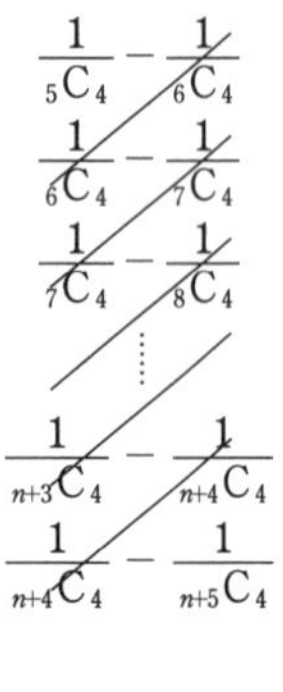

《差分の公式（B10）》

157. 次の条件で定められる数列 $\{a_n\}$ がある．

$$a_1=1,\ \frac{a_{n+1}}{n+1}=\frac{a_n}{n+2}+1\ (n=1,2,3,\cdots)$$

（1） 数列 $\{b_n\}$ を $b_n=(n+1)a_n$ により定める．b_{n+1} を b_n と n を用いて表せ．

（2） 数列 $\{a_n\}$ の一般項を求めよ．

（3） 極限 $\lim\limits_{n\to\infty}\sum\limits_{k=1}^{n}\dfrac{k+1}{{a_k}^2}$ を求めよ．

（23　滋賀県立大・後期）

▶解答◀ （1） 与えられた漸化式の両辺に $(n+1)(n+2)$ をかけて

$$(n+2)a_{n+1}=(n+1)a_n+(n+1)(n+2)$$

$b_n=(n+1)a_n$ のとき

$$\boldsymbol{b_{n+1}=b_n+(n+1)(n+2)}$$

（2） $b_1=2a_1=2\cdot 1=2$ である．

$n\geqq 2$ のとき

$$b_n=b_1+\sum_{k=1}^{n-1}(k+1)(k+2)$$
$$=1\cdot 2+2\cdot 3+3\cdot 4+\cdots+n(n+1)$$
$$b_n=\frac{1}{3}n(n+1)(n+2)$$

結果は $n=1$ のときも成り立つ．したがって

$$(n+1)a_n=\frac{1}{3}n(n+1)(n+2)$$
$$a_n=\boldsymbol{\frac{1}{3}n(n+2)}$$

（3）
$$\frac{k+1}{{a_k}^2}=\frac{k+1}{\frac{1}{9}k^2(k+2)^2}=\frac{9(k+1)}{k^2(k+2)^2}$$

ここで

$$\frac{1}{k^2}-\frac{1}{(k+2)^2}=\frac{(k+2)^2-k^2}{k^2(k+2)^2}=\frac{4(k+1)}{k^2(k+2)^2}$$

であるから

$$\sum_{k=1}^{n}\frac{k+1}{{a_k}^2}=\sum_{k=1}^{n}\frac{9}{4}\left\{\frac{1}{k^2}-\frac{1}{(k+2)^2}\right\}$$
$$=\frac{9}{4}\left\{\frac{1}{1^2}+\frac{1}{2^2}-\frac{1}{(n+1)^2}-\frac{1}{(n+2)^2}\right\}$$

したがって

$$\lim_{n\to\infty}\sum_{k=1}^{n}\frac{k+1}{{a_k}^2}=\frac{9}{4}\left(1+\frac{1}{4}\right)=\boldsymbol{\frac{45}{16}}$$

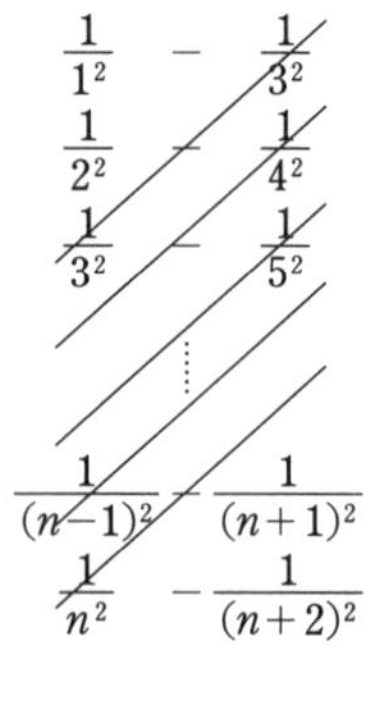

注意 **【連続整数の積の和】**

$$\sum_{k=1}^{n} k(k+1) = \frac{1}{3}n(n+1)(n+2)$$

は有名公式である．（2）ではこれを用いた．証明は

$$\frac{1}{3}k(k+1)(k+2) - \frac{1}{3}(k-1)k(k+1) = k(k+1)$$

で $k=1, \cdots, n$ とした式を辺ごとに加えると得られる．和分（和を計算する）の公式という．

$$\frac{1}{3}\cdot 1\cdot 2\cdot 3 - \frac{1}{3}\cdot 0\cdot 1\cdot 2 = 1\cdot 2$$
$$\frac{1}{3}\cdot 2\cdot 3\cdot 4 - \frac{1}{3}\cdot 1\cdot 2\cdot 3 = 2\cdot 3$$
$$\frac{1}{3}\cdot 3\cdot 4\cdot 5 - \frac{1}{3}\cdot 2\cdot 3\cdot 4 = 3\cdot 4$$
$$\vdots$$
$$\frac{1}{3}n(n+1)(n+2) - \frac{1}{3}(n-1)n(n+1) = n(n+1)$$

《見通しよく計算（B20）☆》

158． 数列 $\{a_n\}$ を

$$a_1 = 2,$$
$$a_{n+1} = \left(\frac{n^6(n+1)}{{a_n}^3}\right)^2 \ (n = 1, 2, 3, \cdots)$$

により定める．また

$$b_n = \log_2 \frac{a_n}{n^2} \ (n = 1, 2, 3, \cdots)$$

とおく．次の問いに答えよ．必要ならば，$\displaystyle\lim_{n\to\infty} \frac{n\log_2 n}{6^{2n}} = 0$ であることを用いてよい．

（1） b_1, b_2 を求めよ．

（2） 数列 $\{b_n\}$ は等比数列であることを示せ．

（3） $\displaystyle\lim_{n\to\infty} \frac{1}{6^{2n}} \sum_{k=1}^{n} \log_2 k = 0$ であることを示せ．

（4） 極限値 $\displaystyle\lim_{n\to\infty} \frac{1}{6^{2n}} \sum_{k=1}^{n} \log_2 a_{2k}$ を求めよ．

（23　広島大・理系）

▶解答◀ （1） $b_1 = \log_2 a_1 = \log_2 2 = \mathbf{1}$

$a_2 = \left(\dfrac{2}{{a_1}^3}\right)^2 = \dfrac{1}{16}$ であるから

$$b_2 = \log_2 \frac{a_2}{4} = \log_2 2^{-6} = \mathbf{-6}$$

（2） $a_{n+1} = \left(\dfrac{n^6(n+1)}{{a_n}^3}\right)^2$ の両辺の $\log_2$ をとる．

$$\log_2 a_{n+1} = 12\log_2 n + 2\log_2(n+1) - 6\log_2 a_n$$
$$\log_2 a_{n+1} - 2\log_2(n+1) = -6(\log_2 a_n - 2\log_2 n)$$

$b_{n+1} = -6b_n$ となり，数列 $\{b_n\}$ は公比 -6 の等比数列である．

（3） $1 \leqq k \leqq n$ のとき

$$0 \leqq \log_2 k \leqq \log_2 n$$

$k = 1, 2, \cdots, n$ を代入し，辺々加えると

$$0 \leqq \sum_{k=1}^{n} \log_2 k \leqq n\log_2 n$$
$$0 \leqq \frac{1}{6^{2n}} \sum_{k=1}^{n} \log_2 k \leqq \frac{n\log_2 n}{6^{2n}}$$

$\displaystyle\lim_{n\to\infty} \frac{n\log_2 n}{6^{2n}} = 0$ から，ハサミウチの原理により

$$\lim_{n\to\infty} \frac{1}{6^{2n}} \sum_{k=1}^{n} \log_2 k = 0$$

（4） $b_1 = \log_2 \dfrac{a_1}{1^2} = 1$ であるから

$b_n = (-6)^{n-1}b_1 = (-6)^{n-1}$

となり，$\log_2 \dfrac{a_n}{n^2} = (-6)^{n-1}$

$$\log_2 a_n = (-6)^{n-1} + 2\log_2 n$$
$$\log_2 a_k = (-6)^{k-1} + 2\log_2 k$$

この k を $2k$ にして

$$\log_2 a_{2k} = -6\cdot 36^{k-1} + 2\log_2 k + 2$$

シグマをして

$$\sum_{k=1}^{n} \log_2 a_{2k} = -6\cdot \frac{1-36^n}{1-36} + 2\sum_{k=1}^{n} \log_2 k + 2n$$

$$\frac{1}{6^{2n}} \sum_{k=1}^{n} \log_2 a_{2k}$$
$$= \frac{6}{35}\left(\frac{1}{6^{2n}} - 1\right) + 2\cdot \frac{1}{6^{2n}} \sum_{k=1}^{n} \log_2 k + \frac{2n}{6^{2n}}$$

$$\lim_{n\to\infty} \frac{1}{6^{2n}} \sum_{k=1}^{n} \log_2 a_{2k} = -\mathbf{\frac{6}{35}}$$

なお，$n \geqq 2$ では，$0 < \dfrac{n}{6^{2n}} \leqq \dfrac{n\log_2 n}{6^{2n}}$ であるから，$\displaystyle\lim_{n\to\infty} \frac{n}{6^{2n}} = 0$ である．

《区分求積が普通でしょ（A5）》

159． $\displaystyle\lim_{n\to\infty} \sum_{k=1}^{n} \left(\frac{nk-k^2}{n^3}\right) = \frac{\square}{\square}$ である．

（23　藤田医科大・ふじた未来入試）

▶解答◀ $\displaystyle\sum_{k=1}^{n} \left(\frac{nk-k^2}{n^3}\right) = \frac{1}{n^2}\sum_{k=1}^{n} k - \frac{1}{n^3}\sum_{k=1}^{n} k^2$

$$= \frac{1}{2n^2}n(n+1) - \frac{1}{6n^3}n(n+1)(2n+1)$$
$$= \frac{1}{2}\cdot 1\cdot\left(1+\frac{1}{n}\right) - \frac{1}{6}\cdot 1\cdot\left(1+\frac{1}{n}\right)\left(2+\frac{1}{n}\right)$$

求める極限値は $\dfrac{1}{2} - \dfrac{1}{3} = \mathbf{\dfrac{1}{6}}$

◆別解◆ $\displaystyle\lim_{n\to\infty} \sum_{k=1}^{n} \left(\frac{nk-k^2}{n^3}\right)$

$$= \lim_{n\to\infty} \frac{1}{n}\sum_{k=1}^{n} \left\{\frac{k}{n} - \left(\frac{k}{n}\right)^2\right\} = \int_0^1 (x-x^2)\,dx$$
$$= \left[\frac{1}{2}x^2 - \frac{1}{3}x^3\right]_0^1 = \frac{1}{2} - \frac{1}{3} = \mathbf{\frac{1}{6}}$$

【関数の極限（数 III）】

《分子の有理化（A2）☆》

160． $\lim_{x\to\infty}(x^2 - x\sqrt{x^2-5}) = \dfrac{\square}{\square}$ である．

（23　藤田医科大・医学部前期）

▶解答◀ $y = x^2 - x\sqrt{x^2-5}$ とおく．

$$y = x(x - \sqrt{x^2-5}) = x\cdot\frac{5}{x+\sqrt{x^2-5}}$$

$x>0$ のとき $y = \dfrac{5}{1+\sqrt{1-\dfrac{5}{x^2}}}$ であるから

$\lim_{x\to\infty} y = \dfrac{5}{1+1} = \boldsymbol{\dfrac{5}{2}}$ である．

注意 $x>0$ のとき，$y = x^2 - \sqrt{x^4-5x^2}$

x が大きな値のとき，

$$x^4 - 5x^2 = \left(x^2 - \frac{5}{2}\right)^2 - \frac{25}{4} \fallingdotseq \left(x^2-\frac{5}{2}\right)^2$$

$$y \fallingdotseq x^2 - \left(x^2 - \frac{5}{2}\right) = \frac{5}{2}$$

《$-\infty$ の極限（A2）》

161． 次の極限値を求めよ．

$$\lim_{x\to-\infty}\frac{\sqrt{x^2+x+1}}{x+1}$$

（23　長崎大・情報）

▶解答◀ $x=-t$ とおくと，$x\to-\infty$ のとき $t\to\infty$ である．

$$\lim_{x\to-\infty}\frac{\sqrt{x^2+x+1}}{x+1} = \lim_{t\to\infty}\frac{\sqrt{t^2-t+1}}{-t+1}$$

$$= \lim_{t\to\infty}\frac{\sqrt{1-\dfrac{1}{t}+\dfrac{1}{t^2}}}{-1+\dfrac{1}{t}} = \frac{1}{-1} = \boldsymbol{-1}$$

《三角関数の極限（A2）☆》

162． 次の極限を求めよ．

（1）$\lim_{x\to\infty}(\sqrt{x^2+4x+5} - x + 2)$

（2）$\lim_{x\to0}\dfrac{1-\cos4x}{4x\sin3x}$

（23　豊橋技科大・前期）

▶解答◀（1）$x>0$ のとき

$$\sqrt{x^2+4x+5} - x + 2$$

$$= \frac{4x+5}{\sqrt{x^2+4x+5}+x} + 2$$

$$= \frac{4+\dfrac{5}{x}}{\sqrt{1+\dfrac{4}{x}+\dfrac{5}{x^2}}+1} + 2$$

求める極限値は $\dfrac{4}{1+1} + 2 = \boldsymbol{4}$

（2）$\lim_{x\to0}\dfrac{1-\cos4x}{4x\sin3x} = \lim_{x\to0}\dfrac{\sin^2 2x}{2x\sin3x}$

$$= \lim_{x\to0}\frac{3x}{\sin3x}\cdot\left(\frac{\sin2x}{2x}\right)^2\cdot\frac{2}{3}$$

$$= 1\cdot1^2\cdot\frac{2}{3} = \boldsymbol{\frac{2}{3}}$$

《三角関数の極限（B2）》

163． $\lim_{x\to0}\dfrac{x\tan2x}{\cos x - 1} = \square$

（23　城西大・数学）

▶解答◀ $x=2\theta$ とおく．$x\to0$ のとき $\theta\to0$ である．

$$\frac{x\tan2x}{\cos x-1} = \frac{2\theta\tan4\theta}{-(1-\cos2\theta)} = \frac{2\theta\sin4\theta}{-\cos4\theta\cdot2\sin^2\theta}$$

$$= -\frac{\sin4\theta}{4\theta}\cdot\frac{4}{\cos4\theta}\cdot\frac{1}{\left(\dfrac{\sin\theta}{\theta}\right)^2}$$

求める極限値は $-1\cdot1\cdot\dfrac{4}{1^2} = \boldsymbol{-4}$

◆別解◆ $\dfrac{x\tan2x}{\cos x-1}$

$$= \frac{x\cdot\dfrac{\sin2x}{\cos2x}\cdot(\cos x+1)}{(\cos x-1)(\cos x+1)}$$

$$= \frac{x\sin2x\cdot(\cos x+1)}{(\cos^2x-1)\cos2x}$$

$$= \frac{x\cdot2\sin x\cos x\cdot(\cos x+1)}{-\sin^2x\cos2x}$$

$$= -2\cdot\frac{x}{\sin x}\cdot\frac{\cos x(\cos x+1)}{\cos2x}$$

という変形でもよい．また，$\lim_{x\to0}\dfrac{1-\cos x}{x^2} = \dfrac{1}{2}$，$\lim_{x\to0}\dfrac{\tan x}{x} = 1$ を公式にすれば（どうせ空欄に答えを入れるだけである）．

$$-\frac{x\tan2x}{1-\cos x} = -\frac{1}{\dfrac{1-\cos x}{x^2}}\cdot\frac{\tan2x}{2x}\cdot2$$

$$\to -\frac{1}{\dfrac{1}{2}}\cdot1\cdot2 = \boldsymbol{-4}$$

とできる．

《e の極限（B2）☆》

164． $f(x) = (1+x)\log(3+x)$
$\qquad -(1+x)\log(5+x)$

とするとき，$\lim_{x\to\infty}f(x) = \square$ である．

（23　東京医大・医）

考え方 どれだけ注意しておいても，「$x\to\infty$ のとき $-(1+x)\log\dfrac{5+x}{3+x}\to-\infty\times\log1$ の形だから 0 です」というお気楽な生徒が後を絶たない．頭の中で，

∞, $\log 1$ が数値になっているのだろう．これらは数値ではなく，∞ はとても大きな状態であり，$\log 1$ はとても 0 に近い状態になっている．このままではよく分からないのである．

▶解答◀ $f(x)=(1+x)(\log(3+x)-\log(5+x))$

$$=-(1+x)\log\frac{5+x}{3+x}$$

$$=-(1+x)\log\left(1+\frac{2}{3+x}\right)$$

$$=-\frac{2(1+x)}{3+x}\cdot\frac{3+x}{2}\log\left(1+\frac{2}{3+x}\right)$$

$$=-2\cdot\frac{\frac{1}{x}+1}{\frac{3}{x}+1}\cdot\frac{3+x}{2}\log\left(1+\frac{2}{3+x}\right)$$

$\lim\limits_{h\to 0}\dfrac{1}{h}\log(1+h)=1$ は公式である．求める極限値は $-2\cdot\dfrac{0+1}{0+1}\cdot 1=\mathbf{-2}$ である．

注意 1°【私は平均値の定理が大好き】

平均値の定理は $f(b)-f(a)=(b-a)f'(c)$ の形で使うことが多い．

$g(x)=\log t$ として $g'(t)=\dfrac{1}{t}$ であるから

$\log(3+x)-\log(5+x)=\{(3+x)-(5+x)\}\dfrac{1}{c}$

となる c が存在する．

ただし $x+3<c<x+5$ であり，$1+\dfrac{3}{x}<\dfrac{c}{x}<1+\dfrac{5}{x}$ であるから，$x\to\infty$ のとき，ハサミウチの原理により $\dfrac{c}{x}\to 1$ となる．

$$f(x)=(1+x)(-2)\cdot\frac{1}{c}=-2\left(1+\frac{1}{x}\right)\cdot\frac{1}{\frac{c}{x}}\to -2$$

となる．

2°【生徒には上の変形は難しいのか？】

ロピタルの定理を使うように，分数形にする．

$x=\dfrac{1}{t}$ とおく．$x\to\infty$ のとき $t\to +0$ である．

$$-(1+x)\log\frac{5+x}{3+x}=-\left(1+\frac{1}{t}\right)\log\frac{5+\frac{1}{t}}{3+\frac{1}{t}}$$

$$=-\frac{(1+t)\log\frac{5t+1}{3t+1}}{t}$$

$$=-\frac{(1+t)\{\log(5t+1)-\log(3t+1)\}}{t}$$

$$=-(1+t)\cdot\frac{\log(5t+1)-\log(3t+1)}{t}$$

となり，$t\to +0$ のとき $-(1+t)\to -1$ となるから，$\dfrac{\log(5t+1)-\log(3t+1)}{t}$ の部分の極限が問題である．これはは $t\to +0$ のとき $\dfrac{0}{0}$ の形になる．分母・分子を微分して，分母の微分は 1 だから無視して，分子の部分だけ書くと

$$\frac{5}{5t+1}-\frac{3}{3t+1}$$

となる，$t\to +0$ のとき，これは $\dfrac{5}{1}-\dfrac{3}{1}=2$ に収束する．求める極限は -2 である．

高校時代，私は，ロピタルの定理は封印していた．勿論「教科書に載っていない定理は使ったらあかん」などということでは，全くない．教師の言いつけや，教科書の記述は，私の人生において，無意味である．ロピタルの定理は便利だから，頼ると，式変形の力の訓練にならないからである．

《e の極限 (B2) ☆》

165. 極限値 $\lim\limits_{x\to 0}\dfrac{\sin 2x}{\log_2(x+2)-1}$ を求めよ．

（23 福島県立医大・前期）

▶解答◀ $\dfrac{\sin 2x}{\log_2(x+2)-1}=\dfrac{\sin 2x}{\log_2\dfrac{x+2}{2}}$

$$=\frac{\sin 2x}{\frac{x}{2}\cdot\frac{2}{x}\log_2\left(1+\frac{x}{2}\right)}$$

$$=\frac{\sin 2x}{2x}\cdot\frac{4}{\log_2\left(1+\frac{x}{2}\right)^{\frac{2}{x}}}$$

$$\to 1\cdot\frac{4}{\log_2 e}=\mathbf{4\log 2}$$

$\lim\limits_{x\to 0}\dfrac{1}{x}\log(1+x)=1$ を公式とした．

注意【ロピタルの定理を使えば】

私が対面で教えている生徒に限ってのことだが，解答のような大人好みの解答を書ける生徒の割合が減っている．そもそもが，e の定義が何で，何が公式とか，知識が整理されていないせいだと思われる．

ロピタルの定理で答えを書く方が，白紙よりましである．

$\dfrac{0}{0}$ の形になるから，ロピタルの定理を用いる．

$$\frac{\sin 2x}{\log_2(x+2)-1}=\frac{\sin 2x}{\frac{\log_e(x+2)}{\log_e 2}-1}$$

の分母分子を微分した $\dfrac{2\cos 2x}{\frac{1}{(x+2)\log_e 2}}$ で $x\to 0$ として，答えは $\dfrac{2}{\frac{1}{2\log_e 2}}=\mathbf{4\log 2}$

《e の極限 (A2)》

166. 次の極限を求めよ．

（1） $\lim\limits_{x\to 2}\dfrac{\sqrt{2+x}-\sqrt{6-x}}{x^2-4}=\square$

（2） $\lim_{x\to 0}\frac{1}{x}\log\left(\frac{e^x+1}{2}\right)=\square$

（23　茨城大・工）

▶解答◀ （1） $\lim_{x\to 2}\frac{\sqrt{2+x}-\sqrt{6-x}}{x^2-4}$

$=\lim_{x\to 2}\frac{(2+x)-(6-x)}{(x-2)(x+2)(\sqrt{2+x}+\sqrt{6-x})}$

$=\lim_{x\to 2}\frac{2}{(x+2)(\sqrt{2+x}+\sqrt{6-x})}$

$=\frac{2}{4(2+2)}=\mathbf{\frac{1}{8}}$

（2） $\frac{1}{x}\log\left(\frac{e^x+1}{2}\right)=\frac{\log(e^x+1)-\log 2}{x}$

微分係数の定義（この場合は，実質，ロピタルの定理と同等）を用いる．

$f(x)=\log(e^x+1)$ とおくと $f'(x)=\frac{e^x}{e^x+1}$ である．

$$\lim_{x\to 0}\frac{\log(e^x+1)-\log 2}{x}=\lim_{x\to 0}\frac{f(x)-f(0)}{x-0}$$

$=f'(0)=\mathbf{\frac{1}{2}}$

《e の極限（A2）》

167. 次の極限を求めよ．

（1） $\lim_{x\to\infty}\{\log(x+2)-\log x\}$

（2） $\lim_{x\to\infty}x\{\log(x+2)-\log x\}$（23　茨城大・工）

▶解答◀ （1） $\lim_{x\to\infty}\{\log(x+2)-\log x\}$

$=\lim_{x\to\infty}\log\left(1+\frac{2}{x}\right)=\log 1=\mathbf{0}$

（2） $\lim_{x\to\infty}x\{\log(x+2)-\log x\}=\lim_{x\to\infty}x\log\left(1+\frac{2}{x}\right)$

$=\lim_{x\to\infty}2\cdot\frac{x}{2}\log\left(1+\frac{2}{x}\right)=2\log e=\mathbf{2}$

$\lim_{x\to 0}\frac{1}{x}\log(1+x)=1$ を公式とした．

《e の極限（A2）》

168. $\lim_{x\to 0}\frac{(e^x-1)\log(4x+1)}{x^2}=\square$ である．

（23　藤田医科大・医学部後期）

▶解答◀ $\lim_{x\to 0}\frac{(e^x-1)\log(4x+1)}{x^2}$

$=\lim_{x\to 0}\frac{e^x-1}{x}\cdot\frac{4\log(4x+1)}{4x}$

$=1\cdot 4=\mathbf{4}$

注意【公式】

$$\lim_{x\to 0}\frac{e^x-1}{x}=1,\ \lim_{x\to 0}\frac{\log(x+1)}{x}=1$$

を利用している．

《e の極限（A2）☆》

169. 自然対数の底 e は $\lim_{h\to 0}(1+h)^{\frac{1}{h}}=e$ で定義される．極限値 $\lim_{x\to\infty}\left(1-\frac{1}{2x}\right)^x$ を求めよ．

（23　電気通信大・後期）

▶解答◀ $\lim_{x\to\infty}\left(1+\frac{a}{x}\right)^x=e^a$ を公式にすれば求める極限値は $\mathbf{e^{-\frac{1}{2}}}$ である．

$h=-\frac{1}{2x}$ とおくと，

$x\to\infty$ のとき $h\to -0$ である．

$$\lim_{x\to\infty}\left(1-\frac{1}{2x}\right)^x=\lim_{h\to -0}(1+h)^{-\frac{1}{2h}}$$

$=\lim_{h\to -0}\left((1+h)^{\frac{1}{h}}\right)^{-\frac{1}{2}}=\mathbf{e^{-\frac{1}{2}}}$

$\lim_{h\to 0}(1+h)^{\frac{1}{h}}=e$ であるから特に，$\lim_{h\to -0}(1+h)^{\frac{1}{h}}=e$ である．

《本質的な項をくくりだせ（B2）》

170. 座標平面上の双曲線 $x^2-4y^2=5$ を C とおき，点 $(1,0)$ を通り傾き m が正となる直線を l とおく．

C の漸近線は $y=\frac{\boxed{ア}}{\boxed{イ}}x$ と $y=-\frac{\boxed{ア}}{\boxed{イ}}x$ である．また，l と C の共有点がただ 1 つとなるのは，m が $\frac{\sqrt{\boxed{ウ}}}{\boxed{エ}}$ または $\frac{\boxed{オ}}{\boxed{カ}}$ のときである．

$m=\frac{\sqrt{\boxed{ウ}}}{\boxed{エ}}$ ならば l は C の接線となる．ここで $a=\frac{\boxed{オ}}{\boxed{カ}}$ とおく．$m<a$ であるときに，l と C の共有点の y 座標のうち最大のものを y_m とすれば，

$$y_m=\frac{m}{\boxed{キ}-\boxed{ク}m^2}\left(-\boxed{ケ}+\sqrt{\boxed{コ}-\boxed{サシ}m^2}\right)$$

となる．このとき，

$$\lim_{m\to a-0}y_m=\boxed{ス}$$

が成り立つ．（23　明治大・数 III）

▶解答◀ $C: x^2-4y^2=5$ より

$$C:\frac{x^2}{(\sqrt{5})^2}-\frac{y^2}{\left(\frac{\sqrt{5}}{2}\right)^2}=1$$

よって，双曲線 C の漸近線は

$$\frac{x}{\sqrt{5}}\pm\frac{y}{\frac{\sqrt{5}}{2}}=0 \qquad \therefore\ y=\pm\mathbf{\frac{1}{2}}x$$

また，$l : y = m(x-1)$ と C を連立して

$$x^2 - 4m^2(x-1)^2 = 5$$

$$(1-4m^2)x^2 + 8m^2x - (5+4m^2) = 0 \quad \cdots\cdots\cdots ①$$

$1-4m^2 = 0$ のとき，$m > 0$ より，$m = \boldsymbol{\frac{1}{2}}$ である．

このとき，① は

$$2x - 6 = 0 \qquad \therefore \quad x = 3$$

であり，これを $l : y = \frac{1}{2}(x-1)$ に代入すると

$$y = \frac{1}{2}(3-1) = 1$$

であるから，l と C は共有点をただ 1 つもち，その点を P とおくと P(3, 1) である（図を見よ）．

$1-4m^2 \neq 0$ のとき，① の判別式を D とおくと，l と C の共有点がただ 1 つとなるのは $D = 0$ のときである．

$$\frac{D}{4} = 16m^4 + (1-4m^2)(5+4m^2) = 0$$

$$5 - 4 \cdot 4m^2 = 0 \qquad \therefore \quad m = \boldsymbol{\frac{\sqrt{5}}{4}}$$

このとき，l は C の接線となる．

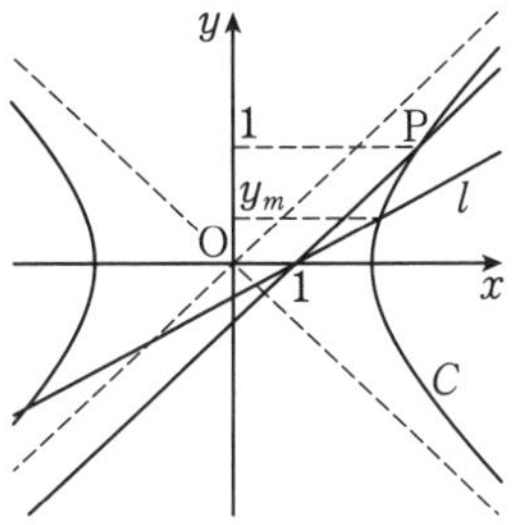

次に，$m < \frac{1}{2}$ とすると，l と C の共有点は第 1 象限と第 3 象限に 1 個ずつあり，y_m は第 1 象限にある方の y 座標である．この点の x 座標を x_m とおくと，x_m は ① の大きい方の解であるから，$D' = \frac{D}{4}$ とおくと

$$x_m = \frac{-4m^2 + \sqrt{D'}}{1-4m^2}$$

$$y_m = m(x_m - 1) = m \cdot \frac{-1+\sqrt{D'}}{1-4m^2}$$

$$= \boldsymbol{\frac{m}{1-4m^2}\left(-1+\sqrt{5-16m^2}\right)}$$

$m \to \frac{1}{2} - 0$ とすると，この共有点は限りなく P に近づくから，$\displaystyle\lim_{m \to \frac{1}{2}-0} y_m = \mathbf{1}$ が成り立つ．

注意 y_m の分子分母に $\sqrt{5-16m^2}+1$ をかけて

$$y_m = \frac{m}{1-4m^2} \cdot \frac{5-16m^2-1}{\sqrt{5-16m^2}+1}$$

$$= \frac{4m}{\sqrt{5-16m^2}+1}$$

$$\lim_{m \to \frac{1}{2}-0} y_m = \frac{2}{1+1} = 1$$

《$\dfrac{有限}{無限大}$ の極限 (B5)》

171． 以下の極限値を求めよ．

（1）$\displaystyle\lim_{x \to 0} \frac{2x^2 + \sin x}{x^2 - \pi x}$

（2）$\displaystyle\lim_{x \to -\pi} \frac{2x^2 + \sin x}{x^2 - \pi x}$

（3）$\displaystyle\lim_{x \to \infty} \frac{\sin x}{x^2}$

（4）$\displaystyle\lim_{x \to \infty} \frac{2x^2 + \sin x}{x^2 - \pi x}$

（5）$\displaystyle\lim_{x \to \infty} \frac{2x^2 \sin x - \cos^2 x + 1}{x^3(x-\pi)}$

（23　岩手大・前期）

▶解答◀（1）$\dfrac{2x^2 + \sin x}{x^2 - \pi x}$

$$= \frac{2x + \frac{\sin x}{x}}{x - \pi} \to \boldsymbol{-\frac{1}{\pi}} \ (x \to 0)$$

（2）$\displaystyle\lim_{x \to -\pi} \frac{2x^2 + \sin x}{x^2 - \pi x} = \frac{2\pi^2}{\pi^2 + \pi^2} = \mathbf{1}$

（3）$-1 \leqq \sin x \leqq 1$

$x \neq 0$ のとき，$-\dfrac{1}{x^2} \leqq \dfrac{\sin x}{x^2} \leqq \dfrac{1}{x^2}$

$\displaystyle\lim_{x \to \infty}\left(-\frac{1}{x^2}\right) = \lim_{x \to \infty} \frac{1}{x^2} = 0$ であるから，ハサミウチの原理より $\displaystyle\lim_{x \to \infty} \frac{\sin x}{x^2} = \mathbf{0}$

と書くのが教科書的ではあるが，1 から -1 の有限なものを大きなもので割ったら 0 に行くに決まっている．だから，なんの論証も不要で

$$\lim_{x \to \infty} \frac{\sin x}{x^2} = \mathbf{0}$$

とするのが自然である．

（4）$\dfrac{2x^2 + \sin x}{x^2 - \pi x}$

$$= \frac{2 + \frac{\sin x}{x^2}}{1 - \frac{\pi}{x}} \to \mathbf{2} \ (x \to \infty)$$

（5）$\dfrac{2x^2 \sin x - \cos^2 x + 1}{x^3(x-\pi)}$

$$= \frac{2 \cdot \frac{\sin x}{x^2} + \frac{\sin^2 x}{x^4}}{1 - \frac{\pi}{x}} \to \mathbf{0} \ (x \to \infty)$$

と書くのが高校的だが，分母は第 4 位の無限大（x^4 と同じオーダーで無限大に行く），分子はそれより下位であるから $\mathbf{0}$ と書くのが自然である．

しかし，それにしても，異様ですわ．$\displaystyle\lim_{x \to 0} \frac{\sin x}{x}$ とか，普通の極限はないの？

《双曲線で極限 (B20)》

172． 定数 a は正の実数とする．$x \geqq 1$ で定義された関数 $f(x) = a\sqrt{x^2-1}$ を考える．また，点 $(t, f(t))$（ただし，$t > 1$）における曲線 $y = f(x)$

の接線を l とする．a, t のうち必要なものを用いて，以下の問いに答えよ．

（1） 接線 l の方程式を答えよ．

（2） 接線 l と x 軸の交点の x 座標を答えよ．

（3） 接線 l と直線 $y = ax$ の交点の座標を答えよ．

（4） 接線 l と x 軸，および直線 $y = ax$ で囲まれた部分の面積 $S(t)$ を答えよ．

（5） 極限 $\lim_{t\to\infty} S(t)$ を答えよ．

（23　大阪公立大・工）

▶解答◀ （1） $f'(x) = \dfrac{ax}{\sqrt{x^2-1}}$

点 $(t, a\sqrt{t^2-1})$ における接線 l の方程式は

$$y = \frac{at}{\sqrt{t^2-1}}(x-t) + a\sqrt{t^2-1}$$

$$y = \frac{a}{\sqrt{t^2-1}}(tx - t^2 + t^2 - 1)$$

$$\boldsymbol{y = \frac{a}{\sqrt{t^2-1}}(tx-1)} \quad \cdots\cdots①$$

（2） 接線 l と x 軸の交点を P とおく．① より，点 P の x 座標は，$\boldsymbol{\dfrac{1}{t}}$ である．

（3） 接線 l と直線 $m : y = ax$ との交点を Q とおく．l と m の方程式を連立させて

$$\frac{a}{\sqrt{t^2-1}}(tx-1) = ax$$

$$tx - 1 = \sqrt{t^2-1}x$$

$$x = \frac{1}{t-\sqrt{t^2-1}} = t + \sqrt{t^2-1}$$

Q の座標は $\boldsymbol{\left(t+\sqrt{t^2-1},\ a(t+\sqrt{t^2-1})\right)}$

（4） $S(t)$ は △OPQ の面積であるから

$$S(t) = \frac{1}{2}\mathrm{OP}\cdot(\text{Q の } y \text{ 座標})$$

$$= \frac{1}{2}\cdot\frac{1}{t}\cdot a(t+\sqrt{t^2-1}) = \boldsymbol{\frac{a(t+\sqrt{t^2-1})}{2t}}$$

（5） $\displaystyle\lim_{t\to\infty} S(t) = \frac{a}{2}\lim_{t\to\infty}\frac{t+\sqrt{t^2-1}}{t}$

$$= \frac{a}{2}\lim_{t\to\infty}\left(1+\sqrt{1-\frac{1}{t^2}}\right) = \boldsymbol{a}$$

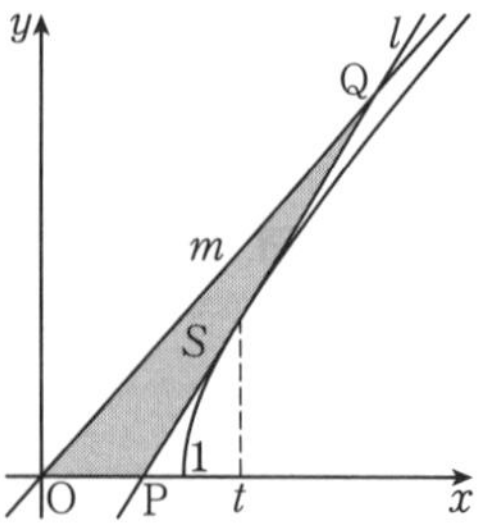

《双曲線の定義と極限 (B30) ☆》

173. 座標平面上の 2 つの円 C_1, C_2 を

$C_1 : (x+2)^2 + y^2 = 1,$

$C_2 : (x-3)^2 + y^2 = 4$

とする．次の問いに答えよ．

（1） 点 $(3, 0)$ と直線 $x - 2\sqrt{6}y + 7 = 0$ の距離を求めよ．

（2） 直線 l は 2 つの円 C_1, C_2 とそれぞれ点 $\mathrm{P}_1, \mathrm{P}_2$ で接し，点 $\mathrm{P}_1, \mathrm{P}_2$ の y 座標はいずれも正であるとする．

P_1 の座標を求めよ．

（3） 中心の座標が $\left(-\dfrac{1}{5}, \dfrac{12}{5}\right)$ である円 D が C_1, C_2 の両方に外接しているとする．D の半径を求めよ．また，このときの C_1 と D の接点の座標を求めよ．

（4） q を正の実数とし，中心の y 座標が q であるような円 E_q が C_1, C_2 の両方に外接しているとする．E_q の中心の x 座標を p としたとき，p を q の式で表せ．また，極限 $\displaystyle\lim_{q\to\infty}\frac{p}{q}$ を求めよ．

（5） （4）の円 E_q と C_2 の接点の座標を (s, t) とする．極限 $\displaystyle\lim_{q\to\infty} s$，$\displaystyle\lim_{q\to\infty} t$ をそれぞれ求めよ．

（23　同志社大・理工）

▶解答◀ （1） 円 C_1 の中心を $\mathrm{A}(-2, 0)$，円 C_2 の中心を $\mathrm{B}(3, 0)$，

$$x - 2\sqrt{6}y + 7 = 0 \quad \cdots\cdots①$$

とおく．点 B と直線 ① との距離は

$$\frac{|3 - 2\sqrt{6}\cdot 0 + 7|}{\sqrt{1^2 + (-2\sqrt{6})^2}} = \frac{10}{5} = \boldsymbol{2}$$

よって，円 C_2 と ① は接する．

（2） 点 A と直線 ① との距離は

$$\frac{|-2 - 2\sqrt{6}\cdot 0 + 7|}{\sqrt{1^2 + (-2\sqrt{6})^2}} = \frac{5}{5} = 1$$

よって，円 C_1 と ① は接する．

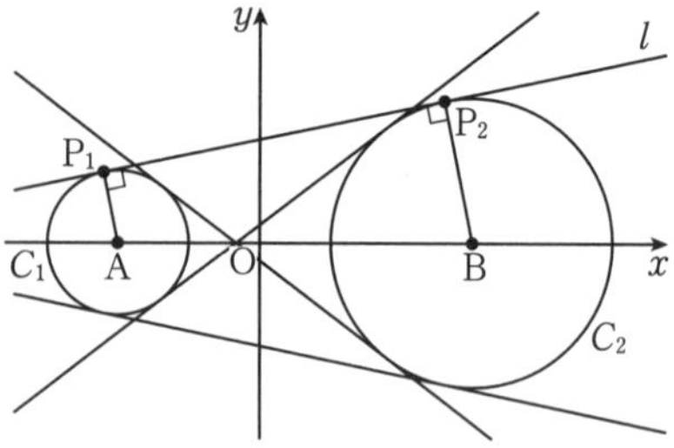

円 C_1 と C_2 の共通接線は 4 本あるが，このうち接点の y 座標がいずれも正となるのは図の l であり，これは

直線 ① と一致する．ここで，l の法線ベクトルで y 成分が正のものとして $\vec{n}=(-1,\ 2\sqrt{6})$ がとれ，$|\vec{n}|=5$ である．

$|\overrightarrow{\mathrm{AP_1}}|=1$ であるから，$\overrightarrow{\mathrm{AP_1}}=\dfrac{|\overrightarrow{\mathrm{AP_1}}|}{|\vec{n}|}\vec{n}=\dfrac{1}{5}\vec{n}$ で

$$\overrightarrow{\mathrm{OP_1}}=\overrightarrow{\mathrm{OA}}+\frac{1}{5}\vec{n}$$

$$=(-2,\ 0)+\frac{1}{5}(-1,\ 2\sqrt{6})=\left(-\frac{11}{5},\ \frac{2\sqrt{6}}{5}\right)$$

よって，$\mathrm{P_1}$ の座標は $\left(\boldsymbol{-\frac{11}{5},\ \frac{2\sqrt{6}}{5}}\right)$

(3) 円 D の中心を $\mathrm{C}\left(-\frac{1}{5},\ \frac{12}{5}\right)$，半径を r とする．

$$\overrightarrow{\mathrm{AC}}=\left(-\frac{1}{5},\ \frac{12}{5}\right)-(-2,\ 0)=\frac{3}{5}(3,\ 4)$$

$$\overrightarrow{\mathrm{BC}}=\left(-\frac{1}{5},\ \frac{12}{5}\right)-(3,\ 0)=\frac{4}{5}(-4,\ 3)$$

であるから，

$$|\overrightarrow{\mathrm{AC}}|=\frac{3}{5}\cdot 5=3,\ |\overrightarrow{\mathrm{BC}}|=\frac{4}{5}\cdot 5=4$$

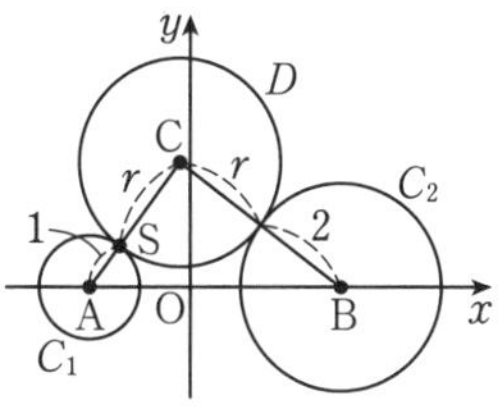

外接する条件から

$$\mathrm{AC}=1+r,\ \mathrm{BC}=2+r$$

よって，$\boldsymbol{r=2}$

円 C_1 と円 D の接点を S とすると，S は線分 AC を 1 : 2 に内分する点であるから，

$$\overrightarrow{\mathrm{OS}}=\frac{2}{1+2}\overrightarrow{\mathrm{OA}}+\frac{1}{1+2}\overrightarrow{\mathrm{OC}}$$

$$=\frac{2}{3}(-2,\ 0)+\frac{1}{3}\left(-\frac{1}{5},\ \frac{12}{5}\right)=\left(-\frac{7}{5},\ \frac{4}{5}\right)$$

よって，S の座標は $\left(\boldsymbol{-\frac{7}{5},\ \frac{4}{5}}\right)$

(4) 円 E_q の中心を $\mathrm{E}(p,\ q)$，半径を改めて r とする．
外接する条件から

$$\mathrm{AE}=1+r,\ \mathrm{BE}=2+r$$

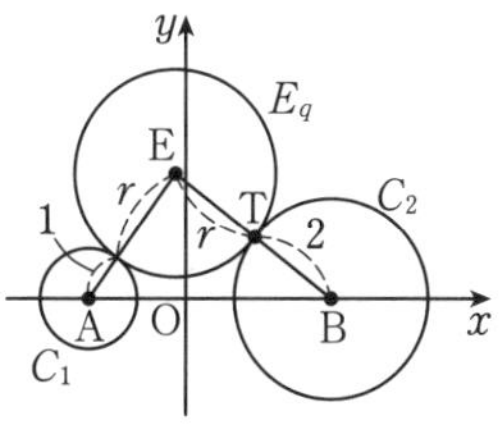

$$(p+2)^2+q^2=(1+r)^2 \quad \cdots\cdots ②$$

$$(p-3)^2+q^2=(2+r)^2 \quad \cdots\cdots ③$$

② − ③ より

$$10p-5=-2r-3$$

$r=1-5p$ を ② に代入して

$$(p+2)^2+q^2=(2-5p)^2$$

$$p^2+4p+4+q^2=4-20p+25p^2$$

$$24p^2-24p-q^2=0$$

$$p=\frac{12\pm\sqrt{144+24q^2}}{24}=\frac{6\pm\sqrt{6q^2+36}}{12}$$

$r>0$ であるから，$p<\dfrac{1}{5}$ より

$$\boldsymbol{p=\frac{1}{2}-\frac{\sqrt{6q^2+36}}{12}} \quad \cdots\cdots ④$$

このとき

$$\lim_{q\to\infty}\frac{p}{q}=\lim_{q\to\infty}\left(\frac{1}{2q}-\frac{1}{12}\sqrt{6+\frac{36}{q^2}}\right)=\boldsymbol{-\frac{\sqrt{6}}{12}}$$

(5) 円 C_2 と円 E_q の接点を $\mathrm{T}(s,\ t)$ とすると，T は線分 BE を $2:r$ に内分する点である．

$$\overrightarrow{\mathrm{OT}}=\frac{r}{r+2}\overrightarrow{\mathrm{OB}}+\frac{2}{r+2}\overrightarrow{\mathrm{OE}}$$

$$=\frac{r}{r+2}(3,\ 0)+\frac{2}{r+2}(p,\ q)$$

よって，$s=\dfrac{3r+2p}{r+2}$，$t=\dfrac{2q}{r+2}$
$r=1-5p$ を代入して

$$s=\frac{-13p+3}{-5p+3},\ t=\frac{2q}{-5p+3}$$

④ から $q\to\infty$ のとき $p\to-\infty$ で，$p\neq 0$ とする．(4) の結果を用いる．

$$s=\frac{-13+\frac{3}{p}}{-5+\frac{3}{p}},\ t=\frac{2}{-5\frac{p}{q}+\frac{3}{q}}$$

$$\lim_{q\to\infty}s=\boldsymbol{\frac{13}{5}}$$

$$\lim_{q\to\infty}t=\frac{2}{5\cdot\frac{\sqrt{6}}{12}}=\boldsymbol{\frac{4\sqrt{6}}{5}}$$

♦別解♦ (4) 外接する条件から，$\mathrm{BE}-\mathrm{AE}=1$ が成り立つ．よって，点 E は 2 点 A，B を焦点とする双曲線の $\mathrm{BE}>\mathrm{AE}$ を満たす部分に存在する．この双曲線 F の方程式を求める．

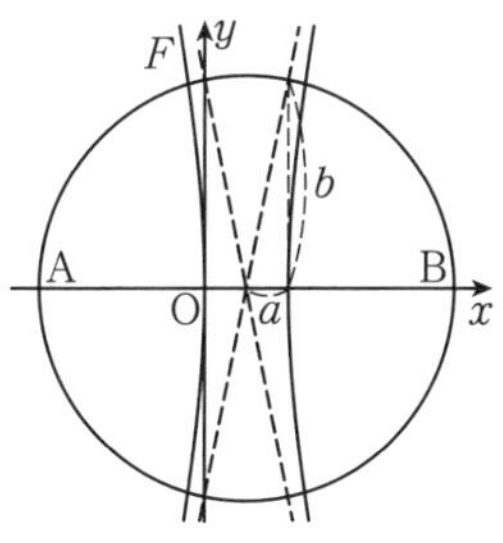

F の中心は $\left(\frac{1}{2}, 0\right)$ で，$a>0$, $b>0$ として

$$\frac{\left(x-\frac{1}{2}\right)^2}{a^2}-\frac{y^2}{b^2}=1$$

とおける．

$$2a=1,\ \frac{1}{2}+\sqrt{a^2+b^2}=3$$

より，$a=\frac{1}{2}$，$b=\sqrt{6}$

よって，F の方程式は $4\left(x-\frac{1}{2}\right)^2-\frac{y^2}{6}=1$

点 $\mathrm{E}(p, q)$ は F の $p<\frac{1}{2}$，$q>0$ の部分にあるから

$$\left(p-\frac{1}{2}\right)^2=\frac{q^2+6}{24}$$

$$p-\frac{1}{2}=-\sqrt{\frac{q^2+6}{24}}$$

よって，$p=\boldsymbol{\frac{1}{2}-\frac{\sqrt{6q^2+36}}{12}}$

【微分係数】

《基礎的な微分 (A2)》

174. 関数 $f(x)=\log|\tan 4x|$ の $x=\frac{\pi}{48}$ における微分係数は□である．

(23　藤田医科大・医学部前期)

▶解答◀ $f(x)=\log|\tan 4x|$ のとき

$$f'(x)=\frac{1}{\tan 4x}\cdot\frac{4}{\cos^2 4x}$$

$$=\frac{4}{\sin 4x\cos 4x}=\frac{8}{\sin 8x}$$

$$f'\left(\frac{\pi}{48}\right)=\frac{8}{\sin\frac{\pi}{6}}=\mathbf{16}$$

《基礎的な微分 (A2)》

175. 関数 $f(x)=\log_e\left(\cos\frac{x}{2}\right)$ の $x=\frac{\pi}{2}$ における微分係数を求めなさい．

(23　福島大・共生システム理工)

▶解答◀ $f'(x)=\frac{1}{\cos\frac{x}{2}}\cdot\left(\cos\frac{x}{2}\right)'$

$$=\frac{1}{\cos\frac{x}{2}}\cdot\left(-\sin\frac{x}{2}\right)\cdot\left(\frac{x}{2}\right)'=-\frac{1}{2}\tan\frac{x}{2}$$

$$f'\left(\frac{\pi}{2}\right)=-\frac{1}{2}\tan\frac{\pi}{4}=\boldsymbol{-\frac{1}{2}}$$

《微分係数の定義 (B2) ☆》

176. すべての実数 x に対し $4x-x^2\leqq g(x)\leqq 2+x^2$ を満たす関数 $g(x)$ は，$x=1$ において微分可能であることを示せ．

(23　岩手大・前期)

▶解答◀ 与えられた不等式で $x=1$ として

$$3\leqq g(1)\leqq 3 \qquad \therefore\quad g(1)=3$$

$$-x^2+4x-3\leqq g(x)-g(1)\leqq x^2-1$$

$$(x-1)(3-x)\leqq g(x)-g(1)\leqq(x-1)(x+1)$$

$x>1$ のとき

$$3-x\leqq\frac{g(x)-g(1)}{x-1}\leqq x+1$$

$\displaystyle\lim_{x\to 1+0}(3-x)=\lim_{x\to 1+0}(x+1)=2$ であるから，ハサミウチの原理より $\displaystyle\lim_{x\to 1+0}\frac{g(x)-g(1)}{x-1}=2$ である．

$x<1$ のとき

$$x+1\leqq\frac{g(x)-g(1)}{x-1}\leqq 3-x$$

であり，同様に $\displaystyle\lim_{x\to 1-0}\frac{g(x)-g(1)}{x-1}=2$ である．よって，$\displaystyle\lim_{x\to 1}\frac{g(x)-g(1)}{x-1}$ が存在するから，題意は示された．

注意　**【2 曲線の間】**

$C_1: y=2+x^2$，$C_2: 4x-x^2$，$l: y=2(x-1)+3$ とする．$(2+x^2)-(4x-x^2)=2(x-1)^2$ であるから点 $\mathrm{A}(1, 3)$ で 2 曲線は接する．曲線 $y=g(x)$ はその間を抜けて行くから，$g'(1)=2$ である．

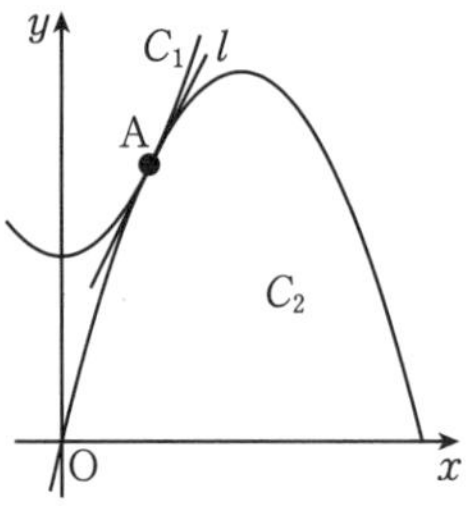

《微分可能性 (A2) ☆》

177. $g(x)=|x|\sqrt{x^2+1}$ とする．$g(x)$ が $x=0$ で微分可能でないことを証明しなさい．

(23　慶應大・理工)

▶解答◀ $\displaystyle\frac{g(0+h)-g(0)}{h}=\frac{|h|\sqrt{h^2+1}}{h}$

であるから，

$$\lim_{h\to+0}\frac{g(0+h)-g(0)}{h}=\sqrt{0^2+1}=1$$

$$\lim_{h\to-0}\frac{g(0+h)-g(0)}{h}=-\sqrt{0^2+1}=-1$$

となり，右側極限と左側極限が一致しないから，$g(x)$ は $x=0$ において微分可能でない．

《微分可能性 (B2) ☆》

178. a, b を正の実数とする．関数

$$f(x)=\begin{cases} ax+2e^{ax} & (x<0) \\ \sin\dfrac{x}{a}+b & (x \geqq 0) \end{cases}$$

が $x=0$ で微分可能であるとき，$a=$ □，$b=$ □ である．（23 愛媛大・後期）

▶解答◀ $f(x)$ が $x=0$ で微分可能であるとは $\lim_{h\to 0}\dfrac{f(h)-f(0)}{h}$ が収束することである．$f(0)$ は $x \geqq 0$ のときの式を用いて $f(0)=b$ である．

$h<0$ のとき

$$\frac{f(h)-f(0)}{h}=\frac{ah+2e^{ah}-b}{h}$$

$$=\frac{ah+2(e^{ah}-1)+2-b}{h}$$

$$=a+2\cdot\frac{e^{ah}-1}{ah}\cdot a+\frac{2-b}{h}$$

が $h\to -0$ で収束する条件は $b=\mathbf{2}$ であり，そのとき，$\lim_{x\to 0}\dfrac{e^x-1}{x}=1$ を公式として

$$\lim_{h\to -0}\frac{f(h)-f(0)}{h}=a+2\cdot 1\cdot a=3a \quad \cdots\cdots①$$

$h>0$ では

$$\frac{f(h)-f(0)}{h}=\frac{\sin\frac{h}{a}}{h}=\frac{\sin\frac{h}{a}}{\frac{h}{a}}\cdot\frac{1}{a}$$

$$\lim_{h\to +0}\frac{f(h)-f(0)}{h}=\frac{1}{a} \quad \cdots\cdots②$$

①，②が一致するときであるから $3a=\dfrac{1}{a}$ であり，$a>0$ より $a=\dfrac{\mathbf{1}}{\sqrt{\mathbf{3}}}$

注意 $f(x)$ が $x=0$ で連続で，かつ，$x<0$ における $f'(x)$ と $x>0$ における $f'(x)$ にそれぞれ $x=0$ を代入した式が一致する，ということをする人が多いだろうが，それは $f'(x)$ が連続のときの「答えの出し方」みたいなものである．たとえば

$x \geqq 0$ のとき $f(x)=ax$

$x<0$ のとき $f(x)=x^2\sin\dfrac{1}{x}$

で同じようにできるかどうか考えてみよ．$x<0$ のとき $f'(x)=2x\sin\dfrac{1}{x}-\cos\dfrac{1}{x}$ で，$x=0$ が代入できないから $f'(0)$ は存在しないって？

$h<0$ のとき $f(h)=h^2\sin\dfrac{1}{h}$ であり $f(0)=0$ だから $\dfrac{f(h)-f(0)}{h}=h\sin\dfrac{1}{h}$ で，$-1 \leqq \sin\dfrac{1}{h} \leqq 1$ だから $\lim_{h\to -0}\dfrac{f(h)-f(0)}{h}=0$ になる．

◆別解◆ $f(x)$ は $x=0$ で連続になるから $ax+2e^{ax}$, $\sin\dfrac{x}{a}+b$ で $x=0$ とおいて等置し $b=\mathbf{2}$

それぞれ x で微分し $a+2ae^{ax}$, $\dfrac{1}{a}\cos\dfrac{x}{a}$ となり，$x=0$ とおいて等置し $a+2a=\dfrac{1}{a}$ となる．$a>0$ より

$$a=\frac{\mathbf{1}}{\sqrt{\mathbf{3}}}$$

《微分可能性（B2）》

179. a, b, c を実数の定数とし，関数 $f(x)$ を

$$f(x)=\begin{cases} \dfrac{1+3x-a\cos 2x}{4x} & (x>0) \\ bx+c & (x \leqq 0) \end{cases}$$

で定める．$f(x)$ が $x=0$ で微分可能であるとき

$a=$ ア，$b=\dfrac{\text{イ}}{\text{ウ}}$，$c=\dfrac{\text{エ}}{\text{オ}}$

である．（23 明治大・理工）

▶解答◀ $f(x)$ が $x=0$ で微分可能であるとは，$\lim_{h\to 0}\dfrac{f(0+h)-f(0)}{h}$ が収束することである．

$f(0)$ は $x \leqq 0$ のときの式を用いて $f(0)=c$ であり，$h\to -0$ のときは

$$\lim_{h\to -0}\frac{f(h)-f(0)}{h}=\lim_{h\to -0}\frac{bh}{h}=b \quad \cdots\cdots①$$

となる．$h>0$ のときは $x>0$ の式を用いて

$$\frac{f(h)-f(0)}{h}=\frac{\frac{1+3h-a\cos 2h}{4h}-c}{h}$$

$$=\frac{1+(3-4c)h-a(1-2\sin^2 h)}{4h^2}$$

$$=\frac{1-a+(3-4c)h}{4h^2}+\frac{a}{2}\left(\frac{\sin h}{h}\right)^2$$

が $h\to +0$ のとき収束するのは $a=\mathbf{1}$, $c=\dfrac{\mathbf{3}}{\mathbf{4}}$ のときに限り，そのとき，極限値は $\dfrac{a}{2}=\dfrac{1}{2}$ となる．これが①の b に一致するときに限り $\lim_{h\to 0}\dfrac{f(h)-f(0)}{h}$ が収束する．$b=\dfrac{\mathbf{1}}{\mathbf{2}}$ である．

注意 1°【少していねいに】

$\lim_{h\to +0}\dfrac{1-a+(3-4c)h}{h^2}$ で分母 $\to 0$ であるから分子 $\to 0$ にならないとすると発散する．よって分子 $\to 0$ であり，$1-a=0$ である．そのとき $\lim_{h\to +0}\dfrac{3-4c}{h}$ となるから同じ理由により $3-4c=0$ である．

2°【連続性は書く必要はない】

$g(x)$ が $x=a$ で微分可能であることの定義は $\lim_{h\to 0}\dfrac{g(a+h)-g(a)}{h}$ が収束することである．そのとき当然 $\lim_{h\to 0}g(a+h)=g(a)$ となるから，$g(x)$ は $x=a$ で連続になるが，それはいわば系（定理，定義

から導かれる事実）であって，計算で必要になるわけではない．実際，解答のように，連続性についてふれなくても答えはえられる．

♦別解♦ $f(x)$ が $x=0$ で微分可能であるならば，$f(x)$ が $x=0$ で連続になるから

$$\lim_{x\to+0} f(x) = f(0)$$

となる．$f(0)$ は $x \leqq 0$ のときの式を用いて $f(0)=c$ であり

$$\lim_{x\to+0} \frac{3x+1-a\cos 2x}{4x} = c \quad \cdots\cdots ①$$

となる．分母 → 0 より 分子 → 0 であり，$1-a=0$ となって $a=1$

このとき ① の左辺について

$$\lim_{x\to+0} \frac{3x+1-\cos 2x}{4x} = \lim_{x\to 0}\left(\frac{3}{4} - \frac{\sin^2 x}{2x}\right)$$

$$= \lim_{x\to+0}\left(\frac{3}{4} - \frac{\sin x}{2}\cdot\frac{\sin x}{x}\right) = \frac{3}{4}$$

となるから $c = \boldsymbol{\frac{3}{4}}$ である．

$$\lim_{h\to+0} \frac{f(h)-f(0)}{h}$$

$$= \lim_{h\to+0} \frac{\frac{3h+1-\cos 2h}{4h} - \frac{3}{4}}{h}$$

$$= \lim_{h\to+0} \frac{\sin^2 h}{2h^2} = \lim_{h\to+0} \frac{1}{2}\left(\frac{\sin h}{h}\right)^2 = \frac{1}{2} \quad \cdots ②$$

$h<0$ のときは $x \leqq 0$ の式を用いて

$$\lim_{h\to-0} \frac{f(h)-f(0)}{h} = \lim_{h\to-0} \frac{bh}{h} = b \quad \cdots\cdots ③$$

②，③ が一致するから $b = \boldsymbol{\frac{1}{2}}$

【導関数】

［導関数］

《基本的微分（A2）》

180．関数 $y = x\log_e x$ を x について微分しなさい．（23 福島大・共生システム理工）

▶解答◀ $(x\log x)' = 1\cdot\log x + x\cdot\frac{1}{x} = \boldsymbol{\log x + 1}$

《基本的微分（A2）》

181．次の関数の導関数を求めよ．

$y = \cos(3^{-x}\pi)$

（23 広島市立大）

▶解答◀ $y = \cos(3^{-x}\pi)$ のとき

$$y' = -\sin(3^{-x}\pi)\cdot(-3^{-x}(\log 3)\pi)$$

$$= \boldsymbol{3^{-x}\pi(\log 3)\sin(3^{-x}\pi)}$$

《基本的微分（A2）》

182．$y = \frac{\log x}{x}$ を微分せよ．（23 愛知医大・医）

▶解答◀ $y' = \frac{\frac{1}{x}\cdot x - \log x\cdot 1}{x^2}$

$$= \boldsymbol{\frac{1-\log x}{x^2}}$$

《基本的微分（A2）》

183．$y = \log(x+\cos x)$ の導関数は，$y' = \square$ である．（23 北見工大・後期）

▶解答◀ $y' = \frac{(x+\cos x)'}{x+\cos x} = \boldsymbol{\frac{1-\sin x}{x+\cos x}}$

《基本的微分（A2）》

184．関数 $f(x) = \cos\sqrt{x+1}$ の導関数は，$f'(x) = \square$ である．（23 宮崎大・工）

▶解答◀ $f'(x) = -(\sin\sqrt{x+1})(\sqrt{x+1})'$

$$= \boldsymbol{-\frac{\sin\sqrt{x+1}}{2\sqrt{x+1}}}$$

《基本的微分（A2）》

185．関数 $f(x) = \frac{x^2}{\log x}$ の導関数は，$f'(x) = \square$ である．（23 宮崎大・工）

▶解答◀ $f'(x) = \frac{2x\cdot\log x - x^2\cdot\frac{1}{x}}{(\log x)^2}$

$$= \boldsymbol{\frac{x(2\log x - 1)}{(\log x)^2}}$$

《対数微分法（B7）》

186．対数は自然対数とする．関数

$f(x) = (\sin x + \cos x)^{5\sin x + 5\cos x + \log(\sin x + \cos x)}$

について，$f'\left(\frac{\pi}{2}\right) = \square$，$f''\left(\frac{\pi}{2}\right) = \square$ である．（23 東邦大・医）

▶解答◀ $t = \sin x + \cos x$ とおくと，$f(x) = t^{5t+\log t}$ となる．ここで，$g(t) = t^{5t+\log t}$ とおく．微分する際に，ダッシュをつけるが，f にダッシュがついているときは「x について微分する」ことを表し，g にダッシュがついているときは「t について微分する」ことを表すことにする．

$t>0$ なる範囲において，自然対数をとって

$$\log g(t) = (5t + \log t)\log t$$

両辺を t で微分して

$$\frac{g'(t)}{g(t)}=\left(5+\frac{1}{t}\right)\log t+(5t+\log t)\cdot\frac{1}{t}$$

$$=\left(5+\frac{2}{t}\right)\log t+5$$

$$g'(t)=\left\{\left(5+\frac{2}{t}\right)\log t+5\right\}g(t)$$

である．$x=\frac{\pi}{2}$ のとき，$t=1$ であり，$g(1)=1$ も合わせると

$$g'(1)=7\log 1+5=5$$

である．また，$\frac{dt}{dx}=\cos x-\sin x$ であるから，

$$f'(x)=\frac{dt}{dx}\cdot\frac{dg}{dt}$$

の両辺に $x=\frac{\pi}{2}$ を代入して

$$f'\left(\frac{\pi}{2}\right)=-1\cdot g'(1)=\mathbf{-5}$$

また，2 階微分について

$$\frac{d^2f}{dx^2}=\frac{d}{dx}\left(\frac{df}{dx}\right)$$

$$=\frac{d^2t}{dx^2}\cdot\frac{dg}{dt}+\frac{dt}{dx}\cdot\frac{d}{dx}\left(\frac{dg}{dt}\right)$$

$$=\frac{d^2t}{dx^2}\cdot g'(t)+\left(\frac{dt}{dx}\right)^2\cdot g''(t)\quad\cdots\cdots①$$

ここで，$\frac{d^2t}{dx^2}=-\sin x-\cos x$ であり

$$\frac{d^2g}{dt^2}=\left(-\frac{2}{t^2}\log t+\left(5+\frac{2}{t}\right)\frac{1}{t}\right)g(t)$$

$$+\left(\left(5+\frac{2}{t}\right)\log t+5\right)g'(t)$$

であるから，

$$g''(1)=(-2\log 1+7)g(1)+(7\log 1+5)g'(1)$$

$$=7\cdot 1+5\cdot 5=32$$

となる．よって，① において $x=\frac{\pi}{2}$ を代入して

$$f''\left(\frac{\pi}{2}\right)=(-1)g'(1)+(-1)^2g''(1)$$

$$=-1\cdot 5+1\cdot 32=\mathbf{27}$$

《分数関数 (B10)》

187．$x>1$ に対して $f(x)=\frac{5x^3+8x^2+15}{x^3-x}$ とする．

（1） $\lim_{x\to\infty}f(x)=\square$，$f(9)=\frac{\square}{\square}$ である．

（2） $g(x)=x^2(x^2-1)^2f'(x)$ とおくと
$g'(x)=-\square x^3-\square x^2-\square x$
である．ただし，$f'(x)$, $g'(x)$ はそれぞれ $f(x)$, $g(x)$ の導関数である．

（3） $y=f(x)$ を満たす自然数の組 (x, y) はただ 1 つ存在し，それを (a, b) としたとき $f(b)=\frac{\square}{\square}$ である．　（23　東京理科大・工）

▶解答◀（1）

$$\lim_{x\to\infty}f(x)=\lim_{x\to\infty}\frac{5+\frac{8}{x}+\frac{15}{x^3}}{1-\frac{1}{x^2}}=\mathbf{5}$$

$$f(9)=\frac{5\cdot 9^3+8\cdot 9^2+15}{9(81-1)}=\frac{1436}{3\cdot 80}=\mathbf{\frac{359}{60}}$$

（2） $f'(x)=\frac{1}{(x^3-x)^2}\{(15x^2+16x)(x^3-x)$

$$-(5x^3+8x^2+15)(3x^2-1)\}$$

$$=\frac{-8x^4-10x^3-53x^2+15}{x^2(x^2-1)^2}$$

$$x^2(x^2-1)^2f'(x)=-8x^4-10x^3-53x^2+15$$

であるから

$$g(x)=-8x^4-10x^3-53x^2+15$$

$$g'(x)=\mathbf{-32x^3-30x^2-106x}$$

（3） $f(x)=5+\frac{8x^2+5x+15}{x^3-x}$

$$h(x)=\frac{8x^2+5x+15}{(x-1)x(x+1)}$$

とおく．自然数 $x>2$ に対して $h(x)>0$ であるから，$f(x)$ が自然数になるとき $h(x)$ も自然数になる．

$$h(x)=\frac{8x(x+1)-3(x-5)}{(x-1)x(x+1)}$$

分母は 3 連続整数の積であるから分母は 6 の倍数．$x(x+1)$ に 3 があり，$x-5$ に 2 がある．x は奇数である．

$h(3)=\frac{8\cdot 3\cdot 4-3\cdot(-2)}{2\cdot 3\cdot 4}$ は分母に 4 があり分子に 4 がないから不適．

$h(5)=\frac{8\cdot 5\cdot 6}{4\cdot 5\cdot 6}=2$

問題文に「1 つしかない」とあるから

$$a=5,\ b=5+h(5)=7$$

$$f(7)=5+h(7)=5+\frac{8\cdot 7\cdot 8-3\cdot 2}{6\cdot 7\cdot 8}$$

$$=5+\frac{221}{168}=\mathbf{\frac{1061}{168}}$$

本当に 1 つしかないのか，安心してはいけない．問題文がちがっていることなど，ざらにある．

$h(7)=\frac{221}{168}$ は不適．

$x\geqq 9$ のとき

$$x^3-x-(8x^2+5x+15)$$

$$=x^2(x-8)-6x-15\geqq x^2\cdot 1-6x-15$$

$$=x(x-6)-15\geqq x\cdot 3-15>0$$

$$0<\frac{8x^2+5x+15}{x^3-x}<1$$

減少性などいらないことがわかる．微分などする必要はなかった．ともかく，確かに $f(x)$ が自然数になる自然数 x は1つしかない．

《減衰振動の関数（B10）》

188．関数 $f(x)=e^{-x}\sin x\ (x>0)$ が極大となる x の値を，小さい方から順に並べた数列を $a_1, a_2, a_3, \cdots$ とする．このとき，次の問に答えよ．

（1） $f(x)$ の $x=\dfrac{\pi}{4}$ における微分係数 $f'\left(\dfrac{\pi}{4}\right)$ の値を答えよ．

（2） a_2 の値を答えよ．

（3） $b_n=e^{\frac{\pi}{4}}f(a_n)$ とおくとき，無限級数 $\displaystyle\sum_{n=1}^{\infty}b_n$ の和を答えよ．（23 防衛大・理工）

▶解答◀ （1） $f'(x)$

$$=-e^{-x}\sin x+e^{-x}\cos x$$

$$=e^{-x}(\cos x-\sin x)$$

$$f'\left(\frac{\pi}{4}\right)=e^{-\frac{\pi}{4}}\left(\cos\frac{\pi}{4}-\sin\frac{\pi}{4}\right)=\mathbf{0}$$

（2） 以下では k は整数である．

$X=\cos x, Y=\sin x$ とすると，x の増加とともに，$\mathrm{P}(X,Y)$ は円 $X^2+Y^2=1$ 上を左回りに回る．図の A を上から下に通過するとき（$x=-\dfrac{3}{4}\pi+2k\pi$ の前後で）$X-Y$ は負から正へ，B を下から上に通過するとき（$x=\dfrac{\pi}{4}+2k\pi$ の前後で）$X-Y$ は正から負へ符号を変える．$f(x)$ が極大になる正の x の値を小さいほうから順に並べると

$$\frac{\pi}{4},\ \frac{9}{4}\pi,\ \frac{17}{4}\pi,\ \cdots$$

よって $a_2=\boldsymbol{\dfrac{9}{4}\pi}$ である．

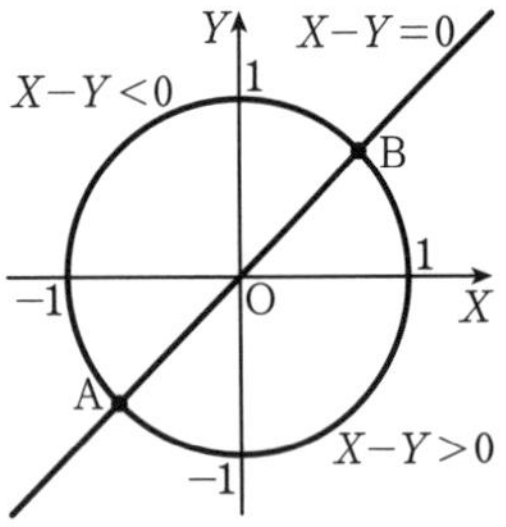

（3） $a_n=\dfrac{\pi}{4}+(n-1)\cdot 2\pi$

$$b_n=e^{\frac{\pi}{4}}f(a_n)=e^{\frac{\pi}{4}}e^{-a_n}\sin a_n=\frac{1}{\sqrt{2}}e^{-2(n-1)\pi}$$

$\displaystyle\sum_{n=1}^{\infty}b_n$ は初項 $\dfrac{1}{\sqrt{2}}$，公比 $e^{-2\pi}$ の無限等比級数である．$0<e^{-2\pi}<1$ であるから，収束してその和は

$$\frac{1}{\sqrt{2}}\cdot\frac{1}{1-e^{-2\pi}}=\boldsymbol{\frac{e^{2\pi}}{\sqrt{2}(e^{2\pi}-1)}}$$

《n 階導関数（B10）》

189．n は自然数とする．関数 $f(x)=x^2e^{2x}$ の n 次導関数 $f^{(n)}(x)$ について次の等式が成り立つことを証明せよ．

$$f^{(n)}(x)=2^{n-2}(4x^2+4nx+n(n-1))e^{2x}$$

（23 津田塾大・学芸-数学）

▶解答◀ $f'(x)=2x\cdot e^{2x}+x^2\cdot 2e^{2x}$

$$=2^{-1}(4x^2+4x)e^{2x}$$

であるから，$n=1$ のとき成り立つ．$n=k$ のとき成り立つとする．

$$f^{(k)}(x)=2^{k-2}(4x^2+4kx+k^2-k)e^{2x}$$

$$f^{(k+1)}(x)=2^{k-2}(8x+4k)e^{2x}$$
$$+2^{k-1}(4x^2+4kx+k^2-k)e^{2x}$$
$$=2^{k-1}(4x^2+(4k+4)x+k^2+k)e^{2x}$$

であるから，$n=k+1$ のときも成り立つ．数学的帰納法により証明された．

《n 階導関数（B10）》

190．関数 $f(x)=e^{\sqrt{3}x}\cos 3x$ の第50次導関数を $f^{(50)}(x)$ とする．三角関数の合成を考えることにより，方程式 $f^{(50)}(x)=0$ の $0\leqq x\leqq 2\pi$ における解をすべて求めよ．（23 福島県立医大・前期）

▶解答◀ $f'(x)=\sqrt{3}e^{\sqrt{3}x}\cos 3x+e^{\sqrt{3}x}(-3\sin 3x)$

$$=2\sqrt{3}e^{\sqrt{3}x}\left(\frac{1}{2}\cos 3x-\frac{\sqrt{3}}{2}\sin 3x\right)$$

$$=2\sqrt{3}e^{\sqrt{3}x}\cos\left(3x+\frac{\pi}{3}\right)$$

$e^{\sqrt{3}x}\cos 3x$ を微分すると $2\sqrt{3}$ が前にかかり $\dfrac{\pi}{3}$ だけ角が増える．

よって，$f^{(n)}(x)=(2\sqrt{3})^n e^{\sqrt{3}x}\cos\left(3x+\dfrac{n}{3}\pi\right)$ である．

数学的帰納法など不要であるが必要だと思う人のために書いておく．

これを数学的帰納法で示す．

$n=1$ のときは成り立つ．

$n=k$ のとき成り立つとすると

$$f^{(k+1)}(x)=\left(f^{(k)}(x)\right)'$$

$$=(2\sqrt{3})^k\left\{\sqrt{3}e^{\sqrt{3}x}\cos\left(3x+\frac{k}{3}\pi\right)\right.$$
$$\left.+e^{\sqrt{3}x}\left(-3\sin\left(3x+\frac{k}{3}\pi\right)\right)\right\}$$

$$=(2\sqrt{3})^{k+1}e^{\sqrt{3}x}\left\{\frac{1}{2}\cos\left(3x+\frac{k}{3}\pi\right)\right.$$
$$\left.-\frac{\sqrt{3}}{2}\sin\left(3x+\frac{k}{3}\pi\right)\right\}$$

$$= (2\sqrt{3})^{k+1} e^{\sqrt{3}x} \cos\left\{\left(3x + \frac{k}{3}\pi\right) + \frac{\pi}{3}\right\}$$
$$= (2\sqrt{3})^{k+1} e^{\sqrt{3}x} \cos\left(3x + \frac{k+1}{3}\pi\right)$$

となり，$n = k+1$ のときも成り立ち，示された．

$$f^{(50)}(x) = (2\sqrt{3})^{50} e^{\sqrt{3}x} \cos\left(3x + \frac{50}{3}\pi\right)$$

であるから，$f^{(50)}(x) = 0$ のとき $\cos\left(3x + \frac{50}{3}\pi\right) = 0$ である．

$0 \leqq x \leqq 2\pi$ より，$16\pi + \frac{2}{3}\pi \leqq 3x + \frac{50}{3}\pi \leqq 22\pi + \frac{2}{3}\pi$ であるから

$$3x + \frac{50}{3}\pi = 16\pi + \frac{3}{2}\pi,\ 18\pi + \frac{\pi}{2},\ 18\pi + \frac{3}{2}\pi,\ 20\pi + \frac{\pi}{2},\ 20\pi + \frac{3}{2}\pi,\ 22\pi + \frac{\pi}{2}$$
$$3x = \frac{5}{6}\pi,\ 2\pi - \frac{\pi}{6},\ 2\pi + \frac{5}{6}\pi,\ 4\pi - \frac{\pi}{6},\ 4\pi + \frac{5}{6}\pi,\ 6\pi - \frac{\pi}{6}$$
$$3x = \frac{5}{6}\pi,\ \frac{11}{6}\pi,\ \frac{17}{6}\pi,\ \frac{23}{6}\pi,\ \frac{29}{6}\pi,\ \frac{35}{6}\pi$$
$$\boldsymbol{x = \frac{5}{18}\pi,\ \frac{11}{18}\pi,\ \frac{17}{18}\pi,\ \frac{23}{18}\pi,\ \frac{29}{18}\pi,\ \frac{35}{18}\pi}$$

《n 階導関数 (B15)》

191. $f(x) = xe^x$, $g(x) = x^2e^x$ とする．ただし，e は自然対数の底である．$f(x)$, $g(x)$ の第 n 次導関数をそれぞれ $f^{(n)}(x)$, $g^{(n)}(x)$ ($n = 1, 2, 3, \cdots$) とする．以下の問に答えよ．

（1） $f^{(1)}(x)$, $f^{(2)}(x)$, $f^{(3)}(x)$ を求めよ．

（2） $f^{(n)}(x)$ を推測し，それが正しいことを数学的帰納法を用いて証明せよ．また，曲線 $y = f^{(n)}(x)$ と x 軸の共有点の個数を求めよ．

（3） $g^{(n)}(x)$ は，実数 p_n, q_n を用いて
$g^{(n)}(x) = (x^2 + p_nx + q_n)e^x$
と表せることを数学的帰納法を用いて示せ．

（4） $g^{(n)}(x)$ を求めよ．また，曲線 $y = g^{(n)}(x)$ と x 軸の共有点の個数を求めよ．

（23　岐阜大・医-医，工，応用生物，教）

▶解答◀ （1） $f(x) = xe^x$

$$f^{(1)}(x) = 1 \cdot e^x + x \cdot e^x = \boldsymbol{(x+1)e^x}$$
$$f^{(2)}(x) = 1 \cdot e^x + (x+1) \cdot e^x = \boldsymbol{(x+2)e^x}$$
$$f^{(3)}(x) = 1 \cdot e^x + (x+2) \cdot e^x = \boldsymbol{(x+3)e^x}$$

（2） $f^{(n)}(x) = \boldsymbol{(x+n)e^x}$ と推測できる．

（1）より，$n = 1$ のとき成り立つ．

$n = k$ のとき成り立つとする．$f^{(k)}(x) = (x+k)e^x$ である．これを微分し

$$f^{(k+1)}(x) = 1 \cdot e^x + (x+k) \cdot e^x = (x+k+1)e^x$$

であるから，$n = k+1$ のときも成り立つ．数学的帰納法により示された．

$f^{(n)}(x) = 0$ のとき

$$(x+n)e^x = 0$$
$$x + n = 0 \qquad \therefore \quad x = -n$$

よって，曲線 $y = f^{(n)}(x)$ と x 軸の共有点の個数は **1**

（3） $g^{(1)}(x) = 2x \cdot e^x + x^2 \cdot e^x = (x^2 + 2x)e^x$

であるから，$p_1 = 2$, $q_1 = 0$ と定めると，$n = 1$ のとき成り立つ．$n = k$ のとき成り立つ，すなわち

$$g^{(k)}(x) = (x^2 + p_kx + q_k)e^x$$

と表せるとする．これを微分し

$$g^{(k+1)}(x) = (2x + p_k) \cdot e^x + (x^2 + p_kx + q_k) \cdot e^x$$
$$= \{x^2 + (p_k + 2)x + p_k + q_k\}e^x$$

であるから，$p_{k+1} = p_k + 2$, $q_{k+1} = p_k + q_k$ と定めると，$n = k+1$ のときも成り立つ．数学的帰納法により示された．

（4）（3）より，$p_1 = 2$, $q_1 = 0$ で

$$p_{n+1} = p_n + 2,\ q_{n+1} = p_n + q_n$$

数列 $\{p_n\}$ は公差 2 の等差数列であるから

$$p_n = 2 + (n-1) \cdot 2 = 2n$$
$$q_{n+1} = q_n + 2n$$

$n \geqq 2$ のとき

$$q_n = q_1 + \sum_{k=1}^{n-1} 2k = n(n-1)$$

結果は $n = 1$ のときも正しい．よって

$$g^{(n)}(x) = \boldsymbol{\{x^2 + 2nx + n(n-1)\}e^x}$$

$g^{(n)}(x) = 0$ のとき

$$\{x^2 + 2nx + n(n-1)\}e^x = 0$$
$$x^2 + 2nx + n(n-1) = 0 \quad \cdots\cdots\cdots ①$$

① の判別式を D とすると

$$\frac{D}{4} = n^2 - n(n-1) = n > 0$$

であるから，① は異なる 2 つの実数解をもつ．よって，曲線 $y = g^{(n)}(x)$ と x 軸の共有点の個数は **2**

【平均値の定理】

《増加性は平均値の定理で示す (A5) ☆》

192. 閉区間 $[0, 1]$ 上で定義された連続関数 $h(x)$ が，開区間 $(0, 1)$ で微分可能であり，この区間で常に $h'(x) < 0$ であるとする．このとき，$h(x)$ が区間 $[0, 1]$ で減少することを，平均値の定理を用いて証明しなさい．（23　慶應大・理工）

▶解答◀ $0 \leqq p < q \leqq 1$ を満たす p, q を任意にとる．このとき，$h(p) > h(q)$ であることを示す．平均値の定理より

$$h(p) - h(q) = h'(c)(p - q)$$

$(p < c < q)$ なる c が存在する．ここで，$0 < c < 1$ より $h'(c) < 0$ であり，$p < q$ より $p - q < 0$ であるから

$$h(p) - h(q) > 0 \qquad \therefore \quad h(p) > h(q)$$

これより，$h(x)$ が区間 $[0, 1]$ で減少することが示された．

《導関数が 0 ならば定数 (B5) ☆》

193. 平均値の定理

a, b は実数とする．関数 $f(x)$ が閉区間 $[a, b]$ で連続，開区間 (a, b) で微分可能ならば，次の条件を満たす実数 c が存在する．

$$\frac{f(b) - f(a)}{b - a} = f'(c),\ a < c < b$$

について，次の問いに答えよ．

（1） この定理が意味していることを，$y = f(x)$ のグラフを用いて図形的に説明せよ．

（2） この定理において，関数 $f(x)$ は閉区間の端 $x = a$ または $x = b$ においては，連続でありさえすれば，微分可能でなくてもよい．このことを，関数 $y = \sqrt{4 - x^2}$ を例にして説明せよ．

（3） この定理は，関数 $f(x)$ が開区間 (a, b) に微分可能でない点を一つでももつと，一般には成り立たない．このことを，関数の例を一つ挙げて説明せよ．

（4） 平均値の定理を用いて，次の命題が成り立つことを示せ．

「関数 $f(x)$ は，すべての実数 x で微分可能であるとする．このとき，すべての x の値で $f'(x) = 0$ ならば，$f(x)$ はすべての x の値で一定の値をとる．」

（23　広島大・光り輝き入試-教育（数））

▶解答◀ （1） 曲線 $y = f(x)$ 上に任意の 2 点 $A(a, f(a))$, $B(b, f(b))$ をとると，線分 AB と平行な接線が引けるような点 C が 2 点 A，B 間の曲線上にあるということである．

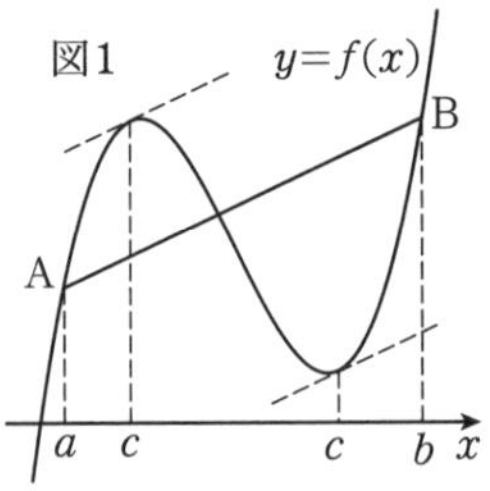

（2） 図 2 を見よ．$y = \sqrt{4 - x^2}$ は $x = \pm 2$ においては（両側）微分は定義されていないが，$(-2, 0)$, $(2, 0)$ を結ぶ線分と平行な接線は確かに存在しているから，平均値の定理は成立している．

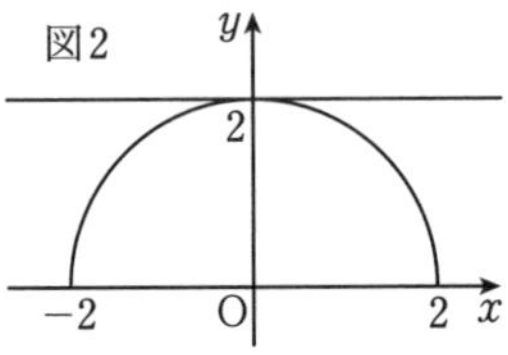

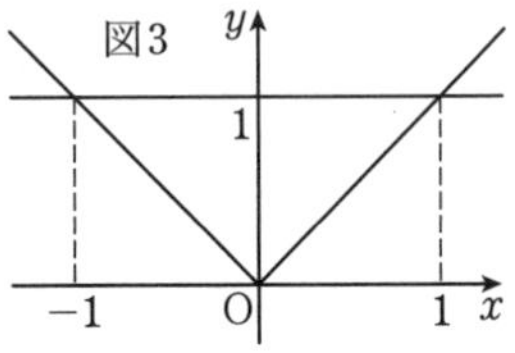

（3） 図 3 を見よ．$y = |x|$ は $x = 0$ は微分可能でないから，$x = 0$ での接線は定義されない．$(-1, 1)$, $(1, 1)$ を結ぶ線分は x 軸に平行だが，$-1 < x < 1$ においてはそのような接線は存在しない．よって，一つでも開区間内に微分可能でない点をもつと，平均値の定理は成立しないことがある．

（4） 実数 a, b $(a < b)$ を任意にとったとき，すべての x の値で $f'(x) = 0$ であるから

$$f(b) - f(a) = f'(c)(b - a)$$
$$= 0 \cdot (b - a) = 0$$

すなわち，$f(a) = f(b)$ となるから，$f(x)$ はすべての x の値で一定の値をとる．

《最大値がひっくり返る定理 (B20)》

194. 関数 $f(x)$ と実数 t に対し，x の関数 $tx - f(x)$ の最大値があればそれを $g(t)$ と書く．

（1） $f(x) = x^4$ のとき，任意の実数 t について $g(t)$ が存在する．この $g(t)$ を求めよ．

以下，関数 $f(x)$ は連続な導関数 $f'(x)$ を持ち，次の 2 つの条件（ i ），（ii）が成り立つものとする．

（ i ） $f'(x)$ は増加関数，すなわち $a < b$ ならば $f'(a) < f'(b)$

（ii） $\displaystyle\lim_{x \to -\infty} f'(x) = -\infty$ かつ $\displaystyle\lim_{x \to \infty} f'(x) = \infty$

（2） 任意の実数 t に対して，x の関数 $tx - f(x)$ は最大値 $g(t)$ を持つことを示せ．

（3） s を実数とする．t が実数全体を動くとき，t の関数 $st - g(t)$ の最大値は $f(s)$ となることを示せ．

（23　千葉大・前期）

▶解答◀ （1） $h(x)=tx-f(x)$ とおく．$f(x)=x^4$ のとき，

$$h'(x)=t-4x^3$$

であるから，$h'(x)$ は $x<\left(\frac{t}{4}\right)^{\frac{1}{3}}$ において正，

$x>\left(\frac{t}{4}\right)^{\frac{1}{3}}$ において負である．したがって，$h(x)$ は

$x=\left(\frac{t}{4}\right)^{\frac{1}{3}}$ で最大値をとるから，

$$g(t)=h\left(\left(\frac{t}{4}\right)^{\frac{1}{3}}\right)=t\left(\frac{t}{4}\right)^{\frac{1}{3}}-\left(\frac{t}{4}\right)^{\frac{4}{3}}$$

$$=4\left(\frac{t}{4}\right)^{\frac{4}{3}}-\left(\frac{t}{4}\right)^{\frac{4}{3}}=\mathbf{3\left(\frac{t}{4}\right)^{\frac{4}{3}}}$$

（2） $h'(x)=t-f'(x)$

$f'(x)$ は増加関数で，

$$\lim_{x\to-\infty}f'(x)=-\infty,\ \lim_{x\to\infty}f'(x)=\infty$$

であるから，$f'(\alpha)=t$ となる α が，ただ一つ存在する．

$h'(x)$ は $x<\alpha$ において正，$x>\alpha$ において負であるから，$h(x)$ は $x=\alpha$ で最大値をとる．すなわち，$g(t)=h(\alpha)$ である．

（3） $g(t)=t\alpha-f(\alpha),\ t=f'(\alpha)$ に注意して，

$$st-g(t)=sf'(\alpha)-\alpha f'(\alpha)+f(\alpha)$$

$$=f(\alpha)+f'(\alpha)(s-\alpha)=i(\alpha)$$

とおく．$f'(x)$ は増加関数で，定義域，値域がともに実数全体であるから，逆関数をもつ．したがって，t が実数全体を動くとき，α の変域も実数全体となる．

平均値の定理より

$$f(s)-f(\alpha)=f'(\beta)(s-\alpha)$$

となる β が s と α の間に存在する．ただし，$\alpha=s$ のときは，$\beta=s$ である．

$$f(\alpha)=f(s)-f'(\beta)(s-\alpha)$$

であるから，

$$i(\alpha)=f(s)-\{f'(\beta)-f'(\alpha)\}(s-\alpha)$$

となる．$f'(x)$ は増加関数であるから，$s<\beta<\alpha$ のとき $f'(\beta)<f'(\alpha)$，$s>\beta>\alpha$ のとき $f'(\beta)>f'(\alpha)$ となる．$s=\alpha$ の場合も含めて，

$$\{f'(\beta)-f'(\alpha)\}(s-\alpha)\geqq 0$$

であるから，

$$i(\alpha)=f(s)-\{f'(\beta)-f'(\alpha)\}(s-\alpha)\leqq f(s)$$

となる．したがって，$st-g(t)$ の最大値は $f(s)$ である．

注意 $tx-f(x)$ の最大値が $g(t)$ であるから，t を固定したとき，すべての実数 x について

$$tx-f(x)\leqq g(t)$$

が成り立つ．すなわち，

$$tx-g(t)\leqq f(x)$$

である．等号成立は $x=\alpha$ のときである．x を s とすると，

$$ts-g(t)\leqq f(s)$$

となる．$t=f'(s)$ のとき，$s=\alpha$ となり，等号が成立する．したがって，$st-g(t)$ の最大値は $f(s)$ である．

《e の無理数性 (B30)》

195. e を自然対数の底，n を 2 以上の自然数とする．a_n を等式

$$e=1+\frac{1}{1!}+\frac{1}{2!}+\cdots+\frac{1}{n!}+\frac{a_n}{(n+1)!}$$

を満たす数とし，関数 $f(x)$ を

$$f(x)=e^x\left\{1+\frac{1-x}{1!}+\frac{(1-x)^2}{2!}+\cdots+\frac{(1-x)^n}{n!}\right\}+\frac{a_n}{(n+1)!}(1-x)^{n+1}$$

で定める．以下の設問に答えよ．なお，必要ならば，$2<e<3$ であることは用いてよい．

（1） $f(0)$ 及び $f(1)$ の値を求めよ．

（2） $f(x)$ の導関数 $f'(x)$ を a_n, n, x を用いて表せ．

（3） 関係式 $a_n=e^c,\ 0<c<1$ を満たす実数 c が存在することを示せ．さらに，不等式 $0<\frac{a_n}{n+1}<1$ が成り立つことを示せ．

（4） e が無理数であることを示せ．

（23　気象大・全）

▶解答◀ （1）

$$f(0)=1+\frac{1}{1!}+\frac{1}{2!}+\cdots+\frac{1}{n!}+\frac{a_n}{(n+1)!}=\mathbf{e}$$

$$f(1)=\mathbf{e}$$

（2）
$$f'(x)=e^x\left\{1+\frac{1-x}{1!}+\cdots+\frac{(1-x)^n}{n!}\right\}+e^x\left\{-1-\frac{2(1-x)}{2!}-\cdots-\frac{n(1-x)^{n-1}}{n!}\right\}-\frac{a_n}{(n+1)!}(n+1)(1-x)^n$$

$$=e^x\left\{1+\frac{1-x}{1!}+\cdots+\frac{(1-x)^n}{n!}\right\}+e^x\left\{-1-\frac{1-x}{1!}-\cdots-\frac{(1-x)^{n-1}}{(n-1)!}\right\}-\frac{a_n}{n!}(1-x)^n$$

$$=e^x\frac{(1-x)^n}{n!}-\frac{a_n}{n!}(1-x)^n$$

$$=\boldsymbol{\frac{(1-x)^n}{n!}(e^x-a_n)}$$

（3） 平均値の定理より

$$\frac{f(1)-f(0)}{1-0}=f'(c),\ 0<c<1$$

となる c が存在し，$f(1)=e,\ f(0)=e$ より

$$f'(c)=0$$

$$\frac{(1-c)^n}{n!}(e^c-a_n)=0$$

$\dfrac{(1-c)^n}{n!}>0$ であるから，$a_n=e^c$ である．

また，$0<c<1,\ 2<e<3,\ n\geqq 2$ より

$$0<\frac{a_n}{n+1}=\frac{e^c}{n+1}<\frac{3}{n+1}\leqq 1$$

であるから $0<\dfrac{a_n}{n+1}<1$ である．

（４） e が有理数であると仮定する．$e=\dfrac{p}{q}$ （$p,\ q$ は互いに素な自然数）とおける．自然数 n を $n\geqq q$ とする．

$$e=\sum_{k=0}^{n}\frac{1}{k!}+\frac{a_n}{(n+1)!}$$

$$\frac{p}{q}=\sum_{k=0}^{n}\frac{1}{k!}+\frac{a_n}{(n+1)!}$$

$$n!\cdot\frac{p}{q}=\frac{a_n}{n+1}+\sum_{k=0}^{n}\frac{n!}{k!}$$

$$\frac{a_n}{n+1}=n!\cdot\frac{p}{q}-\sum_{k=0}^{n}\frac{n!}{k!}\quad\cdots\cdots①$$

$0\leqq k\leqq n$ に対して，$\dfrac{n!}{k!}$ は整数であるから $\displaystyle\sum_{k=0}^{n}\frac{n!}{k!}$ は整数である．① の右辺は整数であるが，左辺は $0<\dfrac{a_n}{n+1}<1$ であるから矛盾する．したがって e は無理数である．

《力学系 (C20)》

196. 数列 $\{a_n\}$ を次のように定める．

$$a_1=1,\quad a_{n+1}=\cos(a_n)\quad (n=1,\ 2,\ 3,\ \cdots)$$

（１） $\cos\alpha=\alpha$ かつ $0<\alpha<\dfrac{\pi}{2}$ を満たす実数 α がただ一つ存在することを示せ．

以下，α は（１）の実数とする．

（２） 次の不等式を示せ．

$0<x<\alpha$ のとき $x<\cos(\cos x)$,

$\alpha<x<\dfrac{\pi}{2}$ のとき $x>\cos(\cos x)$

（３） 不等式

$a_{2k}<a_{2k+2}<\alpha<a_{2k+1}<a_{2k-1}(k=1,\ 2,\ \cdots)$

を示せ．

（４） $0<x\leqq 1$ かつ $x\neq\alpha$ を満たす実数 x に対して，不等式 $0<\dfrac{\alpha-\cos x}{x-\alpha}<\sin 1$ が成り立つことを示せ．

（５） 数列 $\{a_n\}$ が α に収束することを示せ．

（23　津田塾大・推薦）

▶解答◀ （１） $f(x)=\cos x-x$ $\left(0<x<\dfrac{\pi}{2}\right)$ とおく．$f'(x)=-\sin x-1<0$ であり，$f(x)$ は減少関数である．

$$f(0)=1>0,\ f\left(\frac{\pi}{2}\right)=-\frac{\pi}{2}<0$$

中間値の定理より，$f(\alpha)=0$ すなわち，$\cos\alpha=\alpha$ かつ $0<\alpha<\dfrac{\pi}{2}$ をみたす実数 α がただ１つ存在する．

なお，$f(1)=\cos 1-1<0$ であるから，$0<\alpha<1$

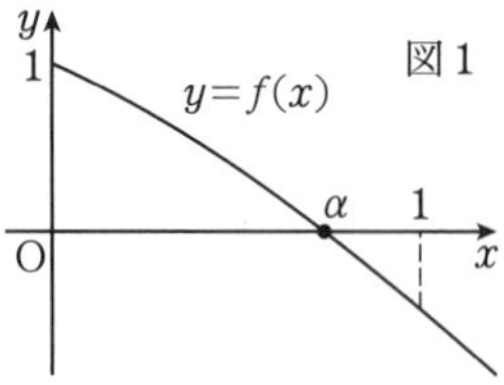

（２） $g(x)=x-\cos(\cos x)$ とおく．まず，（１）より

$$g(\alpha)=\alpha-\cos(\cos\alpha)=\alpha-\cos\alpha=0$$

また

$$g'(x)=1+\sin(\cos x)\cdot(\cos x)'$$
$$=1-\sin x\cdot\sin(\cos x)$$

$0<x<\dfrac{\pi}{2}$ のとき

$$0<\sin x<1,\ 0<\cos x<1$$

$0<\sin(\cos x)<1$ であるから，$g'(x)>0$ で，$g(x)$ は増加関数である．

$0<x<\alpha$ のとき，$g(x)<g(\alpha)=0$ であるから

$$x<\cos(\cos x)$$

$\alpha<x<\dfrac{\pi}{2}$ のとき，$g(x)>g(\alpha)=0$ であるから

$$x>\cos(\cos x)$$

（３） 図２のようになるから，証明すべき式は明らかである．しかし，これを式で示さねばならない．

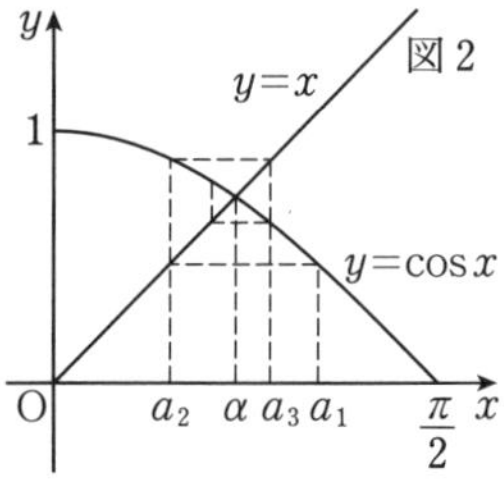

まず，$0<a_n<\dfrac{\pi}{2}$ であることを示す．$h(x)=\cos x$ とする．$n=1$ で成り立つ．

$n=m$ で成り立つとする．$0<a_m<\dfrac{\pi}{2}$

$h(x)$ は $0<x<\dfrac{\pi}{2}$ で減少関数であるから

$$\frac{\pi}{2}>1=h(0)>h(a_m)>h\left(\frac{\pi}{2}\right)=0$$

$0<a_{m+1}<\dfrac{\pi}{2}$ となり，$n=m+1$ で成り立つ．

数学的帰納法により証明された．

以下で平均値の定理を用いる．$h'(x)=-\sin x$ である．

$$a_{n+1}=h(a_n)$$
$$\alpha=h(\alpha)$$

を辺ごとに引いて

$$a_{n+1}-\alpha=h(a_n)-h(\alpha)=(a_n-\alpha)h'(c_n)$$

となる $0<c_n<\dfrac{\pi}{2}$ が存在する．

$a_1-\alpha=1-\alpha>0$ であり

$$a_{n+1}-\alpha=-(a_n-\alpha)\sin c_n,\ \sin c_n>0$$

により，$a_n-\alpha$ と $a_{n+1}-\alpha$ は異符号である．$a_n-\alpha$ は1回ごとに正，負を交換し

$$|a_{n+1}-\alpha|=|(a_n-\alpha)\sin c_n|<|a_n-\alpha|$$

であるから，次第に α に近づく．ゆえに

$$a_{2k}<a_{2k+2}<\alpha<a_{2k+1}<a_{2k-1}$$

（4） 平均値の定理を用いる．$0<x\leqq 1$，$0<\alpha<1$，$x\neq\alpha$ であるから，平均値の定理により

$$\frac{h(x)-h(\alpha)}{x-\alpha}=h'(c)=-\sin c$$

となる $0<c<1$ が存在する．

$$\frac{\alpha-\cos x}{x-\alpha}=\sin c,\ 0<\sin c<\sin 1$$

であるから，証明された．

（5）（3）で，$0<a_n\leqq a_1=1,\ 0<\alpha<1$ であり，c_n は α と a_n の間にあるから，$0<c_n<1$ であり，$\sin c_n<\sin 1$ である．$r=\sin 1$ とおく．

$$|a_{n+1}-\alpha|<r|a_n-\alpha|$$

$$|a_n-\alpha|<r|a_{n-1}-\alpha|<r\cdot r|a_{n-2}-\alpha|$$

$$<\cdots<r^{n-1}|a_1-\alpha|$$

$$0<|a_n-\alpha|<r^{n-1}|a_1-\alpha|$$

ハサミウチの原理により

$$\lim_{n\to\infty}|a_n-\alpha|=0 \qquad \therefore\ \lim_{n\to\infty}a_n=\alpha$$

注意（4）について，（3）で答えた内容と同じである．（2）についても，不要な設問である．

【接線（数 III）】

《接線の基本（A2）》

197. a, b を実数とする．関数 $f(x)=\dfrac{x+10}{x^2+7x+14}$ について，曲線 $y=f(x)$ 上の点 $(0,\ f(0))$ における接線の方程式が $y=ax+b$ であるとき，$a=$ □, $b=$ □ である．

（23　愛媛大・医，理，工，教）

▶解答◀ $f(x)=\dfrac{x+10}{x^2+7x+14}$ について

$$f'(x)=\frac{1\cdot(x^2+7x+14)-(x+10)(2x+7)}{(x^2+7x+14)^2}$$

$$=\frac{-x^2-20x-56}{(x^2+7x+14)^2}$$

$f'(0)=-\dfrac{56}{14^2}=-\dfrac{2}{7}$ であるから $\left(0,\ \dfrac{5}{7}\right)$ における接線の方程式は

$$y=-\frac{2}{7}x+\frac{5}{7}$$

$$a=-\boldsymbol{\frac{2}{7}},\ b=\boldsymbol{\frac{5}{7}}$$

《平行な接線を引く（A2）》

198. 関数 $f(x)=\sqrt{x}$ を考える．曲線 $y=f(x)$ 上の3点

A$(1,\ f(1))$, B$(4,\ f(4))$, P$(t,\ f(t))$ $(1<t<4)$

について，直線ABの傾きは □ であり，△ABPの面積が最大となるとき，$t=$ □ である．

（23　愛媛大・後期）

▶解答◀ A$(1,\ 1)$, B$(4,\ 2)$, P$(t,\ \sqrt{t})$ について，直線ABの傾きは $\dfrac{2-1}{4-1}=\boldsymbol{\dfrac{1}{3}}$ である．△ABPの面積が最大となるのは点Pにおける接線が直線ABと平行になるときで，$f(x)=\sqrt{x}$ について $f'(x)=\dfrac{1}{2\sqrt{x}}$ だから

$$\frac{1}{2\sqrt{t}}=\frac{1}{3}$$

$$\sqrt{t}=\frac{3}{2} \qquad \therefore\ t=\boldsymbol{\frac{9}{4}}$$

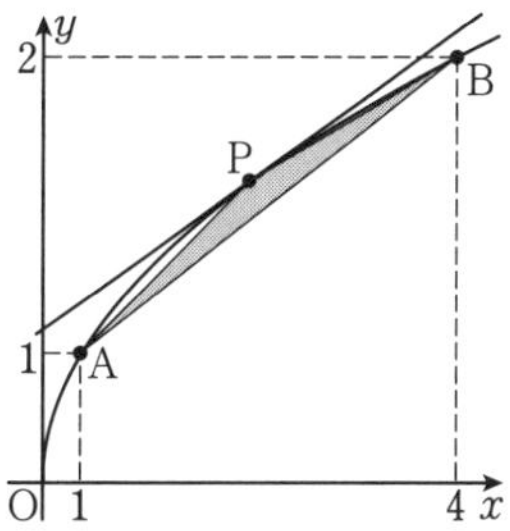

《接線の方程式（B5）☆》

199. 直線 $y=3x+2$ が曲線 $y=x(a-\log x)^2$ の接線であるとき，実数 a の値を求めよ．

（23　東京電機大）

▶解答◀ $y=x(a-\log x)^2$

$$y'=(a-\log x)^2+x\cdot 2(a-\log x)\cdot\left(-\frac{1}{x}\right)$$

$$=(a-\log x)^2-2(a-\log x)$$

$y'=3$ となる x を求める．

$$(a-\log x)^2-2(a-\log x)=3$$

$$(a-\log x-3)(a-\log x+1)=0$$

$$\log x=a-3,\ a+1 \qquad \therefore\ x=e^{a-3},\ e^{a+1}$$

$x=e^{a+1}$ のとき，$a-\log x=-1$ から $y=e^{a+1}$ である．接線の方程式は

$$y=3(x-e^{a+1})+e^{a+1}$$

$= 3x - 2e^{a+1}$

$e^{a+1} > 0$ であるから $-2e^{a+1} \neq 2$ であり，$y = 3x + 2$ に一致しない．

$x = e^{a-3}$ のとき，$a - \log x = 3$ から $y = 9e^{a-3}$ である．接線の方程式は

$$y = 3(x - e^{a-3}) + 9e^{a-3}$$
$$= 3x + 6e^{a-3}$$

となり

$$6e^{a-3} = 2$$
$$a - 3 = \log\frac{1}{3}$$
$$\boldsymbol{a = 3 - \log 3}$$

《パラメタ表示の微分 (A2) ☆》

200. 媒介変数 t を用いて，

$$x = \frac{4}{\sqrt{t^2+16}},\ y = \frac{t}{\sqrt{t^2+16}}$$

で表される曲線について，点 $\left(\frac{4}{5}, \frac{3}{5}\right)$ における接線の方程式を求めなさい．

（23　福島大・共生システム理工）

▶解答◀ $x = 4(t^2+16)^{-\frac{1}{2}},\ y = t(t^2+16)^{-\frac{1}{2}}$

$$\frac{dx}{dt} = 4\cdot\left(-\frac{1}{2}\right)\cdot(t^2+16)^{-\frac{3}{2}}\cdot 2t$$
$$= -\frac{4t}{\sqrt{(t^2+16)^3}}$$
$$\frac{dy}{dt} = 1\cdot(t^2+16)^{-\frac{1}{2}}$$
$$+t\cdot\left(-\frac{1}{2}\right)\cdot(t^2+16)^{-\frac{3}{2}}\cdot 2t$$
$$= \frac{(t^2+16)-t^2}{\sqrt{(t^2+16)^3}} = \frac{16}{\sqrt{(t^2+16)^3}}$$

よって，$t \neq 0$ のとき

$$\frac{dy}{dx} = \frac{\frac{dy}{dt}}{\frac{dx}{dt}} = \frac{16}{-4t} = -\frac{4}{t}$$

$(x, y) = \left(\frac{4}{5}, \frac{3}{5}\right)$ となるのは $t = 3$ のときで，

$\frac{dy}{dx} = -\frac{4}{3}$ であるから接線は $y - \frac{3}{5} = -\frac{4}{3}\left(x - \frac{4}{5}\right)$

$$\boldsymbol{y = -\frac{4}{3}x + \frac{5}{3}}$$

《パラメタ表示の微分 (B20)》

201. 原点を O とする座標平面において，実数 $\theta\ \left(0 < \theta < \frac{\pi}{2}\right)$ に対し，次の条件をみたす点 P をとる．

- 点 P は第 1 象限にある
- 直線 OP と x 軸のなす角は θ
- 線分 OP の中点 M を通り，直線 OP に垂直な直線を l とする．l と x 軸との交点を Q とし，l と y 軸との交点を R とするとき，QR $= 1$

θ を $0 < \theta < \frac{\pi}{2}$ の範囲で動かしたときの点 P の軌跡を C とする．

（1） 長さ OM を θ を用いて表せ．

（2） 点 P の座標を θ を用いて表せ．

（3） 点 P の x 座標の値の範囲を求めよ．

（4） 点 $\mathrm{P}(x, y)$ における C の接線の傾きが 1 であるとき，$\frac{y}{x}$ の値を求めよ．（23　名古屋工大）

▶解答◀ （1） $\angle\mathrm{QOM} = \theta$ であるから $\angle\mathrm{QRO} = \theta$ で

$$\mathrm{OQ} = \mathrm{QR}\sin\theta = \sin\theta$$
$$\mathrm{OM} = \mathrm{OQ}\cos\theta = \boldsymbol{\sin\theta\cos\theta}$$

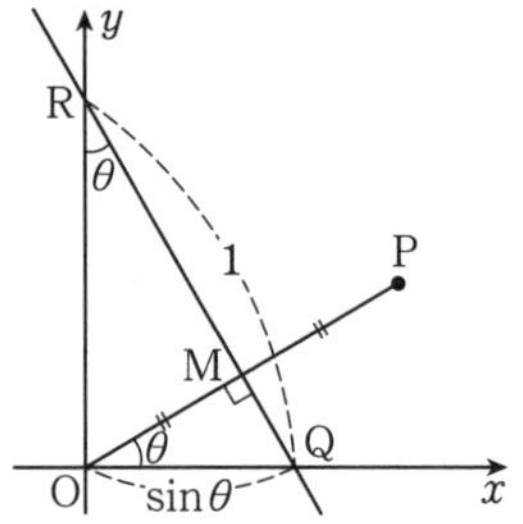

（2） $\mathrm{OP} = 2\mathrm{OM} = 2\sin\theta\cos\theta$ で

$\mathrm{P}(\boldsymbol{2\sin\theta\cos^2\theta,\ 2\sin^2\theta\cos\theta})$ となる．

（3） 以降，$\cos\theta = c,\ \sin\theta = s,\ \tan\theta = t$ とおく．

P の x 座標 x は，$x = 2s(1-s^2)$

$x = f(s)$ とおくと，$f(s) = 2s(1-s^2) = 2(s - s^3)$

また，$0 < \theta < \frac{\pi}{2}$ より $0 < s < 1$

$$f'(s) = 2(1-3s^2)$$

s	0	$\cdots$	$\frac{1}{\sqrt{3}}$	$\cdots$	1
$f'(s)$		$+$	0	$-$	
$f(s)$		↗		↘	

$$f(0) = f(1) = 0$$
$$f\left(\frac{1}{\sqrt{3}}\right) = 2\cdot\frac{1}{\sqrt{3}}\left(1 - \frac{1}{3}\right) = \frac{4\sqrt{3}}{9}$$

よって P の x 座標の値の範囲は $f(s)$ の値の範囲より

$$\boldsymbol{0 < x < \frac{4\sqrt{3}}{9}}$$

（4） $x = 2sc^2,\ y = 2s^2c$

まず，$\frac{y}{x} = \frac{2s^2c}{2sc^2} = t$

$$\frac{dx}{d\theta} = 2\{cc^2 + s\cdot 2c\cdot(-s)\} = 2c(c^2 - 2s^2)$$

$$\frac{dy}{d\theta} = 2\{2s\cdot cc + s^2\cdot(-s)\} = 2s(2c^2 - s^2)$$

$\dfrac{dy}{dx} = \dfrac{\frac{dy}{d\theta}}{\frac{dx}{d\theta}}$ であるから，$\dfrac{dy}{dx} = 1$ のとき $\dfrac{dy}{d\theta} = \dfrac{dx}{d\theta}$

$$s(2c^2 - s^2) = c(c^2 - 2s^2)$$

この式の両辺を c^3 で割って

$$t(2-t^2) = 1 - 2t^2$$

$$t^3 - 2t^2 - 2t + 1 = 0$$

$$(t+1)(t^2 - 3t + 1) = 0$$

$$t = -1,\ \frac{3\pm\sqrt{5}}{2}$$

$0 < \theta < \dfrac{\pi}{2}$ より $t > 0$ であるから $t = \dfrac{3\pm\sqrt{5}}{2}$ で，$\dfrac{y}{x} = \boldsymbol{\dfrac{3\pm\sqrt{5}}{2}}$

《接線と座標軸で囲む三角形 (B10)》

202. $a>0$ とする．座標平面で関数 $y = \dfrac{1}{x^a}$ のグラフ上の点 $(1, 1)$ における接線が x 軸と交わる点を A, y 軸と交わる点を B とし，原点を O とする．三角形 OAB の面積を $S(a)$ とする．次の問いに答えよ．

（1） $S(a)$ を求めよ．

（2） $S(a)$ の最小値とそのときの a の値を求めよ．　（23　琉球大）

▶解答◀ （1） $y = \dfrac{1}{x^a}$ のとき，

$y' = -ax^{-a-1}$ であるから，$y = \dfrac{1}{x^a}$ のグラフ上の点 $(1, 1)$ における接線の方程式は

$$y = -a(x-1) + 1$$

$$y = -ax + a + 1$$

よって，B の y 座標は $a+1\ (>0)$ で A の x 座標は

$$0 = -ax + a + 1 \qquad \therefore\ \ x = 1 + \frac{1}{a}\ (>0)$$

$$S(a) = \frac{1}{2}\cdot\mathrm{OA}\cdot\mathrm{OB} = \frac{1}{2}\left(1+\frac{1}{a}\right)(a+1)$$

$$= \boldsymbol{\frac{1}{2}\left(a + \frac{1}{a} + 2\right)}$$

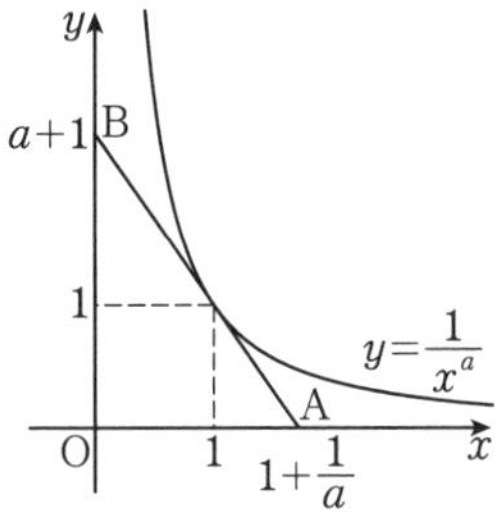

（2） $a > 0$ より，相加・相乗平均の不等式を用いると

$$a + \frac{1}{a} \geqq 2\sqrt{a\cdot\frac{1}{a}} = 2$$

$$S(a) \geqq 2$$

等号は $a = \dfrac{1}{a}$，すなわち $a = 1$ のとき成り立つから，$S(a)$ は $\boldsymbol{a=1}$ のとき最小値 **2** をとる．

《接線と極限 (B20) ☆》

203. 自然数 n に対して，関数 $f_n(x)$ を

$$f_n(x) = \left(\frac{\log x}{x}\right)^n$$

と定義し，曲線 $y = f_n(x)$ の接線のうち，原点を通り，かつ傾きが正であるものを直線 l_n とする．さらに，曲線 $y = f_n(x)$ と直線 l_n の接点の x 座標を p_n とする．以下の問いに答えよ．

（1） 導関数 $f_n{}'(x)$ を求めよ．

（2） p_n を求めよ．

（3） $\displaystyle\lim_{n\to\infty}\{(p_n)^n f_n(p_n)\}$ を求めよ．

（23　早稲田大・人間科学-数学選抜）

▶解答◀ （1） 曲線 $y = \left(\dfrac{\log x}{x}\right)^n$ は図のようになる．直接使うわけではないから論証しない．

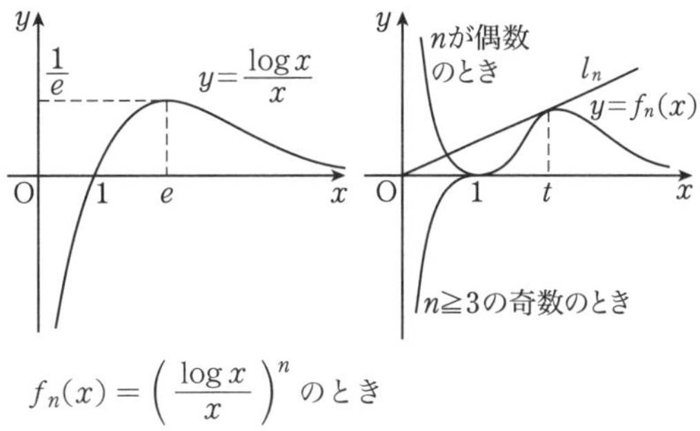

$f_n(x) = \left(\dfrac{\log x}{x}\right)^n$ のとき

$$f_n{}'(x) = n\left(\frac{\log x}{x}\right)^{n-1}\cdot\frac{\frac{1}{x}\cdot x - \log x}{x^2}$$

$$= \boldsymbol{n\left(\frac{\log x}{x}\right)^{n-1}\frac{1-\log x}{x^2}}$$

（2） p_n は添え字が五月蝿い．$t = p_n$ とする．$x = t$ おける接線は

$$y = n\left(\frac{\log t}{t}\right)^{n-1}\frac{1-\log t}{t^2}(x-t) + \left(\frac{\log t}{t}\right)^n$$

であり，この傾きが正であり，原点を通るから

$$n\left(\frac{\log t}{t}\right)^{n-1}\frac{1-\log t}{t^2}>0 \quad \cdots\cdots\cdots\cdots ①$$

$$0=-n\left(\frac{\log t}{t}\right)^{n-1}\frac{1-\log t}{t}+\left(\frac{\log t}{t}\right)^{n} \cdots\cdots ②$$

① より $\dfrac{\log t}{t}\neq 0$ である．② より

$$0=-n\frac{1-\log t}{t}+\frac{\log t}{t}$$

$$-n+n\log t+\log t=0$$

$$\log t=\frac{n}{n+1} \qquad \therefore\ \ p_n=e^{\frac{n}{n+1}}$$

このとき，$1-\log t>0$ より確かに ① も満たしている．

（３） $t^n f_n(t)=t^n\left(\dfrac{\log t}{t}\right)^n=(\log t)^n$

$$=\left(\frac{n}{n+1}\right)^n=\frac{1}{\left(1+\frac{1}{n}\right)^n}$$

$$\lim_{n\to\infty}(p_n)^n f_n(p_n)=\frac{1}{e}$$

《接線が 4 本引ける存在範囲 (B30)》

204. P を座標平面上の点とし，点 P の座標を (a, b) とする．$-\pi \leqq t \leqq \pi$ の範囲にある実数 t のうち，曲線 $y=\cos x$ 上の点 $(t, \cos t)$ における接線が点 P を通るという条件をみたすものの個数を $N(\mathrm{P})$ とする．$N(\mathrm{P})=4$ かつ $0<a<\pi$ をみたすような点 P の存在範囲を座標平面上に図示せよ． (23 阪大・前期)

▶解答◀ $y=\cos x$ に対し，$y'=-\sin x$

$(t, \cos t)$ における接線の方程式は

$$y=-\sin t(x-t)+\cos t$$

これが $\mathrm{P}(a, b)$ を通るから，

$$b=(t-a)\sin t+\cos t \quad \cdots\cdots\cdots\cdots ①$$

① の右辺を $f(t)$ とおく．直線 $y=b$ と曲線 $y=f(t)$ が $-\pi \leqq t \leqq \pi$ の範囲で異なる 4 点で交わる条件を考える．

$$f'(t)=(t-a)\cos t$$

（ア） $0<a<\dfrac{\pi}{2}$ のとき

t	$-\pi$	$\cdots$	$-\frac{\pi}{2}$	$\cdots$	a	$\cdots$	$\frac{\pi}{2}$	$\cdots$	π
$f'(t)$		$+$	0	$-$	0	$+$	0	$-$	
$f(t)$	-1	↗		↘		↗		↘	-1

$f\left(-\dfrac{\pi}{2}\right)=a+\dfrac{\pi}{2}$，$f(a)=\cos a$，

$f\left(\dfrac{\pi}{2}\right)=-a+\dfrac{\pi}{2}$

図 1 では，$a=a_1$ とおいた．求める条件は

$\cos a<b<-a+\dfrac{\pi}{2}$

（イ） $a=\dfrac{\pi}{2}$ のとき

t	$-\pi$	$\cdots$	$-\frac{\pi}{2}$	$\cdots$	$\frac{\pi}{2}$	$\cdots$	π
$f'(t)$		$+$	0	$-$	0	$-$	
$f(t)$		↗		↘		↘	

図 1 では，$a=a_2$ とおいた．このとき，条件を満たす (a, b) は存在しない．

（ウ） $\dfrac{\pi}{2}<a<\pi$ のとき

t	$-\pi$	$\cdots$	$-\frac{\pi}{2}$	$\cdots$	$\frac{\pi}{2}$	$\cdots$	a	$\cdots$	π
$f'(t)$		$+$	0	$-$	0	$+$	0	$-$	
$f(t)$	-1	↗		↘		↗		↘	-1

図 1 では，$a=a_3$ とおいた．$a+\dfrac{\pi}{2}>0>\cos a$ であるから，

$f\left(-\dfrac{\pi}{2}\right)>f(a)$ である．

$a<\dfrac{\pi}{2}+1$ のとき $f(\pi)<f\left(\dfrac{\pi}{2}\right)$ であり，求める条件は $-a+\dfrac{\pi}{2}<b<\cos a$

$a=\dfrac{\pi}{2}+1$ のとき $f(\pi)=f\left(\dfrac{\pi}{2}\right)$ であり，求める条件は $-a+\dfrac{\pi}{2}<b<\cos a$

$a>\dfrac{\pi}{2}+1$ のとき $f(\pi)>f\left(\dfrac{\pi}{2}\right)$ であり，求める条件は $-1\leqq b<\cos a$

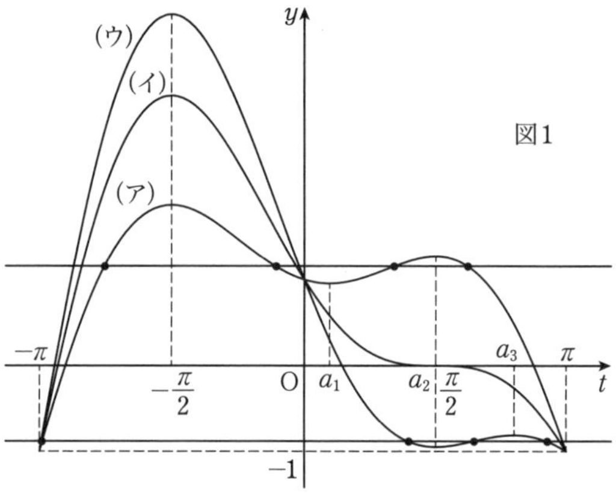

図1

以上より，求める点 P の存在範囲は図 2 の網目部分．ただし，境界は線分 AB（両端を除く）のみを含む．

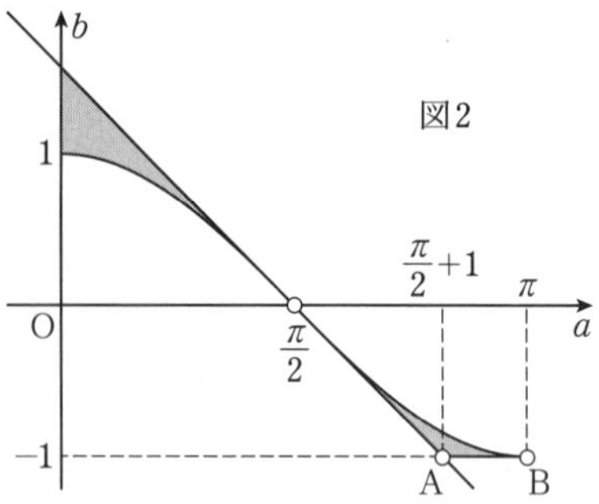

図2

◆別解◆【図形的考察をする】

$$y' = -\sin x,\ y'' = -\cos x$$

これより，$y = \cos x$ の $-\pi \leqq x \leqq \pi$ における変曲点は $\left(\pm\dfrac{\pi}{2}, 0\right)$ である．

グラフを変曲点で分けた 3 つの部分ア～ウについて，ア～ウにひける接線の本数を，変曲点での接線によって区分けすると，下図のようになる．ただし，図中の太線部は $y = \cos x$ であり，丸の中の数字は，境界を含まない部分の接線の本数である．

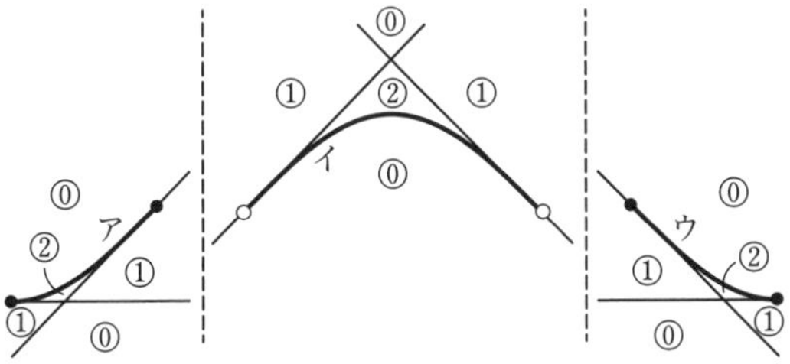

そこで，区画ごとに接線の本数を足し合わせると下図のようになって，このうち ④ のようになっている部分のうち，$0 < a < \pi$ を満たしている網目部分が答えである．

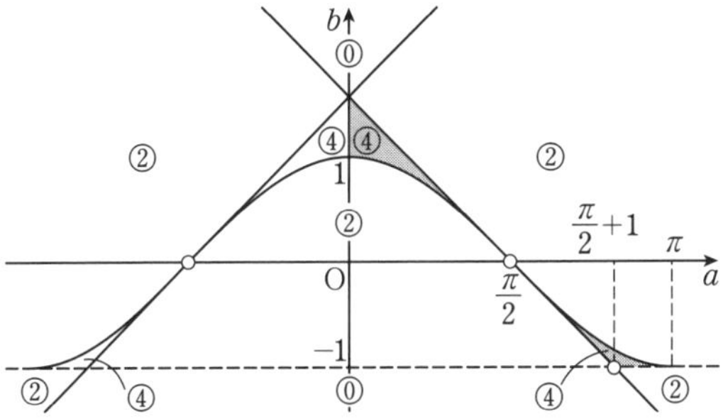

【法線（数 III）】

《法線の基本（B5）☆》

205. 関数 $f(x) = e^{x^2}$ の $x = 1$ における微分係数は $f'(1) = \boxed{}$ であり，関数

$g(x) = \sqrt{ex} - ex\ (x > 0)$

の $x = e$ における微分係数は $g'(e) = \boxed{}$ である．また，関数 $h(x)$ を合成関数 $h(x) = (g \circ f)(x)$ で定めると，曲線 $y = h(x)$ 上の点 $(1, h(1))$ における法線の傾きは $\boxed{}$ である．（23　茨城大・工）

▶解答◀ $f'(x) = e^{x^2} \cdot 2x$ であるから $f'(1) = \mathbf{2e}$

$$g'(x) = \frac{\sqrt{e}}{2} \cdot \frac{1}{\sqrt{x}} - e$$

であるから $g'(e) = \boldsymbol{\frac{1}{2} - e}$

$h(x) = g(f(x))$ より $h'(x) = g'(f(x)) \cdot f'(x)$

$$h'(1) = g'(f(1)) \cdot f'(1) = g'(e) \cdot 2e$$
$$= \left(\frac{1}{2} - e\right) \cdot 2e = e - 2e^2$$

$(1, h(1))$ における法線の傾きは $-\dfrac{1}{h'(1)} = \boldsymbol{\dfrac{1}{2e^2 - e}}$

《パラメタ表示の法線（B20）》

206. $0 \leqq \theta \leqq 2\pi$ において，曲線 C_1, C_2 が媒介変数 θ を用いて，それぞれ

$$C_1 : \begin{cases} x = \cos\theta + \theta\sin\theta \\ y = \sin\theta - \theta\cos\theta \end{cases}$$

$$C_2 : \begin{cases} x = \cos\theta \\ y = \sin\theta \end{cases}$$

と表される．

曲線 C_1 上の $\theta = \alpha$ に対応する点を点 $\mathrm{A}(\cos\alpha + \alpha\sin\alpha, \sin\alpha - \alpha\cos\alpha)$ とし，点 A における C_1 の接線を l，点 A における C_1 の法線を m とするとき，次の問いに答えよ．

（1） $\alpha = \dfrac{\pi}{4}$ のとき，接線 l の方程式を求めよ．

（2） $\alpha = \dfrac{\pi}{4}$ のとき，法線 m の方程式を求めよ．

（3） 曲線 C_2 上の $\theta = \dfrac{\pi}{4}$ に対応する点における接線の方程式を求めよ．

（4） α の値に関わらず，法線 m は常に曲線 C_2 に接することを示し，m と C_2 の接点の座標を求めよ．（23　岩手大・前期）

▶解答◀（1） C_1 について

$$\frac{dx}{d\theta} = -\sin\theta + \sin\theta + \theta\cos\theta = \theta\cos\theta$$

$$\frac{dy}{d\theta} = \cos\theta - (\cos\theta - \theta\sin\theta) = \theta\sin\theta$$

$0 < \alpha < 2\pi$ である．l の方程式は

$$\alpha\cos\alpha\{y - (\sin\alpha - \alpha\cos\alpha)\}$$
$$= \alpha\sin\alpha\{x - (\cos\alpha + \alpha\sin\alpha)\}$$
$$\cos\alpha\{y - (\sin\alpha - \alpha\cos\alpha)\}$$
$$= \sin\alpha\{x - (\cos\alpha + \alpha\sin\alpha)\}$$
$$(\cos\alpha)y - \sin\alpha\cos\alpha + \alpha\cos^2\alpha$$
$$= (\sin\alpha)x - \sin\alpha\cos\alpha - \alpha\sin^2\alpha$$
$$(\cos\alpha)y = (\sin\alpha)x - \alpha(\sin^2\alpha + \cos^2\alpha)$$
$$(\cos\alpha)y = (\sin\alpha)x - \alpha$$

$\alpha = \dfrac{\pi}{4}$ のときの l の方程式は

$$\frac{1}{\sqrt{2}}y = \frac{1}{\sqrt{2}}x - \frac{\pi}{4}$$

$$\boldsymbol{y = x - \frac{\sqrt{2}}{4}\pi}$$

（2） m の方程式は

$$\alpha\sin\alpha\{y-(\sin\alpha-\alpha\cos\alpha)\}$$
$$=-\alpha\cos\alpha\{x-(\cos\alpha+\alpha\sin\alpha)\}$$
$$\sin\alpha\{y-(\sin\alpha-\alpha\cos\alpha)\}$$
$$=-\cos\alpha\{x-(\cos\alpha+\alpha\sin\alpha)\}$$
$$(\sin\alpha)y-\sin^2\alpha+\alpha\sin\alpha\cos\alpha$$
$$=(-\cos\alpha)x+\cos^2\alpha+\alpha\sin\alpha\cos\alpha$$
$$(\cos\alpha)x+(\sin\alpha)y=1 \quad\cdots\cdots\text{①}$$

$\alpha=\dfrac{\pi}{4}$ のときの m の方程式は

$$\frac{1}{\sqrt{2}}x+\frac{1}{\sqrt{2}}y=1$$
$$\boldsymbol{x+y=\sqrt{2}}$$

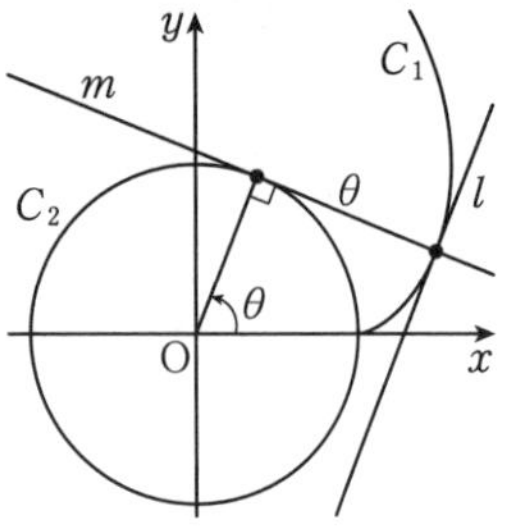

（3） C_2 は原点中心，半径 1 の円 $(x^2+y^2=1)$ である．C_2 の $\theta=\dfrac{\pi}{4}$ に対応する点の座標は $\left(\dfrac{1}{\sqrt{2}},\ \dfrac{1}{\sqrt{2}}\right)$ であるから，求める接線の方程式は

$$\frac{1}{\sqrt{2}}x+\frac{1}{\sqrt{2}}y=1$$
$$\boldsymbol{x+y=\sqrt{2}}$$

（4） ① より m は C_2 の $\theta=\alpha$ に対応する点における C_2 の接線であるから，題意は示された．また，接点の座標は $(\boldsymbol{\cos\alpha,\ \sin\alpha})$ である．

《曲線が接する (B20)》

207. a を実数の定数とする．2 つの曲線 $y=x^2$，$y=\log x+a$ が共有点 P をもち，点 P において共通の接線 L をもつとする．また，点 P を通り接線 L と垂直に交わる直線を N とする．以下の問いに答えよ．

（1） 定数 a の値を求めよ．

（2） 接線 L の方程式を求めよ．

（3） 直線 N の方程式を求めよ．

（4） 接線 L，直線 N，および y 軸で囲まれた図形 D の面積 S を求めよ．

（5） 原点 O を通り，（4）で求めた図形 D の面積 S を 2 等分する直線の方程式を求めよ．

（23　豊橋技科大・前期）

▶解答◀ （1） $f(x)=x^2$，$g(x)=\log x+a$ とおく．

$$f'(x)=2x,\ g'(x)=\frac{1}{x}$$

P の x 座標を $p>0$ として，P で 2 曲線が接する条件は

$$f(p)=g(p),\ f'(p)=g'(p)$$
$$p^2=\log p+a,\ 2p=\frac{1}{p}$$

後者より $p=\dfrac{1}{\sqrt{2}}$ で前者より

$$a=p^2-\log p=\boldsymbol{\frac{1}{2}+\frac{1}{2}\log 2}$$

（2） $f'(p)=2p=\sqrt{2}$，$f(p)=\dfrac{1}{2}$

$$L:y=\sqrt{2}\left(x-\frac{1}{\sqrt{2}}\right)+\frac{1}{2}$$
$$\boldsymbol{y=\sqrt{2}x-\frac{1}{2}}$$

（3） N の方程式は

$$y=-\frac{1}{\sqrt{2}}\left(x-\frac{1}{\sqrt{2}}\right)+\frac{1}{2}$$
$$\boldsymbol{y=-\frac{1}{\sqrt{2}}x+1}$$

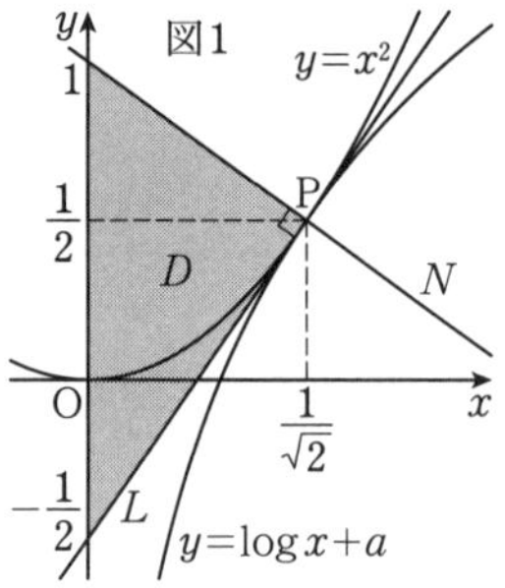

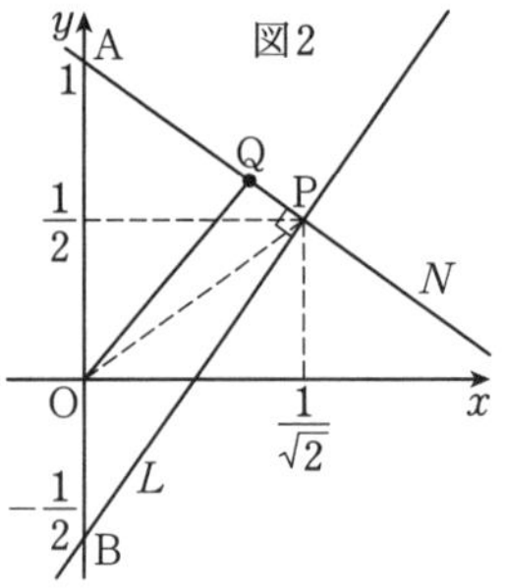

（4） 図 1 より

$$S=\frac{1}{2}\left(1+\frac{1}{2}\right)\cdot\frac{1}{\sqrt{2}}=\boldsymbol{\frac{3\sqrt{2}}{8}}$$

（5） 図 2 のように点 A，B とする．$\triangle\text{BOP}<\triangle\text{AOP}$ であるから，原点 O を通り図形 D の面積 S を 2 等分する直線は線分 AP と交わる．交点を $\text{Q}\left(u,\ -\dfrac{1}{\sqrt{2}}u+1\right)$ とおくと

$$\triangle\text{AOQ}=\frac{1}{2}S$$
$$\frac{1}{2}\cdot 1\cdot u=\frac{1}{2}\cdot\frac{3\sqrt{2}}{8} \qquad \therefore\quad u=\frac{3\sqrt{2}}{8}$$

よって，$\text{Q}\left(\dfrac{3\sqrt{2}}{8},\ \dfrac{5}{8}\right)$ であり，求める直線の方程式は

$$\boldsymbol{y=\frac{5\sqrt{2}}{6}x}$$

【関数の増減・極値（数 III）】

《三角関数の極値（A5）》

208. 関数 $f(t)=a\cos^3 t+\cos^2 t$ が $t=\dfrac{\pi}{4}$ で極値をとるとき，$a=\square$ である．

（23　立教大・数学）

▶解答◀

$$f'(t)=3a\cos^2 t(-\sin t)+2\cos t(-\sin t)$$
$$=-\sin t\cos t(3a\cos t+2)$$

$t=\dfrac{\pi}{4}$ の近くでは $\sin t\cos t\fallingdotseq>0$ である．$t=\dfrac{\pi}{4}$ で極値をとるための必要十分条件は $3a\cos\dfrac{\pi}{4}+2=0$ である．もちろん，そのとき $t=\dfrac{\pi}{4}$ の前後で $3a\cos t+2$ は符号を変える．$3a\cdot\dfrac{1}{\sqrt{2}}+2=0$ であり，$a=-\dfrac{\mathbf{2\sqrt{2}}}{\mathbf{3}}$

《対数関数のグラフ（B10）☆》

209. 関数

$$f(x)=-x^2+5x-3\log(x+1)$$

を考える．

（1）$f(x)$ の極値を求めなさい．

（2）k を定数とする．曲線 $y=f(x)$ と直線 $y=k$ の共有点の個数を求めなさい．

（23　龍谷大・推薦）

▶解答◀ $f(x)$ の定義域は真数条件から $x>-1$ である．

（1）$f'(x)=-2x+5-3\cdot\dfrac{1}{x+1}$

$$=-\frac{(2x-5)(x+1)+3}{x+1}=-\frac{2x^2-3x-2}{x+1}$$
$$=-\frac{(2x+1)(x-2)}{x+1}$$

$f(x)$ の増減は次の通りである．

x	-1	$\cdots$	$-\frac{1}{2}$	$\cdots$	2	$\cdots$
$f'(x)$		$-$	0	$+$	0	$-$
$f(x)$		↘		↗		↘

$$f\left(-\frac{1}{2}\right)=-\frac{1}{4}-\frac{5}{2}-3\log\frac{1}{2}$$
$$=-\frac{11}{4}+3\log 2$$
$$f(2)=-4+10-3\log 3=6-3\log 3$$

$f(x)$ は $x=2$ で極大値 $\mathbf{6-3\log 3}$，$x=-\dfrac{1}{2}$ で極小値 $\mathbf{-\dfrac{11}{4}+3\log 2}$ をとる．

（2）$\displaystyle\lim_{x\to-1+0}f(x)=\infty$，$\displaystyle\lim_{x\to\infty}=-\infty$ であるから $y=f(x)$ のグラフは図のようになる．

求める共有点の個数は

$k<-\dfrac{11}{4}+3\log 2$ のとき **1**，

$k=-\dfrac{11}{4}+3\log 2$ のとき **2**，

$-\dfrac{11}{4}+3\log 2<k<6-3\log 3$ のとき **3**，

$k=6-3\log 3$ のとき **2**，

$k>6-3\log 3$ のとき **1**

である．

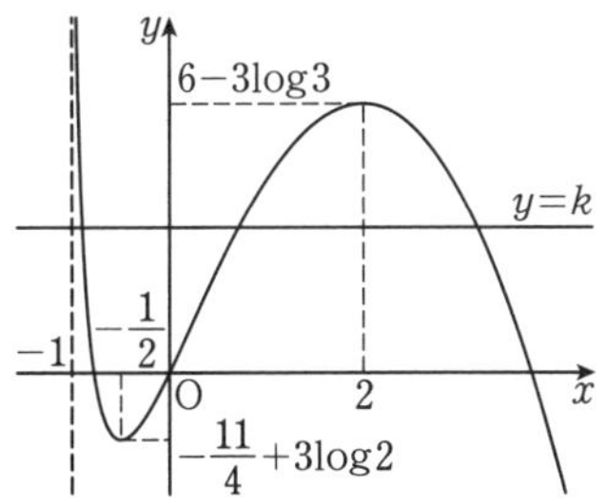

《分数関数の極値（A2）☆》

210. 関数 $f(x)=\dfrac{x^3+18x^2-2x-4}{x+2}$ の極値をすべて求めよ．

（23　岩手大・前期）

▶解答◀ $f'(x)$

$$=\frac{(3x^2+36x-2)(x+2)-(x^3+18x^2-2x-4)\cdot 1}{(x+2)^2}$$
$$=\frac{2x^3+24x^2+72x}{(x+2)^2}=\frac{2x(x+6)^2}{(x+2)^2}$$

x	$\cdots$	-6	$\cdots$	-2	$\cdots$	0	$\cdots$
$f'(x)$	$-$	0	$-$		$-$	0	$+$
$f(x)$	↘		↘		↘		↗

$f(x)$ は $x=0$ で極小で極小値 $f(0)=\mathbf{-2}$

《分数関数の極値（B20）☆》

211. 定数 a を $a\neq-1$ とする．関数 $f(x)=\dfrac{x^2+a}{x-1}$ について，次の（i），（ii）に答えよ．

（1）関数 $f(x)$ が極大値と極小値をもつような a の値の範囲を求めよ．

（2）関数 $f(x)$ が極小値 6 をもつような a の値を求めよ．

（23　山形大・医，理）

▶解答◀（i）

$$f'(x)=\frac{2x(x-1)-(x^2+a)}{(x-1)^2}=\frac{x^2-2x-a}{(x-1)^2}$$

$x=1$ が $x^2-2x-a=0$ の解になるのは $1-2-a=0$ のときであり，$a=-1$ のときである．$a\neq-1$ のとき，$x=1$ は $x^2-2x-a=0$ の解ではない．この判別式を D とすると極値をもつ条件は $\dfrac{D}{4}>0$ である．

$\dfrac{D}{4}=1+a>0$

$\boldsymbol{a>-1}$

（ii） $a>-1$ のとき，$x^2-2x-a=0$ を解くと $x=1\pm\sqrt{1+a}$ である．$\alpha=1-\sqrt{1+a}$, $\beta=1+\sqrt{1+a}$ とおくと $\alpha<1<\beta$ で，$f(x)$ の増減表は次の通り．

x	$\cdots$	α	$\cdots$	1	$\cdots$	β	$\cdots$
$f'(x)$	$+$	0	$-$	×	$-$	0	$+$
$f(x)$	↗		↘	×	↘		↗

極小値は $f(\beta)=2+2\sqrt{1+a}$ である．

$f(\beta)=6$ のとき $2\sqrt{1+a}+2=6$ で，$\sqrt{1+a}=2$

$1+a=4$ で，$\boldsymbol{a=3}$ である．これは $a>-1$ を満たす．

注意 1°【安田の定理】

$f(x)=\dfrac{g(x)}{h(x)}$ が $x=\alpha$ で極値をとり

$h'(\alpha)\neq 0$ のとき $f(\alpha)=\dfrac{g'(\alpha)}{h'(\alpha)}$ となる．これを安田の定理という．証明は簡単である．

【証明】 $f'(x)=\dfrac{g'(x)h(x)-g(x)h'(x)}{\{h(x)\}^2}$

が $x=\alpha$ で 0 になるときであるから，

$$g'(\alpha)h(\alpha)=g(\alpha)h'(\alpha)$$

であり，$h(\alpha)h'(\alpha)$ で割ると $\dfrac{g'(\alpha)}{h'(\alpha)}=\dfrac{g(\alpha)}{h(\alpha)}$

よって $f(\alpha)=\dfrac{g(\alpha)}{h(\alpha)}=\dfrac{g'(\alpha)}{h'(\alpha)}$

本問の場合，$\dfrac{x^2+a}{x-1}$ の分母分子をそれぞれ微分した $\dfrac{2x}{1}$ の $x=\beta$ を代入し $f(\beta)=2\beta$ である．たかが計算である．途中を飛ばして結果を書くくらい，どうということはない．

2°【普通に代入する】

$$f(\beta)=\frac{1}{\sqrt{1+a}}\{(1+\sqrt{1+a})^2+a\}$$

$$=\frac{1}{\sqrt{1+a}}\{2(1+a)+2\sqrt{1+a}\}=2\sqrt{1+a}+2$$

《漸近線の係数を求める (B15) ☆》

212． 関数 $f(x)=(x+6)e^{\frac{1}{x}}$ について，次の問いに答えよ．

（1） $f(x)$ の極値を求めよ．

（2） $\displaystyle\lim_{x\to\infty}\{f(x)-(ax+b)\}=0$ が成り立つような定数 a, b の値を求めよ．

（23　信州大・工，繊維-後期）

▶解答◀ （1） $f(x)=(x+6)e^{\frac{1}{x}}$

$$f'(x)=e^{\frac{1}{x}}+(x+6)e^{\frac{1}{x}}\cdot\left(-\frac{1}{x^2}\right)$$

$$=\frac{x^2-x-6}{x^2}\cdot e^{\frac{1}{x}}=\frac{(x+2)(x-3)}{x^2}\cdot e^{\frac{1}{x}}$$

x	$\cdots$	-2	$\cdots$	0	$\cdots$	3	$\cdots$
$f'(x)$	$+$	0	$-$		$-$	0	$+$
$f(x)$	↗		↘		↘		↗

極大値は $f(-2)=\boldsymbol{4e^{-\frac{1}{2}}}$，極小値は $f(3)=\boldsymbol{9e^{\frac{1}{3}}}$

（2） $a=\displaystyle\lim_{x\to\infty}\frac{f(x)}{x}=\lim_{x\to\infty}\left(1+\frac{6}{x}\right)e^{\frac{1}{x}}=\boldsymbol{1}$

$$b=\lim_{x\to\infty}\{f(x)-x\}=\lim_{x\to\infty}\{(x+6)e^{\frac{1}{x}}-x\}$$

$$=\lim_{x\to\infty}\{x(e^{\frac{1}{x}}-1)+6e^{\frac{1}{x}}\}$$

$$=\lim_{t\to+0}\left(\frac{e^t-1}{t}+6e^t\right)=1+6=\boldsymbol{7}$$

最後は $t=\dfrac{1}{x}$ と置き換えた．

《頻出問題 $m^n=n^m$ (B10) ☆》

213． 下の問いに答えよ．

（1） $\log x<\sqrt{x}$ を示し，$\displaystyle\lim_{x\to\infty}\frac{\log x}{x}$ を求めよ．

（2） $m^n=n^m$ を満たす自然数 m, n $(m<n)$ の組をすべて求めよ．

（23　東京学芸大・前期）

▶解答◀ （1） $f(x)=\sqrt{x}-\log x$ とおいて，$f(x)>0$ を示す．

$$f'(x)=\frac{1}{2\sqrt{x}}-\frac{1}{x}=\frac{\sqrt{x}-2}{2x}$$

これより，$f(x)$ の増減表は以下のようになる．

x	0	$\cdots$	4	$\cdots$
$f'(x)$		$-$	0	$+$
$f(x)$		↘		↗

$$f(4)=\sqrt{4}-\log 4=2-2\log 2$$

$$=2\log\frac{e}{2}>2\log 1=0$$

したがって，$f(x)>0$ が示された．これより，x が十分大きいとき，

$$0<\log x<\sqrt{x}$$

$$0<\frac{\log x}{x}<\frac{1}{\sqrt{x}}\to 0\quad(x\to\infty)$$

であるから，ハサミウチの原理より $\displaystyle\lim_{x\to\infty}\frac{\log x}{x}=\boldsymbol{0}$

（2） $m^n=n^m$ の両辺の自然対数をとると，

$$\log m^n=\log n^m$$

$$n\log m=m\log n$$

$$\frac{\log m}{m}=\frac{\log n}{n}$$

となる．よって，これを満たす自然数 m, n の組を求める．$g(x)=\dfrac{\log x}{x}$ とする．

$$g'(x)=\frac{1-\log x}{x^2}$$

これより，$g(x)$ の増減表は次のようになる．

x	0	$\cdots$	e	$\cdots$
$g'(x)$		$+$	0	$-$
$g(x)$		↗		↘

そして，(1) より，$\displaystyle\lim_{x\to\infty}\frac{\log x}{x}=0$ であるから，$y=g(x)$ のグラフは以下の通りとなる．

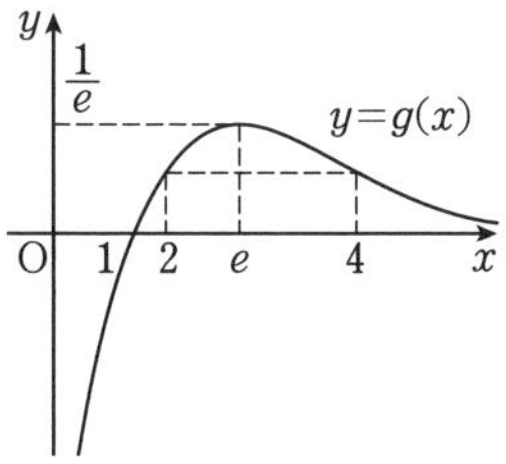

図より，$g(m)=g(n)$ となる自然数 m, n の組は **$(m, n)=(2, 4)$ のみである．**

《分子の有理化で符号判別 (B20) ☆》

214. 下図のように，xy 座標平面上に，原点 O を中心とする単位円周上の動点

P$(\cos\theta, \sin\theta)$ $(0\leqq\theta\leqq 2\pi)$

と x 軸上の動点 Q$(x, 0)$ $(x>0)$ がある．2 点 P, Q 間の距離は a $(a>1)$ で一定とし，定点 A$(a+1, 0)$ と動点 Q$(x, 0)$ の 2 点間の距離を $f(\theta)$ とするとき，以下の問いに答えよ．ただし，(1) は答えのみでよい．

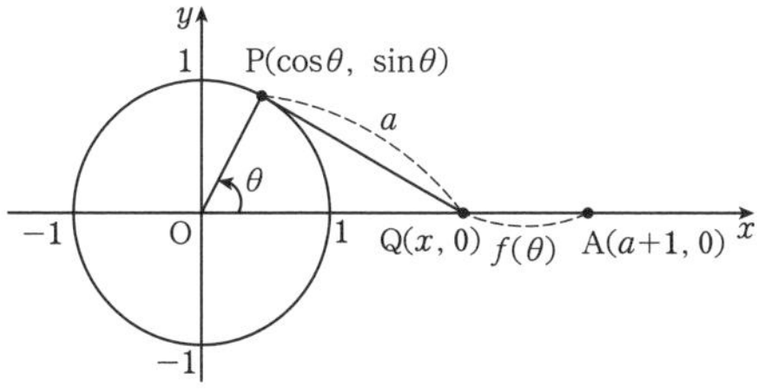

(1) $f(0), f\left(\dfrac{\pi}{2}\right), f(\pi)$ の値をそれぞれ求めよ．

(2) 点 Q の x 座標を a, θ を用いて表せ．

(3) $f(\theta)$ を a, θ を用いて表し，$f(\theta)$ の導関数 $f'(\theta)$ を求め，$f(\theta)$ の増減を調べよ．

(4) 極限値 $\displaystyle\lim_{\theta\to 0}\frac{f(\theta)}{\theta^2}$ を求めよ．

(23 長崎大・歯，工，薬，情報，教B)

▶解答◀ (1) 図を見よ．

$$\boldsymbol{f(0)=0,\ f\left(\frac{\pi}{2}\right)=a+1-\sqrt{a^2-1},\ f(\pi)=2}$$

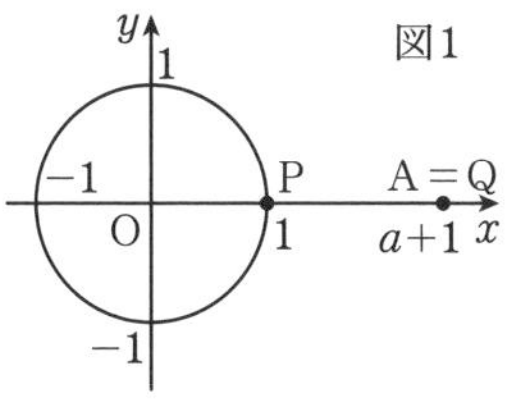

図1

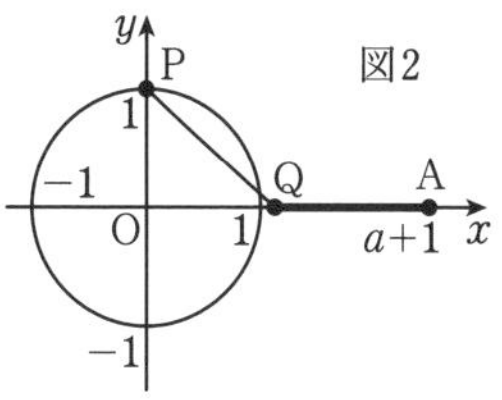

図2

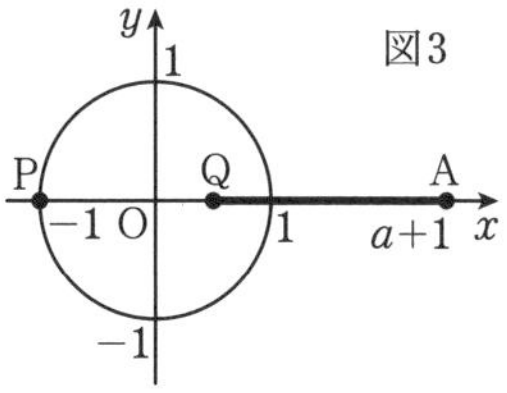

図3

(2) PQ $=a$ であるから

$$(x-\cos\theta)^2+\sin^2\theta=a^2$$

$$x-\cos\theta=\pm\sqrt{a^2-\sin^2\theta}$$

$$x=\cos\theta\pm\sqrt{a^2-\sin^2\theta} \quad\cdots\cdots①$$

ここで，$a>1$ より

$$\sqrt{a^2-\sin^2\theta}>\sqrt{1-\sin^2\theta}=|\cos\theta|$$

$$\cos\theta-\sqrt{a^2-\sin^2\theta}<\cos\theta-|\cos\theta|\leqq 0$$

であるから，① のマイナスの方は不適である．よって，

$$\boldsymbol{x=\cos\theta+\sqrt{a^2-\sin^2\theta}} \quad\cdots\cdots②$$

(3) $\boldsymbol{f(\theta)=a+1-\cos\theta-\sqrt{a^2-\sin^2\theta}}$

$$f'(\theta)=\sin\theta-\frac{-2\sin\theta\cos\theta}{2\sqrt{a^2-\sin^2\theta}}$$

$$=\sin\theta\left(1+\frac{\cos\theta}{\sqrt{a^2-\sin^2\theta}}\right)$$

$$=\frac{\sin\theta}{\sqrt{a^2-\sin^2\theta}}\left(\sqrt{a^2-\sin^2\theta}+\cos\theta\right)$$

② >0 であるから，$f'(\theta)$ と $\sin\theta$ は同符号である．

$0<\theta<\pi$ のとき $f'(\theta)>0$ であるから $f(\theta)$ は増加し，$\pi<\theta<2\pi$ のとき $f'(\theta)<0$ であるから $f(\theta)$ は減少する．

(4) $0\leqq\theta\leqq 2\pi$ でしか $f(\theta)$ を定義していないから $\theta\to+0$ ということである．

$$\frac{f(\theta)}{\theta^2}=\frac{1}{\theta^2}\left(a-\sqrt{a^2-\sin^2\theta}\right)+\frac{1-\cos\theta}{\theta^2}$$

$$=\frac{\sin^2\theta}{\theta^2}\cdot\frac{1}{a+\sqrt{a^2-\sin^2\theta}}+\frac{1}{\theta^2}\cdot 2\sin^2\frac{\theta}{2}$$

$$=\frac{\sin^2\theta}{\theta^2}\cdot\frac{1}{a+\sqrt{a^2-\sin^2\theta}}+\frac{1}{2}\cdot\left(\frac{\sin\frac{\theta}{2}}{\frac{\theta}{2}}\right)^2$$

よって，$\displaystyle\lim_{\theta\to 0}\frac{f(\theta)}{\theta^2}=1\cdot\frac{1}{a+a}+\frac{1}{2}\cdot 1=\boldsymbol{\frac{1}{2a}+\frac{1}{2}}$

《三角関数の極値 (B0)》

215. a, b は $0<a<1$, $b>0$ を満たす実数の定数とする．関数 $f(x)=\cos(ax+b)$ について，以下の問いに答えよ．

（1） $f'(x)$ および $f''(x)$ を求めよ．

（2） $f(x)$ は $x=\dfrac{\pi-b}{a}$ において極小値をとることを示せ．

（3） 自然数 n に対して f の第 n 次導関数を $f_n(x)$ とするとき，

$$f_n(x)=a^n\cos\left(ax+b+\frac{n\pi}{2}\right)$$

となることを証明せよ．

（4） 数列 $\{c_n\}$ を

$$c_n=f_n\left(-\frac{n\pi}{2a}\right)-f_{n+2}\left(-\frac{n\pi}{2a}\right)$$

とするとき，無限級数 $\sum_{n=1}^{\infty}c_n$ の和を a, b を用いて表せ．　（23　東邦大・理）

▶解答◀ （1） $f'(x)=\boldsymbol{-a\sin(ax+b)}$

$f''(x)=\boldsymbol{-a^2\cos(ax+b)}$

（2） $f'\left(\dfrac{\pi-b}{a}\right)=-a\sin\pi=0$

$f''\left(\dfrac{\pi-b}{a}\right)=-a^2\cos\pi=a^2>0$

よって，$f(x)$ は $x=\dfrac{\pi-b}{a}$ で極小値をとる．

（3） $n=1$ のとき

$$f_1(x)=a\cos\left(ax+b+\frac{\pi}{2}\right)$$
$$=-a\sin(ax+b)=f'(x)$$

となり，成り立つ．

$n=k$ で成り立つと仮定する．

$f_k(x)=a^k\cos\left(ax+b+\dfrac{k\pi}{2}\right)$ であり

$$f_{k+1}(x)=(f_k(x))'$$
$$=-a^{k+1}\sin\left(ax+b+\frac{k\pi}{2}\right)$$
$$=a^{k+1}\cos\left(ax+b+\frac{(k+1)\pi}{2}\right)$$

$n=k+1$ のときも成り立つから，数学的帰納法により証明された．

（4） $c_n=f_n\left(-\dfrac{n\pi}{2a}\right)-f_{n+2}\left(-\dfrac{n\pi}{2a}\right)$

$$=a^n\cos\left(-\frac{n\pi}{2}+b+\frac{n\pi}{2}\right)$$
$$-a^{n+2}\cos\left(-\frac{n\pi}{2}+b+\frac{(n+2)\pi}{2}\right)$$
$$=a^n\cos b-a^{n+2}\cos(b+\pi)$$
$$=a^n(1+a^2)\cos b$$

よって，$\sum_{n=1}^{\infty}c_n$ は初項 $a(1+a^2)\cos b$，公比 a の無限等比級数となる．$0<a<1$ より収束して，求める和は $\boldsymbol{\dfrac{a(1+a^2)\cos b}{1-a}}$ である．

《分数関数の増減 (B20)》

216. （1） x が実数のとき，関数

$f(x)=\sqrt{13-x}-x+1$

の最小値は□である．

（2） 無限等比数列 $\left\{\left(\dfrac{x-1}{\sqrt{13-x}}\right)^n\right\}$ が収束するような，整数 x の個数は□個である．

（3） 無限級数 $\sum_{n=1}^{\infty}\left(\dfrac{x-1}{\sqrt{13-x}}\right)^n$ が収束するとき，整数 x の個数は□個である．また，整数 x で収束するときの和の最大値と最小値は

$x=$□ のとき，最大値 $\dfrac{□+\sqrt{□}}{□}$

$x=$□ のとき，最小値 $\dfrac{□-\sqrt{□}}{□}$

である．　（23　久留米大・後期）

▶解答◀ （1） $f(x)=\sqrt{13-x}-x+1$

$13-x\geqq 0$ であるから $x\leqq 13$

この範囲で $f(x)$ は減少関数である．

よって，$f(x)$ の最小値は $f(13)=\boldsymbol{-12}$ である．

（2） $r=\dfrac{x-1}{\sqrt{13-x}}$ $(x<13)$ とおく．初項と公比が r の無限等比数列が収束する条件は $-1<r\leqq 1$ である．まず $\left|\dfrac{x-1}{\sqrt{13-x}}\right|\leqq 1$ を整理する．2乗し分母をはらうと $x^2-2x+1\leqq 13-x$ となる．$x^2-x-12\leqq 0$ となり $(x+3)(x-4)\leqq 0$ で，$-3\leqq x\leqq 4$ である．次に等号の話をする．$x=-3$ のとき $r=-1$ となり不適だが，$x=4$ のときは $r=1$ で適す．x の範囲は $-3<x\leqq 4$ で，この範囲の整数は $-2, -1, 0, 1, 2, 3, 4$ の **7** 個ある．

（3） 初項，公比が r の無限等比級数が収束する条件は $-1<r<1$，すなわち $-3<x<4$ である．この範囲の整数は -2～3 の **6** 個ある．無限等比級数の和を S とおくと $S=\dfrac{r}{1-r}$ である．

$$\frac{dS}{dr}=\frac{1\cdot(1-r)-r(-1)}{(1-r)^2}=\frac{1}{(1-r)^2}>0$$

$$\frac{dr}{dx}=\frac{1\cdot\sqrt{13-x}-(x-1)\cdot\dfrac{-1}{2\sqrt{13-x}}}{(\sqrt{13-x})^2}$$

$$=\frac{2(13-x)+x-1}{2(\sqrt{13-x})^3}=\frac{25-x}{2(\sqrt{13-x})^3}>0$$

S は r の増加関数で r は x の増加関数だから，S は x が最小のときに最小になり，x が最大のときに最大になる．

$$S=\frac{r}{1-r}=\frac{x-1}{\sqrt{13-x}+1-x}$$

x が -2, …, 3 の整数のときは，

最大値は $x=\mathbf{3}$ のときの $\dfrac{2}{\sqrt{10}-2}=\boldsymbol{\dfrac{2+\sqrt{10}}{3}}$

最小値は $x=\mathbf{-2}$ のときの $\dfrac{-3}{\sqrt{15}+3}=\boldsymbol{\dfrac{3-\sqrt{15}}{2}}$

《エルデスの問題（C30）》

217．3 角形 ABC に対して，点 P を 3 角形 ABC の内部の点とする．また，直線 AB, BC, CA 上の点で，点 P に最も近い点をそれぞれ X，Y，Z とする．線分 PA，PB，PC の長さをそれぞれ a, b, c とし，その和を s とする．線分 PX，PY，PZ の長さをそれぞれ x, y, z とし，その和を t とする．$\angle \mathrm{APB}=2\gamma$ とし，その 2 等分線と直線 AB の交点を X′ とする．このとき，次の問いに答えよ．

（1） 3 角形 ABC は正 3 角形であり，点 P は ∠A の 2 等分線上にあるときの $\dfrac{s}{t}$ の最小値を求めよ．

（2） 線分 PX′ の長さを $a, b, \cos\gamma$ を用いて表せ．

（3） 3 角形 ABC と点 P（ただし，点 P は 3 角形 ABC の内部の点）を任意に動かすときの $\dfrac{s}{t}$ の最小値を求めよ．$\angle \mathrm{BPC}=2\alpha$，$\angle \mathrm{CPA}=2\beta$ としたとき，以下の不等式が成立することを利用してもよい．

$$(a+b+c)$$
$$-2(\sqrt{ab}\cos\gamma+\sqrt{bc}\cos\alpha+\sqrt{ca}\cos\beta)\geqq 0$$

（23 早稲田大・教育）

考え方 元ネタはエルデスの問題（1935 年）で「三角形 ABC と点 P に対して $s\geqq 2t$ が成り立ち，等号成立は三角形 ABC が正三角形で，P がその中心になるときである」である．

▶解答◀ （1） 図 1 を見よ．図形の対称性から，$b=c$ だから $s=a+2b$ である．

△ABC の 1 辺を 2 としてその面積に着目して

$$\frac{1}{2}\cdot 2(x+y+z)=\frac{1}{2}\cdot 2\cdot\sqrt{3}$$

$$t=\sqrt{3}$$

$\angle \mathrm{PBY}=\theta\left(0<\theta<\dfrac{\pi}{3}\right)$ とすると

$$y=\tan\theta,\ b=\frac{1}{\cos\theta}$$

$$a=\sqrt{3}-y=\sqrt{3}-\tan\theta$$

$$s=a+2b=\sqrt{3}-\tan\theta+\frac{2}{\cos\theta}$$

$$\frac{ds}{d\theta}=-\frac{1}{\cos^2\theta}-2\cdot\frac{-\sin\theta}{\cos^2\theta}=\frac{2\sin\theta-1}{\cos^2\theta}$$

s の増減は次のようになる．

θ	0	…	$\frac{\pi}{6}$	…	$\frac{\pi}{3}$
$\frac{ds}{d\theta}$		−	0	+	
s		↘		↗	

$\theta=\dfrac{\pi}{6}$ のとき s は最小値

$$s=\sqrt{3}-\frac{1}{\sqrt{3}}+2\cdot\frac{2}{\sqrt{3}}=2\sqrt{3}$$

をとるから $\dfrac{s}{t}$ の最小値は $\dfrac{2\sqrt{3}}{\sqrt{3}}=\mathbf{2}$ である．

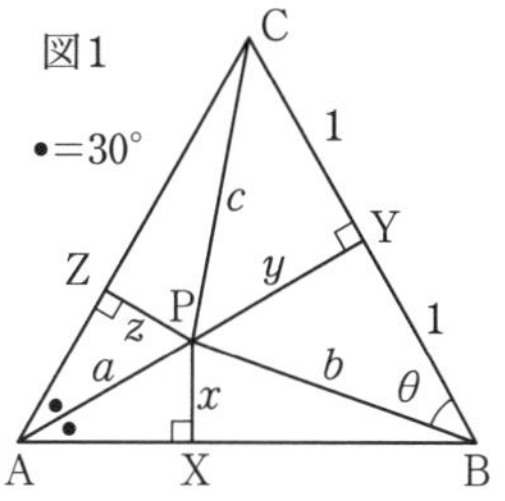

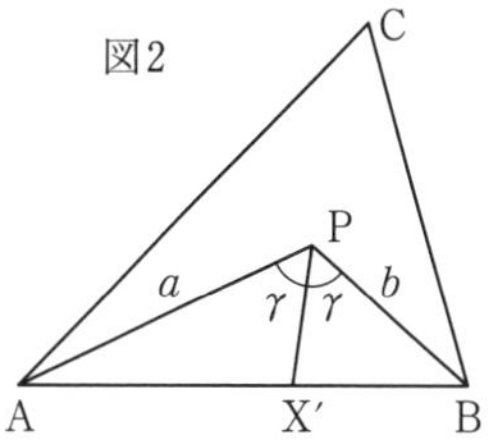

（2） △PAB の面積に着目して

$$\triangle \mathrm{PAX'}+\triangle \mathrm{PBX'}=\triangle \mathrm{PAB}$$

$$\frac{1}{2}a\mathrm{PX'}\sin\gamma+\frac{1}{2}b\mathrm{PX'}\sin\gamma=\frac{1}{2}ab\sin 2\gamma$$

$$(a+b)\mathrm{PX'}\sin\gamma=2ab\sin\gamma\cos\gamma$$

$$\mathrm{PX'}=\boldsymbol{\frac{2ab}{a+b}\cos\gamma}$$

（3） △ABC を 1 つ固定する．$\mathrm{PX'}\geqq \mathrm{PX}=x$ であるから，（2）より

$$\frac{2ab}{a+b}\cos\gamma\geqq x$$

$$2\sqrt{ab}\cos\gamma\geqq\frac{a+b}{\sqrt{ab}}x \quad\cdots\cdots\text{①}$$

相加相乗平均の不等式より

$$a+b\geqq 2\sqrt{ab} \qquad \therefore\ \frac{a+b}{\sqrt{ab}}\geqq 2$$

が成り立ち，$a=b$ のとき等号が成立する．① より

$$2\sqrt{ab}\cos\gamma\geqq 2x$$

同様にして $2\sqrt{bc}\cos\alpha\geqq 2y$，$2\sqrt{ca}\cos\beta\geqq 2z$ である．等号成立は $a=b=c$ すなわち P が △ABC の外心になるときである．問題文で与えられた不等式より

$$s\geqq 2(\sqrt{ab}\cos\gamma+\sqrt{bc}\cos\alpha+\sqrt{ca}\cos\beta)$$
$$\geqq 2x+2y+2z=2t$$

よって，任意の △ABC において $\dfrac{s}{t}\geqq 2$ が成り立つ．（1）より $\dfrac{s}{t}=2$ となる △ABC と点 P が存在するから最小値は $\mathbf{2}$ である．

注意 **【問題文中の不等式の証明】**

$2\alpha+2\beta+2\gamma=2\pi$ より $\alpha+\beta+\gamma=\pi$ である．左辺を a の式とみて

$$
\begin{aligned}
&a-2(\sqrt{b}\cos\gamma+\sqrt{c}\cos\beta)\sqrt{a}+b+c-2\sqrt{bc}\cos\alpha\\
&=(\sqrt{a}-(\sqrt{b}\cos\gamma+\sqrt{c}\cos\beta))^2\\
&\quad-(\sqrt{b}\cos\gamma+\sqrt{c}\cos\beta)^2+b+c-2\sqrt{bc}\cos\alpha\\
&=(\sqrt{a}-(\sqrt{b}\cos\gamma+\sqrt{c}\cos\beta))^2\\
&\qquad+b\sin^2\gamma+c\sin^2\beta\\
&\qquad-2\sqrt{bc}\cos\gamma\cos\beta-2\sqrt{bc}\cos\alpha\\
&=(\sqrt{a}-(\sqrt{b}\cos\gamma+\sqrt{c}\cos\beta))^2\\
&\qquad+b\sin^2\gamma+c\sin^2\beta\\
&\qquad-2\sqrt{bc}\cos\gamma\cos\beta+2\sqrt{bc}\cos(\beta+\gamma)\\
&=(\sqrt{a}-(\sqrt{b}\cos\gamma+\sqrt{c}\cos\beta))^2\\
&\qquad+b\sin^2\gamma+c\sin^2\beta-2\sqrt{bc}\sin\gamma\sin\beta\\
&=(\sqrt{a}-(\sqrt{b}\cos\gamma+\sqrt{c}\cos\beta))^2\\
&\qquad+(\sqrt{b}\sin\gamma-\sqrt{c}\sin\beta)^2\geqq 0
\end{aligned}
$$

等号成立は

$$\sqrt{a}=\sqrt{b}\cos\gamma+\sqrt{c}\cos\beta,\ \sqrt{b}\sin\gamma=\sqrt{c}\sin\beta$$

のときである．第 2 式より $\sqrt{c}=\sqrt{b}\cdot\dfrac{\sin\gamma}{\sin\beta}$ を第 1 式に代入して

$$
\begin{aligned}
\sqrt{a}&=\sqrt{b}\left(\cos\gamma+\frac{\sin\gamma}{\sin\beta}\cos\beta\right)\\
&=\frac{\sqrt{b}}{\sin\beta}(\sin\beta\cos\gamma+\cos\beta\sin\gamma)\\
&=\frac{\sqrt{b}}{\sin\beta}\sin(\beta+\gamma)=\frac{\sqrt{b}}{\sin\beta}\sin\alpha
\end{aligned}
$$

よって，等号は $\dfrac{\sqrt{a}}{\sin\alpha}=\dfrac{\sqrt{b}}{\sin\beta}=\dfrac{\sqrt{c}}{\sin\gamma}$ のときに成り立つ．

【曲線の凹凸・変曲点】

《分数関数の凹凸 (B15) ☆》

218. 関数 $y=\dfrac{3}{x}-\dfrac{1}{x^3}$ の増減，極値，グラフの凹凸および変曲点を調べて，そのグラフをかけ．

（23　弘前大・医 (保健-放射線技術)，理工，教育 (数学)）

▶解答◀ $f(x)=\dfrac{3}{x}-\dfrac{1}{x^3}$ とおく．$f(x)$ は奇関数で，$f(x)$ の定義域は $x\neq 0$ である．

$$f'(x)=-\frac{3}{x^2}+\frac{3}{x^4}=\frac{-3(x^2-1)}{x^4}$$

$$f''(x)=\frac{6}{x^3}-\frac{12}{x^5}=\frac{6(x^2-2)}{x^5}$$

x	$\cdots$	$-\sqrt{2}$	$\cdots$	-1	$\cdots$	0	$\cdots$	1	$\cdots$	$\sqrt{2}$	$\cdots$
$f'(x)$	$-$	$-$	$-$	0	$+$	×	$+$	0	$-$	$-$	$-$
$f''(x)$	$-$	0	$+$	$+$	$+$	×	$-$	$-$	$-$	0	$+$
$f(x)$	⤵		⤷		⤴	×	↷		⤵		⤷

$$f(1)=3-1=2,\ f(\sqrt{2})=\frac{3}{\sqrt{2}}-\frac{1}{2\sqrt{2}}=\frac{5\sqrt{2}}{4}$$

$$f(-1)=-2,\ f(-\sqrt{2})=-\frac{5\sqrt{2}}{4}$$

$$\lim_{x\to+0}f(x)=\lim_{x\to+0}\frac{1}{x^3}(3x^2-1)=-\infty$$

$$\lim_{x\to+\infty}f(x)=0$$

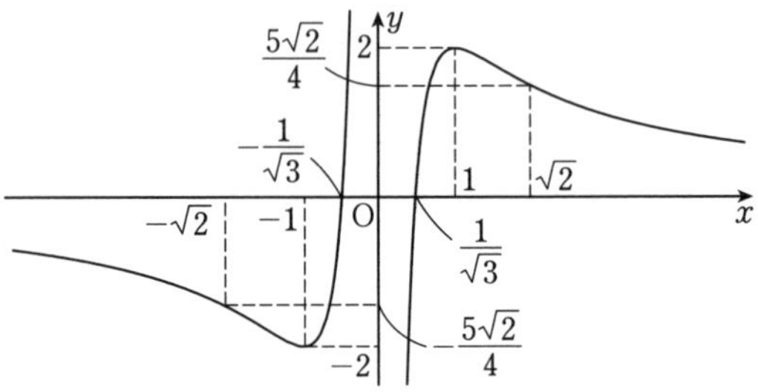

《頻出問題 $m^n=n^m$ (B20) ☆》

219.（1） 関数

$$f(x)=\frac{\log x}{x}\ (x>0)$$

の増減と $y=f(x)$ のグラフの凹凸を調べ，グラフの概形をかけ．ただし，$\displaystyle\lim_{x\to\infty}\frac{\log x}{x}=0$ は用いてよい．

（2） 次を満たす自然数の組 (m,n) をすべて求めよ．

$$m^n=n^m \text{ かつ } m<n$$

（23　信州大・理）

▶解答◀（1） $f(x)=\dfrac{\log x}{x}$ について

$$f'(x)=\frac{\frac{1}{x}\cdot x-1\cdot\log x}{x^2}=\frac{1-\log x}{x^2}$$

$$f''(x)=\frac{-\frac{1}{x}\cdot x^2-2x(1-\log x)}{x^4}=\frac{2\log x-3}{x^3}$$

x	0	$\cdots$	e	$\cdots$	$e^{\frac{3}{2}}$	$\cdots$
$f'(x)$		$+$	0	$-$	$-$	$-$
$f''(x)$		$-$	$-$	$-$	0	$+$
$f(x)$		↷		⤵		⤷

$$f(e)=\frac{1}{e},\ f(e^{\frac{3}{2}})=\frac{3}{2e^{\frac{3}{2}}},\ \lim_{x\to+0}f(x)=-\infty$$

$\displaystyle\lim_{x\to\infty}f(x)=0$ であり，$y=f(x)$ のグラフは図 1 のようになる．

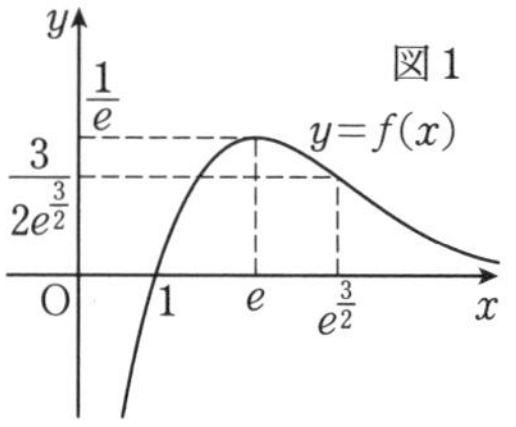

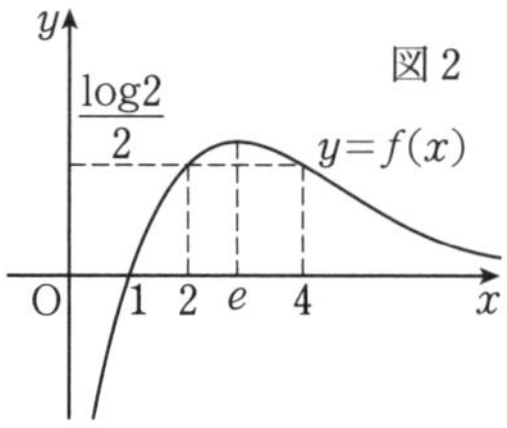

（２） $m^n = n^m$ の両辺に自然対数をとって

$$n\log m = m\log n$$

$$\frac{\log m}{m} = \frac{\log n}{n} \qquad \therefore \quad f(m) = f(n)$$

$1 < m < e$ をみたす自然数は $m = 2$ で，$n^2 = 2^n$ から $n = 4$ である．$(m, n) = \mathbf{(2, 4)}$

《対数関数の凹凸（B15）》

220．正の実数 x に対して

$$f(x) = (\log_2 x)^2 - x$$

と定める．以下では，e は自然対数の底を表すものとする．また，$2 < e < 3$ が成り立つことを用いてよい．

（１） $f(2^m) = 0$ を満たす自然数 m を 2 つ求めよ．

（２） x が $x > e$ を満たすとき，$f''(x) < 0$ であることを示せ．ただし，$f''(x)$ は $f(x)$ の第 2 次導関数を表す．

（３） $f(n) > 0$ を満たす自然数 n の個数を求めよ．

（23　学習院大・理）

▶解答◀ （１） $f(2^m) = m^2 - 2^m$ より $f(2^m) = 0$ のとき $m^2 = 2^m$ で，これを満たす自然数 2 つは $m = \mathbf{2, 4}$ である．

（２） $\log_2 x = \dfrac{\log x}{\log 2}$ であるから

$$f(x) = \left(\frac{\log x}{\log 2}\right)^2 - x \quad \cdots\cdots\cdots\cdots\cdots\cdots\cdots\cdots ①$$

$$f'(x) = \frac{2}{(\log 2)^2} \cdot \frac{\log x}{x} - 1$$

$$f''(x) = \frac{2}{(\log 2)^2} \cdot \frac{\frac{1}{x} \cdot x - \log x}{x^2}$$

$$= \frac{2}{(\log 2)^2} \cdot \frac{1 - \log x}{x^2}$$

$x > e$ のとき $1 - \log x < 0$ より $f''(x) < 0$ である．

（３） 曲線 $y = f(x)$ は上に凸である．

① のとき，$f(2^2) = 0$，$f(2^4) = 0$ であるからグラフの概形は次のようになる．

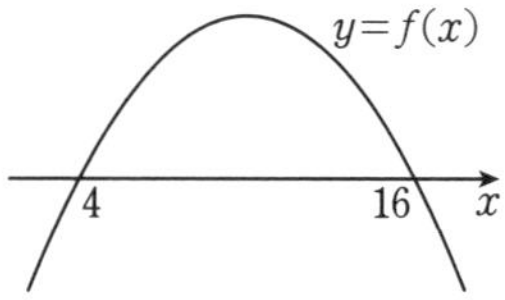

$f(n) > 0$ となるのは $n = 5 \sim 15$ の **11** 個ある．

《4 次関数の凹凸（B20）》

221．4 次関数 $f(x) = -x^4 + 2x^2 - 1$ について，以下の問いに答えよ．

（１） $f(x)$ の増減を調べよ．また，$f(x)$ の極大値と，そのときの x の値をすべて求めよ．さらに，$f(x)$ の極小値と，そのときの x の値をすべて求めよ．

（２） 曲線 $y = f(x)$ の変曲点の座標をすべて求めよ．また，それぞれの変曲点における $y = f(x)$ の接線の方程式を求めよ．

（３） $y = f(x)$ のグラフが下に凸になる x の範囲を求めよ．

（４） xy 平面内に曲線 $y = f(x)$ の概形をかけ．さらに，（２）で求めた変曲点における接線を，曲線 $y = f(x)$ と同じ xy 平面内にかけ．

（23　北見工大・後期）

▶解答◀

$$f'(x) = -4x^3 + 4x = -4x(x+1)(x-1)$$

$$f''(x) = -12x^2 + 4 = -4(3x^2 - 1)$$

$p = -\dfrac{1}{\sqrt{3}}$，$q = \dfrac{1}{\sqrt{3}}$ とおく．

x	$\cdots$	-1	$\cdots$	p	$\cdots$	0	$\cdots$	q	$\cdots$	1	$\cdots$
$f'(x)$	$+$	0	$-$	$-$	$-$	0	$+$	$+$	$+$	0	$-$
$f''(x)$	$-$	$-$	$-$	0	$+$	$+$	$+$	0	$-$	$-$	$-$
$f(x)$	↗		↘		↘		↗		↗		↘

$$f(\pm 1) = 0,\ f(0) = -1$$

$$f\left(\pm\frac{1}{\sqrt{3}}\right) = -\frac{1}{9} + \frac{2}{3} - 1 = -\frac{4}{9}$$

（１） $x = \mathbf{\pm 1}$ で極大値 $\mathbf{0}$，$x = \mathbf{0}$ で極小値 $\mathbf{-1}$ をとる．

（２） 変曲点の座標は $\left(\pm\dfrac{1}{\sqrt{3}}, -\dfrac{4}{9}\right)$ である．

$$f'\left(\frac{1}{\sqrt{3}}\right) = -\frac{4}{3\sqrt{3}} + \frac{4}{\sqrt{3}} = \frac{8}{3\sqrt{3}}$$

変曲点 $\left(\dfrac{1}{\sqrt{3}}, -\dfrac{4}{9}\right)$ における接線は

$$y = \frac{8}{3\sqrt{3}}\left(x - \frac{1}{\sqrt{3}}\right) - \frac{4}{9}$$

$$y = \frac{8}{3\sqrt{3}}x - \frac{4}{3}$$

変曲点 $\left(-\frac{1}{\sqrt{3}}, -\frac{4}{9}\right)$ における接線は

$$y = -\frac{8}{3\sqrt{3}}x - \frac{4}{3}$$

（3） $-\frac{1}{\sqrt{3}} \leqq x \leqq \frac{1}{\sqrt{3}}$

（4） 図のようになる．

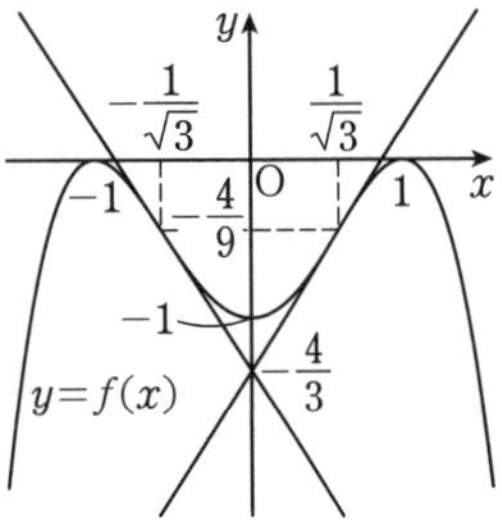

《凸性の利用 (B20)》

222. 角 A が鈍角で OB = 1 である △OAB がある．辺 AB 上に 2 点 P, Q を ∠AOP = ∠POQ = ∠QOB となるようにとる．∠QBO = α, ∠QOB = β として，以下の問に答えよ．

（1） $\mathrm{OA} = \frac{\sin\alpha}{\sin(\alpha+3\beta)}$ であることを示せ．

（2） $f(x) = \frac{1}{\sin x}\ \left(0 < x < \frac{\pi}{2}\right)$ とおく．$y = f(x)$ のグラフは下に凸であることを示せ．

（3） OA + OB と OP + OQ の大小を比較せよ．

（23　神戸大・後期）

▶解答◀ （1） △OAB において正弦定理より

$$\frac{\mathrm{OA}}{\sin\alpha} = \frac{\mathrm{OB}}{\sin(\pi-(\alpha+3\beta))}$$

$$\mathrm{OA} = \frac{\sin\alpha}{\sin(\alpha+3\beta)}$$

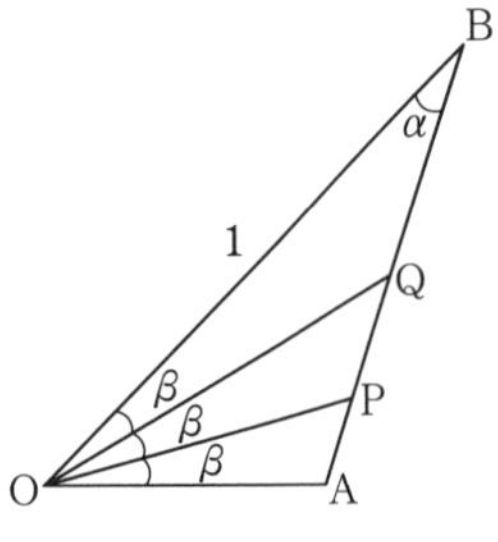

（2） $f'(x) = -(\sin x)^{-2}\cos x$

$$f''(x) = 2(\sin x)^{-3}\cos^2 x + (\sin x)^{-2}\sin x$$

$$= \frac{2\cos^2 x + \sin^2 x}{\sin^3 x} > 0$$

となるから，$y = f(x)$ のグラフは下に凸である．

（3） （1）と同様に考えると

$$\mathrm{OP} = \frac{\sin\alpha}{\sin(\alpha+2\beta)},\ \mathrm{OQ} = \frac{\sin\alpha}{\sin(\alpha+\beta)}$$

となる．これより，OA + OB と OP + OQ の大小は，

$$F = \frac{1}{\sin\alpha} + \frac{1}{\sin(\alpha+3\beta)}$$

$$G = \frac{1}{\sin(\alpha+\beta)} + \frac{1}{\sin(\alpha+2\beta)}$$

の大小に等しい．また，A は鈍角より $0 < \alpha + 3\beta < \frac{\pi}{2}$ である．図のように点を設定し，CF, DE の中点をそれぞれ M, N とする．このとき，M, N の x 座標は等しく，M の y 座標は $\frac{F}{2}$，N の y 座標は $\frac{G}{2}$ となる．（2）より $0 < x < \frac{\pi}{2}$ において $y = f(x)$ のグラフは下に凸であるから，M は N よりも上側にある．

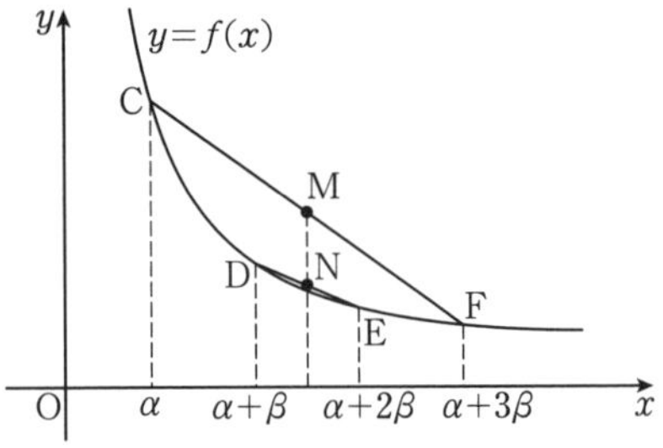

すなわち，

$$\frac{F}{2} > \frac{G}{2} \qquad \therefore\ F > G$$

となる．これより，**OA + OB > OP + OQ** である．

《分数関数 (B10) ☆》

223. 関数 $f(x) = \frac{x+2}{ax^2+1}$ は $x = 1$ で極値をとる．定数 a の値および $f(x)$ の最大値と最小値を求めよ．

（23　岩手大・理工-後期）

▶解答◀ $f'(x) = \frac{1\cdot(ax^2+1)-(x+2)\cdot 2ax}{(ax^2+1)^2}$

$$= \frac{-ax^2-4ax+1}{(ax^2+1)^2}$$

$f'(1) = 0$ であるから

$$-a-4a+1 = 0 \qquad \therefore\ a = \frac{1}{5}$$

このとき

$$f'(x) = \frac{-\frac{1}{5}x^2 - \frac{4}{5}x + 1}{\left(\frac{1}{5}x^2+1\right)^2} = \frac{-5(x+5)(x-1)}{(x^2+5)^2}$$

x	$\cdots$	-5	$\cdots$	1	$\cdots$
$f'(x)$	$-$	0	$+$	0	$-$
$f(x)$	↘		↗		↘

増減表より $x=1$ で確かに極値をとる．よって $a=\dfrac{1}{5}$

また $f(1)=\dfrac{1+2}{\frac{1}{5}+1}=\dfrac{5}{2}$, $f(-5)=\dfrac{-5+2}{5+1}=-\dfrac{1}{2}$

$\displaystyle\lim_{x\to\pm\infty} f(x)=0$ であるから $x=1$ のとき最大値 $\dfrac{5}{2}$,

$x=-5$ のとき最小値 $-\dfrac{1}{2}$

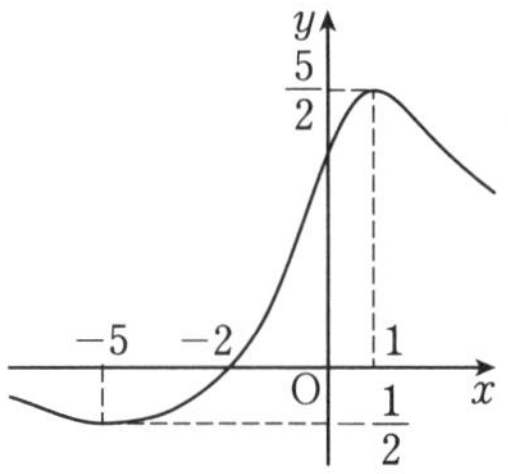

《分数関数の最大最小（B20）》

224. 実数 x, y が $x+y=6$ を満たすとき，3^x+27^y の最小値を求めなさい．（23　信州大・教育）

▶解答◀　$x=-y+6$ であるから

$$3^x+27^y=3^{-y+6}+27^y=\frac{3^6}{3^y}+3^{3y}$$

$3^y=t$ とおくと，$t>0$ であり

$$3^x+27^y=\frac{3^6}{t}+t^3$$

これを $f(t)$ とおくと

$$f'(t)=-\frac{3^6}{t^2}+3t^2=\frac{3t^4-3^6}{t^2}=\frac{3(t^4-3^5)}{t^2}$$

t	0	$\cdots$	$3^{\frac{5}{4}}$	$\cdots$
$f'(t)$		$-$	0	$+$
$f(t)$		↘		↗

$f(t)$ は $t=3^{\frac{5}{4}}$ のとき最小となる．求める最小値は

$$f\left(3^{\frac{5}{4}}\right)=\frac{3^6}{3^{\frac{5}{4}}}+3^{\frac{15}{4}}=3^{\frac{19}{4}}+3^{\frac{15}{4}}$$

$$=3^{\frac{15}{4}}(3+1)=\mathbf{4\cdot 3^{\frac{15}{4}}}$$

◆別解◆　$3^x+27^y=\dfrac{3^x}{3}+\dfrac{3^x}{3}+\dfrac{3^x}{3}+27^y$

$\dfrac{3^x}{3}>0$, $27^y>0$ であるから，相加相乗平均の不等式より

$$\frac{3^x}{3}+\frac{3^x}{3}+\frac{3^x}{3}+27^y$$

$$\geqq 4\left(\frac{3^x}{3}\cdot\frac{3^x}{3}\cdot\frac{3^x}{3}\cdot 27^y\right)^{\frac{1}{4}}$$

$$=4(27^{x+y-1})^{\frac{1}{4}}=4\cdot 27^{\frac{5}{4}}=4\cdot 3^{\frac{15}{4}}$$

等号成立条件は

$$\frac{3^x}{3}=27^y$$

$$3^{x-1}=3^{3y}\qquad\therefore\quad x-1=3y$$

であり，$x+y=6$ と連立して $x=\dfrac{19}{4}$, $y=\dfrac{5}{4}$ のときである．よって，求める最小値は $\mathbf{4\cdot 3^{\frac{15}{4}}}$

《分数関数の最大最小（B20）☆》

225. $a, b\ (a\neq 0)$ を定数とするとき，関数

$$f(x)=\frac{ax+b}{x^2-2x+2}$$

が $x=4$ で極値をとるとする．このとき，下の問いに答えよ．

（1）b を a を用いて表せ．

（2）$f(x)$ の最小値が $-\dfrac{1}{2}$ であるとき，a, b の値を求めよ．また，このとき $f(x)$ が最大値をもつことを示し，その値を求めよ．

（23　東京学芸大・前期）

▶解答◀　（1）$f'(x)$

$$=\frac{a(x^2-2x+2)-(ax+b)(2x-2)}{(x^2-2x+2)^2}$$

$$=\frac{-ax^2-2bx+2a+2b}{(x^2-2x+2)^2}\ \cdots\cdots ①$$

$x=4$ で極値をとることから，

$$f'(4)=\frac{-16a-8b+2a+2b}{100}=0$$

$$-14a-6b=0\qquad\therefore\quad \boldsymbol{b=-\frac{7}{3}a}\ \cdots\cdots ②$$

（2）② を ① に代入して，

$$f'(x)=\frac{-ax^2+\frac{14}{3}ax-\frac{8}{3}a}{(x^2-2x+2)^2}$$

$$=-\frac{a}{3}\cdot\frac{(3x-2)(x-4)}{(x^2-2x+2)^2}$$

また，$\displaystyle\lim_{x\to\pm\infty} f(x)=0$ である．ここで，a の正負によって場合分けをする．

（ア）$a>0$ のとき：増減表は次のようになる．

x	$\cdots$	$\frac{2}{3}$	$\cdots$	4	$\cdots$
$f'(x)$	$-$	0	$+$	0	$-$
$f(x)$	↘		↗		↘

$\displaystyle\lim_{x\to\pm\infty} f(x)=0$ も合わせると，最小値は $f\left(\dfrac{2}{3}\right)$ であり，これが $-\dfrac{1}{2}$ であるから，

$$f\left(\frac{2}{3}\right)=\frac{\frac{2}{3}a-\frac{7}{3}a}{\frac{10}{9}}=-\frac{1}{2}$$

これを解いて，② も合わせると，

$$\boldsymbol{a=\frac{1}{3},\ b=-\frac{7}{9}}$$

また，最大値は，

$$f(4)=\frac{\frac{4}{3}-\frac{7}{9}}{10}=\mathbf{\frac{1}{18}}$$

（イ） $a<0$ のとき：増減表は次のようになる．

x	$\cdots$	$\frac{2}{3}$	$\cdots$	4	$\cdots$
$f'(x)$	$+$	0	$-$	0	$+$
$f(x)$	↗		↘		↗

$\lim_{x\to\pm\infty} f(x)=0$ も合わせると，最小値は $f(4)$ であり，これが $-\frac{1}{2}$ であるから，

$$f(4)=\frac{4a-\frac{7}{3}a}{10}=-\frac{1}{2}$$

これを解いて，② も合わせると，

$$\boldsymbol{a=-3,\ b=7}$$

また，最大値は，

$$f\left(\frac{2}{3}\right)=-\frac{3}{2}\cdot(-3)=\boldsymbol{\frac{9}{2}}$$

◆別解◆【安田の定理を使えば少しだけ楽に】

（**2**） 最小値と最大値を求める際に，安田の定理を用いることもできる．$f(x)=\frac{g(x)}{h(x)}$ とおくと，

$$\frac{g'(x)}{h'(x)}=\frac{a}{2x-2}$$

である．極値は $f\left(\frac{2}{3}\right)$, $f(4)$ である．

（ア） $a>0$ のとき：$a=\frac{1}{3}$ である．最大値は，

$$f(4)=\frac{\frac{1}{3}}{2\cdot4-2}=\boldsymbol{\frac{1}{18}}$$

（イ） $a<0$ のとき：$a=-3$ である．最大値は，

$$f\left(\frac{2}{3}\right)=\frac{-3}{2\cdot\frac{2}{3}-2}=\boldsymbol{\frac{9}{2}}$$

注意 【安田の定理】

$f(x)=\frac{g(x)}{h(x)}$ が $x=\alpha$ で極値をとり $h'(\alpha)\neq0$ ならば，極値は $f(\alpha)=\frac{g'(\alpha)}{h'(\alpha)}$

【証明】$f'(x)=\frac{g'(x)h(x)-g(x)h'(x)}{\{h(x)\}^2}$ が $x=\alpha$ で 0 になる．$g'(\alpha)h(\alpha)=g(\alpha)h'(\alpha)$ であり，両辺を $h(\alpha)h'(\alpha)$ で割ると $\frac{g'(\alpha)}{h'(\alpha)}=\frac{g(\alpha)}{h(\alpha)}$ となるから

$$f(\alpha)=\frac{g(\alpha)}{h(\alpha)}=\frac{g'(\alpha)}{h'(\alpha)}$$

となる．極値の計算は $f(x)=\frac{g(x)}{h(x)}$ に代入するのではなく，この分母と分子を x で微分した $f(x)=\frac{g'(x)}{h'(x)}$ に代入する．

《分数関数の最小 (B30)》

226. 関数 $f(x)$ を

$$f(x)=-1+x-|x|+|x-2|$$

とし，$y=f(x)$ のグラフを C とする．

（1） C の概形をかけ．

（2） a を実数とするとき，C と直線 $y=ax$ との共有点の個数を求めよ．

（3） （2）の共有点の個数が 2 個以上であるような a に対し，C と直線 $y=ax$ で囲まれた部分の面積を $S(a)$ とする．$S(a)$ の最小値とそれをとる a を求めよ．（23　和歌山県立医大）

▶解答◀ （1） $x\leqq0$ のとき

$$f(x)=-1+x-(-x)-(x-2)=x+1$$

$0\leqq x\leqq2$ のとき

$$f(x)=-1+x-x-(x-2)=-x+1$$

$x\geqq2$ のとき

$$f(x)=-1+x-x+(x-2)=x-3$$

C の概形は図 1 の通りである．

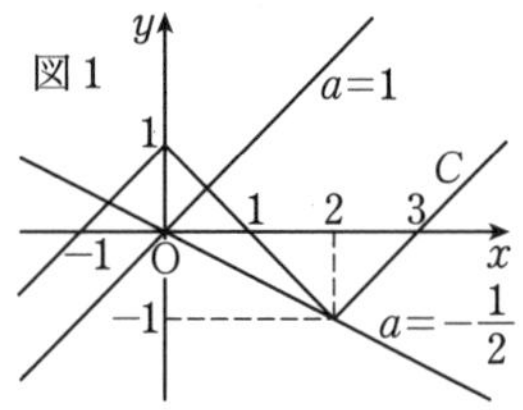

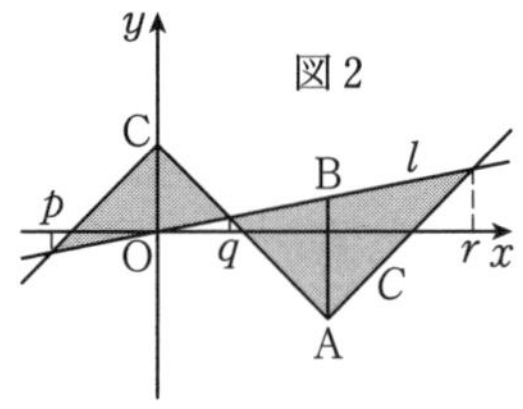

（**2**） $l: y=ax$ とする．図 1 より，C と l の共有点の個数は

$a<-\frac{1}{2}$, $a\geqq1$ のとき **1**，$a=-\frac{1}{2}$ のとき **2**，$-\frac{1}{2}<a<1$ のとき **3** である．

（**3**） $-\frac{1}{2}\leqq a<1$ のとき，l と $y=x+1$, $y=-x+1$, $y=x-3$ とをそれぞれ連立すると

$$x=-\frac{1}{1-a},\ \frac{1}{1+a},\ \frac{3}{1-a}$$

これらの値を順に p, q, r とし，A$(2,-1)$，B$(2,2a)$，C$(0,1)$ とする．

$$S(a)=\frac{1}{2}\mathrm{OC}(q-p)+\frac{1}{2}\mathrm{AB}(r-q)$$

$$=\frac{1}{2}\cdot1\cdot\left(\frac{1}{1+a}+\frac{1}{1-a}\right)$$

$$+\frac{1}{2}(2a+1)\left(\frac{3}{1-a}-\frac{1}{1+a}\right)$$

$$=\frac{2+(2a+1)\{3(1+a)-(1-a)\}}{2(1+a)(1-a)}$$

$$=\frac{2+(2a+1)\cdot2(2a+1)}{2(1-a^2)}$$

$$=\frac{1+4a^2+4a+1}{1-a^2}=2\cdot\frac{2a^2+2a+1}{1-a^2}\quad\cdots\cdots①$$

$$S'(a)=2\cdot\frac{1}{(1-a^2)^2}\{(4a+2)(1-a^2)$$
$$-(2a^2+2a+1)(-2a)\}\ \cdots\cdots\cdots\cdots\cdots\cdots②$$
$$=\frac{4(a^2+3a+1)}{(1-a^2)^2}$$

$S'(a)=0,\ -\frac{1}{2}\leqq a<1$ を解くと $a=\frac{-3+\sqrt{5}}{2}$

$\alpha=\frac{-3+\sqrt{5}}{2}$ とおく．

a	$-\frac{1}{2}$	$\cdots$	α	$\cdots$	1
$S'(a)$		$-$	0	$+$	
$S(a)$		↘		↗	

$S(a)$ は $a=\frac{-3+\sqrt{5}}{2}$ で最小値をとる．これを ① に代入，整理して，求める最小値は $S(a)=\sqrt{5}-1$

注意 1°【安田の定理】

$f(x)=\frac{g(x)}{h(x)}$ が $x=\alpha$ で極値をとり，$h'(\alpha)\neq 0$ ならば

$$f(\alpha)=\frac{g(\alpha)}{h(\alpha)}=\frac{g'(\alpha)}{h'(\alpha)}$$

である．

【証明】$f'(x)=\frac{g'(x)h(x)-g(x)h'(x)}{\{h(x)\}^2}$

$x=\alpha$ で $f'(\alpha)=0$ となるから

$g'(\alpha)h(\alpha)=g(\alpha)h'(\alpha)$ で $h(\alpha)h'(\alpha)$ で割って

$$\frac{g(\alpha)}{h(\alpha)}=\frac{g'(\alpha)}{h'(\alpha)}$$

となる．本問では ① に $a=\frac{-3+\sqrt{5}}{2}$ を代入してもよいが，① の分母分子を微分した $2\cdot\frac{4a+2}{-2a}=-4-\frac{2}{a}$ に代入し

$$-4-\frac{4}{-3+\sqrt{5}}=-4+3+\sqrt{5}=\sqrt{5}-1$$

と計算できる．代入して計算するだけだから，どのように計算したかなど説明する必要はない．

どうしても書きたいなら ② の分子 $=0$ のときで，

$$(4a+2)(1-a^2)=(2a^2+2a+1)(-2a)$$
$$\frac{2a^2+2a+1}{1-a^2}=\frac{4a+2}{-2a}$$

とするだけである．こんな簡単なこと，省略してもよいだろう．定理や公式は，省略して使うからよいのであって，示しながら使うなど，意味がない．

2°【傾き積分】 これは読み流せ．

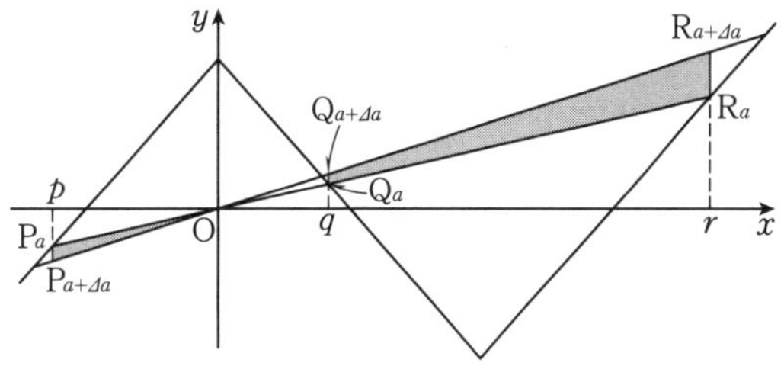

$P_a(p,\ ap),\ P_{a+\Delta a}(p,\ (a+\Delta a)p)$

$Q_a(q,\ aq),\ Q_{a+\Delta a}(q,\ (a+\Delta a)q)$

$R_a(r,\ ar),\ R_{a+\Delta a}(r,\ (a+\Delta a)r)$

a を Δa だけ増やすと，S の増分

$$\Delta S=\triangle OP_aP_{a+\Delta a}+(\triangle OR_aR_{a+\Delta a}$$
$$-\triangle OQ_aQ_{a+\Delta a})-\triangle OQ_aQ_{a+\Delta a}$$
$$=\frac{1}{2}p^2\Delta a+\frac{1}{2}r^2\Delta a-\frac{1}{2}q^2\Delta a\cdot 2$$
$$\frac{dS}{da}=\frac{1}{2}(p^2+r^2-2q^2)$$
$$=\frac{1}{2}\left\{\frac{10}{(1-a)^2}-2\cdot\frac{1}{(1+a)^2}\right\}$$
$$=\frac{5(1+a)^2-(1-a)^2}{(1-a)^2(1+a)^2}=\frac{4(a^2+3a+1)}{(1-a)^2(1+a)^2}$$

$a=\frac{-3+\sqrt{5}}{2}$ で最小になる．

《置き換えて分数関数 (B20)》

227. 関数 $f(x)=\frac{1}{x^2-x-2}$ について，次の問いに答えよ．

（１） $f(x)$ の増減を調べ，$y=f(x)$ のグラフの概形をかけ．ただし，グラフの凹凸は調べなくてよい．

（２） 次の条件を満たす実数 a をすべて求めよ．
$x\leqq a$ の範囲で，$f(x)$ の最大値は $\frac{1}{4}$ である．

（３） 次の条件を満たす実数 b をすべて求めよ．
$b\leqq x\leqq b+\frac{3}{2}$ の範囲で，$f(x)$ の最大値は $-\frac{4}{9}$，最小値は $-\frac{4}{5}$ である．

（23　信州大・理-後期）

▶解答◀ （1） $f(x)=\frac{1}{(x+1)(x-2)}$

$$f'(x)=-\frac{2x-1}{(x+1)^2(x-2)^2}$$

x	$\cdots$	-1	$\cdots$	$\frac{1}{2}$	$\cdots$	2	$\cdots$
$f'(x)$	$+$		$+$	0	$-$		$-$
$f(x)$	↗		↗		↘		↘

$f\left(\frac{1}{2}\right)=-\frac{4}{9},\ \lim_{x\to\infty}f(x)=0,\ \lim_{x\to-\infty}f(x)=0$

$$\lim_{x\to-1+0} f(x)=-\infty,\ \lim_{x\to-1-0} f(x)=\infty$$

$$\lim_{x\to2+0} f(x)=\infty,\ \lim_{x\to2-0} f(x)=-\infty$$

であるから，$y=f(x)$ のグラフは図 1 のようになる．

図 1

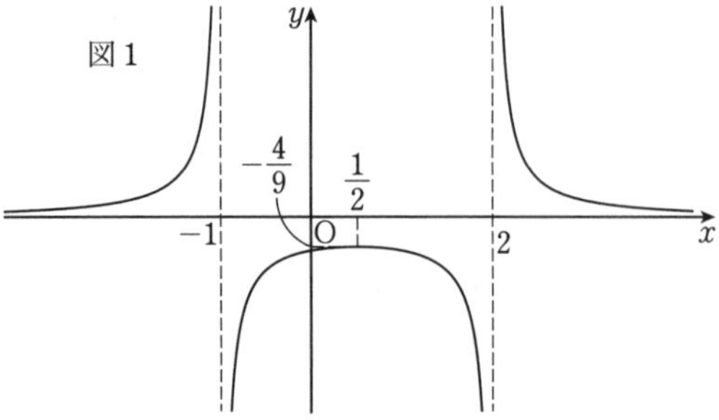

（**2**） $\frac{1}{x^2-x-2}=\frac{1}{4}$

$x^2-x-6=0$

$(x+2)(x-3)=0 \qquad \therefore\ \ x=-2,\ 3$

図 2 を参照して，$x \leqq a$ で $f(x)$ の最大値が $\frac{1}{4}$ となるのは $a=\mathbf{-2}$

（**3**） $f(x)$ の最大値が $-\frac{4}{9}$ であるから

$b \leqq \frac{1}{2} \leqq b+\frac{3}{2}$ すなわち $-1 \leqq b \leqq \frac{1}{2}$ である．

$f(x)=-\frac{4}{5}$ を解いて

$$\frac{1}{x^2-x-2}=-\frac{4}{5}$$

$$x^2-x-2=-\frac{5}{4}$$

$$x^2-x-\frac{3}{4}=0$$

$$\left(x-\frac{3}{2}\right)\left(x+\frac{1}{2}\right)=0 \qquad \therefore\ \ x=-\frac{1}{2},\ \frac{3}{2}$$

$f(x)$ の最小値が $-\frac{4}{5}$ になるのは，区間の左端が $-\frac{1}{2}$，もしくは区間の右端が $\frac{3}{2}$ のときで $b=\mathbf{-\frac{1}{2},\ 0}$

これは $-1 \leqq b \leqq \frac{1}{2}$ を満たす．

図 2

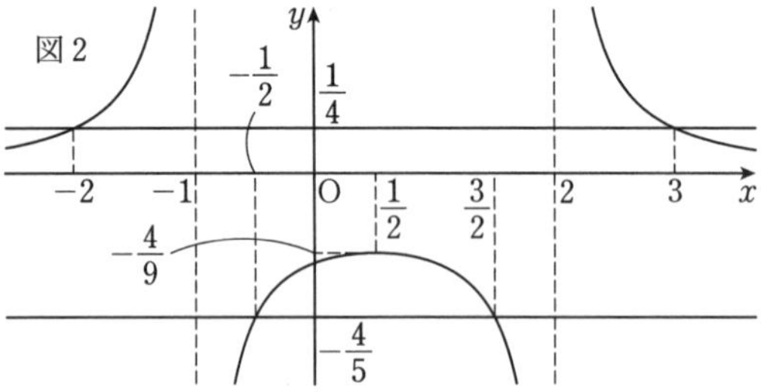

《長さの最小 (B15)》

228. xy 平面上の x 軸の正の範囲に点 P，y 軸の正の範囲に点 Q があり，直線 PQ が点 $(1,\ 8)$ を通るように動くとき，点 P と点 Q の距離の 2 乗の最小値は □ である．

（23　藤田医科大・ふじた未来入試）

▶解答◀ 直線 PQ の傾きを m とすると，PQ は $y=m(x-1)+8$ である．

P が x 軸の正の範囲，Q が y 軸の正の範囲にある条件は $m<0$ である．

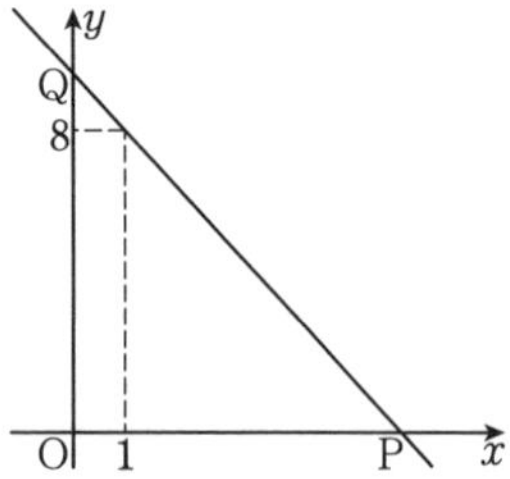

P の座標は $\left(1-\frac{8}{m},\ 0\right)$，Q の座標は $(0,\ 8-m)$ であるから

$$\mathrm{PQ}^2=\left(1-\frac{8}{m}\right)^2+(8-m)^2$$

$f(m)=\left(1-\frac{8}{m}\right)^2+(8-m)^2$ とおく．

$$f'(m)=2\left(1-\frac{8}{m}\right)\cdot\frac{8}{m^3}-2(8-m)$$

$$=\frac{16}{m^3}(m-8)+2(m-8)$$

$$=\frac{2}{m^3}(m-8)(m^3+8)$$

$m^3+8=0,\ m<0$ のとき $m=-2$ である．

$m<0$ での増減は次のようになる．

m	$\cdots$	-2	$\cdots$	0
$f'(m)$	$-$	0	$+$	
$f(m)$	↘		↗	

PQ^2 は最小値 $f(-2)=25+100=\mathbf{125}$ をとる．

《無理関数の最大 (B10) ☆》

229. 関数 $f(x)=-x-1+\sqrt{4x+1}\ (x \geqq 0)$ について，$f(x) \geqq 0$ であるための必要十分条件は $0 \leqq x \leqq$ □ であり，また，$f(x)$ の最大値は □ である．（23　愛媛大・医，理，工，教）

▶解答◀ $-x-1+\sqrt{4x+1} \geqq 0$

$$\sqrt{4x+1} \geqq x+1$$

$x \geqq 0$ のとき $x+1 \geqq 0$ であるから両辺 2 乗して

$$4x+1 \geqq x^2+2x+1$$

$$x(x-2) \leqq 0 \qquad \therefore\ \ 0 \leqq x \leqq \mathbf{2}$$

$f(x)=-x-1+\sqrt{4x+1}$ について

$$f'(x)=-1+\frac{4}{2\sqrt{4x+1}}=\frac{2-\sqrt{4x+1}}{\sqrt{4x+1}}$$

$$= \frac{3-4x}{\sqrt{4x+1}(2+\sqrt{4x+1})}$$

x	0	$\cdots$	$\frac{3}{4}$	$\cdots$
$f'(x)$		$+$	0	$-$
$f(x)$		↗		↘

$f(x)$ の最大値は $f\left(\frac{3}{4}\right) = -\frac{3}{4} - 1 + \sqrt{4} = \boldsymbol{\frac{1}{4}}$

《2 曲線が接する (B20) ☆》

230. $a < 0,\ b > 0$ とする．2 つの曲線

$C : y = \frac{1}{x^2+1}$

と $D : y = ax^2 + b$ がある．いま，$x > 0$ で C と D が共有点をもち，その点における 2 つの曲線の接線が一致しているとする．その共有点の x 座標を t とし，D と x 軸で囲まれた部分の面積を S とする．以下の問いに答えよ．

（1） D と x 軸の交点の x 座標を $\pm p$ とし，$p > 0$ とする．S を a と p を用いて表せ．

（2） a, b を t を用いて表せ．

（3） S を t を用いて表せ．

（4） $t > 0$ の範囲で，S が最大となるような D の方程式を求めよ．　（23　岡山大・理系）

▶解答◀ （1） $S = \int_{-p}^{p} (ax^2 + b)\,dx$

$$= 2a\int_0^p (x^2 - p^2)\,dx$$

$$= 2a\left[\frac{x^3}{3} - p^2 x\right]_0^p = \boldsymbol{-\frac{4ap^3}{3}}$$

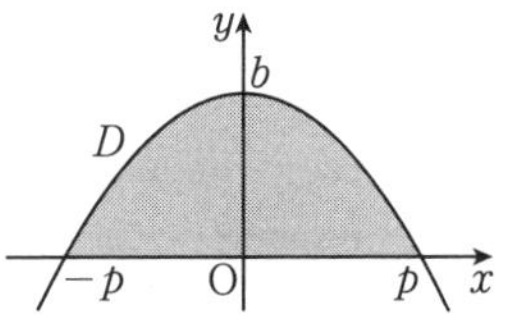

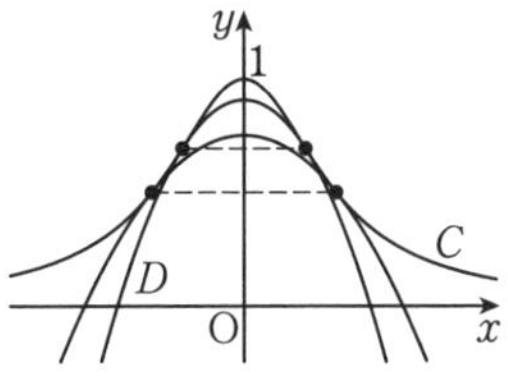

（2） $f(x) = \frac{1}{x^2+1}$，$g(x) = ax^2 + b$ とおくと

$$f'(x) = \frac{-2x}{(x^2+1)^2},\ g'(x) = 2ax$$

$x = t$ で，C と D が共有点をもち，その点における 2 つの曲線の接線が一致するから

$$f(t) = g(t),\ f'(t) = g'(t)$$

$$\frac{1}{t^2+1} = at^2 + b,\ \frac{-2t}{(t^2+1)^2} = 2at$$

$t > 0$ であるから，$a = \boldsymbol{-\frac{1}{(t^2+1)^2}}$

$$b = \frac{1}{t^2+1} - at^2$$

$$= \frac{1}{t^2+1} - \left\{-\frac{1}{(t^2+1)^2}\right\}t^2 = \boldsymbol{\frac{2t^2+1}{(t^2+1)^2}}$$

（3） $p^2 = -\frac{b}{a} = -\frac{2t^2+1}{(t^2+1)^2}\cdot\{-(t^2+1)^2\} = 2t^2+1$

$p = \sqrt{2t^2+1}$ で（$p > 0$）

$$S = -\frac{4ap^3}{3} = \frac{4}{3(t^2+1)^2}\sqrt{(2t^2+1)^3}$$

$$= \boldsymbol{\frac{4\sqrt{(2t^2+1)^3}}{3(t^2+1)^2}}$$

（4） $S = \frac{4}{3}\sqrt{\frac{(2t^2+1)^3}{(t^2+1)^4}}$

$t^2 = s$ として，$F(s) = \frac{(2s+1)^3}{(s+1)^4}$ $(s > 0)$ とおくと $F'(s)$ の分母は $(s+1)^8$ であり，分子は

$$3(2s+1)^2\cdot 2\cdot(s+1)^4 - (2s+1)^3\cdot 4(s+1)^3$$

$$= 2(2s+1)^2(s+1)^3\{3(s+1) - 2(2s+1)\}$$

$$= 2(2s+1)^2(s+1)^3(1-s)$$

s	0	$\cdots$	1	$\cdots$
$F'(s)$		$+$	0	$-$
$F(s)$		↗		↘

S は $t^2 = 1$ で最大となる．$t = 1$ で，$a = -\frac{1}{4}$，$b = \frac{3}{4}$

D の方程式は，$\boldsymbol{y = -\frac{1}{4}x^2 + \frac{3}{4}}$

《共通接線・接点ズレ (B20) ☆》

231. a を実数とし，xy 平面において，2 つの曲線

$C_1 : y = x\log x \quad \left(x > \frac{1}{e}\right)$

と

$C_2 : y = (x-a)^2 - \frac{1}{4}$

を考える．ここで $e = 2.718\cdots$ は自然対数の底である．C_1 上の点 $(t, t\log t)$ における C_1 の接線が C_2 に接するとする．次の問いに答えよ．

（1） 点 $(t, t\log t)$ における C_1 の接線の方程式を求めよ．

（2） a を t を用いて表せ．

（3） 実数 t の値が $t > \frac{1}{e}$ の範囲を動くとき，a の最小値を求めよ．　（23　埼玉大・後期）

▶解答◀ （1） C_1 について $y' = \log x + 1$ であるから，$x = t$ における C_1 の接線の方程式は

$$y = (\log t + 1)(x - t) + t\log t$$

$$\boldsymbol{y = (\log t + 1)x - t}$$

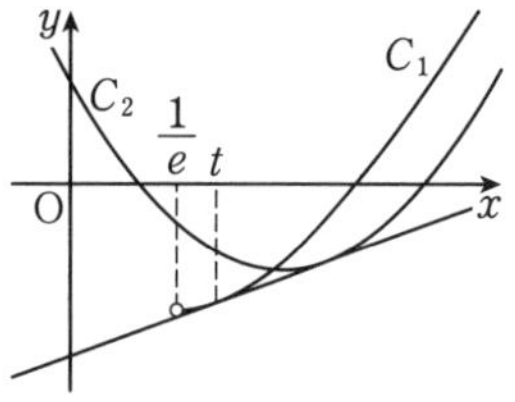

（２）C_2 と連立して

$$(\log t+1)x-t=(x-a)^2-\frac{1}{4}$$

$$x^2-(2a+\log t+1)x+a^2+t-\frac{1}{4}=0 \quad \cdots\cdots ①$$

（１）の接線と C_2 が接しているから，① は重解を持つ．ゆえに ① の判別式を D とすると，$D=0$ であるから

$$D=(2a+\log t+1)^2-4\left(a^2+t-\frac{1}{4}\right)$$

$$=4(\log t+1)a+(\log t+1)^2-4t+1=0$$

$t>\frac{1}{e}$ より $\log t+1>0$ であるから，

$$\boldsymbol{a=-\frac{1}{4}(\log t+1)+\frac{4t-1}{4(\log t+1)}}$$

（３）$s=\log t+1$ とおくと，s の取りうる値の範囲は $s>0$ である．また，

$$\log t=s-1 \qquad \therefore\ t=e^{s-1}$$

であるから，

$$a=-\frac{1}{4}s+\frac{4e^{s-1}-1}{4s}$$

となる．ここで，$f(s)=-\frac{1}{4}s+\frac{4e^{s-1}-1}{4s}$ とおくと

$$f'(s)=-\frac{1}{4}+\frac{1}{4}\cdot\frac{4e^{s-1}\cdot s-(4e^{s-1}-1)\cdot 1}{s^2}$$

$$=\frac{1}{4}\cdot\frac{4e^{s-1}(s-1)-(s^2-1)}{s^2}$$

$$=\frac{4e^{s-1}-(s+1)}{4s^2}(s-1)$$

ここで，$g(s)=4e^{s-1}-(s+1)$ とおくと，$s>0$ で

$$g'(s)=4e^{s-1}-1>0$$

であるから，$g(s)$ は $s>0$ において増加関数である．また，$g(0)=\frac{4}{e}-1>0$ であるから，$s>0$ において $g(s)>0$ である．これより，$f(s)$ の増減表は次のようになる．

s	0	$\cdots$	1	$\cdots$
$f'(s)$		$-$	0	$+$
$f(s)$		↘		↗

$$f(1)=-\frac{1}{4}+\frac{4-1}{4}=\frac{1}{2}$$

よって，a の最小値は $\boldsymbol{\frac{1}{2}}$ である．

《対数関数の値域 (B5)》

232．閉区間 $\frac{1}{2}\leqq x\leqq 3$ を定義域とする関数 $y=\log\left(\frac{x}{x^2+1}\right)$ の値域は

□ $\leqq y\leqq$ □

である． （23　茨城大・工）

▶解答◀ $f(x)=\log x-\log(x^2+1)$ とおく．

$$f'(x)=\frac{1}{x}-\frac{2x}{x^2+1}$$

$$=\frac{1-x^2}{x(x^2+1)}=\frac{(1-x)(1+x)}{x(x^2+1)}$$

$$f\left(\frac{1}{2}\right)=\log\frac{1}{2}-\log\frac{5}{4}=\log\frac{2}{5}$$

$f(1)=-\log 2$

$f(3)=\log 3-\log 10=\log\frac{3}{10}$

$\log\frac{3}{10}<\log\frac{2}{5}$ であるから，$\boldsymbol{\log\frac{3}{10}\leqq y\leqq-\log 2}$

x	$\frac{1}{2}$	$\cdots$	1	$\cdots$	3
y'		$+$	0	$-$	
y		↗		↘	

《最大と極限 (B20) ☆》

233．2 つの実数 a,b は $0<b<a$ を満たすとする．関数

$$f(x)=\frac{1}{b}\left(e^{-(a-b)x}-e^{-ax}\right)$$

の最大値を $M(a,b)$，最大値をとるときの x の値を $X(a,b)$ と表す．ここで，e は自然対数の底である．

（１）$X(a,b)$ を求めよ．

（２）極限 $\lim_{b\to+0}X(a,b)$ を求めよ．

（３）極限 $\lim_{b\to+0}M(a,b)$ を求めよ．

（23　千葉大・前期）

▶解答◀（１）

$$f'(x)=\frac{1}{b}\{-(a-b)e^{-(a-b)x}+ae^{-ax}\}$$

$$=\frac{(a-b)e^{-ax}}{b}\left(\frac{a}{a-b}-e^{bx}\right)$$

$0<b<a$ より $\frac{a}{a-b}>0$ である．$\alpha=\frac{1}{b}\log\frac{a}{a-b}$ とおく．$f(x)$ は $x=\alpha$ で最大になる．したがって，

$$\boldsymbol{X(a,b)=\frac{1}{b}\log\frac{a}{a-b}}$$

x	$\cdots$	α	$\cdots$
$f'(x)$	$+$	0	$-$
$f(x)$	↗		↘

（２）$X(a,b)=-\frac{1}{b}\log\frac{a-b}{a}=-\frac{1}{b}\log\left(1-\frac{b}{a}\right)$

$-\dfrac{b}{a}=h$ とおくと，$b=-ah$

$$X(a,\,b)=\frac{1}{a}\cdot\frac{1}{h}\log(1+h)$$

$\displaystyle\lim_{x\to 0}\frac{1}{x}\log(1+x)=1$ である．$b\to +0$ のとき，$h\to 0$ であるから，

$$\lim_{b\to +0}X(a,\,b)=\frac{1}{a}\cdot 1=\boldsymbol{\frac{1}{a}}$$

（3） $M(a,\,b)=f(\alpha)=\dfrac{1}{b}(e^{b\alpha}-1)e^{-a\alpha}$

$$=\frac{1}{b}\left(\frac{a}{a-b}-1\right)e^{-a\alpha}=\frac{1}{a-b}e^{-a\alpha}$$

$b\to +0$ のとき，$\alpha\to\dfrac{1}{a}$ だから $a\alpha\to 1$

$$\lim_{b\to +0}M(a,\,b)=\frac{1}{a-0}e^{-1}=\boldsymbol{\frac{1}{ae}}$$

注意 【極限の変形が下手】

極限の変形が下手な人が多い．いざとなれば，ロピタルの定理である．「ロピタルの定理を使ったらいかん」という発言をする高校教師，予備校講師は多いが，「なんでいかんの？」という大学教員も，また，多い．そうした意見のすべては「私はそう思う」という個人的見解であって，日本全国の統一見解ではない．40 年前には，某私大では少しだけ減点すると言っていた．

白紙なら 0 点になる．大学入試は予備校講師や，高校教員が採点するわけではない，それ以後 0 点にする脅迫である．多少減点されても，0 点よりまし．だいたい，神様でもない大人の発言で自分の行動を決めない方がいい．

$b\to +0$ のとき

$$\alpha=\frac{\log a-\log(a-b)}{b}$$

は $\dfrac{0}{0}$ の形になるから，分母分子を b で微分して $\dfrac{-\frac{-1}{a-b}}{1}$ となり，$b\to +0$ として，$\dfrac{1}{a}$ に収束する．

《接線で台形 (B20)》

234. 関数 $f(x)=\log(1+x)$ $(x>-1)$ とする．a を正の実数とし，曲線 $C:y=f(x)$ 上の点 $\mathrm{P}(t,\,f(t))$
$(0<t<a)$ における C の接線を l とする．また直線 l と x 軸，y 軸および直線 $x=a$ で囲まれる台形の面積を $S(t)$ とする．次の問いに答えよ．ただし，対数は自然対数とする．

（1） $S(t)$ を求めよ．

（2） $S(t)$ $(0<t<a)$ の最小値を求めよ．

（3） 極限値 $\displaystyle\lim_{x\to 0}\frac{f(x)}{x}$ を求めよ．

（4） （2）で求めた最小値を $m(a)$ とする．極限値 $\displaystyle\lim_{a\to +0}\frac{m(a)}{a^2}$ を求めよ．

（23　名古屋市立大・後期）

▶解答◀ （1） $f'(x)=\dfrac{1}{1+x}$ であるから，l の方程式は

$$y=\frac{1}{1+t}(x-t)+\log(1+t)$$

l と y 軸，$x=a$ の交点をそれぞれ A，B とすると，

$\mathrm{A}\left(0,\,\log(1+t)-\dfrac{t}{1+t}\right)$，$\mathrm{B}\left(a,\,\log(1+t)+\dfrac{a-t}{1+t}\right)$

である．B から x 軸に下ろした垂線の足を H とおくと

$$S(t)=(\text{台形 OABH})=\frac{1}{2}(\mathrm{OA}+\mathrm{HB})\cdot\mathrm{OH}$$

$$=\boldsymbol{\frac{a}{2}\left\{2\log(1+t)+\frac{a-2t}{1+t}\right\}}$$

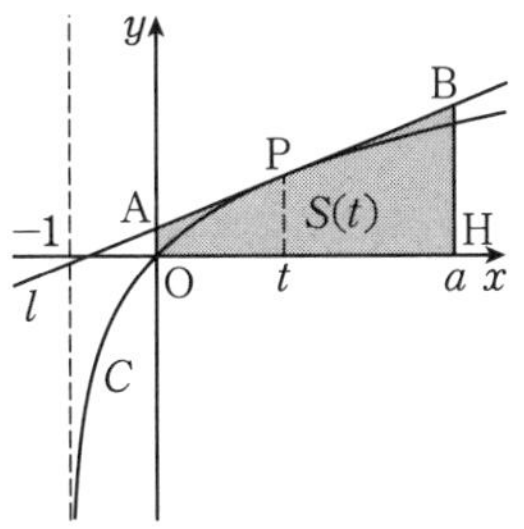

（2） $S'(t)=\dfrac{a}{2}\left\{\dfrac{2}{1+t}+\dfrac{-2(1+t)-(a-2t)}{(1+t)^2}\right\}$

$$=\frac{a}{2}\cdot\frac{2t-a}{(1+t)^2}$$

t	0	$\cdots$	$\frac{a}{2}$	$\cdots$	a
$S'(t)$		$-$	0	$+$	
$S(t)$		↘		↗	

$S(t)$ は表のように増減し，$t=\dfrac{a}{2}$ で最小値

$$\frac{a}{2}\cdot 2\log\left(1+\frac{a}{2}\right)=\boldsymbol{a\log\left(1+\frac{a}{2}\right)}$$

をとる．

（3） $\displaystyle\lim_{x\to 0}\frac{f(x)}{x}=\lim_{x\to 0}\frac{\log(1+x)}{x}=\boldsymbol{1}$

（4） $\displaystyle\lim_{a\to +0}\frac{m(a)}{a^2}=\lim_{a\to +0}\frac{1}{a}\log\left(1+\frac{a}{2}\right)$

$$=\lim_{a\to +0}\left\{\frac{1}{2}\cdot\frac{2}{a}\log\left(1+\frac{a}{2}\right)\right\}=\boldsymbol{\frac{1}{2}}$$

《円錐の最小 (B20) ☆》

235. 半径 r の円を底面とする直円錐 C に，半径 $\sqrt{2}$ の球 S が内接している．

（1） C の体積 V を，r を用いて表せ．

（2） V の最小値，および最小値を与える r の値を求めよ．

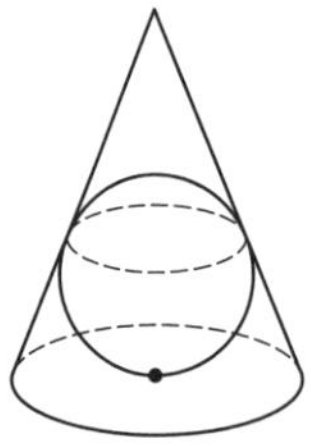

（23　岐阜薬大）

▶解答◀　（1）　球 S が直円錐 C に内接しているから，$r>\sqrt{2}$ である．図を見よ．C の頂点を O，底面の直径 AB に O から下ろした垂線の足を H とおく．

$\mathrm{OB}=x$, $\mathrm{OH}=h$ とおくと，三平方の定理より

$$x^2=h^2+r^2 \quad \cdots\cdots\cdots ①$$

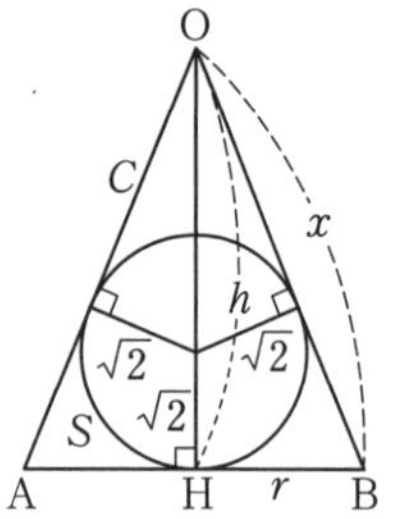

△OAB の面積を 2 通りに表して

$$\frac{1}{2}\mathrm{AB}\cdot\mathrm{OH}=\frac{1}{2}(\mathrm{AB}+\mathrm{BO}+\mathrm{OA})\cdot\sqrt{2}$$

$$\frac{1}{2}\cdot 2r\cdot h=\frac{1}{2}(2r+2x)\cdot\sqrt{2}$$

$$x=\frac{r}{\sqrt{2}}(h-\sqrt{2})$$

これを ① に代入して

$$\frac{r^2}{2}(h-\sqrt{2})^2=h^2+r^2$$

$$(r^2-2)h^2-2\sqrt{2}r^2h=0$$

両辺を $h\neq 0$ で割って

$$(r^2-2)h-2\sqrt{2}r^2=0 \qquad \therefore\ h=\frac{2\sqrt{2}r^2}{r^2-2}$$

$$V=\frac{1}{3}\pi r^2\cdot h=\boldsymbol{\frac{2\sqrt{2}\pi r^4}{3(r^2-2)}}$$

（2）　$r^2=t$ とおく．$t>2$ である．

$$V=\frac{2\sqrt{2}\pi t^2}{3(t-2)}=\frac{2\sqrt{2}\pi}{3}\cdot\frac{t^2}{t-2}$$

$f(t)=\dfrac{t^2}{t-2}$ とおく．

$$f'(t)=\frac{2t(t-2)-t^2}{(t-2)^2}=\frac{t(t-4)}{(t-2)^2}$$

t	2	$\cdots$	4	$\cdots$
$f'(t)$		$-$	0	$+$
$f(t)$		↘		↗

$$f(4)=\frac{16}{2}=8$$

$f(t)$ は $t=4$ のとき最小値 8 をとる．よって，V の最小値は $\dfrac{2\sqrt{2}\pi}{3}\cdot 8=\boldsymbol{\dfrac{16\sqrt{2}}{3}\pi}$ で，このとき $r^2=4$ より $r=\mathbf{2}$ である．

注意　1°【相加相乗平均の不等式】

$$\frac{r^4}{r^2-2}=r^2+2+\frac{4}{r^2-2}=r^2-2+\frac{4}{r^2-2}+4$$

$$\geqq 2\sqrt{(r^2-2)\cdot\frac{4}{r^2-2}}+4=8$$

等号は $r^2-2=\dfrac{4}{r^2-2}$，すなわち $r^2-2=2$ のとき成り立つ．

2°【2 次関数】

$$\frac{t-2}{t^2}=\frac{1}{t}-2\left(\frac{1}{t}\right)^2=-2\left(\frac{1}{t}-\frac{1}{4}\right)^2+\frac{1}{8}$$

は $\dfrac{1}{t}=\dfrac{1}{4}$ で最大になり，そのとき $\dfrac{t^2}{t-2}$ は最小．

3°【相似が好き？】

三角形の相似を使う人が多い．

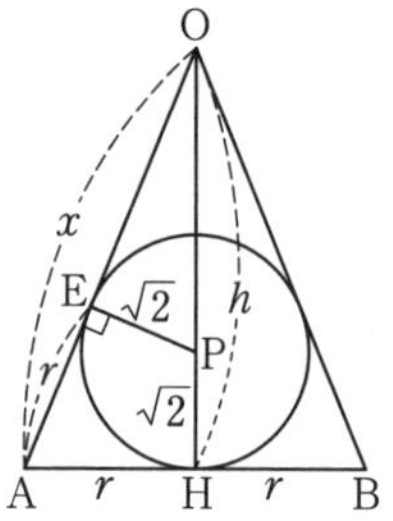

$$\triangle\mathrm{OPE} \backsim \triangle\mathrm{OAH}$$

$$\frac{\mathrm{OP}}{\mathrm{OA}}=\frac{\mathrm{OE}}{\mathrm{OH}}=\frac{\mathrm{PE}}{\mathrm{AH}}$$

$$\frac{h-\sqrt{2}}{x}=\frac{x-r}{h}=\frac{\sqrt{2}}{r}$$

左辺 = 右辺 より

$$hr-\sqrt{2}r=x\sqrt{2} \qquad \therefore\ x=\frac{hr-\sqrt{2}r}{\sqrt{2}}$$

これを三平方の定理 $x^2=r^2+h^2$ に代入し

$$\frac{h^2r^2-2\sqrt{2}hr^2+2r^2}{2}=r^2+h^2$$

$$h^2r^2-2\sqrt{2}hr^2=2h^2$$

$h\neq 0$ で割って $hr^2-2\sqrt{2}r^2=2h$

$$h(r^2-2)=2\sqrt{2}r^2 \qquad \therefore\ h=\frac{2\sqrt{2}r^2}{r^2-2}$$

後は解答と同じ．

《円錐の体積 (B10)》

236．a を正の定数，e を自然対数の底とする．方程式 $x^2+y^2+z^2-2ay-2e^{-a}z=0$ で表される球面を S とし，その中心を点 P とする．また，S と xy 平面が交わる部分のなす円を C とし，その中心を点 Q とする．このとき，以下の設問（1）～（4）

に答えよ．

（１） Ｐの座標を求めよ．

（２） Ｑの座標と C の半径を求めよ．

（３） Ｐを頂点とし，C とその内部を底面とする円錐の体積を $V(a)$ とする．$V(a)$ を求めよ．

（４） 設問（３）で求めた $V(a)$ の最大値を求めよ．　　（23　秋田県立大・前期）

▶解答◀ （１）

$$x^2+(y-a)^2+(z-e^{-a})^2=a^2+e^{-2a} \quad \cdots\cdots ①$$

よって，Ｐの座標は $\boldsymbol{(0,\ a,\ e^{-a})}$ である．

（２） ①に $z=0$ を代入して，$x^2+(y-a)^2=a^2$

$a>0$ であるから，Ｑの座標は $\boldsymbol{(0,\ a,\ 0)}$，C の半径は $\boldsymbol{a}$

（３） 円錐の高さは e^{-a} であるから

$$V(a)=\frac{1}{3}\cdot\pi a^2\cdot e^{-a}=\boldsymbol{\frac{1}{3}\pi a^2 e^{-a}}$$

（４）
$$V'(a)=\frac{1}{3}\pi\{2a\cdot e^{-a}+a^2e^{-a}\cdot(-1)\}$$
$$=\frac{1}{3}\pi a(2-a)e^{-a}$$

a	0	$\cdots$	2	$\cdots$
$V'(a)$		$+$	0	$-$
$V(a)$		↗		↘

$V(a)$ の最大値は，$V(2)=\dfrac{1}{3}\pi\cdot4\cdot e^{-2}=\boldsymbol{\dfrac{4\pi}{3}e^{-2}}$

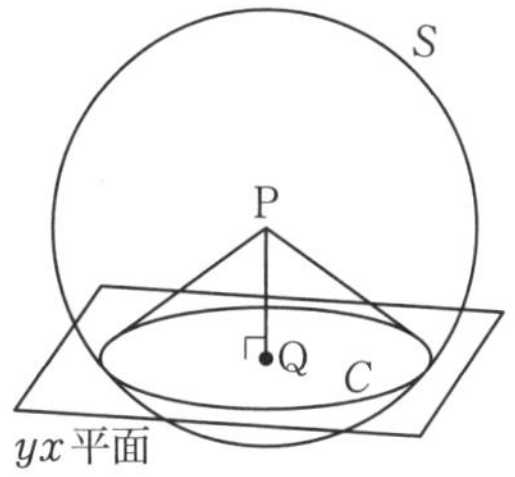

《円錐の問題（B20）》

237．高さ h，底面の半径 R，体積一定の直円錐が球に内接している．この球の半径が最小になるとき，

$\dfrac{h}{R}=\square$ である．　　（23　産業医大）

▶解答◀ 高さ h，底面の半径が R の直円錐の体積は $\dfrac{1}{3}\pi R^2h$ であり，これが一定であるから a を定数として $R^2h=a$ とおく．この直円錐が内接する球の半径は，図2の二等辺三角形 ABC に外接する円の半径 r と一致する．

$$\mathrm{AB}=\mathrm{AC}=\sqrt{R^2+h^2}$$
$$\sin C=\frac{h}{\sqrt{R^2+h^2}}$$

正弦定理を用いて

$$r=\frac{\mathrm{AB}}{2\sin C}=\sqrt{R^2+h^2}\cdot\frac{\sqrt{R^2+h^2}}{2h}$$
$$=\frac{1}{2}\left(\frac{R^2}{h}+h\right)=\frac{1}{2}\left(\frac{a}{h^2}+h\right)$$

$f(h)=\dfrac{a}{h^2}+h$ とおくと

$$f'(h)=-\frac{2a}{h^3}+1=\frac{h^3-2a}{h^3}$$

h	0	$\cdots$	$(2a)^{\frac{1}{3}}$	$\cdots$
$f'(h)$		$-$	0	$+$
$f(h)$		↘		↗

よって球の半径が最小になるのは $h=(2a)^{\frac{1}{3}}$ のときであり，このとき

$$R=\left(\frac{a}{h}\right)^{\frac{1}{2}}=2^{-\frac{1}{6}}a^{\frac{1}{3}}$$
$$\frac{h}{R}=2^{\frac{1}{3}+\frac{1}{6}}=2^{\frac{1}{2}}=\boldsymbol{\sqrt{2}}$$

図１

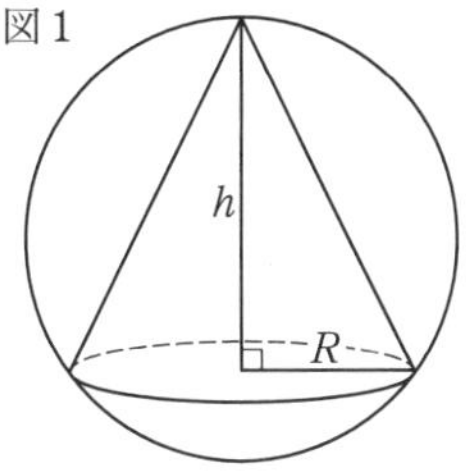

図２

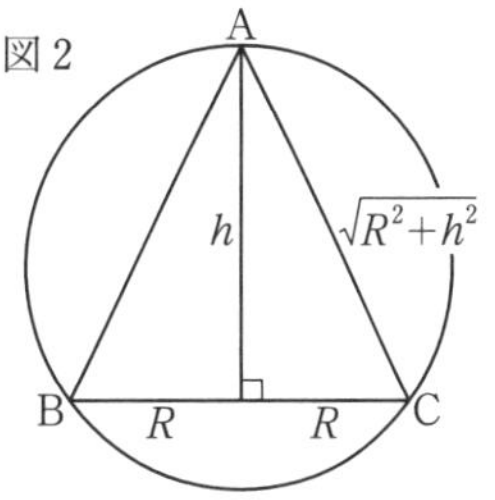

《三角関数の最大（A5）☆》

238．$0\leqq t\leqq\dfrac{\pi}{2}$ の範囲で，関数

$f(t)=\sin2t+2\sin t$

は $t=\square$ で最大値 $\square$ をとる．　　（23　立教大・数学）

▶解答◀ $f(t)=\sin2t+2\sin t$

$$f'(t)=2\cos2t+2\cos t$$
$$=2(2\cos^2t+\cos t-1)$$
$$=2(2\cos t-1)(\cos t+1)$$

x	0	$\cdots$	$\frac{\pi}{3}$	$\cdots$	$\frac{\pi}{2}$
$f'(x)$		$+$	0	$-$	
$f(x)$		↗		↘	

$$f\left(\frac{\pi}{3}\right)=\sin\frac{2\pi}{3}+2\sin\frac{\pi}{3}=\frac{3\sqrt{3}}{2}$$

よって，$f(t)$ は $t=\boldsymbol{\dfrac{\pi}{3}}$ で最大値 $\boldsymbol{\dfrac{3\sqrt{3}}{2}}$ をとる．

《三角関数の最大（B10）》

239．座標平面上に３点

$\mathrm{A}(2\cos\theta,\ 2\sin\theta)$，$\mathrm{B}(\cos\theta,\ -\sin\theta)$，$\mathrm{C}\left(\dfrac{8}{3},\ 0\right)$

がある．ただし，$0<\theta<\pi$ とする．次の問いに答えよ．

（1） 直線 AB と x 軸との交点を P とする．点 P の座標を θ で表せ．

（2） 三角形 ABC の面積 $S(\theta)$ を求めよ．

（3） 面積 $S(\theta)$ が最大になるときの点 A の座標を求めよ．

（23 岡山県立大・情報工）

▶解答◀ （**1**） $\sin\theta=s,\ \cos\theta=c$ とおく．$A(2c,\ 2s),\ B(c,\ -s)$ であるから，直線 AB の方程式は

$$(2c-c)(y+s)=(2s+s)(x-c)$$

$$c(y+s)=3s(x-c)$$

$y=0$ のとき

$$cs=3s(x-c)$$

両辺を $s\neq0$ で割って

$$c=3(x-c)\qquad \therefore\ x=\frac{4}{3}c$$

よって，P の座標は $\left(\boldsymbol{\frac{4}{3}\cos\theta,\ 0}\right)$ である．

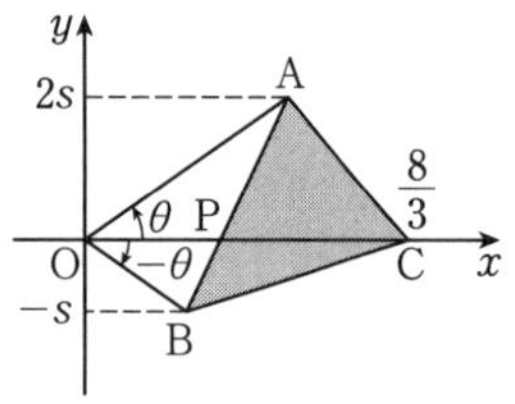

（**2**） $S(\theta)=\frac{1}{2}\cdot\mathrm{PC}\cdot(2s+s)$

$$=\frac{1}{2}\left(\frac{8}{3}-\frac{4}{3}c\right)\cdot3s=\boldsymbol{2(2-\cos\theta)\sin\theta}$$

（**3**） $\frac{1}{2}S'(\theta)=\sin\theta\sin\theta+(2-\cos\theta)\cos\theta$

$$=(1-\cos^2\theta)+(2-\cos\theta)\cos\theta$$

$$=-2\cos^2\theta+2\cos\theta+1$$

$S'(\theta)=0,\ -1<\cos\theta<1$ を解くと

$$\cos\theta=\frac{1-\sqrt{3}}{2}$$

$\cos\alpha=\frac{1-\sqrt{3}}{2},\ 0<\alpha<\pi$ とする．$S(\theta)$ の増減は次の表のようになるから，$\theta=\alpha$ のとき $S(\theta)$ は最大となる．

θ	0	$\cdots$	α	$\cdots$	π
$S'(\theta)$		$+$	0	$-$	
$S(\theta)$		↗		↘	

$\cos\alpha=\frac{1-\sqrt{3}}{2}$ であるから，$2\cos\alpha=1-\sqrt{3}$ であり

$$2\sin\alpha=2\sqrt{1-\left(\frac{1-\sqrt{3}}{2}\right)^2}=\sqrt{2\sqrt{3}}$$

よって，求める A の座標は $\boldsymbol{(1-\sqrt{3},\ \sqrt{2\sqrt{3}})}$ である．

注意 2 点 $(x_1,\ y_1),\ (x_2,\ y_2)$ を通る直線の方程式は

$$(x_2-x_1)(y-y_1)=(y_2-y_1)(x-x_1)\ \cdots\cdots①$$

で表される．$x_1\neq x_2$ のときは

$$y-y_1=\frac{y_2-y_1}{x_2-x_1}(x-x_1)\ \cdots\cdots②$$

が使えるが，本問の場合は $\theta=\frac{\pi}{2}$ のとき A と B の x 座標が一致して傾きの分母が 0 になってしまうため，② ではなく ① の方を採用した．

《三角関数の最大（B20）》

240．i を虚数単位とし，$0\leqq\theta<2\pi$ とする．$z=\cos\theta+i\sin\theta$ とし，$z,\ z^2,\ z^3$ の虚部はすべて正であるとする．複素数平面において，7 点 $A(1),\ B(z),\ C(z^2),\ D(z^3),\ E\left(\frac{1}{z^3}\right),$ $F\left(\frac{1}{z^2}\right),\ G\left(\frac{1}{z}\right)$ を頂点とする七角形 ABCDEFG の面積を $S(\theta)$ とする．以下の各問に答えよ．

（1） θ のとり得る値の範囲を求めよ．

（2） $S(\theta)$ を求めよ．

（3） $S(\theta)$ が最大となる θ の値を求めよ．

（23 茨城大・理）

▶解答◀ （**1**） D と E の位置関係から，$\arg z^3<\arg\frac{1}{z^3}$ であるから $0<3\theta<2\pi-3\theta$ が成り立つ．したがって，θ の範囲は $\boldsymbol{0<\theta<\frac{\pi}{3}}$ である．

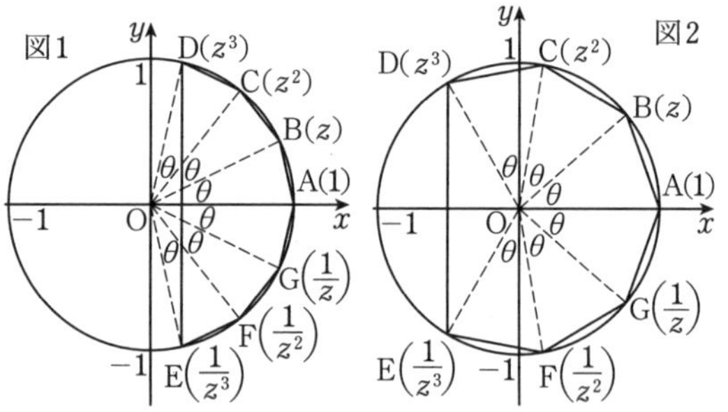

（**2**） $O(0)$ とおく．

$0<\theta\leqq\frac{\pi}{6}$ の場合（図 1）．

$$S(\theta)=6\triangle\mathrm{OAB}-\triangle\mathrm{ODE}$$

$$=6\cdot\frac{1}{2}\cdot1^2\cdot\sin\theta-\frac{1}{2}\cdot1^2\cdot\sin6\theta$$

$$=3\sin\theta-\frac{1}{2}\sin6\theta$$

$\frac{\pi}{6}<\theta<\frac{\pi}{3}$ の場合（図 2）．

$$S(\theta)=6\triangle\mathrm{OAB}+\triangle\mathrm{ODE}$$

$$=6\cdot\frac{1}{2}\cdot1^2\cdot\sin\theta+\frac{1}{2}\cdot1^2\cdot\sin(2\pi-6\theta)$$

$$= 3\sin\theta - \frac{1}{2}\sin 6\theta$$

以上のことから $S(\theta) = \mathbf{3\sin\theta - \frac{1}{2}\sin 6\theta}$

（3） $S'(\theta) = 3\cos\theta - 3\cos 6\theta = 6\sin\frac{7}{2}\theta\sin\frac{5}{2}\theta$

$0 < \theta < \frac{\pi}{3}$ であることに注意せよ．

θ	0	$\cdots$	$\frac{2}{7}\pi$	$\cdots$	$\frac{\pi}{3}$
$S'(\theta)$		$+$	0	$-$	
$S(\theta)$		↗		↘	

$S(\theta)$ が最大となる θ は $\theta = \mathbf{\frac{2}{7}\pi}$ である．

《置き換える (B20)》

241．次の関数 $f(x)$ の最大値と最小値を求めよ．

$$f(x) = e^{-x^2} + \frac{1}{4}x^2 + 1 + \frac{1}{e^{-x^2} + \frac{1}{4}x^2 + 1}$$

$(-1 \leqq x \leqq 1)$

ただし，e は自然対数の底であり，その値は $e = 2.71\cdots$ である．　　(23　京大・前期)

▶解答◀　$X = e^{-x^2} + \frac{1}{4}x^2 + 1$ とおく．x の関数 X は偶関数であるから $0 \leqq x \leqq 1$ で調べる．

$$f(x) = X + \frac{1}{X}$$

である．ここで，

$$\frac{dX}{dx} = -2xe^{-x^2} + \frac{x}{2} = \frac{x}{2}\left(1 - 4e^{-x^2}\right)$$

$$= \frac{xe^{-x^2}}{2}\left(e^{x^2} - 4\right)$$

$0 \leqq x^2 \leqq 1$ であるから $e^{x^2} < e < 4$ であり，$\frac{dX}{dx} \leqq 0$

$x = 0$ のとき $X = 1 + 0 + 1 = 2$

$x = 1$ のとき $X = e^{-1} + \frac{1}{4} + 1 = \frac{1}{e} + \frac{5}{4}$

であるから $1 < \frac{1}{e} + \frac{5}{4} \leqq X \leqq 2$ である．さらに，$g(X) = X + \frac{1}{X}$ とおくと

$$g'(X) = 1 - \frac{1}{X^2} = \frac{X^2 - 1}{X^2} > 0$$

$$g\left(\frac{1}{e} + \frac{5}{4}\right) = \frac{1}{e} + \frac{5}{4} + \frac{1}{\frac{1}{e} + \frac{5}{4}}$$

$$g(2) = 2 + \frac{1}{2} = \frac{5}{2}$$

$f(x)$ の最小値は $\mathbf{\frac{5e+4}{4e} + \frac{4e}{5e+4}}$，最大値は $\mathbf{\frac{5}{2}}$ である．

注意 生徒に解いてもらうと「置き換えずそのまま微分する」「変域のことを忘れて $x^2 = \log 4$ で最大だか最小になる」とする人が少なくない．「置き換えは式を雄弁にする」置き換えは式を簡潔にして見通しをよくする．

《座標の問題か図形問題か (B20) ☆》

242．$0 < a < 1$ とし，座標平面上の 2 点 $\mathrm{A}(a, 0)$, $\mathrm{B}(1, 0)$ を直径の両端とする円を C とする．円 C 上の点 P における接線は原点 O を通り，かつ P の y 座標は正であるとする．このとき，次の問に答えよ．

（1） 円 C の方程式を求めよ．

（2） 点 P の座標を a を用いて表せ．

（3） 点 P の y 座標が最大となるような a の値を求めよ．　　(23　佐賀大・理工-後期)

▶解答◀　（1） 中心の座標は $\left(\frac{a+1}{2}, 0\right)$，半径 $\frac{1-a}{2}$ であるから，C の方程式は

$$\left(\boldsymbol{x - \frac{a+1}{2}}\right)^2 + \boldsymbol{y^2 = \frac{(1-a)^2}{4}} \quad \cdots\cdots\cdots\cdots①$$

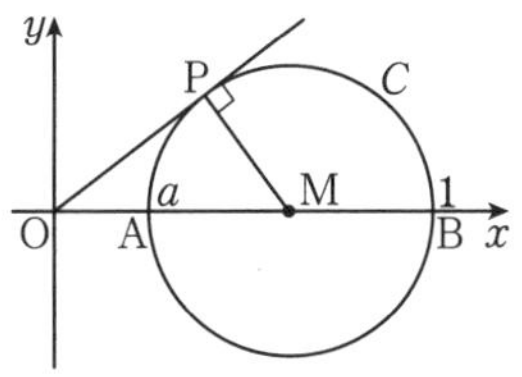

（2） 接線を $y = mx$ とおく．これと円 $x^2 + y^2 - (a+1)x + a = 0$ を連立させ，

$(m^2+1)x^2 - (a+1)x + a = 0$

$$x = \frac{a + 1 \pm \sqrt{(a+1)^2 - 4a(m^2+1)}}{2(m^2+1)}$$

が重解になるから $m^2 + 1 = \frac{(a+1)^2}{4a}$

であり，重解 $x = \frac{a+1}{2(m^2+1)} = \frac{a+1}{\frac{(a+1)^2}{2a}} = \frac{2a}{a+1}$

$m^2 = \frac{(a+1)^2}{4a} - 1 = \frac{(1-a)^2}{4a}$ であり，$0 < a < 1$ であるから $m = \frac{1-a}{2\sqrt{a}}$ である．$y = mx = \frac{1-a}{2\sqrt{a}} \cdot \frac{2a}{a+1}$

P の座標は $\left(\mathbf{\frac{2a}{a+1}, \frac{\sqrt{a}(1-a)}{a+1}}\right)$ である．

（3） $\frac{\sqrt{a}(1-a)}{a+1} = \frac{a^{\frac{1}{2}} - a^{\frac{3}{2}}}{a+1}$

$f(a) = \frac{a^{\frac{1}{2}} - a^{\frac{3}{2}}}{a+1}$ とおく．$f'(a)$ の分母は $(a+1)^2$ で，分子は

$$\left(\frac{1}{2}a^{-\frac{1}{2}} - \frac{3}{2}a^{\frac{1}{2}}\right)(a+1) - \left(a^{\frac{1}{2}} - a^{\frac{3}{2}}\right)$$

$$= -2a^{\frac{1}{2}} - \frac{1}{2}a^{\frac{3}{2}} + \frac{1}{2}a^{-\frac{1}{2}}$$

$$= -\frac{1}{2\sqrt{a}}(a^2 + 4a - 1)$$

であるから

$$f'(a) = -\frac{a^2+4a-1}{2\sqrt{a}(a+1)^2}$$

$a^2+4a-1=0$, $0<a<1$ を解いて $a=\sqrt{5}-2$

a	0	$\cdots$	$\sqrt{5}-2$	$\cdots$	1
$f'(a)$		$+$	0	$-$	
$f(a)$		↗		↘	

$a=\sqrt{5}-2$ のとき，P の y 座標は最大になる．

◆別解◆ （2） AB の中点を $\mathrm{M}\left(\dfrac{a+1}{2}, 0\right)$ とする．

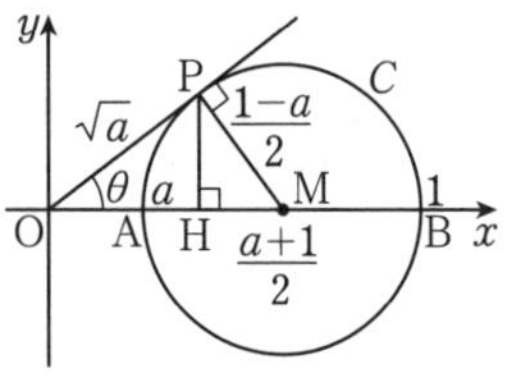

$$\mathrm{OM}=\frac{a+1}{2},\ \mathrm{MP}=\frac{1}{2}\mathrm{AB}=\frac{1-a}{2}$$

$$\mathrm{OP}^2=\mathrm{OM}^2-\mathrm{MP}^2=\left(\frac{1+a}{2}\right)^2-\left(\frac{1-a}{2}\right)^2=a$$

$\angle\mathrm{MOP}=\theta$ とおく．

$$\sin\theta=\frac{\mathrm{MP}}{\mathrm{OM}}=\frac{1-a}{1+a}$$

$$\cos\theta=\frac{\mathrm{OP}}{\mathrm{OM}}=\frac{2\sqrt{a}}{1+a}$$

$$\mathrm{OH}=\mathrm{OP}\cos\theta=\frac{2a}{1+a}$$

$$\mathrm{PH}=\mathrm{OP}\sin\theta=\frac{\sqrt{a}(1-a)}{1+a}$$

《三脚で垂線の長さ (B20)》

243. t を正の実数とする．四面体 OABC において，$\mathrm{OA}=\mathrm{OB}=\mathrm{OC}=t$, $\mathrm{AB}=\mathrm{BC}=\mathrm{CA}=2$ とする．△ABC の重心を G とする．辺 AB の中点を M とし，点 M から直線 OC に下ろした垂線と直線 OC との交点を N とする．s を実数とし，$\overrightarrow{\mathrm{ON}}=s\overrightarrow{\mathrm{OC}}$, $\overrightarrow{\mathrm{OA}}=\vec{a}$, $\overrightarrow{\mathrm{OB}}=\vec{b}$, $\overrightarrow{\mathrm{OC}}=\vec{c}$ とおく．以下の各問に答えよ．

（1） 内積 $\vec{a}\cdot\vec{b}$, $\vec{b}\cdot\vec{c}$, $\vec{c}\cdot\vec{a}$ をそれぞれ t を用いて表せ．

（2） $|\overrightarrow{\mathrm{OG}}|$ を t を用いて表せ．また，t のとり得る値の範囲を求めよ．

（3） s を t を用いて表せ．また，$|\overrightarrow{\mathrm{OG}}|=|\overrightarrow{\mathrm{MN}}|$ となる t の値を求めよ．

（4） t が（2）の範囲を動くとき，$|\overrightarrow{\mathrm{MN}}|+|\overrightarrow{\mathrm{NC}}|$ の最大値を求めよ．　（23　茨城大・理）

▶解答◀ （1） $|\vec{a}|=|\vec{b}|=|\vec{c}|=t$ である．

$\mathrm{AB}=|\vec{b}-\vec{a}|=2$ より

$$|\vec{b}|^2-2\vec{a}\cdot\vec{b}+|\vec{a}|^2=4 \qquad \therefore\ \ \vec{a}\cdot\vec{b}=\boldsymbol{t^2-2}$$

$|\vec{c}-\vec{b}|=|\vec{c}-\vec{a}|=2$ から同様にして

$$\vec{b}\cdot\vec{c}=\vec{c}\cdot\vec{a}=\boldsymbol{t^2-2}$$

（2） $\overrightarrow{\mathrm{OG}}=\dfrac{\vec{a}+\vec{b}+\vec{c}}{3}$ であるから

$$|\overrightarrow{\mathrm{OG}}|^2=\frac{1}{9}(|\vec{a}|^2+|\vec{b}|^2+|\vec{c}|^2+2\vec{a}\cdot\vec{b}+2\vec{b}\cdot\vec{c}+2\vec{c}\cdot\vec{a})$$

$$=\frac{1}{9}\{3t^2+6(t^2-2)\}=t^2-\frac{4}{3}$$

$$|\overrightarrow{\mathrm{OG}}|=\sqrt{\boldsymbol{t^2-\frac{4}{3}}}$$

$\mathrm{OG}>0$ から $t^2>\dfrac{4}{3}$，すなわち $\boldsymbol{t>\dfrac{2}{\sqrt{3}}}$ である．

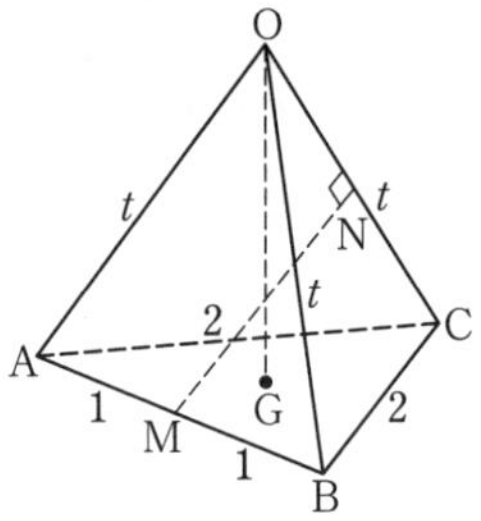

（3） $\overrightarrow{\mathrm{MN}}\perp\overrightarrow{\mathrm{OC}}$ であるから $\overrightarrow{\mathrm{MN}}\cdot\overrightarrow{\mathrm{OC}}=0$

$$\left(s\vec{c}-\frac{\vec{a}+\vec{b}}{2}\right)\cdot\vec{c}=0$$

$$s|\vec{c}|^2-\frac{1}{2}(\vec{a}\cdot\vec{c}+\vec{b}\cdot\vec{c})=0$$

$$st^2=t^2-2 \qquad \therefore\ \ \boldsymbol{s=1-\frac{2}{t^2}}$$

$|\overrightarrow{\mathrm{NC}}|=|(1-s)\vec{c}|=\dfrac{2}{t^2}\cdot t=\dfrac{2}{t}$ である．また，△ABC は 1 辺の長さが 2 の正三角形であるから $\mathrm{CM}=\sqrt{3}$ である．△MNC で三平方の定理により

$$|\overrightarrow{\mathrm{MN}}|^2=3-\frac{4}{t^2}$$

$|\overrightarrow{\mathrm{OG}}|=|\overrightarrow{\mathrm{MN}}|$ のとき，（2）より

$$t^2-\frac{4}{3}=3-\frac{4}{t^2}$$

$$3t^4-13t^2+12=0$$

$$(t^2-3)(3t^2-4)=0 \qquad \therefore\ \ t^2=3,\ \frac{4}{3}$$

$t>\dfrac{2}{\sqrt{3}}$ であるから $\boldsymbol{t=\sqrt{3}}$

（4） $|\overrightarrow{\mathrm{MN}}|+|\overrightarrow{\mathrm{NC}}|=\sqrt{3-\dfrac{4}{t^2}}+\dfrac{2}{t}$

$x=\dfrac{2}{t}$ とおくと，$t>\dfrac{2}{\sqrt{3}}$ から $0<x<\sqrt{3}$ であり

$|\overrightarrow{\mathrm{MN}}|+|\overrightarrow{\mathrm{NC}}|=\sqrt{3-x^2}+x=f(x)$ とおく．

$$f'(x)=\frac{-2x}{2\sqrt{3-x^2}}+1=\frac{\sqrt{3-x^2}-x}{\sqrt{3-x^2}}$$

$$= \frac{3-2x^2}{\sqrt{3-x^2}(\sqrt{3-x^2}+x)}$$

x	0	$\cdots$	$\frac{\sqrt{6}}{2}$	$\cdots$	$\sqrt{3}$
$f'(x)$		$+$	0	$-$	
$f(x)$		↗		↘	

最大値は $f\left(\frac{\sqrt{6}}{2}\right) = \sqrt{3-\frac{3}{2}} + \frac{\sqrt{6}}{2} = \boldsymbol{\sqrt{6}}$

《対数関数の最小 (B5)》

244. 関数

$f(x) = x\log 2x + (1-x)\log(2-2x) + 2x^2 - 2x$

$(0 < x < 1)$ について，次の問いに答えなさい．ただし，対数は自然対数とする．

（1） $f'\left(\frac{1}{2}\right)$ を求めなさい．

（2） $f(x)$ の最小値を求めなさい．

（23　山口大・後期-理）

▶解答◀ （1）

$$f'(x) = \log 2x + x\cdot\frac{2}{2x} - \log(2-2x)$$
$$+(1-x)\cdot\frac{-2}{2-2x} + 4x - 2$$
$$= \log 2x + 1 - \log(2-2x) - 1 + 4x - 2$$
$$= \log x - \log(1-x) + 4x - 2$$
$$f'\left(\frac{1}{2}\right) = 4\cdot\frac{1}{2} - 2 = \mathbf{0}$$

（2） $f''(x) = \frac{1}{x} + \frac{1}{1-x} + 4 > 0$

曲線 $y = f(x)$ は下に凸であるから，$f(x)$ は $x = \frac{1}{2}$ で極小かつ最小になる．最小値は

$$f\left(\frac{1}{2}\right) = 2\cdot\frac{1}{4} - 2\cdot\frac{1}{2} = -\boldsymbol{\frac{1}{2}}$$

《対数関数の最小 (B20)》

245. 関数 $f(x) = -\log(3-2^{-x}) + x\log 2$ について，次の問いに答えよ．

（1） $f(x)$ の定義域を求めよ．

（2） 方程式 $f(x) = 0$ の解を求めよ．

（3） $f(x)$ の最小値が $-2\log\frac{3}{2}$ となることを示せ．

（23　島根大・前期）

▶解答◀ （1） 真数条件より，$f(x)$ の定義域は

$$3 - 2^{-x} > 0$$
$$3\cdot 2^x - 1 > 0$$
$$2^x > \frac{1}{3} \qquad \therefore \quad \boldsymbol{x > \log_2\frac{1}{3}}$$

（2） $f(x) = 0$

$$-\log(3-2^{-x}) + x\log 2 = 0$$
$$\log(3-2^{-x}) = \log 2^x$$
$$3 - 2^{-x} = 2^x$$
$$(2^x)^2 - 3\cdot 2^x + 1 = 0$$
$$2^x = \frac{3\pm\sqrt{5}}{2} \qquad \therefore \quad \boldsymbol{x = \log_2\frac{3\pm\sqrt{5}}{2}}$$

この x は $3 - 2^{-x} = 2^x > 0$ を満たす，すなわち真数条件を満たすことに注意せよ．

（3） $t = 2^x$ とおく．$x > \log_2\frac{1}{3}$ のとき，$t > \frac{1}{3}$

$$f(x) = -\log\left(3-\frac{1}{t}\right) + \log t = \log\frac{t^2}{3t-1}$$

$g(t) = \frac{t^2}{3t-1}\ \left(t > \frac{1}{3}\right)$ とおく．

$f(x) = \log g(t)$ である．

$$g'(t) = \frac{2t(3t-1) - t^2\cdot 3}{(3t-1)^2}$$
$$= \frac{3t^2-2t}{(3t-1)^2} = \frac{t(3t-2)}{(3t-1)^2}$$

t	$\frac{1}{3}$	$\cdots$	$\frac{2}{3}$	$\cdots$
$g'(t)$		$-$	0	$+$
$g(t)$		↘		↗

よって，$t = \frac{2}{3}$ のとき $g(t)$ は最小であるから，$f(x)$ の最小値は

$$\log g\left(\frac{2}{3}\right) = \log\frac{4}{9} = \log\left(\frac{3}{2}\right)^{-2} = -2\log\frac{3}{2}$$

注意 （3）では $f(x)$ の最小値が $-2\log\frac{3}{2}\ \left(=\log\frac{4}{9}\right)$ と与えられているから，以下のように不等式を利用して解いてもよい．

$$g(t) - \frac{4}{9} = \frac{t^2}{3t-1} - \frac{4}{9} = \frac{9t^2-12t+4}{9(3t-1)}$$
$$= \frac{(3t-2)^2}{9(3t-1)} \geqq 0$$
$$g(t) \geqq \frac{4}{9}$$
$$f(x) = \log g(t) \geqq \log\frac{4}{9}$$

等号は $t = \frac{2}{3}$ のとき成り立つ．

《三角関数の最大など (B30)》

246. **以下の文章の空欄に適切な数または式を入れて文章を完成させなさい．**

座標平面において原点 O を中心とする半径 1 の円を C_1 とし，C_1 の内部にある第 1 象限の点 P の極座標を (r, θ) とする．さらに点 P を中心とする円 C_2 が C_1 上の点 Q において C_1 に内接し，x 軸上の点 R において x 軸に接しているとする．また，極座標が $(1, \pi)$ である C_1 上の点を A とし，直線

AQ の y 切片を t とする．

（1） r を θ の式で表すと $r=$ （あ） となり，t の式で表すと $r=$ （い） となる．

（2） 円 C_2 と同じ半径をもち，x 軸に関して円 C_2 と対称な位置にある円 $C_2{}'$ の中心を P′ とする．三角形 POP′ の面積は $\theta=$ （う） のとき最大値 （え） をとる．条件 $\theta=$ （う） は条件 $t=$ （お） と同値である．

（3） 円 C_1 に内接し，円 C_2 と $C_2{}'$ の両方に外接する円のうち大きい方を C_3 とする．円 C_3 の半径 b を t の式で表すと $b=$ （か） となる．

（4） 3 つの円 $C_2, C_2{}', C_3$ の周の長さの和は $\theta=$ （き） のとき最大値 （く） をとる．

（23　慶應大・医）

▶解答◀ 必要に応じて $\sin\theta, \cos\theta$ をそれぞれ S, C，$\sin\frac{\theta}{2}, \cos\frac{\theta}{2}$ をそれぞれ s, c などとかく．

（1） $\mathrm{P}(r, \theta)$ とすると，C_2 の半径は $\mathrm{PR}=r\sin\theta$ である．また，O，P，Q は一直線上にあり，$\mathrm{OQ}=1$ であるから $\mathrm{OP}+\mathrm{PQ}=1$ であり，$r+r\sin\theta=1$ となり，$r=\mathbf{\dfrac{1}{1+\sin\theta}}$ である．

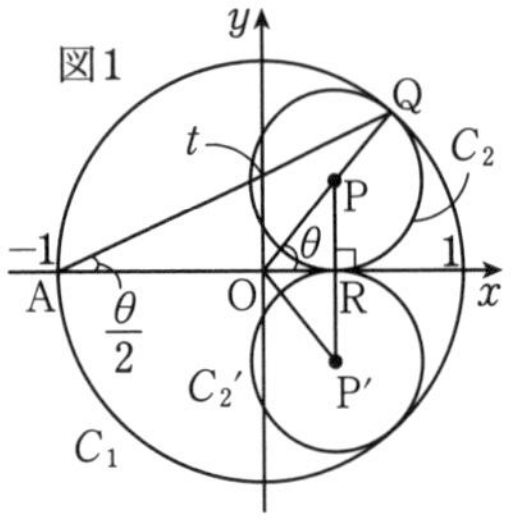

図1

円周角の定理より $\angle\mathrm{QAR}=\frac{1}{2}\angle\mathrm{QOR}=\frac{\theta}{2}$ であるから，$t=\mathrm{OA}\tan\frac{\theta}{2}=\tan\frac{\theta}{2}$ となる．このとき

$$\cos\theta=\frac{1-t^2}{1+t^2},\ \sin\theta=\frac{2t}{1+t^2}$$

である．よって，$r=\dfrac{1}{1+\dfrac{2t}{1+t^2}}=\mathbf{\dfrac{1+t^2}{(1+t)^2}}$ である．

（2） $\triangle\mathrm{POP'}=\frac{1}{2}\mathrm{OP}\cdot\mathrm{OP'}\sin 2\theta$

$$=\frac{1}{2}r^2\sin 2\theta=\frac{\sin 2\theta}{2(1+\sin\theta)^2}$$

$f(\theta)=\dfrac{1}{2}\cdot\dfrac{\sin 2\theta}{(1+\sin\theta)^2}$ とおくと，$2f'(\theta)$ の分母は $(1+S)^4$，分子は

$$2\cos 2\theta(1+S)^2-\sin 2\theta\cdot 2(1+S)C$$
$$=2(1+S)\{(1-2S^2)(1+S)-2SC^2\}$$
$$=2(1+S)^2\{(1-2S^2)-2S(1-S)\}$$
$$=2(1+S)^2(1-2S)$$

となるから，

$$f'(\theta)=\frac{1-2\sin\theta}{(1+\sin\theta)^2}$$

である．これより，$f(\theta)$ の増減表は次のようになる．

θ	0	$\cdots$	$\frac{\pi}{6}$	$\cdots$	$\frac{\pi}{2}$
$f'(\theta)$		$+$	0	$-$	
$f(\theta)$		↗		↘	

$f(\theta)$ は $\theta=\mathbf{\frac{\pi}{6}}$ で最大値

$$f\left(\frac{\pi}{6}\right)=\frac{\frac{\sqrt{3}}{2}}{2\cdot\left(1+\frac{1}{2}\right)^2}=\mathbf{\frac{\sqrt{3}}{9}}$$

をとる．

$$t=\tan\frac{\pi}{12}=\tan\left(\frac{\pi}{4}-\frac{\pi}{6}\right)$$
$$=\frac{\tan\frac{\pi}{4}-\tan\frac{\pi}{6}}{1+\tan\frac{\pi}{4}\tan\frac{\pi}{6}}=\frac{1-\frac{1}{\sqrt{3}}}{1+\frac{1}{\sqrt{3}}}$$
$$=\frac{\sqrt{3}-1}{\sqrt{3}+1}=\frac{1}{2}(\sqrt{3}-1)^2=\mathbf{2-\sqrt{3}}$$

（3） $r=\dfrac{1}{1+S}$ である．C_3 の中心を B とする．C_2 の半径は $1-r$，$\angle\mathrm{BOP}=\pi-\theta$ だから，$\triangle\mathrm{BOP}$ で余弦定理を用いて

$$(b+1-r)^2=r^2+(1-b)^2-2r(1-b)\cos(\pi-\theta)$$
$$2(1-r)b+(1-r)^2=r^2-2b+1+(2r-2rb)C$$
$$\{2-r(1-C)\}b=r(1+C)$$
$$b=\frac{r(1+C)}{2-r(1-C)}=\frac{\frac{1+C}{1+S}}{2-\frac{1-C}{1+S}}$$
$$=\frac{1+C}{2(1+S)-(1-C)}=\frac{1+C}{1+C+2S}$$
$$=\frac{1}{1+\frac{2S}{1+C}}=\frac{1}{1+\frac{4sc}{2c^2}}=\mathbf{\frac{1}{1+2t}}$$

（4） $C_2, C_2{}', C_3$ の周の長さの和を L とする．

$$L=2\cdot 2\pi(1-r)+2\pi b$$
$$=2\pi\left\{2\left(1-\frac{1+t^2}{(1+t)^2}\right)+\frac{1}{1+2t}\right\}$$
$$=2\pi\left\{\frac{4t}{(1+t)^2}+\frac{1}{1+2t}\right\}$$

$g(t)=\dfrac{4t}{(1+t)^2}+\dfrac{1}{1+2t}$ とおくと

$$g'(t)=4\cdot\frac{(1+t)^2-t\cdot 2(1+t)}{(1+t)^4}-\frac{2}{(1+2t)^2}$$
$$=4\cdot\frac{1-t}{(1+t)^3}-\frac{2}{(1+2t)^2}$$
$$=2\cdot\frac{2(1-t)(1+2t)^2-(1+t)^3}{(1+t)^3(1+2t)^2}$$

$$= \frac{2(-9t^3-3t^2+3t+1)}{(1+t)^3(1+2t)^2}$$

$$= \frac{2(1+3t)(1-3t^2)}{(1+t)^3(1+2t)^2}$$

t	0	$\cdots$	$\frac{1}{\sqrt{3}}$	$\cdots$	1
$g'(t)$		$+$	0	$-$	
$g(t)$		↗		↘	

$t=\frac{1}{\sqrt{3}}$ のとき

$$g(t) = \frac{\frac{4}{\sqrt{3}}}{\left(1+\frac{1}{\sqrt{3}}\right)^2} + \frac{1}{1+\frac{2}{\sqrt{3}}}$$

$$= \frac{4\sqrt{3}}{(\sqrt{3}+1)^2} + \frac{\sqrt{3}}{2+\sqrt{3}}$$

$$= \sqrt{3}(\sqrt{3}-1)^2 + \sqrt{3}(2-\sqrt{3})$$

$$= \sqrt{3}(4-2\sqrt{3}) + 2\sqrt{3} - 3 = 6\sqrt{3} - 9$$

L は，$\tan\frac{\theta}{2} = \frac{1}{\sqrt{3}}$，すなわち $\theta = \boldsymbol{\frac{\pi}{3}}$ のとき最大値 $\boldsymbol{6\pi(2\sqrt{3}-3)}$ をとる．

図2

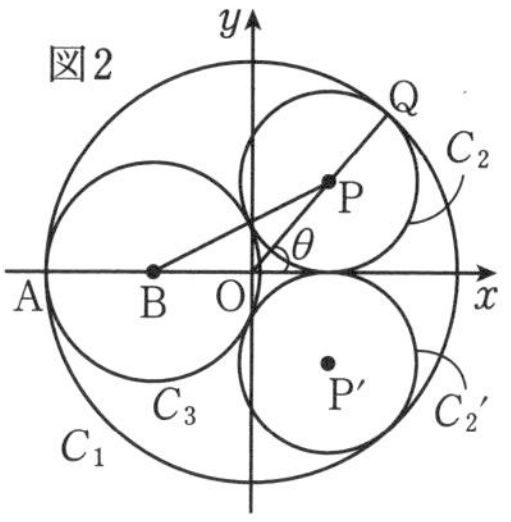

《対数部分法 (B20)》

247. n を正の定数とし，$n>a>0$ とする．関数 $f(x)=\frac{e^x}{1+e^x}$ に対して，関数 $g(x)$ を

$$g(x) = f(x)^a(1-f(x))^{n-a}$$

とおく．以下の設問（1）〜（3）の $\square$ にあてはまる適切な数または式を解答用紙の所定の欄に記入せよ．

（1） x が実数全体を動くとき，$f(x)$ のとりうる値の範囲は

$\square < f(x) < \square$

である．また，$f(x)=\frac{1}{2}$ となる x の値は $\square$ である．

（2） $g(x)$ が最大となる x の値は $\square$ であり，その最大値 L を n と a を用いて表すと $\square$ である．

（3）（2）で求めた L を a の関数と考える．a が $n>a>0$ の範囲を動くとき，L の最小値は $\square$ である．（23 聖マリアンナ医大・医-後期）

▶解答◀（1）

$$f'(x) = \frac{e^x(1+e^x)-e^x\cdot e^x}{(1+e^x)^2} = \frac{e^x}{(1+e^x)^2} > 0$$

$f(x)$ は単調増加であり

$$\lim_{x\to-\infty} f(x) = \frac{0}{1+0} = 0$$

$$\lim_{x\to\infty} f(x) = \lim_{x\to\infty}\frac{1}{e^{-x}+1} = \frac{1}{0+1} = 1$$

となるから，$f(x)$ の値域は $\boldsymbol{0<f(x)<1}$ である．また，$f(x)=\frac{1}{2}$ となるとき，$\frac{e^x}{1+e^x}=\frac{1}{2}$

$2e^x = 1+e^x$ となり，$e^x=1$ で $x=\boldsymbol{0}$

（2） $f(x)=t$ とおくと，（1）より $0<t<1$ であり $g(x)=t^a(1-t)^{n-a}$ である．$h(t)=t^a(1-t)^{n-a}$ とおくと，$0<t<1$ において

$$h'(t) = at^{a-1}(1-t)^{n-a} - t^a(n-a)(1-t)^{n-a-1}$$

$$= t^{a-1}(1-t)^{n-a-1}\{a(1-t)-(n-a)t\}$$

$$= t^{a-1}(1-t)^{n-a-1}(a-nt)$$

であるから，$h(t)$ の増減表は次のようになる．

t	0	$\cdots$	$\frac{a}{n}$	$\cdots$	1
$h'(t)$		$+$	0	$-$	
$h(t)$		↗		↘	

$$h\left(\frac{a}{n}\right) = \left(\frac{a}{n}\right)^a\left(1-\frac{a}{n}\right)^{n-a} = \frac{a^a(n-a)^{n-a}}{n^n}$$

$t=\frac{a}{n}$ のとき，

$$\frac{e^x}{1+e^x} = \frac{a}{n}$$

$ne^x = a + ae^x$ となり，$e^x = \frac{a}{n-a}$ となる．

$x = \boldsymbol{\log\frac{a}{n-a}}$ であり，このとき最大値

$$L = h\left(\frac{a}{n}\right) = \boldsymbol{\frac{a^a(n-a)^{n-a}}{n^n}}$$

（3） L の分子は正であるから，log をとった

$$\log a^a(n-a)^{n-a}$$

$$= a\log a + (n-a)\log(n-a)$$

の最小値を考える．

$$F(a) = a\log a + (n-a)\log(n-a)$$

とおくと，$0<a<n$ において

$$F'(a) = \log a + 1 - \log(n-a) - 1$$

$$= \log a - \log(n-a)$$

$a>n-a$ のとき $\log a > \log(n-a)$，

すなわち，$a>\frac{n}{2}$ のとき $F'(a)>0$，

$a<n-a$ のとき $\log a < \log(n-a)$，

すなわち，$a < \dfrac{n}{2}$ のとき $F'(a) < 0$

であるから，$F(a)$ の増減表は次のようになる．

a	0	$\cdots$	$\dfrac{n}{2}$	$\cdots$	n
$F'(a)$		$-$	0	$+$	
$F(a)$		↘		↗	

$$F\left(\frac{n}{2}\right) = 2\cdot\frac{n}{2}\log\frac{n}{2} = n\log\frac{n}{2} = \log\left(\frac{n}{2}\right)^n$$

よって，L の最小値は $\dfrac{\left(\frac{n}{2}\right)^n}{n^n} = \boldsymbol{\dfrac{1}{2^n}}$ である．

注意　**【平均値の定理】**

私は平均値の定理が大好きである．

$f(b) = f(a) = (b-a)f'(c)$ となる c が存在する．ただし c は a と b の間の数で，間の数とは

$a < b$ のとき $a < c < b$

$a > b$ のとき $a > c > b$

$a = b$ のとき $a = c = b$

という意味である．$g(x) = \log x$ として $g'(x) = \dfrac{1}{x}$

$$\log a - \log(n-a) = g(a) - g(n-a)$$
$$= \{a-(n-a)\}g'(c) = (2a-n)\cdot\frac{1}{c}$$

となる c が存在する．ただし，c は a と $n-a$ の間の数（上の意味）で $c > 0$ である．

このように表現すると，$a = \dfrac{n}{2}$ で極小かつ最小になることは見やすい．

生徒に解かせると，符号のことは，誤魔化す．すなわち，$F'(a) = \log a - \log(n-a) = 0$ を解くと $a = \dfrac{n}{2}$ となる．上の増減表を書き，$a = \dfrac{n}{2}$ で最小になるという．「$F'(a)$ の符号がこうなるというのは，どうやって判別するの？」というと，大抵，だまっている．つまり，結論ありきで，結論に合わせて増減表を書くのである．中には「問題文に最小って書いてあるから，それに合わせたのです」と正直に言う人もいる．「じゃあ，問題文が，最大って書いてあったら，それに合わせて ↗↘ にするんだね？」と言うと嫌な顔をしている．

《フェルマー点の問題（B20）》

248. 座標平面上に 4 点

A$(-1, 1)$, B$(-1, -1)$, C$(1, -1)$, D$(1, 1)$

からなる正方形 ABCD があり，x 軸上に 2 点 P$(-a, 0)$, Q$(a, 0)$ をとる．ただし，$a > 0$ とする．このとき，$L = \mathrm{PQ} + \mathrm{PA} + \mathrm{PB} + \mathrm{QC} + \mathrm{QD}$ が最小値をとるのは

$$a = \square - \frac{\sqrt{\square}}{\square}$$

のときであり，最小値は

$$L = \square\left(\square + \sqrt{\square}\right)$$

である．　　　　（23　埼玉医大・後期）

▶解答◀　$\mathrm{PA} = \sqrt{1+(1-a)^2} = \sqrt{a^2-2a+2}$

PA = PB = QC = QD であるから

$$L = 4\sqrt{a^2-2a+2} + 2a$$

これを $f(a)$ とおく．

$$f'(a) = 4\cdot\frac{2a-2}{2\sqrt{a^2-2a+2}} + 2$$
$$= 2\cdot\frac{\sqrt{a^2-2a+2} - 2(1-a)}{\sqrt{a^2-2a+2}}$$

$a \geqq 1$ のとき $f'(a) > 0$ である．

$a < 1$ のとき，分子の有理化をして

$$f'(a) = 2\cdot\frac{(a^2-2a+2) - 4(1-a)^2}{\sqrt{a^2-2a+2}\left\{\sqrt{a^2-2a+2} + 2(1-a)\right\}}$$

（分母）> 0 である．（分子）$= -(3a^2-6a+2)$

$f'(a) = 0$ とすると $a = \dfrac{3\pm\sqrt{3}}{3}$

増減表は次のようになる．

a	0	$\cdots$	$\dfrac{3-\sqrt{3}}{3}$	$\cdots$
$f'(a)$		$-$	0	$+$
$f(a)$		↘		↗

よって，$a = \dfrac{3-\sqrt{3}}{3} = \boldsymbol{1 - \dfrac{\sqrt{3}}{3}}$ のとき最小値

$$f\left(1-\frac{\sqrt{3}}{3}\right) = 4\sqrt{1+\left(\frac{\sqrt{3}}{3}\right)^2} + 2\left(1-\frac{\sqrt{3}}{3}\right)$$
$$= 4\cdot\frac{2}{\sqrt{3}} + 2 - \frac{2\sqrt{3}}{3} = \boldsymbol{2(1+\sqrt{3})}$$

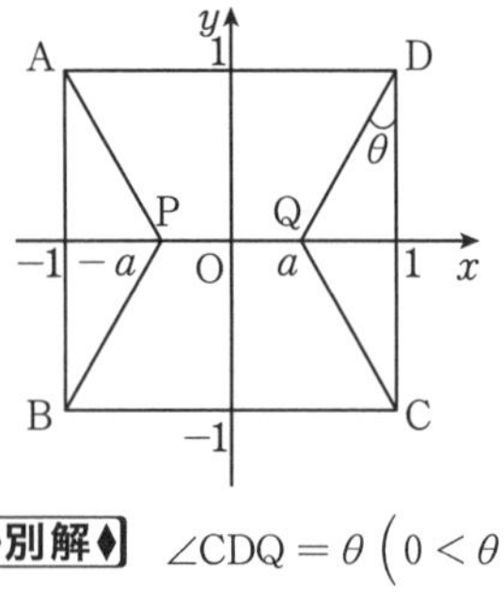

◆別解◆　$\angle\mathrm{CDQ} = \theta\left(0 < \theta < \dfrac{\pi}{2}\right)$ とおくと，

$\mathrm{DQ} = \dfrac{1}{\cos\theta}$, $\mathrm{EQ} = \tan\theta$ である．$L = L(\theta)$ とおく．

$$L(\theta) = 4\cdot\frac{1}{\cos\theta} + 2(1-\tan\theta)$$

$$L'(\theta) = 4\cdot\frac{\sin\theta}{\cos^2\theta} - \frac{2}{\cos^2\theta} = \frac{2(2\sin\theta - 1)}{\cos^2\theta}$$

θ	0	$\cdots$	$\frac{\pi}{6}$	$\cdots$	$\frac{\pi}{2}$
$L'(\theta)$		$-$	0	$+$	
$L(\theta)$		↘		↗	

$\theta=\frac{\pi}{6}$ のとき L は最大となる．このとき，

$$a=1-\tan\frac{\pi}{6}=\mathbf{1-\frac{\sqrt{3}}{3}}$$

$$L\left(\frac{\pi}{6}\right)=4\cdot\frac{\sqrt{3}}{3}+2\left(1-\frac{\sqrt{3}}{3}\right)=\mathbf{2(1+\sqrt{3})}$$

《楕円の問題 (B20)》

249. O を xy 平面の原点とする．楕円 $x^2+2y^2=2$ を C とする．第 1 象限内の C 上に点 P をとり，その座標を $\mathrm{P}(p,q)$ とする．さらに，第 2 象限内の C 上に点 S を $\mathrm{OP}\perp\mathrm{OS}$ となるようにとり，その座標を $\mathrm{S}(s,t)$ とする．以下の問に答えよ．

（1） s^2, t^2 を p, q を用いてそれぞれ表せ．

（2） $u=p^2$ とおく．$\mathrm{OP}^2\cdot\mathrm{OS}^2$ を u を用いて表せ．また，△OPS の面積 A を u を用いて表せ．

（3） P が第 1 象限内の C 上を動くとき，A の最小値を求めよ．（23 岐阜大・工）

考え方 通常は次のように解く．$\mathrm{OP}=r$ として $\mathrm{P}(r\cos\theta, r\sin\theta)$ とおける．$x^2+2y^2=2$ に代入して $r^2=\frac{2}{\cos^2\theta+2\sin^2\theta}$ を得る．$\mathrm{OQ}=R$ とする．p の θ を $\theta+\frac{\pi}{2}$ にして $R^2=\frac{2}{2\cos^2\theta+\sin^2\theta}$ を得る．

$$A=\frac{1}{2}rR=\frac{1}{\sqrt{2(\cos^2+\sin^2\theta)^2+\cos^2\theta\sin^2\theta}}$$

$A=\frac{2}{\sqrt{8+\sin^2 2\theta}}$ の最小値は $\frac{2}{3}$ となる．この頻出の解法は，勿論，出題者だって知っているのであるが，無理に外そうとしている．

▶解答◀ （1） $\overrightarrow{\mathrm{OP}}\cdot\overrightarrow{\mathrm{OQ}}=0$ だから $ps+qt=0$ で，$t=-\frac{ps}{q}$ を $s^2+2t^2=2$ に代入して $s^2+\frac{2p^2s^2}{q^2}=2$

$s^2=\mathbf{\frac{2q^2}{2p^2+q^2}}$ を得る．$t^2=\frac{p^2s^2}{q^2}=\mathbf{\frac{2p^2}{2p^2+q^2}}$

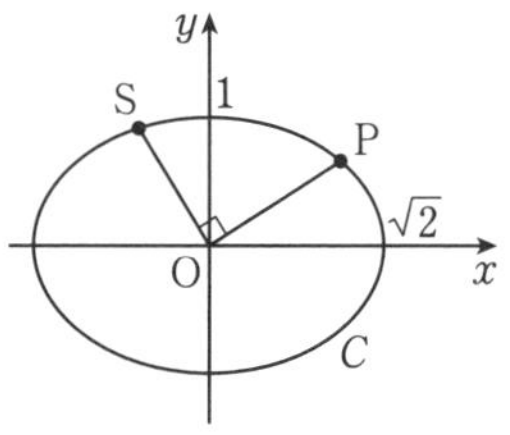

（2） P は C 上にあるから $p^2+2q^2=2$

$$q^2=\frac{2-p^2}{2}=\frac{2-u}{2}$$

$$\mathrm{OP}^2=p^2+q^2=u+\frac{2-u}{2}=\frac{u+2}{2}$$

$$\mathrm{OS}^2=s^2+t^2=\frac{2(p^2+q^2)}{2p^2+q^2}$$

$$=\frac{2\cdot\frac{u+2}{2}}{2u+\frac{2-u}{2}}=\frac{2(u+2)}{3u+2}$$

$$\mathrm{OP}^2\cdot\mathrm{OS}^2=\mathbf{\frac{(u+2)^2}{3u+2}}$$

$u\geqq 0$ であるから

$$A=\frac{1}{2}\mathrm{OP}\cdot\mathrm{OS}=\frac{1}{2}\sqrt{\frac{(u+2)^2}{3u+2}}=\mathbf{\frac{u+2}{2\sqrt{3u+2}}}$$

（3） $f(u)=\frac{(u+2)^2}{3u+2}$ とおく．

$0<p<\sqrt{2}$ だから $0<u<2$ である．

$$f'(u)=\frac{2(u+2)(3u+2)-(u+2)^2\cdot 3}{(3u+2)^2}$$

$$=\frac{(u+2)\{2(3u+2)-3(u+2)\}}{(3u+2)^2}$$

$$=\frac{(u+2)(3u-2)}{(3u+2)^2}$$

u	0	$\cdots$	$\frac{2}{3}$	$\cdots$	2
$f'(u)$		$-$	0	$+$	
$f(u)$		↘		↗	

$A=\frac{1}{2}\sqrt{f(u)}$ は $u=\frac{2}{3}$ のとき最小となり，最小値は

$$\frac{1}{2}\sqrt{f\left(\frac{2}{3}\right)}=\frac{\frac{2}{3}+2}{2\sqrt{2+2}}=\mathbf{\frac{2}{3}}$$

注意 （1） $p^2+2q^2=2$ を用いると $s^2=\frac{4-2p^2}{3p^2+2}$ などさまざまな形がある．

【微分と方程式 (数 III)】

《e^{-x} を括り出せ (B20) ☆》

250. 0 以上の整数 n に対して，

$$f_n(x)=\left(\sum_{k=0}^{n}\frac{x^k}{k!}\right)+\frac{x^n}{n!}-e^x$$

とおく．ここで $x^0=1$, $0!=1$ である．

（1） 方程式 $f_n(x)=0$ は $x>0$ においてただ 1 つの解を持つことを示せ．ただし，$\lim_{x\to\infty}x^ne^{-x}=0$ であることは証明せずに用いてよい．

（2） 方程式 $f_n(x)=0$ の $x>0$ における解を α_n とするとき，$\lim_{n\to\infty}\alpha_n=\infty$ であることを証明せよ．（23 千葉大・医，理）

▶解答◀ （1）

$$e^{-x}f_n(x)=e^{-x}\sum_{k=0}^{n}\frac{x^k}{k!}+e^{-x}\frac{x^n}{n!}-1$$

となるから

$$g(x)=e^{-x}\sum_{k=0}^{n}\frac{x^k}{k!}+e^{-x}\frac{x^n}{n!}-1$$

とおく．

$$g'(x)=-e^{-x}\sum_{k=0}^{n}\frac{x^k}{k!}+e^{-x}\sum_{k=1}^{n}\frac{x^{k-1}}{(k-1)!}$$
$$-e^{-x}\frac{x^n}{n!}+e^{-x}\frac{x^{n-1}}{(n-1)!}$$
$$=-e^{-x}\frac{x^n}{n!}-\frac{e^{-x}x^n}{n!}+e^{-x}\frac{x^{n-1}}{(n-1)!}$$
$$=e^{-x}\frac{x^{n-1}}{(n-1)!}\left(1-\frac{2x}{n}\right)$$

x	0	$\cdots$	$\frac{n}{2}$	$\cdots$
$g'(x)$		$+$	0	$-$
$g(x)$		↗		↘

$\lim_{x\to\infty}x^ne^{-x}=0$ であるから $\lim_{x\to\infty}g(x)=-1$ である．

$g(0)=0$ であるから，$x>0$ において $g(x)=0$ となるただ 1 つの解をもつ．よって証明された．

（２） その実数解は $\frac{n}{2}<x$ にある．よって $\alpha_n>\frac{n}{2}$ であるから $\lim_{n\to\infty}\alpha_n=\infty$ である．

注意 【やっとトレンドになった】

従来から，$f(x)=e^x$ の形の方程式は $e^{-x}f(x)=1$ にするという手法が知られていたが，2023 年には名古屋大，芝浦工大に扱われている．この手法がすぐれている点は導関数の符号に e^x が関係しないことである．次の伝統的な方法は $f_n{}'(x)$ の符号に e^x が関係してしまう．だから，帰納法が必要になる．

だいたいにおいて，$f_n(x)$ のままでは $\lim_{x\to\infty}f_n(x)$ も答案らしくはならない．e^x でくくるだろう．それなら最初からそれをやればよいというのが上の解法である．だから上の解法が本質的な解法である．

◆別解◆ （１） $f_0(x)=2-e^x$

$f_n(x)=0$ は $x>0$ でただ 1 つの実数解をもち，それを α_n とすると $0<x<\alpha_n$ で $f_n(x)>0$，$x>\alpha_n$ で $f_n(x)<0$ であることを数学的帰納法により証明する．

$n=0$ で成り立つ．

$n=m$ で成り立つとする．

$$f_{m+1}(x)=\sum_{k=0}^{m+1}\frac{x^k}{k!}+\frac{x^{m+1}}{(m+1)!}-e^x$$
$$f_{m+1}{}'(x)=\sum_{k=1}^{m+1}\frac{x^{k-1}}{(k-1)!}+\frac{x^m}{m!}-e^x$$
$$=\sum_{k=0}^{m}\frac{x^k}{k!}+\frac{x^m}{m!}-e^x=f_m(x)$$

x	0	$\cdots$	α_m	$\cdots$
$f_{m+1}{}'(x)$		$+$	0	$-$
$f_{m+1}(x)$		↗		↘

$f_{m+1}(x)$ は上のように増減し

$$f_{m+1}(0)=0$$
$$f_{m+1}(x)=e^x\left(e^{-x}\sum_{k=0}^{m+1}\frac{x^k}{k!}+e^{-x}\frac{x^{m+1}}{(m+1)!}-1\right)$$
$$\lim_{x\to\infty}f_{m+1}(x)=-\infty$$

であるから $f_{m+1}(x)=0$ は $x>0$ にただ 1 つの実数解をもち，その前後で正から負に符号を変える．

$n=m+1$ でも成り立つから数学的帰納法により証明された．

（２） この方針だと（２）で苦労する．

$f_{m+1}{}'(x)=f_m(x)$ であるから $f_{m+1}(x)$ は $x=\alpha_m$ で極大値をとる．

$$f_{m+1}(x)=\sum_{k=0}^{m+1}\frac{x^k}{k!}+\frac{x^{m+1}}{(m+1)!}-e^x$$
$$f_m(x)=\sum_{k=0}^{m}\frac{x^k}{k!}+\frac{x^m}{m!}-e^x$$
$$f_{m+1}(x)-f_m(x)$$
$$=\frac{x^{m+1}}{(m+1)!}+\frac{x^{m+1}}{(m+1)!}-\frac{x^m}{m!}$$

$f_{m+1}(\alpha_m)>0,\ f_m(\alpha_m)=0$ であるから

$$\frac{2\alpha_m{}^{m+1}}{(m+1)!}-\frac{\alpha_m{}^m}{m!}>0$$

$2\alpha_m{}^m>0$ で割って $(m+1)!$ をかけると

$$\alpha_m>\frac{m+1}{2}$$

これが任意の m で成り立つから $\lim_{m\to\infty}\alpha_m=\infty$ である．

《e^{-x} を括り出せ (B30) ☆》

251．（１） 方程式 $e^x=\frac{2x^3}{x-1}$ の負の実数解の個数を求めよ．

（２） $y=x(x^2-3)$ と $y=e^x$ のグラフの $x<0$ における共有点の個数を求めよ．

（３） a を正の実数とし，関数 $f(x)=x(x^2-a)$ を考える．$y=f(x)$ と $y=e^x$ のグラフの $x<0$ における共有点は 1 個のみであるとする．このような a がただ 1 つ存在することを示せ．

（23 名古屋大・前期）

▶解答◀ 徹底して x を片側に集め（x の有理式）e^{-x} の形を作る．有理式とは，多項式または分母と分子が多項式の分数式である．e^x-(有理式) の形の関数は，1 回の微分で符号がわからず，何度も微分することが多々あるのに対し，前者は微分後の符号の考察に e^{-x} は関与しないからである．

（１） $2\cdot\frac{x^3e^{-x}}{x-1}=1$ を考える．

$x<0$ で $p(x)=2\cdot\dfrac{x^3e^{-x}}{x-1}$ とおく．

$$p'(x)=2\cdot\frac{(3x^2e^{-x}-x^3e^{-x})(x-1)-x^3e^{-x}\cdot 1}{(x-1)^2}$$

$$=2\cdot\frac{x^2e^{-x}(-x^2+3x-3)}{(x-1)^2}<0$$

$x<0$ だから $3x<0$ に注意せよ．

$\displaystyle\lim_{x\to-\infty}p(x)=\infty$，$p(0)=0$ であるから $p(x)=1$，$x<0$ を満たす実数 x はただ **1** つ存在する．

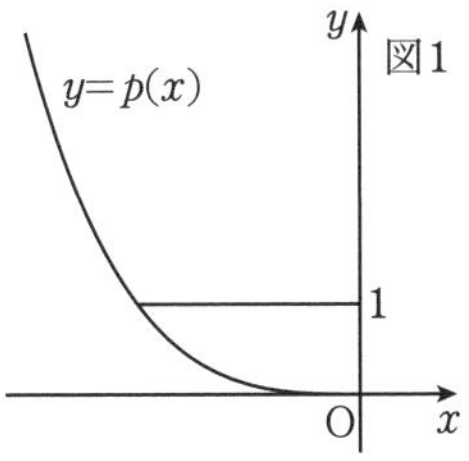

（2） $x(x^2-3)=e^x$，$x<0$ の解を考える．両辺の符号から $-\sqrt{3}\leqq x\leqq 0$ の解を考える．$x(x^2-3)e^{-x}=1$ として，$g(x)=(x^3-3x)e^{-x}$ とおく．結論から書くと解の個数は **2** である．$g(-1)=2e>1$ であるから，$-\sqrt{3}\leqq x\leqq 0$ で極大値を 1 つもつことを示せばよい．

$$g'(x)=\{(3x^2-3)-(x^3-3x)\}e^{-x}$$

$G(x)=(3x^2-3)-(x^3-3x)$ とおく．

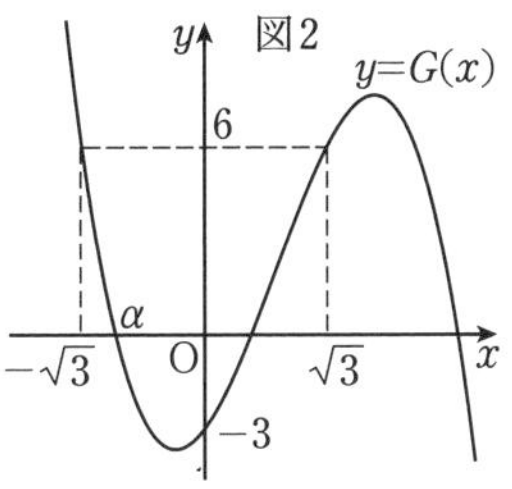

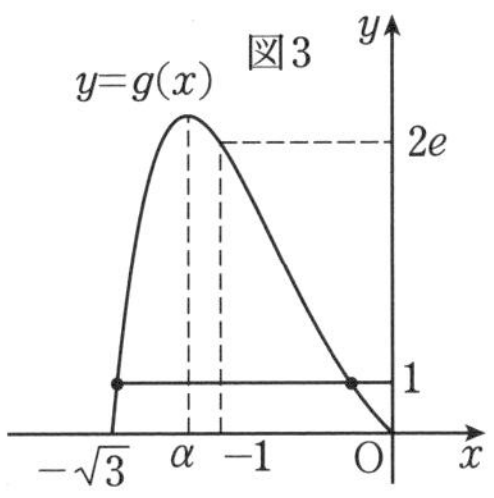

$$G(-\sqrt{3})=6>0,\ G(0)=-3<0$$

$$G(\sqrt{3})=6>0$$

であり，$G(x)$ の x^3 の係数は負であるから $G(x)=0$ は $-\sqrt{3}<x<0$，$0<x<\sqrt{3}$，$x>\sqrt{3}$ に 1 つずつ解をもつ．よって $-\sqrt{3}<x<0$ における $G(x)=0$ の解は 1 つだけであるから，証明された．

（3） $x(x^2-a)=e^x$

$(x^3-ax)e^{-x}=1$，$-\sqrt{a}\leqq x\leqq 0$ の解を考える．

$h(x)=(x^3-ax)e^{-x}$ とおく．$h(-\sqrt{a})=0$, $h(0)=0$ であるから，$-\sqrt{a}<x<0$ では，$h(x)$ は正の最大値をとる．以下では $-\sqrt{a}<x<0$ で極大値が 1 個しかないことを示す．

$$h'(x)=\{(3x^2-a)-(x^3-ax)\}e^{-x}$$

$H(x)=(3x^2-a)-(x^3-ax)$ とおく．

$$H(-\sqrt{a})=2a>0,\ H(0)=-a<0$$

$$H(\sqrt{a})=2a>0$$

$H(x)$ の x^3 の係数は負であるから $H(x)=0$ は $-\sqrt{a}<x<0$，$0<x<\sqrt{a}$，$x>\sqrt{a}$ に 1 つずつ解をもつ．よって $-\sqrt{a}<x<0$ における解は 1 つだけであるから，それを α とすると $h(x)$ は $x=\alpha$ で極大になる．

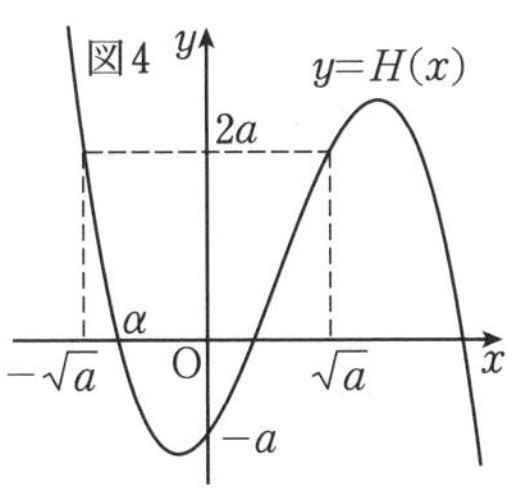

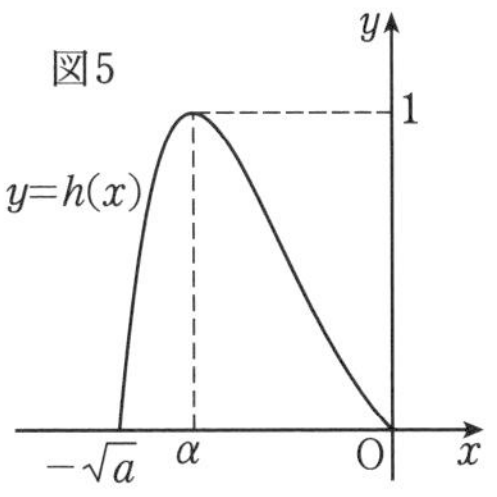

$x=\alpha$ のとき $3x^2-a-x^3+ax=0$ となる．この x は α だが，あえて x のままで書く．$3x^2-x^3=a(1-x)$ となり $a=\dfrac{x^3-3x^2}{x-1}$ となる．これを $h(x)=x(x^2-a)e^{-x}$ の a に代入する．

$$h(x)=x\left(x^2-\frac{x^3-3x^2}{x-1}\right)e^{-x}=\frac{2x^3}{x-1}e^{-x}$$

となる．これは（1）の $p(x)$ である．$p(x)=1$ となる $x=\alpha$ はただ 1 つ存在する．その $x=\alpha$ に対して $a=\dfrac{x^3-3x^2}{x-1}$ で定まる a もただ 1 つ存在する．

◆別解◆ 上と以下の関数は f 以外無関係である．

（1） $g(x)=e^x-\dfrac{2x^3}{x-1}$ とおくと，$x<0$ において

$$g'(x)=e^x-2\cdot\frac{3x^2(x-1)-x^3\cdot 1}{(x-1)^2}$$

$$=e^x-\frac{2x^2(2x-3)}{(x-1)^2}>0$$

$g(x)$ は $x<0$ で連続な増加関数で

$$\lim_{x\to-\infty}g(x)=-\infty,\ g(0)=1>0$$

であるから，$g(x)=0$ は $x<0$ においてただ 1 つの解をもつ．求める個数は **1** である．

（2） $h(x)=e^x-x(x^2-3)$ とおくと，$x<0$ において

$$h'(x)=e^x-(3x^2-3),\ h''(x)=e^x-6x>0$$

$h'(x)$ は増加関数で

$$\lim_{x\to-\infty}h'(x)=-\infty,\ h'(0)=4>0$$

であるから，$h'(x)=0$ は $x<0$ においてただ 1 つの解をもつ．それを p とおくと，$h(x)$ は表のように増減し

x	$\cdots$	p	$\cdots$	0
$h'(x)$	$-$	0	$+$	
$h(x)$	↘		↗	

$$\lim_{x\to-\infty}h(x)=+\infty,\ h(0)=1>0$$

$$h(p)\leqq h(-1)=e^{-1}-2<1-2<0$$

であるから，$h(x)=0$ は $x<0$ においてちょうど 2 つの解をもつ．求める個数は **2** である．

（**3**） $F(x)=e^x-f(x)=e^x-x(x^2-a)$ とおくと，$x<0$ において

$$F'(x)=e^x-(3x^2-a),\ F''(x)=e^x-6x>0$$

$F'(x)$ は増加関数で

$$\lim_{x\to-\infty}F'(x)=-\infty,\ F'(0)=1+a>0$$

であるから，$F'(x)=0$ は $x<0$ においてただ 1 つの解をもつ．それを q とおくと，$F(x)$ は表のように増減し

x	$\cdots$	q	$\cdots$	0
$F'(x)$	$-$	0	$+$	
$F(x)$	↘		↗	

$$\lim_{x\to-\infty}F(x)=+\infty,\ F(0)=1>0$$

であるから，$F(x)=0$ が $x<0$ においてただ 1 つの解をもつ条件は $F(q)=0$ である．

$F'(q)=0$ と $F(q)=0$ を連立して

$$e^q-(3q^2-a)=0 \quad \cdots\cdots①$$

$$e^q-q(q^2-a)=0 \quad \cdots\cdots②$$

① より

$$a=3q^2-e^q \quad \cdots\cdots③$$

であり，② に代入して

$$e^q-q(-2q^2+e^q)=0$$

$$(q-1)e^q=2q^3 \qquad \therefore\ e^q=\frac{2q^3}{q-1}$$

（1）より，これを満たす負の実数 q がただ 1 つ存在する．このとき，③ より

$$a=3q^2-\frac{2q^3}{q-1}=\frac{q^3-3q^2}{q-1}=\frac{q^2(3-q)}{1-q}>0$$

であるから，正の実数 a がただ 1 つ存在する．

《文字定数は分離・三角関数（B20）☆》

252. 関数 $f(x)=-2\sqrt{3}x+2\sin 2x+1$ $(0\leqq x\leqq\pi)$ を考える．

（1） $y=f(x)$ の最大値と最小値を求めよ．

（2） k を実数とする．$0\leqq x\leqq\pi$ において方程式 $f(x)=k$ が異なる 2 つの実数解をもつとき，k のとり得る値の範囲を求めよ．

（23 愛媛大・後期）

▶解答◀ （1） $f(x)=-2\sqrt{3}x+2\sin 2x+1$

$$f'(x)=-2\sqrt{3}+4\cos 2x=4\left(\cos 2x-\frac{\sqrt{3}}{2}\right)$$

$f'(x)>0$ を $0\leqq 2x\leqq 2\pi$ で解くと

$$\cos 2x>\frac{\sqrt{3}}{2}$$

$$0\leqq 2x<\frac{\pi}{6},\ \frac{11}{6}\pi<2x\leqq 2\pi$$

$$0\leqq x<\frac{\pi}{12},\ \frac{11}{12}\pi<x\leqq\pi$$

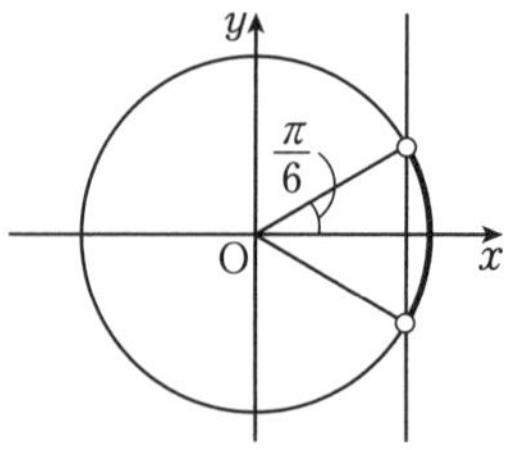

$f(x)$ の増減表は次のようになる．

x	0	$\cdots$	$\frac{\pi}{12}$	$\cdots$	$\frac{11}{12}\pi$	$\cdots$	π
$f'(x)$		$+$	0	$-$	0	$+$	
$f(x)$		↗		↘		↗	

$$f(0)=1$$

$$f\left(\frac{\pi}{12}\right)=-\frac{\sqrt{3}}{6}\pi+2\sin\frac{\pi}{6}+1=-\frac{\sqrt{3}}{6}\pi+2$$

$$f\left(\frac{11}{12}\pi\right)=-\frac{11\sqrt{3}}{6}\pi+2\sin\frac{11}{6}\pi+1$$

$$=-\frac{11\sqrt{3}}{6}\pi$$

$$f(\pi)=-2\sqrt{3}\pi+1$$

$f(x)$ の最大値は $\boldsymbol{-\frac{\sqrt{3}}{6}\pi+2}$，最小値は $\boldsymbol{-\frac{11\sqrt{3}}{6}\pi}$

（**2**） $f(x)=k$ が異なる 2 つの実数解をもつのは $y=f(x)$ と $y=k$ の交点を考えて

$$\boldsymbol{-\frac{11\sqrt{3}}{6}\pi<k\leqq-2\sqrt{3}\pi+1,}$$

$$\boldsymbol{1\leqq k<-\frac{\sqrt{3}}{6}\pi+2}$$

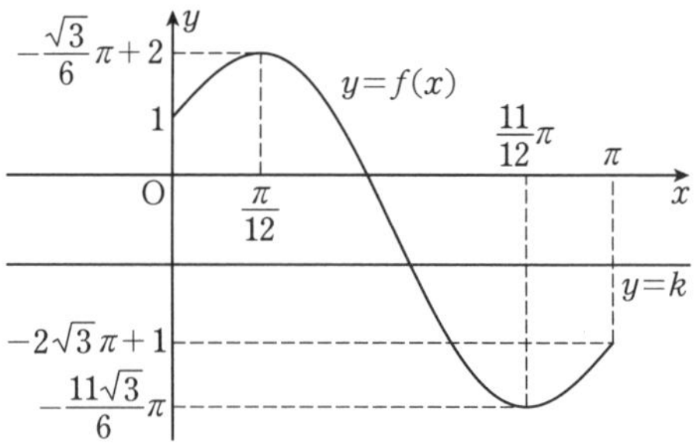

《文字定数は分離・三角関数（B20）》

253.（1） 関数

$$y=-\frac{\cos 3x}{\sin^3 x}\ (0<x<\pi)$$

の増減と極値を調べ，そのグラフの概形を描け．ただし，グラフの凹凸は調べなくてよい．

（2） a を実数の定数とする．x についての方程式 $-\cos 3x=a\sin^3 x$ が $\frac{\pi}{6}<x<\frac{2\pi}{3}$ の範囲

に実数解をもつような a の値の範囲を求めよ．

(23　青学大・理工)

▶解答◀　(1)　$f(x)=\dfrac{-\cos 3x}{\sin^3 x}$ とおく．

$$f'(x)=\frac{3\sin 3x\sin^3 x+\cos 3x(3\sin^2 x\cos x)}{\sin^6 x}$$

$$=\frac{3(\sin 3x\sin x+\cos 3x\cos x)}{\sin^4 x}$$

$$=\frac{3\cos(3x-x)}{\sin^4 x}=\frac{3\cos 2x}{\sin^4 x}$$

x	0	$\cdots$	$\frac{\pi}{4}$	$\cdots$	$\frac{3\pi}{4}$	$\cdots$	π
$f'(x)$		$+$	0	$-$	0	$+$	
$f(x)$		↗		↘		↗	

$$f\left(\frac{\pi}{4}\right)=2,\ f\left(\frac{3\pi}{4}\right)=-2$$

$$\lim_{x\to+0}f(x)=-\infty,\ \lim_{x\to\pi-0}f(x)=\infty$$

グラフの概形は次のようになる．

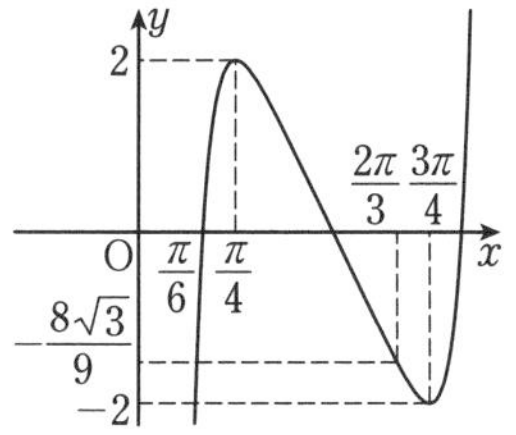

(2)　$\dfrac{\pi}{6}<x<\dfrac{2\pi}{3}$ のとき $\sin x\neq 0$ であるから

$-\cos 3x=a\sin^3 x$ のとき $a=-\dfrac{\cos 3x}{\sin^3 x}$ となる．

直線 $y=a$ と曲線 $y=-\dfrac{\cos 3x}{\sin^3 x}$ のグラフが交点をもつ条件を考えて，求める a の範囲は $\boldsymbol{-\dfrac{8\sqrt{3}}{9}<a\leqq 2}$

《文字定数は分離・対数関数 (B10)》

254． 関数

$f(x)=\log(2x^2-2x+1)-2\log x\ (x>0)$

について，次の問いに答えよ．

(1)　$f(x)$ を微分せよ．

(2)　$f(x)$ の増減を調べ，極値を求めよ．

(3)　方程式 $f(x)=k$ が異なる 2 つの実数解をもつような定数 k の値の範囲を求めよ．

(23　大工大・推薦)

▶解答◀　(1)　$2x^2-2x+1$

$$=2\left(x-\frac{1}{2}\right)^2+\frac{1}{2}>0$$

$f(x)=\log(2x^2-2x+1)-2\log x\ (x>0)$ のとき

$$f'(x)=\frac{4x-2}{2x^2-2x+1}-\frac{2}{x}$$

$$=\frac{x(4x-2)-2(2x^2-2x+1)}{x(2x^2-2x+1)}$$

$$=\boldsymbol{\frac{2(x-1)}{x(2x^2-2x+1)}}$$

(2)　$x>0$ における $f(x)$ の増減は下のようになる．

x	0	$\cdots$	1	$\cdots$
$f'(x)$		$-$	0	$+$
$f(x)$		↘		↗

極小値 $f(1)=\boldsymbol{0}$ をとる．極大値はない．

(3)　$\displaystyle\lim_{x\to+0}f(x)=\infty$

$$\lim_{x\to\infty}f(x)=\lim_{x\to\infty}\log\frac{2x^2-2x+1}{x^2}$$

$$=\lim_{x\to\infty}\log\left(2-\frac{2}{x}+\frac{1}{x^2}\right)=\log 2$$

よって，$y=f(x)$ のグラフは図のようになる．

$y=f(x)$ と $y=k$ の共有点の個数が 2 になる条件は

$\boldsymbol{0<k<\log 2}$

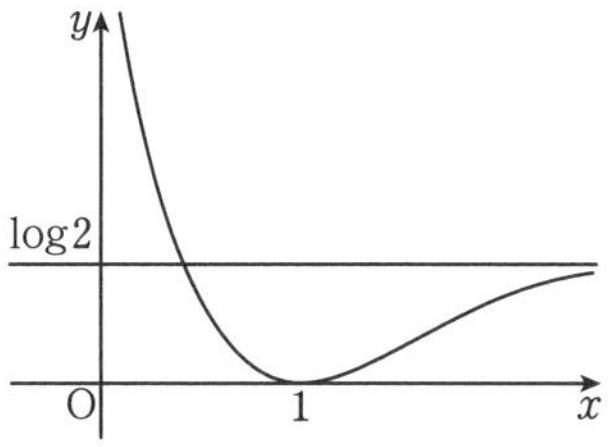

《文字定数は分離・指数関数 (B20)》

255． 以下の問いに答えよ．ただし，e は自然対数の底を表す．

(1)　k を実数の定数とし，$f(x)=xe^{-x}$ とおく．方程式 $f(x)=k$ の異なる実数解の個数を求めよ．ただし，$\displaystyle\lim_{x\to\infty}f(x)=0$ を用いてもよい．

(2)　$xye^{-(x+y)}=c$ をみたす正の実数 x,y の組がただ 1 つ存在するときの実数 c の値を求めよ．

(3)　$xye^{-(x+y)}=\dfrac{3}{e^4}$ をみたす正の実数 x,y を考えるとき，y のとりうる値の最大値とそのときの x の値を求めよ．

(23　北海道大・理系)

▶解答◀　(1)

$$f'(x)=e^{-x}-xe^{-x}=(1-x)e^{-x}$$

これより，$f(x)$ の増減表は次のようになる．

x	$\cdots$	1	$\cdots$
$f'(x)$	$+$	0	$-$
$f(x)$	↗		↘

$$f(1)=\frac{1}{e},\ \lim_{x\to\infty}f(x)=0,\ \lim_{x\to-\infty}f(x)=-\infty$$

も合わせると，$Y=f(x)$ のグラフは図 1 のようになる．

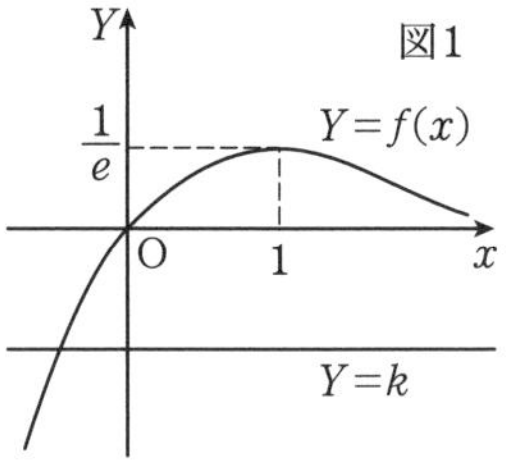

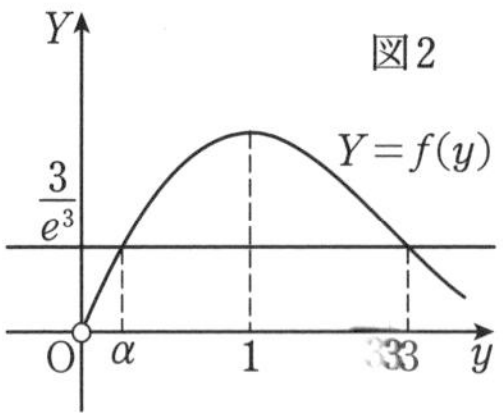

$f(x)=k$ の実数解の個数は $Y=f(x)$ と $Y=k$ の共有点の個数に等しいから

$\boldsymbol{k \leqq 0}$ **のとき 1，** $\boldsymbol{0<k<\frac{1}{e}}$ **のとき 2，**

$\boldsymbol{k=\frac{1}{e}}$ **のとき 1，** $\boldsymbol{k>\frac{1}{e}}$ **のとき 0**

（2） $f(x)f(y)=c$ を満たす正の実数 x, y の組がただ 1 つとなる条件を考える．y を固定したとき，

$f(x)=\dfrac{c}{f(y)}$ となり，これを満たす x がただ 1 つになる条件は

$$\frac{c}{f(y)}=\frac{1}{e} \qquad \therefore \quad f(y)=ec$$

である．次に，y を動かす．$f(y)=ec$ を満たす y がただ 1 つになる条件は

$$ec=\frac{1}{e} \qquad \therefore \quad c=\boldsymbol{\frac{1}{e^2}}$$

（3） $f(x)f(y)=\dfrac{3}{e^4} \qquad \therefore \quad f(x)=\dfrac{3}{e^4 f(y)}$

$x>0$ における $f(x)$ のとりうる値の範囲は

$0<f(x) \leqq \dfrac{1}{e}$ であるから

$$0<\frac{3}{e^4 f(y)} \leqq \frac{1}{e} \qquad \therefore \quad f(y) \geqq \frac{3}{e^3}$$

となる．図 2 を見よ．$f(y)=\dfrac{3}{e^3}$ の解の 1 つは $y=3$ である．もう 1 つの解を α とすると，y のとりうる値の範囲は $\alpha \leqq y \leqq 3$ となるから，y のとりうる値の最大値は **3** である．このとき，$f(x)=\dfrac{1}{e}$ であるから，$x=1$ である．

《文字定数は分離・指数関数（B20）》

256． 関数 $f(x)$ を

$$f(x)=\frac{(2x-9)e^x}{x}$$

により定める．ただし，e は自然対数の底とする．次の問いに答えよ．

（1） $\displaystyle\lim_{x \to -\infty} f(x)$ を求めよ．

（2） a は実数とする．方程式 $f(x)=a$ の実数解の個数を求めよ．

（3） b は実数とする．関数 $g(x)$ を

$$g(x)=x^2-9x+b(x+1)e^{-x}$$

により定める．関数 $g(x)$ が $x=p$ で極小になる実数 p が 2 個存在するように，b の範囲を定めよ．　　　　（23　東京農工大・後期）

▶解答◀ （1） $f(x)=\left(2-\dfrac{9}{x}\right)e^x$ より

$$\lim_{x \to -\infty} f(x)=\boldsymbol{0}$$

（2） $f'(x)=\dfrac{9}{x^2}e^x+\left(2-\dfrac{9}{x}\right)e^x$

$$=\frac{e^x}{x^2}(2x^2-9x+9)=\frac{e^x}{x^2}(2x-3)(x-3)$$

x	$\cdots$	0	$\cdots$	$\frac{3}{2}$	$\cdots$	3	$\cdots$
$f'(x)$	$+$	×	$+$	0	$-$	0	$+$
$f(x)$	↗	×	↗		↘		↗

$$f\left(\frac{3}{2}\right)=-4e^{\frac{3}{2}},\ f(3)=-e^3$$

$$\lim_{x \to \infty} f(x)=\infty,\ \lim_{x \to -\infty} f(x)=0$$

$$\lim_{x \to -0} f(x)=\infty,\ \lim_{x \to +0} f(x)=-\infty$$

$y=f(x)$ のグラフは図 1 のようになる．

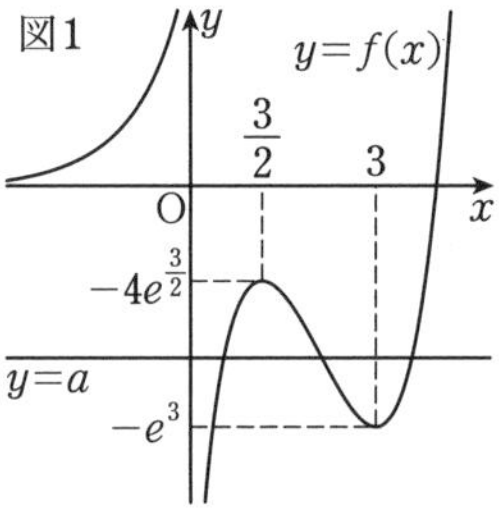

よって，方程式 $f(x)=a$ の実数解の個数は，$y=f(x)$ のグラフと直線 $y=a$ の共有点の個数より

$\boldsymbol{a>0}$ **のとき 2 個，** $\boldsymbol{-4e^{\frac{3}{2}}<a \leqq 0}$ **のとき 1 個，**

$\boldsymbol{a=-4e^{\frac{3}{2}}}$ **のとき 2 個，** $\boldsymbol{-e^3<a<-4e^{\frac{3}{2}}}$ **のとき 3 個，**

$\boldsymbol{a=-e^3}$ **のとき 2 個，** $\boldsymbol{a<-e^3}$ **のとき 1 個**

（3） $g'(x)=2x-9+b\{e^{-x}-(x+1)e^{-x}\}$

$$=2x-9-bxe^{-x}$$

$g'(0)=-9 \neq 0$ だから，$g(x)$ は $x=0$ では極値をとらない．よって，$x \neq 0$ とする．このとき

$$g'(x)=xe^{-x}\left\{\frac{(2x-9)e^x}{x}-b\right\}$$

$$=e^{-x} \cdot x\{f(x)-b\}$$

$g'(x)$ の符号は，$x>0$ のときは $f(x)-b$ と同符号，$x<0$ のときは $f(x)-b$ と異符号となる．題意のようになるのは，$g'(x)$ の符号が負から正に変わる x が 2 個存在するときで $\boldsymbol{-e^3<b<-4e^{\frac{3}{2}}}$ のときである．（図 2 参照）

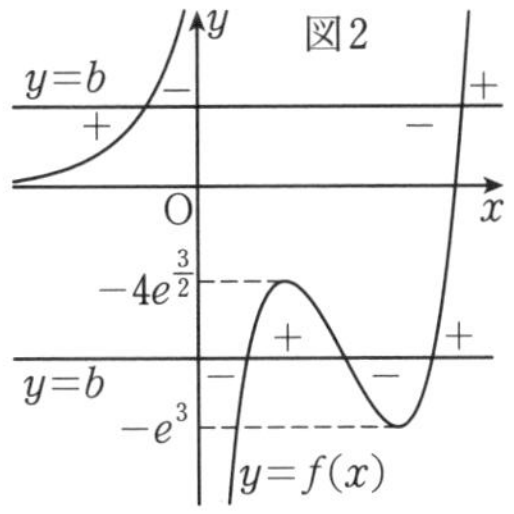

《ベクトルの力（B20）☆》

257. a, b を $a^2+b^2<1$ をみたす正の実数とする．また，座標平面上で原点を中心とする半径 1 の円を C とし，C の内部にある 2 点 $\mathrm{A}(a, 0)$，$\mathrm{B}(0, b)$ を考える．$0<\theta<\dfrac{\pi}{2}$ に対して C 上の点 $\mathrm{P}(\cos\theta, \sin\theta)$ を考え，P における C の接線に関して B と対称な点を D とおく．

（1） $f(\theta)=ab\cos 2\theta+a\sin\theta-b\cos\theta$ とおく．方程式 $f(\theta)=0$ の解が $0<\theta<\dfrac{\pi}{2}$ の範囲に少なくとも 1 つ存在することを示せ．

（2） D の座標を b, θ を用いて表せ．

（3） θ が $0<\theta<\dfrac{\pi}{2}$ の範囲を動くとき，3 点 A，P，D が同一直線上にあるような θ は少なくとも 1 つ存在することを示せ．また，このような θ はただ 1 つであることを示せ．

（23　北海道大・理系）

▶解答◀ （1） $0<a<1$, $0<b<1$ より

$$f(0)=ab-b=(a-1)b<0$$

$$f\left(\frac{\pi}{2}\right)=-ab+a=a(1-b)>0$$

よって，中間値の定理より $f(\theta)=0$ の解が $0<\theta<\dfrac{\pi}{2}$ の範囲に少なくとも 1 つ存在する．

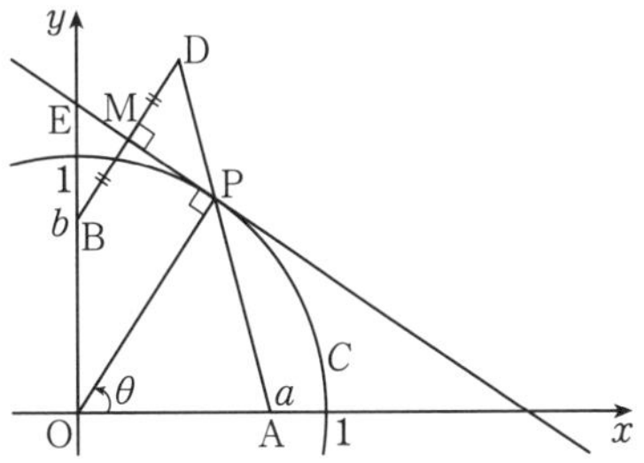

（2） $c=\cos\theta$, $s=\sin\theta$ とおく．$\mathrm{P}\begin{pmatrix} c \\ s \end{pmatrix}$ における接線 $xc+ys=1$ の法線ベクトルは $\begin{pmatrix} c \\ s \end{pmatrix}$ である．

$$\overrightarrow{\mathrm{OM}}=\overrightarrow{\mathrm{OB}}+\overrightarrow{\mathrm{BM}}=\begin{pmatrix} 0 \\ b \end{pmatrix}+t\begin{pmatrix} c \\ s \end{pmatrix}=\begin{pmatrix} tc \\ b+ts \end{pmatrix}$$

とおけて，M は接線上にあるから $tc\cdot c+(b+ts)s=1$ となり，$t=1-bs$

$$\overrightarrow{\mathrm{OD}}=\overrightarrow{\mathrm{OB}}+\overrightarrow{\mathrm{BD}}=\begin{pmatrix} 0 \\ b \end{pmatrix}+2t\begin{pmatrix} c \\ s \end{pmatrix}=\begin{pmatrix} 2(1-bs)c \\ b+2(1-bs)s \end{pmatrix}$$

よって，D の座標は

$$\boldsymbol{(2\cos\theta-b\sin 2\theta,\ 2\sin\theta+b\cos 2\theta)}$$

（3） A，P，D が一直線上にあるとき，$\overrightarrow{\mathrm{AD}}=k\overrightarrow{\mathrm{AP}}$ とかけて，それぞれの成分を比較すると

$$2\cos\theta-b\sin 2\theta-a=k(\cos\theta-a) \quad \cdots\cdots\cdots\text{①}$$

$$2\sin\theta+b\cos 2\theta=k\sin\theta \quad \cdots\cdots\cdots\text{②}$$

$0<\theta<\dfrac{\pi}{2}$ より $\sin\theta\neq 0$ であるから，② より

$$k=\frac{2\sin\theta+b\cos 2\theta}{\sin\theta}$$

これを ① に代入して分母を払うと

$$\sin\theta(2\cos\theta-b\sin 2\theta-a)$$
$$=(2\sin\theta+b\cos 2\theta)(\cos\theta-a)$$
$$-b\sin\theta\sin 2\theta-a\sin\theta$$
$$=-2a\sin\theta+b\cos 2\theta\cos\theta-ab\cos 2\theta$$
$$ab\cos 2\theta+a\sin\theta-b\cos\theta=0$$

すなわち，$f(\theta)=0$ である．これと（1）より 3 点 A，P，D が一直線上にあるような θ は $0<\theta<\dfrac{\pi}{2}$ の範囲に少なくとも 1 つ存在する．

また，この θ が唯一であることを示す．下で相加相乗平均の不等式を用いる．

$$f'(\theta)=-2ab\sin 2\theta+a\cos\theta+b\sin\theta$$
$$=a\cos\theta+b\sin\theta-4ab\sin\theta\cos\theta$$
$$\geqq 2\sqrt{(a\cos\theta)(b\sin\theta)}-4ab\sin\theta\cos\theta$$
$$=\sqrt{4ab\cos\theta\sin\theta}-4ab\cos\theta\sin\theta$$
$$=\sqrt{4ab\cos\theta\sin\theta}\left(1-\sqrt{4ab\cos\theta\sin\theta}\right)$$
$$=\sqrt{2ab\sin 2\theta}\left(1-\sqrt{2ab\sin 2\theta}\right)>0$$

なお，$1>a^2+b^2\geqq 2ab$ かつ $\sin 2\theta\leqq 1$ である．$f(\theta)$ は $0<\theta<\dfrac{\pi}{2}$ で単調増加する．よって，（1）と合わせると，3 点 A，P，D が一直線上にあるような θ はただ 1 つ存在する．

《文字定数は分離・無理関数（B15）》

258. k は定数とし，$f(x)=x^2-kx$ とする．このとき，次の問いに答えよ．

（1） 2 つの文字 a, b を含む整式 $f(a)-f(b)$ を因数分解せよ．

（2） 関数 $g(x)=x+\sqrt{1-x^2}$ $(-1\leqq x\leqq 1)$ のグラフをかけ．

（3） 曲線 $y=f(x)$ と曲線 $y=f(\sqrt{1-x^2})$ $(-1\leqq x\leqq 1)$ の共有点の個数を求めよ．

（23　津田塾大・学芸-数学）

▶解答◀ （1） $f(a)-f(b)$

$$= a^2-ka-(b^2-kb)$$

$$= (a+b)(a-b)-k(a-b)$$

$$= \boldsymbol{(a-b)(a+b-k)}$$

（2） $g(x)=x+\sqrt{1-x^2}$

$$g'(x)=1+\frac{-2x}{2\sqrt{1-x^2}}$$

$$=1-\frac{x}{\sqrt{1-x^2}}=\frac{\sqrt{1-x^2}-x}{\sqrt{1-x^2}}$$

$-1<x \leqq 0$ のとき，$g'(x)>0$ である．$0 \leqq x<1$ のとき

$$g'(x)=\frac{(1-x^2)-x^2}{\sqrt{1-x^2}\left(\sqrt{1-x^2}+x\right)}$$

$$=\frac{1-2x^2}{\sqrt{1-x^2}\left(\sqrt{1-x^2}+x\right)}$$

であるから，$g(x)$ は下表のように増減する．

x	-1	$\cdots$	$\frac{1}{\sqrt{2}}$	$\cdots$	1
$g'(x)$		$+$	0	$-$	
$g(x)$		↗		↘	

$$g(-1)=-1,\ g\left(\frac{1}{\sqrt{2}}\right)=\sqrt{2},\ g(1)=1$$

関数 $y=g(x)$ のグラフは下図のようになる．

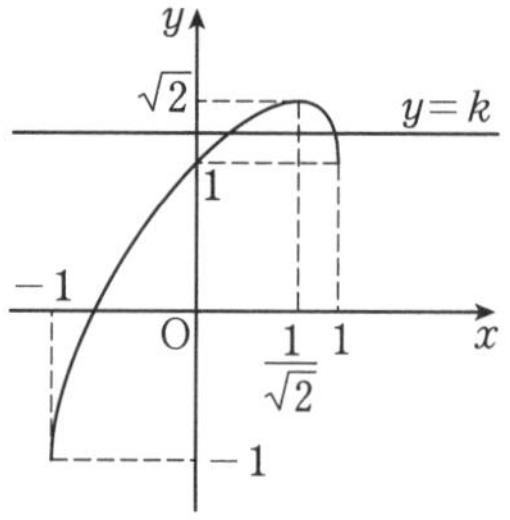

（3） 2 つの曲線の式を連立する．（1）の結果を用いる．

$$f(x)=f\left(\sqrt{1-x^2}\right)$$

$$f(x)-f\left(\sqrt{1-x^2}\right)=0$$

$$\left(x-\sqrt{1-x^2}\right)\left(x+\sqrt{1-x^2}-k\right)=0$$

$$x=\sqrt{1-x^2} \text{ または } g(x)=k$$

$x=\sqrt{1-x^2}$ のとき $0 \leqq x \leqq 1$ であり，

$$x^2=1-x^2$$

$$x^2=\frac{1}{2} \qquad \therefore\ x=\frac{1}{\sqrt{2}}$$

曲線 $y=g(x)$ と直線 $y=k$ の $x \neq \frac{1}{\sqrt{2}}$ の共有点の個数に 1 を加える．

$k<-1$ のとき 1，$-1 \leqq k<1$ のとき 2，
$1 \leqq k<\sqrt{2}$ のとき 3，$k \geqq \sqrt{2}$ のとき 1

【微分と不等式（数 III）】

《cos の基本不等式（B5）☆》

259． $x>0$ のとき $\cos x>1-\frac{x^2}{2}$ が成り立つことを示せ．（23 岡山県立大・情報工）

▶解答◀ $f(x)=\cos x-1+\frac{x^2}{2}$ とおく．

$$f'(x)=-\sin x+x$$

$$f''(x)=-\cos x+1 \geqq 0$$

であるから，$f'(x)$ は増加関数である．$f'(0)=0$ であるから $x>0$ で $f'(x)>0$ であり，$f(x)$ は $x>0$ で増加関数である．$f(0)=0$ であるから $x>0$ で $f(x)>0$ である．不等式は証明された．

注意 **【定義域は一番広くとる】**

定義域を $x>0$ にすると，$f(0)=0$ とすることに抵抗を感じる人がいる．その場合は定義域を実数全体にとる．全ての実数に対して $f''(x) \geqq 0$ であり，定義域は実数全体であるから $f'(0)=0$ とすることになんの問題もない．特に $x>0$ で $f'(x)>0$ であり，$f(x)$ は $x>0$ で増加関数である．定義域は実数全体であるから $f(0)=0$ とすることになんの問題もない．

《log の基本不等式（A5）☆》

260． $x>0$ のとき，不等式

$$\log(1+x)<x-\frac{x^2}{2}+\frac{x^3}{3}$$

が成り立つことを証明せよ．ただし，対数は自然対数とする．（23 長崎大・前期）

▶解答◀ $f(x)=x-\frac{x^2}{2}+\frac{x^3}{3}-\log(1+x)$ とおく．

$$f'(x)=1-x+x^2-\frac{1}{1+x}=\frac{x^3}{1+x}>0$$

であるから $f(x)$ は増加する．$f(0)=0$ であるから $f(x)>0$ となり不等式は成り立つ．

《e^{-x} を掛けて（B10）☆》

261． n を正の偶数とし，$f(x)=1+\sum_{k=1}^{n}\frac{x^k}{k!}$ とする．さらに，$g(x)=f(x)e^{-x}$ とする．このとき，次の問いに答えよ．

（1） 導関数 $g'(x)$ を求めよ．

（２） $x<0$ のとき，$g(x)>1$ であることを示せ．

（３） 方程式 $f(x)=0$ は実数解をもたないことを示せ．　（23　高知大・医，理工）

▶解答◀ （１） $g(x)=e^{-x}\left(1+x+\cdots+\frac{x^n}{n!}\right)$

$$g'(x)=-e^{-x}\left(1+x+\cdots+\frac{x^{n-1}}{n!}\right)$$
$$+e^{-x}\left(1+x+\cdots+\frac{x^{n-1}}{(n-1)!}\right)=-\frac{x^n}{n!}e^{-x}$$

（２） n は偶数であるから，$x<0$ のとき $x^n>0$ である．$g'(x)<0$ であるから $g(x)$ は減少する．

$g(0)=1$ であるから $x<0$ で $g(x)>1$ である．

（３） （２）より $x<0$ で $g(x)>0$ であるから $f(x)>0$ である．$x\geqq 0$ でも $f(x)>0$ である．よって方程式 $f(x)=0$ は実数解を持たない．

《e^{-x} を掛けて (B10) ☆》

262. e を自然対数の底とする．次の各問いに答えよ．

（１） $f(x)=\left(1+x+\frac{x^2}{2}\right)e^{-x}$ とする．$x>0$ のとき，$f(x)<1$ であることを証明せよ．

（２） $0<x<3$ のとき，

$$1+x+\frac{x^2}{2}<e^x<1+x+\frac{x^2}{2}+\frac{x^3}{2(3-x)}$$

であることを証明せよ．　（23　芝浦工大）

▶解答◀ （１） $x>0$ のとき

$$f'(x)=(1+x)e^{-x}-\left(1+x+\frac{x^2}{2}\right)e^{-x}$$
$$=-\frac{x^2}{2}e^{-x}<0$$

これより，$f(x)$ は減少関数で，$f(0)=1$ であるから，$x>0$ で $f(x)<1$ である．

（２） $\left(1+x+\frac{x^2}{2}\right)e^{-x}<1$

$$1<\left(1+x+\frac{x^2}{2}+\frac{1}{2}\cdot\frac{x^3}{3-x}\right)e^{-x}$$

を示す．前者は（１）より示された．

$$g(x)=\left(1+x+\frac{x^2}{2}+\frac{1}{2}\cdot\frac{x^3}{3-x}\right)e^{-x}$$

とおく．行が横に長くなるのを避けるために

$$h(x)=1+x+\frac{x^2}{2}+\frac{x^3}{2}\cdot\frac{1}{3-x}$$

とおく．

$$h'(x)=1+x+\frac{3}{2}x^2\cdot\frac{1}{3-x}+\frac{x^3}{2}\cdot\frac{1}{(3-x)^2}$$

となる．ここで

$$g(x)=h(x)e^{-x}$$
$$g'(x)=h'(x)e^{-x}-h(x)e^{-x}$$
$$=\{h'(x)-h(x)\}e^{-x}$$
$$=\left(\frac{3x^2-x^3}{2(3-x)}-\frac{x^2}{2}+\frac{x^3}{2(3-x)^2}\right)e^{-x}$$
$$=\left(\frac{1}{2}x^2-\frac{x^2}{2}+\frac{x^3}{2(3-x)^2}\right)e^{-x}$$
$$=\frac{x^3}{2(3-x)^2}e^{-x}>0$$

$g(x)$ は $0<x<3$ で増加関数であり，$g(0)=1$ であるから，$0<x<3$ で $g(x)>1$ である．

よって，証明された．

注意 国立大編の名古屋大の **3** を見よ．e^x の関わる関数は積の形にしておくと e^x は導関数の符号に関係ない．やっと，価値が認められてきた．

《1 次から $n+1$ 次を作る (B10)》

263. n を自然数とする．$\lim_{x\to\infty}\frac{x^n}{e^x}=0$ がなりたつことを以下の手順で示そう．

（１） すべての実数 t に対して不等式 $e^t>t$ がなりたつことを示せ．

（２） （１）の不等式において，t に適当な x と n の式を代入することにより，次を示せ：

「すべての正の実数 x に対して不等式 $e^x>\left(\frac{x}{n+1}\right)^{n+1}$ がなりたつ．」

（３） （２）の結果を用いて，$\lim_{x\to\infty}\frac{x^n}{e^x}=0$ 　がなりたつことを示せ．　（23　会津大）

▶解答◀ （１） $f(t)=e^t-t$ とおくと，

$$f'(t)=e^t-1$$

t	$\cdots$	0	$\cdots$
$f'(t)$	$-$	0	$+$
$f(t)$	↘		↗

$f(0)=1$ だから，$f(t)>0$ であり，$e^t>t$ が成り立つ．

（２） $x>0$ のとき（１）で $t=\frac{x}{n+1}$ とおくと，

$$e^{\frac{x}{n+1}}>\frac{x}{n+1}$$

両辺を $(n+1)$ 乗して，$e^x>\left(\frac{x}{n+1}\right)^{n+1}$

（３） $(n+1)^{n+1}>\frac{x^{n+1}}{e^x}$ であるから，

$$0<\frac{x^n}{e^x}<\frac{(n+1)^{n+1}}{x}$$

が成り立つ．$\lim_{x\to\infty}\frac{(n+1)^{n+1}}{x}=0$ であるから，はさみうちの原理より $\lim_{x\to\infty}\frac{x^n}{e^x}=0$

《log をとって大小比較 (B20)》

264. e を自然対数の底とし，π を円周率とする．以下の問に答えよ．

（1） $e \leqq x < y$ のとき，不等式 $y\log x > x\log y$ が成り立つことを証明せよ．

（2） 3 つの数 $3^{2\sqrt{2}\pi}$, $\pi^{6\sqrt{2}}$, $2^{\frac{9}{2}\pi}$ の大小関係を明らかにせよ． （23 群馬大・医）

考え方 （2）は

$$\log_{10} 3^{2\sqrt{2}\pi} = 2\sqrt{2}\pi\log_{10} 3$$
$$= 2\cdot 1.414\cdots\cdot 3.14\cdots\cdot 0.4771 = 4.23\cdots$$
$$\log_{10}\pi^{6\sqrt{2}} = 6\sqrt{2}\log_{10}\pi \fallingdotseq 6\sqrt{2}\log_{10} 3$$
$$= 6\cdot 1.414\cdots\cdot 0.4771 = 4.04\cdots$$
$$\log_{10} 2^{\frac{9}{2}\pi} = \frac{9}{2}\pi\log_{10} 2$$
$$= 4.5\cdot 3.14\cdots\cdot 0.3010 = 4.25\cdots$$

であるから $\pi^{6\sqrt{2}} < 3^{2\sqrt{2}\pi} < 2^{\frac{9}{2}\pi}$ と予想できる．上の計算は少し間違っているが気にするな．

▶解答◀ （1） 示すべき不等式は，両辺 $xy > 0$ で割った $\dfrac{\log x}{x} > \dfrac{\log y}{y}$ を示すことと同値である．

$f(t) = \dfrac{\log t}{t}$ とおく．

$$f'(t) = \frac{\frac{1}{t}\cdot t - \log t}{t^2} = \frac{1-\log t}{t^2}$$

$t \geqq e$ のとき $f'(t) \leqq 0$ であるから，$f(t)$ は減少関数である．$e \leqq x < y$ より $\dfrac{\log x}{x} > \dfrac{\log y}{y}$ であるから示された．

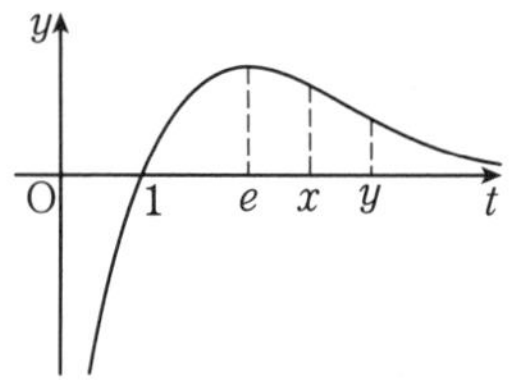

（2） $e < 3 < \pi$ であるから

$$\frac{\log\pi}{\pi} < \frac{\log 3}{3}$$
$$3\log\pi < \pi\log 3$$

両辺 $2\sqrt{2}$ 倍して

$$6\sqrt{2}\log\pi < 2\sqrt{2}\pi\log 3$$

また $e < 2\sqrt{2} < 3$ であるから

$$\frac{\log 3}{3} < \frac{\log 2\sqrt{2}}{2\sqrt{2}}$$
$$2\sqrt{2}\log 3 < 3\log 2^{\frac{3}{2}}$$

したがって

$$6\sqrt{2}\log\pi < 2\sqrt{2}\pi\log 3 < 3\pi\log 2^{\frac{3}{2}}$$
$$\pi^{6\sqrt{2}} < 3^{2\sqrt{2}\pi} < 2^{\frac{9}{2}\pi}$$

《log をとり置き換えて (B15) ☆》

265. 以下で e は自然対数の底である．必要ならば $\displaystyle\lim_{x\to\infty}\left(1+\frac{1}{x}\right)^x = e$ を用いてもよい．

（1） $t > 0$ のとき，e と $\left(1+\dfrac{1}{t}\right)^t$ の大小を判定し，その結果が正しいことを示せ．

（2） $t > 0$ のとき，$e^{1-\frac{1}{2t}}$ と $\left(1+\dfrac{1}{t}\right)^t$ の大小を判定し，その結果が正しいことを示せ．

（23 北海道大・後期）

▶解答◀ （1） $x = \dfrac{1}{t}$ とおく．$x > 0$ である．自然対数をとった

1 と $\log\left(1+\dfrac{1}{t}\right)^t = t\log\left(1+\dfrac{1}{t}\right) = \dfrac{1}{x}\log(1+x)$ の大小を比べる．x 倍した x と $\log(1+x)$ の大小を比べる．$f(x) = x - \log(1+x)$ とおく．

$$f'(x) = 1 - \frac{1}{1+x} = \frac{x}{1+x} > 0$$

$f(x)$ は $x > 0$ で増加関数である．$f(0) = 0$ であるから $x > 0$ で $f(x) > 0$ となる．よって，$e > \left(1+\dfrac{1}{t}\right)^t$ である．

（2） $e^{1-\frac{1}{2t}}$ と $\left(1+\dfrac{1}{t}\right)^t$ の大小は log をとった

$1 - \dfrac{1}{2t}$ と $t\log\left(1+\dfrac{1}{t}\right)$ の大小に一致し，

$1 - \dfrac{x}{2}$ と $\dfrac{1}{x}\log(1+x)$ の大小に一致し，x を掛けて

$x - \dfrac{x^2}{2}$ と $\log(1+x)$ の大小に一致する．

$g(x) = \log(1+x) - \left(x - \dfrac{x^2}{2}\right)$ とおく．

$$g'(x) = \frac{1}{1+x} - (1-x) = \frac{x^2}{1+x} > 0$$

$g(x)$ は $x > 0$ で増加関数である．$g(0) = 0$ であるから $x > 0$ で $g(x) > 0$ となる．よって，$e^{1-\frac{1}{2t}} < \left(1+\dfrac{1}{t}\right)^t$ である．

《tan の不等式 (B15)》

266. 以下の問いに答えよ．

（1） $\tan\dfrac{\pi}{12}$ を求めよ．

（2） $0 \leqq x < \dfrac{\pi}{2}$ に対し，$x \geqq \tan x - \dfrac{\tan^3 x}{3}$ を示せ．

（3） $\pi > 3.1$ を示せ． （23 一橋大・後期）

▶解答◀ （1） 加法定理を用いる．

$$\tan\frac{\pi}{12} = \tan\left(\frac{\pi}{3} - \frac{\pi}{4}\right)$$
$$= \frac{\tan\frac{\pi}{3} - \tan\frac{\pi}{4}}{1 + \tan\frac{\pi}{3}\tan\frac{\pi}{4}}$$

$$= \frac{\sqrt{3}-1}{1+\sqrt{3}\cdot 1} = \frac{(\sqrt{3}-1)^2}{2} = 2-\sqrt{3}$$

（2） $f(x) = x - \left(\tan x - \frac{\tan^3 x}{3}\right)$ とおくと

$$f'(x) = 1 - (1-\tan^2 x)\cdot \frac{1}{\cos^2 x}$$
$$= 1 - (1-\tan^2 x)(1+\tan^2 x) = \tan^4 x \geqq 0$$

$f(x)$ は増加関数で，これと $f(0)=0$ より，$f(x) \geqq 0$ である．よって，$0 \leqq x < \frac{\pi}{2}$ に対し

$$x \geqq \tan x - \frac{\tan^3 x}{3} \quad \cdots\cdots\cdots\cdots①$$

（3） ① で $x = \frac{\pi}{12}$ とすると

$$\frac{\pi}{12} \geqq \tan\frac{\pi}{12} - \frac{1}{3}\tan^3\frac{\pi}{12}$$
$$\frac{\pi}{12} \geqq 2-\sqrt{3} - \frac{1}{3}(2-\sqrt{3})^3$$
$$\pi \geqq 12(2-\sqrt{3}) - 4(8-12\sqrt{3}+18-3\sqrt{3})$$
$$= -80 + 48\sqrt{3} > -80 + 48\cdot 1.732$$
$$= -80 + 83.136 = 3.136 > 3.1$$

《不等式で挟む（C30）》

267. 関数 $f(x) = e^{-x}$ を考える．次の問いに答えよ．

（1） 正の実数 x に対して，以下の不等式を示せ．

$$1-x < f(x) < 1-x+\frac{x^2}{2}$$

2以上の整数 n, N（ただし $N \geqq n$）に対して

$$S_{n,N} = \sum_{k=n}^{N} \frac{1}{k^2-1}f\left(\frac{1}{k}\right)$$

とおく．

（2） 2以上の整数 n, N（ただし $N \geqq n$）に対して，次の不等式を示せ．

$$\frac{1}{n} - \frac{1}{N+1} < S_{n,N} < \left(\frac{1}{n}-\frac{1}{N+1}\right)\left(1+\frac{1}{2n(n-1)}\right)$$

（3） 各 n に対して，極限値 $\lim_{N\to\infty} S_{n,N}$ は存在し，その極限値を S_n とおく．S_9 の小数第3位まで（小数第4位切り捨て）を求めよ．

（23 横浜国大・理工，都市，経済，経営）

▶解答◀ （1） $F(x) = e^{-x}-(1-x)$ とおく．

$$F'(x) = -e^{-x}+1$$

$x > 0$ のとき $F'(x) > 0$ であるから $F(x)$ は増加関数である．$F(0)=0$ であるから $F(x)>0$ である．

$G(x) = 1-x+\frac{x^2}{2} - e^{-x}$ とおく．

$$G'(x) = -1+x+e^{-x} = F(x) > 0$$

であるから $G(x)$ は増加関数である．$G(0)=0$ であるから $G(x)>0$ である．

よって不等式は示された．

（2） （1）の不等式に $x = \frac{1}{k}$ を代入して各辺を k^2-1 で割って

$$\frac{1}{k^2-1}\left(1-\frac{1}{k}\right) < \frac{1}{k^2-1}f\left(\frac{1}{k}\right)$$
$$< \frac{1}{k^2-1}\left(1-\frac{1}{k}+\frac{1}{2k^2}\right)$$
$$\frac{1}{k(k+1)} < \frac{1}{k^2-1}f\left(\frac{1}{k}\right)$$
$$< \frac{1}{k(k+1)}\left(1+\frac{1}{2k(k-1)}\right)$$

$n \leqq k$ のとき，$\frac{1}{2k(k-1)} \leqq \frac{1}{2n(n-1)}$ であるから

$$\frac{1}{k} - \frac{1}{k+1} < \frac{1}{k^2-1}f\left(\frac{1}{k}\right)$$
$$< \left(\frac{1}{k}-\frac{1}{k+1}\right)\left(1+\frac{1}{2n(n-1)}\right)$$

シグマを被せて

$$\sum_{k=n}^{N}\left(\frac{1}{k}-\frac{1}{k+1}\right) < S_{n,N}$$
$$< \left(1+\frac{1}{2n(n-1)}\right)\sum_{k=n}^{N}\left(\frac{1}{k}-\frac{1}{k+1}\right)$$
$$\frac{1}{n} - \frac{1}{N+1} < S_{n,N}$$
$$< \left(1+\frac{1}{2n(n-1)}\right)\left(\frac{1}{n}-\frac{1}{N+1}\right)$$

$$\begin{array}{cc} \frac{1}{n} & -\frac{1}{n+1} \\ \frac{1}{n+1} & -\frac{1}{n+2} \\ \frac{1}{n+2} & -\frac{1}{n+3} \\ \vdots & \\ \frac{1}{N} & -\frac{1}{N+1} \end{array}$$

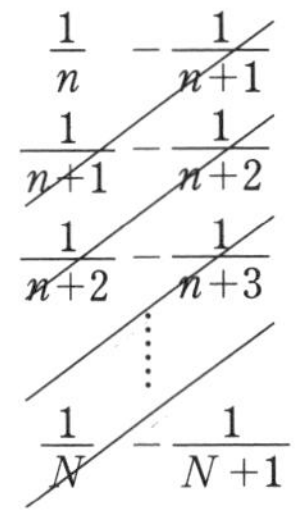

（3） $N \to \infty$ のとき

$$\frac{1}{n} < S_n < \frac{1}{n}\left(1+\frac{1}{2n(n-1)}\right)$$

$n = 9$ のとき

$$\frac{1}{9} < S_9 < \frac{1}{9} + \frac{1}{2\cdot 81\cdot 8} = \frac{1}{9}+\frac{1}{1296}$$
$$0.1111\cdots < S_9 < 0.11111\cdots + 0.00077\cdots = 0.1118\cdots$$

であるから $S_9 \fallingdotseq 0.111$ である．

【不定積分（数III）】

《部分積分 $\log x$（A2）》

268. 不定積分 $\displaystyle\int \log_e x\, dx$ を求めなさい．

（23 福島大・共生システム理工）

▶解答◀ $(x\log x)' = \log x + (x)'$

$$\int \log x = \boldsymbol{x\log x - x + C} \quad (C は積分定数)$$

《置換積分 $\sqrt{x-1}=t$ (A2)》

269. 不定積分 $\displaystyle\int \frac{x^2}{\sqrt{x-1}}\,dx$ を求めよ．

（23　岩手大・前期）

▶解答◀　$t=x-1$ とおく．

$x=t+1$ で $dx=dt$ である．

$$\int \frac{x^2}{\sqrt{x-1}}\,dx=\int \frac{(t+1)^2}{\sqrt{t}}\,dt$$
$$=\int\left(t^{\frac{3}{2}}+2t^{\frac{1}{2}}+t^{-\frac{1}{2}}\right)dt$$
$$=\frac{2}{5}t^{\frac{5}{2}}+\frac{4}{3}t^{\frac{3}{2}}+2t^{\frac{1}{2}}+C$$
$$=\boldsymbol{\frac{2}{5}(x-1)^{\frac{5}{2}}+\frac{4}{3}(x-1)^{\frac{3}{2}}+2(x-1)^{\frac{1}{2}}+C}$$

C は積分定数である．ここでやめるべきである．なぜなら定積分ならここに代入すればいいし，さらに微分したり積分したりするときはこの方が便利だからである．

教科書では $\boldsymbol{\frac{2}{15}(3x^2+4x+8)\sqrt{x-1}+C}$ とする．

《置換積分 $\sqrt{2x+1}=t$ (A2)》

270. 関数 $f(x)=\dfrac{x}{\sqrt{2x+1}}$ の不定積分は，

$\displaystyle\int f(x)\,dx=\boxed{}+C$ である．ただし，C は積分定数とする．

（23　宮崎大・工）

▶解答◀　$f(x)=\dfrac{1}{2}\cdot\dfrac{2x+1-1}{\sqrt{2x+1}}$

$$=\frac{1}{2}\left(\sqrt{2x+1}-\frac{1}{\sqrt{2x+1}}\right)$$
$$=\frac{1}{2}(2x+1)^{\frac{1}{2}}-\frac{1}{2}(2x+1)^{-\frac{1}{2}}$$
$$\int f(x)\,dx=\frac{1}{2}\cdot\frac{1}{3}(2x+1)^{\frac{3}{2}}-\frac{1}{2}(2x+1)^{\frac{1}{2}}+C$$
$$=\boldsymbol{\frac{1}{6}(2x+1)^{\frac{3}{2}}-\frac{1}{2}(2x+1)^{\frac{1}{2}}+C}$$

注意　【置換が好きなら】

$\sqrt{2x+1}=t$ とおく．$2x+1=t^2$ で，$dx=t\,dt$

$$\frac{x}{\sqrt{2x+1}}\,dx=\frac{\frac{t^2-1}{2}}{t}t\,dt=\frac{t^2-1}{2}\,dt$$
$$\int\frac{x}{\sqrt{2x+1}}\,dx=\frac{t^2}{6}-\frac{t}{2}+C$$
$$=\boldsymbol{\frac{1}{6}(2x+1)^{\frac{3}{2}}-\frac{1}{2}(2x+1)^{\frac{1}{2}}+C}$$

《置換積分 $\cos x=t$ (A5)》

271. 関数 $f(x)=\dfrac{\sin x}{1-\cos^2 x}$ の不定積分は，

$\displaystyle\int f(x)\,dx=\frac{1}{2}\log\boxed{}+C$ である．ただし，C は積分定数とする．

（23　宮崎大・工）

▶解答◀　$f(x)=\dfrac{\sin x}{(1+\cos x)(1-\cos x)}$

$$=\frac{1}{2}\left(\frac{1}{1+\cos x}+\frac{1}{1-\cos x}\right)\sin x$$
$$=\frac{1}{2}\left(\frac{(1-\cos x)'}{1-\cos x}-\frac{(1+\cos x)'}{1+\cos x}\right)$$
$$\int f(x)\,dx$$
$$=\frac{1}{2}(\log(1-\cos x)-\log(1+\cos x))+C$$
$$=\boldsymbol{\frac{1}{2}\log\frac{1-\cos x}{1+\cos x}+C}$$

注意　【置換積分するなら】

$\cos x=t$ とおく．$dt=-\sin x\,dx$

$$\int\frac{\sin x}{1-\cos^2 x}\,dx=\int\frac{-1}{1-t^2}\,dt$$
$$=-\frac{1}{2}\int\left(\frac{1}{1+t}+\frac{1}{1-t}\right)dt$$
$$=-\frac{1}{2}(\log(1+t)-\log(1-t))+C$$
$$=\boldsymbol{\frac{1}{2}\log\frac{1-\cos x}{1+\cos x}+C}$$

《三角関数 (B2)》

272. 不定積分 $\displaystyle\int(8\cos^4 x-8\cos^2 x+1)\,dx$ を求めよ．

（23　岡山県立大・情報工）

▶解答◀　$8\cos^4 x-8\cos^2 x+1$

$$=8(\cos^2 x-1)\cos^2 x+1=1-8\sin^2 x\cos^2 x$$
$$=1-2\sin^2 2x=\cos 4x$$

よって，求める不定積分は，C を積分定数として

$$\int\cos 4x\,dx=\boldsymbol{\frac{1}{4}\sin 4x+C}$$

《特殊基本関数 $\dfrac{f'}{f}$ (B5)》

273. 不定積分 $\displaystyle\int\frac{e^{-x}}{e^{-2x}+5e^{-x}+6}\,dx$ を求めよ．

（23　滋賀県立大・後期）

▶解答◀　$\displaystyle\int\frac{e^{-x}}{e^{-2x}+5e^{-x}+6}\,dx$

$$=\int\frac{e^{-x}}{(e^{-x}+2)(e^{-x}+3)}\,dx$$
$$=\int\left(\frac{e^{-x}}{e^{-x}+2}-\frac{e^{-x}}{e^{-x}+3}\right)dx$$
$$=\int\left\{\frac{(e^{-x}+3)'}{e^{-x}+3}-\frac{(e^{-x}+2)'}{e^{-x}+2}\right\}dx$$
$$=\log(e^{-x}+3)-\log(e^{-x}+2)+C$$
$$=\boldsymbol{\log\frac{3e^x+1}{2e^x+1}+C}$$

C は積分定数である．

♦別解♦　置換積分が好きな人も多いだろう．

$I=\int\frac{e^{-x}}{e^{-2x}+5e^{-x}+6}\,dx$ とおく．

$$I=\int\frac{e^{x}}{6e^{2x}+5e^{x}+1}\,dx$$

$e^x=t$ とおく．$dt=e^x\,dx$

$$I=\int\frac{1}{6t^2+5t+1}\,dt=\int\frac{1}{(2t+1)(3t+1)}\,dt$$
$$=\int\left(\frac{3}{3t+1}-\frac{2}{2t+1}\right)dt$$
$$=\log(3t+1)-\log(2t+1)+C$$
$$=\log\frac{3t+1}{2t+1}+C=\boldsymbol{\log\frac{3e^x+1}{2e^x+1}+C}$$

【定積分（数 III）】

《$(ax+b)^n$ (A3)》

274. 次の定積分を求めよ．

$$\int_0^1(x+2)(x-1)^9\,dx$$

（23　兵庫医大）

▶解答◀ $\int_0^1(x+2)(x-1)^9\,dx$

$$=\int_0^1\{(x-1)+3\}(x-1)^9\,dx$$
$$=\int_0^1\{(x-1)^{10}+3(x-1)^9\}\,dx$$
$$=\left[\frac{1}{11}(x-1)^{11}+\frac{3}{10}(x-1)^{10}\right]_0^1$$
$$=-\left(-\frac{1}{11}+\frac{3}{10}\right)=\boldsymbol{-\frac{23}{110}}$$

《ルートの積分 (A2)》

275. $\int_{-1}^1 x\sqrt{x+1}\,dx=\square$ である．

（23　北見工大・後期）

▶解答◀

$$\int_{-1}^1 x\sqrt{x+1}\,dx=\int_{-1}^1(x+1-1)\sqrt{x+1}\,dx$$
$$=\int_{-1}^1\{(x+1)^{\frac{3}{2}}-(x+1)^{\frac{1}{2}}\}\,dx$$
$$=\left[\frac{2}{5}(x+1)^{\frac{5}{2}}-\frac{2}{3}(x+1)^{\frac{3}{2}}\right]_{-1}^1$$
$$=\frac{2}{5}\cdot4\sqrt{2}-\frac{2}{3}\cdot2\sqrt{2}=\frac{24\sqrt{2}-20\sqrt{2}}{15}=\boldsymbol{\frac{4\sqrt{2}}{15}}$$

《ルートの積分 (A2)》

276. $0\leqq t\leqq3$ の範囲にある t に対し方程式

$$x^2-4+t=0$$

の実数解のうち，大きい方を $\alpha(t)$，小さい方を $\beta(t)$ とおく．

$$\int_0^3\{\alpha(t)-\beta(t)\}\,dt$$

の値を求めよ．　（23　東北大・歯 AO）

▶解答◀ $x=\pm\sqrt{4-t}$ であるから，$0\leqq t\leqq3$ においてはこれらはともに実数になる．ゆえに，

$$\alpha(t)=\sqrt{4-t},\ \beta(t)=-\sqrt{4-t}$$

である．よって，

$$\int_0^3\{\alpha(t)-\beta(t)\}\,dt=\int_0^3 2\sqrt{4-t}\,dt$$
$$=\left[-\frac{4}{3}(4-t)^{\frac{3}{2}}\right]_0^3=-\frac{4}{3}-\left(-\frac{32}{3}\right)=\boldsymbol{\frac{28}{3}}$$

《三角関数 (B20)》

277. 関数 $f(x)$ を

$$f(x)=\left|2\sqrt{3}\sin^2x-\sqrt{3}+2\sin x\cos x-\sqrt{2}\right|$$

とするとき，次の問いに答えよ．

（1） $0\leqq x\leqq\pi$ のとき，$f(x)=0$ となる x の値を求めよ．

（2） 定積分 $\int_0^\pi f(x)\,dx$ を求めよ．

（23　名古屋市立大・前期）

▶解答◀ （1） 倍角の公式を用いて

$$f(x)=\left|2\sqrt{3}\sin^2x-\sqrt{3}+2\sin x\cos x-\sqrt{2}\right|$$
$$=\left|2\sqrt{3}\cdot\frac{1-\cos2x}{2}-\sqrt{3}+\sin2x-\sqrt{2}\right|$$
$$=\left|\sin2x-\sqrt{3}\cos2x-\sqrt{2}\right|$$
$$=\left|2\sin\left(2x-\frac{\pi}{3}\right)-\sqrt{2}\right|$$

$f(x)=0$ とすると

$$\sin\left(2x-\frac{\pi}{3}\right)=\frac{1}{\sqrt{2}}$$

$0\leqq x\leqq\pi$ のとき，$-\frac{\pi}{3}\leqq2x-\frac{\pi}{3}\leqq\frac{5}{3}\pi$ であるから

$$2x-\frac{\pi}{3}=\frac{\pi}{4},\ \frac{3}{4}\pi\qquad\therefore\quad\boldsymbol{x=\frac{7}{24}\pi,\ \frac{13}{24}\pi}$$

（2） $I=\int_0^\pi f(x)\,dx$ とおくと

$$I=\int_0^\pi\left|2\sin\left(2x-\frac{\pi}{3}\right)-\sqrt{2}\right|dx$$

$t=2x-\frac{\pi}{3}$ とおくと，$x=\frac{t}{2}+\frac{\pi}{6}$，$dx=\frac{1}{2}\,dt$ で

x	$0\ \to\ \pi$
t	$-\frac{\pi}{3}\ \to\ \frac{5}{3}\pi$

$$I=\int_{-\frac{\pi}{3}}^{\frac{5}{3}\pi}\left|2\sin t-\sqrt{2}\right|\cdot\frac{1}{2}\,dt$$
$$=\frac{1}{\sqrt{2}}\int_{-\frac{\pi}{3}}^{\frac{5}{3}\pi}\left|1-\sqrt{2}\sin t\right|\,dt$$

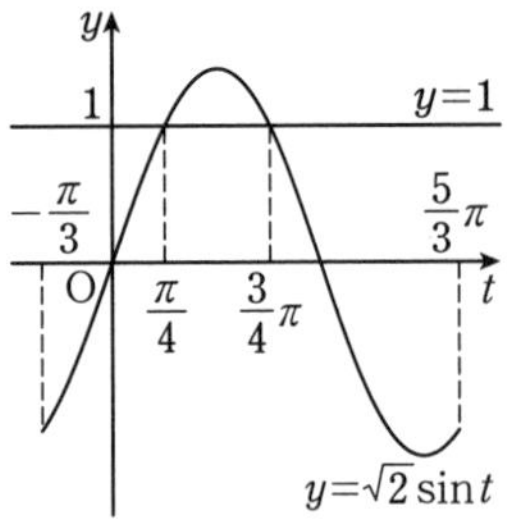

$-\frac{\pi}{3} \leqq t \leqq \frac{\pi}{4}$ で $1-\sqrt{2}\sin t \geqq 0$, $\frac{\pi}{4} \leqq t \leqq \frac{3}{4}\pi$ で $1-\sqrt{2}\sin t \leqq 0$, $\frac{3}{4}\pi \leqq t \leqq \frac{5}{3}\pi$ で $1-\sqrt{2}\sin t \geqq 0$ であるから

$$\sqrt{2}I = \int_{-\frac{\pi}{3}}^{\frac{\pi}{4}} (1-\sqrt{2}\sin t)\,dt$$
$$-\int_{\frac{\pi}{4}}^{\frac{3}{4}\pi} (1-\sqrt{2}\sin t)\,dt$$
$$+\int_{\frac{3}{4}\pi}^{\frac{5}{3}\pi} (1-\sqrt{2}\sin t)\,dt$$

$g(t) = t + \sqrt{2}\cos t$ とおくと

$$\sqrt{2}I = \Big[\, g(t) \,\Big]_{-\frac{\pi}{3}}^{\frac{\pi}{4}} - \Big[\, g(t) \,\Big]_{\frac{\pi}{4}}^{\frac{3}{4}\pi} + \Big[\, g(t) \,\Big]_{\frac{3}{4}\pi}^{\frac{5}{3}\pi}$$
$$= \Big[\, g(t) \,\Big]_{-\frac{\pi}{3}}^{\frac{\pi}{4}} + \Big[\, g(t) \,\Big]_{\frac{3}{4}\pi}^{\frac{\pi}{4}} + \Big[\, g(t) \,\Big]_{\frac{3}{4}\pi}^{\frac{5}{3}\pi}$$
$$= 2g\left(\frac{\pi}{4}\right) - 2g\left(\frac{3}{4}\pi\right) - g\left(-\frac{\pi}{3}\right) + g\left(\frac{5}{3}\pi\right)$$
$$= 2\left(\frac{\pi}{4}+1\right) - 2\left(\frac{3}{4}\pi - 1\right)$$
$$-\left(-\frac{\pi}{3} + \frac{1}{\sqrt{2}}\right) + \frac{5}{3}\pi + \frac{1}{\sqrt{2}}$$
$$= \pi + 4$$
$$I = \boldsymbol{\frac{\pi+4}{\sqrt{2}}}$$

《三角関数 (B10)》

278. 次の定積分を計算せよ.

（1） $\displaystyle\int_0^{\frac{\pi}{3}} \sin^2 2x\,dx = \frac{\sqrt{\square}}{\square} + \frac{\pi}{\square}$

（2） $\displaystyle\int_0^{\frac{\pi}{2}} \cos 3x \cos\frac{x}{3}\,dx = \frac{\square\sqrt{\square}}{\square}$

（3） $\displaystyle\int_{-\frac{\pi}{6}}^{\frac{\pi}{4}} \tan^2 x\,dx = \square + \frac{\sqrt{\square}}{\square} - \frac{\square}{\square}\pi$

（23　青学大・理工）

▶解答◀ （1） $\displaystyle\int_0^{\frac{\pi}{3}} \sin^2 2x\,dx$

$$= \frac{1}{2}\int_0^{\frac{\pi}{3}} (1-\cos 4x)\,dx$$
$$= \frac{1}{2}\left[\, x - \frac{1}{4}\sin 4x \,\right]_0^{\frac{\pi}{3}}$$
$$= \frac{1}{2}\left(\frac{\pi}{3} + \frac{1}{4}\cdot\frac{\sqrt{3}}{2}\right) = \boldsymbol{\frac{\sqrt{3}}{16} + \frac{\pi}{6}}$$

（2） $\displaystyle\int_0^{\frac{\pi}{2}} \cos 3x \cos\frac{x}{3}\,dx$

$$= \frac{1}{2}\int_0^{\frac{\pi}{2}} \left\{\cos\left(3x+\frac{x}{3}\right) + \cos\left(3x - \frac{x}{3}\right)\right\} dx$$
$$= \frac{1}{2}\int_0^{\frac{\pi}{2}} \left(\cos\frac{10}{3}x + \cos\frac{8}{3}x\right) dx$$
$$= \frac{1}{2}\left[\, \frac{3}{10}\sin\frac{10}{3}x + \frac{3}{8}\sin\frac{8}{3}x \,\right]_0^{\frac{\pi}{2}} = \boldsymbol{-\frac{27\sqrt{3}}{160}}$$

（3） $\displaystyle\int_{-\frac{\pi}{6}}^{\frac{\pi}{4}} \tan^2 x\,dx = \int_{-\frac{\pi}{6}}^{\frac{\pi}{4}} \left(\frac{1}{\cos^2 x} - 1\right) dx$

$$= \Big[\, \tan x - x \,\Big]_{-\frac{\pi}{6}}^{\frac{\pi}{4}} = \boldsymbol{1 + \frac{1}{\sqrt{3}} - \frac{5}{12}\pi}$$

《三角関数 (B20) ☆》

279. 以下の問いに答えよ.

（1） $\displaystyle\int_{-\pi}^{\pi} \sin^2 x\,dx$ を求めよ.

（2） $\displaystyle\int_{-\pi}^{\pi} \sin x \sin 2x\,dx$ を求めよ.

（3） m, n を自然数とする.

$\displaystyle\int_{-\pi}^{\pi} \sin mx \sin nx\,dx$ を求めよ.

（4） $\displaystyle\int_{-\pi}^{\pi} \left(\sum_{k=1}^{2023} \sin kx\right)^2 dx$ を求めよ.

（23　富山大・工, 都市デザイン-後期）

▶解答◀ （1） $\displaystyle\int_{-\pi}^{\pi} \sin^2 x\,dx$

$$= 2\int_0^{\pi} \frac{1-\cos 2x}{2}\,dx$$
$$= 2\left[\, \frac{1}{2}x - \frac{1}{4}\sin 2x \,\right]_0^{\pi} = 2\cdot\frac{1}{2}\pi = \boldsymbol{\pi}$$

（2） $\sin x \sin 2x = -\frac{1}{2}\{\cos(x+2x) - \cos(x-2x)\}$

$$= -\frac{1}{2}(\cos 3x - \cos x)$$

であるから

$$\int_{-\pi}^{\pi} \sin x \sin 2x\,dx$$
$$= -\frac{1}{2}\left[\, \frac{1}{3}\sin 3x - \sin x \,\right]_{-\pi}^{\pi} = \boldsymbol{0}$$

（3） $I(m,n) = \displaystyle\int_{-\pi}^{\pi} \sin mx \sin nx\,dx$ とおく.

（ア） $m = n$ のとき

$$I(m,n) = \int_{-\pi}^{\pi} \sin^2 mx\,dx$$
$$= 2\int_0^{\pi} \frac{1-\cos 2mx}{2}\,dx$$

$$= 2\left[\frac{1}{2}x - \frac{1}{4m}\sin 2mx\right]_0^{\pi} = 2\cdot\frac{1}{2}\pi = \boldsymbol{\pi}$$

（イ） $m \neq n$ のとき

$$\sin mx \sin nx = -\frac{1}{2}\{\cos(m+n)x - \cos(m-n)x\}$$

であるから

$$I(m, n)$$
$$= -\frac{1}{2}\int_{-\pi}^{\pi}\{\cos(m+n)x - \cos(m-n)x\}\,dx$$
$$= -\frac{1}{2}\left[\frac{1}{m+n}\sin(m+n)x - \frac{1}{m-n}\sin(m-n)x\right]_{-\pi}^{\pi} = \mathbf{0}$$

（4） $\left(\sum_{k=1}^{2023}\sin kx\right)^2 = \sum_{k=1}^{2023}\sin^2 kx + 2\sum_{m<n}\sin mx \sin nx$

ただし $\sum_{m<n}$ は $1 \leqq m < n \leqq 2023$ であるようなすべての m, n に対する和を表す．このとき $\sin mx \sin nx$ の積分は 0 になる．

$$\int_{-\pi}^{\pi}\left(\sum_{k=1}^{2023}\sin kx\right)^2 dx$$
$$= \sum_{k=1}^{2023}\left(\int_{-\pi}^{\pi}\sin^2 kx\,dx\right) = \mathbf{2023\pi}$$

《円の面積（B2）》

280. 定積分 $\int_0^{\sqrt{2}}\sqrt{1-\frac{x^2}{2}}\,dx$ を求めよ．

（23　愛知医大・医）

▶解答◀ $\frac{1}{\sqrt{2}}\int_0^{\sqrt{2}}\sqrt{2-x^2}\,dx$

$$= \frac{1}{\sqrt{2}}\cdot\frac{\pi(\sqrt{2})^2}{4} = \boldsymbol{\frac{\sqrt{2}}{4}\pi}$$

$\int_0^{\sqrt{2}}\sqrt{2-x^2}\,dx$ は半径 $\sqrt{2}$ の四分円の面積である．

《分数関数と三角関数（A5）》

281. 次の不定積分，定積分を求めよ．

（1） $\int \frac{1}{2x^2+x-1}\,dx$

（2） $\int_0^{\frac{\pi}{3}}\sin^2 x\cos^2 x\,dx$

（23　広島市立大・前期）

▶解答◀ （1） C を積分定数とする．

$$\int \frac{1}{2x^2+x-1}\,dx = \int \frac{1}{(2x-1)(x+1)}\,dx$$
$$= \int \frac{1}{3}\left(\frac{2}{2x-1} - \frac{1}{x+1}\right)dx$$
$$= \boldsymbol{\frac{1}{3}\log|2x-1| - \frac{1}{3}\log|x+1| + C}$$

（2） $\int_0^{\frac{\pi}{3}}\sin^2 x\cos^2 x\,dx = \frac{1}{4}\int_0^{\frac{\pi}{3}}\sin^2 2x\,dx$

$$= \frac{1}{8}\int_0^{\frac{\pi}{3}}(1-\cos 4x)\,dx$$
$$= \frac{1}{8}\left[x - \frac{\sin 4x}{4}\right]_0^{\frac{\pi}{3}} = \boldsymbol{\frac{\pi}{24} + \frac{\sqrt{3}}{64}}$$

《e^x と分数関数（A2）》

282. 次の定積分を求めよ．

（1） $\int_{-1}^{1}e^{3x+3}\,dx$

（2） $\int_1^4 \frac{(\sqrt{x}+1)^2}{x}\,dx$　（23　茨城大・工）

▶解答◀ （1） $\int_{-1}^{1}e^{3x+3}\,dx$

$$= \left[\frac{1}{3}e^{3x+3}\right]_{-1}^{1} = \boldsymbol{\frac{e^6-1}{3}}$$

（2） $\int_1^4 \frac{(\sqrt{x}+1)^2}{x}\,dx = \int_1^4\left(1 + 2x^{-\frac{1}{2}} + \frac{1}{x}\right)dx$

$$= \left[x + 4x^{\frac{1}{2}} + \log x\right]_1^4 = \mathbf{7 + 2\log 2}$$

《分数関数（B3）》

283. a は正の定数とする．定積分 $\int_a^{2a}\frac{x-a}{(x-3a)^2}\,dx$ の値を答えよ．

（23　防衛大・理工）

▶解答◀ $a > 0$ である．

$$\int_a^{2a}\frac{x-a}{(x-3a)^2}\,dx = \int_a^{2a}\frac{x-3a+2a}{(x-3a)^2}\,dx$$
$$= \int_a^{2a}\left\{\frac{1}{x-3a} + \frac{2a}{(x-3a)^2}\right\}dx$$
$$= \left[\log|x-3a| - \frac{2a}{x-3a}\right]_a^{2a}$$
$$= \left(\log a - \frac{2a}{2a-3a}\right) - \left(\log 2a - \frac{2a}{a-3a}\right)$$
$$= \log\frac{a}{2a} + 2 - 1 = \mathbf{1 - \log 2}$$

《分数関数（B10）☆》

284. （1） 次の等式が x についての恒等式となるように定数 a, b, c の値を定めなさい．

$$\frac{4x^2-9x+6}{(x-1)(x-2)^2} = \frac{a}{x-1} + \frac{b}{x-2} + \frac{c}{(x-2)^2}$$

（2） 定積分 $\int_3^4 \frac{4x^2-9x+6}{(x-1)(x-2)^2}\,dx$ を計算しなさい．

（23　福島大・人間発達文化）

▶解答◀ （1） 与式の分母を払うと

$$4x^2 - 9x + 6 = a(x-2)^2$$

$$+b(x-1)(x-2)+c(x-1) \quad \cdots\cdots\cdots\cdots ①$$

となる．これが x についての恒等式となるように a, b, c の値を定める．両辺が2次式であるから，3個の x について成り立つことが必要十分である．

$x=1, 2, 0$ を代入すると

$$1=a,\ 4=c,\ 6=4a+2b-c$$

となるから，$a=\mathbf{1}, b=\mathbf{3}, c=\mathbf{4}$

（2）$\displaystyle\int_3^4 \frac{4x^2-9x+6}{(x-1)(x-2)^2}\,dx$

$$=\int_3^4 \left\{\frac{1}{x-1}+\frac{3}{x-2}+\frac{4}{(x-2)^2}\right\}dx$$

$$=\left[\log|x-1|+3\log|x-2|-\frac{4}{x-2}\right]_3^4$$

$$=(\log 3+3\log 2-2)-(\log 2+3\log 1-4)$$

$$=\mathbf{\log 3+2\log 2+2}$$

注意（i）与式のままでは $x \neq 1, x \neq 2$ であるが分母を払った①では，両辺が同じ式であるから，$x=1, 2$ を含んでも成り立つ．

《分数関数 (B10)》

285. n を自然数とし，定積分 I_n を

$$I_n=\int_1^n \frac{1}{x(x^2+1)}\,dx$$

と定める．以下の問いに答えよ．

（1） $x \geqq 1$ のとき，$x+1 \leqq x^2+1 \leqq 2x^2$ であることを用いて，次の不等式を証明せよ．

$$\frac{1}{4}\left(1-\frac{1}{n^2}\right) \leqq I_n \leqq \log\left(\frac{2n}{n+1}\right)$$

（2） $\displaystyle\frac{1}{x(x^2+1)}=\frac{a}{x}+\frac{bx+c}{x^2+1}$ が x についての恒等式となるように，定数 a, b, c の値を定めよ．さらに，定積分 I_n を求めよ．

（3） 極限 $\displaystyle\lim_{n\to\infty} I_n$ を求めよ．

（23　公立はこだて未来大）

▶解答◀（1） $x \geqq 1$ のとき

$$x+1 \leqq x^2+1 \leqq 2x^2$$

$$\frac{1}{2x^3} \leqq \frac{1}{x(x^2+1)} \leqq \frac{1}{x(x+1)}$$

であるから，

$$\int_1^n \frac{1}{2x^3}\,dx \leqq \int_1^n \frac{1}{x(x^2+1)}\,dx \leqq \int_1^n \frac{1}{x(x+1)}\,dx$$

である．

$$\int_1^n \frac{1}{2x^3}\,dx=\frac{1}{2}\left[-\frac{1}{2}x^{-2}\right]_1^n=\frac{1}{4}\left(1-\frac{1}{n^2}\right)$$

$$\int_1^n \frac{1}{x(x+1)}\,dx=\int_1^n \left(\frac{1}{x}-\frac{1}{x+1}\right)dx$$

$$=\Big[\log x-\log(x+1)\Big]_1^n=\left[\log\frac{x}{x+1}\right]_1^n$$

$$=\log\frac{n}{n+1}+\log 2=\log\frac{2n}{n+1}$$

であるから，

$$\frac{1}{4}\left(1-\frac{1}{n^2}\right) \leqq I_n \leqq \log\frac{2n}{n+1}$$

（2） $\displaystyle\frac{a}{x}+\frac{bx+c}{x^2+1}=\frac{(a+b)x^2+cx+a}{x(x^2+1)}$

であるから，

$$a+b=0,\ c=0,\ a=1$$

すなわち，$a=\mathbf{1}, b=\mathbf{-1}, c=\mathbf{0}$ である．

$$I_n=\int_1^n \left(\frac{1}{x}-\frac{x}{x^2+1}\right)dx$$

$$=\int_1^n \left\{\frac{1}{x}-\frac{1}{2}\cdot\frac{(x^2+1)'}{x^2+1}\right\}dx$$

$$=\left[\log x-\frac{1}{2}\log(x^2+1)\right]_1^n$$

$$=\left[\log\frac{x}{\sqrt{x^2+1}}\right]_1^n$$

$$=\log\frac{n}{\sqrt{n^2+1}}-\log\frac{1}{\sqrt{2}}=\mathbf{\log\frac{\sqrt{2}n}{\sqrt{n^2+1}}}$$

（3） $\displaystyle\lim_{n\to\infty} I_n=\lim_{n\to\infty}\log\frac{\sqrt{2}}{\sqrt{1+\frac{1}{n^2}}}=\mathbf{\log\sqrt{2}}$

《部分積分 (B5)》

286. 定積分 $\displaystyle\int_1^4 \sqrt{x}\log(x^2)\,dx$ の値を求めよ．

（23　京大）

▶解答◀ $\displaystyle\int_1^4 \sqrt{x}\log(x^2)\,dx$

$$=\int_1^4 2\sqrt{x}\log x\,dx=2\int_1^4\left(\frac{2}{3}x^{\frac{3}{2}}\right)'\log x\,dx$$

$$=2\left[\frac{2}{3}x^{\frac{3}{2}}\log x\right]_1^4-2\int_1^4 \frac{2}{3}x^{\frac{3}{2}}(\log x)'\,dx$$

$$=2\left[\frac{2}{3}x^{\frac{3}{2}}\log x\right]_1^4-\int_1^4 \frac{4}{3}x^{\frac{3}{2}}\cdot\frac{1}{x}\,dx$$

$$=\frac{32}{3}\log 4-\frac{4}{3}\int_1^4 x^{\frac{1}{2}}\,dx$$

$$=\frac{32}{3}\log 4-\left[\frac{8}{9}x^{\frac{3}{2}}\right]_1^4$$

$$=\frac{32}{3}\log 4-\left(\frac{64}{9}-\frac{8}{9}\right)$$

$$=\mathbf{\frac{64}{3}\log 2-\frac{56}{9}}$$

《log (A2)》

287. 定積分 $\displaystyle\int_{-2}^0 \log(x+3)\,dx$ の値は，$\square$ である．

（23　宮崎大・工）

▶解答◀ $\displaystyle\int_{-2}^0 \log(x+3)\,dx$

$$=\int_{-2}^0 (x+3)'\log(x+3)\,dx$$

$$= \Big[(x+3)\log(x+3) \Big]_{-2}^{0}$$
$$- \int_{-2}^{0} (x+3)(\log(x+3))'\,dx$$
$$= 3\log 3 - \int_{-2}^{0} dx = \mathbf{3\log 3 - 2}$$

《部分積分 $\log x$ (B20) ☆》

288. a は実数とし,

$$f(x) = x(\log x)^2 - (a+2)x\log x + 2ax$$

とする. 次の問いに答えよ. ただし, 以下の問いにおいて, e は自然対数の底とする.

(1) 関数 $f(x)$ が $1 < x < e^2$ の範囲において極値をもたないような a の値を求めよ.

(2) $a = 0$ のとき, 次の定積分を求めよ.

$$\int_1^{e^2} |f(x)|\,dx$$

(23 弘前大・理工)

▶解答◀ (1)

$$f'(x) = (\log x)^2 + x\cdot 2\log x\cdot\frac{1}{x}$$
$$-(a+2)\left(\log x + x\cdot\frac{1}{x}\right) + 2a$$
$$= (\log x)^2 - a\log x + a - 2$$
$$f'(e) = 1^2 - a + a - 2 = -1 < 0$$
$$f'(e^2) = 2^2 - a\cdot 2 + a - 2 = 2 - a$$

(ア) $2 - a > 0$ のとき.

$e < x < e^2$ のある x の前後で $f'(x)$ は負から正に符号を変え, $f(x)$ は極小値をもつ.

(イ) $2 - a < 0$ のとき.

$$f'(1) = a - 2 > 0,\ f'(e^2) < 0$$

$1 < x < e^2$ のある x の前後で $f'(x)$ は正から負に符号を変え, $f(x)$ は極大値をもつ.

(ウ) $a = 2$ のとき.

$$f'(x) = (\log x)^2 - 2\log x = (\log x)(\log x - 2)$$
$$f'(1) = 0,\ f'(e^2) = 0$$

$1 < x < e^2$ では $0 < \log x < 2$ であるから $f'(x) < 0$
$f(x)$ は極値をもたない.

求める a の値は $\boldsymbol{a = 2}$

(2) $a = 0$ のとき

$$f(x) = x(\log x)^2 - 2x\log x$$
$$= x(\log x)(\log x - 2)$$

$1 < x < e^2$ のとき $0 < \log x < 2$ だから $f(x) < 0$

$I = \int_1^{e^2} |f(x)|\,dx$ とおく.

$$I = -\int_1^{e^2} x(\log x)(\log x - 2)\,dx$$

$\log x = t$ とおく. $x = e^t$ で $dx = e^t\,dt$
$x : 1 \to e^2$ のとき $t : 0 \to 2$

$$I = \int_0^2 t(2-t)e^{2t}\,dt$$

$2t = u$ とおく.
$dt = \frac{1}{2}\,du$ で $t : 0 \to 2$ のとき $u : 0 \to 4$

$$I = \int_0^4 \left(u - \frac{1}{4}u^2\right)e^u\cdot\frac{1}{2}\,du$$
$$= \int_0^4 \left(\frac{u}{2} - \frac{1}{8}u^2\right)e^u\,du$$
$$= \Big[\Big\{\left(\frac{u}{2} - \frac{1}{8}u^2\right) - \left(\frac{1}{2} - \frac{1}{4}u\right)$$
$$+\left(-\frac{1}{4}\right)\Big\}e^u \Big]_0^4$$
$$= \Big[\left(-\frac{1}{8}u^2 + \frac{3}{4}u - \frac{3}{4}\right)e^u \Big]_0^4$$
$$= \left(-2 + 3 - \frac{3}{4}\right)e^4 + \frac{3}{4} = \boldsymbol{\frac{1}{4}e^4 + \frac{3}{4}}$$

注意 y が x の多項式のとき

$$\int ye^x\,dx = (y - y' + y'' - \cdots)e^x + C$$

C は積分定数である.

《部分積分 xe^x (A2)》

289. 定積分 $\int_0^1 xe^x\,dx$ を計算しなさい.

(23 福島大・人間発達文化)

▶解答◀ $\int_0^1 xe^x\,dx = \int_0^1 x(e^x)'\,dx$

$$= \Big[xe^x \Big]_0^1 - \int_0^1 (x)'e^x\,dx$$
$$= e - \int_0^1 e^x\,dx = e - \Big[e^x \Big]_0^1$$
$$= e - e + 1 = \mathbf{1}$$

《部分積分 x^ne^x (A10)》

290. $a_0 = \int_0^1 e^{2x}\,dx,\ a_n = \int_0^1 x^ne^{2x}\,dx$

$(n = 1, 2, 3, \cdots)$ とおくとき, $a_0 = \square$ であり,

$2a_n + na_{n-1} = \square$ $(n = 1, 2, 3, \cdots)$ である.

(23 愛媛大・後期)

▶解答◀ $a_0 = \int_0^1 e^{2x}\,dx = \Big[\frac{1}{2}e^{2x} \Big]_0^1$

$$= \boldsymbol{\frac{1}{2}e^2 - \frac{1}{2}}$$
$$na_{n-1} = \int_0^1 nx^{n-1}e^{2x}\,dx = \int_0^1 (x^n)'e^{2x}\,dx$$
$$= \Big[x^ne^{2x} \Big]_0^1 - \int_0^1 x^n(e^{2x})'\,dx$$

$$= e^2 - 2\int_0^1 x^n e^{2x}\,dx = e^2 - 2a_n$$

$$2a_n + na_{n-1} = \boldsymbol{e^2}$$

《部分積分と特殊基本関数 (B10) ☆》

291. 次の定積分を求めよ. $\displaystyle\int_{-\frac{\pi}{4}}^{\frac{\pi}{3}} \frac{x}{\cos^2 x}\,dx$

(23 弘前大・医(保健-放射線技術), 理工, 教育(数学))

▶解答◀ $\displaystyle\int_{-\frac{\pi}{4}}^{\frac{\pi}{3}} \frac{x}{\cos^2 x}\,dx = \int_{-\frac{\pi}{4}}^{\frac{\pi}{3}} x(\tan x)'\,dx$

$$= \Big[\, x\cdot\tan x \,\Big]_{-\frac{\pi}{4}}^{\frac{\pi}{3}} - \int_{-\frac{\pi}{4}}^{\frac{\pi}{3}} (x)'\cdot\tan x\,dx$$

$$= \frac{\pi}{3}\cdot\sqrt{3} - \left(-\frac{\pi}{4}\right)\cdot(-1) - \int_{-\frac{\pi}{4}}^{\frac{\pi}{3}} \frac{\sin x}{\cos x}\,dx$$

$$= \left(\frac{\sqrt{3}}{3} - \frac{1}{4}\right)\pi + \int_{-\frac{\pi}{4}}^{\frac{\pi}{3}} \frac{(\cos x)'}{\cos x}\,dx$$

$$= \left(\frac{\sqrt{3}}{3} - \frac{1}{4}\right)\pi + \Big[\, \log|\cos x| \,\Big]_{-\frac{\pi}{4}}^{\frac{\pi}{3}}$$

$$= \left(\frac{\sqrt{3}}{3} - \frac{1}{4}\right)\pi + \log\frac{1}{2} - \log\frac{1}{\sqrt{2}}$$

$$= \boldsymbol{\left(\frac{\sqrt{3}}{3} - \frac{1}{4}\right)\pi - \frac{1}{2}\log 2}$$

《$(\log x)^n$ (A5)》

292. 次の積分を計算しなさい.

$$\int_1^e x^2 \log x\,dx$$

(23 産業医大)

▶解答◀ $\displaystyle\int_1^e x^2\log x\,dx = \int_1^e \left(\frac{1}{3}x^3\right)'\log x\,dx$

$$= \Big[\, \frac{1}{3}x^3\log x \,\Big]_1^e - \frac{1}{3}\int_1^e x^3(\log x)'\,dx$$

$$= \frac{1}{3}e^3 - \frac{1}{3}\int_1^e x^3\cdot\frac{1}{x}\,dx$$

$$= \frac{1}{3}e^3 - \frac{1}{3}\int_1^e x^2\,dx = \frac{1}{3}e^3 - \frac{1}{9}\Big[\, x^3 \,\Big]_1^e$$

$$= \frac{1}{3}e^3 - \frac{1}{9}(e^3 - 1) = \boldsymbol{\frac{2}{9}e^3 + \frac{1}{9}}$$

《$(\log x)^n$ (B5)》

293. e を自然対数の底とする. 自然数 n に対して, $S_n = \displaystyle\int_1^e (\log x)^n\,dx$ とする.

(1) S_1 の値を求めよ.

(2) すべての自然数 n に対して, $S_n = a_n e + b_n$, ただし a_n, b_n はいずれも整数と表せることを証明せよ. (23 上智大・理工)

▶解答◀ (1) $S_1 = \displaystyle\int_1^e \log x\,dx$

$$= \Big[\, x\log x - x \,\Big]_1^e = \mathbf{1}$$

(2) $S_{n+1} = \displaystyle\int_1^e (\log x)^{n+1}\,dx$

$$= \int_1^e (x)'(\log x)^{n+1}\,dx$$

$$= \Big[\, x(\log x)^{n+1} \,\Big]_1^e - \int_1^e x\{(\log x)^{n+1}\}'\,dx$$

$$= e - \int_1^e x(n+1)(\log x)^n\cdot\frac{1}{x}\,dx$$

$$= e - (n+1)\int_1^e (\log x)^n\,dx$$

$$S_{n+1} = e - (n+1)S_n \quad\cdots\cdots\cdots①$$

である.

すべての自然数 n に対して, $S_n = a_n e + b_n$ (a_n, b_n はいずれも整数) と表せることを数学的帰納法で示す.

$n = 1$ のとき, (1) において $a_1 = 0, b_1 = 1$ とおくことにより成り立つ.

$n = k$ で成り立つとする. $S_k = a_k e + b_k$ (a_k, bk は整数) である. ① から

$$S_{k+1} = e - (k+1)S_k = e - (k+1)(a_k e + b_k)$$

$$= \{1 - (k+1)a_k\}e - (k+1)b_k$$

$1 - (k+1)a_k$, $-(k+1)b_k$ はいずれも整数であるから, $n = k+1$ でも成り立つ. よって, 数学的帰納法により証明された.

《減衰振動の関数 (B10) ☆》

294. 関数 $f(x) = e^{-x}\sin 2x$ について以下の問に答えよ.

(1) $f(x)$ の導関数を求めよ.

(2) $f(x)$ $\left(0 \leqq x \leqq \frac{\pi}{2}\right)$ が $x = a$ で最大となるとき, $\tan a$ を求めよ.

(3) $I = \displaystyle\int_0^{\frac{\pi}{2}} f(x)\,dx$ とすると

$I = 2\displaystyle\int_0^{\frac{\pi}{2}} e^{-x}\cos 2x\,dx$ となることを示せ.

(4) 定積分 $\displaystyle\int_0^{\frac{\pi}{2}} f(x)\,dx$ を求めよ.

(23 群馬大・理工, 情報)

▶解答◀ (1) $f(x) = e^{-x}\sin 2x$

$$f'(x) = -e^{-x}\sin 2x + 2e^{-x}\cos 2x$$

$$= \boldsymbol{e^{-x}(2\cos 2x - \sin 2x)}$$

(2) $f'(x) = -e^{-x}\sin 2x + e^{-x}(2\cos 2x)$

$$= e^{-x}(2\cos 2x - \sin 2x)$$

$f'(x)=0$ のとき $\tan 2x=2$ である．

$\tan 2\alpha=2,\ 0<\alpha<\dfrac{\pi}{2}$ とする．

x	0	$\cdots$	α	$\cdots$	$\dfrac{\pi}{2}$
$f'(x)$		$+$	0	$-$	
$f(x)$		↗		↘	

$\tan\alpha=t>0$ とすると $\dfrac{2t}{1-t^2}=2$

$$t^2+t-1=0$$

であるから，$\tan a_0=\dfrac{\mathbf{-1+\sqrt{5}}}{\mathbf{2}}$ である．

（3） $\displaystyle\int_0^{\frac{\pi}{2}} e^{-x}\sin 2x\,dx=\int_0^{\frac{\pi}{2}}(-e^{-x})'\sin 2x\,dx$

$$=\Big[-e^{-x}\sin 2x\Big]_0^{\frac{\pi}{2}}-\int_0^{\frac{\pi}{2}}(-e^{-x})(\sin 2x)'\,dx$$

$$=2\int_0^{\frac{\pi}{2}}e^{-x}\cos 2x\,dx$$

したがって，$I=2\displaystyle\int_0^{\frac{\pi}{2}}e^{-x}\cos 2x\,dx$ である．

（4） 出題者は部分積分を繰り返せという意図だろうが，私は，誰かの意図に合わせるより，自分のやり方を貫くことをおすすめする．数学は答えが合えばよい．

$(e^{-x}\sin 2x)'=-e^{-x}\sin 2x+2e^{-x}\cos 2x$ …………①

$(e^{-x}\cos 2x)'=-e^{-x}\cos 2x-2e^{-x}\sin 2x$ …………②

①＋②×2 より

$(e^{-x}\sin 2x+2e^{-x}\cos 2x)'=-5e^{-x}\cos 2x$

$$\int_0^{\frac{\pi}{2}}f(x)\,dx=\left[-\frac{e^{-x}\sin 2x+2e^{-x}\cos 2x}{5}\right]_0^{\frac{\pi}{2}}$$

$$\int_0^{\frac{\pi}{2}}f(x)\,dx=\boldsymbol{\frac{2}{5}\left(e^{-\frac{\pi}{2}}+1\right)}$$

《減衰振動の関数 (B10)》

295． $a,\ b$ を定数，e を自然対数の底として，

$f(x)=e^{-x}(a\sin x+b\cos x)$

とする．次の問いに答えよ．

（1） $f'(x)=e^{-x}\sin x$ となる $a,\ b$ を求めよ．

（2） 不定積分 $\displaystyle\int e^{-x}\sin x\,dx$ を求めよ．

（3） 自然数 n に対し，定積分

$S_n=\displaystyle\int_{(n-1)\pi}^{n\pi}(-1)^{n-1}e^{-x}\sin x\,dx$

を求めよ．

（4） （3）で求めた S_n に対し，無限級数 $\displaystyle\sum_{n=1}^{\infty}S_n$ の和を求めよ． （23 東京女子医大）

▶解答◀ （1）

$$f(x)=e^{-x}(a\sin x+b\cos x)$$

$$f'(x)=-e^{-x}(a\sin x+b\cos x)$$

$$+e^{-x}(a\cos x-b\sin x)$$

$$=e^{-x}\{-(a+b)\sin x+(a-b)\cos x\}$$

$f'(x)=e^{-x}\sin x$ であるから

$$-(a+b)=1,\ a-b=0$$

よって，$a=\boldsymbol{-\frac{1}{2}}$，$b=\boldsymbol{-\frac{1}{2}}$

（2） （1）より，$a=b=-\dfrac{1}{2}$ のとき

$$f'(x)=e^{-x}\sin x$$

であるから，

$$\int e^{-x}\sin x\,dx=f(x)+C$$

$$=\boldsymbol{-\frac{1}{2}e^{-x}(\sin x+\cos x)+C}$$ **（C は積分定数）**

（3） $\displaystyle\int_{(n-1)\pi}^{n\pi}e^{-x}\sin x\,dx$

$$=-\frac{1}{2}\Big[e^{-x}(\sin x+\cos x)\Big]_{(n-1)\pi}^{n\pi}$$

$$=-\frac{1}{2}\left(e^{-n\pi}\cos n\pi-e^{-(n-1)\pi}\cos(n-1)\pi\right)$$

$$=-\frac{1}{2}\{e^{-n\pi}(-1)^n-e^{-n\pi+\pi}(-1)^{n-1}\}$$

$$=\frac{(-1)^{n-1}(1+e^{\pi})}{2}e^{-n\pi}$$

よって，$S_n=\boldsymbol{\dfrac{1+e^{\pi}}{2}e^{-n\pi}}$

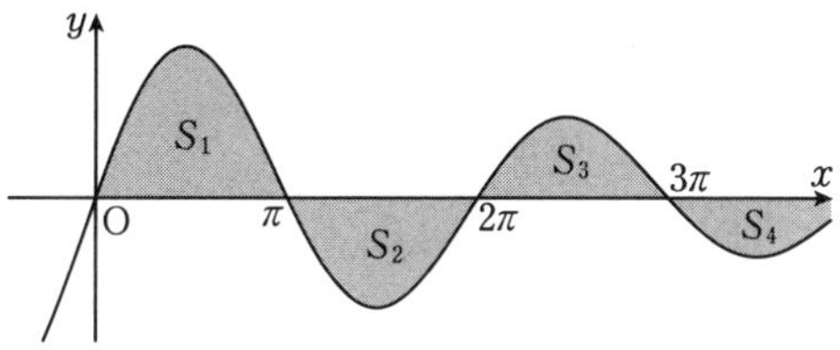

（4） 数列 $\{S_n\}$ は公比 $e^{-\pi}$ の等比数列であり，$0<e^{-\pi}<1$ であるから，無限級数 $\displaystyle\sum_{n=1}^{\infty}S_n$ は収束し，その和は

$$\sum_{n=1}^{\infty}S_n=S_1\cdot\frac{1}{1-e^{-\pi}}=\frac{1+e^{\pi}}{2}e^{-\pi}\cdot\frac{1}{1-e^{-\pi}}$$

$$=\boldsymbol{\frac{e^{\pi}+1}{2(e^{\pi}-1)}}$$

である．

《$(\sin x)^n$ (B20)》

296． $n=1,\ 2,\ 3,\ \cdots$ に対して

$$a_n=\int_0^{\frac{\pi}{2}}\cos^5 x\sin^{2n-1}x\,dx$$

とおくとき，次の各問に答えよ．

（1） a_1 を求めよ．

（2） a_n を n の式で表せ．

（3） $\displaystyle\lim_{n\to\infty}\sum_{k=1}^{n}ka_k$ を求めよ．

（4） $\displaystyle\lim_{n\to\infty}\sum_{k=1}^{n}a_k$ を求めよ． （23 成蹊大）

▶解答◀ (1) $a_1 = \int_0^{\frac{\pi}{2}} \cos^5 x \sin x \, dx$

$= -\int_0^{\frac{\pi}{2}} \cos^5 x \, (\cos x)' \, dx$

$= -\left[\frac{1}{6} \cos^6 x \right]_0^{\frac{\pi}{2}} = \mathbf{\frac{1}{6}}$

(2) $s = \sin x, \ c = \cos x$ とおく.

$\cos^5 x \sin^{2n-1} x = c^4 s^{2n-1} c = (1 - s^2)^2 s^{2n-1} c$

$= (s^{2n-1} - 2s^{2n+1} + s^{2n+3})(s')$

$a_n = \left[\frac{s^{2n}}{2n} - \frac{s^{2n+2}}{n+1} + \frac{s^{2n+4}}{2n+4} \right]_0^{\frac{\pi}{2}}$

$= \mathbf{\frac{1}{2n} - \frac{1}{n+1} + \frac{1}{2n+4}}$

(3) $ka_k = \frac{1}{2} - \frac{k}{k+1} + \frac{k}{2k+4}$

$= \frac{1}{2} - \frac{k+1-1}{k+1} + \frac{1}{2} \cdot \frac{k+2-2}{k+2}$

$= 1 - 1 + \frac{1}{k+1} - \frac{1}{k+2} = \frac{1}{k+1} - \frac{1}{k+2}$

$\sum_{k=1}^{n} ka_k = \frac{1}{2} - \frac{1}{n+2}$

$\lim_{n \to \infty} \sum_{k=1}^{n} ka_k = \mathbf{\frac{1}{2}}$

$\frac{1}{2} - \frac{1}{3}$

$\frac{1}{3} - \frac{1}{4}$

$\frac{1}{4} - \frac{1}{5}$

$\vdots$

$\frac{1}{n+1} - \frac{1}{n+2}$

(4) $2a_k = \frac{1}{k} - \frac{2}{k+1} + \frac{1}{k+2}$

$= \left(\frac{1}{k} - \frac{1}{k+1} \right) - \left(\frac{1}{k+1} - \frac{1}{k+2} \right)$

$\sum_{k=1}^{n} 2a_k = \left(\frac{1}{1} - \frac{1}{n+1} \right) - \left(\frac{1}{2} - \frac{1}{n+2} \right)$

$\lim_{n \to \infty} \sum_{k=1}^{n} a_k = \frac{1}{2} \left(1 - \frac{1}{2} \right) = \mathbf{\frac{1}{4}}$

《部分積分・面倒な問題 (B20)》

297. 関数 $f(x) = \log \left| x - \frac{1}{x} \right|$ $(x \neq -1, 0, 1)$ を考える. ただし, log は自然対数とする.

(1) $y = f(x)$ のグラフの概形を増減と凹凸の様子が分かるように描け. $y = f(x)$ の変曲点の x 座標, および $y = f(x)$ と x 軸との交点も求めること.

(2) 関数 $F(x)$ $(x \neq -1, 0, 1)$ で $F'(x) = f(x)$ を満たすものを1つ求めよ.

(3) 極限値 $\lim_{c \to +0} \int_c^{1-c} f(x) \, dx$ を求めよ. 必要ならば, $\lim_{x \to +0} x \log x = 0$ であることを証明せずに用いてもよい. (23 千葉大・理, 工)

▶解答◀ (1) $f(x) = \log \left| x - \frac{1}{x} \right|$

$= \log \left| \frac{x^2 - 1}{x} \right|$

$f'(x) = \frac{1}{\frac{x^2-1}{x}} \cdot \frac{2x \cdot x - (x^2 - 1) \cdot 1}{x^2}$

$= \frac{x^2 + 1}{x(x^2 - 1)}$

$f''(x) = \frac{2x \cdot x(x^2 - 1) - (x^2 + 1)(3x^2 - 1)}{x^2(x^2 - 1)^2}$

$= -\frac{x^4 + 4x^2 - 1}{x^2(x^2 - 1)^2}$

$f''(x) = 0$ とすると, $x^2 > 0$ であるから

$x^2 = -2 + \sqrt{5}$ $\qquad \therefore \ x = \pm\sqrt{\sqrt{5} - 2}$

$\sqrt{\sqrt{5} - 2} = p$ とおく.

x	$\cdots$	-1	$\cdots$	$-p$	$\cdots$	0	$\cdots$	p	$\cdots$	1	$\cdots$
$f'(x)$	$-$	×	$+$	$+$	$+$	×	$-$	$-$	$-$	×	$+$
$f''(x)$	$-$	×	$-$	0	$+$	×	$+$	0	$-$	×	$-$
$f(x)$	↘	×	↗		↗	×	↘		↘	×	↗

変曲点の x 座標は $\pm p = \mathbf{\pm\sqrt{\sqrt{5} - 2}}$

$f(x) = 0$ とすると

$\left| \frac{x^2 - 1}{x} \right| = 1$

$x^2 - 1 = \pm x$

$x^2 \pm x - 1 = 0$

$x = \frac{-1 \pm \sqrt{5}}{2}, \ \frac{1 \pm \sqrt{5}}{2}$

$y = f(x)$ と x 軸との交点の座標は

$\mathbf{\left(\frac{1 \pm \sqrt{5}}{2}, 0 \right), \left(\frac{-1 \pm \sqrt{5}}{2}, 0 \right)}$

$\lim_{x \to \pm\infty} f(x) = \infty, \ \lim_{x \to \pm 0} f(x) = \infty,$

$\lim_{x \to -1 \pm 0} f(x) = -\infty, \ \lim_{x \to 1 \pm 0} f(x) = -\infty$

$y = f(x)$ のグラフの概形は図のようになる.

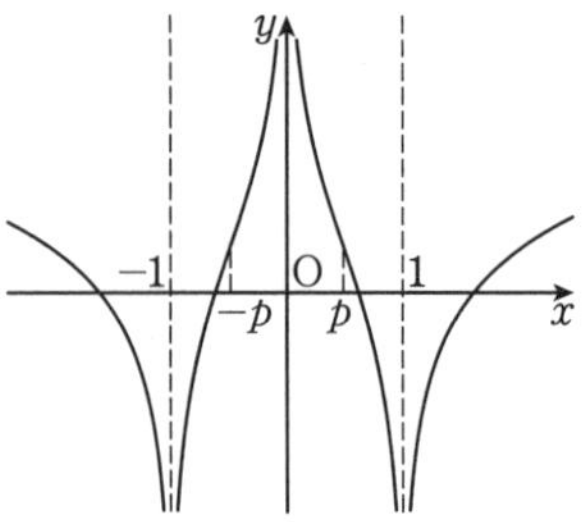

(2) k は定数, C は積分定数である.

$\int \log|x + k| \, dx = \int (x + k)' \log|x + k| \, dx$

$= (x+k)\log|x+k|$

$\quad -\int (x+k)(\log|x+k|)'\,dx$

$= (x+k)\log|x+k| - \int (x+k)\cdot\dfrac{1}{x+k}\,dx$

$= (x+k)\log|x+k| - x + C$

$f(x) = \log|x+1| + \log|x-1| - \log|x|$ だから

$\int f(x)\,dx = (x+1)\log|x+1| - x$

$\quad +(x-1)\log|x-1| - x$

$\quad -(x\log|x| - x) + C$

$= (x+1)\log|x+1| + (x-1)\log|x-1|$

$\quad -x\log|x| - x + C$

$C=0$ として

$F(x) = \mathbf{(x+1)\log|x+1|}$

$\quad \mathbf{+(x-1)\log|x-1| - x\log|x| - x}$

(3) $\int_c^{1-c} f(x)\,dx = \Big[F(x)\Big]_c^{1-c} = F(1-c) - F(c)$

$F(1-c) = (2-c)\log|2-c| - c\log|c|$

$\quad -(1-c)\log|1-c| - (1-c)$

$F(c) = (c+1)\log|c+1|$

$\quad +(c-1)\log|c-1| - c\log|c| - c$

$c \to +0$ のとき $F(1-c) \to 2\log 2 - 1$, $F(c) \to 0$ より

$\lim_{c\to+0}\int_c^{1-c} f(x)\,dx = \mathbf{2\log 2 - 1}$

《部分積分と $f'e^f$ (B10) ☆》

298. 次の積分を求めよ．

(1) $\int_0^1 (2x+1)\log(x+1)\,dx$

(2) $\int_{\frac{1}{2}}^1 x^{-2}e^{\frac{1}{x}}\,dx$

(3) $\int_0^{\pi} \sin 3x\cos 2x\,dx$ (23　会津大)

▶解答◀ (1) $\int_0^1 (2x+1)\log(x+1)\,dx$

$= \int_0^1 (x^2+x)'\log(x+1)\,dx$

$= \Big[(x^2+x)\log(x+1)\Big]_0^1$

$\quad -\int_0^1 (x^2+x)(\log(x+1))'\,dx$

$= 2\log 2 - \int_0^1 (x^2+x)\cdot\dfrac{1}{x+1}\,dx$

$= 2\log 2 - \int_0^1 x\,dx = \mathbf{2\log 2 - \dfrac{1}{2}}$

◆別解◆ $\log(x+1) = t$ とおくと，$x = e^t - 1$

$dx = e^t\,dt$ であり，$x: 0 \to 1$ のとき $t: 0 \to \log 2$

$\log 2 = a$ とおく．$e^a = 2$ である．

$\int_0^1 (2x+1)\log(x+1)\,dx = \int_0^a (2e^t - 1)te^t\,dt$

$= \int_0^a (2e^{2t} - e^t)t\,dt = \int_0^a (e^{2t} - e^t)'t\,dt$

$= \Big[(e^{2t} - e^t)t\Big]_0^a - \int_0^a (e^{2t} - e^t)(t)'\,dt$

$= (e^{2a} - e^a)a - \Big[\dfrac{1}{2}e^{2t} - e^t\Big]_0^a$

$= (4-2)\log 2 - \left(\dfrac{1}{2}\cdot 4 - 2 - \dfrac{1}{2} + 1\right)$

$= \mathbf{2\log 2 - \dfrac{1}{2}}$

(2) $(e^{f(x)})' = f'(x)e^{f(x)}$

$\int_{\frac{1}{2}}^1 x^{-2}e^{\frac{1}{x}}\,dx = -\int_{\frac{1}{2}}^1 \left(\dfrac{1}{x}\right)' e^{\frac{1}{x}}\,dx$

$= -\Big[e^{\frac{1}{x}}\Big]_{\frac{1}{2}}^1 = \mathbf{-e + e^2}$

(3) $\sin 3x\cos 2x = \dfrac{1}{2}\{\sin(3x+2x) + \sin(3x-2x)\}$

$= \dfrac{1}{2}(\sin 5x + \sin x)$

$\int_0^{\pi} \sin 3x\cos 2x\,dx = \dfrac{1}{2}\Big[-\dfrac{1}{5}\cos 5x - \cos x\Big]_0^{\pi}$

$= \dfrac{1}{2}\left(\dfrac{1}{5} + 1 + \dfrac{1}{5} + 1\right) = \mathbf{\dfrac{6}{5}}$

《特殊基本関数 ff' (A2)》

299. 定積分 $\int_1^{e^2} \dfrac{\log x}{x}\,dx$ を計算せよ．

(23　岩手大・前期)

▶解答◀ $\int_1^{e^2} \dfrac{\log x}{x}\,dx$

$= \int_1^{e^2} \log x(\log x)'\,dx = \Big[\dfrac{1}{2}(\log x)^2\Big]_1^{e^2} = \mathbf{2}$

《$\dfrac{f'}{f}$ と log (A5)》

300. 次の定積分を求めよ．

(1) $\int_{-\frac{\pi}{2}}^{\frac{\pi}{2}} \dfrac{\cos x}{2+\sin x}\,dx = \square$

(2) $\int_0^3 \dfrac{x+2}{\sqrt{x+1}}\,dx = \square$

(3) $\int_e^{e^2} \log\sqrt{x}\,dx = \square$ (23　茨城大・工)

▶解答◀ (1) $\int_{-\frac{\pi}{2}}^{\frac{\pi}{2}} \dfrac{\cos x}{2+\sin x}\,dx$

$= \int_{-\frac{\pi}{2}}^{\frac{\pi}{2}} \dfrac{(2+\sin x)'}{2+\sin x}\,dx = \Big[\log|2+\sin x|\Big]_{-\frac{\pi}{2}}^{\frac{\pi}{2}}$

$= \log 3 - \log 1 = \mathbf{\log 3}$

（２）　$\displaystyle\int_0^3 \frac{x+2}{\sqrt{x+1}}\,dx = \int_0^3 \left(\sqrt{x+1} + \frac{1}{\sqrt{x+1}}\right)dx$

$\displaystyle = \left[\ \frac{2}{3}(x+1)^{\frac{3}{2}} + 2(x+1)^{\frac{1}{2}}\ \right]_0^3$

$\displaystyle = \frac{2}{3}\cdot(8-1) + 2\cdot(2-1) = \boldsymbol{\frac{20}{3}}$

（３）　$\displaystyle\int_e^{e^2} \log\sqrt{x}\,dx = \frac{1}{2}\int_e^{e^2} \log x\,dx$

$\displaystyle = \frac{1}{2}\left[\ x\log x - x\ \right]_e^{e^2}$

$\displaystyle = \frac{1}{2}(2e^2 - e^2) - \frac{1}{2}(e-e) = \boldsymbol{\frac{e^2}{2}}$

《$\frac{f'}{f}$ (A3)》

301. $\displaystyle\int_{-\frac{\pi}{3}}^{\frac{\pi}{3}} (x + \tan x)\,dx = \square$ であり，

$\displaystyle\int_{-\frac{\pi}{3}}^{\frac{\pi}{3}} |x + \tan x|\,dx = \square$ である．

（23　愛媛大・医，理，工，教）

▶解答◀　$(-x) + \tan(-x) = -(x + \tan x)$ であるから，$y = x + \tan x$ は奇関数であり

$$\int_{-\frac{\pi}{3}}^{\frac{\pi}{3}} (x + \tan x)\,dx = \mathbf{0}$$

$y = |x + \tan x|$ は偶関数であるから

$$\int_{-\frac{\pi}{3}}^{\frac{\pi}{3}} |x + \tan x|\,dx = 2\int_0^{\frac{\pi}{3}} (x + \tan x)\,dx$$

$$= 2\int_0^{\frac{\pi}{3}} \left(x - \frac{(\cos x)'}{\cos x}\right)dx$$

$$= 2\left[\ \frac{1}{2}x^2 - \log|\cos x|\ \right]_0^{\frac{\pi}{3}}$$

$$= \frac{\pi^2}{9} - 2\log\frac{1}{2} = \boldsymbol{\frac{\pi^2}{9} + 2\log 2}$$

《$f^{-\Xi}f'$ (B20)》

302. 次の問いに答えよ．

（１）　すべての実数 x に対して

$\sin 3x = 3\sin x - 4\sin^3 x$,

$\cos 3x = -3\cos x + 4\cos^3 x$

が成り立つことを，加法定理と２倍角の公式を用いて示せ．

（２）　実数 θ を，$\frac{\pi}{3} < \theta < \frac{\pi}{2}$ と $\cos 3\theta = -\frac{11}{16}$ を同時に満たすものとする．このとき，$\cos\theta$ を求めよ．

（３）（２）の θ に対して，定積分 $\displaystyle\int_0^{\theta} \sin^5 x\,dx$ を求めよ．　（23　高知大・医，理工）

▶解答◀　（１）　$\sin 3x = \sin(2x + x)$

$= \sin 2x\cos x + \cos 2x\sin x$

$= 2\sin x\cos^2 x + (1 - 2\sin^2 x)\sin x$

$= 2\sin x(1 - \sin^2 x) + (1 - 2\sin^2 x)\sin x$

$= 3\sin x - 4\sin^3 x$

$\cos 3x = \cos(2x + x)$

$= \cos 2x\cos x - \sin 2x\sin x$

$= (2\cos^2 x - 1)\cos x - 2\sin^2 x\cos x$

$= (2\cos^2 x - 1)\cos x - 2(1 - \cos^2 x)\cos x$

$= -3\cos x + 4\cos^3 x$

（２）　$c = \cos\theta$ とおく．$\cos 3\theta = -\frac{11}{16}$ のとき

$-3c + 4c^3 = -\frac{11}{16}$

$64c^3 - 48c + 11 = 0$

$(4c)^3 - 12\cdot 4c + 11 = 0$

$(4c - 1)(16c^2 + 4c - 11) = 0$ ……………………①

$c = \frac{1}{4},\ \frac{-1 \pm 3\sqrt{5}}{8}$

ここで，$\frac{-1 + 3\sqrt{5}}{8} \fallingdotseq \frac{-1 + 3\cdot 2.2}{8} = \frac{5.6}{8} > \frac{1}{2}$ であるが，$\frac{\pi}{3} < \theta < \frac{\pi}{2}$ のとき $0 < \cos\theta < \frac{1}{2}$ であるから①の解は $c = \frac{1}{4}$ である．$\cos\theta = \boldsymbol{\frac{1}{4}}$ である．

（３）　$\displaystyle\int_0^{\theta} \sin^5 x\,dx = \int_0^{\theta} (1 - \cos^2 x)^2 \sin x\,dx$

$\displaystyle = \int_0^{\theta} (1 - 2\cos^2 x + \cos^4 x)(-(\cos x)')\,dx$

$\displaystyle = \left[\ -\cos x + \frac{2}{3}\cos^3 x - \frac{1}{5}\cos^5 x\ \right]_0^{\theta}$

$\displaystyle = -\left(\frac{1}{4} - 1\right) + \frac{2}{3}\left(\frac{1}{4^3} - 1\right) - \frac{1}{5}\left(\frac{1}{4^5} - 1\right)$

$\displaystyle = \frac{3}{4} - \frac{2}{3}\cdot\frac{63}{64} + \frac{1}{5}\cdot\frac{1023}{1024}$

$\displaystyle = \frac{1}{5\cdot 1024}(3\cdot 5\cdot 256 - 2\cdot 5\cdot 21\cdot 16 + 1023)$

$\displaystyle = \boldsymbol{\frac{1503}{5120}}$

なお $\displaystyle\int (\cos x)^n(\cos x)'\,dx = \frac{1}{n+1}\cos^{n+1} x + C$

《対称性の利用と $\frac{f'}{f}$ (B20)》

303. 関数

$f(x) = -\cos x + \dfrac{\cos x}{2\sqrt{2}\sin x}\ (0 < x < \pi)$

について，次の問いに答えよ．

（１）　極限 $\displaystyle\lim_{x\to+0} f(x)$ と $\displaystyle\lim_{x\to\pi-0} f(x)$ を求めよ．

（２）　$f(x)$ の増減を調べ，極値を求めよ．

（３）　定積分 $\displaystyle\int_{\frac{\pi}{4}}^{\frac{3\pi}{4}} |f(x)|\,dx$ の値を求めよ．

（23　東京海洋大・海洋工）

▶解答◀ （1） $0<x<\pi$ で $\sin x>0$ であるから

$$\lim_{x\to+0}\frac{1}{\sin x}=\infty,\ \lim_{x\to\pi-0}\frac{1}{\sin x}=\infty$$

である．したがって

$$\lim_{x\to+0}f(x)=\infty,\ \lim_{x\to\pi-0}f(x)=-\infty$$

（2） $f(x)=-\cos x+\dfrac{\cos x}{2\sqrt{2}\sin x}$

$$=\cos x\left(-1+\frac{1}{2\sqrt{2}\sin x}\right)$$

$y=\cos x$ は $\left(\dfrac{\pi}{2},\ 0\right)$ に関して点対称で，

$y=-1+\dfrac{1}{2\sqrt{2}\sin x}$ は $x=\dfrac{\pi}{2}$ に関して線対称であるから $y=f(x)$ は $\left(\dfrac{\pi}{2},\ 0\right)$ に関して点対称である．

$$f'(x)=\sin x+\frac{-\sin^2 x-\cos^2 x}{2\sqrt{2}\sin^2 x}$$

$$=\sin x-\frac{1}{2\sqrt{2}\sin^2 x}=\frac{2\sqrt{2}\sin^3 x-1}{2\sqrt{2}\sin^2 x}$$

$2\sqrt{2}\sin^3 x-1=0$ のとき $\sin x=\dfrac{1}{\sqrt{2}}$

x	0	$\cdots$	$\frac{\pi}{4}$	$\cdots$	$\frac{3\pi}{4}$	$\cdots$	π
$f'(x)$		$-$	0	$+$	0	$-$	
$f(x)$		↘		↗		↘	

$$f\left(\frac{\pi}{4}\right)=-\frac{1}{\sqrt{2}}+\frac{1}{2\sqrt{2}}=-\frac{1}{2\sqrt{2}},\ f\left(\frac{3\pi}{4}\right)=\frac{1}{2\sqrt{2}}$$

極大値は $\boldsymbol{\dfrac{1}{2\sqrt{2}}}$，極小値は $\boldsymbol{-\dfrac{1}{2\sqrt{2}}}$ である．

$f\left(\dfrac{\pi}{2}\right)=0$ であるからグラフは次のようになる．

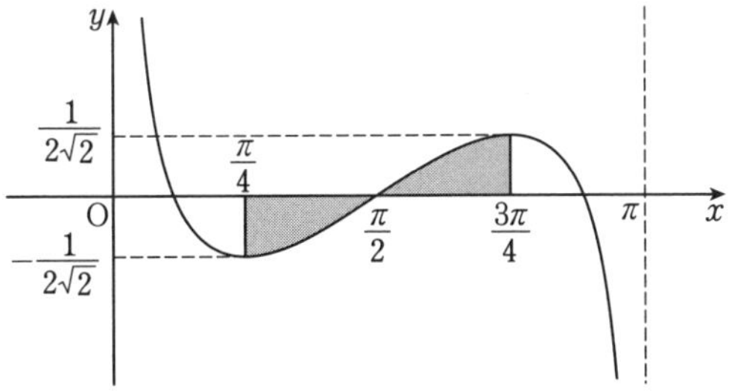

（3） $\displaystyle\int_{\frac{\pi}{4}}^{\frac{3\pi}{4}}|f(x)|\,dx=2\int_{\frac{\pi}{2}}^{\frac{3\pi}{4}}f(x)\,dx$

$$=2\int_{\frac{\pi}{2}}^{\frac{3\pi}{4}}\left(-\cos x+\frac{\cos x}{2\sqrt{2}\sin x}\right)dx$$

$$=2\int_{\frac{\pi}{2}}^{\frac{3\pi}{4}}\left\{-\cos x+\frac{(\sin x)'}{2\sqrt{2}\sin x}\right\}dx$$

$$=2\left[-\sin x+\frac{1}{2\sqrt{2}}\log|\sin x|\right]_{\frac{\pi}{2}}^{\frac{3\pi}{4}}$$

$$=2\left(-\frac{1}{\sqrt{2}}+\frac{1}{2\sqrt{2}}\log\frac{1}{\sqrt{2}}+1\right)$$

$$=\boldsymbol{2-2\sqrt{2}-\frac{1}{2\sqrt{2}}\log 2}$$

《置換積分と部分積分（B5）》

304．次の不定積分，定積分を求めよ．

（1） $\displaystyle\int\frac{1}{x\sqrt{1-x}}\,dx$

（2） $\displaystyle\int_0^{\frac{\pi}{2}}x\sin x\cos x\,dx$ （23 広島市立大）

▶解答◀ （1） $\sqrt{1-x}=u$ とおくと

$1-x=u^2$

$x=1-u^2$

$dx=-2u\,du$

$$\int\frac{1}{x\sqrt{1-x}}\,dx=\int\frac{-2u}{(1-u^2)u}\,du$$

$$=\int\frac{2}{(u-1)(u+1)}\,du$$

$$=\int\left(\frac{1}{u-1}-\frac{1}{u+1}\right)du$$

$$=\log|u-1|-\log|u+1|+C$$

$$=\log\left|\frac{u-1}{u+1}\right|+C$$

$$=\boldsymbol{\log\left|\frac{\sqrt{1-x}-1}{\sqrt{1-x}+1}\right|+C}\quad(C：積分定数)$$

（2） $\displaystyle\int_0^{\frac{\pi}{2}}x\sin x\cos x\,dx=\int_0^{\frac{\pi}{2}}x\left(\frac{1}{2}\sin^2 x\right)'dx$

$$=\left[x\cdot\frac{1}{2}\sin^2 x\right]_0^{\frac{\pi}{2}}-\int_0^{\frac{\pi}{2}}(x)'\frac{1}{2}\sin^2 x\,dx$$

$$=\frac{\pi}{4}-\int_0^{\frac{\pi}{2}}\frac{1-\cos 2x}{4}\,dx$$

$$=\frac{\pi}{4}-\left[\frac{x}{4}-\frac{1}{8}\sin 2x\right]_0^{\frac{\pi}{2}}$$

$$=\frac{\pi}{4}-\frac{\pi}{8}=\boldsymbol{\frac{\pi}{8}}$$

《円の積分（A2）》

305．定積分 $\displaystyle\int_{-\sqrt{3}}^{1}\sqrt{4-x^2}\,dx$ を計算しなさい．

（23 福島大・共生システム理工）

▶解答◀ $x=2\sin\theta\left(-\dfrac{\pi}{2}\leqq\theta\leqq\dfrac{\pi}{2}\right)$ とおくと

$dx=2\cos\theta\,d\theta$，$\sqrt{4-x^2}=\sqrt{4\cos^2 t}=2\cos t$

なお，この範囲で $\cos t\geqq 0$ である．

$x：-\sqrt{3}\to 1$ のとき $t：-\dfrac{\pi}{3}\to\dfrac{\pi}{6}$

$$\int_{-\sqrt{3}}^{1}\sqrt{4-x^2}\,dx=\int_{-\frac{\pi}{3}}^{\frac{\pi}{6}}(2\cos\theta)(2\cos\theta)\,d\theta$$

$$=2\int_{-\frac{\pi}{3}}^{\frac{\pi}{6}}(1+\cos 2\theta)\,d\theta=2\left[\theta+\frac{1}{2}\sin 2\theta\right]_{-\frac{\pi}{3}}^{\frac{\pi}{6}}$$

$$= \frac{\pi}{3} + \frac{2\pi}{3} + \sin\frac{\pi}{3} + \sin\frac{2}{3}\pi = \boldsymbol{\pi + \sqrt{3}}$$

♦別解♦　「置換積分をしろ」と明確に書くべきである．図で面積を考えても，かけ算と足し算で「計算した」．

$$\int_{-\sqrt{3}}^{1} \sqrt{4-x^2}\,dx = \pi + 2\cdot\frac{\sqrt{3}}{2} = \boldsymbol{\pi + \sqrt{3}}$$

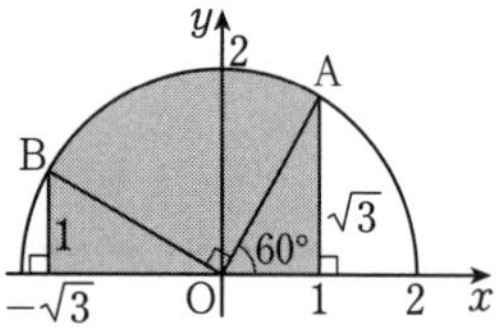

《サインの置換（B15）》

306．次の問いに答えよ．

（1）定積分 $\displaystyle\int_0^{\frac{1}{2}} \frac{x^3}{\sqrt{1-x^2}}\,dx$ を求めよ．

（2）定積分 $\displaystyle\int_{-3}^{5} \frac{3x}{\sqrt{6-x}}\,dx$ を求めよ．

（3）不定積分 $\displaystyle\int \frac{x^2+2x-2}{2x^3+x^2-5x+2}\,dx$ を求めよ．

（23　岡山県立大・情報工）

▶解答◀　（1）$x = \sin\theta$ とおくと，$dx = \cos\theta\,d\theta$ であり

x	$0 \to \frac{1}{2}$
θ	$0 \to \frac{\pi}{6}$

$$\int_0^{\frac{1}{2}} \frac{x^3}{\sqrt{1-x^2}}\,dx = \int_0^{\frac{\pi}{6}} \frac{\sin^3\theta}{\sqrt{1-\sin^2\theta}}\cdot\cos\theta\,d\theta$$

$$= \int_0^{\frac{\pi}{6}} \sin^3\theta\,d\theta$$

$$= \int_0^{\frac{\pi}{6}} (1-\cos^2\theta)\{-(\cos\theta)'\}\,d\theta$$

$$= \left[-\cos\theta + \frac{1}{3}\cos^3\theta\right]_0^{\frac{\pi}{6}}$$

$$= -\frac{\sqrt{3}}{2} + \frac{1}{3}\cdot\frac{3\sqrt{3}}{8} - \left(-1+\frac{1}{3}\right)$$

$$= \boldsymbol{\frac{2}{3} - \frac{3\sqrt{3}}{8}}$$

（2）$\displaystyle\frac{x}{\sqrt{6-x}} = \frac{6-(6-x)}{\sqrt{6-x}}$

$$= 6(6-x)^{-\frac{1}{2}} - (6-x)^{\frac{1}{2}}$$

$$\int_{-3}^{5} \frac{3x}{\sqrt{6-x}}\,dx = 3\left[-12(6-x)^{\frac{1}{2}} + \frac{2}{3}(6-x)^{\frac{3}{2}}\right]_{-3}^{5}$$

$$= 3\left(-12+\frac{2}{3}+12\cdot 3 - \frac{2}{3}\cdot 27\right) = \boldsymbol{20}$$

私は置換はイカンという立場である．置換したい人も多い．$t = 6-x$ とおくと，$x = 6-t$ で $dx = -dt$

x	$-3 \to 5$
t	$9 \to 1$

$$\int_{-3}^{5} \frac{3x}{\sqrt{6-x}}\,dx = \int_9^1 \frac{3(6-t)}{\sqrt{t}}\,(-dt)$$

$$= 3\int_1^9 (6t^{-\frac{1}{2}} - t^{\frac{1}{2}})\,dt = 3\left[12t^{\frac{1}{2}} - \frac{2}{3}t^{\frac{3}{2}}\right]_1^9$$

$$= 3\left\{36-18-\left(12-\frac{2}{3}\right)\right\} = \boldsymbol{20}$$

（3）$2x^3+x^2-5x+2 = (x+2)(x-1)(2x-1)$ と因数分解できる．

$$\frac{x^2+2x-2}{(x+2)(x-1)(2x-1)}$$

$$= \frac{a}{x+2} + \frac{b}{x-1} + \frac{c}{2x-1} \quad \cdots\cdots ①$$

とおいて分母をはらうと

$$x^2+2x-2 = a(x-1)(2x-1) + b(x+2)(2x-1)$$
$$+ c(x+2)(x-1) \quad \cdots\cdots ②$$

両辺に $x = -2,\ 1,\ \frac{1}{2}$ を代入して

$$-2 = 15a,\ 1 = 3b,\ -\frac{3}{4} = -\frac{5}{4}c$$

$$a = -\frac{2}{15},\ b = \frac{1}{3},\ c = \frac{3}{5}$$

よって，C を積分定数として

$$\int \frac{x^2+2x-2}{2x^3+x^2-5x+2}\,dx$$

$$= \int\left(-\frac{2}{15}\cdot\frac{1}{x+2} + \frac{1}{3}\cdot\frac{1}{x-1} + \frac{3}{5}\cdot\frac{1}{2x-1}\right)dx$$

$$= \boldsymbol{-\frac{2}{15}\log|x+2| + \frac{1}{3}\log|x-1| + \frac{3}{10}\log|2x-1| + C}$$

注意　①では $x \neq -2,\ x \neq 1,\ x \neq \frac{1}{2}$ であるが，②では左辺と右辺は同じ式であるから $x = -2,\ 1,\ \frac{1}{2}$ でも成り立つ．代入法を使うときは，次数プラス 1 個の値を代入する．

《タンの置換（B2）》

307．$\displaystyle\int_{\frac{1}{\sqrt{3}}}^{\sqrt{3}} \left(\frac{x}{1+x^2}\right)^2 dx = \frac{\square}{\square}\pi$ である．

（23　藤田医科大・医-後期）

▶解答◀　$x = \tan\theta$ とおく．

$$\frac{x}{1+x^2} = \frac{\tan\theta}{1+\tan^2\theta} = \cos\theta\sin\theta,\ dx = \frac{1}{\cos^2\theta}\,d\theta$$

$$\left(\frac{x}{1+x^2}\right)^2 dx = \sin^2\theta\,d\theta = \frac{1-\cos 2\theta}{2}\,d\theta$$

$x:\dfrac{1}{\sqrt{3}} \to \sqrt{3}$ のとき $\theta:\dfrac{\pi}{6} \to \dfrac{\pi}{3}$

$$\int_{\frac{1}{\sqrt{3}}}^{\sqrt{3}}\left(\frac{x}{1+x^2}\right)^2 dx = \frac{1}{2}\left[\theta - \frac{1}{2}\sin 2\theta\right]_{\frac{\pi}{6}}^{\frac{\pi}{3}}$$

$$= \frac{1}{2}\left(\frac{\pi}{3} - \frac{\pi}{6} - \frac{\sqrt{3}}{4} + \frac{\sqrt{3}}{4}\right) = \boldsymbol{\frac{1}{12}\pi}$$

《$\dfrac{1}{\cos x}$ (B2)》

308. 定積分 $\displaystyle\int_{-\frac{\pi}{3}}^{\frac{\pi}{3}} \frac{1}{\cos x}\,dx$ の値を求めよ．

（23　福岡教育大・中等，初等）

▶解答◀ $y = \dfrac{1}{\cos x}$ は偶関数であるから

$$\int_{-\frac{\pi}{3}}^{\frac{\pi}{3}} \frac{1}{\cos x}\,dx = 2\int_0^{\frac{\pi}{3}} \frac{1}{\cos x}\,dx$$

$$= 2\int_0^{\frac{\pi}{3}} \frac{\cos x}{\cos^2 x}\,dx$$

$$= \int_0^{\frac{\pi}{3}} \frac{2\cos x}{(1-\sin x)(1+\sin x)}\,dx$$

$$= \int_0^{\frac{\pi}{3}} \left(\frac{\cos x}{1-\sin x} + \frac{\cos x}{1+\sin x}\right) dx$$

$$= \Big[-\log(1-\sin x) + \log(1+\sin x)\Big]_0^{\frac{\pi}{3}}$$

$$= \left[\log\frac{1+\sin x}{1-\sin x}\right]_0^{\frac{\pi}{3}}$$

$$= \log\frac{2+\sqrt{3}}{2-\sqrt{3}} = \boldsymbol{2\log(2+\sqrt{3})}$$

注意 【置換するなら】

$\sin x = t$ とおく．$\cos x\,dx = dt$

$$2\int_0^{\frac{\pi}{3}} \frac{1}{\cos x}\,dx = \int_0^{\frac{\sqrt{3}}{2}} \frac{2}{1-t^2}\,dt$$

$$= \int_0^{\frac{\sqrt{3}}{2}} \left(\frac{1}{1+t} + \frac{1}{1-t}\right) dt$$

$$= \Big[\log(1+t) - \log(1-t)\Big]_0^{\frac{\sqrt{3}}{2}}$$

以下省略する．

《置換積分・対称性の利用 (B10) ☆》

309. 関数

$$f(x) = \frac{x^2}{1+e^x}$$

について，

$$g(x) = f(x) + f(-x),$$

$$h(x) = f(x) - f(-x)$$

とおく．以下の問いに答えよ．ただし，e は自然対数の底である．

（1） 定積分

$$\int_{-1}^{1} g(x)\,dx$$

の値を求めよ．

（2） $h(x)$ は奇関数であることを示せ．

（3） 定積分

$$\int_{-1}^{1} f(x)\,dx$$

の値を求めよ．（23　愛知教育大・前期）

▶解答◀ （1） $g(x) = f(x) + f(-x)$

$$= \frac{x^2}{1+e^x} + \frac{x^2}{1+e^{-x}}$$

$$= \frac{x^2}{1+e^x} + \frac{x^2e^x}{1+e^x} = \frac{x^2(1+e^x)}{1+e^x} = x^2$$

であるから

$$\int_{-1}^{1} g(x)\,dx = 2\int_0^1 x^2\,dx = 2\left[\frac{1}{3}x^3\right]_0^1 = \boldsymbol{\frac{2}{3}}$$

（2） $h(-x) = f(-x) - f(x)$

$$= -\{f(x) - f(-x)\} = -h(x)$$

であるから，$h(x)$ は奇関数である．

（3） $f(x) = \dfrac{1}{2}\{f(x) + f(-x) + f(x) - f(-x)\}$

$$= \frac{1}{2}\{g(x) + h(x)\}$$

であるから，（1），（2）より

$$\int_{-1}^{1} f(x)\,dx = \frac{1}{2}\int_{-1}^{1}\{g(x) + h(x)\}\,dx$$

$$= \frac{1}{2}\left\{\int_{-1}^{1} g(x)\,dx + \int_{-1}^{1} h(x)\,dx\right\}$$

$$= \frac{1}{2}\cdot\frac{2}{3} = \boldsymbol{\frac{1}{3}}$$

《置換積分・対称性の利用 (B15)》

310. a, b を定数とする．関数 $f(x)$ について，等式

$$\int_a^b f(x)\,dx = \int_a^b f(a+b-x)\,dx$$

が成り立つことを証明せよ．また，定積分 $\displaystyle\int_1^2 \frac{x^2}{x^2+(3-x)^2}\,dx$ を求めよ．

（23　長崎大・前期）

▶解答◀ $a+b-x = t$ とおくと $dx = -dt$ であり，$a \leqq x \leqq b$ のとき積分区間は b から a までに変わる．

$$\int_a^b f(a+b-x)\,dx = \int_b^a f(t)\,(-dt) = \int_a^b f(t)\,dt$$

であるから等式は成り立つ．

$$\int_a^b f(a+b-x)\,dx = \int_a^b f(x)\,dx$$

$$I = \int_1^2 \frac{x^2}{x^2+(3-x)^2}\,dx \quad\cdots\cdots\cdots\cdots\cdots\text{①}$$

とおく．$a=1$，$b=2$ として

$$I=\int_1^2 \frac{(3-x)^2}{(3-x)^2+x^2}\,dx \quad \cdots\cdots ②$$

①＋② より

$$2I=\int_1^2 \frac{x^2+(3-x)^2}{(3-x)^2+x^2}\,dx=\int_1^2 1\,dx=1$$

であるから $I=\boldsymbol{\frac{1}{2}}$ である．

《置換積分・対称性の利用（B20）》

311．$f(x)=\dfrac{\sin^3 3x}{\sin^3 3x+\cos^3 3x}$ について，

$\displaystyle\int_0^{\frac{\pi}{6}}\left\{f(x)-f\left(\frac{\pi}{6}-x\right)\right\}dx=\square$ であるから，

$\displaystyle\int_0^{\frac{\pi}{6}} f(x)\,dx=\frac{\pi}{\square}$ である．

（23　藤田医科大・医学部前期）

▶解答◀ $\displaystyle I=\int_0^{\frac{\pi}{6}} f(x)\,dx$,

$\displaystyle J=\int_0^{\frac{\pi}{6}} f\left(\frac{\pi}{6}-x\right)dx$ とおく．J で $\dfrac{\pi}{6}-x=t$ とおくと

$$\frac{dt}{dx}=-1$$

x	$0 \to \frac{\pi}{6}$
t	$\frac{\pi}{6} \to 0$

$$J=\int_{\frac{\pi}{6}}^0 f(t)\,(-dt)=\int_0^{\frac{\pi}{6}} f(x)\,dx=I$$

1つ目の空欄は $I-J=\boldsymbol{0}$

$$f\left(\frac{\pi}{6}-x\right)=\frac{\sin^3\left(\frac{\pi}{2}-3x\right)}{\sin^3\left(\frac{\pi}{2}-3x\right)+\cos^3\left(\frac{\pi}{2}-3\right)}$$

$$=\frac{\cos^3 3x}{\cos^3 3x+\sin^3 3x}$$

$\displaystyle J=\int_0^{\frac{\pi}{6}} \frac{\cos^3 3x}{\cos^3 3x+\sin^3 3x}\,dx$ であるから

$$I+J=\int_0^{\frac{\pi}{6}} \frac{\cos^3 3x+\sin^3 3x}{\cos^3 3x+\sin^3 3x}\,dx$$

$$=\int_0^{\frac{\pi}{6}} dx=\frac{\pi}{6}$$

$$I=J=\boldsymbol{\frac{\pi}{12}}$$

《置換積分（B10）》

312．e を自然対数の底とする．関数

$f(x)=(x^7-3x^3)e^{-\frac{x^4}{4}}$

について，次の問いに答えなさい．

（1）定積分 $\displaystyle I=\int_0^{\sqrt[4]{3}} f(x)\,dx$ の値を求めなさい．

（2）$f'(x)=0$ を満たす実数 x の値をすべて求めなさい．

（3）関数 $y=f(x)$ の増減を調べて，そのグラフの概形をかきなさい．ただし，凹凸は調べなくてもよい．また，$\displaystyle\lim_{x\to\pm\infty} f(x)=0$ であることと $e<3$ であることは証明せずに用いてもよい．

（23　前橋工大・前期）

▶解答◀（1）$t=\dfrac{x^4}{4}$ とおく．

$dt=x^3dx$ で，$x:0\to\sqrt[4]{3}$ のとき $t:0\to\dfrac{3}{4}$

$$I=\int_0^{\sqrt[4]{3}} x^3(x^4-3)e^{-\frac{x^4}{4}}\,dx$$

$$=\int_0^{\frac{3}{4}}(4t-3)e^{-t}\,dt=\int_0^{\frac{3}{4}}(4t-3)(-e^{-t})'\,dt$$

$$=\Big[(4t-3)(-e^{-t})\Big]_0^{\frac{3}{4}}+\int_0^{\frac{3}{4}}(4t-3)'e^{-t}\,dt$$

$$=-3+\int_0^{\frac{3}{4}}4e^{-t}\,dt=-3+\Big[-4e^{-t}\Big]_0^{\frac{3}{4}}$$

$$=-3-4e^{-\frac{3}{4}}+4=\boldsymbol{1-4e^{-\frac{3}{4}}}$$

（2）$f'(x)=(7x^6-9x^2)e^{-\frac{x^4}{4}}-(x^7-3x^3)x^3e^{-\frac{x^4}{4}}$

$$=(-x^{10}+10x^6-9x^2)e^{-\frac{x^4}{4}}$$

$$=-x^2(x^4-1)(x^4-9)e^{-\frac{x^4}{4}}$$

よって，$f'(x)=0$ となる x の値は $x=\boldsymbol{0,\ \pm1,\ \pm\sqrt{3}}$

（3）$f(x)$ は奇関数である．

x	$\cdots$	$-\sqrt{3}$	$\cdots$	-1	$\cdots$	0	$\cdots$	1	$\cdots$	$\sqrt{3}$	$\cdots$
$f'(x)$	$-$	0	$+$	0	$-$	0	$-$	0	$+$	0	$-$
$f(x)$	↘		↗		↘		↘		↗		↘

$$f(0)=0,\ f(1)=(1-3)e^{-\frac{1}{4}}=-2e^{-\frac{1}{4}}$$

$$f(\sqrt{3})=(27\sqrt{3}-9\sqrt{3})e^{-\frac{9}{4}}=18\sqrt{3}e^{-\frac{9}{4}}$$

$$18\sqrt{3}e^{-\frac{9}{4}}=18\sqrt{3}e^{-2}\cdot e^{-\frac{1}{4}}$$

$$>18\sqrt{3}\cdot 3^{-2}\cdot e^{-\frac{1}{4}}=2\sqrt{3}e^{-\frac{1}{4}}>2e^{-\frac{1}{4}}$$

であるから，$|f(1)|<|f(\sqrt{3})|$ を満たす．

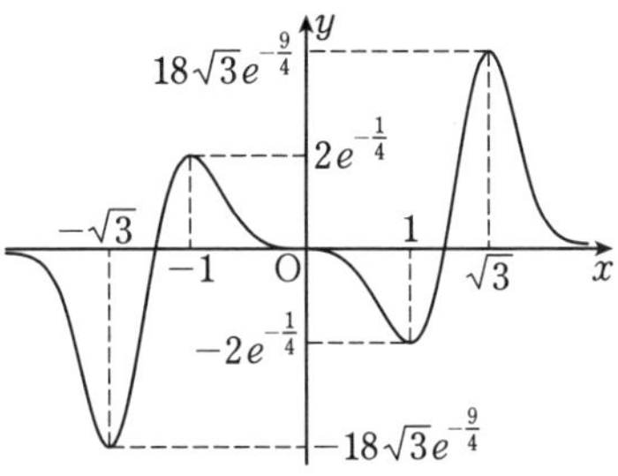

《微分を用意する (B20)》

313. 以下の問いに答えよ．

（1） 次の関数の導関数を求めよ．ただし，対数は自然対数とする．

（i） $\log\left|x+\sqrt{1+x^2}\right|$

（ii） $\frac{1}{2}\left(x\sqrt{1+x^2}+\log\left|x+\sqrt{1+x^2}\right|\right)$

（2） 次の等式を示せ．

$$\int_0^{\frac{\pi}{2}}\frac{\cos^3 x}{\sqrt{1+\sin^2 x}}\,dx=\frac{1}{2}\{3\log(1+\sqrt{2})-\sqrt{2}\}$$

（23　奈良教育大・前期）

▶解答◀ （1）（i）

$f(x)=\log\left|x+\sqrt{1+x^2}\right|$ とする．

$$f'(x)=\frac{1}{x+\sqrt{1+x^2}}(x+\sqrt{1+x^2})'$$
$$=\frac{1}{x+\sqrt{1+x^2}}\left\{1+\frac{(1+x^2)'}{2\sqrt{1+x^2}}\right\}$$
$$=\frac{1}{x+\sqrt{1+x^2}}\cdot\frac{\sqrt{1+x^2}+x}{\sqrt{1+x^2}}=\boldsymbol{\frac{1}{\sqrt{1+x^2}}}$$

（ii） $g(x)=\frac{1}{2}\left(x\sqrt{1+x^2}+\log\left|x+\sqrt{1+x^2}\right|\right)$ とする．

$$g'(x)=\frac{1}{2}\left(\sqrt{1+x^2}+x\cdot\frac{2x}{2\sqrt{1+x^2}}+\frac{1}{\sqrt{1+x^2}}\right)$$
$$=\frac{1}{2}\left(\sqrt{1+x^2}+\frac{x^2+1}{\sqrt{1+x^2}}\right)$$
$$=\frac{1}{2}\cdot 2\sqrt{1+x^2}=\boldsymbol{\sqrt{1+x^2}}$$

（2） $I=\int_0^{\frac{\pi}{2}}\frac{\cos^3 x}{\sqrt{1+\sin^2 x}}\,dx$ とおき，$\sin x=t$ と置換する．

$$\cos x\,dx=dt$$

x	$0\to\frac{\pi}{2}$
t	$0\to 1$

$$I=\int_0^{\frac{\pi}{2}}\frac{1-\sin^2 x}{\sqrt{1+\sin^2 x}}\cdot\cos x\,dx$$
$$=\int_0^1\frac{1-t^2}{\sqrt{1+t^2}}\,dt=\int_0^1\frac{2-(1+t^2)}{\sqrt{1+t^2}}\,dt$$
$$=\int_0^1\left(2\cdot\frac{1}{\sqrt{1+t^2}}-\sqrt{1+t^2}\right)dt$$
$$=\int_0^1(2f'(t)-g'(t))\,dt=\Big[\,2f(t)-g(t)\,\Big]_0^1$$
$$=\left[\,\frac{3}{2}\log\left|t+\sqrt{1+t^2}\right|-\frac{1}{2}t\sqrt{1+t^2}\,\right]_0^1$$
$$=\frac{1}{2}\{3\log(1+\sqrt{2})-\sqrt{2}\}$$

よって，示された．

《タンの半角表示 (B20) ☆》

314. 次の問いに答えよ．

（1） $t=\tan\frac{x}{2}\ (-\pi<x<\pi)$ とおく．このとき，$\sin x=\frac{2t}{1+t^2}$，$\cos x=\frac{1-t^2}{1+t^2}$，$\frac{dx}{dt}=\frac{2}{1+t^2}$ であることを示せ．

（2） 定積分 $\int_0^{\frac{\pi}{2}}\frac{dx}{1+\sin x+\cos x}$ を求めよ．

（3） 2 つの定積分 $\int_0^{\frac{\pi}{2}}\frac{1+2\sin x}{1+\sin x+\cos x}\,dx$，$\int_0^{\frac{\pi}{2}}\frac{1+2\cos x}{1+\sin x+\cos x}\,dx$ が等しいことを示せ．

（4） 定積分 $\int_0^{\frac{\pi}{2}}\frac{1+2\sin x}{1+\sin x+\cos x}\,dx$ を求めよ．

（5） 定積分 $\int_0^{\frac{\pi}{2}}\frac{\sin x}{1+\sin x+\cos x}\,dx$ を求めよ．

（23　富山大・医，理-数，薬）

▶解答◀ （1） $\frac{x}{2}=\theta$ とおく．

$$\frac{2t}{1+t^2}=\frac{2\tan\theta}{1+\tan^2\theta}=\frac{2\cos\theta\sin\theta}{\cos^2\theta+\sin^2\theta}$$
$$=\sin 2\theta=\sin x$$
$$\frac{1+t^2}{1+t^2}=\frac{\cos^2\theta-\sin^2\theta}{\cos^2\theta+\sin^2\theta}=\cos 2\theta=\cos x$$

$\sin x=\frac{2t}{1+t^2}$ の両辺を t で微分して

$$\cos x\cdot\frac{dx}{dt}=\frac{2(1+t^2)-2t\cdot 2t}{(1+t^2)^2}$$
$$\frac{1-t^2}{1+t^2}\cdot\frac{dx}{dt}=\frac{2(1-t^2)}{(1+t^2)^2}\qquad\therefore\quad\frac{dx}{dt}=\frac{2}{1+t^2}$$

（2） $t=\tan\frac{x}{2}$ のとき，

x	$0\to\frac{\pi}{2}$
t	$0\to 1$

であるから，（1）より

$$\int_0^{\frac{\pi}{2}}\frac{1}{1+\sin x+\cos x}\,dx$$

$$= \int_0^1 \frac{1}{1 + \frac{2t}{1+t^2} + \frac{1-t^2}{1+t^2}} \cdot \frac{2}{1+t^2}\,dt$$

$$= \int_0^1 \frac{1}{1+t}\,dt = \Big[\log(1+t)\Big]_0^1 = \mathbf{\log 2}$$

（3） $\sin x = s$, $\cos x = c$ と略記する．

$$I = \int_0^{\frac{\pi}{2}} \frac{1+2s}{1+s+c}\,dx,\ J = \int_0^{\frac{\pi}{2}} \frac{1+2c}{1+s+c}\,dx$$

とおく．

$$J - I = \int_0^{\frac{\pi}{2}} \frac{2(c-s)}{1+s+c}\,dx$$

$$= \int_0^{\frac{\pi}{2}} \frac{2(1+s+c)'}{1+s+c}\,dx$$

$$= \Big[2\log(1+s+c)\Big]_0^{\frac{\pi}{2}}$$

$$= 2\log 2 - 2\log 2 = 0$$

$I = J$ である．

（4） $I + J = \int_0^{\frac{\pi}{2}} \frac{2+2s+2c}{1+s+c}\,dx$

$$= \int_0^{\frac{\pi}{2}} 2\,dx = 2\cdot\frac{\pi}{2}$$

$$I = J = \boldsymbol{\frac{\pi}{2}}$$

（5） $I = \frac{\pi}{2}$ であるから

$$\int_0^{\frac{\pi}{2}} \frac{1}{1+s+c}\,dx + \int_0^{\frac{\pi}{2}} \frac{2s}{1+s+c}\,dx = \frac{\pi}{2}$$

（2）の結果を用いて

$$\log 2 + \int_0^{\frac{\pi}{2}} \frac{2s}{1+s+c}\,dx = \frac{\pi}{2}$$

$$\int_0^{\frac{\pi}{2}} \frac{s}{1+s+c}\,dx = \boldsymbol{\frac{\pi}{4} - \frac{1}{2}\log 2}$$

《置換とコタン（B15）☆》

315． 定積分 $\displaystyle\int_{\log\frac{\pi}{4}}^{\log\frac{\pi}{2}} \frac{e^{2x}}{(\sin(e^x))^2}\,dx$ を求めよ．

（23　横浜国大・理工，都市科学）

考え方 $(\tan x)' = \frac{1}{\cos^2 x}$, $\left(\frac{1}{\tan x}\right)' = -\frac{1}{\sin^2 x}$ はセットである．

▶解答◀ $t = e^x$ とおくと，$dt = e^x\,dx$ で，積分区間が $x : \log\frac{\pi}{4} \to \log\frac{\pi}{2}$ のとき，$t : \frac{\pi}{4} \to \frac{\pi}{2}$ である．

$$\int_{\log\frac{\pi}{4}}^{\log\frac{\pi}{2}} \frac{e^{2x}}{(\sin(e^x))^2}\,dx = \int_{\frac{\pi}{4}}^{\frac{\pi}{2}} \frac{t}{\sin^2 t}\,dt \quad \cdots\cdots①$$

ここで，

$$\left(\frac{1}{\tan x}\right)' = \left(\frac{\cos x}{\sin x}\right)'$$

$$= \frac{-\sin^2 x - \cos^2 x}{\sin^2 x} = -\frac{1}{\sin^2 x}$$

であるから，

$$① = \int_{\frac{\pi}{4}}^{\frac{\pi}{2}} t\left(-\frac{\cos t}{\sin t}\right)'\,dt$$

$$= -\Big[t\cdot\frac{\cos t}{\sin t}\Big]_{\frac{\pi}{4}}^{\frac{\pi}{2}} + \int_{\frac{\pi}{4}}^{\frac{\pi}{2}} (t)'\cdot\frac{\cos t}{\sin t}\,dt$$

$$= \frac{\pi}{4} + \int_{\frac{\pi}{4}}^{\frac{\pi}{2}} \frac{\cos t}{\sin t}\,dt = \frac{\pi}{4} + \Big[\log|\sin t|\Big]_{\frac{\pi}{4}}^{\frac{\pi}{2}}$$

$$= \frac{\pi}{4} + \log 1 - \log\frac{1}{\sqrt{2}} = \boldsymbol{\frac{\pi}{4} + \frac{1}{2}\log 2}$$

《タンの置換（B20）》

316． 以下の問いに答えよ．ただし，e は自然対数の底とする．

（1） 等式

$$\frac{1}{(e^x+e^{-x})(1+e^x)(1+e^{-x})} = \frac{a}{e^x+e^{-x}} + \frac{b}{(1+e^x)(1+e^{-x})}$$

が x についての恒等式となる実数 a, b の値を求めよ．

（2） 定積分 $I = \displaystyle\int_0^1 \frac{1}{1+x^2}\,dx$ の値を求めよ．

（3） 定積分 $J = \displaystyle\int_0^{\log\sqrt{3}} \frac{1}{e^x+e^{-x}}\,dx$ の値を求めよ．

（4） 定積分

$$K = \int_0^{\log\sqrt{3}} \frac{1}{(e^x+e^{-x})(1+e^x)(1+e^{-x})}\,dx$$

の値を求めよ．

（23　工学院大）

▶解答◀ （1） 分母を払って

$$1 = a(1+e^x)(1+e^{-x}) + b(e^x+e^{-x})$$

$$1 = 2a + (a+b)(e^x+e^{-x})$$

x についての恒等式であるから

$$1 = 2a,\ 0 = a+b$$

これより $\boldsymbol{a = \frac{1}{2}, b = -\frac{1}{2}}$ である．

（2） $x = \tan\theta$ とおくと $dx = \frac{1}{\cos^2\theta}\,d\theta$

x	$0 \to 1$
θ	$0 \to \frac{\pi}{4}$

$$I = \int_0^{\frac{\pi}{4}} \frac{1}{1+\tan^2\theta}\cdot\frac{1}{\cos^2\theta}\,d\theta$$

$$= \int_0^{\frac{\pi}{4}} d\theta = \boldsymbol{\frac{\pi}{4}}$$

（3） $J = \displaystyle\int_0^{\log\sqrt{3}} \frac{e^x}{(e^x)^2+1}\,dx$

$e^x=\tan\theta$ とおくと $e^x\,dx=\dfrac{1}{\cos^2\theta}\,d\theta$

x	$0\ \to\ \log\sqrt{3}$
θ	$\dfrac{\pi}{4}\ \to\ \dfrac{\pi}{3}$

$$J=\int_{\frac{\pi}{4}}^{\frac{\pi}{3}}\frac{1}{1+\tan^2\theta}\cdot\frac{1}{\cos^2\theta}\,d\theta$$

$$=\int_{\frac{\pi}{4}}^{\frac{\pi}{3}}d\theta=\frac{\pi}{3}-\frac{\pi}{4}=\boldsymbol{\frac{\pi}{12}}$$

（4） $c=\log\sqrt{3}$ とおくと $e^c=\sqrt{3}$ である．（1）より

$$K=\int_0^c\left\{\frac{1}{2}\cdot\frac{1}{e^x+e^{-x}}-\frac{1}{2}\cdot\frac{1}{(1+e^x)(1+e^{-x})}\right\}dx$$

$$=\frac{1}{2}J-\frac{1}{2}\int_0^c\frac{dx}{(1+e^x)(1+e^{-x})}$$

$$=\frac{\pi}{24}-\frac{1}{2}\int_0^c\frac{e^x}{(1+e^x)^2}\,dx$$

$$=\frac{\pi}{24}-\frac{1}{2}\int_0^c\frac{(e^x+1)'}{(e^x+1)^2}\,dx$$

$$=\frac{\pi}{24}+\frac{1}{2}\left[\frac{1}{e^x+1}\right]_0^c$$

$$=\frac{\pi}{24}+\frac{1}{2}\cdot\frac{1}{e^c+1}-\frac{1}{4}$$

$$=\frac{\pi}{24}+\frac{1}{2}\cdot\frac{1}{\sqrt{3}+1}-\frac{1}{4}$$

$$=\frac{\pi}{24}+\frac{\sqrt{3}-1}{4}-\frac{1}{4}=\boldsymbol{\frac{\pi}{24}+\frac{\sqrt{3}}{4}-\frac{1}{2}}$$

《タンの置換（B0）》

317. 2つの関数を

$f(x)=x^2(x+1)^2(x-1)^2,\ g(x)=x^2+1$

とおく．$f(x)$ を $g(x)$ で割ったときの商を Q，余りを R とするとき，以下の設問に答えよ．

（1） $0\leqq x\leqq 1$ における $y=f(x)$ の値域を求めよ．

（2） Q と R を求めよ．

（3） $\displaystyle\int_0^1\frac{R}{g(x)}\,dx$ を求めよ．

（4） 円周率が3.2より小さいことを証明せよ．

（23　関西医大・後期）

▶解答◀ （1） $f(x)=x^2(x^2-1)^2$

$=(x-x^3)^2$

$g(x)=x-x^3$ とおく．$g'(x)=1-3x^2$

$0\leqq x\leqq 1$ における増減表は次のようになる．

x	0	$\cdots$	$\dfrac{1}{\sqrt{3}}$	$\cdots$	1
$g'(x)$		$+$	0	$-$	
$g(x)$		↗		↘	

$g(0)=g(1)=0,\ g\left(\dfrac{1}{\sqrt{3}}\right)=\dfrac{2}{3\sqrt{3}}$

$g(x)$ の値域は $0\leqq g(x)\leqq\dfrac{2}{3\sqrt{3}}$

よって，$y=f(x)$ の値域は $\boldsymbol{0\leqq y\leqq\dfrac{4}{27}}$

（2） $f(x)=\{(x^2+1)-1\}\{(x^2+1)-2\}^2$

$=\{(x^2+1)-1\}\{(x^2+1)^2-4(x^2+1)+4\}$

$=(x^2+1)^3-5(x^2+1)^2+8(x^2+1)-4$

$=(x^2+1)\{(x^2+1)^2-5(x^2+1)+8\}-4$

$=(x^2+1)(x^4-3x^2+4)-4$

$=(x^4-3x^2+4)g(x)-4$ ……………………①

$\boldsymbol{Q=x^4-3x^2+4,\ R=-4}$

（3） $I=\displaystyle\int_0^1\frac{R}{g(x)}\,dx=-4\int_0^1\frac{1}{x^2+1}\,dx$ とおく．

$x=\tan\theta$ とおくと $dx=\dfrac{1}{\cos^2\theta}\,d\theta$

x	$0\ \to\ 1$
θ	$0\ \to\ \dfrac{\pi}{4}$

$$I=-4\int_0^{\frac{\pi}{4}}\frac{1}{\tan^2\theta+1}\cdot\frac{1}{\cos^2\theta}\,d\theta$$

$$=-4\int_0^{\frac{\pi}{4}}d\theta=\boldsymbol{-\pi}$$

（4） ①より

$$\int_0^1\frac{f(x)}{g(x)}\,dx=\int_0^1 Q\,dx+\int_0^1\frac{R}{g(x)}\,dx$$

$$=\int_0^1(x^4-3x^2+4)\,dx+(-\pi)$$

$$=\left[\frac{1}{5}x^5-x^3+4x\right]_0^1-\pi=3.2-\pi$$

ここで，$0\leqq x\leqq 1$ において $\dfrac{f(x)}{g(x)}\geqq 0$ であり，$\displaystyle\int_0^1\frac{f(x)}{g(x)}\,dx>0$ であるから $3.2-\pi>0$ すなわち $\pi<3.2$ である．よって，示された．

《$(1+x^3)^{-2}$（B0）》

318. 以下の問いに答えなさい．

（1） $\displaystyle\int_0^1\frac{1}{1+x^2}dx=\frac{\pi}{\square}$ である．

（2） $\dfrac{1}{1+x^3}=\dfrac{1}{a}\left(\dfrac{1}{1+x}-\dfrac{x+b}{x^2+cx+d}\right)$ と部分分数に分解するとき，$a=\square$，$b=\square$，$c=\square$，$d=\square$ である．

（3） $I=\displaystyle\int_0^1\frac{1}{1+x^3}dx$

$$=\frac{1}{\square}\left(\log\square+\frac{\pi}{\sqrt{\square}}\right)$$

である．ただし，log は自然対数とする．

（4） $J=\int_0^1 \frac{1}{(1+x^3)^2}dx$

$=\frac{1}{\square}+\frac{\square}{\square}\left(\log\square+\frac{\pi}{\sqrt{\square}}\right)$

である．ただし，log は自然対数とする．

（23　東北医薬大）

▶解答◀ （1） $x=\tan\theta$ とおくと

$dx=\frac{d\theta}{\cos^2\theta}$

x	$0\to1$
θ	$0\to\frac{\pi}{4}$

$\int_0^1 \frac{1}{1+x^2}dx=\int_0^{\frac{\pi}{4}} \frac{1}{1+\tan^2\theta}\cdot\frac{d\theta}{\cos^2\theta}$

$=\int_0^{\frac{\pi}{4}} d\theta=\boldsymbol{\frac{\pi}{4}}$

（2） $1+x^3=(1+x)(1-x+x^2)$

であるから $x^2+cx+d=x^2-x+1$ であり

$\frac{1}{1+x^3}=\frac{1}{a}\left(\frac{1}{1+x}-\frac{x+b}{x^2-x+1}\right)$

の分母をはらうと

$a=x^2-x+1-(x+1)(x+b)$

$a=(-2-b)x+1-b$

これが恒等式で

$-2-b=0,\ a=1-b$

$b=\boldsymbol{-2},\ a=\boldsymbol{3},\ c=\boldsymbol{-1},\ d=\boldsymbol{1}$

（3） $\frac{1}{1+x^3}=\frac{1}{3}\left(\frac{1}{x+1}-\frac{x-2}{x^2-x+1}\right)$

$=\frac{1}{3}\cdot\frac{1}{x+1}-\frac{1}{6}\cdot\frac{2x-4}{x^2-x+1}$

$=\frac{1}{3}\cdot\frac{1}{x+1}-\frac{1}{6}\cdot\frac{2x-1-3}{x^2-x+1}$

$=\frac{1}{3}\cdot\frac{1}{x+1}-\frac{1}{6}\cdot\frac{(x^2-x+1)'}{x^2-x+1}+\frac{1}{2}\cdot\frac{1}{x^2-x+1}$

$\frac{1}{x^2-x+1}=\frac{1}{\left(x-\frac{1}{2}\right)^2+\frac{3}{4}}$ の積分では

$x-\frac{1}{2}=\frac{\sqrt{3}}{2}\tan\theta\left(-\frac{\pi}{6}\leqq\theta\leqq\frac{\pi}{6}\right)$ と置換する．

$\frac{dx}{d\theta}=\frac{\sqrt{3}}{2}\cdot\frac{1}{\cos^2\theta}$

$\int_0^1 \frac{1}{x^2-x+1}dx$

$=\int_{-\frac{\pi}{6}}^{\frac{\pi}{6}} \frac{1}{\frac{3}{4}(1+\tan^2\theta)}\cdot\frac{\sqrt{3}}{2}\cdot\frac{1}{\cos^2\theta}d\theta$

$=\frac{2}{3}\sqrt{3}\int_{-\frac{\pi}{6}}^{\frac{\pi}{6}} d\theta=\frac{2}{3}\sqrt{3}\cdot\frac{\pi}{3}=\frac{2\sqrt{3}}{9}\pi$

$\int_0^1 \frac{1}{1+x^3}dx$

$=\left[\frac{1}{3}\log(x+1)-\frac{1}{6}\log(x^2-x+1)\right]_0^1$

$+\frac{1}{2}\cdot\frac{2\sqrt{3}}{9}\pi$

$=\frac{1}{3}\log2+\frac{\sqrt{3}}{9}\pi=\boldsymbol{\frac{1}{3}\left(\log2+\frac{\pi}{\sqrt{3}}\right)}$

（4） $I=\int_0^1 \frac{1}{1+x^3}dx=\int_0^1 (x)'\cdot\frac{1}{1+x^3}dx$

$=\left[\frac{x}{1+x^3}\right]_0^1-\int_0^1 x\left(\frac{1}{1+x^3}\right)'dx$

$=\frac{1}{2}+\int_0^1 x\cdot\frac{3x^2}{(1+x^3)^2}dx$

$=\frac{1}{2}+\int_0^1 \frac{3(1+x^3)-3}{(1+x^3)^2}dx$

$=\frac{1}{2}+3\int_0^1 \frac{1}{1+x^3}dx-3\int_0^1 \frac{1}{(1+x^3)^2}dx$

$I=\frac{1}{2}+3I-3J$

$J=\frac{1}{6}+\frac{2}{3}I=\boldsymbol{\frac{1}{6}+\frac{2}{9}\left(\log2+\frac{\pi}{\sqrt{3}}\right)}$

《$(\cos x)^{-3}$ (B20)》

319. 次の問に答えよ．

（1） 等式 $(\tan\theta)'=\frac{1}{\cos^2\theta}$ を示せ．また，定積分 $\int_0^{\frac{\pi}{4}} \frac{1}{\cos^2\theta}d\theta$ の値を求めよ．

（2） 等式

$\frac{\cos\theta}{1+\sin\theta}+\frac{\cos\theta}{1-\sin\theta}=\frac{2}{\cos\theta}$

を示せ．また，定積分 $\int_0^{\frac{\pi}{6}} \frac{1}{\cos\theta}d\theta$ の値を求めよ．

（3） 定積分 $\int_0^{\frac{\pi}{6}} \frac{1}{\cos^3\theta}d\theta$ の値を求めよ．

（23　佐賀大・理工）

▶解答◀ （1） $(\tan\theta)'=\frac{1}{\cos^2\theta}$ は第 4 問（1）を見よ．

$\int_0^{\frac{\pi}{4}} \frac{1}{\cos^2\theta}d\theta=\left[\tan\theta\right]_0^{\frac{\pi}{4}}=\boldsymbol{1}$

（2） 第 4 問（2）を見よ．

（3） 第 4 問（3）を見よ．

《逆関数の利用 (B30)》

320. 実数 x の区間 $a\leqq x\leqq b$ (ただし $0<a<b$) で正の値をとる微分可能な関数 $f(x)$ に対して，微分可能な逆関数 $g(x)$ が存在するとき，定積分

S_1, S_2 を次式で定義する．

$$S_1 = \int_a^b f(x)\,dx$$

$$S_2 = \int_{f(a)}^{f(b)} g(x)\,dx$$

次の問いに答えよ．

（1） $S_1 + S_2$ を $a, b, f(a), f(b)$ で表せ．

（2） 定積分 $\int_3^{99} \sqrt{\sqrt{1+x}-1}\,dx$ を求めよ．

（3） 定積分 $\int_1^3 \sqrt{\dfrac{4}{x}-1}\,dx$ を求めよ．

（23　藤田医科大・医学部前期）

考え方 一般に関数 $y = f(x)$ が逆関数をもつということは x と y が互いに 1 対 1 対応するということである．通常 $f(x)$ の逆関数を $f^{-1}(x)$ と書く．本問では $g(x) = f^{-1}(x)$ である．逆関数を求めるとき，$y = f(x)$ を x について解いて $x = f^{-1}(y)$ の形にして，x と y を形式的に入れかえて $y = f^{-1}(x)$ とするように教科書などでは書いていることが多いが，x と y の形式的な入れかえは本来不要である．

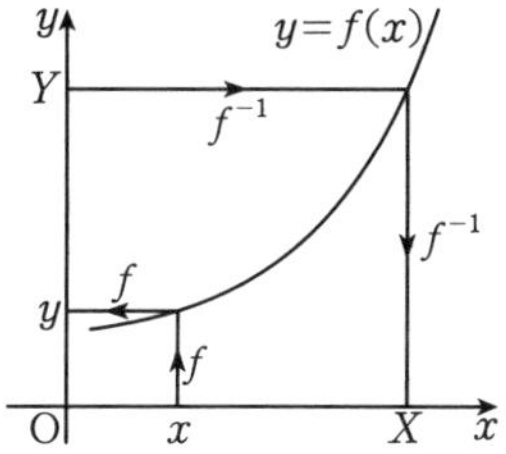

さて本問についてだが，$f(x)$ が逆関数をもつ微分可能な関数であるから，単調に増加するか，単調に減少するかである．さらに

$$S_2 = \int_{f(a)}^{f(b)} g(y)\,dy$$

と考えると，S_1, S_2 の意味を図形的に理解することができる．計算については別解を見よ．

▶解答◀ （1） $f(x)$ は微分可能で，微分可能な逆関数をもつから，$f(x)$ は単調に増加（常に増加）するか，単調に減少（常に減少）する．

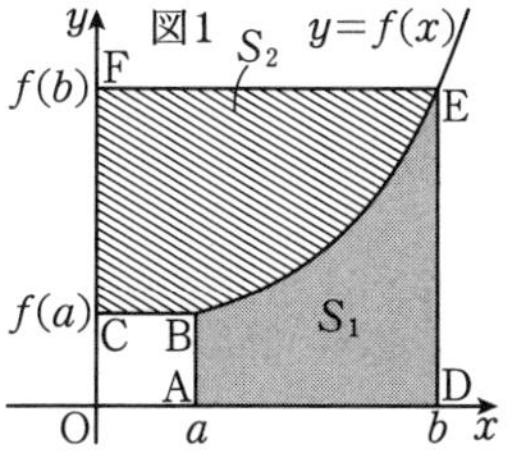

以下，$A(a, 0)$, $B(a, f(a))$, $C(0, f(a))$, $D(b, 0)$, $E(b, f(b))$, $F(0, f(b))$ とし，図形 X の面積を $[X]$ で表す．図 1 を見よ．$f(x)$ が単調に増加するとき

$S_1 = [\mathrm{ADEB}]$, $S_2 = [\mathrm{BEFC}]$ で

$$S_1 + S_2 = [\mathrm{ODEF}] - [\mathrm{OABC}] = bf(b) - af(a)$$

である．

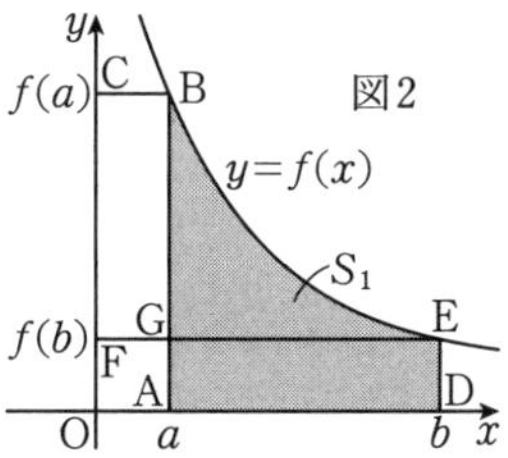

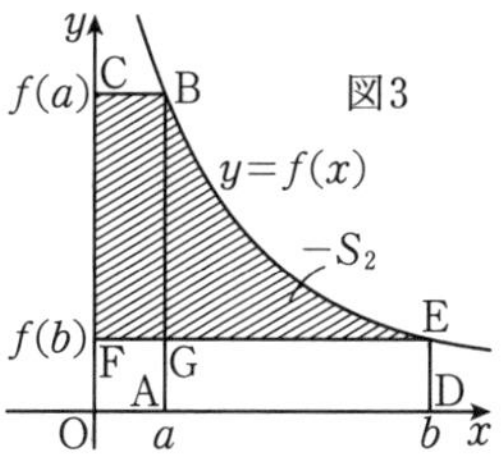

$G(a, f(b))$ とする．図 2 を見よ．$S_1 = [\mathrm{ADEB}]$ である．また $f(a) > f(b)$ であるから

$$\int_{f(b)}^{f(a)} g(y)\,dy = -\int_{f(a)}^{f(b)} g(x)\,dx = -S_2$$

となり，$-S_2 = [\mathrm{BCFE}]$ である．

$$S_1 + S_2 = [\mathrm{ADEG}] - [\mathrm{BCFG}]$$

$$= [\mathrm{ODEF}] - [\mathrm{OABC}] = bf(b) - af(a)$$

である．

以上より $S_1 + S_2 = \boldsymbol{bf(b) - af(a)}$ である．

（2） $f(x) = \sqrt{\sqrt{1+x}-1}$ のとき $f(3) = 1$, $f(99) = 3$ である．$y = \sqrt{\sqrt{1+x}-1}$ とすると

$$y^2 = \sqrt{1+x} - 1$$

$$1 + x = (y^2+1)^2$$

$$x = y^4 + 2y^2$$

であるから，$g(y) = y^4 + 2y^2$ である．

$$S_1 = \int_3^{99} f(x)\,dx,\ S_2 = \int_1^3 g(y)\,dy$$

$$S_2 = \int_1^3 (y^4 + 2y^2)\,dy = \left[\frac{y^5}{5} + \frac{2y^3}{3}\right]_1^3$$

$$= \left(\frac{243}{5} + 18\right) - \left(\frac{1}{5} + \frac{2}{3}\right) = \frac{986}{15}$$

$$S_1 = 99f(99) - 3f(3) - S_2$$

$$= 99\cdot 3 - 3\cdot 1 - \frac{986}{15} = \boldsymbol{\frac{3424}{15}}$$

（3） $f(x) = \sqrt{\dfrac{4}{x}-1}$ のとき $f(1) = \sqrt{3}$, $f(3) = \dfrac{1}{\sqrt{3}}$ である．$y = \sqrt{\dfrac{4}{x}-1}$ とすると $y^2 = \dfrac{4}{x} - 1$ であり，$x = \dfrac{4}{y^2+1}$ だから $g(y) = \dfrac{4}{y^2+1}$

$$S_1 = \int_1^3 f(x)\,dx,\ S_2 = \int_{\sqrt{3}}^{\frac{1}{\sqrt{3}}} g(y)\,dy$$

である．$y = \tan\theta$ とおくと $\dfrac{dy}{d\theta} = \dfrac{1}{\cos^2\theta}$

y	$\sqrt{3} \to \dfrac{1}{\sqrt{3}}$
θ	$\dfrac{\pi}{3} \to \dfrac{\pi}{6}$

$$S_2=\int_{\frac{\pi}{3}}^{\frac{\pi}{6}}\frac{4}{\tan^2\theta+1}\cdot\frac{1}{\cos^2\theta}\,d\theta$$

$$=\int_{\frac{\pi}{3}}^{\frac{\pi}{6}}4\,d\theta=\Big[\,4\theta\,\Big]_{\frac{\pi}{3}}^{\frac{\pi}{6}}=\frac{2\pi}{3}-\frac{4\pi}{3}=-\frac{2\pi}{3}$$

$$S_1=3f(3)-1\cdot f(1)-S_2$$

$$=\sqrt{3}-\sqrt{3}-\left(-\frac{2\pi}{3}\right)=\boldsymbol{\frac{2\pi}{3}}$$

◆別解◆ （1） $x=g(y)$ のとき $y=f(x)$

$$\frac{dy}{dx}=f'(x)$$

y	$f(a)\to f(b)$
x	$a\to b$

$$\int_{f(a)}^{f(b)}g(y)\,dy=\int_a^b x\frac{dy}{dx}\,dx$$

$$=\int_a^b xf'(x)\,dx$$

$$=\Big[\,xf(x)\,\Big]_a^b-\int_a^b(x)'f(x)\,dx$$

$$=bf(b)-af(a)-\int_a^b f(x)\,dx$$

$$S_2=bf(b)-af(a)-S_1$$

$$S_1+S_2=\boldsymbol{bf(b)-af(a)}$$

（**3**） $x=4\cos^2\theta$ とおくと

$$\frac{dx}{d\theta}=-8\cos\theta\sin\theta$$

x	$1\to 3$
θ	$\frac{\pi}{3}\to\frac{\pi}{6}$

$$\int_1^3\sqrt{\frac{4}{x}-1}\,dx$$

$$=\int_{\frac{\pi}{3}}^{\frac{\pi}{6}}\sqrt{\frac{1}{\cos^2\theta}-1}\cdot(-8\cos\theta\sin\theta)\,d\theta$$

$$=8\int_{\frac{\pi}{6}}^{\frac{\pi}{3}}\sqrt{\tan^2\theta}\cos\theta\sin\theta\,d\theta$$

$$=8\int_{\frac{\pi}{6}}^{\frac{\pi}{3}}\sin^2\theta\,d\theta=4\int_{\frac{\pi}{6}}^{\frac{\pi}{3}}(1-\cos2\theta)\,d\theta$$

$$=4\Big[\,\theta-\frac{\sin2\theta}{2}\,\Big]_{\frac{\pi}{6}}^{\frac{\pi}{3}}=\boldsymbol{\frac{2\pi}{3}}$$

《評価する（C30）》

321. 実数 $\displaystyle\int_0^{2023}\frac{2}{x+e^x}\,dx$ の整数部分を求めよ．

（23　東工大・前期）

考え方 不定積分 $\displaystyle\int\frac{2}{x+e^x}\,dx$ は実行できない．こういうときには，不等式を作るしかない．第一に考えることは，分母を単純にすることである．

$I=\displaystyle\int_0^{2023}\frac{2}{x+e^x}\,dx$ とおく，分母の x,e^x の一方を消せば不定積分ができるようになる．$I<\displaystyle\int_0^{2023}\frac{2}{e^x}\,dx$ か，$I<\displaystyle\int_0^{2023}\frac{2}{x}\,dx$ にする．後者は $\dfrac{2}{x}$ が $x=0$ で定義されず，不適であるから，前者を試す．すると，$I<2$ が分かる．あとは，$I>1$ を示すことが目標となる．

e^x を残し，x を消す．曲線 $y=e^x$ は下に凸だから，点 $(0,1)$ における接線 $y=x+1$ を使うか，原点から引いた接線 $y=ex$ を使う．$e^x\geqq x+1$ を使うなら，$x\leqq e^x-1$ で x を e^x-1 に置き換え，$e^x\geqq ex$ を使うなら，$x\leqq\dfrac{e^x}{e}$ で x を $\dfrac{e^x}{e}$ に置き換える，

▶解答◀ $I=\displaystyle\int_0^{2023}\frac{2}{x+e^x}\,dx$ とおく．

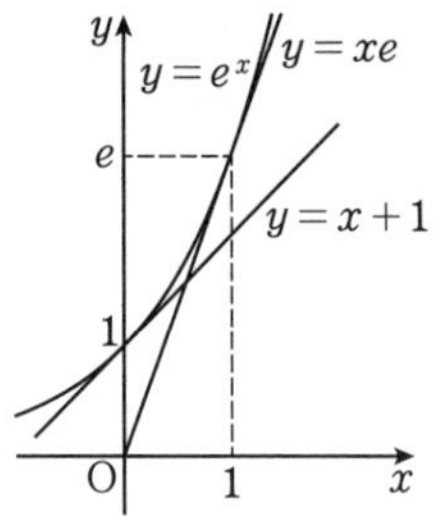

曲線 $y=e^x$ は下に凸だから点 $(1,e)$ における接線 $y=ex$ より上方にあり $e^x\geqq ex$ である．$x\leqq\dfrac{e^x}{e}$ として用いる．$x\geqq0$ で $e^x\leqq x+e^x\leqq\dfrac{e^x}{e}+e^x$

$$\frac{2e}{e^x(1+e)}\leqq\frac{2}{x+e^x}\leqq\frac{2}{e^x}$$

0 から 2023 まで積分して

$$\int_0^{2023}\frac{2e\cdot e^{-x}}{1+e}\,dx<I<\int_0^{2023}2e^{-x}\,dx$$

$$\left[\,\frac{-2e\cdot e^{-x}}{1+e}\,\right]_0^{2023}<I<\Big[\,-2e^{-x}\,\Big]_0^{2023}$$

$$\frac{2e}{1+e}(1-e^{-2023})<I<2(1-e^{-2023})<2$$

さて，$\dfrac{2e}{1+e}(1-e^{-2023})$ があまり小さくならないことを示す．$\dfrac{2x}{1+x}$ は $x\geqq0$ で単調増加である．微分すれば分かるが，それほどキチンとしたことが欲しい訳ではない．$x=2$ にすると $\dfrac{4}{3}$ になるから，$e>2$ を用いると

$$\frac{2e}{1+e}-\frac{4}{3}=\frac{2e-4}{3(1+e)}>0$$

である．また，

$$(1-e^{-2023})-0.9=0.1-\frac{1}{e^{2023}}=\frac{e^{2023}-10}{10e^{2023}}>0$$

である．なお $e^{2023}>2^{2023}>2^{10}=1024>10$ である．

$$\frac{2e}{1+e}(1-e^{-2023})>\frac{4}{3}\cdot0.9=\frac{3.6}{3}>1$$

よって $1<I<2$ であり，I の整数部分は **1** である．

◆別解◆ $I=\displaystyle\int_0^{2023}\frac{2}{x+e^x}$ とおく．曲線 $y=e^x$ は下

に凸だから，点 $(0, 1)$ における接線 $y = x + 1$ より上方にある．$e^x \geqq x + 1$ である．これを $x \leqq e^x - 1$ として用いる．$x \geqq 0$ で $0 \leqq x \leqq e^x - 1$ であるから，

$$e^x \leqq x + e^x \leqq 2e^x - 1$$
$$\frac{2}{2e^x - 1} \leqq \frac{2}{x + e^x} \leqq \frac{2}{e^x}$$

0 から 2023 まで積分して

$$\int_0^{2023} \frac{2}{2e^x - 1}\,dx < I < \int_0^{2023} \frac{2}{e^x}\,dx$$

となる．ここで $\int_0^{2023} \frac{2}{e^x}\,dx < 2$ は解答と同様である．

$$\int_0^{2023} \frac{2}{2e^x - 1}\,dx = \int_0^{2023} \frac{2e^{-x}}{2 - e^{-x}}\,dx$$
$$= \int_0^{2023} \frac{2(2 - e^{-x})'}{2 - e^{-x}}\,dx = \Big[\,2\log|2 - e^{-x}|\,\Big]_0^{2023}$$
$$= 2\log(2 - e^{-2023})$$

となる．ここで，$\log(2 - e^{-2023}) > \frac{1}{2}$ を示す．それは $2 - e^{-2023} > \sqrt{e}$ を示すことであり，$2 - \sqrt{e} > e^{-2023}$ を示すことである．解答と同じように，$\frac{1}{10} > e^{-2023}$ が示せる．$2 - \sqrt{e} > \frac{1}{10}$ の成立は $1.9 > \sqrt{e}$ を示せばよく，それは $3.61 > e$ の成立を示せばよい．これは成り立つ．よって証明された．

$1 < I < 2$ であるから，I の整数部分は **1** である．

◆別解◆　**【面積による評価】**

$g(x) = \frac{2}{x + e^x}$ とおくと，

$$g'(x) = -2 \cdot \frac{1 + e^x}{(x + e^x)^2} < 0$$
$$g''(x) = -2 \cdot \frac{h(x)}{(x + e^x)^4}$$

となる．ただし

$$h(x) = e^x(x + e^x)^2 - (1 + e^x) \cdot 2(x + e^x)(1 + e^x)$$
$$= (x + e^x)(xe^x + e^{2x} - 2 - 4e^x - 2e^{2x})$$

とする．横に長い式は 25 字の幅に収まらないから，このように記述した．

$$g''(x) = 2 \cdot \frac{e^{2x} + (4 - x)e^x + 2}{(x + e^x)^3}$$
$$= 2e^x \cdot \frac{e^x + (4 - x) + 2e^{-x}}{(x + e^x)^3}$$

ここで $F(x) = e^x + (4 - x) + 2e^{-x}$ とおくと

$$F'(x) = e^x - 1 - 2e^{-x} = e^{-x}(e^x + 1)(e^x - 2)$$

$F(x)$ は $x = \log 2$ で極小かつ最小になり，$x = \log 2$ のとき $e^x = 2$ だから

$$F(\log 2) = 2 + 4 - \log 2 + 1 = 7 - \log 2 > 0$$

となる．$F(x) > 0$ である．ゆえに $g''(x) > 0$ であり，曲線 $y = g(x)$ は下に凸である．$y = g(x)$ の $x = 1$ における接線は

$$y = -\frac{2(1 + e)}{(1 + e)^2}(x - 1) + \frac{2}{1 + e}$$
$$y = -\frac{2}{1 + e}x + \frac{4}{1 + e}$$

となる．ここで，$\mathrm{A}(2, 0)$, $\mathrm{B}\left(0, \frac{4}{1 + e}\right)$ とすると，

$$I > \triangle\mathrm{OAB} = \frac{1}{2} \cdot \frac{4}{1 + e} \cdot 2 = \frac{4}{1 + e} > 1$$

と評価できる．しかし，上からの評価は式でやり，下からの評価は面積を使うというのは，方針が定まらず思いつきにくいだろう．

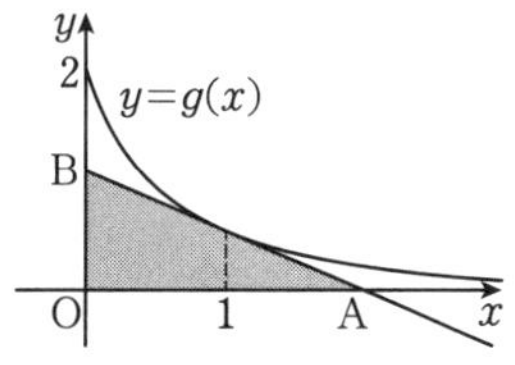

【定積分と不等式】

《0 の周りの展開 (B20) ☆》

322．以下の問いに答えよ．

（1）$t > 0$ のとき，不等式
$$1 + t + \frac{1}{2}t^2 < e^t < 1 + t + \frac{1}{2}t^2e^t$$
が成り立つことを証明せよ．

（2）$\displaystyle\lim_{x \to +0} \int_x^{2x} \frac{e^t - 1}{t^2}\,dt$ を求めよ．

（3）（2）で求めた値を c とするとき，
$\displaystyle\lim_{x \to +0} \frac{1}{x}\left(\int_x^{2x} \frac{e^t - 1}{t^2}\,dt - c\right)$ を求めよ．

（23　岐阜薬大）

▶解答◀　（1）

$f(t) = e^t - \left(1 + t + \frac{1}{2}t^2\right)$ とおく．

$$f'(t) = e^t - 1 - t$$
$$f''(t) = e^t - 1$$

$t > 0$ のとき $f''(t) > 0$ であるから $f'(t)$ は増加関数であり，$f'(0) = 0$ であるから $f'(t) > 0$ である．
$f'(t) > 0$ より $f(t)$ は増加関数であり，$f(0) = 0$ であるから，$f(t) > 0$ である．

$g(t) = 1 + t + \frac{1}{2}t^2e^t - e^t$ とおく．

$$g'(t) = 1 + \left(\frac{1}{2}t^2 + t - 1\right)e^t$$
$$g''(t) = (t + 1)e^t + \left(\frac{1}{2}t^2 + t - 1\right)e^t$$
$$= \left(\frac{1}{2}t^2 + 2t\right)e^t$$

$t > 0$ のとき $g''(t) > 0$ であるから $g'(t)$ は増加関数であり，$g'(0) = 0$ であるから $g'(t) > 0$ である．$g'(t) > 0$

より $g(t)$ は増加関数であり，$g(0)=0$ であるから，$g(t)>0$ である．よって，不等式は証明された．

（２） $t>0$ のとき，（１）の不等式の各辺から 1 を引いて t^2 で割ると

$$\frac{1}{t}+\frac{1}{2}<\frac{e^t-1}{t^2}<\frac{1}{t}+\frac{1}{2}e^t$$

$I=\int_x^{2x}\frac{e^t-1}{t^2}\,dt$ とおく．$x>0$ とすると，$x\leqq t\leqq 2x$ で上の不等式は成り立ち，この区間で積分をすると，

$$\int_x^{2x}\left(\frac{1}{t}+\frac{1}{2}\right)dt<I<\int_x^{2x}\left(\frac{1}{t}+\frac{1}{2}e^t\right)dt$$

が成り立つ．

$$\int_x^{2x}\left(\frac{1}{t}+\frac{1}{2}\right)dt=\left[\log|t|+\frac{t}{2}\right]_x^{2x}$$

$$=\log 2+\frac{x}{2}$$

$$\int_x^{2x}\left(\frac{1}{t}+\frac{1}{2}e^t\right)dt=\left[\log|t|+\frac{1}{2}e^t\right]_x^{2x}$$

$$=\log 2+\frac{1}{2}e^x(e^x-1)$$

であるから

$$\log 2+\frac{x}{2}<I<\log 2+\frac{1}{2}e^x(e^x-1)\ \cdots\cdots①$$

ここで

$$\lim_{x\to+0}\left(\log 2+\frac{x}{2}\right)=\log 2$$

$$\lim_{x\to+0}\left\{\log 2+\frac{1}{2}e^x(e^x-1)\right\}=\log 2$$

であるから，ハサミウチの原理より $\lim_{x\to+0}I=\mathbf{\log 2}$

（３） ① の各辺から $\log 2$ を引いて

$$\frac{x}{2}<I-\log 2<\frac{1}{2}e^x(e^x-1)$$

$x>0$ であるから

$$\frac{1}{2}<\frac{1}{x}(I-\log 2)<\frac{1}{2}e^x\cdot\frac{e^x-1}{x}$$

$\lim_{x\to+0}\left(\frac{1}{2}e^x\cdot\frac{e^x-1}{x}\right)=\frac{1}{2}\cdot1\cdot1=\frac{1}{2}$ であるから，ハサミウチの原理より $\lim_{x\to+0}\frac{1}{x}(I-\log 2)=\mathbf{\frac{1}{2}}$

♦別解♦ （１） $1+t+\frac{1}{2}t^2<e^t$ は

$$e^{-t}\left(1+t+\frac{1}{2}t^2\right)<1$$

を示す．$e^t<1+t+\frac{1}{2}t^2e^t$ は

$$\left(1-\frac{1}{2}t^2\right)e^t<1+t$$

$$\frac{2-t^2}{1+t}e^t<2$$

を示す．$f(t)=e^{-t}\left(1+t+\frac{1}{2}t^2\right)$ とおく．

$$f'(t)=-e^{-t}\left(1+t+\frac{1}{2}t^2\right)+e^{-t}(1+t)$$

$$=-\frac{1}{2}t^2e^{-t}<0$$

$f(t)$ は $t>0$ で減少関数であり，$f(0)=1$ だから $t>0$ で $f(t)<1$ である．$g(t)=\frac{2-t^2}{1+t}e^t<2$ を示す．

$$g'(t)=\frac{(-2t)\cdot(1+t)-(2-t^2)\cdot1}{(1+t)^2}e^t+\frac{2-t^2}{1+t}e^t$$

$$=\frac{-t^2-2t-2+(2-t^2)(1+t)}{(1+t)^2}e^t$$

この分子 $=-t^2-2t-2+2-t^2+2t-t^3$

$=-2t^2-t^3<0$

$g(t)$ は減少関数で $g(0)=2$ だから $t>0$ で $g(t)<2$

《積分の上端に注意 (B20) ☆》

323. 以下の問いに答えよ．

（１） α は $\alpha>1$ をみたす実数とする．2 以上の自然数 n に対して，不等式

$$1-\frac{1}{(n+1)^{\alpha-1}}\leqq(\alpha-1)\sum_{k=1}^{n}\frac{1}{k^\alpha}\leqq\alpha-\frac{1}{n^{\alpha-1}}$$

が成り立つことを示せ．

（２） 3 以上の自然数 n に対して，不等式

$$\frac{3}{2}-\log 3\leqq\sum_{k=1}^{n}\frac{1}{k}-\log n\leqq 1$$

が成り立つことを示せ．ただし，$\log x$ は x の自然対数である．（23 北海道大・後期）

考え方 （２）の系統は積分の上端が $n+1$ になるように誘導する問題があり，（１）はそうであるが，（２）は．それだと $\log(n+1)$ が残ってしまう．（２）は積分の上端を n にする．

▶解答◀ （１） $k\leqq x\leqq k+1$ においては $\frac{1}{x^\alpha}\leqq\frac{1}{k^\alpha}$ であるから，これを k から $k+1$ まで積分すると

$$\int_k^{k+1}\frac{dx}{x^\alpha}<\int_k^{k+1}\frac{dx}{k^\alpha}=\frac{1}{k^\alpha}$$

$k=1,2,\cdots,n$ としたものの和をとると

$$\sum_{k=1}^{n}\int_k^{k+1}\frac{dx}{x^\alpha}<\sum_{k=1}^{n}\frac{1}{k^\alpha}$$

$$\int_1^{n+1}\frac{dx}{x^\alpha}<\sum_{k=1}^{n}\frac{1}{k^\alpha}$$

$$\int_1^{n+1}\frac{dx}{x^\alpha}=\left[-\frac{x^{-(\alpha-1)}}{\alpha-1}\right]_1^{n+1}$$

$$=\frac{1}{\alpha-1}\left(1-\frac{1}{(n+1)^{\alpha-1}}\right)$$

これより，

$$1-\frac{1}{(n+1)^{\alpha-1}}<(\alpha-1)\sum_{k=1}^{n}\frac{1}{k^\alpha}\ \cdots\cdots①$$

$k-1\leqq x\leqq k$ においては $\frac{1}{k^\alpha}\leqq\frac{1}{x^\alpha}$ であるから，これを $k-1$ から k まで積分すると

$$\int_{k-1}^{k}\frac{dx}{k^\alpha}=\frac{1}{k^\alpha}<\int_{k-1}^{k}\frac{dx}{x^\alpha}$$

$k=2, 3, \cdots, n$ としたものの和をとると

$$\sum_{k=2}^{n}\frac{1}{k^{\alpha}}<\sum_{k=2}^{n}\int_{k-1}^{k}\frac{dx}{x^{\alpha}}$$

$$\sum_{k=1}^{n}\frac{1}{k^{\alpha}}<1+\int_{1}^{n}\frac{dx}{x^{\alpha}}$$

$$1+\int_{1}^{n}\frac{dx}{x^{\alpha}}=1+\left[-\frac{x^{-(\alpha-1)}}{\alpha-1}\right]_{1}^{n}$$

$$=1+\frac{1}{\alpha-1}\left(1-\frac{1}{n^{\alpha-1}}\right)=\frac{1}{\alpha-1}\left(\alpha-\frac{1}{n^{\alpha-1}}\right)$$

これより,

$$(\alpha-1)\sum_{k=1}^{n}\frac{1}{k^{\alpha}}<\alpha-\frac{1}{n^{\alpha-1}} \quad \cdots\cdots ②$$

よって, ①, ② より示された.

（2） $k \leqq x \leqq k+1$ においては $\frac{1}{x} \leqq \frac{1}{k}$ であるから, これを k から $k+1$ まで積分すると

$$\int_{k}^{k+1}\frac{dx}{x}<\int_{k}^{k+1}\frac{dx}{k}=\frac{1}{k}$$

$k=3, 4, \cdots, n-1$ としたものの和をとると

$$\sum_{k=3}^{n-1}\int_{k}^{k+1}\frac{dx}{x}<\sum_{k=3}^{n-1}\frac{1}{k}$$

$$1+\frac{1}{2}+\int_{3}^{n}\frac{dx}{x}+\frac{1}{n}<\sum_{k=1}^{n}\frac{1}{k}$$

$$\frac{3}{2}+\int_{3}^{n}\frac{dx}{x}<\sum_{k=1}^{n}\frac{1}{k}$$

$$\frac{3}{2}+\int_{3}^{n}\frac{dx}{x}=\frac{3}{2}+\Big[\log x\Big]_{3}^{n}$$

$$=\frac{3}{2}+(\log n-\log 3)$$

これより,

$$\frac{3}{2}-\log 3<\sum_{k=1}^{n}\frac{1}{k}-\log n \quad \cdots\cdots ③$$

$k-1 \leqq x \leqq k$ においては $\frac{1}{k} \leqq \frac{1}{x}$ であるから, これを $k-1$ から k まで積分すると

$$\int_{k-1}^{k}\frac{dx}{k}=\frac{1}{k}<\int_{k-1}^{k}\frac{dx}{x}$$

$k=2, 3, \cdots, n$ としたものの和をとると

$$\sum_{k=2}^{n}\frac{1}{k}<\sum_{k=2}^{n}\int_{k-1}^{k}\frac{dx}{x}$$

$$\sum_{k=1}^{n}\frac{1}{k}<1+\int_{1}^{n}\frac{dx}{x}$$

$$1+\int_{1}^{n}\frac{dx}{x}=1+\log n$$

これより,

$$\sum_{k=1}^{n}\frac{1}{k}-\log n<1 \quad \cdots\cdots ④$$

よって, ③, ④ より示された.

《式で挟む (B20)》

324. 定数ではない多項式 $f(x)$ についての不等式

$$(*) \quad |f(x)| \leqq \int_{0}^{x}\sin t\,dt$$

を $0 \leqq x \leqq 2\pi$ の範囲で考える.

（1） $f(x)$ の次数は少なくとも 4 であることを示せ. つまり, $0 \leqq x \leqq 2\pi$ の範囲で不等式 $(*)$ をみたす 1 次式, 2 次式, 3 次式は存在しないことを示せ.

（2） $f(x)$ を $0 \leqq x \leqq 2\pi$ の範囲で不等式 $(*)$ をみたす 4 次式とするとき, $f'(\pi)=0$ となることを示せ.

（23 熊本大・理-後期）

考え方 図でなく, 式で示すこと.

▶解答◀ （1）

$$0 \leqq |f(x)| \leqq \int_{0}^{x}\sin t\,dt$$

$x=0$ として $|f(0)| \leqq 0$

$f(0)=0$ である.

$$\int_{0}^{x}\sin t\,dt=\Big[-\cos t\Big]_{0}^{x}=1-\cos x=2\sin^2\frac{x}{2}$$

$$|f(x)| \leqq 2\left|\sin\frac{x}{2}\right|^2 \quad \cdots\cdots ①$$

$$f(x)=a_1x+a_2x^2+\cdots+a_nx^n$$

とおけて, $x \neq 0$ のとき. $|x|$ で割って

$$\left|\frac{f(x)}{x}\right| \leqq \left|\frac{\sin\frac{x}{2}}{\frac{x}{2}}\cdot\sin\frac{x}{2}\right|$$

$$|a_1+a_2x+\cdots+a_nx^{n-1}| \leqq \left|\frac{\sin\frac{x}{2}}{\frac{x}{2}}\cdot\sin\frac{x}{2}\right|$$

$x \to +0$ として $0 \leqq |a_1| \leqq 0$, $a_1=0$

$$f(x)=a_2x^2+\cdots+a_nx^n$$

となり $f(x)$ は x^2 で割り切れる. ① より

$$0 \leqq |f(x)| \leqq 2\left|\sin\frac{x-2\pi}{2}\right|^2$$

$x=2\pi$ として $0 \leqq |f(2\pi)| \leqq 0$

$$f(2\pi)=0$$

これと因数定理により

$$f(x)=(x-2\pi)g(x)$$

とおける. $g(x)$ は多項式である.

$x \neq 2\pi$ のとき

$$\left|\frac{f(x)}{x-2\pi}\right| \leqq 2\left|\frac{\sin\frac{x-2\pi}{2}}{\frac{x-2\pi}{2}}\cdot\sin\frac{x-2\pi}{2}\right|$$

$$0 \leqq |g(x)| \leqq \left|\frac{\sin\frac{x-2\pi}{2}}{\frac{x-2\pi}{2}}\cdot\sin\frac{x-2\pi}{2}\right|$$

$x \to 2\pi - 0$ として $0 \leqq |g(2\pi)| \leqq 0$

$g(2\pi) = 0$ であり，因数定理により $g(x)$ は $x - 2\pi$ で割り切れる．$f(x)$ は $(x-2\pi)^2$ で割り切れる．

$f(x)$ は $x^2(x-2\pi)^2$ で割り切れるから $f(x)$ は 4 次以上である．

（２） $f(x) = ax^2(x-2\pi)^2$ とおける．

$$f'(x) = 2ax(x-2\pi)^2 + 2ax^2(x-2\pi)$$

$$f'(\pi) = 2a\pi \cdot \pi^2 + 2ax^2(-\pi) = 0$$

《挟む式の工夫 (B20)》

325．以下の問いに答えよ．

（１） α を $\tan\alpha = 3$ を満たすような $\dfrac{\pi}{2}$ より小さい正の数とする．定積分 $\displaystyle\int_1^3 \frac{1}{(1+x^2)^2}\,dx$ を α の式で表せ．

（２） n を 2 以上の自然数とする．定積分 $\displaystyle\int_1^2 \frac{x}{(1+x^2)^n}\,dx$ を n の式で表せ．

（３） 極限値 $\displaystyle\lim_{n\to\infty}\int_1^2 \left(\frac{2}{1+x^2}\right)^n dx$ を求めよ．

（23　三重大・工）

▶解答◀ （１） $x = \tan\theta$ とおくと，

$dx = \dfrac{1}{\cos^2\theta}\,d\theta$ で，積分区間は $\dfrac{\pi}{4} \leqq \theta \leqq \alpha$ に変わる．

$$\int_1^3 \frac{1}{(1+x^2)^2}\,dx = \int_{\frac{\pi}{4}}^{\alpha} \frac{1}{(1+\tan^2\theta)^2}\cdot\frac{1}{\cos^2\theta}\,d\theta$$

$$= \int_{\frac{\pi}{4}}^{\alpha} \frac{1}{1+\tan^2\theta}\,d\theta = \int_{\frac{\pi}{4}}^{\alpha} \cos^2\theta\,d\theta$$

$$= \frac{1}{2}\int_{\frac{\pi}{4}}^{\alpha}(1+\cos 2\theta)\,d\theta = \frac{1}{2}\left[\theta + \frac{1}{2}\sin 2\theta\right]_{\frac{\pi}{4}}^{\alpha}$$

$$= \frac{1}{2}\left(\alpha - \frac{\pi}{4}\right) + \frac{1}{4}(\sin 2\alpha - 1)$$

$$= \frac{1}{2}\left(\alpha - \frac{\pi}{4}\right) + \frac{1}{4}(2\sin\alpha\cos\alpha - 1)$$

$$= \frac{1}{2}\left(\alpha - \frac{\pi}{4}\right) + \frac{1}{4}\left(2\cdot\frac{3}{\sqrt{10}}\cdot\frac{1}{\sqrt{10}} - 1\right)$$

$$= \boldsymbol{\frac{\alpha}{2} - \frac{\pi}{8} - \frac{1}{10}}$$

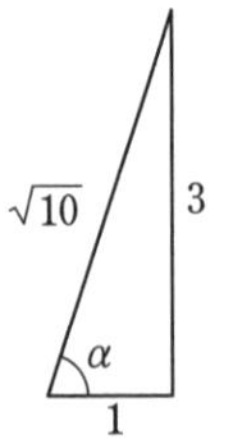

（２） $\displaystyle\int_1^2 \frac{x}{(1+x^2)^n}\,dx = \frac{1}{2}\int_1^2 (1+x^2)^{-n}(1+x^2)'\,dx$

$$= \frac{1}{2}\left[-\frac{1}{n-1}\cdot(1+x^2)^{-n+1}\right]_1^2$$

$$= -\frac{1}{2(n-1)}(5^{-n+1} - 2^{-n+1})$$

$$= \boldsymbol{\frac{1}{2(n-1)}(2^{-n+1} - 5^{-n+1})}$$

（３） $1 \leqq x$ のとき，$0 < \dfrac{2^n}{(1+x^2)^n} \leqq \dfrac{2^n x}{(1+x^2)^n}$

$$0 < \int_1^2 \left(\frac{2}{1+x^2}\right)^n dx < 2^n\int_1^2 \frac{x}{(1+x^2)^n}\,dx$$

右辺は

$$2^n\int_1^2 \frac{x}{(1+x^2)^n}\,dx = \frac{2^n}{2(n-1)}\left(\frac{1}{2^{n-1}} - \frac{1}{5^{n-1}}\right)$$

$$= \frac{1}{n-1}\left(1 - \left(\frac{2}{5}\right)^{n-1}\right)$$

であるから $n \to \infty$ のとき $0\cdot 1 = 0$ に収束する．ハサミウチの原理により，$\displaystyle\lim_{n\to\infty}\int_1^2\left(\frac{2}{1+x^2}\right)^n dx = \mathbf{0}$ である．

《π を抑える (B0)》

326．（１） 定積分 $\displaystyle\int_0^1 \frac{dx}{1+x^2}$ を求めよ．

（２） $0 \leqq x \leqq 1$ のとき，$\dfrac{1}{1+x^2} - 1 + \dfrac{1}{2}x \geqq 0$ が成り立つことを証明せよ．

（３） （２）を用いて，$\pi > 3$ であることを証明せよ．

（23　芝浦工大・前期）

▶解答◀ （１） $x = \tan\theta$ とおく．

$\dfrac{dx}{d\theta} = \dfrac{1}{\cos^2\theta}$ であり，$x : 0 \to 1$ のとき $\theta : 0 \to \dfrac{\pi}{4}$

$$\int_0^1 \frac{1}{1+x^2}\,dx = \int_0^{\frac{\pi}{4}} \frac{1}{1+\tan^2\theta}\cdot\frac{1}{\cos^2\theta}\,d\theta$$

$$= \int_0^{\frac{\pi}{4}} d\theta = \boldsymbol{\frac{\pi}{4}}$$

（２） $\dfrac{1}{1+x^2} - 1 + \dfrac{1}{2}x = \dfrac{1}{2}x - \dfrac{x^2}{1+x^2}$

$$= \frac{x}{2(1+x^2)}(1 + x^2 - 2x) = \frac{x(1-x)^2}{2(1+x^2)} \geqq 0$$

（３） $0 < x < 1$ のとき $\dfrac{1}{1+x^2} > 1 - \dfrac{1}{2}x$

$$4\int_0^1 \frac{1}{1+x^2}\,dx > 4\int_0^1 \left(1 - \frac{1}{2}x\right)dx$$

$$\pi > 4\left[x - \frac{1}{4}x^2\right]_0^1 = 3$$

《分数関数で π を抑える (B20) ☆》

327．次の問いに答えよ．ただし，$\sqrt{3} > 1.73$ である．

（１） $x = \tan t$ のとき，$\dfrac{1}{1+x^2}$ を $\cos t$ を用いて表せ．

（２） 定積分 $\displaystyle\int_0^{\frac{1}{\sqrt{3}}} \frac{1}{1+x^2}\,dx$ を求めよ．

（３） すべての実数 x に対して，$\dfrac{1}{1+x^2} \geqq 1 + ax^2$ が成り立つような実数 a の最大値を求めよ．

（４） 円周率は 3.07 より大きいことを示せ．

（23 和歌山大・システム工）

▶解答◀ （１） $\dfrac{1}{1+x^2}=\dfrac{1}{1+\tan^2 t}$

$=\boldsymbol{\cos^2 t}$

（２） $x=\tan t$ のとき $dx=\dfrac{1}{\cos^2 t}\,dt$

x	$0 \to \dfrac{1}{\sqrt{3}}$
t	$0 \to \dfrac{\pi}{6}$

$$\int_0^{\frac{1}{\sqrt{3}}}\frac{1}{1+x^2}\,dx=\int_0^{\frac{\pi}{6}}\cos^2 t\cdot\frac{1}{\cos^2 t}\,dt$$

$$=\Big[\,t\,\Big]_0^{\frac{\pi}{6}}=\boldsymbol{\frac{\pi}{6}}$$

（３） $\dfrac{1}{1+x^2}\geqq 1+ax^2$ より $-ax^2\geqq 1-\dfrac{1}{1+x^2}$

$$-ax^2\geqq\frac{x^2}{1+x^2}$$

$x=0$ のときは不等式は成り立つ．

$x\neq 0$ のときは $-a\geqq\dfrac{1}{1+x^2}$

右辺の値域は 1 と 0 の間の数である．$-a\geqq\dfrac{1}{1+x^2}$ が常に成り立つ条件は $-a\geqq 1$ である．$a\leqq -1$ となり，実数 a の最大値は $\boldsymbol{-1}$ である．

（４） （３）より

$$\frac{1}{1+x^2}\geqq 1-x^2$$

$$\int_0^{\frac{1}{\sqrt{3}}}\frac{1}{1+x^2}\,dx\geqq\int_0^{\frac{1}{\sqrt{3}}}(1-x^2)\,dx$$

（２）より

$$\frac{\pi}{6}\geqq\Big[\,x-\frac{x^3}{3}\,\Big]_0^{\frac{1}{\sqrt{3}}}=\frac{8}{9\sqrt{3}}$$

$$\pi\geqq\frac{16}{9}\sqrt{3}>\frac{16}{9}\cdot 1.73=3.075\cdots$$

したがって，円周率 π は 3.07 より大きい．

《$(\log x)^n$ の漸化式（B20）》

328. $a_n=\dfrac{1}{n!}\displaystyle\int_1^e(\log x)^n\,dx$ （$n=1,\,2,\,3,\,\cdots$）

とおく．

（１） a_1 を求めよ．

（２） 不等式 $0\leqq a_n\leqq\dfrac{e-1}{n!}$ が成り立つことを示せ．

（３） $n\geqq 2$ のとき，$a_n=\dfrac{e}{n!}-a_{n-1}$ であることを示せ．

（４） $\displaystyle\lim_{n\to\infty}\sum_{k=2}^{n}\frac{(-1)^k}{k!}$ を求めよ．

（23 青学大・理工）

▶解答◀ （１） $a_1=\displaystyle\int_1^e\log x\,dx$

$$=\Big[\,x\log x-x\,\Big]_1^e=(e-e)-(0-1)=\boldsymbol{1}$$

（２） $1\leqq x\leqq e$ のとき $0\leqq(\log x)^n\leqq 1$ であるから，この各辺を $1\leqq x\leqq e$ で積分して $n!$ で割り

$$0\leqq\int_1^e(\log x)^n\,dx\leqq\int_1^e dx$$

$$0\leqq a_n\leqq\frac{e-1}{n!}$$

（３） $a_n=\dfrac{1}{n!}\displaystyle\int_1^e(x)'(\log x)^n\,dx$

$$=\frac{1}{n!}\Big[\,x(\log x)^n\,\Big]_1^e-\frac{1}{n!}\int_1^e x\{(\log x)^n\}'\,dx$$

$$=\frac{e}{n!}-\frac{1}{n!}\int_1^e x\cdot n(\log x)^{n-1}\cdot\frac{1}{x}\,dx$$

$$a_n=\frac{e}{n!}-a_{n-1}$$

（４） $a_k=\dfrac{e}{k!}-a_{k-1}$ に $(-1)^k$ をかけて

$$(-1)^k a_k=e\cdot\frac{(-1)^k}{k!}+(-1)^{k-1}a_{k-1}$$

$$\frac{(-1)^k}{k!}=\frac{1}{e}\big((-1)^k a_k-(-1)^{k-1}a_{k-1}\big)$$

$$\sum_{k=2}^{n}\frac{(-1)^k}{k!}=\frac{1}{e}\big((-1)^n a_n-(-1)^1 a_1\big)$$

（２）とハサミウチの原理より $\displaystyle\lim_{n\to\infty}a_n=0$

$$\lim_{n\to\infty}\sum_{k=2}^{n}\frac{(-1)^k}{k!}=\frac{1}{e}a_1=\boldsymbol{\frac{1}{e}}$$

$(-1)^2a_2-(-1)^1a_1$
$(-1)^3a_3-(-1)^2a_2$
$\vdots$
$(-1)^na_n-(-1)^{n-1}a_{n-1}$

《x^ne^x の漸化式（B20）》

329. 定積分

$$I_n=\int_0^1 x^ne^x\,dx\ (n=1,\,2,\,3,\,\cdots)$$

を考える．ただし，e を自然対数の底とする．以下の問に答えよ．

（１） $I_1,\,I_2$ を求めよ．

（２） I_n は 2 つの整数 $a_n,\,b_n$ を用いて $I_n=a_n+b_ne$ と表せることを数学的帰納法を用いて示せ．

（３） （２）における b_n について，$n\geqq 3$ のとき，b_n は $n-1$ の倍数であることを示せ．

（４） $I_6,\,I_7$ を求めよ．また，$2.71<e<2.72$ を示せ．

（23 岐阜大・工）

▶解答◀ （1） $I_1=\int_0^1 xe^x\,dx$

$$=\int_0^1 x(e^x)'\,dx=\Big[\,xe^x\,\Big]_0^1-\int_0^1 (x)'e^x\,dx$$

$$=e-\int_0^1 e^x\,dx=e-\Big[\,e^x\,\Big]_0^1$$

$$=e-(e-1)=\mathbf{1}$$

$$I_2=\int_0^1 x^2e^x\,dx=\int_0^1 x^2(e^x)'\,dx$$

$$=\Big[\,x^2e^x\,\Big]_0^1-\int_0^1 (x^2)'e^x\,dx=e-\int_0^1 2xe^x\,dx$$

$$=e-2I_1=\boldsymbol{e-2}$$

（2） $n=1$ のとき，（1）より $a_1=1,\,b_1=0$ とすると成り立つ．

$n=k$ で成り立つとする．$I_k=a_k+b_ke$ （$a_k,\,b_k$ は整数）

$$I_{k+1}=\int_0^1 x^{k+1}e^x\,dx=\int_0^1 x^{k+1}(e^x)'\,dx$$

$$=\Big[\,x^{k+1}e^x\,\Big]_0^1-\int_0^1 (x^{k+1})'e^x\,dx$$

$$=e-\int_0^1 (k+1)x^ke^x\,dx=e-(k+1)I_k$$

$$=e-(k+1)(a_k+b_ke)$$

$$=-(k+1)a_k+\{1-(k+1)b_k\}e$$

$a_{k+1}=-(k+1)a_k,\,b_{k+1}=1-(k+1)b_k$ はいずれも整数であるから，$n=k+1$ のときも成り立つ．

数学的帰納法により示された．

（3） （1），（2）より

$$b_1=0,\,b_2=1,\,b_{k+1}=1-(k+1)b_k$$

$$b_3=1-3b_2=-2,\,b_4=1-4b_3=9$$

$b_3,\,b_4$ はそれぞれ 2, 3 の倍数であるから，$n=3,\,4$ のとき成り立つ．

$n=k$ で成り立つとする．$b_k=(k-1)A$ （A は整数）

$$b_{k+1}=1-(k+1)b_k=1-(k+1)(k-1)A$$

$$b_{k+2}=1-(k+2)b_{k+1}$$

$$=1-(k+2)\{1-(k+1)(k-1)A\}$$

$$=-k-1+(k+2)(k+1)(k-1)A$$

$$=(k+1)\{-1+(k+2)(k-1)A\}$$

$-1+(k+2)(k-1)A$ は整数であるから，b_{k+2} は $k+1$ の倍数であり，$n=k+2$ のときも成り立つ． ……（＊）

$n=3$ で成り立つことと（＊）より $n=3,\,5,\,7,\,\cdots$ で成り立つことが言える．また，$n=4$ で成り立つことと（＊）より $n=4,\,6,\,8,\,\cdots$ で成り立つことが言える．

したがって，$n\geqq 3$ について成り立つことが示された．

（4） （1），（2）より

$$a_2=-2,\,a_{k+1}=-(k+1)a_k$$

$$a_3=-3a_2=6,\,a_4=-4a_3=-24,$$

$$a_5=-5a_4=120,\,a_6=-6a_5=-720,$$

$$a_7=-7a_6=5040$$

また，$b_4=9,\,b_{k+1}=1-(k+1)b_k$ より

$$b_5=1-5b_4=-44,\,b_6=1-6b_5=265,$$

$$b_7=1-7b_6=-1854$$

$$I_6=\mathbf{-720+265}\boldsymbol{e},\ I_7=\mathbf{5040-1854}\boldsymbol{e}$$

また，$x>0$ において $x^ne^x>0$ であるから

$$I_n=\int_0^1 x^ne^x\,dx>0$$

$I_6>0,\,I_7>0$ より

$$-720+265e>0,\,5040-1854e>0$$

$$e>\frac{720}{265}=2.716\cdots>2.71$$

$$e<\frac{5040}{1854}=2.718\cdots<2.72$$

よって，示された．

《置換をすると見える (C30) ☆》

330．（1） 正の整数 k に対し，

$$A_k=\int_{\sqrt{k\pi}}^{\sqrt{(k+1)\pi}}\big|\sin(x^2)\big|\,dx$$

とおく．次の不等式が成り立つことを示せ．

$$\frac{1}{\sqrt{(k+1)\pi}}\leqq A_k\leqq\frac{1}{\sqrt{k\pi}}$$

（2） 正の整数 n に対し，

$$B_n=\frac{1}{\sqrt{n}}\int_{\sqrt{n\pi}}^{\sqrt{2n\pi}}\big|\sin(x^2)\big|\,dx$$

とおく．極限 $\lim\limits_{n\to\infty}B_n$ を求めよ．（23 東大・理科）

▶解答◀ （1） $x^2=t$ とおくと，いま積分区間は正であるから，$x=\sqrt{t}$ である．$dx=\dfrac{dt}{2\sqrt{t}}$

x	$\sqrt{k\pi}\ \to\ \sqrt{(k+1)\pi}$
t	$k\pi\ \to\ (k+1)\pi$

$$A_k=\int_{k\pi}^{(k+1)\pi}|\sin t|\frac{dt}{2\sqrt{t}}$$

さらに $u=t-k\pi$ とおくと，$du=dt$ で

t	$k\pi\ \to\ (k+1)\pi$
u	$0\ \to\ \pi$

$$A_k=\int_0^{\pi}\big|\sin(u+k\pi)\big|\frac{du}{2\sqrt{u+k\pi}}$$

$$=\int_0^{\pi}\frac{|\sin u|}{2\sqrt{u+k\pi}}\,du=\int_0^{\pi}\frac{\sin u}{2\sqrt{u+k\pi}}\,du$$

$0 \leqq u \leqq \pi$ のとき

$$\frac{\sin u}{2\sqrt{\pi+k\pi}} \leqq \frac{\sin u}{2\sqrt{u+k\pi}} \leqq \frac{\sin u}{2\sqrt{k\pi}}$$

$$\int_0^\pi \frac{\sin u\,du}{2\sqrt{(k+1)\pi}} \leqq \int_0^\pi \frac{\sin u\,du}{2\sqrt{u+k\pi}} \leqq \int_0^\pi \frac{\sin u\,du}{2\sqrt{k\pi}}$$

$$\int_0^\pi \sin u\,du = \Big[-\cos u\Big]_0^\pi = 2$$

であるから，

$$\frac{1}{\sqrt{(k+1)\pi}} \leqq A_k \leqq \frac{1}{\sqrt{k\pi}}$$

（２） $B_n = \frac{1}{\sqrt{n}} \sum_{k=n}^{2n-1} \int_{\sqrt{k\pi}}^{\sqrt{(k+1)\pi}} \left|\sin(x^2)\right| dx$

$$= \frac{1}{\sqrt{n}} \sum_{k=n}^{2n-1} A_k$$

であるから，（１）より

$$\frac{1}{\sqrt{n}} \sum_{k=n}^{2n-1} \frac{1}{\sqrt{(k+1)\pi}} \leqq B_n \leqq \frac{1}{\sqrt{n}} \sum_{k=n}^{2n-1} \frac{1}{\sqrt{k\pi}}$$

$$\frac{1}{n} \sum_{k=n}^{2n-1} \frac{1}{\sqrt{\frac{k+1}{n}\pi}} \leqq B_n \leqq \frac{1}{n} \sum_{k=n}^{2n-1} \frac{1}{\sqrt{\frac{k}{n}\pi}}$$

$$\lim_{n\to\infty} \frac{1}{n} \sum_{k=n}^{2n-1} \frac{1}{\sqrt{\frac{k+1}{n}}} = \int_1^2 \frac{1}{\sqrt{x}}\,dx \quad \cdots\cdots\cdots\cdots Ⓐ$$

$$= \Big[\,2\sqrt{x}\,\Big]_1^2 = 2\sqrt{2}-2$$

$$\lim_{n\to\infty} \frac{1}{n} \sum_{k=n}^{2n-1} \frac{1}{\sqrt{\frac{k}{n}}} = \int_1^2 \frac{1}{\sqrt{x}}\,dx = 2\sqrt{2}-2$$

よってハサミウチの原理より

$$\lim_{n\to\infty} B_n = \boldsymbol{\frac{2\sqrt{2}-2}{\sqrt{\pi}}}$$

注意 1°【区分求積】

区分求積というと

$$\lim_{n\to\infty} \sum_{k=1}^{n} \frac{1}{n} f\left(\frac{k}{n}\right) = \int_0^1 f(x)\,dx$$

しか出来ない人が多かろう．中には，この形でないといけないと思っている大人すらいる．そして，「区分求積の証明できる？」と聞くと，途端に過剰和と不足和の話をし始める．それでは，積分の定義が変わってしまうことに気づかない．高校の積分は，不足和と過剰和から始まるのではない．微分と積分が逆演算というところから始める，不足和も過剰和もなしに，区分求積は証明できる．拙著「崖っぷちシリーズ 数学 III の微分積分の検定外教科書」を参照せよ．積分の基本と考えるのではなく，単に，平均値の定理を利用して不等式を作る応用問題と考えるのである．そして，その式変形による証明を理解していれば，一般の区分求積は次のように出来ると分かる．

$x = \frac{k+1}{n}$ を分点とする区分求積を考える．$k=n$ から $k=2n-1$ まで増加するとき，x の微小増加分 $dx = \frac{1}{n}$ と考える．x の範囲は $\frac{n+1}{n} \leqq x \leqq \frac{2n}{n}$ となり，$n \to \infty$ のとき $1 \leqq x \leqq 2$ になる．Ⓐ を得る．

2°【不等式を作る】

$\frac{1}{\sqrt{k}}$ の和に関しては次のような評価（不等式を自分で作ること）

◆別解◆ （２）の途中から

$$\sqrt{k-1}+\sqrt{k} < 2\sqrt{k} < \sqrt{k}+\sqrt{k+1}$$

$$\frac{1}{\sqrt{k}+\sqrt{k+1}} < \frac{1}{2\sqrt{k}} < \frac{1}{\sqrt{k-1}+\sqrt{k}}$$

$$\sqrt{k+1}-\sqrt{k} < \frac{1}{2\sqrt{k}} < \sqrt{k}-\sqrt{k-1}$$

$$\sqrt{2n}-\sqrt{n} < \sum_{k=n}^{2n-1} \frac{1}{2\sqrt{k}} < \sqrt{2n-1}-\sqrt{n-1}$$

$$\sqrt{2}-1 < \frac{1}{\sqrt{n}} \sum_{k=n}^{2n-1} \frac{1}{2\sqrt{k}} < \sqrt{2-\frac{1}{n}}-\sqrt{1-\frac{1}{n}}$$

ハサミウチの原理から $\lim_{n\to\infty} \frac{1}{\sqrt{n}} \sum_{k=n}^{2n-1} \frac{1}{\sqrt{k}} = 2\sqrt{2}-2$

$\sum_{k=n}^{2n-1} \frac{1}{\sqrt{k+1}} = \sum_{k=n+1}^{2n} \frac{1}{\sqrt{k}}$ については

$\sqrt{2n+1}-\sqrt{n+1} < \sum_{k=n}^{2n-1} \frac{1}{2\sqrt{k+1}} < \sqrt{2n}-\sqrt{n}$ となり，

同様に $\lim_{n\to\infty} \frac{1}{\sqrt{n}} \sum_{k=n}^{2n-1} \frac{1}{\sqrt{k+1}} = 2\sqrt{2}-2$

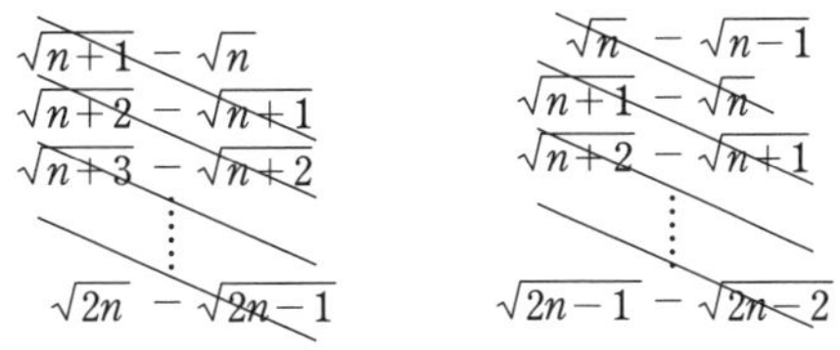

《珍しい級数 (B25)》

331．以下の問いに答えよ．

（１） 次の式が成り立つことを示せ．

$$\lim_{n\to\infty} \frac{1}{\log n} \sum_{m=1}^{n} \frac{1}{m} = 1$$

（２） 数列 $\{a_n\}$ を

$$a_n = \int_0^1 \frac{x^{n-1}}{\sqrt{x+1}}\,dx \quad (n=1,\ 2,\ 3,\ \cdots)$$

と定める．正の整数 n に対して，部分積分を用いて次の式が成り立つことを示せ．

$$a_n = \frac{1}{\sqrt{2}n} + \frac{1}{4\sqrt{2}n(n+1)} + \frac{3}{4n(n+1)} \int_0^1 \frac{x^{n+1}}{(x+1)^{\frac{5}{2}}}\,dx$$

（３） 設問（２）で定めた数列 $\{a_n\}$ を用いて

$$b_n = \frac{1}{\log n} \sum_{m=1}^{n} a_m \quad (n=2,\ 3,\ 4,\ \cdots)$$

とおくとき，極限値 $\lim_{n\to\infty} b_n$ を求めよ．

（23　東北大・理系-後期）

▶解答◀　（1）　$m \leqq x \leqq m+1$ においては $\frac{1}{x} \leqq \frac{1}{m}$ であるから，これを m から $m+1$ まで積分すると

$$\int_m^{m+1} \frac{dx}{x} < \int_m^{m+1} \frac{dx}{m} = \frac{1}{m}$$

$m=1, 2, \cdots, n-1$ としたものの和をとると

$$\sum_{m=1}^{n-1} \int_m^{m+1} \frac{dx}{x} < \sum_{m=1}^{n-1} \frac{1}{m}$$

$$\int_1^n \frac{dx}{x} + \frac{1}{n} < \sum_{m=1}^{n} \frac{1}{m}$$

$$\int_1^n \frac{dx}{x} + \frac{1}{n} = \Big[\log x \Big]_1^n + \frac{1}{n} = \log n + \frac{1}{n}$$

これより，

$$1 + \frac{1}{n \log n} < \frac{1}{\log n} \sum_{m=1}^{n} \frac{1}{m} \quad \cdots\cdots①$$

$m-1 \leqq x \leqq m$ においては $\frac{1}{m} \leqq \frac{1}{x}$ であるから，これを $m-1$ から m まで積分すると

$$\int_{m-1}^{m} \frac{dx}{m} = \frac{1}{m} < \int_{m-1}^{m} \frac{dx}{x}$$

$m=2, 3, \cdots, n$ としたものの和をとると

$$\sum_{m=2}^{n} \frac{1}{m} < \sum_{m=2}^{n} \int_{m-1}^{m} \frac{dx}{x}$$

$$\sum_{m=1}^{n} \frac{1}{m} < 1 + \int_1^n \frac{dx}{x}$$

$$1 + \int_1^n \frac{dx}{x} = 1 + \log n$$

これより，

$$\frac{1}{\log n} \sum_{m=1}^{n} \frac{1}{m} < 1 + \frac{1}{\log n} \quad \cdots\cdots②$$

$n \to \infty$ としたとき，① の左辺および ② の右辺はともに 1 に収束するから，ハサミウチの原理より，

$\frac{1}{\log n} \sum_{m=1}^{n} \frac{1}{m} = 1$ である．

（2）　$a_n = \int_0^1 x^{n-1}(x+1)^{-\frac{1}{2}}\, dx$

$$= \int_0^1 \left(\frac{x^n}{n}\right)'(x+1)^{-\frac{1}{2}}\, dx$$

$$= \left[\frac{x^n}{n}(x+1)^{-\frac{1}{2}} \right]_0^1 - \int_0^1 \frac{x^n}{n}\left(-\frac{1}{2}(x+1)^{-\frac{3}{2}}\right) dx$$

$$= \frac{1}{\sqrt{2}n} + \frac{1}{2n}\int_0^1 \left(\frac{x^{n+1}}{n+1}\right)'(x+1)^{-\frac{3}{2}}\, dx$$

$$= \frac{1}{\sqrt{2}n} + \frac{1}{2n}\left\{ \left[\frac{x^{n+1}}{n+1}(x+1)^{-\frac{3}{2}} \right]_0^1 - \int_0^1 \frac{x^{n+1}}{n+1}\left(-\frac{3}{2}(x+1)^{-\frac{5}{2}}\right) dx \right\}$$

$$= \frac{1}{\sqrt{2}n} + \frac{1}{4\sqrt{2}n(n+1)} + \frac{3}{4n(n+1)}\int_0^1 \frac{x^{n+1}}{(x+1)^{\frac{5}{2}}}\, dx$$

（3）　$0 < \int_0^1 \frac{x^{n+1}}{(x+1)^{\frac{5}{2}}} < \int_0^1 1\, dx = 1$ であるから，

$$\frac{1}{\sqrt{2}n} < a_n < \frac{1}{\sqrt{2}n} + \frac{1}{4\sqrt{2}n(n+1)} + \frac{3}{4n(n+1)}$$

である．ここで，

$$\frac{1}{\log n}\sum_{m=1}^{n} \frac{1}{m(m+1)} = \frac{1}{\log n}\sum_{m=1}^{n}\left(\frac{1}{m} - \frac{1}{m+1}\right)$$

$$= \frac{1}{\log n}\left(1 - \frac{1}{n+1}\right) \to 0 \quad (n \to \infty)$$

$$\frac{1}{1} - \frac{1}{2}$$
$$\frac{1}{2} - \frac{1}{3}$$
$$\frac{1}{3} - \frac{1}{4}$$
$$\vdots$$
$$\frac{1}{n} - \frac{1}{n+1}$$

であるから，（1）も合わせると

$$\lim_{n\to\infty} \frac{1}{\log n}\sum_{m=1}^{n} \frac{1}{\sqrt{2}m} = \frac{1}{\sqrt{2}}$$

$$\lim_{n\to\infty} \frac{1}{\log n}\sum_{m=1}^{n}\left(\frac{1}{\sqrt{2}m} + \frac{1}{4\sqrt{2}m(m+1)} + \frac{3}{4m(m+1)}\right)$$

$$= \frac{1}{\sqrt{2}} + 0 + 0 = \frac{1}{\sqrt{2}}$$

となるから，ハサミウチの原理より，$\lim_{n\to\infty} b_n = \boldsymbol{\frac{1}{\sqrt{2}}}$ である．

【区分求積】

《x^2 の積分（A2）》

332． $\lim_{n\to\infty} \frac{1}{n^3}\sum_{k=1}^{2n} k^2 = \square$ である．

（23　北見工大・後期）

▶解答◀　$\lim_{n\to\infty} \frac{1}{n^3}\sum_{k=1}^{2n} k^2 = \lim_{n\to\infty} \frac{1}{n}\sum_{k=1}^{2n}\left(\frac{k}{n}\right)^2$

$$= \int_0^2 x^2\, dx = \left[\frac{1}{3}x^3\right]_0^2 = \boldsymbol{\frac{8}{3}}$$

《x^4 の積分（A2）》

333． $\lim_{n\to\infty} \frac{1 + 2^4 + 3^4 + \cdots + n^4}{n^5} = \square$

（23　明治大・総合数理）

▶解答◀　$\lim_{n\to\infty} \frac{1 + 2^4 + \cdots + n^4}{n^5}$

$$= \lim_{n\to\infty} \frac{1}{n}\sum_{k=1}^{n}\left(\frac{k}{n}\right)^4 = \int_0^1 x^4\, dx = \boldsymbol{\frac{1}{5}}\ (④)$$

《x^m の積分（B5）》

334. m, n を自然数として，$S_n(m)=\sum_{k=1}^{n}k^m$ とする．このとき，$\lim_{n\to\infty}\dfrac{\{S_n(1)\}^3}{\{S_n(2)\}^2}=\dfrac{\square}{\square}$，および $\lim_{n\to\infty}\dfrac{\{S_n(3)\}^3}{\{S_n(5)\}^2}=\dfrac{\square}{\square}$ が成り立つ．

（23　東邦大・医）

▶解答◀ $\lim_{n\to\infty}\dfrac{S_n(m)}{n^{m+1}}$

$$=\lim_{n\to\infty}\frac{1}{n}\sum_{k=1}^{n}\left(\frac{k}{n}\right)^m=\int_0^1 x^m\,dx$$

$$=\left[\frac{x^{m+1}}{m+1}\right]_0^1=\frac{1}{m+1}$$

であるから，$n\to\infty$ のとき

$$\frac{\{S_n(1)\}^3}{\{S_n(2)\}^2}=\frac{\left(\frac{S_n(1)}{n^2}\right)^3}{\left(\frac{S_n(2)}{n^3}\right)^2}\to\frac{\left(\frac{1}{2}\right)^3}{\left(\frac{1}{3}\right)^2}=\boldsymbol{\frac{9}{8}}$$

$$\frac{\{S_n(3)\}^3}{\{S_n(5)\}^2}=\frac{\left(\frac{S_n(3)}{n^4}\right)^3}{\left(\frac{S_n(5)}{n^6}\right)^2}\to\frac{\left(\frac{1}{4}\right)^3}{\left(\frac{1}{6}\right)^2}=\boldsymbol{\frac{9}{16}}$$

《$\log(1+x)$ の積分（B2）》

335. 極限 $\lim_{n\to\infty}\dfrac{1}{n^2}\sum_{k=1}^{n}k\log\left(\dfrac{n+k}{n}\right)$ の値を求めよ．ただし，対数は自然対数とする．

（23　福岡教育大・中等）

▶解答◀ $\lim_{n\to\infty}\dfrac{1}{n^2}\sum_{k=1}^{n}k\log\left(\dfrac{n+k}{n}\right)$

$$=\lim_{n\to\infty}\frac{1}{n}\sum_{k=1}^{n}\frac{k}{n}\log\left(1+\frac{k}{n}\right)$$

$$=\int_0^1 x\log(1+x)\,dx$$

$$=\int_0^1\left(\frac{x^2-1}{2}\right)'\log(1+x)\,dx$$

$$=\left[\left(\frac{x^2-1}{2}\right)\log(1+x)\right]_0^1-\int_0^1\left(\frac{x^2-1}{2}\right)\{\log(1+x)\}'\,dx$$

$$=0-\int_0^1\frac{(x-1)(x+1)}{2}\cdot\frac{1}{x+1}\,dx$$

$$=-\left[\frac{(x-1)^2}{4}\right]_0^1=\boldsymbol{\frac{1}{4}}$$

《x^3, $\sin x$ の積分（A10）》

336. $\lim_{n\to\infty}\dfrac{1^3+2^3+3^3+\cdots+n^3}{n^4}=\square$，

$\lim_{n\to\infty}\dfrac{1}{n}\left(\sin\dfrac{\pi}{n}+\sin\dfrac{2\pi}{n}+\sin\dfrac{3\pi}{n}+\cdots+\sin\dfrac{n\pi}{n}\right)=\square$

（23　愛知工大・理系）

▶解答◀ $\lim_{n\to\infty}\dfrac{\sum_{k=1}^{n}k^3}{n^4}=\lim_{n\to\infty}\sum_{k=1}^{n}\dfrac{1}{n}\left(\dfrac{k}{n}\right)^3$

$$=\int_0^1 x^3\,dx=\boldsymbol{\frac{1}{4}}$$

2つめの極限は

$$\lim_{n\to\infty}\frac{1}{n}\sum_{k=1}^{n}\sin\frac{k\pi}{n}=\int_0^1\sin\pi x\,dx$$

$$=\left[-\frac{1}{\pi}\cos\pi x\right]_0^1=-\frac{1}{\pi}(-1-1)=\boldsymbol{\frac{2}{\pi}}$$

《2^x の積分（B5）☆》

337. $\lim_{n\to\infty}\dfrac{1}{n}\left(\sqrt[n]{2}+\sqrt[n]{2^2}+\sqrt[n]{2^3}+\cdots+\sqrt[n]{2^n}\right)$ を求めよ．

（23　会津大）

▶解答◀ $\lim_{n\to\infty}\dfrac{1}{n}\left(2^{\frac{1}{n}}+2^{\frac{2}{n}}+2^{\frac{3}{n}}+\cdots+2^{\frac{n}{n}}\right)$

$$=\lim_{n\to\infty}\frac{1}{n}\sum_{k=1}^{n}2^{\frac{n}{k}}=\int_0^1 2^x\,dx$$

$$=\left[\frac{2^x}{\log 2}\right]_0^1=\frac{2}{\log 2}-\frac{1}{\log 2}=\boldsymbol{\frac{1}{\log 2}}$$

《$\dfrac{1}{\sin x}$ の積分（B10）》

338. 極限値 $\lim_{n\to\infty}\dfrac{1}{n}\sum_{k=2n+1}^{3n}\dfrac{1}{\sin\frac{\pi k}{6n}}$ を求めよ．

（23　電気通信大・後期）

▶解答◀ $I=\lim_{n\to\infty}\dfrac{1}{n}\sum_{k=2n+1}^{3n}\dfrac{1}{\sin\frac{\pi k}{6n}}$ とおく．

$x=\dfrac{\pi k}{6n}$ を分点とする区分求積を考える．

$k=2n+1, 2n+2, \cdots, 3n$ のとき $dx=\dfrac{\pi}{6n}$ と見ると，$\dfrac{1}{n}=\dfrac{6}{\pi}dx$，$x$ の範囲は $\dfrac{\pi(2n+1)}{6n}\leqq x\leqq\dfrac{\pi\cdot 3n}{6n}$ となり，$n\to\infty$ のとき $\dfrac{\pi}{3}\leqq x\leqq\dfrac{\pi}{2}$ となる．

$$I=\int_{\frac{\pi}{3}}^{\frac{\pi}{2}}\frac{1}{\sin x}\cdot\frac{6}{\pi}\,dx \text{ となる．}$$

$$\frac{1}{\sin x}=\frac{\sin x}{\sin^2 x}=\frac{\sin x}{1-\cos^2 x}$$

$$=\frac{1}{2}\left(\frac{1}{1-\cos x}+\frac{1}{1+\cos x}\right)\sin x$$

$$I=\frac{6}{\pi}\cdot\frac{1}{2}\Big[\log|1-\cos x|-\log|1+\cos x|\Big]_{\frac{\pi}{3}}^{\frac{\pi}{2}}$$

$$=\frac{3}{\pi}\left(-\log\frac{1}{2}+\log\frac{3}{2}\right)=\boldsymbol{\frac{3}{\pi}\log 3}$$

《$\dfrac{x}{x^2+1}$ の積分（A5）》

339. 次の極限値 S を求めよ．

$$S=\lim_{n\to\infty}\sum_{k=1}^{n}\frac{k}{k^2+n^2}$$

$$=\lim_{n\to\infty}\left(\frac{1}{1+n^2}+\frac{2}{4+n^2}+\cdots+\frac{n}{n^2+n^2}\right)$$

（23　福井大・工-後）

▶解答◀ $S=\lim_{n\to\infty}\sum_{k=1}^{n}\frac{\frac{k}{n}}{\left(\frac{k}{n}\right)^2+1}\cdot\frac{1}{n}$

$$=\int_0^1\frac{x}{x^2+1}\,dx=\int_0^1\frac{(x^2+1)'}{2(x^2+1)}\,dx$$

$$=\left[\frac{1}{2}\log(x^2+1)\right]_0^1=\boldsymbol{\frac{1}{2}\log 2}$$

《区分求積の誤差 (C30) ☆》

340. 関数 $f(x)$ は第 2 次導関数をもち，$0\leqq x\leqq 1$ の範囲で $f''(x)\geqq 0$ を満たすとする．自然数 n に対して，

$$S_n=\sum_{k=0}^{n-1}\int_{\frac{k}{n}}^{\frac{k+1}{n}}\left\{\left(x-\frac{k}{n}\right)f'\left(\frac{k}{n}\right)+f\left(\frac{k}{n}\right)\right\}dx$$

$$T_n=\sum_{k=0}^{n-1}\int_{\frac{k}{n}}^{\frac{k+1}{n}}\left\{\left(x-\frac{k}{n}\right)f'\left(\frac{k+1}{n}\right)+f\left(\frac{k}{n}\right)\right\}dx$$

と定める．次の問いに答えよ．

（1） $0\leqq a<b\leqq 1$ とするとき，$a\leqq x\leqq b$ の範囲で

$$(x-a)f'(a)+f(a)\leqq f(x)$$
$$\leqq(x-a)f'(b)+f(a)$$

が成り立つことを示せ．

（2） $S_n\leqq\int_0^1 f(x)\,dx\leqq T_n$ を示せ．

（3） $p=f(0),\ q=f(1)$ とおくとき，

$\lim_{n\to\infty}\left\{n\int_0^1 f(x)\,dx-\sum_{k=0}^{n-1}f\left(\frac{k}{n}\right)\right\}$ を p と q を用いて表せ．　（23　大阪公立大・理-後）

▶解答◀ （1） $x=a$ のとき成り立つのは明らかだから $a<x\leqq b$ とする．平均値の定理より

$$f(x)-f(a)=f'(c)(x-a)\ (a<c<x)\ \cdots\cdots①$$

となる c が存在する．

$f''(x)\geqq 0$ より，$f'(x)$ は増加関数であり，$a<c<x\leqq b$ であるから

$$f'(a)\leqq f'(c)\leqq f'(b)$$

となる．よって，① より

$$f'(a)(x-a)\leqq f(x)-f(a)\leqq f'(b)(x-a)$$

すなわち

$$(x-a)f'(a)+f(a)\leqq f(x)$$
$$\leqq(x-a)f'(b)+f(a)\ \cdots\cdots\cdots\cdots\cdots\cdots②$$

（2） ② で $a=\frac{k}{n},\ b=\frac{k+1}{n}$ として

$$\left(x-\frac{k}{n}\right)f'\left(\frac{k}{n}\right)+f\left(\frac{k}{n}\right)$$
$$\leqq f(x)\leqq\left(x-\frac{k}{n}\right)f'\left(\frac{k+1}{n}\right)+f\left(\frac{k}{n}\right)$$

各辺を $\frac{k}{n}\leqq x\leqq\frac{k+1}{n}$ で積分し $k=0$ から $n-1$ まで和をとると $S_n\leqq\int_0^1 f(x)\,dx\leqq T_n$

（3） $\int_{\frac{k}{n}}^{\frac{k+1}{n}}\left(x-\frac{k}{n}\right)dx$

$$=\left[\frac{1}{2}\left(x-\frac{k}{n}\right)^2\right]_{\frac{k}{n}}^{\frac{k+1}{n}}=\frac{1}{2n^2}$$

である．

$$\sum_{k=0}^{n-1}\frac{1}{2n^2}f'\left(\frac{k}{n}\right)+\sum_{k=0}^{n-1}f\left(\frac{k}{n}\right)\frac{1}{n}\leqq\int_0^1 f(x)\,dx$$
$$\leqq\sum_{k=0}^{n-1}\frac{1}{2n^2}f'\left(\frac{k+1}{n}\right)+\sum_{k=0}^{n-1}f\left(\frac{k}{n}\right)\frac{1}{n}$$

n 倍して $\sum_{k=0}^{n-1}f\left(\frac{k}{n}\right)$ を移項し

$$\sum_{k=0}^{n-1}\frac{1}{2n}f'\left(\frac{k}{n}\right)\leqq n\int_0^1 f(x)\,dx-\sum_{k=0}^{n-1}f\left(\frac{k}{n}\right)$$
$$\leqq\sum_{k=0}^{n-1}\frac{1}{2n}f'\left(\frac{k+1}{n}\right)$$

$$\lim_{n\to\infty}\sum_{k=0}^{n-1}\frac{1}{2n}f'\left(\frac{k}{n}\right)=\frac{1}{2}\int_0^1 f'(x)\,dx$$
$$=\frac{1}{2}\Big[f(x)\Big]_0^1=\frac{1}{2}(q-p)$$

$$\lim_{n\to\infty}\sum_{k=0}^{n-1}\frac{1}{2n}f'\left(\frac{k+1}{n}\right)=\frac{1}{2}\int_0^1 f'(x)\,dx$$
$$=\frac{1}{2}\Big[f(x)\Big]_0^1=\frac{1}{2}(q-p)$$

よってハサミウチの原理より

$$\lim_{n\to\infty}\left\{n\int_0^1 f(x)\,dx-\sum_{k=0}^{n-1}f\left(\frac{k}{n}\right)\right\}=\boldsymbol{\frac{1}{2}(q-p)}$$

《$\sqrt{x}$ の積分 (B20) ☆》

341. 次の問いに答えよ．

（1） L を 2 以上の自然数とする．各辺の長さが自然数で，3 辺の長さの和が $4L$ である二等辺三角形の個数 $N(L)$ を求めよ．ただし，合同な三角形は同じとみなし，重複して数えない．

（2） （1）のような $N(L)$ 個の二等辺三角形の面積の平均値を $S(L)$ とする．このとき，極限

$$\lim_{L\to\infty}\frac{S(L)}{L^2}$$

を求めよ．　（23　信州大・理）

▶解答◀ (1) 二等辺三角形の 3 辺の長さを a, a, b とおく．

$$2a+b=4L \cdots\cdots ①$$

$$2a>b \cdots\cdots ②$$

① より $2a=-b+4L$ で ② に代入して

$$-b+4L>b \qquad \therefore \quad b<2L$$

また，① より $b=2(2L-a)$ で b が偶数であるから，$b=2, 4, 6, \cdots, 2L-2$ となり，$N(L)=\boldsymbol{L-1}$

このとき $a=2L-1, 2L-2, \cdots, L+1$ である．

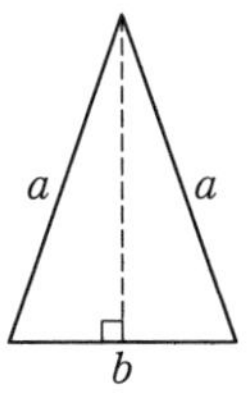

(2) 1 つの二等辺三角形の面積は

$$\frac{1}{2}\cdot b\sqrt{a^2-\frac{b^2}{4}}$$

であり，$b=2(2L-a)$ を代入して

$$(2L-a)\sqrt{a^2-(2L-a)^2}=2(2L-a)\sqrt{La-L^2}$$

$$S(L)=\frac{1}{L-1}\sum_{a=L+1}^{2L-1}2(2L-a)\sqrt{La-L^2}$$

$$=\frac{2}{L-1}\sum_{a=L+1}^{2L-1}(2L-a)\sqrt{L(a-L)}$$

$a=k+L$ と置き換えて

$$S(L)=\frac{2}{L-1}\sum_{k=1}^{L-1}(L-k)\sqrt{Lk}$$

$$\frac{S(L)}{L^2}=\frac{2}{L-1}\sum_{k=1}^{L-1}\left(1-\frac{k}{L}\right)\sqrt{\frac{k}{L}}$$

$$=\frac{2L}{L-1}\cdot\frac{1}{L}\sum_{k=1}^{L-1}\left(1-\frac{k}{L}\right)\sqrt{\frac{k}{L}}$$

$$\lim_{L\to\infty}\frac{S(L)}{L^2}=2\int_0^1(1-x)\sqrt{x}\,dx$$

$$=2\left[\frac{2}{3}x^{\frac{3}{2}}-\frac{2}{5}x^{\frac{5}{2}}\right]_0^1$$

$$=2\left(\frac{2}{3}-\frac{2}{5}\right)=\boldsymbol{\frac{8}{15}}$$

《$\sqrt{x}$ の積分 (B20)》

342. 数列 $\{a_n\}$ は，すべての項が正であり，

$$\sum_{k=1}^{n}a_k{}^2=2n^2+n\ (n=1, 2, 3, \cdots)$$

を満たすとする．$S_n=\sum\limits_{k=1}^{n}a_k$ とおくとき，$\lim\limits_{n\to\infty}\dfrac{S_n}{n\sqrt{n}}$ を求めよ． (23 信州大・医，工)

▶解答◀ $a_1{}^2=2+1=3$ であるから

$$a_1=\sqrt{3}$$

$n\geqq 2$ のとき

$$a_n{}^2=\sum_{k=1}^{n}a_k{}^2-\sum_{k=1}^{n-1}a_k{}^2$$

$$=2n^2+n-\{2(n-1)^2+(n-1)\}$$

$$=2n^2+n-(2n^2-3n+1)$$

$$=4n-1$$

$a_n>0$ であるから $a_n=\sqrt{4n-1}$ (結果は $n=1$ でも成り立つ)

$$S_n=\sum_{k=1}^{n}\sqrt{4k-1}$$

$$\frac{S_n}{n\sqrt{n}}=\sum_{k=1}^{n}\frac{1}{n}\sqrt{\frac{4k-1}{n}}$$

$x=\dfrac{4k-1}{n}$ を分点とする区分求積を考える．

$dx=\dfrac{4}{n}$ と見る．$\dfrac{1}{n}=\dfrac{1}{4}\,dx$ である．区間は $\dfrac{3}{n}\leqq x\leqq\dfrac{4n-1}{n}$ となり，$n\to\infty$ で $0\leqq x\leqq 4$ となる．

$$\lim_{n\to\infty}\frac{S_n}{n\sqrt{n}}=\int_0^4\sqrt{x}\cdot\frac{1}{4}\,dx$$

$$=\left[\frac{1}{6}x^{\frac{3}{2}}\right]_0^4=\frac{1}{6}\cdot 8=\boldsymbol{\frac{4}{3}}$$

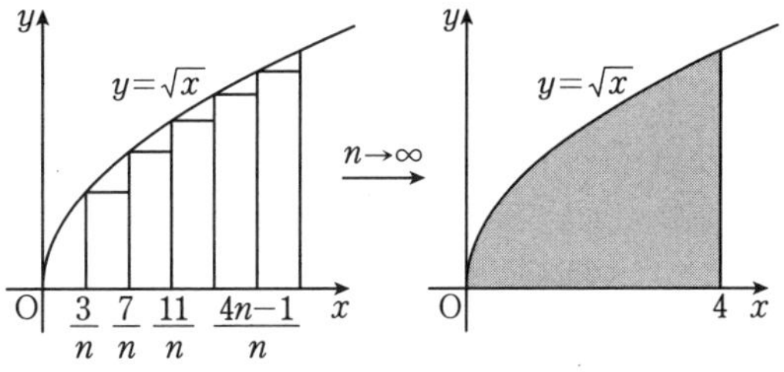

高校では区分求積は証明せず（厳密な証明は拙著の崖っぷち数 III，p.174 を参照）直観の見た目で行っている．

♦別解♦ 【$a_n=\sqrt{4n-1}$ を求めた後で】

k を自然数とする．$k<x<k+1$ のとき

$$\sqrt{4k-1}<\sqrt{4x-1}<\sqrt{4k+3}$$

$$\int_k^{k+1}\sqrt{4k-1}\,dx<\int_k^{k+1}\sqrt{4x-1}\,dx$$

$$<\int_k^{k+1}\sqrt{4k+3}\,dx$$

$$\sqrt{4k-1}<\int_k^{k+1}\sqrt{4x-1}\,dx<\sqrt{4k+3}$$

$$a_k<\int_k^{k+1}\sqrt{4x-1}\,dx<a_{k+1}$$

$1\leqq k\leqq n$ で和をとって

$$S_n<\int_1^{n+1}\sqrt{4x-1}\,dx<S_n-a_1+a_{n+1}$$

$$S_n<\left[\frac{1}{6}(4x-1)^{\frac{3}{2}}\right]_1^{n+1}<S_n-a_1+a_{n+1}$$

$$S_n < \frac{4n+3}{6}\sqrt{4n+3} - \frac{\sqrt{3}}{2} < S_n - \sqrt{3} + \sqrt{4n+3}$$

$$\frac{4n-3}{6}\sqrt{4n+3} + \frac{\sqrt{3}}{2} < S_n$$

$$< \frac{4n+3}{6}\sqrt{4n+3} - \frac{\sqrt{3}}{2}$$

$$\frac{1}{6}\left(4 - \frac{3}{n}\right)\sqrt{4+\frac{3}{n}} + \frac{\sqrt{3}}{2n\sqrt{n}} < \frac{S_n}{n\sqrt{n}}$$

$$< \frac{1}{6}\left(4 + \frac{3}{n}\right)\sqrt{4+\frac{3}{n}} - \frac{\sqrt{3}}{2n\sqrt{n}}$$

$$\lim_{n\to\infty}\left\{\frac{1}{6}\left(4 - \frac{3}{n}\right)\sqrt{4+\frac{3}{n}} + \frac{\sqrt{3}}{2n\sqrt{n}}\right\}$$

$$= \frac{1}{6}\cdot 4 \cdot \sqrt{4} = \frac{4}{3}$$

$$\lim_{n\to\infty}\left\{\frac{1}{6}\left(4 + \frac{3}{n}\right)\sqrt{4+\frac{3}{n}} - \frac{\sqrt{3}}{2n\sqrt{n}}\right\}$$

$$= \frac{1}{6}\cdot 4 \cdot \sqrt{4} = \frac{4}{3}$$

であるから，ハサミウチの原理を用いて

$$\lim_{n\to\infty}\frac{S_n}{n\sqrt{n}} = \boldsymbol{\frac{4}{3}}$$

《空間で四角形 (B10)》

343. xyz 空間の 4 点

A(1, 0, 0)，B(0, 1, 0)，C(0, 0, 1)，D(1, 1, 1)

を頂点とする四面体 ABCD を考える．また，

$n,\ k$ を $0 < k < n$ を満たす整数とする．

平面 $\alpha : z = \dfrac{k}{n}$ による四面体 ABCD の切り口の面積を $S(k)$ とするとき，以下の問に答えよ．

（1） 平面 α と線分 AC の交点の座標と，平面 α と線分 AD の交点の座標を求めよ．

（2） $S(k)$ を $n,\ k$ を用いて表せ．

（3） 極限値 $\displaystyle\lim_{n\to\infty}\frac{1}{n}\sum_{k=1}^{n-1}S(k)$ を求めよ．

（23　青学大・理工）

▶解答◀ （1） 平面 α と線分 AC の交点を P とすると

$$\overrightarrow{\text{OP}} = (1-s)\overrightarrow{\text{OA}} + s\overrightarrow{\text{OC}}$$

$$= (1-s)(1, 0, 0) + s(0, 0, 1) = (1-s, 0, s)$$

z 成分から $s = \dfrac{k}{n}$ であり，P の座標は $\boldsymbol{\left(1-\dfrac{k}{n},\ 0,\ \dfrac{k}{n}\right)}$ である．また，平面 α と線分 AD の交点を Q とすると

$$\overrightarrow{\text{OQ}} = (1-t)\overrightarrow{\text{OA}} + t\overrightarrow{\text{OD}}$$

$$= (1-t)(1, 0, 0) + t(1, 1, 1) = (1, t, t)$$

$t = \dfrac{k}{n}$ であるから，Q の座標は $\boldsymbol{\left(1,\ \dfrac{k}{n},\ \dfrac{k}{n}\right)}$ である．

（2） 四面体は平面 $\beta : x = y$ に関して対称であるから，P，Q から β に下ろした垂線の足をそれぞれ P′，Q′ とすると四角形 PQQ′P′ は長方形で，$\text{PQ} = \sqrt{2}\cdot\dfrac{k}{n}$，$\text{PP}' = \dfrac{1}{\sqrt{2}}\left(1-\dfrac{k}{n}\right)$ となるから

$$\frac{S(k)}{2} = \text{PQ}\cdot\text{PP}' = \frac{k}{n}\left(1-\frac{k}{n}\right)$$

$$S(k) = \boldsymbol{\frac{2k}{n}\left(1-\frac{k}{n}\right)}$$

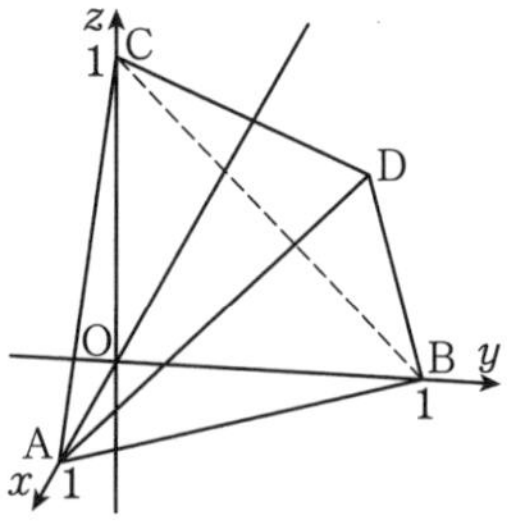

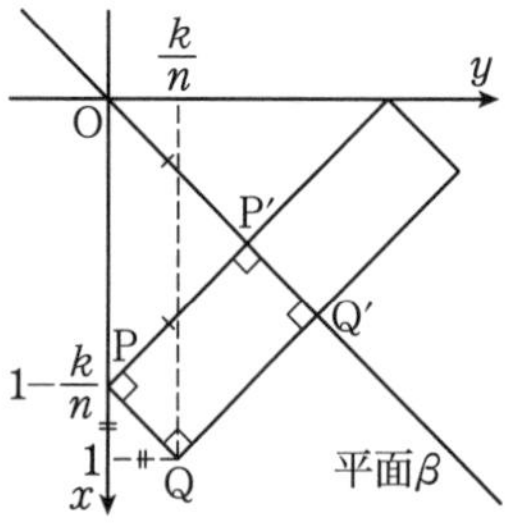

（3） $$\lim_{n\to\infty}\frac{1}{n}\sum_{k=1}^{n-1}S(k) = 2\lim_{n\to\infty}\frac{1}{n}\sum_{k=1}^{n-1}\frac{k}{n}\left(1-\frac{k}{n}\right)$$

$$= 2\int_0^1 x(1-x)\,dx = 2\cdot\frac{1}{6}(1-0)^3 = \boldsymbol{\frac{1}{3}}$$

《3 次関数の逆関数 (B20) ☆》

344. 定義域が実数全体である関数

$y = 2x^3 - 3x^2 + 2x$

の逆関数を $y = g(x)$ とする．

（1） $g(8) = \square$ であり，$g'(8) = \dfrac{\square}{\square}$ である．

（2） 曲線 $y = g(x)$ と直線 $y = x$ の交点の x 座標の値を小さい順に並べると，$\square$，$\dfrac{\square}{\square}$，$\square$ である．

（3） 曲線 $y = g(x)$ と直線 $y = x$ で囲まれた部分の面積は $\dfrac{\square}{\square}$ である．（23　埼玉医大・後期）

▶解答◀ （1） $y = 2x^3 - 3x^2 + 2x$ の逆関数について，x と y を入れ替えて

$$x = 2y^3 - 3y^2 + 2y$$

である．$x = 8$ のとき

$$8 = 2y^3 - 3y^2 + 2y$$

$$(y-2)(2y^2 + y + 4) = 0 \qquad \therefore\ \ y = 2$$

よって，$g(8) = \boldsymbol{2}$

$$\frac{dx}{dy} = 6y^2 - 6y + 2$$

$$\frac{dy}{dx} = \frac{1}{\frac{dx}{dy}} = \frac{1}{6y^2 - 6y + 2}$$

$g'(8)$ を求める．$x=8$ のとき $y=2$ であるから代入して

$$g'(8)=\frac{1}{24-12+2}=\mathbf{\frac{1}{14}}$$

（**2**） $x=2y^3-3y^2+2y$ と $y=x$ を連立して

$$x=2x^3-3x^2+2x$$

$$x(2x^2-3x+1)=0$$

$$x(2x-1)(x-1)=0 \qquad \therefore\quad x=\mathbf{0,\ \frac{1}{2},\ 1}$$

（**3**） 元の関数 $y=2x^3-3x^2+2x$ と逆関数 $y=g(x)$ は $y=x$ に関して対称であることから，グラフは図 1 のようになる．

ただし，これは元の関数 $y=f(x)$ が増加関数であるから成り立つことである．それを確認しておこう．

$f(x)$ が増加関数だと $f^{-1}(x)$ も増加関数である．

$f(x)>x$ のとき $f(f(x))>f(x)>x$

$$f(f(x))>x$$

f^{-1} をかぶせて $f(x)>f^{-1}(x)$

$f(x)<x$ のとき $f(f(x))<f(x)<x$

$$f(x)<f^{-1}(x)$$

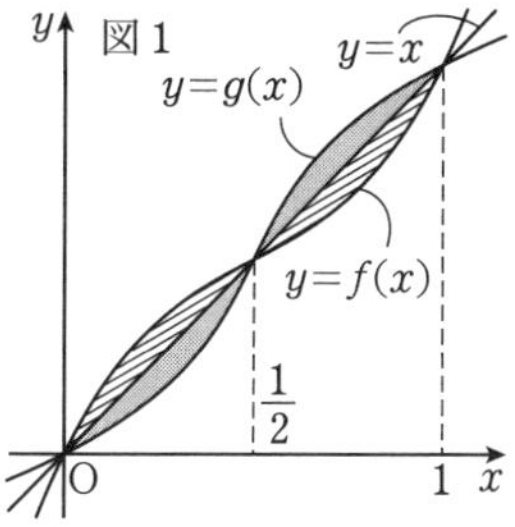

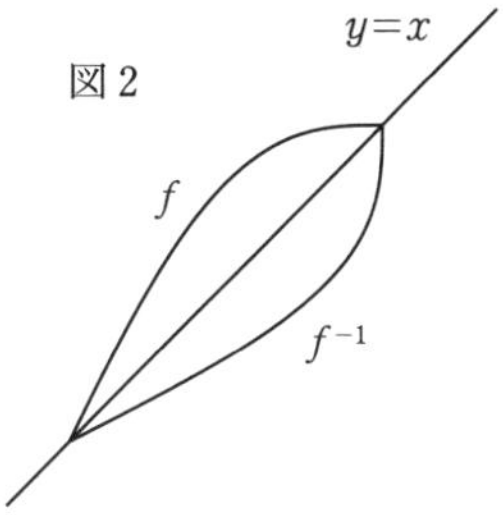

求める面積は図 1 の網目部分である．元の関数 $y=2x^3-3x^2+2x$ と $y=x$ で囲まれた部分の面積と等しいから，図 1 の斜線部分の面積を計算して

$$\int_0^{\frac{1}{2}}\{(2x^3-3x^2+2x)-x\}\,dx$$

$$+\int_{\frac{1}{2}}^1\{x-(2x^3-3x^2+2x)\}\,dx$$

$$=\int_0^{\frac{1}{2}}(2x^3-3x^2+x)\,dx-\int_{\frac{1}{2}}^1(2x^3-3x^2+x)\,dx$$

$$=\left[\frac{x^4}{2}-x^3+\frac{x^2}{2}\right]_0^{\frac{1}{2}}-\left[\frac{x^4}{2}-x^3+\frac{x^2}{2}\right]_{\frac{1}{2}}^1$$

$$=2\left(\frac{1}{32}-\frac{1}{8}+\frac{1}{8}\right)-0-\left(\frac{1}{2}-1+\frac{1}{2}\right)$$

$$=\mathbf{\frac{1}{16}}$$

《指数関数の逆関数（B10）☆》

345. 実数全体で定義された関数 $f(x)=2^x-1$ を考える．

（1） 関数 $y=f(x)$ の逆関数 $y=f^{-1}(x)$ を求めよ．またその定義域を求めよ．

（2） 2 つの曲線 $y=f(x)$ と $y=f^{-1}(x)$ の共有点の座標をすべて求めよ．

（3） 2 つの曲線 $y=f(x)$ と $y=f^{-1}(x)$ で囲まれた部分の面積を求めよ． （23 鹿児島大・教）

▶解答◀ （**1**） $y=2^x-1$ とおく．

まずは x について解く．$y>-1$ である．

$$2^x=y+1$$

$$x=\log_2(y+1)$$

x,y を取り替えて $y=\log_2(x+1)$

$$\boldsymbol{f^{-1}(x)=\log_2(x+1)}$$

であり，定義域は $\boldsymbol{x>-1}$ である．

（**2**） 曲線 $y=f(x)$ は下に凸で増加する．

$y=f^{-1}(x)$ は上に凸で増加する．$f(x)=f^{-1}(x)$ は多くても 2 つの実数解しかもたない．

$$2^x-1=\log_2(x+1)$$

は $x=1,0$ で成り立つ．交点は $\mathbf{(0,0),(1,1)}$ である．

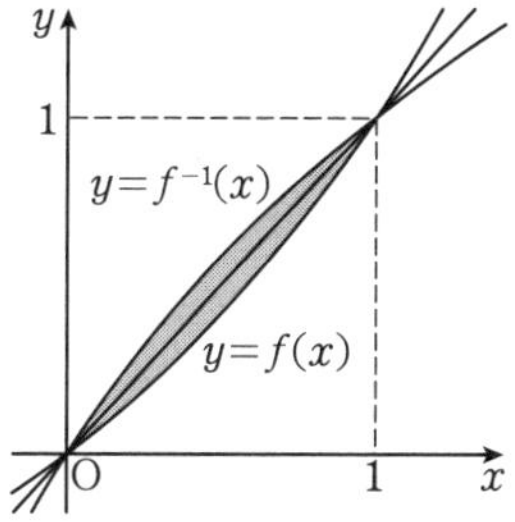

（**3**） 求める面積 S は図の網目部分の面積であり，網目部分は $y=x$ に関して対称であるから

$$S=2\int_0^1\{x-(2^x-1)\}\,dx$$

$$=2\left[\frac{x^2}{2}-\frac{2^x}{\log 2}+x\right]_0^1=\mathbf{3-\frac{2}{\log 2}}$$

《双曲線関数（B15）☆》

346. 実数全体を定義域とする関数 $y=f(x)$ を $f(x)=\dfrac{e^x-e^{-x}}{e^x+e^{-x}}$ で定義する．このとき，以下の設問に答えよ．

（1） 関数 $y=f(x)$ の値域を求めよ．

（2） 関数 $y=f(x)$ の逆関数 $y=f^{-1}(x)$ を求めよ．

（3） $y=f(x)$ のグラフと直線 $y=\dfrac{1}{2}$ および y 軸で囲まれた部分の面積を求めよ．

（23　東京女子大・数理）

▶解答◀　(1)　$f(x)=\dfrac{e^{2x}-1}{e^{2x}+1}$

$$f'(x)=\frac{2e^{2x}(e^{2x}+1)-(e^{2x}-1)\cdot 2e^{2x}}{(e^{2x}+1)^2}$$

$$=\frac{4e^{2x}}{(e^{2x}+1)^2}>0$$

$f(x)$ は増加関数である．また

$$\lim_{x\to\infty}f(x)=\lim_{x\to\infty}\frac{1-e^{-2x}}{1+e^{-2x}}=1$$

$$\lim_{x\to-\infty}f(x)=\lim_{x\to-\infty}\frac{e^{2x}-1}{e^{2x}+1}=-1$$

したがって，$\boldsymbol{-1<f(x)<1}$

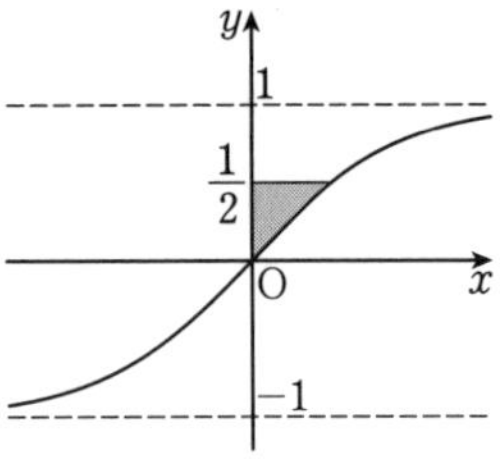

(2)　$y=\dfrac{e^{2x}-1}{e^{2x}+1}$ とおく．x について解く．

$$y(e^{2x}+1)=e^{2x}-1$$

$$e^{2x}(1-y)=1+y$$

$y=1$ とすると成立しないから $y\neq 1$ である．

$e^{2x}=\dfrac{1+y}{1-y}$ であり，$2x=\log\dfrac{1+y}{1-y}$

$$x=\frac{1}{2}\log\frac{1+y}{1-y}$$

x,y を取り替えて $y=\dfrac{1}{2}\log\dfrac{1+x}{1-x}$

よって，$f^{-1}(x)=\boldsymbol{\dfrac{1}{2}\log\dfrac{1+x}{1-x}}$

(3)　$\displaystyle\int_0^{\frac{1}{2}}x\,dy=\int_0^{\frac{1}{2}}\frac{1}{2}\log\frac{1+y}{1-y}\,dy$

$$=\frac{1}{2}\int_0^{\frac{1}{2}}\{\log(1+y)-\log(1-y)\}\,dy$$

$$=\frac{1}{2}\Big[(1+y)\log(1+y)-y+(1-y)\log(1-y)+y\Big]_0^{\frac{1}{2}}$$

$$=\frac{1}{2}\left(\frac{3}{2}\log\frac{3}{2}+\frac{1}{2}\log\frac{1}{2}\right)$$

$$=\frac{3}{4}(\log 3-\log 2)-\frac{1}{4}\log 2$$

$$=\boldsymbol{\frac{3}{4}\log 3-\log 2}$$

《指数関数と対数関数 (B20)》

347．実数 x に対して関数 $f(x)$ を

$$f(x)=e^{x-2}$$

で定め，正の実数 x に対して関数 $g(x)$ を

$$g(x)=\log x+2$$

で定める．また $y=f(x)$, $y=g(x)$ のグラフをそれぞれ C_1, C_2 とする．以下の問に答えよ．

(1)　$f(x)$ と $g(x)$ がそれぞれ互いの逆関数であることを示せ．

(2)　直線 $y=x$ と C_1 が 2 点で交わることを示せ．ただし，必要なら $2<e<3$ を証明しないで用いてよい．

(3)　直線 $y=x$ と C_1 との 2 つの交点の x 座標を α,β とする．ただし $\alpha<\beta$ とする．直線 $y=x$ と C_1, C_2 をすべて同じ xy 平面上に図示せよ．

(4)　C_1 と C_2 で囲まれる図形の面積を (3) の α と β の多項式で表せ．　（23　早稲田大・理工）

▶解答◀　(1)　$y=e^{x-2}$ を x について解く．自然対数をとって

$$\log y=x-2 \qquad \therefore\quad x=\log y+2$$

x と y を入れ替えて，$y=e^{x-2}$ の逆関数は $y=\log x+2$ となるから示された．

(2)　$y=x$ と $y=f(x)$ を連立すると，$x=e^{x-2}$ である．ここで，$h(x)=e^{x-2}-x$ とおくと

$$h'(x)=e^{x-2}-1$$

x	$\cdots$	2	$\cdots$
$h'(x)$	$-$	0	$+$
$h(x)$	↘		↗

$$h(2)=e^0-2=-1<0$$

$$\lim_{x\to\pm\infty}h(x)=\infty$$

であるから，$h(x)=0$ の解は 2 つあることが示されたから，$y=x$ と C_1 は 2 点で交わる．

(3)　$y=f(x)$ は下に凸，$y=g(x)$ は上に凸であることに注意すると (1)，(2) も合わせて次のようになる．

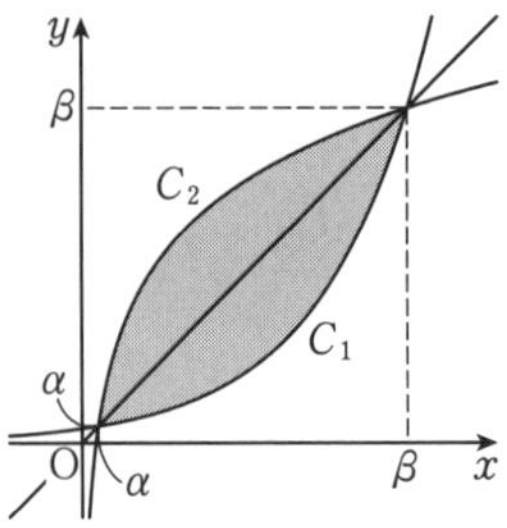

(4)　$y=x$ に関する対称性より，C_1 と C_2 で囲まれる

図形の面積 S は

$$S=2\int_{\alpha}^{\beta}(x-f(x))\,dx$$
$$=2\left[\frac{x^2}{2}-e^{x-2}\right]_{\alpha}^{\beta}$$
$$=2\left\{\left(\frac{\beta^2}{2}-\frac{\alpha^2}{2}\right)-(e^{\beta-2}-e^{\alpha-2})\right\}$$

ここで，α, β はそれぞれ $e^{\alpha-2}=\alpha,\ e^{\beta-2}=\beta$ を満たしているから

$$S=(\beta^2-\alpha^2)-2(\beta-\alpha)$$
$$=(\beta-\alpha)(\beta+\alpha)-2(\beta-\alpha)$$
$$=\boldsymbol{(\beta-\alpha)(\alpha+\beta-2)}$$

《無理関数と接線 (B5) ☆》

348. 関数 $f(x)=\dfrac{1}{\sqrt{x+1}}$ を考える．

曲線 $C: y=f(x)$ 上の点 $(1, f(1))$ における接線を l とする．次の問いに答えよ．

（1） 関数 $f(x)$ の導関数と第 2 次導関数を求めよ．

（2） 直線 l の方程式を求めよ．

（3） 曲線 C と直線 l，および y 軸で囲まれた部分の面積を求めよ．

（23　弘前大・医（保健-放射線技術））

▶解答◀ （1） $f(x)=(x+1)^{-\frac{1}{2}}$

$$f'(x)=\boldsymbol{-\frac{1}{2}(x+1)^{-\frac{3}{2}}}$$
$$f''(x)=-\frac{1}{2}\cdot\left(-\frac{3}{2}\right)(x+1)^{-\frac{5}{2}}=\boldsymbol{\frac{3}{4}(x+1)^{-\frac{5}{2}}}$$

（2） $f(1)=\dfrac{\sqrt{2}}{2},\ f'(1)=-\dfrac{1}{2\cdot2\sqrt{2}}=-\dfrac{\sqrt{2}}{8}$

l の方程式は，$y=-\dfrac{\sqrt{2}}{8}(x-1)+\dfrac{\sqrt{2}}{2}$

$$\boldsymbol{y=-\frac{\sqrt{2}}{8}x+\frac{5\sqrt{2}}{8}}$$

（3） $\displaystyle\int_0^1\frac{1}{\sqrt{x+1}}\,dx-\frac{1}{2}\left(\frac{\sqrt{2}}{2}+\frac{5\sqrt{2}}{8}\right)\cdot1$

$$=\left[2(x+1)^{\frac{1}{2}}\right]_0^1-\frac{1}{2}\cdot\frac{9\sqrt{2}}{8}$$
$$=2\sqrt{2}-2-\frac{9\sqrt{2}}{16}=\boldsymbol{\frac{23\sqrt{2}}{16}-2}$$

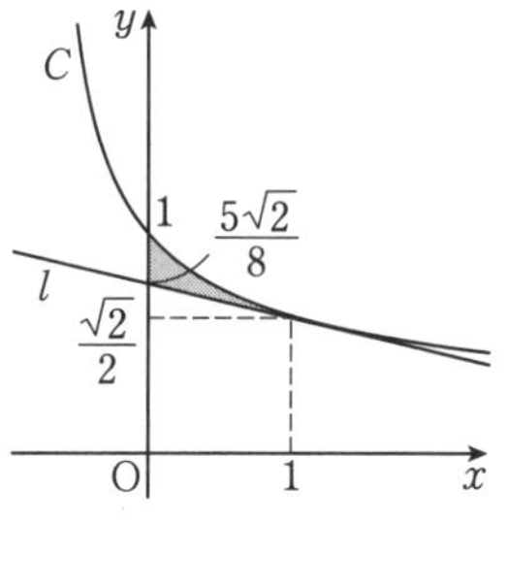

《2 つの無理関数 (B10) ☆》

349. a を $a>0$ を満たす定数とする．2 つの関数

$$f(x)=\sqrt{|x-a|}\ (x\geqq0),$$
$$g(x)=\left|\sqrt{x}-\sqrt{a}\right|\ (x\geqq0)$$

について，次の問いに答えなさい．

（1） $\{f(x)\}^4-\{g(x)\}^4$ を計算することにより，$x\geqq0$ のとき $f(x)\geqq g(x)$ が成り立つことを示しなさい．また，$f(x)=g(x)$ を満たす x の値をすべて求めなさい．

（2） 座標平面において，不等式 $0\leqq x\leqq 2a,\ g(x)\leqq y\leqq f(x)$ の表す領域の面積 S を a を用いて表しなさい．（23　前橋工大・前期）

▶解答◀ （1） $\{f(x)\}^4-\{g(x)\}^4$

$$=(x-a)^2-(\sqrt{x}-\sqrt{a})^4$$
$$=\{(x-a)-(\sqrt{x}-\sqrt{a})^2\}\{(x-a)+(\sqrt{x}-\sqrt{a})^2\}$$
$$=(2\sqrt{ax}-2a)(2x-2\sqrt{ax})$$
$$=2\sqrt{a}(\sqrt{x}-\sqrt{a})\cdot2\sqrt{x}(\sqrt{x}-\sqrt{a})$$
$$=4\sqrt{ax}(\sqrt{x}-\sqrt{a})^2\geqq0$$

$x\geqq0$ のとき，$f(x)\geqq0,\ g(x)\geqq0$ であるから $f(x)\geqq g(x)$ が成り立つ．また，等号は $\boldsymbol{x=0, a}$ のとき成り立つ．

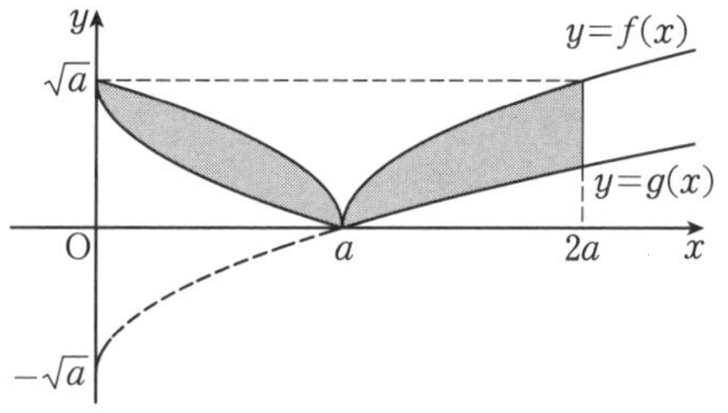

（2） $S=\displaystyle\int_0^{2a}\{f(x)-g(x)\}\,dx$

$$=\int_0^{2a}\left(\sqrt{|x-a|}-\left|\sqrt{x}-\sqrt{a}\right|\right)dx$$
$$=\int_0^{a}(\sqrt{a-x}+\sqrt{x}-\sqrt{a})\,dx$$
$$+\int_a^{2a}(\sqrt{x-a}-\sqrt{x}+\sqrt{a})\,dx$$
$$=\left[-\frac{2}{3}(a-x)^{\frac{3}{2}}+\frac{2}{3}x^{\frac{3}{2}}-\sqrt{a}x\right]_0^a$$
$$+\left[\frac{2}{3}(x-a)^{\frac{3}{2}}-\frac{2}{3}x^{\frac{3}{2}}+\sqrt{a}x\right]_a^{2a}$$
$$=\frac{2}{3}a^{\frac{3}{2}}-a^{\frac{3}{2}}+\frac{2}{3}a^{\frac{3}{2}}+\frac{2}{3}a^{\frac{3}{2}}$$
$$-\frac{2}{3}(2a)^{\frac{3}{2}}+2a^{\frac{3}{2}}+\frac{2}{3}a^{\frac{3}{2}}-a^{\frac{3}{2}}$$
$$=\left(1-\frac{4\sqrt{2}}{3}+\frac{5}{3}\right)a^{\frac{3}{2}}=\boldsymbol{\frac{8-4\sqrt{2}}{3}a^{\frac{3}{2}}}$$

《斜めの放物線 (B5) ☆》

350. 方程式 $\sqrt{x}+\sqrt{y}=1$ で定められる x の関数 y について，以下の問いに答えよ.（1）では，空欄に入れるのに適する数値または式を解答箇所に記せ．証明や説明は必要としない.（2）と（3）では，答えを導く過程も示すこと.

（1）（i） 関数 y の定義域は $\square \leqq x \leqq \square$ である.

（ii） 関数 y $(x>0)$ の導関数を求めると $\dfrac{dy}{dx}=\square$ となる.

（2） 関数 y について，増減表を求め，グラフの概形を図示せよ.

（3） 曲線 $\sqrt{x}+\sqrt{y}=1$ と x 軸，y 軸とで囲まれた領域の面積を求めよ.（23　北九州市立大・前期）

▶解答◀ （1）（i） $\sqrt{x}+\sqrt{y}=1$ ……………①

$\sqrt{y}=1-\sqrt{x} \geqq 0$ であるから，$\sqrt{x} \leqq 1$

よって，定義域は，$\mathbf{0 \leqq x \leqq 1}$

(ii) $0<x<1$ のとき ① の両辺を x で微分して

$$\frac{1}{2\sqrt{x}}+\frac{1}{2\sqrt{y}}\cdot\frac{dy}{dx}=0$$

$$\frac{dy}{dx}=-\frac{\sqrt{y}}{\sqrt{x}}=-\frac{1-\sqrt{x}}{\sqrt{x}}=\boldsymbol{\frac{\sqrt{x}-1}{\sqrt{x}}}<0$$

（2） 増減表は下記のようになる.

x	0	$\cdots$	1
$\dfrac{dy}{dx}$		$-$	0
y		↘	

グラフの概形は図1のようになる.

注意 単調減少な関数に増減表というのは呆れた問題である．増減表が書けるから増減がわかるわけではない．$f'(x)<0$ ならば減少などという定理があり，それらを視覚化したものが増減表である．こんな問題が増えないように批判しておく.

（3） 求める面積は（図2）

$$\int_0^1 y\,dx=\int_0^1 (1-2x^{\frac{1}{2}}+x)\,dx$$

$$=\left[\,x-\frac{4}{3}x^{\frac{3}{2}}+\frac{x^2}{2}\,\right]_0^1=1-\frac{4}{3}+\frac{1}{2}=\boldsymbol{\frac{1}{6}}$$

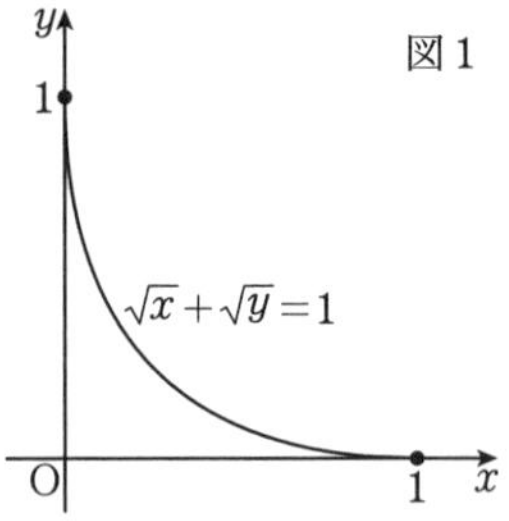

図1

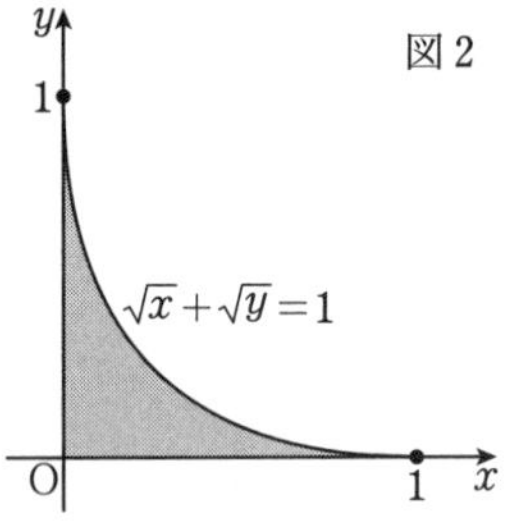

図2

《基本的面積 (B10) ☆》

351. 関数 $y=x\sqrt{9-x^2}$ に対して，次の問いに答えよ.

（1） 増減を調べてこの関数のグラフの概形をかけ.

（2） この関数のグラフと x 軸で囲まれてできる図形の面積を求めよ.（23　琉球大・理-後）

▶解答◀ （1） $f(x)=x\sqrt{9-x^2}$ とおく．定義域は $-3 \leqq x \leqq 3$ で $-3<x<3$ のとき

$$f'(x)=1\cdot\sqrt{9-x^2}+x\cdot\frac{-x}{\sqrt{9-x^2}}=\frac{9-2x^2}{\sqrt{9-x^2}}$$

x	-3	$\cdots$	$-\dfrac{3}{\sqrt{2}}$	$\cdots$	$\dfrac{3}{\sqrt{2}}$	$\cdots$	3
$f'(x)$		$-$	0	$+$	0	$-$	
$f(x)$		↘		↗		↘	

$$f\left(\frac{3}{\sqrt{2}}\right)=\frac{3}{\sqrt{2}}\sqrt{9-\frac{9}{2}}=\frac{9}{2},\ f\left(-\frac{3}{\sqrt{2}}\right)=-\frac{9}{2}$$

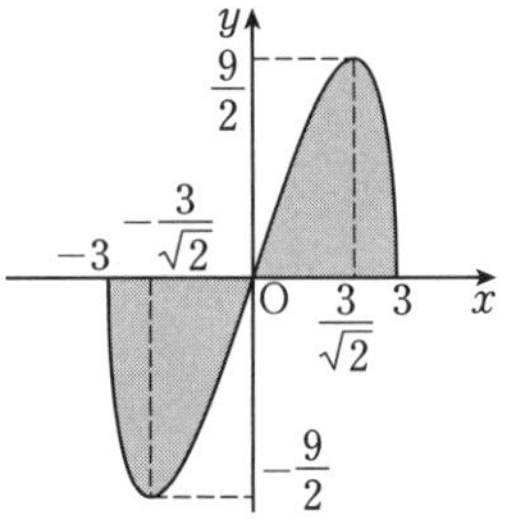

（2） $f(x)$ は奇関数である.

$$2\int_0^3 f(x)\,dx=-\int_0^3 (9-x^2)^{\frac{1}{2}}\cdot(9-x^2)'\,dx$$

$$=-\left[\,\frac{2}{3}(9-x^2)^{\frac{3}{2}}\,\right]_0^3=\frac{2}{3}\cdot 9^{\frac{3}{2}}=\mathbf{18}$$

《サインでの置換 (B20)》

352. 関数 $f(x)=x^2+2x^2\sqrt{2-x^2}$ $(0 \leqq x \leqq \sqrt{2})$ に対して，$y=f(x)$ の表す曲線を C とする．次の問いに答えよ.

（1） $f(x)$ の増減，極値を調べ，C の概形を描け．ただし，C の凹凸，変曲点は調べなくてよい.

（2） C と x 軸と直線 $x=1$ および $x=\sqrt{2}$ で囲まれた部分の面積を求めよ．

（23 横浜国大・理工，都市科学）

▶解答◀ （1） $f(x)=x^2+2x^2\sqrt{2-x^2}$

$$f'(x)=2x+2\left(2x\sqrt{2-x^2}+x^2\cdot\frac{-2x}{2\sqrt{2-x^2}}\right)$$

$$=\frac{2x}{\sqrt{2-x^2}}\left(\sqrt{2-x^2}+2(2-x^2)-x^2\right)$$

$$=\frac{2x}{\sqrt{2-x^2}}\left(\sqrt{2-x^2}-(3x^2-4)\right) \quad\cdots\cdots\cdots\cdots ①$$

$$=\frac{2x}{\sqrt{2-x^2}}\cdot\frac{2-x^2-(3x^2-4)^2}{\sqrt{2-x^2}+3x^2-4}$$

$$=\frac{2x}{\sqrt{2-x^2}}\cdot\frac{-9x^4+23x^2-14}{\sqrt{2-x^2}+3x^2-4}$$

$$=\frac{2x}{\sqrt{2-x^2}}\cdot\frac{-(9x^2-14)(x^2-1)}{\sqrt{2-x^2}+3x^2-4}$$

$x=1$ のときは ① より $f'(1)>0$ であるから，増減は次のようになる．

x	0	$\cdots$	$\frac{\sqrt{14}}{3}$	$\cdots$	$\sqrt{2}$
$f'(x)$		$+$	0	$-$	
$f(x)$		↗		↘	

$f(0)=0,\ f(\sqrt{2})=2$

極大値：$f\left(\frac{\sqrt{14}}{3}\right)=\frac{14}{9}+\frac{28}{9}\sqrt{2-\frac{14}{9}}=\boldsymbol{\frac{98}{27}}$

C の概形は図のようになる．

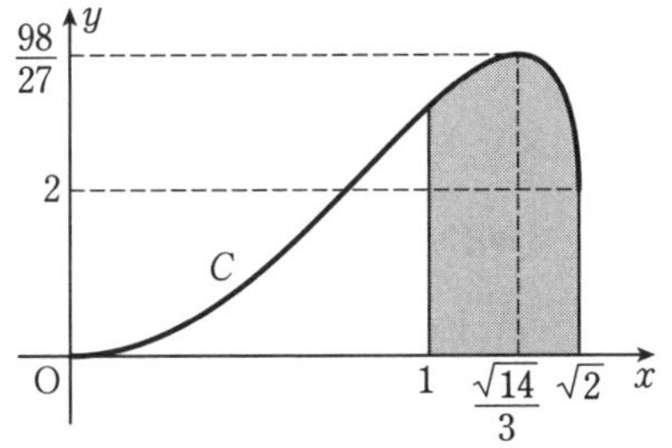

（**2**） 求めるのは図の網目部分の面積である．

$S=\int_1^{\sqrt{2}}\left(x^2+2x^2\sqrt{2-x^2}\right)dx$ とおく．

$$\int_1^{\sqrt{2}}x^2\,dx=\frac{2\sqrt{2}-1}{3} \quad\cdots\cdots\cdots\cdots ②$$

$x=\sqrt{2}\sin t$ とおくと，$dx=\sqrt{2}\cos t\,dt$，積分区間は $\frac{\pi}{4}\leqq t\leqq\frac{\pi}{2}$ に変わる．

$$\int_1^{\sqrt{2}}x^2\sqrt{2-x^2}\,dx$$

$$=\int_{\frac{\pi}{4}}^{\frac{\pi}{2}}2\sin^2t\cdot\sqrt{2}\cos t\cdot\sqrt{2}\cos t\,dt$$

$$=4\int_{\frac{\pi}{4}}^{\frac{\pi}{2}}\sin^2t\cos^2t\,dt \quad\cdots\cdots\cdots\cdots ③$$

ここで，

$$4\sin^2t\cos^2t=4\cdot\frac{1-\cos 2t}{2}\cdot\frac{1+\cos 2t}{2}$$

$$=\sin^2 2t=\frac{1-\cos 4t}{2}$$

$$③=\frac{1}{2}\int_{\frac{\pi}{4}}^{\frac{\pi}{2}}(1-\cos 4t)\,dt$$

$$=\frac{1}{2}\left[t-\frac{1}{4}\sin 4t\right]_{\frac{\pi}{4}}^{\frac{\pi}{2}}=\frac{\pi}{8} \quad\cdots\cdots\cdots\cdots ④$$

②，④ より

$$S=\frac{1}{3}(2\sqrt{2}-1)+2\cdot\frac{\pi}{8}=\boldsymbol{\frac{1}{3}(2\sqrt{2}-1)+\frac{\pi}{4}}$$

《法線とで囲む面積（B20）☆》

353. xy 平面上の曲線

$$C:y=\frac{1}{x}\quad(x>0)$$

を考える．次の問いに答えよ．

（1） 点 $\left(t,\ \frac{1}{t}\right)$ $(t>0)$ における C の法線の方程式を求めよ．

（2） 点 (k,k) を通る C の法線が直線 $y=x$ のほかにちょうど 2 本存在するような実数 k の範囲を求めよ．

（3） 点 $\left(\frac{5}{2},\ \frac{5}{2}\right)$ を通る C の法線であって，$y=x$ と異なるものは 2 本ある．これら 2 本の法線と C で囲まれた図形の面積を求めよ．

（23 埼玉大・理系）

▶解答◀ （1） $y'=-\frac{1}{x^2}$ であるから，

$x=t\ (>0)$ における C の法線の方程式は

$$y=t^2(x-t)+\frac{1}{t}$$

$$\boldsymbol{y=t^2x-t^3+\frac{1}{t}}$$

（**2**） （1）の法線が (k,k) を通るとき

$$k=t^2k-t^3+\frac{1}{t}$$

$$tk=t^3k-t^4+1$$

$$(t^2-1)(t^2-kt+1)=0$$

いま，C 上の点と法線は 1 対 1 に対応するから，$t^2-kt+1=0$ が $t\neq 1$ なる異なる 2 つの正の解をもつ条件を考える．$t=1$ を解にもつとき，

$$1^2-k\cdot 1+1=0 \qquad \therefore\quad k=2$$

$f(t)=t^2-kt+1$ とおくと，$f(t)$ の軸は $t=\frac{k}{2}$，$f(0)=1>0$ であるから，$f(t)$ の判別式を D とすると，$f(t)=0$ が異なる 2 つの正の解をもつ条件は

$$\frac{k}{2}>0,\ D=k^2-4>0$$

これと $k \neq 2$ を合わせると，$\boldsymbol{k > 2}$ である．

（3） $k = \dfrac{5}{2}$ のとき，$f(t) = t^2 - \dfrac{5}{2}t + 1$ であるから

$$2t^2 - 5t + 2 = 0$$

$$(t-2)(2t-1) = 0 \qquad \therefore \quad t = \frac{1}{2},\ 2$$

これより法線は $y = \dfrac{1}{4}x + \dfrac{15}{8}$, $y = 4x - \dfrac{15}{2}$ である．

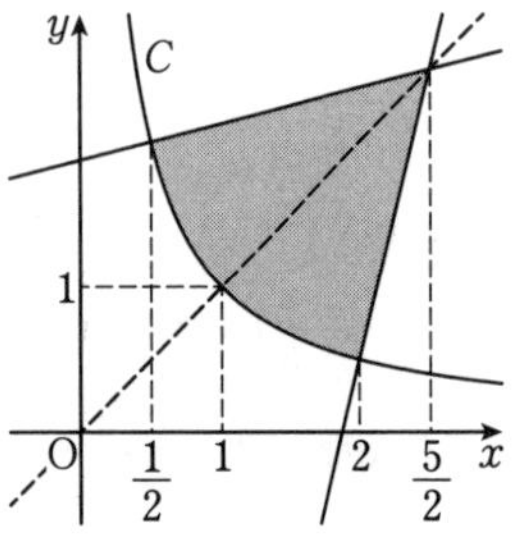

求める面積を S とする．$y = x$ に関する対称性を考えると

$$\frac{S}{2} = \int_1^2 \left(x - \frac{1}{x}\right) dx + \int_2^{\frac{5}{2}} \left\{x - \left(4x - \frac{15}{2}\right)\right\} dx$$

$$= \left[\frac{x^2}{2} - \log|x|\right]_1^2 + \left[-\frac{3}{2}\left(x - \frac{5}{2}\right)^2\right]_2^{\frac{5}{2}}$$

$$= 2 - \log 2 - \frac{1}{2} + \frac{3}{2}\left(-\frac{1}{2}\right)^2 = \frac{15}{8} - \log 2$$

よって，$S = \boldsymbol{\dfrac{15}{4} - 2\log 2}$ である．

《直線と囲む面積（B15）》

354．座標平面上の曲線 C を

$$C : y = \frac{3}{x} - 8 \quad (x > 0)$$

で定める．また，p を正の数とし，点 $\left(p,\ \dfrac{3}{p} - 8\right)$ における C の接線を l とする．さらに，a を実数とし，直線 $y = ax$ を m とする．このとき，次の問（1）〜（5）に答えよ．

（1） l の方程式を求めよ．

（2） l が原点を通るとき，p の値を求めよ．

（3） C と m が異なる 2 点 P, Q を共有するとき，a の値の範囲を求めよ．

（4） （3）のとき，Q の x 座標 x_0 は P の x 座標 x_1 よりも大きいとする．$x_0 - x_1 = 1$ であるときの a の値を求めよ．

（5） （4）のとき，C と直線 m で囲まれる図形の面積 S を求めよ．　　（23　立教大・数学）

▶解答◀ （1） $y = \dfrac{3}{x} - 8$ より，$y' = -\dfrac{3}{x^2}$

l の方程式は，$y = -\dfrac{3}{p^2}(x - p) + \dfrac{3}{p} - 8$

$$\boldsymbol{y = -\frac{3}{p^2}x + \frac{6}{p} - 8}$$

（2） $0 = \dfrac{6}{p} - 8$ より，$p = \boldsymbol{\dfrac{3}{4}}$

（3） C と m を連立させて，$\dfrac{3}{x} - 8 = ax$

$$ax^2 + 8x - 3 = 0 \quad \cdots\cdots\text{①}$$

これが $x > 0$ の 2 解をもつ条件は，

判別式 > 0，2 解の和 > 0，2 解の積 > 0 であり

$$\frac{D}{4} = 16 + 3a > 0,\ -\frac{8}{a} > 0,\ -\frac{3}{a} > 0$$

よって，求める条件は，$\boldsymbol{-\dfrac{16}{3} < a < 0}$ ……②

（4） 2 次方程式 ① を解いて，$x = \dfrac{-4 \pm \sqrt{3a + 16}}{a}$

$$x_0 = \frac{-4 - \sqrt{3a + 16}}{a},\ x_1 = \frac{-4 + \sqrt{3a + 16}}{a}$$

$$x_0 - x_1 = -\frac{2\sqrt{3a + 16}}{a}$$

$x_0 - x_1 = 1$ であるから

$$2\sqrt{3a + 16} = -a$$

$$4(3a + 16) = a^2$$

$$(a + 4)(a - 16) = 0$$

② より，$a = \boldsymbol{-4}$

（5） $a = -4$ のとき，$x = \dfrac{-4 \pm 2}{-4} = \dfrac{1}{2},\ \dfrac{3}{2}$

$$S = \int_{\frac{1}{2}}^{\frac{3}{2}} \left\{-4x - \left(\frac{3}{x} - 8\right)\right\} dx$$

$$= \Big[-2x^2 - 3\log x + 8x\Big]_{\frac{1}{2}}^{\frac{3}{2}}$$

$$= -2\left(\frac{9}{4} - \frac{1}{4}\right) - 3\left(\log\frac{3}{2} - \log\frac{1}{2}\right) + 8\left(\frac{3}{2} - \frac{1}{2}\right)$$

$$= \boldsymbol{4 - 3\log 3}$$

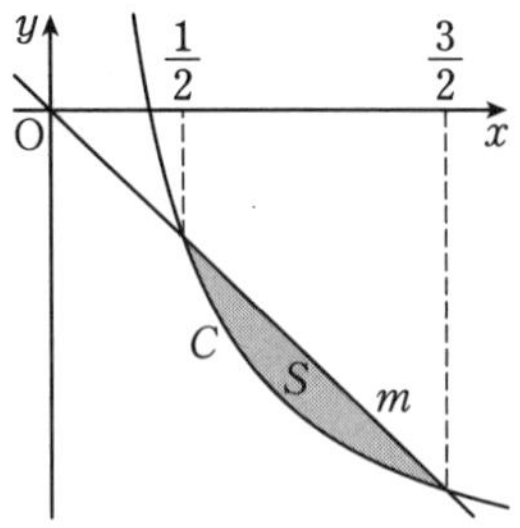

《tan の置換（B20）》

355．関数 $f(x) = \log\dfrac{3x + 3}{x^2 + 3}$ について，次の問いに答えよ．

（1） $y = f(x)$ のグラフの概形をかけ．ただし，グラフの凹凸は調べなくてよい．

（２） s を定数とするとき，次の x についての方程式 $(*)$ の異なる実数解の個数を調べよ．

$(*)\quad f(x)=s$

（３） 定積分 $\displaystyle\int_0^3 \frac{2x^2}{x^2+3}\,dx$ の値を求めよ．

（４） （２）の $(*)$ が実数解をもつ s に対して，（２）の $(*)$ の実数解のうち最大のものから最小のものを引いた差を $g(s)$ とする．ただし，（２）の $(*)$ の実数解が一つだけであるときには $g(s)=0$ とする．関数 $f(x)$ の最大値を α とおくとき，定積分 $\displaystyle\int_0^\alpha g(s)\,ds$ の値を求めよ．

（23　広島大・理系）

▶解答◀ （１） 真数条件から $x>-1$

$$f(x)=\log 3(x+1)-\log(x^2+3)$$

$$f'(x)=\frac{1}{x+1}-\frac{2x}{x^2+3}$$

$$=\frac{x^2+3-2x^2-2x}{(x+1)(x^2+3)}=-\frac{(x+3)(x-1)}{(x+1)(x^2+3)}$$

となるから，増減は表のようになる．

x	-1	$\cdots$	1	$\cdots$
$f'(x)$		$+$	0	$-$
$f(x)$		↗		↘

極大値 $f(1)=\log\dfrac{6}{4}=\log\dfrac{3}{2}$

$$\lim_{x\to-1+0} f(x)=-\infty$$

$$\lim_{x\to\infty} f(x)=\lim_{x\to\infty}\log\frac{\dfrac{3}{x}+\dfrac{3}{x^2}}{1+\dfrac{3}{x^2}}=-\infty$$

また，$f(x)=0$ とおくと

$$\frac{3x+3}{x^2+3}=1$$

$$x(x-3)=0 \qquad \therefore\quad x=0,\ 3$$

グラフの概形は図1のようになる．

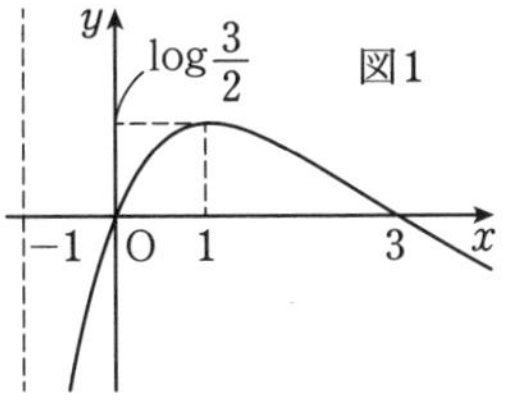

図1

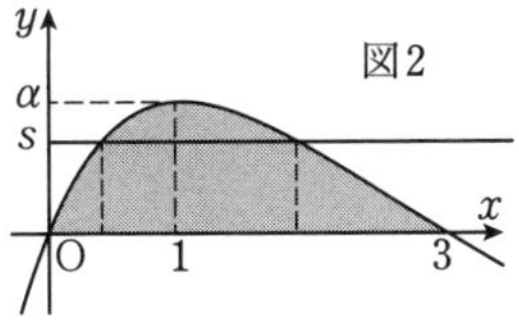

図2

（２） 図1より，$s>\log\dfrac{3}{2}$ のとき **0 個**，$s=\log\dfrac{3}{2}$ のとき **1 個**，$s<\log\dfrac{3}{2}$ のとき **2 個**

（３） $\displaystyle\int_0^3 \frac{2x^2}{x^2+3}\,dx=\int_0^3\left(2-\frac{6}{x^2+3}\right)dx$

$$=6-6\int_0^3\frac{1}{x^2+3}\,dx$$

$I=\displaystyle\int_0^3\frac{1}{x^2+3}\,dx$ とおく．$x=\sqrt{3}\tan\theta$ とおくと

$dx=\dfrac{\sqrt{3}}{\cos^2\theta}\,d\theta$ であり，

$$\frac{1}{x^2+3}=\frac{1}{3(1+\tan^2\theta)}=\frac{\cos^2\theta}{3}$$

x	$0\ \to\ 3$
θ	$0\ \to\ \dfrac{\pi}{3}$

$$I=\int_0^{\frac{\pi}{3}}\frac{\cos^2\theta}{3}\cdot\frac{\sqrt{3}}{\cos^2\theta}\,d\theta$$

$$=\frac{\sqrt{3}}{3}\int_0^{\frac{\pi}{3}}d\theta=\frac{\sqrt{3}}{9}\pi$$

$$\int_0^2\frac{2x^2}{x^2+3}\,dx=6-6I=\boldsymbol{6-\frac{2\sqrt{3}}{3}\pi}$$

（４） $\displaystyle\int_0^\alpha g(s)\,ds$ は図2の網目部分の面積 S であるから，$\displaystyle\int_0^\alpha g(s)\,ds=\int_0^3 f(x)\,dx$ である．

$$S=\int_0^3\log\frac{3x+3}{x^2+3}\,dx$$

$$=\int_0^3\{\log 3(x+1)-\log(x^2+3)\}\,dx$$

$$=\int_0^3\{\log(x+1)+\log 3\}\,dx$$

$$-\int_0^3\log(x^2+3)\,dx$$

$$\int_0^3\{\log(x+1)+\log 3\}\,dx$$

$$=\Big[\,(x+1)\log(x+1)-x+x\log 3\,\Big]_0^3$$

$$=4\log 4-3+3\log 3$$

（３）より

$$\int_0^3\log(x^2+3)\,dx=\int_0^3(x)'\log(x^2+3)\,dx$$

$$=\Big[\,x\log(x^2+3)\,\Big]_0^3-\int_0^3 x\{\log(x^2+3)\}'\,dx$$

$$=3\log 12-\int_0^3\frac{2x^2}{x^2+3}\,dx$$

$$=3\log 12-\left(6-\frac{2\sqrt{3}}{3}\pi\right)$$

したがって

$$S=4\log 4-3+3\log 3-3\log 12+\left(6-\frac{2\sqrt{3}}{3}\pi\right)$$

$$=\boldsymbol{3+2\log 2-\frac{2\sqrt{3}}{3}\pi}$$

《分数関数の漸近線 (B15) ☆》

356. $f(x)=x+2+\dfrac{2}{x-1}\ (x\neq 1)$ とする．以下の各問に答えよ．

（１） 関数 $y=f(x)$ の増減，極値，グラフと x

軸との交点，グラフの凹凸，変曲点，漸近線を調べ，グラフの概形をかけ．

（2） k を実数の定数とする．方程式 $f(x)=k$ の異なる実数解の個数を求めよ．

（3） 曲線 $y=\log f(x)$ $(x>1)$ と直線 $y=\log 6$ で囲まれた部分の面積 S を求めよ．ただし，対数は自然対数とする． (23 茨城大・理)

▶解答◀ （1） $f'(x)=1-\dfrac{2}{(x-1)^2}$

$$=\frac{(x-1)^2-2}{(x-1)^2}=\frac{(x-1-\sqrt{2})(x-1+\sqrt{2})}{(x-1)^2}$$

$$f''(x)=\frac{4}{(x-1)^3}$$

$\alpha=1-\sqrt{2},\ \beta=1+\sqrt{2}$ とおく．$f(x)$ の増減および凹凸は表のようになる．

x	$\cdots$	α	$\cdots$	1	$\cdots$	β	$\cdots$
$f'(x)$	$+$	0	$-$	$\times$	$-$	0	$+$
$f''(x)$	$-$	$-$	$-$	$\times$	$+$	$+$	$+$
$f(x)$	↗		↘		↘		↗

極大値 $f(\alpha)=3-\sqrt{2}-\dfrac{2}{\sqrt{2}}=\boldsymbol{3-2\sqrt{2}},$

極小値 $f(\beta)=3+\sqrt{2}+\dfrac{2}{\sqrt{2}}=\boldsymbol{3+2\sqrt{2}}$

変曲点はない．

$f(x)=\dfrac{(x+2)(x-1)+2}{x-1}=0$ とおく．

$$x(x+1)=0 \qquad \therefore\quad x=-1,\ 0$$

x 軸との交点の座標は $\boldsymbol{(-1,\ 0),\ (0,\ 0)}$ である．

$$\lim_{x\to\pm\infty}\{f(x)-(x+2)\}=\lim_{x\to\pm\infty}\frac{2}{x-1}=0$$

$$\lim_{x\to1-0}f(x)=-\infty,\ \lim_{x\to1+0}f(x)=\infty$$

より，**漸近線は** $\boldsymbol{x=1,\ y=x+2}$ である．

グラフの概形は図のようになる．

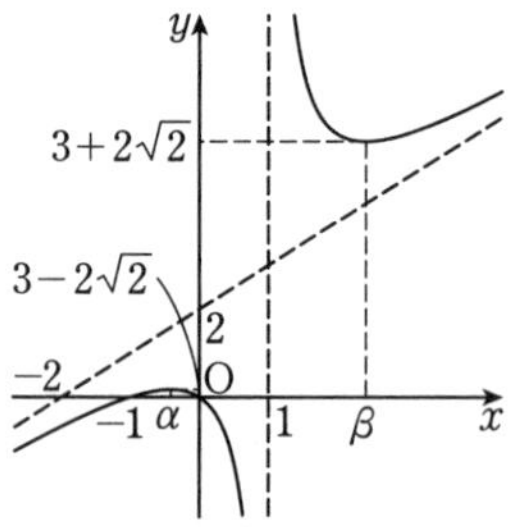

（2） $f(x)=k$ の異なる実数解の個数は，$y=f(x)$ のグラフと $y=k$ の異なる共有点の個数と一致するから，（1）のグラフより

$\boldsymbol{k<3-2\sqrt{2},\ 3+2\sqrt{2}<k}$ のとき2個

$\boldsymbol{k=3\pm2\sqrt{2}}$ のとき1個

$\boldsymbol{3-2\sqrt{2}<k<3+2\sqrt{2}}$ のとき0個

（3） $\log f(x)=\log 6$ とおくと，$f(x)=6$

$$(x+2)(x-1)+2=6(x-1)$$

$$x^2-5x+6=0$$

$$(x-2)(x-3)=0 \qquad \therefore\quad x=2,\ 3$$

（1）のグラフより，$2<x<3$ では $f(x)<6$ だから

$$S=\int_2^3\{\log 6-\log f(x)\}\,dx$$

$$=\int_2^3\left\{\log 6-\log\frac{(x+2)(x-1)+2}{x-1}\right\}dx$$

$$=\int_2^3\{\log 6-\log x-\log(x+1)+\log(x-1)\}\,dx$$

$$=\Big[x\log 6-x\log x-(x+1)\log(x+1)+(x-1)\log(x-1)+x\Big]_2^3$$

$$=\log 6-3\log 3-4\log 4+2\log 2+2\log 2+3\log 3+1$$

$$=\boldsymbol{1+\log 3-3\log 2}$$

《接線と面積 (B20) ☆》

357． 関数 $f(x)=\dfrac{x}{1+x^2}$ および座標平面上の原点Oを通る曲線 $C:y=f(x)$ について，次の各問に答えよ．

（1） $f(x)$ の導関数 $f'(x)$ および第2次導関数 $f''(x)$ を求めよ．

（2） 直線 $y=ax$ が曲線 C にOで接するときの定数 a の値を求めよ．また，このとき，$x>0$ において，

$ax>f(x)$ が成り立つことを示せ．

（3） 関数 $f(x)$ の増減，極値，曲線 C の凹凸，変曲点および漸近線を調べて，曲線 C の概形をかけ．

（4） （2）で求めた a の値に対し，曲線 C と直線 $y=ax$ および直線 $x=\sqrt{3}$ で囲まれた部分の面積 S を求めよ． (23 宮崎大・工)

▶解答◀ （1）

$$f'(x)=\frac{1\cdot(1+x^2)-x\cdot2x}{(1+x^2)^2}=\boldsymbol{\frac{1-x^2}{(1+x^2)^2}}$$

$$f''(x)$$
$$= \frac{-2x\cdot(1+x^2)^2-(1-x^2)\cdot 2(1+x^2)2x}{(1+x^2)^4}$$
$$= \frac{2x\{-(1+x^2)-2(1-x^2)\}}{(1+x^2)^3} = \boldsymbol{\frac{2x(x^2-3)}{(1+x^2)^3}}$$

（2） $f'(0)=1$ であるから，$\boldsymbol{a=1}$ である．

$$ax-f(x) = x-\frac{x}{1+x^2} = \frac{x^3}{1+x^2} > 0$$

よって，$ax > f(x)$ が成り立つ．

（3）（1）より

x	$\cdots$	$-\sqrt{3}$	$\cdots$	-1	$\cdots$	0	$\cdots$	1	$\cdots$	$\sqrt{3}$	$\cdots$
$f'(x)$	$-$	$-$	$-$	0	$+$	$+$	$+$	0	$-$	$-$	$-$
$f''(x)$	$-$	0	$+$	$+$	$+$	0	$-$	$-$	$-$	0	$+$
$f(x)$	↘		↘		↗		↗		↘		↘

極小値 $f(-1)=\boldsymbol{-\frac{1}{2}}$，極大値 $f(1)=\boldsymbol{\frac{1}{2}}$

変曲点 $\boldsymbol{\left(\pm\sqrt{3},\ \pm\frac{\sqrt{3}}{4}\right)}$（複号同順）

$\displaystyle\lim_{x\to\pm\infty} f(x) = \lim_{x\to\pm\infty}\frac{1}{\frac{1}{x}+x} = 0$ より，x **軸**が漸近線である．

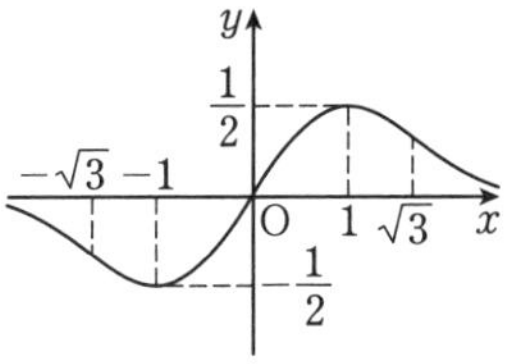

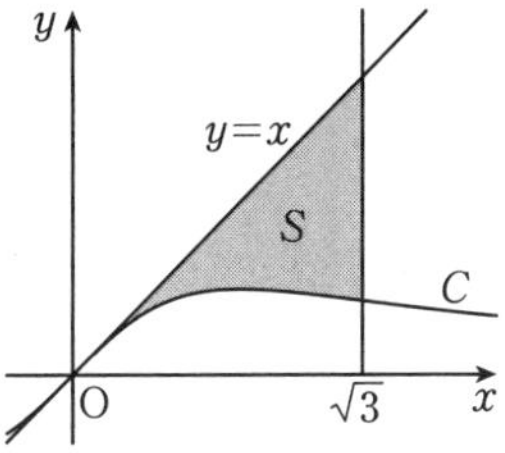

（4） $\displaystyle S=\int_0^{\sqrt{3}}\left(x-\frac{x}{1+x^2}\right)dx$

$$=\left[\frac{x^2}{2}-\frac{1}{2}\log(1+x^2)\right]_0^{\sqrt{3}}$$
$$=\frac{3}{2}-\frac{1}{2}\log 4 = \boldsymbol{\frac{3}{2}-\log 2}$$

《直線を引いて調べる（B20）☆》

358. 関数 $f(x)=x^2-\dfrac{1}{x}$ について，$y=f(x)$ のグラフを C とする．k を実数とし，C 上の点 A(1, 0) を通り傾きが k の直線を l とする．以下の問いに答えよ．

（1） $f(x)$ の増減，極値，および凹凸を調べ，C の概形をかけ．

（2） C と直線 l の共有点が 2 つであるとき，k の値を求めよ．

（3） C と直線 l の共有点が 3 つであるとき，3 つの共有点の x 座標がすべて正であるような k の条件を求めよ．

（4） k が（3）で求めた条件をみたすとする．曲線 $y=f(x)$ $(x>0)$ と直線 l で囲まれる 2 つの部分の面積の和を k を用いて表せ．

（23 奈良女子大・理）

▶解答◀（1） $f(x)=x^2-\dfrac{1}{x}$

$$f'(x)=2x+\frac{1}{x^2}=\frac{2x^3+1}{x^2}$$
$$f''(x)=2-\frac{2}{x^3}=\frac{2(x^3-1)}{x^3}$$

x	$\cdots$	$-\frac{1}{\sqrt[3]{2}}$	$\cdots$	0	$\cdots$	1	$\cdots$
$f'(x)$	$-$	0	$+$	×	$+$	$+$	$+$
$f''(x)$	$+$	$+$	$+$	×	$-$		$+$
$f(x)$	↘		↗	×	↗		↗

$$f\left(-\frac{1}{\sqrt[3]{2}}\right)=\frac{1}{\sqrt[3]{4}}+\frac{1}{\sqrt[3]{2}}=\frac{1}{2}(\sqrt[3]{2}+\sqrt[3]{4})$$

図 1 では $a=\dfrac{1}{2}(\sqrt[3]{2}+\sqrt[3]{4})$ とする．

$$f(1)=0,\ \lim_{n\to\pm\infty} f(x)=\infty$$
$$\lim_{x\to+0} f(x)=-\infty,\ \lim_{x\to-0} f(x)=\infty$$

C の概形は図 1 を見よ．

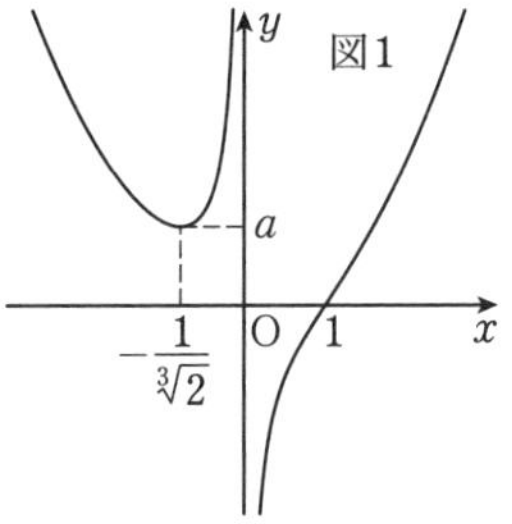

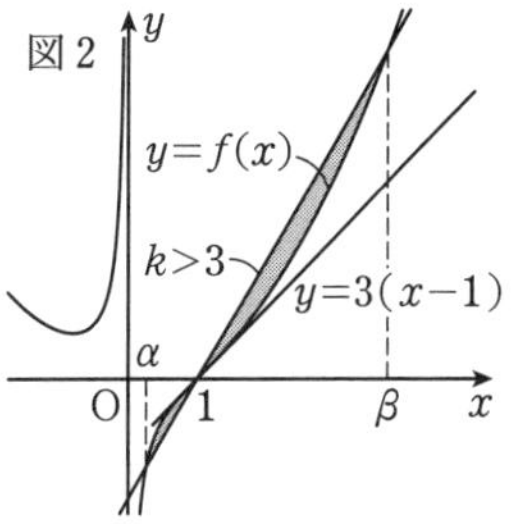

（2） $l:y=k(x-1)$ と C を連立させ

$$\frac{x^3-1}{x}=k(x-1)$$

$x\neq 1$ のとき $x^2+x+1=kx$

$$x^2-(k-1)x+1=0 \quad\cdots\cdots\text{①}$$
$$x=\frac{k-1\pm\sqrt{(k-1)^2-4}}{2}$$

これが 1 以外の重解をもつ条件は $(k-1)^2=4$ かつ $\dfrac{k-1}{2}\neq 1$ である．よって $k-1=-2$ で，重解は $x=-1$ である．$\boldsymbol{k=-1}$

なお $k=3$ のときは $x=1$ の重解となる．

（3） 図 2 を見よ．図形的に考えて $\boldsymbol{k>3}$ のときである．

（4） $k>3$ のとき ① の 2 解を α,β $(0<\alpha<1<\beta)$ とする．解と係数の関係より $\alpha+\beta=k-1,\ \alpha\beta=1$

求める面積は

$$\int_\alpha^1 \left\{x^2 - \frac{1}{x} - k(x-1)\right\} dx$$

$$-\int_1^\beta \left\{x^2 - \frac{1}{x} - k(x-1)\right\} dx$$

$$= \left[\frac{1}{3}x^3 - \log x - \frac{k}{2}(x-1)^2\right]_\alpha^1$$

$$-\left[\frac{1}{3}x^3 - \log x - \frac{k}{2}(x-1)^2\right]_1^\beta$$

$$= \frac{1}{3} - \left\{\frac{1}{3}\alpha^3 - \log\alpha - \frac{k}{2}(\alpha-1)^2\right\}$$

$$-\left\{\frac{1}{3}\beta^3 - \log\beta - \frac{k}{2}(\beta-1)^2\right\} + \frac{1}{3}$$

$$= \frac{1}{3}\cdot 2 - \frac{1}{3}(\alpha^3+\beta^3) + \log\alpha + \log\beta$$

$$+\frac{k}{2}\{(\alpha-1)^2 + (\beta-1)^2\}$$

$$= \frac{2}{3} - \frac{1}{3}\{(\alpha+\beta)^3 - 3\alpha\beta(\alpha+\beta)\} + \log\alpha\beta$$

$$+\frac{k}{2}\{(\alpha+\beta)^2 - 2\alpha\beta - 2(\alpha+\beta) + 2\}$$

$$= \frac{2}{3} - \frac{1}{3}\{(k-1)^3 - 3(k-1)\} + \log 1$$

$$+\frac{k}{2}\{(k-1)^2 - 2 - 2(k-1) + 2\}$$

$$= \frac{2}{3} - \frac{1}{3}(k^3 - 3k^2 + 2) + \frac{k}{2}(k^2 - 4k + 3)$$

$$= \boldsymbol{\frac{1}{6}k^3 - k^2 + \frac{3}{2}k}$$

《文字定数は分離 (B20)》

359. 関数

$$f(x) = \frac{2x^3 + x^2 - 4x - 3}{x^2 - 3}$$

に関する次の問いに答えよ．

（1） $f(x)$ の極値を求めよ．

（2） 曲線 $y = f(x)$ と x 軸で囲まれた図形の面積 S を求めよ．

（3） m を定数とするとき，曲線 $y = f(x)$ と直線 $y = mx + 1$ の共有点の個数を求めよ．

（23 名古屋工大）

▶解答◀ （1）

$f'(x)$ の分母 $= (x^2-3)^2$

$f'(x)$ の分子 $= (6x^2 + 2x - 4)(x^2 - 3)$

$- (2x^3 + x^2 - 4x - 3)\cdot 2x$

$= 2x^4 - 14x^2 + 12 = 2(x^2-1)(x^2-6)$

$$f'(x) = \frac{2(x^2-1)(x^2-6)}{(x^2-3)^2}$$

であるから，$p = -\sqrt{6}$，$q = -\sqrt{3}$，$r = -1$，$s = 1$，$t = \sqrt{3}$，$u = \sqrt{6}$ とおくと $f(x)$ の増減表は次のようになる．

x	$\cdots$	p	$\cdots$	q	$\cdots$	r	$\cdots$	s	$\cdots$	t	$\cdots$	u	$\cdots$
$f'(x)$	$+$	0	$-$	×	$-$	0	$+$	0	$-$	×	$-$	0	$+$
$f(x)$	↗		↘	×	↘		↗		↘	×	↘		↗

極大値は $f(-\sqrt{6}) = \boldsymbol{1 - \frac{8\sqrt{6}}{3}}$，$f(1) = \mathbf{2}$，極小値は $f(-1) = \mathbf{0}$，$f(\sqrt{6}) = \boldsymbol{1 + \frac{8\sqrt{6}}{3}}$ である．

（2） $f(x) = \dfrac{(x+1)^2(2x-3)}{x^2-3}$ および（1）より，$y = f(x)$ の概形は図のようになる．

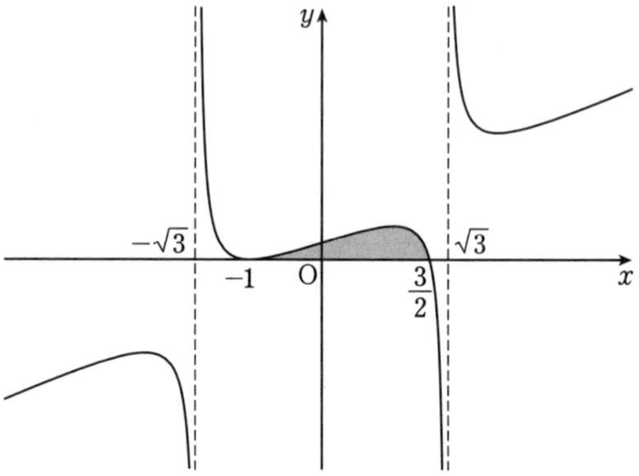

面積 S を求める図形は図の網目部分で

$$S = \int_{-1}^{\frac{3}{2}} f(x)\,dx$$

$$= \int_{-1}^{\frac{3}{2}} \left(2x + 1 + \frac{2x}{x^2-3}\right) dx$$

$$= \left[x^2 + x + \log|x^2 - 3|\right]_{-1}^{\frac{3}{2}}$$

$$= \frac{9}{4} + \frac{3}{2} + \log\left|\frac{9}{4} - 3\right| - \log 2$$

$$= \frac{15}{4} + \log\frac{3}{4} - \log 2 = \boldsymbol{\frac{15}{4} + \log\frac{3}{8}}$$

（3） $f(x) = mx + 1$ より

$$2x + 1 + \frac{2x}{x^2-3} = mx + 1$$

$$\frac{2x}{x^2-3} = (m-2)x$$

であるから，この方程式は m によらず $x = 0$ を解にもつ．$x \neq 0$ のとき

$$\frac{2}{x^2-3} = m - 2 \quad \cdots\cdots①$$

の解について考える．$m = 2$ のときは解なしである．$m \neq 2$ のとき

$$\frac{x^2-3}{2} = \frac{1}{m-2}$$

ここで，$C : y = \dfrac{x^2-3}{2}$ $(x \neq 0, \pm\sqrt{3})$，$L : y = \dfrac{1}{m-2}$ のグラフは図のようになる．

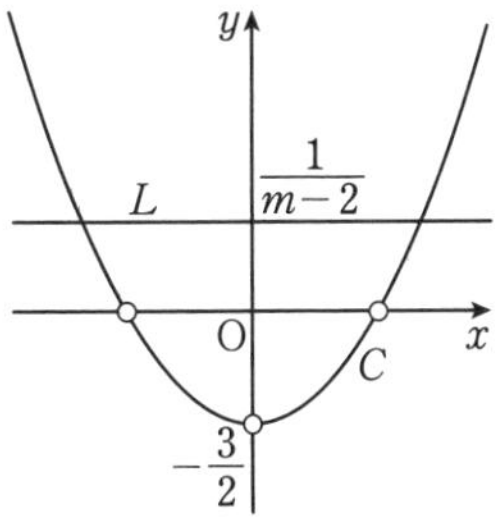

C と L の共有点の個数について考える．

$\frac{1}{m-2} \leqq -\frac{3}{2}$ すなわち

$$\frac{3m-4}{2(m-2)} \leqq 0 \qquad \therefore \quad \frac{4}{3} \leqq m < 2$$

のとき，共有点はない．同様にして $\frac{1}{m-2} > -\frac{3}{2}$ すなわち $m < \frac{4}{3}$ または $2 < m$ のとき共有点は 2 個あるから，① の解の個数は，$\frac{4}{3} \leqq m \leqq 2$ のとき 0，$m < \frac{4}{3}$ または $2 < m$ のとき 2 となる．したがって求める共有点の個数は，$\boldsymbol{\frac{4}{3} \leqq m \leqq 2}$ **のとき 1**，$\boldsymbol{m < \frac{4}{3}}$ **または** $\boldsymbol{2 < m}$ **のとき 3** である．

《基本的配置 (B15)》

360. 関数 $f(x) = \frac{x}{x^2+1}$ $(x \geqq 0)$ について，以下の問いに答えよ．

（1） 極限 $\lim_{x\to\infty} f(x)$ を求めよ．

（2） $f(x)$ の増減を調べ，$y = f(x)$ のグラフをかけ．（1）の結果にも注意すること．なお，グラフの凹凸を調べる必要はない．

（3） a は正の実数とする．曲線 $y = f(x)$ と x 軸および直線 $x = a$ で囲まれた部分の面積を S，曲線
$y = f(x)$ と x 軸および 2 直線 $x = a$, $x = 2a$ で囲まれた部分の面積を T とする．$S = T$ のとき，a の値を求めよ． （23 小樽商大）

▶解答◀ （1） $x > 0$ として

$$\lim_{x\to\infty} f(x) = \lim_{x\to\infty} \frac{x}{x^2+1} = \lim_{x\to\infty} \frac{\frac{1}{x}}{1+\frac{1}{x^2}} = \mathbf{0}$$

（2） $f(x) = \frac{x}{x^2+1}$ について

$$f'(x) = \frac{1\cdot(x^2+1) - x\cdot 2x}{(x^2+1)^2}$$

$$= \frac{1-x^2}{(x^2+1)^2} = \frac{(1+x)(1-x)}{(x^2+1)^2}$$

よって，$f(x)$ の増減表は次のようになる．

x	0	$\cdots$	1	$\cdots$
$f'(x)$		$+$	0	$-$
$f(x)$		↗		↘

$f(0) = 0$, $f(1) = \frac{1}{2}$ であり，$y = f(x)$ のグラフは図 1 のようになる．

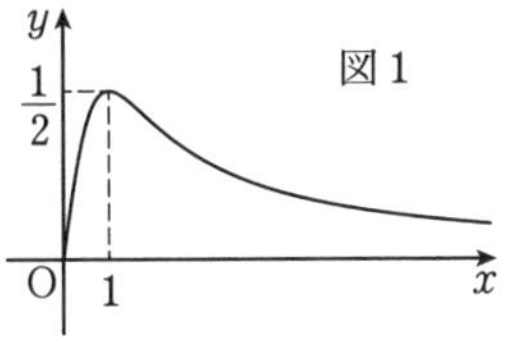

図 1

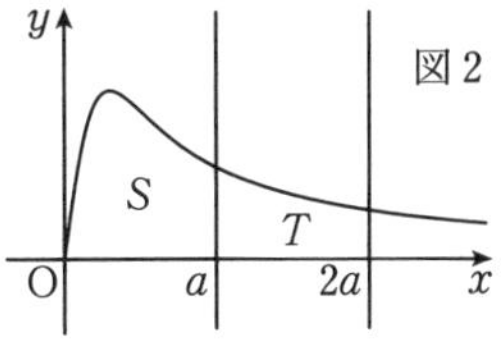

図 2

（3） 図 2 を見よ．

$$S = \int_0^a \frac{x}{x^2+1}\,dx = \left[\ \frac{1}{2}\log(x^2+1)\ \right]_0^a$$

$$= \frac{1}{2}\log(a^2+1)$$

$$S + T = \int_0^{2a} \frac{x}{x^2+1}\,dx = \frac{1}{2}\log(4a^2+1)$$

$S = T$ のとき $2S = S + T$ であるから

$$2\cdot\frac{1}{2}\log(a^2+1) = \frac{1}{2}\log(4a^2+1)$$

$$2\log(a^2+1) = \log(4a^2+1)$$

$$(a^2+1)^2 = 4a^2+1$$

$$a^4 - 2a^2 = 0$$

$$a^2(a^2-2) = 0$$

$a > 0$ であるから，$\boldsymbol{a = \sqrt{2}}$

《x 軸と囲む面積 (B20)》

361. $f(x) = \frac{2x^2-x-1}{x^2+2x+2}$ とする．

（1） $\lim_{x\to-\infty} f(x)$ および $\lim_{x\to\infty} f(x)$ を求めよ．

（2） 導関数 $f'(x)$ を求めよ．

（3） 関数 $y = f(x)$ の最大値と最小値を求めよ．

（4） 曲線 $y = f(x)$ と x 軸で囲まれた部分の面積を求めよ． （23 徳島大・医，歯，薬，理工）

▶解答◀ （1） $f(x) = \dfrac{2-\frac{1}{x}-\frac{1}{x^2}}{1+\frac{2}{x}+\frac{2}{x^2}}$

$$\lim_{x\to-\infty} f(x) = \mathbf{2},\ \lim_{x\to\infty} f(x) = \mathbf{2}$$

（2） $f'(x)$ の分母は $(x^2+2x+2)^2$ で，分子は

$$(4x-1)(x^2+2x+2) - (2x^2-x-1)(2x+2)$$

$$= 5x^2 + 10x$$

$$f'(x) = \boldsymbol{\frac{5x(x+2)}{(x^2+2x+2)^2}}$$

（3） 増減表は次の通り．

x	$\cdots$	-2	$\cdots$	0	$\cdots$
$f'(x)$	$+$	0	$-$	0	$+$
$f(x)$	↗		↘		↗

$f(-2)=2+\frac{5}{2}=\frac{9}{2}$, $f(0)=-\frac{1}{2}$ であり，（1）の結果より，$y=f(x)$ の最大値は $\boldsymbol{\frac{9}{2}}$，最小値は $\boldsymbol{-\frac{1}{2}}$

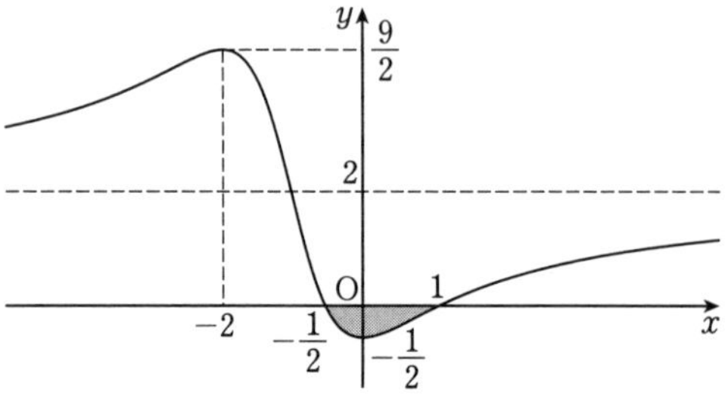

（4） $f(x)=\frac{(2x+1)(x-1)}{x^2+2x+2}$ より $f(x)=0$ のとき $x=-\frac{1}{2}, 1$

$$f(x)=2-\frac{5(x+1)}{x^2+2x+2}$$
$$=2-\frac{5}{2}\cdot\frac{(x^2+2x+2)'}{x^2+2x+2}$$

求める面積は

$$-\int_{\frac{1}{2}}^{1} f(x)\,dx=-\left[2x-\frac{5}{2}\log(x^2+2x+2)\right]_{-\frac{1}{2}}^{1}$$
$$=-2+\frac{5}{2}\log 5-1-\frac{5}{2}\log\frac{5}{4}$$
$$=-3+\frac{5}{2}\log 4=\boldsymbol{-3+5\log 2}$$

《接線と面積（B20）》

362. $f(x)=\frac{8x}{x^2+1}$ とする．原点を O とする座標平面において，曲線 $y=f(x)$ の変曲点のうち，x 座標が正であるものを A とする．曲線 $y=f(x)$ 上の点 A における接線と x 軸との交点を B とする．次の問いに答えよ．

（1） 関数 $y=f(x)$ の増減，グラフの凹凸を調べて，グラフを図示せよ．

（2） 三角形 OAB の面積 S_1 を求めよ．

（3） 曲線 $y=f(x)$ と直線 OA で囲まれた図形のうち，$x\geqq 0$ の部分の面積 S_2 を求めよ．また，S_2 と（2）の S_1 の大小関係を示せ．必要ならば，自然対数の底 e が 2.718⋯ であることを用いてよい．

（23　岡山県立大・情報工）

▶解答◀ （1） $f(x)=\frac{8x}{x^2+1}$ より

$$f'(x)=8\cdot\frac{x^2+1-x\cdot 2x}{(x^2+1)^2}=-8\cdot\frac{x^2-1}{(x^2+1)^2}$$

$f''(x)$
$$=-8\cdot\frac{2x(x^2+1)^2-(x^2-1)\cdot 2(x^2+1)\cdot 2x}{(x^2+1)^4}$$
$$=16\cdot\frac{x(x^2-3)}{(x^2+1)^3}$$

$p=-\sqrt{3}$, $q=\sqrt{3}$ とする．$f(0)=0$,
$f(1)=4$, $f(-1)=-4$, $f(\sqrt{3})=2\sqrt{3}$,
$f(-\sqrt{3})=-2\sqrt{3}$, $\lim_{x\to\pm\infty} f(x)=0$

x	$\cdots$	p	$\cdots$	-1	$\cdots$	0	$\cdots$	1	$\cdots$	q	$\cdots$
$f'(x)$	$-$	$-$	$-$	0	$+$	$+$	$+$	0	$-$	$-$	$-$
$f''(x)$	$-$	0	$+$	$+$	$+$	0	$-$	$-$	$-$	0	$+$
$f(x)$	↘		↘		↗		↗		↘		↘

以上より，グラフは図 1 のようになる．

図1

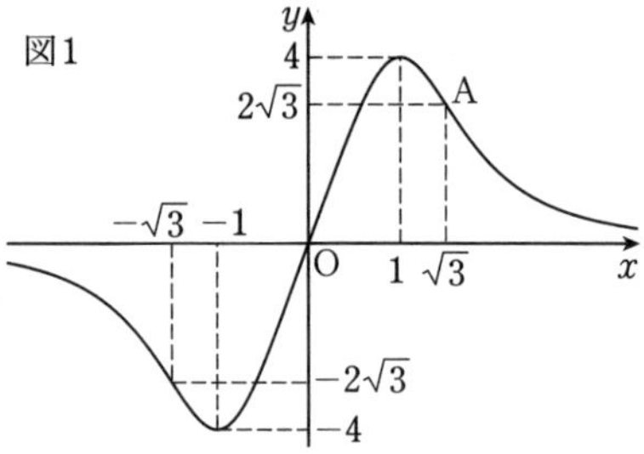

（2） $A(\sqrt{3}, 2\sqrt{3})$ における接線を l とおく．
$f'(\sqrt{3})=-8\cdot\frac{2}{16}=-1$ であるから，l の方程式は

$$y=-(x-\sqrt{3})+2\sqrt{3}$$
$$y=-x+3\sqrt{3}$$

$y=0$ とすると $x=3\sqrt{3}$ であるから，B の x 座標は $3\sqrt{3}$ である（図 2）．よって

$$S_1=\frac{1}{2}\cdot 3\sqrt{3}\cdot 2\sqrt{3}=\boldsymbol{9}$$

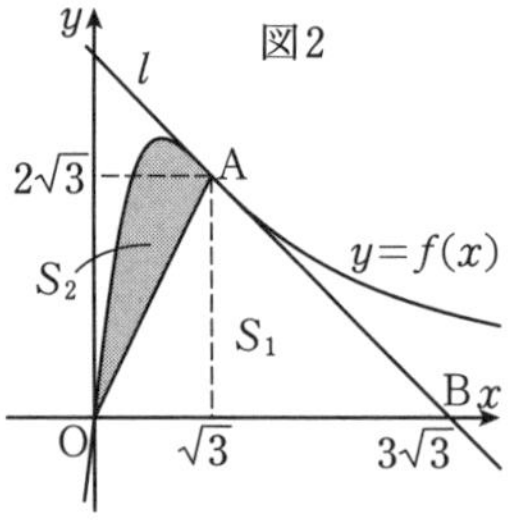

（3） S_2 は図 2 の網目部分の面積である．$y=f(x)$ と x 軸とではさまれる部分から三角形を除くと考えて

$$S_2=\int_0^{\sqrt{3}}\frac{8x}{x^2+1}\,dx-\frac{1}{2}\cdot\sqrt{3}\cdot 2\sqrt{3}$$
$$=4\int_0^{\sqrt{3}}\frac{(x^2+1)'}{x^2+1}\,dx-3$$
$$=4\Big[\log|x^2+1|\Big]_0^{\sqrt{3}}-3$$
$$=4\log 4-3=\boldsymbol{8\log 2-3}$$

$$S_2 - S_1 = 8\log 2 - 3 - 9 = 8\left(\log 2 - \frac{3}{2}\right)$$

$e^{\frac{3}{2}} = e\sqrt{e} > 2$ であるから $\log 2 < \dfrac{3}{2}$

よって，$\boldsymbol{S_1 > S_2}$ である．

《線分の動き（C30）》

363. 関数 $f(x) = -\dfrac{1}{2}x - \dfrac{4}{6x+1}$ について，以下の問いに答えよ．

（1） 曲線 $y = f(x)$ の接線で，傾きが1であり，かつ接点の x 座標が正であるものの方程式を求めよ．

（2） 座標平面上の2点 $\mathrm{P}(x,\ f(x))$，$\mathrm{Q}(x+1,\ f(x)+1)$ を考える．x が $0 \leqq x \leqq 2$ の範囲を動くとき，線分 PQ が通過してできる図形 S の概形を描け．また S の面積を求めよ．

（23　東北大・理系）

考え方 弊社刊「新作問題集 E1」41番，42番を見よ．

▶解答◀ （1） 接点の x 座標を $t\,(>0)$ とすると，

$$f'(x) = -\frac{1}{2} + \frac{24}{(6x+1)^2}$$

であるから，

$$f'(t) = -\frac{1}{2} + \frac{24}{(6t+1)^2} = 1$$

$$(6t+1)^2 = 16$$

$$6t + 1 = \pm 4 \qquad \therefore \quad t = \frac{1}{2},\ -\frac{5}{6}$$

$t > 0$ より $t = \dfrac{1}{2}$ である．ゆえに接線の方程式は

$$y = \left(x - \frac{1}{2}\right) + \left(-\frac{1}{2}\cdot\frac{1}{2} - \frac{4}{6\cdot\frac{1}{2}+1}\right)$$

すなわち，$\boldsymbol{y = x - \dfrac{7}{4}}$ である．

（2） PQ が通過してできる図形を図示すると，図1の網目部分のようになる．図1の太線部が $y = f(x)$ である．

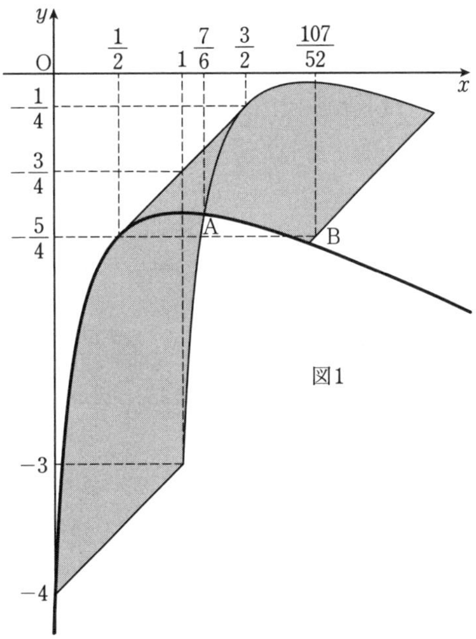

図1

Q は $y = f(x)$ を x 軸方向に1，y 軸方向に1だけ移動した，

$$y = -\frac{1}{2}(x-1) - \frac{4}{6(x-1)+1} + 1$$

$$y = -\frac{1}{2}x - \frac{4}{6x-5} + \frac{3}{2}$$

上にある．図の A の x 座標を求める．

$$-\frac{1}{2}x - \frac{4}{6x+1} = -\frac{1}{2}x - \frac{4}{6x-5} + \frac{3}{2}$$

$$\frac{4}{6x-5} - \frac{4}{6x+1} = \frac{3}{2}$$

$$8(6x+1) - 8(6x-5) = 3(6x-5)(6x+1)$$

$$12x^2 - 8x - 7 = 0$$

$$(6x-7)(2x+1) = 0 \qquad \therefore \quad x = \frac{7}{6},\ -\frac{1}{2}$$

ゆえに，A の x 座標は $\dfrac{7}{6}$ である．次に，B の座標を求める．

$$f(2) = -1 - \frac{4}{13} = -\frac{17}{13}$$

であるから，$x = 2$ のとき，PQ の方程式は $y = (x-2) - \dfrac{17}{13}$，すなわち，$y = x - \dfrac{43}{13}$ である．

$$-\frac{5}{4} = x - \frac{43}{13} \qquad \therefore \quad x = \frac{107}{52}$$

となるから，B の座標は $\left(\dfrac{107}{52},\ -\dfrac{5}{4}\right)$ である．

図1の網目部分を「実質平行四辺形2つ」と「重なり」に分解する．

図2の網目部分のうち $1 \leqq x \leqq \dfrac{3}{2}$ の部分を切り取って，左の部分にはめ込むと平行四辺形に等積変形できる．この面積は，$\left\{-\dfrac{3}{4} - (-3)\right\}\cdot 1 = \dfrac{9}{4}$ である．

図3の網目部分のうち $y \geqq -\frac{1}{4}$ の部分を切り取って下の部分にはめ込み，$y \leqq -\frac{5}{4}$ の部分を切り取って上の部分にはめ込むと平行四辺形に等積変形できる．この面積は，$\left(\frac{107}{52}-\frac{1}{2}\right)\cdot 1=\frac{81}{52}$ である．

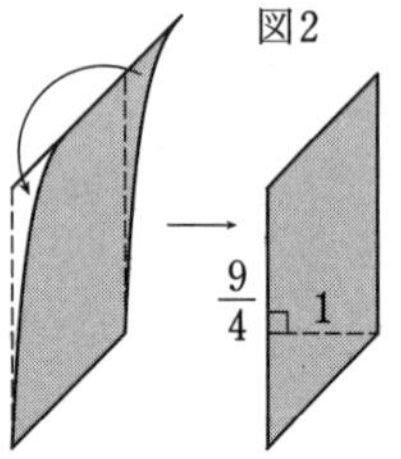

図2

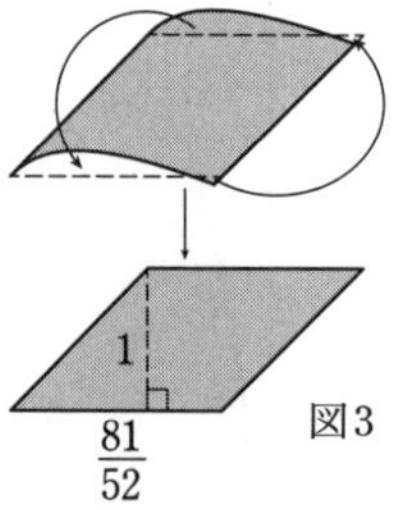

図3

重なりの部分（この面積を T とする），すなわち図4の網目部分のうち $\frac{7}{6} \leqq x \leqq \frac{3}{2}$ の部分を切り取って，左の部分にはめ込むと

$$T=\int_{\frac{1}{6}}^{\frac{7}{6}}\left\{\left(x-\frac{7}{4}\right)-f(x)\right\}dx$$

$$=\int_{\frac{1}{6}}^{\frac{7}{6}}\left(\frac{3}{2}x-\frac{7}{4}+\frac{4}{6x+1}\right)dx$$

$$=\left[\frac{3}{4}\left(x-\frac{7}{6}\right)^2+\frac{2}{3}\log(6x+1)\right]_{\frac{1}{6}}^{\frac{7}{6}}$$

$$=-\frac{3}{4}+\frac{2}{3}\log 8-\frac{2}{3}\log 2=\frac{4}{3}\log 2-\frac{3}{4}$$

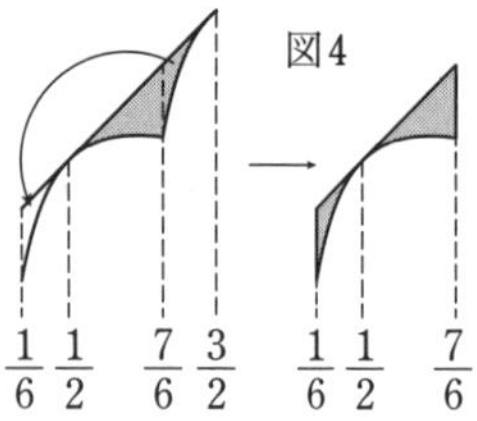

図4

よって，「実質平行四辺形2つ」の面積から，「重なり」の面積を引いて

$$S=\frac{9}{4}+\frac{81}{52}-\left(\frac{4}{3}\log 2-\frac{3}{4}\right)$$

$$=\boldsymbol{\frac{237}{52}-\frac{4}{3}\log 2}$$

◆別解◆ （2）**【符号付き面積で考える】**

$P=(x,\ f(x))$ とおく．

$$\frac{dP}{dx}=(1,\ f'(x))$$

$$dP=(1,\ f'(x))\,dx$$

と $\overrightarrow{v}=(1,\ 1)$ で作る符号つき面積

$$dS=(1\cdot f'(x)-1\cdot 1)\,dx=(f'(x)-1)\,dx$$

を考える．これは $\overrightarrow{v}$ から dP に左回りなら正，右回りなら負となる．すなわち，$0 \leqq x \leqq \frac{1}{2}$ なら正，$\frac{1}{2} \leqq x \leqq 2$ なら負となる．

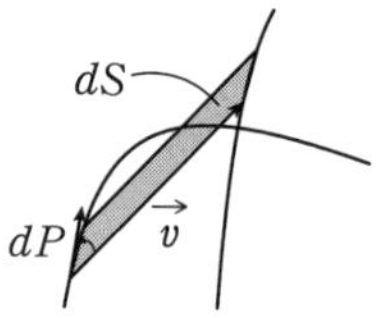

$$S=\int_{x=0}^{x=\frac{1}{2}}dS-\int_{x=\frac{1}{2}}^{x=2}dS$$

を考える．ここから，あとで重なりの部分を引く．

$$S=\int_{x=0}^{x=\frac{1}{2}}(f'(x)-1)\,dx-\int_{x=\frac{1}{2}}^{x=2}(f'(x)-1)\,dx$$

$$=\Big[f(x)-x\Big]_0^{\frac{1}{2}}-\Big[f(x)-x\Big]_{\frac{1}{2}}^{2}$$

$$=2\left(f\left(\frac{1}{2}\right)-\frac{1}{2}\right)-f(0)-f(2)+2$$

$$=2\left(-\frac{1}{4}-1-\frac{1}{2}\right)+4+1+\frac{4}{13}+2$$

$$=-\frac{1}{2}-2-1+4+1+\frac{4}{13}+2$$

$$=4-\frac{1}{2}+\frac{4}{13}=\frac{104-13+8}{26}=\frac{99}{26}$$

T は本解と同じように求めるのがよい．求める面積は

$$S-T=\frac{99}{26}-\left(\frac{4}{3}\log 2-\frac{3}{4}\right)$$

$$=\boldsymbol{\frac{237}{52}-\frac{4}{3}\log 2}$$

《頻出の構図 (B10) ☆》

364. 曲線 $y=e^{-2x}$ を C とし，x 軸上の点 P_n, C 上の点 Q_n $(n=1,\ 2,\ 3,\ \cdots)$ を次のように定める．

- P_1 は原点とする．
- 点 P_n を通り y 軸に平行な直線と曲線 C の交点を Q_n とする．
- 点 Q_n における C の接線を L_n とし，L_n と x 軸との交点を P_{n+1} とする．

このとき，次の問いに答えよ．

（1） 点 P_n の x 座標を x_n とするとき，L_n の方程式を x_n を用いて表し，x_{n+1} を x_n で表せ．また，x_n を求めよ．

（2） 直線 L_n，直線 $\mathrm{P}_{n+1}\mathrm{Q}_{n+1}$，および曲線 C で囲まれた図形の面積を S_n とする．S_n を求めよ．

（3） 無限級数 $\sum_{n=1}^{\infty}S_n$ の和を求めよ．

（23 津田塾大・学芸-数学）

▶解答◀ （1） $\mathrm{Q}_n(x_n,\ e^{-2x_n})$ である．

$y=e^{-2x}$ のとき，$y'=-2e^{-2x}$

L_n は

$$y=-2e^{-2x_n}(x-x_n)+e^{-2x_n}$$

$$y=\boldsymbol{-2e^{-2x_n}\left(x-x_n-\frac{1}{2}\right)}$$

$y=0$ のとき $x=x_n+\dfrac{1}{2}$

$$x_{n+1}=\boldsymbol{x_n+\frac{1}{2}}$$

よって，数列 $\{x_n\}$ は公差 $\dfrac{1}{2}$ の等差数列であり，$x_1=0$ であるから

$$x_n=x_1+(n-1)\cdot\frac{1}{2} \qquad \therefore\quad x_n=\boldsymbol{\frac{n-1}{2}}$$

（2） S_n は図の網目部分の面積である．

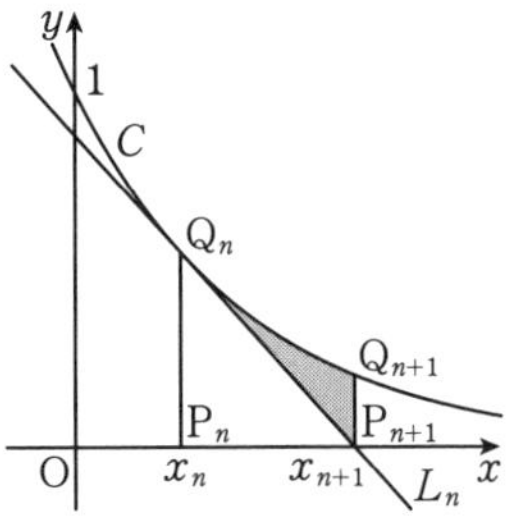

$$S_n=\int_{x_n}^{x_{n+1}}e^{-2x}\,dx-\triangle \mathrm{Q}_n\mathrm{P}_n\mathrm{P}_{n+1}$$

$$=\left[-\frac{1}{2}e^{-2x}\right]_{x_n}^{x_{n+1}}-\frac{1}{2}(x_{n+1}-x_n)e^{-2x_n}$$

$$=-\frac{1}{2}(e^{-n}-e^{-n+1})-\frac{1}{4}e^{-n+1}$$

$$=\frac{1}{4}e^{-n+1}\left(-\frac{2}{e}+2-1\right)$$

$$=\boldsymbol{\frac{1}{4}\left(1-\frac{2}{e}\right)e^{-n+1}}$$

（3） $|e^{-1}|<1$ である．無限等比級数の和の公式より

$$\sum_{n=1}^{\infty}S_n=\frac{1}{4}\left(1-\frac{2}{e}\right)\cdot\frac{1}{1-e^{-1}}=\boldsymbol{\frac{e-2}{4(e-1)}}$$

《指数関数と接線（B10）☆》

365. 関数 $f(x)$ を $f(x)=2xe^x$ と定める．曲線 $y=f(x)$ の点 $(2,\ f(2))$ における接線を l とする．ただし，e は自然対数の底とする．

（1） 接線 l の方程式を求めよ．

（2） 不定積分 $\displaystyle\int f(x)\,dx$ を求めよ．

（3） 曲線 $y=f(x)$ と x 軸および接線 l で囲まれた図形の面積 S を求めよ． （23 室蘭工業大）

▶解答◀ （1） $f'(x)=2(1\cdot e^x+xe^x)$

$$=2(x+1)e^x$$

l の方程式は

$$y=6e^2(x-2)+4e^2$$

$$\boldsymbol{y=6e^2x-8e^2}$$

（2） $\displaystyle\int f(x)\,dx=2\int x(e^x)'\,dx$

$$=2\left\{xe^x-\int (x)'e^x\,dx\right\}$$

$$=2\left(xe^x-\int e^x\,dx\right)$$

$$=2(xe^x-e^x)+C=\boldsymbol{2(x-1)e^x+C}$$

C は積分定数である．

（3） l と x 軸との交点の座標は $\left(\dfrac{4}{3},\ 0\right)$

$$f''(x)=2\{1\cdot e^x+(x+1)e^x\}=2(x+2)e^x$$

$x>0$ において $f'(x)>0$，$f''(x)>0$ であるから，$y=f(x)$ は単調増加，下に凸である．

$\mathrm{A}\left(\dfrac{4}{3},\ 0\right)$，$\mathrm{B}(2,\ 0)$，$\mathrm{C}(2,\ 4e^2)$ とする．S は図の網目部分の面積であるから

$$S=\int_0^2 f(x)\,dx-\triangle\mathrm{ABC}$$

$$=2\Big[\,(x-1)e^x\,\Big]_0^2-\frac{1}{2}\left(2-\frac{4}{3}\right)\cdot 4e^2$$

$$=2(e^2+1)-\frac{4}{3}e^2=\boldsymbol{\frac{2}{3}e^2+2}$$

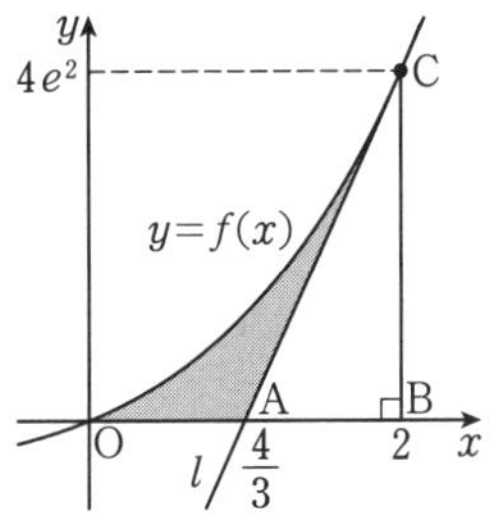

《曲線と直線で囲む面積（B2）☆》

366. 関数 $f(x)=3e^{-x}-e^{-2x}$ について，次の問いに答えよ．

（1） $f'(x)$，$f''(x)$ を求めよ．

（2） 関数 $f(x)$ の増減，極値と，曲線 $y=f(x)$ の変曲点，凹凸を調べよ．

（3） k を実数とするとき，方程式 $f(x)=k$ を満たす解の個数を調べよ．

（4） 曲線 $y=f(x)$ と直線 $y=2$ で囲まれた部分の面積を求めよ． （23 広島市立大）

▶解答◀ （1） $f'(x)=\boldsymbol{-3e^{-x}+2e^{-2x}}$

$$=e^{-x}(2e^{-x}-3)$$

$$f''(x)=\boldsymbol{3e^{-x}-4e^{-2x}}$$

$$=-e^{-x}(4e^{-x}-3)$$

（2） $e^{-\alpha}=\dfrac{3}{2}$，$e^{-\beta}=\dfrac{3}{4}$ とおく．$\alpha=\log\dfrac{2}{3}$，$\beta=\log\dfrac{4}{3}$ である．$f(x)$ の増減および凹凸は表のよう

になる．

x	$\cdots$	α	$\cdots$	β	$\cdots$
$f'(x)$	$+$	0	$-$	$-$	$-$
$f''(x)$	$-$	$-$	$-$	0	$+$
$f(x)$	↗		↘		↘

極大値 $f(\alpha)=3e^{-\alpha}-e^{-2\alpha}=\dfrac{9}{2}-\dfrac{9}{4}=\mathbf{\dfrac{9}{4}}$

$$f(\beta)=3e^{-\beta}-e^{-2\beta}=\frac{9}{4}-\frac{9}{16}=\frac{27}{16}$$

であるから，変曲点 $\left(\mathbf{\log\dfrac{4}{3},\ \dfrac{27}{16}}\right)$

（3） $\displaystyle\lim_{x\to\infty}f(x)=\lim_{x\to\infty}(3e^{-x}-e^{-2x})=0$

$$\lim_{x\to-\infty}f(x)=\lim_{x\to-\infty}e^{-x}(3-e^{-x})=-\infty$$

（2）より，$y=f(x)$ のグラフは図1のようになる．

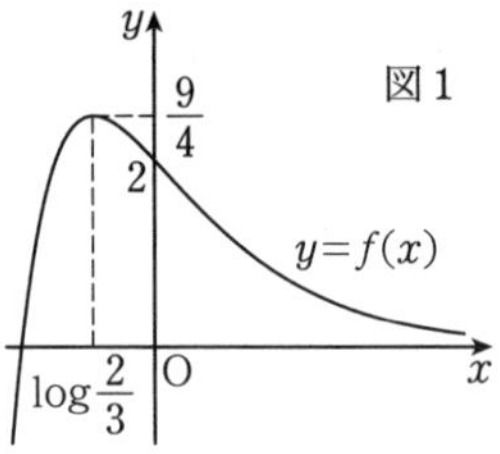

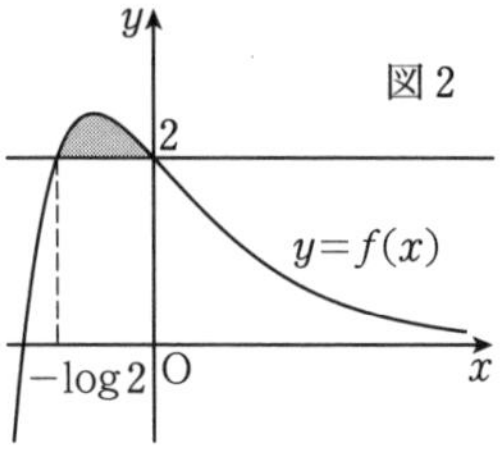

したがって，$f(x)=k$ を満たす解の個数は

$0<k<\dfrac{9}{4}$ のとき 2

$k\leqq 0$ または $k=\dfrac{9}{4}$ のとき 1

$k>\dfrac{9}{4}$ のとき 0

（4） $3e^{-x}-e^{-2x}=2$ とおく．

$$(e^{-x})^2-3e^{-x}+2=0$$

$$(e^{-x}-1)(e^{-x}-2)=0$$

$$e^{-x}=1,\ 2 \qquad \therefore\quad x=0,\ -\log 2$$

求める面積 S は図2の網目部分の面積である．

$e^{-c}=2$ とおく．$c=-\log 2$ である．

$$S=\int_c^0(3e^{-x}-e^{-2x}-2)\,dx$$

$$=\left[-3e^{-x}+\frac{1}{2}e^{-2x}-2x\right]_c^0$$

$$=-3(1-e^{-c})+\frac{1}{2}(1-e^{-2c})+2c$$

$$=-3(1-2)+\frac{1}{2}(1-4)-2\log 2$$

$$=\mathbf{\frac{3}{2}-2\log 2}$$

《x 軸と囲む面積（B20）》

367．$a,\ b$ を定数とする．関数

$$f(x)=\frac{e^{2x}+ae^x+b}{e^x+1}$$

に対し，曲線 $y=f(x)$ と x 軸との共有点は点 $(0,\ 0)$ と点 $(\log 7,\ 0)$ の2点である．このとき，次の問に答えよ．

（1） $a,\ b$ の値を求めよ．

（2） 関数 $f(x)$ の極値を求めよ．

（3） 曲線 $y=f(x)$ と x 軸で囲まれた部分の面積を求めよ．　（23　名城大・情報工，理工）

▶解答◀ （1） $f(x)=\dfrac{e^{2x}+ae^x+b}{e^x+1}$ について，$f(0)=0$，$f(\log 7)=0$ であるから

$$0=\frac{1+a+b}{2},\ 0=\frac{49+7a+b}{8}$$

$$\mathbf{a=-8,\ b=7}$$

（2） $f(x)=\dfrac{e^{2x}-8e^x+7}{e^x+1}$ について

$$f'(x)=\frac{1}{(e^x+1)^2}\{(2e^{2x}-8e^x)(e^x+1)$$

$$-(e^{2x}-8e^x+7)\cdot e^x\}$$

$$=e^x\cdot\frac{(2e^x-8)(e^x+1)-(e^{2x}-8e^x+7)}{(e^x+1)^2}$$

$$=e^x\cdot\frac{e^{2x}+2e^x-15}{(e^x+1)^2}=\frac{e^x(e^x+5)(e^x-3)}{(e^x+1)^2}$$

$f(x)$ の増減表は次のようになる．

x	$\cdots$	$\log 3$	$\cdots$
$f'(x)$	$-$	0	$+$
$f(x)$	↘		↗

極小値 $f(\log 3)=\dfrac{9-24+7}{4}=\mathbf{-2}$ をとる．

（3） 求める面積を S とおくと

$$S=-\int_0^{\log 7}\frac{e^{2x}-8e^x+7}{e^x+1}\,dx$$

$e^x=t$ とおくと $e^xdx=dt$ で $dx=\dfrac{1}{t}dt$ である．

x	$0\ \to\ \log 7$
t	$1\ \to\ 7$

$$S=-\int_1^7\frac{t^2-8t+7}{t+1}\cdot\frac{1}{t}\,dt$$

基本の分解 $\dfrac{1}{t(t+1)}=\dfrac{1}{t}-\dfrac{1}{t+1}$ から入る．これに t^2-8t+7 を掛けて

$$\frac{t^2-8t+7}{t(t+1)}=t-8+\frac{7}{t}-\frac{t^2-8t+7}{t+1}$$

$$=t-8+\frac{7}{t}-\left(t-9+\frac{16}{t+1}\right)$$

$$=1+\frac{7}{t}-\frac{16}{t+1}$$

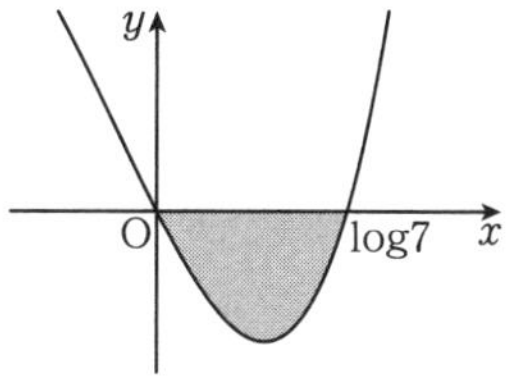

$$
\begin{aligned}
S &= -\int_1^7 \left(1 + \frac{7}{t} - \frac{16}{t+1}\right) dt \\
&= \Big[-t - 7\log t + 16\log(t+1) \Big]_1^7 \\
&= -7 - 7\log 7 + 16\log 8 + 1 - 16\log 2 \\
&= \mathbf{32\log 2 - 7\log 7 - 6}
\end{aligned}
$$

注意【よくある展開】

$\dfrac{t^2-8t+7}{t(t+1)} = 1 - \dfrac{9t-7}{t(t+1)}$ であり,

$\dfrac{9t-7}{t(t+1)} = \dfrac{A}{t} + \dfrac{B}{t+1}$ とおくと

$$9t-7 = A(t+1) + Bt = (A+B)t + A$$

よって, $A=-7,\ B=16$ である.

《易しい曲線 (B10) ☆》

368. $f(x) = |x-1|e^x$ とする. 次の問いに答えよ. ただし, e は自然対数の底とする.

(1) 関数 $f(x)$ は $x=1$ において微分可能でないことを示せ.

(2) 関数 $f(x)$ の極値を求めよ.

(3) $g(x) = 2xe^x$ とする. 2つの曲線 $y=f(x),\ y=g(x)$ と y 軸によって囲まれた部分の面積を求めよ. (23 福岡教育大・中等)

▶解答◀ (1)

$x \geqq 1$ のとき $f(x) = (x-1)e^x$

$x < 1$ のとき $f(x) = -(x-1)e^x$ である.

$$
\begin{aligned}
\lim_{x\to 1+0} \frac{f(x)-f(1)}{x-1} &= \lim_{x\to 1+0} \frac{(x-1)e^x}{x-1} \\
&= \lim_{x\to 1+0} e^x = e
\end{aligned}
$$

$$
\begin{aligned}
\lim_{x\to 1-0} \frac{f(x)-f(1)}{x-1} &= \lim_{x\to 1-0} \frac{-(x-1)e^x}{x-1} \\
&= \lim_{x\to 1-0} (-e^x) = -e
\end{aligned}
$$

であり, $\displaystyle\lim_{x\to 1} \frac{f(x)-f(1)}{x-1}$ は存在しないから, 関数 $f(x)$ は $x=1$ で微分可能ではない.

(2) $x>1$ のとき $f'(x) = xe^x > 0$

$x<1$ のとき $f'(x) = -xe^x$ であるから, $f(x)$ の増減は表のようになる.

x	$\cdots$	0	$\cdots$	1	$\cdots$
$f'(x)$	+	0	−	×	+
$f(x)$	↗		↘		↗

極大値 $f(0) = \mathbf{1}$, 極小値 $f(1) = \mathbf{0}$

(3) $x \geqq 1$ のとき $g(x) - f(x) = (x+1)e^x > 0$

$x<1$ のとき $g(x) - f(x) = (3x-1)e^x$ であるから,

$x = \dfrac{1}{3}$ のとき $y=f(x)$ と $y=g(x)$ は交わる.

求める面積 S は, 図の網目部分の面積である.

$$
\begin{aligned}
S &= \int_0^{\frac{1}{3}} \{-(x-1)e^x - 2xe^x\}\, dx \\
&= -\int_0^{\frac{1}{3}} (3x-1)(e^x)'\, dx \\
&= \Big[-(3x-1)e^x \Big]_0^{\frac{1}{3}} + \int_0^{\frac{1}{3}} (3x-1)'e^x\, dx \\
&= -1 + 3\Big[e^x \Big]_0^{\frac{1}{3}} = \mathbf{3e^{\frac{1}{3}} - 4}
\end{aligned}
$$

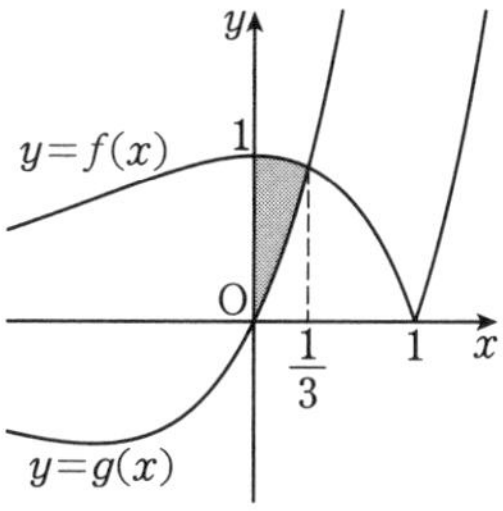

《2 曲線と y 軸 (B20)》

369. 実数全体を定義域とする関数

$f(x) = (\sin x - \cos^2 x)e^{\sin x} + 2e$

を考える.

(1) 関数 $f(x)$ の最大値および最小値を求めよ.

(2) xy 平面内において $y=f(x)$ のグラフと x 軸, y 軸, および直線 $x = \dfrac{\pi}{2}$ で囲まれた部分の面積を求めよ. (23 京都工繊大・後期)

▶解答◀ (1) $f(x)$ は周期 2π の周期関数であるから $0 \leqq x \leqq 2\pi$ で最大・最小を調べればよい.

$$
\begin{aligned}
f(x) &= (\sin x - \cos^2 x)e^{\sin x} + 2e \\
f'(x) &= (\cos x + 2\cos x \sin x)e^{\sin x} \\
&\quad + (\sin x - \cos^2 x)e^{\sin x} \cdot \cos x \\
&= e^{\sin x} \cos x(1 - \cos^2 x + 3\sin x) \\
&= e^{\sin x} \cos x \sin x(\sin x + 3)
\end{aligned}
$$

$$f\left(\frac{\pi}{2}\right) = 3e,\ f\left(\frac{3}{2}\pi\right) = 2e - \frac{1}{e}$$

$$f(0) = 2e-1,\ f(\pi) = 2e-1,\ f(2\pi) = 2e-1$$

x	0	$\cdots$	$\frac{\pi}{2}$	$\cdots$	π	$\cdots$	$\frac{3}{2}\pi$	$\cdots$	2π
$f'(x)$	0	+	0	−	0	+	0	−	0
$f(x)$		↗		↘		↗		↘	

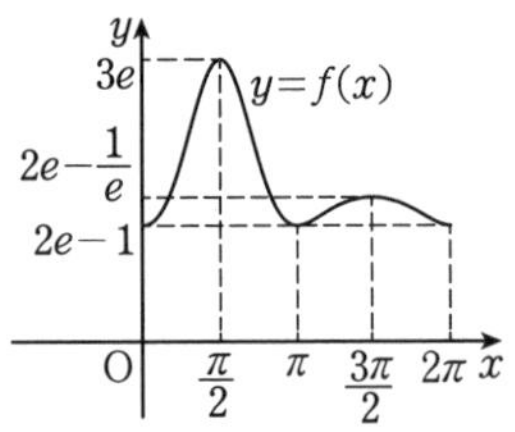

最大値は $f\left(\frac{\pi}{2}\right)=\mathbf{3e}$，最小値は $f(0)=\mathbf{2e-1}$

（2） いきなり $(\sin x-\cos^2 x)e^{\sin x}$ 全体に部分積分を掛けたら混乱する．$\sin x=s$, $\cos x=c$ と略記する．ダッシュは x による微分を表す．

$$(ce^s)'=-se^s+c^2e^s=-\{f(x)-2e\}$$

$f(x)>0$, $f(x)=-(ce^s)'+2e$ だから求める面積は

$$\int_0^{\frac{\pi}{2}} f(x)\,dx=\left[-\cos xe^{\sin x}+2ex\right]_0^{\frac{\pi}{2}}=\mathbf{1+e\pi}$$

《少し考えにくい積分（B20）》

370． xy 平面上において，不等式

$(ye^x)^2\leqq(\sin 2x)^2$, $0\leqq x\leqq\pi$

の表す領域を D とし，領域 D と直線 $x=a$ の共通部分の線分の長さを $l(a)$ とする．以下の問に答えよ．

（1） $l(a)$ が $a=a_0$ で最大となるとき，$\tan a_0$ の値を求めよ．

（2） 領域 D の面積を求めよ．（23 群馬大・医）

注意 一読して，何が書いてあるか分からなかった．素直に「$|e^{-x}\sin 2x|$ の最大値を求めよ」と書くべきではないか？入口で混乱させるのは共通テストに負けない悪文である．図で $f(x)=e^{-x}\sin 2x$ である．

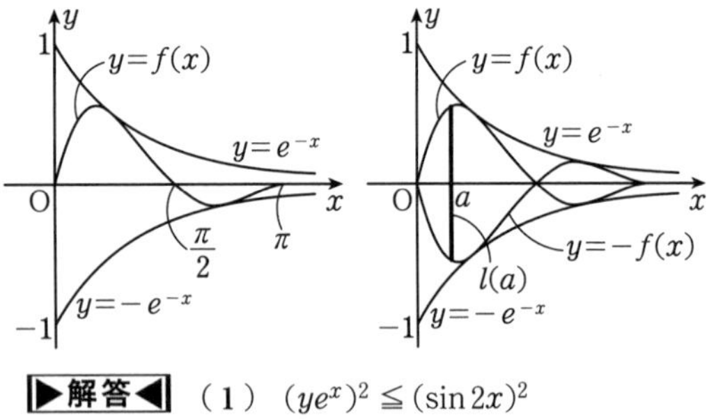

▶解答◀ （1） $(ye^x)^2\leqq(\sin 2x)^2$

$$|y|\leqq e^{-x}|\sin 2x| \quad\cdots\cdots①$$

$f(x)=e^{-x}\sin 2x$ とおく．

$$\left|f\left(x+\frac{\pi}{2}\right)\right|=\left|e^{-x-\frac{\pi}{2}}\sin(2x+\pi)\right|$$

$$=e^{-\frac{\pi}{2}}|e^{-x}\sin 2x|=e^{-\frac{\pi}{2}}|f(x)| \quad\cdots\cdots②$$

$|f(x)|$ の最大値を考えればよいが，$e^{-\frac{\pi}{2}}<1$ であるから $0\leqq x\leqq\frac{\pi}{2}$ で考えればよい．このとき

$$f'(x)=-e^{-x}\sin 2x+e^{-x}(2\cos 2x)$$

$$=e^{-x}(2\cos 2x-\sin 2x)$$

$f'(x)=0$ のとき $\tan 2x=2$ である．

$\tan 2\alpha=2$, $0<\alpha<\frac{\pi}{2}$ とする．

x	0	$\cdots$	α	$\cdots$	$\frac{\pi}{2}$
$f'(x)$		$+$	0	$-$	
$f(x)$		↗		↘	

$f(0)=0$, $f\left(\frac{\pi}{2}\right)=0$ であるから，$0\leqq x\leqq\frac{\pi}{2}$ で $f(x)\geqq 0$ である．したがって $x=\alpha$ で $|f(x)|$ は最大になる．$\tan\alpha=t$ とすると

$$\frac{2t}{1-t^2}=2,\ t>0$$

$$t^2+t-1=0,\ t>0$$

であるから，$\tan a_0=t=\mathbf{\frac{-1+\sqrt{5}}{2}}$ である．

（2） ①より D は

$$-e^{-x}|\sin 2x|\leqq y\leqq e^{-x}|\sin 2x|$$

を満たす領域で，②より，$\frac{\pi}{2}\leqq x\leqq\pi$ では $0\leqq x\leqq\frac{\pi}{2}$ における $y=|f(x)|$ を $e^{-\frac{\pi}{2}}$ 倍したものである．また，$\frac{\pi}{2}\leqq x\leqq\pi$ のとき $f(x)\leqq 0$ であるから，D は図の網目の部分の領域になる．

領域 D 全体の面積を S，$0\leqq x\leqq\frac{\pi}{2}$ の部分の面積を T とすると，②より

$$S=(1+e^{-\frac{\pi}{2}})T$$

$$\frac{T}{2}=\int_0^{\frac{\pi}{2}} e^{-x}\sin 2x\,dx$$

である．ここで

$$(e^{-x}\sin 2x)'=-e^{-x}\sin 2x+2e^{-x}\cos 2x \quad\cdots③$$

$$(e^{-x}\cos 2x)'=-e^{-x}\cos 2x-2e^{-x}\sin 2x \quad\cdots④$$

③＋④×2 より

$$-5e^{-x}\sin 2x=\{e^{-x}(\sin 2x+2\cos 2x)\}'$$

$$e^{-x}\sin 2x=-\frac{1}{5}\{e^{-x}(\sin 2x+2\cos 2x)\}'$$

したがって

$$\frac{T}{2}=\left[-\frac{1}{5}e^{-x}(\sin 2x+2\cos 2x)\right]_0^{\frac{\pi}{2}}$$

$$=-\frac{1}{5}(-2e^{-\frac{\pi}{2}}-2)=\frac{2}{5}(e^{-\frac{\pi}{2}}+1)$$

となり

$$S=(1+e^{-\frac{\pi}{2}})\cdot\frac{4}{5}(e^{-\frac{\pi}{2}}+1)=\mathbf{\frac{4}{5}(e^{-\frac{\pi}{2}}+1)^2}$$

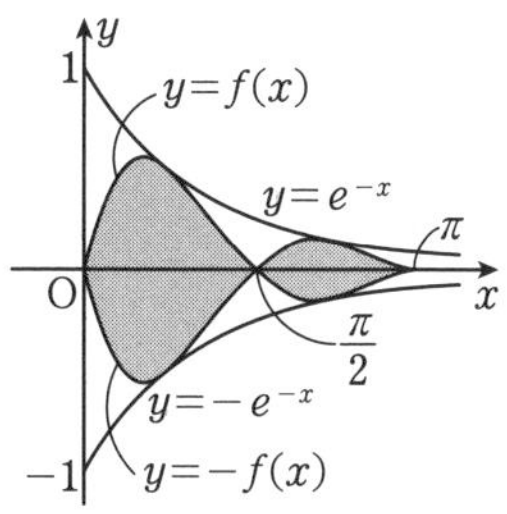

注意 【素直に部分積分】

$\int e^{-x}\sin 2x\,dx = I$ とおく．以下積分定数は省略する．

$$\int e^{-x}\sin 2x\,dx = \int (-e^{-x})'\sin 2x\,dx$$
$$= -e^{-x}\sin 2x - \int (-e^{-x})(\sin 2x)'\,dx$$
$$= -e^{-x}\sin 2x + 2\int e^{-x}\cos 2x\,dx$$
$$= -e^{-x}\sin 2x + 2\int (-e^{-x})'\cos 2x\,dx$$
$$= -e^{-x}\sin 2x + 2\left\{(-e^{-x})\cos 2x - \int (-e^{-x})(\cos 2x)'\,dx\right\}$$
$$= -e^{-x}\sin 2x - 2e^{-x}\cos 2x - 4\int e^{-x}\sin 2x\,dx$$
$$I = -e^{-x}\sin 2x - 2e^{-x}\cos 2x - 4I$$
$$I = -\frac{1}{5}e^{-x}(\sin 2x + 2\cos 2x)$$

《2 曲線が接する (B20) ☆》

371. $x \geqq 0$ で定義される 2 つの曲線 $y = x^a$ と $y = e^{bx}$ が点 P において接している．a, b は正の実数とし，$a \leqq e$ である．e は自然対数の底とする．以下の問いに答えよ．

（1） 点 P の座標を a のみを用いて表せ．また，点 P が取り得る範囲を xy 平面に図示せよ．

（2） $y = e^{bx}$ が $y = \sqrt{2x}$ と点 Q において接している．このとき，a の値と点 Q の座標を求めよ．

（3） a が（2）で求めた値のとき，$y = x^a$ と $y = e^{bx}$ と $y = \sqrt{2x}$ に囲まれた領域の面積 S を求めよ．

（23　九大・後期）

▶解答◀ （1） $f(x) = x^a,\ g(x) = e^{bx}$ とおく．$f'(x) = ax^{a-1},\ g'(x) = be^{bx}$ である．P の x 座標を t とすると

$t^a = e^{bt}$ ……………………………………①

$at^{a-1} = be^{bt}$ ……………………………②

②÷① より，$\dfrac{a}{t} = b$ ……………………………③

③ を ① へ代入して b を消去すると $t^a = e^a$ となり，$t = e$ である．P の座標は $\boldsymbol{(e,\ e^a)}$ である．$0 < a \leqq e$ であることに注意すると，P がとり得る範囲は図 2 のようになる．

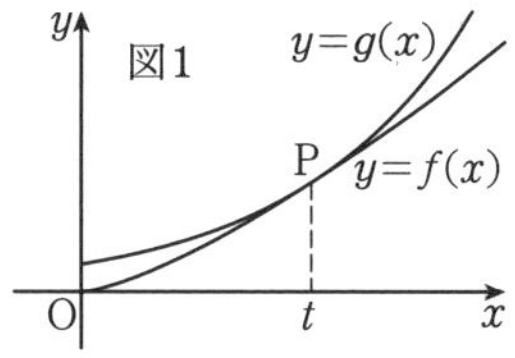

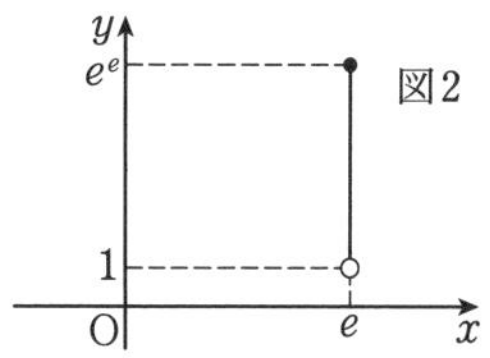

（2） $h(x) = \sqrt{2x}$ とおくと，$h'(x) = \dfrac{1}{\sqrt{2x}}$ である．Q の x 座標を s とすると

$e^{bs} = \sqrt{2s}$ ……………………………④

$be^{bs} = \dfrac{1}{\sqrt{2s}}$ ……………………………⑤

⑤÷④ より，$b = \dfrac{1}{2s}$ ……………………………⑥

⑥ を ④ へ代入して b を消去すると

$$e^{\frac{1}{2}} = \sqrt{2s} \qquad \therefore\quad s = \frac{e}{2}$$

このとき，⑥ より $b = \dfrac{1}{e}$ であり，③ より $a = \dfrac{1}{e}\cdot e = \mathbf{1}$ である．また，Q の座標は $\left(\boldsymbol{\dfrac{e}{2},\ \sqrt{e}}\right)$ となる．

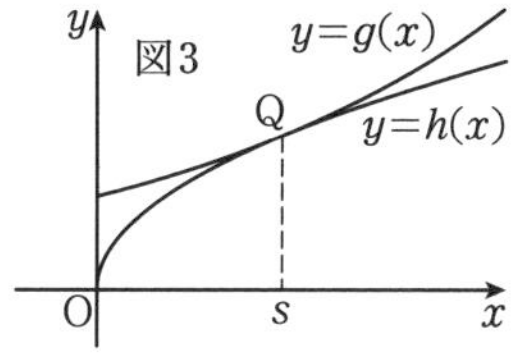

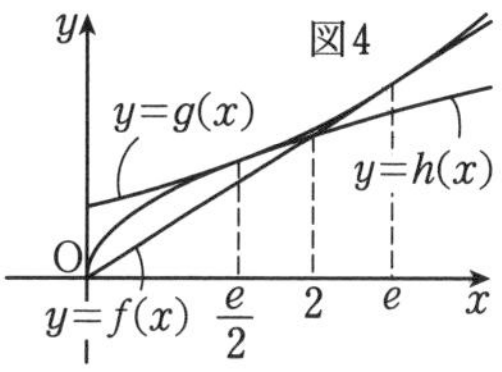

（3） $f(x) = x,\ g(x) = e^{\frac{1}{e}x},\ h(x) = \sqrt{2x}$ であり，$y = f(x)$ と $y = h(x)$ の交点を求める．

$$x = \sqrt{2x}$$
$$\sqrt{x}(\sqrt{x} - \sqrt{2}) = 0 \qquad \therefore\quad x = 0,\ 2$$

これより求める面積は

$$S = \int_{\frac{e}{2}}^{2}(e^{\frac{1}{e}x} - \sqrt{2x})\,dx + \int_{2}^{e}(e^{\frac{1}{e}x} - x)\,dx$$
$$= \left[\,e^{\frac{1}{e}x+1}\,\right]_{\frac{e}{2}}^{e} - \left[\,\frac{1}{3}(2x)^{\frac{3}{2}}\,\right]_{\frac{e}{2}}^{2} - \left[\,\frac{x^2}{2}\,\right]_{2}^{e}$$
$$= (e^2 - e^{\frac{3}{2}}) - \left(\frac{8}{3} - \frac{1}{3}e^{\frac{3}{2}}\right) - \left(\frac{e^2}{2} - 2\right)$$
$$= \boldsymbol{\frac{1}{2}e^2 - \frac{2}{3}e^{\frac{3}{2}} - \frac{2}{3}}$$

《2 曲線が接する (B15)》

372. a, b を正の数とし，座標平面上の曲線 $C_1 : y = e^{ax}$，$C_2 : y = \sqrt{2x - b}$ を考える．次の問いに答えよ．

（1） 関数 $y = e^{ax}$ と関数 $y = \sqrt{2x - b}$ の導関数を求めよ．

（2） 曲線 C_1 と曲線 C_2 が1点Pを共有し，その点において共通の接線をもつとする．このとき，b と点Pの座標を a を用いて表せ．

（3）（2）において，曲線 C_1，曲線 C_2，x 軸，y 軸で囲まれる図形の面積を a を用いて表せ．

（23　新潟大・前期）

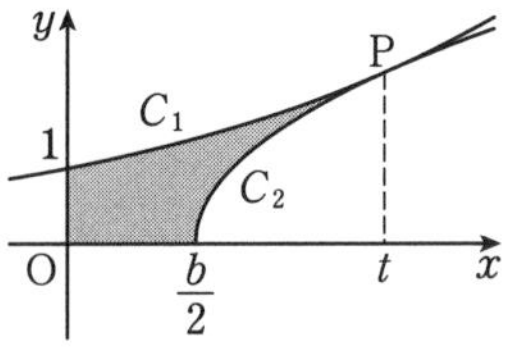

▶解答◀ $f(x)=e^{ax}$, $g(x)=\sqrt{2x-b}$ とおく．

（1） $f'(x)=\boldsymbol{ae^{ax}}$， $g'(x)=\dfrac{2}{2\sqrt{2x-b}}=\boldsymbol{\dfrac{1}{\sqrt{2x-b}}}$

（2） $y=f(x)$ と $y=g(x)$ が $x=t\ \left(t>\dfrac{b}{2}\right)$ で共通の接線をもつとすると，$f(t)=g(t)$, $f'(t)=g'(t)$ が成り立つから

$$e^{at}=\sqrt{2t-b}\ \cdots\cdots①$$

$$ae^{at}=\frac{1}{\sqrt{2t-b}}\ \cdots\cdots②$$

①，② より $\sqrt{2t-b}$ を消去して

$$ae^{at}=\frac{1}{e^{at}}$$

$$(e^{at})^2=\frac{1}{a}$$

$e^{at}>0$ より $e^{at}=\dfrac{1}{\sqrt{a}}=a^{-\frac{1}{2}}$

$$at=-\frac{1}{2}\log a \qquad \therefore\ t=-\frac{\log a}{2a}$$

① より $a^{-\frac{1}{2}}=\sqrt{-\dfrac{1}{a}\log a-b}$

$$a^{-1}=-\frac{1}{a}\log a-b$$

$$b=\boldsymbol{-\frac{1+\log a}{a}}$$

また，点Pの座標は $\boldsymbol{\left(-\dfrac{\log a}{2a},\ \dfrac{1}{\sqrt{a}}\right)}$

（3） 求める面積を S とすると

$$S=\int_0^t e^{ax}\,dx-\int_{\frac{b}{2}}^t \sqrt{2x-b}\,dx$$

$$=\left[\frac{e^{ax}}{a}\right]_0^t-\left[\frac{1}{3}(2x-b)^{\frac{3}{2}}\right]_{\frac{b}{2}}^t$$

$$=\frac{e^{at}}{a}-\frac{1}{a}-\frac{1}{3}(2t-b)^{\frac{3}{2}}$$

$$=\frac{a^{-\frac{1}{2}}}{a}-\frac{1}{a}-\frac{1}{3}\left(-\frac{\log a}{a}+\frac{1+\log a}{a}\right)^{\frac{3}{2}}$$

$$=\frac{1}{a\sqrt{a}}-\frac{1}{a}-\frac{1}{3}\left(\frac{1}{a}\right)^{\frac{3}{2}}$$

$$=\frac{1}{a\sqrt{a}}-\frac{1}{a}-\frac{1}{3a\sqrt{a}}=\boldsymbol{\frac{2}{3a\sqrt{a}}-\frac{1}{a}}$$

《直線と囲む面積 (B20) ☆》

373. a を実数とし，$f(x)=xe^{-|x|}$, $g(x)=ax$ とおく．次の問いに答えよ．

（1） $f(x)$ の増減を調べ，$y=f(x)$ のグラフの概形をかけ．ただし，$\displaystyle\lim_{x\to\infty}xe^{-x}=0$ は証明なしに用いてよい．

（2） $0<a<1$ のとき，曲線 $y=f(x)$ と直線 $y=g(x)$ で囲まれた2つの部分の面積の和を求めよ．

（23　琉球大）

▶解答◀ （1） $f(-x)=-f(x)$ であるから，$y=f(x)$ のグラフは原点に関して対称である．よって，$x\geqq 0$ で考える．このとき，$f(x)=xe^{-x}$ で

$$f'(x)=1\cdot e^{-x}+x\cdot(-e^{-x})=(1-x)e^{-x}$$

$f(x)$ は下のように増減する．

x	0	$\cdots$	1	$\cdots$
$f'(x)$		$+$	0	$-$
$f(x)$		↗		↘

$f(1)=\dfrac{1}{e}$， $\displaystyle\lim_{x\to\infty}f(x)=0$

$y=f(x)$ のグラフの概形は図1のようになる．

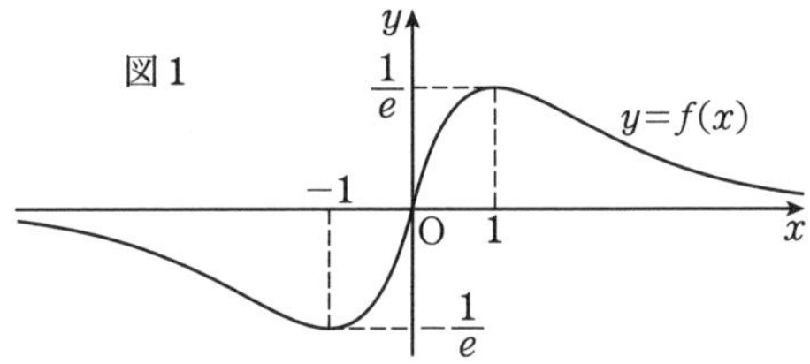

（2） 図2を見よ．曲線 $y=f(x)$ の $x\geqq 0$ の部分と直線 $y=g(x)$ の交点の x 座標は

$$xe^{-x}=ax$$

$$x(e^{-x}-a)=0 \qquad \therefore\ x=0,\ -\log a$$

$0<a<1$ より $-\log a>0$ である．曲線 $y=f(x)$ および直線 $y=g(x)$ はともに原点に関して対称であるから，それらで囲まれた2つの部分は原点に関して対称である．よって，$t=\log a$ とおくと

$$S(a)=2\int_0^{-t}(xe^{-x}-ax)\,dx$$

ここで

$$\int xe^{-x}\,dx=\int x(-e^{-x})'\,dx$$

$$= -xe^{-x} - \int (x)'(-e^{-x})\,dx$$
$$= -xe^{-x} + \int e^{-x}\,dx$$
$$= -xe^{-x} - e^{-x} + C$$

であるから（C は積分定数）

$$S(a) = 2\Big[-xe^{-x} - e^{-x} - \frac{1}{2}ax^2\Big]_0^{-t}$$
$$= 2\Big(te^t - e^t - \frac{1}{2}at^2 + 1\Big)$$
$$= 2\Big\{a\log a - a - \frac{1}{2}a(\log a)^2 + 1\Big\}$$
$$= \mathbf{2a\log a - a(\log a)^2 - 2a + 2}$$

図 2

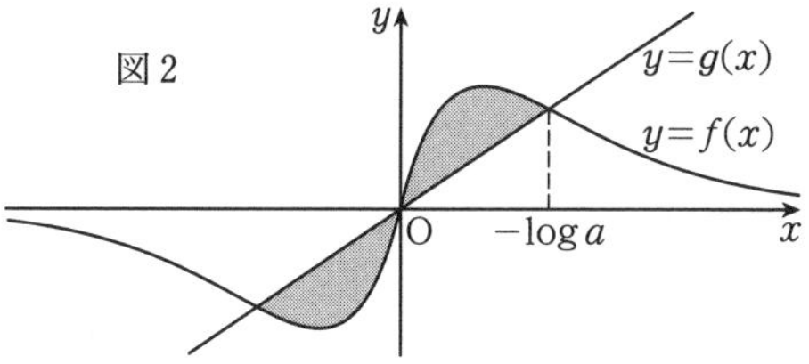

《解を方程式で抑える（B20）》

374. n を 2 以上の自然数とする．$x > 0$ において関数 $f_n(x)$ を，

$$f_n(x) = x^{n-1}e^{-x}$$

と定義する．また，関数 $f_n(x)$ の最大値を m_n とする．

（1） m_n を n を用いて表せ．

（2） $x > 0$ であるとき，$xf_n(x) \leqq m_{n+1}$ が成り立つことを利用して，極限値 $\lim_{x\to\infty} f_n(x)$ を求めよ．

a を正の実数とするとき，x に関する方程式

$$x = ae^x \cdots\cdots ①$$

を考える．

（3） 方程式 ① における正の実数解の個数を調べよ．

以下，方程式 ① が，相異なる 2 つの正の実数解 α, β を持ち，$\beta - \alpha = \log 2$ をみたす場合を考える．

（4） α, β, a を求めよ．

（5） xy 平面上において $y = f_2(x)$ と $y = a$ で囲まれた領域の面積を求めよ． （23 札幌医大）

▶解答◀ $f_n(x) = x^{n-1}e^{-x}$ $(x > 0,\ n \geqq 2)$

（1） $f_n{}'(x) = (n-1)x^{n-2}e^{-x} - x^{n-1}e^{-x}$

$$= -\{x - (n-1)\}x^{n-2}e^{-x}$$

x	0	$\cdots$	$n-1$	$\cdots$
$f_n{}'(x)$		$+$	0	$-$
$f_n(x)$		↗		↘

$$m_n = f_n(n-1) = (n-1)^{n-1}e^{-(n-1)}$$
$$= \mathbf{\left(\frac{n-1}{e}\right)^{n-1}}$$

（2） $xf_n(x) = x^n e^{-x}$ の最大値は $\left(\frac{n}{e}\right)^n = m_{n+1}$ である．

$$xf_n(x) \leqq m_{n+1}$$
$$0 < f_n(x) \leqq \frac{n^n e^{-n}}{x}$$

また，$\lim_{x\to\infty} \frac{n^n e^{-n}}{x} = 0$ であるから，ハサミウチの原理より

$$\lim_{x\to\infty} f_n(x) = \mathbf{0}$$

（3） $x = ae^x$ のとき $xe^{-x} = a$ となり $f_2(x) = a$

x	0	$\cdots$	1	$\cdots$
$f_2{}'(x)$		$+$	0	$-$
$f_2(x)$		↗		↘

$$\lim_{x\to\infty} f_2(x) = 0,\ f_2(0) = 0,\ f_2(1) = \frac{1}{e}$$

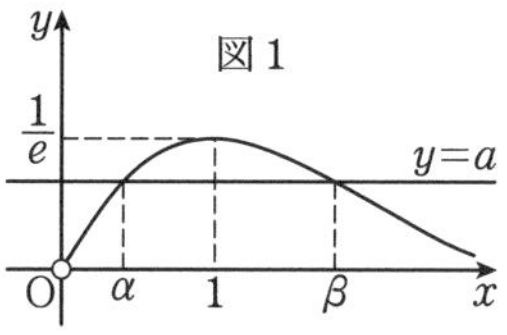

曲線 $y = f_2(x)$ は図 1 のようになり，これと直線 $y = a$ の共有点の個数を調べ，求める解の個数は

$\mathbf{0 < a < \frac{1}{e}}$ **のとき 2**

$\mathbf{a = \frac{1}{e}}$ **のとき 1**

$\mathbf{a > \frac{1}{e}}$ **のとき 0**

（4） $\alpha e^{-\alpha} = a \cdots\cdots ②$

$$\beta e^{-\beta} = a \cdots\cdots ③$$
$$\beta - \alpha = \log 2 \cdots\cdots ④$$

であり，$\frac{②}{③}$ より $\frac{\alpha}{\beta}e^{\beta-\alpha} = 1$ となり，④ より $e^{\beta-\alpha} = 2$ であるから，$2\cdot\frac{\alpha}{\beta} = 1$ である．よって $\beta = 2\alpha$

④ と合わせて

$$\alpha = \mathbf{\log 2},\ \beta = \mathbf{2\log 2}$$

であり $e^\alpha = 2$ であるから ② より

$$a = \frac{\alpha}{e^\alpha} = \mathbf{\frac{1}{2}\log 2}$$

となる．なお，ついでに $\beta = \log 4$ であり，$e^\beta = 4$ である．

（5） 求める面積は

$$\int_\alpha^\beta \Big(xe^{-x} - \frac{1}{2}\log 2\Big)\,dx$$
$$= \Big[-xe^{-x} - e^{-x}\Big]_\alpha^\beta - \frac{1}{2}(\log 2)(\beta - \alpha)$$

$$= -\beta e^{-\beta} + \alpha e^{-\alpha} - e^{-\beta} + e^{-\alpha} - \frac{1}{2}(\log 2)^2$$

$$= -\frac{2\log 2}{4} + \frac{\log 2}{2} - \frac{1}{4} + \frac{1}{2} - \frac{1}{2}(\log 2)^2$$

$$= \boldsymbol{\frac{1}{4} - \frac{1}{2}(\log 2)^2}$$

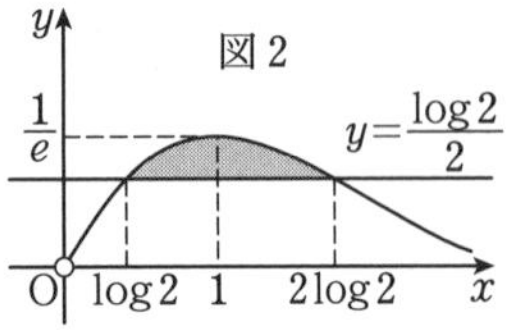

図 2

《接線と囲む面積 (B20)》

375. $f(x) = (x^2-1)e^{-x}$ として，曲線 $y = f(x)$ 上の点 $(1, 0)$ における接線を l とする．このとき，曲線 $y = f(x)$ と接線 l の共有点は 2 個である．2 個の共有点の中で点 $(1, 0)$ とは異なる点を $(t, f(t))$ とする．

（1） 接線 l の方程式を求めよ．

（2） 不定積分 $\int xe^{-x}\,dx$ を求めよ．

（3） 不定積分 $\int (x^2-1)e^{-x}\,dx$ を求めよ．

（4） $t < 0$ であることを示し，曲線 $y = f(x)\ (x \geqq 0)$ と接線 l および y 軸で囲まれた図形の面積を求めよ．ただし，自然対数の底 e は $2 < e < 3$ であることを利用してもよい．

（23　徳島大・理工）

▶解答◀ （1） $f(x) = (x^2-1)e^{-x}$

$$f'(x) = 2xe^{-x} - (x^2-1)e^{-x}$$

$$= -(x^2-2x-1)e^{-x}$$

$f'(1) = \dfrac{2}{e}$ より，l の方程式は

$$y = \frac{2}{e}(x-1) \qquad \therefore\ \boldsymbol{y = \frac{2}{e}x - \frac{2}{e}}$$

（2） $\displaystyle\int xe^{-x}\,dx = \int x(-e^{-x})'\,dx$

$$= x(-e^{-x}) - \int x'(-e^{-x})\,dx$$

$$= -xe^{-x} + \int e^{-x}\,dx$$

$$= \boldsymbol{-(x+1)e^{-x} + C} \quad (C \text{ は積分定数})$$

（3） $\displaystyle\int (x^2-1)e^{-x}\,dx = \int (x^2-1)(-e^{-x})'\,dx$

$$= (x^2-1)(-e^{-x}) - \int (x^2-1)'(-e^{-x})\,dx$$

$$= -(x^2-1)e^{-x} + 2\int xe^{-x}\,dx$$

$$= -(x^2-1)e^{-x} - 2(x+1)e^{-x} + C$$

$$= \boldsymbol{-(x+1)^2e^{-x} + C} \quad (C \text{ は積分定数})$$

図1

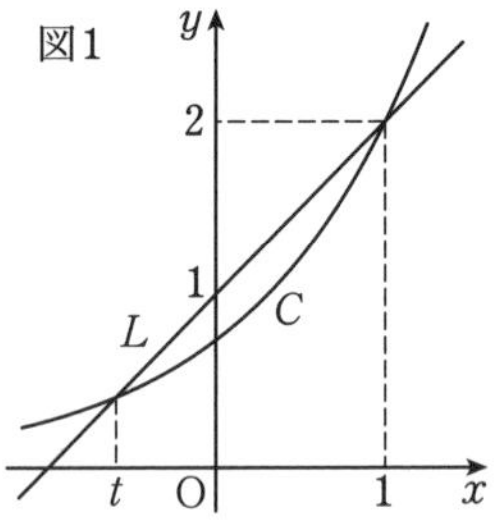

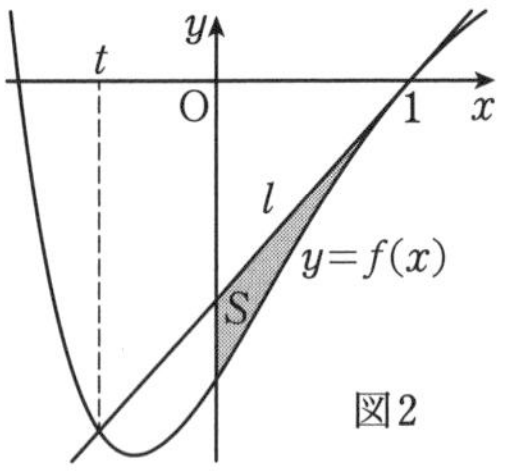

図2

（4） $y = f(x)$ と l を連立させて

$$(x^2-1)e^{-x} = \frac{2}{e}(x-1)$$

$$(x-1)\left((x+1) - \frac{2e^x}{e}\right) = 0$$

図 1 を見よ．$L : y = x+1$，$C : y = \dfrac{2e^x}{e}$ とおく．

C は点 $(1, 2)$ を通るから L と $x = 1$ で交わり，$x = 0$ のとき $y = \dfrac{2}{e} < 1$ であるから $x = 0$ の近くでは C が L の下方にある．C は下に凸であるから，もう 1 つの交点は $x < 0$ にある．よって $t < 0$ である．

求める面積を S とすると

$$S = \int_0^1 \left\{\frac{2}{e}(x-1) - (x^2-1)e^{-x}\right\} dx$$

$$= \left[\frac{1}{e}(x-1)^2 + (x+1)^2e^{-x}\right]_0^1$$

$$= \frac{4}{e} - \left(\frac{1}{e} + 1\right) = \boldsymbol{\frac{3}{e} - 1}$$

注意　**【グラフの凹凸】**

関数のグラフが下に凸であることの定義はグラフ上の任意の 2 点を結ぶ線分が曲線の上方にあることである．

《領域と最大最小 (B15)》

376. 平面上で不等式

$$e^x + e^{-x} - 4 \leqq y \leqq 4 - e^x - e^{-x}$$

が定める領域を D とする．

（1） D の概形を図示せよ．

（2） D の面積を求めよ．

（3） 点 (x, y) が D 内を動くとき，$x + y$ の最小値と最大値を求めよ．また，最小値を与える x, y，および最大値を与える x, y を求めよ．

（23　学習院大・理）

▶解答◀ （1） $f(x) = 4 - e^x - e^{-x}$ とすると，$D : -f(x) \leqq y \leqq f(x)$ である．

まず，$C : y = f(x)$ の概形を考える．$f(x)$ は偶関数であるから，C は y 軸に関して対称である．

$$f'(x) = -e^x + e^{-x} = e^{-x}(1 - e^{2x})$$

であるから，$f'(0) = 0$ で，$x > 0$ のとき $f'(x) < 0$．

$$f''(x) = -e^x - e^{-x} < 0$$

であるから，C は上に凸で，概形は図 1 のようになる．

次に，C と x 軸の交点で，$x>0$ を満たす方の x 座標 α を求める．$f(\alpha)=0$ であるから

$$e^{\alpha}+e^{-\alpha}=4$$

$$(e^{\alpha})^2-4e^{\alpha}+1=0 \qquad \therefore\quad e^{\alpha}=2\pm\sqrt{3}$$

$\alpha>0$ より $e^{\alpha}>1$ であるから $e^{\alpha}=2+\sqrt{3}$.

$$\alpha=\log(2+\sqrt{3})$$

D の概形は図 2 の網目部分である．境界線を含む．

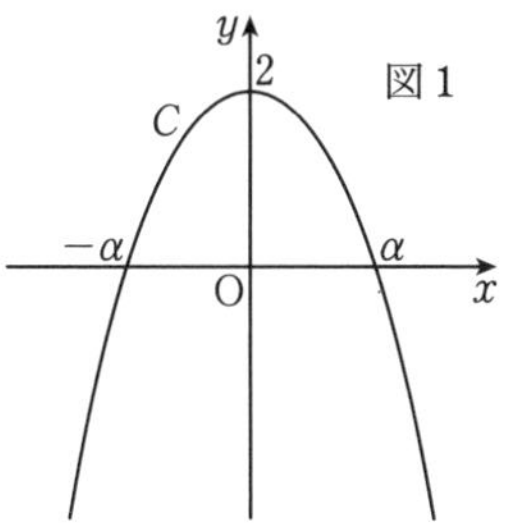

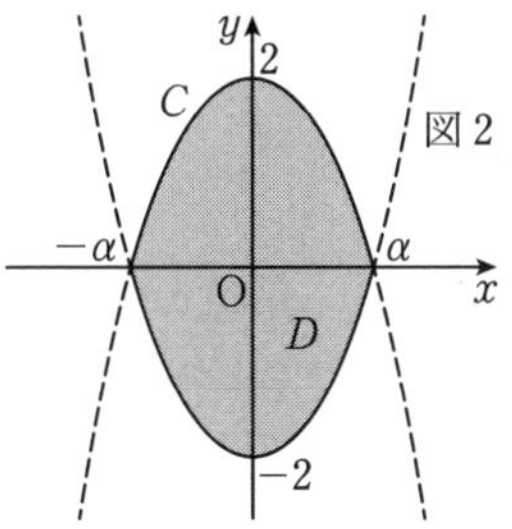

（**2**） D は x 軸，y 軸に関して対称である．面積 S は

$$S=4\int_0^{\alpha} f(x)\,dx$$

$$=4\Big[\,4x-e^x+e^{-x}\,\Big]_0^{\alpha}=4(4\alpha-e^{\alpha}+e^{-\alpha})$$

$$=16\log(2+\sqrt{3})-4(2+\sqrt{3})+4(2-\sqrt{3})$$

$$=\mathbf{16\log(2+\sqrt{3})-8\sqrt{3}}$$

（**3**） D と直線 $l: x+y=k$ が共有点をもつときの，定数 k の最大値，最小値を求める．

$f'(0)=0$, $f'(\alpha)=-2\sqrt{3}<-1$ で l の傾きが -1 であるから，k が最大となるのは C と $x+y=k$ が接するときである．接点の x 座標を t とすると $f'(t)=-1$ であるから

$$-e^t+e^{-t}=-1$$

$$(e^t)^2-e^t-1=0 \qquad \therefore\quad e^t=\frac{1\pm\sqrt{5}}{2}$$

$e^t>0$ だから $e^t=\dfrac{\sqrt{5}+1}{2}$, $t=\log\dfrac{\sqrt{5}+1}{2}$ である．

このとき，$e^{-t}=\dfrac{\sqrt{5}-1}{2}$, $-t=\log\dfrac{\sqrt{5}-1}{2}$ であり

$$f(t)=4-e^t-e^{-t}=4-\sqrt{5}$$

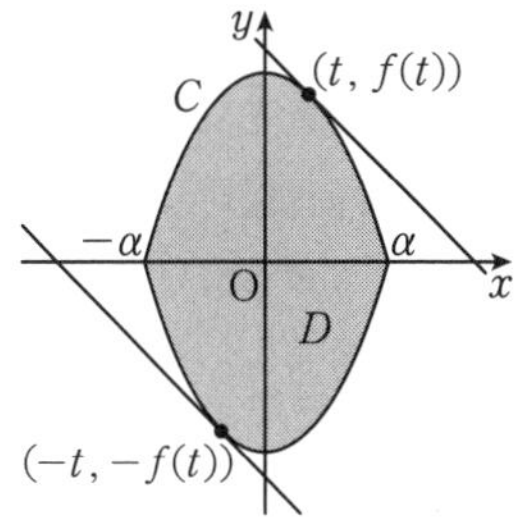

k が最大となる l と，最小になる l は原点に関して対称であるから，求めるものは次のようになる．

$(x, y)=(t, f(t))=\left(\mathbf{\log\dfrac{\sqrt{5}+1}{2},\ 4-\sqrt{5}}\right)$ のとき，$x+y$ は最大となり，最大値は

$$x+y=\mathbf{\log\frac{\sqrt{5}+1}{2}+4-\sqrt{5}}$$

$(x, y)=(-t, -f(t))=\left(\mathbf{\log\dfrac{\sqrt{5}-1}{2},\ -4+\sqrt{5}}\right)$ のとき，$x+y$ は最小となり，最小値は

$$x+y=\mathbf{\log\frac{\sqrt{5}-1}{2}-4+\sqrt{5}}$$

《2 つの関係にせよ (B20)》

377. 関数 $f(x)=2^x-x^2$ について考える．必要ならば，

$0.6<\log 2<0.7$, $-0.4<\log(\log 2)<-0.3$

を用いてよい．

（1） $f(x)$ は区間 $x\geqq 4$ で増加することを示せ．

（2） 方程式 $f'(x)=0$ の異なる実数解の個数を求めよ．

（3） 方程式 $f(x)=0$ の異なる実数解の個数を求めよ．

（4） 方程式 $f(x)=0$ の実数解のうち，最小のものを p とする．このとき，曲線 $y=f(x)$ の $x\leqq 0$ の部分，放物線 $y=-x^2+\dfrac{2}{\log 2}x$，および 2 つの直線 $x=p$, $x=0$ で囲まれた図形の面積を求めよ．　（23　北里大・医）

▶解答◀ （**1**） $f'(x)=2^x\log 2-2x$

$$f''(x)=2^x(\log 2)^2-2$$

$x\geqq 4$ のとき，

$$2^x(\log 2)^2\geqq 16\cdot(0.6)^2=5.76>2$$

$f''(x)>0$ であり，$x\geqq 4$ で $f(x)$ は下に凸である．

$$f'(4)=16\log 2-8=8(2\log 2-1)>0$$

図 2 の $x\geqq 4$ の部分を参照せよ．よって $x\geqq 4$ で $f(x)$ は増加する．

（**2**） 曲線 $y=2^x\log 2$ は下に凸で，直線 $y=2x$ とは多くても 2 交点しかもたない．

$x=2$ で $4\log 2<4\cdot 0.7<4$ であるから，図 1 より 2 交点をもつ．$f'(x)=0$ の異なる実数解の個数は **2** である．その解を小さい方から α, β とする．

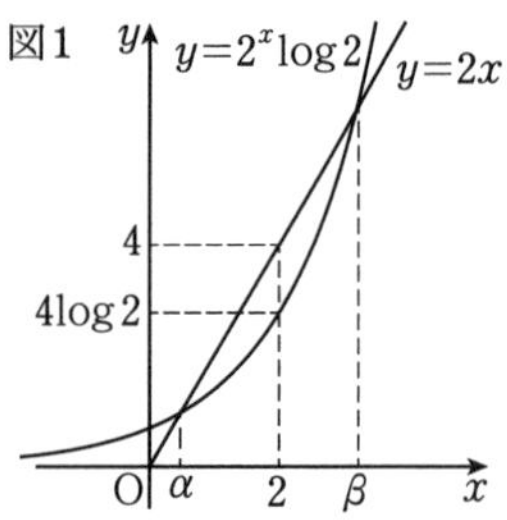

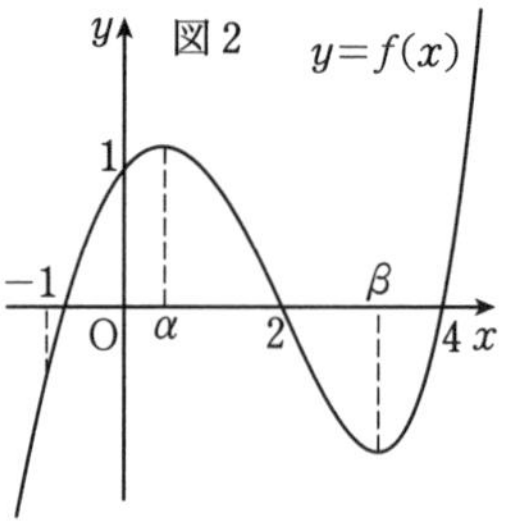

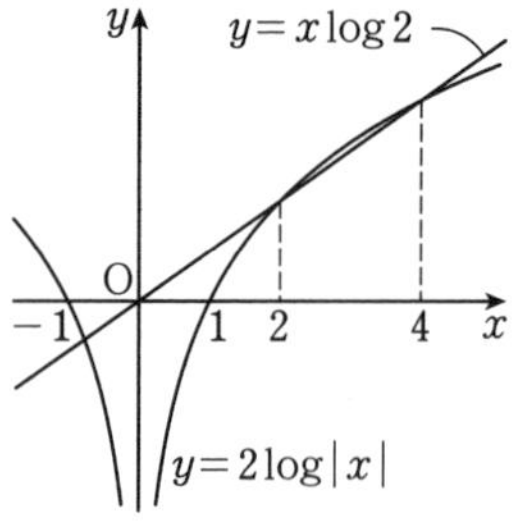

（**3**）（２）より，$f'(x)=0$ は２つの解をもつから，$f(x)$ は極値を２つもち，$f(x)=0$ の解は多くても３つしかもたない，$f(2)=0$, $f(4)=0$ であるから $f(x)=0$ の解の２つは $x=2, 4$ であり，

$f(0)=1>0$, $f(-1)=\dfrac{1}{2}-1<0$ であるから

$f(x)=0$ の異なる実数解の個数は **3** である（図２参照）．

（**4**）（３）より $-1<p<0$ である．$x<0$ のとき

$$f(x)-\left(-x^2+\frac{2}{\log 2}x\right)=2^x-\frac{2}{\log 2}x>0$$

$x<0$ で $C: y=-x^2+\dfrac{2}{\log 2}x$ は $y=f(x)$ より下方にある．求める面積は

$$\int_p^0\left\{2^x-x^2-\left(-x^2+\frac{2}{\log 2}x\right)\right\}dx$$

$$=\left[\frac{2^x}{\log 2}-\frac{x^2}{\log 2}\right]_p^0=\frac{1}{\log 2}-\frac{2^p-p^2}{\log 2}$$

$$=\frac{1}{\log 2}-\frac{f(p)}{\log 2}=\boldsymbol{\frac{1}{\log 2}}$$

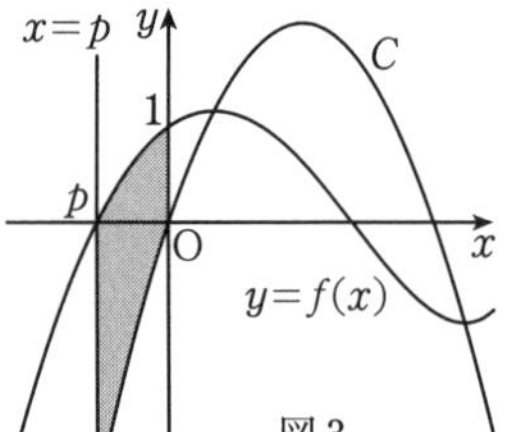

図３

注意 何をしたいのかよくわからない問題である．（３）では $2^x=x^2$ の解の個数を求めているが，これが目的なら微分は不要である．

$2^x=|x|^2$ として $x\log 2=2\log|x|$ とする．

曲線 $y=x\log 2$ は直線であり，曲線 $y=2\log|x|$ は $x<0$, $x>0$ のそれぞれで上に凸の曲線であり，これらは $x=2, 4$ で交わる．そして $x<0$ で交わると，簡単にわかる．

《３本の接線を引く（B25）》

378． 関数 $f(x)=\dfrac{x}{e^x}$ について，以下の問いに答えよ．ただし，e は自然対数の底とし，任意の自然数 n に対して $\displaystyle\lim_{x\to\infty}\frac{x^n}{e^x}=0$ が成り立つことを用いてよい．

（１） $f(x)$ の増減，凹凸を調べて，$y=f(x)$ のグラフをかけ．

（２） 曲線 $y=f(x)$ の変曲点における接線と曲線 $y=f(x)$, y 軸で囲まれた図形の面積を求めよ．

（３） 点 $P(0, a)$ から曲線 $y=f(x)$ に３本の接線を引くことができるとき，実数 a のとり得る値の範囲を求めよ．（23 大阪医薬大・後期）

▶解答◀ （１） $C: y=f(x)$ とする．

x	$\cdots$	1	$\cdots$	2	$\cdots$
$f'(x)$	$+$	0	$-$	$-$	$-$
$f''(x)$	$-$	$-$	$-$	0	$+$
$f(x)$	↗		↘		↘

$$f'(x)=\frac{1\cdot e^x-xe^x}{e^{2x}}=\frac{1-x}{e^x}$$

$$f''(x)=\frac{-1\cdot e^x-(1-x)e^x}{e^{2x}}=\frac{x-2}{e^x}$$

$$f(1)=\frac{1}{e},\ f(2)=\frac{2}{e^2}$$

$$\lim_{x\to-\infty}f(x)=-\infty,\ \lim_{x\to\infty}f(x)=0$$

よって，C のグラフは図１のようになる．

（**2**） 変曲点は $A\left(2, \dfrac{2}{e^2}\right)$ である．A における C の接線 l の方程式は

$$y=-\frac{1}{e^2}(x-2)+\frac{2}{e^2}$$

$$y=-\frac{1}{e^2}x+\frac{4}{e^2}$$

$B(2, 0)$, $C\left(0, \dfrac{4}{e^2}\right)$ とする．求める面積 S は図２の網目部分の面積である．台形 OBAC の面積から，C, x 軸および直線 $x=2$ で囲まれた図形の面積を引いて

$$S=\frac{1}{2}\left(\frac{4}{e^2}+\frac{2}{e^2}\right)\cdot 2-\int_0^2\frac{x}{e^x}\,dx$$

$$=\frac{6}{e^2}+\int_0^2 x(e^{-x})'\,dx$$

$$= \frac{6}{e^2} + \Big[\, xe^{-x} \,\Big]_0^2 - \int_0^2 (x)' e^{-x}\, dx$$

$$= \frac{6}{e^2} + 2e^{-2} - \int_0^2 e^{-x}\, dx = \frac{8}{e^2} + \Big[\, e^{-x} \,\Big]_0^2$$

$$= \frac{8}{e^2} + e^{-2} - 1 = \boldsymbol{\frac{9}{e^2} - 1}$$

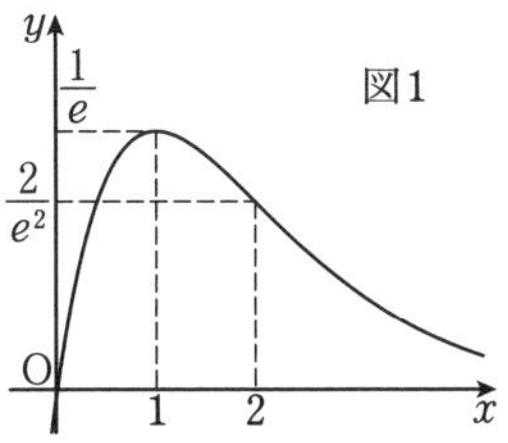

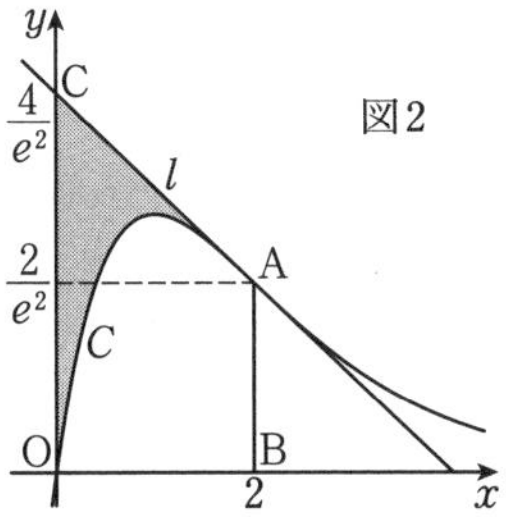

(3) $\left(t,\ \frac{t}{e^t}\right)$ における C の接線の方程式は

$$y = \frac{1-t}{e^t}(x-t) + \frac{t}{e^t}$$

$$y = \frac{1-t}{e^t}x + \frac{t^2}{e^t}$$

これが P を通るとき，$a = \frac{t^2}{e^t}$ ……………………………①

$g(t) = \frac{t^2}{e^t}$ とおく．C では接点が異なれば接線が異なるから，P から C に 3 本の接線を引くことができるのは，① が異なる 3 個の実数解をもつとき，すなわち曲線 $y = g(t)$ と直線 $y = a$ が異なる 3 個の共有点をもつときである．

$$g'(t) = \frac{2te^t - t^2e^t}{e^{2t}} = \frac{t(2-t)}{e^t}$$

$g(t)$ の増減は次のようになる．

t	$\cdots$	0	$\cdots$	2	$\cdots$
$g'(t)$	$-$	0	$+$	0	$-$
$g(t)$	↘		↗		↘

$$g(0) = 0,\ g(2) = \frac{4}{e^2}$$

$$\lim_{t\to-\infty} g(t) = \infty,\ \lim_{t\to\infty} g(t) = 0$$

$y = g(t)$ のグラフは図 3 のようになる．

よって，求める a の範囲は $\boldsymbol{0 < a < \frac{4}{e^2}}$

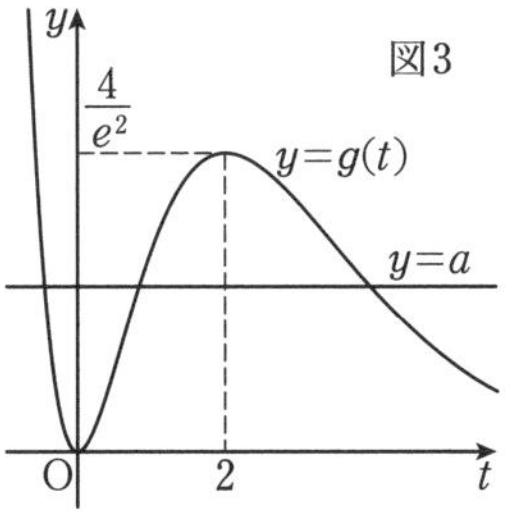

注意 大学受験では，変曲点が 1 個または 0 個の曲線で，「接点が異なれば接線が異なる」ことは明らかとする．したがって解答のように t が 3 つあれば接線は 3 本ある．どうしても式で示したいなら，次のように示せる．

本問では接線 $l_t : y = f'(t)(x-t) + f(t)$ で，$x = 2$（変曲点の x 座標）を代入する．

$$y = f'(t)(2-t) + f(t) = h(t)$$

とおく．

$$h'(t) = f''(t)(2-t) - f'(t) + f'(t)$$

$$= f''(t)(2-t) = -\frac{(2-t)^2}{e^t} \leqq 0$$

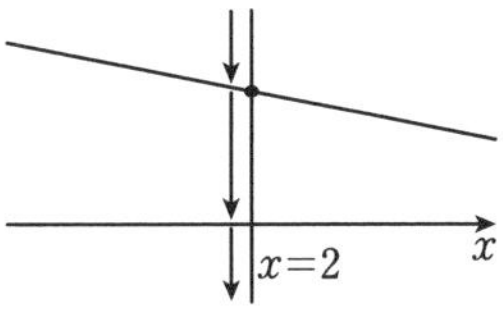

$h(t)$ は減少するから，t が異なれば接線が異なる．もし，$t_1 \neq t_2$，l_{t_1} と l_{t_2} が一致するという t_1，t_2 が存在するならば直線 $x = 2$ との交点の y 座標 $h(t)$ について $h(t_1) = h(t_2)$, $t_1 \neq t_2$ となるはずだから，矛盾する．

なお，接点が異なっても接線が異なるとは限らない曲線 C の実例として $C : y = (1-x) + x^2(x-4)^2$ がある．

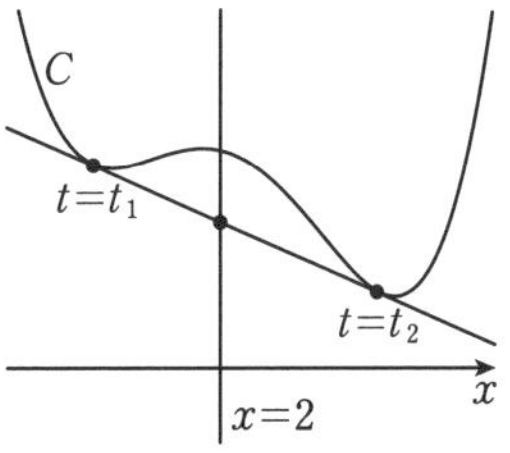

《和と差を計算する (B20)》

379. 関数 $f(x) = e^{2x} + e^{-2x} - 4$, $g(x) = e^x + e^{-x}$ に対して，2 つの曲線 C_1, C_2 を

$$C_1 : y = f(x), \quad C_2 : y = g(x)$$

とする．このとき，次の問 (1)〜(5) に答えよ．

(1) $g(x)$ の最小値を求めよ．

(2) $t = e^x + e^{-x}$ とおくとき，$f(x)$ を t を用いて表せ．

(3) C_1 と C_2 の共有点の y 座標を求めよ．

(4) $f(x) \leqq g(x)$ となる x の値の範囲を求めよ．

(5) C_1 と C_2 で囲まれた図形の面積 S を求めよ．

（23 立教大・数学）

▶解答◀ (1) $e^x > 0$ であるから，相加相乗平均の

不等式により

$$e^x + e^{-x} \geqq 2\sqrt{e^x \cdot e^{-x}} = 2$$

等号成立条件は $e^x = e^{-x}$ であるが，これは $x = 0$ のとき成り立つ．したがって，$g(x)$ の最小値は **2** である．

（２） $t^2 = e^{2x} + e^{-2x} + 2$ であるから，$\boldsymbol{f(x) = t^2 - 6}$

（３） C_1 と C_2 の共有点において $f(x) = g(x)$ である．t で表すと

$$t^2 - 6 = t$$

$$(t-3)(t+2) = 0 \qquad \therefore \quad t = 3,\ -2$$

（１）より，$t \geqq 2$ であるから，共有点の y 座標は $\boldsymbol{t = 3}$

（４） $f(x) \leqq g(x)$ となるのは，$t^2 - 6 \leqq t$ より

$$(t-3)(t+2) \leqq 0$$

$t \geqq 2$ であるから，$t \leqq 3$ となる x の値の範囲を求める．

$$e^x + e^{-x} \leqq 3$$

$$(e^x)^2 - 3e^x + 1 \leqq 0$$

$$\frac{3-\sqrt{5}}{2} \leqq e^x \leqq \frac{3+\sqrt{5}}{2}$$

$$\boldsymbol{\log\frac{3-\sqrt{5}}{2} \leqq x \leqq \log\frac{3+\sqrt{5}}{2}}$$

（５） $\dfrac{3-\sqrt{5}}{2} \cdot \dfrac{3+\sqrt{5}}{2} = 1$ であるから，

$\log\dfrac{3+\sqrt{5}}{2} = \alpha$ とおくと $\log\dfrac{3-\sqrt{5}}{2} = -\alpha$ である．

（４）と，$f(x),\ g(x)$ が偶関数であることより

$$S = \int_{-\alpha}^{\alpha} \{g(x) - f(x)\}\,dx$$

$$= 2\int_0^{\alpha} \{g(x) - f(x)\}\,dx$$

$$= \int_0^{\alpha} (2e^x + 2e^{-x} - 2e^{2x} - 2e^{-2x} + 8)\,dx$$

$$= \Big[\, 2e^x - 2e^{-x} - e^{2x} + e^{-2x} + 8x \,\Big]_0^{\alpha}$$

$$= 2(e^{\alpha} - e^{-\alpha}) - e^{2\alpha} + e^{-2\alpha} + 8\alpha$$

ここで

$$e^{\alpha} - e^{-\alpha} = \frac{3+\sqrt{5}}{2} - \frac{3-\sqrt{5}}{2} = \sqrt{5}$$

$$e^{2\alpha} - e^{-2\alpha} = (e^{\alpha} + e^{-\alpha})(e^{\alpha} - e^{-\alpha}) = 3\sqrt{5}$$

であるから

$$S = 2\sqrt{5} - 3\sqrt{5} + 8\log\frac{3+\sqrt{5}}{2}$$

$$= \boldsymbol{8\log\frac{3+\sqrt{5}}{2} - \sqrt{5}}$$

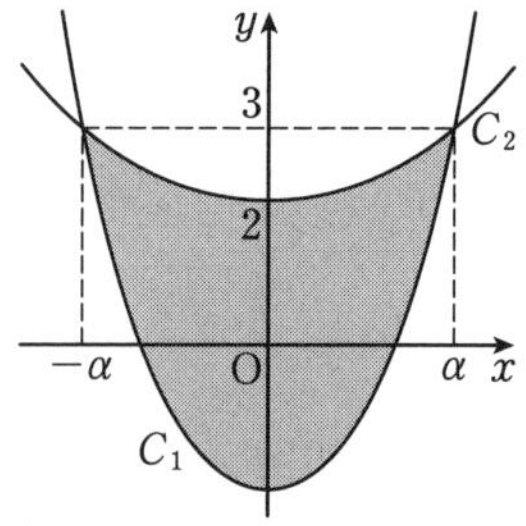

《減衰振動の関数 (B10)》

380. $f(x) = e^x(\cos x - \sin x)$ について，以下の問いに答えよ．

（１） $f'(x)$，$f''(x)$ を求めよ．

（２） $-\dfrac{3\pi}{4} \leqq x \leqq \dfrac{\pi}{4}$ の範囲で $f(x)$ の増減および凹凸を調べ，$y = f(x)$ のグラフの概形をかけ．また，変曲点も求めよ．

（３） $-\dfrac{3\pi}{4} \leqq x \leqq \dfrac{\pi}{4}$ の範囲で $y = f(x)$ のグラフと x 軸で囲まれる部分の面積を求めよ．

（23　東北学院大・工）

▶解答◀ （１） $f(x) = e^x(\cos x - \sin x)$

$$f'(x) = e^x(\cos x - \sin x) + e^x(-\sin x - \cos x)$$

$$= \boldsymbol{-2e^x \sin x}$$

$$f''(x) = -2(e^x \sin x + e^x \cos x)$$

$$= \boldsymbol{-2e^x(\sin x + \cos x)}$$

（２） $\sin x = 0$ のとき，$x = 0$

$\sin x + \cos x = 0$ のとき，$\cos x \neq 0$ であるから

$$\tan x = -1$$

$$x = -\frac{\pi}{4}$$

増減と凹凸は次のようになる．

x	$-\frac{3\pi}{4}$	$\cdots$	$-\frac{\pi}{4}$	$\cdots$	0	$\cdots$	$\frac{\pi}{4}$
$f'(x)$		$+$	$+$	$+$	0	$-$	
$f''(x)$		$+$	0	$-$	$-$	$-$	
$f(x)$		⤴		↗		↘	

$$f\left(-\frac{3\pi}{4}\right) = 0,\ f\left(\frac{\pi}{4}\right) = 0,\ f(0) = 1$$

$$f\left(-\frac{\pi}{4}\right) = e^{-\frac{\pi}{4}}\left(\frac{1}{\sqrt{2}} + \frac{1}{\sqrt{2}}\right) = \sqrt{2}e^{-\frac{\pi}{4}}$$

変曲点の座標は $\boldsymbol{\left(-\frac{\pi}{4},\ \sqrt{2}e^{-\frac{\pi}{4}}\right)}$ で，グラフは図のようになる．

（３） 求める面積を S とおくと，S は図の網目部分の面積である．（１）の計算からの推測で

$(e^x \cos x)' = e^x(\cos x - \sin x)$ であるから

$$S = \int_{-\frac{3\pi}{4}}^{\frac{\pi}{4}} e^x(\cos x - \sin x)\,dx$$

$$= \Big[e^x \cos x \Big]_{-\frac{3\pi}{4}}^{\frac{\pi}{4}} = e^{\frac{\pi}{4}} \cdot \frac{1}{\sqrt{2}} - e^{-\frac{3\pi}{4}} \cdot \left(-\frac{1}{\sqrt{2}}\right)$$

$$= \boldsymbol{\frac{1}{\sqrt{2}}\left(e^{\frac{\pi}{4}} + e^{-\frac{3\pi}{4}}\right)}$$

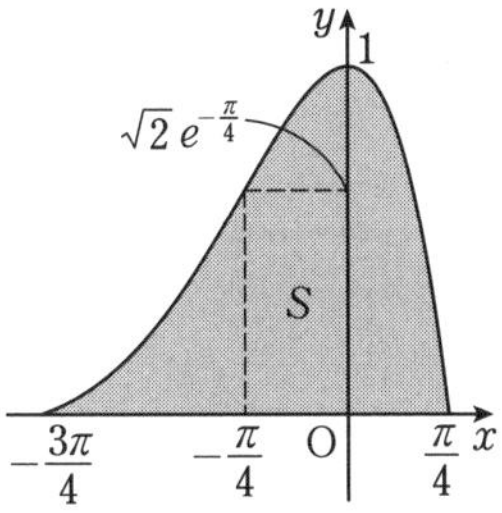

《減衰振動的関数（B20）》

381．関数 $f(x) = e^x \sin(e^x)$ について，以下の問いに答えよ．ただし，e は自然対数の底とする．

（1） 曲線 $y = f(x)$ と x 軸との共有点を，x 座標の小さい方から順に $A_1, A_2, A_3, \cdots$ とし，A_n $(n = 1, 2, 3, \cdots)$ の x 座標を a_n とする．また，線分 A_nA_{n+1} と曲線 $y = f(x)$ で囲まれた図形の面積を S_n とする．a_n と S_n を求めよ．

（2） A_n における曲線 $y = f(x)$ の接線と x 軸，y 軸で囲まれた図形の面積を T_n とする．$\lim_{n\to\infty} \frac{T_{n+1}}{T_n}$ を求めよ．

（3） $a_n < x < a_{n+1}$ における曲線 $y = |f(x)|$ と曲線 $y = e^x$ との共有点を B_n とし，$\triangle A_nA_{n+1}B_n$ の面積を U_n とする．$\lim_{n\to\infty} U_n$ を求めよ．

（23　大阪医薬大・前期）

▶解答◀ （1） $f(x) = 0,\ x > 0$ のとき

$$\sin e^x = 0,\ e^x > 1$$

$$e^x = \pi, 2\pi, 3\pi, \cdots$$

$$x = \log \pi, \log 2\pi, \log 3\pi, \cdots$$

$$\boldsymbol{a_n = \log n\pi}$$

$$S_n = \int_{a_n}^{a_{n+1}} |f(x)|\, dx = \int_{a_n}^{a_{n+1}} e^x |\sin e^x|\, dx$$

$t = e^x$ とおくと，$dt = e^x\, dx$

x	$a_n \to a_{n+1}$
t	$n\pi \to (n+1)\pi$

であるから

$$S_n = \int_{n\pi}^{(n+1)\pi} |\sin t|\, dt = \int_0^{\pi} \sin t\, dt$$

$$= \Big[-\cos t \Big]_0^{\pi} = \boldsymbol{2}$$

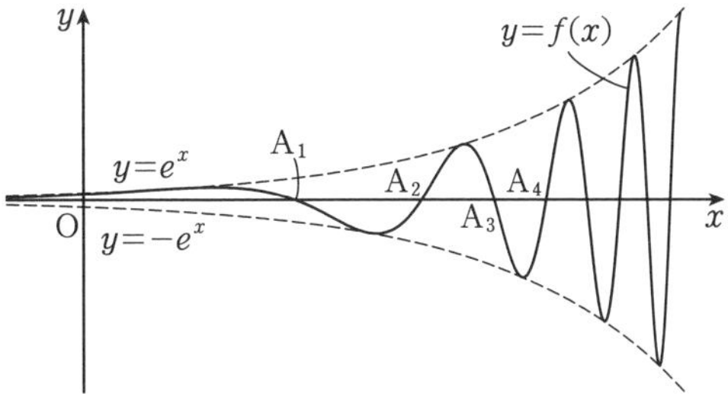

（2） $f'(x) = e^x \sin e^x + e^x \cos e^x \cdot e^x$

$$= e^x \sin e^x + e^{2x} \cos e^x$$

であるから

$$f'(a_n) = n\pi \sin n\pi + (n\pi)^2 \cos n\pi$$

$$= (-1)^n n^2\pi^2$$

$y = f(x)$ の A_n における接線の方程式は

$$y = (-1)^n n^2\pi^2 (x - a_n)$$

接線の y 切片は $-(-1)^n n^2\pi^2 a_n$ であるから

$$T_n = \frac{1}{2} a_n \cdot n^2\pi^2 a_n = \frac{1}{2}(n\pi a_n)^2$$

$$\frac{T_{n+1}}{T_n} = \left(\frac{n+1}{n} \cdot \frac{a_{n+1}}{a_n}\right)^2$$

ここで

$$\frac{a_{n+1}}{a_n} = \frac{\log(n+1)\pi}{\log n\pi}$$

$$= \frac{\log n\pi + \log\left(1 + \frac{1}{n}\right)}{\log n\pi}$$

$$= 1 + \frac{\log\left(1 + \frac{1}{n}\right)}{\log n\pi}$$

$\lim_{n\to\infty} \frac{n+1}{n} = 1$, $\lim_{n\to\infty} \frac{a_{n+1}}{a_n} = 1$ であるから

$$\lim_{n\to\infty} \frac{T_{n+1}}{T_n} = \boldsymbol{1}$$

（3） B_n の座標を (x_n, y_n) とする．

$|f(x)| = e^x$ とすると

$$e^x |\sin e^x| = e^x \qquad \therefore \quad \sin e^x = \pm 1$$

$$e^x = \frac{\pi}{2}, \frac{3}{2}\pi, \frac{5}{2}\pi, \cdots$$

$$x = \log \frac{\pi}{2}, \log \frac{3}{2}\pi, \log \frac{5}{2}\pi, \cdots$$

$a_n < x_n < a_{n+1}$ より　$x_n = \log \frac{2n+1}{2}\pi$

$$y_n = e^{x_n} = \frac{2n+1}{2}\pi$$

$$U_n = \frac{1}{2}(a_{n+1} - a_n) y_n$$

$$= \frac{1}{2}\{\log(n+1)\pi - \log n\pi\} \cdot \frac{2n+1}{2}\pi$$

$$= \frac{\pi}{2} \cdot \frac{2n+1}{2} \log \frac{n+1}{n}$$

$$= \frac{\pi}{2}\left(1 + \frac{1}{2n}\right) \log\left(1 + \frac{1}{n}\right)^n$$

よって

$$\lim_{n\to\infty} U_n = \frac{\pi}{2}\cdot 1\cdot \log e = \boldsymbol{\frac{\pi}{2}}$$

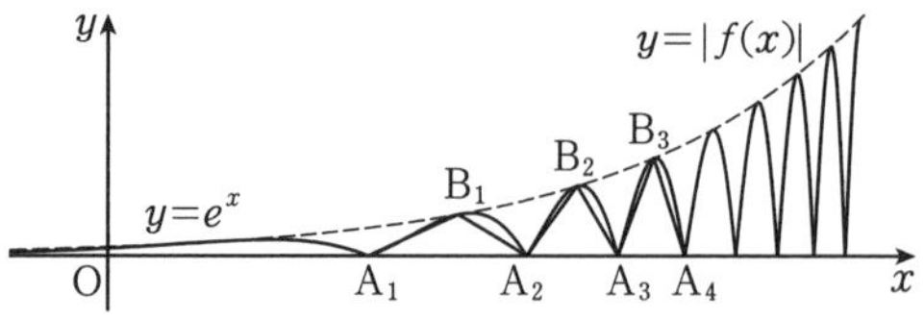

《接線と面積 (B5) ☆》

382. 曲線 $C : y = \log x$ 上の点 $(a, \log a)$ $(a > 1)$ での接線 l を考える．

（１） l の方程式を求めよ．

（２） l が原点を通るとき，a の値を求めよ．

（３） 定積分

$$\int_1^e \log x\, dx$$

を求めよ．

（４） （２）のとき，C と l と x 軸とで囲まれた部分の面積 S を求めよ． （23　南山大・理系）

▶解答◀ （１） $y = \log x$ のとき

$y' = \dfrac{1}{x}$ であるから，接線 l は

$$y = \frac{1}{a}(x-a) + \log a$$

$$\boldsymbol{y = \frac{1}{a}x - 1 + \log a}$$

（２） l が原点を通るとき

$$\log a - 1 = 0 \qquad \therefore\quad a = \boldsymbol{e}$$

（３） $\displaystyle\int_1^e \log x\, dx = \int_1^e (x)' \log x\, dx$

$$= \Big[\, x\log x \,\Big]_1^e - \int_1^e x(\log x)'\, dx$$

$$= e - \Big[\, x \,\Big]_1^e = \boldsymbol{1}$$

（４） $S = \dfrac{e}{2} - \displaystyle\int_1^e \log x\, dx = \boldsymbol{\frac{e}{2} - 1}$

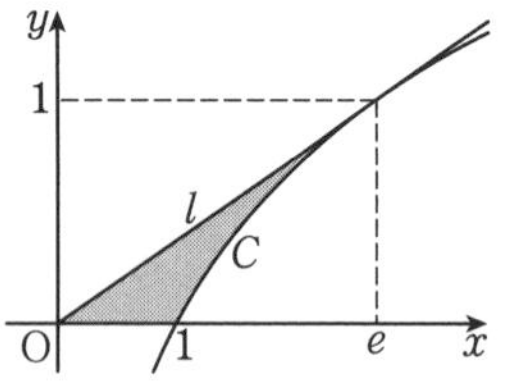

《基本的構図 (B10) ☆》

383. 関数 $f(x) = \dfrac{\log x}{x}$ $(x \geqq 1)$ について，以下の問いに答えよ．

（１） 極限値 $\displaystyle\lim_{x\to\infty} \frac{\log x}{x}$ を求めよ．ただし，必要ならば，$x \geqq 1$ のとき $\log x < \sqrt{x}$ であることを用いてよい．

（２） $f(x)$ の増減を調べ，$y = f(x)$ のグラフの概形をかけ．

（３） 定数 $a > 1$ に対し，曲線 $y = f(x)$，x 軸および直線 $x = a$ で囲まれた部分の面積を求めよ． （23　鳥取大・工-後期）

▶解答◀ （１） $x \geqq 1$ のとき

$0 \leqq \dfrac{\log x}{x} < \dfrac{1}{\sqrt{x}}$，$\displaystyle\lim_{x\to\infty} \frac{1}{\sqrt{x}} = 0$ であるから，ハサミウチの原理により $\displaystyle\lim_{x\to\infty} \frac{\log x}{x} = \boldsymbol{0}$

（２） $f'(x) = \dfrac{\frac{1}{x}\cdot x - \log x}{x^2} = \dfrac{1 - \log x}{x^2}$

x	1	$\cdots$	e	$\cdots$
$f'(x)$		$+$	0	$-$
$f(x)$		↗		↘

$f(e) = \dfrac{1}{e}$ である．

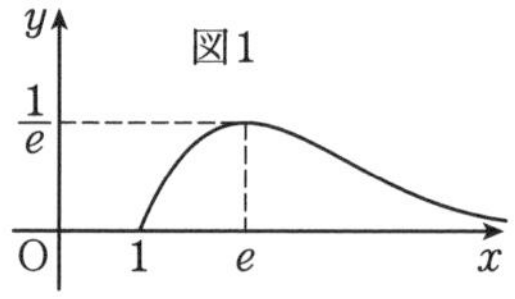

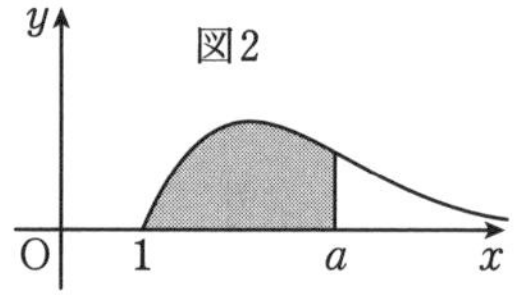

（３） 求める面積 S は図２の網目部分の面積で

$$S = \int_1^a \frac{\log x}{x}\, dx = \int_1^a (\log x)(\log x)'\, dx$$

$$= \left[\, \frac{1}{2}(\log x)^2 \,\right]_1^a = \boldsymbol{\frac{1}{2}(\log a)^2}$$

《対数関数と接線 (B10)》

384. 曲線 $y = x\log(x^2+1)$ の $x \geqq 0$ の部分を C とすると，点 $(1, \log 2)$ における C の接線 l の方程式は （く） である．また，曲線 C と直線 l，および y 軸で囲まれた図形の面積は （け） である． （23　慶應大・医）

▶解答◀ $f(x) = x\log(x^2+1)$ とおく．

$$f'(x) = \log(x^2+1) + x\cdot\frac{2x}{x^2+1}$$

であるから，$(1, \log 2)$ における接線 l の方程式は

$$y = \left(\log 2 + \frac{2}{2}\right)(x-1) + \log 2$$

$$\boldsymbol{y = (\log 2 + 1)x - 1}$$

である．これだけでは C と l の上下関係がわからないから，C の凸性を調べる．$x > 0$ においては

$$f''(x) = \frac{2x}{x^2+1} + \frac{4x(x^2+1) - 2x^2\cdot 2x}{(x^2+1)^2}$$

$$= \frac{2x}{x^2+1} + \frac{4x}{(x^2+1)^2} > 0$$

C は下に凸で l は C の下方にある．求める面積は

$$\int_0^1 \{x\log(x^2+1) - ((\log 2+1)x-1)\}\,dx$$

$$= \frac{1}{2}\int_0^1 (x^2+1)'\log(x^2+1)\,dx - \frac{1}{2}(\log 2+1)+1$$

$$= \frac{1}{2}\Big[\,(x^2+1)\log(x^2+1)\,\Big]_0^1$$

$$-\frac{1}{2}\int_0^1 (x^2+1)\{\log(x^2+1)\}'\,dx - \frac{1}{2}\log 2 + \frac{1}{2}$$

$$= \log 2 - \frac{1}{2}\int_0^1 (x^2+1)\cdot\frac{2x}{x^2+1}\,dx - \frac{1}{2}\log 2 + \frac{1}{2}$$

$$= \frac{1}{2}\log 2 - \Big[\,\frac{x^2}{2}\,\Big]_0^1 + \frac{1}{2} = \boldsymbol{\frac{1}{2}\log 2}$$

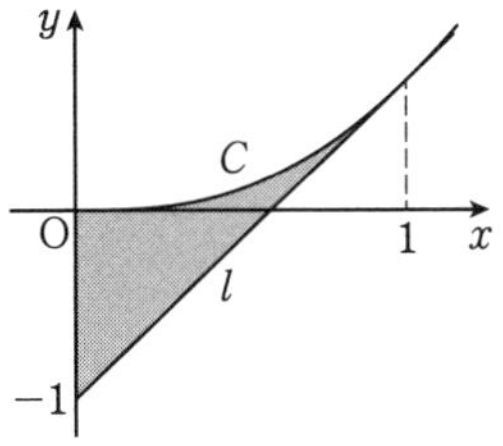

《対数関数と共通接線（B20）☆》

385．a を正の実数とし，曲線 $y=\log x$ を C_1 とする．また，C_1 を x 軸方向に a，y 軸方向に $\log(2a+1)$ だけ平行移動した曲線を C_2 とする．以下の問いに答えよ．

（1） C_1 と C_2 の共有点の x 座標を a の式で表せ．

（2） 正の実数 t に対し，x 座標が t である C_1 上の点を P とし，x 座標が $t+a$ である C_2 上の点を Q とする．直線 PQ の傾き m を a の式で表せ．

（3） C_1 と C_2 の両方に接する直線を l とする．$a=4$ のとき，l と C_1 の接点の x 座標を求めよ．

（4） $a=1$ のとき，C_1, C_2 および x 軸で囲まれた部分の面積 S を求めよ．（23 工学院大）

▶解答◀ $C_1 : y=\log x$,

$C_2 : y=\log(x-a)+\log(2a+1)$

（1） y を消去して

$$\log x = \log(x-a)(2a+1)$$

$$x=(x-a)(2a+1)$$

$$2ax = a(2a+1)$$

$a \neq 0$ より $x=\boldsymbol{\frac{1}{2}(2a+1)}$ である．

（2） $\mathrm{P}(t, \log t)$, $\mathrm{Q}(t+a, \log t(2a+1))$ であるから

$$m=\frac{\log t(2a+1)-\log t}{(t+a)-t} = \boldsymbol{\frac{1}{a}\log(2a+1)}$$

（3） $f(x)=\log x$, $g(x)=\log(x-4)+2\log 3$ とおくと $f'(x)=\frac{1}{x}$, $g'(x)=\frac{1}{x-4}$ である．

C_1 上の点 $(p, f(p))$ における接線の方程式は

$$y=\frac{1}{p}(x-p)+\log p$$

$$y=\frac{1}{p}x+\log p-1 \quad\cdots\cdots①$$

C_2 上の点 $(q, g(q))$ における接線の方程式は

$$y=\frac{1}{q-4}(x-q)+\log(q-4)+2\log 3$$

$$y=\frac{1}{q-4}x-\frac{q}{q-4}+\log(q-4)+2\log 3 \quad\cdots②$$

①，② が一致するから，

$$\frac{1}{p}=\frac{1}{q-4} \quad\cdots\cdots③$$

$$\log p-1=-\frac{q}{q-4}+\log(q-4)+2\log 3 \quad\cdots④$$

③ より $q-4=p$ $\cdots\cdots⑤$

④ より

$$\log p-1=-1-\frac{4}{q-4}+\log(q-4)+2\log 3$$

⑤ を代入して

$$\log p-1=-1-\frac{4}{p}+\log p+2\log 3$$

$$\frac{4}{p}=2\log 3 \qquad \therefore\quad p=\boldsymbol{\frac{2}{\log 3}}$$

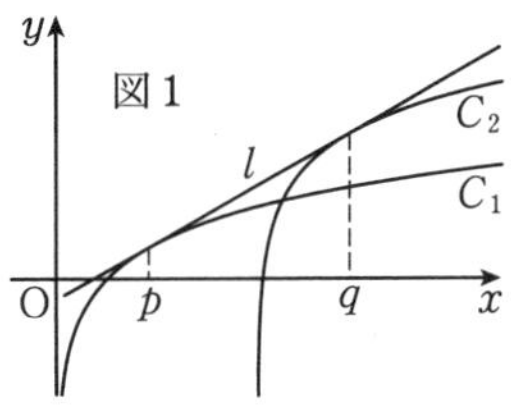

（4） $C_2 : y=\log(x-1)+\log 3=\log 3(x-1)$

C_1 と C_2 の交点の x 座標は

$$\log x=\log 3(x-1)$$

$$x=3(x-1) \qquad \therefore\quad x=\frac{3}{2}$$

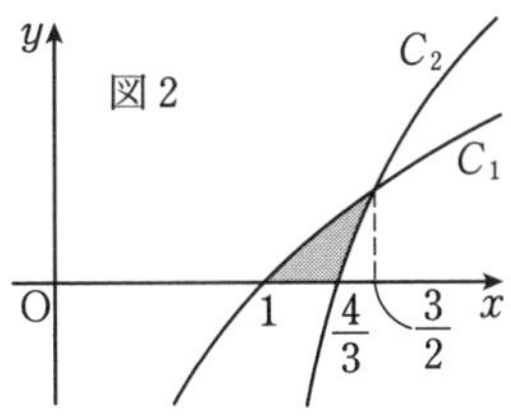

$$S=\int_1^{\frac{3}{2}}\log x\,dx$$

$$-\int_{\frac{4}{3}}^{\frac{3}{2}}\{\log(x-1)+\log 3\}\,dx$$

$$=\Big[\,x\log x - x\,\Big]_1^{\frac{3}{2}}$$

$$-\Big[\,(x-1)\log(x-1)-x+(\log 3)x\,\Big]_{\frac{4}{3}}^{\frac{3}{2}}$$

$$= \frac{3}{2}\log\frac{3}{2} - \frac{3}{2} - (0-1)$$
$$-\left(\frac{1}{2}\log\frac{1}{2} - \frac{3}{2} + \frac{3}{2}\log 3\right)$$
$$+\left(\frac{1}{3}\log\frac{1}{3} - \frac{4}{3} + \frac{4}{3}\log 3\right)$$
$$= -\frac{1}{3} + \frac{3}{2}(\log 3 - \log 2) + \frac{1}{2}\log 2$$
$$-\frac{3}{2}\log 3 - \frac{1}{3}\log 3 + \frac{4}{3}\log 3$$
$$= \boldsymbol{-\frac{1}{3} + \log 3 - \log 2}$$

《対数で分数関数 (B15)》

386. $t \geqq \frac{1}{2}$ で定義された2つの関数 $f(t)$, $g(t)$ を

$$f(t) = t\sqrt{t},\ g(t) = \sqrt{t(2t-1)}$$

とする．座標平面上の曲線 C の方程式が，媒介変数 t を用いて

$$x = f(t),\ y = g(t)$$

と表されるとき，以下の問いに答えよ．

（1） 曲線 C と x 軸との共有点の座標を求めよ．

（2） 曲線 C と直線 $y = x$ との共有点の座標を求めよ．

（3） 曲線 C は不等式 $y \leqq x$ の表す領域に含まれることを示せ．

（4） 曲線 C 上の点 $(5\sqrt{5}, 3\sqrt{5})$ における接線の方程式を求めよ．

（5） 曲線 C，直線 $y = x$ および x 軸で囲まれた部分の面積 S を求めよ． (23 電気通信大・前期)

▶解答◀ （1） $\sqrt{t(2t-1)} = 0$ を解いて $t = \frac{1}{2}$ である．$f\left(\frac{1}{2}\right) = \frac{1}{2\sqrt{2}} = \frac{\sqrt{2}}{4}$ であるから，x 軸との共有点の座標は $\boldsymbol{\left(\frac{\sqrt{2}}{4}, 0\right)}$ である．

（2） $t\sqrt{t} = \sqrt{t(2t-1)}$, $t \geqq \frac{1}{2}$ を解く．2乗してから t で割って

$$t^2 = 2t - 1 \qquad \therefore\ (t-1)^2 = 0$$

$t = 1$ を得て，$f(1) = 1$, $g(1) = 1$ である．$y = x$ との共有点の座標は $\boldsymbol{(1, 1)}$ である．

（3） $x^2 - y^2 = (f(t))^2 - (g(t))^2$

$$= t^3 - t(2t-1) = t(t-1)^2 \geqq 0$$

$x \geqq 0$, $y \geqq 0$ であるから $x \geqq y$ が成り立つ．よって C は領域 $y \leqq x$ に含まれる．

（4） $t\sqrt{t} = 5\sqrt{5}$ のとき $t = 5$ で，確かに $g(5) = 3\sqrt{5}$ である．$f'(t) = \frac{3}{2}\sqrt{t}$, $g'(t) = \frac{4t-1}{2\sqrt{t(2t-1)}}$ だから

$$\frac{dy}{dx} = \frac{g'(t)}{f'(t)} = \frac{4t-1}{3t\sqrt{2t-1}}$$

$t = 5$ のとき $\frac{dy}{dx} = \frac{19}{15\cdot 3} = \frac{19}{45}$ であるから，求める接線の方程式は

$$y = \frac{19}{45}(x - 5\sqrt{5}) + 3\sqrt{5}$$
$$\boldsymbol{y = \frac{19}{45}x + \frac{8}{9}\sqrt{5}}$$

（5） 図を見よ．S は図の網目部分の面積である．三角形の面積から C の下方の面積を引くと考える．C の下方の面積は

$$\int_{\frac{\sqrt{2}}{4}}^{1} y\,dx = \int_{\frac{1}{2}}^{1} g(t)f'(t)\,dt$$
$$= \frac{3}{2}\int_{\frac{1}{2}}^{1} \sqrt{t(2t-1)}\sqrt{t}\,dt$$
$$= \frac{3}{2}\int_{\frac{1}{2}}^{1} t\sqrt{2t-1}\,dt$$
$$= \frac{3}{2}\int_{\frac{1}{2}}^{1} \left(\frac{1}{2}(2t-1) + \frac{1}{2}\right)\sqrt{2t-1}\,dt$$
$$= \frac{3}{4}\int_{\frac{1}{2}}^{1} \left((2t-1)^{\frac{3}{2}} + (2t-1)^{\frac{1}{2}}\right)dt$$
$$= \frac{3}{4}\left[\frac{2}{5}\cdot\frac{1}{2}(2t-1)^{\frac{5}{2}} + \frac{2}{3}\cdot\frac{1}{2}(2t-1)^{\frac{3}{2}}\right]_{\frac{1}{2}}^{1}$$
$$= \frac{3}{4}\left(\frac{1}{5} + \frac{1}{3}\right) = \frac{2}{5}$$

よって，$S = \frac{1}{2}\cdot 1\cdot 1 - \frac{2}{5} = \boldsymbol{\frac{1}{10}}$ である．

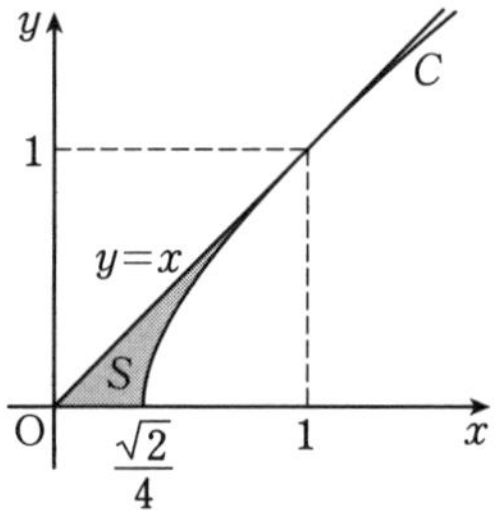

《差と積で写像 (B20) ☆》

387. 実数 s, t が不等式 $s + t > 0$ を満たしながら変化するとき，座標平面上で点 $\mathrm{P}\left(\frac{1+st}{s+t}, \frac{1-st}{s+t}\right)$ の動く領域を D とする．このとき，以下の問いに答えよ．

（1） $x = \frac{1+st}{s+t}$, $y = \frac{1-st}{s+t}$ とおく．このとき，$s+t$ と st を x, y の式で表せ．

（2） 領域 D を図示せよ．

（3） 関数 $f(x) = x\sqrt{x^2+1} + \log(x + \sqrt{x^2+1})$ の導関数を求めよ．ただし，log は自然対数を

表す．

（4） 実数 s, t が連立不等式

$$0 < s+t \leqq 2,\ \frac{1-st}{s+t} \leqq 1$$

を満たしながら変化するとき，点 $\mathrm{P}\left(\dfrac{1+st}{s+t},\ \dfrac{1-st}{s+t}\right)$ の動く領域の面積 S を求めよ． （23 電気通信大・後期）

▶解答◀ （1） $x = \dfrac{1+st}{s+t},\ y = \dfrac{1-st}{s+t}$

$$x+y = \frac{2}{s+t} \qquad \therefore\ s+t = \boldsymbol{\frac{2}{x+y}}$$

$$st = x(s+t) - 1 = \frac{2x}{x+y} - 1 = \boldsymbol{\frac{x-y}{x+y}}$$

（2） s と t は X の 2 次方程式

$$X^2 - \frac{2}{x+y}X + \frac{x-y}{x+y} = 0 \quad \cdots\cdots①$$

の解で $s+t>0$ ……②

を満たすものである．① の判別式を D とすると

$$\frac{D}{4} = \left(\frac{1}{x+y}\right)^2 - \frac{x-y}{x+y}$$

$$= \frac{1-(x^2-y^2)}{(x+y)^2} \geqq 0$$

$$x^2 - y^2 \leqq 1$$

② より $x+y>0$ と合わせて領域 D は図 1 の網目部分になる．ただし，$C: x^2-y^2=1$, $l_1: y=x$, $l_2: y=-x$ で境界のうち l_2 は含まない．

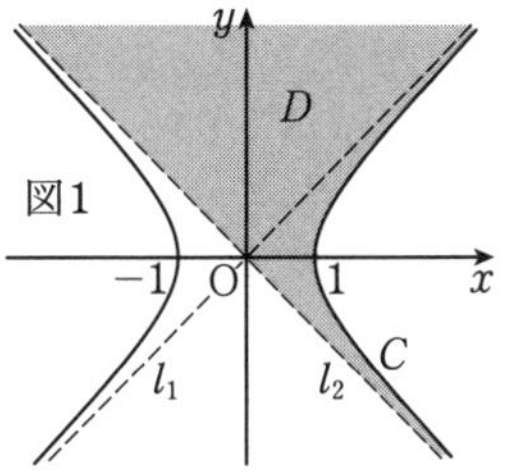

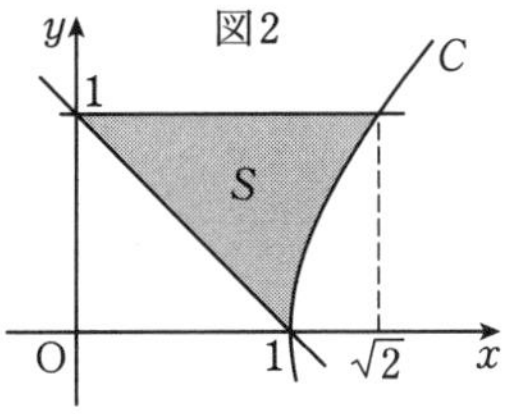

（3） $f(x) = x\sqrt{x^2+1} + \log(x+\sqrt{x^2+1})$

$$f'(x) = \sqrt{x^2+1} + x\cdot\frac{2x}{2\sqrt{x^2+1}} + \frac{1}{x+\sqrt{x^2+1}}\left(1+\frac{2x}{2\sqrt{x^2+1}}\right)$$

$$= \sqrt{x^2+1} + \frac{x^2}{\sqrt{x^2+1}} + \frac{1}{x+\sqrt{x^2+1}}\cdot\frac{x+\sqrt{x^2+1}}{\sqrt{x^2+1}}$$

$$= \sqrt{x^2+1} + \frac{x^2+1}{\sqrt{x^2+1}} = \boldsymbol{2\sqrt{x^2+1}}$$

（4） $0 < \dfrac{2}{x+y} \leqq 2$ より，$x+y \geqq 1$ ……③

$\dfrac{1-st}{s+t} \leqq 1$ より，$y \leqq 1$ ……④

（2），③，④ より S は図 2 の網目部分の面積である．

曲線 $C: x = \sqrt{y^2+1}$ と y 軸の間の部分の面積から三角形の面積を引くと考えて

$$S = \int_0^1 \sqrt{y^2+1}\,dy - \frac{1}{2}\cdot 1\cdot 1$$

$$= \frac{1}{2}\left[y\sqrt{y^2+1} + \log(y+\sqrt{y^2+1})\right]_0^1 - \frac{1}{2}$$

$$= \frac{1}{2}(\sqrt{2}+\log(1+\sqrt{2})) - \frac{1}{2}$$

$$= \boldsymbol{\frac{1}{2}(\sqrt{2}-1+\log(1+\sqrt{2}))}$$

《x 軸との間の面積 (B20)》

388. $f(x) = \dfrac{1+2\log x}{x^2}$ $(x>0)$

とする．このとき，次の問いに答えよ．

（1） 曲線 $y=f(x)$ のただ一つの変曲点を求めよ．

（2） （1）で求めた変曲点の x 座標を a とするとき，x 軸，直線 $x=1$, $x=a$, および曲線 $y=f(x)$ で囲まれた部分の面積を求めよ．

（23 津田塾大・学芸-数学）

▶解答◀ （1）

$$f'(x) = \frac{\dfrac{2}{x}\cdot x^2 - (1+2\log x)\cdot 2x}{x^4}$$

$$= \frac{-4\log x}{x^3}$$

$$f''(x) = -4\cdot\frac{\dfrac{1}{x}\cdot x^3 - (\log x)\cdot 3x^2}{x^6}$$

$$= 4\cdot\frac{3\log x - 1}{x^4}$$

x	0	$\cdots$	$e^{\frac{1}{3}}$	$\cdots$
$f''(x)$		$-$	0	$+$
$f'(x)$		↘		↗

$$f\left(e^{\frac{1}{3}}\right) = \frac{1+\frac{2}{3}}{e^{\frac{2}{3}}} = \frac{5}{3}e^{-\frac{2}{3}}$$

求める変曲点は点 $\boldsymbol{\left(e^{\frac{1}{3}},\ \frac{5}{3}e^{-\frac{2}{3}}\right)}$

（2） $a = e^{\frac{1}{3}}$ である．求める面積を S とする．

$$S = \int_1^a f(x)\,dx = \int_1^a \left(\frac{1}{x^2} + 2\cdot\frac{\log x}{x^2}\right)dx$$

ここで

$$\int \frac{\log x}{x^2}\,dx = \int\left(-\frac{1}{x}\right)'\log x\,dx$$

$$= -\frac{\log x}{x} - \int\left(-\frac{1}{x}\right)(\log x)'\,dx$$

$$= -\frac{\log x}{x} + \int\frac{1}{x^2}\,dx$$

$$= -\frac{\log x}{x} - \frac{1}{x} + C = -\frac{1+\log x}{x} + C$$

であるから（ただし，C は積分定数）

$$S = \left[-\frac{1}{x} - 2\cdot\frac{1+\log x}{x} \right]_1^a$$

$$= \left[-\frac{3+2\log x}{x} \right]_1^a$$

$$= -\frac{3+2\log a}{a} + 3 = \mathbf{3 - \frac{11}{3}e^{-\frac{1}{3}}}$$

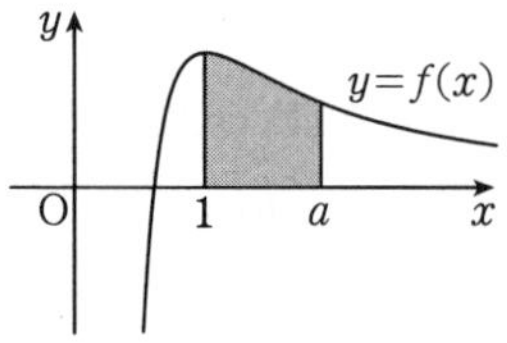

《対数の分数関数（B10）》

389. 関数

$$f(x) = \frac{\log x}{(x+e)^2} \quad (x>0)$$

を考える．ただし，$\log x$ は e を底とする自然対数を表す．このとき，以下の問いに答えよ．

（1） 導関数 $f'(x)$ を $f'(x) = \dfrac{g(x)}{x(x+e)^3}$ と表すとき，$g(x)$ を求めよ．

（2） 関数 $g(x)$ の極値を求めよ．さらに，$x>0$ の範囲で方程式 $g(x)=0$ がただ一つの実数解をもつことを示せ．必要なら $\displaystyle\lim_{x\to+0} x\log x = 0$ を用いてもよい．

（3） 関数 $f(x)$ の極値を求めよ．

（4） 定積分 $I = \displaystyle\int_1^e \frac{1}{x(x+e)}\,dx$ を求めよ．

（5） 曲線 $y=f(x)$，x 軸および直線 $x=e$ で囲まれた部分の面積 S を求めよ．

（23　電気通信大・前期）

▶解答◀ （1） $f(x) = (x+e)^{-2}\log x$

$$f'(x) = -2(x+e)^{-3}\log x + (x+e)^{-2}\cdot\frac{1}{x}$$

$$= \frac{1}{x(x+e)^3}(-2x\log x + x + e)$$

よって，$\boldsymbol{g(x) = -2x\log x + x + e}$ である．

（2） $g'(x) = -2\log x - 2x\cdot\dfrac{1}{x} + 1$

$$= -2\log x - 1 = -2\left(\log x + \frac{1}{2}\right)$$

$0 < x < e^{-\frac{1}{2}}$ のとき $g'(x) > 0$ であるから $g(x)$ は増加し，$x > e^{-\frac{1}{2}}$ のとき $g'(x) < 0$ であるから $g(x)$ は減少する．したがって，$g(x)$ は**極大値**

$$g\left(e^{-\frac{1}{2}}\right) = -2e^{-\frac{1}{2}}\cdot\left(-\frac{1}{2}\right) + e^{-\frac{1}{2}} + e = \mathbf{e + 2e^{-\frac{1}{2}}}$$

をもつ．

$\displaystyle\lim_{x\to+0} g(x) = e > 0$，$\displaystyle\lim_{x\to\infty} g(x) = -\infty$ であるから，$x > e^{-\frac{1}{2}}$ においてただ1度だけ $g(x)$ は0になる．よって，$g(x)=0$ はただ1つの実数解をもつ．

（3） $g(e)=0$ だから，（2）より $x=e$ が $g(x)=0$ の唯一の解である．また，$f'(x)$ の符号は $g(x)$ の符号と一致するから，$0<x<e$ において $f(x)$ は増加し，$e<x$ において $f(x)$ は減少する．よって $f(x)$ は**極大値** $f(e) = \mathbf{\dfrac{1}{4e^2}}$ をもつ．

（4） $I = \dfrac{1}{e}\displaystyle\int_1^e \left(\frac{1}{x} - \frac{1}{x+e}\right)dx$

$$= \frac{1}{e}\Big[\log x - \log(x+e)\Big]_1^e = \frac{1}{e}\left[\log\frac{x}{x+e}\right]_1^e$$

$$= \frac{1}{e}\left(\log\frac{1}{2} - \log\frac{1}{1+e}\right) = \mathbf{\frac{1}{e}\log\frac{1+e}{2}}$$

（5） $f(1)=0$ だから S は図の網目部分の面積である．

$$S = \int_1^e f(x)\,dx = \int_1^e \left(-\frac{1}{x+e}\right)'\log x\,dx$$

$$= -\left[\frac{\log x}{x+e}\right]_1^e + \int_1^e \frac{1}{x+e}(\log x)'\,dx$$

$$= -\frac{1}{2e} + \int_1^e \frac{1}{x(x+e)}\,dx$$

$$= \mathbf{-\frac{1}{2e} + \frac{1}{e}\log\frac{1+e}{2}}$$

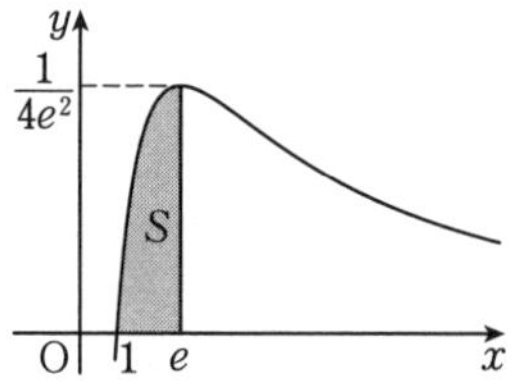

《曲線と直線で囲む面積（B20）》

390. 関数 $f(x) = x(\log x)^2 - 3x \quad (x>0)$ について，次の問いに答えよ．

（1） 関数 $f(x)$ の増減，極値と，曲線 $y=f(x)$ の変曲点，凹凸を調べよ．

（2） 不等式 $f(x) \leqq -2x$ を満たす x の値の範囲を求めよ．

（3）（i） 不定積分 $\displaystyle\int x\log x\,dx$ を求めよ．

（ii）（2）で求めた x の範囲において，曲線 $y=f(x)$ と直線 $y=-2x$ で囲まれた部分の面積を求めよ．

（23　広島市立大・前期）

▶解答◀ （1）

$$f'(x) = (\log x)^2 + x\cdot 2\log x\cdot\frac{1}{x} - 3$$

$$= (\log x)^2 + 2\log x - 3$$

$= (\log x + 3)(\log x - 1)$ ……………………………①

$f''(x) = 2\log x \cdot \dfrac{1}{x} + \dfrac{2}{x} = \dfrac{2}{x}(\log x + 1)$ ………②

①, ② より，増減および凹凸は表のようになる．

x	0	…	e^{-3}	…	e^{-1}	…	e	…
$f'(x)$		$+$	0	$-$	$-$	$-$	0	$+$
$f''(x)$		$-$	$-$	$-$	0	$+$	$+$	$+$
$f(x)$		↗		↘		↘		↗

極大値 $f(e^{-3}) = 9e^{-3} - 3e^{-3} = \boldsymbol{6e^{-3}}$

極小値 $f(e) = e - 3e = \boldsymbol{-2e}$

変曲点 $\boldsymbol{(e^{-1}, -2e^{-1})}$

（**2**） $x(\log x)^2 - 3x \leqq -2x$

$x\{(\log x)^2 - 1\} \leqq 0$

$x(\log x + 1)(\log x - 1) \leqq 0$

$x > 0$ より，$-1 \leqq \log x \leqq 1$ 　　$\therefore$ 　$\boldsymbol{e^{-1} \leqq x \leqq e}$

（**3**）（**i**） C を積分定数とする．

$\displaystyle\int x\log x\,dx = \int \left(\frac{x^2}{2}\right)' \log x\,dx$

$\displaystyle= \frac{x^2}{2}\log x - \int \frac{x^2}{2}(\log x)'\,dx$

$\displaystyle= \frac{x^2}{2}\log x - \int \frac{x^2}{2}\cdot\frac{1}{x}\,dx$

$\displaystyle= \boldsymbol{\frac{x^2}{2}\log x - \frac{x^2}{4} + C}$

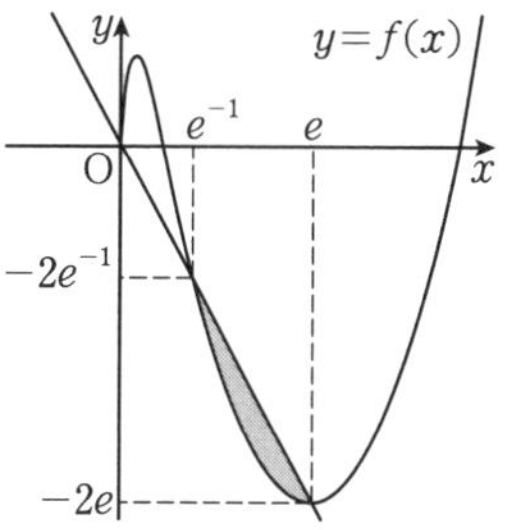

（**ii**） 求める部分の面積 S は図の網目部分である．

$\displaystyle S = \int_{e^{-1}}^{e} \{-2x - x(\log x)^2 + 3x\}\,dx$

$\displaystyle= \int_{e^{-1}}^{e} \{x - x(\log x)^2\}\,dx$

$\displaystyle= \left[\frac{x^2}{2}\right]_{e^{-1}}^{e} - \int_{e^{-1}}^{e}\left(\frac{x^2}{2}\right)'(\log x)^2\,dx$

$\displaystyle= \frac{e^2 - e^{-2}}{2} - \left[\frac{x^2}{2}(\log x)^2\right]_{e^{-1}}^{e}$

$\displaystyle\qquad + \int_{e^{-1}}^{e}\frac{x^2}{2}\{(\log x)^2\}'\,dx$

$\displaystyle= 0 + \int_{e^{-1}}^{e}\frac{x^2}{2}\cdot 2\log x\cdot\frac{1}{x}\,dx$

$\displaystyle= \int_{e^{-1}}^{e} x\log x\,dx = \left[\frac{x^2}{2}\log x - \frac{x^2}{4}\right]_{e^{-1}}^{e}$

$\displaystyle= \frac{e^2 + e^{-2}}{2} - \frac{e^2 - e^{-2}}{4} = \boldsymbol{\frac{e^2 + 3e^{-2}}{4}}$

《上下の判断 (B20)》

391. 関数 $F(x) = \sin x - \log(1 + x)$ と $f(x) = F'(x)$ を考える．次の問いに答えよ．

（1） $f'(\alpha) = 0$ となる α が開区間 $\left(0, \dfrac{\pi}{2}\right)$ に 1 つだけあることを示せ．

（2） $f(\beta) = 0$ となる β が開区間 $\left(0, \dfrac{\pi}{2}\right)$ に 1 つだけあることを示せ．

（3） 開区間 $\left(0, \dfrac{\pi}{2}\right)$ において，$F(x) > 0$ であることを示せ．ただし，自然対数の底 e が $e > 2.7$ を満たすことを用いてもよい．

（4） $0 \leqq x \leqq \dfrac{\pi}{2}$ の範囲において，曲線 $y = \sin x$，曲線 $y = \log(1+x)$，および直線 $x = \dfrac{\pi}{2}$ で囲まれた図形の面積を求めよ．

（23　金沢大・理系）

▶解答◀ （**1**） $f(x) = \cos x - \dfrac{1}{1 + x}$

$f'(x) = -\sin x + \dfrac{1}{(1 + x)^2}$

$Y = \dfrac{1}{(1 + x)^2}$ と $Y = \sin x$ のグラフを考えると，図 1 のようになる．

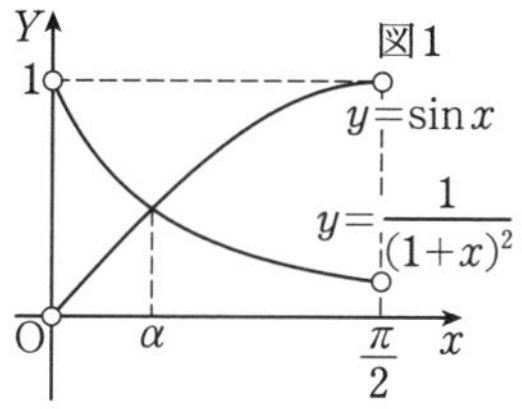

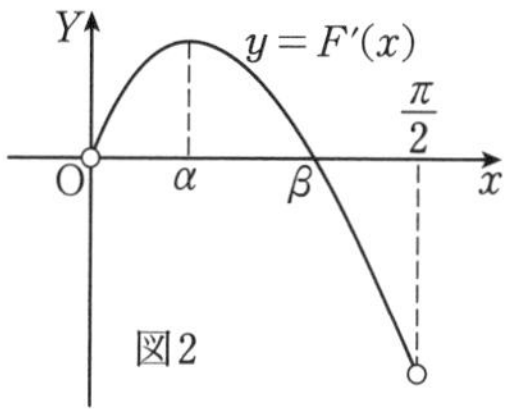

これより，$Y = \dfrac{1}{(1 + x)^2}$ と $Y = \sin x$ は $\left(0, \dfrac{\pi}{2}\right)$ において共有点をただ 1 つだけもつから，$f'(\alpha) = 0$ となる α が $\left(0, \dfrac{\pi}{2}\right)$ に 1 つだけある．

（**2**） （1）より，$f(x)$ の増減表は次のようになる．

x	0	…	α	…	$\dfrac{\pi}{2}$
$f'(x)$		$+$	0	$-$	
$f(x)$		↗		↘	

$f(0) = 1 - \dfrac{1}{1 + 0} = 0$

$f\left(\dfrac{\pi}{2}\right) = 0 - \dfrac{1}{1 + \dfrac{\pi}{2}} < 0$

これより，$Y = f(x)$ のグラフは図 2 のようになる．よって，$f(\beta) = 0$ となる β が $\left(0, \dfrac{\pi}{2}\right)$ に 1 つだけある．

（**3**） （2）より，$F(x)$ の増減表は下のようになり，

$F(0) = 0 - \log 1 = 0$

$F\left(\dfrac{\pi}{2}\right) = 1 - \log\left(1 + \dfrac{\pi}{2}\right)$

$> 1 - \log\left(1 + \dfrac{3.4}{2}\right) = 1 - \log 2.7$

$> 1 - \log e = 0$

これより，$\left(0,\ \dfrac{\pi}{2}\right)$ において $F(x) > 0$ である．

x	0	$\cdots$	β	$\cdots$	$\dfrac{\pi}{2}$
$F'(x)$		$+$	0	$-$	
$F(x)$		↗		↘	

（**4**）（3）より，$\left(0,\ \dfrac{\pi}{2}\right)$ においては常に $y = \sin x$ は $y = \log(1+x)$ の上側にあるから，求める面積は

$$\int_0^{\frac{\pi}{2}} F(x)\,dx$$

$$= \Big[-\cos x - (1+x)\log(1+x) + x \Big]_0^{\frac{\pi}{2}}$$

$$= -\left(1 + \frac{\pi}{2}\right)\log\left(1 + \frac{\pi}{2}\right) + \frac{\pi}{2} + 1$$

$$= \boldsymbol{\left(1 + \frac{\pi}{2}\right)\left\{1 - \log\left(1 + \frac{\pi}{2}\right)\right\}}$$

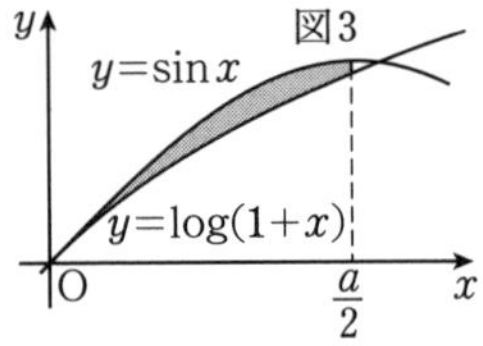

《2つの対数関数（B20）》

392. 以下の問いに答えよ．必要ならば，正の数 a に対し，$a > \log(a+1)$ であることを用いてよい．

（1） 極限値

$$\lim_{n\to\infty} \frac{\log(n+1)}{n\log n},$$

$$\lim_{n\to\infty} \frac{n\{\log n - \log(n+1)\}}{\log n}$$

を求めよ．

（2） 関数

$y = x\log(x+1) - (x+1)\log x\ (x > 1)$

について，常に $y' < 0$ であることを示せ．さらに y'' の符号と $\displaystyle\lim_{x\to\infty} y$ を調べて，この関数のグラフをかけ．

（3） 不定積分

$$\int x\log(x+1)\,dx,$$

$\displaystyle\int (x+1)\log x\,dx$ を求めよ．

（4） n を4以上の自然数とし，曲線

$y = x\log(x+1) - (x+1)\log x$

と x 軸，および2直線 $x = 3,\ x = n$ で囲まれた図形の面積を S_n とする．極限値 $\displaystyle\lim_{n\to\infty} \frac{S_n}{n\log n}$ を求めよ．

（23　三重大・医）

▶解答◀（**1**） 正の数 n に対して，$n > \log(n+1)$ が成り立つから，$n \geqq 2$ のとき

$$0 < \frac{\log(n+1)}{n} < 1$$

$$0 < \frac{\log(n+1)}{n\log n} < \frac{1}{\log n}$$

$\displaystyle\lim_{n\to\infty} \frac{1}{\log n} = 0$ であるから，ハサミウチの原理より

$$\lim_{n\to\infty} \frac{\log(n+1)}{n\log n} = \mathbf{0}$$

また

$$\frac{n\{\log n - \log(n+1)\}}{\log n} = \frac{-n\log\dfrac{n+1}{n}}{\log n}$$

$$= -\frac{1}{\log n}\log\left(1 + \frac{1}{n}\right)^n$$

$\displaystyle\lim_{n\to\infty}\left(1 + \frac{1}{n}\right)^n = e$ であるから

$$\lim_{n\to\infty} \frac{n\{\log n - \log(n+1)\}}{\log n} = \mathbf{0}$$

（**2**） $f(x) = x\log(x+1) - (x+1)\log x$ とおくと

$$f'(x) = \log(x+1) + \frac{x}{x+1} - \log x - \frac{x+1}{x}$$

$$= \log(x+1) - \log x$$

$$+\left(1 - \frac{1}{x+1}\right) - \left(1 + \frac{1}{x}\right)$$

$$= \log(x+1) - \log x - \frac{1}{x+1} - \frac{1}{x}$$

$$f''(x) = \frac{1}{x+1} - \frac{1}{x} + \frac{1}{(x+1)^2} + \frac{1}{x^2}$$

$$= \frac{-1}{x(x+1)} + \frac{2x^2+2x+1}{x^2(x+1)^2} = \frac{x^2+x+1}{x^2(x+1)^2} > 0$$

$\boldsymbol{y'' > 0}$ である．よって，$f'(x)$ は単調に増加する．

$$\lim_{x\to\infty} f'(x) = \lim_{x\to\infty}\left\{\log\left(1 + \frac{1}{x}\right) - \frac{1}{x+1} - \frac{1}{x}\right\}$$

$$= 0$$

であるから，$f'(x) < 0$ すなわち $y' < 0$ である．

y は下に凸の減少関数である．$f(1) = \log 2$ であり

$$\lim_{x\to\infty} y = \lim_{x\to\infty}\left(x\log\frac{x+1}{x} - \log x\right)$$

$$= \lim_{x\to\infty}\left\{\log\left(1 + \frac{1}{x}\right)^x - \log x\right\}$$

$$= -\infty$$

よって，グラフは次の通りである．

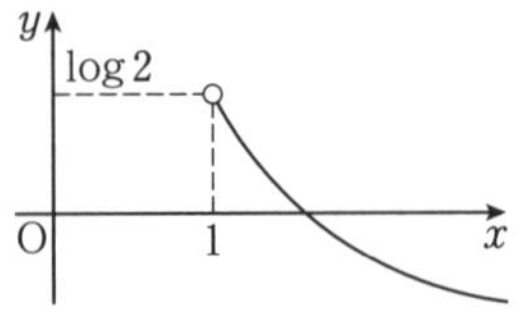

（**3**） 以下，C は積分定数とする．

$$\int x\log(x+1)\,dx = \int\left(\frac{x^2-1}{2}\right)'\log(x+1)\,dx$$

$$= \frac{x^2-1}{2}\log(x+1)$$

$$-\int\left(\frac{x^2-1}{2}\right)\{\log(x+1)\}'\,dx$$

$$=\frac{x^2-1}{2}\log(x+1)-\int\frac{x-1}{2}\,dx$$

$$=\boldsymbol{\frac{1}{2}(x^2-1)\log(x+1)-\frac{1}{4}x^2+\frac{1}{2}x+C}$$

$$\int(x+1)\log x\,dx=\int\left(\frac{x^2}{2}+x\right)'\log x\,dx$$

$$=\left(\frac{x^2}{2}+x\right)\log x-\int\left(\frac{x^2}{2}+x\right)(\log x)'\,dx$$

$$=\left(\frac{x^2}{2}+x\right)\log x-\int\left(\frac{x}{2}+1\right)dx$$

$$=\boldsymbol{\frac{1}{2}x(x+2)\log x-\frac{1}{4}x^2-x+C}$$

以下では

$$F(x)=\frac{1}{2}(x^2-1)\log(x+1)$$
$$-\frac{1}{2}x(x+2)\log x+\frac{3}{2}x$$

とおく．

(4) $f(3)=3\log 4-4\log 3=\log 64-\log 81<0$

$x\geqq 3$ では $f(x)<0$ である．

$$S_n=-\int_3^n f(x)\,dx$$

$$=-\Big[F(x)\Big]_3^n=-F(n)+F(3)$$

$$=\frac{1}{2}\{n(n+2)\log n-(n^2-1)\log(n+1)\}$$
$$-\frac{3}{2}n+F(3)$$

$$=\frac{1}{2}\{n^2\log n-n^2\log(n+1)\}+n\log n$$
$$+\frac{1}{2}\log(n+1)-\frac{3}{2}n+F(3)$$

$$\frac{S_n}{n\log n}=\frac{1}{2}\cdot\frac{n\{\log n-\log(n+1)\}}{\log n}+1$$
$$+\frac{1}{2}\cdot\frac{\log(n+1)}{n\log n}-\frac{3}{2\log n}+\frac{F(3)}{n\log n}$$

(1)の結果を用いると，$\displaystyle\lim_{n\to\infty}\frac{S_n}{n\log n}=\mathbf{1}$

《逆数の変換による等積性 (B20) ☆》

393. 次の各問に答えよ．ただし，$\log x$ は x の自然対数を表す．

(1) $a>1$ を満たす定数 a と，区間 $\dfrac{1}{a}\leqq x\leqq a$ において連続な関数 $f(x)$ に対して，等式

$$\int_{\frac{1}{a}}^{a}\frac{f(x)}{1+x^2}\,dx=\int_{\frac{1}{a}}^{a}\frac{f\left(\frac{1}{x}\right)}{1+x^2}\,dx$$

が成り立つことを示せ．

(2) 定積分 $I=\displaystyle\int_{\frac{1}{\sqrt{3}}}^{\sqrt{3}}\frac{1+x}{x(1+x^2)}\,dx$ の値を求めよ．

(3) 関数 $g(x)=\dfrac{\log x}{1+x^2}$ は，区間 $0<x\leqq\sqrt{e}$ においてつねに増加することを示せ．

(4) (3)の関数 $g(x)$ に対して，$y=g(x)\ (x>0)$ のグラフを C とする．曲線 C と x 軸および直線 $x=\dfrac{1}{\sqrt{e}}$ で囲まれた部分の面積を S_1 とし，曲線 C と x 軸および直線 $x=\sqrt{e}$ で囲まれた部分の面積を S_2 とする．このとき，S_1 と S_2 は等しいことを示せ．　(23　宮崎大・医)

▶解答◀ (1) $\dfrac{1}{x}=t$ とおくと，

$x=\dfrac{1}{t}$ で，$dx=-\dfrac{1}{t^2}\,dt$

x	$\frac{1}{a}\to a$
t	$a\to\frac{1}{a}$

$$\int_{\frac{1}{a}}^{a}\frac{f(x)}{1+x^2}\,dx=\int_{a}^{\frac{1}{a}}\frac{f\left(\frac{1}{t}\right)}{1+\left(\frac{1}{t}\right)^2}\cdot\left(-\frac{1}{t^2}\,dt\right)$$

$$=\int_{\frac{1}{a}}^{a}\frac{f\left(\frac{1}{t}\right)}{t^2+1}\,dt=\int_{\frac{1}{a}}^{a}\frac{f\left(\frac{1}{x}\right)}{1+x^2}\,dx$$

(2) $f(x)=\dfrac{1+x}{x}$ とおくと

$$f\left(\frac{1}{x}\right)=\frac{1+\frac{1}{x}}{\frac{1}{x}}=x+1$$

(1)を用いて

$$I=\int_{\frac{1}{\sqrt{3}}}^{\sqrt{3}}\frac{f(x)}{1+x^2}\,dx=\int_{\frac{1}{\sqrt{3}}}^{\sqrt{3}}\frac{f\left(\frac{1}{x}\right)}{x^2+1}\,dx$$

$$=\int_{\frac{1}{\sqrt{3}}}^{\sqrt{3}}\frac{x}{x^2+1}\,dx+\int_{\frac{1}{\sqrt{3}}}^{\sqrt{3}}\frac{1}{x^2+1}\,dx$$

ここで

$$\int_{\frac{1}{\sqrt{3}}}^{\sqrt{3}}\frac{x}{x^2+1}\,dx=\left[\frac{1}{2}\log(x^2+1)\right]_{\frac{1}{\sqrt{3}}}^{\sqrt{3}}$$

$$=\frac{1}{2}\left(\log 4-\log\frac{4}{3}\right)=\frac{1}{2}\log 3$$

後の積分は，$x=\tan\theta$ とおくと，$\dfrac{dx}{d\theta}=\dfrac{1}{\cos^2\theta}$ より，

$dx=\dfrac{d\theta}{\cos^2\theta}$

x	$\frac{1}{\sqrt{3}}\to\sqrt{3}$
θ	$\frac{\pi}{6}\to\frac{\pi}{3}$

$$\int_{\frac{1}{\sqrt{3}}}^{\sqrt{3}}\frac{1}{x^2+1}\,dx=\int_{\frac{\pi}{6}}^{\frac{\pi}{3}}\frac{1}{1+\tan^2\theta}\cdot\frac{d\theta}{\cos^2\theta}$$

$$=\int_{\frac{\pi}{6}}^{\frac{\pi}{3}}d\theta=\frac{\pi}{6}$$

よって，$I = \dfrac{1}{2}\log 3 + \dfrac{\pi}{6}$

（3） $g(x) = \dfrac{\log x}{1+x^2}$ $(0 < x \leqq \sqrt{e})$ より，

$$g'(x) = \frac{1}{(1+x^2)^2}\left\{\frac{1}{x}(1+x^2) - (\log x)\cdot 2x\right\}$$

$$= \frac{x}{(1+x^2)^2}\left(\frac{1}{x^2} + 1 - 2\log x\right)$$

ここで，$0 < x \leqq \sqrt{e}$ のとき

$$\frac{1}{x^2} + 1 - 2\log x > 1 - 2\log x$$

$$\geqq 1 - 2\log\sqrt{e} = 0$$

よって，$0 < x \leqq \sqrt{e}$ において $g'(x) > 0$ で $g(x)$ はつねに増加する．

（4） $S_1 = -\displaystyle\int_{\frac{1}{\sqrt{e}}}^{1} g(x)\,dx$，$S_2 = \displaystyle\int_{1}^{\sqrt{e}} g(x)\,dx$

$$S_2 - S_1 = \int_{\frac{1}{\sqrt{e}}}^{\sqrt{e}} g(x)\,dx = \int_{\frac{1}{\sqrt{e}}}^{\sqrt{e}} \frac{\log x}{1+x^2}\,dx$$

これを J とおく．（1）を用いて

$$J = \int_{\frac{1}{\sqrt{e}}}^{\sqrt{e}} \frac{\log\frac{1}{x}}{1+x^2}\,dx$$

$$= -\int_{\frac{1}{\sqrt{e}}}^{\sqrt{e}} \frac{\log x}{1+x^2}\,dx = -J$$

よって，$J = 0$ で，$S_1 = S_2$

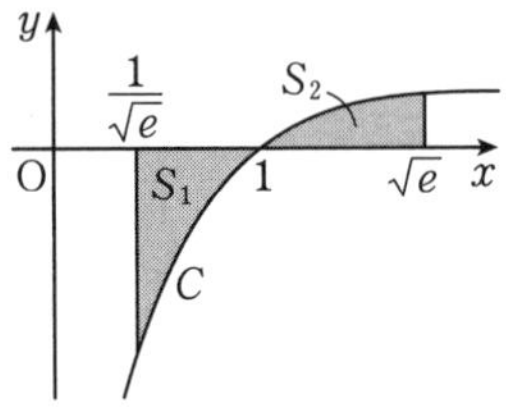

《易しい面積（A5）》

394. 次の曲線と x 軸で囲まれた図形の面積を求めよ．

$$y = \cos 2x + \frac{1}{2}\left(\frac{\pi}{4} \leqq x \leqq \frac{3}{4}\pi\right)$$

（23　岩手大・前期）

▶解答◀ 曲線と x 軸の共有点の x 座標は

$$\cos 2x = -\frac{1}{2}$$

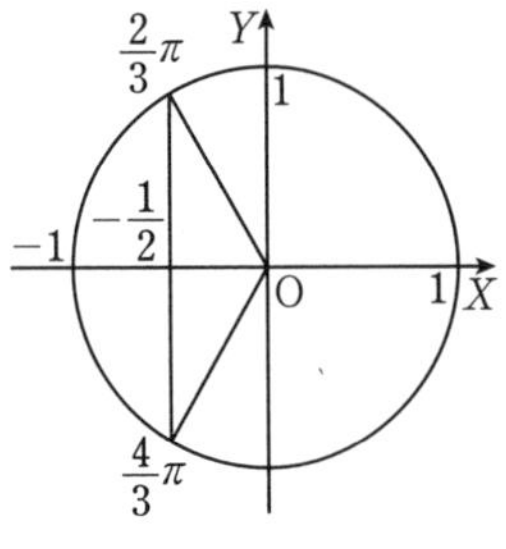

$\dfrac{\pi}{4} \leqq x \leqq \dfrac{3}{4}\pi$ より $\dfrac{\pi}{2} \leqq 2x \leqq \dfrac{3}{2}\pi$ であるから

$$2x = \frac{2}{3}\pi,\ \frac{4}{3}\pi \qquad \therefore\quad x = \frac{\pi}{3},\ \frac{2}{3}\pi$$

$\dfrac{2}{3}\pi < 2x < \dfrac{4}{3}\pi$ では

$$\cos 2x < -\frac{1}{2}$$

であるから $y = \cos 2x + \dfrac{1}{2} < 0$

求める面積は

$$-\int_{\frac{\pi}{3}}^{\frac{2}{3}\pi}\left(\cos 2x + \frac{1}{2}\right)dx$$

$$= -\left[\frac{1}{2}\sin 2x + \frac{1}{2}x\right]_{\frac{\pi}{3}}^{\frac{2}{3}\pi}$$

$$= -\left(-\frac{\sqrt{3}}{4} + \frac{\pi}{3}\right) + \left(\frac{\sqrt{3}}{4} + \frac{\pi}{6}\right)$$

$$= \boldsymbol{\frac{\sqrt{3}}{2} - \frac{\pi}{6}}$$

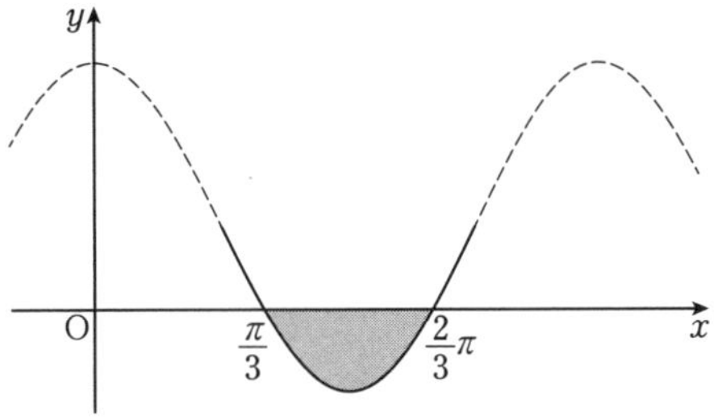

《差を調べる（A10）☆》

395. 関数 $f(x) = x$，$g(x) = 2x\sin x$ について，$f'(0) = 1$ であり，$g'(0) = \square$ である．また，$0 \leqq x \leqq \dfrac{\pi}{6}$ において，直線 $y = f(x)$ と曲線 $y = g(x)$ とで囲まれた図形の面積は $\square$ である．

（23　愛媛大・医，理，工，教）

▶解答◀ $g(x) = 2x\sin x$ について

$$g'(x) = 2\sin x + 2x\cos x$$

であるから，$g'(0) = \mathbf{0}$

$f(x) - g(x) = x(1 - 2\sin x)$ であり，$0 \leqq x \leqq \dfrac{\pi}{6}$ のとき $0 \leqq \sin x \leqq \dfrac{1}{2}$ であるから $f(x) - g(x) \geqq 0$ である．求める面積は

$$\int_0^{\frac{\pi}{6}} \{f(x) - g(x)\}\,dx$$

$$= \int_0^{\frac{\pi}{6}} x\,dx - 2\int_0^{\frac{\pi}{6}} x\sin x\,dx$$

$$= \int_0^{\frac{\pi}{6}} x\,dx - 2\int_0^{\frac{\pi}{6}} x(-\cos x)'\,dx$$

$$= \left[\frac{1}{2}x^2\right]_0^{\frac{\pi}{6}} + 2\Big[x\cos x\Big]_0^{\frac{\pi}{6}} - 2\int_0^{\frac{\pi}{6}} (x)'\cos x\,dx$$

$$= \frac{\pi^2}{72} + 2\cdot\frac{\pi}{6}\cdot\frac{\sqrt{3}}{2} - 2\Big[\sin x\Big]_0^{\frac{\pi}{6}}$$

$$= \boldsymbol{\frac{\pi^2}{72} + \frac{\sqrt{3}}{6}\pi - 1}$$

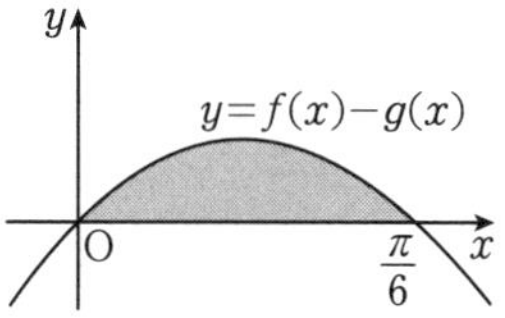

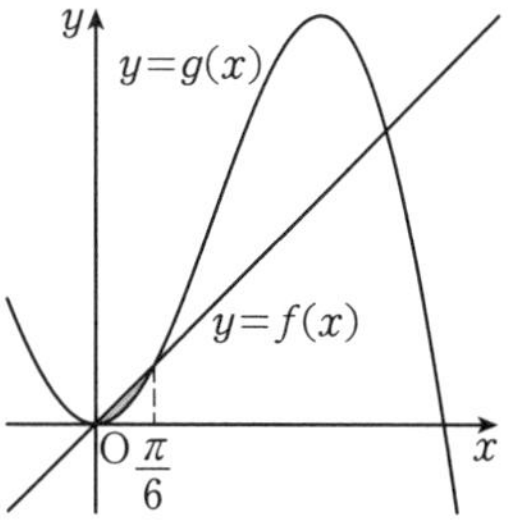

《$\tan^n x$ (B20)》

396. 関数

$f(x) = 4\tan^3 x - 9\tan^2 x$,

$\left(-\frac{\pi}{2} < x < \frac{\pi}{2}\right)$

は $x = a$ で極大であるとする．座標平面上の曲線 $C : y = f(x)$ の変曲点の座標を $(b,\ f(b))$ とする．このとき，次の問に答えよ．

（１） 実数 a, b の値を求めよ．

（２） 座標平面上で，連立不等式 $\begin{cases} f(x) \leqq y \leqq 0 \\ a \leqq x \leqq b \end{cases}$ の表す領域の面積を求めよ． （23 福岡大・医）

▶解答◀ （１）

$$(\tan x)' = \frac{1}{\cos^2 x} = 1 + \tan^2 x$$

であるが，これを

$$t' = \frac{1}{c^2} = 1 + t^2$$

と略記する．$f(x) = 4t^3 - 9t^2$

$$f'(x) = 12t^2t' - 18tt' = 6(2t^2 - 3t)(1 + t^2)$$

$$= 6t(2t - 3)(1 + t^2)$$

$$f''(x) = 6\{(4t - 3)t'(1 + t^2) + (2t^2 - 3t)\cdot 2tt'\}$$

$$= 6(4t^3 - 3t^2 + 4t - 3 + 4t^3 - 6t^2)t'$$

$$= 6(8t^3 - 9t^2 + 4t - 3)(1 + t^2)$$

$$= 6(t - 1)(8t^2 - t + 3)(1 + t^2)$$

$8t^2 - t + 3 > 0$ である．

$\tan\alpha = \frac{3}{2}$, $0 < \alpha < \frac{\pi}{2}$ とする．

x	$-\frac{\pi}{2}$	$\cdots$	0	$\cdots$	$\frac{\pi}{4}$	$\cdots$	α	$\cdots$	$\frac{\pi}{2}$
$f'(x)$		$+$	0	$-$	$-$	$-$	0	$+$	
$f''(x)$		$-$	$-$	$-$	0	$+$	$+$	$+$	
$f(x)$		↗		↘		↘		↗	

$$a = \boldsymbol{0},\ b = \boldsymbol{\frac{\pi}{4}}$$

（２） 求める面積を S，$I_n = \int_0^{\frac{\pi}{4}} \tan^n x\,dx\ (n \geqq 0)$ とおく．

$$I_{n+2} + I_n = \int_0^{\frac{\pi}{4}} \tan^n x(1 + \tan^2 x)\,dx$$

$$= \int_0^{\frac{\pi}{4}} \tan^n x(\tan x)'\,dx$$

$$= \left[\frac{1}{n+1}\tan^{n+1} x\right]_0^{\frac{\pi}{4}} = \frac{1}{n+1}$$

$$I_1 = \int_0^{\frac{\pi}{4}} \frac{-(\cos x)'}{\cos x}\,dx$$

$$= \Big[-\log\cos x\Big]_0^{\frac{\pi}{4}} = -\log\frac{1}{\sqrt{2}} = \frac{1}{2}\log 2$$

$$I_3 = \frac{1}{2} - I_1 = \frac{1}{2} - \frac{1}{2}\log 2$$

$$I_0 = \frac{\pi}{4}$$

$$I_2 = 1 - I_0 = 1 - \frac{\pi}{4}$$

$$S = -\int_0^{\frac{\pi}{4}} f(x)\,dx$$

$$= -(4I_3 - 9I_2)$$

$$= -4\left(\frac{1}{2} - \frac{1}{2}\log 2\right) + 9\left(1 - \frac{\pi}{4}\right)$$

$$= \boldsymbol{7 + 2\log 2 - \frac{9}{4}\pi}$$

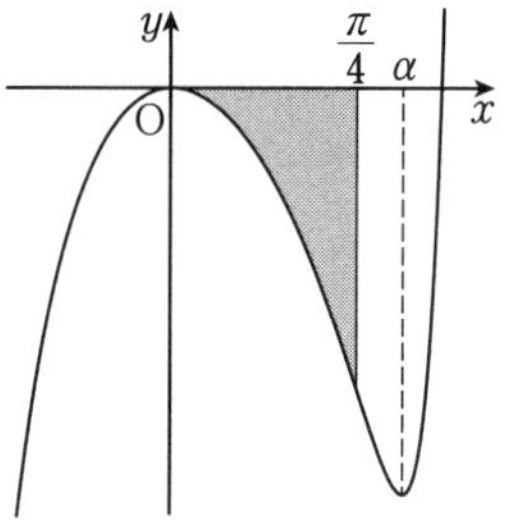

注意 【n 乗の積分】

$\int_0^{\frac{\pi}{2}} \cos^n x\,dx$, $\int_0^{\frac{\pi}{2}} \sin^n x\,dx$, $\int_0^1 x^n e^x\,dx$ などは部分積分であるが I_n だけは $I_{n+2} + I_n$ で特殊基本関数の積分 $\tan^n x(\tan x)'$ にもちこむのが定石である．

《三角関数 (B10) ☆》

397. xy 平面において，曲線

$y = \sin x$ と $y = a\sin\frac{x}{2}$

がある．ただし，a は実数の定数であり，x の取りうる範囲は $0 \leqq x \leqq 2\pi$ である．この 2 曲線は $0 < x < 2\pi$ の範囲においてただ 1 つ交点をもつものとし，その交点の x 座標を x_0 とする．このとき，この 2 曲線で囲まれる図形は 2 つあり，y 軸と直線 $x = x_0$ で挟まれる方の面積を S_1，もう一方の面積を S_2 とする．$S_1 = 4S_2$ であるとき，a を x_0 で表すと $a = \square\cos\frac{x_0}{\square}$ となり，a の値は

$a = -\dfrac{\square}{\square}$ である． (23 防衛医大)

▶解答◀ $\sin x_0 = a\sin\dfrac{x_0}{2}$

$$2\sin\frac{x_0}{2}\cos\frac{x_0}{2} = a\sin\frac{x_0}{2}$$

$\sin\dfrac{x_0}{2} \neq 0$ より $a = \boldsymbol{2\cos\dfrac{x_0}{2}}$ である．このとき

$$\cos x_0 = 2\cos^2\frac{x_0}{2} - 1$$

$$= 2\left(\frac{a}{2}\right)^2 - 1 = \frac{a^2}{2} - 1$$

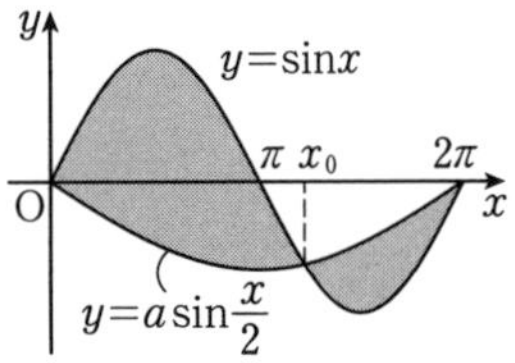

$$S_1 = \int_0^{x_0}\left(\sin x - a\sin\frac{x}{2}\right)dx$$

$$= \left[-\cos x + 2a\cos\frac{x}{2}\right]_0^{x_0}$$

$$= -\cos x_0 + 2a\cos\frac{x_0}{2} + 1 - 2a$$

$$= -\left(\frac{a^2}{2} - 1\right) + a^2 + 1 - 2a = \frac{a^2}{2} - 2a + 2$$

$$S_2 = \int_{x_0}^{2\pi}\left(a\sin\frac{x}{2} - \sin x\right)dx$$

$$= \left[-2a\cos\frac{x}{2} + \cos x\right]_{x_0}^{2\pi}$$

$$= 2a + 1 + 2a\cos\frac{x_0}{2} - \cos x_0$$

$$= 2a + 1 + a^2 - \left(\frac{a^2}{2} - 1\right) = \frac{a^2}{2} + 2a + 2$$

であるから，$S_1 = 4S_2$ より

$$\frac{a^2}{2} - 2a + 2 = 4\left(\frac{a^2}{2} + 2a + 2\right)$$

$$3a^2 + 20a + 12 = 0$$

$$(3a+2)(a+6) = 0 \qquad \therefore\quad a = -\frac{2}{3},\ -6$$

$a = 2\cos\dfrac{x_0}{2}$ より $-2 < a < 2$ であるから $a = \boldsymbol{-\dfrac{2}{3}}$

《三角関数の周期性 (B15)》

398. 関数

$$f(x) = \left|\cos x - \sqrt{5}\sin x - \frac{3\sqrt{2}}{2}\right|$$

について，以下の問いに答えよ．

（1） $f(x)$ の最大値を求めよ．

（2） $\displaystyle\int_0^{2\pi} f(x)\,dx$ を求めよ．

（3） $S(t) = \displaystyle\int_t^{t+\frac{\pi}{3}} f(x)\,dx$ とおく．このとき $S(t)$ の最大値を求めよ． (23 千葉大・前期)

▶解答◀ （1）

$$f(x) = \left|\sqrt{6}\sin(x+\alpha) - \frac{3\sqrt{2}}{2}\right|$$

ただし，$\sin\alpha = \dfrac{1}{\sqrt{6}}$，$\cos\alpha = -\sqrt{\dfrac{5}{6}}$ である．

$$-\sqrt{6} - \frac{3\sqrt{2}}{2} \leqq \sqrt{6}\sin(x+\alpha) - \frac{3\sqrt{2}}{2} \leqq \sqrt{6} - \frac{3\sqrt{2}}{2}$$

$$0 \leqq \left|\sqrt{6}\sin(x+\alpha) - \frac{3\sqrt{2}}{2}\right| \leqq \sqrt{6} + \frac{3\sqrt{2}}{2}$$

であるから，$f(x)$ の最大値は $\boldsymbol{\sqrt{6} + \dfrac{3\sqrt{2}}{2}}$ である．

（2） $f(x) = \sqrt{6}\left|\sin(x+\alpha) - \dfrac{\sqrt{3}}{2}\right|$

$g(x) = \sqrt{6}\left|\sin x - \dfrac{\sqrt{3}}{2}\right|$ とおく．図 1 は $y = g(x)$ のグラフである．

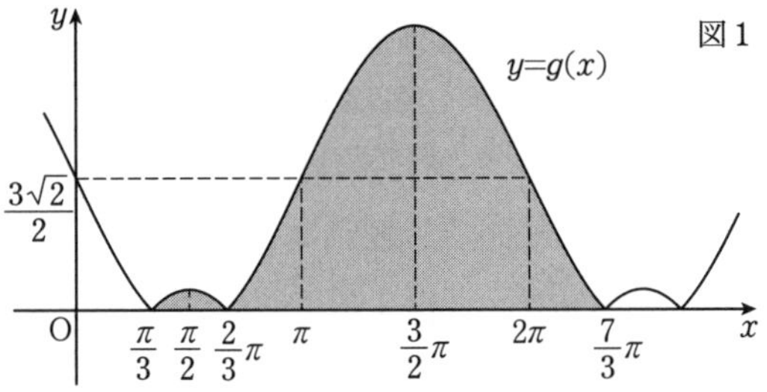

図 1

$g(x)$ は周期 2π であるから，幅 2π の区間での定積分は，区間によらず値が一定である．

$y = f(x)$ のグラフは，$y = g(x)$ のグラフを x 軸方向に $-\alpha$ 平行移動したものであるから，求める定積分の値は図 1 の網目部分の面積に等しい．

$S = \displaystyle\int_0^{2\pi} f(x)\,dx$ とおくと，

$$\frac{S}{\sqrt{6}} = \int_{\frac{\pi}{3}}^{\frac{7}{3}\pi}\left|\sin x - \frac{\sqrt{3}}{2}\right|dx$$

$$= \int_{\frac{\pi}{3}}^{\frac{2}{3}\pi}\left(\sin x - \frac{\sqrt{3}}{2}\right)dx$$

$$-\int_{\frac{2}{3}\pi}^{\frac{7}{3}\pi}\left(\sin x - \frac{\sqrt{3}}{2}\right)dx$$

$$= \left[-\cos x - \frac{\sqrt{3}}{2}x\right]_{\frac{\pi}{3}}^{\frac{2}{3}\pi} - \left[-\cos x - \frac{\sqrt{3}}{2}x\right]_{\frac{2}{3}\pi}^{\frac{7}{3}\pi}$$

$$= \frac{1}{2} + \frac{1}{2} - \frac{\sqrt{3}}{6}\pi + \frac{1}{2} + \frac{1}{2} + \frac{5\sqrt{3}}{6}\pi$$

$$= 2 + \frac{2\sqrt{3}}{3}\pi$$

$$S = \boldsymbol{2\sqrt{6} + 2\sqrt{2}\pi}$$

（3） $T(t) = \displaystyle\int_t^{t+\frac{\pi}{3}} g(x)\,dx$ とおく．$S(t)$ の最大値は $T(t)$ の最大値と等しい．

$0 \leqq t \leqq \frac{2}{3}\pi$ のとき，$t \leqq x \leqq t+\frac{\pi}{3}$ において

$g(x) \leqq \frac{3\sqrt{2}}{2}$ であるから，$T(t) \leqq \frac{\pi}{3}\cdot\frac{3\sqrt{2}}{2} = \frac{\sqrt{2}}{2}\pi$ である．

$\frac{2}{3}\pi \leqq t \leqq 2\pi$ のとき，

$$\frac{T(t)}{\sqrt{6}} = -\int_t^{t+\frac{\pi}{3}}\left(\sin x - \frac{\sqrt{3}}{2}\right)dx$$

$$= -\Big[-\cos x - \frac{\sqrt{3}}{2}x\Big]_t^{t+\frac{\pi}{3}}$$

$$= \cos\left(t+\frac{\pi}{3}\right) - \cos t + \frac{\sqrt{3}}{6}\pi$$

$$= -2\sin\left(t+\frac{\pi}{6}\right)\sin\frac{\pi}{6} + \frac{\sqrt{3}}{6}\pi$$

$$= -\sin\left(t+\frac{\pi}{6}\right) + \frac{\sqrt{3}}{6}\pi$$

であるから，$t+\frac{\pi}{6} = \frac{3}{2}\pi$，すなわち $t = \frac{4}{3}\pi$ のとき，$\frac{T(t)}{\sqrt{6}}$ は最大値 $1+\frac{\sqrt{3}}{6}\pi$ をとる．

したがって，$T(t)$ の最大値は $\boldsymbol{\sqrt{6}+\frac{\sqrt{2}}{2}\pi}$ である（これは $S(t)$ の最大値でもある）．

注意 $T(t)$ が最大となるのは，区間の真ん中に $\frac{3}{2}\pi$ がくるときであるから，$t = \frac{4}{3}\pi$ のときである（図 2）．

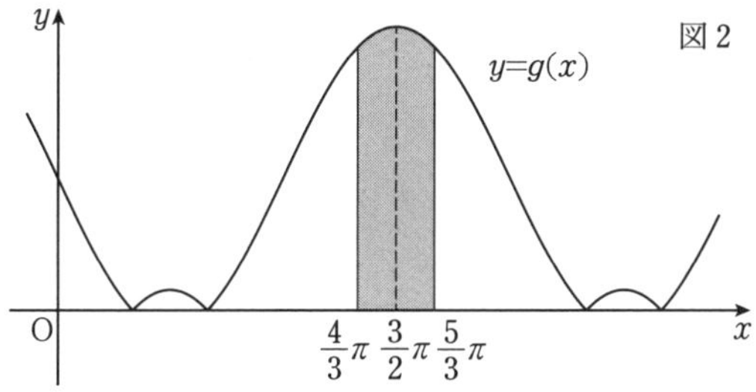

図 2

《2 つの三角関数（B10）☆》

399. a は正の実数とする．曲線 $y = a\cos x$ の $0 \leqq x \leqq \frac{\pi}{2}$ の部分を C_1 とし，曲線 $y = \sin x$ の $0 \leqq x \leqq \frac{\pi}{2}$ の部分を C_2 とする．C_1, C_2 および x 軸で囲まれる部分の面積を S とし，C_1, C_2 および y 軸で囲まれる部分の面積を T とするとき，次の問いに答えよ．

（1） S と T を a を用いて表せ．

（2） $S = T$ となるとき，a の値を求めよ．

（23　信州大・工，繊維-後期）

▶解答◀ （1） C_1 と C_2 の交点の x 座標を α とおくと，$a\cos\alpha = \sin\alpha$ である．

$0 < \alpha < \frac{\pi}{2}$ で $\tan\alpha = a$ であるから

$$\sin\alpha = \frac{a}{\sqrt{a^2+1}},\ \cos\alpha = \frac{1}{\sqrt{a^2+1}}$$

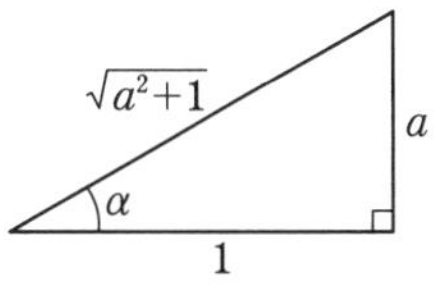

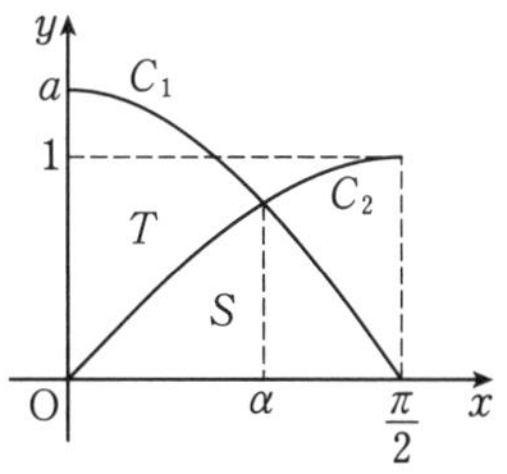

$$S = \int_0^{\alpha}\sin x\,dx + \int_{\alpha}^{\frac{\pi}{2}} a\cos x\,dx$$

$$= \Big[-\cos x\Big]_0^{\alpha} + a\Big[\sin x\Big]_{\alpha}^{\frac{\pi}{2}}$$

$$= -\cos\alpha + 1 + a - a\sin\alpha$$

$$= -\frac{1}{\sqrt{a^2+1}} + 1 + a - \frac{a^2}{\sqrt{a^2+1}}$$

$$= \boldsymbol{a+1-\sqrt{a^2+1}}$$

$$S+T = \int_0^{\frac{\pi}{2}} a\cos x\,dx = a\Big[\sin x\Big]_0^{\frac{\pi}{2}} = a$$

$$T = a - S = \boldsymbol{\sqrt{a^2+1}-1}$$

（2） $S = T$ のとき

$$a+1-\sqrt{a^2+1} = \sqrt{a^2+1}-1$$

$$a+2 = 2\sqrt{a^2+1}$$

両辺正であるから 2 乗して

$$a^2+4a+4 = 4a^2+4$$

$$3a^2-4a = 0 \qquad \therefore\ a(3a-4) = 0$$

$a > 0$ であるから $a = \boldsymbol{\frac{4}{3}}$

《グルッと回る（B20）☆》

400. 媒介変数表示

$x = \sin t,\ y = \cos\left(t-\frac{\pi}{6}\right)\sin t$

$(0 \leqq t \leqq \pi)$

で表される曲線を C とする．以下の問に答えよ．

（1） $\frac{dx}{dt} = 0$ または $\frac{dy}{dt} = 0$ となる t の値を求めよ．

（2） C の概形を xy 平面上に描け．

（3） C の $y \leqq 0$ の部分と x 軸で囲まれた図形の面積を求めよ．

（23　神戸大・理系）

▶解答◀ （1） t による微分をダッシュをつけて表す．すなわち，$\frac{dx}{dt}$ を x' などとかく．

$$x' = \cos t$$

$$y' = -\sin\left(t-\frac{\pi}{6}\right)\sin t+\cos\left(t-\frac{\pi}{6}\right)\cos t$$
$$=\cos\left(2t-\frac{\pi}{6}\right)$$

となるから，$x'=0$ または $y'=0$ となるのは，$-\frac{\pi}{6}\leqq 2t-\frac{\pi}{6}\leqq\frac{11}{6}\pi$ も合わせると

$$t=\frac{\pi}{2},\ 2t-\frac{\pi}{6}=\frac{\pi}{2},\ \frac{3}{2}\pi$$
$$t=\boldsymbol{\frac{\pi}{2},\ \frac{\pi}{3},\ \frac{5}{6}\pi}$$

t	0	…	$\frac{\pi}{3}$	…	$\frac{\pi}{2}$	…	$\frac{5}{6}\pi$	…	π
x'		+	+	+	0	−	−	−	
y'		+	0	−	−	−	0	+	
$\begin{pmatrix}x\\y\end{pmatrix}$		↗		↘		↙		↖	

（**2**） $\mathrm{P}(t)=(x(t),\ y(t))$ とすると

$$\mathrm{P}(0)=(0,\ 0)$$
$$\mathrm{P}\left(\frac{\pi}{3}\right)=\left(\frac{\sqrt{3}}{2},\ \frac{\sqrt{3}}{2}\cdot\frac{\sqrt{3}}{2}\right)=\left(\frac{\sqrt{3}}{2},\ \frac{3}{4}\right)$$
$$\mathrm{P}\left(\frac{\pi}{2}\right)=\left(1,\ \frac{1}{2}\cdot 1\right)=\left(1,\ \frac{1}{2}\right)$$
$$\mathrm{P}\left(\frac{5}{6}\pi\right)=\left(\frac{1}{2},\ -\frac{1}{2}\cdot\frac{1}{2}\right)=\left(\frac{1}{2},\ -\frac{1}{4}\right)$$
$$\mathrm{P}(\pi)=(0,\ 0)$$

これより，C の概形は次のようになる．

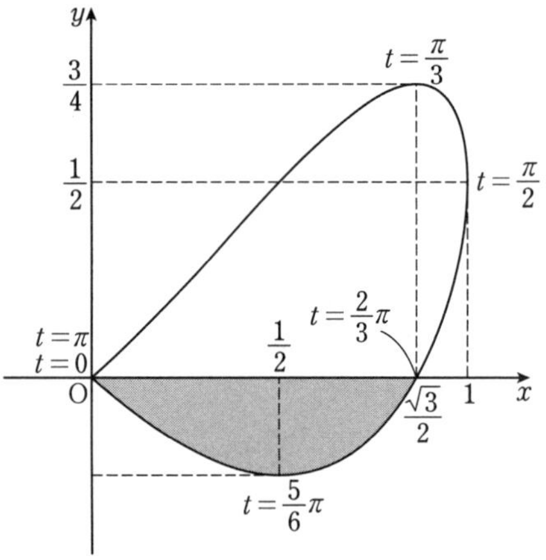

（**3**） $y(t)=0$ となるのは $t=0,\ \pi,\ t-\frac{\pi}{6}=\frac{\pi}{2}$

$$t=0,\ \pi,\ \frac{2}{3}\pi$$

よって，求める面積 S は

$$S=\int_0^{\frac{\sqrt{3}}{2}}(-y)\,dx=\int_{\pi}^{\frac{2}{3}\pi}(-y)\frac{dx}{dt}\,dt$$
$$=\int_{\frac{2}{3}\pi}^{\pi}\cos\left(t-\frac{\pi}{6}\right)\sin t\cos t\,dt$$

となる．ここで，

$$\cos\left(t-\frac{\pi}{6}\right)\sin t\cos t$$
$$=\left(\frac{\sqrt{3}}{2}\cos t+\frac{1}{2}\sin t\right)\sin t\cos t$$
$$=\frac{\sqrt{3}}{2}\sin t\cos^2 t+\frac{1}{2}\sin^2 t\cos t$$
$$=-\frac{\sqrt{3}}{6}(\cos^3 t)'+\frac{1}{6}(\sin^3 t)'$$

であるから，

$$S=\left[-\frac{\sqrt{3}}{6}\cos^3 t+\frac{1}{6}\sin^3 t\right]_{\frac{2}{3}\pi}^{\pi}$$
$$=-\frac{\sqrt{3}}{6}(-1)^3-\left\{-\frac{\sqrt{3}}{6}\left(-\frac{1}{2}\right)^3+\frac{1}{6}\left(\frac{\sqrt{3}}{2}\right)^3\right\}$$
$$=\frac{\sqrt{3}}{6}-\frac{\sqrt{3}}{48}-\frac{\sqrt{3}}{16}=\boldsymbol{\frac{\sqrt{3}}{12}}$$

《パラメタ表示の面積（B15）☆》

401． $f(t)=e^t,\ g(t)=t^2e^t$ とし，t がすべての実数を動くとき

$$\begin{cases}x=f(t)\\y=g(t)\end{cases}$$

で与えられる曲線を C とする．この曲線 C の概形は下図である．

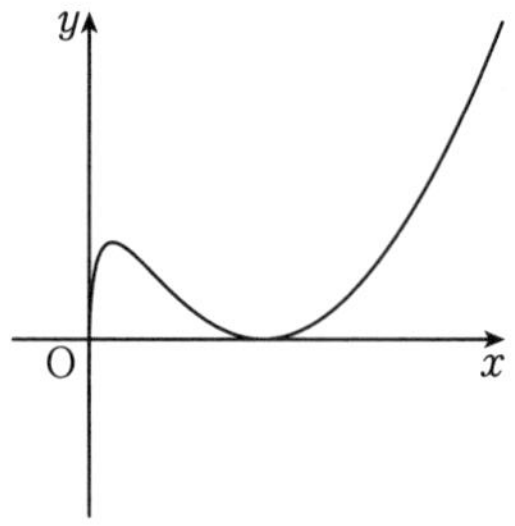

以下の問いに答えよ．ただし，e は自然対数の底である．

（1） 曲線 C 上の点 $\mathrm{P}(f(t),\ g(t))$ で曲線 C に接する接線の方程式を t を用いて表せ．

（2） （1）において $t=-1$ としたときの接線を l とする．接線 l と曲線 C の交点は $(e^{-1},\ e^{-1})$ のみであることを示せ．

（3） 曲線 C と（2）の接線 l および直線 $x=1$ で囲まれた部分の面積を求めよ．

（23　愛知教育大・前期）

▶解答◀ （1） $\frac{dx}{dt}=f'(t)=e^t$

$$\frac{dy}{dt}=g'(t)=2te^t+t^2e^t=t(t+2)e^t$$

であるから

$$\frac{dy}{dx}=\frac{\frac{dy}{dt}}{\frac{dx}{dt}}=\frac{g'(t)}{f'(t)}=t(t+2)$$

求める接線の方程式は

$$y = t(t+2)(x - e^t) + t^2e^t$$

$$\boldsymbol{y = t(t+2)x - 2te^t}$$

（**2**） $l : y = -x + 2e^{-1}$

C と l の方程式を連立して

$$g(t) = -f(t) + 2e^{-1}$$

$$t^2e^t = -e^t + 2e^{-1}$$

$$(t^2+1)e^{t+1} - 2 = 0$$

ここで，$h(t) = (t^2+1)e^{t+1} - 2$ とおくと

$$h'(t) = 2te^{t+1} + (t^2+1)e^{t+1}$$

$$= (t+1)^2e^{t+1} \geqq 0$$

$h(t)$ は増加関数であり，$h(-1) = 0$ であるから，$h(t) = 0$ は $t = -1$ のみを解にもつ．

よって，C と l の交点は (e^{-1}, e^{-1}) のみである．

（**3**） $C : y = F(x)$ とおく．

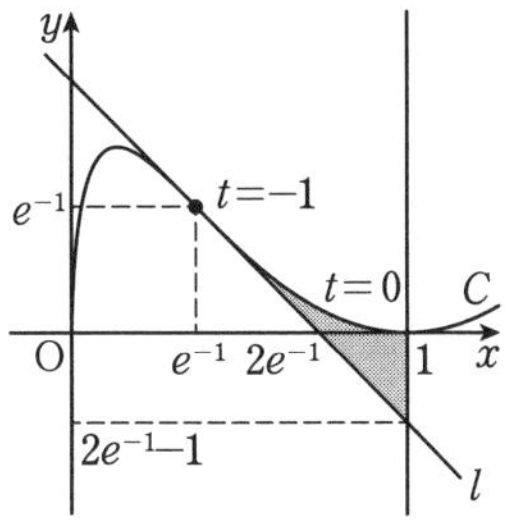

$g(x) = -x + 2e^{-1}$ とおく．

$$\int_{e^{-1}}^{1} g(x)\,dx = \left[-\frac{x^2}{2} + 2e^{-1}x\right]_{e^{-1}}^{1}$$

$$= -\frac{1}{2} + \frac{1}{2}e^{-2} + 2e^{-1} - 2e^{-2}$$

$$= -\frac{3}{2}e^{-2} + 2e^{-1} - \frac{1}{2}$$

$x = e^t,\ y = t^2e^t$ として

$$\int_{e^{-1}}^{1} F(x)\,dx = \int_{-1}^{0} y\frac{dx}{dt}\,dt$$

$$= \int_{-1}^{0} t^2e^{2t}\,dt$$

$$= \left[\left(\frac{t^2}{2} - \frac{2t}{4} + \frac{2}{8}\right)e^{2t}\right]_{-1}^{0}$$

$$= \frac{1}{4} - \left(\frac{1}{2} + \frac{1}{2} + \frac{1}{4}\right)e^{-2} = \frac{1}{4} - \frac{5}{4}e^{-2}$$

よって求める面積は

$$\int_{e^{-1}}^{1} \{F(x) - g(x)\}\,dx$$

$$= \frac{1}{4} - \frac{5}{4}e^{-2} - \left(-\frac{3}{2}e^{-2} + 2e^{-1} - \frac{1}{2}\right)$$

$$= \boldsymbol{\frac{1}{4}e^{-2} - 2e^{-1} + \frac{3}{4}}$$

注意 **1°【瞬間部分積分】**

$$\int f g\,dx = f g_1 - f' g_2 + f'' g_3 - f''' g_4 + \cdots$$

積分　積分　積分　積分

そのまま　微分　微分　微分

「x^ne^x」多項式と指数関数の積

「$x^n \sin x$」「$x^n \cos x$」多項式と三角関数の積

のときは，多項式でない方を次々と積分し，多項式側を最初はそのままにして，後はどんどん微分して，掛けて，符号を1回ごとに変えながら行うと終わる．

なお，図では，(x) を書くと横が伸びて入らなくなるから，(x) を省略した．$g(x)$ の積分を $g_1(x)$，$g_1(x)$ の積分を $g_2(x)$，$\cdots$ とする．

図のようになる理由を述べる．

$$\int f(x)g(x)\,dx = \int f(x)\{g_1(x)\}'\,dx$$

$$= f(x)g_1(x) - \int f'(x)g_1(x)\,dx$$

［となる．$f(x)g_1(x)$ を3回書いてダッシュの位置がずれていることに注意せよ．これを続ける．

$g_1(x) = \{g_2(x)\}'$ である．また次の行からは (x) を省略する］

$$= fg_1 - \int f'(g_2)'\,dx$$

$$= fg_1 - \left\{f'g_2 - \int (f')'g_2\,dx\right\}$$

［$f'g_2$ を3回書いてダッシュの位置がずれていることに注意せよ］

$$= fg_1 - \left\{f'g_2 - \int f''(g_3)'\,dx\right\}$$

［これを続けていくと］

$$= fg_1 - f'g_2 + f''g_3 - \cdots$$

となっていく．この途中の計算を省略して一気に書くと図のようになる．「いきなり書いていいですか？」と聞く人がいるが，単に途中の計算を省略しただけだから「部分積分を繰り返す」と書けばよいことである．

ただし，瞬間部分積分は多項式の方を微分していくから，**$x^n \log x$ のときには使えない**．

《瞬間部分積分の実例》

a は0でない定数とする．次の積分をせよ．

$$\int x^2e^{ax}\,dx$$

▶解答◀ x^2 を，最初はそのままで，後は微分していく．0になったら書かない．

$$x^2,\ 2x,\ 2$$

となる．次に，e^{ax} をつぎつぎと積分する．e^{ax} は書かず，積分したものだけを書く．

$$\frac{e^{ax}}{a},\ \frac{e^{ax}}{a^2},\ \frac{e^{ax}}{a^3}$$

これらを掛けていくが，最初はそのまま掛けて，後は1回ごとに符号を変えていく．

$$\int x^2e^{ax}\,dx$$

$$=(x^2)\left(\frac{e^{ax}}{a}\right)-(2x)\left(\frac{e^{ax}}{a^2}\right)+2\left(\frac{e^{ax}}{a^3}\right)+C$$

$$=\left(\boldsymbol{\frac{x^2}{a}-\frac{2x}{a^2}+\frac{2}{a^3}}\right)\boldsymbol{e^{ax}+C}$$

となる．もちろん，安心してはいけない．

$$\left\{\left(\frac{x^2}{a}-\frac{2x}{a^2}+\frac{2}{a^3}\right)e^{ax}\right\}'$$

が x^2e^{ax} に戻ることを確認しよう．まず，左の括弧の微分で右そのまま，次に左そのまま右微分にする．

$$=\left(\frac{2x}{a}-\frac{2}{a^2}\right)e^{ax}+\left(x^2-\frac{2x}{a}+\frac{2}{a^2}\right)e^{ax}$$

$$=x^2e^{ax}$$

となって戻る．

2°【まじめに積分する】

$$\int t^2e^{2t}\,dt=\int t^2\left(\frac{1}{2}e^{2t}\right)'dt$$

$$=t^2\left(\frac{1}{2}e^{2t}\right)-\int(t^2)'\left(\frac{1}{2}e^{2t}\right)dt$$

$$=\frac{t^2}{2}e^{2t}-\int te^{2t}\,dt$$

$$=\frac{t^2}{2}e^{2t}-\int t\left(\frac{1}{2}e^{2t}\right)'dt$$

$$=\frac{t^2}{2}e^{2t}-t\left(\frac{1}{2}e^{2t}\right)+\int(t)'\left(\frac{1}{2}e^{2t}\right)dt$$

$$=\frac{t^2}{2}e^{2t}-t\left(\frac{1}{2}e^{2t}\right)+\frac{1}{4}e^{2t}+C$$

3°【凹凸で考える】

$x=e^t,\ y=t^2e^t$ のとき t を消去すれば

$$y=x(\log x)^2$$

$$y'=(\log x)^2+x\cdot 2(\log x)\cdot\frac{1}{x}$$

$$=(\log x)^2+2\log x$$

$$y''=2(\log x)\cdot\frac{1}{x}+\frac{2}{x}=\frac{2}{x}(\log x+1)$$

$x=e^{-1}$ で変曲し，$x<e^{-1}$ では上に凸，$x>e^{-1}$ では下に凸である．よって l と C は (e^{-1},e^{-1}) のみ共有する．

《パラメタ表示の面積 (B10) ☆》

402. $f(t)=2e^t-e^{2t},\ g(t)=te^t$ とし，$f(t)$ が極大になる t の値を α，$f(t)=0$ となる t の値を β とする．xy 平面上の曲線 C を $x=f(t),\ y=g(t)\ (t\geqq\alpha)$ で与える．このとき，以下の問いに答えよ．

（1） α と β の値をそれぞれ求めよ．

（2） $t>\alpha$ のとき，$\dfrac{dy}{dx}$ を t の関数として表し，$\dfrac{dy}{dx}<0$ となることを示せ．

（3） 曲線 C と x 軸および y 軸で囲まれた図形の面積を求めよ． （23 福井大・医）

▶解答◀ （1）

$$f'(t)=2e^t-2e^{2t}=2e^t(1-e^t)$$

t	$\cdots$	0	$\cdots$
$f'(t)$	$+$	0	$-$
$f(t)$	↗	1	↘

よって，$\alpha=\boldsymbol{0}$

$$2e^t-e^{2t}=0$$

$$e^t(2-e^t)=0$$

$$e^t=2$$

よって，$\beta=\boldsymbol{\log 2}$ であり，$e^\beta=2$ である．

（2） $\dfrac{dx}{dt}=f'(t)=2e^t(1-e^t)$

$$\frac{dy}{dt}=g'(t)=e^t(1+t)$$

であるから

$$\frac{dy}{dx}=\frac{\frac{dy}{dt}}{\frac{dx}{dt}}=\frac{e^t(1+t)}{2e^t(1-e^t)}=\boldsymbol{\frac{1+t}{2(1-e^t)}}$$

また，$t>0$ のとき $1+t>0,\ 1-e^t<0$ であるから $\dfrac{dy}{dx}<0$ である．

（3） $\dfrac{dx}{dt}=2e^t(1-e^t)<0,\ \dfrac{dy}{dt}=e^t(1+t)>0$

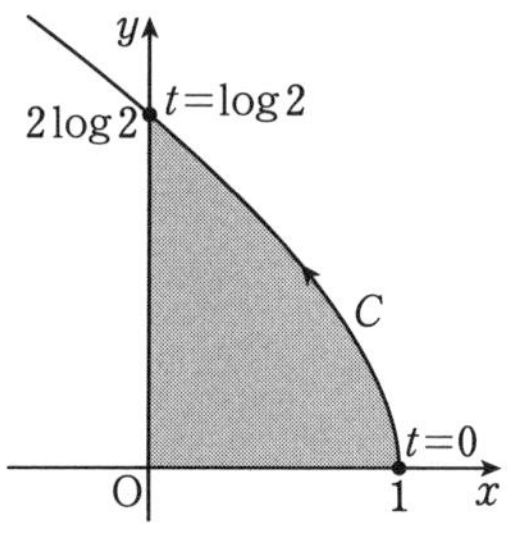

求める面積 S は

$$S=\int_0^1 y\,dx=\int_\beta^0 y\frac{dx}{dt}\,dt$$

$$=\int_\beta^0 te^t\cdot 2e^t(1-e^t)\,dt=2\int_\beta^0 t(e^{2t}-e^{3t})\,dt$$

$$=2\int_\beta^0 t\left(\frac{1}{2}e^{2t}-\frac{1}{3}e^{3t}\right)'dt$$

$$=2\left[t\left(\frac{1}{2}e^{2t}-\frac{1}{3}e^{3t}\right)\right]_\beta^0$$

$$-2\int_\beta^0(t)'\left(\frac{1}{2}e^{2t}-\frac{1}{3}e^{3t}\right)dt$$

$$=-2\beta\left\{\frac{1}{2}(e^\beta)^2-\frac{1}{3}(e^\beta)^3\right\}$$

$$-2\left[\frac{1}{4}e^{2t}-\frac{1}{9}e^{3t}\right]_{\beta}^{0}$$

$$=-2\beta\left(2-\frac{8}{3}\right)-\frac{1}{2}+\frac{2}{9}$$

$$+\frac{1}{2}(e^{\beta})^2-\frac{2}{9}(e^{\beta})^3$$

$$=\frac{4}{3}\beta-\frac{1}{2}+\frac{2}{9}+2-\frac{16}{9}$$

$$=\boldsymbol{\frac{4}{3}\log 2-\frac{1}{18}}$$

《等角螺線 (B10) ☆》

403. 座標平面上に，媒介変数 t を用いて

$x=e^t\cos t,\ y=e^t\sin t\ (0\leqq t\leqq\pi)$

と表される曲線 C がある．C と x 軸で囲まれた部分を S とする．以下の問いに答えよ．

（1） C 上の点で x 座標が最大になる点 P と y 座標が最大になる点 Q の座標を求めよ．

（2） C と y 軸の交点 R における C の接線の方程式を求めよ．

（3） S の面積を求めよ．

（23　京都府立大・環境・情報）

▶解答◀ （1） $\dfrac{dx}{dt}=e^t(-\sin t+\cos t)$

$$\frac{dy}{dt}=e^t(\sin t+\cos t)$$

$\dfrac{dx}{dt}=0$ のとき $\tan t=1$ で $t=\dfrac{\pi}{4}$，

$\dfrac{dy}{dt}=0$ のとき $\tan t=-1$ で $t=\dfrac{3\pi}{4}$

t	0	$\cdots$	$\frac{\pi}{4}$	$\cdots$	$\frac{3}{4}\pi$	$\cdots$	π
$\frac{dx}{dt}$		$+$	0	$-$	$-$	$-$	
$\frac{dy}{dt}$		$+$	$+$	$+$	0	$-$	
$\binom{x}{y}$		↗		↖		↙	

$$\mathrm{P}\left(\boldsymbol{\frac{e^{\frac{\pi}{4}}}{\sqrt{2}},\ \frac{e^{\frac{\pi}{4}}}{\sqrt{2}}}\right),\ \mathrm{Q}\left(\boldsymbol{-\frac{e^{\frac{3}{4}\pi}}{\sqrt{2}},\ \frac{e^{\frac{3}{4}\pi}}{\sqrt{2}}}\right)$$

（2） $\dfrac{dy}{dx}=\dfrac{\frac{dy}{dt}}{\frac{dx}{dt}}=\dfrac{\sin t+\cos t}{-\sin t+\cos t}$

$x=0$ のとき $t=\dfrac{\pi}{2}$ で $\mathrm{R}\left(0,\ e^{\frac{\pi}{2}}\right)$ であり，$\dfrac{dy}{dx}=-1$ である．接線は $\boldsymbol{y=-x+e^{\frac{\pi}{2}}}$

（3） 極座標の面積の公式を用いる．偏角が t で $r=e^t$

$$S=\int_0^{\pi}\frac{1}{2}e^{2t}\,dt=\left[\frac{1}{4}e^{2t}\right]_0^{\pi}=\boldsymbol{\frac{1}{4}(e^{2\pi}-1)}$$

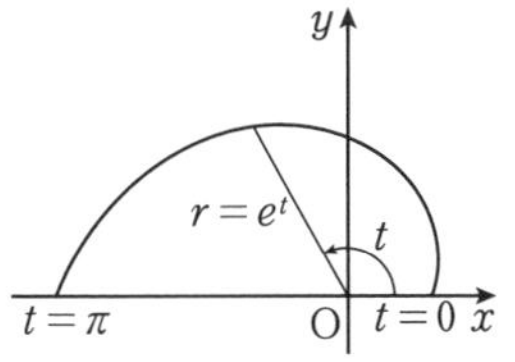

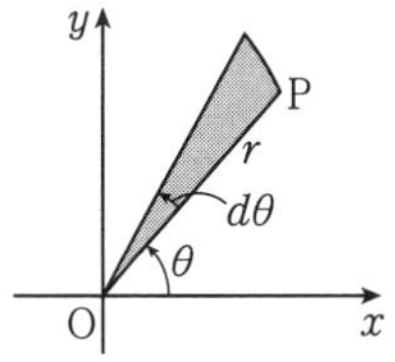

注意 【極座標の面積公式】

以下の文字は上の解答の文字とは直接的には無関係である．一般の極座標の面積の公式を書く．動点を P とし，OP の偏角を θ，$\mathrm{OP}=r$ とするとき，OP の掃過する面積 S は

$S=\displaystyle\int_{\alpha}^{\beta}\frac{1}{2}r^2\,d\theta$ の形になる．

$\theta\sim\theta+d\theta$ で微小に掃過する部分を扇形で近似すれば $dS=\dfrac{r^2}{2}\,d\theta$ となるからである．

◆別解◆ （3） $A(t)=(e^t\cos t,\ e^t\sin t)$ とおくと，

$$A(0)=(1,\ 0),\ A(\pi)=(-e^{\pi},\ 0)$$

$\alpha=-e^{\pi},\ \beta=\dfrac{e^{\frac{\pi}{4}}}{\sqrt{2}}$ とする．

S は図の網目部分である．S の面積を T とする．

C の関数を $0\leqq t\leqq\dfrac{\pi}{4}$ のとき関数 $y=y_1$，

$\dfrac{\pi}{4}\leqq t\leqq\pi$ のとき関数 $y=y_2$ とする．

$$T=\int_{\alpha}^{\beta}y_2\,dx-\int_1^{\beta}y_1\,dx$$

$$=\int_{\pi}^{\frac{\pi}{4}}y\frac{dx}{dt}dt-\int_0^{\frac{\pi}{4}}y\frac{dx}{dt}dt=\int_{\pi}^{0}y\frac{dx}{dt}dt$$

$$=-\int_0^{\pi}e^t\sin t\cdot e^t(-\sin t+\cos t)\,dt$$

$$=\int_0^{\pi}e^{2t}(\sin^2 t-\sin t\cos t)\,dt$$

$$=\int_0^{\pi}e^{2t}\left(\frac{1-\cos 2t}{2}-\frac{1}{2}\sin 2t\right)dt$$

$$=\frac{1}{2}\int_0^{\pi}\{e^{2t}-e^{2t}(\sin 2t+\cos 2t)\}\,dt$$

$$=\frac{1}{2}\left[\frac{1}{2}e^{2t}-\frac{1}{2}e^{2t}\sin 2t\right]_0^{\pi}=\boldsymbol{\frac{1}{4}(e^{2\pi}-1)}$$

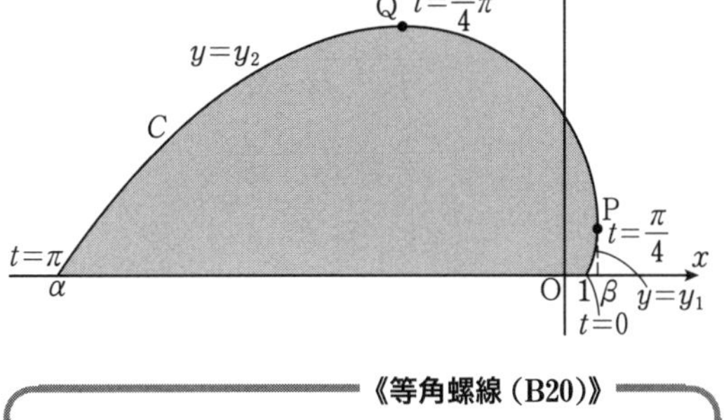

《等角螺線 (B20)》

404. k を正の実数とし，原点を O とする座標平面上で媒介変数 t を用いて

$$x=f(t)=e^{kt}\cos t,\ y=g(t)=e^{kt}\sin t$$

と表される曲線 C を考える．曲線 C 上の点 P の座標を $(a,\ b)$ とし，$ka \neq b$ を満たすものとする．このとき，次の各問いに答えよ．

（1） 点 $\mathrm{P}(a,\ b)$ における接線 l の傾きを $a,\ b,\ k$ を用いて表せ．

（2）（1）で求めた接線 l 上に点 P と異なる任意の点 $\mathrm{Q}(x,\ y)$ をとる．ベクトル $\overrightarrow{\mathrm{OP}}$ とベクトル $\overrightarrow{\mathrm{PQ}}$ とのなす角を θ とするとき，$|\cos\theta|$ を k を用いて表せ．

（3） $\tan\alpha = k\left(0 < \alpha < \dfrac{\pi}{2}\right)$ とする．関数 $f(t)$ は $\alpha \leqq t \leqq \dfrac{\pi}{2}$ の範囲で減少関数であることを示せ．

（4） α を（3）で定めた数とし，$x_1 = f(\beta)\left(\alpha < \beta < \dfrac{\pi}{2}\right)$ とする．このとき，x 軸，y 軸，直線 $x = x_1$，および曲線 C の $\beta \leqq t \leqq \dfrac{\pi}{2}$ の部分によって囲まれる図形の面積を求めよ．

（23　旭川医大）

▶解答◀（1） $f'(t)$

$$= ke^{kt}\cos t - e^{kt}\sin t = kf(t) - g(t)$$

$$g'(t) = ke^{kt}\sin t + e^{kt}\cos t = kg(t) + f(t)$$

点 $(a,\ b)$ に対応する t の値を t_0 とおくと，$a = f(t_0)$，$b = g(t_0)$ である．点 P における接線の傾きは

$$\frac{g'(t_0)}{f'(t_0)} = \frac{kg(t_0) + f(t_0)}{kf(t_0) - g(t_0)} = \boldsymbol{\frac{kb + a}{ka - b}}$$

（2） $\overrightarrow{\mathrm{PQ}}$ は接線 l の方向ベクトルの 1 つであるから $\overrightarrow{\mathrm{PQ}} = h(ka - b,\ kb + a)$ とおける．（h：実数）

$$\overrightarrow{\mathrm{PQ}}\cdot\overrightarrow{\mathrm{OP}} = |\overrightarrow{\mathrm{PQ}}||\overrightarrow{\mathrm{OP}}|\cos\theta$$

$$ha(ka - b) + hb(kb + a)$$

$$= |h|\sqrt{(ka - b)^2 + (kb + a)^2}\sqrt{a^2 + b^2}\cos\theta$$

$$|k(a^2 + b^2)| = \sqrt{(k^2 + 1)(a^2 + b^2)}\sqrt{a^2 + b^2}\,|\cos\theta|$$

$k > 0$ であるから $|\cos\theta| = \boldsymbol{\dfrac{k}{\sqrt{k^2 + 1}}}$

（3） $f'(t) = ke^{kt}\cos t - e^{kt}\sin t$

$$= e^{kt}(k - \tan t)\cos t = e^{kt}(\tan\alpha - \tan t)\cos t$$

$0 < \alpha \leqq t < \dfrac{\pi}{2}$ のとき $\tan\alpha \leqq \tan t$，$\cos t > 0$ である．$f'(t) \leqq 0$ であるから，$f(t)$ は $\alpha \leqq t \leqq \dfrac{\pi}{2}$ で減少する．

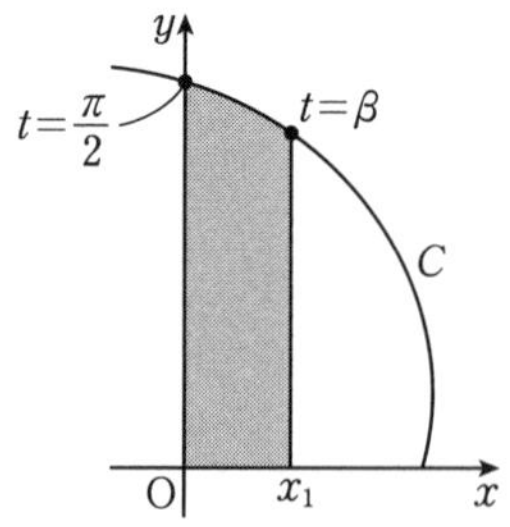

（4） $\displaystyle\int_0^{x_1} y\,dx = \int_{\frac{\pi}{2}}^{\beta} g(t)\cdot f'(t)\,dt$

$$= \int_{\frac{\pi}{2}}^{\beta} e^{kt}\sin t\cdot e^{kt}(k\cos t - \sin t)\,dt$$

$$= \int_{\frac{\pi}{2}}^{\beta} e^{2kt}(k\sin t\cos t - \sin^2 t)\,dt$$

$$= \int_{\frac{\pi}{2}}^{\beta} e^{2kt}\left(\frac{k}{2}\sin 2t - \frac{1 - \cos 2t}{2}\right)dt$$

$$= \int_{\frac{\pi}{2}}^{\beta} \frac{1}{2}e^{2kt}(k\sin 2t + \cos 2t)\,dt - \int_{\frac{\pi}{2}}^{\beta} \frac{1}{2}e^{2kt}\,dt$$

$$= \int_{\frac{\pi}{2}}^{\beta} \frac{1}{2}g'(2t)\,dt - \int_{\frac{\pi}{2}}^{\beta} \frac{1}{2}e^{2kt}\,dt$$

$$= \left[\frac{1}{4}g(2t)\right]_{\frac{\pi}{2}}^{\beta} - \left[\frac{1}{4k}e^{2kt}\right]_{\frac{\pi}{2}}^{\beta}$$

$$= \frac{1}{4}e^{2k\beta}\sin 2\beta - \frac{1}{4k}e^{2k\beta} + \frac{1}{4k}e^{k\pi}$$

$$= \boldsymbol{\frac{1}{4k}e^{2k\beta}(k\sin 2\beta - 1) + \frac{1}{4k}e^{k\pi}}$$

《楕円のパラメタ表示（B10）☆》

405． 座標平面上に媒介変数 θ を用いて

$$x = 2\cos\theta,\ y = 1 + \sin\theta$$

と表される曲線 C がある．次の問いに答えなさい．

（1） 媒介変数 θ を消去して x と y の関係式を求めなさい．

（2） $\theta = \dfrac{\pi}{6}$ に対応する点における C の接線 l の方程式を求めなさい．

（3） 曲線 C と（2）の接線 l および x 軸で囲まれた図形の面積を求めなさい．

（23　秋田大・前期）

▶解答◀（1） $\cos\theta = \dfrac{x}{2}$，$\sin\theta = y - 1$ を $\sin^2\theta + \cos^2\theta = 1$ に代入して

$$\boldsymbol{\frac{x^2}{4} + (y - 1)^2 = 1}$$

（2） $\dfrac{dy}{dx} = \dfrac{\frac{dy}{d\theta}}{\frac{dx}{d\theta}} = \dfrac{\cos\theta}{-2\sin\theta}$

$\theta = \dfrac{\pi}{6}$ のとき

$$x = 2\cos\frac{\pi}{6} = \sqrt{3},\ y = 1 + \sin\frac{\pi}{6} = \frac{3}{2}$$

$$\frac{dy}{dx}=-\frac{1}{2\tan\frac{\pi}{6}}=-\frac{\sqrt{3}}{2}$$

l の方程式は

$$y-\frac{3}{2}=-\frac{\sqrt{3}}{2}(x-\sqrt{3})$$

$$\boldsymbol{y=-\frac{\sqrt{3}}{2}x+3}$$

（**3**） y 軸方向に 2 倍に拡大する．
直角三角形 2 つ分から扇形を引いて，その後，y 軸方向に $\frac{1}{2}$ 倍して元に戻すと考え，求める面積は

$$\frac{1}{2}\left(\frac{1}{2}\cdot 2\sqrt{3}\cdot 2\times 2-\frac{\pi\cdot 2^2}{3}\right)=\boldsymbol{2\sqrt{3}-\frac{2\pi}{3}}$$

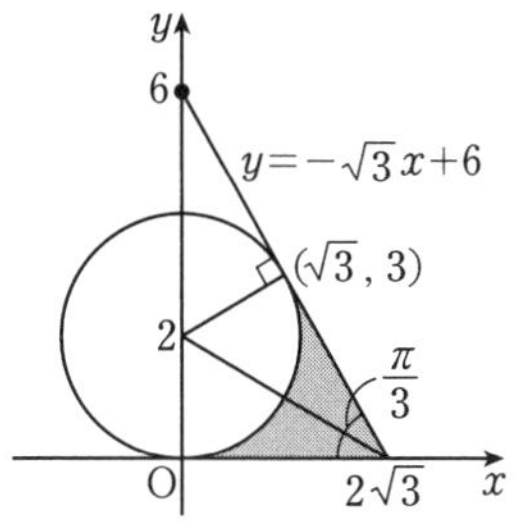

◆別解◆ （**3**） 求める面積を S とおくと

$$S=(\text{台形 ABOC})-\int_0^{\frac{3}{2}}x\,dy$$

$$=\frac{1}{2}(2\sqrt{3}+\sqrt{3})\cdot\frac{3}{2}-\int_{-\frac{\pi}{2}}^{\frac{\pi}{6}}x\frac{dy}{d\theta}\,d\theta$$

$$=\frac{9}{4}\sqrt{3}-\int_{-\frac{\pi}{2}}^{\frac{\pi}{6}}(2\cos\theta)\cos\theta\,d\theta$$

$$=\frac{9}{4}\sqrt{3}-\int_{-\frac{\pi}{2}}^{\frac{\pi}{6}}(1+\cos 2\theta)\,d\theta$$

$$=\frac{9}{4}\sqrt{3}-\left[\theta+\frac{1}{2}\sin 2\theta\right]_{-\frac{\pi}{2}}^{\frac{\pi}{6}}$$

$$=\frac{9}{4}\sqrt{3}-\frac{\pi}{6}-\frac{\pi}{2}-\frac{1}{2}\cdot\frac{\sqrt{3}}{2}=\boldsymbol{2\sqrt{3}-\frac{2\pi}{3}}$$

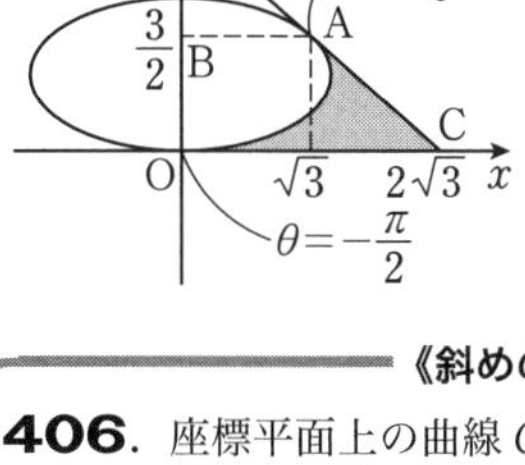

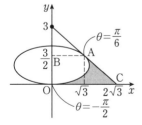

《斜めの放物線（B20）》

406．座標平面上の曲線 C を次で定めるとき，以下の問いに答えよ．

$$C:\begin{cases}x=t^2-1\\ y=(t-1)^2-1\end{cases}\quad(-1\leqq t\leqq 2)$$

（1） 曲線 C 上の点 P と原点 O との距離の最小値 d を求めよ．

（2） 曲線 C と x 軸および y 軸で囲まれる図形の面積 S を求めよ． （23 鳥取大・工-後期）

▶解答◀ （**1**）

$$\mathrm{OP}^2=(t^2-1)^2+\{(t-1)^2-1\}^2$$

$$=t^4-2t^2+1+(t^2-2t)^2$$

$$=2t^4-4t^3+2t^2+1=2(t^2-t)^2+1$$

$-1\leqq t\leqq 2$ であるから，$t^2-t=0$ すなわち $t=0, 1$ のとき，OP^2 つまり OP は最小値をとる．

OP の最小値 d は **1** である．

（**2**） $\frac{dx}{dt}=2t$, $\frac{dy}{dt}=2(t-1)$

t	-1	$\cdots$	0	$\cdots$	1	$\cdots$	2
$\frac{dx}{dt}$		$-$	0	$+$	$+$	$+$	
$\frac{dy}{dt}$		$-$	$-$	$-$	0	$+$	
$\binom{x}{y}$		↙		↘		↗	

C のうち，$-1\leqq t\leqq 0$ の部分を y_1，$0\leqq t\leqq 2$ の部分を y_2 とする．

$$S=\int_{-1}^{0}y_1\,dx-\int_{-1}^{3}y_2\,dx$$

$$=\int_0^{-1}y\,\frac{dx}{dt}\,dt-\int_0^{2}y\,\frac{dx}{dt}\,dt$$

$$=\int_0^{-1}(t^2-2t)\cdot 2t\,dt-\int_0^{2}(t^2-2t)\cdot 2t\,dt$$

$$=\left[\frac{t^4}{2}-\frac{4}{3}t^3\right]_0^{-1}-\left[\frac{t^4}{2}-\frac{4}{3}t^3\right]_0^{2}$$

$$=\frac{1}{2}+\frac{4}{3}-\left(8-\frac{32}{3}\right)=\boldsymbol{\frac{9}{2}}$$

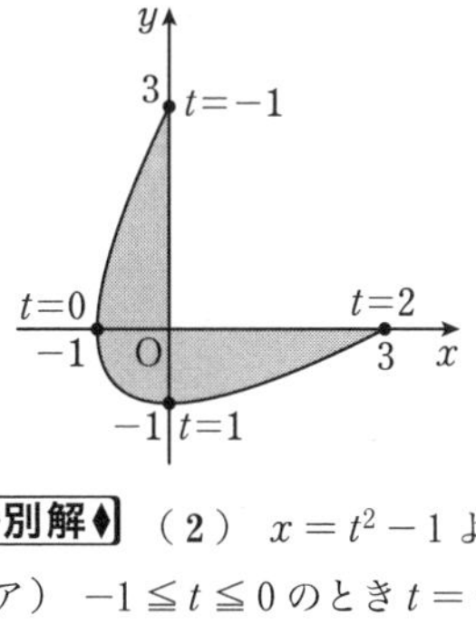

◆別解◆ （**2**） $x=t^2-1$ より $t=\pm\sqrt{x+1}$

（ア） $-1\leqq t\leqq 0$ のとき $t=-\sqrt{x+1}$ であり，
$-1\leqq x\leqq 0$ である．$-1<t<0$ では $y=t(t-2)>0$ になる．点 $(-1, 0)$, $(0, 3)$ を両端とする部分である．

$$y=t^2-2t=(x+1)+2(x+1)^{\frac{1}{2}}\ (=y_1\text{とおく})$$

（イ） $0 \leqq t \leqq 2$ のとき $t=\sqrt{x+1}$ であり，$-1 \leqq x \leqq 3$ である．$0<t<2$ では $y=t(t-2)<0$ になる．点 $(-1,\ 0)$, $(3,\ 0)$ を両端とする部分である．

$$y=t^2-2t=(x+1)-2(x+1)^{\frac{1}{2}}\ (=y_2 とおく)$$

$$\int_{-1}^{0} y_1\,dx-\int_{-1}^{3} y_2\,dx$$

$$=\left[\ \frac{1}{2}(x+1)^2+\frac{4}{3}(x+1)^{\frac{3}{2}}\ \right]_{-1}^{0}$$

$$-\left[\ \frac{1}{2}(x+1)^2-\frac{4}{3}(x+1)^{\frac{3}{2}}\ \right]_{-1}^{3}$$

$$=\frac{1}{2}+\frac{4}{3}-\left(\frac{1}{2}\cdot 4^2-\frac{4}{3}\cdot 2^3\right)$$

$$=-\frac{15}{2}+\frac{4+32}{3}=-\frac{15}{2}+12=\mathbf{\frac{9}{2}}$$

《伸ばす (B20)》

407. xy 平面上に点 $\mathrm{P}(\cos\theta,\ \sin\theta)$ をとり，θ が $-\frac{\pi}{2} \leqq \theta \leqq \frac{\pi}{2}$ の範囲を動くとする．点 A は y 軸上の点で，y 座標が負であり，$\mathrm{AP}=2$ を満たす．点 Q は $\overrightarrow{\mathrm{AQ}}=4\overrightarrow{\mathrm{AP}}$ を満たす点とする．以下の問いに答えよ．

（1） 点 Q の座標を θ を用いて表せ．

（2） 点 Q の x 座標の最大値と最小値および y 座標の最大値と最小値をそれぞれ求めよ．

（3） 点 Q の軌跡と y 軸で囲まれた図形の面積を求めよ．（23 熊本大・医）

▶解答◀ （1） $\mathrm{A}(0,\ b)\ (b<0)$ とおく．

$\mathrm{AP}=2$ より

$$\cos^2\theta+(\sin\theta-b)^2=4$$

$$b^2-2b\sin\theta-3=0$$

$$b=\sin\theta\pm\sqrt{\sin^2\theta+3}$$

$b<0$ より

$$b=\sin\theta-\sqrt{\sin^2\theta+3}$$

$$\overrightarrow{\mathrm{OQ}}=\overrightarrow{\mathrm{OA}}+\overrightarrow{\mathrm{AQ}}$$

$$=(0,\ \sin\theta-\sqrt{\sin^2\theta+3})$$

$$+4(\cos\theta,\ \sqrt{\sin^2\theta+3})$$

$$=(4\cos\theta,\ \sin\theta+3\sqrt{\sin^2\theta+3})$$

よって，Q の座標は

$$\boldsymbol{(4\cos\theta,\ \sin\theta+3\sqrt{\sin^2\theta+3})}$$

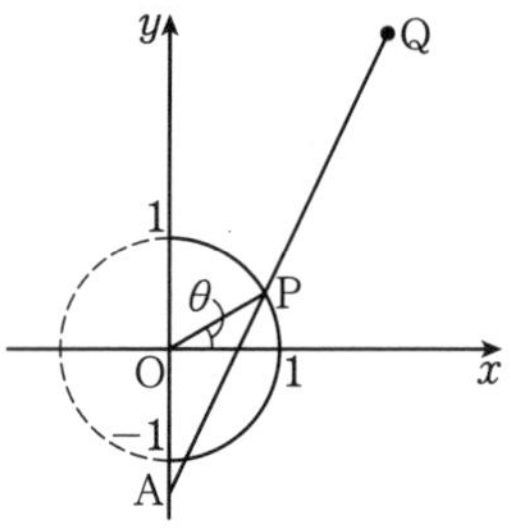

（2） 点 Q の x 座標について

$\theta=\pm\frac{\pi}{2}$ のとき，最小値 **0**

$\theta=0$ のとき，最大値 **4**

$f(\theta)=\sin\theta+3\sqrt{\sin^2\theta+3}\ \left(-\frac{\pi}{2} \leqq \theta \leqq \frac{\pi}{2}\right)$ とおく．

$$f'(\theta)=\cos\theta+\frac{3}{2}\cdot\frac{2\sin\theta\cos\theta}{\sqrt{\sin^2\theta+3}}$$

$$=\frac{\cos\theta}{\sqrt{\sin^2\theta+3}}(\sqrt{\sin^2\theta+3}+3\sin\theta)$$

$0 \leqq \theta<\frac{\pi}{2}$ のとき，$f'(\theta)>0$ である．

$-\frac{\pi}{2}<\theta<0$ において，$\sqrt{\sin^2\theta+3}-3\sin\theta>0$ より

$$f'(\theta)=\frac{\cos\theta(3-8\sin^2\theta)}{\sqrt{\sin^2\theta+3}(\sqrt{\sin^2\theta+3}-3\sin\theta)}$$

$f'(\theta)=0$ となる θ を $\alpha\left(-\frac{\pi}{2}<\alpha<0\right)$ とすると，

$\sin\alpha=-\sqrt{\frac{3}{8}}=-\frac{\sqrt{6}}{4}$ である．

$f(\theta)$ の増減は次のようになる．

θ	$-\frac{\pi}{2}$	$\cdots$	α	$\cdots$	$\frac{\pi}{2}$
$f'(\theta)$		$-$	0	$+$	
$f(\theta)$		↘		↗	

$$f\left(-\frac{\pi}{2}\right)=-1+3\sqrt{1+3}=5$$

$$f\left(\frac{\pi}{2}\right)=1+3\sqrt{1+3}=7$$

$$f(\alpha)=-\frac{\sqrt{6}}{4}+3\sqrt{\left(-\frac{\sqrt{6}}{4}\right)^2+3}$$

$$=-\frac{\sqrt{6}}{4}+\frac{9\sqrt{6}}{4}=2\sqrt{6}$$

点 Q の y 座標について

$\theta=\alpha$ のとき，最小値 $\mathbf{2\sqrt{6}}$

$\theta=\frac{\pi}{2}$ のとき，最大値 **7**

（3） $\mathrm{Q}(\theta)=(4\cos\theta,\ \sin\theta+3\sqrt{\sin^2\theta+3})$ とする．

$$\mathrm{Q}\left(-\frac{\pi}{2}\right)=(0,\ 5),\ \mathrm{Q}(0)=(4,\ 3\sqrt{3}),$$

$$\mathrm{Q}\left(\frac{\pi}{2}\right)=(0,\ 7)$$

$Q(\theta)$ の増減および軌跡は次のようになる．

θ	$-\frac{\pi}{2}$	$\cdots$	α	$\cdots$	0	$\cdots$	$\frac{\pi}{2}$
x'		$+$	$+$	$+$	0	$-$	
y'		$-$	0	$+$	$+$	$+$	
$\begin{pmatrix} x \\ y \end{pmatrix}$		↘		↗		↖	

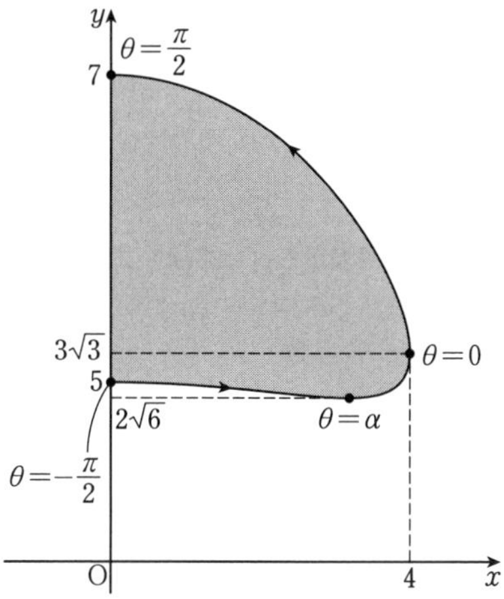

$-\frac{\pi}{2} \leqq \theta \leqq 0$ の部分を y_1，$0 \leqq \theta \leqq \frac{\pi}{2}$ の部分を y_2 とおくと，求める面積 S は

$$S = \int_0^4 y_2\,dx - \int_0^4 y_1\,dx$$

$$= \int_{\frac{\pi}{2}}^0 y\frac{dx}{d\theta}\,d\theta - \int_{-\frac{\pi}{2}}^0 y\frac{dx}{d\theta}\,d\theta$$

$$= \int_{\frac{\pi}{2}}^0 y\frac{dx}{d\theta}\,d\theta + \int_0^{-\frac{\pi}{2}} y\frac{dx}{d\theta}\,d\theta$$

$$= \int_{\frac{\pi}{2}}^{-\frac{\pi}{2}} y\frac{dx}{d\theta}\,d\theta$$

$$= \int_{\frac{\pi}{2}}^{-\frac{\pi}{2}} (\sin\theta + 3\sqrt{\sin^2\theta+3})(-4\sin\theta)\,d\theta$$

$$= 4\int_{-\frac{\pi}{2}}^{\frac{\pi}{2}} (\sin^2\theta + 3\sin\theta\sqrt{\sin^2\theta+3})\,d\theta$$

$\sin^2\theta$ は偶関数，$\sin\theta\sqrt{\sin^2\theta+3}$ は奇関数であるから

$$S = 8\int_0^{\frac{\pi}{2}} \sin^2\theta\,d\theta = 4\int_0^{\frac{\pi}{2}} (1-\cos 2\theta)\,d\theta$$

$$= 4\left[\theta - \frac{1}{2}\sin 2\theta\right]_0^{\frac{\pi}{2}} = \boldsymbol{2\pi}$$

注意【符号付き面積】

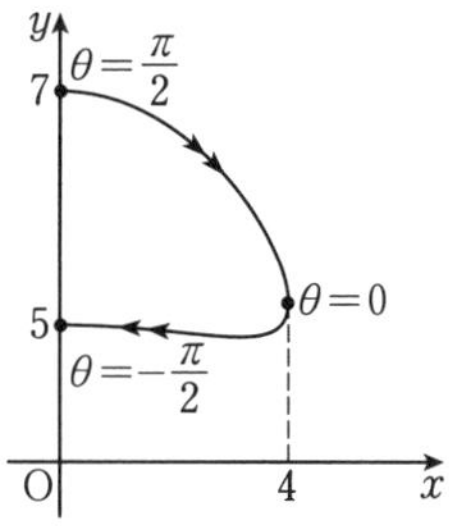

$\theta = \frac{\pi}{2}$ から $\theta = -\frac{\pi}{2}$ まで符号付き微小面積

$$dS = y\frac{dx}{d\theta}\,d\theta$$

$$= (\sin\theta + 3\sqrt{\sin^2\theta+3})(-4\sin\theta)\,d\theta$$

$$= -4(\sin^2\theta + 3\sin\theta\sqrt{\sin^2\theta+3})\,d\theta$$

を足し集めたもので

$$S = \int_{-\frac{\pi}{2}}^{\frac{\pi}{2}} 4(\sin^2\theta + 3\sin\theta\sqrt{\sin^2\theta+3})\,d\theta$$

$y > 0$ で右方向に動くと $dS = y\,dx > 0$
$y > 0$ で左方向に動くと $dS = y\,dx < 0$
で，積分路に沿って一周すると（今は y 軸までだが）囲む面積になる．

《曲線の左右（B30）》

408．xy 平面上の曲線 C を，媒介変数 t を用いて次のように定める．

$$x = t + 2\sin^2 t,\quad y = t + \sin t\quad (0 < t < \pi)$$

以下の問いに答えよ．

（1） 曲線 C に接する直線のうち y 軸と平行なものがいくつあるか求めよ．

（2） 曲線 C のうち $y \leqq x$ の領域にある部分と直線 $y = x$ で囲まれた図形の面積を求めよ．

（23　九大・理系）

▶解答◀ （1） ダッシュは t による微分を表す．

$$x' = 1 + 4\sin t\cos t = 1 + 2\sin 2t$$
$$y' = 1 + \cos t > 0$$

$1 + 2\sin 2t = 0$, $0 < 2t < 2\pi$ のとき $2\pi = \frac{7\pi}{6}, \frac{11\pi}{6}$

C の接線のうち y 軸と平行なものは **2 つ**ある．

（2） $y - x = (t + \sin t) - (t + 2\sin^2 t)$

$$= \sin t(1 - 2\sin t)$$

$y - x \leqq 0$ を解く．$0 < \sin t \leqq 1$ であるから $\sin t \geqq \frac{1}{2}$ となり，$\frac{\pi}{6} \leqq t \leqq \frac{5}{6}\pi$ である．この間に (x, y) は上方に動く．図は正確に描いたが，答案としては，メモ書き程度で十分であろう．

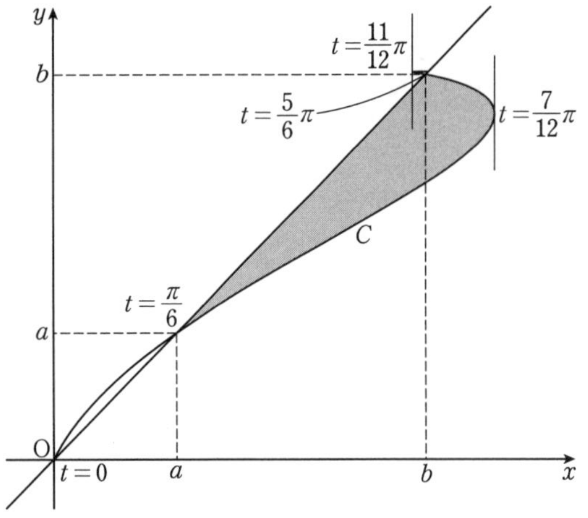

C の概形は図のようになる．ただし，

$$a=\frac{\pi}{6}+\frac{1}{2},\ b=\frac{5}{6}\pi+\frac{1}{2}$$

である．この間で，C について y 軸方向に積分したものから台形を引くと考える．求める面積を S とする．

$$S=\int_a^b x\,dy-\frac{1}{2}(a+b)\cdot\frac{2}{3}\pi$$

$$=\int_{\frac{\pi}{6}}^{\frac{5}{6}\pi} x\frac{dy}{dt}\,dt-\frac{\pi(\pi+1)}{3}$$

ここで，

$$x\frac{dy}{dt}=(t+2\sin^2 t)(1+\cos t)$$

$$=t+t\cos t+2\sin^2 t+2\sin^2 t\cos t$$

であり，

$$\int_{\frac{\pi}{6}}^{\frac{5}{6}\pi} t\,dt=\left[\frac{t^2}{2}\right]_{\frac{\pi}{6}}^{\frac{5}{6}\pi}=\frac{\pi^2}{3}$$

$$\int_{\frac{\pi}{6}}^{\frac{5}{6}\pi} t\cos t\,dt=\Big[t\sin t+\cos t\Big]_{\frac{\pi}{6}}^{\frac{5}{6}\pi}$$

$$=\left(\frac{5}{6}\pi\cdot\frac{1}{2}-\frac{\sqrt{3}}{2}\right)-\left(\frac{\pi}{6}\cdot\frac{1}{2}+\frac{\sqrt{3}}{2}\right)$$

$$=\frac{\pi}{3}-\sqrt{3}$$

$$\int_{\frac{\pi}{6}}^{\frac{5}{6}\pi} 2\sin^2 t\,dt=\int_{\frac{\pi}{6}}^{\frac{5}{6}\pi}(1-\cos 2t)\,dt$$

$$=\left[t-\frac{1}{2}\sin 2t\right]_{\frac{\pi}{6}}^{\frac{5}{6}\pi}$$

$$=\left(\frac{5}{6}\pi+\frac{\sqrt{3}}{4}\right)-\left(\frac{\pi}{6}-\frac{\sqrt{3}}{4}\right)$$

$$=\frac{2}{3}\pi+\frac{\sqrt{3}}{2}$$

$$\int_{\frac{\pi}{6}}^{\frac{5}{6}\pi} 2\sin^2 t\cos t\,dt=\left[\frac{2}{3}\sin^3 t\right]_{\frac{\pi}{6}}^{\frac{5}{6}\pi}$$

$$=\frac{2}{3}\left(\frac{1}{2}\right)^3-\frac{2}{3}\left(\frac{1}{2}\right)^3=0$$

$$S=\frac{\pi^2}{3}+\frac{\pi}{3}-\sqrt{3}+\frac{2}{3}\pi+\frac{\sqrt{3}}{2}-\frac{\pi(\pi+1)}{3}$$

$$=\boldsymbol{\frac{2}{3}\pi-\frac{\sqrt{3}}{2}}$$

注意 答案には増減表は不要であるが，次のようになる．

t	0	…	$\frac{7}{12}\pi$	…	$\frac{11}{12}\pi$	…	π
x'		+	0	−	0	+	
y'		+	+	+	+	+	
$\begin{pmatrix}x\\y\end{pmatrix}$		↗		↖		↗	

《三角表示された曲線（B20）》

409. 媒介変数 t で表される xy 平面上の次の曲線を C とする．

$$x=1-\cos 2t,\ y=\sin 3t\ \left(0\leqq t\leqq\frac{\pi}{3}\right)$$

このとき，次の問いに答えよ．

（1） C 上の点で x 座標が最大となる点を P，y 座標が最大となる点を Q とする．P，Q の座標を求めよ．

（2） $t=\frac{\pi}{4}$ に対応する点における C の法線 l の方程式を求めよ．

（3） 直線 $x=\frac{1}{2}$ と l および C で囲まれた部分の面積 S の値を求めよ．　（23　富山県立大・工）

▶解答◀ （1） $0\leqq t\leqq\frac{\pi}{3}$ のとき

$0\leqq 2t\leqq\frac{2\pi}{3}$, $0\leqq 3t\leqq\pi$ であるから，

$-\frac{1}{2}\leqq\cos 2t\leqq 1$, $0\leqq\sin 3t\leqq 1$ である．

したがって，$t=\frac{\pi}{3}$ のとき x は最大値 $x=\frac{3}{2}$ をとり，このとき $y=0$ であるから，P の座標は $\boldsymbol{\left(\frac{3}{2},0\right)}$ である．$t=\frac{\pi}{6}$ のとき y は最大値 $y=1$ をとり，このとき $x=\frac{1}{2}$ であるから，Q の座標は $\boldsymbol{\left(\frac{1}{2},1\right)}$ である．

（2） ダッシュは t についての微分を表す．

$$x'=2\sin 2t,\ y'=3\cos 3t$$

$t=\frac{\pi}{4}$ のとき $x'=2$, $y'=-\frac{3\sqrt{2}}{2}$

$$\frac{dy}{dx}=\frac{y'}{x'}=-\frac{\frac{3\sqrt{2}}{2}}{2}=-\frac{3\sqrt{2}}{4}$$

であるから l の傾きは $\frac{4}{3\sqrt{2}}=\frac{2\sqrt{2}}{3}$ である．$t=\frac{\pi}{4}$ の

とき $(x,\ y)=\left(1,\ \dfrac{\sqrt{2}}{2}\right)$ であるから，l の方程式は

$$y=\frac{2\sqrt{2}}{3}(x-1)+\frac{\sqrt{2}}{2}$$

$$\boldsymbol{y=\frac{2\sqrt{2}}{3}x-\frac{\sqrt{2}}{6}}\ \cdots\cdots\cdots\cdots\cdots\cdots\cdots\cdots\cdots①$$

（**3**）　$0\leqq t\leqq\dfrac{\pi}{3}$ における増減表は次のようになる．

t	0	$\cdots$	$\dfrac{\pi}{6}$	$\cdots$	$\dfrac{\pi}{3}$
x'		$+$	$+$	$+$	
y'		$+$	0	$-$	
$(x,\ y)$		↗		↘	

$t=0$ のとき $(x,\ y)=(0,\ 0)$ である．

$t=\dfrac{\pi}{6}$ のとき，C は Q を通る．

$t=\dfrac{\pi}{3}$ のとき，C は P を通る．

曲線 C の概形は次のようになる．ここで $\mathrm{R}\left(1,\ \dfrac{\sqrt{2}}{2}\right)$ とする．

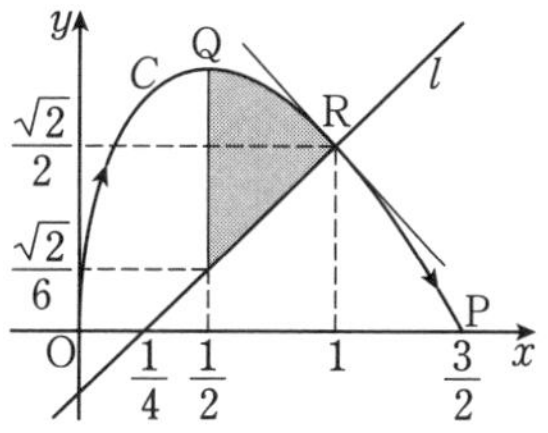

図の網目部分の図形の面積が S である．① に $x=\dfrac{1}{2}$ を代入すると $y=\dfrac{\sqrt{2}}{6}$ である．直線 $x=\dfrac{1}{2}$，$x=1$ と x 軸および C で囲まれる図形の面積から台形の面積を除くと考える．

$x=1-\cos 2t,\ y=\sin 3t$ のとき

$$\int_{\frac{1}{2}}^{1}y\,dx=\int_{\frac{\pi}{6}}^{\frac{\pi}{4}}y\frac{dx}{dt}\,dt$$

$$=\int_{\frac{\pi}{6}}^{\frac{\pi}{4}}\sin 3t(2\sin 2t)\,dt$$

$$=2\int_{\frac{\pi}{6}}^{\frac{\pi}{4}}\left\{-\frac{1}{2}(\cos 5t-\cos t)\right\}dt$$

$$=\int_{\frac{\pi}{6}}^{\frac{\pi}{4}}(\cos t-\cos 5t)\,dt=\left[\sin t-\frac{\sin 5t}{5}\right]_{\frac{\pi}{6}}^{\frac{\pi}{4}}$$

$$=\left(\frac{1}{\sqrt{2}}+\frac{1}{5\sqrt{2}}\right)-\left(\frac{1}{2}-\frac{1}{10}\right)$$

$$=\frac{6}{5\sqrt{2}}-\frac{2}{5}=\frac{6\sqrt{2}-4}{10}$$

台形の面積は

$$\frac{1}{2}\left(\frac{\sqrt{2}}{6}+\frac{\sqrt{2}}{2}\right)\cdot\frac{1}{2}=\frac{\sqrt{2}}{6}$$

$$S=\frac{6\sqrt{2}-4}{10}-\frac{\sqrt{2}}{6}=\boldsymbol{\frac{13\sqrt{2}-12}{30}}$$

【体積】

《回転一葉双曲面 (B20)》

410. 空間において，2 点 A，B を $\mathrm{A}\left(\dfrac{1}{2},\ 0,\ 0\right)$，$\mathrm{B}\left(0,\ 1,\ \dfrac{1}{2}\right)$ とする．$0\leqq t\leqq 1$ である t に対して，線分 AB 上にあり y 座標が t である点を P とし，y 軸上にあり y 座標が t である点を Q とする．点 Q を中心とし，線分 PQ を半径とする円を平面 $y=t$ 上に作り，その円の周および内部からできる円板を D とする．

（1）　点 P の座標を求めよ．

（2）　円板 D の面積を求めよ．

（3）　t の値が 0 から 1 まで動くとき，円板 D が空間を通過してできる立体の体積を求めよ．

（23　愛知工大・理系）

▶解答◀　（**1**）　P は線分 AB を $t:(1-t)$ に内分する点であるから

$$\overrightarrow{\mathrm{OP}}=(1-t)\overrightarrow{\mathrm{OA}}+t\overrightarrow{\mathrm{OB}}=\left(\boldsymbol{\frac{1}{2}(1-t),\ t,\ \frac{t}{2}}\right)$$

（**2**）　$\mathrm{Q}(0,\ t,\ 0)$

D の面積を S とおくと

$$S=\pi\mathrm{PQ}^2=\pi\left\{\frac{1}{4}(1-t)^2+\frac{t^2}{4}\right\}$$

$$=\boldsymbol{\frac{\pi}{4}(2t^2-2t+1)}$$

（**3**）　求める体積を V とおくと

$$V=\int_0^1 S\,dt=\frac{\pi}{4}\int_0^1(2t^2-2t+1)\,dt$$

$$=\frac{\pi}{4}\left[\frac{2}{3}t^3-t^2+t\right]_0^1=\boldsymbol{\frac{\pi}{6}}$$

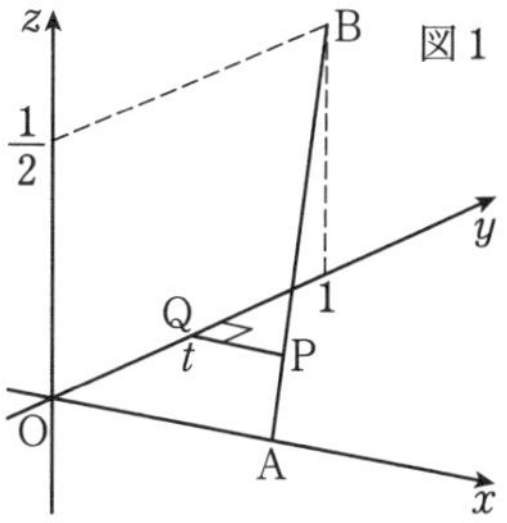

図 1

図 2　平面 $y=t$ による断面

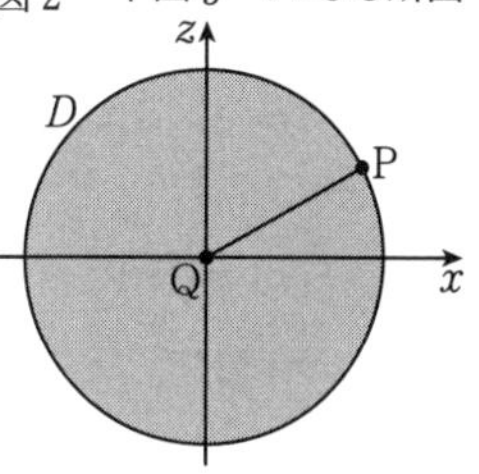

注意　V は，線分 AB を y 軸のまわりに 1 回転してできる立体と 2 平面 $y=0$，$y=1$ で囲む立体の体積である．

《回転一葉双曲面 (B20) ☆》

411. xyz-空間内の 2 点 $\mathrm{A}(1,\ 1,\ -1)$ と $\mathrm{B}(-3,\ 1,\ 3)$ を結ぶ線分 AB を z 軸を中心に

回転させてできる回転面を S とする．以下の問に答えなさい．

（1） S と yz-平面との交わりを y と z の方程式で表し，yz-平面に図示しなさい．

（2） 2つの平面 $z=3$ 及び $z=-1$ と S で囲まれる立体の体積を求めなさい．（23 大分大・医）

▶解答◀ （1） 平面 $z=s\ (-1 \leqq s \leqq 3)$ と線分 AB の交点を P とする．実数 t を用いて

$$\overrightarrow{\mathrm{OP}} = t\overrightarrow{\mathrm{OA}} + (1-t)\overrightarrow{\mathrm{OB}}$$
$$= t(1, 1, -1) + (1-t)(-3, 1, 3)$$
$$= (-3+4t, 1, 3-4t)$$

と表せる．$3-4t=s$ であるから，$t=\dfrac{3-s}{4}$ であり，$\overrightarrow{\mathrm{OP}} = (-s, 1, s)$ である．

$\mathrm{H}(0, 0, s)$ とする．S を平面 $z=s$ で切ってできる図形は H を中心とする半径 $\mathrm{HP}=\sqrt{s^2+1}$ の円であり，その方程式は $x^2+y^2=s^2+1$，$z=s$ である．よって，S の方程式は

$$x^2+y^2=z^2+1\ (-1 \leqq z \leqq 3)$$

S と yz 平面との交わりの方程式は，S の方程式で $x=0$ として

$$y^2-z^2=1\ (-1 \leqq z \leqq 3)$$

であり，図示すると図 2 のようになる．

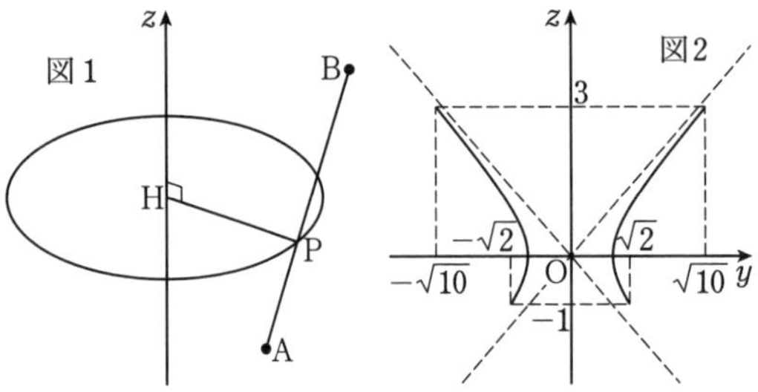

（2） 題意の立体を平面 $z=s$ で切ったときの断面積 $S(s)$ は（1）より

$$S(s) = \pi\mathrm{HP}^2 = \pi(s^2+1)$$

求める体積は

$$\int_{-1}^{3} S(s)\,ds = \pi\int_{-1}^{3}(s^2+1)\,ds$$
$$= \pi\left[\ \frac{1}{3}s^3+s\ \right]_{-1}^{3}$$
$$= \pi\left(\frac{27}{3}+3+\frac{1}{3}+1\right) = \boldsymbol{\frac{40}{3}\pi}$$

《よく見れば四角錐（B20）☆》

412. 次の問いに答えよ．

（1） t は $0<t<\dfrac{1}{2}$ を満たす実数とする．xy 平面において

$$|x|+|y| \leqq 1,\ |x| \leqq 1-t,\ |y| \leqq 1-t$$

を満たす点全体からなる図形を図示し，その面積を求めよ．

（2） xyz 空間において

$$|x|+|y| \leqq 1,$$
$$|y|+|z| \leqq 1,\ |z|+|x| \leqq 1$$

を満たす点全体からなる立体の体積を求めよ．

（23 兵庫県立大・工）

考え方 （2）の立体を，いきなり想像できる人は少ない．平面 $z=t$ で切って，断面を考える．

▶解答◀ （1） 図 1 を見よ．境界を含む網目部分である．面積を S とする．

$$\frac{S}{4} = (1-t)^2 - \frac{1}{2}(1-2t)^2 = \frac{1}{2} - t^2$$
$$S = \boldsymbol{2-4t^2}$$

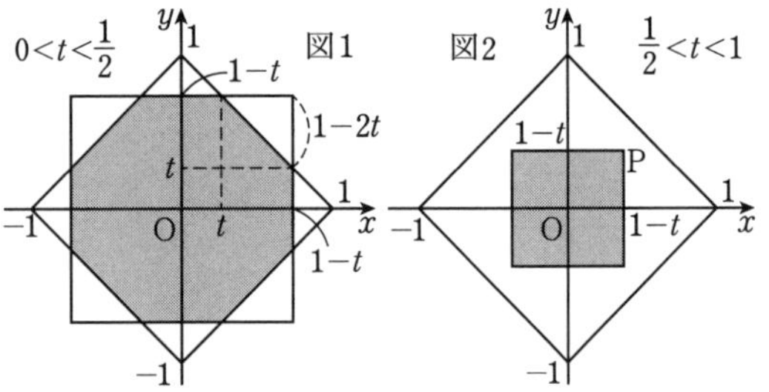

（2） 与式には x, y, z のすべてに絶対値がついている．xy 平面，yz 平面，zx 平面に関して対称である．

$0<t<1$ として，平面 $z=t$ で切る．断面積を S とする．

$$|x|+|y| \leqq 1,\ |y|+t \leqq 1,\ t+|x| \leqq 1$$
$$|x|+|y| \leqq 1,\ |x| \leqq 1-t,\ |y| \leqq 1-t$$

$0<t<\dfrac{1}{2}$ のとき，$S=4(1-t)^2-2(1-2t)^2$ である．

$\dfrac{1}{2} \leqq t < 1$ のとき，$1-2t \leqq 0$ であるから，図 2 の $\mathrm{P}(1-t, 1-t)$ は

$$x+y = 2-2t = 1+(1-2t) \leqq 1$$

を満たすから，$S=4(1-t)^2$ である．求める体積を V とする．$0 \leqq z \leqq 1$ の部分を考えて 2 倍する．

$$\frac{V}{2} = \int_0^1 S\,dt$$
$$= \int_0^{\frac{1}{2}} \{4(1-t)^2 - 2(1-2t)^2\}\,dt$$
$$+ \int_{\frac{1}{2}}^{1} 4(1-t)^2\,dt$$
$$= \int_0^1 4(1-t)^2\,dt - \int_0^{\frac{1}{2}} 2(1-2t)^2\,dt$$

$$= \left[-\frac{4}{3}(1-t)^3 \right]_0^1 + \left[\frac{1}{3}(1-2t)^3 \right]_0^{\frac{1}{2}}$$

$$= \frac{4}{3} - \frac{1}{3} = 1$$

$$V = \mathbf{2}$$

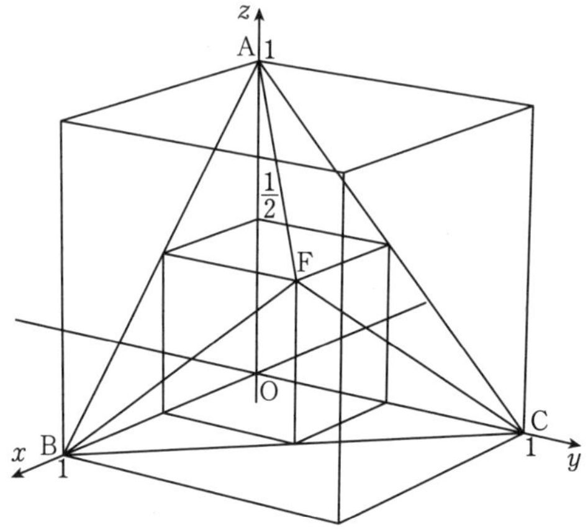

♦別解♦ （**2**） 立体全体を図示すると線が入り乱れる．第一オクタント $x \geqq 0,\ y \geqq 0,\ z \geqq 0$ の部分を図示し，8倍する．$x+y \leqq 1,\ y+z \leqq 1,\ z+x \leqq 1$ となる．このうち $0 \leqq x \leqq \frac{1}{2},\ 0 \leqq y \leqq \frac{1}{2},\ 0 \leqq z \leqq \frac{1}{2}$ の部分（1辺が $\frac{1}{2}$ の，図の小さな立方体）は不等式を満たす．

図で $\mathrm{F}\left(\frac{1}{2}, \frac{1}{2}, \frac{1}{2}\right)$ であり，平面 BCF：$x+y=1$，平面 ACF：$y+z=1$，平面 ABF：$x+z=1$ である．小立方体に四角錐（ADEFG など）3つを加えて

$$\frac{V}{8} = \left(\frac{1}{2}\right)^3 + \frac{1}{3}\left(\frac{1}{2}\right)^2 \cdot \frac{1}{2} \cdot 3$$

$$V = \mathbf{2}$$

《線分で曲面を作る（C20）》

413. t を実数とし，座標空間内の2点

$\mathrm{P}(0, 0, t^2-1),\ \mathrm{Q}(t, 1, e^t+e^{-t}-e-e^{-1})$

を考える．t を $-1 \leqq t \leqq 1$ の範囲で動かすとき，線分 PQ が通過してできる曲面および2平面 $y=1,\ z=0$ で囲まれてできる立体の体積を求めよ． （23 信州大・医）

▶解答◀ $f(t) = e^t+e^{-t}-e-e^{-1}$ とおく．$f''(t) = e^t+e^{-t} > 0$ であるから，曲線 $Y=f(t)$ は $-1 \leqq t \leqq 1$ で下に凸であり，$f(-1)=0,\ f(1)=0$ であるから $f(t) \leqq 0$ である．Q は $z \leqq 0$ にあり，P も $z \leqq 0$ にあるから線分 PQ は $z \leqq 0$ にある．

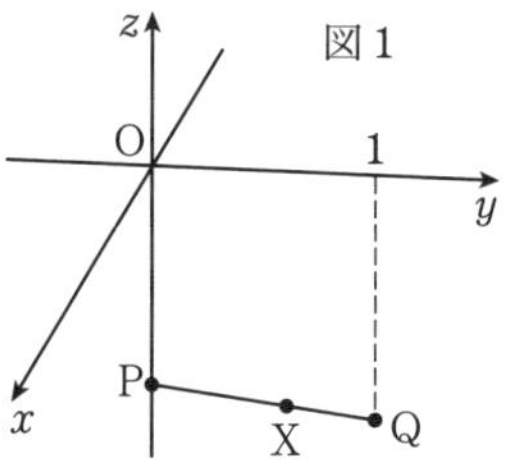

図1

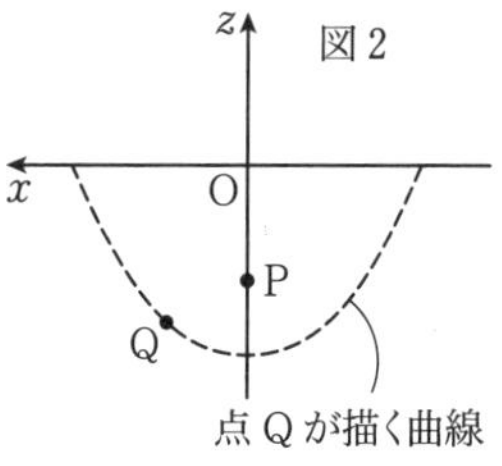

図2

線分 PQ 上の点を X とおく．$0 \leqq s \leqq 1$ として

$$\overrightarrow{\mathrm{OX}} = (1-s)\overrightarrow{\mathrm{OP}} + s\overrightarrow{\mathrm{OQ}}$$
$$= (0, 0, (1-s)(t^2-1))$$
$$+ (st, s, s(e^t+e^{-t}-e-e^{-1}))$$
$$= (st, s, s(e^t+e^{-t}-e-e^{-1}-t^2+1)+t^2-1)$$

と表される．点 P は z 軸上，点 Q は平面 $y=1$ 上を動き，y 軸の正の方向から見ると図2のようになる．

平面 $y=u\ (0 \leqq u \leqq 1)$ での断面を考える．$s=u$ であり，x 成分と z 成分は

$$x = ut \quad \cdots\cdots ①$$

$$z = u(e^t+e^{-t}-e-e^{-1}-t^2+1)+t^2-1 \quad \cdots\cdots ②$$

$-1 \leqq t \leqq 1$ と ① から $-u \leqq x \leqq u$ であり，さらに立体は $z \leqq 0$ に存在するから，$y=u$ での断面は図3のようになる．② は偶関数であり，$x=-u, u$ すなわち $t=-1, 1$ のとき ② の右辺は0であることに注意せよ．

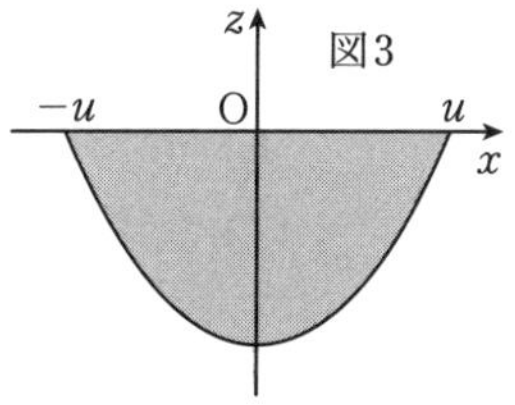

図3

この面積を $S(u)$ とおくと，$S(u) = \int_{-u}^{u} (-z)\,dx$

① より $dx = u\,dt$

x	$-u \to u$
t	$-1 \to 1$

$$S(u) = \int_{-1}^{1} \{-u(e^t+e^{-t}-e-e^{-1}$$
$$-t^2+1)-t^2+1\} \cdot u\,dt$$
$$= 2u\int_0^1 \{-u(e^t+e^{-t}-e-e^{-1}-t^2+1)$$
$$-t^2+1\}\,dt$$
$$= 2u\Big[-u\left\{e^t-e^{-t}-(e+e^{-1}-1)t-\frac{1}{3}t^3\right\}$$
$$-\frac{1}{3}t^3+t\Big]_0^1$$
$$= 2u\left\{-u\left(-2e^{-1}+\frac{2}{3}\right)+\frac{2}{3}\right\}$$
$$= 2u\left\{\left(\frac{2}{e}-\frac{2}{3}\right)u+\frac{2}{3}\right\}$$

$$= 4\left\{\left(\frac{1}{e} - \frac{1}{3}\right)u^2 + \frac{1}{3}u\right\}$$

よって，求める体積は

$$4\int_0^1 \left\{\left(\frac{1}{e} - \frac{1}{3}\right)u^2 + \frac{1}{3}u\right\} du$$

$$= 4\left[\frac{1}{3}\left(\frac{1}{e} - \frac{1}{3}\right)u^3 + \frac{1}{6}u^2\right]_0^1$$

$$= \frac{4}{3}\left(\frac{1}{e} - \frac{1}{3}\right) + \frac{2}{3} = \mathbf{\frac{4}{3e} + \frac{2}{9}}$$

注意 立体の概形は図4のようになる．

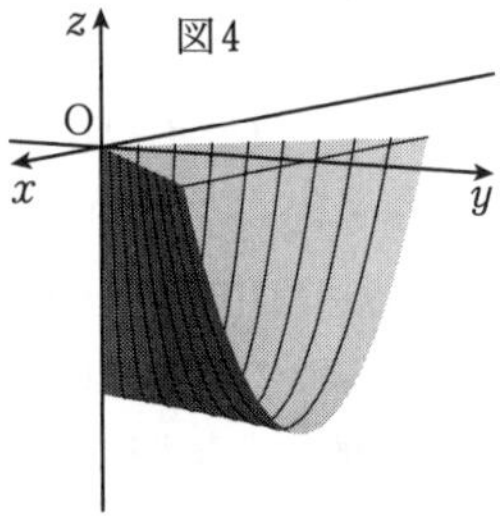

《円柱を切る (B20) ☆》

414. 座標空間において，xy 平面上の原点 O を中心とする半径 6 の円 C を 1 つの底面とし，平面 $z = 3$ 上にもう 1 つの底面がある直円柱 P がある．M(3, 0, 0) を通り x 軸に垂直な平面 α と円 C の交点を A，B とする．また，点 (6, 0, 3) を D とする．次の問い (1)〜(4) に答えよ．

(1) AB = $\square\sqrt{\square}$，DM = $\square\sqrt{\square}$ である．

(2) 平面 α によって円柱 P を 2 つの部分に分けるとき，小さい方の部分の体積は

$\square\pi - \square\sqrt{\square}$

である．

(3) 3 点 A，B，D を通る平面で，円柱 P を 2 つの部分に分けるとき，小さい方の部分を立体 Q とする．t を $3 \leqq t \leqq 6$ を満たす実数とし，Q を平面 $x = t$ によって切断した切り口の面積を $S(t)$ とするとき，

$S(t) = \square(t - \square)\sqrt{\square - t^2}$

である．

(4) 立体 Q の体積 V は

$V = \square\sqrt{\square} - \square\pi$

である． (23 岩手医大)

▶解答◀ (**1**) △OAM は 60 度定規で

$\mathrm{AB} = 2\mathrm{AM} = 2\cdot 3\sqrt{3} = \mathbf{6\sqrt{3}}$

$\mathrm{DM} = \sqrt{3^2 + 0^2 + 3^2} = \mathbf{3\sqrt{2}}$

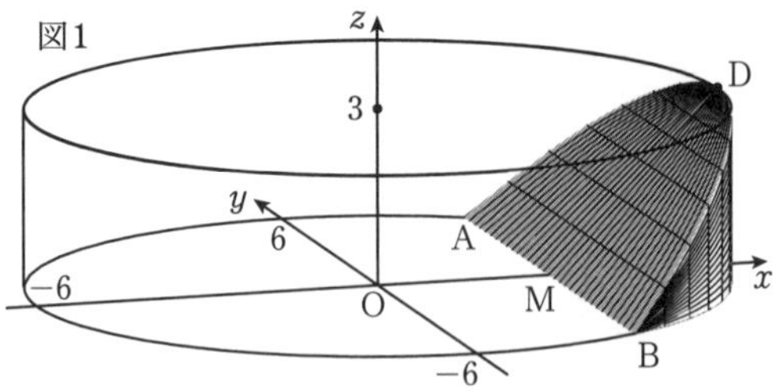

(**2**) 図2の網目部分（弓形 AB）の面積を S_1 とする．

$$S_1 = \frac{1}{2}\cdot 6^2\left(\frac{2}{3}\pi - \sin\frac{2}{3}\pi\right) = 12\pi - 9\sqrt{3}$$

底面積 S_1，高さが 3 の柱の体積を求め

$S_1\cdot 3 = \mathbf{36\pi - 27\sqrt{3}}$

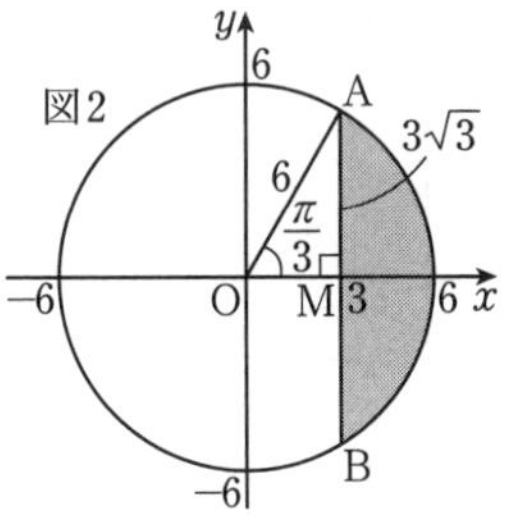

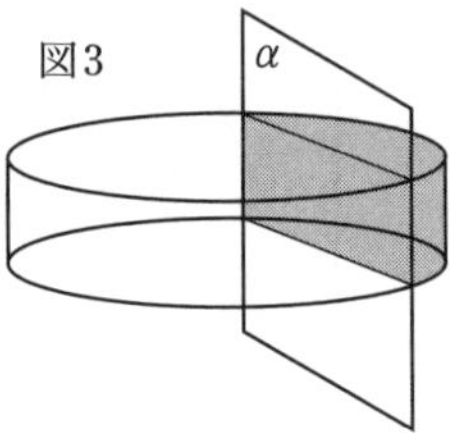

(**3**) 3 点 A，B，D を通る平面は，y 軸の方向から見ると 1 本の直線のように見える (図4)．$z = x - 3$ である．図6は立体 Q を平面 $x = t$ で切って $x < t$ の部分を消し去ったものである．

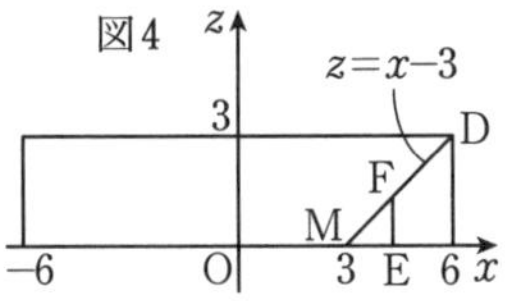

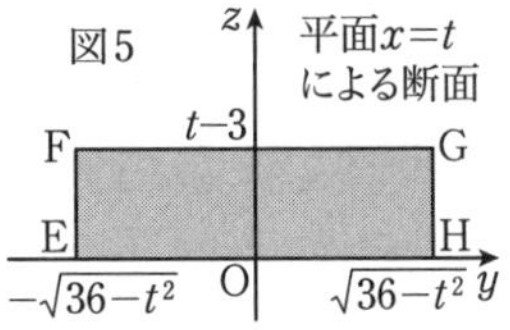

立体 Q を平面 $x = t$ $(3 \leqq t \leqq 6)$ で切ると断面は図5，図6の長方形 EFGH となる．$x^2 + y^2 = 6^2$ で $x = t$ とおくと，$y = \pm\sqrt{36 - t^2}$ となる．

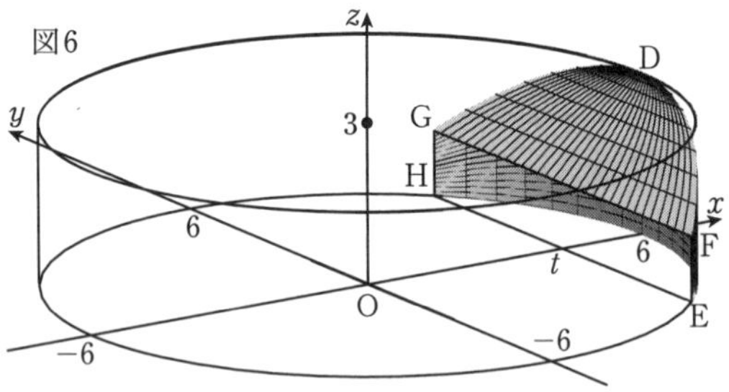

$z = x - 3$ で $x = t$ とおくと $z = t - 3$ である．断面積 $S(t)$ は

$$S(t) = (t-3)\cdot 2\sqrt{36 - t^2} = \mathbf{2(t-3)\sqrt{36 - t^2}}$$

$$= 2\left(t\sqrt{36 - t^2} - 3\sqrt{36 - t^2}\right)$$

$$= 2\left\{-\frac{1}{2}(36 - t^2)'(36 - t^2)^{\frac{1}{2}} - 3\sqrt{36 - t^2}\right\}$$

(**4**) $2\sqrt{36 - t^2}$ の積分は S_1 であることに注意せよ．

$$V=\int_3^6 S(t)\,dt=\left[-\frac{2}{3}(36-t^2)^{\frac{3}{2}}\right]_3^6-3S_1$$

$$=\frac{2}{3}\cdot 27^{\frac{3}{2}}-36\pi+27\sqrt{3}$$

$$=54\sqrt{3}-36\pi+27\sqrt{3}=\mathbf{81\sqrt{3}-36\pi}$$

《側面積も (B30)》

415. O を原点とする座標空間内に，底面の円の半径が 1 で高さが 1 の円柱

$C : x^2+y^2 \leqq 1,\ 0 \leqq z \leqq 1$

がある．xy 平面上の直線 $y=-\frac{1}{2}$ $(z=0)$ を含み，点 $(0, 1, 1)$ を通る平面を α とする．平面 α で円柱 C を 2 つの立体に分けるとき，点 $(0, 1, 0)$ を含む方の立体を K とする．また，円柱 C の側面と平面 α との交線（円柱 C の側面と平面 α との共通部分）を L とする．

曲線 L 上に点 P をとる．円 $x^2+y^2=1$ $(z=0)$ 上の点 Q を線分 PQ が xy 平面に垂直となるような点とする．ただし，点 P が xy 平面上にあるときは，点 Q は点 P と同じ点であるとする．点 P の y 座標が t であるとき，線分 PQ の長さを t を用いて表すと

$$\mathrm{PQ}=\frac{\square}{\square}t+\frac{\square}{\square}$$

である．

（1） 立体 K の平面 $y=t$ $\left(-\frac{1}{2} \leqq t \leqq 1\right)$ による切断面の面積を $S(t)$ とすると

$$S(t)=\left(\frac{\square}{\square}t+\frac{\square}{\square}\right)\sqrt{\square-t^{\square}}$$

であり，立体 K の体積を V とすると

$$V=\frac{\sqrt{\square}}{\square}+\frac{\square}{\square}\pi$$

である．

（2） $\mathrm{A}\left(\frac{\sqrt{3}}{2}, -\frac{1}{2}, 0\right)$ とし，円 $x^2+y^2=1$ $(z=0)$ の $y \geqq -\frac{1}{2}$ の部分における弧 AQ の長さを θ とする．このとき，線分 PQ の長さを θ を用いて表すと

$$\mathrm{PQ}=\frac{\square}{\square}\sin\left(\theta-\frac{\square}{\square}\pi\right)+\frac{\square}{\square}$$

である．

したがって，円柱の側面のうち，円 $x^2+y^2=1$ $(z=0)$ の $y \geqq -\frac{1}{2}$ の部分と L で囲まれた部分の面積を W とすると

$$W=\frac{\square\sqrt{\square}}{\square}+\frac{\square}{\square}\pi$$

である．（23 獨協医大）

考え方 円柱の底面と α の共通部分は図 1 の太線である．

今回は誘導がついているので問題ないだろうが，ノーヒントで出された場合，$x=t$ で切るのはよろしくない．切る位置によって，断面が三角形になったり台形になったりするからである．本問では α の方程式を求めないと，高さの計算がやりにくい．α を x 軸の方向から見ると（図 3）1 本の直線のように見える．傾きが $\frac{2}{3}$，y 切片が $-\frac{1}{2}$ の直線だと思って $z=\frac{2}{3}\left(y+\frac{1}{2}\right)$ と式にできる．これが平面 α の方程式である．折角，方程式を習っているのだから，積極的に使っていくようにしてほしい．文部科学省は「分野の融合をしない」という方針をとっているが，その姿勢は数学的ではない．分野の融合をするのが数学である．

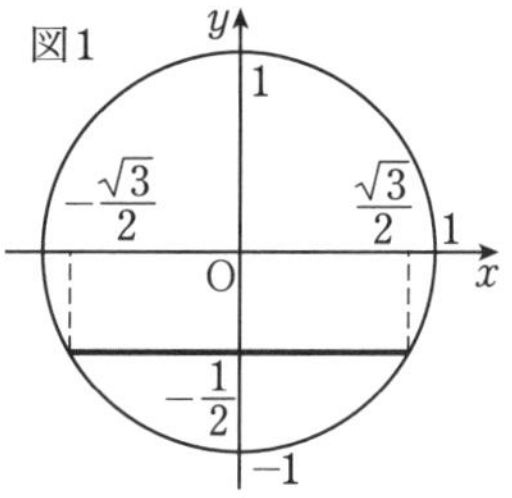

図1

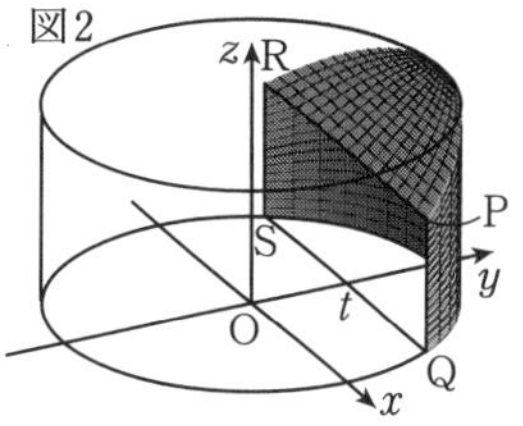

図2

▶解答◀ 図 2 は題意の立体を平面 $y=t$ で切って，$y<t$ の部分を消し去ったものである．図 3 を見よ．

$\alpha : z=\frac{2}{3}\left(y+\frac{1}{2}\right)$ である．P の y 座標が t であるとき

$$\mathrm{PQ}=\frac{2}{3}\left(t+\frac{1}{2}\right)=\boldsymbol{\frac{2}{3}t+\frac{1}{3}}$$

（1） K を平面 $y=t$ $\left(-\frac{1}{2}<t<1\right)$ で切ると断面は長方形となる．$x^2+y^2=1$ で $y=t$ とおくと $x=\pm\sqrt{1-t^2}$ となる．

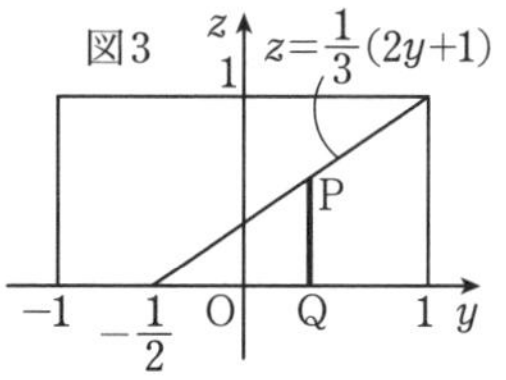

図3

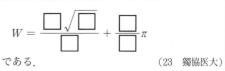

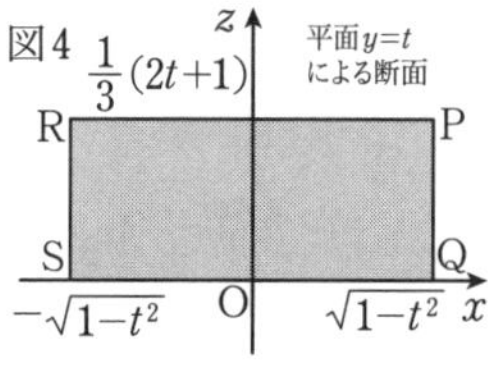

図4

$z=\frac{1}{3}(2y+1)$ で $y=t$ とおくと $z=\frac{1}{3}(2t+1)$ である．断面積を $S(t)$ とすると

$$S(t)=\frac{1}{3}(2t+1)\cdot 2\sqrt{1-t^2}$$

$$=\left(\frac{4}{3}t+\frac{2}{3}\right)\sqrt{1-t^2}$$
$$=\frac{2}{3}\left(2t\sqrt{1-t^2}+\sqrt{1-t^2}\right)$$
$$=\frac{2}{3}\left\{-(1-t^2)'(1-t^2)^{\frac{1}{2}}+\sqrt{1-t^2}\right\}$$
$$V=\int_{-\frac{1}{2}}^{1}S(t)\,dt$$
$$=\left[-\frac{4}{9}(1-t^2)^{\frac{3}{2}}\right]_{-\frac{1}{2}}^{1}+\frac{2}{3}\left(\frac{\pi\cdot1^2}{3}+\frac{1}{2}\cdot\frac{1}{2}\cdot\frac{\sqrt{3}}{2}\right)$$
$$=\frac{4}{9}\left(\frac{3}{4}\right)^{\frac{3}{2}}+\frac{2}{9}\pi+\frac{\sqrt{3}}{3\cdot4}$$
$$=\frac{4}{9}\cdot\frac{3}{4}\cdot\frac{\sqrt{3}}{2}+\frac{2}{9}\pi+\frac{\sqrt{3}}{3\cdot4}$$
$$=\frac{\sqrt{3}}{3\cdot2}+\frac{2}{9}\pi+\frac{\sqrt{3}}{3\cdot4}=\boldsymbol{\frac{\sqrt{3}}{4}+\frac{2}{9}\pi}$$

（2） $\angle AOQ=\beta$ とすると

$$\overset{\frown}{AQ}=1\cdot\beta=\theta \qquad \therefore\ \beta=\theta$$

図 5 より Q の座標は $\left(\cos\left(\theta-\frac{\pi}{6}\right),\ \sin\left(\theta-\frac{\pi}{6}\right)\right)$ となるから，

$$PQ=\boldsymbol{\frac{2}{3}\sin\left(\theta-\frac{\pi}{6}\right)+\frac{1}{3}}$$

側面を切り開いて広げると図 6 のようになる．

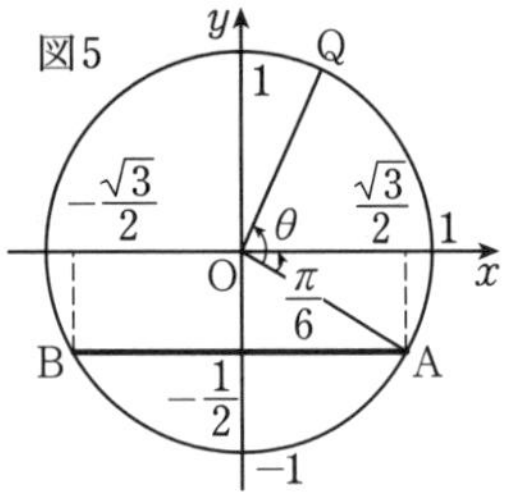

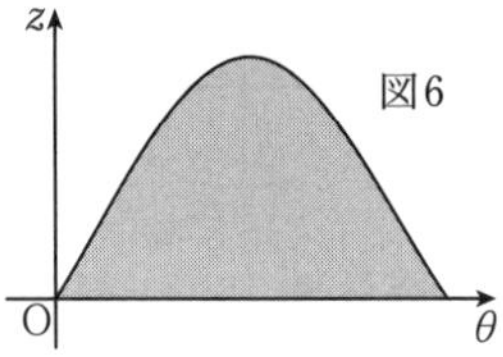

ここで，微小面積について

$$dW=PQ\,d\theta=\left\{\frac{2}{3}\sin\left(\theta-\frac{\pi}{6}\right)+\frac{1}{3}\right\}d\theta$$

であるから

$$W=\int_0^{\frac{4}{3}\pi}\left\{\frac{2}{3}\sin\left(\theta-\frac{\pi}{6}\right)+\frac{1}{3}\right\}d\theta$$
$$=\left[-\frac{2}{3}\cos\left(\theta-\frac{\pi}{6}\right)+\frac{\theta}{3}\right]_0^{\frac{4}{3}\pi}$$
$$=-\frac{2}{3}\cos\frac{7}{6}\pi+\frac{4}{9}\pi+\frac{2}{3}\cos\left(-\frac{\pi}{6}\right)$$
$$=\boldsymbol{\frac{2\sqrt{3}}{3}+\frac{4}{9}\pi}$$

注意 **1°【第一の積分について】**

$2t\sqrt{1-t^2}$ は特殊基本関数である．$\alpha\neq-1$ のとき（C は積分定数）

$$\int\{f(x)\}^{\alpha}f'(x)\,dx=\frac{1}{\alpha+1}\{f(x)\}^{\alpha+1}+C$$
$$\int 2t\sqrt{1-t^2}\,dt=-\int(1-t^2)'(1-t^2)^{\frac{1}{2}}\,dt$$
$$=-\frac{2}{3}(1-t^2)^{\frac{3}{2}}+C$$

2°【第二の積分について】

$\int_{-\frac{1}{2}}^{1}\sqrt{1-t^2}\,dt$ は，図 7 の網目部分の面積であるが，これは図 1 の太線より上側の，右半分の面積に等しい．このタイプでは，立体の体積計算に底面の面積が現れるから，真上から見た図は丁寧に書いておいた方がよい．

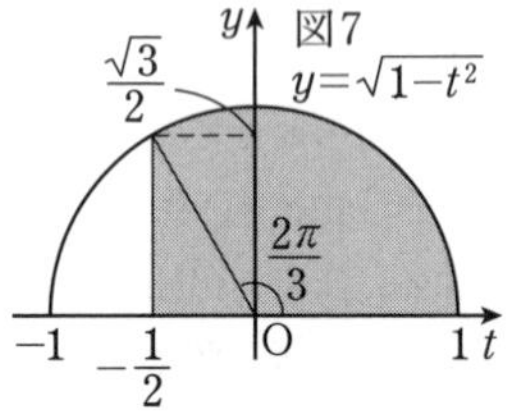

《円板の回転（B30）☆》

416. 原点を中心とする半径 1 の球面 K が，平面 $z=\frac{1}{2}$ と交わってできる円を C とする．半径 1 の円板 L が，L の中心 P で K と接しているとき，次の問いに答えよ．

（1） 点 P は円 C 上の点 $P_0\left(\frac{\sqrt{3}}{2},\ 0,\ \frac{1}{2}\right)$ にあるとして，円板 L 上の任意の点の z 座標 t のとり得る値の範囲を求めよ．

（2） t は（1）で得られた値をとるとし，平面 $z=t$ と円板 L の共通部分を M とする．M 上の点で z 軸に一番近い点と z 軸との距離を d_1 とするとき，d_1 を t で表せ．

（3） 点 P が P_0 から出発して円 C 上を 1 周するとき，円板 L が通過してできる立体の体積 V を求めよ．

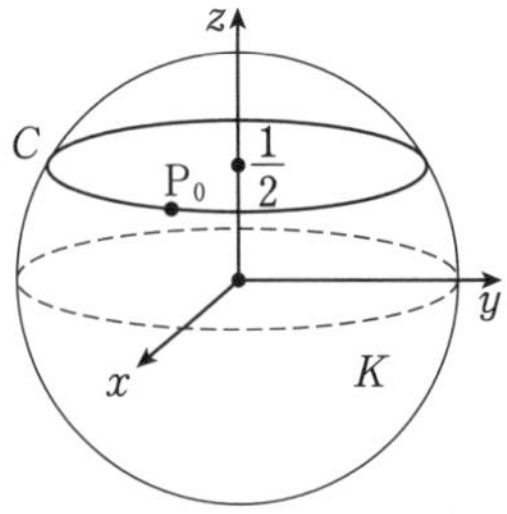

（23　愛知医大・医）

考え方 本問には歴史がある．1966 年の夏のある日，受験雑誌「大学への数学」の社長である黒木正憲先生は，東急東横線に乗っていた．エアコンなどない時代である．電車の天井には扇風機が設置され，混雑する車内に，生暖かい風ではあるが，一服の涼をもたらしてい

た．数学の問題を作ることが趣味の人間には，見る物すべてが数学に見える．「あの扇風機の通過する立体の体積は，なんですかね」と呟いた．同乗していた編集長の山本矩一郎先生は紙と鉛筆を取り出して計算を始めた．そして，受験雑誌「大学への数学」の 1966 年 9 月号の学力コンテストに出題された．私は，1966 年には中学生である．1971 年に発売された「新作問題演習 NO3」でその問題を見た．これはその後，多くの大学に多くの類題を生み出すことになる．なお，扇風機の動きは複雑だから，それをヒントにした問題ということである．

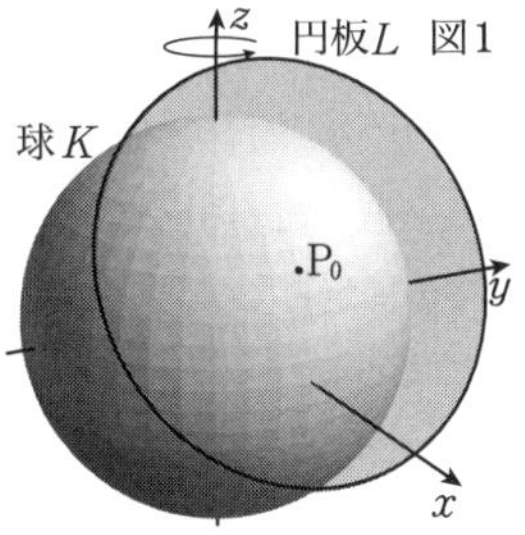

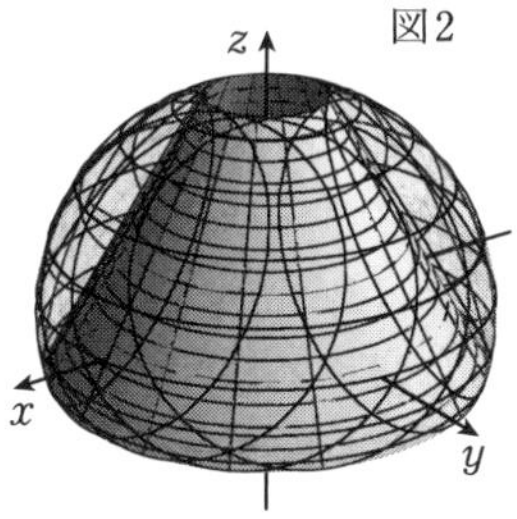

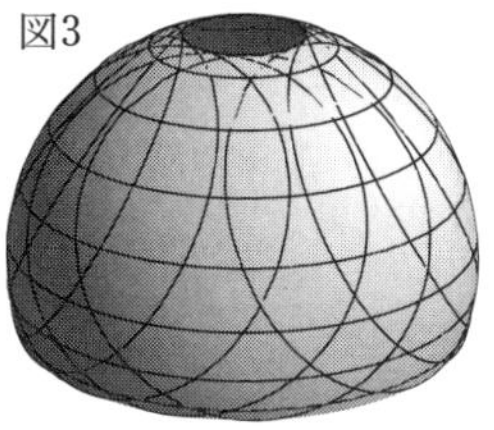

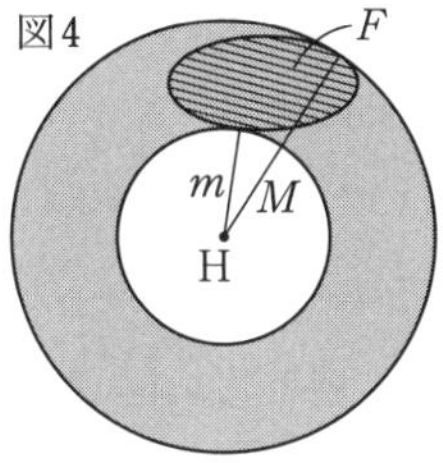

できあがる立体は次のようになる．円板 L の周は球面 $x^2+y^2+z^2=2$ 上にあるから，回転したとき，L の通過する部分は球 $x^2+y^2+z^2 \leqq 2$ の一部をなす．また，円板 L と，xz 平面の交線は線分をなし，回転したとき，その通過する部分は円錐台の側面をなす．図 2 を見よ．円錐台が見えるように，外の球は描かず，多くの円を描いた．図 3 を見よ．これは外の球面を描いてある．

本問では，体積を求める上手い方法は，ある．しかし，定石は次のようにする．回転する前のもの（今は円板 L）を回転軸に垂直に切る．回転軸との交点を H とする．円板 L と断面との交線を F とする．今は F は線分である．H と F との最短距離を m，最長距離を M とする．F を回転したときにできる図形の面積を S とすると $S=\pi(M^2-m^2)$ である．

解答では図番号を 1 から振り直す．

円板 L は，球面（解答の ①，P_0 を中心，半径 1 の球）と，平面 ②（解答の図 1 にある線分 AB を直線だと思って式にする）の交線としてとらえる．

そして，これらを平面 $z=t$ で切るが，$z=t$ で切ったときの断面上の点 (x, y, z) については $x=\dfrac{2-t}{\sqrt{3}}$ と定まるから，x を消去して，実数 y の存在性を調べればよい．

実はこうした平面図形を回転した立体の求積は大昔の有名問題で，yz 平面に正射影（垂直に影をおとす）した図形（回転軸に垂直に切った断面と平行な平面で回転軸を含む平面，今は yz 平面に正射影する）の回転体に等積変形できる．

▶解答◀ 図 1 は L を y 軸の負の方向から見たものである．

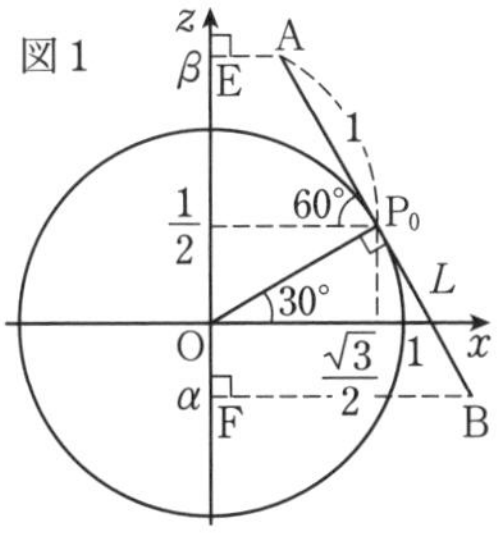

（1） 円板 L は

$$\left(x-\frac{\sqrt{3}}{2}\right)^2+y^2+\left(z-\frac{1}{2}\right)^2 \leqq 1 \quad \cdots\cdots\cdots①$$

かつ $z=-\sqrt{3}\left(x-\dfrac{\sqrt{3}}{2}\right)+\dfrac{1}{2}$ ……………………②

と表される．② より $x=\dfrac{2-z}{\sqrt{3}}$ となるからこれを ① に代入し

$$\left(\frac{2-z}{\sqrt{3}}-\frac{\sqrt{3}}{2}\right)^2+y^2+\left(z-\frac{1}{2}\right)^2 \leqq 1$$

$$\frac{1}{3}\left(\frac{1}{2}-z\right)^2+y^2+\left(z-\frac{1}{2}\right)^2 \leqq 1$$

$$\frac{4}{3}\left(z-\frac{1}{2}\right)^2+y^2 \leqq 1 \quad \cdots\cdots\cdots③$$

ここで $z=t$ とおく．

$$0 \leqq y^2 \leqq 1-\frac{4}{3}\left(t-\frac{1}{2}\right)^2$$

$$\left(t-\frac{1}{2}\right)^2 \leqq \frac{3}{4}$$

$$-\frac{\sqrt{3}}{2} \leqq t-\frac{1}{2} \leqq \frac{\sqrt{3}}{2}$$

$$\boldsymbol{\frac{1-\sqrt{3}}{2} \leqq t \leqq \frac{1+\sqrt{3}}{2}}$$

（2） 図 2 を見よ．点の説明は（3）で出てくる．

$$d_1=\mathrm{HN}=\boldsymbol{\frac{2-t}{\sqrt{3}}}$$

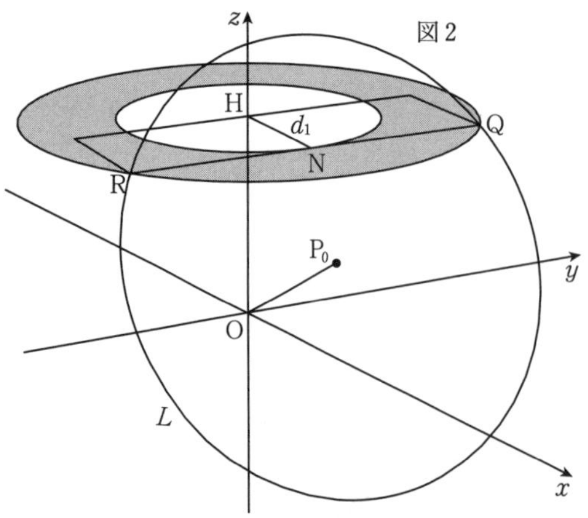

図2

図3

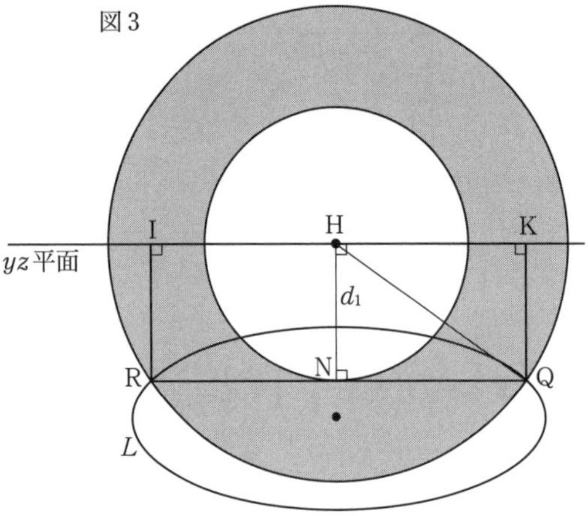

（**3**） 線分 M の両端を Q，R，QR の中点を N とする．Q，R から yz 平面に下ろした垂線の足を K，I とする．

③で $|y| \leqq \sqrt{1-\frac{4}{3}\left(t-\frac{1}{2}\right)^2}$ となるから

$\sqrt{1-\frac{4}{3}\left(t-\frac{1}{2}\right)^2}=u$ とおくと $\mathrm{Q}\left(\frac{2-t}{\sqrt{3}},\ u,\ t\right)$，

$\mathrm{R}\left(\frac{2-t}{\sqrt{3}},\ -u,\ t\right)$，$\mathrm{N}\left(\frac{2-t}{\sqrt{3}},\ 0,\ t\right)$ となる．

$\alpha=\frac{1-\sqrt{3}}{2}$，$\beta=\frac{1+\sqrt{3}}{2}$ とおく．

$\mathrm{H}(0,\ 0,\ t)$ として線分 QR を z 軸のまわりに回転したドーナツ板の面積 S は

$$S=\pi(\mathrm{HQ}^2-\mathrm{HN}^2)=\pi\mathrm{QN}^2=\pi u^2$$

$$=\pi\left\{1-\frac{4}{3}\left(t-\frac{1}{2}\right)^2\right\}=-\frac{4\pi}{3}(t-\alpha)(t-\beta)$$

$$V=\int_\alpha^\beta S\,dt=\frac{\frac{4\pi}{3}}{6}(\beta-\alpha)^3=\boldsymbol{\frac{2}{3}\sqrt{3}\pi}$$

注意 1°【正射影して等積変形する】

$S=\pi\mathrm{QN}^2=\pi\mathrm{HK}^2$ になる．このことは円板 L を yz 平面に射影して考えても体積は変わらないことを示している．

図4

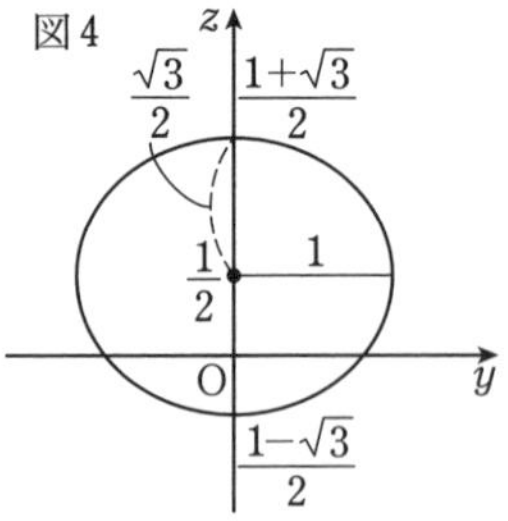

円板 L を yz 平面に射影して得られる図形は楕円③で図4のようになる．これを z 軸のまわりに回転してできる立体（楕円体）の体積は

$$\frac{4}{3}\pi\cdot1^3\cdot\frac{\sqrt{3}}{2}=\frac{2}{3}\sqrt{3}\pi$$

（半径1の球を z 軸方向に $\frac{\sqrt{3}}{2}$ 倍に縮めると考える）

2°【出来上がる立体についての補足】

図5を見よ．$\mathrm{OA}=\sqrt{2}$ であり，円板 L の周上の点は，球面 $x^2+y^2+z^2=2$ 上にある．題意の立体は図5の網目部分を z 軸の周りに回転したもので球 $x^2+y^2+z^2=2$ の一部と図6の円錐台にはさまれた部分となる．図5の網目部分（円 $x^2+z^2=2$ と直線 $x=\frac{2-z}{\sqrt{3}}$ で囲まれた部分）を回転した立体の体積を求める．

図5

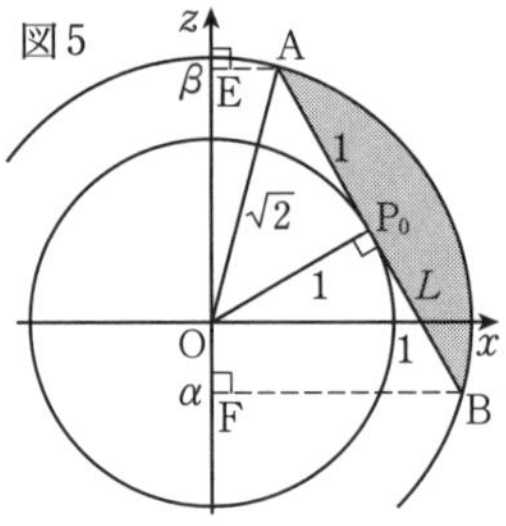

図6

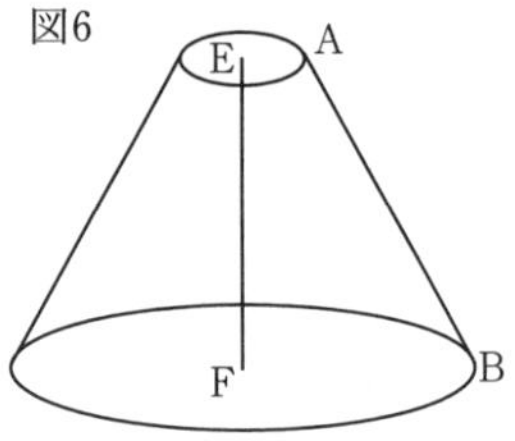

$$V=\pi\int_\alpha^\beta\left\{(2-z^2)-\left(\frac{2-z}{\sqrt{3}}\right)^2\right\}dz$$

《三角形の回転（B30）☆》

417．xyz 空間において，3点

$\mathrm{A}(2,\ 1,\ 2)$，$\mathrm{B}(0,\ 3,\ 0)$，$\mathrm{C}(0,\ -3,\ 0)$

を頂点とする三角形 ABC を考える．以下の問に答えよ．

（1） $\angle\mathrm{BAC}$ を求めよ．

（2） $0 \leqq h \leqq 2$ に対し，線分 AB，AC と平面 $x=h$ との交点をそれぞれ P，Q とする．点 P，Q の座標を求めよ．

（3） $0 \leqq h \leqq 2$ に対し，点 $(h,\ 0,\ 0)$ と線分 PQ の距離を h で表せ．ただし，点と線分の距離とは，点と線分上の点の距離の最小値である．

（4） 三角形 ABC を x 軸のまわりに1回転させ，

そのときに三角形が通過する点全体からなる立体の体積を求めよ．　　（23　早稲田大・理工）

考え方　類題が2023年順天堂大，愛知医大にある．

問題の三角形 ABC は図1のようになっている．枠だけでなく，中身の詰まった三角形を考えている．G は A から xy 平面に下ろした垂線の足 $(2, 1, 0)$ である．

図1

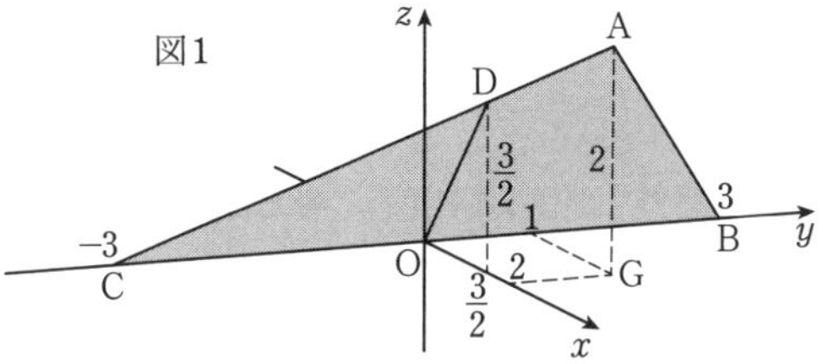

この三角形 ABC を x 軸の周りに回転してできる立体は図2のようになる．$\mathrm{D}\left(\frac{3}{2}, 0, \frac{3}{2}\right)$ として，線分 OD を x 軸の周りに回転してできる円錐面，線分 AB，AC を回転してできる回転一葉双曲面で囲まれた立体である．しかし，通常は，出来上がる立体を想像しない．想像して，出来上がる立体が分かったからといって，体積計算には結びつかないことがあるからである．実際，図2が分かっても，体積は分からないだろう．

図2

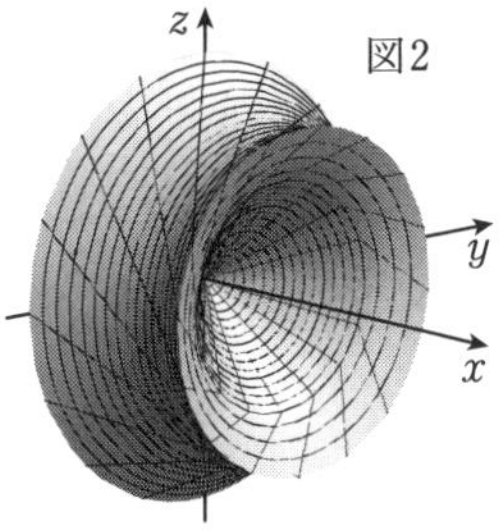

図3

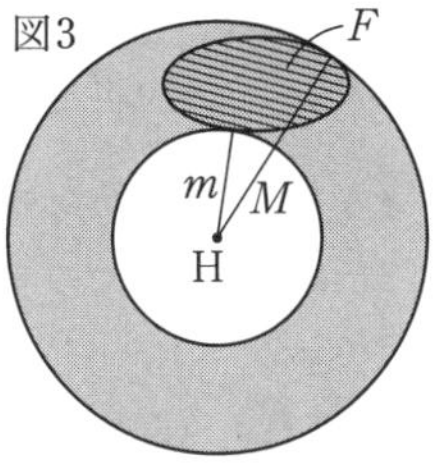

立体の回転体の求積の基本は，回転する前の立体を回転軸の垂直に切ることである．回転軸との交点を H，断面を F として（今は線分になる）H からの最短距離を m，最長距離を M として，立体を切った断面積は $S=\pi(M^2-m^2)$ である．これを積分する．

図4

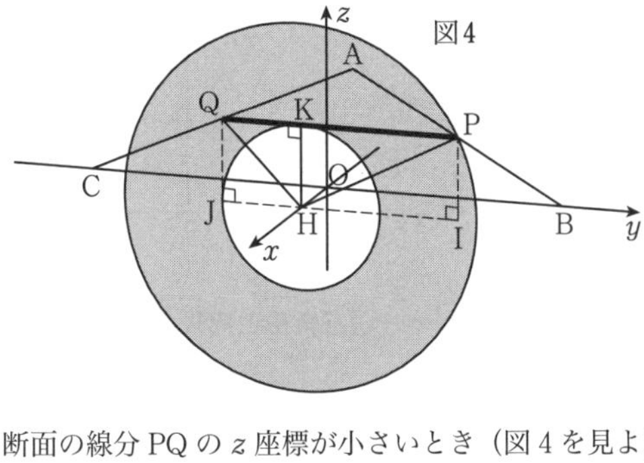

断面の線分 PQ の z 座標が小さいとき（図4を見よ），$M=\mathrm{HP}$, $m=\mathrm{HK}$ であり，$S=\pi(\mathrm{HP}^2-\mathrm{HK}^2)$ となる．K は直線 PQ に H から下ろした垂線の足である．三平方の定理を用いて，$S=\pi\mathrm{KP}^2=\pi\mathrm{HI}^2$ となる．I，J は P，Q から xy 平面に下ろした垂線の足である．

図5

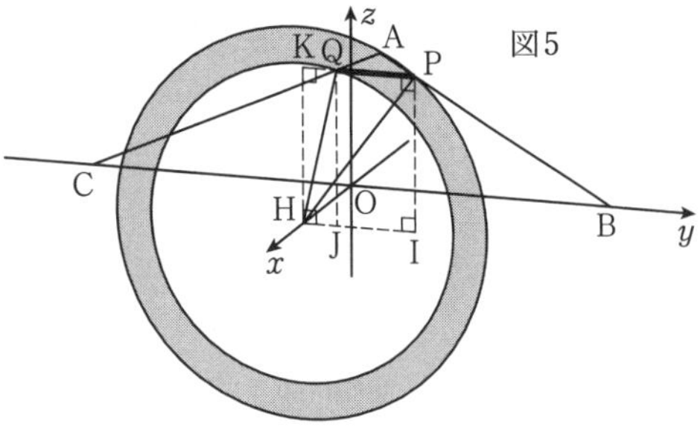

断面の線分 PQ の z 座標が大きいとき（図5を見よ），$M=\mathrm{HP}$, $m=\mathrm{HQ}$ であり，$S=\pi(\mathrm{HP}^2-\mathrm{HQ}^2)$ となる．

再び三平方の定理を用いて，

$$S=\pi\{(\mathrm{HK}^2+\mathrm{KP}^2)-(\mathrm{HK}^2+\mathrm{KQ}^2)\}$$
$$=\pi(\mathrm{KP}^2-\mathrm{KQ}^2)=\pi(\mathrm{HI}^2-\mathrm{HJ}^2)$$

このことは，三角形 ABC の板を，xy 平面に正射影して出来る図形を考えても，体積は変わらないことを意味する．これは別解に続く．正射影というのは，垂直に影を落とすということである．なお，以上のような斜めから見た図は描きにくい．受験生はまっすぐに見た図（座標軸の方向から見た図，あるいは，平面に垂直に見た図）を描けばよい．

▶解答◀　**（1）**　$\overrightarrow{\mathrm{AB}}=(-2, 2, -2)$，$\overrightarrow{\mathrm{AC}}=(-2, -4, -2)$ であり，

$$\overrightarrow{\mathrm{AB}}\cdot\overrightarrow{\mathrm{AC}}=4-8+4=0$$

であるから，$\angle\mathrm{BAC}=\mathbf{90^\circ}$ である．

（2）　P は線分 AB 上にあるから

$$\overrightarrow{\mathrm{OP}}=s\overrightarrow{\mathrm{OA}}+(1-s)\overrightarrow{\mathrm{OB}}$$
$$=s(2, 1, 2)+(1-s)(0, 3, 0)$$
$$=(2s, -2s+3, 2s)$$

とおけて，P の x 座標が h であるから $2s=h$ であり，$s=\frac{h}{2}$ となる．これより，P の座標は $\boldsymbol{(h, -h+3, h)}$ である．同様に Q は CA を $s:(1-s)$ に内分するから

$$\overrightarrow{\mathrm{OQ}}=s\overrightarrow{\mathrm{OA}}+(1-s)\overrightarrow{\mathrm{OC}}$$
$$=(2s, 4s-3, 2s)=(h, 2h-3, h)$$

となるから，Q の座標は $\boldsymbol{(h, 2h-3, h)}$ である．

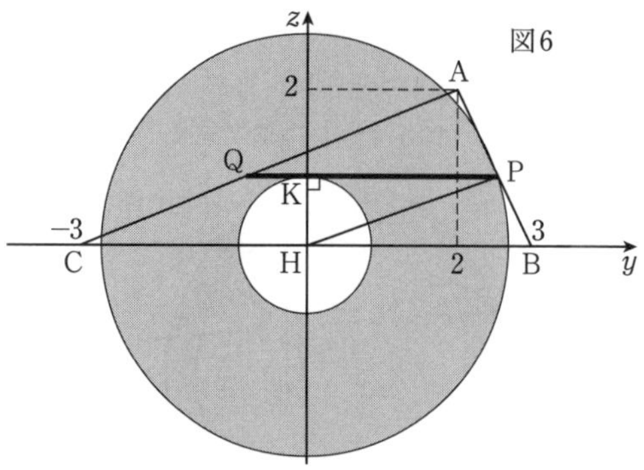

（３） $x=h$ における断面は図4, 5の線分 PQ である．図6, 図7は回転の様子を x 軸の方向から見た図である．答案としては図6, 7だけでよいであろう．

（ア） $2h-3 \leqq 0$，すなわち，$\boldsymbol{(0 \leqq)\, h \leqq \frac{3}{2}}$ のとき：図6を見よ．$\mathrm{H}(h,0,0)$ から線分 PQ に下ろした垂線の足を K とすると，$\mathrm{K}(h,0,h)$ であり，H と線分 PQ の距離は $\mathrm{HK}=\boldsymbol{h}$ である．また，

$$\mathrm{HP}^2-\mathrm{HQ}^2=(3-h)^2+h^2-(2h-3)^2-h^2$$
$$=6h-3h^2=3h(2-h) \geqq 0$$

であるから，$\mathrm{HP} \geqq \mathrm{HQ}$ である．

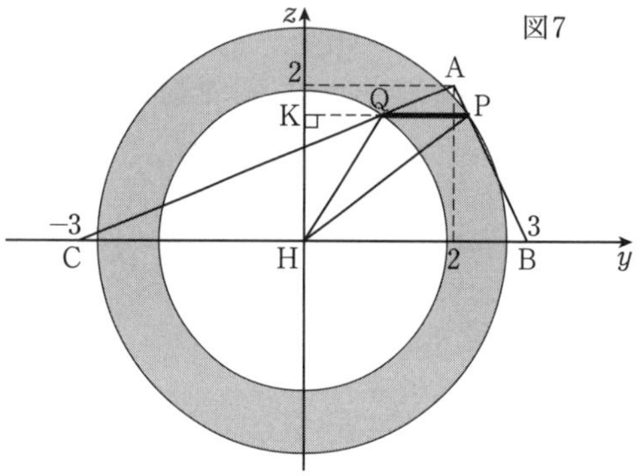

（イ） $2h-3 \geqq 0$，すなわち，$\boldsymbol{\frac{3}{2} \leqq h\ (\leqq 2)}$ のとき：図7を見よ．H と線分 PQ の距離は

$$\mathrm{HQ}=\sqrt{(2h-3)^2+h^2}=\boldsymbol{\sqrt{5h^2-12h+9}}$$

（４） （３）の線分 PQ を x 軸の周りに1回転させてできる同心円で囲まれた部分の面積を $S(h)$ とする．

（ア） $0 \leqq h \leqq \frac{3}{2}$ のとき：

$$S(h)=\pi(\mathrm{HP}^2-\mathrm{HK}^2)$$
$$=\pi\{(\mathrm{HK}^2+\mathrm{KP}^2)-\mathrm{HK}^2\}=\pi\mathrm{KP}^2 \quad \cdots\cdots\cdots\cdots ①$$
$$=\pi(-h+3)^2$$

（イ） $\frac{3}{2} \leqq h \leqq 2$ のとき：

$$S(h)=\pi(\mathrm{HP}^2-\mathrm{HQ}^2)$$
$$=\pi\{(\mathrm{HK}^2+\mathrm{KP}^2)-(\mathrm{HK}^2+\mathrm{KQ}^2)\}$$
$$=\pi(\mathrm{KP}^2-\mathrm{KQ}^2) \quad \cdots\cdots\cdots\cdots\cdots\cdots\cdots\cdots\cdots\cdots ②$$
$$=\pi\{(-h+3)^2-(2h-3)^2\}=\pi(-3h^2+6h)$$

これより，求める立体の体積は

$$\int_0^2 S(h)\,dh$$
$$=\pi\int_0^{\frac{3}{2}}(-h+3)^2\,dh+\pi\int_{\frac{3}{2}}^2(-3h^2+6h)\,dh$$
$$=\pi\left[-\frac{1}{3}(-h+3)^3\right]_0^{\frac{3}{2}}+\pi\left[-h^3+3h^2\right]_{\frac{3}{2}}^2$$
$$=\left(-\frac{9}{8}-(-9)\right)\pi+\left(4-\frac{27}{8}\right)\pi=\boldsymbol{\frac{17}{2}\pi}$$

♦別解♦ （４）**【正射影して考える】**

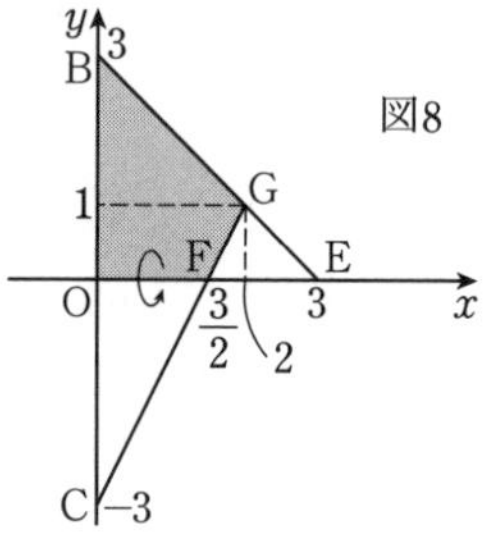

最初に説明したように，三角形の板 ABC を xy 平面に正射影して出来る三角形の板 GBC を x 軸の周りに回転したものを考えてもよい．三角形 OBE を回転した円錐から，三角形 EFG を回転した円錐を引くと考え

$$V=\frac{\pi\cdot 3^2}{3}\cdot 3-\frac{\pi\cdot 1^2}{3}\left(3-\frac{3}{2}\right)=\frac{17}{2}\pi$$

となる．勿論，実際の立体は最初に書いたように円錐から円錐を抜いたものではない．等積変形できるというだけである．

注意 **【回転一葉双曲面】**

$\mathrm{PH}=\sqrt{2h^2-6h+9}$ である．これを保存して，P が xy 平面の $y>0$ の部分に乗るようにする．回転した後の P は双曲線 $C: y=\sqrt{2x^2-6x+9}$ を描く．

$l: y=\sqrt{2}\left(x-\frac{3}{2}\right)$，$m: y=-\sqrt{2}\left(x-\frac{3}{2}\right)$

である．

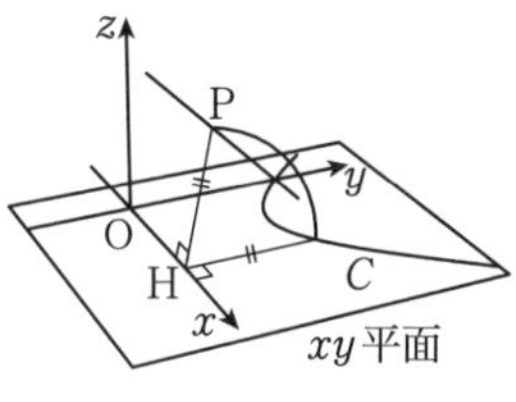

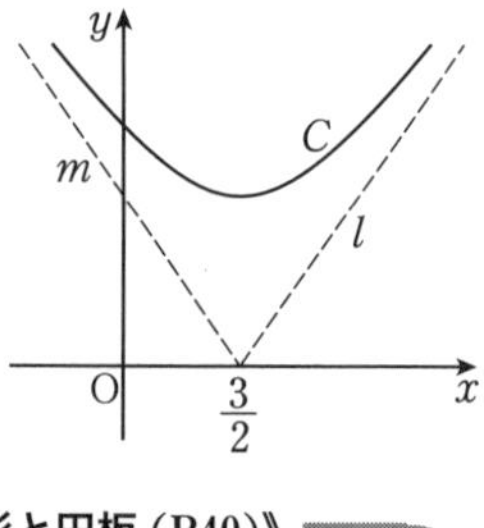

《三角形と円板 (B40)》

418. （１） 点 O を原点とする座標空間において，2点 $\mathrm{A}\left(\sqrt{3},\frac{1}{2},\frac{\sqrt{3}}{2}\right)$，$\mathrm{B}\left(\sqrt{3},-\frac{1}{2},-\frac{\sqrt{3}}{2}\right)$

をとる．△OAB は 1 辺の長さが $\square$ の正三角形である．

t を実数として，$0 \leqq t \leqq \dfrac{\sqrt{3}}{2}$ のとき平面 $z=t$ と辺 OA は点 $\left(\square t,\ \dfrac{\sqrt{\square}}{\square}t,\ t\right)$ で交わり，

平面 $z=t$ と辺 AB は点

$\left(\sqrt{\square},\ \dfrac{\sqrt{\square}}{\square}t,\ t\right)$ で交わる．

△OAB を z 軸の周りに 1 回転して得られる立体を V とすると，立体 V と平面 $z=t$ は $-\dfrac{\sqrt{3}}{2} \leqq t \leqq \dfrac{\sqrt{3}}{2}$ のとき交わりを持ち，そのときの立体 V の平面 $z=t$ による切り口は半径 $\dfrac{\sqrt{\square}}{\square}t$ と $\sqrt{\square+\dfrac{\square}{\square}t^2}$ の同心円で囲まれた部分となる．したがって，切り口の面積は $\left(\square-\square t^2\right)\pi$ となり，V の体積は $\square\sqrt{\square}\pi$ となることがわかる．

（2） 3 点 O, A, B を通る円 C は中心が点 $\left(\dfrac{\square\sqrt{\square}}{\square},\ \square,\ \square\right)$，半径が

$\dfrac{\square\sqrt{\square}}{\square}$ の円であり，$z=\sqrt{\square}y$ で表される平面上にある．円 C と平面 $z=t$ は $\square \leqq t \leqq \square$ のとき交点を持ち，その交点の座標は

$\left(\dfrac{\square\sqrt{\square}}{\square}\left(\square \pm \sqrt{\square - t^2}\right),\ \dfrac{\sqrt{\square}}{\square}t,\ t\right)$

と表される．したがって，円 C とその内部からなる円板を z 軸の周りに 1 回転して得られる立体の体積は $\dfrac{\square}{\square}\pi^2$ である．（23　順天堂大・医）

▶解答◀　こうした話題は 50 年近く前に流行したものである．昨今はあまり出題されていないから，むしろ新しく感じるかもしれない．

図 1

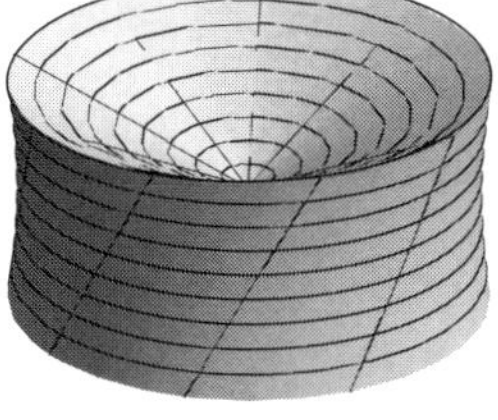

図 2

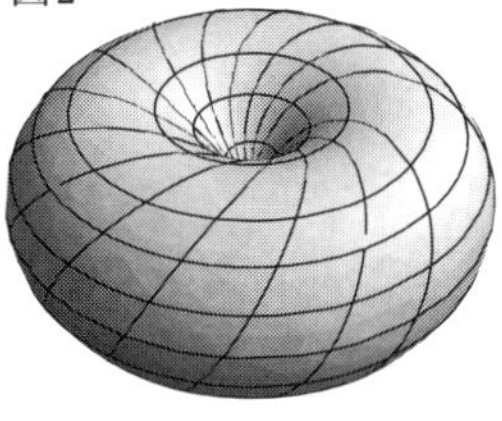

生徒だけではなく，最近の若い大人も慣れていないだろうから，解説も交えて書く．前半の三角形の回転は，図 1 のような，回転一葉双曲面（円柱ではなく，少し，へこみがある）と 2 つの円錐面で囲まれた図形になっている．後半の斜めになった円の回転は，図 2 のベーグルのような立体になる．

図 3

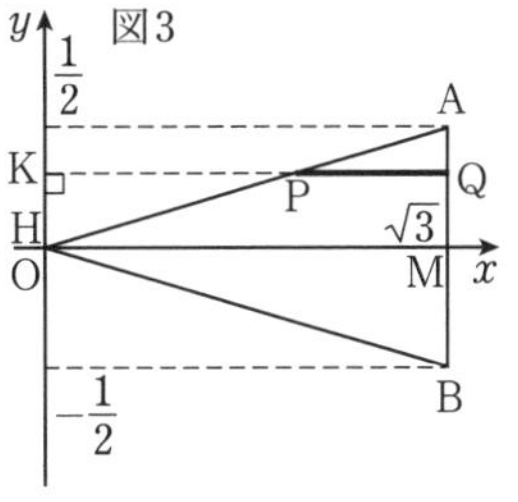

図 4

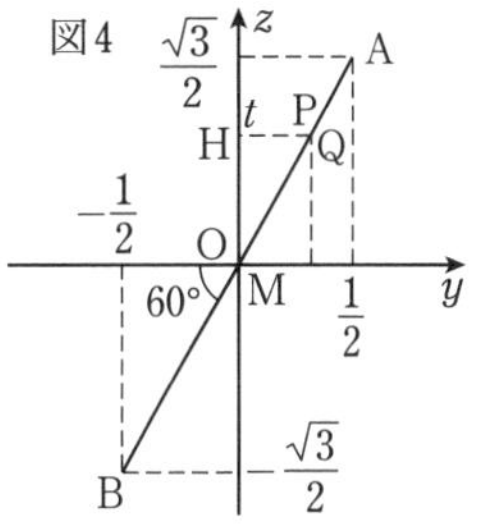

図 5

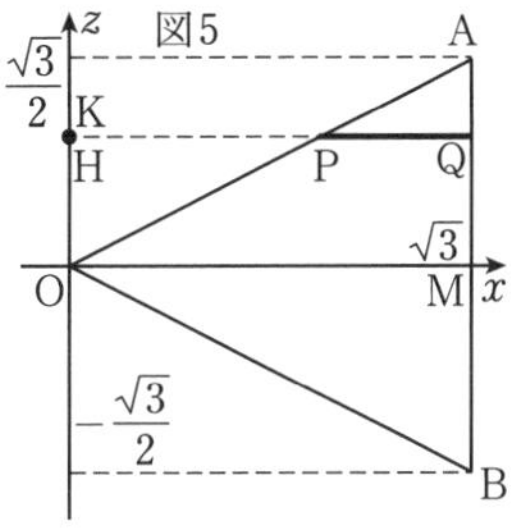

図 3（z 軸の正方向から見た図）を見よ．本書を机の上に乗せて広げているとする．z 軸は机に垂直に，上方に向かって伸びている．実際の A は机に垂直に上方に $\dfrac{\sqrt{3}}{2}$ だけ上がったところ，実際の B は机に垂直に下方に $\dfrac{\sqrt{3}}{2}$ だけ下がったところにある．AB の中点 $\mathrm{M}(\sqrt{3}, 0, 0)$ は x 軸上にあり，正三角形の板を，OM を軸として 60 度回転した状態になっている．図 4 を見よ．x 軸の正方向から見た図である．「60 度回転した状態」は図のように見える．

図 5 を見よ．これは y 軸の負の方向から見た図である．このようにしてあちこちから見ると落ち着く．

（**1**） 座標計算をすると OA ＝ OB ＝ AB ＝ 2 であるから，△OAB は 1 辺の長さが **2** の正三角形となる．

図6

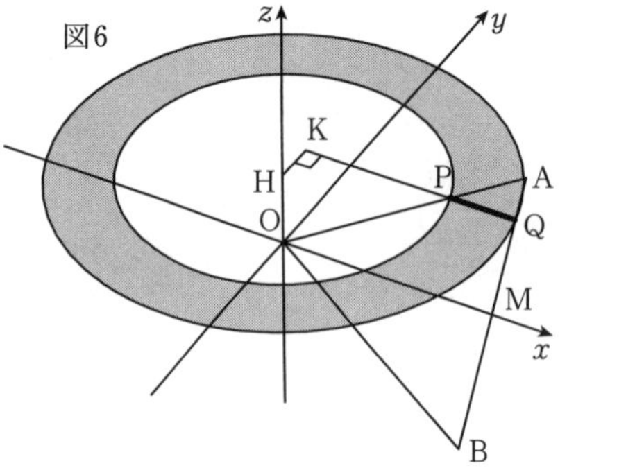

三角形を平面 $z=t$ で切る．$0 \leqq t \leqq \dfrac{\sqrt{3}}{2}$ のとき平面 $z=t$ と辺 OA の交点を P，AB との交点を Q とする．$\overrightarrow{\mathrm{OP}}=s\overrightarrow{\mathrm{OA}}=\left(s\sqrt{3},\ \dfrac{s}{2},\ \dfrac{s\sqrt{3}}{2}\right)$ とおけて，P の z 座標が t であるから $\dfrac{s\sqrt{3}}{2}=t$ であり，$s=\dfrac{2t}{\sqrt{3}}$ である．$\mathrm{P}\left(\boldsymbol{2t,\ \dfrac{\sqrt{3}}{3}t,\ t}\right)$ である．P は OA を $s:(1-s)$ に内分する．Q も MA を $s:(1-s)$ に内分する．図 5 で PQ は x 軸に平行であることに注意せよ．

$$\overrightarrow{\mathrm{OQ}}=\left(1-\frac{2t}{\sqrt{3}}\right)\overrightarrow{\mathrm{OM}}+\frac{2t}{\sqrt{3}}\overrightarrow{\mathrm{OA}}$$

$$=\left(1-\frac{2t}{\sqrt{3}}\right)(\sqrt{3},\ 0,\ 0)+\frac{2t}{\sqrt{3}}\left(\sqrt{3},\ \frac{1}{2},\ \frac{\sqrt{3}}{2}\right)$$

$$=\left(\boldsymbol{\sqrt{3},\ \frac{\sqrt{3}}{3}t,\ t}\right)$$

$\mathrm{H}(0,\ 0,\ t)$ とし，P から yz 平面に下ろした垂線の足を $\mathrm{K}\left(0,\ \dfrac{t}{\sqrt{3}},\ t\right)$ とする．K は y 座標と z 座標は P，Q と同じである．線分 PQ（図 6 の太線部分）を z 軸の周りに回転すると，H を中心とする 2 つの同心円に挟まれたドーナツ板を描く．事情があって，三平方の定理を用いる．

$$\mathrm{HP}^2=\mathrm{HK}^2+\mathrm{KP}^2=\frac{t^2}{3}+4t^2$$

$$\mathrm{HQ}^2=\mathrm{HK}^2+\mathrm{KQ}^2=\frac{t^2}{3}+3$$

$$\mathrm{HP}=\frac{\sqrt{39}}{3}t,\ \mathrm{HQ}=\sqrt{3+\frac{t^2}{3}}$$

であるから，V の $z=t$ における切り口は半径 $\boldsymbol{\dfrac{\sqrt{39}}{3}t}$ と $\boldsymbol{\sqrt{3+\dfrac{1}{3}t^2}}$ の同心円で囲まれた部分となる．切り口の面積を S とすると $S=\pi(\mathrm{HQ}^2-\mathrm{HP}^2)$ となる．これは $S=\boldsymbol{(3-4t^2)\pi}$ と計算できる．xy 平面に関する上下対称性を考えると，V の体積は

$$2\int_0^{\frac{\sqrt{3}}{2}} S(t)\,dt=2\pi\left[\,3t-\frac{4}{3}t^3\,\right]_0^{\frac{\sqrt{3}}{2}}$$

$$=2\pi\left(\frac{3\sqrt{3}}{2}-\frac{4}{3}\cdot\frac{3\sqrt{3}}{8}\right)=\boldsymbol{2\sqrt{3}\pi}$$

となる．

なぜわざわざ三平方の定理を用いたかの説明をしよう．三平方の定理を用いた式を見れば HK が消え，$S(t)=\pi(\mathrm{KQ}^2-\mathrm{KP}^2)$ になることに注意せよ．これは y 座標成分が無視できることを意味する．図 5 の三角形 OAB を z 軸の周りに回転したものを考えてもよい．円柱から 2 つの円錐を引くと考え

$$V=\pi\left(\sqrt{3}\right)^2\cdot\sqrt{3}-\frac{\pi}{3}\left(\sqrt{3}\right)^2\cdot\frac{\sqrt{3}}{2}\cdot 2=2\sqrt{3}\pi$$

となる．勿論，実際の立体は最初に書いたように円柱から円錐を抜いたものではない．等積変形できるというだけである．

（2） 図 7 を見よ．△OAB の重心 G は $\mathrm{G}\left(\dfrac{2\sqrt{3}}{3},\ 0,\ 0\right)$ で，正三角形より重心と外心が一致するから，円 C の中心は $\mathrm{G}\left(\boldsymbol{\dfrac{2\sqrt{3}}{3},\ 0,\ 0}\right)$，半径は $\boldsymbol{\dfrac{2\sqrt{3}}{3}}$ である．

図7

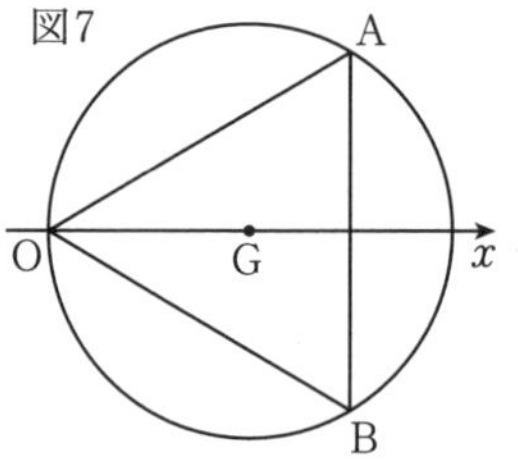

図8

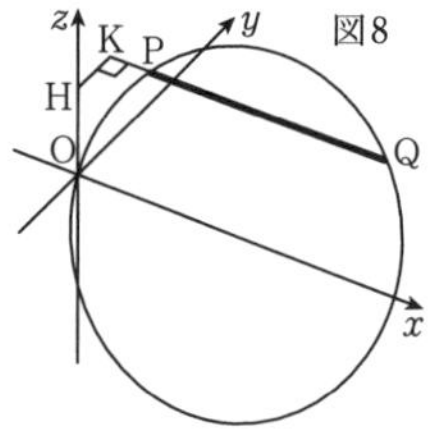

さらに図 4 で，平面 OAB と xy 平面のなす角が 60° であった．平面 OAB の方程式は $\boldsymbol{z=\sqrt{3}y}$ である．円 C は G を中心，半径 $\dfrac{2\sqrt{3}}{3}$ の球と平面 $z=\sqrt{3}y$ の交線であるから，C の方程式は

$$\left(x-\frac{2\sqrt{3}}{3}\right)^2+y^2+z^2=\frac{4}{3},\ z=\sqrt{3}y$$

で与えられる．y を消去すると

$$\left(x-\frac{2\sqrt{3}}{3}\right)^2+\frac{4z^2}{3}=\frac{4}{3} \quad \cdots\cdots\cdots\cdots\cdots\cdots ①$$

となる．$z=t$ とおくと

$$\left(x-\frac{2\sqrt{3}}{3}\right)^2+\frac{4t^2}{3}=\frac{4}{3}$$

$$\left(x-\frac{2\sqrt{3}}{3}\right)^2=\frac{4}{3}(1-t^2)$$

$$x=\frac{2\sqrt{3}}{3}(1\pm\sqrt{1-t^2})$$

となる．$\alpha=\dfrac{2\sqrt{3}}{3}(1+\sqrt{1-t^2})$，$\beta=\dfrac{2\sqrt{3}}{3}(1-\sqrt{1-t^2})$ とおく．C と $z=t$ が交点をも

つのは $1-t^2 \geqq 0$，すなわち $\boldsymbol{-1 \leqq t \leqq 1}$ のときであり，共有点の座標は

$$\left(\frac{2\sqrt{3}}{3}(1 \pm \sqrt{1-t^2}),\ \frac{\sqrt{3}}{3}t,\ t\right)$$

である．この 2 点を $\mathrm{P}\left(\alpha,\ \dfrac{\sqrt{3}}{3}t,\ t\right)$，$\mathrm{Q}\left(\beta,\ \dfrac{\sqrt{3}}{3}t,\ t\right)$ とする．円板 C を回転してできる立体を平面 $z=t$ で切ったときの断面積を S とすると，（1）と同様に

$$S = \pi(\mathrm{HQ}^2 - \mathrm{HP}^2) = \pi(\mathrm{KQ}^2 - \mathrm{KP}^2)$$
$$= \pi(\beta^2 - \alpha^2) = \pi(\beta+\alpha)(\beta-\alpha)$$
$$= \pi \cdot \frac{4\sqrt{3}}{3} \cdot \frac{4\sqrt{3}}{3}\sqrt{1-t^2}$$
$$= \frac{16}{3}\pi\sqrt{1-t^2}$$

となるから，求める体積は

$$2\int_0^1 S\,dt = 2 \cdot \frac{16}{3}\pi \int_0^1 \sqrt{1-t^2}\,dt$$
$$= 2 \cdot \frac{16}{3}\pi \cdot \frac{\pi}{4} = \boldsymbol{\frac{8}{3}\pi^2}$$

最後の積分は半径 1 の四分円の面積を利用した．

注意【正射影を回転する】

正射影というのは平面に垂直に影を落とすことである．

① は C を xz 平面に正射影した曲線を表す．（2）の体積は，これで囲まれた図形を z 軸の周りに回転した体積を考えてもよい．真面目に積分してもよいが，パップス・ギュルダンの定理を用いると早い．なお，パップス・ギュルダンの定理は「平面上に，面積 S の平面図形 F（重心を G とする）と直線 l があり，G と l の距離を L とする．また，l が F の内部を通らないとし，F を l の周りに一回転してできる立体の体積を V とする．$V = S \cdot 2\pi L$ になる」という公式である．ただし，高校では一般図形の重心の定義（モーメントを用いる）を習わないから，高校では証明ができない．

図9

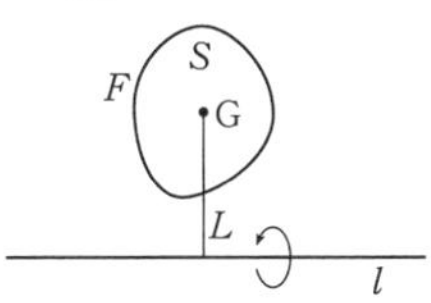

図10

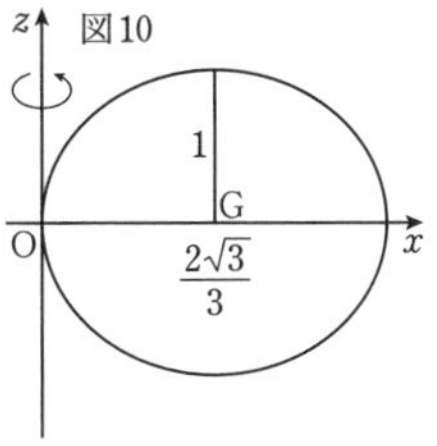

楕円 ① は長半径は $\dfrac{2\sqrt{3}}{3}$，短半径は 1 で，楕円の面積 $S = \pi \cdot \dfrac{2\sqrt{3}}{3} \cdot 1$ であり，回転軸との距離は $\dfrac{2}{\sqrt{3}}$ である．体積 V は

$$V = \pi \cdot \frac{2}{\sqrt{3}} \cdot 1 \cdot \left(2\pi \cdot \frac{2}{\sqrt{3}}\right) = \frac{8}{3}\pi^2$$

となる．パップス・ギュルダンの定理は曲線に対称性があると証明できるが，それは普通に積分することと変わらない．

《直交角柱と円柱（C40）》

419． xyz 空間において，x 軸を軸とする半径 2 の円柱から，$|y| < 1$ かつ $|z| < 1$ で表される角柱の内部を取り除いたものを A とする．また，A を x 軸のまわりに 45° 回転してから z 軸のまわりに 90° 回転したものを B とする．A と B の共通部分の体積を求めよ．（23　東工大・前期）

▶解答◀ A の yz 平面に平行な平面における断面は図 1 のようになる．

図1

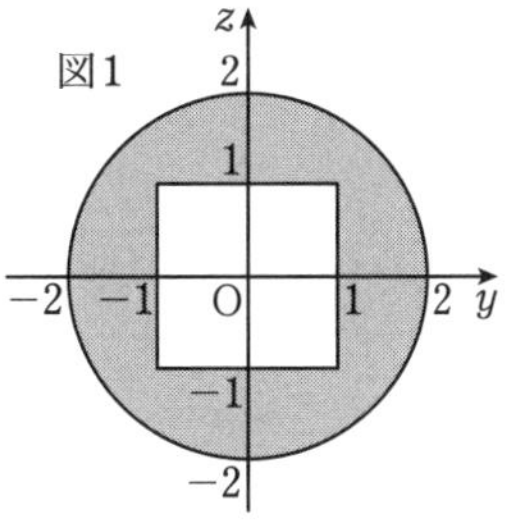

図2

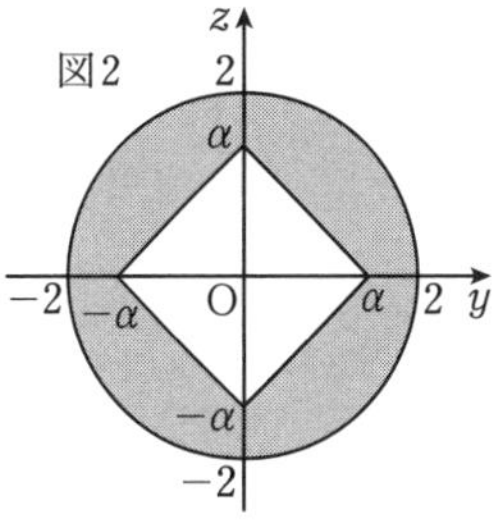

A を式で書くと

$$y^2 + z^2 \leqq 4 \text{ かつ }(|y| \geqq 1 \text{ または } |z| \geqq 1)$$

である．A を x 軸の周りに 45° 回転したものを A' とすると，A' の yz 平面に平行な平面における断面は図 2 のようになる．図 2 中で $\alpha = \sqrt{2}$ である．A' を式で書くと

$$y^2 + z^2 \leqq 4 \text{ かつ } |y| + |z| \geqq \sqrt{2}$$

となる．A' を z 軸の周りに 90° 回転した B の xz 平面に平行な平面における断面は，図 2 の y 軸を x 軸に変えたものである．B を式で書くと

$$x^2 + z^2 \leqq 4 \text{ かつ } |x| + |z| \geqq \sqrt{2}$$

となる．A, B の xy 平面における対称性から，$z \geqq 0$ の部分の体積を考えて，それを 2 倍する．以下，$t \geqq 0$ とする．

A の $z=t$ における断面は

$$y^2 \leqq 4 - t^2 \text{ かつ }(|y| \geqq 1 \text{ または } |t| \geqq 1)$$

すなわち，これは

- $1 \leqq t \leqq 2$ のとき：$|y| \leqq \sqrt{4-t^2}$
- $0 \leqq t \leqq 1$ のとき：$1 \leqq |y| \leqq \sqrt{4-t^2}$

である．また，B の $z=t$ における断面は

$$x^2 \leqq 4 - t^2 \text{ かつ } |x| \geqq \sqrt{2} - |t|$$

すなわち，これは

- $\sqrt{2} \leqq t \leqq 2$ のとき：$|x| \leqq \sqrt{4-t^2}$

- $0 \leqq t \leqq \sqrt{2}$ のとき：$\sqrt{2}-t \leqq |x| \leqq \sqrt{4-t^2}$

である．さらに，$A \cap B$ の $z=t$ における断面の面積を $S(t)$ とする．以下の図では $\beta=\sqrt{4-t^2}$, $\gamma=\sqrt{2}-t$ である．

（ア） $\sqrt{2} \leqq t \leqq 2$ のとき：図 3 を見よ．

$|x| \leqq \sqrt{4-t^2}$ かつ $|y| \leqq \sqrt{4-t^2}$

$S(t)=4\left(\sqrt{4-t^2}\right)^2=4(4-t^2)$

図3

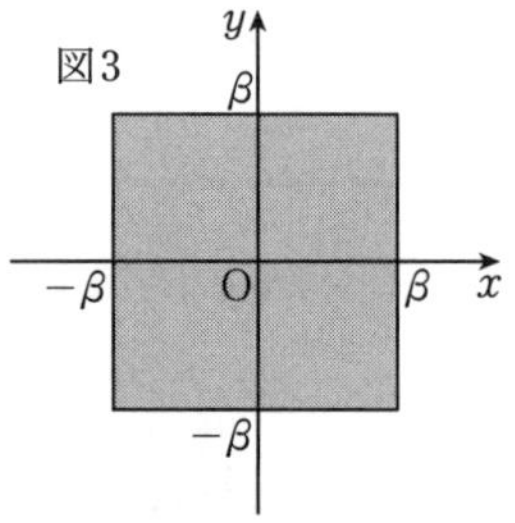

（イ） $1 \leqq t \leqq \sqrt{2}$ のとき：図 4 を見よ．

$\sqrt{2}-t \leqq |x| \leqq \sqrt{4-t^2}$ かつ $|y| \leqq \sqrt{4-t^2}$

$S(t)=4\{\sqrt{4-t^2}-(\sqrt{2}-t)\}\sqrt{4-t^2}$

$=4(4-t^2)-4\sqrt{2}\sqrt{4-t^2}+4t\sqrt{4-t^2}$

図4

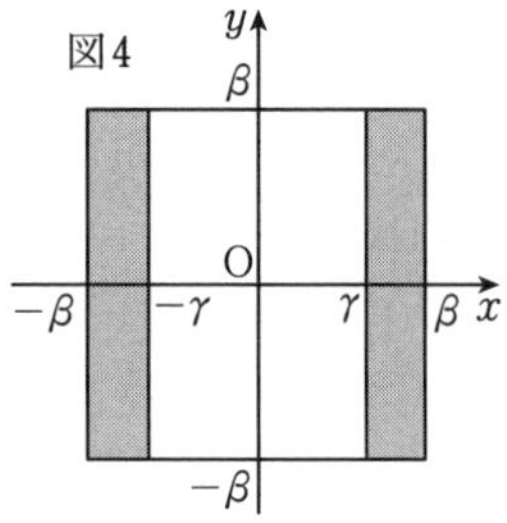

図5

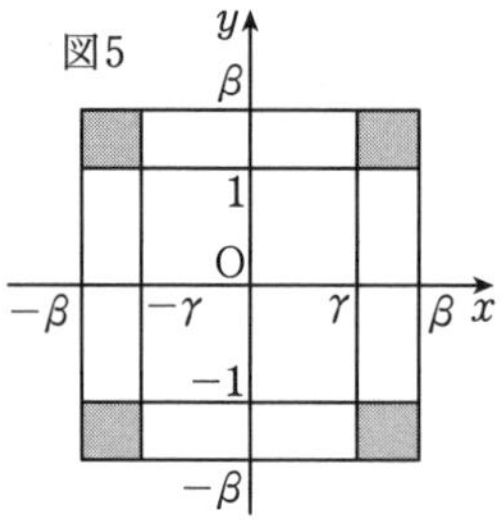

（ウ） $0 \leqq t \leqq 1$ のとき：図 5 を見よ．

$\sqrt{2}-t \leqq |x| \leqq \sqrt{4-t^2}$

かつ $1 \leqq |y| \leqq \sqrt{4-t^2}$

$S(t)=4\{\sqrt{4-t^2}-(\sqrt{2}-t)\}\{\sqrt{4-t^2}-1\}$

$=4(4-t^2)-4(1+\sqrt{2})\sqrt{4-t^2}$

$+4t\sqrt{4-t^2}+4(\sqrt{2}-t)$

以上（ア），（イ），（ウ）より

$$\frac{V}{2}=\int_0^2 S(t)\,dt$$

$$=4\int_0^2(4-t^2)\,dt-4\sqrt{2}\int_0^{\sqrt{2}}\sqrt{4-t^2}\,dt$$

$$+4\int_0^{\sqrt{2}}t\sqrt{4-t^2}\,dt-4\int_0^1\sqrt{4-t^2}\,dt$$

$$+4\int_0^1(\sqrt{2}-t)\,dt$$

この式に出てくる定積分を順に $I_1 \sim I_5$ とする．

$$I_1=\left[\,4t-\frac{t^3}{3}\,\right]_0^2=8-\frac{8}{3}=\frac{16}{3}$$

$$I_2=\frac{1}{2}\cdot 2^2\cdot\frac{\pi}{4}+\frac{1}{2}\cdot\sqrt{2}\cdot\sqrt{2}=\frac{\pi}{2}+1$$

$$I_3=\int_0^{\sqrt{2}}\left\{-\frac{1}{2}(4-t^2)'\sqrt{4-t^2}\right\}dt$$

$$=\left[\,-\frac{1}{2}\cdot\frac{2}{3}(4-t^2)^{\frac{3}{2}}\,\right]_0^{\sqrt{2}}=\frac{1}{3}(8-2\sqrt{2})$$

$$I_4=\frac{1}{2}\cdot 2^2\cdot\frac{\pi}{6}+\frac{1}{2}\cdot 1\cdot\sqrt{3}=\frac{\pi}{3}+\frac{\sqrt{3}}{2}$$

$$I_5=\left[\,\sqrt{2}t-\frac{t^2}{2}\,\right]_0^1=\sqrt{2}-\frac{1}{2}$$

である（I_2, I_4 はそれぞれ図 6，図 7 の面積である）．

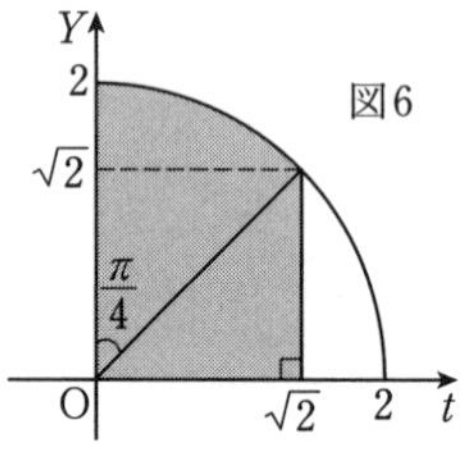

図6

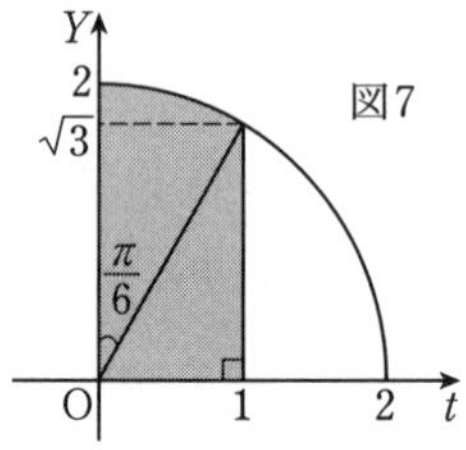

図7

$$\frac{V}{2}=4\cdot\frac{16}{3}-4\sqrt{2}\left(\frac{\pi}{2}+1\right)+\frac{4}{3}(8-2\sqrt{2})$$

$$-4\left(\frac{\pi}{3}+\frac{\sqrt{3}}{2}\right)+4\left(\sqrt{2}-\frac{1}{2}\right)$$

$$=30-\frac{8\sqrt{2}}{3}-2\sqrt{3}-\left(\frac{4}{3}+2\sqrt{2}\right)\pi$$

$$V=\mathbf{60-\frac{16\sqrt{2}}{3}-4\sqrt{3}-\left(\frac{8}{3}+4\sqrt{2}\right)\pi}$$

注意 立体は次のようになっている．

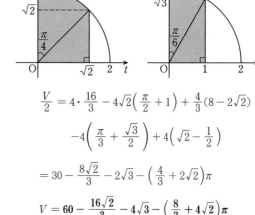

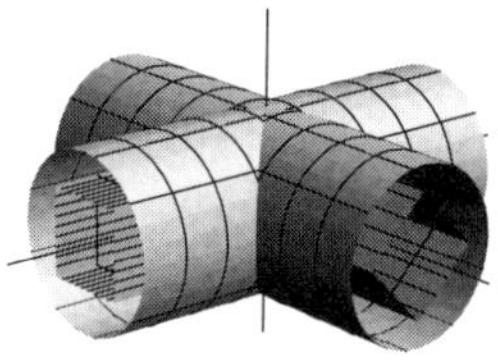

《放物線が動く（B20）☆》

420．空間内に平面 α がある．α 上に，点 O_1 を中心とする半径 1 の円 C_1 があり，C_1 上の 2 点 A, B は，弦 AB が点 O_1 を通るものとする．点 F は，直線 BF が α に垂直で，線分 BF の長さが 2 であるものとする．今，線分 AB 上に点 O_2 をとり，線分 AO_2 の長さを t とおく．ただし，$0<t \leqq 1$ とする．C_1 の 2 点 X, X′ は，弦 XX′ が点 O_2 を通り，直線 AB に直交するものとする．点 Y は，線分 AF 上にあり，直線 O_2Y が直線 BF に平行であるものとする．3 点 X, X′, Y を通る平面を β とおく．β 上の 2 点 X, X′ を通り，Y を頂点とする放物線を C_2 とおく．β 上で，C_2 と線分 XX′ で囲まれた領域を D とおく．以下の問いに答えよ．

（1） 平面 β 上の各点の (x, y) 座標を，O_2 を原点 $(0, 0)$ とし，半直線 O_2X を x 軸の正の部分とし，半直線 O_2Y を y 軸の正の部分として定めるとき，放物線 C_2 の方程式を x, y, t を用いて表せ．

（2） D の面積を M とおく．M を t を用いて表せ．

（3） O_2 が A から O_1 まで移動するとき D が通過してできる立体の体積を V とおく．V の値を求めよ．ただし，$t=0$ のとき，$M=0$ とおく．

（23 福井大・工-後期）

考え方 問題文が長いが，我慢して読もう．解説では斜めから見た図を描くが，答案では斜めから見た図を描く必要はない．立体を無理に想像しないで，まっすぐ見るようにする．

▶解答◀ （1） 以下，斜字体の X, Y と立体の X，Y を区別して読め．

図1

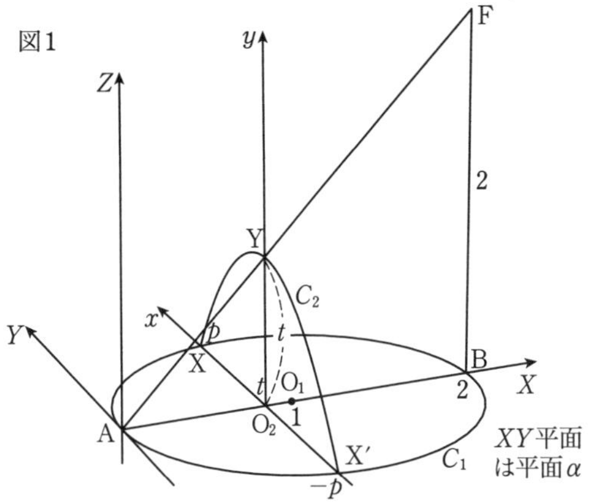

A(0, 0, 0), B(2, 0, 0) とする XYZ 座標空間をとる．円 C_1 は XY 平面上にあり

$$(X-1)^2+Y^2=1$$

である．$X=t$ とすると $Y=\pm\sqrt{2t-t^2}$ となる．$p=\sqrt{2t-t^2}$ とおく．$AB=BF=2$ であるから $YO_2=AO_2=t$ である．

xy 座標系で，$y=0$ の解は $\pm p$ であるから C_2 を $y=q(p-x)(p+x)$ とおく．$x=0$ のとき $y=t$ であるから $qp^2=t$

$$q=\frac{t}{p^2}=\frac{1}{2-t}$$

$$C_2 : y=\frac{1}{2-t}(p^2-x^2)$$

$$\boldsymbol{y=\frac{1}{2-t}(2t-t^2-x^2)}$$

図2

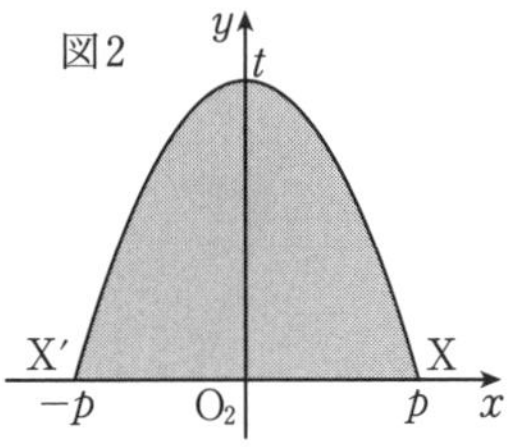

（2） 6分の1公式を用いて

$$M=\int_{-p}^{p} y\,dx$$

$$=\frac{1}{6(2-t)}\left\{\sqrt{2t-t^2}-\left(-\sqrt{2t-t^2}\right)\right\}^3$$

$$=\frac{4}{3(2-t)}\{t(2-t)\}^{\frac{3}{2}}=\boldsymbol{\frac{4}{3}t\sqrt{2t-t^2}}$$

（3） $V=\int_0^1 M\,dt=\frac{4}{3}\int_0^1 t\sqrt{2t-t^2}\,dt$

$$=\frac{4}{3}\int_0^1 t\sqrt{1-(t-1)^2}\,dt \quad \cdots\cdots①$$

$t-1=\sin\theta$ とおくと $\frac{dt}{d\theta}=\cos\theta$

t	$0 \to 1$
θ	$-\frac{\pi}{2} \to 0$

$-\frac{\pi}{2} \leqq \theta \leqq 0$ において $\cos\theta \geqq 0$ であるから

$$\int_0^1 t\sqrt{1-(t-1)^2}\,dt$$

$$=\int_{-\frac{\pi}{2}}^{0}(\sin\theta+1)\cos^2\theta\,d\theta$$

$$=\int_{-\frac{\pi}{2}}^{0}\cos^2\theta(-\cos\theta)'\,d\theta+\int_{-\frac{\pi}{2}}^{0}\frac{\cos 2\theta+1}{2}\,d\theta$$

$$=-\left[\frac{1}{3}\cos^3\theta\right]_{-\frac{\pi}{2}}^{0}+\frac{1}{2}\left[\frac{1}{2}\sin 2\theta+\theta\right]_{-\frac{\pi}{2}}^{0}$$

$$=-\frac{1}{3}-\frac{1}{2}\left(-\frac{\pi}{2}\right)=\frac{\pi}{4}-\frac{1}{3}$$

① より $V=\frac{4}{3}\left(\frac{\pi}{4}-\frac{1}{3}\right)=\boldsymbol{\frac{\pi}{3}-\frac{4}{9}}$ である．

注意 【間口の広さと深さで考える】

図4の曲線は $y=ax^2$ である．勿論，$a>0, \alpha>0$ とする．長方形 ABCD の面積を [ABCD] と表す．$[\mathrm{ABCD}]=2\alpha\cdot a\alpha^2$ である．曲線と x 軸の間の面積は $2\int_0^{\alpha} ax^2\,dx=\frac{2a\alpha^3}{3}=\frac{1}{3}[\mathrm{ABCD}]$ であるから，曲線と線分 AD で囲まれた図形の面積は $\frac{2}{3}[\mathrm{ABCD}]$，長方形全体の面積の $\frac{2}{3}$ である．

だから図2の網目部分の面積は $\frac{2}{3}(t\cdot 2p)=\frac{4}{3}t\sqrt{2t-t^2}$ である．

なお，できる立体は図3のようになる．

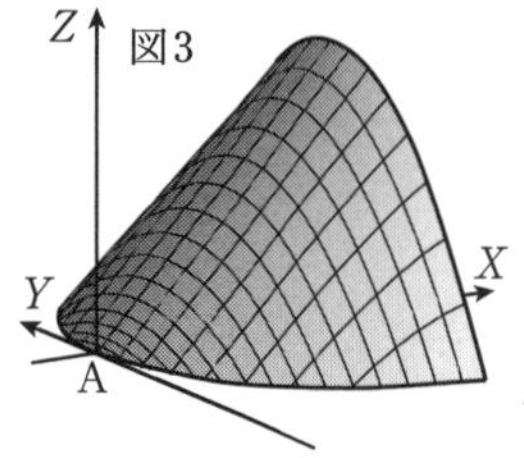

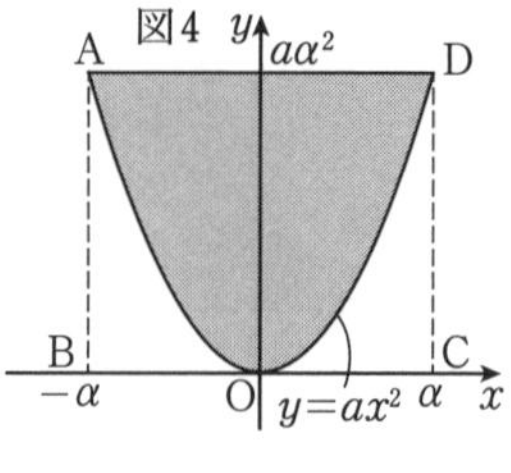

《不思議な立体（D30）》

421．O を原点とする座標空間において，不等式 $|x| \leqq 1$, $|y| \leqq 1$, $|z| \leqq 1$ を表す立方体を考える．その立方体の表面のうち，$z<1$ を満たす部分を S とする．

以下，座標空間内の 2 点 A, B が一致するとき，線分 AB は点 A を表すものとし，その長さを 0 と定める．

（1） 座標空間内の点 P が次の条件（ i ），（ii）をともに満たすとき，点 P が動きうる範囲 V の体積を求めよ．

（ i ） $\mathrm{OP} \leqq \sqrt{3}$

（ii） 線分 OP と S は，共有点を持たないか，点 P のみを共有点に持つ．

（2） 座標空間内の点 N と点 P が次の条件（iii），（iv），（ v ）をすべて満たすとき，点 P が動きうる範囲 W の体積を求めよ．必要ならば，$\sin\alpha = \dfrac{1}{\sqrt{3}}$ を満たす実数 α $\left(0<\alpha<\dfrac{\pi}{2}\right)$ を用いてよい．

（iii） $\mathrm{ON}+\mathrm{NP} \leqq \sqrt{3}$

（iv） 線分 ON と S は共有点を持たない．

（ v ） 線分 NP と S は，共有点を持たないか，点 P のみを共有点に持つ．

（23　東大・理科）

▶解答◀ （1） 立方体の頂点を図のようにおく．O と立方体の各面の 4 頂点を結ぶことによって，立方体は 6 つの合同な正四角錐に分けられる．正四角錐の底面を外し，どこまでも伸びる四角錐のようなものを考える．例えば，正四角錐 O-ABCD の底面を外し，半直線 OA, OB, OC, OD で囲まれたどこまでも伸びる四角錐のようなものを半四角錐 O-ABCD と呼ぶことにしよう．

P を半四角錐 O-AEBF の内部の点とする．このとき，正四角錐 O-AEBF の表面および内部の点は条件（ i ），（ii）をともに満たす．正四角錐 O-AEBF の外部の点は条件（ii）を満たさない．ゆえに，半四角錐 O-AEBF の内部の点で条件（ i ），（ii）をともに満たす点 P の動きうる範囲は，正四角錐 O-AEBF であり，その体積は立方体の $\dfrac{1}{6}$ であるから，$\dfrac{1}{6}\cdot 2^3 = \dfrac{4}{3}$ である．

P を半四角錐 O-BFGC, O-CGHD, O-DHEA, O-EFGH の内部の点とするときもそれぞれ同様に $\dfrac{4}{3}$ ずつである．

P を半四角錐 O-ABCD の内部の点とする．このとき，条件（ii）は満たされるから，原点中心，半径 $\sqrt{3}$ の球の内部と半四角錐 O-ABCD の内部の共通部分を考える．ここで，O と立方体の各面の 4 頂点を半直線で結ぶことによってできる半四角錐は球を 6 つの合同な立体に分けるから，半四角錐 O-ABCD の内部の点で条件（ i ），（ii）をともに満たす点 P の動きうる範囲の体積は球の $\dfrac{1}{6}$ であるから，$\dfrac{1}{6}\cdot\dfrac{4}{3}\pi(\sqrt{3})^3 = \dfrac{2\sqrt{3}}{3}\pi$ である．

以上より，点 P が動きうる範囲 V の体積は

$$5\cdot\frac{4}{3}+\frac{2\sqrt{3}}{3}\pi = \boldsymbol{\frac{2}{3}(10+\sqrt{3}\pi)}$$

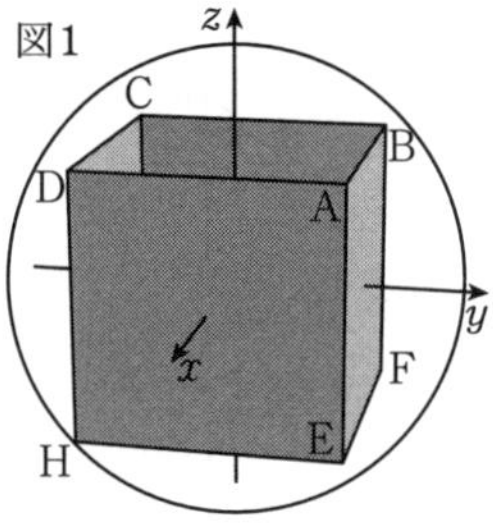

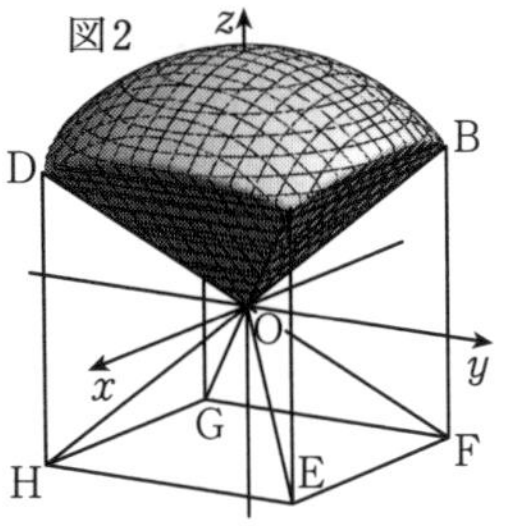

（2） N を線分 OP 上に取れば，（1）と同じ状況になるから P が V 内にあるとき（iii）から（ v ）を全て満たす．特に，$V \subset W$ であるから，$\overline{V}\cap W$ の部分について考えたい．すなわち，P が V をはみ出るのはどのようなときかを考える．

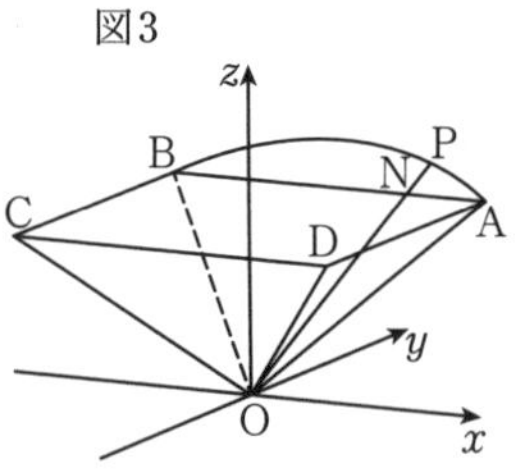

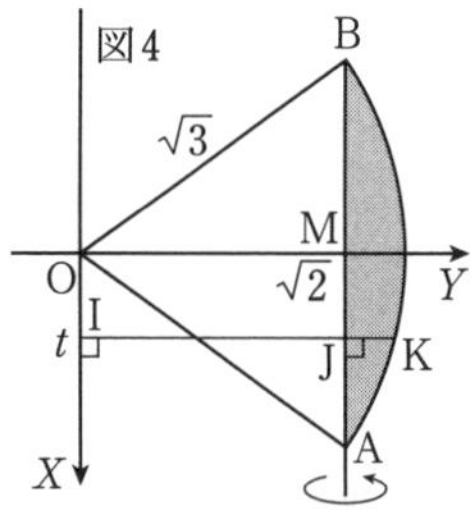

N を半四角錐 O-ABCD の内部でさらに平面 OAB 上にあるとする．特に N を AB 上の点としたとき，P を平面 OAB 内かつ △OAB の外側に固定すると，P の動ける範囲は図の網目部分である．（iii）を満たすように P の固定を外すと P の存在領域は網目部分を AB を軸に 1 回転したものとなる．このうち，$\overline{V}\cap W$ の部分を考えると，それは図 4 の網目部分（弓形）を AB を軸に $\dfrac{3\pi}{4}$ だけ回転したものとなる．図 4 のように座標を入れ

ると，

$$\mathrm{IK}=\sqrt{3-t^2},\ \mathrm{IJ}=\sqrt{2}$$

$$\mathrm{JK}=\sqrt{3-t^2}-\sqrt{2}$$

であるからNをAB上に固定したときの $\overline{V}\cap W$ の部分の体積は，対称性から

$$2\int_0^1 \frac{1}{2}\mathrm{JK}^2\frac{3\pi}{4}\,dt$$

$$=\frac{3}{4}\pi\int_0^1(5-t^2-2\sqrt{2}\sqrt{3-t^2})\,dt$$

$$=\frac{3}{4}\pi\left\{\left[\,5t-\frac{t^3}{3}\,\right]_0^1\right.$$

$$\left.-2\sqrt{2}\left(\frac{1}{2}(\sqrt{3})^2\alpha+\frac{1}{2}\cdot 1\cdot\sqrt{2}\right)\right\}$$

$$=\frac{3}{4}\pi\left(\frac{14}{3}-\sqrt{2}(3\alpha+\sqrt{2})\right)$$

$$=\left(2-\frac{9\sqrt{2}}{4}\alpha\right)\pi$$

なお，$\int_0^1\sqrt{3-t^2}$ の積分は，図の網目部分の面積として求めた．

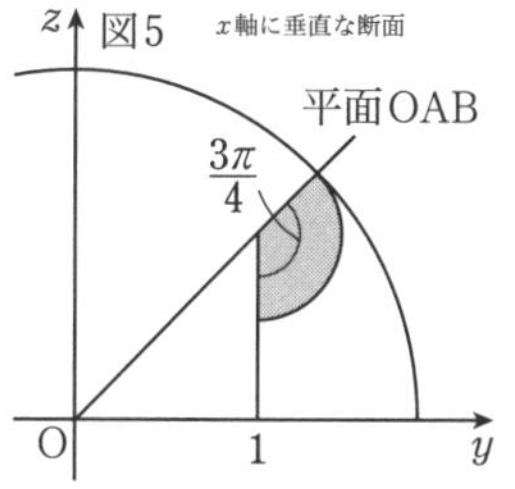

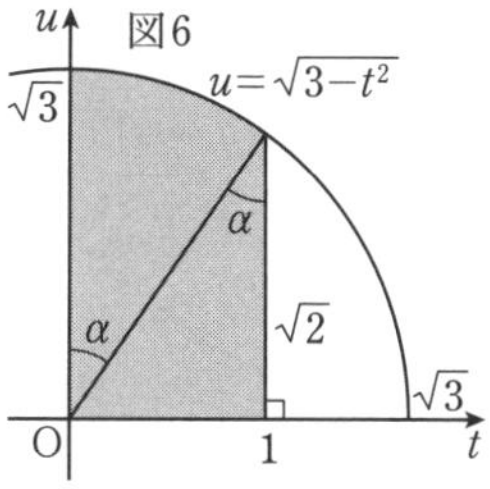

NがBC，CD，DA上にあるときも同様であるから，$\overline{V}\cap W$ の部分の体積は

$$4\cdot\left(2-\frac{9\sqrt{2}}{4}\alpha\right)\pi=(8-9\sqrt{2}\alpha)\pi$$

よって，W の体積は

$$\frac{2}{3}(10+\sqrt{3}\pi)+(8-9\sqrt{2}\alpha)\pi$$

$$=\boldsymbol{\frac{20}{3}+\left(\frac{2\sqrt{3}}{3}+8-9\sqrt{2}\alpha\right)\pi}$$

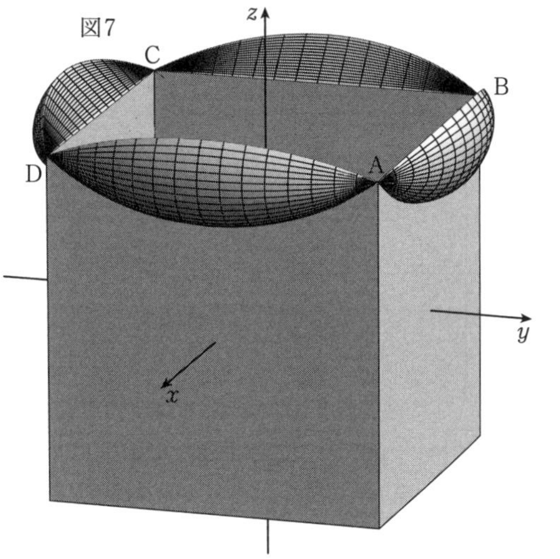

求積する立体は，上の図に，図2の角錐ケーキが乗っかり，立方体内部も含むものである．

注意 しつこく説明してみよう．

側面と底面が固い物質で出来ていて，上面だけが空いている立方体型の容器がある．線分は容器の側面と底面を突き破ることはできない．

（1） $\mathrm{OP}\leqq\sqrt{3}$ であるPの先端の点はどこを動くか？

ということである．容器の内部は動くことができる．そしてOを中心，半径 $\sqrt{3}$ の球（S と呼ぶ）を，平面OABで切った扇形（これをSec(OAB)ということにする），Sec(OBC)，Sec(OCD)，Sec(ODA)という合計4つの扇形と S で囲まれた図2の黒い部分（これを角錐ケーキと呼ぶことにしよう）も動くことができる．そして，この角錐ケーキは，Sec(OAB)を x 軸の周りに回転してできる扇形と，Sec(ODA)を y 軸の周りに回転してできる扇形を合わせて，埋め尽くしていくことができる．

（2） $\mathrm{ON}+\mathrm{NP}\leqq\sqrt{3}$ である折れ線ONPの先端Pはどこを動くか？

ということである．折れ線が容器の側面や底面を突き破ることができないのは同様である．O，N，Pが一直線上にあれば，（1）の角錐ケーキの中にある．角錐ケーキを埋め尽くしていく，その1つの扇形をとり，その扇形を固定し，Nを固定し，NPの長さも固定して，NPの方向だけを変えて，その扇形が乗っている平面上で動かしてみよう．すると，PはNを中心，半径 $\sqrt{3}-\mathrm{ON}$ の円を描く．この円は，扇形の弧ABの外部に出ることはない．直線OA，直線OBに関してNと反対の側に出るかもしれないが，これは，容器の

壁に阻まれるから，関係ない．この後，許される動きは，弓形 AB（図8の網目部分）を容器の縁に沿って折り曲げることだけである．

図8

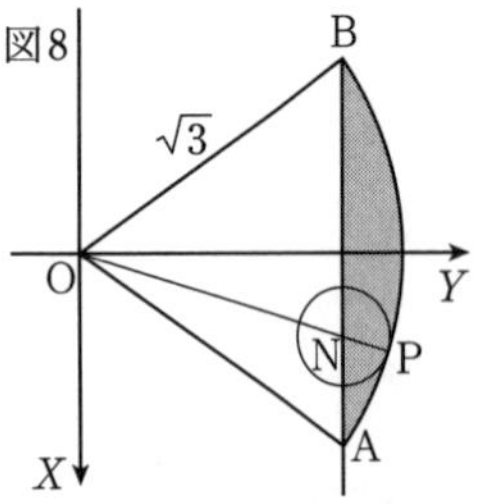

《指数関数 (A10) ☆》

422. 曲線 $y=\sqrt{x+1}e^{2x}$ と x 軸，y 軸，および直線 $x=1$ で囲まれた図形を x 軸のまわりに1回転してできる回転体の体積を求めよ．

（23 岩手大・前期）

▶解答◀ 求める体積を V とする．

$$\frac{V}{\pi}=\int_0^1 y^2\,dx=\int_0^1 (x+1)e^{4x}\,dx$$
$$=\int_0^1 (x+1)\left(\frac{1}{4}e^{4x}\right)'dx$$
$$=\left[\frac{1}{4}(x+1)e^{4x}\right]_0^1-\int_0^1 (x+1)'\left(\frac{1}{4}e^{4x}\right)dx$$
$$=\frac{1}{2}e^4-\frac{1}{4}-\frac{1}{4}\int_0^1 e^{4x}\,dx$$
$$=\frac{1}{2}e^4-\frac{1}{4}-\frac{1}{4}\left[\frac{1}{4}e^{4x}\right]_0^1$$
$$=\frac{1}{2}e^4-\frac{1}{4}-\frac{1}{4}\left(\frac{1}{4}e^4-\frac{1}{4}\right)=\frac{7}{16}e^4-\frac{3}{16}$$
$$V=\boldsymbol{\frac{\pi}{16}(7e^4-3)}$$

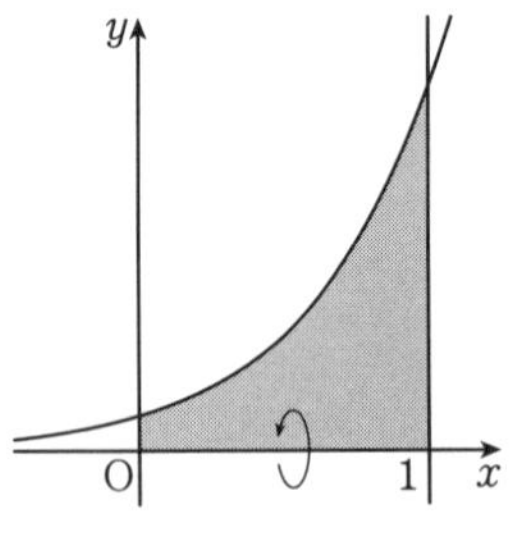

《指数関数 (B10) ☆》

423. 関数 $f(x)=4\cdot 2^x-4^x$ を考える．$2^x=t$ とし，$f(x)$ を t で表した関数を $g(t)$ とする．このとき，以下の設問（1）〜（4）に答えよ．ただし，設問（1）は答えのみでよい．

（1） $g(t)$ を求めよ．

（2） 不等式 $f(x)\geqq 0$ を解け．

（3） 曲線 $y=f(x)$ と x 軸および2直線 $x=0,\ x=1$ で囲まれた部分の面積 S を求めよ．

（4） 曲線 $y=f(x)$ と x 軸および2直線 $x=0,\ x=1$ で囲まれた部分が x 軸の周りに1回転してできる回転体の体積 V を求めよ．

（23 秋田県立大・前期）

▶解答◀ （1） $2^x=t$ であるから，

$f(x)=4t-t^2$ となり，$g(t)=\boldsymbol{4t-t^2}$ である．

（2） $g(t)\geqq 0$ とすると，$t(4-t)\geqq 0$

$t=2^x>0$ であるから，$t\leqq 4$

$2^x\leqq 2^2$ $\quad\therefore\quad \boldsymbol{x\leqq 2}$

（3） $0\leqq x\leqq 1$ において，$f(x)>0$ であるから

$$S=\int_0^1 (4\cdot 2^x-4^x)\,dx=\left[4\cdot\frac{2^x}{\log 2}-\frac{4^x}{\log 4}\right]_0^1$$
$$=4\cdot\frac{2-1}{\log 2}-\frac{4-1}{\log 4}=\frac{4}{\log 2}-\frac{3}{2\log 2}$$
$$=\boldsymbol{\frac{5}{2\log 2}}$$

（4） $$\frac{V}{\pi}=\int_0^1 (4\cdot 2^x-4^x)^2\,dx$$
$$=\int_0^1 (16\cdot 4^x-8\cdot 8^x+16^x)\,dx$$
$$=\left[16\cdot\frac{4^x}{\log 4}-8\cdot\frac{8^x}{\log 8}+\frac{16^x}{\log 16}\right]_0^1$$
$$=16\cdot\frac{4-1}{\log 4}-8\cdot\frac{8-1}{\log 8}+\frac{16-1}{\log 16}$$
$$=\frac{48}{2\log 2}-\frac{56}{3\log 2}+\frac{15}{4\log 2}=\frac{288-224+45}{12\log 2}$$
$$V=\boldsymbol{\frac{109}{12\log 2}\pi}$$

注意 $y=f(x)$ のグラフは図のようになる．

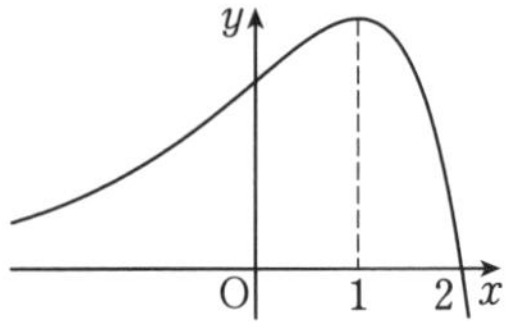

《接線と曲線と x 軸 (B10)》

424. 曲線 $y=\sqrt{4x-2}$ と，原点からこの曲線に引いた接線および x 軸で囲まれた図形を x 軸のまわりに1回転してできる回転体の体積を求めよ．

（23 岩手大・理工-後期）

▶解答◀ $y=\sqrt{4x-2}$ のとき

$$y'=\frac{4}{2\sqrt{4x-2}}=\frac{2}{\sqrt{4x-2}}$$

$x=t$ における接線の方程式は

$$y=\frac{2}{\sqrt{4t-2}}(x-t)+\sqrt{4t-2}$$

これが原点を通るとき

$$0=\frac{-2t}{\sqrt{4t-2}}+\sqrt{4t-2}$$

$$0=-2t+4t-2 \qquad \therefore \quad t=1$$

このとき，接線の方程式は $y=\sqrt{2}x$ である．曲線を C，接線を l，求める体積を V とすると

$$V=\frac{1}{3}\cdot\pi(\sqrt{2})^2\cdot 1-\pi\int_{\frac{1}{2}}^{1}(\sqrt{4x-2})^2\,dx$$

$$=\frac{2}{3}\pi-\pi\int_{\frac{1}{2}}^{1}(4x-2)\,dx$$

$$=\frac{2}{3}\pi-\pi\Big[\,2x^2-2x\,\Big]_{\frac{1}{2}}^{1}$$

$$=\frac{2}{3}\pi+\pi\left(\frac{1}{2}-1\right)=\boldsymbol{\frac{\pi}{6}}$$

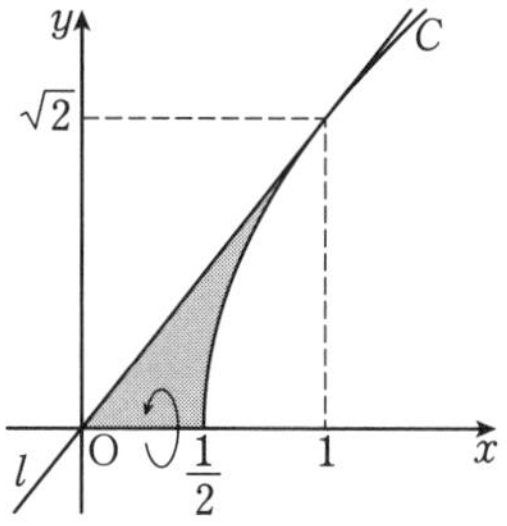

《接線と曲線と x 軸 (B10) ☆》

425. $a,\,p$ を実数とする．曲線 $C:y=2\log_e x$ が直線 $l:y=ax$ と点 $\mathrm{P}(p,\,ap)$ で接している．このとき，以下の問いに答えなさい．

（1） 実数 $p,\,a$ の値を求めなさい．

（2） 曲線 C と直線 $x=p,\ y=0$ で囲まれた図形の面積 S を求めなさい．

（3） 関数 $y=x(\log_e x)^2$ を x について微分しなさい．

（4） 曲線 C と直線 $l,\ y=0$ で囲まれた図形を x 軸のまわりに 1 回転してできる立体の体積 V を求めなさい． （23 福島大・共生システム理工）

▶解答◀ （1） $f(x)=2\log x$，$g(x)=ax$ とおく．$f'(x)=\dfrac{2}{x}$，$g'(x)=a$ である．$C,\ l$ が P で接する条件は

$f(p)=g(p)$ かつ $f'(p)=g'(p)$

$$2\log p=ap,\ \frac{2}{p}=a$$

a を消去して $2\log p=2$ となり，$p=\boldsymbol{e}$，$a=\boldsymbol{\dfrac{2}{e}}$

（**2**） $\displaystyle\int\log x\,dx=\int(x)'\log x\,dx$

$$=x\log x-\int x(\log x)'\,dx$$

$$=x\log x-\int x\cdot\frac{1}{x}\,dx=x\log x-x$$

積分定数は省略した．

$$S=\int_1^e 2\log x\,dx=2\Big[\,x\log x-x\,\Big]_1^e=\boldsymbol{2}$$

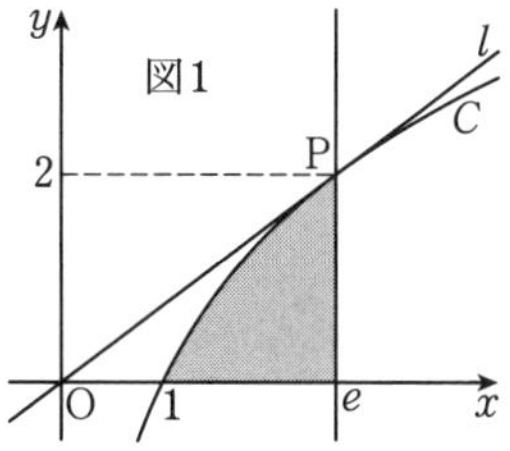

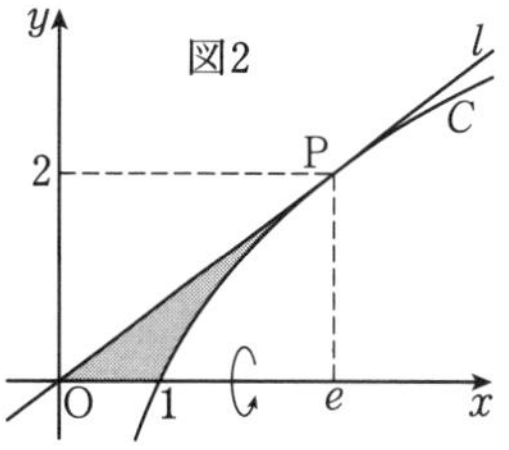

（**3**） $y'=1\cdot(\log x)^2+x\cdot 2\log x\cdot\dfrac{1}{x}$

$$\{x(\log_e x)^2\}'=\boldsymbol{(\log x)^2+2\log x}$$

（**4**） $\{x(\log x)^2\}'=(\log x)^2+2(x\log x-x)'$

$$\int(\log x)^2\,dx=x(\log x)^2-2(x\log x-x)$$

積分定数は省略した．図 2 を見よ．円錐から図 1 の網目部分を回転した体積を引くと考え

$$V=\frac{1}{3}\cdot\pi\cdot 2^2\cdot e-\int_1^e\pi(2\log x)^2\,dx$$

$$=\frac{4}{3}e\pi-4\pi\Big[\,x(\log x)^2-2(x\log x-x)\,\Big]_1^e$$

$$=\frac{4}{3}e\pi-4\pi(e-2)=\boldsymbol{\frac{24-8e}{3}\pi}$$

《接線と曲線と x 軸 (B20)》

426. a を実数とする．曲線 $C:y=\sqrt{3x-1}$ と直線 $l:y=3ax+a$ が接するとする．C と l および x 軸で囲まれた部分を A とする．

（1） a の値を求めよ．

（2） A の面積 S を求めよ．

（3） A を x 軸の周りに 1 回転させてできる立体の体積 V を求めよ． （23 滋賀県立大・後期）

▶解答◀ （1） $y=\sqrt{3x-1}$ のとき

$$3x-1=y^2$$

$3x=y^2+1$ を l の式に代入し

$$y=a(y^2+1)+a$$

$$ay^2-y+2a=0 \cdots\cdots\text{①}$$

これが重解をもつときであるから $a\neq 0$ のときで，判別式を D とすると

$$D=1-4\cdot a\cdot 2a=0 \qquad \therefore \quad a=\pm\frac{1}{2\sqrt{2}}$$

である．ただし ① の重解 $y=\dfrac{1}{2a}$ であるから，$y=\sqrt{3x-1}\geqq 0$ より $a>0$ である．

$a=\boldsymbol{\dfrac{1}{2\sqrt{2}}}$，$y=\sqrt{2}$ となり，接点は $\mathrm{T}(1,\,\sqrt{2})$ となる．

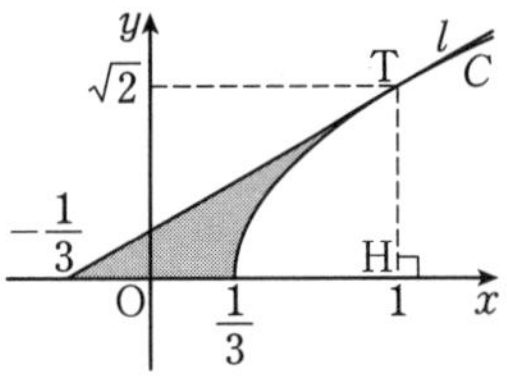

（2） 三角形から曲線と x 軸の間を引くと考え

$$S=\frac{1}{2}\cdot\frac{4}{3}\sqrt{2}-\int_{\frac{1}{3}}^{1}(3x-1)^{\frac{1}{2}}\,dx$$

$$=\frac{2}{3}\sqrt{2}-\left[\frac{2}{9}(3x-1)^{\frac{3}{2}}\right]_{\frac{1}{3}}^{1}$$

$$=\frac{2}{3}\sqrt{2}-\frac{2}{9}\cdot 2^{\frac{3}{2}}=\frac{6}{9}\sqrt{2}-\frac{4}{9}\sqrt{2}=\boldsymbol{\frac{2}{9}\sqrt{2}}$$

（3） 図を参照せよ．円錐の体積から，C と x 軸と TH で囲まれた図形を x 軸の周りに 1 回転させてできる立体の体積を除くと考える．

$$V=\frac{1}{3}(\sqrt{2})^2\pi\cdot\frac{4}{3}-\pi\int_{\frac{1}{3}}^{1}(\sqrt{3x-1})^2\,dx$$

$$=\frac{8\pi}{9}-\pi\int_{\frac{1}{3}}^{1}(3x-1)\,dx$$

$$=\frac{8\pi}{9}-\pi\left[\frac{1}{6}(3x-1)^2\right]_{\frac{1}{3}}^{1}$$

$$=\frac{8\pi}{9}-\frac{2\pi}{3}=\boldsymbol{\frac{2\pi}{9}}$$

《対数関数（B20）》

427．関数 $f(x)=\dfrac{e^2}{\sqrt{x}}\log x\ (x>0)$ について，以下の問いに答えよ．

（1） $f(x)$ の増減と極値，およびグラフの変曲点を調べよ．

（2） 連立不等式 $0\leqq y\leqq\dfrac{e^2}{\sqrt{x}}\log x,\ 0<x\leqq e^2$ で定まる領域の面積 S を求めよ．

（3） （2）で定めた領域を x 軸の周りに 1 回転してできる回転体の体積 V を求めよ．

（23　三重大・前期）

▶解答◀ （1） $\dfrac{f(x)}{e^2}=(\log x)x^{-\frac{1}{2}}$

$$\frac{f'(x)}{e^2}=\frac{1}{x}\cdot x^{-\frac{1}{2}}-\frac{1}{2}(\log x)x^{-\frac{3}{2}}$$

$$=x^{-\frac{3}{2}}-\frac{1}{2}\cdot x^{-\frac{3}{2}}\log x=\frac{1}{2}x^{-\frac{3}{2}}(2-\log x)$$

$$\frac{f''(x)}{e^2}=-\frac{3}{2}x^{-\frac{5}{2}}+\frac{3}{4}x^{-\frac{5}{2}}\log x-\frac{1}{2}x^{-\frac{3}{2}}\cdot\frac{1}{x}$$

$$=x^{-\frac{5}{2}}\left(-2+\frac{3}{4}\log x\right)$$

x	0	…	e^2	…	$e^{\frac{8}{3}}$	…
$f'(x)$		$+$	0	$-$	$-$	$-$
$f''(x)$		$-$	$-$	$-$	0	$+$
$f(x)$		↗		↘		↘

極大値は，$f(e^2)=\boldsymbol{2e}$．極小値はない．

変曲点は，$\left(\boldsymbol{e^{\frac{8}{3}},\ \frac{8}{3}e^{\frac{2}{3}}}\right)$

（2） $S=\displaystyle\int_1^{e^2}\frac{e^2}{\sqrt{x}}\log x\,dx=e^2\int_1^{e^2}(2\sqrt{x})'\log x\,dx$

$$=e^2\Big[2\sqrt{x}\log x\Big]_1^{e^2}-e^2\int_1^{e^2}2\sqrt{x}(\log x)'\,dx$$

$$=4e^3-2e^2\int_1^{e^2}\frac{1}{\sqrt{x}}\,dx=4e^3-2e^2\Big[2\sqrt{x}\Big]_1^{e^2}$$

$$=4e^3-2e^2(2e-2)=\boldsymbol{4e^2}$$

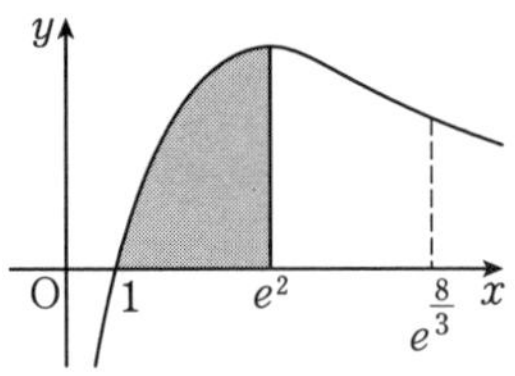

（3） $V=\pi\displaystyle\int_1^{e^2}\frac{e^4}{x}(\log x)^2\,dx$

$$=\pi e^4\int_1^{e^2}(\log x)'(\log x)^2\,dx$$

$$=\pi e^4\left[\frac{1}{3}(\log x)^3\right]_1^{e^2}=\pi e^4\cdot\frac{1}{3}\cdot 8$$

$$=\boldsymbol{\frac{8}{3}\pi e^4}$$

《三角関数と座標軸（B15）》

428．次の問いに答えなさい．

（1） （i），（ii）の定積分の値を求めなさい．

（i） $\displaystyle\int_0^{\pi}\sin^2 x\,dx$

（ii） $\displaystyle\int_0^{\pi}\sin 2x\sin x\,dx$

（2） m,n が自然数のとき，定積分 $\displaystyle\int_0^{\pi}\sin mx\sin nx\,dx$ の値を求めなさい．

（3） a,b が実数の定数のとき，x についての関数 $f(x)=a\sin x+b\sin 2x\ (0\leqq x\leqq\pi)$ がある．$f(x)$ は $x=\dfrac{2\pi}{3}$ で極小値 $-\dfrac{3\sqrt{3}}{4}$ をとる．（i），（ii）に答えなさい．

（i） a,b の値を求めなさい．

（ii） 曲線 $y=f(x)$ と x 軸とで囲まれる部分を x 軸のまわりに 1 回転してできる立体の体積を求めなさい．

（23　長崎県立大・前期）

▶解答◀ （1）（ｉ） $\int_0^{\pi}\sin^2 x\,dx$

$$=\frac{1}{2}\int_0^{\pi}(1-\cos 2x)\,dx$$

$$=\frac{1}{2}\left[x-\frac{1}{2}\sin 2x\right]_0^{\pi}=\boldsymbol{\frac{\pi}{2}}$$

（ii） $\int_0^{\pi}\sin 2x\sin x\,dx=2\int_0^{\pi}\sin^2 x\cos x\,dx$

$$=2\int_0^{\pi}\sin^2 x(\sin x)'\,dx=2\left[\frac{1}{3}\sin^3 x\right]_0^{\pi}=\mathbf{0}$$

（2） $\boldsymbol{m=n}$ のとき,

$$\int_0^{\pi}\sin mx\sin nx\,dx=\int_0^{\pi}\sin^2 mx\,dx$$

$$=\frac{1}{2}\int_0^{\pi}(1-\cos 2mx)\,dx$$

$$=\frac{1}{2}\left[x-\frac{\sin 2mx}{2m}\right]_0^{\pi}=\boldsymbol{\frac{\pi}{2}}$$

$\boldsymbol{m\neq n}$ のとき,

$$\int_0^{\pi}\sin mx\sin nx\,dx$$

$$=-\frac{1}{2}\int_0^{\pi}\{\cos(m+n)x-\cos(m-n)x\}\,dx$$

$$=-\frac{1}{2}\left[\frac{\sin(m+n)x}{m+n}-\frac{\sin(m-n)x}{m-n}\right]_0^{\pi}=\mathbf{0}$$

（3）（ｉ） $f\left(\frac{2\pi}{3}\right)=-\frac{3\sqrt{3}}{4}$ であるから,

$$\frac{\sqrt{3}}{2}a-\frac{\sqrt{3}}{2}b=-\frac{3\sqrt{3}}{4}$$

$$a-b=-\frac{3}{2}\quad\cdots\cdots①$$

また, $f'(x)=a\cos x+2b\cos 2x$ で, $f'\left(\frac{2\pi}{3}\right)=0$ であるから,

$$-\frac{1}{2}a-b=0\quad\cdots\cdots②$$

①－② より, $\frac{3}{2}a=-\frac{3}{2}$, すなわち $a=\mathbf{-1}$ である. ② より $b=\boldsymbol{\frac{1}{2}}$ である.

（ii） $f(x)=-\sin x+\frac{1}{2}\sin 2x$

$$f'(x)=-\cos x+\cos 2x$$

$$=2\cos^2 x-\cos x-1$$

$$=(2\cos x+1)(\cos x-1)$$

$f'(x)=0$ となるのは, $\cos x=-\frac{1}{2}, 1$ のとき, すなわち $x=\frac{2}{3}\pi, 0$ のときである. したがって, $f(x)$ は以下のように増減する.

x	0	$\cdots$	$\frac{2}{3}\pi$	$\cdots$	π
$f'(x)$		$-$		$+$	
$f(x)$		↘		↗	

$f(0)=f(\pi)=0$ であるから, $y=f(x)$ のグラフは図のようになる. 体積を求める立体は, 図の網目部分を回転させたものである. 求める体積を V とする.

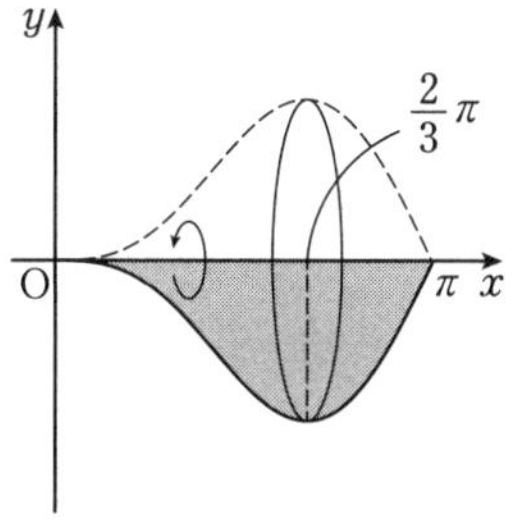

$$\frac{V}{\pi}=\int_0^{\pi}\{f(x)\}^2\,dx$$

$$=\int_0^{\pi}\left(-\sin x+\frac{1}{2}\sin 2x\right)^2 dx$$

$$=\int_0^{\pi}\left(\sin^2 x-\sin x\sin 2x+\frac{1}{4}\sin^2 2x\right)dx$$

$$=\frac{\pi}{2}-0+\frac{1}{4}\cdot\frac{\pi}{2}=\frac{5}{8}\pi$$

$$V=\boldsymbol{\frac{5}{8}\pi^2}$$

《三角関数と座標軸（B15）☆》

429. 関数 $f(x)=\sin\left(x+\frac{\pi}{4}\right)$ のグラフが, $0\leqq x\leqq\pi$ の範囲で, x 軸と交わる点の x 座標を p とする. 以下の各問に答えよ.

（1） p の値を求めよ.

（2） $0\leqq x\leqq p$ の範囲で, 曲線 $y=f(x)$, x 軸, および y 軸で囲まれた図形 D の面積 S を求めよ.

（3） 前問（2）で定めた図形 D を x 軸のまわりに1回転してできる立体の体積 V を求めよ.

（23 茨城大・工）

▶解答◀ （1） $\sin\left(x+\frac{\pi}{4}\right)=0$ のとき

$\frac{\pi}{4}\leqq x+\frac{\pi}{4}\leqq\frac{5}{4}\pi$ より $x+\frac{\pi}{4}=\pi$

したがって $p=\boldsymbol{\frac{3}{4}\pi}$

（2） 図形 D は図の網目部分となる.

$$S=\int_0^{\frac{3}{4}\pi}\sin\left(x+\frac{\pi}{4}\right)dx$$

$$=\left[-\cos\left(x+\frac{\pi}{4}\right)\right]_0^{\frac{3}{4}\pi}=\mathbf{1+\frac{\sqrt{2}}{2}}$$

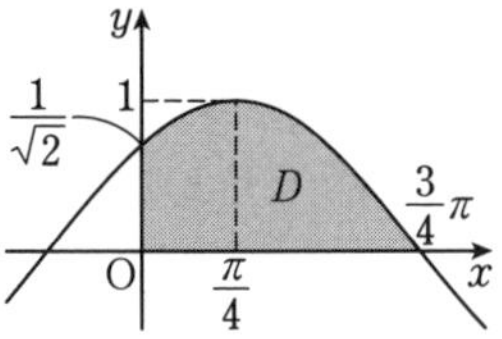

（3） $\dfrac{V}{\pi}=\displaystyle\int_0^{\frac{3}{4}\pi}\sin^2\left(x+\frac{\pi}{4}\right)dx$

$=\displaystyle\int_0^{\frac{3}{4}\pi}\frac{1}{2}\left\{1-\cos\left(2x+\frac{\pi}{2}\right)\right\}dx$

$=\left[\dfrac{x}{2}-\dfrac{1}{4}\sin\left(2x+\dfrac{\pi}{2}\right)\right]_0^{\frac{3}{4}\pi}=\dfrac{3}{8}\pi+\dfrac{1}{4}$

$V=\boldsymbol{\dfrac{3}{8}\pi^2+\dfrac{\pi}{4}}$

《三角関数と直線（B20）》

430. 以下の問いに答えよ．

（1） $0\leqq x\leqq 2\pi$ の範囲で $y=x+2\sin x$ の増減と極値，およびグラフの凹凸を調べよ．

（2） 不定積分 $\displaystyle\int x\sin x\,dx$ と $\displaystyle\int \sin^2 x\,dx$ を求めよ．

（3） $0\leqq x\leqq \pi$ の範囲で曲線 $y=x+2\sin x$ と直線 $y=x$ とで囲まれた図形を，x 軸の周りに1回転してできる回転体の体積 V を求めよ．

（23　三重大・前期）

▶解答◀ （1） $f(x)=x+2\sin x$ とおく．

$f'(x)=1+2\cos x,\ f''(x)=-2\sin x$

$f'(x)=0$ のとき $\cos x=-\dfrac{1}{2}$

$0<x<2\pi$ の範囲では，$x=\dfrac{2}{3}\pi,\ \dfrac{4}{3}\pi$

$f''(x)=0$ のとき，$\sin x=0$

$0<x<2\pi$ の範囲では，$x=\pi$

x	0	$\cdots$	$\frac{2}{3}\pi$	$\cdots$	π	$\cdots$	$\frac{4}{3}\pi$	$\cdots$	2π
$f'(x)$		+	0	−	−	−	0	+	
$f''(x)$		−	−	−	0	+	+	+	
$f(x)$		↗		↘		↘		↗	

極大値 $f\left(\dfrac{2}{3}\pi\right)=\boldsymbol{\dfrac{2}{3}\pi+\sqrt{3}}$

極小値 $f\left(\dfrac{4}{3}\pi\right)=\boldsymbol{\dfrac{4}{3}\pi-\sqrt{3}}$

（2） 以下，C は積分定数とする．

$\displaystyle\int x\sin x\,dx=\int x(-\cos x)'\,dx$

$=x(-\cos x)-\displaystyle\int (x)'(-\cos x)\,dx$

$=-x\cos x+\displaystyle\int \cos x\,dx$

$=\boldsymbol{-x\cos x+\sin x+C}$

$\displaystyle\int \sin^2 x\,dx=\int\frac{1-\cos 2x}{2}\,dx$

$=\boldsymbol{\dfrac{1}{2}x-\dfrac{1}{4}\sin 2x+C}$

（3） 図の網目部分を x 軸の周りに1回転してできる回転体の体積が V であるから

$V=\pi\displaystyle\int_0^{\pi}\{f(x)\}^2\,dx-\frac{1}{3}\pi\cdot\pi^2\cdot\pi$

$=\pi\displaystyle\int_0^{\pi}(x+2\sin x)^2\,dx-\frac{1}{3}\pi^4$

$=\pi\displaystyle\int_0^{\pi}(x^2+4x\sin x+4\sin^2 x)\,dx-\frac{1}{3}\pi^4$

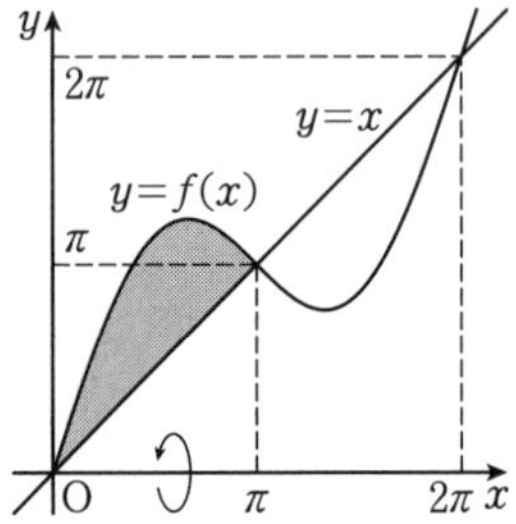

（2）の結果を利用して

$V=\pi\left[\dfrac{1}{3}x^3-4x\cos x+4\sin x\right.$

$\left.+2x-\sin 2x\right]_0^{\pi}-\dfrac{1}{3}\pi^4$

$=\pi\left(\dfrac{1}{3}\pi^3+4\pi+2\pi\right)-\dfrac{1}{3}\pi^4=\boldsymbol{6\pi^2}$

《三角関数（B20）》

431. 以下の問いに答えよ．

（1） 関数 $y=x+2\sin x$ の第1次導関数 y' と第2次導関数 y'' を求めよ．

（2） 関数 $y=x+2\sin x$ $(0\leqq x\leqq 2\pi)$ の極値を求めよ．

（3） 不定積分 $\displaystyle\int x\sin x\,dx$ を求めよ．

（4） 曲線 $y=x+2\sin x$ $(0\leqq x\leqq 2\pi)$ と直線 $y=x$ で囲まれた2つの部分を，それぞれ x 軸の周りに1回転させてできる2つの立体の体積の和 V を求めよ．

（23　豊橋技科大・前期）

▶解答◀ （1） $f(x)=x+2\sin x$ とおく．

$f'(x)=\boldsymbol{1+2\cos x}$

$f''(x)=\boldsymbol{-2\sin x}$

（2） $1+2\cos x=0$，$0\leqq x\leqq 2\pi$ のとき

$x=\dfrac{2\pi}{3},\ \dfrac{4\pi}{3}$

x	0	$\cdots$	$\frac{2\pi}{3}$	$\cdots$	$\frac{4\pi}{3}$	$\cdots$	2π
$f'(x)$		+	0	−	0	+	
$f(x)$		↗		↘		↗	

極大値は $f\left(\dfrac{2\pi}{3}\right)=\boldsymbol{\dfrac{2\pi}{3}+\sqrt{3}}$

極小値は $f\left(\dfrac{4\pi}{3}\right)=\boldsymbol{\dfrac{4\pi}{3}-\sqrt{3}}$

（3） $\displaystyle\int x\sin x\,dx=\int x(-\cos x)'\,dx$

$\displaystyle=x(-\cos x)-\int (x)'(-\cos x)\,dx$

$\displaystyle=-x\cos x+\int \cos x\,dx$

$\boldsymbol{=-x\cos x+\sin x+C}$ **（C は積分定数）**

（4） $f(x)=x$，$0\leqq x\leqq 2\pi$ のとき $\sin x=0$ であり

$x=0,\ \pi,\ 2\pi$

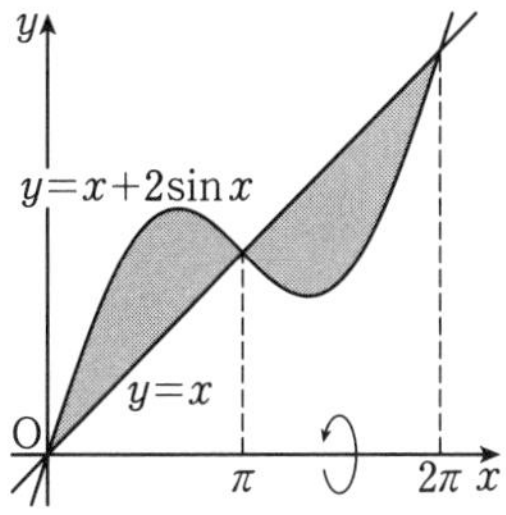

よって

$$\frac{V}{\pi}=\int_0^{\pi}\{(x+2\sin x)^2-x^2\}\,dx$$

$$+\int_{\pi}^{2\pi}\{x^2-(x+2\sin x)^2\}\,dx$$

$$=\int_0^{\pi}(4x\sin x+4\sin^2 x)\,dx$$

$$-\int_{\pi}^{2\pi}(4x\sin x+4\sin^2 x)\,dx$$

ここで

$$\int \sin^2 x\,dx=\int \frac{1-\cos 2x}{2}\,dx$$

$=\dfrac{x}{2}-\dfrac{\sin 2x}{4}+C$（$C$ は積分定数）

であるから

$$\frac{V}{\pi}=\Big[\,4(-x\cos x+\sin x)+2x-\sin 2x\,\Big]_0^{\pi}$$

$$-\Big[\,4(-x\cos x+\sin x)+2x-\sin 2x\,\Big]_{\pi}^{2\pi}$$

$$=2(4\pi+2\pi)-\{4\cdot(-2\pi)+2\cdot 2\pi\}=16\pi$$

$V=\boldsymbol{16\pi^2}$

《三角関数（B20）》

432. $-\dfrac{\pi}{2}<x<\dfrac{\pi}{2}$ で定義された 2 つの関数

$f(x)=1+2\cos x,\ g(x)=\dfrac{1}{\cos x}$

を考える．このとき，次の問いに答えよ．

（1） 曲線 $y=f(x)$ と曲線 $y=g(x)$ の共有点の x 座標をすべて求めよ．

（2） $-\dfrac{\pi}{3}\leqq x\leqq\dfrac{\pi}{3}$ のとき，不等式 $f(x)\geqq g(x)>0$ が成り立つことを示せ．

（3） 曲線 $y=f(x)$ と曲線 $y=g(x)$ で囲まれた図形の面積 S を求めよ．

（4） 曲線 $y=f(x)$ と曲線 $y=g(x)$ で囲まれた図形を，x 軸のまわりに 1 回転させてできる立体の体積 V を求めよ． （23 静岡大・教）

▶解答◀ （1） $-\dfrac{\pi}{2}<x<\dfrac{\pi}{2}$ より

$\cos x>0$ である．

$$1+2\cos x=\frac{1}{\cos x}$$

$$2\cos^2 x+\cos x-1=0$$

$$(2\cos x-1)(\cos x+1)=0$$

$\cos x=\dfrac{1}{2}$，$-\dfrac{\pi}{2}<x<\dfrac{\pi}{2}$ より $x=\pm\boldsymbol{\dfrac{\pi}{3}}$ である．

（2） $\dfrac{1}{\cos x}>0$ は明らかである．

$-\dfrac{\pi}{3}\leqq x\leqq\dfrac{\pi}{3}$ のとき，$\dfrac{1}{2}\leqq\cos x\leqq 1$ であるから

$$f(x)-g(x)=\frac{(2\cos x-1)(\cos x+1)}{\cos x}\geqq 0$$

等号は $x=\pm\dfrac{\pi}{3}$ のとき成り立つ．

したがって，$f(x)\geqq g(x)>0$ である．

（3） $f(x),\ g(x)$ はともに偶関数であるから

$$S=\int_{-\frac{\pi}{3}}^{\frac{\pi}{3}}\{f(x)-g(x)\}\,dx$$

$$=2\int_0^{\frac{\pi}{3}}\{f(x)-g(x)\}\,dx \quad\cdots\cdots\cdots\cdots\text{①}$$

$$\int_0^{\frac{\pi}{3}}(1+2\cos x)\,dx=\Big[\,x+2\sin x\,\Big]_0^{\frac{\pi}{3}}$$

$$=\frac{\pi}{3}+2\cdot\frac{\sqrt{3}}{2}=\frac{\pi}{3}+\sqrt{3}$$

$$\int_0^{\frac{\pi}{3}}\frac{1}{\cos x}\,dx=\int_0^{\frac{\pi}{3}}\frac{\cos x}{\cos^2 x}\,dx$$

$$=\int_0^{\frac{\pi}{3}}\frac{\cos x}{1-\sin^2 x}\,dx$$

$$=\int_0^{\frac{\pi}{3}}\frac{1}{2}\left\{-\frac{(1-\sin x)'}{1-\sin x}+\frac{(1+\sin x)'}{1+\sin x}\right\}dx$$

$$=\frac{1}{2}\Big[-\log|1-\sin x|+\log|1+\sin x|\Big]_0^{\frac{\pi}{3}}$$

$$=\frac{1}{2}\left\{-\log\left(1-\frac{\sqrt{3}}{2}\right)+\log\left(1+\frac{\sqrt{3}}{2}\right)\right\}$$

$$=\frac{1}{2}\log\frac{2+\sqrt{3}}{2-\sqrt{3}}=\log(2+\sqrt{3})$$

これらを ① に代入して

$$S=\boldsymbol{2\left\{\frac{\pi}{3}+\sqrt{3}-\log(2+\sqrt{3})\right\}}$$

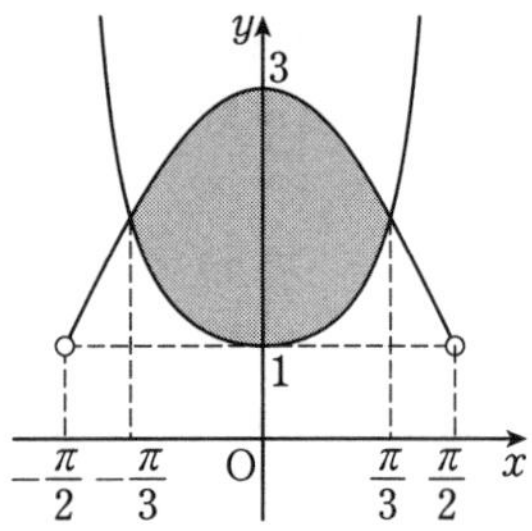

（4） $V=\pi\int_{-\frac{\pi}{3}}^{\frac{\pi}{3}}\{f(x)\}^2\,dx-\pi\int_{-\frac{\pi}{3}}^{\frac{\pi}{3}}\{g(x)\}^2\,dx$

$$=2\pi\int_0^{\frac{\pi}{3}}\{f(x)\}^2\,dx$$
$$-2\pi\int_0^{\frac{\pi}{3}}\{g(x)\}^2\,dx \cdots\cdots②$$

$$\int_0^{\frac{\pi}{3}}\{f(x)\}^2\,dx=\int_0^{\frac{\pi}{3}}(1+2\cos x)^2\,dx$$
$$=\int_0^{\frac{\pi}{3}}\{1+4\cos x+2(\cos 2x+1)\}\,dx$$
$$=\int_0^{\frac{\pi}{3}}(2\cos 2x+4\cos x+3)\,dx$$
$$=\Big[\sin 2x+4\sin x+3x\Big]_0^{\frac{\pi}{3}}$$
$$=\frac{\sqrt{3}}{2}+4\cdot\frac{\sqrt{3}}{2}+\pi=\frac{5\sqrt{3}}{2}+\pi$$

$$\int_0^{\frac{\pi}{3}}\{g(x)\}^2\,dx=\int_0^{\frac{\pi}{3}}\frac{1}{\cos^2 x}\,dx$$
$$=\Big[\tan x\Big]_0^{\frac{\pi}{3}}=\sqrt{3}$$

これらを ② に代入して

$$V=2\pi\left(\frac{5\sqrt{3}}{2}+\pi-\sqrt{3}\right)=\mathbf{3\sqrt{3}\pi+2\pi^2}$$

《三角関数 (B20)》

433. 座標平面上の曲線 $y=\sin x$ を C_1，曲線 $y=\cos x$ を C_2 とする．さらに，C_1 を x 軸方向に $\frac{\pi}{2}$，y 軸方向に 1 だけ平行移動した曲線を C_3 とし，C_2 を x 軸方向に $-\frac{\pi}{2}$，y 軸方向に 1 だけ平行移動した曲線を C_4 とする．このとき，次の問いに答えなさい．

（1） C_3, C_4 を表す式をそれぞれ求めなさい．

（2） $0\leqq x\leqq\frac{\pi}{2}$ とする．

（i） C_1 と C_2，C_2 と C_3，C_3 と C_4，C_4 と C_1 の交点をそれぞれ P_1, P_2, P_3, P_4 とする．P_1, P_2, P_3, P_4 の x 座標をそれぞれ求めなさい．

（ii） C_1 と C_3 で囲まれた図形と，C_2 と C_4 で囲まれた図形の共通部分を x 軸のまわりに 1 回転してできる立体の体積 V を求めなさい．

（23　山口大・後期-理）

▶解答◀ （1） C_3 は

$$y=\sin\left(x-\frac{\pi}{2}\right)+1$$
$$\boldsymbol{y=-\cos x+1}$$

C_4 は

$$y=\cos\left(x+\frac{\pi}{2}\right)+1$$
$$\boldsymbol{y=-\sin x+1}$$

（2）（i） 以下，$0\leqq x\leqq\frac{\pi}{2}$ で解く．C_1 と C_2 を連立して

$$\sin x=\cos x$$
$$\sqrt{2}\sin\left(x-\frac{\pi}{4}\right)=0 \qquad \therefore\ x=\frac{\pi}{4}$$

C_2 と C_3 を連立して

$$\cos x=-\cos x+1$$
$$\cos x=\frac{1}{2} \qquad \therefore\ x=\frac{\pi}{3}$$

C_3 と C_4 を連立して

$$-\cos x+1=-\sin x+1$$
$$\sqrt{2}\sin\left(x-\frac{\pi}{4}\right)=0 \qquad \therefore\ x=\frac{\pi}{4}$$

C_4 と C_1 を連立して

$$-\sin x+1=\sin x$$
$$\sin x=\frac{1}{2} \qquad \therefore\ x=\frac{\pi}{6}$$

P_1, P_2, P_3, P_4 の x 座標は順に $\boldsymbol{\frac{\pi}{4}, \frac{\pi}{3}, \frac{\pi}{4}, \frac{\pi}{6}}$ である．

（ii） 図の網目部分の図形を x 軸のまわりに 1 回転させる．$x=\frac{\pi}{4}$ について対称であるから，C_1 と C_4 による左半分の体積を求めて 2 倍する．

$$V=2\pi\int_{\frac{\pi}{6}}^{\frac{\pi}{4}}\{\sin^2 x-(-\sin x+1)^2\}\,dx$$
$$=2\pi\int_{\frac{\pi}{6}}^{\frac{\pi}{4}}(2\sin x-1)\,dx$$
$$=2\pi\Big[-2\cos x-x\Big]_{\frac{\pi}{6}}^{\frac{\pi}{4}}$$
$$=2\pi\left\{\left(-\sqrt{2}-\frac{\pi}{4}\right)-\left(-\sqrt{3}-\frac{\pi}{6}\right)\right\}$$
$$=\mathbf{2(\sqrt{3}-\sqrt{2})\pi-\frac{\pi^2}{6}}$$

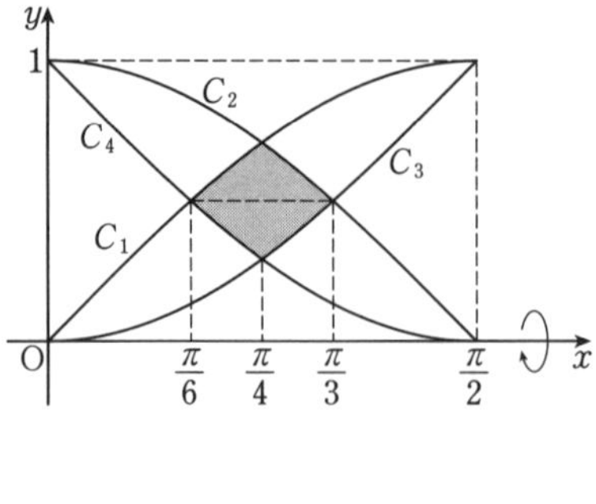

《2 曲線が接する (B20) ☆》

434. a を正の定数とする．座標平面上に 2 つの曲線 $C_1 : y = ax^2$ と $C_2 : y = \log x$ がある．C_1 と C_2 は共有点 P をもち，点 P において共通の接線をもつ．次の問いに答えよ．

（1） 点 P の x 座標を t とおく．t と a の値を求めよ．

（2） 不定積分 $\int (\log x)^2\,dx$ を求めよ．

（3） C_1 と C_2 および x 軸で囲まれた図形を，x 軸のまわりに 1 回転させてできる立体の体積を求めよ．　（23　神奈川大・給費生）

▶解答◀ （1） $C_1 : f(x) = ax^2$ とおくと，$f'(x) = 2ax$

$C_2 : g(x) = \log x$ とおくと，$g'(x) = \dfrac{1}{x}$ である．C_1 と C_2 は，$x = t$ で共有点 P をもち P で共通の接線をもつから

$$f(t) = g(t),\ f'(t) = g'(t)$$

$$at^2 = \log t,\ 2at = \frac{1}{t}$$

後式より $at^2 = \dfrac{1}{2}$ を前式に代入して

$$\frac{1}{2} = \log t$$

よって，$t = \boldsymbol{\sqrt{e}}$ で $a = \dfrac{1}{2t^2} = \boldsymbol{\dfrac{1}{2e}}$

（2） C を積分定数とする．

$$\int (\log x)^2\,dx = \int (x)'(\log x)^2\,dx$$

$$= x(\log x)^2 - \int x((\log x)^2)'\,dx$$

$$= x(\log x)^2 - \int x \cdot 2\log x \cdot \frac{1}{x}\,dx$$

$$= x(\log x)^2 - 2\int \log x\,dx$$

$$= x(\log x)^2 - 2\left(\int (x)' \log x\,dx\right)$$

$$= x(\log x)^2 - 2\left(x\log x - \int x(\log x)'\,dx\right)$$

$$= x(\log x)^2 - 2\left(x\log x - \int dx\right)$$

$$\boldsymbol{= x(\log x)^2 - 2x\log x + 2x + C}$$

（3） C_1 と C_2 および x 軸で囲まれた図形は図の網目部分である．よって，求める体積を V とおくと

$$\frac{V}{\pi} = \int_0^{\sqrt{e}} \left(\frac{1}{2e}x^2\right)^2 dx - \int_1^{\sqrt{e}} (\log x)^2\,dx$$

$$= \frac{1}{4e^2}\left[\frac{x^5}{5}\right]_0^{\sqrt{e}} - \Big[x(\log x)^2 - 2x\log x + 2x\Big]_1^{\sqrt{e}}$$

$$= \frac{1}{4e^2}\cdot\frac{e^2\sqrt{e}}{5} - \sqrt{e}\left(\frac{1}{2}\right)^2 + 2\sqrt{e}\cdot\frac{1}{2} - 2\sqrt{e} + 2$$

$$= 2 - \frac{6\sqrt{e}}{5}$$

$$V = \boldsymbol{\left(2 - \frac{6\sqrt{e}}{5}\right)\pi}$$

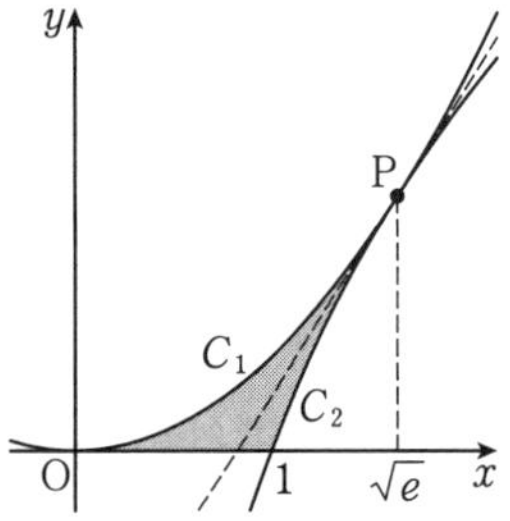

《斜めの放物線の回転 (C20) ☆》

435. O を原点とする xyz 空間において，点 P と点 Q は次の 3 つの条件 (a)，(b)，(c) を満たしている．

(a) 点 P は x 軸上にある．

(b) 点 Q は yz 平面上にある．

(c) 線分 OP と線分 OQ の長さの和は 1 である．

点 P と点 Q が条件 (a)，(b)，(c) を満たしながらくまなく動くとき，線分 PQ が通過してできる立体の体積を求めよ．　（23　京大・前期）

▶解答◀ P を x 軸の正の部分，Q を z 軸上に固定する．このとき，xz 平面上において $\mathrm{P}(t, 0)$ $(0 < t < 1)$ とすると，$\mathrm{Q}(0, 1-t)$ であるから，PQ の方程式は

$$\frac{x}{t} + \frac{z}{1-t} = 1$$

$$z = \frac{t-1}{t}x + 1 - t$$

となる．x を固定して t を動かす．

$$\frac{dz}{dt} = \frac{x}{t^2} - 1 = \frac{x - t^2}{t^2}$$

t	0	$\cdots$	$\sqrt{x}$	$\cdots$	1
$\dfrac{dz}{dt}$		$+$	0	$-$	
z		↗		↘	

$t = \sqrt{x}$ のとき

$$z = \frac{\sqrt{x}-1}{\sqrt{x}}x + 1 - \sqrt{x}$$

$$= x - 2\sqrt{x} + 1 = (\sqrt{x} - 1)^2$$

となる．これより，$t = 0, 1$ のときも合わせると，$0 \leqq t \leqq 1$ と変化したときの線分 PQ の通過領域は図 2 の境界を含む網目部分になる．

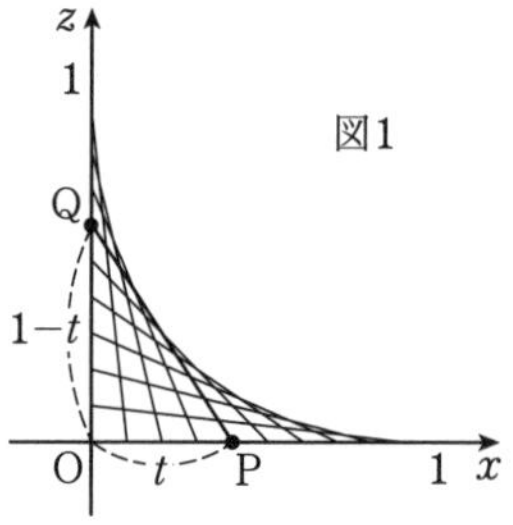

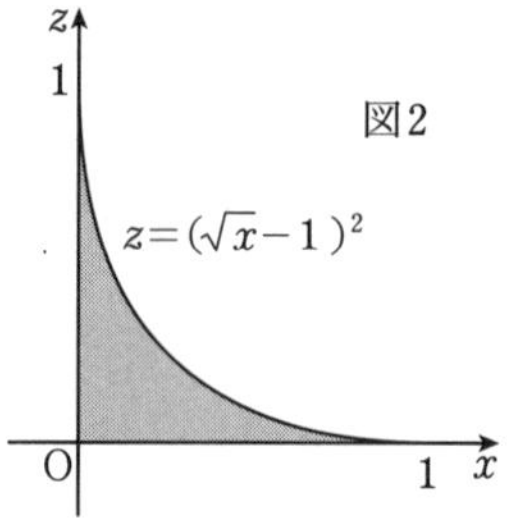

Q を yz 平面で動かすと，線分 PQ が通過してできる立体は，上の図 2 の網目部分を x 軸の周りに 1 回転してできる立体となる．さらに，P が x 軸の負の部分にあるときは yz 平面に対して対称な立体となるから，求める体積を V とすると

$$\frac{V}{\pi}=2\int_0^1(\sqrt{x}-1)^4\,dx$$

ここで，$s=\sqrt{x}$ とおくと，$x=s^2$ より $dx=2s\,ds$ である．

x	$0\to1$
s	$0\to1$

$$\frac{V}{\pi}=2\int_0^1(s-1)^4\cdot 2s\,ds$$

$$=4\int_0^1(s-1)^4\{(s-1)+1\}\,ds$$

$$=4\int_0^1\{(s-1)^5+(s-1)^4\}\,ds$$

$$=4\left[\frac{(s-1)^6}{6}+\frac{(s-1)^5}{5}\right]_0^1$$

$$=4\left(-\frac{1}{6}+\frac{1}{5}\right)=\frac{2}{15}$$

これより，$V=\boldsymbol{\frac{2}{15}\pi}$ である．

《変曲点における接線 (B15) ☆》

436. $x>0$ で定義された曲線 $C:y=(\log x)^2$ を考える．

（１） a を正の実数とするとき，点 $\mathrm{P}(a,\,(\log a)^2)$ における曲線 C の接線 L の方程式を求めよ．

（２） $a>1$ のとき，接線 L と x 軸の交点の x 座標が最大となる場合の a の値 a_0 を求めよ．

（３） a の値が（２）の a_0 に等しいとき，直線 L の $y\geqq0$ の部分と曲線 C と x 軸で囲まれた部分を，x 軸の周りに 1 回転させてできる図形の体積を求めよ．　（23　鹿児島大・医，歯，理，工）

▶解答◀　（１） $y=(\log x)^2$ より

$$y'=2(\log x)\cdot\frac{1}{x}=\frac{2}{x}\log x$$

であるから，点 P における接線 L の方程式は

$$y=\frac{2}{a}(\log a)(x-a)+(\log a)^2$$

$$\boldsymbol{y=\frac{2}{a}(\log a)x+(\log a)^2-2\log a}$$

（２） （１）において $y=0$ とおく．

$$\frac{2}{a}(\log a)x=-(\log a)^2+2\log a$$

$a>1$ より $\log a\neq0$ であるから

$$x=-\frac{a}{2}(\log a-2)$$

右辺を $f(a)$ とおく．

$$f'(a)=-\frac{1}{2}(\log a-2)-\frac{a}{2}\cdot\frac{1}{a}$$

$$=-\frac{1}{2}(\log a-1)$$

a	1	$\cdots$	e	$\cdots$
$f'(a)$		$+$	0	$-$
$f(a)$		↗		↘

$a_0=\boldsymbol{e}$ である．$y=(\log x)^2$ について

$$y''=2\cdot\frac{\frac{1}{x}\cdot x-(\log x)\cdot1}{x^2}=2\cdot\frac{1-\log x}{x^2}$$

$(e,\,1)$ は曲線 C の変曲点であり，C と L は $(e,\,1)$ だけを共有する．

（３） （２）のとき，$L:y=\frac{2}{e}x-1$

求める体積 V は図の網目部分を x 軸の周りに 1 回転させてできる図形の体積である．

$$V=\pi\int_1^e(\log x)^4\,dx-\frac{1}{3}\cdot\left(e-\frac{e}{2}\right)\cdot1^2\pi$$

$$=\pi\int_1^e(\log x)^4\,dx-\frac{e}{6}\pi$$

$\log x=t$ とおくと $x=e^t$, $dx=e^tdt$ で $x:1\to e$ のとき $t:0\to1$

$$\int_1^e(\log x)^4\,dx=\int_0^1 t^4e^t\,dt$$

$$=\left[(t^4-4t^3+12t^2-24t+24)e^t\right]_0^1=9e-24$$

$$V=(9e-24)\pi-\frac{e}{6}\pi=\boldsymbol{\left(\frac{53}{6}e-24\right)\pi}$$

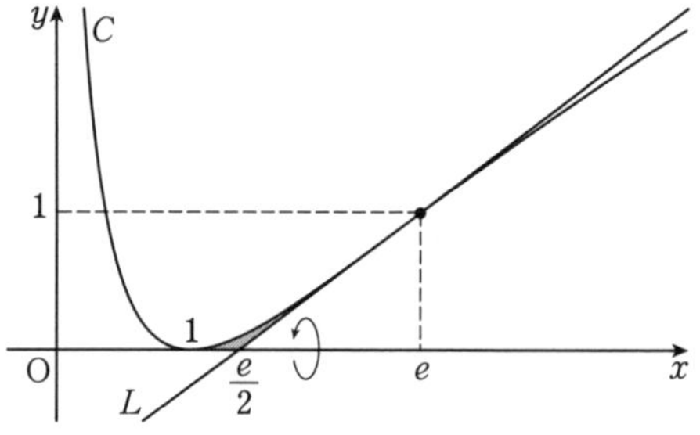

注意　f が x の多項式のとき（積分定数省略）

$$\int fe^x\,dx=(f-f'+f''-f'''+\cdots)e^x$$

《折り返す (B20) ☆》

437. xy 平面において，2つの曲線

$y=\sin x\left(\frac{\pi}{4}\leqq x\leqq\frac{5}{4}\pi\right)$,

$y=\cos x\left(\frac{\pi}{4}\leqq x\leqq\frac{5}{4}\pi\right)$

で囲まれた部分の面積は□である．また，この部分を x 軸のまわりに1回転してできる立体の体積は□である．　(23　山梨大・医-後期)

▶解答◀　2曲線で囲まれた領域を D とすると，領域 D の面積 S は

$$S=\int_{\frac{\pi}{4}}^{\frac{5}{4}\pi}(\sin x-\cos x)\,dx=\Big[-\cos x-\sin x\Big]_{\frac{\pi}{4}}^{\frac{5}{4}\pi}$$

$$=\left(\frac{1}{\sqrt{2}}+\frac{1}{\sqrt{2}}\right)-\left(-\frac{1}{\sqrt{2}}-\frac{1}{\sqrt{2}}\right)=\frac{4}{\sqrt{2}}=\mathbf{2\sqrt{2}}$$

領域 D の $y\leqq 0$ の部分を x 軸に関して折り返す．図の領域を E とすると，求める体積 V は E を x 軸のまわりに1回転させたものに等しい．領域 E が $x=\frac{3}{4}\pi$ に関して対称であるから

$$\frac{V}{2\pi}=\int_{\frac{\pi}{4}}^{\frac{3}{4}\pi}\sin^2 x\,dx-\int_{\frac{\pi}{4}}^{\frac{\pi}{2}}\cos^2 x\,dx$$

$$=\int_{\frac{\pi}{4}}^{\frac{3}{4}\pi}\frac{1-\cos 2x}{2}\,dx-\int_{\frac{\pi}{4}}^{\frac{\pi}{2}}\frac{1+\cos 2x}{2}\,dx$$

$$=\frac{1}{2}\Big[x-\frac{1}{2}\sin 2x\Big]_{\frac{\pi}{4}}^{\frac{3}{4}\pi}$$

$$\quad-\frac{1}{2}\Big[x+\frac{1}{2}\sin 2x\Big]_{\frac{\pi}{4}}^{\frac{\pi}{2}}$$

$$=\frac{1}{2}\left\{\left(\frac{3}{4}\pi+\frac{1}{2}\right)-\left(\frac{\pi}{4}-\frac{1}{2}\right)\right\}$$

$$\quad-\frac{1}{2}\left\{\left(\frac{\pi}{2}+0\right)-\left(\frac{\pi}{4}+\frac{1}{2}\right)\right\}$$

$$=\frac{1}{2}\left(\frac{\pi}{4}+\frac{3}{2}\right)$$

$$V=\pi\left(\frac{\pi}{4}+\frac{3}{2}\right)=\mathbf{\frac{\pi^2}{4}+\frac{3\pi}{2}}$$

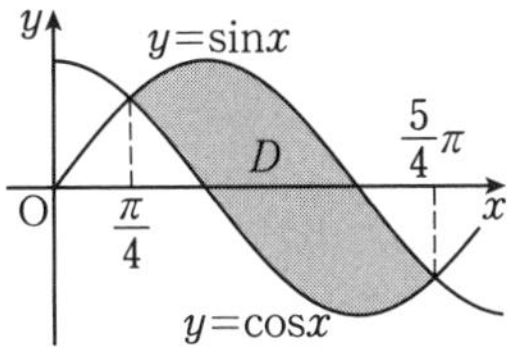

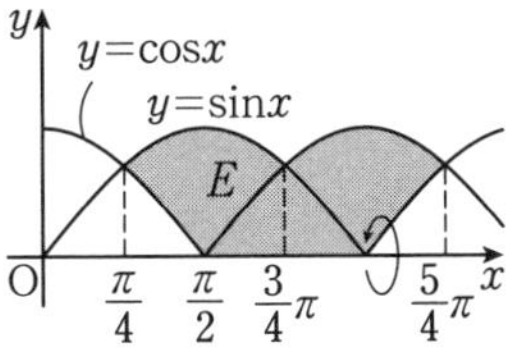

《折り返す (B20)》

438. 座標平面における2つの曲線

$C_1: y=2\log x$

および $C_2: y=(\log x)^2-8\ (x>0)$

に関して，次の問いに答えよ．ただし，$\log x$ は e を底とする x の対数とする．

(1) C_1 と C_2 の共有点を求めよ．

(2) C_1 と C_2 で囲まれる領域の面積 D を求めよ．

(3) C_1 と C_2 および2つの直線 $x=1$, $x=e^2$ で囲まれる図形を x 軸のまわりに1回転してできる立体の体積 V を求めよ．

(23　名古屋市立大・薬)

▶解答◀　(1) C_1 と C_2 の方程式を連立し

$$2\log x=(\log x)^2-8$$

$$(\log x)^2-2\log x-8=0$$

$$(\log x+2)(\log x-4)=0$$

$$\log x=-2,\ 4 \qquad \therefore\quad x=e^{-2},\ e^4$$

$x=e^{-2}$ のとき $y=-4$, $x=e^4$ のとき $y=8$ であるから，C_1 と C_2 の共有点は $\mathbf{(e^{-2},\ -4),\ (e^4,\ 8)}$ である．なお，図の C_1, C_2 は誇張して描いてある．

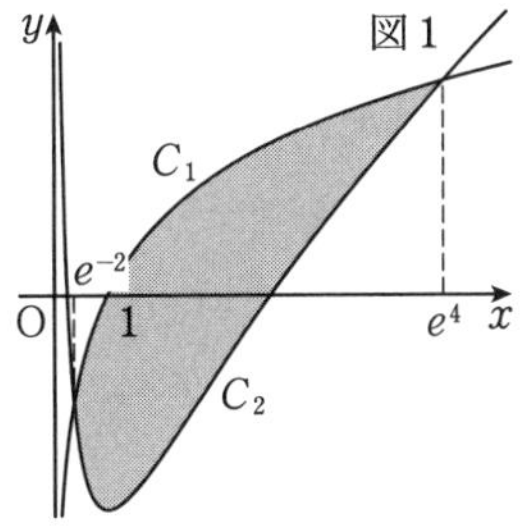

(2) $e^{-2}\leqq x\leqq e^4$ のとき

$$2\log x-\{(\log x)^2-8\}$$

$$=-(\log x+2)(\log x-4)\geqq 0$$

であるから

$$D=\int_{e^{-2}}^{e^4}(2\log x-\{(\log x)^2-8\})\,dx$$

ここで

$$\int_{e^{-2}}^{e^4}2\log x\,dx=2\Big[x\log x-x\Big]_{e^{-2}}^{e^4}$$

$$=2\{4e^4-e^4-(-2e^{-2}-e^{-2})\}=6e^4+6e^{-2}$$

$t=\log x$ とおくと，$x=e^t$, $dx=e^t\,dt$ であり

x	$e^{-2}\ \to\ e^4$
t	$-2\ \to\ 4$

$$\int_{e^{-2}}^{e^4}(\log x)^2\,dx=\int_{-2}^{4}t^2\cdot e^t\,dt$$

$$=\Big[(t^2-2t+2)e^t\Big]_{-2}^{4}=10e^4-10e^{-2}$$

よって

$$D=6e^4+6e^{-2}-(10e^4-10e^{-2})+8(e^4-e^{-2})$$

$$=\mathbf{4e^4+8e^{-2}}$$

（3） 図 2 の網目部分を x 軸の上側に寄せ集める．C_2 を x 軸に関して対称移動すると $C_2{}'：y=-(\log x)^2+8$ となる．$1 \leqq x \leqq e^2$ において

$$-(\log x)^2+8-2\log x$$
$$=-(\log x-2)(\log x+4) \geqq 0$$

であり，$C_2{}'$ は C_1 の上側にあるから，V は図 3 の網目部分を x 軸のまわりに回転してできる立体の体積で

$$\frac{V}{\pi}=\int_1^{e^2}\{-(\log x)^2+8\}^2\,dx$$
$$=\int_1^{e^2}\{(\log x)^4-16(\log x)^2+64\}\,dx$$

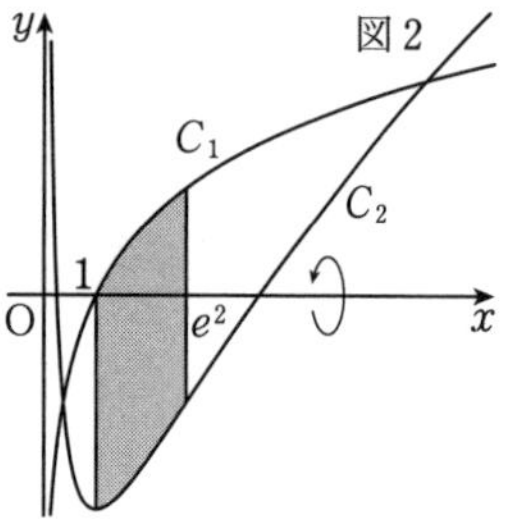

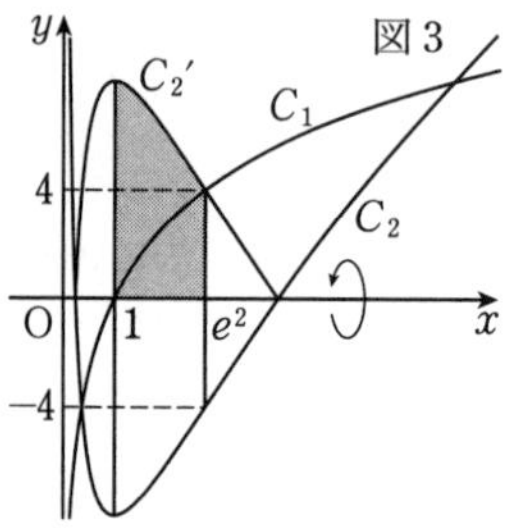

$t=\log x$ とおくと，$x=e^t$，$dx=e^t\,dt$ であり

x	$1 \to e^2$
t	$0 \to 2$

$$\int_1^{e^2}(\log x)^2\,dx=\int_0^2 t^2\cdot e^t\,dt$$
$$=\Big[\,(t^2-2t+2)e^t\,\Big]_0^2=2e^2-2$$
$$\int_1^{e^2}(\log x)^4\,dx=\int_0^2 t^4\cdot e^t\,dt$$
$$=\Big[\,(t^4-4t^3+12t^2-24t+24)e^t\,\Big]_0^2=8e^2-24$$

よって

$$V=\pi\{8e^2-24-16(2e^2-2)+64(e^2-1)\}$$
$$=\boldsymbol{\pi(40e^2-56)}$$

《折り返す (B20) ☆》

439．xy 平面上で，曲線 $x^2+3y^2=2$ を曲線 ① とする．曲線 ① を原点 O(0, 0) を中心に $\frac{\pi}{4}$ だけ回転した曲線を曲線 ② とする．次の各問いに答えよ．ただし，答えは結果のみを解答欄に記入せよ．

（1） 曲線 ① を x 軸のまわりに回転してできる立体の体積 V_1 を求めよ．

（2） 曲線 ② の方程式を x, y を用いて表せ．

（3） 曲線 ② 上の点の x 座標がとりうる値の範囲を求めよ．

（4） 曲線 ② と x 軸，y 軸との交点の座標をすべて求めよ．

（5） 曲線 ② を x 軸のまわりに回転してできる立体の体積 V_2 を求めよ． （23 昭和大・医-2 期）

▶解答◀ （1） $x^2+3y^2=2$ より

$$y^2=\frac{1}{3}(2-x^2)$$
$$V_1=2\pi\int_0^{\sqrt{2}}y^2\,dx=\frac{2}{3}\pi\int_0^{\sqrt{2}}(2-x^2)\,dx$$
$$=\frac{2}{3}\pi\Big[\,2x-\frac{1}{3}x^3\,\Big]_0^{\sqrt{2}}=\frac{2}{3}\pi\Big(2\sqrt{2}-\frac{2}{3}\sqrt{2}\Big)$$
$$=\boldsymbol{\frac{8}{9}\sqrt{2}\pi}$$

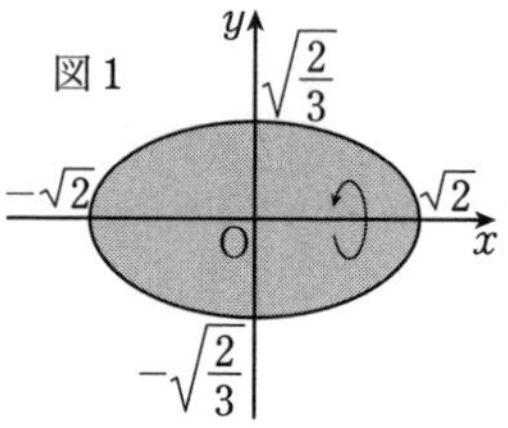

（2） 複素数平面で考える．

$x+yi$ を原点の周りに $\frac{\pi}{4}$ だけ回転して得られる点を $X+Yi$ とする．

$$X+Yi=(x+yi)\Big(\cos\frac{\pi}{4}+i\sin\frac{\pi}{4}\Big)$$
$$x+yi=(X+Yi)\Big(\cos\frac{\pi}{4}-i\sin\frac{\pi}{4}\Big)$$
$$=(X+Yi)\Big(\frac{1}{\sqrt{2}}-\frac{1}{\sqrt{2}}i\Big)$$
$$=\frac{1}{\sqrt{2}}\{(X+Y)+(Y-X)i\}$$
$$x=\frac{1}{\sqrt{2}}(X+Y),\ y=\frac{1}{\sqrt{2}}(Y-X)$$

① に代入して

$$\frac{1}{2}(X+Y)^2+\frac{3}{2}(Y-X)^2=2$$
$$4X^2-4XY+4Y^2=4$$
$$X^2-XY+Y^2=1$$

② の方程式は $\boldsymbol{x^2-xy+y^2=1}$ ……………………③

（3） ③ を y の 2 次方程式とみる．

$$y^2-xy+x^2-1=0 \quad \cdots\cdots\cdots\cdots④$$

判別式を D とする．y は実数であるから

$$D=x^2-4(x^2-1) \geqq 0$$
$$3x^2-4 \leqq 0 \qquad \therefore\ \boldsymbol{-\frac{2}{\sqrt{3}} \leqq x \leqq \frac{2}{\sqrt{3}}}$$

（4） ③ に $y=0$ を代入して

$$x^2=1 \qquad \therefore\ x=\pm 1$$

③ に $x=0$ を代入して

$$y^2=1 \qquad \therefore\ y=\pm 1$$

② と x 軸との交点の座標は **(1, 0), (−1, 0)**

② と y 軸との交点の座標は **(0, 1), (0, −1)**

（5） ④ より $y=\dfrac{x\pm\sqrt{4-3x^2}}{2}$

$$f(x)=\frac{x+\sqrt{4-3x^2}}{2},\ g(x)=\frac{x-\sqrt{4-3x^2}}{2}$$ と

し，$\alpha=\dfrac{2}{\sqrt{3}}$ とする．（3），（4）より曲線 ② は図 2 のようになる．② の x 軸より下方を x 軸に関して折り返した図形（図 3）で考える．これは y 軸に関して対称であるから $0\leqq x\leqq\alpha$ の部分について考える．$0\leqq x\leqq 1$ の部分の回転体の体積を V_3，$1\leqq x\leqq\alpha$ の部分の回転体の体積を V_4 とする．

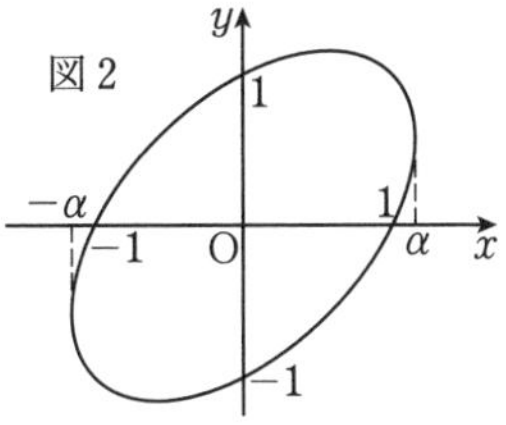

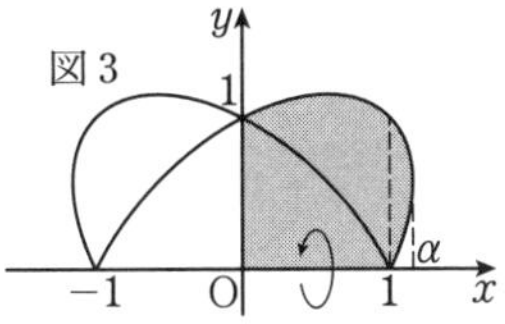

$$\frac{V_3}{\pi}=\int_0^1\{f(x)\}^2\,dx$$

$$=\frac{1}{2}\int_0^1(2-x^2+x\sqrt{4-3x^2})\,dx$$

この積分記号の中は

$$2-x^2-\frac{(4-3x^2)'}{6}(4-3x^2)^{\frac{1}{2}}$$

であるから

$$\frac{2V_3}{\pi}=\left[\,2x-\frac{x^3}{3}-\frac{(4-3x^2)^{\frac{3}{2}}}{9}\,\right]_0^1$$

$$=2-\frac{1}{3}-\frac{1}{9}+\frac{8}{9}=\frac{22}{9}$$

$$V_3=\frac{11}{9}\pi$$

また

$$(f(x))^2-(g(x))^2=x\sqrt{4-3x^2}$$

$$=-\frac{(4-3x^2)'}{6}(4-3x^2)^{\frac{1}{2}}$$

$$\frac{V_4}{\pi}=\int_1^{\alpha}\{(f(x))^2-(g(x))^2\}\,dx$$

$$=\int_1^{\alpha}\left\{-\frac{(4-3x^2)'}{6}(4-3x^2)^{\frac{1}{2}}\right\}dx$$

$$=\left[-\frac{(4-3x^2)^{\frac{3}{2}}}{9}\,\right]_1^{\alpha}=\frac{1}{9}$$

$$V_4=\frac{1}{9}\pi$$

求める体積は

$$V_2=2(V_3+V_4)=2\pi\left(\frac{11}{9}+\frac{1}{9}\right)=\boldsymbol{\frac{8}{3}\pi}$$

《折り返す（B20）》

440. $f(x)=\sin x$, $g(x)=-\cos 2x$ とする．ただし $-\dfrac{\pi}{2}\leqq x\leqq\dfrac{\pi}{2}$ とする．

（1） 不等式 $f(x)\geqq g(x)$ を解け．

（2） $y=f(x)$ のグラフと $y=g(x)$ のグラフで囲まれた図形の面積を求めよ．

（3） （2）の図形を x 軸のまわりに 1 回転してできる回転体の体積を求めよ．（23　津田塾大・推薦）

▶解答◀ （1） $g(x)-f(x)$

$$=-(1-2\sin^2 x)-\sin x=2\sin^2 x-\sin x-1$$

$$=(2\sin x+1)(\sin x-1)\leqq 0$$

$$-\frac{1}{2}\leqq\sin x\leqq 1$$

$-\dfrac{\pi}{2}\leqq x\leqq\dfrac{\pi}{2}$ であるから，$\boldsymbol{-\dfrac{\pi}{6}\leqq x\leqq\dfrac{\pi}{2}}$

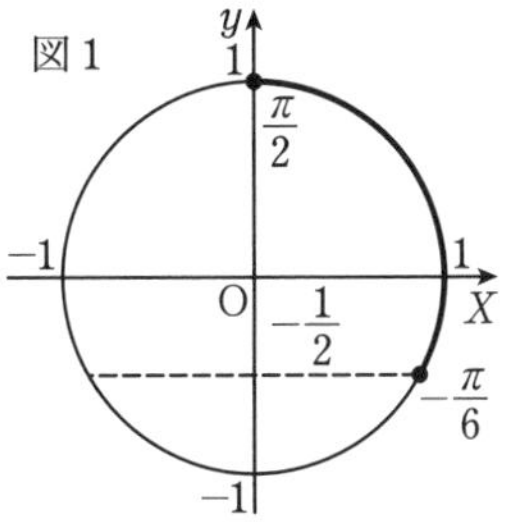

（2） 図 2 の網目部分の面積を求めればよいから，

$$\int_{-\frac{\pi}{6}}^{\frac{\pi}{2}}\{f(x)-g(x)\}\,dx=\int_{-\frac{\pi}{6}}^{\frac{\pi}{2}}(\sin x+\cos 2x)\,dx$$

$$=\left[\,-\cos x+\frac{\sin 2x}{2}\,\right]_{-\frac{\pi}{6}}^{\frac{\pi}{2}}=\frac{\sqrt{3}}{2}+\frac{\sqrt{3}}{4}=\boldsymbol{\frac{3\sqrt{3}}{4}}$$

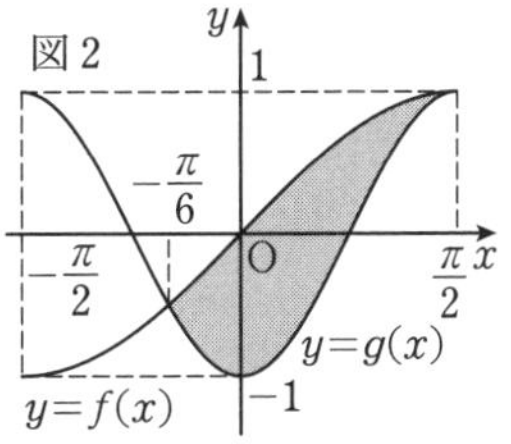

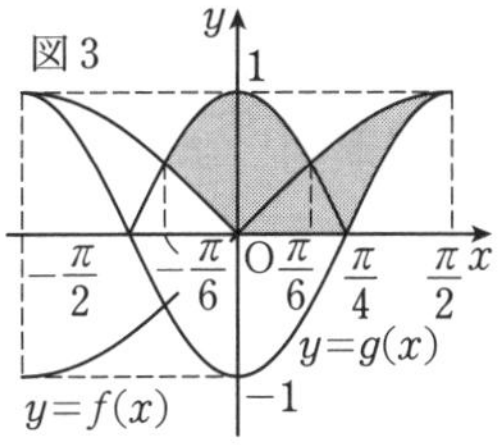

（3） 図 3 は，$y=f(x)$, $y=g(x)$ の網目部分で，$y\leqq 0$ の部分を x 軸に関して折り返したものである．グラフの y 軸対称性に注意して，求める体積を V とする．

$$\frac{V}{\pi}=2\int_0^{\frac{\pi}{6}}\left(\{g(x)\}^2-\{f(x)\}^2\right)dx$$

$$+\int_0^{\frac{\pi}{2}}\{f(x)\}^2\,dx-\int_{\frac{\pi}{4}}^{\frac{\pi}{2}}\{g(x)\}^2\,dx$$

$$=2\int_0^{\frac{\pi}{6}}(\cos^2 2x-\sin^2 x)\,dx$$

$$+\int_0^{\frac{\pi}{2}}\sin^2 x\,dx-\int_{\frac{\pi}{4}}^{\frac{\pi}{2}}\cos^2 2x\,dx$$

$$=2\int_0^{\frac{\pi}{6}}\left(\frac{1+\cos 4x}{2}-\frac{1-\cos 2x}{2}\right)dx$$

$$+\int_0^{\frac{\pi}{2}} \frac{1-\cos 2x}{2}\,dx - \int_{\frac{\pi}{4}}^{\frac{\pi}{2}} \frac{1+\cos 4x}{2}\,dx$$

$$= 2\left[\frac{\sin 4x}{8} + \frac{\sin 2x}{4}\right]_0^{\frac{\pi}{6}}$$

$$+\left[\frac{x}{2} - \frac{\sin 2x}{4}\right]_0^{\frac{\pi}{2}} - \left[\frac{x}{2} + \frac{\sin 4x}{8}\right]_{\frac{\pi}{4}}^{\frac{\pi}{2}}$$

$$= 2\left(\frac{\sqrt{3}}{16} + \frac{\sqrt{3}}{8}\right) + \frac{\pi}{4} - \frac{\pi}{8}$$

$$V = \boldsymbol{\frac{\pi^2}{8} + \frac{3\sqrt{3}}{8}\pi}$$

《多面体と球 (C30)》

441. 次の条件 (a), (b) を満たす凸多面体を考える.

(a) 面は正三角形または正方形である.

(b) 合同な 2 つの面は辺を共有しない.

このとき，以下の問いに答えよ.

（1） 一つの頂点を共有する面の数は 4 であることを証明せよ.

（2） 正三角形と正方形の面の数をそれぞれ求めよ.

（3） 正八面体を平面で何回か切断することで条件 (a), (b) を満たす凸多面体が得られる. どのように切断するのか説明せよ.

（4）（3）の切断で得られる凸多面体を F とし，F の 1 辺の長さは 1 とする. F のすべての正三角形の面に接する球を B とする. B と F の共通部分の体積を求めよ. （23 京都府立医大）

▶解答◀ （1） 条件 (b) から，1 つの頂点の周りを見て行って，正方形の隣に正三角形があり，その隣に正方形がありと，グルグル回るから，1 つの頂点の周りにある正方形の個数と正三角形の個数は等しい. それを a 個ずつあるとする. 立体が出来るとき，1 つの頂点の周りには 3 面以上あるから $2a \geqq 3$ となり $a \geqq 2$ である. 1 つの頂点の周りの 1 つの辺で切り開いて，展開図にできるためには $60°a + 90°a < 360°$ でなければならない. $a < \frac{12}{5} = 2.4$ であるから $a = 2$ となる. よって一つの頂点を共有する面の数は $2a = 4$ である.

（2） 題意の凸多面体の正三角形の数を x，正方形の数を y とし，頂点，辺，面の数をそれぞれ v, e, f とする.

頂点について，（1）より一つの頂点には面が 4 つ集まるから，$v = \frac{3x+4y}{4}$ である. 辺について，2 つの面で 1 つの辺が作られるから，$e = \frac{3x+4y}{2}$ である. 面について，$f = x + y$ である. オイラーの多面体定理より，$v - e + f = 2$ であるから，ここに代入すると $\frac{3x+4y}{4} - \frac{3x+4y}{2} + x + y = 2$ となり，これを整理すると $x = 8$ となる. また合同な面同士は辺を共有しないから，正三角形の辺の総数 $3x$ と，正方形の辺の総数 $4y$ は等しく，$3x = 4y$ が成り立ち，$y = \frac{3x}{4} = 6$ である. **正三角形の面の数は 8, 正方形の面の数は 6** である.

（3） 正八面体の各頂点から出る 4 本の辺のそれぞれの中点を結んだ四角形を切断面として，正八面体の 6 つの頂点において，それぞれ四角錐を切り落として得られる.

図 1

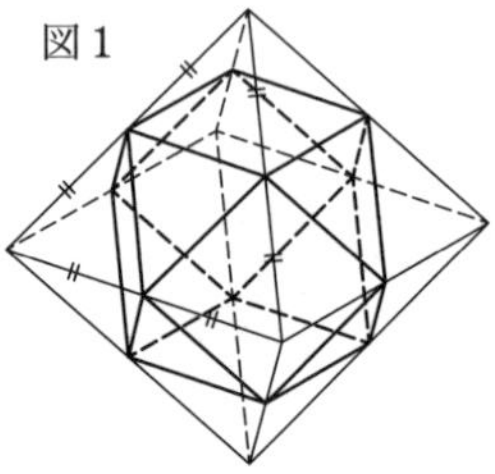

図 2

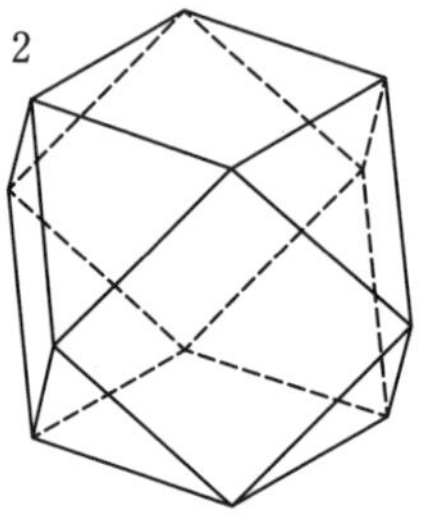

（4） F のすべての正三角形の面に接する球 B とは，すなわち正八面体の内接球である. まずこの球 B の半径を求める. 正八面体の体積を V_1 とおくと

$$V_1 = \frac{1}{3}\cdot 2\cdot 2\cdot 2\sqrt{2} = \frac{8}{3}\sqrt{2} \quad \cdots\cdots\cdots\cdots ①$$

一方で，正八面体の面を底面とし，内接球の半径を高さと見ると，三角錐 8 つで構成された立体と見ることができる. 球 B の半径を r とすると

$$V_1 = 8\left(\frac{1}{3}\cdot\frac{1}{2}\cdot 2\cdot 2\cdot \sin 60°\cdot r\right) = \frac{8}{3}\sqrt{3}r \quad \cdots ②$$

①, ② より，$r = \frac{\sqrt{2}}{\sqrt{3}} = \frac{\sqrt{6}}{3}$

よって，球 B の体積は $\frac{4}{3}\pi\left(\frac{\sqrt{6}}{3}\right)^3 = \frac{8\sqrt{6}}{27}\pi$

図 3

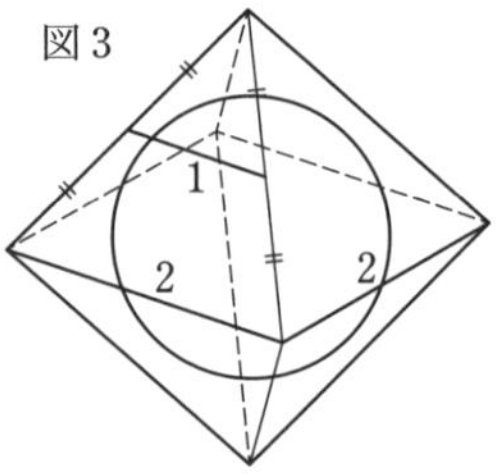

図 4

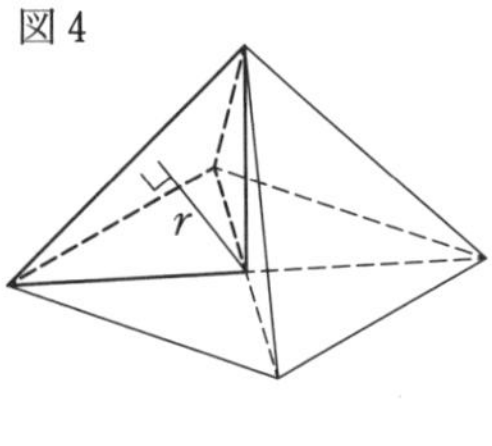

球 B は凸多面体 F から飛び出している. B と F の共通部分は，球 B からこの飛び出している部分を引いて求める. 半径 $\frac{\sqrt{6}}{3}$ の球を中心からの距離が $\frac{1}{\sqrt{2}}$ のところで切り落とした部分 6 つ分である. 図 7 の網目部分を

回転させると考えて

$$\int_{\frac{1}{\sqrt{2}}}^{\frac{\sqrt{6}}{3}} \pi y^2\,dx = \pi\int_{\frac{1}{\sqrt{2}}}^{\frac{\sqrt{6}}{3}} \left(\frac{2}{3}-x^2\right)dx$$

$$= \frac{\pi}{3}\Big[\,2x-x^3\,\Big]_{\frac{1}{\sqrt{2}}}^{\frac{\sqrt{6}}{3}}$$

$$= \frac{\pi}{3}\left(\frac{2\sqrt{6}}{3}-\sqrt{2}-\frac{2\sqrt{6}}{9}+\frac{\sqrt{2}}{4}\right)$$

$$= \frac{\pi}{3}\left(\frac{4}{9}\sqrt{6}-\frac{3}{4}\sqrt{2}\right) = \frac{4\sqrt{6}}{27}\pi-\frac{\sqrt{2}}{4}\pi$$

よって B と F の共通部分の体積は

$$\frac{8\sqrt{6}}{27}\pi-6\left(\frac{4\sqrt{6}}{27}\pi-\frac{\sqrt{2}}{4}\pi\right) = \boldsymbol{\frac{3\sqrt{2}}{2}\pi-\frac{16\sqrt{6}}{27}\pi}$$

図5

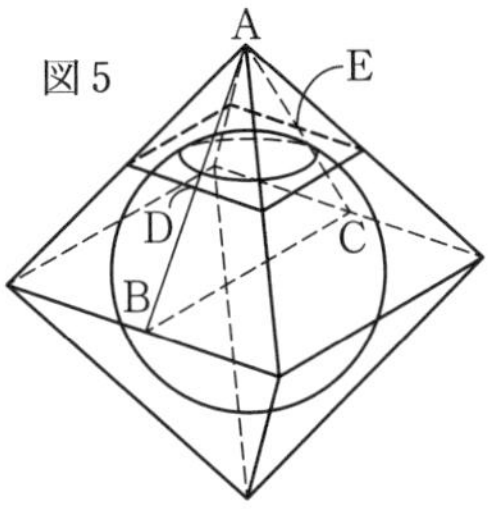

図6

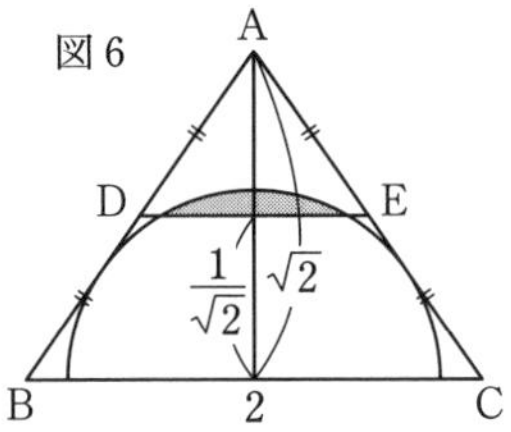

図7

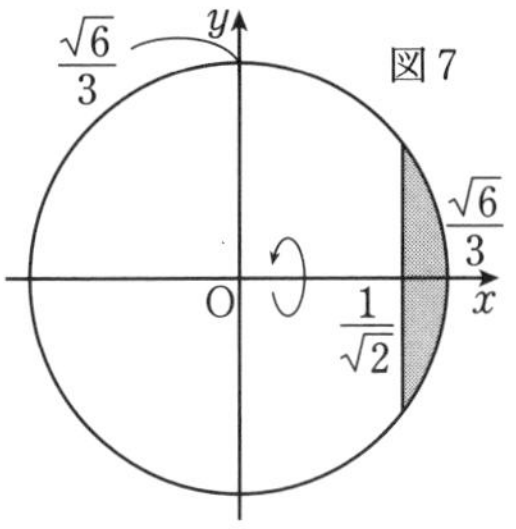

《体積の最小値（B20）》

442. a, b を実数とし，

$f(x) = x + a\sin x,\ g(x) = b\cos x$

とする．

（1） 定積分

$$\int_{-\pi}^{\pi} f(x)g(x)\,dx$$

を求めよ．

（2） 不等式

$$\int_{-\pi}^{\pi}\{f(x)+g(x)\}^2\,dx \geqq \int_{-\pi}^{\pi}\{f(x)\}^2\,dx$$

が成り立つことを示せ．

（3） 曲線 $y = |f(x)+g(x)|$，

2 直線 $x=-\pi,\ x=\pi$，および x 軸で囲まれた図形を x 軸の周りに 1 回転させてできる回転体の体積を V とする．このとき不等式 $V \geqq \frac{2}{3}\pi^2(\pi^2-6)$ が成り立つことを示せ．さらに，等号が成立するときの a, b を求めよ．

（23 筑波大・前期）

▶解答◀ （1） $f(x)$ は奇関数，$g(x)$ は偶関数であるから $f(x)g(x)$ は奇関数である，よって

$$\int_{-\pi}^{\pi} f(x)g(x)\,dx = \mathbf{0}$$

（2） $\{f(x)+g(x)\}^2$

$= \{f(x)\}^2 + 2f(x)g(x) + \{g(x)\}^2$

であり，（1）の結果を用いると

$$\int_{-\pi}^{\pi}\{f(x)+g(x)\}^2\,dx$$

$$= \int_{-\pi}^{\pi}\{f(x)\}^2\,dx + \int_{-\pi}^{\pi}\{g(x)\}^2\,dx$$

$$\geqq \int_{-\pi}^{\pi}\{f(x)\}^2\,dx$$

（3） $\{f(x)\}^2$ は偶関数である．

$$\{f(x)\}^2 = x^2 + 2ax\sin x + \frac{a^2}{2}(1-\cos 2x)$$

（2）の結果を用いて

$$V = \int_{-\pi}^{\pi}\pi\{f(x)+g(x)\}^2\,dx \geqq \pi\int_{-\pi}^{\pi}\{f(x)\}^2\,dx$$

$$= 2\pi\int_0^{\pi}\{f(x)\}^2\,dx$$

$$= 2\pi\Big[\,\frac{x^3}{3} - 2a(x\cos x + \sin x)$$

$$+ \frac{a^2}{2}\left(x - \frac{\sin 2x}{2}\right)\Big]_0^{\pi}$$

$$= 2\pi\left(\frac{\pi^3}{3} + 2a\cdot\pi + a^2\cdot\frac{\pi}{2}\right)$$

$$= \frac{2}{3}\pi^2\left(\frac{3}{2}a^2 + 6a + \pi^2\right)$$

$$= \frac{2}{3}\pi^2\left\{\frac{3}{2}(a+2)^2 - 6 + \pi^2\right\} \geqq \frac{2}{3}\pi^2(\pi^2-6)$$

等号は $a=-2$ かつ $g(x)=0$（常に 0）のとき，すなわち，$\boldsymbol{a=-2,\ b=0}$ のときに成り立つ．

《球の体積（C30）》

443. $0<b<a$ とする．xy 平面において，原点を中心とする半径 r の円 C と点 $(a, 0)$ を中心とする半径 b の円 D が 2 点で交わっている．

（1） 半径 r の満たすべき条件を求めよ．

（2） C と D の交点のうち y 座標が正のものを P とする．P の x 座標 $h(r)$ を求めよ．

（3） 点 Q$(r, 0)$ と点 R$(a-b, 0)$ をとる．D の内部にある C の弧 PQ，線分 QR，および線分 RP で囲まれる図形を A とする．xyz 空間において A を x 軸の周りに 1 回転して得られる立体の体積 $V(r)$ を求めよ．ただし，答えに $h(r)$ を用いてもよい．

（4） $V(r)$ の最大値を与える r を求めよ．また，そのrを $r(a)$ とおいたとき，$\lim_{a\to\infty}(r(a)-a)$ を求めよ．　（23　名古屋大・前期）

▶解答◀　（1） a, b, r を3辺の長さとする三角形が存在することが条件である．$a>b$ に注意し

$$\boldsymbol{a-b<r<a+b}$$

（2） $C: x^2+y^2=r^2$ と $D: (x-a)^2+y^2=b^2$ を辺ごとに引いて

$$2ax-a^2=r^2-b^2 \qquad \therefore\quad x=\frac{r^2+a^2-b^2}{2a}$$

これがPの x 座標であるから

$$h(r)=\boldsymbol{\frac{r^2+a^2-b^2}{2a}}$$

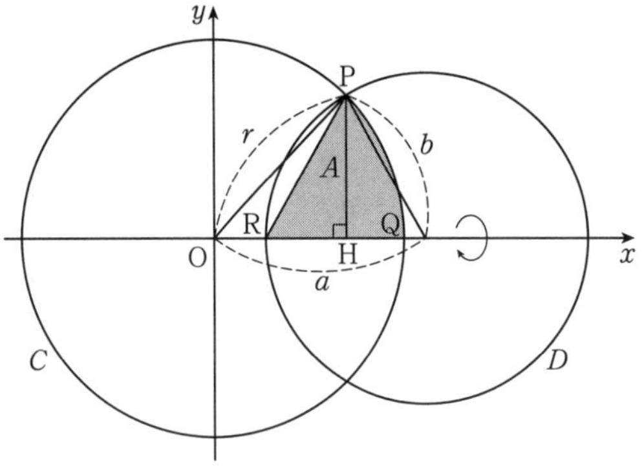

（3） $h(r)=h$ と表す．Pから x 軸に下ろした垂線の足をHとおくと

$$V(r)=\frac{1}{3}\cdot\pi\mathrm{PH}^2\cdot\mathrm{RH}+\int_h^r\pi(r^2-x^2)\,dx$$

であるから

$$\frac{V(r)}{\pi}=\frac{1}{3}(r^2-h^2)\{h-(a-b)\}+\left[\,r^2x-\frac{x^3}{3}\,\right]_h^r$$

$$=\frac{1}{3}\{r^2h-h^3-(a-b)(r^2-h^2)\}$$

$$+\frac{2}{3}r^3-r^2h+\frac{h^3}{3}$$

$$=\frac{2}{3}r^3-\frac{2}{3}r^2h-\frac{1}{3}(a-b)(r^2-h^2)$$

よって

$$V(r)=\boldsymbol{\frac{\pi}{3}(2\{r^3-r^2h(r)\}-(a-b)\{r^2-h(r)^2\})}$$

（4） $\frac{3}{\pi}V(r)=2(r^3-r^2h)-(a-b)(r^2-h^2)$ であり，$\frac{dh}{dr}=\frac{r}{a}$ であるから

$$\left\{\frac{3}{\pi}V(r)\right\}'=2\left(3r^2-2rh-r^2\cdot\frac{r}{a}\right)$$

$$-(a-b)\left(2r-2h\cdot\frac{r}{a}\right)$$

$$=6r^2-\frac{2(a+b)}{a}rh-\frac{2}{a}r^3-2(a-b)r$$

$$=6r^2-\frac{2(a+b)}{a}r\cdot\frac{r^2+a^2-b^2}{2a}$$

$$-\frac{2}{a}r^3-2(a-b)r$$

$$=-\frac{3a+b}{a^2}r^3+6r^2$$

$$-\frac{(a+b)(a^2-b^2)+2a^2(a-b)}{a^2}r$$

$$=-\frac{3a+b}{a^2}r^3+6r^2-\frac{(a-b)(3a^2+2ab+b^2)}{a^2}r$$

$$=-\frac{r}{a^2}\{(3a+b)r^2-6a^2r$$

$$+(a-b)(3a^2+2ab+b^2)\}$$

$$=-\frac{r}{a^2}\{r-(a-b)\}\{(3a+b)r-(3a^2+2ab+b^2)\}$$

$a-b<r<a+b$ であるから，$r-(a-b)>0$ であり，$p=\frac{3a^2+2ab+b^2}{3a+b}$ とおくと

$$(a+b)-p=\frac{2ab}{3a+b}>0$$

$$p-(a-b)=\frac{4ab+2b^2}{3a+b}>0$$

であるから，$a-b<p<a+b$ である．

r	$a-b$	$\cdots$	p	$\cdots$	$a+b$
$V'(r)$		$+$	0	$-$	
$V(r)$		↗		↘	

$V(r)$ は表のように増減し

$$r=p=\boldsymbol{\frac{3a^2+2ab+b^2}{3a+b}}$$

で最大となる．これを $r(a)$ とおくと

$$r(a)-a=\frac{3a^2+2ab+b^2}{3a+b}-a$$

$$=\frac{ab+b^2}{3a+b}=\frac{b+\frac{b^2}{a}}{3+\frac{b}{a}}\xrightarrow[(a\to\infty)]{}\boldsymbol{\frac{b}{3}}$$

《楕円（B20）》

444．曲線 $C: 4x^2+y^2=4$ とする．直線 $l: y=2(x-1)$ と曲線 C で囲まれた部分のうち，原点を含まない方を D とする．このとき，次の問いに答えよ．

（1） 曲線 C と直線 l の交点の座標を求めよ．

（2） 直線 l に平行な，曲線 C の接線の方程式を求めよ．

（3） D の面積を，三角関数の置換積分法を用いた定積分を計算して求めよ．

（4） D を x 軸のまわりに1回転してできる立体の体積 V_1 を求めよ．

（5） D を y 軸のまわりに1回転してできる立体の体積 V_2 を求めよ．　（23　大教大・前期）

▶解答◀　（1） A$(1,0)$, B$(-1,0)$,

E(0, 2), F(0, −2) とする．曲線 C は，線分 EF を長軸，AB を短軸とする楕円である．
直線 $l: y=2(x-1)$ の x 切片は 1 で，y 切片は −2 であるから，楕円 C と 2 点 A(**1, 0**), F(**0, −2**) で交わる．
（2） l と平行だから，$m: y=2x+k$（k は実数）とおく．
$C: 4x^2+y^2=4$ と連立させて

$$4x^2+(2x+k)^2=4$$
$$8x^2+4kx+k^2-4=0$$

C と m は接するから，判別式を D' とすると

$$\frac{D'}{4}=(2k)^2-8(k^2-4)=0$$
$$-4(k^2-8)=0 \qquad \therefore \quad k=\pm 2\sqrt{2}$$

l に平行な C の接線は $\boldsymbol{y=2x\pm 2\sqrt{2}}$

図 1

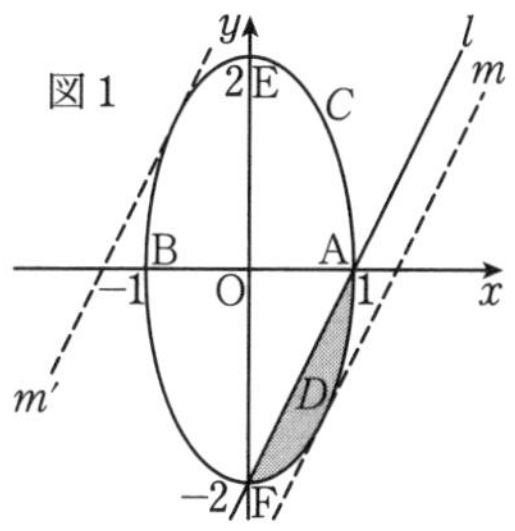

（3） 領域 D は，楕円の $\frac{1}{4}$ から △OAF を除いた領域であるから，その面積を S とすると

$$S=\int_0^1 2\sqrt{1-x^2}\,dx-\frac{1}{2}\cdot 1\cdot 2$$

$x=\sin t$ とおくと，$\frac{dx}{dt}=\cos t$ より $dx=\cos t\,dt$

x	$0 \to 1$
t	$0 \to \frac{\pi}{2}$

$\sqrt{1-x^2}=\cos t$ であるから

$$\int_0^1 \sqrt{1-x^2}\,dx=\int_0^{\frac{\pi}{2}} \cos t\cdot\cos t\,dt$$
$$=\int_0^{\frac{\pi}{2}} \frac{1}{2}(1+\cos 2t)\,dt$$
$$=\frac{1}{2}\left[t+\frac{1}{2}\sin 2t\right]_0^{\frac{\pi}{2}}=\frac{1}{2}\cdot\frac{\pi}{2}=\frac{\pi}{4}$$

よって $S=2\cdot\frac{\pi}{4}-1=\boldsymbol{\frac{\pi}{2}-1}$ である．
（4） 楕円 C に囲まれた領域のうち，$x \geqq 0$，$y \leqq 0$ の部分を D_1 とおく．
V_1 は，D_1 を x 軸のまわりに 1 回転してできる立体から，△OAF を x 軸のまわりに 1 回転してできる円錐を除いた立体の体積であるから

$$V_1=\pi\int_0^1 y^2\,dx-\frac{\pi}{3}\cdot \mathrm{OF}^2\cdot \mathrm{OA}$$
$$=\pi\int_0^1 4(1-x^2)\,dx-\frac{\pi}{3}\cdot 2^2\cdot 1$$
$$=4\pi\left[x-\frac{x^3}{3}\right]_0^1-\frac{4}{3}\pi=4\pi\cdot\frac{2}{3}-\frac{4}{3}\pi=\boldsymbol{\frac{4}{3}\pi}$$

（5） （4）とは，回転の軸が x 軸か y 軸かの違いだけである．
D_1 の回転体から円錐を除いた立体の体積を求める．

$$V_2=\pi\int_{-2}^0 x^2\,dy-\frac{\pi}{3}\cdot \mathrm{OA}^2\cdot \mathrm{OF}$$
$$=\pi\int_{-2}^0 \frac{1}{4}(4-y^2)\,dy-\frac{\pi}{3}\cdot 1^2\cdot 2$$
$$=\frac{\pi}{4}\left[4y-\frac{y^3}{3}\right]_{-2}^0-\frac{2}{3}\pi$$
$$=\frac{\pi}{4}\left(8-\frac{8}{3}\right)-\frac{2}{3}\pi=\boldsymbol{\frac{2}{3}\pi}$$

注意 $\int_0^1 \sqrt{1-x^2}\,dx$ について．
問題には「置換積分法を用い」の指示があるが

$$y=\sqrt{1-x^2}\quad(0 \leqq x \leqq 1)\ \cdots\cdots\cdots\cdots\cdots\cdots①$$

とおくと，$x^2+y^2=1$ となるから，① は原点を中心とする半径 1 の円の 4 分の 1 である（図の実線部分）．
よって，網目部分の面積を考えて

$$\int_0^1 \sqrt{1-x^2}\,dx=\frac{\pi}{4}$$

図 2

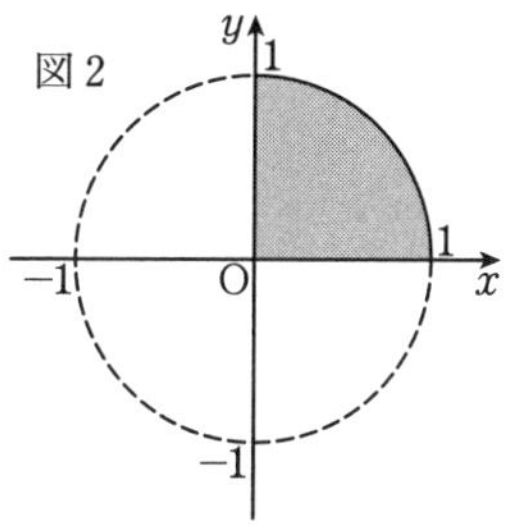

《逆関数 (B20)》

445. 関数 $f(x)=\sin x\ \left(0 \leqq x \leqq \frac{\pi}{2}\right)$ の逆関数を $g(x)$ とする．
（1） 関数 $g(x)$ の定義域は $\square$ である．
（2） $y=g(x)$ の $x=\frac{4}{5}$ における接線の傾きは $\frac{\square}{\square}$ である．
（3） $\int_0^{\frac{1}{2}} g(x)\,dx$
$=\frac{\pi}{\square}+\square+\frac{\square}{\square}\sqrt{\square}$ である．
（4） $y=g(x)$ のグラフと $x=1$ および x 軸で囲まれた図形を x 軸のまわりに 1 回転させてできる立体の体積は $\frac{\pi^a}{\square}+\square\pi$，ただし $a=\square$

である．（23　上智大・理工）

▶解答◀　（1）$y=f(x)$ について

$$y=\sin x,\ 0\leqq x\leqq \frac{\pi}{2},\ 0\leqq y\leqq 1$$

$x,\ y$ をとりかえて

$$x=\sin y,\ 0\leqq y\leqq \frac{\pi}{2},\ 0\leqq x\leqq 1$$

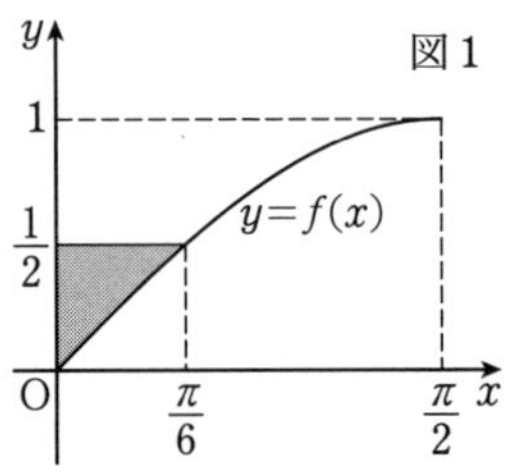

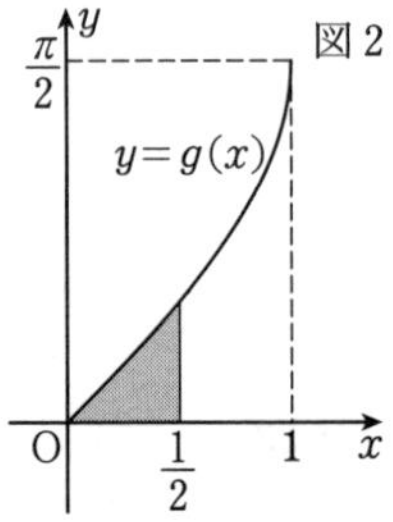

これが $y=g(x)$ の関係である．$g(x)$ の定義域は

$$\mathbf{0\leqq x\leqq 1}$$

（2）$x=\sin y$

$$\frac{dx}{dy}=\cos y=\sqrt{1-\sin^2 y}=\sqrt{1-x^2}$$

$$\frac{dy}{dx}=\frac{1}{\sqrt{1-x^2}}$$

$$g'(x)=\frac{1}{\sqrt{1-x^2}}$$

$$g'\left(\frac{4}{5}\right)=\frac{1}{\sqrt{1-\frac{16}{25}}}=\mathbf{\frac{5}{3}}$$

（3）$\displaystyle\int_0^{\frac{1}{2}} g(x)\,dx=$（図2の網目部分の面積）

＝（図1の網目部分の面積）

$$=\frac{\pi}{6}\cdot\frac{1}{2}-\int_0^{\frac{\pi}{6}}\sin x\,dx=\frac{\pi}{12}+\Big[\cos x\Big]_0^{\frac{\pi}{6}}$$

$$=\frac{\pi}{12}+\frac{\sqrt{3}}{2}-1=\boldsymbol{\frac{\pi}{12}-1+\frac{1}{2}\sqrt{3}}$$

（4）同様に図4の回転体の体積を考えればよく，バウムクーヘン分割により求める体積を V とすると

$$V=\int_0^{\frac{\pi}{2}}2\pi x(1-\sin x)\,dx$$

$$\frac{V}{\pi}=\int_0^{\frac{\pi}{2}}(2x-2x\sin x)\,dx$$

$$=\Big[x^2+2x\cos x-2\sin x\Big]_0^{\frac{\pi}{2}}=\frac{\pi^2}{4}-2$$

$$V=\boldsymbol{\frac{\pi^3}{4}-2\pi}$$

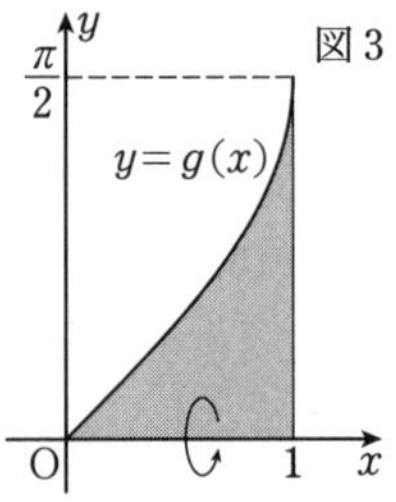

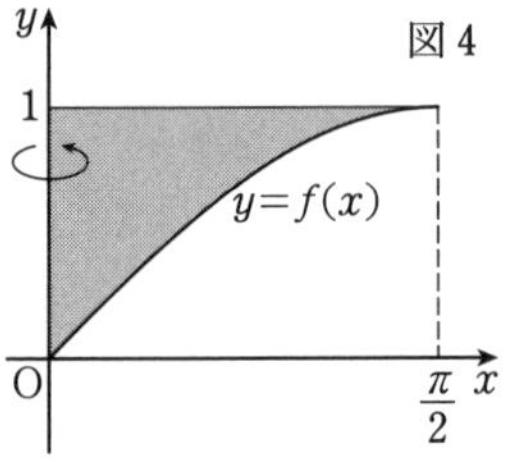

◆別解◆　（4）$y=\sin x$ として

$$\frac{V}{\pi}=\int_0^1 x^2\,dy=\int_0^{\frac{\pi}{2}}x^2\frac{dy}{dx}\,dx$$

$$=\int_0^{\frac{\pi}{2}}x^2(\sin x)'\,dx$$

$$=\Big[x^2\sin x\Big]_0^{\frac{\pi}{2}}-\int_0^{\frac{\pi}{2}}(x^2)'\sin x\,dx$$

$$=\frac{\pi^2}{4}-2\int_0^{\frac{\pi}{2}}x\sin x\,dx$$

$$=\frac{\pi^2}{4}+2\int_0^{\frac{\pi}{2}}x(\cos x)'\,dx$$

$$=\frac{\pi^2}{4}+2\Big[x\cos x\Big]_0^{\frac{\pi}{2}}-2\int_0^{\frac{\pi}{2}}(x)'\cos x\,dx$$

$$=\frac{\pi^2}{4}-2\int_0^{\frac{\pi}{2}}\cos x\,dx=\frac{\pi^2}{4}-2\Big[\sin x\Big]_0^{\frac{\pi}{2}}$$

$$V=\boldsymbol{\frac{\pi^3}{4}-2\pi}$$

《無理関数と x 軸（B20）☆》

446．$0\leqq x\leqq 1$ で定義された関数

$$f(x)=\sqrt{1-x^2}+\frac{x}{2}-1$$

を考える．以下の問いに答えよ．

（1）$0<x<1$ における $f(x)=0$ の解を求めよ．

（2）第2次導関数 $f''(x)$ を求めよ．

（3）$0<x<1$ における $f(x)$ の極値を求めよ．

（4）次の2つの不定積分 $I,\ J$ を求めよ．ただし，積分定数は省略してもよい．

$$I=\int x\sqrt{1-x^2}\,dx,\ J=\int\frac{x^3}{\sqrt{1-x^2}}\,dx$$

（5）曲線 $y=f(x)$ と x 軸で囲まれた部分を，y 軸のまわりに1回転して得られる立体の体積 V を求めよ．（23　電気通信大・後期）

▶解答◀　（1）$\sqrt{1-x^2}+\dfrac{x}{2}-1=0$

$$\sqrt{1-x^2}=1-\frac{x}{2}$$

$0<x<1$ のとき $1-\dfrac{x}{2}>0$ であることに注意せよ．

$$1-x^2=\left(1-\frac{x}{2}\right)^2$$

$$\frac{5}{4}x^2 - x = 0 \qquad \therefore\ \ x\left(\frac{5}{4}x - 1\right) = 0$$

$$x = \boldsymbol{\frac{4}{5}}$$

(**2**) $f'(x) = \dfrac{-2x}{2\sqrt{1-x^2}} + \dfrac{1}{2}$

$$= -x(1-x^2)^{-\frac{1}{2}} + \frac{1}{2}$$

$$f''(x) = -(1-x^2)^{-\frac{1}{2}} + \frac{x}{2}(1-x^2)^{-\frac{3}{2}}(-2x)$$

$$= (1-x^2)^{-\frac{3}{2}}(-x^2-(1-x^2)) = \boldsymbol{-(1-x^2)^{-\frac{3}{2}}}$$

(**3**) $f'(x) = \dfrac{\sqrt{1-x^2}-2x}{2\sqrt{1-x^2}}$

$$= \frac{1-x^2-4x^2}{2\sqrt{1-x^2}(\sqrt{1-x^2}+2x)}$$

$$= \frac{1-5x^2}{2\sqrt{1-x^2}(\sqrt{1-x^2}+2x)}$$

x	0	$\cdots$	$\frac{1}{\sqrt{5}}$	$\cdots$	1
$f'(x)$		$+$	0	$-$	
$f(x)$		↗		↘	

$f(x)$ は極大値をもつ．

$$f\left(\frac{1}{\sqrt{5}}\right) = \frac{2}{\sqrt{5}} + \frac{1}{2\sqrt{5}} - 1 = \boldsymbol{\frac{\sqrt{5}}{2} - 1}$$

(**4**) $I = \displaystyle\int x(1-x^2)^{\frac{1}{2}}\,dx$

$$= -\frac{1}{2}\int (1-x^2)^{\frac{1}{2}}(1-x^2)'\,dx$$

$$= -\frac{1}{2}\cdot\frac{2}{3}(1-x^2)^{\frac{3}{2}} = \boldsymbol{-\frac{1}{3}(1-x^2)^{\frac{3}{2}}}$$

$$J = \int \frac{x^2\cdot x}{\sqrt{1-x^2}}\,dx = \int \frac{-(1-x^2)+1}{\sqrt{1-x^2}}x\,dx$$

$$= -\int x\sqrt{1-x^2}\,dx + \int \frac{x}{\sqrt{1-x^2}}\,dx$$

$$= -I - \frac{1}{2}\int (1-x^2)^{-\frac{1}{2}}(1-x^2)'\,dx$$

$$= -I - \frac{1}{2}\cdot 2(1-x^2)^{\frac{1}{2}}$$

$$= \boldsymbol{\frac{1}{3}(1-x^2)^{\frac{3}{2}} - (1-x^2)^{\frac{1}{2}}}$$

(**5**) 曲線と x 軸で囲まれた部分は図の網目部分である．バウムクーヘン分割を用いる．

$$V = \int_0^{\frac{4}{5}} 2\pi x\cdot y\,dx$$

$$= 2\pi\int_0^{\frac{4}{5}} x\left(\sqrt{1-x^2} + \frac{x}{2} - 1\right)dx$$

$$= 2\pi\left[-\frac{1}{3}(1-x^2)^{\frac{3}{2}} + \frac{x^3}{6} - \frac{x^2}{2}\right]_0^{\frac{4}{5}}$$

$$= 2\pi\left(-\frac{1}{3}\left(\frac{27}{125}-1\right) + \frac{1}{6}\cdot\frac{64}{125} - \frac{1}{2}\cdot\frac{16}{25}\right)$$

$$= \boldsymbol{\frac{4}{75}\pi}$$

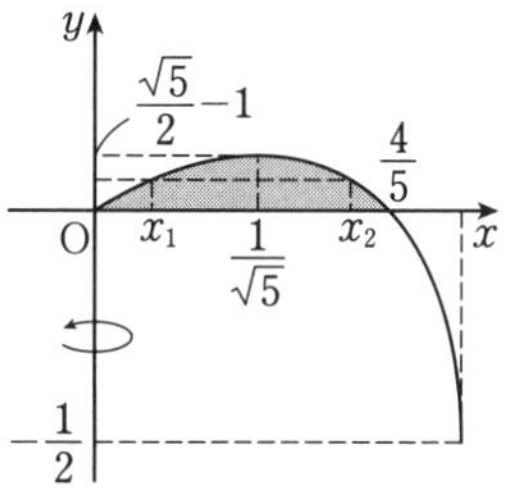

◆別解◆ (**4**) $\left(\sqrt{1-x^2}\right)' = -\dfrac{x}{\sqrt{1-x^2}}$ だから

$$J = \int \frac{x^2\cdot x}{\sqrt{1-x^2}}\,dx = \int x^2\left(-\sqrt{1-x^2}\right)'\,dx$$

$$= x^2\left(-\sqrt{1-x^2}\right) - \int (x^2)'\left(-\sqrt{1-x^2}\right)dx$$

$$= -x^2\sqrt{1-x^2} + 2I$$

$$= \boldsymbol{-x^2\sqrt{1-x^2} - \frac{2}{3}(1-x^2)^{\frac{3}{2}}}$$

(**5**) 1つの y の値に対応する x を $x_1,\ x_2\ (x_1 \leqq x_2)$ とし，$\alpha = \dfrac{\sqrt{5}}{2} - 1$ とおく．

$y = f(x)$ を微分して，$dy = f'(x)\,dx$，積分区間は $y: 0 \to \alpha$ のとき，$x_1: 0 \to \dfrac{1}{\sqrt{5}}$，$x_2: \dfrac{4}{5} \to \dfrac{1}{\sqrt{5}}$ である．

$$V = \pi\int_0^{\alpha} {x_2}^2\,dy - \pi\int_0^{\alpha} {x_1}^2\,dy$$

$$= \pi\int_{\frac{4}{5}}^{\frac{1}{\sqrt{5}}} x^2 f'(x)\,dx - \pi\int_0^{\frac{1}{\sqrt{5}}} x^2 f'(x)\,dx$$

$$= \pi\int_{\frac{4}{5}}^{0} x^2\left(-x(1-x^2)^{-\frac{1}{2}} + \frac{1}{2}\right)dx$$

$$= \pi\int_{\frac{4}{5}}^{0}\left(-\frac{x^3}{\sqrt{1-x^2}} + \frac{1}{2}x^2\right)dx$$

$$= \pi\left[-\frac{1}{3}(1-x^2)^{\frac{3}{2}} + (1-x^2)^{\frac{1}{2}} + \frac{1}{6}x^3\right]_{\frac{4}{5}}^{0}$$

$$= \pi\left(-\frac{1}{3}\left(1-\frac{27}{125}\right) + \left(1-\frac{3}{5}\right) - \frac{1}{6}\cdot\frac{64}{125}\right)$$

$$= \pi\left(-\frac{98}{375} + \frac{2}{5} - \frac{32}{375}\right) = \frac{20}{375}\pi = \boldsymbol{\frac{4}{75}\pi}$$

注意 **【符号つき微小体積】**

x が $\dfrac{4}{5}$ から 0 まで変化するとき，符号つき体積

$$dV = \pi x^2\,dy = \pi x^2 f'(x)\,dx$$

を足し集める．なお，x が $\dfrac{4}{5}$ から $\dfrac{1}{\sqrt{5}}$ の間は y が増加するから $dV = \pi x^2\,dx > 0$ で加え，x が $\dfrac{1}{\sqrt{5}}$ から 0 の間は y が減少するから $dV = \pi x^2\,dx < 0$ で加える．

$$V = \int_{\frac{4}{5}}^{0} \pi x^2 f'(x)\,dx$$

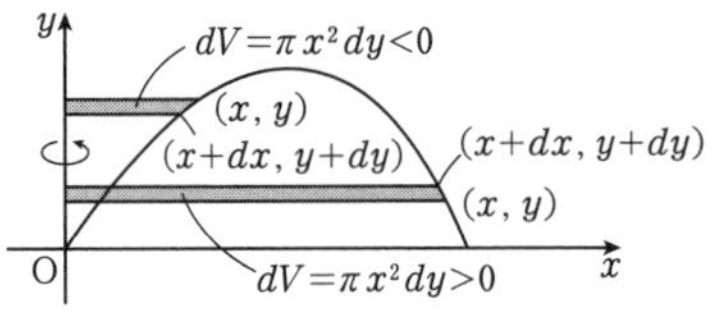

《放物線と直線（B20）☆》

447．a, b を実数の定数とする．座標平面において，曲線 $y=-x^2$ を，x 軸方向に a，y 軸方向に b だけ平行移動して得られる曲線を C とし，直線 $y=x$ を l とする．以下の各問に答えよ．

（1） 曲線 C が直線 l と x 軸の両方に接するとする．定数 a, b の値を求めよ．また，曲線 C，直線 l，および x 軸で囲まれた部分の面積 S を求めよ．

（2） $a=2, b=4$ とする．曲線 C の法線で，原点を通るものの方程式をすべて求めよ．

（3） $a=2, b=4$ とする．曲線 C と直線 l で囲まれた部分を，y 軸のまわりに1回転してできる立体の体積 V を求めよ．　（23　茨城大・理）

▶解答◀ （1） C の方程式は

$$y=-(x-a)^2+b$$

である．これが x 軸と接するから，$b=\mathbf{0}$

C は直線 l にも接するから

$$x=-(x-a)^2$$

$$x^2-(2a-1)x+a^2=0 \quad \cdots\cdots ①$$

この方程式の判別式について

$$(2a-1)^2-4a^2=0$$

$$-4a+1=0 \qquad \therefore \quad a=\frac{\mathbf{1}}{\mathbf{4}}$$

このとき，① より接点の x 座標は

$$x=a-\frac{1}{2}=-\frac{1}{4}$$

であるから，S は図1の網目部分の面積である．

$$S=\int_{-\frac{1}{4}}^{\frac{1}{4}}\left(x-\frac{1}{4}\right)^2dx-\frac{1}{2}\cdot\left(\frac{1}{4}\right)^2$$

$$=\left[\frac{1}{3}\left(x-\frac{1}{4}\right)^3\right]_{-\frac{1}{4}}^{\frac{1}{4}}-\frac{1}{32}$$

$$=\frac{1}{3}\cdot\frac{1}{8}-\frac{1}{32}=\frac{\mathbf{1}}{\mathbf{96}}$$

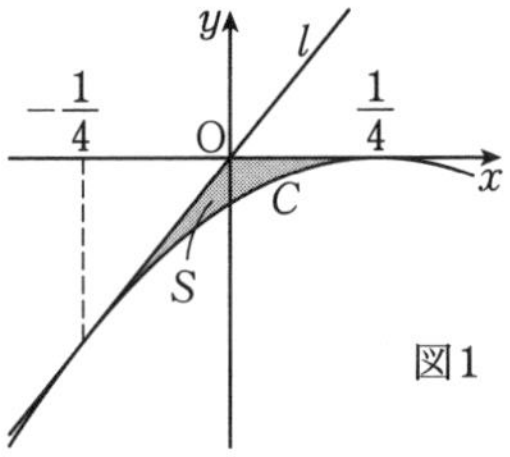

図1

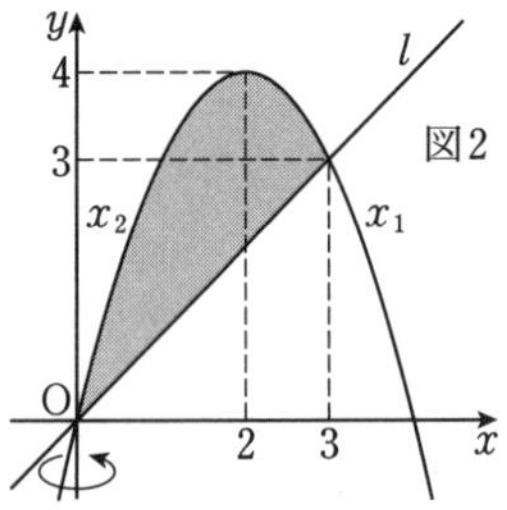

図2

（2） $a=2, b=4$ のとき

$$C: y=-(x-2)^2+4$$

$$C: y=-x^2+4x$$

$y'=-2x+4$ だから，$x=t$ における法線の方程式は

$$y=\frac{1}{2t-4}(x-t)-t^2+4t$$

原点を通るから

$$0=-\frac{t}{2t-4}-t^2+4t$$

$$(2t-4)(t^2-4t)=-t$$

$$t\{(2t-4)(t-4)+1\}=0$$

$$t(2t^2-12t+17)=0$$

$$t=\frac{6\pm\sqrt{2}}{2}, 0$$

原点を通る法線の方程式 $y=\dfrac{1}{2t-4}x$ に代入．

$t=\dfrac{6\pm\sqrt{2}}{2}$ のとき $y=\dfrac{1}{2\pm\sqrt{2}}x$（複号同順）となるから，$t=0$ のときもあわせて法線の方程式は

$$\boldsymbol{y=-\frac{1}{4}x,\ y=\frac{2+\sqrt{2}}{2}x,\ y=\frac{2-\sqrt{2}}{2}x}$$

（3） $y=-x^2+4x$ と $y=x$ の交点の x 座標について

$$-x^2+4x=x$$

$$x(x-3)=0 \qquad \therefore \quad x=0, 3$$

図2を見よ．バウムクーヘン分割を用いて

$$V=\int_0^3 2\pi x(-x^2+4x-x)\,dx$$

$$=\int_0^3 2\pi(-x^3+3x^2)\,dx$$

$$=2\pi\left[-\frac{x^4}{4}+x^3\right]_0^3=\frac{\mathbf{27}}{\mathbf{2}}\boldsymbol{\pi}$$

注意 【バウムクーヘン分割について】

$0\leqq a<b$ のとき，$a\leqq x\leqq b$ において，曲線 $y=f(x)$ と曲線 $y=g(x)$ の間にある部分を y 軸の周りに回転してできる立体の体積 V は

$$V=\int_a^b 2\pi x\,|\,f(x)-g(x)\,|\,dx$$

で与えられる．

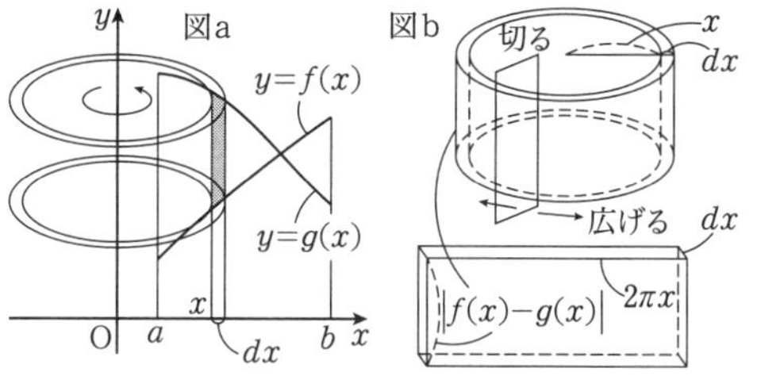

$x \sim x+dx$ の部分を回転してできる微小部分を縦に切って広げる（図 b）．和食の料理人が行う大根の桂剥き（かつらむき）を想像せよ．これを直方体で近似する．直方体の 3 辺の長さは

$$dx,\ 2\pi x,\ |f(x)-g(x)|$$

であり，微小体積 dV は

$$dV = 2\pi x|f(x)-g(x)|\,dx$$

◆別解◆（3）（$x=0, 3$ を求めた行より）

$y=-x^2+4x$ を x について解いて，$x=2\pm\sqrt{4-y}$

$x_1=2+\sqrt{4-y}$，$x_2=2-\sqrt{4-y}$ とおく（図 2）．

$$V=\pi\int_0^3 (y^2-x_2{}^2)\,dy+\pi\int_3^4 (x_1{}^2-x_2{}^2)\,dy$$

$$\frac{V}{\pi}=\int_0^3 \{y^2-(2-\sqrt{4-y})^2\}\,dy$$

$$+\int_3^4 \{(2+\sqrt{4-y})^2-(2-\sqrt{4-y})^2\}\,dy$$

$$=\int_0^3 (y^2-8+y+4\sqrt{4-y})\,dy$$

$$+\int_3^4 8\sqrt{4-y}\,dy$$

$$=\left[\frac{y^3}{3}+\frac{y^2}{2}-8y-\frac{8}{3}(4-y)^{\frac{3}{2}}\right]_0^3$$

$$+\left[-\frac{16}{3}(4-y)^{\frac{3}{2}}\right]_3^4$$

$$=\left(9+\frac{9}{2}-24-\frac{8}{3}\right)+\frac{64}{3}+\frac{16}{3}=\frac{27}{2}$$

$$V=\boldsymbol{\frac{27}{2}\pi}$$

《4 次関数（B20）☆》

448． s, t を実数とし，x の関数

$$f(x)=3sx^4+35tx^2+15$$

を考える．このとき，以下の問いに答えよ．

（1）積分 $I=\int_0^1 \{f(x)\}^2\,dx$ を計算し，s, t を用いて答えよ．

（2）（1）の I が最小となる s と t の値を答えよ．

（3）s と t が（2）で求めた値のとき，直線 $y=15$ と曲線 $y=f(x)$ で囲まれた部分を y 軸のまわりに 1 回転させてできる立体の体積 V を答えよ．（23　大阪公立大・工）

▶解答◀（1）$I=\int_0^1 (9s^2x^8+210stx^6$

$$+35^2t^2x^4+90sx^4+2\cdot 35\cdot 15tx^2+15^2)\,dx$$

$$=\Big[\,s^2x^9+30stx^7+35\cdot 7t^2x^5+18sx^5$$

$$+2\cdot 35\cdot 5tx^3+15^2x\,\Big]_0^1$$

$$=\boldsymbol{s^2+30st+245t^2+18s+350t+225}$$

（2）$I=s^2+2(15t+9)s+245t^2+350t+225$

$$=(s+15t+9)^2-(15t+9)^2+245t^2+350t+225$$

$$=(s+15t+9)^2+20t^2+80t+144$$

$$=(s+15t+9)^2+20(t+2)^2+64$$

$s+15t+9=0$，$t+2=0$ すなわち $s=\mathbf{21}$，$t=\mathbf{-2}$ のとき I は最小値をとる．

（3）$f(x)=63x^4-70x^2+15$ である．$f(x)$ は偶関数であるから，グラフは y 軸対称である．$x \geqq 0$ のとき

$$f(x)-15=63x^4-70x^2=63x^2\left(x^2-\frac{10}{9}\right)$$

である．直線 $l: y=15$ と曲線 $C: y=f(x)$ は $x=0$，$\frac{\sqrt{10}}{3}$ で交わり，$0<x<\frac{\sqrt{10}}{3}$ では直線 l の方が曲線 C よりも上方にある．$\frac{\sqrt{10}}{3}=\alpha$ とおく．バウムクーヘン分割をする．求める体積は

$$V=\int_0^\alpha 2\pi x\{15-f(x)\}\,dx$$

$$=2\pi\int_0^\alpha x(-63x^4+70x^2)\,dx$$

$$=14\pi\int_0^\alpha (-9x^5+10x^3)\,dx$$

$$=14\pi\left[-\frac{9}{6}x^6+\frac{10}{4}x^4\right]_0^\alpha$$

$$=14\pi\alpha^4\left(-\frac{3}{2}\alpha^2+\frac{5}{2}\right)$$

$$=14\pi\cdot\frac{100}{81}\left(-\frac{3}{2}\cdot\frac{10}{9}+\frac{5}{2}\right)=\boldsymbol{\frac{3500}{243}\pi}$$

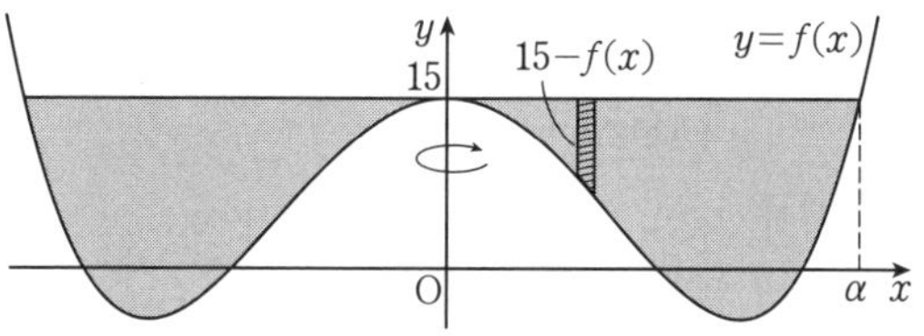

《指数関数（B20）》

449． 座標平面において，2 曲線 $y=\log x$，$y=\log(x+1)$ と直線 $x=2$ および x 軸で囲まれた図形を D とするとき，次の問に答えよ．ただし，対数は自然対数とする．

（1） 図形 D の面積を求めよ．

（2） 図形 D を，y 軸のまわりに 1 回転させてできる立体の体積を求めよ．（23　福岡大・医-推薦）

▶解答◀ （1） 求める面積を S とする．

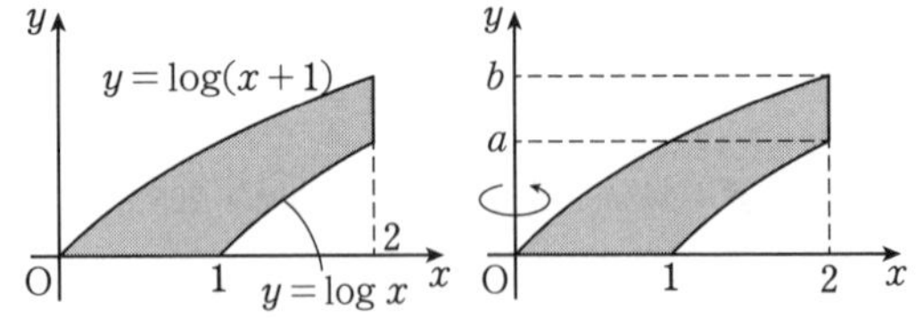

$$S=\int_0^2 \log(x+1)\,dx-\int_1^2 \log x\,dx$$
$$=\Big[\,(x+1)\log(x+1)-x\,\Big]_0^2-\Big[\,x\log x-x\,\Big]_1^2$$
$$=3\log 3-2-(2\log 2-1)$$
$$=\mathbf{3\log 3-2\log 2-1}$$

（2） 求める体積を V とする．バウムクーヘン分割を用いる．

$$V=\int_0^2 2\pi x\log(x+1)\,dx-\int_1^2 2\pi x\log x\,dx$$
$$\frac{V}{\pi}=\int_0^2 (x^2-1)'\log(x+1)\,dx$$
$$-\int_1^2 (x^2)'\log x\,dx$$
$$=\Big[\,(x^2-1)\log(x+1)\,\Big]_0^2$$
$$-\int_0^2 (x^2-1)\{\log(x+1)\}'\,dx$$
$$-\Big[\,x^2\log x\,\Big]_1^2+\int_1^2 x^2(\log x)'\,dx$$
$$=3\log 3-4\log 2-\int_0^2 (x^2-1)\cdot\frac{1}{x+1}\,dx$$
$$+\int_1^2 x^2\cdot\frac{1}{x}\,dx$$
$$=3\log 3-4\log 2-\int_0^2 (x-1)\,dx+\int_1^2 x\,dx$$
$$=3\log 3-4\log 2-\Big[\,\frac{x^2}{2}-x\,\Big]_0^2+\Big[\,\frac{x^2}{2}\,\Big]_1^2$$
$$V=\left(\mathbf{3\log 3-4\log 2+\frac{3}{2}}\right)\boldsymbol{\pi}$$

◆別解◆ （2） $a=\log 2,\ b=\log 3$ とおく．

$y=\log x$ のとき $x=e^y$

$y=\log(x+1)$ のとき $e^y=x+1$

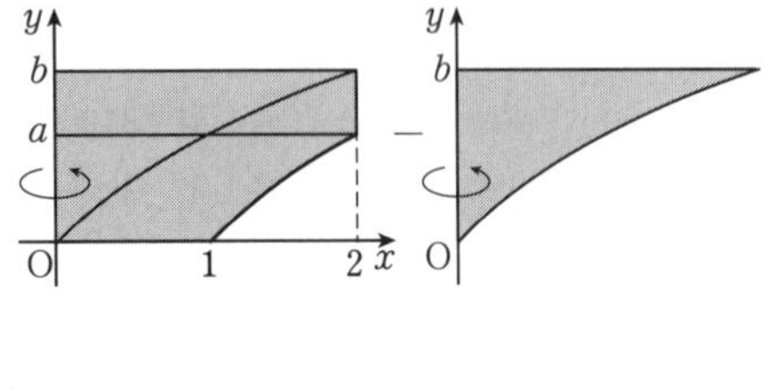

$$\frac{V}{\pi}=2^2(b-a)+\int_0^a (e^y)^2\,dy-\int_0^b (e^y-1)^2\,dy$$
$$=4(b-a)+\int_0^a e^{2y}\,dy-\int_0^b (e^{2y}-2e^y+1)\,dy$$
$$=4(b-a)+\Big[\,\frac{e^{2y}}{2}\,\Big]_0^a-\Big[\,\frac{e^{2y}}{2}-2e^y+y\,\Big]_0^b$$
$$=4(b-a)+\frac{e^{2a}-1}{2}$$
$$-\left(\frac{e^{2b}-1}{2}-2e^b+b+2\right)$$

$a=\log 2,\ b=\log 3,\ e^a=2,\ e^b=3$ であるから

$$\frac{V}{\pi}=4(\log 3-\log 2)+\frac{3}{2}$$
$$-(4-6+\log 3+2)$$
$$V=\left(\mathbf{3\log 3-4\log 2+\frac{3}{2}}\right)\boldsymbol{\pi}$$

注意 1°【バウムクーヘン分割】

$0\leqq a<b$ のとき，$a\leqq x\leqq b$ において，曲線 $y=f(x)$ と曲線 $y=g(x)$ の間にある部分を y 軸の周りに回転してできる立体の体積 V は

$$V=\int_a^b 2\pi x\,|\,f(x)-g(x)\,|\,dx$$

で与えられる．

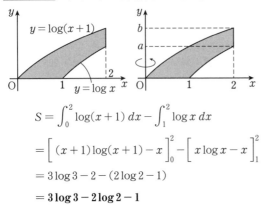

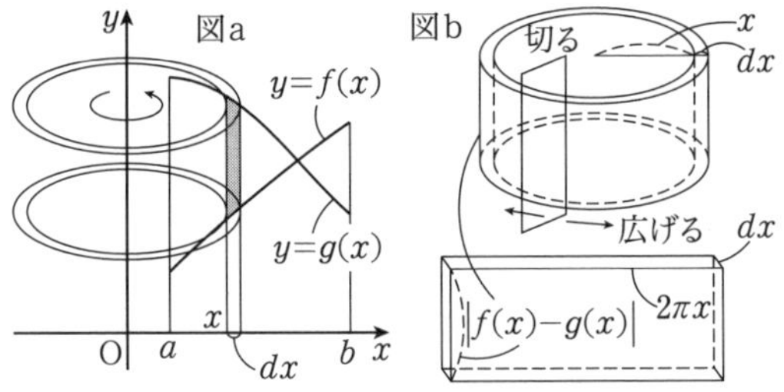

$x\sim x+dx$ の部分を回転してできる微小部分を縦に切って広げる（図 b）．和食の料理人が行う大根の桂剥き（かつらむき）を想像せよ．これを直方体で近似する．直方体の 3 辺の長さは

$$dx,\ 2\pi x,\ |\,f(x)-g(x)\,|$$

であり，微小体積 dV は

$$dV=2\pi x\,|\,f(x)-g(x)\,|\,dx$$

となる．

2°【e の上に log をのせない】

$\dfrac{e^{2\log 2}-1}{2}$ で止まる生徒が多い．模試によっては答案の 4 割くらいがこの形である．そして，そのことを知らない大人は多い．$\Big[\,\dfrac{e^{2y}}{2}\,\Big]_0^{\log 2}=\dfrac{4-1}{2}$ とあっさり板書するようではいけない．原稿では常にこれを頭に置いて書かないといけない．改善するための 1 つの方法は，$e^{\log x}=x$ を繰り返し強調し，板書や原稿では，私のように置き換えるのである．$a=\log 2$ と

しておけば $e^a=2$ であり，e^a がでてきたら 2 にすればよい．

《分数関数 $x^2=(y$ の式$)$ (B20) ☆》

450. $-1<x<1$ を定義域とする関数
$f(x)=\dfrac{1}{1-x^2}$ について，次の問に答えよ．

（1） 原点から曲線 $C:y=f(x)$ に引いた 2 本の接線それぞれの方程式を求めよ．

（2） C と（1）の 2 本の接線で囲まれてできる図形 D の面積を求めよ．

（3） D を y 軸のまわりに 1 回転させてできる立体の体積を求めよ．

（23 香川大・創造工，教，医-臨床，農）

▶解答◀ （1） $f(x)=\dfrac{1}{1-x^2}$

$$f'(x)=\frac{2x}{(1-x^2)^2}$$

C 上の点 $(t,\ f(t))$ における接線の方程式は

$$y=\frac{2t}{(1-t^2)^2}(x-t)+\frac{1}{1-t^2} \quad \cdots\cdots①$$

これが原点を通るとき，$(0,0)$ を代入して

$$0=-\frac{2t^2}{(1-t^2)^2}+\frac{1}{1-t^2}$$

$$-2t^2+1-t^2=0$$

$$3t^2=1 \qquad \therefore\ t=\pm\frac{1}{\sqrt{3}}$$

いずれも $-1<t<1$ をみたす．接線は $\boldsymbol{y=\pm\dfrac{3\sqrt{3}}{2}x}$

（2） $y=f(x)$ の増減表は以下の通り．

x	-1	$\cdots$	0	$\cdots$	1
$f'(x)$		$-$	0	$+$	
$f(x)$		↘		↗	

$f(0)=1,\ \displaystyle\lim_{x\to-1+0}f(x)=\lim_{x\to1-0}f(x)=+\infty$

$y=f(x)$ のグラフは図の通りである．図形 D は y 軸に関して対称であるから求める面積を S とすると

$$S=2\left(\int_0^{\frac{1}{\sqrt{3}}}\frac{1}{1-x^2}\,dx-\frac{1}{2}\cdot\frac{\sqrt{3}}{3}\cdot\frac{3}{2}\right)$$

$$=2\int_0^{\frac{1}{\sqrt{3}}}\frac{dx}{(1+x)(1-x)}-\frac{\sqrt{3}}{2}$$

$$=\int_0^{\frac{1}{\sqrt{3}}}\left(\frac{1}{1+x}+\frac{1}{1-x}\right)dx-\frac{\sqrt{3}}{2}$$

$$=\Big[\log|1+x|-\log|1-x|\Big]_0^{\frac{1}{\sqrt{3}}}-\frac{\sqrt{3}}{2}$$

$$=\left[\log\left|\frac{1+x}{1-x}\right|\right]_0^{\frac{1}{\sqrt{3}}}-\frac{\sqrt{3}}{2}$$

$$=\log\left|\frac{1+\frac{1}{\sqrt{3}}}{1-\frac{1}{\sqrt{3}}}\right|-\frac{\sqrt{3}}{2}=\log\left|\frac{\sqrt{3}+1}{\sqrt{3}-1}\right|-\frac{\sqrt{3}}{2}$$

$$=\log\frac{(\sqrt{3}+1)^2}{2}-\frac{\sqrt{3}}{2}=\boldsymbol{\log(2+\sqrt{3})-\frac{\sqrt{3}}{2}}$$

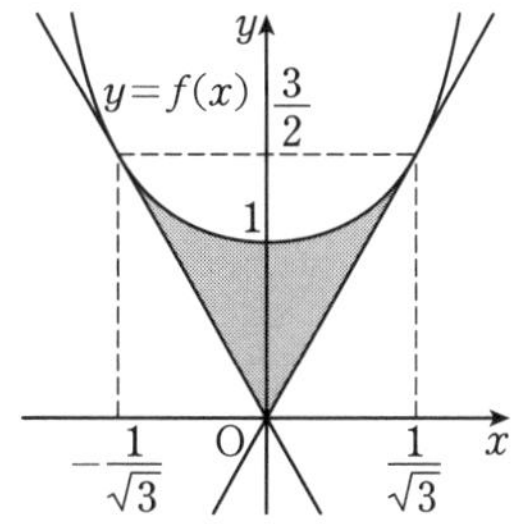

（3） $y=\dfrac{1}{1-x^2}$ のとき $x^2=1-\dfrac{1}{y}$ である．求める立体の体積を V とすると

$$V=\pi\left(\frac{1}{\sqrt{3}}\right)^2\cdot\frac{3}{2}\cdot\frac{1}{3}-\pi\int_1^{\frac{3}{2}}x^2\,dy$$

$$=\frac{\pi}{6}-\pi\int_1^{\frac{3}{2}}\left(1-\frac{1}{y}\right)dy$$

$$=\frac{\pi}{6}-\pi\Big[\,y-\log y\,\Big]_1^{\frac{3}{2}}$$

$$=\frac{\pi}{6}-\pi\left(\frac{1}{2}-\log\frac{3}{2}\right)=\boldsymbol{\left(\log\frac{3}{2}-\frac{1}{3}\right)\pi}$$

《対数関数 $x^2=(y$ の式$)$ (B20)》

451. 曲線 $C:y=\log x$ に原点から引いた接線を l とする．また，C, l および x 軸で囲まれた図形を D とする．以下の問に答えよ．

（1） 接線 l の方程式を求めよ．

（2） 図形 D を x 軸のまわりに 1 回転してできる立体の体積を求めよ．

（3） 図形 D を y 軸のまわりに 1 回転してできる立体の体積を求めよ．（23 青学大・理工）

▶解答◀ （1） $y=\log x$ のとき，$y'=\dfrac{1}{x}$ である．
接点を $(t,\ \log t)$ とおくと，l は

$$y=\frac{1}{t}(x-t)+\log t$$

$$y=\frac{1}{t}x+\log t-1$$

とおける．l は原点を通るから

$$0=\log t-1 \qquad \therefore\ t=e$$

よって，l の方程式は $\boldsymbol{y=\dfrac{1}{e}x}$ である．

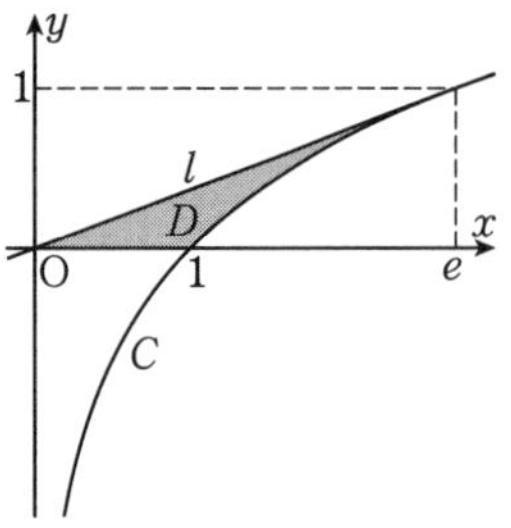

（2） D は図の網目部分である．円錐から曲線と x 軸の間の部分の回転体を引くと考え

$$\frac{1}{3}\pi\cdot 1^2\cdot e-\pi\int_1^e(\log x)^2\,dx$$

$$=\frac{e}{3}\pi-\pi\Big[\,x(\log x)^2-2x\log x+2x\,\Big]_1^e$$

$$=\frac{e}{3}\pi-\pi(e-2)=\boldsymbol{\left(2-\frac{2}{3}e\right)\pi}$$

である．なお，以下で積分定数を省略する．

$$\int(\log x)^2\,dx=\int(x)'(\log x)^2\,dx$$

$$=x(\log x)^2-\int x\{(\log x)^2\}'\,dx$$

$$=x(\log x)^2-\int 2\log x\,dx$$

$$=x(\log x)^2-\int 2(x)'\log x\,dx$$

$$=x(\log x)^2-2x\log x+\int 2x(\log x)'\,dx$$

$$=x(\log x)^2-2x\log x+2x$$

（3） $C:x=e^y$ とかける．$x=e^y$ と y 軸の間の部分の回転体から円錐を引くと考え

$$\pi\int_0^1 e^{2y}\,dy-\frac{1}{3}\pi e^2\cdot 1=\Big[\,\frac{\pi}{2}e^{2y}\,\Big]_0^1-\frac{\pi}{3}e^2$$

$$=\frac{\pi}{2}e^2-\frac{\pi}{2}-\frac{e^2}{3}\pi=\boldsymbol{\left(\frac{e^2}{6}-\frac{1}{2}\right)\pi}$$

《y での積分を x に変換 (B20) ☆》

452．$f(x)=\dfrac{e^x-1}{x}$ $(x>0)$ とするとき，以下の問に答えよ．

（1） $x>0$ のとき，$f'(x)>0$ であることを示せ．

（2） 曲線 $y=f(x)$ $(x>0)$ と y 軸および 2 直線 $y=\dfrac{e^2-1}{2}$, $y=\dfrac{e^3-1}{3}$ で囲まれた部分を y 軸のまわりに 1 回転してできる立体の体積を求めよ．　　（23　神戸大・後期）

▶解答◀ （1） $f'(x)=\dfrac{e^x\cdot x-(e^x-1)}{x^2}$

$$=\frac{(x-1)e^x+1}{x^2}$$

この分子を $g(x)$ とおくと，$g(x)$ は単調増加である．また，$g(0)=-e^0+1=0$ より，$x>0$ においては $g(x)>0$ であるから，この範囲では $f'(x)>0$ である．

（2） $y=f(x)$ のグラフは次のようになる．

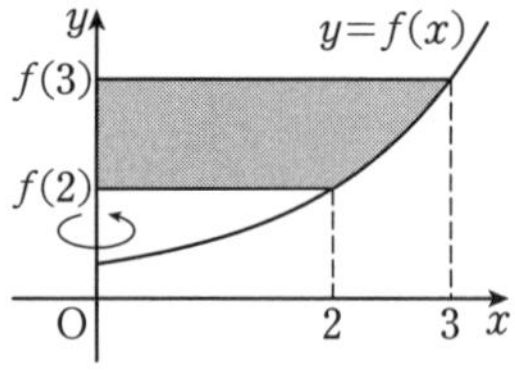

$$\frac{V}{\pi}=\int_{f(2)}^{f(3)}x^2\,dy=\int_2^3 x^2\frac{dy}{dx}\,dx$$

$$=\int_2^3\{(x-1)e^x+1\}\,dx=\Big[\,(x-2)e^x+x\,\Big]_2^3$$

$$=(e^3+3)-2=e^3+1$$

よって，$V=\boldsymbol{(e^3+1)\pi}$ である．

《y での積分を x に変換 (B20)》

453．関数 $f(x)$ を

$$f(x)=-\frac{(\log x)^3}{x^2}\ (x>0)$$

とする．また，xy 平面上の曲線 $y=f(x)$ を C とおく．ただし，対数は自然対数とし，e は自然対数の底とする．次の問いに答えよ．

（1） 関数 $f(x)$ の極値を求めよ．また，極値をとるときの x の値を求めよ．

（2） 曲線 C の接線のうち，原点を通る接線の方程式を求めよ．

（3） 曲線 C, x 軸, y 軸および直線 $y=f\left(\dfrac{1}{\sqrt{e}}\right)$ で囲まれた部分を，y 軸の周りに 1 回転させてできる立体の体積を求めよ．　　（23　東京農工大・前期）

▶解答◀ （1）

$$f'(x)=-\frac{3(\log x)^2\cdot\frac{1}{x}\cdot x^2-(\log x)^3\cdot 2x}{x^4}$$

$$=\frac{(\log x)^2(2\log x-3)}{x^3}$$

x	0	$\cdots$	1	$\cdots$	$e^{\frac{3}{2}}$	$\cdots$
$f'(x)$		$-$	0	$-$	0	$+$
$f(x)$		↘		↘		↗

$f(x)$ は $x=\boldsymbol{e^{\frac{3}{2}}}$ で極小値 $f\left(e^{\frac{3}{2}}\right)=\boldsymbol{-\dfrac{27}{8e^3}}$ をとる．

（2） C 上の $x=t$ における接線の方程式は

$$y=\frac{(\log t)^2(2\log t-3)}{t^3}(x-t)-\frac{(\log t)^3}{t^2}$$

$$y=\frac{(\log t)^2(2\log t-3)}{t^3}x-\frac{(\log t)^2(3\log t-3)}{t^2}$$

この接線が原点を通るとき

$$(\log t)^2(3\log t-3)=0$$

$$\log t=0,\ 1 \qquad \therefore\quad t=1,\ e$$

よって，求める接線の方程式は $\boldsymbol{y=0}$，$\boldsymbol{y=-\frac{1}{e^3}x}$

（3） C，x 軸，y 軸，直線 $y=f\left(\frac{1}{\sqrt{e}}\right)\left(y=\frac{e}{8}\right)$ で囲まれた部分は図の網目部分である．

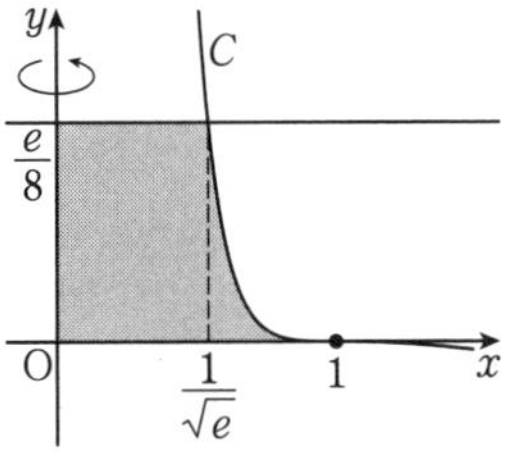

$y=f(x)$ のとき

y	$0\ \to\ \frac{e}{8}$
x	$1\ \to\ \frac{1}{\sqrt{e}}$

求める体積は

$$\pi\int_0^{\frac{e}{8}}x^2\,dy=\pi\int_1^{\frac{1}{\sqrt{e}}}x^2\frac{dy}{dx}\,dx$$

$$=\pi\int_1^{\frac{1}{\sqrt{e}}}\frac{2(\log x)^3-3(\log x)^2}{x}\,dx$$

$$=\pi\int_1^{\frac{1}{\sqrt{e}}}\{2(\log x)^3-3(\log x)^2\}(\log x)'\,dx$$

$$=\pi\left[\frac{1}{2}(\log x)^4-(\log x)^3\right]_1^{\frac{1}{\sqrt{e}}}$$

$$=\pi\left(\frac{1}{2}\cdot\frac{1}{16}+\frac{1}{8}\right)=\boldsymbol{\frac{5}{32}\pi}$$

《y での積分を x に変換（B20）》

454. $0\leqq x\leqq\frac{\pi}{2}$ において，曲線 $C_1:y=x^2$ と曲線 $C_2:y=1-\cos x$，および直線 $l:y=1$ で囲まれた図形を D とする．図形 D を y 軸のまわりに1回転してできる回転体の体積 V を求めよ．

（23　富山大・理（数）-後期）

▶解答◀ $f(x)=x^2$，$g(x)=1-\cos x$ とおき，$F(x)=f(x)-g(x)$ とする．

$$F'(x)=2x-\sin x$$

$$F''(x)=2-\cos x$$

$0\leqq x\leqq\frac{\pi}{2}$ において，$F''(x)>0$ であるから，$F'(x)$ は増加する．$F'(0)=0$ より，$F'(x)\geqq 0$ であるから，$F(x)$ は増加する．$F(0)=0$ より，$F(x)\geqq 0$

よって，$0\leqq x\leqq\frac{\pi}{2}$ において $f(x)\geqq g(x)$ である．

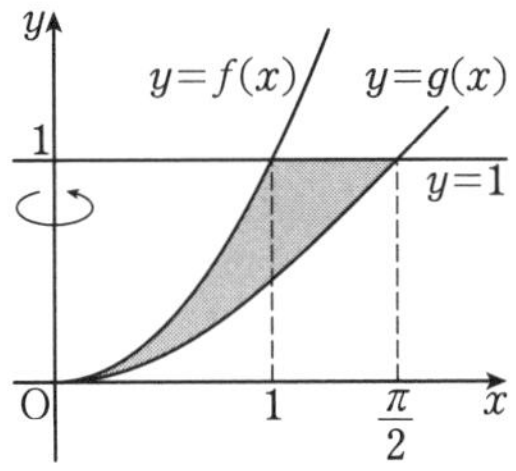

$y=1-\cos x$ について $V_1=\int_0^1\pi x^2\,dy$ とする．

$$\frac{V_1}{\pi}=\int_0^{\frac{\pi}{2}}x^2\frac{dy}{dx}\,dx$$

$$=\int_0^{\frac{\pi}{2}}x^2(1-\cos x)'\,dx$$

$$=\left[x^2(1-\cos x)\right]_0^{\frac{\pi}{2}}-\int_0^{\frac{\pi}{2}}(x^2)'(1-\cos x)\,dx$$

$$=\frac{\pi^2}{4}-\int_0^{\frac{\pi}{2}}2x(1-\cos x)\,dx$$

$$=\frac{\pi^2}{4}-\left[x^2\right]_0^{\frac{\pi}{2}}+\int_0^{\frac{\pi}{2}}2x(\sin x)'\,dx$$

$$=\left[2x\sin x\right]_0^{\frac{\pi}{2}}-\int_0^{\frac{\pi}{2}}(2x)'\sin x\,dx$$

$$=\pi+\left[2\cos x\right]_0^{\frac{\pi}{2}}=\pi-2$$

$y=x^2$ について $V_2=\int_0^1\pi x^2\,dy$ とする．

$$V_2=\int_0^1\pi y\,dy=\left[\frac{\pi y^2}{2}\right]_0^1=\frac{\pi}{2}$$

$$V=V_1-V_2=\boldsymbol{\pi^2-\frac{5}{2}\pi}$$

♦別解♦ $x\geqq 0$ で $\sin x\leqq x$ が成り立つことは $\lim_{x\to 0}\frac{\sin x}{x}=1$ を示す基本の不等式である．

$0\leqq x\leqq\frac{\pi}{2}$ のとき

$$0\leqq 1-\cos x=2\sin^2\frac{x}{2}\leqq 2\left(\frac{x}{2}\right)^2=\frac{x^2}{2}\leqq x^2$$

$x^2=y$ の回転は普通に行うが，$y=1-\cos x$ の回転はバウムクーヘン分割を用いる．

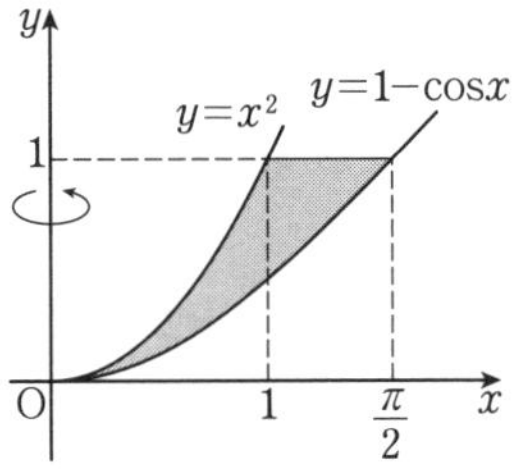

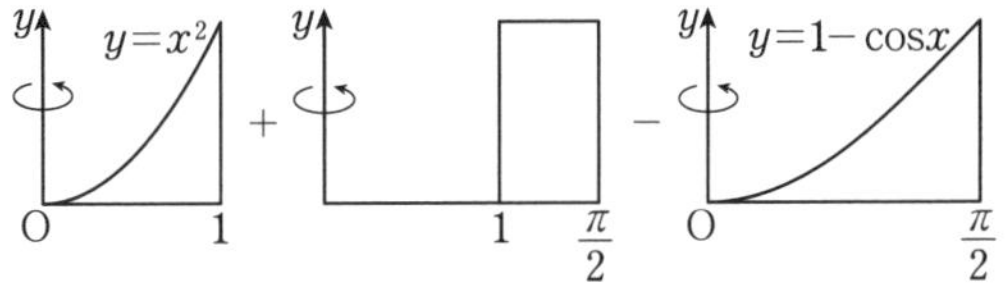

$$V=\int_0^1 \pi y\,dy+\pi\left(\frac{\pi}{2}\right)^2\cdot 1-\pi\cdot 1^2\cdot 1$$
$$-\int_0^{\frac{\pi}{2}} 2\pi x(1-\cos x)\,dx$$
$$=\left[\frac{\pi}{2}y^2\right]_0^1+\frac{\pi^3}{4}-\pi$$
$$+\pi\left[-x^2+2x\sin x+2\cos x\right]_0^{\frac{\pi}{2}}$$
$$=\frac{\pi}{2}+\frac{\pi^3}{4}-\pi+\pi\left(-\frac{\pi^2}{4}+\pi-2\right)=\boldsymbol{\pi^2-\frac{5}{2}\pi}$$

なお,

$$\int x\cos x\,dx=\int x(\sin x)'\,dx$$
$$=x\sin x-\int (x)'\sin x\,dx$$
$$=x\sin x+\cos x$$

である．積分定数は省略した．

注意 【バウムクーヘン分割】$0 \leqq a < b$ のとき，$a \leqq x \leqq b$ において，曲線 $y=f(x)$ と曲線 $y=g(x)$ の間にある部分を y 軸の周りに回転してできる立体の体積 V は

$$V=\int_a^b 2\pi x\left|f(x)-g(x)\right|dx$$

で与えられる．

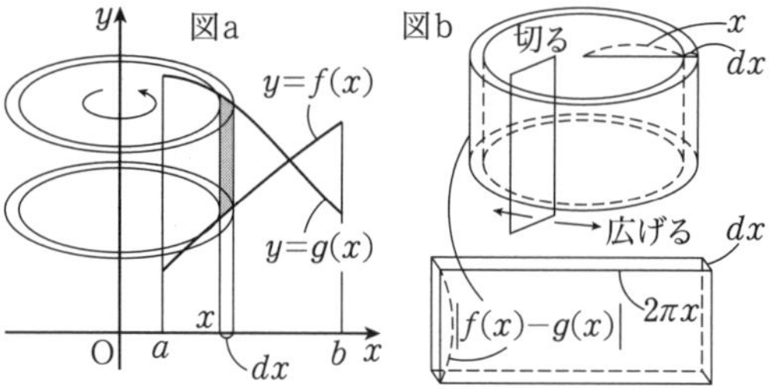

$x\sim x+dx$ の部分を回転してできる微小部分を縦に切って広げる（図 b）．和食の料理人が行う大根の桂剥き（かつらむき）を想像せよ．これを直方体で近似する．直方体の 3 辺の長さは

$$dx,\ 2\pi x,\ \left|f(x)-g(x)\right|$$

であり，微小体積 dV は

$$dV=2\pi x\left|f(x)-g(x)\right|dx$$

となる．

《円の回転（B20）》

455. θ を $0<\theta<\frac{\pi}{2}$ を満たす実数とする．xy 平面において，曲線

$$y=\sqrt{1-x^2}\ (0 \leqq x \leqq 1)$$

と直線

$$y=(\tan\theta)x$$

と x 軸で囲まれた部分を D とする．D を x 軸の周りに 1 回転させてできる立体の体積を V とし，D を y 軸の周りに 1 回転させてできる立体の体積を W とする．次の問いに答えよ．

（1） V を θ を用いて表せ．

（2） W を θ を用いて表せ．

（3） $W=\sqrt{3}V$ が成り立つときの θ の値を求めよ．

（4） α を $0<\alpha<\frac{\pi}{4}$ を満たす実数とする．

$$W=\frac{V}{\tan\alpha}$$

が成り立つときの θ の値を α を用いて表せ．

（23 埼玉大・後期）

▶解答◀ （1） $y=\sqrt{1-x^2}$ と $y=(\tan\theta)x$ の交点は $(\cos\theta,\sin\theta)$ である．

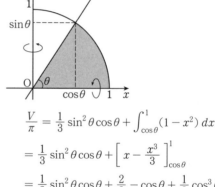

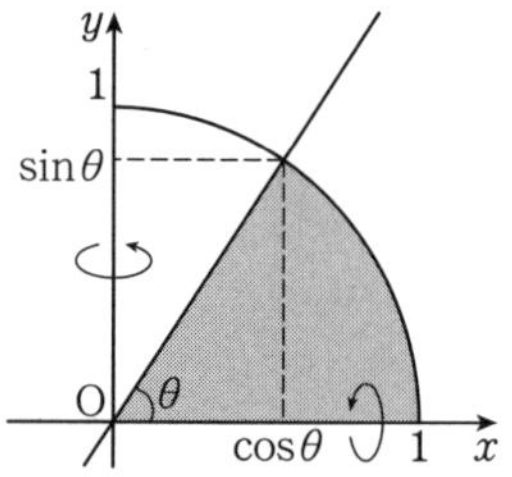

$$\frac{V}{\pi}=\frac{1}{3}\sin^2\theta\cos\theta+\int_{\cos\theta}^1(1-x^2)\,dx$$
$$=\frac{1}{3}\sin^2\theta\cos\theta+\left[x-\frac{x^3}{3}\right]_{\cos\theta}^1$$
$$=\frac{1}{3}\sin^2\theta\cos\theta+\frac{2}{3}-\cos\theta+\frac{1}{3}\cos^3\theta$$
$$=\frac{1}{3}\cos\theta+\frac{2}{3}-\cos\theta$$
$$=\frac{2}{3}(1-\cos\theta)$$

よって，$V=\boldsymbol{\frac{2}{3}\pi(1-\cos\theta)}$ である．

（2） $y=\sqrt{1-x^2}$ より $x^2=1-y^2$ であり，

$$\frac{W}{\pi}=\int_0^{\sin\theta}(1-y^2)\,dy-\frac{1}{3}\cos^2\theta\sin\theta$$
$$=\left[y-\frac{y^3}{3}\right]_0^{\sin\theta}-\frac{1}{3}\cos^2\theta\sin\theta$$
$$=\sin\theta-\frac{1}{3}\sin^3\theta-\frac{1}{3}\cos^2\theta\sin\theta$$
$$=\sin\theta-\frac{1}{3}\sin\theta=\frac{2}{3}\sin\theta$$

よって，$W=\boldsymbol{\frac{2}{3}\pi\sin\theta}$ である．

（3） $W=\sqrt{3}V$ のとき

$$\sin\theta=\sqrt{3}(1-\cos\theta)$$
$$\sqrt{3}\cos\theta+\sin\theta=\sqrt{3}$$
$$\cos\left(\theta-\frac{\pi}{6}\right)=\frac{\sqrt{3}}{2}$$

$-\dfrac{\pi}{6} < \theta - \dfrac{\pi}{6} < \dfrac{\pi}{3}$ より

$$\theta - \frac{\pi}{6} = \frac{\pi}{6} \qquad \therefore\ \ \theta = \boldsymbol{\frac{\pi}{3}}$$

（4） $\sin\theta = \dfrac{1}{\tan\alpha}(1-\cos\theta)$

$$\sin\alpha\sin\theta = \cos\alpha(1-\cos\theta)$$

$$\cos\theta\cos\alpha + \sin\theta\sin\alpha = \cos\alpha$$

$$\cos(\theta-\alpha) = \cos\alpha$$

$-\alpha < \theta - \alpha < \dfrac{\pi}{2} - \alpha,\ 0 < \alpha < \dfrac{\pi}{4}$ より

$$\theta - \alpha = \alpha \qquad \therefore\ \ \theta = \boldsymbol{2\alpha}$$

これは確かに $0 < \theta < \dfrac{\pi}{2}$ を満たしている．

《パラメタで x 軸回転（B20）☆》

456．座標平面上の曲線 C を次で定める．

$$C:\begin{cases} x = \theta - 2\sin\theta \\ y = 2 - 2\cos\theta \end{cases} \quad (0 \leqq \theta \leqq 2\pi)$$

（1） 曲線 C 上の点 P の x 座標の値の範囲を求めよ．

（2） 曲線 C と x 軸で囲まれた図形の面積 S を求めよ．

（3）（2）の図形を x 軸のまわりに 1 回転させてできる立体の体積 V を求めよ．（23　名古屋工大）

▶解答◀ （1） $\dfrac{dx}{d\theta} = 1 - 2\cos\theta$ であるから，x の増減表は

θ	0	$\cdots$	$\frac{\pi}{3}$	$\cdots$	$\frac{5}{3}\pi$	$\cdots$	2π
$\frac{dx}{d\theta}$		$-$	0	$+$	0	$-$	
x		↘		↗		↘	

$\theta = 0,\ \dfrac{\pi}{3},\ \dfrac{5}{3}\pi,\ 2\pi$ のとき，それぞれ

$x = 0,\ \dfrac{\pi}{3} - \sqrt{3},\ \dfrac{5}{3}\pi + \sqrt{3},\ 2\pi$ となるから，x 座標の値の範囲は $\boldsymbol{\dfrac{\pi}{3} - \sqrt{3} \leqq x \leqq \dfrac{5}{3}\pi + \sqrt{3}}$ である．

（2） $\dfrac{dy}{d\theta} = 2\sin\theta$ であるから y の増減表は

θ	0	$\cdots$	π	$\cdots$	2π
$\frac{dy}{d\theta}$		$+$	0	$-$	
y		↗		↘	

$\mathrm{P}(\theta) = (\theta - 2\sin\theta,\ 2 - 2\cos\theta)$ とおくと

$$\mathrm{P}(0) = (0,\ 0),\ \mathrm{P}\left(\frac{\pi}{3}\right) = \left(\frac{\pi}{3} - \sqrt{3},\ 1\right)$$

$$\mathrm{P}(\pi) = (\pi,\ 4),\ \mathrm{P}\left(\frac{5}{3}\pi\right) = \left(\frac{5}{3}\pi + \sqrt{3},\ 1\right)$$

$$\mathrm{P}(2\pi) = (2\pi,\ 0)$$

となるから，$\alpha = \dfrac{\pi}{3} - \sqrt{3},\ \beta = \dfrac{5}{3}\pi + \sqrt{3},\ 0 \leqq \theta \leqq \dfrac{\pi}{3}$，$\dfrac{\pi}{3} \leqq \theta \leqq \dfrac{5}{3}\pi$，$\dfrac{5}{3}\pi \leqq \theta \leqq 2\pi$ のときの C の y 座標をそれぞれ $y_1,\ y_2,\ y_3$ とおくと C の概形は図のようになる．

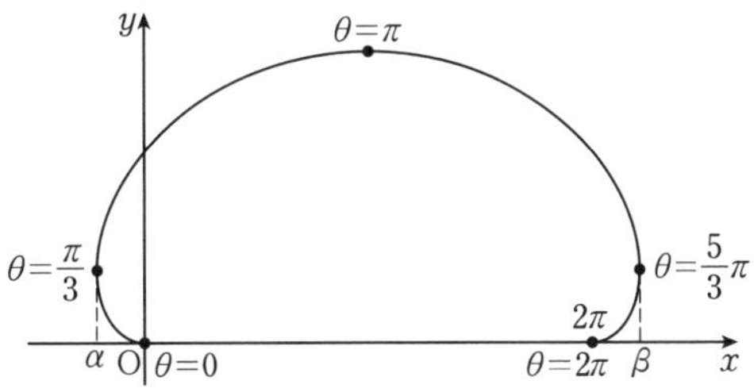

$I_n = \displaystyle\int_0^{2\pi} \cos^n\theta\, d\theta$ とおくと，$I_0 = \displaystyle\int_0^{2\pi} d\theta = 2\pi$，$I_1 = \displaystyle\int_0^{2\pi} \cos\theta\, d\theta = 0$ である．教科書にあるように $I_n = \dfrac{n-1}{n} I_{n-2}$ が成り立つ．教科書は $0 \leqq \theta \leqq \dfrac{\pi}{2}$ だが $0 \leqq \theta \leqq 2\pi$ でも同じである．

$$I_2 = \frac{1}{2} I_0 = \pi,\ I_3 = \frac{2}{3} I_1 = 0$$

$$S = \int_\alpha^\beta y_2\, dx - \int_\alpha^0 y_1\, dx - \int_{2\pi}^\beta y_3\, dx$$

$$= \int_{\frac{\pi}{3}}^{\frac{5}{3}\pi} y\frac{dx}{d\theta}\, d\theta - \int_{\frac{\pi}{3}}^{0} y\frac{dx}{d\theta}\, d\theta - \int_{2\pi}^{\frac{5}{3}\pi} y\frac{dx}{d\theta}\, d\theta$$

$$= \int_{\frac{\pi}{3}}^{\frac{5}{3}\pi} y\frac{dx}{d\theta}\, d\theta + \int_0^{\frac{\pi}{3}} y\frac{dx}{d\theta}\, d\theta + \int_{\frac{5}{3}\pi}^{2\pi} y\frac{dx}{d\theta}\, d\theta$$

$$= \int_0^{2\pi} y\frac{dx}{d\theta}\, d\theta$$

$$= \int_0^{2\pi} (2 - 2\cos\theta)(1 - 2\cos\theta)\, d\theta$$

$$= 2\int_0^{2\pi} (2\cos^2\theta - 3\cos\theta + 1)\, d\theta$$

$$= 2(2I_2 - 3I_1 + I_0)$$

$$= 2(2\pi + 2\pi) = \boldsymbol{8\pi}$$

（3）（2）の y のかわりに πy^2 として

$$V = \pi\int_0^{2\pi} y^2 \frac{dx}{d\theta}\, d\theta$$

$$= \pi\int_0^{2\pi} (2 - 2\cos\theta)^2 (1 - 2\cos\theta)\, d\theta$$

$$= 4\pi\int_0^{2\pi} (-2\cos^3\theta + 5\cos^2\theta - 4\cos\theta + 1)\, d\theta$$

$$= 4\pi(-2I_3 + 5I_2 - 4I_1 + I_0)$$

$$= 4\pi(5\pi + 2\pi) = \boldsymbol{28\pi^2}$$

注意 θ が 0 から 2π まで動く間に $\mathrm{P}(\theta)$）は曲線 C 上を右回りに動く．この θ の微小増加に伴って P が C 上を $(x,\ y)$ から $(x + dx,\ y + dy)$ に動くとする．このときの図の細い長方形の符号付き微小面積

$$dS = y\, dx = y\frac{dx}{d\theta}\, d\theta$$

について考える．P が C 上を動くとき $y>0$ で，y_2 の部分で P は右に動くから $dx>0$，$dS=ydx>0$ が成り立つ．この微小面積を E から F まで足すと，図の網目部分と斜線部分を合わせた面積 T となる．y_1，y_3 の部分で P は左に動くから $dx<0$，$dS=ydx<0$ が成り立つ．斜線部分の面積を U としたとき，この負の微小面積を D から E まで，F から G まで足すと，$-U$ となる．したがって，P が C 上を D から G まで動く間にこの符号付き微小面積 ydx を足し集めた積分を $\int_C y\,dx$ と表すと

$$\int_C y\,dx=T-U=S$$

となるから

$$S=\int_C y\,dx=\int_0^{2\pi} y\frac{dx}{d\theta}\,d\theta$$

が成り立つ．

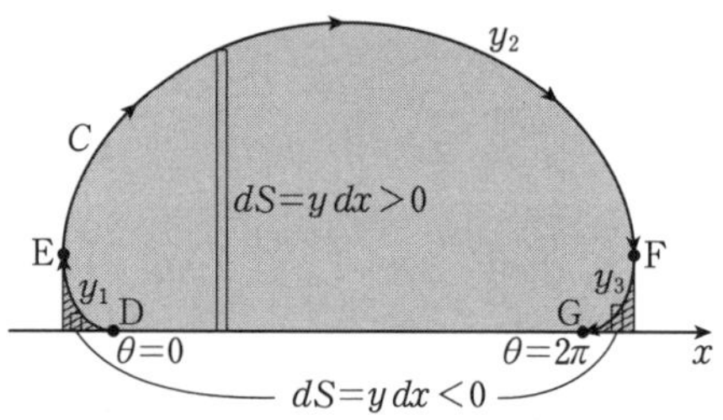

《三角関数 (B15) ☆》

457．曲線 C を媒介変数 θ を用いて

$$\begin{cases} x=3\cos\theta \\ y=\sin 2\theta \end{cases} \left(0\leqq\theta\leqq\frac{\pi}{2}\right)$$

と表す．

（1） 曲線 C 上の点で，y 座標の値が最大となる点の座標 (x,y) を求めなさい．また，曲線 C 上の点で，y 座標の値が最小となる点の座標 (x,y) をすべて求めなさい．

（2） 曲線 C と x 軸で囲まれた図形の面積 S を求めなさい．

（3） 曲線 C と x 軸で囲まれた図形を x 軸のまわりに 1 回転してできる回転体の体積 V を求めなさい．

（23　大分大・理工）

▶解答◀ （1） $0\leqq\theta\leqq\dfrac{\pi}{2}$ より，
$0\leqq 2\theta\leqq\pi$ である．

よって，y は $2\theta=\dfrac{\pi}{2}$，すなわち $\theta=\dfrac{\pi}{4}$ のとき最大で，このときの C 上の点の座標は $\left(\dfrac{3}{\sqrt{2}},1\right)$ である．

y は $2\theta=0,\pi$，すなわち $\theta=0,\dfrac{\pi}{2}$ のとき最小でこのときの C 上の点の座標は $(3,0)$，$(0,0)$ である．

（2） C の概形は下図のようになる．

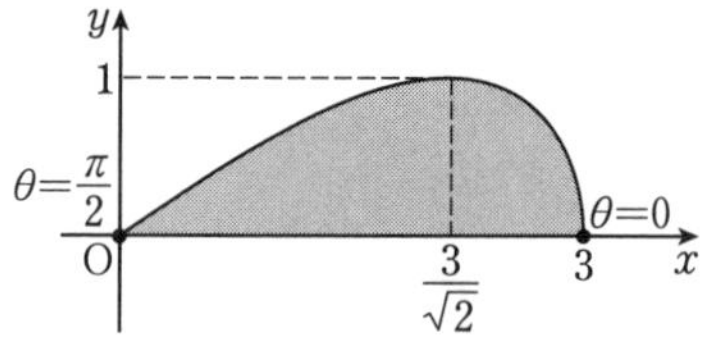

$$y=2\sin\theta\cos\theta=2\sqrt{1-\cos^2\theta}\cos\theta$$
$$=2\cdot\frac{x}{3}\sqrt{1-\frac{x^2}{9}}=\frac{2}{9}x\sqrt{9-x^2}$$
$$=-\frac{1}{9}(9-x^2)'(9-x^2)^{\frac{1}{2}}$$
$$S=\int_0^3 y\,dx=\left[-\frac{1}{9}\cdot\frac{2}{3}\cdot(9-x^2)^{\frac{3}{2}}\right]_0^3$$
$$=\frac{2}{27}\cdot 9^{\frac{3}{2}}=\mathbf{2}$$

（3） $V=\pi\displaystyle\int_0^3 y^2\,dx=\pi\int_0^3\frac{4}{81}(9x^2-x^4)\,dx$

$$=\frac{4\pi}{81}\left[3x^3-\frac{x^5}{5}\right]_0^3=\frac{4\pi}{81}\left(3^4-\frac{3^5}{5}\right)$$
$$=4\pi\left(1-\frac{3}{5}\right)=\boldsymbol{\frac{8}{5}\pi}$$

◆別解◆ （2） $x=3\cos\theta$ のとき，$dx=-3\sin\theta\,d\theta$ であるから

$$S=\int_0^3 y\,dx=\int_{\frac{\pi}{2}}^0\sin 2\theta(-3\sin\theta)\,d\theta$$
$$=3\int_0^{\frac{\pi}{2}}\sin 2\theta\sin\theta\,d\theta$$
$$\sin 2\theta\sin\theta=\frac{1}{2}\{\cos(2\theta-\theta)-\cos(2\theta+\theta)\}$$
$$=\frac{1}{2}(\cos\theta-\cos 3\theta)$$
$$S=\frac{3}{2}\left[\sin\theta-\frac{1}{3}\sin 3\theta\right]_0^{\frac{\pi}{2}}=\frac{3}{2}\left(1+\frac{1}{3}\right)=\mathbf{2}$$

（3） $V=\pi\displaystyle\int_0^3 y^2\,dx=\pi\int_{\frac{\pi}{2}}^0\sin^2 2\theta(-3\sin\theta)\,d\theta$

$$\sin^2 2\theta(-3\sin\theta)=4\sin^2\theta\cos^2\theta(-3\sin\theta)$$
$$=-4\cdot 3(1-\cos^2\theta)\cos^2\theta\sin\theta$$
$$=4\cdot 3(\cos^2\theta-\cos^4\theta)(\cos\theta)'$$
$$V=4\cdot 3\pi\left[\frac{1}{3}\cos^3\theta-\frac{1}{5}\cos^5\theta\right]_{\frac{\pi}{2}}^0$$
$$=4\cdot 3\pi\left(\frac{1}{3}-\frac{1}{5}\right)=\boldsymbol{\frac{8}{5}\pi}$$

注意 $s=\sin\theta$，$c=\cos\theta$ として s^3c^2 は s の 3 次式，c の 2 次式であり奇数と偶数のときは特殊基本関数 $\displaystyle\int f^\alpha f'\,d\theta=\frac{f^{\alpha+1}}{\alpha+1}+C\ (\alpha\neq-1)$ の形になる．

《サイクロイド (B20)》

458. 以下の問いに答えなさい．

（1） 定積分 $\displaystyle\int_0^{2\pi} 2\theta\sin^2\theta\,d\theta$ を求めなさい．

（2） 定積分 $\displaystyle\int_0^{2\pi} \theta^2\sin\theta\,d\theta$ を，必要ならば部分積分を 2 回行うことにより求めなさい．

（3） 定積分 $\displaystyle\int_0^{2\pi} \sin^3\theta\,d\theta$ を求めなさい．

（4） サイクロイド

$$\begin{cases} x=\theta-\sin\theta \\ y=1-\cos\theta \end{cases}$$

の $0 \leqq \theta \leqq 2\pi$ の部分と x 軸で囲まれた図形を D とする．D を y 軸のまわりに 1 回転してできる立体の体積 V を求めなさい．

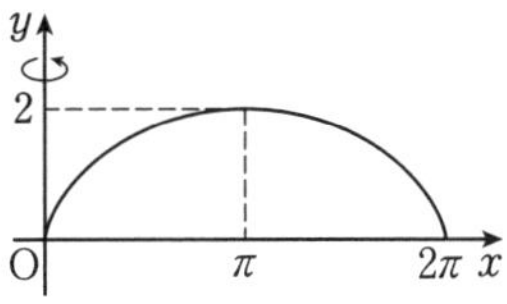

（23　都立大・理，都市環境，システム）

▶解答◀ （1） $\displaystyle\int_0^{2\pi} 2\theta\sin^2\theta\,d\theta$

$$=\int_0^{2\pi} 2\theta\cdot\frac{1-\cos 2\theta}{2}\,d\theta$$

$$=\int_0^{2\pi}\theta\,d\theta-\int_0^{2\pi}\theta\cos 2\theta\,d\theta$$

$$=\left[\frac{\theta^2}{2}\right]_0^{2\pi}-\int_0^{2\pi}\theta\left(\frac{1}{2}\sin 2\theta\right)'d\theta$$

$$=2\pi^2-\frac{1}{2}\Big[\theta\sin 2\theta\Big]_0^{2\pi}+\frac{1}{2}\int_0^{2\pi}(\theta)'\sin 2\theta\,d\theta$$

$$=2\pi^2+\frac{1}{2}\int_0^{2\pi}\sin 2\theta\,d\theta=\boldsymbol{2\pi^2}$$

（2） $\displaystyle\int_0^{2\pi}\theta^2\sin\theta\,d\theta=\int_0^{2\pi}\theta^2(-\cos\theta)'\,d\theta$

$$=\Big[-\theta^2\cos\theta\Big]_0^{2\pi}+\int_0^{2\pi}(\theta^2)'\cos\theta\,d\theta$$

$$=-4\pi^2+2\int_0^{2\pi}\theta\cos\theta\,d\theta$$

$$=-4\pi^2+2\int_0^{2\pi}\theta(\sin\theta)'\,d\theta$$

$$=-4\pi^2+2\Big[\theta\sin\theta\Big]_0^{2\pi}-2\int_0^{2\pi}(\theta)'\sin\theta\,d\theta$$

$$=-4\pi^2-2\int_0^{2\pi}\sin\theta\,d\theta=\boldsymbol{-4\pi^2}$$

（3） $\displaystyle\int_0^{2\pi}\sin^3\theta\,d\theta=\int_0^{2\pi}(1-\cos^2\theta)\sin\theta\,d\theta$

$$=\left[-\cos\theta+\frac{1}{3}\cos^3\theta\right]_0^{2\pi}=\boldsymbol{0}$$

（4） 1 つの y に対応する 2 つの x を x_1, x_2 $(x_1 \leqq x_2)$ とする．$y=1-\cos\theta$ を微分して $dy=\sin\theta\,d\theta$，積分区間は $y:0\to 2$ のとき，x_1 については $\theta:0\to\pi$，x_2 については $\theta:2\pi\to\pi$ である．

$$V=\pi\int_0^2 {x_2}^2\,dy-\pi\int_0^2 {x_1}^2\,dy$$

$$=\pi\int_0^2 {x_2}^2\cdot\frac{dy}{d\theta}\,d\theta-\pi\int_0^2 {x_1}^2\cdot\frac{dy}{d\theta}\,d\theta$$

$$=\pi\int_{2\pi}^{\pi}(\theta-\sin\theta)^2\sin\theta\,d\theta$$

$$-\pi\int_0^{\pi}(\theta-\sin\theta)^2\sin\theta\,d\theta$$

$$=-\pi\int_0^{2\pi}(\theta^2-2\theta\sin\theta+\sin^2\theta)\sin\theta\,d\theta$$

$$=\pi(4\pi^2+2\pi^2)=\boldsymbol{6\pi^3}$$

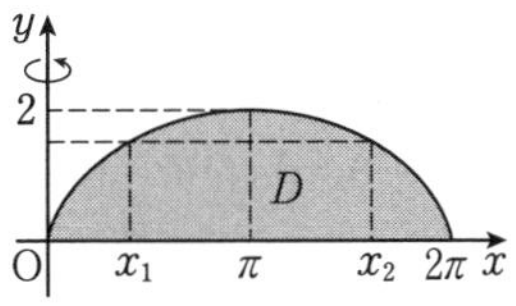

注意 **【符号つき微小体積】**

θ が 2π から 0 まで変化するとき，符号つき微小体積

$$dV=\pi x^2\,dy=\pi x^2\cdot\frac{dy}{d\theta}\,d\theta$$

を足し集める．なお，θ が 2π から π の間は y が増加するから $dV=\pi x^2\,dy>0$ で加え，θ が π から 0 の間は y が減少するから $dV=\pi x^2\,dy<0$ で加える．

$$V=\int_{2\pi}^0 \pi x^2\cdot\frac{dy}{d\theta}\,d\theta$$

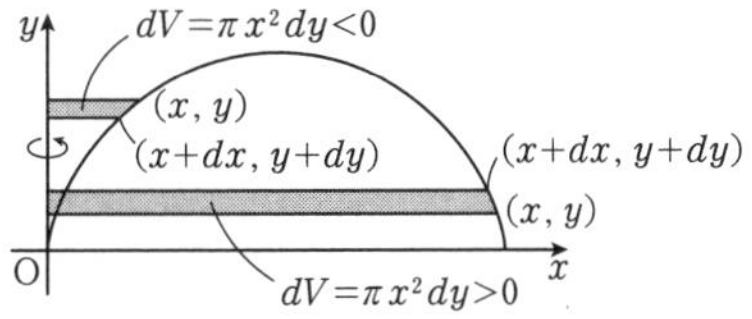

◆別解◆ （4） バウムクーヘン分割を使う．

$$V=\int_0^{2\pi}2\pi xy\,dx=\int_0^{2\pi}2\pi xy\,\frac{dx}{dt}\,dt$$

$$2xy\frac{dx}{dt}=2(\theta-\sin\theta)(1-\cos\theta)(1-\cos\theta)$$

$$=2(\theta-\sin\theta)(1-\cos\theta)^2$$

$$=2\theta\left(1-2\cos\theta+\frac{1+\cos\theta}{2}\right)-2\sin\theta(1-\cos\theta)^2$$

$$=3\theta-4\theta\cos\theta+\theta\cos 2\theta-\frac{2}{3}\{(1-\cos\theta)^3\}'$$

これを $0\leqq\theta\leqq 2\pi$ で積分すると，第一項の積分 $\left[\dfrac{3\theta^2}{2}\right]_0^{2\pi}=6\pi^2$ だけが残り他の項は

$$\int_0^{2\pi}\theta\cos\theta\,d\theta=\Big[\theta\sin\theta+\cos\theta\Big]_0^{2\pi}=0$$

$$\int_0^{2\pi}\theta\cos 2\theta\,d\theta=\left[\frac{1}{2}\theta\sin 2\theta+\frac{1}{4}\cos 2\theta\right]_0^{2\pi}=0$$

$$\int_0^{2\pi}\{(1-\cos\theta)^3\}'\,d\theta=\left[\frac{1}{3}(1-\cos\theta)^3\right]_0^{2\pi}=0$$

により消える．$V=\mathbf{6\pi^3}$

《サイクロイドで法線（B30）》

459．座標平面上でサイクロイド C：$x=\theta-\sin\theta$, $y=1-\cos\theta\ (0\leqq\theta\leqq 2\pi)$ を考える．C 上の点

$\mathrm{P}(t-\sin t,\ 1-\cos t)\ (0<t<2\pi)$ における接線および法線をそれぞれ l_t, L_t で表す．また，l_t と x 軸の交点を A，L_t と x 軸の交点を B，線分 PB の中点を Q とする．このとき，以下の問いに答えなさい．

（1） L_t の傾きを t を用いて表すと $\square\tan\dfrac{t}{\square}$ となる．

（2） $t=\dfrac{4}{3}\pi$ のとき，3 点 A，B，Q の座標は，

$$\mathrm{A}\left(\frac{\square}{\square}\pi+\square\sqrt{\square},\ 0\right),\quad \mathrm{B}\left(\frac{\square}{\square}\pi,\ 0\right)$$

$$\mathrm{Q}\left(\frac{\square}{\square}\pi+\frac{\sqrt{\square}}{\square},\ \frac{\square}{\square}\right)$$

である．

（3） t が $0<t<2\pi$ を動くとき，点 Q が描く軌跡と x 軸で囲まれた図形の面積は $\dfrac{\square}{\square}\pi$ である．この図形を x 軸の周りに回転して得られる立体の体積 V を $V=a\pi^b$ と整数 a, b を用いて表すとき，$a=\square$，$b=\square$ となる．

（23　東北医薬大）

▶解答◀ （1） $x=\theta-\sin\theta$，$y=1-\cos\theta$ のとき

$$\frac{dx}{d\theta}=1-\cos\theta,\ \frac{dy}{d\theta}=\sin\theta$$

$$\frac{dy}{dx}=\frac{\frac{dy}{d\theta}}{\frac{dx}{d\theta}}=\frac{\sin\theta}{1-\cos\theta}$$

$0<t<2\pi$ より，l_t の傾きは $\dfrac{\sin t}{1-\cos t}$

L_t の傾きは，$t\neq\pi$ のとき

$$-\frac{1-\cos t}{\sin t}=-\frac{2\sin^2\frac{t}{2}}{2\sin\frac{t}{2}\cos\frac{t}{2}}=\mathbf{-\tan\frac{t}{2}}$$

（2） $t\neq\pi$ のとき

$$l_t:y=\frac{1}{\tan\frac{t}{2}}(x-t+\sin t)+1-\cos t$$

$$L_t:y=-\tan\frac{t}{2}(x-t+\sin t)+1-\cos t$$

$t=\dfrac{4}{3}\pi$ として

$$l_{\frac{4}{3}\pi}:y=-\frac{1}{\sqrt{3}}\left(x-\frac{4}{3}\pi-\frac{\sqrt{3}}{2}\right)+\frac{3}{2}$$

$y=0$ とすると

$$0=x-\frac{4}{3}\pi-\frac{\sqrt{3}}{2}-\frac{3\sqrt{3}}{2}$$

$$x=\frac{4}{3}\pi+2\sqrt{3}$$

$$L_{\frac{4}{3}\pi}:y=\sqrt{3}\left(x-\frac{4}{3}\pi-\frac{\sqrt{3}}{2}\right)+\frac{3}{2}$$

$y=0$ とすると

$$0=x-\frac{4}{3}\pi-\frac{\sqrt{3}}{2}+\frac{\sqrt{3}}{2}\qquad\therefore\quad x=\frac{4}{3}\pi$$

よって，$\mathrm{A}\left(\boldsymbol{\frac{4}{3}\pi+2\sqrt{3},\ 0}\right)$，$\mathrm{B}\left(\boldsymbol{\frac{4}{3}\pi,\ 0}\right)$

$t=\dfrac{4}{3}\pi$ のとき $\mathrm{P}\left(\dfrac{4}{3}\pi+\dfrac{\sqrt{3}}{2},\ \dfrac{3}{2}\right)$ であるから，

$$\mathrm{Q}\left(\boldsymbol{\frac{4}{3}\pi+\frac{\sqrt{3}}{4},\ \frac{3}{4}}\right)$$

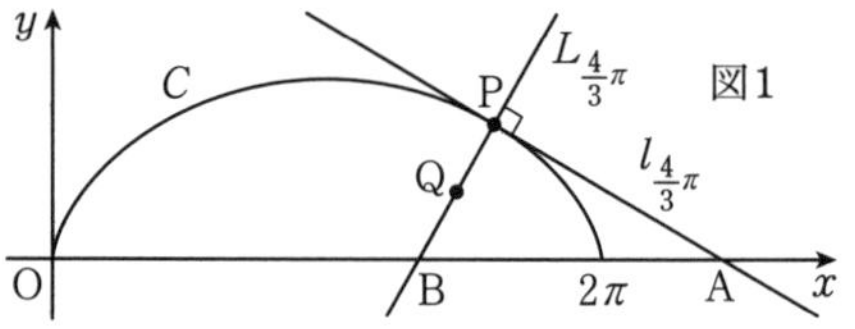

図1

（3） L_t において $y=0$ とすると

$$0=-\frac{\sin\frac{t}{2}}{\cos\frac{t}{2}}\left(x-t+2\sin\frac{t}{2}\cos\frac{t}{2}\right)+2\sin^2\frac{t}{2}$$

$$0=-\left(x-t+2\sin\frac{t}{2}\cos\frac{t}{2}\right)+2\sin\frac{t}{2}\cos\frac{t}{2}$$

$$x=t$$

よって，$\mathrm{B}(t,0)$ であるから

$$\mathrm{Q}\left(t-\frac{\sin t}{2},\ \frac{1-\cos t}{2}\right)\ \cdots\cdots\cdots①$$

$t=\pi$ のとき，$\mathrm{P}(\pi,2)$, $l_\pi:y=2$ であるから，$L_\pi:x=\pi$, $\mathrm{B}(\pi,0)$ であり，$\mathrm{Q}(\pi,1)$ となり，① は $t=\pi$ のときも成り立つ．

$D:x=\theta-\dfrac{\sin\theta}{2}$, $y=\dfrac{1-\cos\theta}{2}\ (0<\theta<2\pi)$ とする．Q は線分 PB の中点であり

$$\frac{dx}{d\theta}=1-\frac{\cos\theta}{2}>0,\ y>0$$

θ	$0\ \to\ 2\pi$
x	$0\ \to\ 2\pi$

であるから，D の概形は図 2 のようになる．求める面積 S は図 2 の網目部分の面積である．

（普通の積分は注を見よ）

$a_n=\displaystyle\int_0^{2\pi}\cos^n\theta\,d\theta$ とおくと

$$a_n=\frac{n-1}{n}a_{n-2}$$

$$a_1 = \Big[\sin\theta\Big]_0^{2\pi} = 0,\ a_3 = \frac{2}{3}a_1 = 0$$

$$a_0 = 2\pi,\ a_2 = \frac{1}{2}a_0 = \pi$$

$$S = \int_0^{2\pi} y\,dx = \int_0^{2\pi} y\frac{dx}{d\theta}d\theta$$

$$= \int_0^{2\pi} \frac{1-\cos\theta}{2}\cdot\frac{2-\cos\theta}{2}\,d\theta$$

$$= \frac{1}{4}\int_0^{2\pi}(2-3\cos\theta+\cos^2\theta)\,d\theta$$

$$= \frac{1}{4}(2\cdot 2\pi - 3a_1 + a_2) = \frac{1}{4}(4\pi+\pi) = \boldsymbol{\frac{5}{4}\pi}$$

V は図 2 の網目部分を x 軸の周りに回転して得られる体積であるから

$$\frac{V}{\pi} = \int_0^{2\pi} y^2\,dx = \int_0^{2\pi} y^2\frac{dx}{d\theta}d\theta$$

$$= \int_0^{2\pi}\left(\frac{1-\cos\theta}{2}\right)^2\cdot\frac{2-\cos\theta}{2}\,d\theta$$

$$= \frac{1}{8}\int_0^{2\pi}(2-5\cos\theta+4\cos^2\theta-\cos^3\theta)\,d\theta$$

$$= \frac{1}{8}(2\cdot 2\pi - 5a_1 + 4a_2 - a_3)$$

$$= \frac{1}{8}(4\pi+4\pi) = \pi$$

よって，$V = \pi^2$ であり，$\boldsymbol{a = 1}$, $\boldsymbol{b = 2}$ である．

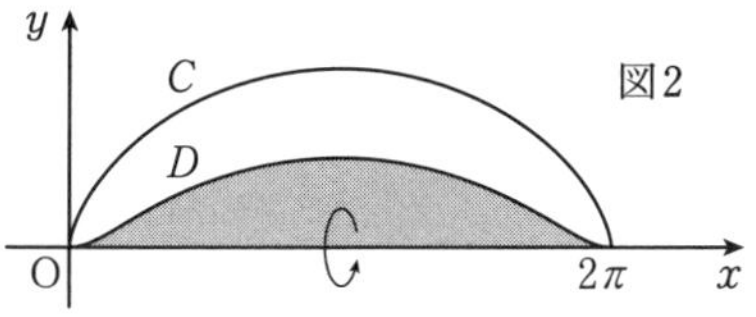

図2

注意

$$a_2 = \int_0^{2\pi}\frac{1}{2}(1+\cos 2\theta)\,d\theta$$

$$= \left[\frac{\theta}{2}+\frac{1}{4}\sin 2\theta\right]_0^{2\pi} = \pi$$

$$a_3 = \int_0^{2\pi}\cos^3\theta\,d\theta$$

$$= \int_0^{2\pi}(1-\sin^2\theta)(\sin\theta)'\,d\theta$$

$$= \left[\sin\theta - \frac{1}{3}\sin^3\theta\right]_0^{2\pi} = 0$$

《誘導付き (B20) ☆》

460. xy 平面上で，直線 $y = \frac{3}{4}x$ を ①，第 1 象限上かつ直線 ① 上に存在し，原点 O(0, 0) から距離 5 の点を A とする．また，軸が y 軸に平行で，A を通り，原点 O で ① と交わる放物線を ② とする．ただし，放物線 ② の原点 O における接線は直線 ① と直交する．さらに，放物線 ② 上で OA 間に存在する点を P とし，その x 座標を p とする．点 P を通り直線 ① と直交する直線と直線 ① との交点を B として，線分 PB の長さを h とし，線分 OB の長さを t とする．次の各問いに答えよ．ただし，答えは結果のみを解答欄に記入せよ．

（1） 点 A の座標を求めよ．

（2） 放物線 ② の方程式を x, y を用いて表せ．

（3） h を p を用いて表せ．

（4） t を p を用いて表せ．

（5） 直線 ① と放物線 ② で囲まれる範囲について，直線 ① を軸として回転したときにできる立体の体積を V とする．体積 V を求めよ．

（23　昭和大・医-1 期）

▶解答◀ （1） A は第 1 象限の ① 上の点であり，① の傾きが $\frac{3}{4}$, OA $= 5$ であるから，A$\boldsymbol{(4, 3)}$ である．図 1 を見よ．なお，① が x 軸となす角を θ とする．これは別解で用いる．

（2） ② は原点を通るからその方程式を $y = ax^2 + bx$ とおく．$y' = 2ax + b$ である．② の原点における接線を l とすると，傾きは b である．l は ① と直交するから $b = -\frac{4}{3}$ である．② は A を通るから

$$3 = 16a - \frac{16}{3} \qquad \therefore\ a = \frac{25}{48}$$

よって，② の方程式は $\boldsymbol{y = \frac{25}{48}x^2 - \frac{4}{3}x}$

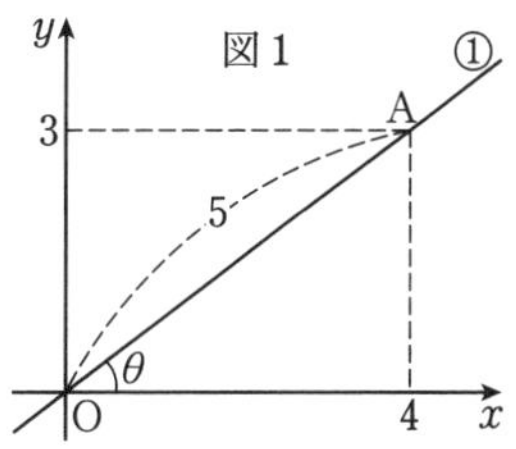

図 1

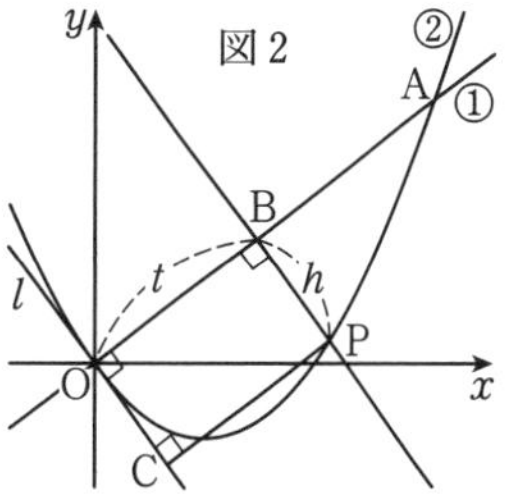

図 2

（3） P は OA 間に存在するから $0 \leqq p \leqq 4$

① の方程式は $3x - 4y = 0$

h は P と ① の距離であるから

$$h = \frac{\left|3p - 4\left(\frac{25}{48}p^2 - \frac{4}{3}p\right)\right|}{\sqrt{3^2+4^2}}$$

$$= \frac{\left|-\frac{25}{12}p^2 + \frac{25}{3}p\right|}{5}$$

$$= \frac{5}{12}\left|4p - p^2\right| = \boldsymbol{\frac{5}{12}p(4-p)}$$

（4） P から l に垂線 PC を下ろす．四角形 PBOC は長方形である．$t = \mathrm{OB} = \mathrm{CP}$

t は P と $l: 4x+3y=0$ の距離であるから

$$t=\frac{\left|4p+3\left(\frac{25}{48}p^2-\frac{4}{3}p\right)\right|}{\sqrt{4^2+3^2}}=\frac{\left|\frac{25}{16}p^2\right|}{5}=\boldsymbol{\frac{5}{16}p^2}$$

（5）（4）の結果より $\frac{dt}{dp}=\frac{5}{8}p$

t	$0 \to 5$
p	$0 \to 4$

$$V=\int_0^5 \pi h^2\,dt=\pi\int_0^4 h^2\cdot\frac{dt}{dp}\,dp$$
$$=\pi\int_0^4\left\{\frac{5}{12}p(4-p)\right\}^2\cdot\frac{5}{8}p\,dp$$
$$=\frac{5^3}{12^2\cdot 8}\pi\int_0^4 p^3(4-p)^2\,dp$$
$$=\frac{5^3}{12^2\cdot 8}\pi\int_0^4(p^5-8p^4+16p^3)\,dp$$
$$=\frac{5^3}{12^2\cdot 8}\pi\left[\frac{1}{6}p^6-\frac{8}{5}p^5+4p^4\right]_0^4$$
$$=\frac{5^3}{12^2\cdot 8}\pi\cdot 4^5\left(\frac{1}{6}\cdot 4-\frac{8}{5}+1\right)$$
$$=\frac{5^3\cdot 8}{3^2}\pi\cdot\frac{1}{15}=\boldsymbol{\frac{200}{27}\pi}$$

♦別解♦（5）斜回転の公式を用いる．

図1より $\cos\theta=\frac{4}{5}$ であるから

$$V=\pi\cos\theta\int_0^4\left\{\frac{3}{4}x-\left(\frac{25}{48}x^2-\frac{4}{3}x\right)\right\}^2dx$$
$$=\frac{4}{5}\pi\int_0^4\left(\frac{25}{48}x^2-\frac{25}{12}x\right)^2dx$$
$$=\frac{4}{5}\pi\cdot\frac{25^2}{48^2}\int_0^4(x^2-4x)^2\,dx$$
$$=\frac{5^3}{2^6\cdot 3^2}\pi\int_0^4(x^4-8x^3+16x^2)\,dx$$
$$=\frac{5^3}{2^6\cdot 3^2}\pi\left[\frac{1}{5}x^5-2x^4+\frac{16}{3}x^3\right]_0^4$$
$$=\frac{5^3}{2^6\cdot 3^2}\pi\cdot 2\cdot 4^4\left(\frac{2}{5}-1+\frac{2}{3}\right)$$
$$=\frac{5^3\cdot 2^3}{3^2}\pi\cdot\frac{1}{15}=\boldsymbol{\frac{200}{27}\pi}$$

注意 1°【**斜回転の体積の公式**】θ は鋭角，$m=\tan\theta$，$a>0$ として，$0<x<a$ で $f(x)\neq mx$ とする．2直線 $x=0$，$x=a$，$y=mx$ と $y=f(x)$ で囲まれた図形を直線 $y=mx$ のまわりに回転してできる立体の体積 V は

$$V=\pi\cos\theta\int_0^a\{f(x)-mx\}^2\,dx$$

証明はいくつかあるが，今回は1つだけ記そう．

2°【**傘型分割**】図 b の網目部分（$y=mx$ と $y=f(x)$ の間で x と $x+dx$ の間の部分）を回転した厚さ dx の傘型の部分を，PQ に沿って切り，半径が $|f(x)-mx|$，円弧の長さが $2\pi\mathrm{PH}=2\pi\mathrm{PQ}\cos\theta=2\pi|f(x)-mx|\cos\theta$ の扇形，厚さが dx の立体で近似し，その微小体積が

$$dV=\frac{1}{2}\{2\pi|f(x)-mx|\cos\theta\}|f(x)-mx|\,dx$$
$$=\pi\cos\theta\{f(x)-mx\}^2dx$$

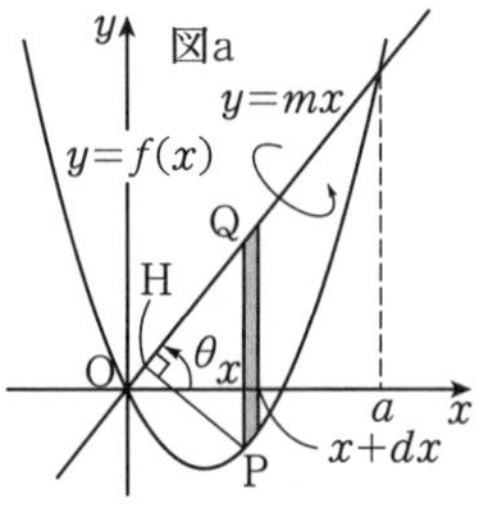

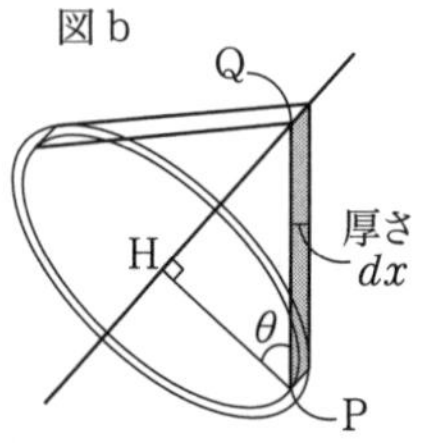

《このままだと異常積分（B20）》

461．xy 平面上において，曲線 $C: y=\sqrt{x}$ と，直線 $l: y=x$ を考える．以下の問いに答えよ．

（1） C と l で囲まれる図形の面積を求めよ．

（2） 曲線 C 上の点 $\mathrm{P}(x, \sqrt{x})$ $(0\leqq x\leqq 1)$ に対し，点 P から直線 l に下ろした垂線と，直線 l との交点を Q とする．線分 PQ の長さを x を用いて表せ．

（3） C と l で囲まれる図形を直線 l の周りに一回転してできる立体の体積を求めよ．

（23　鳥取大・医，工）

▶解答◀（1） 求める面積は図1の網目部分の面積であるから

$$\int_0^1(\sqrt{x}-x)\,dx=\left[\frac{2}{3}x^{\frac{3}{2}}-\frac{1}{2}x^2\right]_0^1=\boldsymbol{\frac{1}{6}}$$

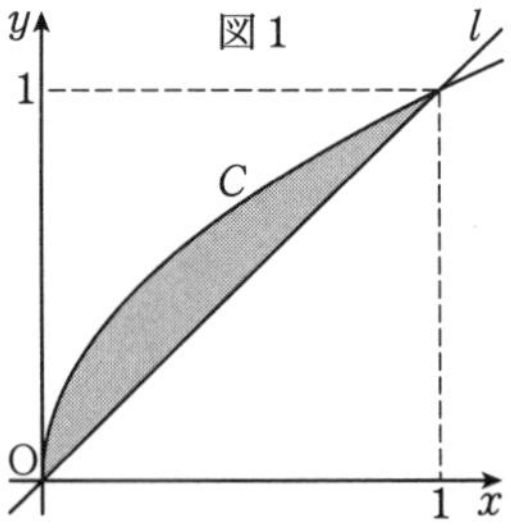

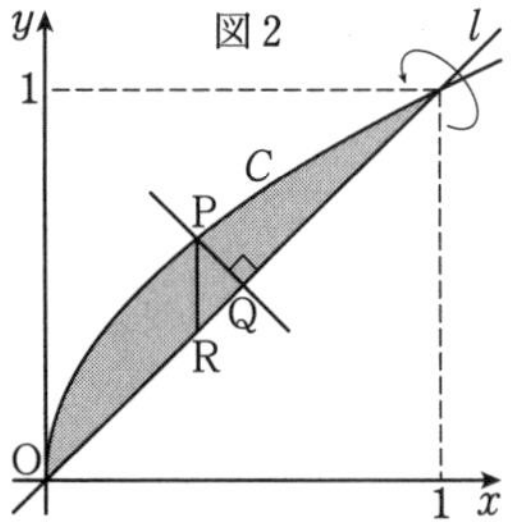

（2） 図2を見よ．$\mathrm{P}(a, b)$ $(b>a>0)$ とする．P と直線 $y=x$ との距離を考え

$$\mathrm{PQ}=\frac{|b-a|}{\sqrt{2}}=\frac{b-a}{\sqrt{2}}$$

ついでに，OQ の長さを u とおくと，O と直線 $x+y=a+b$ の距離を考え

$$u=\frac{|a+b|}{\sqrt{2}}=\frac{a+b}{\sqrt{2}}$$

$a=x, b=\sqrt{x}$ として $\mathrm{PQ}=\dfrac{\boldsymbol{\sqrt{x}-x}}{\boldsymbol{\sqrt{2}}}$, $u=\dfrac{x+\sqrt{x}}{\sqrt{2}}$

（3） 求める体積 V は

$$V=\int_0^{\sqrt{2}}\pi\mathrm{PQ}^2\,du$$

$$du=\frac{1}{\sqrt{2}}\left(\frac{1}{2\sqrt{x}}+1\right)dx=\frac{1}{2\sqrt{2}}\left(\frac{1}{\sqrt{x}}+2\right)dx$$

本当は，この積分は，$x=0$ で分母が 0 になるから，異常積分といい，高校の範囲外である．おそらく，出題者も気づいていないだろうから，このまま続ける．異常積分を避ける方法は後で述べる．

u	$0 \to \sqrt{2}$
x	$0 \to 1$

$$\frac{V}{\pi}=\int_0^1\frac{1}{2}(\sqrt{x}-x)^2\cdot\frac{1}{2\sqrt{2}}\left(\frac{1}{\sqrt{x}}+2\right)dx$$

$$=\frac{1}{4\sqrt{2}}\int_0^1(x^2-2x\sqrt{x}+x)\left(\frac{1}{\sqrt{x}}+2\right)dx$$

$$=\frac{1}{4\sqrt{2}}\int_0^1(2x^2-3x\sqrt{x}+\sqrt{x})\,dx$$

$$=\frac{\sqrt{2}}{8}\left[\frac{2x^3}{3}-\frac{6}{5}x^{\frac{5}{2}}+\frac{2}{3}x^{\frac{3}{2}}\right]_0^1$$

$$=\frac{\sqrt{2}}{8}\left(\frac{2}{3}-\frac{6}{5}+\frac{2}{3}\right)=\frac{\sqrt{2}}{60}$$

$$V=\boldsymbol{\frac{\sqrt{2}}{60}\pi}$$

注 意 1°【ルートを避ける】

$\sqrt{x}=t$ とおく．$x=t^2$, $0\leqq t\leqq 1$

$$\mathrm{PQ}=\frac{t-t^2}{\sqrt{2}},\ u=\frac{t^2+t}{\sqrt{2}}$$

$$\mathrm{PQ}^2\,du=\frac{1}{2}(t-t^2)^2\cdot\frac{2t+1}{\sqrt{2}}\,dt$$

$$=\frac{1}{2\sqrt{2}}(2t^5-3t^4+t^2)\,dt$$

$$V=\int_0^1\pi\mathrm{PQ}^2\,du=\frac{\pi}{2\sqrt{2}}\int_0^1(2t^5-3t^4+t^2)\,dt$$

$$=\frac{\pi}{2\sqrt{2}}\left(\frac{1}{3}-\frac{3}{5}+\frac{1}{3}\right)=\boldsymbol{\frac{\sqrt{2}}{60}\pi}$$

2°【3° の斜回転の体積の公式を用いる】

$$V=\pi\cos\frac{\pi}{4}\int_0^1(\sqrt{x}-x)^2\,dx$$

$$=\frac{\pi}{\sqrt{2}}\int_0^1(x-2x^{\frac{3}{2}}+x^2)\,dx$$

$$=\frac{\pi}{\sqrt{2}}\left[\frac{x^2}{2}-\frac{4}{5}x^{\frac{5}{2}}+\frac{x^3}{3}\right]_0^1$$

$$=\frac{\pi}{\sqrt{2}}\left(\frac{1}{2}-\frac{4}{5}+\frac{1}{3}\right)=\boldsymbol{\frac{\sqrt{2}}{60}\pi}$$

3°【斜回転の体積の公式】 θ は鋭角，$m=\tan\theta$, $a>0$ として，$0<x<a$ で $f(x)\neq mx$ とする．2 直線 $x=0$, $x=a$, $y=mx$ と $y=f(x)$ で囲まれた図形を直線 $y=mx$ のまわりに回転してできる立体の体積 V は

$$V=\pi\cos\theta\int_0^a\{f(x)-mx\}^2\,dx$$

証明はいくつかあるが，今回は 1 つだけ記そう．

4°【傘型分割】 図 b の網目部分（$y=mx$ と $y=f(x)$ の間で x と $x+dx$ の間の部分）を回転した厚さ dx の傘型の部分を，PQ に沿って切り，半径が $|f(x)-mx|$，円弧の長さが $2\pi\mathrm{PH}=2\pi\mathrm{PQ}\cos\theta=2\pi|f(x)-mx|\cos\theta$ の扇形，厚さが dx の立体で近似し，その微小体積が

$$dV=\frac{1}{2}\{2\pi|f(x)-mx|\cos\theta\}|f(x)-mx|dx$$

$$=\pi\cos\theta\{f(x)-mx\}^2dx$$

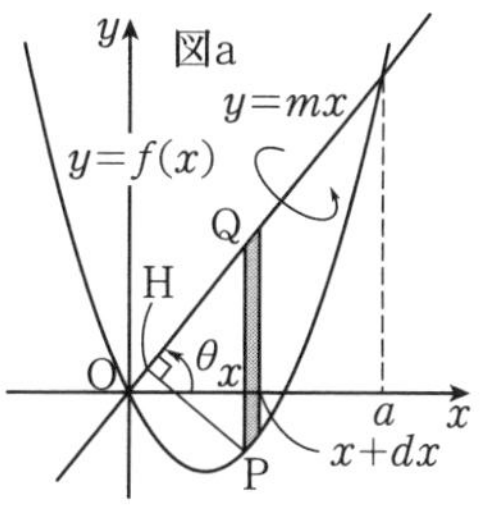

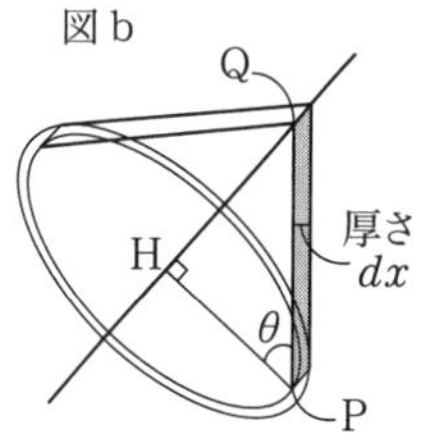

《直線の通過領域（B30）》

462. $0\leqq\theta\leqq 2\pi$ とする．xy 平面において原点 O(0, 0) と点 P$(\cos\theta, \sin\theta)$ を通る直線を l とし，点 Q(2, 0) と点 P を結ぶ線分の垂直二等分線を m とする．次の問いに答えよ．

（1） l と m が交点を持つための，θ に関する条件を求めよ．

（2） θ が（1）の条件を満たしながら $0\leqq\theta\leqq 2\pi$ の範囲を動くとき，l と m の交点の軌跡の方程式を求めよ．

（3）（2）で求めた曲線によって，不等式 $x^2+y^2\leqq 1$ の表す領域は 2 つの部分に分けられる．そのうちで O を含まない方を S とする．S を x 軸の周りに 1 回転させてできる立体の体積を求めよ．（23 大阪公立大・理-後）

▶解答◀ （1） 直線 l の方程式は

$$l: x\sin\theta-y\cos\theta=0 \quad\cdots\cdots①$$

直線 m 上の点は 2 点 P, Q から等距離にあるから

$$(x-\cos\theta)^2+(y-\sin\theta)^2=(x-2)^2+y^2$$

$$m : x(2-\cos\theta) - y\sin\theta = \frac{3}{2} \quad \cdots\cdots\cdots\cdots②$$

となる．

①×$\sin\theta$−②×$\cos\theta$ より

$$x(\sin^2\theta - 2\cos\theta + \cos^2\theta) = -\frac{3}{2}\cos\theta$$

$$x(1-2\cos\theta) = -\frac{3}{2}\cos\theta$$

2 直線 l, m が交点を持つ条件は $\cos\theta \neq \frac{1}{2}$ であるから

$$\boldsymbol{\theta \neq \frac{\pi}{3},\ \frac{5}{3}\pi} \quad \cdots\cdots\cdots\cdots③$$

である．

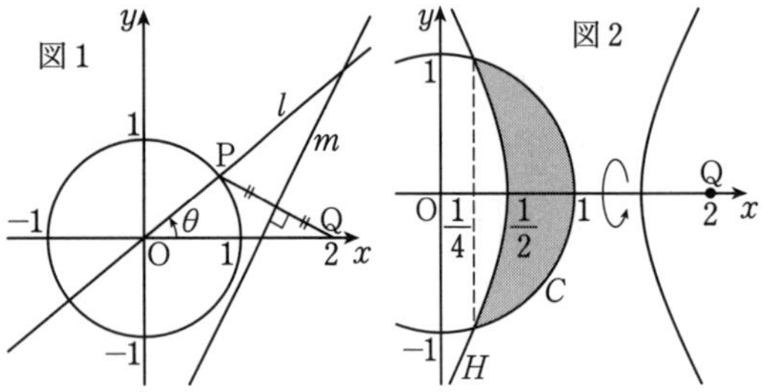

（**2**） ② より

$$y\sin\theta + x\cos\theta = 2x - \frac{3}{2} \quad \cdots\cdots\cdots\cdots④$$

（① と ④ の両辺を 2 乗して加えるという人がいるが，それは問題がある．注を見よ）

① かつ ④ をみたす $\cos\theta$, $\sin\theta$ が存在するために x, y のみたす必要十分条件を求める．

④×x−①×y より

$$(x^2+y^2)\cos\theta = \left(2x - \frac{3}{2}\right)x$$

④×y+①×x より

$$(x^2+y^2)\sin\theta = \left(2x - \frac{3}{2}\right)y$$

$x=0$ かつ $y=0$ とすると ④ は成立しない．よって $x^2+y^2 \neq 0$ である．

$$\cos\theta = \frac{\left(2x-\frac{3}{2}\right)x}{x^2+y^2},\ \sin\theta = \frac{\left(2x-\frac{3}{2}\right)y}{x^2+y^2} \quad \cdots\cdots Ⓐ$$

これをみたす θ が存在するための必要十分条件は

$$\left\{\frac{\left(2x-\frac{3}{2}\right)x}{x^2+y^2}\right\}^2 + \left\{\frac{\left(2x-\frac{3}{2}\right)y}{x^2+y^2}\right\}^2 = 1 \quad \cdots\cdots Ⓑ$$

$$\frac{\left(2x-\frac{3}{2}\right)^2}{x^2+y^2} = 1$$

$$x^2+y^2 = \left(2x-\frac{3}{2}\right)^2$$

$$3x^2 - y^2 - 6x + \frac{9}{4} = 0$$

$$\boldsymbol{3(x-1)^2 - y^2 = \frac{3}{4}} \quad \cdots\cdots\cdots\cdots⑤$$

（**3**） ⑤ で表された曲線を H とおく．

曲線 H は，中心 $(1, 0)$ で，x 軸を主軸にもつ双曲線である．円 $C : x^2+y^2=1$ と連立させて，y を消去すると

$$4x^2 - 6x + \frac{5}{4} = 0$$

$$16x^2 - 24x + 5 = 0$$

$$(4x-5)(4x-1) = 0$$

$-1 \leqq x \leqq 1$ であるから，C と H の交点の x 座標は $x = \frac{1}{4}$ である．また，⑤ より

$$y^2 = 3(x-1)^2 - \frac{3}{4} \geqq 0$$

$$\left(x-\frac{1}{2}\right)\left(x-\frac{3}{2}\right) \geqq 0$$

$$x \leqq \frac{1}{2},\ \frac{3}{2} \leqq x$$

となるから，円 C は双曲線 H の $x \leqq \frac{1}{2}$ の部分によって 2 つに分けられ，領域 S は図の網目部分になる．S を x 軸の周りに 1 回転させてできる立体は，円 C の $\frac{1}{4} \leqq x \leqq 1$ の部分の回転体から，双曲線 H の $\frac{1}{4} \leqq x \leqq \frac{1}{2}$ の部分の回転体を除いたものであるから，体積は

$$\pi\int_{\frac{1}{4}}^{1}(1-x^2)\,dx - \pi\int_{\frac{1}{4}}^{\frac{1}{2}}\left\{3(x-1)^2 - \frac{3}{4}\right\}dx$$

$$= \pi\left[x - \frac{x^3}{3}\right]_{\frac{1}{4}}^{1} - \pi\left[(x-1)^3 - \frac{3}{4}x\right]_{\frac{1}{4}}^{\frac{1}{2}}$$

$$= \pi\left(\frac{3}{4} - \frac{63}{3\cdot 64} + \frac{1}{8} - \frac{27}{64} + \frac{3}{16}\right) = \boldsymbol{\frac{5}{16}\pi}$$

注意 1°【意味づけをする】

$$x' = x\cos\theta - y\sin\theta$$

$$y' = x\sin\theta + y\cos\theta$$

とおく．$\mathrm{P}(x, y)$, $\mathrm{P}'(x', y')$ とすると P' は O のまわりに P を θ 回転した点を表す．

$$x' + y'i = (x+yi)(\cos\theta + i\sin\theta)$$

で両辺の成分を比べよ．

$$x\sin\theta - y\cos\theta = 0$$

$$x\cos\theta + y\sin\theta = 2x - \frac{3}{2}$$

は点 $\mathrm{P}(x, y)$ を $\frac{\pi}{2}-\theta$ 回転した点が $\mathrm{A}\left(0,\ 2x-\frac{3}{2}\right)$ であることを表す．

これをみたすような θ が存在するための必要十分条件は $\mathrm{OP}=\mathrm{OA}$ である．

$$x^2+y^2 = \left(2x-\frac{3}{2}\right)^2$$

このように意味づけするならよいが，なんとなく 2 乗して加えるということでは，いけない．

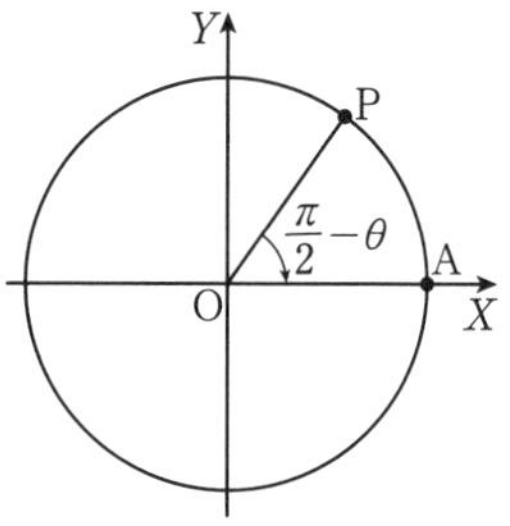

2°【手続きに問題がある理由】

次の例を見よ．

【例】　$mx-y=m$ ……………………………①

$x+my=-1$ ……………………………②

で m が実数全体を動くとき (x, y) の描く図形を求めよ．

【誤答】　$①^2+②^2$ をする．

$$(m^2+1)(x^2+y^2)=m^2+1$$

となる．$m^2+1\neq 0$ で割って，求める図形は円 $x^2+y^2=1$ 全体である．

【正解】m の存在性を考えながら，m について解いて代入して消去する．② より $my=-1-x$

$y=0$ のとき $0=-1-x$ となり $x=-1$

① に代入し $-m=m$ となり $m=0$

すなわち $m=0$ と定めれば $(x, y)=(-1, 0)$ になる．$y\neq 0$ のとき $m=\dfrac{-1-x}{y}$

これを ① に代入し

$$\frac{-1-x}{y}x-y=\frac{-1-x}{y}$$

$$-x-x^2-y^2=-1-x$$

$$x^2+y^2=1,\ y\neq 0$$

となる．よって $x^2+y^2=1$ のうち $(1, 0)$ を除く．

この例で「なんとなく 2 乗して加える消去の仕方は手続きに問題がある」ことは理解できるだろう．

$①^2+④^2$ で $x^2+y^2=\left(2x-\dfrac{3}{2}\right)^2$ という消去計算をするのは誤答である．文字消去ではこうした消したい文字について解いて，代入するのである．その解く過程で存在性に言及することになる．

Ⓐ で，記述を単純にするために

$$p=\frac{\left(2x-\frac{3}{2}\right)x}{x^2+y^2},\ q=\frac{\left(2x-\frac{3}{2}\right)y}{x^2+y^2}$$

とおこう．$\cos\theta=p, \sin\theta=q$ となる θ が存在するために p, q のみたす必要十分条件を考える．

θ を $0\leqq\theta<2\pi$ で動かすときに点 $(\cos\theta, \sin\theta)$ は円 $x^2+y^2=1$ 全体を動く．

したがって，$\cos\theta=p, \sin\theta=q$ となる θ が存在するためには (p, q) が $x^2+y^2=1$ 上にあることが必要十分である．だから，p, q がみたす必要十分条件は $p^2+q^2=1$ となる．そして Ⓑ となる．

◆別解◆　(**1**)　図 A を参照せよ．2 直線 l, m が交点を持たないのは，平行になるときであり，$\mathrm{PQ}\perp m$ を考慮すると，$l\perp\mathrm{PQ}$ すなわち $\mathrm{OP}\perp\mathrm{PQ}$ のときであるから，直線 PQ が円に接するときである．$\mathrm{OP}:\mathrm{OQ}=1:2$ であるから，$\theta=\dfrac{\pi}{3}, \dfrac{5}{3}\pi$ である．

よって，2 直線が交点を持つ条件は，$\boldsymbol{\theta\neq\dfrac{\pi}{3}, \dfrac{5}{3}\pi}$ である．

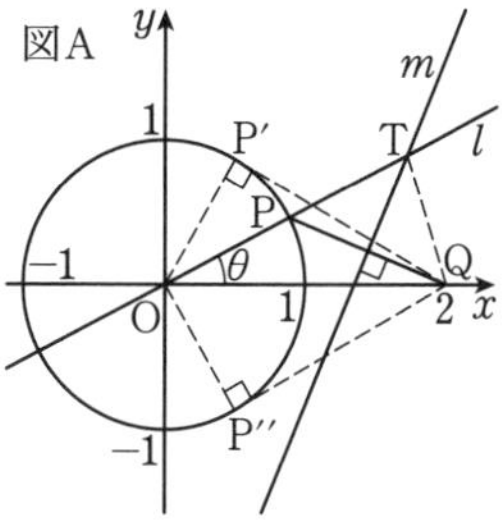

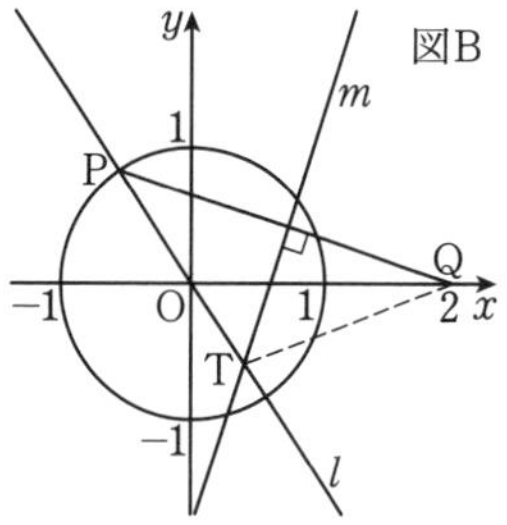

(**2**)　2 直線 l, m の交点を T とおく．$\mathrm{TP}=\mathrm{TQ}$, $\mathrm{OP}=1$ であるから，$0\leqq\theta<\dfrac{\pi}{3}, \dfrac{5}{3}\pi<\theta\leqq 2\pi$ のとき (図 A)

$$\mathrm{TO}=\mathrm{TP}+\mathrm{OP}=\mathrm{TQ}+1$$

であり，$\dfrac{\pi}{3}<\theta<\dfrac{5}{3}\pi$ のとき (図 B)

$$\mathrm{TO}=\mathrm{TP}-\mathrm{OP}=\mathrm{TQ}-1$$

であるから

$$|\mathrm{TO}-\mathrm{TQ}|=1$$

となる．

点 T の軌跡を H とおく．H は 2 点 O，Q を焦点とする双曲線である．中心は OQ の中点 $(1, 0)$ であるから

$$H:\frac{(x-1)^2}{a^2}-\frac{y^2}{c^2-a^2}=1$$

とおく．$2c$ は焦点間の距離 OQ で，$2a$ は曲線上の点から 2 つの焦点までの距離の差 $|\mathrm{TO}-\mathrm{TQ}|$ であるから

$$c=1,\ a=\frac{1}{2},\ c^2-a^2=\frac{3}{4}$$

であり，双曲線 H の方程式は

$$\frac{(x-1)^2}{\frac{1}{4}}-\frac{y^2}{\frac{3}{4}}=1$$

$$\boldsymbol{3(x-1)^2-y^2=\frac{3}{4}}$$

となる．

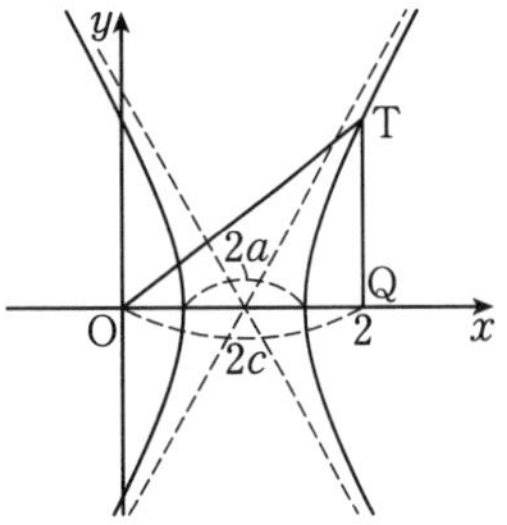

《$y=4$ の周りの回転（B20）☆》

463. 関数 $f(x)=\dfrac{x^2+3x+a}{x+2}$ は $x=0$ で極値をとるとする．曲線 $C:y=f(x)$ と直線 $l:y=4$ を考える．次の問いに答えよ．

（1） 定数 a の値を定めよ．

（2） 関数 $f(x)$ の極値をすべて求めよ．

（3） 曲線 C と直線 l のすべての交点の x 座標を求めよ．

（4） 曲線 C と直線 l で囲まれた部分の面積 S を求めよ．

（5） 曲線 C と直線 l で囲まれた部分を直線 l の周りに1回転させてできる立体の体積 V を求めよ．　（23　関西学院大・理系）

▶解答◀ （1） $f(x)=x+1+\dfrac{a-2}{x+2}$

$$f'(x)=1+\frac{-a+2}{(x+2)^2}$$

$f'(0)=\dfrac{6-a}{4}$ であるから，$x=0$ で極値をとるのは

$$\frac{6-a}{4}=0$$

すなわち，$a=\mathbf{6}$ のときである．

（2） $f(x)=x+1+\dfrac{4}{x+2}$

$$f'(x)=1-\frac{4}{(x+2)^2}=\frac{x(x+4)}{(x+2)^2}$$

であるから，$f(x)$ は以下のように増減する．

x	$\cdots$	-4	$\cdots$	-2	$\cdots$	0	$\cdots$
$f'(x)$	$+$	0	$-$	$\times$	$-$	0	$+$
$f(x)$	↗		↘	$\times$	↘		↗

したがって，$f(x)$ は $x=-4$ のとき極大値 $\mathbf{-5}$，$x=0$ のとき極小値 $\mathbf{3}$ をとる．

（3） $\dfrac{x^2+3x+6}{x+2}=4$

$x\neq-2$ であることに注意して，

$$x^2+3x+6=4x+8$$

$$x^2-x-2=0$$

$$(x-2)(x+1)=0$$

であるから，$x=\mathbf{-1,2}$ である．

（4） S は，図の網目部分の面積である．

$$S=\int_{-1}^{2}\left(4-x-1-\frac{4}{x+2}\right)dx$$

$$=\int_{-1}^{2}\left(-x+3-\frac{4}{x+2}\right)dx$$

$$=\left[-\frac{1}{2}x^2+3x-4\log|x+2|\right]_{-1}^{2}$$

$$=-2+6-4\log 4-\left(-\frac{1}{2}-3\right)$$

$$=\mathbf{\frac{15}{2}-8\log 2}$$

（5） $\{4-f(x)\}^2$

$$=(x-3)^2+\frac{8(x-3)}{x+2}+\frac{16}{(x+2)^2}$$

$$=(x-3)^2+8-\frac{40}{x+2}+\frac{16}{(x+2)^2}$$

$$\frac{V}{\pi}=\int_{-1}^{2}\{4-f(x)\}^2\,dx$$

$$=\left[\frac{1}{3}(x-3)^3+8x-40\log|x+2|-\frac{16}{x+2}\right]_{-1}^{2}$$

$$=-\frac{1}{3}+16-40\log 4-4-\left(-\frac{64}{3}-8-16\right)$$

$$=57-80\log 2$$

$$V=\mathbf{(57-80\log 2)\pi}$$

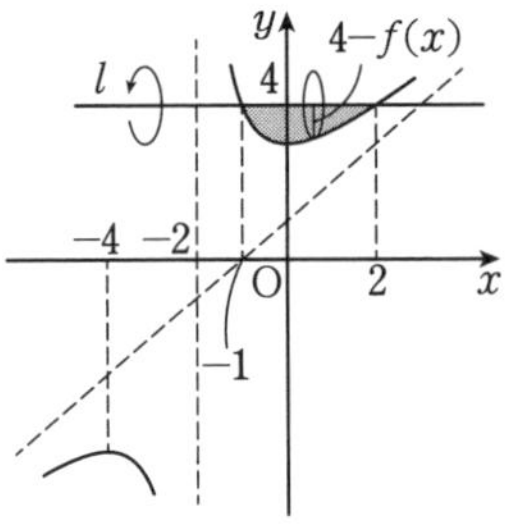

【曲線の長さ】

《$y=x^{\frac{3}{2}}$（B3）☆》

464. 曲線 $y=2x\sqrt{x}$ $\left(0\leqq x\leqq\dfrac{5}{3}\right)$ の長さは $\dfrac{\square}{\square}$ である．　（23　藤田医科大・医学部前期）

▶解答◀ $y=2x^{\frac{3}{2}}$ のとき $y'=3x^{\frac{1}{2}}$

$$\int_0^{\frac{5}{3}}\sqrt{1+(y')^2}\,dx=\int_0^{\frac{5}{3}}\sqrt{1+9x}\,dx$$

$$=\left[\frac{1}{9}\cdot\frac{2}{3}(1+9x)^{\frac{3}{2}}\right]_0^{\frac{5}{3}}=\frac{2}{27}\cdot(64-1)=\mathbf{\frac{14}{3}}$$

《面積はガウス・グリーン（B30）☆》

465. 2つの関数

$$f(t)=2\sin t+\sin 2t,$$

$g(t)=2\cos t-\cos 2t$

を用いて定義される座標平面上の曲線

$x=f(t),\ y=g(t)\ (0\leqq t\leqq \pi)$

は下図のような概形をもつ．この曲線を C として，以下の問いに答えよ．

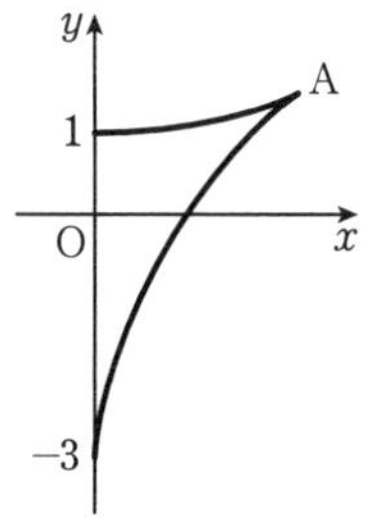

（1） $\{f'(t)\}^2+\{g'(t)\}^2$ を $a\cos^2 bt$ （$a,\ b$ は正の定数）の形に変形せよ．

（2） C 上で x 座標が最大となる点 A の座標と，対応する t の値 t_0 を求めよ．

（3） $0<t<\pi,\ t\neq t_0$ を満たす t に対して，点 $(f(t),\ g(t))$ における C の接線の傾きを $m(t)$ とするとき，極限値 $\displaystyle\lim_{t\to t_0} m(t)$ を求めよ．

（4） 曲線 C の長さ L を求めよ．

（5） 曲線 C と y 軸で囲まれた部分の面積 S を求めよ．　（23　電気通信大・後期）

▶解答◀ （1） $f'(t)=2\cos t+2\cos 2t$

$g'(t)=-2\sin t+2\sin 2t$

$(f'(t))^2+(g'(t))^2$

$=(2\cos t+2\cos 2t)^2+(-2\sin t+2\sin 2t)^2$

$=4+8(\cos 2t\cos t-\sin 2t\sin t)+4$

$=8(1+\cos 3t)=8\cdot 2\cos^2\dfrac{3}{2}t=\boldsymbol{16\cos^2\dfrac{3}{2}t}$

（2） $f'(t)=2\cos t+2\cos 2t$

$=2\left(\cos\left(\dfrac{3t}{2}+\dfrac{t}{2}\right)+\cos\left(\dfrac{3t}{2}-\dfrac{t}{2}\right)\right)$

$=4\cos\dfrac{3t}{2}\cos\dfrac{t}{2}$

t	0	$\cdots$	$\dfrac{\pi}{3}$	$\cdots$	π
$f'(t)$		$+$	0	$-$	
$f(t)$		↗		↘	

$f'(t)=0$ のとき，$\cos\dfrac{3t}{2}=0$ または $\cos\dfrac{t}{2}=0$ であるから $t=\dfrac{\pi}{3},\ \pi$

$f\left(\dfrac{\pi}{3}\right)=\sqrt{3}+\dfrac{\sqrt{3}}{2}=\dfrac{3\sqrt{3}}{2},\ g\left(\dfrac{\pi}{3}\right)=1+\dfrac{1}{2}=\dfrac{3}{2}$

A の座標は $\boldsymbol{\left(\dfrac{3\sqrt{3}}{2},\ \dfrac{3}{2}\right)}$，$t_0=\boldsymbol{\dfrac{\pi}{3}}$

（3） $g'(t)=-2\sin t+2\sin 2t$

$=2\left(\sin\left(\dfrac{3t}{2}+\dfrac{t}{2}\right)-\sin\left(\dfrac{3t}{2}-\dfrac{t}{2}\right)\right)$

$=4\cos\dfrac{3t}{2}\sin\dfrac{t}{2}$

$$m(t)=\dfrac{dy}{dx}=\dfrac{\dfrac{dy}{dt}}{\dfrac{dx}{dt}}=\dfrac{g'(t)}{f'(t)}$$

$$=\dfrac{4\cos\dfrac{3t}{2}\sin\dfrac{t}{2}}{4\cos\dfrac{3t}{2}\cos\dfrac{t}{2}}=\tan\dfrac{t}{2}$$

$$\lim_{t\to t_0}m(t)=\lim_{t\to\frac{\pi}{3}}\tan\dfrac{t}{2}=\tan\dfrac{\pi}{6}=\boldsymbol{\dfrac{1}{\sqrt{3}}}$$

（4） $L=\displaystyle\int_0^{\pi}\sqrt{(f'(t))^2+(g'(t))^2}\,dt$

$$=4\int_0^{\pi}\left|\cos\dfrac{3t}{2}\right|dt$$

$$=4\int_0^{\frac{\pi}{3}}\cos\dfrac{3t}{2}\,dt-4\int_{\frac{\pi}{3}}^{\pi}\cos\dfrac{3t}{2}\,dt$$

$$=4\left[\dfrac{2}{3}\sin\dfrac{3t}{2}\right]_0^{\frac{\pi}{3}}-4\left[\dfrac{2}{3}\sin\dfrac{3t}{2}\right]_{\frac{\pi}{3}}^{\pi}$$

$$=\dfrac{8}{3}(1-0)-\dfrac{8}{3}(-1-1)=\boldsymbol{8}$$

（5） $c=\cos t,\ s=\sin t,\ C=\cos 2t,\ S=\sin 2t$ と略記し，$x=2s-S,\ y=2c-C$ となる．

$x\cdot\dfrac{dy}{dt}-y\cdot\dfrac{dx}{dt}$

$=(2s+S)(-2s+2S)-(2c-C)(2c+2C)$

$=-4s^2+2S^2+2Ss-(4c^2-2C^2+2Cc)$

$=-4+2-2(Cc-Ss)=-2-2\cos(t+2t)\leqq 0$

ガウス・グリーンの定理の考え方を用いる．$\mathrm{P}(x,\ y)$ として，$t=0$ から $t=\pi$ まで増加すると，OP は右まわりに動く．左まわりにするために $t=\pi$ から $t=0$ までの積分を考え，

$S=\displaystyle\int_{\pi}^{0}\dfrac{1}{2}\left(x\cdot\dfrac{dy}{dt}-y\cdot\dfrac{dx}{dt}\right)dt$

$=\displaystyle\int_{\pi}^{0}(-1-\cos 3t)\,dt=\left[-t-\dfrac{1}{3}\sin 3t\right]_{\pi}^{0}=\boldsymbol{\pi}$

♦別解♦ （5） 点は $t=0$ のとき $(0,\ 1)$ にあり，$t=\pi$ のとき $(0,\ -3)$ にある．S は図の網目部分の面積である．

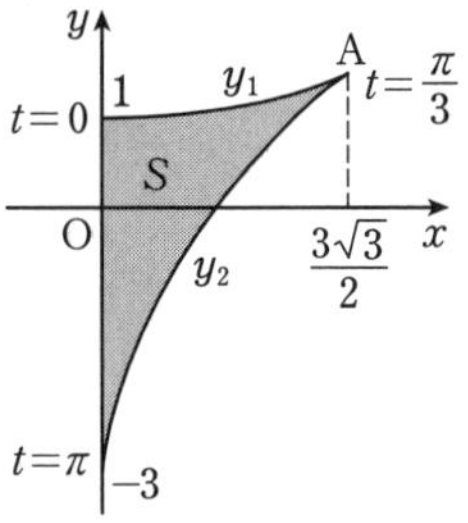

$y_1 = g(t)\left(0 \leqq t \leqq \frac{\pi}{3}\right)$, $y_2 = g(t)\left(\frac{\pi}{3} \leqq t \leqq \pi\right)$
とおく．

$$S = \int_0^{\frac{3\sqrt{3}}{2}} (y_1 - y_2)\,dx$$

$$= \int_0^{\frac{3\sqrt{3}}{2}} y_1\,dx - \int_0^{\frac{3\sqrt{3}}{2}} y_2\,dx$$

$$= \int_0^{\frac{\pi}{3}} g(t)f'(t)\,dt - \int_\pi^{\frac{\pi}{3}} g(t)f'(t)\,dt$$

$$= \int_0^{\pi} g(t)f'(t)\,dt$$

$$g(t)f'(t) = (2\cos t - \cos 2t)\cdot 2(\cos t + \cos 2t)$$

$$= 2(2\cos^2 t - \cos^2 2t + \cos t\cos 2t)$$

$$= 2\cos 2t + 2 - (1 + \cos 4t) + 2(1 - 2\sin^2 t)\cos t$$

$$= 2\cos 2t + 1 - \cos 4t + (2 - 4\sin^2 t)\cos t$$

$$S = \left[\sin 2t + t - \frac{1}{4}\sin 4t + 2\sin t - \frac{4}{3}\sin^3 t\right]_0^{\pi} = \boldsymbol{\pi}$$

注 意

【ガウス・グリーンの定理について】【符号付き面積】

3 点 O，A，B がこの順で左周りにあるとき正，右周りにあるとき負になるような，三角形 OAB の符号付き面積を △OAB で表す．この意味では
△OAB = −△OBA である．A(a, b)，B(c, d) とおくと，△OAB $= \boldsymbol{\frac{1}{2}(ad - bc)}$ である．

【証明】 A(a, b)，B(c, d)，OA$=r_1$，OB$=r_2$，OA，OB の偏角を θ_1, θ_2 とする．ただし，
$-180° < \theta_2 - \theta_1 < 180°$ になるように角を測る．

$$a = r_1\cos\theta_1,\ b = r_1\sin\theta_1$$

$$c = r_2\cos\theta_2,\ d = r_2\sin\theta_2$$

である．符号付き面積は

$$\triangle\text{OAB} = \frac{1}{2}r_1\cdot r_2\sin(\theta_2 - \theta_1)$$

$$= \frac{1}{2}r_1\cdot r_2(\sin\theta_2\cos\theta_1 - \cos\theta_2\sin\theta_1)$$

$$= \frac{1}{2}(r_1\cos\theta_1\cdot r_2\sin\theta_2 - r_1\sin\theta_1\cdot r_2\cos\theta_2)$$

$$= \frac{1}{2}(ad - bc)$$

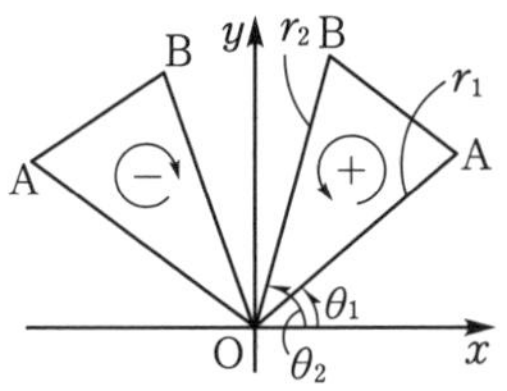

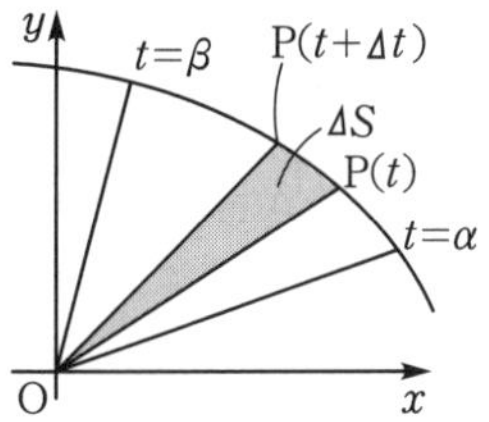

【ガウス-グリーンの定理 】

$x = x(t)$，$y = y(t)$ と媒介変数表示された曲線があり，点 $\mathrm{P}(t) = (x(t),\ y(t))$ は t の増加とともに原点 O のまわりを左回りにまわるとする．
$t = \alpha$ から $t = \beta$ まで OP の掃過する面積 S は

$$S = \int_\alpha^\beta \frac{1}{2}\{x(t)y'(t) - x'(t)y(t)\}dt$$

である．ただし $x(t), y(t)$ は微分可能で，$x'(t), y'(t)$ は連続とする．

【証明】 絶対値が 0 に近い $\varDelta t$ に対し，$t\sim t + \varDelta t$ の間に掃過する面積を三角形 $\mathrm{OP}(t)\mathrm{P}(t + \varDelta t)$ の面積で近似する．この符号付き面積 $\varDelta S$ は

$$\varDelta S = \frac{1}{2}\{x(t)y(t + \varDelta t) - y(t)x(t + \varDelta t)\}$$

である．

$$\varDelta S = \frac{1}{2}\{x(t)(y(t + \varDelta t) - y(t))$$

$$-y(t)(x(t + \varDelta t) - x(t))\}$$

$$\frac{\varDelta S}{\varDelta t} = \frac{1}{2}\left\{x(t)\cdot\frac{y(t + \varDelta t) - y(t)}{\varDelta t}\right.$$

$$\left. -y(t)\cdot\frac{x(t + \varDelta t) - x(t)}{\varDelta t}\right\}$$

$\varDelta t \to 0$ として

$$\frac{dS}{dt} = \frac{1}{2}\{x(t)y'(t) - y(t)x'(t)\}$$

よって証明された．

《等角螺線 (B10) ☆》

466. t を媒介変数として
$x = e^{-t}\cos t,\ y = e^{-t}\sin t\ (0 \leqq t \leqq 2\pi)$
で表される曲線 C について，$t = \pi$ に対応する点における接線の傾きは □ であり，C の長さは □ である． （23 愛媛大・後期）

▶解答◀ $x = e^{-t}\cos t,\ y = e^{-t}\sin t$ について

$$\frac{dx}{dt} = -e^{-t}\cos t - e^{-t}\sin t$$

$$\frac{dy}{dt} = -e^{-t}\sin t + e^{-t}\cos t$$

$$\frac{dy}{dx} = \frac{\frac{dy}{dt}}{\frac{dx}{dt}} = \frac{\sin t - \cos t}{\sin t + \cos t}$$

$t=\pi$ に対応する点における接線の傾きは

$$\frac{\sin\pi-\cos\pi}{\sin\pi+\cos\pi}=\frac{1}{-1}=\mathbf{-1}$$

C の長さを L とおくと

$$\left(\frac{dx}{dt}\right)^2+\left(\frac{dy}{dt}\right)^2$$

$$=e^{-2t}(\sin t+\cos t)^2+e^{-2t}(\sin t-\cos t)^2$$

$$=2e^{-2t}$$

$$L=\int_0^{2\pi}\sqrt{\left(\frac{dx}{dt}\right)^2+\left(\frac{dy}{dt}\right)^2}\,dt$$

$$=\int_0^{2\pi}\sqrt{2}e^{-t}\,dt=\sqrt{2}\Big[-e^{-t}\Big]_0^{2\pi}$$

$$=\boldsymbol{\sqrt{2}\left(-\frac{1}{e^{2\pi}}+1\right)}$$

《楕円の縮閉線（B30）☆》

467. 楕円 $\dfrac{x^2}{a^2}+\dfrac{y^2}{b^2}=1$ 上の異なる2点

$P(a\cos\theta,\ b\sin\theta)$, $Q(a\cos\theta',\ b\sin\theta')$

$\left(0<\theta<\dfrac{\pi}{2},\ 0<\theta'<\dfrac{\pi}{2}\right)$

を考える．ただし $a>b>0$ とする．点P，Qにおける楕円の法線をそれぞれ l, l' とする．このとき，次の問に答えよ．

（1） l の方程式を求めよ．

（2） l と l' の交点の x 座標を a, b, θ, θ' を用いて表せ．

（3） $\theta'=\theta+h\ (h\neq 0)$ とする．$h\to 0$ のとき，（2）の交点はある点Rに限りなく近づくという．Rの座標を a, b, θ を用いて表せ．

（4） $a=2, b=1$ とする．θ が $\dfrac{\pi}{6}\leqq\theta\leqq\dfrac{\pi}{3}$ の範囲を動くときに点Rが描く曲線の長さを求めよ．

（23　香川大・医-医）

▶解答◀ （1） Pにおける接線の方程式は

$$\frac{a\cos\theta}{a^2}x+\frac{b\sin\theta}{b^2}y=1$$

$$\frac{\cos\theta}{a}x+\frac{\sin\theta}{b}y=1$$

であり，傾きは $-\dfrac{b\cos\theta}{a\sin\theta}$ であるから l の傾きは $\dfrac{a\sin\theta}{b\cos\theta}$

よって l の方程式は

$$y=\frac{a\sin\theta}{b\cos\theta}(x-a\cos\theta)+b\sin\theta$$

$$\boldsymbol{y=\frac{a\sin\theta}{b\cos\theta}x-\frac{a^2-b^2}{b}\sin\theta}\ \cdots\cdots ①$$

（2） （1）と同様にして l' の方程式は

$$y=\frac{a\sin\theta'}{b\cos\theta'}x-\frac{a^2-b^2}{b}\sin\theta'\ \cdots\cdots ②$$

①，②で y を消去して

$$\frac{a\sin\theta}{b\cos\theta}x-\frac{a^2-b^2}{b}\sin\theta$$

$$=\frac{a\sin\theta'}{b\cos\theta'}x-\frac{a^2-b^2}{b}\sin\theta'$$

$$\frac{a(\sin\theta'\cos\theta-\cos\theta'\sin\theta)}{b\cos\theta'\cos\theta}x$$

$$=\frac{(a^2-b^2)(\sin\theta'-\sin\theta)}{b}$$

$$\frac{a\sin(\theta'-\theta)}{b\cos\theta'\cos\theta}x=\frac{(a^2-b^2)(\sin\theta'-\sin\theta)}{b}$$

$$x=\boldsymbol{\frac{(a^2-b^2)(\sin\theta'-\sin\theta)\cos\theta'\cos\theta}{a\sin(\theta'-\theta)}}$$

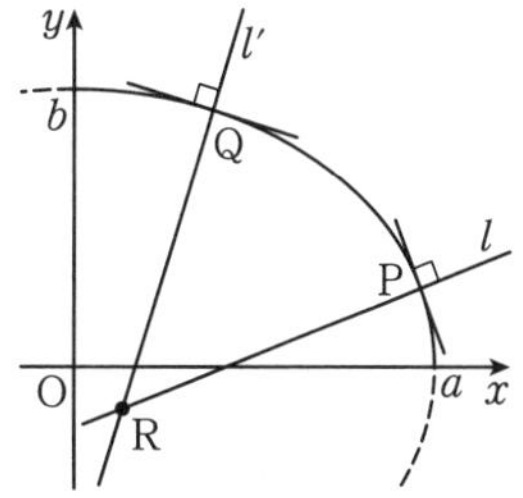

（3） $$x=\frac{(a^2-b^2)\cdot\dfrac{\sin\theta'-\sin\theta}{\theta'-\theta}\cos\theta'\cos\theta}{a\cdot\dfrac{\sin(\theta'-\theta)}{\theta'-\theta}}$$

$f(x)=\sin x$ とおく．$f'(x)=\cos x$ で，微分係数の定義より

$$\lim_{h\to 0}\frac{\sin(\theta+h)-\sin\theta}{h}=\lim_{h\to 0}\frac{f(\theta+h)-f(\theta)}{h}$$

$$=f'(\theta)=\cos\theta$$

$$\lim_{h\to 0}x=\frac{(a^2-b^2)\cos^3\theta}{a}$$

これを①に代入して

$$y=\frac{a\sin\theta}{b\cos\theta}\cdot\frac{a^2-b^2}{a}\cos^3\theta-\frac{a^2-b^2}{b}\sin\theta$$

$$=\frac{a^2-b^2}{b}\sin\theta(\cos^2\theta-1)=-\frac{a^2-b^2}{b}\sin^3\theta$$

点Rの座標は $\boldsymbol{\left(\dfrac{a^2-b^2}{a}\cos^3\theta,\ -\dfrac{a^2-b^2}{b}\sin^3\theta\right)}$

（4） $R(x, y)$，$c=\cos\theta$，$s=\sin\theta$ とおく．

$a=2, b=1$ より，$(x, y)=\left(\dfrac{3}{2}c^3,\ -3s^3\right)$

$$\left(\frac{dx}{d\theta},\ \frac{dy}{d\theta}\right)=\left(-\frac{9}{2}c^2s,\ -9s^2c\right)=-\frac{9}{2}cs(c,\ 2s)$$

$0<\theta<\dfrac{\pi}{2}$ では

$$\sqrt{\left(\frac{dx}{d\theta}\right)^2+\left(\frac{dy}{d\theta}\right)^2}=\frac{9}{2}cs\sqrt{c^2+4s^2}$$

$$=\frac{9}{2}cs\sqrt{1+3s^2}=\frac{3}{4}(1+3s^2)'(1+3s^2)^{\frac{1}{2}}$$

これを積分し，曲線の長さは

$$\frac{3}{4}\left[\frac{2}{3}(1+3\sin^2\theta)^{\frac{3}{2}}\right]_{\frac{\pi}{6}}^{\frac{\pi}{3}}$$

$$=\frac{1}{2}\left\{\left(\frac{13}{4}\right)^{\frac{3}{2}}-\left(\frac{7}{4}\right)^{\frac{3}{2}}\right\}=\boldsymbol{\frac{13\sqrt{13}-7\sqrt{7}}{16}}$$

《放物線の弧長（B20）》

468. 2つの曲線

$C_1 : y = 2x^2 \quad (x \geqq 0)$

$C_2 : y = \dfrac{x\sqrt{x}+3}{2} \quad (x \geqq 0)$

を考える．曲線 C_1 と C_2 の共有点はただ1つである．C_1 と C_2 および y 軸で囲まれた図形を D とおく．

（1） 曲線 C_1 と C_2 の共有点を求めよ．

（2） 図形 D の面積 S を求めよ．

（3） $f(x) = x\sqrt{x^2+1} + \log(x+\sqrt{x^2+1})$ の導関数を求めよ．

（4） 図形 D の周の長さ L を求めよ．

（23　名古屋工大）

▶解答◀ **（1）** C_1 と C_2 を連立させて

$$2x^2 = \frac{x\sqrt{x}+3}{2}$$

$\sqrt{x} = t$ とおくと，$t \geqq 0$ で

$$4t^4 - t^3 - 3 = 0$$

$$(t-1)(4t^3+3t^2+3t+3) = 0$$

$t \geqq 0$ より $4t^3+3t^2+3t+3 > 0$ であるから $t=1$ すなわち $x=1$ で，よって，求める交点は **(1, 2)** である．

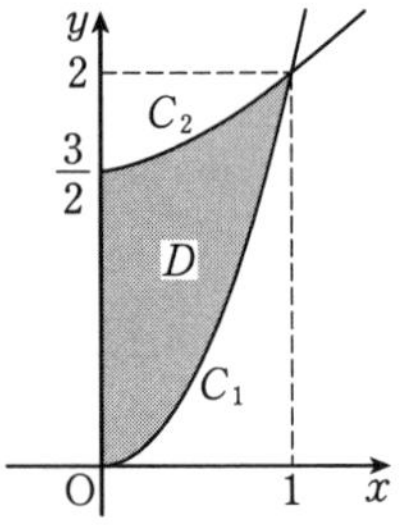

（2） $S = \displaystyle\int_0^1 \left\{ \frac{1}{2}\left(x^{\frac{3}{2}}+3\right) - 2x^2 \right\} dx$

$$= \left[\frac{1}{5}x^{\frac{5}{2}} + \frac{3}{2}x - \frac{2}{3}x^3 \right]_0^1$$

$$= \frac{1}{5} + \frac{3}{2} - \frac{2}{3} = \mathbf{\frac{31}{30}}$$

（3） $f'(x) = \sqrt{x^2+1} + x \cdot \dfrac{2x}{2\sqrt{x^2+1}}$

$$+ \frac{1}{x+\sqrt{x^2+1}}\left(1+\frac{2x}{2\sqrt{x^2+1}}\right)$$

$$= \frac{x^2+1+x^2}{\sqrt{x^2+1}} + \frac{1}{x+\sqrt{x^2+1}} \cdot \frac{\sqrt{x^2+1}+x}{\sqrt{x^2+1}}$$

$$= \frac{2(x^2+1)}{\sqrt{x^2+1}}$$

$$= \mathbf{2\sqrt{x^2+1}}$$

（4） $C_1 : y = 2x^2$ より $\dfrac{dy}{dx} = 4x$

$C_2 : y = \dfrac{1}{2}\left(x^{\frac{3}{2}}+3\right)$ より $\dfrac{dy}{dx} = \dfrac{3}{4}x^{\frac{1}{2}}$

図形 D の周のうち，C_1, C_2 の部分をそれぞれ L_1, L_2 とおくと

$$L_1 = \int_0^1 \sqrt{1+(4x)^2}\, dx$$

$$L_2 = \int_0^1 \sqrt{1+\left(\frac{3}{4}x^{\frac{1}{2}}\right)^2}\, dx$$

L_1 で $4x = X$ とおくと，$dx = \dfrac{1}{4}dX$

x	$0 \to 1$
X	$0 \to 4$

（3）の結果を用いて

$$L_1 = \frac{1}{4}\int_0^4 \sqrt{1+X^2}\, dX = \frac{1}{4}\left[\frac{f(X)}{2} \right]_0^4$$

$$= \frac{1}{8}(f(4)-f(0)) = \frac{1}{8}\{4\sqrt{17}+\log(4+\sqrt{17})\}$$

また

$$L_2 = \frac{1}{4}\int_0^1 (9x+16)^{\frac{1}{2}}\, dx$$

$$= \frac{1}{4}\left[\frac{2}{27}(9x+16)^{\frac{3}{2}} \right]_0^1 = \frac{1}{54}\left(25^{\frac{3}{2}} - 16^{\frac{3}{2}}\right)$$

$$= \frac{1}{54}(125-64) = \frac{61}{54}$$

よって

$$L = \frac{3}{2} + L_1 + L_2$$

$$= \frac{3}{2} + \frac{1}{8}\{4\sqrt{17}+\log(4+\sqrt{17})\} + \frac{61}{54}$$

$$= \mathbf{\frac{71}{27} + \frac{\sqrt{17}}{2} + \frac{1}{8}\log(4+\sqrt{17})}$$

《円の伸開線 (B20) ☆》

469. 図のように，原点Oを中心とし，$y \geqq 0$ に存在する半径1の半円に巻きつけられた糸をひっぱりながら動かす．糸の一端は点 A$(-1, 0)$ に固定され，動かす方の端である点Pは，はじめ点 B$(\sqrt{2}, 0)$ にある．点Pが反時計回りに動くとき，次に x 軸に重なるまでの点Pの描く曲線 C の長さを求めよ．

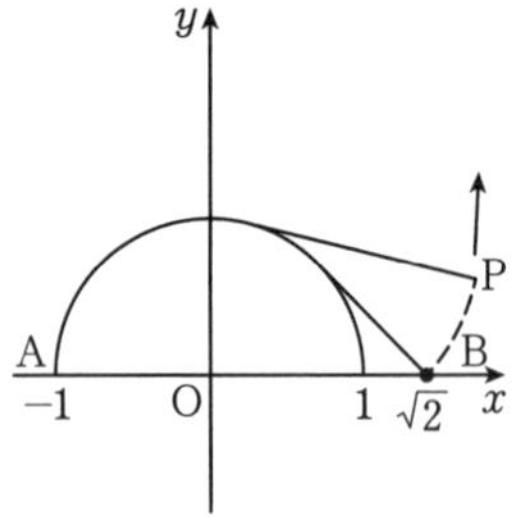

（23　名古屋市立大・前期）

▶解答◀ ひっぱった糸と半円は接する．その接点をQとする．Qの最初の位置をDとすると，

$\angle \mathrm{ODB}=\dfrac{\pi}{2}$，$\mathrm{OD}=1$ であることから，$\triangle \mathrm{OBD}$ は45度定規であり，$\angle \mathrm{BOD}=\dfrac{\pi}{4}$ である．$\mathrm{Q}(\cos\theta, \sin\theta)$ $\left(\dfrac{\pi}{4} \leqq \theta \leqq \pi\right)$ とおくと，$\angle \mathrm{DOQ}=\theta-\dfrac{\pi}{4}$ であるから

$$\mathrm{QP}=\mathrm{BD}+\overset{\frown}{\mathrm{DQ}}$$
$$=1+1\cdot\left(\theta-\frac{\pi}{4}\right)=\theta+1-\frac{\pi}{4}$$

$\overrightarrow{\mathrm{QP}}$ の偏角は $\theta-\dfrac{\pi}{2}$ であるから

$$\overrightarrow{\mathrm{OP}}=\overrightarrow{\mathrm{OQ}}+\overrightarrow{\mathrm{QP}}$$
$$=(\cos\theta, \sin\theta)$$
$$+\left(\theta+1-\frac{\pi}{4}\right)\left(\cos\left(\theta-\frac{\pi}{2}\right), \sin\left(\theta-\frac{\pi}{2}\right)\right)$$
$$=(\cos\theta, \sin\theta)+\left(\theta+1-\frac{\pi}{4}\right)(\sin\theta, -\cos\theta)$$

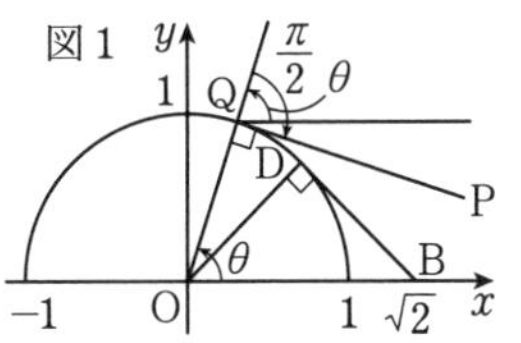

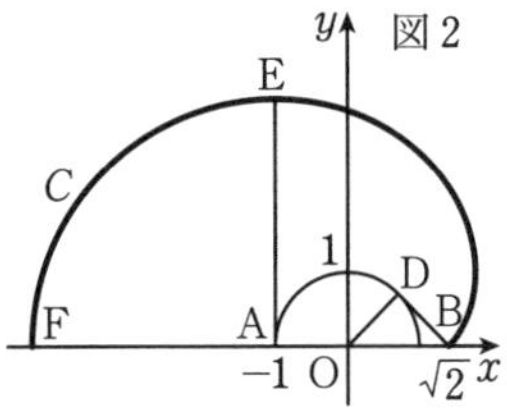

$\mathrm{P}(x, y)$ とおくと

$$x=\cos\theta+\left(\theta+1-\frac{\pi}{4}\right)\sin\theta$$
$$y=\sin\theta-\left(\theta+1-\frac{\pi}{4}\right)\cos\theta$$
$$\frac{dx}{d\theta}=-\sin\theta+\sin\theta+\left(\theta+1-\frac{\pi}{4}\right)\cos\theta$$
$$=\left(\theta+1-\frac{\pi}{4}\right)\cos\theta$$
$$\frac{dy}{d\theta}=\cos\theta-\cos\theta+\left(\theta+1-\frac{\pi}{4}\right)\sin\theta$$
$$=\left(\theta+1-\frac{\pi}{4}\right)\sin\theta$$
$$\sqrt{\left(\frac{dx}{d\theta}\right)^2+\left(\frac{dy}{d\theta}\right)^2}=\sqrt{\left(\theta+1-\frac{\pi}{4}\right)^2}$$
$$=\left|\theta+1-\frac{\pi}{4}\right|=\theta+1-\frac{\pi}{4}$$

$\theta=\pi$ のときQはAに一致し，そのときのPをEとすると，$\mathrm{E}\left(-1, \dfrac{3}{4}\pi+1\right)$ である．この後は，PはAを中心に反時計回りに半径AEの円弧を描きながら x 軸に重なるまで動く．C は図2の太線部分であり，C の長さは

$$\overset{\frown}{\mathrm{BE}}+\overset{\frown}{\mathrm{EF}}$$
$$=\int_{\frac{\pi}{4}}^{\pi}\sqrt{\left(\frac{dx}{d\theta}\right)^2+\left(\frac{dy}{d\theta}\right)^2}\,d\theta+\mathrm{AE}\cdot\frac{\pi}{2}$$
$$=\int_{\frac{\pi}{4}}^{\pi}\left(\theta+1-\frac{\pi}{4}\right)d\theta+\left(\frac{3}{4}\pi+1\right)\cdot\frac{\pi}{2}$$
$$=\left[\frac{\theta^2}{2}+\left(1-\frac{\pi}{4}\right)\theta\right]_{\frac{\pi}{4}}^{\pi}+\frac{3}{8}\pi^2+\frac{\pi}{2}$$
$$=\frac{1}{2}\cdot\frac{15}{16}\pi^2+\left(1-\frac{\pi}{4}\right)\cdot\frac{3}{4}\pi+\frac{3}{8}\pi^2+\frac{\pi}{2}$$
$$=\boldsymbol{\frac{21}{32}\pi^2+\frac{5}{4}\pi}$$

《放物線の伸開線・ガウス・グリーン (B30)》

470．Oを原点とする xy 平面上の曲線 $y=\dfrac{2}{3}(1-x^{\frac{3}{2}})$ $(x \geqq 0)$ 上に点 $\mathrm{A}(1, 0)$, $\mathrm{B}\left(0, \dfrac{2}{3}\right)$ をとり，伸び縮みしない糸を曲線AB，線分BO上に緩まないように沿わせる．

この糸は，一端を点Aに固定して，曲線ABに沿わせて点Bで折り，y 軸の下方向にまっすぐに沿わせると，ちょうど点Oに達する長さである．点Aに固定した糸の端とは反対側の端を点Pとする．

はじめ点Oに点Pがあり，糸が緩まないように点Pを時計回りに動かしていくと，途中まで点Pは点Bを中心とし線分OBの長さを半径とする円の周上にある．その後，糸は曲線ABから徐々に離れはじめる．糸のうち曲線AB上の部分の点Pに近い側の点を点Qとする．点Pは点Oから動き始めてから後，点Qが点Aに達するまで動く．次の問いに答えよ．

（1） 糸の長さを求めよ．

（2） 点Qの x 座標を t とする．$0<t<1$ のとき，点Pが曲線ABの点Qにおける接線上にあることに注意して，点Pの座標を t を用いて表せ．

（3） 点Oを起点とする点Pの軌跡を図示せよ．

（4） 糸が通過した部分の面積を求めよ．

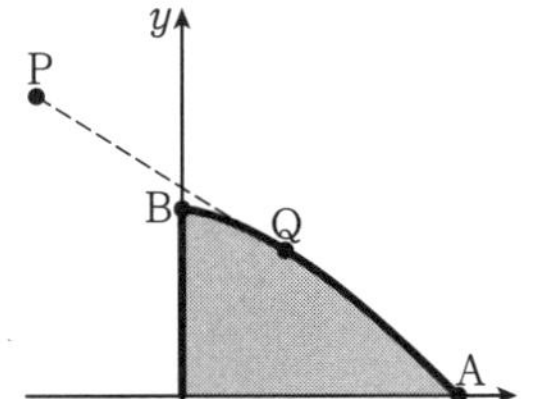

（23　藤田医科大・医学部後期）

▶解答◀ （1） $y=\dfrac{2}{3}(1-x^{\frac{3}{2}})$ のとき

$y'=-x^{\frac{1}{2}}$ である．OBと曲線の弧BAの和を求め，求める長さは

$$\frac{2}{3}+\int_0^1\sqrt{1+(y')^2}\,dx=\frac{2}{3}+\int_0^1(1+x)^{\frac{1}{2}}\,dx$$
$$=\frac{2}{3}+\left[\frac{2}{3}(1+x)^{\frac{3}{2}}\right]_0^1=\frac{2}{3}\cdot 2^{\frac{3}{2}}=\boldsymbol{\frac{4\sqrt{2}}{3}}$$

（2） 図1の状態のPQの長さをlとする．

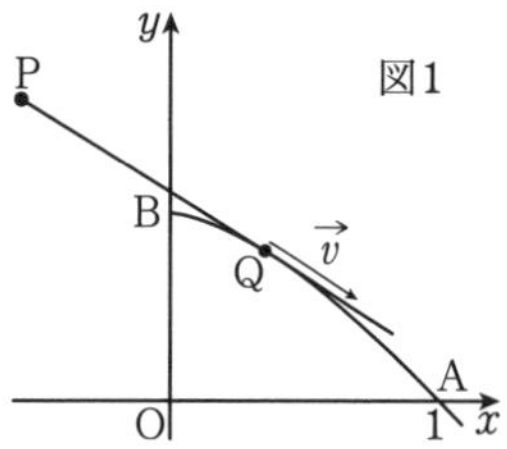

lは，線分OBの長さと曲線の弧BQの長さの和で

$$l=\frac{2}{3}+\int_0^t(1+x)^{\frac{1}{2}}\,dx=\frac{2}{3}+\left[\frac{2}{3}(1+x)^{\frac{3}{2}}\right]_0^t$$
$$=\frac{2}{3}(1+t)^{\frac{3}{2}}$$

Qの座標をベクトルで$Q=\left(t,\ \frac{2}{3}(1-t^{\frac{3}{2}})\right)$と表す．
$\frac{dQ}{dt}=(1,\ -t^{\frac{1}{2}})=\vec{v}$とおくと，$\vec{v}$は接線の方向ベクトルで右向きである．$\overrightarrow{QP}$は$\vec{v}$と逆向きであるから

$$\overrightarrow{QP}=-l\cdot\frac{\vec{v}}{|\vec{v}|}=-\frac{\frac{2}{3}(1+t)^{\frac{3}{2}}}{\sqrt{1+t}}(1,\ -t^{\frac{1}{2}})$$
$$=-\frac{2}{3}(1+t)(1,\ -t^{\frac{1}{2}})$$
$$=\frac{2}{3}\left(-1-t,\ t^{\frac{1}{2}}+t^{\frac{3}{2}}\right)\ \cdots\cdots①$$

$P\left(t,\ \frac{2}{3}(1-t^{\frac{3}{2}})\right)$で，$\overrightarrow{OP}=\overrightarrow{OQ}+\overrightarrow{QP}$からPの座標は
$\left(\boldsymbol{\frac{1}{3}(t-2),\ \frac{2}{3}(\sqrt{t}+1)}\right)$である．

（3） $x=\frac{1}{3}(t-2),\ y=\frac{2}{3}(\sqrt{t}+1)$とおく．$0\leqq t\leqq 1$のとき$\frac{2}{3}\leqq y\leqq\frac{4}{3}$である．$t=\left(\frac{3}{2}y-1\right)^2$で，

$$x=\frac{3}{4}\left(y-\frac{2}{3}\right)^2-\frac{2}{3}$$

図2を見よ．Pの軌跡は点$C\left(-\frac{2}{3},\ \frac{2}{3}\right)$を頂点とする横向きの放物線の$\frac{2}{3}\leqq y\leqq\frac{4}{3}$の部分と四分円の弧OCを合わせたものになる．

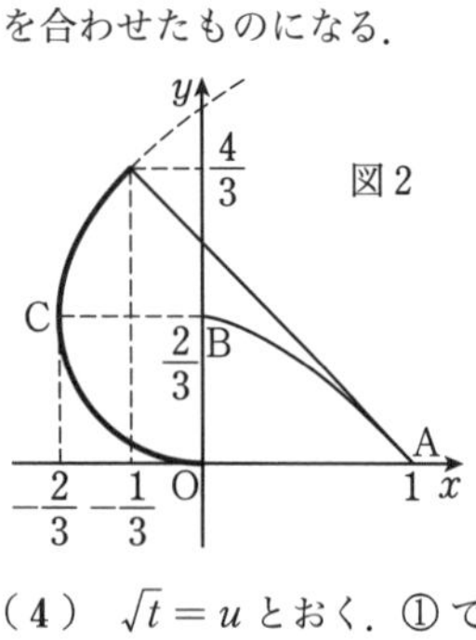

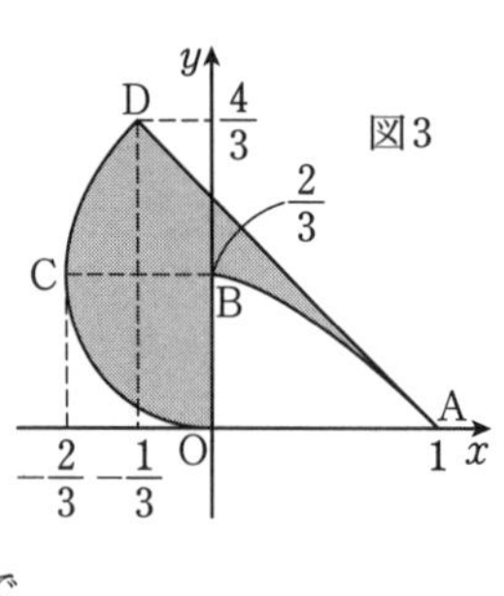

（4） $\sqrt{t}=u$とおく．①で

$$\overrightarrow{QP}=\frac{2}{3}(-1-u^2,\ u+u^3)$$
$$\frac{d}{du}\overrightarrow{QP}=\frac{2}{3}(-2u,\ 1+3u^2)$$

とする．ガウス-グリーンの定理を用いる．uが$u\sim(u+du)$まで増加するときに線分QPが掃過する符号付きの微小面積dSは（上でたすき掛けをする）

$$dS=\frac{1}{2}\cdot\frac{2}{3}\cdot\frac{2}{3}\{(-1-u^2)(1+3u^2)-(-2u)(u+u^3)\}$$
$$dS=\frac{2}{9}(-1-2u^2-u^4)$$

tが0から1まで増加するとuも増加しQは右に動き，QPは右まわりに回転する．よって，この符号付き面積は負になる．符号を変えて，QPが掃過する面積Sは

$$S=\int_0^1\frac{2}{9}(1+2u^2+u^4)\,du=\frac{2}{9}\left(1+\frac{2}{3}+\frac{1}{5}\right)$$
$$=\frac{2}{9}\cdot\frac{15+10+3}{15}=\frac{56}{135}$$

これに四分円OBEの面積を加え，求める面積は，

$$\frac{\pi}{4}\left(\frac{2}{3}\right)^2+\frac{56}{135}=\boldsymbol{\frac{\pi}{9}+\frac{56}{135}}$$

♦別解♦ （4）**【正直に計算する】**

図5のようにC，D，Eを定める．

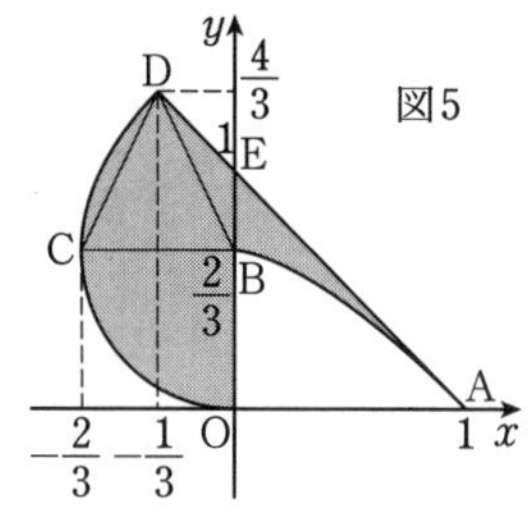

図形Xの面積を$[X]$で表す．また，CDと①の放物線で囲まれる図形の面積をTとする．求める面積は

$$[\mathrm{OBC}]+[\mathrm{BCD}]+[\mathrm{BDE}]+T+[\mathrm{ABE}]\ \cdots\cdots②$$

である．

$$[\mathrm{OBC}]=\frac{\pi}{4}\left(\frac{2}{3}\right)^2=\frac{\pi}{9}$$
$$[\mathrm{BCD}]=\frac{1}{2}\left(\frac{2}{3}\right)^2=\frac{2}{9}$$

$t=1$のときADの方程式は$y=-x+1$，Eの座標は$(0,\ 1)$であるから

$$[\mathrm{BDE}]=\frac{1}{2}\left(\frac{1}{3}\right)^2=\frac{1}{18}$$
$$[\mathrm{ABE}]=[\mathrm{OAE}]-[\mathrm{OAB}]$$
$$=\frac{1}{2}\cdot 1^2-\int_0^1\frac{2}{3}(1-x^{\frac{3}{2}})\,dx$$
$$=\frac{1}{2}-\frac{2}{3}\left[x-\frac{2}{5}x^{\frac{5}{2}}\right]_0^1$$
$$=\frac{1}{2}-\frac{2}{3}\left(1-\frac{2}{5}\right)=\frac{1}{10}$$

Tの面積は6分の1公式を用いて

$$T=\frac{\frac{3}{4}}{6}\left(\frac{4}{3}-\frac{2}{3}\right)^3=\frac{1}{27}$$

これらを②に代入して

$$\frac{\pi}{9}+\frac{2}{9}+\frac{1}{18}+\frac{1}{27}+\frac{1}{10}=\boldsymbol{\frac{\pi}{9}+\frac{56}{135}}$$

注意 **【ガウス-グリーンの定理について】**

【符号付き面積】

3点O，A，Bがこの順で左回りにあるとき正，右回りにあるとき負になるような，三角形OABの符号付き面積を△OABで表す．この意味では
△OAB = −△OBA である．A$(a,\ b)$，B$(c,\ d)$ とおくと，△OAB = $\boldsymbol{\frac{1}{2}(ad-bc)}$ である．

【証明】 a$(a,\ b)$, B$(c,\ d)$, OA $= r_1$, OB $= r_2$,
OA，OBの偏角を θ_1, θ_2 とする．ただし，
$-180° < \theta_2 - \theta_1 < 180°$ になるように角を測る．

$$a = r_1\cos\theta_1,\ b = r_1\sin\theta_1$$

$$c = r_2\cos\theta_2,\ d = r_2\sin\theta_2$$

である．符号付き面積は

$$\triangle \mathrm{OAB} = \frac{1}{2}r_1\cdot r_2\sin(\theta_2-\theta_1)$$

$$= \frac{1}{2}r_1\cdot r_2(\sin\theta_2\cos\theta_1-\cos\theta_2\sin\theta_1)$$

$$= \frac{1}{2}(r_1\cos\theta_1\cdot r_2\sin\theta_2 - r_1\sin\theta_1\cdot r_2\cos\theta_2)$$

$$= \frac{1}{2}(ad-bc)$$

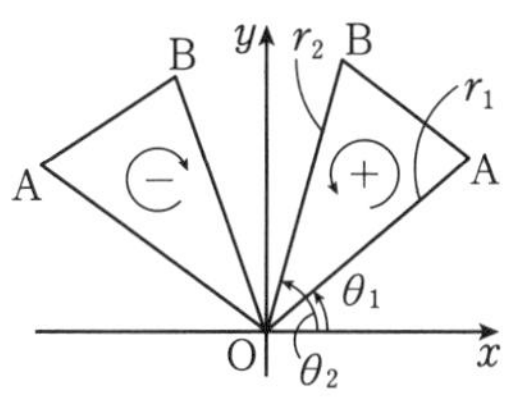

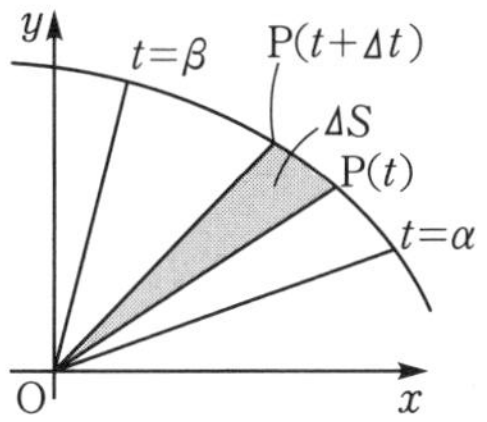

【ガウス-グリーンの定理】

$x = x(t)$，$y = y(t)$ と媒介変数表示された曲線があり，点 $\mathrm{P}(t) = (x(t),\ y(t))$ は t の増加とともに原点Oのまわりを左回りにまわるとする．
$t = \alpha$ から $t = \beta$ までOPの掃過する面積 S は

$$S = \int_\alpha^\beta \frac{1}{2}\{x(t)y'(t) - x'(t)y(t)\}dt$$

である．ただし $x(t)$, $y(t)$ は微分可能で，$x'(t)$, $y'(t)$ は連続とする．

【証明】絶対値が0に近い Δt に対し，$t\sim t+\Delta t$ の間に掃過する面積を三角形 $\mathrm{OP}(t)\mathrm{P}(t+\Delta t)$ の面積で近似する．この符号付き面積 ΔS は

$$\Delta S = \frac{1}{2}\{x(t)y(t+\Delta t) - y(t)x(t+\Delta t)\}$$

である．

$$\Delta S = \frac{1}{2}\{x(t)(y(t+\Delta t)-y(t)) \\ -y(t)(x(t+\Delta t)-x(t))\}$$

$$\frac{\Delta S}{\Delta t} = \frac{1}{2}\left\{x(t)\cdot\frac{y(t+\Delta t)-y(t)}{\Delta t} \right. \\ \left. -y(t)\cdot\frac{x(t+\Delta t)-x(t)}{\Delta t}\right\}$$

$\Delta t \to 0$ として

$$\frac{dS}{dt} = \frac{1}{2}\{x(t)y'(t) - y(t)x'(t)\}$$

よって証明された．

《平方完成できる (B20)》

471． $f(x) = \frac{1}{8}x^2 - \log x\ (x>0)$ とし，座標平面上の曲線 $y = f(x)$ を C とする．ただし，$\log x$ は x の自然対数を表す．関数 $f(x)$ は $x =$ **あ** で最小値をとる．曲線 C 上の点 $\mathrm{A}(1,\ f(1))$ における曲線 C の接線を ℓ とすると，ℓ の方程式は $y =$ **い** である．曲線 C と接線 ℓ および直線 $x = 2$ で囲まれた部分の面積は **う** である．また，点 $(t,\ f(t))\ (t>1)$ をPとし，点AからPまでの曲線 C の長さを $L(t)$ とすると $L(2) =$ **え** である．また，$\displaystyle\lim_{t\to1+0}\frac{L(t)}{t-1} =$ **お** である．

(23　明治大・理工)

▶解答◀ $f'(x) = \frac{x}{4} - \frac{1}{x}$

$$= \frac{(x+2)(x-2)}{4x}$$

x	0	…	2	…
$f'(x)$		$-$	0	$+$
$f(x)$		↘		↗

$x = \mathbf{2}$ で最小値をとる．$f'(1) = -\frac{3}{4}$，$f(1) = \frac{1}{8}$ から，点Aにおける接線 ℓ の方程式は

$$y = -\frac{3}{4}(x-1) + \frac{1}{8}$$

すなわち $\boldsymbol{y = -\frac{3}{4}x + \frac{7}{8}}$ である．

曲線 C と接線 ℓ および $x = 2$ で囲まれた部分の面積 S は，

$$S = \int_1^2 \left\{\left(\frac{1}{8}x^2 - \log x\right) \right. \\ \left. -\left(-\frac{3}{4}x + \frac{7}{8}\right)\right\}dx$$

$$= \left[\frac{x^3}{24} + \frac{3}{8}x^2 - \frac{7}{8}x - x\log x + x\right]_1^2$$

$$= \frac{7}{24} + \frac{9}{8} - \frac{7}{8} - 2\log 2 + 1 = \boldsymbol{\frac{37}{24} - 2\log 2}$$

$$\sqrt{1+(f'(x))^2} = \sqrt{1+\left(\frac{x}{4}-\frac{1}{x}\right)^2}$$

$$= \sqrt{\left(\frac{x}{4}+\frac{1}{x}\right)^2}$$

であるから

$$L(t) = \int_1^t \sqrt{1+(f'(x))^2}\,dx$$

$$= \int_1^t \sqrt{\left(\frac{x}{4}+\frac{1}{x}\right)^2}dx = \int_1^t \left(\frac{x}{4}+\frac{1}{x}\right)dx$$

$$= \left[\frac{x^2}{8} + \log x \right]_1^t = \frac{t^2-1}{8} + \log t$$

$$L(2) = \mathbf{\frac{3}{8} + \log 2}$$

$$\lim_{t\to1+0} \frac{L(t)}{t-1} = \lim_{t\to1+0} \left(\frac{t+1}{8} + \frac{\log t - \log 1}{t-1} \right)$$

$g(t) = \log t$ とおく．$g'(t) = \dfrac{1}{t}$ であるから

$$\lim_{t\to1+0} \frac{L(t)}{t-1} = \frac{2}{8} + g'(1) = \frac{1}{4} + 1 = \mathbf{\frac{5}{4}}$$

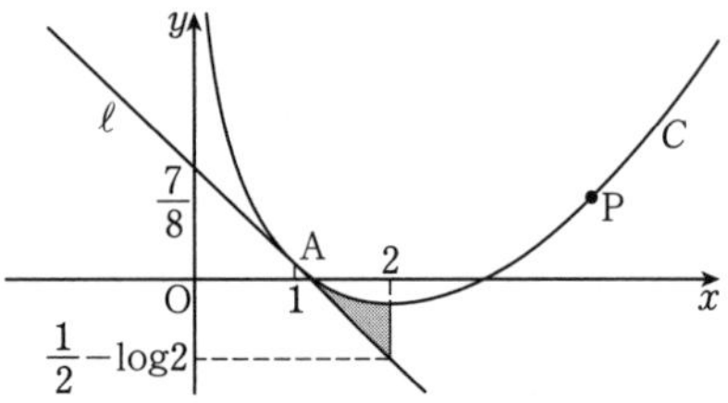

《放物線の縮閉線（B20）》

472. 座標平面上で，放物線 $C : y = x^2$ 上の異なる 2 点 $A(a, a^2)$ と $B(b, b^2)$ における 2 本の法線の交点を P とし，点 B を点 A に限りなく近づけたときに点 P が近づく点を Q とする．

（1） 放物線 C の点 A における法線の方程式を求めよ．

（2） Q の座標を a を用いて表せ．

（3） a が $-1 \leqq a \leqq 1$ の範囲を動くとき，点 Q が描く曲線の長さを求めよ．

（23 大阪医薬大・前期）

▶解答◀ （1） $y = x^2$ のとき $y' = 2x$ だから，C の A における法線の方程式は，$a \neq 0$ のとき

$$y = -\frac{1}{2a}(x-a) + a^2$$

$$2a(y-a^2) = -(x-a)$$

$$\boldsymbol{x + 2ay = a + 2a^3} \quad \cdots\cdots ①$$

① は $a = 0$ のときの法線の方程式 $x = 0$ も表している．

（2） C の B における法線の方程式は

$$x + 2by = b + 2b^3 \quad \cdots\cdots ②$$

①×b − ②×a より

$$(b-a)x = 2ab(a^2-b^2)$$

$a \neq b$ であるから

$$x = -2ab(a+b) \quad \cdots\cdots ③$$

① − ② より

$$2(a-b)y = a - b + 2(a^3-b^3)$$

$$y = a^2 + ab + b^2 + \frac{1}{2} \quad \cdots\cdots ④$$

③，④ について $b \to a$ のとき

$$x \to -2a^2 \cdot 2a,\ y \to 3a^2 + \frac{1}{2}$$

よって Q の座標は $\left(\boldsymbol{-4a^3,\ 3a^2 + \frac{1}{2}} \right)$ である．

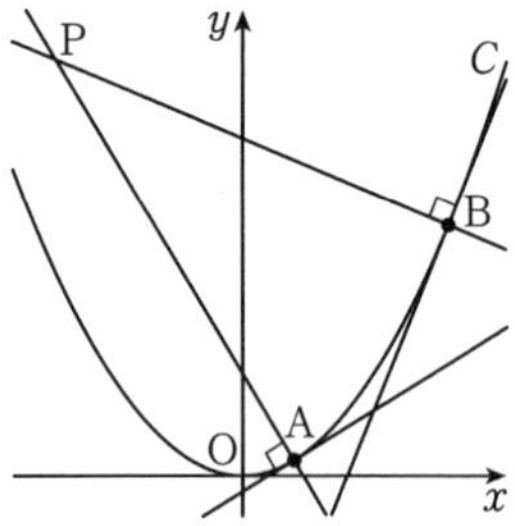

（3） $x = -4a^3,\ y = 3a^2 + \dfrac{1}{2}$ とすると

$$\frac{dx}{da} = -12a^2,\ \frac{dy}{da} = 6a$$

$$\left(\frac{dx}{da}\right)^2 + \left(\frac{dy}{da}\right)^2 = (-12a^2)^2 + (6a)^2$$

$$= 36a^2(4a^2+1)$$

求める曲線の長さは

$$\int_{-1}^{1} \sqrt{\left(\frac{dx}{da}\right)^2 + \left(\frac{dy}{da}\right)^2}\, da$$

$$= \int_{-1}^{1} \sqrt{36a^2(4a^2+1)}\, da$$

$$= 2 \cdot 6 \int_0^1 a\sqrt{4a^2+1}\, da$$

$$= 12 \int_0^1 (4a^2+1)^{\frac{1}{2}} \cdot \frac{1}{8}(4a^2+1)'\, da$$

$$= \left[(4a^2+1)^{\frac{3}{2}} \right]_0^1 = \mathbf{5\sqrt{5} - 1}$$

《三角関数（B20）》

473. （1） 関数 $f(t) = \log(t + \sqrt{t^2+1})$ の導関数は $f'(t) = \square$ である．また，関数 $g(t) = t\sqrt{t^2+1} + \log(t + \sqrt{t^2+1})$ の導関数は $g'(t) = \square$ である．

（2） 媒介変数 θ を用いて定義される曲線

$$C : \begin{cases} x = \cos^4\theta \\ y = \sin^4\theta \end{cases} \quad \left(0 \leqq \theta \leqq \frac{\pi}{2}\right)$$

を考える．曲線 C 上の点で最も原点に近い点の座標は $(\square, \square)$ である．次に，曲線 C の長さ L を求める．$\dfrac{dx}{d\theta}$，$\dfrac{dy}{d\theta}$ を $\cos\theta, \sin\theta$ を用いて表すと

$$\frac{dx}{d\theta} = \square,\ \frac{dy}{d\theta} = \square$$

であるから，L は

$$L = 4\int_0^{\frac{\pi}{2}} \cos\theta \sin\theta \sqrt{\cos^4\theta + \sin^4\theta}\, d\theta$$

である．$s=\sin^2\theta$ とおいて置換積分法を用いると

$$L=2\int_0^1\sqrt{\square}\,ds$$

となる．さらに（1）を利用して

$$L=\square$$

が得られる．　　　　（23　立命館大・理系）

▶解答◀　（1）闇雲に展開するのではなく，塊を意識して微分する．

$$f'(t)=\frac{1+\frac{2t}{2\sqrt{t^2+1}}}{t+\sqrt{t^2+1}}=\frac{\frac{t+\sqrt{t^2+1}}{\sqrt{t^2+1}}}{t+\sqrt{t^2+1}}=\boldsymbol{\frac{1}{\sqrt{t^2+1}}}$$

$$g'(t)=\sqrt{t^2+1}+t\cdot\frac{2t}{2\sqrt{t^2+1}}+\frac{1}{\sqrt{t^2+1}}$$

$$=\sqrt{t^2+1}+\frac{t^2+1}{\sqrt{t^2+1}}=\boldsymbol{2\sqrt{t^2+1}}$$

（2）C 上の点 $(\cos^4\theta,\ \sin^4\theta)$ と原点の距離の 2 乗を $h(\theta)$ とする．

$$h(\theta)=\cos^8\theta+\sin^8\theta$$

$$h'(\theta)=8\cos^7\theta(-\sin\theta)+8\sin^7\theta\cos\theta$$

$$=8\sin\theta\cos\theta(\sin^6\theta-\cos^6\theta)$$

$0\leqq\theta\leqq\frac{\pi}{2}$ においては $\sin\theta\geqq0,\ \cos\theta\geqq0$ であるから，$\sin\theta$ と $\cos\theta$ の大小を考えると，増減表は次のようになる．

θ	0	$\cdots$	$\frac{\pi}{4}$	$\cdots$	$\frac{\pi}{2}$
$h'(\theta)$		$-$	0	$+$	
$h(\theta)$		↘		↗	

これより $\theta=\frac{\pi}{4}$ で最小値をとり，そのときの座標は $\left(\left(\frac{1}{\sqrt2}\right)^4,\left(\frac{1}{\sqrt2}\right)^4\right)$，すなわち $\boldsymbol{\left(\frac14,\ \frac14\right)}$ である．

$$\frac{dx}{d\theta}=4\cos^3\theta(-\sin\theta)=\boldsymbol{-4\sin\theta\cos^3\theta}$$

$$\frac{dy}{d\theta}=\boldsymbol{4\sin^3\theta\cos\theta}$$

であるから，

$$L=\int_0^{\frac{\pi}{2}}\sqrt{(-4\sin\theta\cos^3\theta)^2+(4\sin^3\theta\cos\theta)^2}\,d\theta$$

$$=4\int_0^{\frac{\pi}{2}}\cos\theta\sin\theta\sqrt{\cos^4\theta+\sin^4\theta}\,d\theta$$

$s=\sin^2\theta$ とおくと，$ds=2\sin\theta\cos\theta\,d\theta$

θ	$0\to\frac{\pi}{2}$
s	$0\to1$

$$L=2\int_0^1\sqrt{(1-s)^2+s^2}\,ds$$

$$=2\int_0^1\boldsymbol{\sqrt{2s^2-2s+1}}\,ds$$

$$=2\int_0^1\sqrt{2\left(s-\frac12\right)^2+\frac12}\,ds$$

$$=\sqrt2\int_0^1\sqrt{(2s-1)^2+1}\,ds$$

さらに，$t=2s-1$ とおくと，$dt=2\,ds$

s	$0\to1$
t	$-1\to1$

$$L=\frac{1}{\sqrt2}\int_{-1}^1\sqrt{t^2+1}\,dt$$

$$=\sqrt2\int_0^1\sqrt{t^2+1}\,dt=\sqrt2\left[\frac12g(t)\right]_0^1$$

$$=\frac{1}{\sqrt2}(\sqrt2+\log(1+\sqrt2))$$

$$=\boldsymbol{1+\frac{1}{\sqrt2}\log(1+\sqrt2)}$$

【定積分で表された関数（数 III）】

《微分係数（A5）☆》

474．次の極限値を求めよ．

$$\lim_{x\to\frac{\pi}{2}}\frac{1}{x-\frac{\pi}{2}}\int_{\frac{\pi}{2}}^{x}\frac{1}{\sin t}\,dt$$　（23　東北大・医 AO）

▶解答◀　$\frac{1}{\sin t}$ の原始関数の一つを $F(t)$ とおくと，$F'(t)=\frac{1}{\sin t}$ である．よって，求める極限は

$$\lim_{x\to\frac{\pi}{2}}\frac{F(x)-F\left(\frac{\pi}{2}\right)}{x-\frac{\pi}{2}}=F'\left(\frac{\pi}{2}\right)=\frac{1}{\sin\frac{\pi}{2}}=\boldsymbol{1}$$

《積分せず微分する（B3）》

475．関数 $F(x)=\int_1^{e^x}(\log t)^3\,dt$ に対して，$F'(x)$ を求めよ．　　（23　会津大）

▶解答◀　$F'(x)=(\log e^x)^3(e^x)'=\boldsymbol{x^3e^x}$

《まず微分する（B10）》

476．$x\neq0$ で定義された関数 $f(x)=\int_1^{x^2}\frac{1}{2\sqrt t}\,dt$ の導関数 $f'(x)$ を求め，$y=f'(x)$ のグラフをかけ．　　（23　広島市立大・前期）

▶解答◀　$f(x)=\int_1^{x^2}\frac{1}{2\sqrt t}\,dt$

$$f'(x)=\frac{1}{2\sqrt{x^2}}\cdot(x^2)'=\frac{x}{|x|}$$

$x>0$ のとき $f'(x)=1$，$x<0$ のとき $f'(x)=-1$

$y=f'(x)$ のグラフは図のようになる．

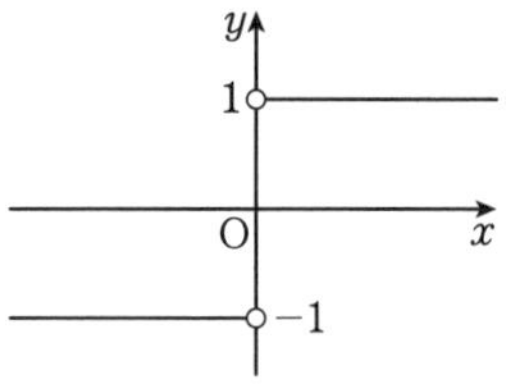

注意 $a=a(x)$, $b=b(x)$ を x の関数とする.

$$\frac{d}{dx}\left(\int_a^b f(t)\,dt\right)=f(b)b'-f(a)a'$$

は公式である. $F'(x)=f(x)$ のとき,

$$\int_a^b f(t)\,dt=\Big[F(t)\Big]_a^b=F(b)-F(a)$$

x で微分すると

$$\frac{d}{dx}\left(\int_a^b f(t)\,dt\right)=F'(b)b'-F'(a)a'$$
$$=f(b)b'-f(a)a'$$

《タンの逆関数 (B10)》

477. 関数

$$f(x)=\int_0^x \frac{1}{1+t^2}\,dt$$

を考える. 以下の問に答えよ.

(1) $x=\tan y\ \left(-\frac{\pi}{2}<y<\frac{\pi}{2}\right)$ と表すとき, $f(x)=y$ が成り立つことを示せ.

(2) 曲線 $y=f(x)$ の点 $\mathrm{P}(\sqrt{3},\ f(\sqrt{3}))$ における接線の方程式を求めよ.

(3) (2) で求めた接線と曲線 $y=f(x)\ (0\leqq x\leqq\sqrt{3})$ の共有点が点 P だけであることを示せ.

(4) (2) で求めた接線と y 軸, および曲線 $y=f(x)\ (0\leqq x\leqq\sqrt{3})$ によって囲まれた部分の面積を求めよ. (23 岐阜大・工)

▶解答◀ (1) $t=\tan\theta$ とおく.
ただし, $-\frac{\pi}{2}<\theta<\frac{\pi}{2}$ とする.

$dt=\dfrac{d\theta}{\cos^2\theta}$ で, $t:0\to x$ のとき $\theta:0\to y$ である.

$$f(x)=\int_0^x \frac{1}{1+t^2}\,dt=\int_0^y \frac{1}{1+\tan^2\theta}\cdot\frac{d\theta}{\cos^2\theta}$$
$$=\int_0^y d\theta=\Big[\theta\Big]_0^y=y$$

よって, 示された.

(**2**) $f'(x)=\dfrac{1}{1+x^2}$ であるから

$$f'(\sqrt{3})=\frac{1}{1+3}=\frac{1}{4}$$

$\sqrt{3}=\tan y\ \left(-\frac{\pi}{2}<y<\frac{\pi}{2}\right)$ を解いて

$$f(\sqrt{3})=y=\frac{\pi}{3}$$

よって, P における接線 l の方程式は

$$y-\frac{\pi}{3}=\frac{1}{4}(x-\sqrt{3})$$

$$\boldsymbol{y=\frac{1}{4}x-\frac{\sqrt{3}}{4}+\frac{\pi}{3}}$$

(**3**) $0<y<\frac{\pi}{2}$ において, $x=\tan y$ のグラフは下に凸であるから, P での接線は $x=\tan y$ のグラフの下方にある. よって, 曲線 $y=f(x)\ (0\leqq x\leqq\sqrt{3})$ と P における接線 l の共有点は P のみである.

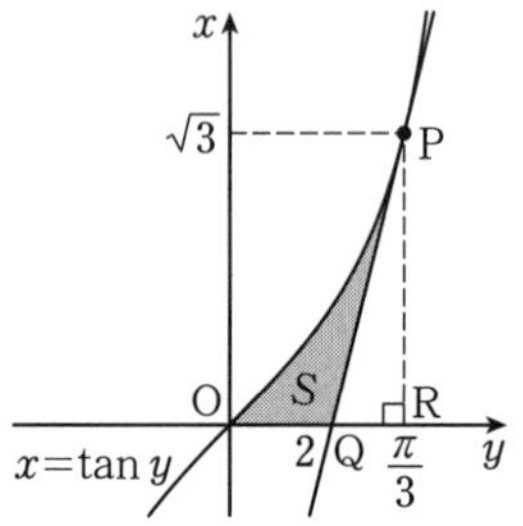

(**4**) 図の網目部分の面積 S を求める. 図のように点 Q, R をとると

$$S=\int_0^{\frac{\pi}{3}}\tan y\,dy-\triangle\mathrm{PQR}$$

である. ここで

$$\int_0^{\frac{\pi}{3}}\tan y\,dy=\int_0^{\frac{\pi}{3}}\frac{-(\cos y)'}{\cos y}\,dy$$
$$=\Big[-\log|\cos y|\Big]_0^{\frac{\pi}{3}}=-\log\frac{1}{2}=\log 2$$

また, $\mathrm{Q}\left(0,\ \frac{\pi}{3}-\frac{\sqrt{3}}{4}\right)$ であるから

$$\triangle\mathrm{PQR}=\frac{1}{2}\mathrm{PR}\cdot\mathrm{QR}=\frac{1}{2}\cdot\sqrt{3}\cdot\frac{\sqrt{3}}{4}=\frac{3}{8}$$

よって, $S=\boldsymbol{\log 2-\frac{3}{8}}$ である.

《サインの逆関数 (B15)》

478. $|x|<1$ となる x に対して関数 $S(x)$ を

$$S(x)=\int_0^x \frac{dt}{\sqrt{1-t^2}}$$

として定義します. このとき, 以下の各問いに答えなさい.

(1) $\displaystyle\lim_{x\to 0}\frac{S(x)}{x}$ を求めなさい.

(2) $S\left(\frac{1}{\sqrt{2}}\right)$ を求めなさい.

(3) 不定積分 $\displaystyle\int\frac{t}{\sqrt{1-t^2}}\,dt$ を求めなさい.

(4) 定積分 $\displaystyle\int_0^{\frac{1}{\sqrt{2}}}S(x)\,dx$ を求めなさい.

(23 横浜市大・共通)

▶解答◀ （1） $S(0)=0$ と

$$S'(x)=\frac{1}{\sqrt{1-x^2}}$$

であることに注意して，微分係数の定義を利用すると

$$\lim_{x\to 0}\frac{S(x)}{x}=\lim_{x\to 0}\frac{S(x)-S(0)}{x}=S'(0)=\mathbf{1}$$

（2） $S\left(\frac{1}{\sqrt{2}}\right)=\int_0^{\frac{1}{\sqrt{2}}}\frac{dt}{\sqrt{1-t^2}}$ において，$t=\sin\theta$ とおくと，$dt=\cos\theta\,d\theta$ であり

t	$0 \to \frac{1}{\sqrt{2}}$
θ	$0 \to \frac{\pi}{4}$

$$S\left(\frac{1}{\sqrt{2}}\right)=\int_0^{\frac{\pi}{4}}\frac{1}{\sqrt{1-\sin^2\theta}}\cdot\cos\theta\,d\theta$$

$$=\int_0^{\frac{\pi}{4}}d\theta=\boldsymbol{\frac{\pi}{4}}$$

（3） $\int\frac{t}{\sqrt{1-t^2}}\,dt=-\frac{1}{2}\int(1-t^2)^{-\frac{1}{2}}(1-t^2)'\,dt$

$$=-(1-t^2)^{\frac{1}{2}}+C=\boldsymbol{-\sqrt{1-t^2}+C}$$

ただし C は積分定数である．

（4） 部分積分法を用いて

$$\int_0^{\frac{1}{\sqrt{2}}}S(x)\,dx=\int_0^{\frac{1}{\sqrt{2}}}(x)'S(x)\,dx$$

$$=\Big[\,xS(x)\,\Big]_0^{\frac{1}{\sqrt{2}}}-\int_0^{\frac{1}{\sqrt{2}}}xS'(x)\,dx$$

$$=\frac{1}{\sqrt{2}}S\left(\frac{1}{\sqrt{2}}\right)-\int_0^{\frac{1}{\sqrt{2}}}\frac{x}{\sqrt{1-x^2}}\,dx$$

$$=\frac{1}{\sqrt{2}}\cdot\frac{\pi}{4}-\Big[-\sqrt{1-x^2}\,\Big]_0^{\frac{1}{\sqrt{2}}}$$

$$=\boldsymbol{\frac{\pi}{4\sqrt{2}}+\frac{1}{\sqrt{2}}-1}$$

注意 **【積分してしまう】**

$x=\sin u\left(-\frac{\pi}{2}<u<\frac{\pi}{2}\right)$ とし，（2）の置換で

$$S(x)=\int_0^{u}\frac{1}{\sqrt{1-\sin^2\theta}}\cdot\cos\theta\,d\theta$$

$$=\int_0^{u}d\theta=u$$

となる．たとえば

（1） $\lim_{x\to 0}\frac{S(x)}{x}=\lim_{u\to 0}\frac{u}{\sin u}=1$

（4） $\int_0^{\frac{1}{\sqrt{2}}}S(x)\,dx=\int_0^{\frac{\pi}{4}}S(x)\,\frac{dx}{du}\,du$

$$=\int_0^{\frac{\pi}{4}}u\cos u\,du=\Big[\,u\sin u+\cos u\,\Big]_0^{\frac{\pi}{4}}$$

$$=\frac{\pi}{4\sqrt{2}}+\frac{1}{\sqrt{2}}-1$$

《先に微分する (B5) ☆》

479． 関数 $f(x)=\int_{x-2}^{x+1}t(t-1)\,dt$ の最小値を答えよ．（23　防衛大・理工）

▶解答◀ $f'(x)=(x+1)\{(x+1)-1\}(x+1)'$

$-(x-2)\{(x-2)-1\}(x-2)'$

$$=x(x+1)-(x-2)(x-3)=6(x-1)$$

$f(x)$ の増減は次のようになる．

x	$\cdots$	1	$\cdots$
$f'(x)$	$-$	0	$+$
$f(x)$	↘		↗

$f(x)$ は $x=1$ で最小となり，最小値は

$$f(1)=\int_{-1}^{2}t(t-1)\,dt$$

$$=\int_{-1}^{2}(t^2-t)\,dt=\left[\frac{t^3}{3}-\frac{t^2}{2}\right]_{-1}^{2}$$

$$=\left(\frac{8}{3}-2\right)-\left(-\frac{1}{3}-\frac{1}{2}\right)=\boldsymbol{\frac{3}{2}}$$

注意 $u(x)$, $v(x)$ が x の微分可能な関数のとき（u, v と略記して）

$$\frac{d}{dx}\int_u^v f(t)\,dt=v'f(v)-u'f(u)$$

【証明】 $F'(t)=f(t)$ として

$$\frac{d}{dx}\int_u^v f(t)\,dt=\frac{d}{dx}\Big[\,F(t)\,\Big]_u^v$$

$$=\frac{d}{dx}(F(v)-F(u))=v'F'(v)-u'F'(u)$$

$$=v'f(v)-u'f(u)$$

《x を外に出す (B10) ☆》

480． 関数 $f(x)$ を

$$f(x)=\frac{1}{8}x^2-\int_0^x\frac{x-t}{4+t^2}\,dt$$

と定める．次の問いに答えよ．

（1） 微分係数 $f'(2)$ を求めよ．

（2） 関数 $f(x)$ の極値を求めよ．

（23　弘前大・理工）

▶解答◀ （1）

$$f(x)=\frac{1}{8}x^2-x\int_0^x\frac{1}{4+t^2}\,dt+\int_0^x\frac{t}{4+t^2}\,dt$$

$$f'(x)=\frac{1}{4}x-\int_0^x\frac{1}{4+t^2}\,dt$$

$$-x\cdot\frac{1}{4+x^2}+\frac{x}{4+x^2}$$

$$=\frac{1}{4}x-\int_0^x\frac{1}{4+t^2}\,dt$$

$$f'(2) = \frac{1}{2} - \int_0^2 \frac{1}{4+t^2}\,dt$$

ここで，$t = 2\tan\theta$ とおくと，$dt = \dfrac{2}{\cos^2\theta}\,d\theta$

t	$0 \to 2$
θ	$0 \to \frac{\pi}{4}$

$$f'(2) = \frac{1}{2} - \int_0^{\frac{\pi}{4}} \frac{1}{4(1+\tan^2\theta)} \cdot \frac{2}{\cos^2\theta}\,d\theta$$

$$= \frac{1}{2} - \frac{1}{2}\int_0^{\frac{\pi}{4}} d\theta$$

$$= \frac{1}{2} - \frac{1}{2}\cdot\frac{\pi}{4} = \boldsymbol{\frac{1}{2} - \frac{\pi}{8}}$$

（**2**） $f''(x) = \dfrac{1}{4} - \dfrac{1}{4+x^2} = \dfrac{x^2}{4(4+x^2)} > 0$

であるから，$f'(x)$ は単調に増加する．

$$f'(0) = \frac{1}{4}\cdot 0 - \int_0^0 \frac{1}{4+t^2}\,dt = 0$$

であるから，$f(x)$ の増減表は次のようになる．

x	$\cdots$	0	$\cdots$
$f'(x)$	$-$	0	$+$
$f(x)$	↘		↗

極小値は $f(0) = \mathbf{0}$ である．極大値はない．

《置換して x を外に出す (B20) ☆》

481. 関数 $f(x)$ を

$$f(x) = \int_x^{2x} (\sin t)e^{-(t-x)^2}\,dt \ (0 < x < \pi)$$

により定める．このとき，x に関する方程式

$$f(x) + f''(x) = 0$$

の，$0 < x < \pi$ の範囲における実数解の個数を求めよ．ただし，$f''(x)$ は関数 $f(x)$ の第 2 次導関数である． （23　京都工繊大・前期）

▶解答◀ $f(x) = \displaystyle\int_x^{2x} (\sin t)e^{-(t-x)^2}\,dt$

$t - x = u$ とおく．$dt = du$

t	$x \to 2x$
u	$0 \to x$

$$f(x) = \int_0^x \sin(u+x)e^{-u^2}\,du$$

$$= \cos x\int_0^x e^{-u^2}\sin u\,du$$

$$+ \sin x\int_0^x e^{-u^2}\cos u\,du$$

$$f'(x) = -\sin x\int_0^x e^{-u^2}\sin u\,du$$

$$+ e^{-x^2}\sin x\cos x$$

$$+ \cos x\int_0^x e^{-u^2}\cos u\,du$$

$$+ e^{-x^2}\sin x\cos x$$

$$f''(x) = -\cos x\int_0^x e^{-u^2}\sin u\,du - e^{-x^2}\sin^2 x$$

$$- \sin x\int_0^x e^{-u^2}\cos u\,du$$

$$+ e^{-x^2}\cos^2 x + \left(e^{-x^2}\sin 2x\right)'$$

$$= -f(x) + e^{-x^2}\cos 2x$$

$$+ e^{-x^2}\cdot(-2x\sin 2x) + e^{-x^2}\cdot 2\cos 2x$$

$f''(x) + f(x) = 0$ より

$$e^{-x^2}(\cos 2x - 2x\sin 2x + 2\cos 2x) = 0$$

$$3\cos 2x = 2x\sin 2x$$

$$2x\tan 2x = 3$$

$2x = \theta$ とおくと

$$\theta\tan\theta = 3 \qquad \therefore\quad \tan\theta = \frac{3}{\theta}$$

$y = \tan\theta$ と $y = \dfrac{3}{\theta}$ のグラフの $0 < \theta < 2\pi$ における共有点の個数を考える．

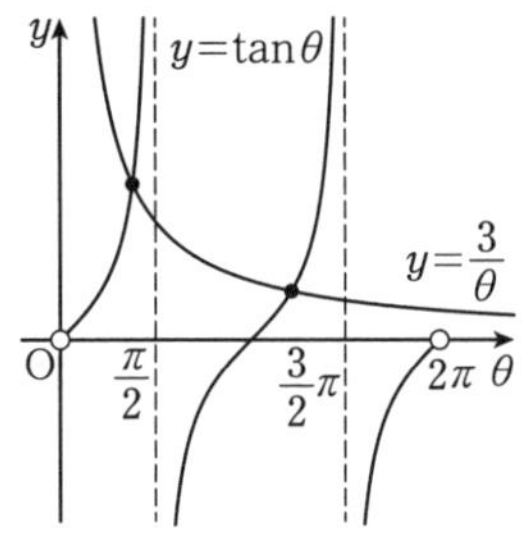

よって求める実数解の個数は **2** である．

《絶対値で積分して微分 (B20) ☆》

482. 関数 $f(x)$ を

$$f(x) = \int_0^{\log 2} |x - e^t|\,dt$$

と定める．ただし，対数は自然対数とし，e は自然対数の底とする．次の問いに答えよ．

（1） $f(1)$ を求めよ．

（2） $0 \leqq x \leqq 2$ における $f(x)$ の最小値を求めよ． （23　弘前大・理工（数物科学））

▶解答◀ （**1**） $\log 2 = a$ とおく．$e^a = 2$ である．

$0 \leqq t \leqq a$ のとき，$1 \leqq e^t \leqq 2$

$$f(1) = \int_0^a |1 - e^t|\,dt = \int_0^a (e^t - 1)\,dt$$

$$= \Big[\,e^t - t\,\Big]_0^a = e^a - a - 1 = \mathbf{1 - \log 2}$$

（**2**）（ア） $0 \leqq x \leqq 1$ のとき．

$0 \leqq t$ のとき $x \leqq 1 \leqq e^t$ であるから

$$f(x) = \int_0^a |x - e^t|\,dt = \int_0^a (e^t - x)\,dt$$

$$= \Big[\,e^t - xt\,\Big]_0^a = e^a - ax - 1 = 1 - (\log 2)x$$

$f'(x) = -\log 2 < 0$

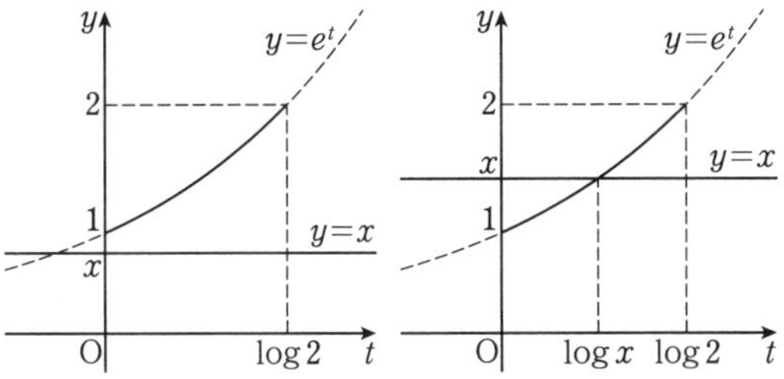

（イ） $1 \leqq x \leqq 2$ のとき．$u = \log x$ とおく．$e^u = x$

$0 \leqq t \leqq u$ のとき，$|x - e^t| = x - e^t$

$u \leqq t \leqq a$ のとき，$|x - e^t| = -x + e^t$

$$f(x) = \int_0^a |x - e^t|\, dt$$
$$= \int_0^u (x - e^t)\, dt - \int_u^a (x - e^t)\, dt$$
$$= \Big[\, xt - e^t \,\Big]_0^u - \Big[\, xt - e^t \,\Big]_u^a$$
$$= 2(xu - e^u) + 1 - ax + e^a$$
$$= 2(x \log x - x) + 1 - (\log 2)x + 2$$
$$f'(x) = 2\left(\log x + x \cdot \frac{1}{x} - 1\right) - \log 2$$
$$= 2(\log x - \log \sqrt{2})$$

x	0	$\cdots$	1	$\cdots$	$\sqrt{2}$	$\cdots$	2
$f'(x)$		$-$		$-$	0	$+$	
$f(x)$		↘		↘		↗	

$f(x)$ は $x = \sqrt{2}$ で最小となり，最小値は

$f(\sqrt{2}) = 2\sqrt{2} \log \sqrt{2} - (2 + \log 2)\sqrt{2} + 3 = \mathbf{3 - 2\sqrt{2}}$

《x を外に出す (B20)》

483. 2 つの関数 $F(x)$, $g(x)$ が

$$F(x) = \int_1^x (x - 2t) g'(t)\, dt \ (x > 0)$$

をみたすとする．ここで $g'(t)$ は $g(t)$ の導関数とする．以下の問いに答えよ．

（1） $F(x)$ の導関数 $F'(x)$ に対して，次の等式が成り立つことを示せ．

$$F'(x) = g(x) - g(1) - xg'(x)$$

（2） $g(x) = x(\log x)^2$ のとき，$F(x)$ を求めよ．ここで対数は自然対数とする．

（23　奈良女子大・理，工-後期）

▶解答◀ （1）

$$F(x) = x \int_1^x g'(t)\, dt - 2 \int_1^x tg'(t)\, dt$$
$$F'(x) = \int_1^x g'(t)\, dt + xg'(x) - 2xg'(x)$$
$$= \Big[\, g(t) \,\Big]_1^x - xg'(x) = g(x) - g(1) - xg'(x)$$

（2） $g(x) = x(\log x)^2$

$g(1) = 0$ であり

$$g'(x) = (\log x)^2 + x(2 \log x) \cdot \frac{1}{x}$$
$$= (\log x)^2 + 2 \log x$$

であるから，（1）より

$$F'(x) = x(\log x)^2 - 0 - x\{(\log x)^2 + 2 \log x\}$$
$$= -2x \log x$$
$$F(x) = -2 \int x \log x\, dx$$
$$= -2 \int \left(\frac{1}{2}x^2\right)' \log x\, dx$$
$$= -2\left\{\frac{1}{2}x^2 \log x - \int \frac{1}{2}x^2 (\log x)'\, dx\right\}$$
$$= -x^2 \log x + \int x^2 \cdot \frac{1}{x}\, dx$$
$$= -x^2 \log x + \int x\, dx$$
$$= -x^2 \log x + \frac{1}{2}x^2 + C$$

C は積分定数である．$F(1) = 0$ より $C = -\frac{1}{2}$

よって，$F(x) = \mathbf{-x^2 \log x + \frac{1}{2}x^2 - \frac{1}{2}}$

《タンの関数 (B10)》

484. $F(x) = \int_0^x \frac{dt}{1 + t^2}$ とし，$f(x) = F(3x) - F(x)$ とする．次の問いに答えよ．

（1） $f'(x)$ を求めよ．

（2） $x \geqq 0$ の範囲で，$f(x)$ の最大値を求めよ．

（23　琉球大・理-後）

▶解答◀ （1） $F'(x) = \frac{1}{1 + x^2}$ より

$$f'(x) = F'(3x) \cdot (3x)' - F'(x)$$
$$= \frac{3}{1 + 9x^2} - \frac{1}{1 + x^2} = \frac{3(1 + x^2) - (1 + 9x^2)}{(1 + 9x^2)(1 + x^2)}$$
$$= \mathbf{\frac{2(1 - 3x^2)}{(1 + 9x^2)(1 + x^2)}}$$

（2） $x \geqq 0$ のとき $x = \tan u \left(0 \leqq u < \frac{\pi}{2}\right)$ とおく．

$t = \tan \theta$, $0 \leqq \theta \leqq u$ とおく．$dt = \frac{1}{\cos^2 \theta}\, d\theta$

$$F(x) = \int_0^u \frac{1}{1 + \tan^2 \theta} \cdot \frac{1}{\cos^2 \theta}\, d\theta = \int_0^u d\theta = u$$

x	0	$\cdots$	$\frac{1}{\sqrt{3}}$	$\cdots$
$f'(x)$		$+$	0	$-$
$f(x)$		↗		↘

$x = \frac{1}{\sqrt{3}}$ のとき $u = \frac{\pi}{6}$，$x = \sqrt{3}$ のとき $u = \frac{\pi}{3}$

$f(x)$ の最大値は

$$f\left(\frac{1}{\sqrt{3}}\right)=F(\sqrt{3})-F\left(\frac{1}{\sqrt{3}}\right)=\frac{\pi}{3}-\frac{\pi}{6}=\boldsymbol{\frac{\pi}{6}}$$

《タンの関数 (B20) ☆》

485. 次の問いに答えなさい.

(1) 定積分 $\displaystyle\int_{-1}^{1}\frac{dt}{1+t^2}$ を求めなさい.

(2) $x>0$ のとき, 定積分 $\displaystyle\int_{-\frac{1}{x}}^{x}\frac{dt}{1+t^2}$ を求めなさい.

(23 信州大・教育)

▶解答◀ (1) $\displaystyle\int_{-1}^{1}\frac{dt}{1+t^2}=2\int_{0}^{1}\frac{dt}{1+t^2}$

$t=\tan\theta$ とおくと, $dt=\dfrac{1}{\cos^2\theta}\,d\theta$ である.

$x:t\to 1$ のとき $\theta:0\to\dfrac{\pi}{4}$

$$2\int_0^1\frac{dt}{1+t^2}=2\int_0^{\frac{\pi}{4}}\frac{1}{1+\tan^2\theta}\cdot\frac{1}{\cos^2\theta}\,d\theta$$

$$=2\int_0^{\frac{\pi}{4}}d\theta=2\Big[\,\theta\,\Big]_0^{\frac{\pi}{4}}=\boldsymbol{\frac{\pi}{2}}$$

(2) $f(x)=\displaystyle\int_{-\frac{1}{x}}^{x}\frac{dt}{1+t^2}$ とおく.

$F'(t)=\dfrac{1}{1+t^2}$ として, $f(x)=F(x)-F\left(-\dfrac{1}{x}\right)$

$$f'(x)=F'(x)-F'\left(-\frac{1}{x}\right)\cdot\left(-\frac{1}{x}\right)'$$

$$=\frac{1}{1+x^2}-\frac{1}{1+\frac{1}{x^2}}\cdot\frac{1}{x^2}=\frac{1}{1+x^2}-\frac{1}{1+x^2}=0$$

よって, $f(x)$ は定数である.

$$f(1)=\int_{-1}^{1}\frac{dt}{1+t^2}=\frac{\pi}{2}$$

であるから, $f(x)=\boldsymbol{\dfrac{\pi}{2}}$

注意 u,v が x の微分可能な関数であるとき

$$\frac{d}{dx}\int_u^v f(t)\,dt=v'f(v)-u'f(u)$$

【証明】 $F'(t)=f(t)$ として

$$\frac{d}{dx}\int_u^v f(t)\,dt=\frac{d}{dx}\Big[\,F(t)\,\Big]_u^v$$

$$=\frac{d}{dx}(F(v)-F(u))$$

$$=v'F'(v)-u'F'(u)=v'f(v)-u'f(u)$$

◆別解◆ (2) $t=\tan\theta\left(-\dfrac{\pi}{2}<\theta<\dfrac{\pi}{2}\right)$ とする.

$x>0$ のとき $x=\tan u\left(0<u<\dfrac{\pi}{2}\right)$ とおくと

$-\dfrac{1}{x}=\tan\left(u-\dfrac{\pi}{2}\right)\left(-\dfrac{\pi}{2}<u-\dfrac{\pi}{2}<0\right)$ だから

$$f(x)=\int_{u-\frac{\pi}{2}}^{u}d\theta=\boldsymbol{\frac{\pi}{2}}$$

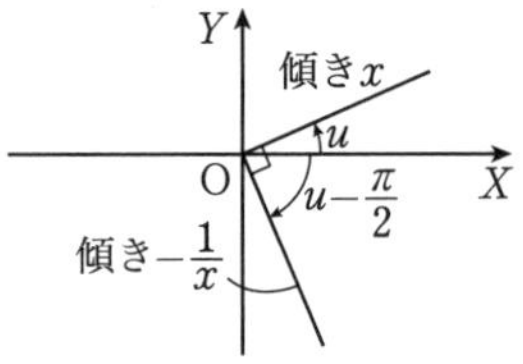

《定積分は定数 (B10)》

486. 条件

$$f'(x)+\int_0^1 f(t)\,dt=2e^{2x}-e^x$$

かつ $f(0)=0$ を満たす関数 $f(x)$ を求めよ. ただし, $f'(x)$ は $f(x)$ の導関数を表す.

(23 学習院大・理)

▶解答◀ $\displaystyle\int_0^1 f(t)\,dt=a$ とおく.

$$f'(x)=2e^{2x}-e^x-a$$

$$f(x)=\int(2e^{2x}-e^x-a)\,dx$$

$$=e^{2x}-e^x-ax+C\ (C\text{ は積分定数})$$

$f(0)=0$ であるから

$$e^0-e^0+C=0\qquad\therefore\quad C=0$$

このとき

$$a=\int_0^1 f(t)\,dt=\int_0^1(e^{2t}-e^t-at)\,dt$$

$$=\left[\,\frac{e^{2t}}{2}-e^t-\frac{at^2}{2}\,\right]_0^1=\frac{e^2}{2}-e-\frac{a}{2}+\frac{1}{2}$$

であるから

$$a=\frac{e^2}{2}-e-\frac{a}{2}+\frac{1}{2}$$

$$3a=e^2-2e+1\qquad\therefore\quad a=\frac{1}{3}(e-1)^2$$

したがって

$$f(x)=\boldsymbol{e^{2x}-e^x-\frac{1}{3}(e-1)^2x}$$

《定積分は定数 (B10)》

487. 等式 $f(x)=\sin 2x+\displaystyle\int_0^{\frac{\pi}{2}}tf(t)\,dt$ を満たす関数 $f(x)$ を求めよ.

(23 山梨大・工)

▶解答◀ $k=\displaystyle\int_0^{\frac{\pi}{2}}tf(t)\,dt$ とおくと

$$f(x)=\sin 2x+k$$

$$k=\int_0^{\frac{\pi}{2}}t(\sin 2t+k)\,dt$$

$$=\int_0^{\frac{\pi}{2}}t\sin 2t\,dt+k\int_0^{\frac{\pi}{2}}t\,dt$$

$$=\int_0^{\frac{\pi}{2}}t\left(-\frac{1}{2}\cos 2t\right)'dt+k\left[\,\frac{1}{2}t^2\,\right]_0^{\frac{\pi}{2}}$$

$$=\left[t\left(-\frac{1}{2}\cos 2t\right)\right]_0^{\frac{\pi}{2}}$$

$$-\int_0^{\frac{\pi}{2}}(t)'\left(-\frac{1}{2}\cos 2t\right)dt+\frac{1}{8}\pi^2 k$$

$$=\frac{\pi}{4}+\frac{1}{2}\int_0^{\frac{\pi}{2}}\cos 2t\,dt+\frac{1}{8}\pi^2 k$$

$$=\frac{\pi}{4}+\frac{1}{2}\left[\frac{1}{2}\sin 2t\right]_0^{\frac{\pi}{2}}+\frac{1}{8}\pi^2 k$$

$$k=\frac{\pi}{4}+\frac{1}{8}\pi^2 k$$

$$8k=2\pi+\pi^2 k \qquad \therefore\quad -(\pi^2-8)k=2\pi$$

$$k=-\frac{2\pi}{\pi^2-8}$$

したがって $f(x)=\boldsymbol{\sin 2x-\frac{2\pi}{\pi^2-8}}$

《定積分は定数（B20）》

488. 関数 $f(x)$ と定数 C が

$$\int_0^x f(t)\,dt+\int_0^{\frac{\pi}{2}} f(t)\sin(x+t)\,dt=x+C$$

をみたすとする．以下の問いに答えなさい．

（1） 定数 a, b を

$$a=\int_0^{\frac{\pi}{2}} f(t)\sin t\,dt,$$

$$b=\int_0^{\frac{\pi}{2}} f(t)\cos t\,dt$$

とするとき，関数 $f(x)$ を a, b を用いて表しなさい．

（2） 定数 a, b の値，および関数 $f(x)$ を求めなさい．

（3） 定数 C の値を求めなさい．

（23　都立大・数理科学）

▶解答◀ （1） $\displaystyle\int_0^{\frac{\pi}{2}} f(t)\sin(x+t)\,dt$

$$=\int_0^{\frac{\pi}{2}} f(t)(\sin x\cos t+\cos x\sin t)\,dt$$

$$=(\sin x)\int_0^{\frac{\pi}{2}} f(t)\cos t\,dt$$

$$+(\cos x)\int_0^{\frac{\pi}{2}} f(t)\sin t\,dt$$

$$=a\cos x+b\sin x$$

$$\int_0^x f(t)\,dt+a\cos x+b\sin x=x+C \quad \cdots\cdots①$$

① の両辺を x で微分して

$$f(x)-a\sin x+b\cos x=1$$

$$\boldsymbol{f(x)=a\sin x-b\cos x+1}$$

（2） $\displaystyle a=\int_0^{\frac{\pi}{2}}(a\sin t-b\cos t+1)\sin t\,dt$

$$=\int_0^{\frac{\pi}{2}}\left(a\cdot\frac{1-\cos 2t}{2}-\frac{b}{2}\sin 2t+\sin t\right)dt$$

$$=\left[\frac{a}{2}\left(t-\frac{1}{2}\sin 2t\right)+\frac{b}{4}\cos 2t-\cos t\right]_0^{\frac{\pi}{2}}$$

$$=\frac{a}{2}\cdot\frac{\pi}{2}+\frac{b}{4}(-1-1)+1$$

$$a=\frac{\pi}{4}a-\frac{b}{2}+1$$

$$(\pi-4)a-2b+4=0 \quad \cdots\cdots②$$

$$b=\int_0^{\frac{\pi}{2}}(a\sin t-b\cos t+1)\cos t\,dt$$

$$=\int_0^{\frac{\pi}{2}}\left(\frac{a}{2}\sin 2t-b\cdot\frac{1+\cos 2t}{2}+\cos t\right)dt$$

$$=\left[-\frac{a}{4}\cos 2t-\frac{b}{2}\left(t+\frac{1}{2}\sin 2t\right)+\sin t\right]_0^{\frac{\pi}{2}}$$

$$=-\frac{a}{4}(-1-1)-\frac{b}{2}\cdot\frac{\pi}{2}+1$$

$$b=\frac{a}{2}-\frac{\pi}{4}b+1$$

$$2a-(\pi+4)b+4=0 \quad \cdots\cdots③$$

②×2 − ③×$(\pi-4)$ より

$$(-4+\pi^2-16)b+8-4(\pi-4)=0$$

$$\boldsymbol{b=\frac{4(6-\pi)}{20-\pi^2}}$$

②×$(\pi+4)$ − ③×2 より

$$(\pi^2-16-4)a+4(\pi+2)=0$$

$$\boldsymbol{a=\frac{4(\pi+2)}{20-\pi^2}}$$

$$\boldsymbol{f(x)=\frac{4(\pi+2)}{20-\pi^2}\sin x-\frac{4(6-\pi)}{20-\pi^2}\cos x+1}$$

（3） ① に $x=0$ を代入して

$$C=a\cos 0+b\sin 0=a=\boldsymbol{\frac{4(\pi+2)}{20-\pi^2}}$$

《定積分は定数（B5）》

489. 関数 $f(x)$ は $x>0$ において以下をみたす．

$$f(x)=(\log x)^2-\int_1^e f(t)\,dt$$

このとき，$f(x)$ を求めよ．

（23　横浜国大・理工，都市科学）

▶解答◀ $\displaystyle f(x)=(\log x)^2-\int_1^e f(t)\,dt$

$a=\displaystyle\int_1^e f(t)\,dt$ とおくと，$f(x)=(\log x)^2-a$

$$a=\int_1^e((\log t)^2-a)\,dt$$

$$=-a(e-1)+\int_1^e(t)'(\log t)^2\,dt$$

$$ae=\left[t(\log t)^2\right]_1^e-\int_1^e t((\log t)^2)'\,dt$$

$$=e-2\int_1^e t(\log t)\left(\frac{1}{t}\right)dt$$

$$=e-2\int_1^e(t)'\log t\,dt$$

$$= e - 2\left(\left[\, t\log t\,\right]_1^e - \int_1^e t(\log t)'\, dt\right)$$

$$= e - 2\left(e - \int_1^e dt\right) = e - 2$$

$a = 1 - 2e^{-1}$ であるから，$\boldsymbol{f(x) = (\log x)^2 - 1 + 2e^{-1}}$

《積分の不等式 (B30) ☆》

490. 連続関数 $f(x)$ は次の 2 つの条件（ア）と（イ）を満たしている．

（ア） $f(0) = 1$

（イ） 任意の実数 x に対して，

$$\int_{-x}^{x} f(t)\, dt = a\sin x + b\cos x$$

が成り立つ．

（1） 定数 a, b の値を求めよ．

（2） $g(x) = f(x) - \cos x$ とすると，$g(-x) = -g(x)$ が成り立つことを示せ．

（3） $x > 0$ のとき，

$$\int_{-x}^{x} \{f(t)\}^2\, dt \geqq \int_{-x}^{x} \cos^2 t\, dt$$

が成り立つことを示し，等号が成立する条件を求めよ．　（23　大阪医薬大・後期）

▶解答◀ （1）

$$\int_{-x}^{x} f(t)\, dt = a\sin x + b\cos x \quad \cdots\cdots①$$

とする．① に $x = 0$ を代入して $b = \boldsymbol{0}$

これを ① に代入し，両辺を x で微分すると

$$f(x) - f(-x)\cdot(-1) = a\cos x$$

$$f(x) + f(-x) = a\cos x \quad \cdots\cdots②$$

$x = 0$ を代入して，$a = 2f(0) = \boldsymbol{2}$

（2） ② より $f(x) + f(-x) = 2\cos x$

$$f(-x) - \cos x = -f(x) + \cos x$$

よって

$$g(-x) = f(-x) - \cos(-x)$$

$$= f(-x) - \cos x = -f(x) + \cos x$$

$$= -\{f(x) - \cos x\} = -g(x)$$

（3） （2）の結果より，$g(x)$ は奇関数である．

$$\int_{-x}^{x} (f(t))^2\, dt - \int_{-x}^{x} \cos^2 t\, dt$$

$$= \int_{-x}^{x} \{(f(t))^2 - \cos^2 t\}\, dt$$

$$= \int_{-x}^{x} (f(t) + \cos t)(f(t) - \cos t)\, dt$$

$$= \int_{-x}^{x} (g(t) + 2\cos t)g(t)\, dt$$

$$= \int_{-x}^{x} \{(g(t))^2 + 2g(t)\cos t\}\, dt$$

$g(t)\cos t$ は奇関数であるから $\int_{-x}^{x} g(t)\cos t\, dt = 0$

また $\int_{-x}^{x} (g(t))^2\, dt \geqq 0$

よって

$$\int_{-x}^{x} (f(t))^2\, dt - \int_{-x}^{x} \cos^2 t\, dt \geqq 0$$

$$\int_{-x}^{x} (f(t))^2\, dt \geqq \int_{-x}^{x} \cos^2 t\, dt$$

等号が成立するのは，$g(x) = 0$ すなわち $\boldsymbol{f(x) = \cos x}$ のときである．

注意 $u(x)$, $v(x)$ が x の微分可能な関数のとき（u, v と略記して）

$$\frac{d}{dx}\int_u^v f(t)\, dt = v' f(v) - u' f(u)$$

［証明］ $F'(t) = f(t)$ として

$$\frac{d}{dx}\int_u^v f(t)\, dt = \frac{d}{dx}\left[\, F(t)\,\right]_u^v$$

$$= \frac{d}{dx}(F(v) - F(u))$$

$$= v' F'(v) - u' F'(u) = v' f(v) - u' f(u)$$

《積分方程式 (B30) ☆》

491. n を自然数, a を正の定数とする．関数 $f(x)$ は等式

$$f(x) = x + \frac{1}{n}\int_0^x f(t)\, dt$$

をみたし，関数 $g(x)$ は $g(x) = ae^{-\frac{x}{n}} + a$ とする．2 つの曲線 $y = f(x)$ と $y = g(x)$ はある 1 点を共有し，その点における 2 つの曲線の接線が直交するとき，次の問いに答えよ．ただし，e は自然対数の底とする．

（1） $h(x) = e^{-\frac{x}{n}} f(x)$ とおくとき, 導関数 $h'(x)$ と $h(x)$ を求めよ．

（2） a を n を用いて表せ．

（3） 2 つの曲線 $y = f(x)$, $y = g(x)$ と y 軸で囲まれた部分の面積を S_n とするとき，極限値 $\lim_{n\to\infty} \frac{S_1 + S_2 + \cdots + S_n}{n^3}$ を求めよ．

（23　東京慈恵医大）

考え方 $f(x) = x + \frac{1}{n}\int_0^x f(t)\, dt$

の形の式を積分方程式という．ここで $x = 0$ を代入すると $f(0) = 0$ となる．これを初期条件という．本問の積分方程式を微分すると $f'(x) = 1 + \frac{1}{n} f(x)$ となる．これを微分方程式という．積分方程式は「初期条件と微分方程式を合わせたもの」である．

$\frac{dy}{dx} + ay = e^{-ax}(e^{ax}y)'$ であり（右辺の微分を実行すると左辺になる），$\frac{dy}{dx} + ay = b$ の形の微分方程式は

$b = e^{-ax}(e^{ax}y)'$ と変形が出来る．本問では，この変形を教えている．

▶解答◀ （1） $f(x) = x + \dfrac{1}{n}\displaystyle\int_0^x f(t)\,dt$ ……①

を微分すると $f'(x) = 1 + \dfrac{1}{n}f(x)$ となるから，

$$h'(x) = -\frac{1}{n}e^{-\frac{x}{n}}f(x) + e^{-\frac{x}{n}}f'(x)$$

$$= -\frac{1}{n}e^{-\frac{x}{n}}f(x) + e^{-\frac{x}{n}}\left(1 + \frac{1}{n}f(x)\right) = \boldsymbol{e^{-\frac{x}{n}}}$$

これより，積分定数を C とすると

$$h(x) = \int e^{-\frac{x}{n}}\,dx = -ne^{-\frac{x}{n}} + C$$

とかける．①で $x = 0$ として $f(0) = 0$ を得るから $h(0) = 0$ である．$0 = -n\cdot 1 + C$ となり，$C = n$ を得る．よって，$h(x) = \boldsymbol{-ne^{-\frac{x}{n}} + n}$ である．

（2） （1）より $f(x) = e^{\frac{x}{n}}h(x) = ne^{\frac{x}{n}} - n$ である．$y = f(x)$ と $y = g(x)$ の共有点の x 座標を α とする．そこでの接線が直交するから

$$f'(\alpha)g'(\alpha) = -1$$

$$e^{\frac{\alpha}{n}}\cdot\left(-\frac{a}{n}\right)e^{-\frac{\alpha}{n}} = -1 \qquad \therefore\quad a = \boldsymbol{n}$$

（3） $f(x) = ne^{\frac{x}{n}} - n$, $g(x) = ne^{-\frac{x}{n}} + n$ とわかる．このとき図のようになる．$x = \alpha$ においてこれらは交わっているから，

$$f(\alpha) = g(\alpha)$$

$$ne^{\frac{\alpha}{n}} - n = ne^{-\frac{\alpha}{n}} + n$$

$$e^{\frac{\alpha}{n}} - e^{-\frac{\alpha}{n}} = 2 \quad \text{……②}$$

である．このとき，

$$S_n = \int_0^\alpha \{g(x) - f(x)\}\,dx$$

$$= \int_0^\alpha n\left(-e^{\frac{x}{n}} + e^{-\frac{x}{n}} + 2\right)dx$$

$$= n\Big[-ne^{\frac{x}{n}} - ne^{-\frac{x}{n}} + 2x\Big]_0^\alpha$$

$$= -\left(e^{\frac{\alpha}{n}} + e^{-\frac{\alpha}{n}}\right)n^2 + 2n\alpha + 2n^2$$

ここで，②より

$$\left(e^{\frac{\alpha}{n}} + e^{-\frac{\alpha}{n}}\right)^2 = \left(e^{\frac{\alpha}{n}} - e^{-\frac{\alpha}{n}}\right)^2 + 4 = 8$$

であり，$e^{\frac{\alpha}{n}} + e^{-\frac{\alpha}{n}} > 0$ であることから

$$e^{\frac{\alpha}{n}} + e^{-\frac{\alpha}{n}} = 2\sqrt{2} \quad \text{……③}$$

となる．さらに，②＋③より $2e^{\frac{\alpha}{n}} = 2 + 2\sqrt{2}$

$$\frac{\alpha}{n} = \log(1 + \sqrt{2}) \qquad \therefore\quad \alpha = n\log(1 + \sqrt{2})$$

であるから，

$$S_n = -2\sqrt{2}n^2 + 2n\cdot n\log(1 + \sqrt{2}) + 2n^2$$

$$= 2\{\log(1 + \sqrt{2}) + 1 - \sqrt{2}\}n^2$$

となる．$c = 2\{\log(1 + \sqrt{2}) + 1 - \sqrt{2}\}$ とおくと，

$$\lim_{n\to\infty}\frac{S_1 + S_2 + \cdots + S_n}{n^3} = \lim_{n\to\infty}\frac{1}{n^3}\sum_{k=1}^n ck^2$$

$$= \lim_{n\to\infty} c\cdot\frac{1}{6}\left(1 + \frac{1}{n}\right)\left(2 + \frac{1}{n}\right)$$

$$= \frac{c}{3} = \boldsymbol{\frac{2}{3}\{\log(1 + \sqrt{2}) + 1 - \sqrt{2}\}}$$

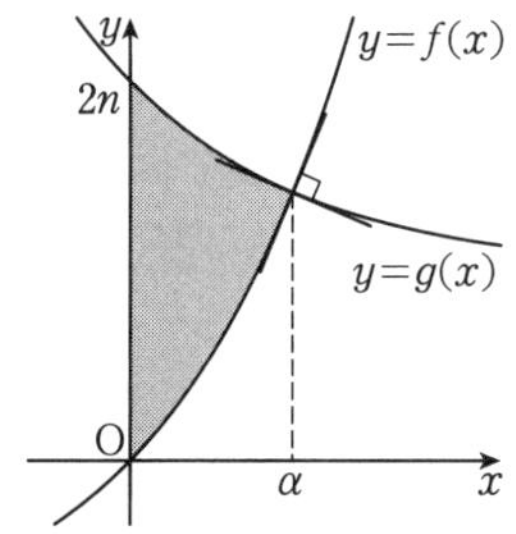

《部分積分と特殊基本関数（B15）》

492. n を自然数とする．正の実数 x に対し，関数 $f_n(x)$, $g_n(x)$ を

$$f_n(x) = \int_1^x (\log t)^n\,dt,$$

$$g_n(x) = \int_1^x \frac{(\log t)^n}{t}\,dt$$

と定める．ただし，対数は自然対数とする．

（1） 不定積分 $\displaystyle\int \log x\,dx$ と $\displaystyle\int \frac{\log x}{x}\,dx$ を求めよ．

（2） $f_{n+1}(x)$ を $f_n(x)$ を用いて表せ．

（3） $g_{n+1}(x)$ を $g_n(x)$ を用いて表せ．

（23　室蘭工業大）

▶解答◀ （1） C は積分定数である．

$$\int \log x\,dx = \boldsymbol{x\log x - x + C}$$

$$\int \frac{\log x}{x}\,dx = \int (\log x)'\log x\,dx$$

$$= \boldsymbol{\frac{1}{2}(\log x)^2 + C}$$

（2） $f_{n+1}(x) = \displaystyle\int_1^x (t)'(\log t)^{n+1}\,dt$

$$= \Big[t(\log t)^{n+1}\Big]_1^x - \int_1^x t\{(\log t)^{n+1}\}'\,dt$$

$$= x(\log x)^{n+1} - \int_1^x t(n+1)(\log t)^n\cdot\frac{1}{t}\,dt$$

$$= x(\log x)^{n+1} - (n+1)\int_1^x (\log t)^n\,dt$$

$$= \boldsymbol{x(\log x)^{n+1} - (n+1)f_n(x)}$$

（3） $g_n(x) = \displaystyle\int_1^x (\log t)'(\log t)^n\,dt$

$$= \left[\frac{1}{n+1}(\log t)^{n+1}\right]_1^x = \frac{1}{n+1}(\log x)^{n+1}$$

$$g_{n+1}(x) = \frac{1}{n+2}(\log x)^{n+2}$$

$$= \frac{1}{n+1}(\log x)^{n+1}\cdot\frac{n+1}{n+2}\log x$$

$$= \frac{\boldsymbol{n+1}}{\boldsymbol{n+2}}(\log \boldsymbol{x})\boldsymbol{g_n(x)}$$

《積分するだけ（B10）》

493．3 つの関数 $f(x)$, $g(x)$, $h(x)$ を

$$f(x) = 2e^{-2x},\quad g(x) = e^{-x},$$

$$h(x) = \int_0^x f(x-t)g(t)\,dt$$

で定める．次の問に答えよ．

（1） $f(x) = g(x)$ を満たす x の値を求めよ．

（2） $h(x)$ を x の式で表せ．また，関数 $h(x)$ の極値を求めよ．

（3） 極限 $\lim\limits_{x\to\infty} h(x)$ および $\lim\limits_{x\to-\infty} h(x)$ の値をそれぞれ求めよ．　　（23　佐賀大・理工-後期）

▶解答◀　（1） $f(x) = g(x)$

$$2e^{-2x} = e^{-x}$$

$$e^x = 2 \qquad \therefore\ x = \boldsymbol{\log 2}$$

（2） $h(x) = \displaystyle\int_0^x 2e^{-2(x-t)}\cdot e^{-t}\,dt$

$$= 2e^{-2x}\int_0^x e^t\,dt = 2e^{-2x}\Big[\,e^t\,\Big]_0^x$$

$$= 2e^{-2x}(e^x - 1) = \boldsymbol{2(e^{-x} - e^{-2x})}$$

$$h'(x) = 2(-e^{-x} + 2e^{-2x}) = 2e^{-2x}(2 - e^x)$$

x	$\cdots$	$\log 2$	$\cdots$
$h'(x)$	$+$	0	$-$
$h(x)$	↗		↘

$x = \log 2$ のとき $e^x = 2$ であるから $e^{-x} = \dfrac{1}{2}$

$$h(\log 2) = 2\left(\frac{1}{2} - \frac{1}{4}\right) = \frac{1}{2}$$

極大値は $\boldsymbol{\dfrac{1}{2}}$

（3） $\lim\limits_{x\to\infty} h(x) = 2\lim\limits_{x\to\infty}(e^{-x} - e^{-2x}) = \boldsymbol{0}$

$$\lim_{x\to-\infty} h(x) = -2\lim_{x\to-\infty} e^{-x}(e^{-x} - 1) = \boldsymbol{-\infty}$$

注意【無限は値か？】

「極限 $\lim\limits_{x\to\infty} h(x)$ および $\lim\limits_{x\to-\infty} h(x)$ の値」とあるが，高校では収束するものを極限値とよぶ．∞ は通常は限りなく大きくなる状態を表し数として扱わない．大学の複素関数論では ∞ を数のように扱うことがある．「の値」は余計であった．筆がすべったのであろう．

《微分するだけ（B20）》

494．a を 0 でない実数とする．$f(x)$ は実数全体を定義域とする連続関数で

$$\int_0^x f(t)\,dt = xe^{-ax^2}$$

をみたしている．以下の問に答えよ．

（1） $f(x)$ を求めよ．

（2） b を実数とする．方程式 $f(x) = b$ が異なる 4 個の実数解をもつための a, b のみたす必要十分条件を求めよ．ただし，$\lim\limits_{x\to\infty} x^2e^{-x^2} = 0$ であることは用いてよい．　　（23　神戸大・後期）

▶解答◀　（1） $\displaystyle\int_0^x f(t)\,dt = xe^{-ax^2}$ の両辺を x で微分して

$$f(x) = e^{-ax^2} + x(-2ax)e^{-ax^2}$$

$$= \boldsymbol{(1 - 2ax^2)e^{-ax^2}}$$

（2） $f'(x) = -4axe^{-ax^2} + (1 - 2ax^2)(-2ax)e^{-ax^2}$

$$= -2ax(3 - 2ax^2)e^{-ax^2}$$

$f(-x) = f(x)$ より，$f(x)$ は偶関数であるから，$x > 0$ で $f(x) = b$ が異なる 2 個の実数解をもつ条件を考える．

（ア） $a < 0$ のとき：$x > 0$ において $f'(x) > 0$ となるから，$f(x)$ は $x > 0$ において単調増加である．ゆえに，この範囲において $Y = f(x)$ と $Y = b$ の共有点は 1 個以下となり不適である．

（イ） $a > 0$ のとき：$f(x)$ の増減表は次のようになる．

$\alpha = \sqrt{\dfrac{3}{2a}}$ とおく．

x	0	$\cdots$	α	$\cdots$
$f'(x)$		$-$	0	$+$
$f(x)$		↘		↗

$$f(\alpha) = -2e^{-\frac{3}{2}},\quad f(0) = 1$$

$$\lim_{x\to\infty} f(x) = \lim_{x\to\infty}\{e^{-ax^2} - 2(\sqrt{a}x)^2e^{-(\sqrt{a}x)^2}\}$$

$$= 0 - 0 = 0$$

よって，$x > 0$ における $Y = f(x)$ のグラフは次のようになる．

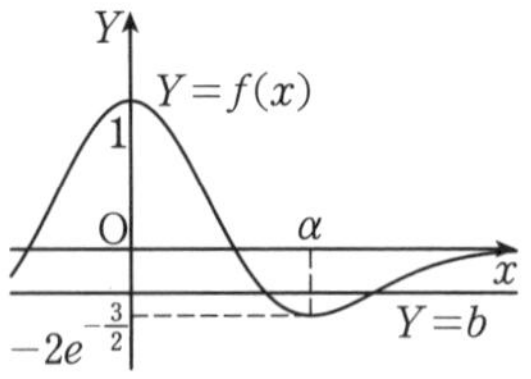

これより，$Y = f(x)$ と $Y = b$ が $x > 0$ において異なる 2 つの共有点をもつ条件を考えると

$$\boldsymbol{a > 0\ \text{かつ}\ -2e^{-\frac{3}{2}} < b < 0}$$

《積分して $f(x)$ について解く（B20）》

495．a, b を正の実数，p を a より小さい正の実

数とし，すべての実数 x について

$$\int_p^{f(x)} \frac{a}{u(a-u)}\,du = bx,\ 0 < f(x) < a$$

かつ $f(0)=p$ を満たす関数 $f(x)$ を考える．このとき以下の各問いに答えよ．

（1） $f(x)$ を $a,\ b,\ p$ を用いて表せ．

（2） $f(-1)=\dfrac{1}{2},\ f(1)=1,\ f(3)=\dfrac{3}{2}$ のとき，$a,\ b,\ p$ を求めよ．

（3）（2）のとき，$\displaystyle\lim_{x\to-\infty} f(x)$ と $\displaystyle\lim_{x\to\infty} f(x)$ を求めよ．　（23　東京医歯大・医）

▶解答◀ （1） $\displaystyle\int_p^{f(x)} \left(\frac{1}{u}-\frac{1}{a-u}\right) dx$

$$=\Big[\log|u|-\log|a-u|\Big]_p^{f(x)}$$

$$=\log f(x)-\log(a-f(x))$$

$$-\log p+\log(a-p)$$

$$=\log\frac{(a-p)f(x)}{p(a-f(x))}$$

これが bx に等しいから

$$\frac{(a-p)f(x)}{p(a-f(x))}=e^{bx}$$

$$(a-p)f(x)=e^{bx}p(a-f(x))$$

$$(a-p+pe^{bx})f(x)=pae^{bx}$$

$a-p+e^{bx}>0$ より

$$f(x)=\boldsymbol{\frac{pae^{bx}}{a-p+pe^{bx}}}$$

これは $f(0)=p,\ 0<f(x)<a$ を満たしている．

（2） $f(-1)=\dfrac{pae^{-b}}{a-p+pe^{-b}}=\dfrac{1}{2}$

$$\frac{a-p}{p(2a-1)}=e^{-b}\ \cdots\cdots①$$

$$f(1)=\frac{pae^{b}}{a-p+pe^{b}}=1$$

$$\frac{a-p}{p(a-1)}=e^{b}\ \cdots\cdots②$$

$$f(3)=\frac{pae^{3b}}{a-p+pe^{3b}}=\frac{3}{2}$$

$$\frac{3(a-p)}{p(2a-3)}=e^{3b}\ \cdots\cdots③$$

② ÷ ①, ③ ÷ ② より

$$e^{2b}=\frac{2a-1}{a-1}=\frac{3(a-1)}{2a-3}$$

$$(2a-1)(2a-3)=3(a-1)^2$$

$$a^2-2a=0 \qquad \therefore\ a(a-2)=0$$

$a>0$ より，$a=\boldsymbol{2}$ である．このとき，

$$e^{2b}=3 \qquad \therefore\ b=\boldsymbol{\frac{1}{2}\log 3}$$

② に代入して

$$\frac{2-p}{p}=\sqrt{3} \qquad \therefore\ p=\boldsymbol{\sqrt{3}-1}$$

これは $0<p<a,\ b>0$ を満たしている．

（3） $x\to-\infty$ のとき $e^{bx}\to 0$ であるから，

$$\lim_{x\to-\infty} f(x)=\frac{0}{a-p+0}=\boldsymbol{0}$$

$x\to\infty$ のとき $e^{-bx}\to 0$ であるから

$$\lim_{x\to\infty} f(x)=\lim_{x\to\infty}\frac{pa}{(a-p)e^{-bx}+p}$$

$$=\frac{pa}{p}=a=\boldsymbol{2}$$

《いろいろな形（B20）》

496．関数 $f(x)$ は積分区間の範囲の中で定義される連続な関数である．ただし，a は実数の定数とし，e は自然対数の底とする．

（1） $\displaystyle\int_1^{\log x} f(t)\,dt=2x-2e$ のとき，

$f(x)=\square e^x$ である．

（2） $\displaystyle\int_1^2 (x+t)f(t)\,dt=f(x)+2x-4$

のとき，$f(x)=\dfrac{\square x+\square}{5}$ である．

（3） $\displaystyle\int_1^{\log x} f(t)\,dt-\int_1^2 (x+t)f(t)\,dt=2x+a$

のとき，$f(x)=\dfrac{\square e^x}{e^2-e-1}$ であり，

$a=\dfrac{\square e^2+\square e}{e^2-e-1}$ である．（23　久留米大・医）

▶解答◀ （1） $\log x=u$ とおくと $x=e^u$ で

$$\int_1^u f(t)\,dt=2e^u-2e$$

両辺を u で微分して

$$f(u)=2e^u \qquad \therefore\ f(x)=\boldsymbol{2e^x}$$

（2） $x\displaystyle\int_1^2 f(t)\,dt+\int_1^2 tf(t)\,dt=f(x)+2x-4$

$A=\displaystyle\int_1^2 f(t)\,dt,\ B=\int_1^2 tf(t)\,dt$ とおくと

$$Ax+B=f(x)+2x-4$$

$$f(x)=(A-2)x+B+4\ \cdots\cdots①$$

であるから

$$A=\int_1^2 \{(A-2)t+B+4\}\,dt$$

$$=\left[\frac{A-2}{2}t^2+(B+4)t\right]_1^2$$

$$=\frac{3}{2}(A-2)+B+4=\frac{3}{2}A+B+1$$

$$\frac{1}{2}A+B+1=0\ \cdots\cdots②$$

$$B=\int_1^2 \{(A-2)t^2+(B+4)t\}\,dt$$

$$=\left[\frac{A-2}{3}t^3+\frac{B+4}{2}t^2\right]_1^2$$

$$=\frac{7}{3}(A-2)+\frac{3}{2}(B+4)=\frac{7}{3}A+\frac{3}{2}B+\frac{4}{3}$$

$$\frac{7}{3}A+\frac{1}{2}B+\frac{4}{3}=0 \quad\cdots\cdots③$$

②, ③ より $A=-\frac{2}{5}$, $B=-\frac{4}{5}$

① より, $f(x)=\boldsymbol{\frac{-12x+16}{5}}$

(3) $\log x=u$ とおくと

$$\int_1^u f(t)\,dt-\int_1^2(e^u+t)f(t)\,dt=2e^u+a$$

$C=\int_1^2 f(t)\,dt$ とおくと

$$\int_1^u f(t)\,dt-Ce^u-\int_1^2 tf(t)\,dt=2e^u+a \quad\cdots\cdots④$$

両辺を u で微分して

$$f(u)-Ce^u=2e^u \qquad \therefore\quad f(u)=(C+2)e^u$$

$$C=\int_1^2(C+2)e^t\,dt$$

$$=\left[(C+2)e^t\right]_1^2=(C+2)(e^2-e)$$

$$(e^2-e-1)C=-2(e^2-e)$$

$$C=\frac{-2e^2+2e}{e^2-e-1}$$

$f(x)=(C+2)e^x$ であるから

$$f(x)=\left(\frac{-2e^2+2e}{e^2-e-1}+2\right)e^x=\boldsymbol{\frac{-2e^x}{e^2-e-1}}$$

また, ④ に $u=1$ を代入して

$$-Ce-\int_1^2 tf(t)\,dt=2e+a$$

$$a=-(C+2)e-\int_1^2 t\cdot(C+2)e^t\,dt$$

$$=-(C+2)\left(e+\int_1^2 te^t\,dt\right)$$

ここで

$$\int_1^2 te^t\,dt=\int_1^2 t(e^t)'\,dt$$

$$=\left[te^t\right]_1^2-\int_1^2(t)'e^t\,dt$$

$$=2e^2-e-\int_1^2 e^t\,dt=2e^2-e-\left[e^t\right]_1^2$$

$$=2e^2-e-(e^2-e)=e^2$$

であるから

$$a=-(C+2)(e+e^2)$$

$$=-\frac{-2}{e^2-e-1}(e+e^2)=\boldsymbol{\frac{2e^2+2e}{e^2-e-1}}$$

【積分を含む等式】

《(B0)》

497. 関数 $f(x)$ を

$$f(x)=\int_x^{2x}(\sin t)e^{-(t-x)^2}\,dt\ (0<x<\pi)$$

により定める. このとき, x に関する方程式

$$f(x)+f''(x)=0$$

の, $0<x<\pi$ の範囲における実数解の個数を求めよ. ただし, $f''(x)$ は関数 $f(x)$ の第 2 次導関数である. (23 京都工繊大・前期)

▶解答◀ $f(x)=\int_x^{2x}(\sin t)e^{-(t-x)^2}\,dt$

$t-x=u$ とおく. $dt=du$

t	$x\to 2x$
u	$0\to x$

$$f(x)=\int_0^x \sin(u+x)e^{-u^2}\,du$$

$$=\cos x\int_0^x e^{-u^2}\sin u\,du$$

$$+\sin x\int_0^x e^{-u^2}\cos u\,du$$

$$f'(x)=-\sin x\int_0^x e^{-u^2}\sin u\,du$$

$$+e^{-x^2}\sin x\cos x$$

$$+\cos x\int_0^x e^{-u^2}\cos u\,du$$

$$+e^{-x^2}\sin x\cos x$$

$$f''(x)=-\cos x\int_0^x e^{-u^2}\sin u\,du-e^{-x^2}\sin^2 x$$

$$-\sin x\int_0^x e^{-u^2}\cos u\,du$$

$$+e^{-x^2}\cos^2 x+\left(e^{-x^2}\sin 2x\right)'$$

$$=-f(x)+e^{-x^2}\cos 2x$$

$$+e^{-x^2}\cdot(-2x\sin 2x)+e^{-x^2}\cdot 2\cos 2x$$

$f''(x)+f(x)=0$ より

$$e^{-x^2}(\cos 2x-2x\sin 2x+2\cos 2x)=0$$

$$3\cos 2x=2x\sin 2x$$

$$2x\tan 2x=3$$

$2x=\theta$ とおくと

$$\theta\tan\theta=3 \qquad \therefore\quad \tan\theta=\frac{3}{\theta}$$

$y=\tan\theta$ と $y=\frac{3}{\theta}$ のグラフの $0<\theta<2\pi$ における共有点の個数を考える.

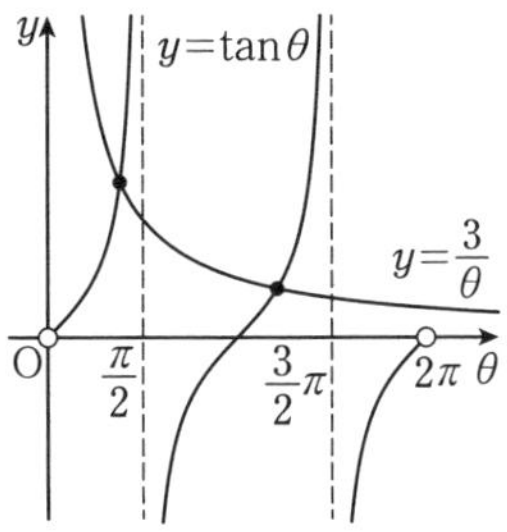

よって求める実数解の個数は **2** である．

《(B0)》

498. a を 0 でない実数とする．$f(x)$ は実数全体を定義域とする連続関数で

$$\int_0^x f(t)\,dt = xe^{-ax^2}$$

をみたしている．以下の問に答えよ．

（1） $f(x)$ を求めよ．

（2） b を実数とする．方程式 $f(x)=b$ が異なる 4 個の実数解をもつための a, b のみたす必要十分条件を求めよ．ただし，$\lim_{x\to\infty} x^2e^{-x^2}=0$ であることは用いてよい．（23 神戸大・後期）

▶解答◀ （1） $\int_0^x f(t)\,dt = xe^{-ax^2}$ の両辺を x で微分して

$$f(x) = e^{-ax^2} + x(-2ax)e^{-ax^2}$$
$$= \boldsymbol{(1-2ax^2)e^{-ax^2}}$$

（2） $f'(x) = -4axe^{-ax^2} + (1-2ax^2)(-2ax)e^{-ax^2}$
$$= -2ax(3-2ax^2)e^{-ax^2}$$

$f(-x)=f(x)$ より，$f(x)$ は偶関数であるから，$x>0$ で $f(x)=b$ が異なる 2 個の実数解をもつ条件を考える．

（ア） $a<0$ のとき：$x>0$ において $f'(x)>0$ となるから，$f(x)$ は $x>0$ において単調増加である．ゆえに，この範囲において $Y=f(x)$ と $Y=b$ の共有点は 1 個以下となり不適である．

（イ） $a>0$ のとき：$f(x)$ の増減表は次のようになる．$\alpha = \sqrt{\dfrac{3}{2a}}$ とおく．

x	0	$\cdots$	α	$\cdots$
$f'(x)$		$-$	0	$+$
$f(x)$		↘		↗

$$f(\alpha) = -2e^{-\frac{3}{2}},\quad f(0)=1$$

$$\lim_{x\to\infty} f(x) = \lim_{x\to\infty}\{e^{-ax^2} - 2(\sqrt{a}x)^2e^{-(\sqrt{a}x)^2}\}$$
$$=0-0=0$$

よって，$x>0$ における $Y=f(x)$ のグラフは次のようになる．

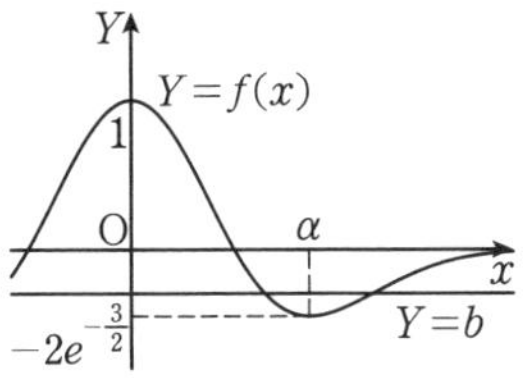

これより，$Y=f(x)$ と $Y=b$ が $x>0$ において異なる 2 つの共有点をもつ条件を考えると

$$\boldsymbol{a>0\ かつ\ -2e^{-\frac{3}{2}}<b<0}$$

《(B0)》

499. a, b を正の実数，p を a より小さい正の実数とし，すべての実数 x について

$$\int_p^{f(x)} \frac{a}{u(a-u)}\,du = bx,\quad 0<f(x)<a$$

かつ $f(0)=p$ を満たす関数 $f(x)$ を考える．このとき以下の各問いに答えよ．

（1） $f(x)$ を a, b, p を用いて表せ．

（2） $f(-1)=\dfrac{1}{2}, f(1)=1, f(3)=\dfrac{3}{2}$ のとき，a, b, p を求めよ．

（3） （2）のとき，$\lim_{x\to-\infty} f(x)$ と $\lim_{x\to\infty} f(x)$ を求めよ．（23 東京医歯大・医）

▶解答◀ （1） $\displaystyle\int_p^{f(x)}\left(\frac{1}{u}-\frac{1}{a-u}\right)dx$

$$=\Big[\log|u| - \log|a-u|\Big]_p^{f(x)}$$
$$=\log f(x) - \log(a-f(x))$$
$$\quad -\log p + \log(a-p)$$
$$=\log\frac{(a-p)f(x)}{p(a-f(x))}$$

これが bx に等しいから

$$\frac{(a-p)f(x)}{p(a-f(x))} = e^{bx}$$
$$(a-p)f(x) = e^{bx}p(a-f(x))$$
$$(a-p+pe^{bx})f(x) = pae^{bx}$$

$a-p+e^{bx}>0$ より

$$f(x) = \boldsymbol{\frac{pae^{bx}}{a-p+pe^{bx}}}$$

これは $f(0)=p,\ 0<f(x)<a$ を満たしている．

（2） $f(-1) = \dfrac{pae^{-b}}{a-p+pe^{-b}} = \dfrac{1}{2}$

$$\frac{a-p}{p(2a-1)} = e^{-b} \quad\cdots\cdots①$$

$$f(1) = \frac{pae^b}{a-p+pe^b} = 1$$

$$\frac{a-p}{p(a-1)}=e^b \quad \cdots\cdots ②$$

$$f(3)=\frac{pae^{3b}}{a-p+pe^{3b}}=\frac{3}{2}$$

$$\frac{3(a-p)}{p(2a-3)}=e^{3b} \quad \cdots\cdots ③$$

②÷①, ③÷② より

$$e^{2b}=\frac{2a-1}{a-1}=\frac{3(a-1)}{2a-3}$$

$$(2a-1)(2a-3)=3(a-1)^2$$

$$a^2-2a=0 \qquad \therefore \quad a(a-2)=0$$

$a>0$ より，$a=\mathbf{2}$ である．このとき，

$$e^{2b}=3 \qquad \therefore \quad b=\frac{1}{2}\log 3$$

② に代入して

$$\frac{2-p}{p}=\sqrt{3} \qquad \therefore \quad p=\sqrt{3}-1$$

これは $0<p<a,\ b>0$ を満たしている．

（3） $x\to-\infty$ のとき $e^{bx}\to 0$ であるから，

$$\lim_{x\to-\infty}f(x)=\frac{0}{a-p+0}=\mathbf{0}$$

$x\to\infty$ のとき $e^{-bx}\to 0$ であるから

$$\lim_{x\to\infty}f(x)=\lim_{x\to\infty}\frac{pa}{(a-p)e^{-bx}+p}$$

$$=\frac{pa}{p}=a=\mathbf{2}$$

《(B0)》

500. 等式 $f(x)=\sin 2x+\int_0^{\frac{\pi}{2}} tf(t)\,dt$ を満たす関数 $f(x)$ を求めよ． （23 山梨大・工）

▶解答◀ $k=\int_0^{\frac{\pi}{2}} tf(t)\,dt$ とおくと

$$f(x)=\sin 2x+k$$

$$k=\int_0^{\frac{\pi}{2}} t(\sin 2t+k)\,dt$$

$$=\int_0^{\frac{\pi}{2}} t\sin 2t\,dt+k\int_0^{\frac{\pi}{2}} t\,dt$$

$$=\int_0^{\frac{\pi}{2}} t\left(-\frac{1}{2}\cos 2t\right)'dt+k\left[\frac{1}{2}t^2\right]_0^{\frac{\pi}{2}}$$

$$=\left[t\left(-\frac{1}{2}\cos 2t\right)\right]_0^{\frac{\pi}{2}}$$

$$-\int_0^{\frac{\pi}{2}}(t)'\left(-\frac{1}{2}\cos 2t\right)dt+\frac{1}{8}\pi^2k$$

$$=\frac{\pi}{4}+\frac{1}{2}\int_0^{\frac{\pi}{2}}\cos 2t\,dt+\frac{1}{8}\pi^2k$$

$$=\frac{\pi}{4}+\frac{1}{2}\left[\frac{1}{2}\sin 2t\right]_0^{\frac{\pi}{2}}+\frac{1}{8}\pi^2k$$

$$k=\frac{\pi}{4}+\frac{1}{8}\pi^2k$$

$$8k=2\pi+\pi^2k \qquad \therefore \quad -(\pi^2-8)k=2\pi$$

$$k=-\frac{2\pi}{\pi^2-8}$$

したがって $f(x)=\mathbf{\sin 2x-\dfrac{2\pi}{\pi^2-8}}$

《(B0)》

501. 条件

$$f'(x)+\int_0^1 f(t)\,dt=2e^{2x}-e^x$$

かつ $f(0)=0$ を満たす関数 $f(x)$ を求めよ．ただし，$f'(x)$ は $f(x)$ の導関数を表す．

（23 学習院大・理）

▶解答◀ $\int_0^1 f(t)\,dt=a$ とおく．

$$f'(x)=2e^{2x}-e^x-a$$

$$f(x)=\int(2e^{2x}-e^x-a)\,dx$$

$$=e^{2x}-e^x-ax+C \ (C \text{ は積分定数})$$

$f(0)=0$ であるから

$$e^0-e^0+C=0 \qquad \therefore \quad C=0$$

このとき

$$a=\int_0^1 f(t)\,dt=\int_0^1(e^{2t}-e^t-at)\,dt$$

$$=\left[\frac{e^{2t}}{2}-e^t-\frac{at^2}{2}\right]_0^1=\frac{e^2}{2}-e-\frac{a}{2}+\frac{1}{2}$$

であるから

$$a=\frac{e^2}{2}-e-\frac{a}{2}+\frac{1}{2}$$

$$3a=e^2-2e+1 \qquad \therefore \quad a=\frac{1}{3}(e-1)^2$$

したがって

$$f(x)=\mathbf{e^{2x}-e^x-\frac{1}{3}(e-1)^2x}$$

《(B0)》

502. 関数 $f(x)$ は積分区間の範囲の中で定義される連続な関数である．ただし，a は実数の定数とし，e は自然対数の底とする．

（1） $\int_1^{\log x} f(t)\,dt=2x-2e$ のとき，

$f(x)=\square e^x$ である．

（2） $\int_1^2(x+t)f(t)\,dt=f(x)+2x-4$

のとき，$f(x)=\dfrac{\square x+\square}{5}$ である．

（3） $\int_1^{\log x} f(t)\,dt-\int_1^2(x+t)f(t)\,dt=2x+a$

のとき，$f(x)=\dfrac{\square e^x}{e^2-e-1}$ であり，

$a = \dfrac{\square e^2 + \square e}{e^2 - e - 1}$ である．(23　久留米大・医)

▶解答◀　(1)　$\log x = u$ とおくと $x = e^u$ で

$$\int_1^u f(t)\,dt = 2e^u - 2e$$

両辺を u で微分して

$$f(u) = 2e^u \qquad \therefore \quad f(x) = \boldsymbol{2e^x}$$

(2)　$x\displaystyle\int_1^2 f(t)\,dt + \int_1^2 tf(t)\,dt = f(x) + 2x - 4$

$A = \displaystyle\int_1^2 f(t)\,dt,\ B = \int_1^2 tf(t)\,dt$ とおくと

$$Ax + B = f(x) + 2x - 4$$

$$f(x) = (A-2)x + B + 4 \quad \cdots\cdots①$$

であるから

$$A = \int_1^2 \{(A-2)t + B + 4\}\,dt$$

$$= \left[\frac{A-2}{2}t^2 + (B+4)t\right]_1^2$$

$$= \frac{3}{2}(A-2) + B + 4 = \frac{3}{2}A + B + 1$$

$$\frac{1}{2}A + B + 1 = 0 \quad \cdots\cdots②$$

$$B = \int_1^2 \{(A-2)t^2 + (B+4)t\}\,dt$$

$$= \left[\frac{A-2}{3}t^3 + \frac{B+4}{2}t^2\right]_1^2$$

$$= \frac{7}{3}(A-2) + \frac{3}{2}(B+4) = \frac{7}{3}A + \frac{3}{2}B + \frac{4}{3}$$

$$\frac{7}{3}A + \frac{1}{2}B + \frac{4}{3} = 0 \quad \cdots\cdots③$$

②，③より $A = -\dfrac{2}{5},\ B = -\dfrac{4}{5}$

①より，$f(x) = \boldsymbol{\dfrac{-12x+16}{5}}$

(3)　$\log x = u$ とおくと

$$\int_1^u f(t)\,dt - \int_1^2 (e^u + t)f(t)\,dt = 2e^u + a$$

$C = \displaystyle\int_1^2 f(t)\,dt$ とおくと

$$\int_1^u f(t)\,dt - Ce^u - \int_1^2 tf(t)\,dt = 2e^u + a \quad \cdots④$$

両辺を u で微分して

$$f(u) - Ce^u = 2e^u \qquad \therefore \quad f(u) = (C+2)e^u$$

$$C = \int_1^2 (C+2)e^t\,dt$$

$$= \left[(C+2)e^t\right]_1^2 = (C+2)(e^2 - e)$$

$$(e^2 - e - 1)C = -2(e^2 - e)$$

$$C = \frac{-2e^2 + 2e}{e^2 - e - 1}$$

$f(x) = (C+2)e^x$ であるから

$$f(x) = \left(\frac{-2e^2+2e}{e^2-e-1} + 2\right)e^x = \boldsymbol{\frac{-2e^x}{e^2-e-1}}$$

また，④に $u = 1$ を代入して

$$-Ce - \int_1^2 tf(t)\,dt = 2e + a$$

$$a = -(C+2)e - \int_1^2 t\cdot(C+2)e^t\,dt$$

$$= -(C+2)\left(e + \int_1^2 te^t\,dt\right)$$

ここで

$$\int_1^2 te^t\,dt = \int_1^2 t(e^t)'\,dt$$

$$= \left[te^t\right]_1^2 - \int_1^2 (t)'e^t\,dt$$

$$= 2e^2 - e - \int_1^2 e^t\,dt = 2e^2 - e - \left[e^t\right]_1^2$$

$$= 2e^2 - e - (e^2 - e) = e^2$$

であるから

$$a = -(C+2)(e + e^2)$$

$$= -\frac{-2}{e^2-e-1}(e+e^2) = \boldsymbol{\frac{2e^2+2e}{e^2-e-1}}$$

【微積分の融合】

《積分して微分する (B20)》

503．関数 F，G を

$$F(a) = \int_{-\pi}^{\pi} \{ae^{-x}\sin x - (2a+1)e^{-x}\cos x\}\,dx$$

$$G(a) = \int_{-\frac{\pi}{2}}^{\frac{\pi}{2}} \{ae^{-x}\sin x + 2(a+1)e^{-x}\cos x\}^2\,dx$$

で定める．このとき，以下の問いに答えよ．

(1)　定積分 $F(a)$ を求めよ．

(2)　定積分 $G(a)$ を求めよ．

(3)　a が実数全体を動くとき，$\dfrac{F(a)}{G(a)}$ に最大値，最小値があれば，それを求めよ．

(23　愛知県立大・情報)

▶解答◀　(1)　以下積分定数は省略する．

$$F(a)$$

$$= a\int_{-\pi}^{\pi} e^{-x}\sin x\,dx - (2a+1)\int_{-\pi}^{\pi} e^{-x}\cos x\,dx$$

$$(e^{-x}\sin x)' = -e^{-x}\sin x + e^{-x}\cos x \quad \cdots\cdots①$$

$$(e^{-x}\cos x)' = -e^{-x}\cos x - e^{-x}\sin x \quad \cdots\cdots②$$

① + ②より

$$-2e^{-x}\sin x = \{e^{-x}(\sin x + \cos x)\}'$$

$$\int e^{-x}\sin x\,dx = -\frac{1}{2}e^{-x}(\sin x + \cos x)$$

① − ②より

$$2e^{-x}\cos x = \{e^{-x}(\sin x - \cos x)\}'$$

$$\int e^{-x}\cos x\,dx = \frac{1}{2}e^{-x}(\sin x - \cos x)$$

であるから

$$\int_{-\pi}^{\pi} e^{-x}\sin x\,dx = \left[-\frac{1}{2}e^{-x}(\sin x + \cos x)\right]_{-\pi}^{\pi}$$

$$= \frac{e^{-\pi}-e^{\pi}}{2} \quad \cdots\cdots ③$$

$$\int_{-\pi}^{\pi} e^{-x}\cos x\,dx = \left[\frac{1}{2}e^{-x}(\sin x - \cos x)\right]_{-\pi}^{\pi}$$

$$= \frac{e^{-\pi}-e^{\pi}}{2} \quad \cdots\cdots ④$$

③, ④ より

$$F(a) = a\cdot\frac{e^{-\pi}-e^{\pi}}{2} - (2a+1)\cdot\frac{e^{-\pi}-e^{\pi}}{2}$$

$$= \boldsymbol{\frac{(a+1)(e^{\pi}-e^{-\pi})}{2}}$$

(2) $\{ae^{-x}\sin x + 2(a+1)e^{-x}\cos x\}^2$

$$= a^2e^{-2x}\sin^2 x + 4a(a+1)e^{-2x}\sin x\cos x$$
$$+ 4(a+1)^2e^{-2x}\cos^2 x$$
$$= a^2e^{-2x}\cdot\frac{1-\cos 2x}{2} + 2a(a+1)e^{-2x}\sin 2x$$
$$+ 2(a+1)^2e^{-2x}(1+\cos 2x)$$
$$= (2a^2+2a)e^{-2x}\sin 2x$$
$$+ \frac{3a^2+8a+4}{2}e^{-2x}\cos 2x$$
$$+ \frac{5a^2+8a+4}{2}e^{-2x}$$

から

$$G(a) = (2a^2+2a)\int_{-\frac{\pi}{2}}^{\frac{\pi}{2}} e^{-2x}\sin 2x\,dx$$
$$+ \frac{3a^2+8a+4}{2}\int_{-\frac{\pi}{2}}^{\frac{\pi}{2}} e^{-2x}\cos 2x\,dx$$
$$+ \frac{5a^2+8a+4}{2}\int_{-\frac{\pi}{2}}^{\frac{\pi}{2}} e^{-2x}\,dx$$

$(e^{-2x}\sin 2x)'$

$$= -2e^{-2x}\sin 2x + 2e^{-2x}\cos 2x \quad \cdots\cdots ⑤$$

$(e^{-2x}\cos 2x)'$

$$= -2e^{-2x}\cos 2x - 2e^{-2x}\sin 2x \quad \cdots\cdots ⑥$$

⑤＋⑥ より

$$-4e^{-2x}\sin 2x = \{e^{-2x}(\sin 2x + \cos 2x)\}'$$

$$\int e^{-2x}\sin 2x\,dx = -\frac{1}{4}e^{-2x}(\sin 2x + \cos 2x)$$

⑤－⑥ より

$$4e^{-2x}\cos 2x = \{e^{-2x}(\sin 2x - \cos 2x)\}'$$

$$\int e^{-2x}\cos 2x\,dx = \frac{1}{4}e^{-2x}(\sin 2x - \cos 2x)$$

であるから

$$\int_{-\frac{\pi}{2}}^{\frac{\pi}{2}} e^{-2x}\sin 2x\,dx$$

$$= \left[-\frac{1}{4}e^{-2x}(\sin 2x + \cos 2x)\right]_{-\frac{\pi}{2}}^{\frac{\pi}{2}} = \frac{e^{-\pi}-e^{\pi}}{4}$$

$$\int_{-\frac{\pi}{2}}^{\frac{\pi}{2}} e^{-2x}\cos 2x\,dx$$

$$= \left[\frac{1}{4}e^{-2x}(\sin 2x - \cos 2x)\right]_{-\frac{\pi}{2}}^{\frac{\pi}{2}} = \frac{e^{-\pi}-e^{\pi}}{4}$$

$$\int_{-\frac{\pi}{2}}^{\frac{\pi}{2}} e^{-2x}\,dx = \left[-\frac{1}{2}e^{-2x}\right]_{-\frac{\pi}{2}}^{\frac{\pi}{2}} = -\frac{e^{-\pi}-e^{\pi}}{2}$$

$$G(a) = (2a^2+2a)\cdot\frac{e^{-\pi}-e^{\pi}}{4}$$
$$+ \frac{3a^2+8a+4}{2}\cdot\frac{e^{-\pi}-e^{\pi}}{4}$$
$$- \frac{5a^2+8a+4}{2}\cdot\frac{e^{-\pi}-e^{\pi}}{2}$$
$$= \frac{-3a^2-4a-4}{2}\cdot\frac{e^{-\pi}-e^{\pi}}{4}$$
$$= \boldsymbol{\frac{(3a^2+4a+4)(e^{\pi}-e^{-\pi})}{8}}$$

(3) (1), (2) より

$$\frac{F(a)}{G(a)} = \frac{4(a+1)}{3a^2+4a+4}$$

$H(a) = \dfrac{a+1}{3a^2+4a+4}$ とおく.

$$H'(a) = \frac{(3a^2+4a+4)-(6a+4)(a+1)}{(3a^2+4a+4)^2}$$

$$= \frac{-3a(a+2)}{(3a^2+4a+4)^2}$$

a	$\cdots$	-2	$\cdots$	0	$\cdots$
$H'(a)$	$-$	0	$+$	0	$-$
$H(a)$	↘		↗		↘

$$\lim_{a\to\pm\infty} H(a) = 0$$

$$H(-2) = \frac{-1}{12-8+4} = -\frac{1}{8},\quad H(0) = \frac{1}{4}$$

したがって, $\dfrac{F(a)}{G(a)}$ は $a=-2$ のとき最小値 $\boldsymbol{-\frac{1}{2}}$, $a=0$ のとき最大値 **1** をとる.

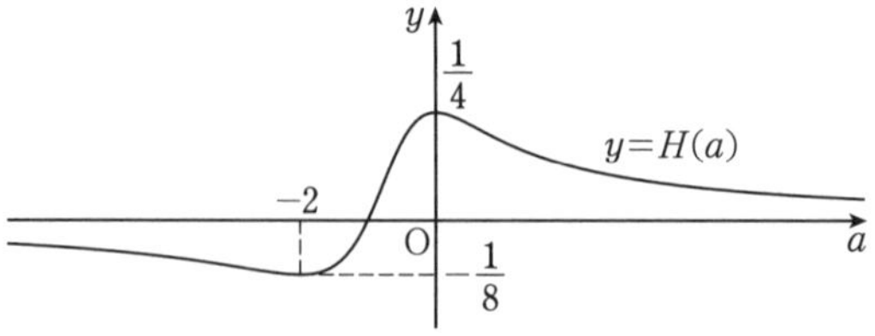

《積分を評価する (C30)》

504. $f(x) = \displaystyle\int_0^x \frac{1}{\sqrt{1+t^4}}\,dt$ とおく. 以下の問いに答えよ.

(1) $y = \log(x + \sqrt{1+x^2})$ を微分せよ.

(2) $0 < x \leqq 1$ において,

$\log(x+\sqrt{1+x^2}) < f(x) < x$

が成り立つことを示せ．

（3） $x>1$ において，曲線

$y=\log(x+\sqrt{1+x^2})$

と曲線 $y=f(x)$ は共有点をちょうど1つもつことを示せ．　　（23　お茶の水女子大・前期）

▶解答◀ （1） $y=\log(x+\sqrt{1+x^2})$ のとき

$$y'=\frac{1}{x+\sqrt{1+x^2}}(x+\sqrt{1+x^2})'$$

$$=\frac{1}{x+\sqrt{1+x^2}}\left(1+\frac{x}{\sqrt{x^2+1}}\right)$$

$$=\frac{1}{x+\sqrt{1+x^2}}\cdot\frac{\sqrt{x^2+1}+x}{\sqrt{x^2+1}}=\boldsymbol{\frac{1}{\sqrt{x^2+1}}}$$

（2） $0<x\leqq 1$ のとき，$0<t<x$ に対し $0<t^4<t^2$ であるから

$$\sqrt{0+1}<\sqrt{t^4+1}<\sqrt{t^2+1}$$

$$\frac{1}{\sqrt{t^2+1}}<\frac{1}{\sqrt{t^4+1}}<1$$

0 から x まで積分して

$$\int_0^x\frac{1}{\sqrt{t^2+1}}\,dt<\int_0^x\frac{1}{\sqrt{t^4+1}}\,dt<\int_0^x 1\,dt$$

ここで，（1）より

$$\int_0^x\frac{1}{\sqrt{t^2+1}}\,dt=\Big[\log(t+\sqrt{1+t^2})\Big]_0^x$$

$$=\log(x+\sqrt{1+x^2})$$

であるから，$\log(x+\sqrt{1+x^2})<f(x)<x$ である．

（3） $g(x)=\log(x+\sqrt{1+x^2})-f(x)$ とおくと

$$g'(x)=\frac{1}{\sqrt{x^2+1}}-\frac{1}{\sqrt{x^4+1}}$$

$$=\frac{\sqrt{x^4+1}-\sqrt{x^2+1}}{\sqrt{x^2+1}\sqrt{x^4+1}}$$

$x>1$ のとき $x^4>x^2$ であるから，$g'(x)>0$ であり，$g(x)$ は増加関数である．（2）の不等式で $x=1$ とすることで $g(1)<0$ である．$\lim\limits_{x\to+\infty}g(x)=+\infty$ を示す．

$f(x)$ を積分が実行できる式で押さえる．$x>1$ のとき

$$f(x)=\int_0^1\frac{1}{\sqrt{t^4+1}}\,dt+\int_1^x\frac{1}{\sqrt{t^4+1}}\,dt$$

$$<\int_0^1 1\,dt+\int_1^x\frac{1}{\sqrt{t^4}}\,dt$$

$$=1+\int_1^x\frac{1}{t^2}\,dt=1+\left[-\frac{1}{t}\right]_1^x=2-\frac{1}{x}<2$$

$$g(x)>\log(x+\sqrt{1+x^2})-2$$

$\lim\limits_{x\to+\infty}\left\{\log(x+\sqrt{1+x^2})-2\right\}=+\infty$ であるから

$$\lim_{x\to+\infty}g(x)=+\infty$$

よって，$g(x)=0$ は $x>1$ においてただ1つの解をもつから，題意は示された．

《平均値の定理で評価する（C30）》

505．関数 $f(x)=\dfrac{1}{\sin x}$ について，次の問いに答えよ．

（1） $\lim\limits_{x\to0}\dfrac{\sin x}{x}=1$ を用いて，定義に従って，$f(x)$ の導関数 $f'(x)$ を求めよ．

（2） 不定積分 $\displaystyle\int f(x)\,dx$ を求めよ．

（3） $0<t<\pi$ とし，点 $(t,\ f(t))$ における接線の方程式を $y=mx+n$ とする．このとき，$0<x<\pi$，$x\neq t$ となるすべての x について，不等式

$mx+n<f(x)$

が成り立つことを証明せよ．

（4） $0<a<b<\pi$ のとき，不等式

$$f\left(\frac{a+b}{2}\right)<\frac{f(a)+f(b)}{2}$$

が成り立つことを，（3）の不等式を用いて，証明せよ．

（5） 点 $\left(\dfrac{\pi}{3},\ f\left(\dfrac{\pi}{3}\right)\right)$ における接線，点 $\left(\dfrac{2}{3}\pi,\ f\left(\dfrac{2}{3}\pi\right)\right)$ における接線および曲線 $y=f(x)$ とで囲まれた部分の面積を求めよ．　　（23　大教大・後期）

▶解答◀ （1） 以下で差 → 積の公式を用いる．

$h\neq0$ のとき

$$\frac{\dfrac{1}{\sin(x+h)}-\dfrac{1}{\sin x}}{h}=\frac{\sin x-\sin(x+h)}{h\sin(x+h)\sin x}$$

$$=\frac{-2\cos\left(x+\dfrac{h}{2}\right)\sin\dfrac{h}{2}}{h\sin(x+h)\sin x}$$

$$=\frac{\sin\dfrac{h}{2}}{\dfrac{h}{2}}\cdot\frac{-\cos\left(x+\dfrac{h}{2}\right)}{\sin(x+h)\sin x}$$

$$\lim_{h\to0}\frac{\dfrac{1}{\sin(x+h)}-\dfrac{1}{\sin x}}{h}=1\cdot\frac{-\cos x}{\sin^2 x}$$

$$f'(x)=\boldsymbol{-\frac{\cos x}{\sin^2 x}}$$

（2） $\dfrac{1}{\sin x}=\dfrac{\sin x}{\sin^2 x}=\dfrac{\sin x}{1-\cos^2 x}$

$$=\frac{1}{2}\left(\frac{1}{1-\cos x}+\frac{1}{1+\cos x}\right)\sin x$$

$$=\frac{1}{2}\left\{\frac{(1-\cos x)'}{1-\cos x}-\frac{(1+\cos x)'}{1+\cos x}\right\}$$

$$\int \frac{1}{\sin x}\,dx$$

$$=\frac{1}{2}\{\log(1-\cos x)-\log(1+\cos x)\}+C$$

$$=\boldsymbol{\frac{1}{2}\log\frac{1-\cos x}{1+\cos x}+C}$$

C は積分定数である．

（**3**） $c=\cos x$，$s=\sin x$ と略記する．

$$f'(x)=-\frac{c}{s^2}$$

$$f''(x)=-\frac{-s\cdot s^2-c\cdot 2sc}{s^4}$$

$$=\frac{s^2+2c^2}{s^3}>0$$

なお $0<x<\pi$ では $s>0$ である．

以下で平均値の定理を繰り返し用いる．

$$f(x)-(mx+n)$$

$$=f(x)-\{f'(t)(x-t)+f(t)\}$$

$$=f(x)-f(t)-f'(t)(x-t)$$

$$=(x-t)f'(c_1)-f'(t)(x-t)$$

$$=(x-t)\{f'(c_1)-f'(t)\}$$

$$=(x-t)(c_1-t)f''(c_2)\ \cdots\cdots\cdots①$$

となる c_1, c_2 が存在する．

$x<t$ のとき $x<c_1<c_2<t$ であり $x-t<0$，$c_1-t<0$

$x>t$ のとき $x>c_1>c_2>t$ であり $x-t>0$，$c_1-t>0$

いずれにしても ① は正であるから証明された．

（**4**） $f(x)>f'(t)(x-t)+f(t)$

で $x=a, b$ として

$$f(a)>f'(t)(a-t)+f(t)$$

$$f(b)>f'(t)(b-t)+f(t)$$

であり，これらを辺ごとに加え

$$f(a)+f(b)>f'(t)(a+b-2t)+2f(t)$$

$t=\dfrac{a+b}{2}$ とすると

$$f(a)+f(b)>2f\left(\frac{a+b}{2}\right)$$

不等式は証明された．

（**5**） $\sin(\pi-x)=\sin x$ であるから，曲線 $C: y=f(x)$ は $x=\dfrac{\pi}{2}$ に関して対称であり，$x=\dfrac{\pi}{3}$，$\dfrac{2}{3}\pi$ における接線（順に l_1, l_2 とする）は対称の位置にあるから，2 本の接線は $x=\dfrac{\pi}{2}$ で交わる．

$f'\left(\dfrac{\pi}{3}\right)=-\dfrac{2}{3}$ であるから

$$l_1: y=-\frac{2}{3}\left(x-\frac{\pi}{3}\right)+\frac{2}{\sqrt{3}}$$

であるから，求める面積は

$$2\int_{\frac{\pi}{3}}^{\frac{\pi}{2}}\left\{\frac{1}{\sin x}+\frac{2}{3}\left(x-\frac{\pi}{3}\right)-\frac{2}{\sqrt{3}}\right\}dx$$

$$=2\left[\frac{1}{2}\log\frac{1-\cos x}{1+\cos x}+\frac{1}{3}\left(x-\frac{\pi}{3}\right)^2-\frac{2}{\sqrt{3}}x\right]_{\frac{\pi}{3}}^{\frac{\pi}{2}}$$

$$=2\left\{-\frac{1}{2}\log\frac{1-\frac{1}{2}}{1+\frac{1}{2}}+\frac{1}{3}\left(\frac{\pi}{6}\right)^2\right.$$

$$\left.-\frac{2}{\sqrt{3}}\left(\frac{\pi}{2}-\frac{\pi}{3}\right)\right\}$$

$$=\boldsymbol{\log 3+\frac{\pi^2}{54}-\frac{2\pi}{3\sqrt{3}}}$$

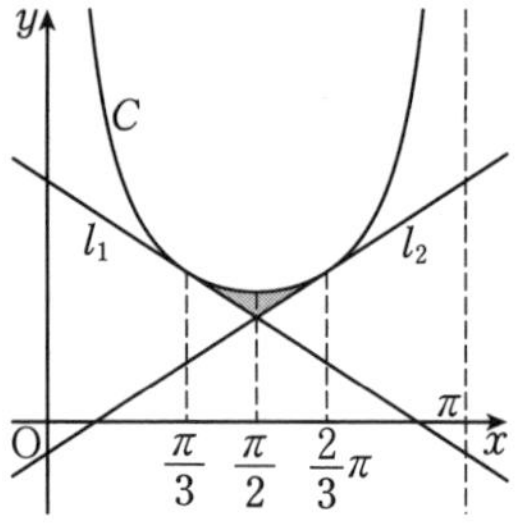

注意 **【平均値の定理】**

平均値の定理は，始まりは $a<b$ のとき $f(x)$ が区間 $[a, b]$ で連続，区間 (a, b) で微分可能のとき

$$\frac{f(b)-f(a)}{b-a}=f'(c)\quad (a<c<b)$$

となる c が存在する．

というものであるが，応用する場合は分母をはらい

$$f(b)-f(a)=(b-a)f'(c)$$

という形で使い，さらに a, b の大小をとりはらい

$$c=a+\theta(b-a),\ 0<\theta<1$$

という形で使うものである．この形は $a<b$ でも $a>b$ でも，そして $a=b$ であっても成り立つから，大小をとりはらう上で便利である．さらに，$x_1<x_2$ である任意の x_1, x_2 に対し

$$f(x_1)<f(x_2)$$

であることを増加（狭義単調増加 strictly increase）という．そして $f'(x)>0$ のとき $f(x)$ は増加関数であることを平均値の定理を用いて

$$f(x_2)-f(x_1)=(x_2-x_1)f'(c)>0$$

とする．本年の慶応大・理工にそれを書かせる問題がある．これを踏まえれば，解答のような説明は，ある意味で正統な書き方とわかる．拙著「崖っぷち数学 III の検定外教科書」を見よ．

♦別解♦ （3）は普通は次のように書く．

$x=t$ における接線 l の方程式は

$$l: y=f'(t)(x-t)+f(t)$$

であるから $g(x)=f(x)-(mx+n)$ とおくと

$$g(x)=f(x)-f'(t)(x-t)-f(t)$$

$$g'(x)=f'(x)-f'(t)$$

$$g''(x)=f''(x)=\frac{\sin^2 x+2\cos^2 x}{\sin^3 x}>0$$

$g'(x)$ は増加関数であり，$g'(t)=f'(t)-f'(t)=0$ であるから

$x<t$ のとき，$g'(x)<0$

$x>t$ のとき，$g'(x)>0$

となり，$g(x)$ の増減は次のようになる．

x	0	$\cdots$	t	$\cdots$	π
$g'(x)$		$-$	0	$+$	
$g(x)$		↘		↗	

$g(x)$ は $x=t$ のとき，最小値をとり，$g(t)=0$ であるから，$x\neq t$ のとき，$g(x)>0$ すなわち

$$f(x)>mx+n$$

《積分方程式 (B20)》

506. 実数全体を定義域とする微分可能な関数 $f(x)$ は，常に $f(x)>0$ であり，等式

$$f(x)=1+\int_0^x e^t(1+t)f(t)\,dt$$

を満たしている．

（1） $f(0)$ を求めよ．

（2） $\log f(x)$ の導関数 $(\log f(x))'$ を求めよ．

（3） 関数 $f(x)$ を求めよ．

（4） 方程式 $f(x)=\dfrac{1}{\sqrt{2}}$ を解け．

（23　滋賀医大・医）

▶解答◀ （1）

$$f(x)=1+\int_0^x e^t(1+t)f(t)\,dt \quad \cdots\cdots①$$

で $x=0$ として $\boldsymbol{f(0)=1}$

（2） ① を微分して

$$f'(x)=e^x(1+x)f(x)$$

$$\frac{f'(x)}{f(x)}=e^x(1+x)$$

これは $\boldsymbol{(\log f(x))'=e^x(1+x)}$ $\cdots\cdots②$

であることを示している．

（3） ② を積分して

$$\log f(x)=\int(1+x)e^x\,dx=\int(1+x)(e^x)'\,dx$$

$$=(1+x)e^x-\int(1+x)'e^x\,dx$$

$$=(1+x)e^x-e^x+C=xe^x+C$$

C は積分定数である．ここで $x=0$ とすると $f(0)=1$ であるから $C=0$ となる．

$$\log f(x)=xe^x \qquad \therefore\ \boldsymbol{f(x)=e^{xe^x}}$$

（4） $f(x)=\dfrac{1}{\sqrt{2}}$ のとき $\log f(x)=\log\dfrac{1}{\sqrt{2}}$

$$xe^x=-\frac{1}{2}\log 2 \quad \cdots\cdots③$$

$g(x)=xe^x$ $(x<0)$ とおく．

$$g'(x)=e^x+xe^x=(x+1)e^x$$

x	$\cdots$	-1	$\cdots$
$g'(x)$	$-$	0	$+$
$g(x)$	↘		↗

このような方程式は代数的に解くことはできない．発見するしか手はない．$e^x=\dfrac{1}{2}$, $x=-\log 2$ としてみると成り立つ．他にないかは不明である．$e^x>0$ であるから ③ の両辺の符号を考え $x<0$ で調べる．

$-1<-\log 2$ であるから，解はもう 1 つ $x<-1$ に存在する可能性がある．③ の分母・分子を変形して $xe^x=-\dfrac{1}{4}\log 4$ としてみる．$e^x=\dfrac{1}{4}$, $x=-\log 4$ としてみると成り立つ．

解は $\boldsymbol{x=-\log 2,\ -\log 4}$

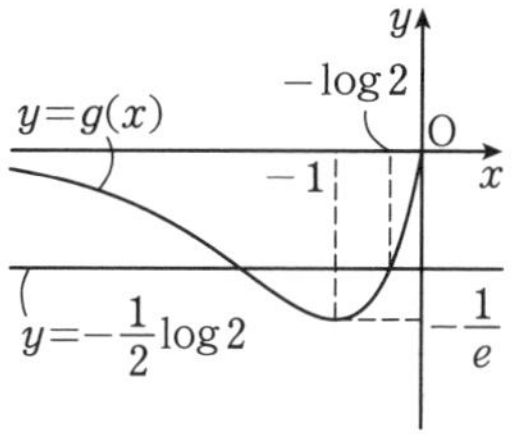

注意 解答では $x=-1$ で極小になることを使っているだけで極値も $\displaystyle\lim_{x\to-\infty}g(x)=0$ も使っているわけではない．

《積分して微分する (B20)》

507. （1） x の関数 $f(x)=\displaystyle\int_0^x(1+t)e^t\,dt$ を計算せよ．

（2） 関数 $y=\dfrac{4e^x}{x^2}$ のグラフを描け．

（3） k を任意定数とするとき，方程式 $\dfrac{f(x)}{x^3}-\dfrac{k}{4}=0$ の異なる実数解の個数を調べよ．ただし，$f(x)$ は（1）に示す x の関数である．

（23　三条市立大・工）

▶解答◀ （1） $f(x)=\displaystyle\int_0^x(1+t)e^t\,dt$

$$=\int_0^x(1+t)(e^t)'\,dt$$

$$=\Big[\,(1+t)e^t\,\Big]_0^x-\int_0^x(1+t)'e^t\,dt$$

$$=\Big[\,(1+t)e^t-e^t\,\Big]_0^x=\Big[\,te^t\,\Big]_0^x=\boldsymbol{xe^x}$$

（2） $g(x)=\dfrac{4e^x}{x^2}$ とおく．

$$g'(x)=4\cdot\frac{e^x\cdot x^2-e^x\cdot 2x}{x^4}=\frac{4e^x(x-2)}{x^3}$$

$g(x)$ の増減は次のようになる．

x	$\cdots$	0	$\cdots$	2	$\cdots$
$g'(x)$	$+$	$\times$	$-$	0	$+$
$g(x)$	↗	$\times$	↘		↗

$$\lim_{x\to\infty}g(x)=\infty,\ \lim_{x\to-\infty}g(x)=0,\ \lim_{x\to\pm 0}g(x)=\infty$$

$$g(2)=e^2$$

よって，グラフは図1のようになる．

図1

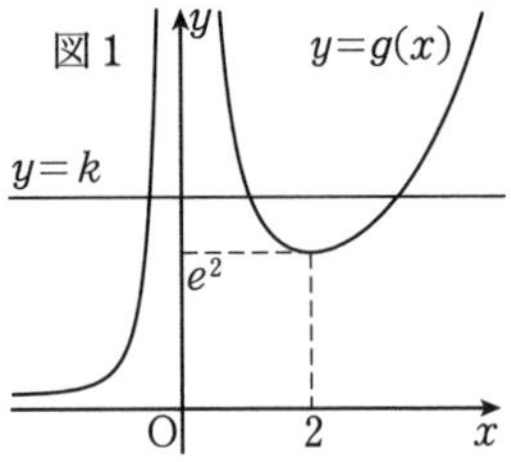

（3） $\dfrac{f(x)}{x^3}-\dfrac{k}{4}=0$

$$\frac{xe^x}{x^3}-\frac{k}{4}=0 \qquad \therefore\ k=\frac{4e^x}{x^2}(=g(x))$$

（2）のグラフを用いて，$y=k$ と $y=g(x)$ の共有点の個数から，求める実数解の個数は

$k\leqq 0$ のとき 0，$0<k<e^2$ のとき 1

$k=e^2$ のとき 2，$k>e^2$ のとき 3

《積分しないで微分する（B30）☆》

508． 点 $\mathrm{P}\left(t,\ \dfrac{1}{2}t^2\right)$ $(t>0)$ を曲線 $C:y=\dfrac{1}{2}x^2$ の上の点とする．点Pにおける曲線 C の法線を ℓ とし，ℓ と曲線 C の共有点のうち，Pと異なるものを $\mathrm{Q}\left(s,\ \dfrac{1}{2}s^2\right)$ とする．

（1） 法線 ℓ の方程式を求めよ．

（2） 点Qの x 座標 s を t で表せ．

（3） 曲線 C における点Pから点Qまでの部分の長さを $f(t)$ とおくと，$f(t)$ はある関数 $g(x)$ により

$$f(t)=\int_s^t g(x)\,dx$$

と表せる．この関数 $g(x)$ を求めよ．途中経過を記述する必要はない．

（4） $f(t)$ が最小となる t の値を求めよ．ただし $f'(t)=g(t)-g(s)\dfrac{ds}{dt}$ であることは用いてよい．

（23 明治大・総合数理）

▶解答◀ （1） $y=\dfrac{1}{2}x^2$ のとき $y'=x$

$$\ell:y=-\frac{1}{t}(x-t)+\frac{1}{2}t^2$$

$$\boldsymbol{\ell:y=-\frac{1}{t}x+1+\frac{1}{2}t^2}$$

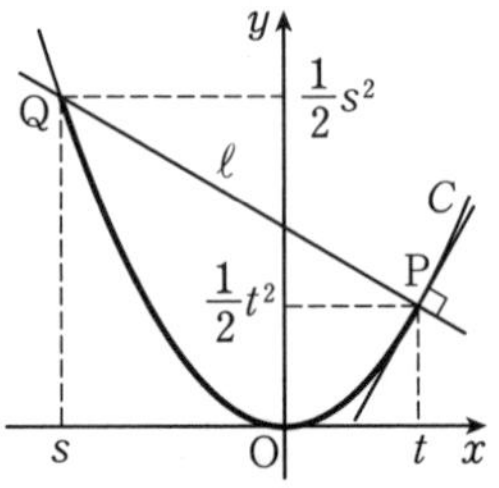

（2） ℓ と C を連立して

$$\frac{1}{2}x^2=-\frac{1}{t}x+1+\frac{1}{2}t^2$$

$$x^2+\frac{2}{t}x-2-t^2=0$$

$$(x-t)\left(x+t+\frac{2}{t}\right)=0$$

$$x=t,\ -t-\frac{2}{t}$$

$\boldsymbol{s=-t-\dfrac{2}{t}}$ である．

（3） y が x の関数であるとき，その関数のグラフの $a\leqq x\leqq b$ の部分の長さは $\displaystyle\int_a^b\sqrt{1+(y')^2}\,dx$ で求められるから，$\boldsymbol{g(x)=\sqrt{1+x^2}}$ である．

（4） $f(t)=\displaystyle\int_s^t\sqrt{1+x^2}\,dx$

$$f'(t)=\sqrt{1+t^2}-\sqrt{1+s^2}\cdot\frac{ds}{dt}$$

$$=\sqrt{1+t^2}-\sqrt{1+\left(t+\frac{2}{t}\right)^2}\left(-1+\frac{2}{t^2}\right)$$

$t>0$ の下で $f'(t)=0$ を解く．

$$1+t^2=\left(1+\left(t+\frac{2}{t}\right)^2\right)\left(-1+\frac{2}{t^2}\right)^2$$

$$1+t^2=\left(t^2+5+\frac{4}{t^2}\right)\left(\frac{2}{t^2}-1\right)^2$$

$$t^6(1+t^2)=(t^4+5t^2+4)(2-t^2)^2$$

$$t^6(1+t^2)=(t^2+1)(t^2+4)(2-t^2)^2$$

$$t^6=(t^2+4)(t^4-4t^2+4)$$

$$12t^2-16=0$$

$t=\boldsymbol{\dfrac{2}{\sqrt{3}}}$ で最大になる．

t	0	$\cdots$	$\frac{2}{\sqrt{3}}$	$\cdots$
$f'(t)$		$-$	0	$+$
$f(t)$		↘		↗

《微積分の融合（円）（B20）》

509. a は実数とする．座標平面上において，点 $(a, 0)$ を中心とする半径 1 の円を C とする．次の問いに答えなさい．

（1） $a=0$ とし，θ は $0 \leqq \theta \leqq \frac{\pi}{2}$ を満たすとする．円 C と 2 直線 $x=\cos\theta$, $x=-\sin\theta$ で囲まれた部分の面積の最大値と，そのときの θ の値を求めなさい．

（2） a は $0 \leqq a \leqq 1$ を満たすとする．円 C と 2 直線 $x=0$, $x=1$ で囲まれた部分の面積の最大値と，そのときの a の値を求めなさい．

（23　秋田大・前期）

▶解答◀（1） 題意の面積を S とする．四分円 2 つ分に直角三角形を 4 つ加える．

図 1

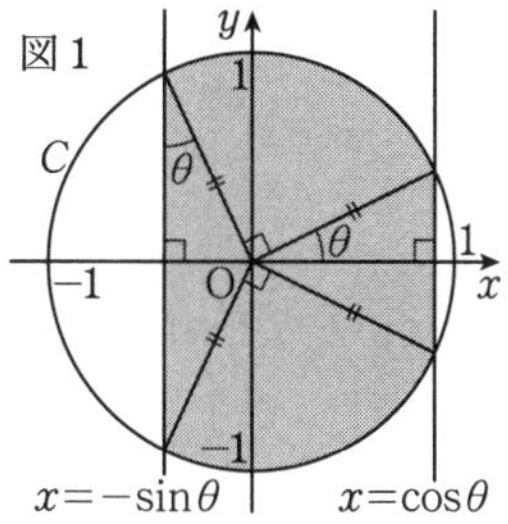

$$S=\frac{1}{2}\cdot\cos\theta\sin\theta\cdot4+\frac{\pi\cdot1^2}{4}\cdot2$$

$$=\sin2\theta+\frac{\pi}{2}$$

$2\theta=\frac{\pi}{2}$，すなわち $\theta=\boldsymbol{\frac{\pi}{4}}$ で最大値 $\boldsymbol{1+\frac{\pi}{2}}$ をとる．

（**2**） 半径 1 の円を幅 1 の区間で切り取って面積を考えるということである．

図 2

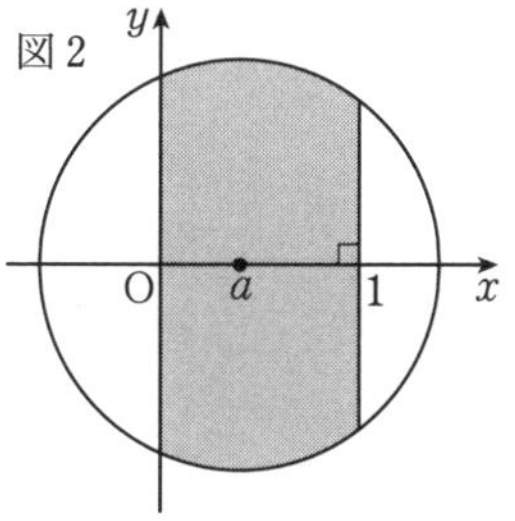

図 3

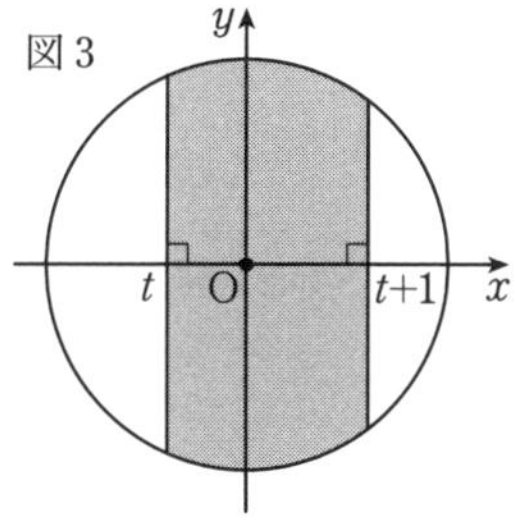

その面積を $2S$ とする．原点が中心になるようにして，$t \leqq x \leqq t+1$, $x^2+y^2 \leqq 1$（図 3）の面積を考えるのと同じである．ただし $-1 \leqq t \leqq 0$ である．a との対応は $t=-a$ である．上半分の面積を $f(t)$ とする．

$$f(t)=\int_t^{t+1}\sqrt{1-x^2}\,dx$$

$$f'(t)=\sqrt{1-(t+1)^2}-\sqrt{1-t^2}$$

$$=\frac{1-(t+1)^2-(1-t^2)}{\sqrt{1-(t+1)^2}+\sqrt{1-t^2}}$$

$$=\frac{-2t-1}{\sqrt{1-(t+1)^2}+\sqrt{1-t^2}}$$

t	-1	$\cdots$	$-\frac{1}{2}$	$\cdots$	0
$f'(t)$		$+$	0	$-$	
$f(t)$		↗		↘	

$t=-\frac{1}{2}$ $\left(a=\boldsymbol{\frac{1}{2}}\right)$ で最大になる．

そのときの $2S$ の最大値は

$$S=\frac{1}{2}\cdot\frac{\sqrt{3}}{2}+\frac{1}{2}\cdot\frac{\pi}{3}$$

$$2S=\boldsymbol{\frac{\sqrt{3}}{2}+\frac{\pi}{3}}$$

注意 u, v が x の関数のとき

$$\frac{d}{dx}\int_u^v f(t)\,dt=v'f(v)-u'f(u)$$

［証明］$F'(t)=f(t)$ として

$$\frac{d}{dx}\int_u^v f(t)\,dt=\frac{d}{dx}\Big[\,F(t)\,\Big]_u^v$$

$$=\frac{d}{dx}(F(v)-F(u))$$

$$=v'F'(v)-u'F'(u)=v'f(v)-u'f(u)$$

♦別解♦（**2**） 題意の面積を $2S$ とする．図 4 のように θ, t をとる．

図 4

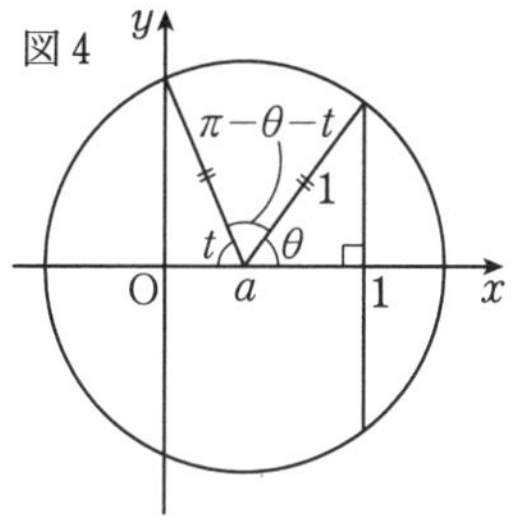

図 5

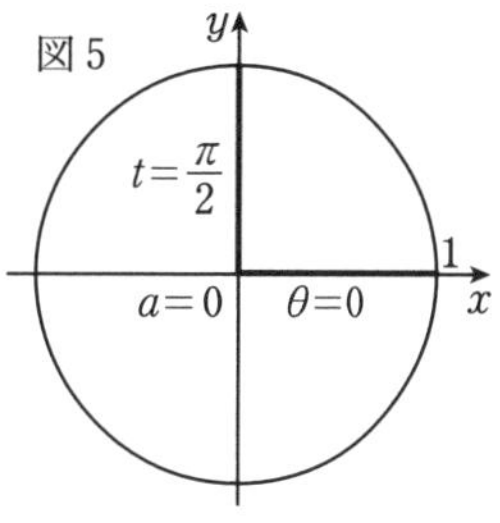

$0<\theta<\frac{\pi}{2}$ のとき $0<t<\frac{\pi}{2}$ である．

$$\cos t+\cos\theta=1 \quad \cdots\cdots\cdots\cdots ①$$

$$S=\frac{1}{2}\cos t\sin t+\frac{1}{2}\cos\theta\sin\theta$$

$$+\frac{1}{2}\cdot1^2\cdot(\pi-\theta-t)$$

$$=\frac{1}{4}\sin2t+\frac{1}{4}\sin2\theta+\frac{\pi}{2}-\frac{\theta}{2}-\frac{t}{2}$$

① を θ で微分すると

$$-\frac{dt}{d\theta}\sin t-\sin\theta=0$$

$$\frac{dt}{d\theta}=-\frac{\sin\theta}{\sin t}$$

S も θ で微分する．

$$S'=\left(\frac{1}{2}\cos2t-\frac{1}{2}\right)t'-\left(\frac{1}{2}-\frac{1}{2}\cos2\theta\right)$$

$$=(-\sin^2 t)\left(-\frac{\sin\theta}{\sin t}\right)-\sin^2\theta$$

$$=\sin t\sin\theta-\sin^2\theta=\sin\theta(\sin t-\sin\theta)$$

$a=0$ のとき $\theta=0,\ t=\dfrac{\pi}{2}$ $(\sin t-\sin\theta>0)$ で，a の増加とともに θ は増加し，t は減少し $\theta=\dfrac{\pi}{2}$ のとき $t=0$ $(\sin t-\sin\theta<0)$ になる．

S' は $\theta=t=\dfrac{\pi}{3},\ a=\dfrac{1}{2}$ の前後で正から負に符号を変え，S はそこで最大になる．よって $a=\boldsymbol{\dfrac{1}{2}}$ である．

$\theta=t=\dfrac{\pi}{3}$ のとき

$$S=\frac{1}{2}\cdot\frac{\sqrt{3}}{2}+\frac{1}{2}\cdot\frac{\pi}{3}$$

$$2S=\boldsymbol{\frac{\sqrt{3}}{2}+\frac{\pi}{3}}$$

《微積分の融合 (log) (B20)》

510． 原点をOとする座標平面上に，2点

A$(e^2-1,\ 0)$, P$(t,\ 0)$

をとる．ただし，$0<t<e^2-1$ とする．さらに，曲線 $y=\log(x+1)$ を C とし，曲線 C 上に2点 B$(e^2-1,\ 2)$，Q$(t,\ \log(t+1))$ をとる．△APBの面積を $f(t)$ とし，曲線 C，線分PQ，線分OPによって囲まれた図形の面積を $g(t)$ とする．このとき，次の問いに答えなさい．ただし，log は自然対数，e は自然対数の底を表す．

（1） $f(t)$ を t を用いて表しなさい．

（2） $g(t)$ を t を用いて表しなさい．

（3） $h(t)=f(t)+g(t)$ とおく．$0<t<e^2-1$ における $h(t)$ の最小値とそのときの t の値を求めなさい． （23　秋田大・理工-後期）

▶解答◀ （1） $f(t)$ は△APBの面積であるから

$$f(t)=\frac{1}{2}(e^2-1-t)\cdot 2=\boldsymbol{e^2-1-t}$$

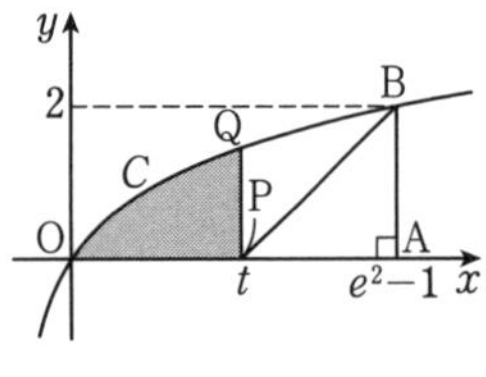

（2） $g(t)$ は図の網目部分の面積であるから

$$g(t)=\int_0^t \log(x+1)\,dx$$

$$=\Big[(x+1)\log(x+1)-x\Big]_0^t$$

$$=\boldsymbol{(t+1)\log(t+1)-t}$$

（3） $h(t)=f(t)+g(t)$

$$=e^2-1-t+(t+1)\log(t+1)-t$$

$$=(t+1)\log(t+1)-2t+e^2-1$$

$$h'(t)=\log(t+1)+(t+1)\cdot\frac{1}{t+1}-2$$

$$=\log(t+1)-1$$

$h'(t)=0$ とすると

$$\log(t+1)=1 \qquad \therefore\quad t=e-1$$

$h(t)$ の増減は次のようになる．

t	0	$\cdots$	$e-1$	$\cdots$	e^2-1
$h'(t)$		$-$	0	$+$	
$h(t)$		↘		↗	

よって，$h(t)$ は $t=\boldsymbol{e-1}$ のとき最小となり，最小値は

$$h(e-1)=e\log e-2(e-1)+e^2-1$$

$$=\boldsymbol{e^2-e+1}$$

《面積の最小 (B20)》

511． $f(x)=x^{-2}e^x$ $(x>0)$ とし，曲線 $y=f(x)$ を C とする．また h を正の実数とする．さらに，正の実数 t に対して，曲線 C，2直線 $x=t,\ x=t+h$，および x 軸で囲まれた図形の面積を $g(t)$ とする．

（1） $g'(t)$ を求めよ．

（2） $g(t)$ を最小にする t がただ1つ存在することを示し，その t を h を用いて表せ．

（3） （2）で得られた t を $t(h)$ とする．このとき極限値 $\displaystyle\lim_{h\to+0}t(h)$ を求めよ． （23　筑波大・前期）

▶解答◀ （1） $x>0$ のとき，

$f(x)=x^{-2}e^x>0$ であるから

$$g(t)=\int_t^{t+h} f(x)\,dx=\int_t^{t+h} x^{-2}e^x\,dx$$

$$g'(t)=f(t+h)-f(t)=\boldsymbol{(t+h)^{-2}e^{t+h}-t^{-2}e^t}$$

（2） $g'(t)=\dfrac{e^{t+h}}{(t+h)^2}-\dfrac{e^t}{t^2}$

$$=\frac{e^t}{t^2(t+h)^2}\{t^2e^h-(t+h)^2\}$$

ここで，

$$t^2e^h-(t+h)^2=\left(te^{\frac{h}{2}}\right)^2-(t+h)^2$$

$$=\left(te^{\frac{h}{2}}+t+h\right)\left(te^{\frac{h}{2}}-t-h\right)$$

$$=\left\{\left(e^{\frac{h}{2}}+1\right)t+h\right\}\left\{\left(e^{\frac{h}{2}}-1\right)t-h\right\}$$

と変形できるから

t	0	$\cdots$	$\dfrac{h}{e^{\frac{h}{2}}-1}$	$\cdots$
$g'(t)$		$-$	0	$+$
$g(t)$		↘		↗

$g(t)$ は $t=\dfrac{\boldsymbol{h}}{e^{\frac{h}{2}}-1}$ で最小になる．

（3） $\displaystyle\lim_{h\to+0}t(h)=\lim_{h\to0}\frac{h}{e^{\frac{h}{2}}-1}=\lim_{h\to+0}\frac{1}{\frac{e^{\frac{h}{2}}-1}{h}}$

$$=\lim_{h\to+0}\frac{1}{\frac{e^{\frac{h}{2}}-1}{\frac{h}{2}}\cdot\frac{1}{2}}=\frac{1}{1\cdot\frac{1}{2}}=\mathbf{2}$$

注意 $u,\ v$ が x の微分可能な関数のとき，
$F'(t)=f(t)$ として

$$\frac{d}{dx}\int_u^v f(t)\,dt=\frac{d}{dx}\Big[\,F(t)\,\Big]_u^v$$

$$=\frac{d}{dx}(F(v)-F(u))=v'F'(v)-u'F'(u)$$

$$=v'f(v)-u'f(u)$$

【数列との融合】

《マチンの公式 1（B15）☆》

512. $I_n=\displaystyle\int_0^{\frac{\pi}{4}}\tan^{2n}x\,dx$ $(n=0,\ 1,\ 2,\ \cdots)$ とする．次の問いに答えよ．ただし，$\tan^0 x=1$ とする．

（1） I_0 および I_1 の値を求めよ．

（2） n を 0 以上の整数とするとき，

$I_n+I_{n+1}=\dfrac{1}{2n+1}$ が成り立つことを示せ．

（3） 無限級数

$$1-\frac{1}{3}+\frac{1}{5}-\frac{1}{7}+\frac{1}{9}-\frac{1}{11}+\cdots$$

の和を求めよ．（23　福岡教育大・中等）

▶解答◀ （1） $I_0=\displaystyle\int_0^{\frac{\pi}{4}}dx=\boldsymbol{\frac{\pi}{4}}$

$$I_1=\int_0^{\frac{\pi}{4}}\tan^2 x\,dx=\int_0^{\frac{\pi}{4}}\frac{1-\cos^2 x}{\cos^2 x}\,dx$$

$$=\int_0^{\frac{\pi}{4}}\left(\frac{1}{\cos^2 x}-1\right)dx$$

$$=\Big[\,\tan x-x\,\Big]_0^{\frac{\pi}{4}}=\boldsymbol{1-\frac{\pi}{4}}$$

（2） I_n+I_{n+1}

$$=\int_0^{\frac{\pi}{4}}\tan^{2n}x\,dx+\int_0^{\frac{\pi}{4}}\tan^{2n+2}x\,dx$$

$$=\int_0^{\frac{\pi}{4}}\tan^{2n}x(1+\tan^2 x)\,dx$$

$$=\int_0^{\frac{\pi}{4}}(\tan^{2n}x)\frac{1}{\cos^2 x}\,dx$$

$$=\int_0^{\frac{\pi}{4}}(\tan^{2n}x)(\tan x)'\,dx$$

$$=\left[\,\frac{1}{2n+1}\tan^{2n+1}x\,\right]_0^{\frac{\pi}{4}}=\boldsymbol{\frac{1}{2n+1}}$$

（3） $I_k+I_{k+1}=\dfrac{1}{2k+1}$ に $(-1)^k$ をかけて

$$(-1)^kI_k-(-1)^{k+1}I_{k+1}=\frac{(-1)^k}{2k+1}$$

$k=0,\ 1,\ \cdots,\ n-1$ とした式を辺ごとに加え

$$(-1)^0I_0-(-1)^nI_n=\sum_{k=0}^{n-1}\frac{(-1)^k}{2k+1}$$

$$(-1)^0I_0-(-1)^1I_1=\frac{(-1)^0}{1}$$

$$(-1)^1I_1-(-1)^2I_2=\frac{(-1)^1}{3}$$

$$\vdots$$

$$(-1)^{n-1}I_{n-1}-(-1)^nI_n=\frac{(-1)^{n-1}}{2n-1}$$

$I_n>0$ であるから

$$0<I_n<I_n+I_{n+1}=\frac{1}{2n+1}$$

ハサミウチの原理から $\displaystyle\lim_{n\to\infty}I_n=0$

$$\lim_{n\to\infty}\sum_{k=0}^{n-1}\frac{(-1)^k}{2k+1}=I_0=\boldsymbol{\frac{\pi}{4}}$$

《マチンの公式 2（B20）☆》

513. 以下の問いに答えよ．

（1） 無限級数 $\displaystyle\sum_{n=1}^{\infty}\frac{1}{2n-1}$ が発散することを示せ．

（2） 任意の自然数 N に対して，次の等式が成り立つことを示せ．ただし，x を実数とする．

$$\frac{1}{1+x^2}=1-x^2+x^4-\cdots$$

$$+(-1)^{N-1}x^{2N-2}+\frac{(-1)^Nx^{2N}}{1+x^2}$$

（3） 次の無限級数の収束，発散を調べ，収束するときはその無限級数の和を求めよ．

$$\sum_{n=1}^{\infty}\frac{(-1)^{n-1}}{2n-1}$$

（23　九大・後期）

▶解答◀ （1） $n\leqq x\leqq n+1$ においては
$\dfrac{1}{2x-1}\leqq\dfrac{1}{2n-1}$ であるから，これを積分して

$$\int_n^{n+1}\frac{dx}{2x-1}\leqq\int_n^{n+1}\frac{dx}{2n-1}=\frac{1}{2n-1}$$

$n=1,\ 2,\ \cdots,\ N$ としたものを辺ごとに加え

$$\int_1^{N+1}\frac{dx}{2x-1}\leqq\sum_{n=1}^{N}\frac{1}{2n-1}$$

$$\sum_{n=1}^{N}\frac{1}{2n-1}\geqq\left[\,\frac{1}{2}\log(2x-1)\,\right]_1^{N+1}$$

$$=\frac{1}{2}\log(2N+1)$$

$\displaystyle\lim_{N\to\infty}\log(2N+1)=\infty$ だから $\displaystyle\sum_{n=1}^{\infty}\frac{1}{2n-1}$ は発散する．

(2)　等比数列の和の公式より，示すべき式の右辺は

$$\frac{1-(-x^2)^N}{1-(-x^2)}+\frac{(-1)^N x^{2N}}{1+x^2}$$
$$=\frac{1-(-1)^N x^{2N}+(-1)^N x^{2N}}{1+x^2}=\frac{1}{1+x^2}$$

となるから，示された．

(3)　$\displaystyle\frac{1}{1+x^2}=\sum_{n=1}^{N}(-1)^{n-1}x^{2n-2}+\frac{(-1)^N x^{2N}}{1+x^2}$

を $0\leqq x\leqq 1$ で積分すると

$$\frac{\pi}{4}=\sum_{n=1}^{N}\frac{(-1)^{n-1}}{2n-1}+(-1)^N\int_0^1\frac{x^{2N}}{1+x^2}\,dx$$

となる．さらに，$\dfrac{x^{2N}}{1+x^2}\leqq x^{2N}$ を積分し

$$0\leqq\int_0^1\frac{x^{2N}}{1+x^2}\,dx\leqq\frac{1}{2N+1}$$

であるから，$\displaystyle\lim_{N\to\infty}\int_0^1\frac{x^{2N}}{1+x^2}\,dx=0$

$$\sum_{n=1}^{\infty}\frac{(-1)^{n-1}}{2n-1}=\boldsymbol{\frac{\pi}{4}}$$

注意　**【名前はいろいろ】**

ライプニッツの公式という人もいる．

《マチンの公式の誤差 (B30) ☆》

514. n を 2 以上の自然数とする．

（1）　$0\leqq x\leqq 1$ のとき，次の不等式が成り立つことを示せ．

$$\frac{1}{2}x^n\leqq(-1)^n\left\{\frac{1}{x+1}-1-\sum_{k=2}^{n}(-x)^{k-1}\right\}$$
$$\leqq x^n-\frac{1}{2}x^{n+1}$$

（2）　$\displaystyle a_n=\sum_{k=1}^{n}\frac{(-1)^{k-1}}{k}$ とするとき，次の極限値を求めよ．

$$\lim_{n\to\infty}(-1)^n n(a_n-\log 2)$$

（23　阪大）

▶解答◀　（1）　出題者は $r^0=1$ を避けるために無駄に 1 を横に出している．数学的ではないから，1 をシグマに組み込む．$r=-x$ とおく．$0\leqq x\leqq 1$ のとき $r\neq 1$ である．$r^0=1$ である．

$$(-1)^n\left\{\frac{1}{x+1}-1-\sum_{k=2}^{n}(-x)^{k-1}\right\}$$
$$=(-1)^n\left\{\frac{1}{x+1}-\sum_{k=1}^{n}(-x)^{k-1}\right\}$$
$$=(-1)^n\left(\frac{1}{x+1}-1\cdot\frac{1-r^n}{1-r}\right)$$
$$=(-1)^n\left\{\frac{1}{x+1}-\frac{1-(-x)^n}{1+x}\right\}$$
$$=\frac{(-1)^n\cdot(-x)^n}{x+1}=\frac{x^n}{x+1}$$

これより，示すべき式は，

$$\frac{1}{2}x^n\leqq\frac{x^n}{x+1}\leqq x^n-\frac{1}{2}x^{n+1}$$

となる．これは，$x=0$ のときも成り立ち，$0<x\leqq 1$ のときは，各辺を x^n で割ると

$$\frac{1}{2}\leqq\frac{1}{x+1}\leqq 1-\frac{1}{2}x$$

となる．以下はこれを示す．

$$\frac{1}{x+1}-\frac{1}{2}=\frac{2-(x+1)}{2(x+1)}=\frac{1-x}{2(x+1)}\geqq 0$$
$$\frac{2-x}{2}-\frac{1}{x+1}$$
$$=\frac{(2-x)(x+1)-2}{2(x+1)}=\frac{x(1-x)}{2(x+1)}\geqq 0$$

よって証明された．

(2)　（1）の不等式の各辺を $0\leqq x\leqq 1$ で積分する．

$$\int_0^1\frac{1}{2}x^n\,dx\leqq\int_0^1(-1)^n\left\{\frac{1}{x+1}-\sum_{k=1}^{n}(-x)^{k-1}\right\}dx$$
$$\leqq\int_0^1\left(x^n-\frac{1}{2}x^{n+1}\right)dx$$
$$\left[\frac{x^{n+1}}{2(n+1)}\right]_0^1\leqq(-1)^n\left[\log(1+x)-\sum_{k=1}^{n}\frac{(-1)^{k-1}x^k}{k}\right]_0^1$$
$$\leqq\left[\frac{x^{n+1}}{n+1}-\frac{x^{n+2}}{2(n+2)}\right]_0^1$$
$$\frac{1}{2(n+1)}\leqq(-1)^n(\log 2-a_n)\leqq\frac{1}{n+1}-\frac{1}{2(n+2)}$$

$-n$ 倍して

$$-\frac{n}{2(n+1)}\geqq(-1)^n n(a_n-\log 2)\geqq-\frac{n}{n+1}+\frac{n}{2(n+2)}$$
$$\frac{-1}{2+\frac{2}{n}}\geqq(-1)^n n(a_n-\log 2)\geqq-\frac{1}{1+\frac{1}{n}}+\frac{1}{2+\frac{4}{n}}$$

$n\to\infty$ にすると，最左辺と最右辺はともに $-\dfrac{1}{2}$ に収束する．ハサミウチの原理から

$$\lim_{n\to\infty}(-1)^n n(a_n-\log 2)=\boldsymbol{-\frac{1}{2}}$$

《ベータ関数 (B20) ☆》

515. m,n を 1 以上の整数とし，

$$I_{m,n}=\int_0^1 x^m(1-x)^n\,dx$$

とおく．このとき，次の問に答えよ．

（1）　$n\geqq 2$ のとき $I_{m,n}=cI_{m+1,n-1}$ をみたす c を m,n を用いて表せ．

（2）　$I_{m,n}$ を m,n を用いて表せ．

（3）　定積分

$\displaystyle\int_0^{\frac{\pi}{4}}\tan^4 x(1+\tan^2 x)(1-\tan x)^5\,dx$ を求めよ．

（23　東京電機大）

▶解答◀ （1）

$$I_{m,n}=\int_0^1\left(\frac{1}{m+1}x^{m+1}\right)'(1-x)^n\,dx$$
$$=\left[\frac{1}{m+1}x^{m+1}(1-x)^n\right]_0^1$$
$$-\int_0^1\frac{1}{m+1}x^{m+1}\{(1-x)^n\}'\,dx$$
$$=0+\frac{n}{m+1}\int_0^1 x^{m+1}(1-x)^{n-1}\,dx$$
$$=\frac{n}{m+1}I_{m+1,\,n-1}$$

したがって，$c=\boldsymbol{\dfrac{n}{m+1}}$

なお，$n=0$ のとき $(1-x)^0=1$ と定義されるから，そのときも成り立つ．

$$I_{m+n,\,0}=\int_0^1 x^{m+n}\,dx=\left[\frac{1}{m+n+1}x^{m+n+1}\right]_0^1$$
$$=\frac{1}{m+n+1}$$

（2） $I_{m,n}=\dfrac{n}{m+1}I_{m+1,\,n-1}$

$$=\frac{n}{m+1}\cdot\frac{n-1}{m+2}I_{m+2,\,n-2}$$
$$=\frac{n}{m+1}\cdot\frac{n-1}{m+2}\cdot\cdots\cdot\frac{1}{m+n}I_{m+n,\,0}$$
$$=\frac{n\cdot\cdots\cdot1}{(m+1)\cdot\cdots\cdot(m+n+1)}$$
$$=\frac{n!m!}{(m+n+1)!}$$

（3） $\tan x=t$ とおく．$\dfrac{1}{\cos^2 x}\,dx=dt$

$(1+\tan^2 x)\,dx=dt$

x	$0\ \to\ \frac{\pi}{4}$
t	$0\ \to\ 1$

$$\int_0^{\frac{\pi}{4}}\tan^4 x(1+\tan^2 x)(1-\tan x)^5\,dx$$
$$=\int_0^1 t^4(1-t)^5\,dt=I_{4,5}=\frac{4!5!}{10!}$$
$$=\frac{4\cdot3\cdot2\cdot1}{10\cdot9\cdot8\cdot7\cdot6}=\boldsymbol{\frac{1}{1260}}$$

《$\cos^n x$ の積分 (B20)》

516. 数列 $\{a_n\}$ を

$$a_n=\int_{-\frac{\pi}{2}}^0\cos^n x\,dx\ (n=0,\ 1,\ 2,\ \cdots)$$

で定義する．次の問いに答えよ．

（1） a_{n+2} を a_n を用いて表せ．

（2） a_n の一般項を求めよ．

（23　名古屋市立大・前期）

▶解答◀ （1） 部分積分法を用いて

$$a_{n+2}=\int_{-\frac{\pi}{2}}^0\cos^{n+2}x\,dx$$
$$=\int_{-\frac{\pi}{2}}^0\cos^{n+1}x(\sin x)'\,dx$$
$$=\left[\cos^{n+1}x\sin x\right]_{-\frac{\pi}{2}}^0-\int_{-\frac{\pi}{2}}^0(\cos^{n+1}x)'\sin x\,dx$$
$$=-\int_{-\frac{\pi}{2}}^0(n+1)\cos^n x(-\sin x)\sin x\,dx$$
$$=(n+1)\int_{-\frac{\pi}{2}}^0\cos^n x(1-\cos^2 x)\,dx$$
$$=(n+1)\left(\int_{-\frac{\pi}{2}}^0\cos^n x\,dx-\int_{-\frac{\pi}{2}}^0\cos^{n+2}x\,dx\right)$$

$a_{n+2}=(n+1)(a_n-a_{n+2})$

$(n+2)a_{n+2}=(n+1)a_n$

$\boldsymbol{a_{n+2}=\dfrac{n+1}{n+2}a_n}$ ……………………………①

（2） $a_0=\displaystyle\int_{-\frac{\pi}{2}}^0 dx=\frac{\pi}{2}$

$a_1=\displaystyle\int_{-\frac{\pi}{2}}^0\cos x\,dx=\Big[\sin x\Big]_{-\frac{\pi}{2}}^0=1$

（ア） **n が偶数**のとき

$n\geqq2$ のとき，① を繰り返し用いて

$$a_n=\frac{n-1}{n}a_{n-2}=\frac{n-1}{n}\cdot\frac{n-3}{n-2}a_{n-4}$$
$$=\cdots=\frac{n-1}{n}\cdot\frac{n-3}{n-2}\cdot\cdots\cdot\frac{1}{2}a_0$$
$$=\frac{n-1}{n}\cdot\frac{n-3}{n-2}\cdot\cdots\cdot\frac{1}{2}\cdot\frac{\pi}{2}$$

$\boldsymbol{a_0=\dfrac{\pi}{2},\ a_n=\dfrac{n-1}{n}\cdot\dfrac{n-3}{n-2}\cdot\cdots\cdot\dfrac{1}{2}\cdot\dfrac{\pi}{2}\ (n\geqq2)}$

（イ） **n が奇数**のとき

$n\geqq3$ のとき，① を繰り返し用いて

$$a_n=\frac{n-1}{n}a_{n-2}=\frac{n-1}{n}\cdot\frac{n-3}{n-2}a_{n-4}$$
$$=\cdots=\frac{n-1}{n}\cdot\frac{n-3}{n-2}\cdot\cdots\cdot\frac{2}{3}a_1$$
$$=\frac{n-1}{n}\cdot\frac{n-3}{n-2}\cdot\cdots\cdot\frac{2}{3}$$

$\boldsymbol{a_1=1,\ a_n=\dfrac{n-1}{n}\cdot\dfrac{n-3}{n-2}\cdot\cdots\cdot\dfrac{2}{3}\ (n\geqq3)}$

《$\sin^n x$ の積分 (B0)》

517. 0 以上のすべての整数 n に対し，

$$I_n=\int_0^{\frac{\pi}{2}}\sin^n x\,dx$$

とおく．このとき，次の問いに答えよ．

（1） I_2 および I_3 を求めよ．

（2） 2 以上のすべての整数 n に対し，等式

$$I_n=\frac{n-1}{n}I_{n-2}$$

が成立することを示せ．

（3） 1 以上のすべての整数 n に対し，

$$I_{2n+1}\leqq I_{2n}\leqq I_{2n-1}$$

が成立することを示し，$\lim_{n\to\infty}\frac{I_{2n}}{I_{2n+1}}$ を求めよ．

（4） I_{2n} および I_{2n+1} を求めよ．

（5） 等式

$$\frac{1}{I_{2n+1}}=\sqrt{\frac{1}{I_{2n}I_{2n+1}}}\sqrt{\frac{I_{2n}}{I_{2n+1}}}$$

を用いて，$\lim_{n\to\infty}\frac{1}{\sqrt{n}I_{2n+1}}$ を求めよ．

（6） $\lim_{n\to\infty}\sqrt{n}\,{}_{2n}\mathrm{C}_n\left(\frac{1}{2}\right)^{2n}$ を求めよ．ただし，${}_n\mathrm{C}_k$ は n 個から k 個取る組合せの総数を表す．

（23　大教大・後期）

▶解答◀　（1） $I_2=\int_0^{\frac{\pi}{2}}\sin^2 x\,dx$

$$=\int_0^{\frac{\pi}{2}}\frac{1-\cos 2x}{2}\,dx=\left[\frac{1}{2}x-\frac{1}{4}\sin 2x\right]_0^{\frac{\pi}{2}}$$

$$=\boldsymbol{\frac{\pi}{4}}$$

$$I_3=\int_0^{\frac{\pi}{2}}\sin^3 x\,dx=\int_0^{\frac{\pi}{2}}\sin x(1-\cos^2 x)\,dx$$

$$=-\int_0^{\frac{\pi}{2}}(1-\cos^2 x)(\cos x)'\,dx$$

$$=-\left[\cos x-\frac{\cos^3 x}{3}\right]_0^{\frac{\pi}{2}}=\boldsymbol{\frac{2}{3}}$$

（2） $I_n=\int_0^{\frac{\pi}{2}}\sin^n x\,dx$

$$=\int_0^{\frac{\pi}{2}}\sin^{n-1}x(-\cos x)'\,dx$$

$$=-\left[\sin^{n-1}x\cos x\right]_0^{\frac{\pi}{2}}$$

$$+\int_0^{\frac{\pi}{2}}(\sin^{n-1}x)'\cos x\,dx$$

$$=(n-1)\int_0^{\frac{\pi}{2}}\sin^{n-2}x(1-\sin^2 x)\,dx$$

$$=(n-1)\int_0^{\frac{\pi}{2}}(\sin^{n-2}x-\sin^n x)\,dx$$

よって

$$I_n=(n-1)(I_{n-2}-I_n)$$

$$I_n=\frac{n-1}{n}I_{n-2}\quad\cdots\cdots①$$

（3） $0<x<\frac{\pi}{2}$ のとき，$0<\sin x<1$ であるから

$$0<\sin^{2n+1}x<\sin^{2n}x<\sin^{2n-1}x$$

したがって

$$\int_0^{\frac{\pi}{2}}\sin^{2n+1}x\,dx<\int_0^{\frac{\pi}{2}}\sin^{2n}x\,dx$$

$$<\int_0^{\frac{\pi}{2}}\sin^{2n-1}x\,dx$$

$$I_{2n+1}<I_{2n}<I_{2n-1}$$

となる．$I_{2n+1}>0$ であるから

$$1\leqq\frac{I_{2n}}{I_{2n+1}}\leqq\frac{I_{2n-1}}{I_{2n+1}}\quad\cdots\cdots②$$

① で n の代わりに $2n+1$ とおいて

$$\lim_{n\to\infty}\frac{I_{2n-1}}{I_{2n+1}}=\lim_{n\to\infty}\frac{2n+1}{2n}=1$$

となるから，② でハサミウチの原理により

$$\lim_{n\to\infty}\frac{I_{2n}}{I_{2n+1}}=\mathbf{1}\quad\cdots\cdots③$$

（4） $I_0=\int_0^{\frac{\pi}{2}}1\,dx=\frac{\pi}{2}$

$$I_1=\int_0^{\frac{\pi}{2}}\sin x\,dx=\left[-\cos x\right]_0^{\frac{\pi}{2}}=1$$

$$I_{2n}=\frac{2n-1}{2n}I_{2n-2}=\frac{2n-1}{2n}\cdot\frac{2n-3}{2n-2}I_{2n-4}$$

$$=\cdots$$

$$=\frac{(2n-1)(2n-3)\cdots\cdot 1}{2n(2n-2)\cdots\cdot 2}I_0$$

$$=\boldsymbol{\frac{(2n-1)(2n-3)\cdots\cdot 1}{2n(2n-2)\cdots\cdot 2}\cdot\frac{\pi}{2}}$$

$$I_{2n+1}=\frac{2n}{2n+1}I_{2n-1}=\frac{2n}{2n+1}\cdot\frac{2n-2}{2n-1}I_{2n-3}$$

$$=\cdots$$

$$=\frac{2n(2n-2)\cdots\cdot 2}{(2n+1)(2n-1)\cdots\cdot 3}I_1$$

$$=\boldsymbol{\frac{2n(2n-2)\cdots\cdot 2}{(2n+1)(2n-1)\cdots\cdot 3}}\quad\cdots\cdots④$$

（5） $I_{2n}\cdot I_{2n+1}=\frac{\pi}{2(2n+1)}$

$$\frac{1}{I_{2n+1}}=\sqrt{\frac{1}{I_{2n}I_{2n+1}}}\sqrt{\frac{I_{2n}}{I_{2n+1}}}$$

$$=\sqrt{\frac{2(2n+1)}{\pi}}\sqrt{\frac{I_{2n}}{I_{2n+1}}}$$

であるから

$$\frac{1}{\sqrt{n}I_{2n+1}}=\sqrt{\frac{2}{\pi}\left(2+\frac{1}{n}\right)}\sqrt{\frac{I_{2n}}{I_{2n+1}}}$$

③ より

$$\lim_{n\to\infty}\frac{1}{\sqrt{n}I_{2n+1}}=\sqrt{\frac{2}{\pi}\cdot 2}\cdot\sqrt{1}=\boldsymbol{\frac{2}{\sqrt{\pi}}}$$

（6） $2n(2n-2)\cdots\cdot 2=2^n n(n-1)\cdots\cdot 1=2^n n!$

$$(2n+1)(2n-1)\cdots\cdot 3$$

$$=\frac{(2n+1)2n(2n-1)\cdots\cdot 3\cdot 2}{2n(2n-2)\cdots\cdot 2}$$

$$=\frac{(2n+1)(2n)!}{2^n n!}$$

であるから，④ より

$$I_{2n+1}=\frac{2^{2n}(n!)^2}{(2n+1)(2n)!}$$

$$\frac{1}{I_{2n+1}}=(2n+1)\cdot\frac{1}{2^{2n}}\cdot\frac{(2n)!}{n!\cdot n!}$$

$$=(2n+1)_{2n}\mathrm{C}_n\left(\frac{1}{2}\right)^{2n}$$

$$\sqrt{n}\,{}_{2n}\mathrm{C}_n\left(\frac{1}{2}\right)^{2n}=\frac{\sqrt{n}}{2n+1}\cdot\frac{1}{I_{2n+1}}$$
$$=\frac{1}{2+\frac{1}{n}}\cdot\frac{1}{\sqrt{n}I_{2n+1}}$$
$$\lim_{n\to\infty}\sqrt{n}\,{}_{2n}\mathrm{C}_n\left(\frac{1}{2}\right)^{2n}=\frac{1}{2}\cdot\frac{2}{\sqrt{\pi}}=\boldsymbol{\frac{1}{\sqrt{\pi}}}$$

《不定積分できない関数 (B30)》

518. 関数 $f(x)$ を

$$f(x)=\int_0^x\sqrt{t}\sin t\,dt\ (x\geqq 0)$$

により定める．$x\geqq 0$ の範囲で $f(x)$ が極大となる x の値を，小さい方から順に $x_1, x_2, x_3, \cdots$ とする．以下の問いに答えよ．

（1） 自然数 k に対し，x_k を求めよ．

（2） 自然数 k に対し，次の等式を示せ．

$$f(x_{k+1})-f(x_k)=\int_{2k\pi}^{(2k+1)\pi}(\sqrt{t}-\sqrt{t-\pi})\sin t\,dt$$

（3） 自然数 k に対し，$2k\pi\leqq t\leqq(2k+1)\pi$ のとき，次の不等式が成り立つことを示せ．

$$\sqrt{t}-\sqrt{t-\pi}>\frac{1}{2}\sqrt{\frac{\pi}{2k+1}}$$

（4） n を自然数とし，$0\leqq x\leqq 2(n+1)\pi$ における $f(x)$ の最大値を M_n とする．次の不等式を示せ．

$$M_n>f(x_1)+\sum_{k=1}^{n}\sqrt{\frac{\pi}{2k+1}}$$

（23　広島大・理-後期）

▶解答◀ （**1**） $f'(x)=\sqrt{x}\sin x$

正の整数 n に対して，$x=(2n-1)\pi$ の前後で $f'(x)$ の符号が正から負に変わるから $x=(2n-1)\pi$ で極大値をとる．それ以外の点では極大値をとることはない．

$$x_k=\boldsymbol{(2k-1)\pi}$$

（**2**） $f(x_{k+1})-f(x_k)$
$$=\int_0^{x_{k+1}}\sqrt{t}\sin t\,dt-\int_0^{x_k}\sqrt{t}\sin t\,dt$$
$$=\int_{x_k}^{x_{k+1}}\sqrt{t}\sin t\,dt$$
$$=\int_{(2k-1)\pi}^{(2k+1)\pi}\sqrt{t}\sin t\,dt$$
$$=\int_{2k\pi}^{(2k+1)\pi}\sqrt{t}\sin t\,dt+\int_{(2k-1)\pi}^{2k\pi}\sqrt{t}\sin t\,dt$$

$\displaystyle\int_{(2k-1)\pi}^{2k\pi}\sqrt{t}\sin t\,dt$ において，$t=u-\pi$ とおくと $dt=du$

t	$(2k-1)\pi$ → $2k\pi$
u	$2k\pi$ → $(2k+1)\pi$

$$\int_{(2k-1)\pi}^{2k\pi}\sqrt{t}\sin t\,dt$$
$$=\int_{2k\pi}^{(2k+1)\pi}\sqrt{u-\pi}\sin(u-\pi)\,du$$
$$=-\int_{2k\pi}^{(2k+1)\pi}\sqrt{u-\pi}\sin u\,du$$
$$=-\int_{2k\pi}^{(2k+1)\pi}\sqrt{t-\pi}\sin t\,dt$$

したがって

$$f(x_{k+1})-f(x_k)$$
$$=\int_{2k\pi}^{(2k+1)\pi}\sqrt{t}\sin t\,dt-\int_{2k\pi}^{(2k+1)\pi}\sqrt{t-\pi}\sin t\,dt$$
$$=\int_{2k\pi}^{(2k+1)\pi}(\sqrt{t}-\sqrt{t-\pi})\sin t\,dt$$

（**3**） $\displaystyle\sqrt{t}-\sqrt{t-\pi}=\frac{t-(t-\pi)}{\sqrt{t}+\sqrt{t-\pi}}=\frac{\pi}{\sqrt{t}+\sqrt{t-\pi}}$

$0<t-\pi<t\leqq(2k+1)\pi$ であるから

$$\frac{\pi}{\sqrt{t}+\sqrt{t-\pi}}>\frac{\pi}{\sqrt{(2k+1)\pi}+\sqrt{(2k+1)\pi}}$$
$$=\frac{\pi}{2\sqrt{(2k+1)\pi}}=\frac{1}{2}\sqrt{\frac{\pi}{2k+1}}$$

したがって

$$\sqrt{t}-\sqrt{t-\pi}>\frac{1}{2}\sqrt{\frac{\pi}{2k+1}}$$

は成り立つ．

（**4**） （2），（3）より

$$f(x_{k+1})-f(x_k)$$
$$=\int_{2k\pi}^{(2k+1)\pi}(\sqrt{t}-\sqrt{t-\pi})\sin t\,dt$$
$$>\int_{2k\pi}^{(2k+1)\pi}\frac{1}{2}\sqrt{\frac{\pi}{2k+1}}\sin t\,dt$$
$$=\frac{1}{2}\sqrt{\frac{\pi}{2k+1}}\Big[-\cos t\Big]_{2k\pi}^{(2k+1)\pi}$$
$$=\frac{1}{2}\sqrt{\frac{\pi}{2k+1}}(1+1)=\sqrt{\frac{\pi}{2k+1}}$$

であるから

$$\sum_{k=1}^{n}\{f(x_{k+1})-f(x_k)\}>\sum_{k=1}^{n}\sqrt{\frac{\pi}{2k+1}}$$
$$f(x_{n+1})-f(x_1)>\sum_{k=1}^{n}\sqrt{\frac{\pi}{2k+1}}$$
$$f(x_{n+1})>f(x_1)+\sum_{k=1}^{n}\sqrt{\frac{\pi}{2k+1}}$$

$f(x_2)-f(x_1)$
$f(x_3)-f(x_2)$
$f(x_4)-f(x_3)$
$\vdots$
$f(x_{n+1})-f(x_n)$

M_n は $0\leqq x\leqq 2(n+1)\pi$ における最大値であるから

$$M_n\geqq f(x_{n+1})>f(x_1)+\sum_{k=1}^{n}\sqrt{\frac{\pi}{2k+1}}$$

である.

《格子点と積分 (B20)》

519. a を正の実数とする. 関数 $f(x)=e^{ax}$ を考え, 自然数 n に対し, 連立不等式

$$\begin{cases} 0 \leqq x \leqq n \\ 0 \leqq y \leqq f(x) \end{cases}$$

の表す xy 平面内の領域を D_n とする. D_n の点 (x, y) のうち, x と y がともに整数であるものの個数を $S(n)$ とし, また, D_n の面積を $T(n)$ とする. このとき, 次の問いに答えよ.

(1) 自然数 n に対し, $T(n)$ を求めよ.

(2) 自然数 n に対し, $R(n)=\sum_{k=0}^{n} f(k)$ とおく. 極限 $\lim_{n\to\infty}\frac{R(n)}{e^{an}}$ を求めよ.

(3) 極限 $\lim_{n\to\infty}\frac{S(n)}{T(n)}$ を求めよ. ただし, $\lim_{n\to\infty}\frac{n}{e^{an}}=0$ であることを証明なしに用いてよい.

(23 京都工繊大・前期)

▶解答◀ (1) $T(n)=\int_0^n e^{ax}\,dx$

$$=\left[\frac{e^{ax}}{a}\right]_0^n=\boldsymbol{\frac{e^{an}-1}{a}}$$

(2) $R(n)=\sum_{k=0}^{n} f(k)$

$$=e^0+e^a+e^{2a}+\cdots+e^{na}=\frac{e^{a(n+1)}-1}{e^a-1}$$

$$\lim_{n\to\infty}\frac{R(n)}{e^{an}}=\lim_{n\to\infty}\frac{1}{e^a-1}\cdot\frac{e^{a(n+1)}-1}{e^{an}}$$

$$=\lim_{n\to\infty}\frac{1}{e^a-1}\left(e^a-\frac{1}{e^{an}}\right)=\boldsymbol{\frac{e^a}{e^a-1}}$$

(3) $x=k$ のとき $0\leqq y\leqq f(k)$

整数 y については $0\leqq y\leqq [f(k)]$

$[x]$ はガウス記号で x の整数部分を表す. 整数 y は $[f(k)]+1$ 個ある.

よって, $x=k$ 上には格子点が $[f(k)]+1$ 個あるから $S(n)=\sum_{k=0}^{n}([f(k)]+1)$ となる.

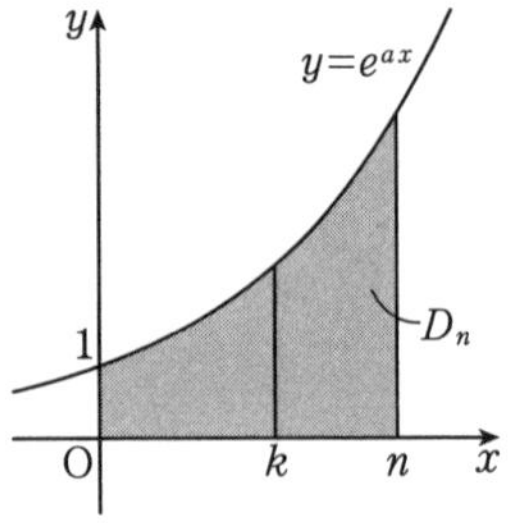

$f(k)<[f(k)]+1\leqq f(k)+1$ であるから

$$\sum_{k=0}^{n} f(k)<S(n)\leqq\sum_{k=0}^{n}(f(k)+1)$$

$$R(n)<S(n)\leqq R(n)+n+1$$

$$\frac{R(n)}{T(n)}<\frac{S(n)}{T(n)}\leqq\frac{R(n)}{T(n)}+\frac{n+1}{T(n)}$$

ここで

$$\lim_{n\to\infty}\frac{R(n)}{T(n)}=\lim_{n\to\infty}\frac{a}{e^a-1}\cdot\frac{e^a-\frac{1}{e^{an}}}{1-\frac{1}{e^{an}}}$$

$$=\frac{ae^a}{e^a-1}$$

$$\lim_{n\to\infty}\frac{n+1}{T(n)}=\lim_{n\to\infty}\frac{a(n+1)}{e^{an}-1}=0$$

よってハサミウチの原理より

$$\lim_{n\to\infty}\frac{S(n)}{T(n)}=\boldsymbol{\frac{ae^a}{e^a-1}}$$

《微分して積分する (C20)》

520. n を 2 以上の整数として

$$f_n(x)=\int_0^x(\sin(nt)-\sin t)\,dt$$

とする. 以下の問いに答えよ.

(1) 関数 $y=f_5(x)$ $\left(0\leqq x\leqq\frac{\pi}{2}\right)$ の増減を調べ, このグラフの概形をかけ. ただし, グラフの凹凸と変曲点については調べなくてよい.

(2) 関数 $y=f_n(x)$ の $0\leqq x\leqq\frac{\pi}{2}$ における最大値を M_n とおく. これを求めよ.

(3) (2) の M_n について, 極限 $\lim_{n\to\infty}M_n$ を求めよ.

(23 お茶の水女子大・前期)

▶解答◀ (1) $n=5$ のとき

$$f_5(x)=\int_0^x(\sin(5t)-\sin t)\,dt$$

$$f_5{}'(x)=\sin 5x-\sin x=2\cos 3x\sin 2x$$

$0<x<\frac{\pi}{2}$ のとき, $0<3x<\frac{3}{2}\pi$, $0<2x<\pi$ であるから, $f_5{}'(x)=0$ とすると

$$3x=\frac{\pi}{2} \qquad \therefore\quad x=\frac{\pi}{6}$$

$f_5(x)$ は表のように増減し, $x=\frac{\pi}{6}$ で極大となる.

x	0	$\cdots$	$\frac{\pi}{6}$	$\cdots$	$\frac{\pi}{2}$
$f_5{}'(x)$		$+$	0	$-$	
$f_5(x)$		↗		↘	

$$f_5(x)=\left[-\frac{1}{5}\cos 5t+\cos t\right]_0^x$$

$$=-\frac{1}{5}\cos 5x+\cos x-\frac{4}{5}$$

であるから

$$f_5(0)=0,\ f_5\left(\frac{\pi}{2}\right)=-\frac{4}{5}$$

$$f_5\left(\frac{\pi}{6}\right)=\frac{\sqrt{3}}{10}+\frac{\sqrt{3}}{2}-\frac{4}{5}=\frac{3\sqrt{3}-4}{5}$$

$c = \dfrac{3\sqrt{3}-4}{5}$ とすると，$y = f_5(x)$ のグラフは図のようになる．なお y 軸方向に1.5倍してある．

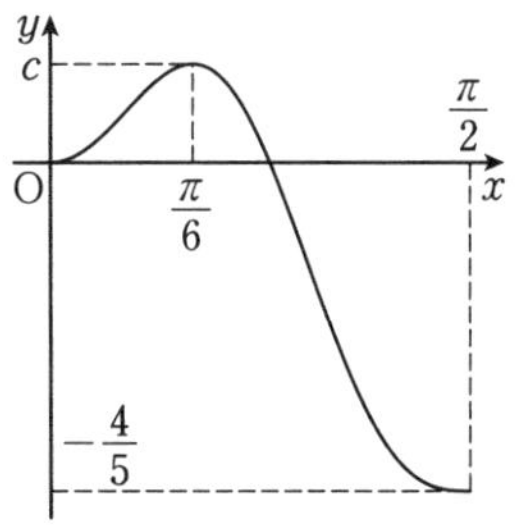

（2） $f_n{}'(x) = \sin nx - \sin x$

$$= 2\cos\frac{(n+1)x}{2}\sin\frac{(n-1)x}{2} \quad \cdots\cdots①$$

$$f_n(x) = \left[-\frac{1}{n}\cos nt + \cos t\right]_0^x$$

$$f_n(x) = -\frac{1}{n}\cos nx + \cos x + \frac{1}{n} - 1 \quad \cdots\cdots②$$

$f_n{}'(x) = \sin nx - \sin x = 0$ の解が多くあり，$f_n(x)$ の極値をすべて比べる．以下，k, l は0以上の整数であり，$x \leqq \dfrac{\pi}{2}$ だから上に限界があるが，結果的に効いてこないから，上限は書かない．

（ア） $\cos\dfrac{(n+1)x}{2} = 0$ の解について：

$\dfrac{(n+1)x}{2} = \dfrac{\pi}{2} + k\pi$ とおける．このとき $nx = 2k\pi + \pi - x$ が成り立つ．

$$\cos nx = \cos(2k\pi + \pi - x) = -\cos x$$

これを②に代入すると

$$f_n(x) = \frac{1}{n}\cos x + \cos x + \frac{1}{n} - 1$$

$$= \left(\frac{1}{n} + 1\right)\cos x + \frac{1}{n} - 1$$

この値を最大にする x は0に一番近いもので，それは $k = 0$ のときの $x = \dfrac{\pi}{n+1}$ である．これは $0 \leqq x \leqq \dfrac{\pi}{2}$ にある．$f_n(0) = 0$ であり，$x > 0$ で0に近いとき①の符号は正だから，最初の極値は極大値で，正である．

（イ） $\sin\dfrac{(n-1)x}{2} = 0$ の解について：

$\dfrac{(n-1)x}{2} = l\pi$ とおける．$nx = 2l\pi + x$ が成り立つ．$\cos nx = \cos x$ になる．これを②に代入すると

$$f_n(x) = -\frac{1}{n}\cos x + \cos x + \frac{1}{n} - 1$$

$$= \left(\frac{1}{n} - 1\right)(1 - \cos x) \leqq 0$$

であるから，この極値は最大値にはならない．

$$M_n = f_n\left(\frac{\pi}{n+1}\right) = \boldsymbol{\left(\frac{1}{n} + 1\right)\cos\frac{\pi}{n+1} + \frac{1}{n} - 1}$$

（3） $\displaystyle\lim_{n\to\infty} M_n = (0+1)\cos 0 + 0 - 1 = \mathbf{0}$

《$\log x$ を挟む（C20）》

521．次の問いに答えよ．

（1） a, b は実数とし，$f(x)$ は a, b が属する開区間で定義された関数とする．$f(x)$ が連続な第2次導関数 $f''(x)$ をもつとき，次の等式を証明せよ．

$$\int_a^b (b-x)(x-a)f''(x)\,dx$$

$$= (b-a)(f(a)+f(b)) - 2\int_a^b f(x)\,dx$$

（2） t を正の実数とする．次の不等式を証明せよ．

$$0 \leqq \int_t^{t+1}\log x\,dx - \frac{1}{2}(\log t + \log(t+1))$$

$$\leqq \frac{1}{8}\left(\frac{1}{t} - \frac{1}{t+1}\right)$$

（3） 次で定まる数列 $\{a_n\}$ に対し，極限値 $\displaystyle\lim_{n\to\infty}\frac{a_n}{\log n}$ を求めよ．

$$a_n = \log(n!) - n\log n + n \ (n = 1, 2, 3, \cdots)$$

（23 大阪公立大・理系）

▶解答◀ （1） 部分積分を使う．

$$\int_a^b (b-x)(x-a)f''(x)\,dx$$

$$= \int_a^b (b-x)(x-a)(f'(x))'\,dx$$

$$= \Big[(b-x)(x-a)f'(x)\Big]_a^b$$

$$- \int_a^b \{(b-x)(x-a)\}'f'(x)\,dx$$

$$= 0 - \int_a^b (b+a-2x)f'(x)\,dx$$

$$= -\Big[(b+a-2x)f(x)\Big]_a^b$$

$$+ \int_a^b (b+a-2x)'f(x)\,dx$$

$$= (b-a)(f(a)+f(b)) - 2\int_a^b f(x)\,dx \quad \cdots①$$

（2） ①において，$a = t, b = t+1, f(x) = \log x$ とおく．

$$\int_t^{t+1}(t+1-x)(x-t)\left(-\frac{1}{x^2}\right)dx$$

$$= \log t + \log(t+1) - 2\int_t^{t+1}\log x\,dx$$

となり

$$\int_t^{t+1}\log x\,dx - \frac{1}{2}(\log t + \log(t+1))$$

$$= \frac{1}{2}\int_t^{t+1}(t+1-x)(x-t)\cdot\frac{1}{x^2}\,dx \quad \cdot②$$

②の右辺を I_t とおく．

$(t+1-x)(x-t) = -\left\{(x-t)-\dfrac{1}{2}\right\}^2+\dfrac{1}{4}$ であるから，$t \leqq x \leqq t+1$ のとき，$0 \leqq (t+1-x)(x-t) \leqq \dfrac{1}{4}$，また $\dfrac{1}{x^2}>0$ であるから

$$0 \leqq I_t \leqq \frac{1}{2}\cdot\frac{1}{4}\int_t^{t+1}\frac{1}{x^2}\,dx$$

$$\int_t^{t+1}\frac{1}{x^2}\,dx = \left[-\frac{1}{x}\right]_t^{t+1} = \frac{1}{t}-\frac{1}{t+1}$$

よって

$$0 \leqq I_t \leqq \frac{1}{8}\left(\frac{1}{t}-\frac{1}{t+1}\right)$$

となるから，② より

$$0 \leqq \int_t^{t+1}\log x\,dx - \frac{1}{2}(\log t + \log(t+1))$$

$$\leqq \frac{1}{8}\left(\frac{1}{t}-\frac{1}{t+1}\right) \cdots\cdots ③$$

（**3**） ③ より

$$0 \leqq \sum_{t=1}^{n-1}\int_t^{t+1}\log x\,dx - \frac{1}{2}\sum_{t=1}^{n-1}\{\log t + \log(t+1)\}$$

$$\leqq \frac{1}{8}\sum_{t=1}^{n-1}\left(\frac{1}{t}-\frac{1}{t+1}\right) \cdots\cdots ④$$

である．ここで

$$\sum_{t=1}^{n-1}\int_t^{t+1}\log x\,dx = \int_1^n \log x\,dx$$

$$= \Big[\,x\log x - x\,\Big]_1^n = n\log n - n + 1$$

$$\sum_{t=1}^{n-1}\{\log t+\log(t+1)\} = \sum_{t=1}^{n-1}\log t + \sum_{t=1}^{n-1}\log(t+1)$$

$$= \log 1 + 2\{\log 2 + \cdots + \log(n-1)\} + \log n$$

$$= 2\{\log 2 + \cdots + \log(n-1) + \log n\} - \log n$$

$$= 2\log n! - \log n$$

$$\sum_{t=1}^{n-1}\left(\frac{1}{t}-\frac{1}{t+1}\right) = 1-\frac{1}{n}$$

よって ④ より

$$0 \leqq n\log n - n + 1 - \log n! + \frac{1}{2}\log n$$

$$\leqq \frac{1}{8}\left(1-\frac{1}{n}\right)$$

$a_n = \log n! - n\log n + n$ であるから

$$0 \leqq -a_n + \frac{1}{2}\log n + 1 \leqq \frac{1}{8}\left(1-\frac{1}{n}\right)$$

$$0 \leqq -\frac{a_n}{\log n} + \frac{1}{2} + \frac{1}{\log n} \leqq \frac{1}{8\log n}\left(1-\frac{1}{n}\right)$$

$\displaystyle\lim_{n\to\infty}\frac{1}{\log n}=0,\ \lim_{n\to\infty}\frac{1}{n}=0$ より

$$\lim_{n\to\infty}\frac{1}{8\log n}\left(1-\frac{1}{n}\right)=0$$

であるから，ハサミウチの原理より

$$-\lim_{n\to\infty}\frac{a_n}{\log n}+\frac{1}{2}=0$$

よって

$$\lim_{n\to\infty}\frac{a_n}{\log n} = \boldsymbol{\frac{1}{2}}$$

《t^ne^{-t} (B20)》

522． 負でない整数 $n=0, 1, 2, \cdots$ と正の実数 $x>0$ に対し，$I_n=\displaystyle\int_0^x t^ne^{-t}\,dt$ とおく．以下の問いに答えよ．

（1） I_0, I_1 を求めよ．

（2） $n=1, 2, 3, \cdots$ に対し，I_n と I_{n-1} の関係式を求めよ．

（3） $I_n\ (n=0, 1, 2, \cdots)$ を求めよ．

（23 鳥取大・医）

▶解答◀ （**1**） $I_0=\displaystyle\int_0^x e^{-t}\,dt$

$$= \Big[-e^{-t}\Big]_0^1 = \boldsymbol{1-e^{-x}}$$

$$I_1 = \int_0^x te^{-t}\,dt = \int_0^x t(-e^{-t})'\,dt$$

$$= \Big[\,t(-e^{-t})\,\Big]_0^x - \int_0^x (t)'(-e^{-t})\,dt$$

$$= -xe^{-x} - \Big[\,e^{-t}\,\Big]_0^x = \boldsymbol{1-(x+1)e^{-x}}$$

（**2**） $I_n = \displaystyle\int_0^x t^n(-e^{-t})'\,dt$

$$= \Big[\,t^n(-e^{-t})\,\Big]_0^x - \int_0^x (t^n)'(-e^{-t})\,dt$$

$$= -x^ne^{-x} + n\int_0^x t^{n-1}e^{-t}\,dt$$

$$\boldsymbol{I_n = -x^ne^{-x} + nI_{n-1}}$$

（**3**） （2）の両辺を $n!$ で割り，$\dfrac{I_n}{n!}=J_n$ とおく．

（2）は $J_n - J_{n-1} = -\dfrac{x^n}{n!}e^{-x}$ となる．この式の n の代わりに $1, 2, \cdots, n$ を代入して辺々加える．

$$J_n - J_0 = -\left(\frac{x^n}{n!}+\frac{x^{n-1}}{(n-1)!}+\cdots+\frac{x}{1!}\right)e^{-x}$$

$$\frac{I_n}{n!} = I_0 - \left(\frac{x^n}{n!}+\frac{x^{n-1}}{(n-1)!}+\cdots+\frac{x}{1!}\right)e^{-x}$$

$$= 1 - \left(1+\frac{x}{1!}+\cdots+\frac{x^{n-1}}{(n-1)!}+\frac{x^n}{n!}\right)e^{-x}$$

$$\boldsymbol{I_n = n! - n!e^{-x}\sum_{k=0}^{n}\frac{x^k}{k!}}$$

$$J_1 - J_0 = -\frac{x}{1!}e^{-x}$$

$$J_2 - J_1 = -\frac{x^2}{2!}e^{-x}$$

$$\vdots$$

$$J_{n-1} - J_{n-2} = -\frac{x^{n-1}}{(n-1)!}e^{-x}$$

$$J_n - J_{n-1} = -\frac{x^n}{n!}e^{-x}$$

《チェビシェフの多項式（B20）》

523．0 以上の整数 n に対し，関数 $f_n(x)$ を

$$f_0(x)=1,\ f_1(x)=x,$$

$$f_{n+2}(x)=2xf_{n+1}(x)-f_n(x)\ (n=0,\ 1,\ 2,\ \cdots)$$

により定める．

（1） 0 以上の整数 n と任意の実数 θ に対し，等式 $f_n(\cos\theta)=\cos n\theta$ が成り立つことを示せ．

（2） 自然数 $p,\ q$ に対し，

$I_{p,q}=\displaystyle\int_{-\frac{1}{2}}^{\frac{1}{2}} f_{3p}'(x)f_{3q}'(x)\sqrt{1-x^2}\,dx$ を求めよ．ただし，$f_n'(x)$ は $f_n(x)$ の導関数である．

（23　山梨大・医-後期）

▶解答◀　（1） $f_n(\cos\theta)=\cos n\theta$ ……………①

$n=0$ のとき $f_0(x)=1$ より $f_0(\cos\theta)=1$

$n=1$ のとき $f_1(x)=x$ より $f_1(\cos\theta)=\cos\theta$

であるから $n=0,1$ のとき ① は成り立つ．

$n=k,\ k+1$ のとき ① が成り立つとすると

$$f_k(\cos\theta)=\cos k\theta,\ f_{k+1}(\cos\theta)=\cos(k+1)\theta$$

このとき，$f_{k+2}(x)=2xf_{k+1}(x)-f_k(x)$ より

$$f_{k+2}(\cos\theta)=2\cos\theta f_{k+1}(\cos\theta)-f_k(\cos\theta)$$
$$=2\cos\theta\cos(k+1)\theta-\cos k\theta$$
$$=2\cdot\frac{1}{2}\{\cos(k+2)\theta+\cos k\theta\}-\cos k\theta$$
$$=\cos(k+2)\theta$$

よって，$n=k+2$ のときも ① は成り立つ．

以上より 0 以上の整数 n について ① は成り立つ．

（2） $I_{p,q}=\displaystyle\int_{-\frac{1}{2}}^{\frac{1}{2}} f_{3p}'(x)f_{3q}'(x)\sqrt{1-x^2}\,dx$

$x=\cos\theta$ とおくと $dx=-\sin x\,d\theta$

x	$-\frac{1}{2}\ \to\ \frac{1}{2}$
θ	$\frac{2\pi}{3}\ \to\ \frac{\pi}{3}$

$I_{p,q}$

$$=\int_{\frac{2\pi}{3}}^{\frac{\pi}{3}} f_{3p}'(\cos\theta)f_{3q}'(\cos\theta)\sqrt{1-\cos^2\theta}(-\sin\theta)\,d\theta$$

$$=\int_{\frac{\pi}{3}}^{\frac{2\pi}{3}} f_{3p}'(\cos\theta)f_{3q}'(\cos\theta)\sin^2\theta\,d\theta$$

ここで（1）より $f_{3p}(\cos\theta)=\cos 3p\theta$ であるから両辺を θ で微分して

$$-\sin\theta f_{3p}'(\cos\theta)=-3p\sin 3p\theta$$
$$\sin\theta f_{3p}'(\cos\theta)=3p\sin 3p\theta$$

同様にして $\sin\theta f_{3q}'(\cos\theta)=3q\sin 3q\theta$ であるから

$$I_{p,q}=\int_{\frac{\pi}{3}}^{\frac{2\pi}{3}}(3p\sin 3p\theta)(3q\sin 3q\theta)\,d\theta$$

$$=9pq\int_{\frac{\pi}{3}}^{\frac{2\pi}{3}}\sin 3p\theta\sin 3q\theta\,d\theta$$

$$=-\frac{9}{2}pq\int_{\frac{\pi}{3}}^{\frac{2\pi}{3}}\{\cos 3(p+q)\theta-\cos 3(p-q)\theta\}\,d\theta$$

$p=q$ のとき

$$I_{p,p}=-\frac{9}{2}p^2\int_{\frac{\pi}{3}}^{\frac{2\pi}{3}}(\cos 6p\theta-1)\,d\theta$$

$$=-\frac{9}{2}p^2\left[\frac{1}{6p}\sin 6p\theta-\theta\right]_{\frac{\pi}{3}}^{\frac{2\pi}{3}}$$

$$=-\frac{9}{2}p^2\left\{\left(0-\frac{2}{3}\pi\right)-\left(0-\frac{\pi}{3}\right)\right\}$$

$$=\boldsymbol{\frac{3}{2}p^2\pi}$$

$p\neq q$ のとき

$$I_{p,q}=-\frac{9}{2}pq\left[\frac{\sin 3(p+q)\theta}{3(p+q)}-\frac{\sin 3(p-q)\theta}{3(p-q)}\right]_{\frac{\pi}{3}}^{\frac{2\pi}{3}}$$

$$=\boldsymbol{0}$$

《級数の難問（C30）》

524．（1） $0\leqq x\leqq\dfrac{\pi}{2}$ において常に不等式

$$|b|\leqq|b+1-b\cos x|$$

が成り立つような実数 b の値の範囲は

［ア］$\leqq b\leqq$［イ］である．

以下，b を［ア］$\leqq b\leqq$［イ］を満たす 0 でない実数とし，数列 $\{a_n\}$ を

$$a_n=\int_0^{\frac{\pi}{2}}\frac{\sin x(\cos x)^{n-1}}{(b+1-b\cos x)^n}\,dx$$

$(n=1,\ 2,\ 3,\ \cdots)$ で定義する．

（2） $\displaystyle\lim_{n\to\infty}b^na_n=0$ が成り立つことを証明しなさい．

（3） $a_1=$［　］である．

（4） a_{n+1} を $a_n,\ n,\ b$ を用いて表すと，

$a_{n+1}=$［　］となる．

（5） $\displaystyle\lim_{n\to\infty}\left\{\frac{1}{1\cdot 2}-\frac{1}{2\cdot 2^2}+\frac{1}{3\cdot 2^3}-\cdots+\frac{(-1)^{n+1}}{n\cdot 2^n}\right\}=$［　］

である．

（23　慶應大・理工）

▶解答◀　（1） $b=0$ のとき，$0\leqq 1$ より成立する．

$b\neq 0$ のとき，両辺を $|b|$ で割って

$$1\leqq\left|1+\frac{1}{b}-\cos x\right|$$

$$1+\frac{1}{b}-\cos x\leqq -1 \text{ または } 1+\frac{1}{b}-\cos x\geqq 1$$

$2+\dfrac{1}{b}\leqq\cos x$ ……………………………①

または　$\cos x\leqq\dfrac{1}{b}$ ……………………②

が $0 \leqq x \leqq \frac{\pi}{2}$ を満たすすべての x について成立するような条件を考える。$\frac{1}{b}$ と $2+\frac{1}{b}$ の幅が 2 であり, 区間 $\left[0, \frac{\pi}{2}\right]$ における $\cos x$ の値域の幅 1 よりも広いことから, この区間内のある x_1 においては ① を満たし, ある x_2 においては ② を満たす, ということは起こり得ない.

よって,「$0 \leqq x \leqq \frac{\pi}{2}$ を満たすすべての x について ① または ② が成立する」ことは,「$0 \leqq x \leqq \frac{\pi}{2}$ を満たすすべての x について ① が成立する (図 1), または, $0 \leqq x \leqq \frac{\pi}{2}$ を満たすすべての x について ② が成立する (図 2)」ことと同値である.

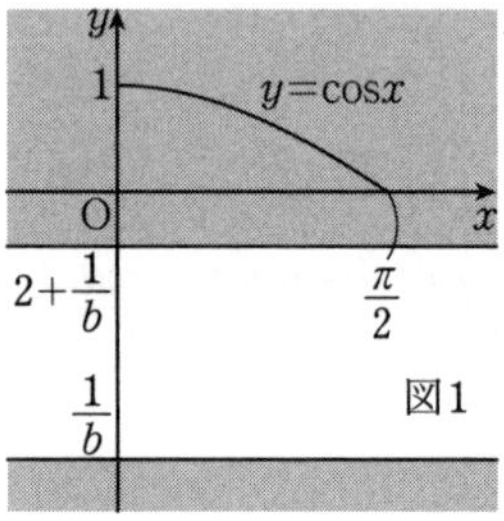

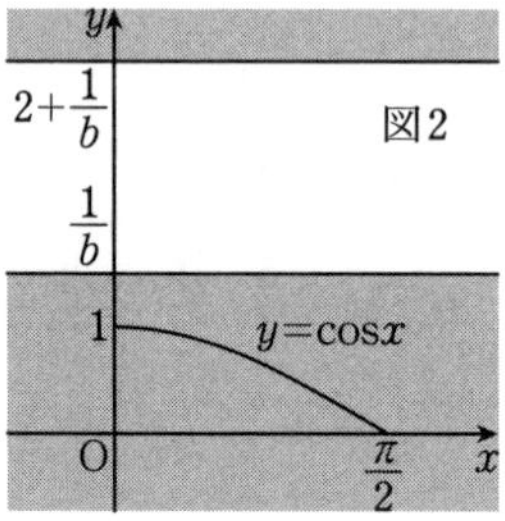

$0 \leqq x \leqq \frac{\pi}{2}$ を満たすすべての x について ① が成立する条件は

$$2+\frac{1}{b} \leqq 0 \qquad \therefore \quad 2b^2+b \leqq 0 \text{ かつ } b \neq 0$$

これより, $-\frac{1}{2} \leqq b < 0$ となる. また, $0 \leqq x \leqq \frac{\pi}{2}$ を満たすすべての x について ② が成立する条件は

$$1 \leqq \frac{1}{b} \qquad \therefore \quad b^2 \leqq b \text{ かつ } b \neq 0$$

これより, $0 < b \leqq 1$ となる. よって, $b=0$ で成立することも合わせると, $0 \leqq x \leqq \frac{\pi}{2}$ を満たすすべての x について $|b| \leqq |b+1-b\cos x|$ が成立する条件は $-\frac{1}{2} \leqq b \leqq 1$ である.

(2)
$$0 \leqq |b^n a_n| \leqq |b|^n \int_0^{\frac{\pi}{2}} \frac{|\sin x(\cos x)^{n-1}|}{|b+1-b\cos x|^n} dx$$
$$\leqq |b|^n \int_0^{\frac{\pi}{2}} \frac{\sin x(\cos x)^{n-1}}{|b|^n} dx$$
$$= \int_0^{\frac{\pi}{2}} \sin x(\cos x)^{n-1} dx$$
$$= \left[-\frac{1}{n}(\cos x)^n \right]_0^{\frac{\pi}{2}} = \frac{1}{n}$$

$\lim_{n \to \infty} \frac{1}{n} = 0$ であるから, ハサミウチの原理より

$$\lim_{n \to \infty} |b^n a_n| = 0 \qquad \therefore \quad \lim_{n \to \infty} b^n a_n = 0$$

(3) $-\frac{1}{2} \leqq b \leqq 1$ かつ $b \neq 0$ のもとで考える.

$$a_1 = \int_0^{\frac{\pi}{2}} \frac{\sin x}{b+1-b\cos x} dx$$
$$= \left[\frac{1}{b} \log |b+1-b\cos x| \right]_0^{\frac{\pi}{2}}$$

$$= \frac{1}{b} \log |b+1| - \frac{1}{b} \log 1 = \frac{1}{b} \log(b+1)$$

(4)
$$a_{n+1} = \int_0^{\frac{\pi}{2}} \frac{\sin x(\cos x)^n}{(b+1-b\cos x)^{n+1}} dx$$
$$= \int_0^{\frac{\pi}{2}} \left(-\frac{1}{bn(b+1-b\cos x)^n} \right)' (\cos x)^n dx$$
$$= \left[-\frac{1}{bn(b+1-b\cos x)^n}(\cos x)^n \right]_0^{\frac{\pi}{2}}$$
$$\quad - \int_0^{\frac{\pi}{2}} \left(-\frac{n(\cos x)^{n-1}(-\sin x)}{bn(b+1-b\cos x)^n} \right) dx$$
$$= \frac{1}{bn} - \frac{1}{b}a_n$$

(5) $a_{n+1} = \frac{1}{bn} - \frac{1}{b}a_n$ の両辺に $(-b)^{n+1}$ をかけると

$$(-b)^{n+1}a_{n+1} = (-b)^n a_n + \frac{(-1)^{n+1}}{n}b^n$$
$$(-b)^{n+1}a_{n+1} - (-b)^n a_n = \frac{(-1)^{n+1}}{n}b^n$$

$b=\frac{1}{2}$ とすると, これは確かに $-\frac{1}{2} \leqq b \leqq 1$ かつ $b \neq 0$ を満たしている.

$$S_n = \frac{1}{1 \cdot 2} - \frac{1}{2 \cdot 2^2} + \cdots + \frac{(-1)^{n+1}}{n \cdot 2^n}$$

とおくと,

$$S_n = \sum_{k=1}^n \frac{(-1)^{k+1}b^k}{k}$$
$$= \sum_{k=1}^n \left((-b)^{k+1}a_{k+1} - (-b)^k a_k \right)$$
$$= (-b)^{n+1}a_{n+1} - (-b)a_1$$
$$= (-b)^{n+1}a_{n+1} + \log(b+1)$$

ここで, (2) より

$$\lim_{n \to \infty} \left| (-b)^{n+1}a_{n+1} \right| = \lim_{n \to \infty} \left| b^{n+1}a_{n+1} \right| = 0$$

であるから,

$$\lim_{n \to \infty} S_n = 0 + \log \left(\frac{1}{2}+1 \right) = \log \frac{3}{2}$$

$$(-b)^2 a_2 - (-b)^1 a_1$$
$$(-b)^3 a_3 - (-b)^2 a_2$$
$$(-b)^4 a_4 - (-b)^3 a_3$$
$$\vdots$$
$$(-b)^{n+1}a_{n+1} - (-b)^n a_n$$

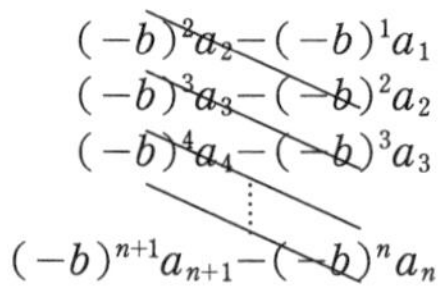

注意 【「任意」の分配はできない】

論理の話をする. 集合 U を $U=\left[0, \frac{\pi}{2}\right]$ で定める. (1) において, 命題 P:「U 内の任意の x について ① または ② が成立する」と, 命題 Q:「U 内の任意の x について ① が成立する, または, U 内の任意の x について ② が成立する」は, 同値ではない (わかりやすくいうと,「任意の」というのを分配することはできない). なぜなら, ① を満たす x の集合 X_1 と, ② を満たす集合 X_2 を考えたとき, 命題 P は「$X_1 \cup X_2 = U$」

を意味するのに対して，命題 Q は「$X_1 = U$ または $X_2 = U$」を意味しているからである．すなわち，一般に $Q \Longrightarrow P$ は成り立つが，その逆が成り立つとは限らないということである．

しかし，今回は P を考えるはずが，巧妙に Q を考える話にすり替えられている．今回は $\dfrac{1}{b}$ と $2+\dfrac{1}{b}$ の幅（これを帯の幅ということにしよう）と，区間 $\left[0,\ \dfrac{\pi}{2}\right]$ における $\cos x$ の値域の幅の大小で議論をしたが，帯の幅がもっと狭くても，同様のことは成り立つ．実際，ある x_1 においては ① を満たしており，ある x_2 においては ② を満たしていると仮定すると，$\cos x$ の連続性より，中間値の定理から $\dfrac{1}{b} \leqq \cos c \leqq 2+\dfrac{1}{b}$ を満たす c が x_1 と x_2 の間に存在してしまうから，この c は「① または ②」を満たさない．すなわち，P の代わりに Q を考えてよいのは，本質的には $\cos x$ の連続性によるものである．

《級数の難問 (B30)》

525．以下の各問いに答えよ．（2）(ii)，（3）については導出過程も記せ．

（1） 次の定積分の値を求めよ．答えのみでよい．

$$\int_0^{\sqrt{3}-1} \frac{dx}{x^2+2x+4}$$

（2） $n = 0, 1, 2, \cdots$ とするとき，$0 < a < 1$ を満たす a に対し

$$I_n(a) = \int_0^a \frac{x^{3n}}{1-x^3}\,dx$$

（i） 次の不等式が成り立つことを証明せよ．

$$0 \leqq I_n(a) \leqq \frac{a^{3n+1}}{(1-a^3)(3n+1)}$$

（ii） $I_n(a) - I_{n+1}(a)$ を n と a のみで表せ．

（3） 次の無限級数は収束する．その和を求めよ．

$$\sum_{n=0}^{\infty} \frac{1}{3n+1}\left(\frac{3\sqrt{3}-5}{4}\right)^n$$

（23　日本医大・後期）

▶解答◀（1）

$$\frac{1}{x^2+2x+4} = \frac{1}{(x+1)^2+3}$$

$x+1 = \sqrt{3}\tan\theta$ とおくと，$dx = \dfrac{\sqrt{3}}{\cos^2\theta}\,d\theta$

x	$0 \to \sqrt{3}-1$
θ	$\dfrac{\pi}{6} \to \dfrac{\pi}{4}$

$$\int_0^{\sqrt{3}-1} \frac{dx}{x^2+2x+4}$$

$$= \int_{\frac{\pi}{6}}^{\frac{\pi}{4}} \frac{1}{3(1+\tan^2\theta)} \cdot \frac{\sqrt{3}}{\cos^2\theta}\,d\theta$$

$$= \frac{1}{\sqrt{3}} \int_{\frac{\pi}{6}}^{\frac{\pi}{4}} d\theta = \frac{1}{\sqrt{3}}\Big[\,\theta\,\Big]_{\frac{\pi}{6}}^{\frac{\pi}{4}}$$

$$= \frac{1}{\sqrt{3}}\left(\frac{\pi}{4} - \frac{\pi}{6}\right) = \boldsymbol{\frac{\sqrt{3}}{36}\pi}$$

（2）（i） $0 \leqq x \leqq a\,(<1)$ に対し

$$0 \leqq \frac{x^{3n}}{1-x^3} \leqq \frac{x^{3n}}{1-a^3}$$

0 から a まで定積分して

$$0 \leqq I_n(a) \leqq \int_0^a \frac{x^{3n}}{1-a^3}\,dx$$

$$(\text{右辺}) = \frac{1}{1-a^3}\left[\frac{x^{3n+1}}{3n+1}\right]_0^a$$

$$= \frac{a^{3n+1}}{(1-a^3)(3n+1)}$$

であるから，

$$0 \leqq I_n(a) \leqq \frac{a^{3n+1}}{(1-a^3)(3n+1)}$$

（ii） $$I_n(a) - I_{n+1}(a) = \int_0^a \frac{x^{3n} - x^{3(n+1)}}{1-x^3}\,dx$$

$$= \int_0^a \frac{x^{3n}(1-x^3)}{1-x^3}\,dx = \int_0^a x^{3n}\,dx = \boldsymbol{\frac{a^{3n+1}}{3n+1}}$$

（3）のための準備をする．（i）において $\displaystyle\lim_{n\to\infty} \frac{a^{3n+1}}{(1-a^3)(3n+1)} = 0$ より，ハサミウチの原理から $\displaystyle\lim_{n\to\infty} I_n(a) = 0$ である．これと（ii）より

$$\sum_{n=0}^{\infty} \frac{a^{3n+1}}{3n+1} = \lim_{N\to\infty} \sum_{n=0}^{N} (I_n(a) - I_{n+1}(a))$$

$$\begin{aligned} &I_0(a) - \cancel{I_1(a)} \\ &\cancel{I_1(a)} - \cancel{I_2(a)} \\ &\cancel{I_2(a)} - \cancel{I_3(a)} \\ &\qquad \vdots \\ &\cancel{I_N(a)} - I_{N+1}(a) \end{aligned}$$

$$= \lim_{N\to\infty} (I_0(a) - I_{N+1}(a))$$

$$= I_0(a) = \int_0^a \frac{dx}{1-x^3}$$

（3） $$(\sqrt{3}-1)^3 = 3\sqrt{3} - 3\cdot 3\cdot 1 + 3\sqrt{3}\cdot 1 - 1$$

$$= 6\sqrt{3} - 10$$

であることから，

$$\frac{3\sqrt{3}-5}{4} = \frac{6\sqrt{3}-10}{8} = \left(\frac{\sqrt{3}-1}{2}\right)^3$$

である．ここで，$a = \dfrac{\sqrt{3}-1}{2}$ とおくと，$0 < a < 1$ であり，求める無限級数を L とすると，

$$L = \frac{1}{a}\sum_{n=0}^{\infty} \frac{a^{3n+1}}{3n+1} = \frac{1}{a}\int_0^a \frac{dx}{1-x^3}$$

となる．（1）を利用するために $t = 2x$ とおくと，$dx = \dfrac{1}{2}\,dt$ で

x	$0 \to a$
t	$0 \to 2a$

$$\frac{1}{a}\int_0^a \frac{dx}{1-x^3}=\frac{1}{a}\int_0^{2a}\frac{1}{1-\left(\frac{t}{2}\right)^3}\cdot\frac{1}{2}\,dt$$

$$=\frac{1}{a}\int_0^{2a}\frac{4}{8-t^3}\,dt$$

ここで，$\frac{1}{8-t^3}=\frac{1}{(2-t)(t^2+2t+4)}$ であり

$$\frac{A}{2-t}+\frac{Bt+C}{t^2+2t+4}$$

$$=\frac{(A-B)t^2+(2A+2B-C)t+(4A+2C)}{(2-t)(t^2+2t+4)}$$

この係数を比較すると

$$A-B=0,\ 2A+2B-C=0,\ 4A+2C=1$$

$$(A, B, C)=\left(\frac{1}{12}, \frac{1}{12}, \frac{1}{3}\right)$$

となる．ゆえに

$$\frac{1}{8-t^3}=\frac{1}{12}\left(\frac{1}{2-t}+\frac{t+4}{t^2+2t+4}\right)$$

$$=\frac{1}{12}\left(\frac{1}{2-t}+\frac{1}{2}\cdot\frac{2t+2}{t^2+2t+4}+\frac{3}{t^2+2t+4}\right)$$

$$=\frac{1}{12}\left(\frac{-(2-t)'}{2-t}+\frac{1}{2}\cdot\frac{(t^2+2t+4)'}{t^2+2t+4}+\frac{3}{t^2+2t+4}\right)$$

であるから，

$$\int_0^{2a}\frac{4}{8-t^3}\,dt$$

$$=\frac{1}{3}\Big[-\log|2-t|+\frac{1}{2}\log|t^2+2t+4|\Big]_0^{\sqrt{3}-1}+\int_0^{\sqrt{3}-1}\frac{dt}{t^2+2t+4}$$

$$=\frac{1}{3}\left\{-\log(3-\sqrt{3})+\frac{1}{2}\log 6\right\}+\frac{\sqrt{3}}{36}\pi$$

$$=\frac{1}{3}\left\{\log\frac{3+\sqrt{3}}{6}+\frac{1}{2}\log 6\right\}+\frac{\sqrt{3}}{36}\pi$$

$$=\frac{1}{3}\left\{\frac{1}{2}\log 3+\log(\sqrt{3}+1)-\log 6+\frac{1}{2}\log 6\right\}+\frac{\sqrt{3}}{36}\pi$$

$$=\frac{1}{3}\log(\sqrt{3}+1)-\frac{1}{6}\log 2+\frac{\sqrt{3}}{36}\pi$$

となる．よって，

$$L=\frac{2}{\sqrt{3}-1}\left\{\frac{1}{3}\log(\sqrt{3}+1)-\frac{1}{6}\log 2+\frac{\sqrt{3}}{36}\pi\right\}$$

$$=\boldsymbol{\frac{\sqrt{3}+1}{36}\left\{12\log(\sqrt{3}+1)-6\log 2+\sqrt{3}\pi\right\}}$$

【速度と道のり】

《古本的な弧長 (B5) ☆》

526. 座標平面上を運動する点 P の時刻 t における座標 (x, y) が

$$x=4t^3,\ y=6t^2$$

で表されるとき，$t=0$ から $t=1$ までに P が通過する道のりを求めよ．（23　広島市立大）

▶解答◀ $t\geqq 0$ のとき

$$\sqrt{\left(\frac{dx}{dt}\right)^2+\left(\frac{dy}{dt}\right)^2}=\sqrt{(12t^2)^2+(12t)^2}$$

$$=12\sqrt{t^2(t^2+1)}=12t(t^2+1)^{\frac{1}{2}}$$

$$=6(t^2+1)'(t^2+1)^{\frac{1}{2}}$$

であるから，P が通過する道のり l は

$$l=\int_0^1\sqrt{\left(\frac{dx}{dt}\right)^2+\left(\frac{dy}{dt}\right)^2}\,dt$$

$$=\left[6\cdot\frac{2}{3}(t^2+1)^{\frac{3}{2}}\right]_0^1=\boldsymbol{8\sqrt{2}-4}$$

《数直線の運動 (B20) ☆》

527. 関数 $f(t)=t-\sin t$ について，次の問いに答えよ．

（1） 数直線上を運動する点 P の時刻 t における速度 v が

$$v=tf(t)$$

であるとする．$t=0$ における P の座標が 0 であるとき，$t=\frac{\pi}{2}$ のときの P の座標を求めよ．

（2） 数直線上を運動する点 Q の時刻 t における速度 v が

$$v=-6f\left(2t-\frac{2}{3}\pi\right)$$

であるとする．$t=0$ から $t=\frac{\pi}{2}$ までの間に Q が動く道のりを求めよ．（23　東京農工大・前期）

▶解答◀ （1） 求める P の座標を x とする．

$$x=\int_0^{\frac{\pi}{2}}v\,dt=\int_0^{\frac{\pi}{2}}t(t-\sin t)\,dt$$

$$=\int_0^{\frac{\pi}{2}}(t^2-t\sin t)\,dt$$

ここで

$$\int t\sin t\,dt=\int t(-\cos t)'\,dt$$

$$=-t\cos t-\int(t)'(-\cos t)\,dt$$

$$=-t\cos t+\int\cos t\,dt=-t\cos t+\sin t+C$$

であるから（ただし，C は積分定数）

$$x=\left[\frac{1}{3}t^3+t\cos t-\sin t\right]_0^{\frac{\pi}{2}}=\boldsymbol{\frac{\pi^3}{24}-1}$$

（2） $t \geqq 0$ のとき $t \geqq \sin t$，$t \leqq 0$ のとき $t \leqq \sin t$ は基本の不等式である．よって，$t \geqq 0$ のとき $f(t) \geqq 0$，$t \leqq 0$ のとき $f(t) \leqq 0$ である．図で，$C: Y=\sin t$ である．

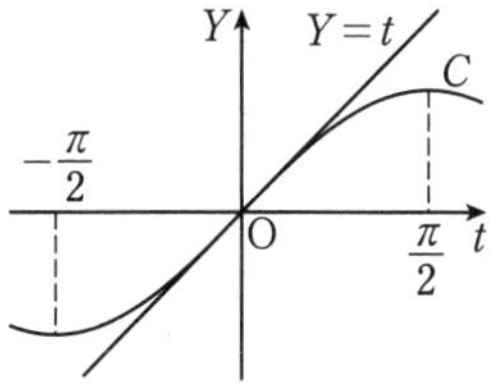

求める道のりを L とする．

$$L=\int_0^{\frac{\pi}{2}} |v|\,dt=\int_0^{\frac{\pi}{2}} 6\left|f\left(2t-\frac{2}{3}\pi\right)\right| dt$$

$u=2t-\frac{2}{3}\pi$ とおく．$du=2dt$ であり

t	$0 \to \frac{\pi}{2}$
u	$-\frac{2}{3}\pi \to \frac{\pi}{3}$

$$L=3\int_{-\frac{2}{3}\pi}^{\frac{\pi}{3}} |f(u)|\,du$$

$$\int_{-\frac{2}{3}\pi}^{\frac{\pi}{3}} |f(u)|\,du$$

$$=-\int_{-\frac{2}{3}\pi}^{0} f(u)\,du+\int_0^{\frac{\pi}{3}} f(u)\,du$$

$$=-\left[\frac{1}{2}u^2+\cos u\right]_{-\frac{2}{3}\pi}^{0}+\left[\frac{1}{2}u^2+\cos u\right]_0^{\frac{\pi}{3}}$$

$$=-1\cdot 2+\frac{1}{2}\cdot\frac{4}{9}\pi^2-\frac{1}{2}+\frac{1}{2}\cdot\frac{\pi^2}{9}+\frac{1}{2}$$

$$=\frac{5}{18}\pi^2-2$$

$$L=3\left(\frac{5}{18}\pi^2-2\right)=\boldsymbol{\frac{5}{6}\pi^2-6}$$

《サイクロイドの速度と道のり (B10) ☆》

528． xy 平面上の動点 P の時刻 t における座標が $(x, y)=(t-\sin t, 1-\cos t)$ であるとし，時刻 t における動点 P の速さを $v(t)$ とおく．$t>0$ において $v(t)=0$ となる最小の t を t_1 とし，時刻 $t=0$ から $t=t_1$ まで動点 P が移動した道のりを L とおく．L の値を求めよ．　(23　福井大・工-後)

▶解答◀ $(x, y)=(t-\sin t, 1-\cos t)$ のとき

$$\left(\frac{dx}{dt}, \frac{dy}{dt}\right)=(1-\cos t, \sin t)$$

$$v(t)=\sqrt{(1-\cos t)^2+\sin^2 t}=\sqrt{2(1-\cos t)}$$

$$=\sqrt{2\cdot 2\sin^2\frac{t}{2}}=2\left|\sin\frac{t}{2}\right|$$

$0<t<2\pi$ のとき $\sin\frac{t}{2}>0$，$t=2\pi$ のとき $\sin\frac{t}{2}=0$ であるから $t_1=2\pi$ である．

$$L=\int_0^{2\pi} v(t)\,dt=2\int_0^{2\pi}\sin\frac{t}{2}\,dt$$

$$=4\left[-\cos\frac{t}{2}\right]_0^{2\pi}=4\cdot 2=\mathbf{8}$$

《等角螺旋の速度と道のり (B10) ☆》

529． 座標平面上を運動する点 P の座標 (x, y) が時刻 t の関数として，

$$\begin{cases} x=e^{-t}\cos\frac{\pi t}{2} \\ y=e^{-t}\sin\frac{\pi t}{2} \end{cases}$$

で表されるとき，点 P の速さは $\frac{e^{-t}}{2}\sqrt{\boxed{ア}}$ であり，点 P が時刻 $t=0$ から $t=\boxed{}$ までの間に動く道のりは $\frac{\sqrt{\boxed{ア}}}{4}$ である．

(23　聖マリアンナ医大・医)

▶解答◀ $x'=-e^{-t}\cos\frac{\pi t}{2}+e^{-t}\left(-\frac{\pi}{2}\sin\frac{\pi t}{2}\right)$

$$=-e^{-t}\left(\cos\frac{\pi t}{2}+\frac{\pi}{2}\sin\frac{\pi t}{2}\right)$$

$$y'=-e^{-t}\sin\frac{\pi t}{2}+e^{-t}\left(\frac{\pi}{2}\cos\frac{\pi t}{2}\right)$$

$$=-e^{-t}\left(\sin\frac{\pi t}{2}-\frac{\pi}{2}\cos\frac{\pi t}{2}\right)$$

これより，速度ベクトルを $|\vec{v}|$ とすると

$$|\vec{v}|=\sqrt{(x')^2+(y')^2}$$

$$=e^{-t}\sqrt{1+\frac{\pi^2}{4}}=\boldsymbol{\frac{e^{-t}}{2}\sqrt{\pi^2+4}}$$

また，$c=\sqrt{\pi^2+4}$ とおくと，$t=T$ までに動く道のりは

$$\int_0^T |\vec{v}|\,dt=\frac{c}{2}\int_0^T e^{-t}\,dt$$

$$=\frac{c}{2}\left[-e^{-t}\right]_0^T=\frac{c}{2}(1-e^{-T})$$

であるから，これが $\frac{c}{4}$ となるとき，

$$\frac{c}{2}(1-e^{-T})=\frac{c}{4}$$

$$1-e^{-T}=\frac{1}{2}$$

$$e^{-T}=\frac{1}{2} \qquad \therefore\ T=\mathbf{\log 2}$$

【物理量の雑題】

《水の問題 (B15) ☆》

530． xyz 空間の原点を O とする．空間内の 2 点 $\mathrm{P}(0, 1, 1)$，$\mathrm{Q}(1, 0, -1)$ を通る直線を l とする．

（1） 点 $\mathrm{R}(x, y, z)$ が直線 l 上を動くとき，ベク

トル $\overrightarrow{OR}$ を $\overrightarrow{OR}=\overrightarrow{OQ}+t\overrightarrow{QP}$ と表す．このとき，x, y, z は t の1次式として $x=$ □，$y=$ □，$z=$ [ア] と表される．

l を z 軸の周りに1回転させてできる曲面を S とする．

（2） 曲面 S と平面 $z=$ [ア] との交わりは円であり，その半径は □ である．

（3） 曲面 S の $z \geqq 0$ の部分と平面 $z=0$ で囲まれた部分を内側とする容器を考える．初め空であったこの容器に単位時間あたり V の割合で水を注入する．高さ h まで容器に水が入ったとすると，それに要した時間は V と h を用いて □ と表される．　（23　奈良県立医大・推薦）

▶解答◀ （1） $\overrightarrow{OR}=\overrightarrow{OQ}+t\overrightarrow{QP}$

$=\overrightarrow{OQ}+t\left(\overrightarrow{OP}-\overrightarrow{OQ}\right)=t\overrightarrow{OP}+(1-t)\overrightarrow{OQ}$

$=t(0, 1, 1)+(1-t)(1, 0, -1)$

$=(-t+1, t, 2t-1)$

よって $\boldsymbol{x=-t+1,\ y=t,\ z=2t-1}$

（2） $O'(0, 0, 2t-1)$ とおく．曲面 S と平面 $z=2t-1$ との交わりは半径 $O'R$ の円である．よって半径 r は

$r=\sqrt{(-t+1)^2+t^2}=\boldsymbol{\sqrt{2t^2-2t+1}}$

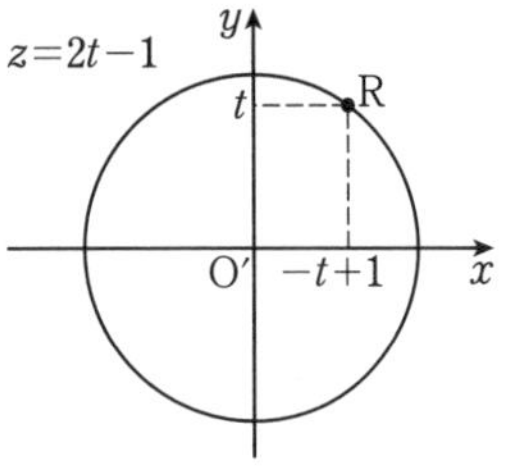

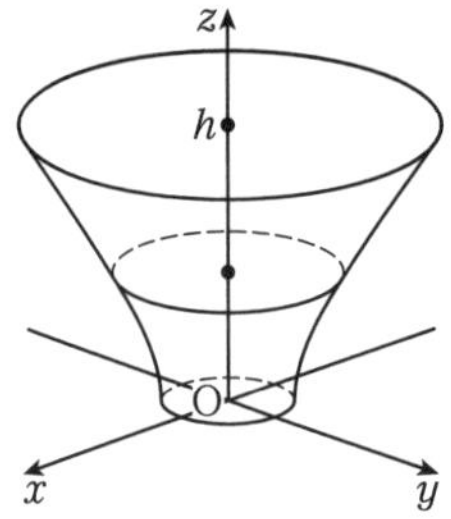

（3） 高さ h まで容器に水が入るのに要する時間を T とおくと，注入した水の量は VT であり，（2）を利用すると $VT=\int_0^h \pi r^2\,dz$ ……………………………①

が成り立つ．① の右辺について $z=2t-1$ より $dz=2\,dt$

z	$0 \to h$
t	$\frac{1}{2} \to \frac{h+1}{2}$

$$VT=\pi\int_{\frac{1}{2}}^{\frac{h+1}{2}}(2t^2-2t+1)\cdot 2\,dt$$

$$\frac{VT}{2\pi}=\int_{\frac{1}{2}}^{\frac{h+1}{2}}(2t^2-2t+1)\,dt$$

$$=\int_{\frac{1}{2}}^{\frac{h+1}{2}}\left\{2\left(t-\frac{1}{2}\right)^2+\frac{1}{2}\right\}dt$$

$$=\left[\frac{2}{3}\left(t-\frac{1}{2}\right)^3+\frac{1}{2}t\right]_{\frac{1}{2}}^{\frac{h+1}{2}}$$

$$=\frac{2}{3}\left(\frac{h}{2}\right)^3+\frac{1}{2}\cdot\frac{h+1}{2}-0-\frac{1}{4}$$

$$=\frac{h(h^2+3)}{12}$$

$$T=\boldsymbol{\frac{h(h^2+3)\pi}{6V}}$$

《平面の速度（B20）》

531．はじめに，図1のように xy 座標平面上に4点 P(0, 0)，Q(2, 0)，R(2, 2)，S(0, 2) を頂点とする一辺の長さが2の正方形 PQRS がある．この正方形を，図2のように反時計周りに移動させる．ただし，P が x 軸上を点 (0, 0) から点 (2, 0) に毎秒1の速さで正の方向に動くと同時に，S は y 軸上を点 (0, 2) から点 (0, 0) に動くものとする．この移動で，2秒後には図3のような状態になる．

この移動を繰り返すことによって，正方形は8秒後には図1の状態に戻る．以下の問いに答えよ．ただし，（1）は答えのみでよい．

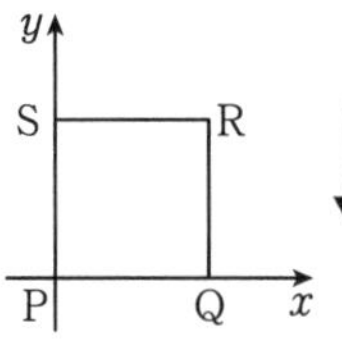

図1

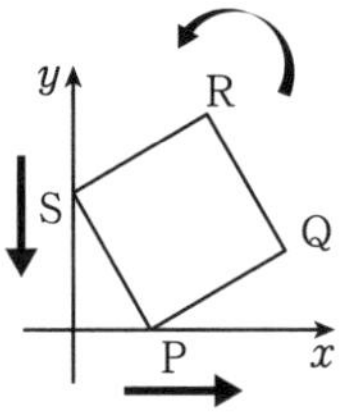

図2

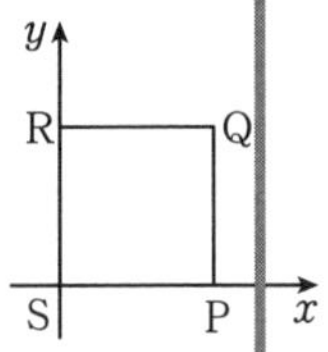

図3

（1） 正方形が移動をはじめてから $t\ (0 \leqq t \leqq 2)$ 秒後における4点 P，Q，R，S の座標を，それぞれ t を用いて表せ．

（2） 正方形が移動をはじめてから $t\ (0 \leqq t \leqq 2)$ 秒後における点 $Q(x, y)$ の速度 $\vec{v}=\left(\frac{dx}{dt}, \frac{dy}{dt}\right)$ を求めよ．また，$t=\sqrt{2}$ のときの Q の速さを求めよ．

（3） 正方形が移動をはじめてから $t\ (0 \leqq t \leqq 2)$ 秒後における点 Q の x 座標を $f(t)$ とする．$f(t)$ の最大値を求めよ．また，そのときの Q と R の座標を求めよ．

（4） 正方形の対角線の交点を $D(x, y)$ とする．正方形が移動をはじめてから8秒間における点 D は，どのような図形上にあるか説明せよ．

（5） 正方形が移動をはじめてから8秒間における点 P の軌跡を C とする．C で囲まれる図形の面積 T を求めよ．

（23　長崎大・医，歯，工，薬，情報，教B）

考え方 $2 \leqq t \leqq 4$ のときの点Pの動きは $0 \leqq t \leqq 2$ のときの点Qと同じ動きをし，それ以降も点R，Sと同じ動きをするから，点Pの軌跡はP，Q，R，Sの $0 \leqq t \leqq 2$ のときの軌跡を合わせた図形になる．

▶解答◀ （1） 図4を見よ．正方形PQRSの周りの4つの直角三角形はすべて合同で，直角を挟む辺の長さは t と $\sqrt{4-t^2}$ である．4つの点の座標は

$$\mathbf{P}(t, 0),\ \mathbf{Q}(t+\sqrt{4-t^2}, t),$$

$$\mathbf{R}(\sqrt{4-t^2}, t+\sqrt{4-t^2}),\ \mathbf{S}(0, \sqrt{4-t^2})$$

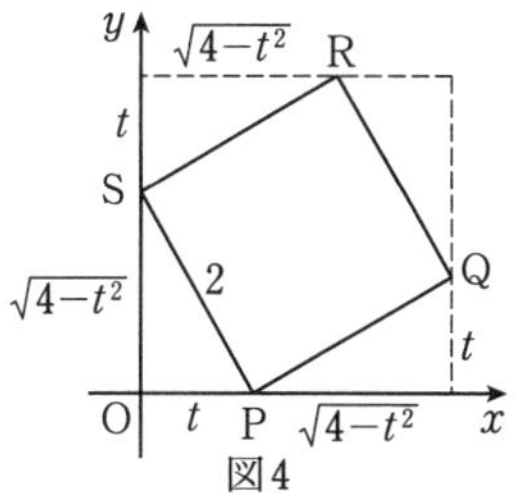

図4

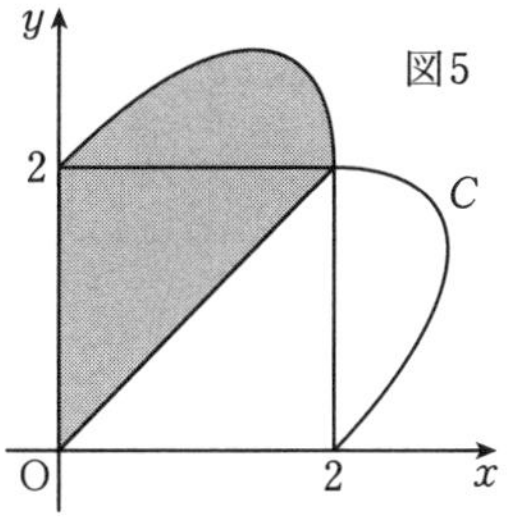

図5

（2） $Q(t+\sqrt{4-t^2}, t)$ であるから

$$\vec{v} = \left(1 + \frac{-2t}{2\sqrt{4-t^2}}, 1\right) = \left(\mathbf{1} - \frac{\boldsymbol{t}}{\sqrt{\boldsymbol{4-t^2}}}, \mathbf{1}\right)$$

$t=\sqrt{2}$ のとき $\vec{v}=(0, 1)$ であるから，$|\vec{v}| = \mathbf{1}$ である．

（3） $f(t) = t+\sqrt{4-t^2}$ より

$$f'(t) = 1 - \frac{t}{\sqrt{4-t^2}} = \frac{\sqrt{4-t^2}-t}{\sqrt{4-t^2}}$$

$$\sqrt{4-t^2} = t \qquad \therefore\quad 4-t^2 = t^2$$

$t = \pm\sqrt{2}$ であるから $f(t)$ の増減は次のようになる．

t	0	$\cdots$	$\sqrt{2}$	$\cdots$	2
$f'(t)$		$+$	0	$-$	
$f(t)$		↗		↘	

$f(t)$ の最大値は $f(\sqrt{2}) = \mathbf{2\sqrt{2}}$ である．このときQの座標は $(\mathbf{2\sqrt{2}}, \mathbf{\sqrt{2}})$，Rの座標は $(\mathbf{\sqrt{2}}, \mathbf{2\sqrt{2}})$ である．

（4） 正方形の対角線は互いの中点で交わる．

$$x = \frac{1}{2}(t+\sqrt{4-t^2}),\ y = \frac{1}{2}(t+\sqrt{4-t^2})$$

であるから点Dは直線 $y=x$ 上にある．$t=0, 2$ のとき $x=1$ であるから，（3）より $1 \leqq x \leqq \sqrt{2}$ である．
点Dは**線分 $y = x$ $(1 \leqq x \leqq \sqrt{2})$ 上にある**．

（5） C は $0 \leqq t \leqq 2$ における点P，Q，R，Sの軌跡を合わせた図形になることに注意せよ．

$s = \sqrt{4-t^2}$ とおくと $t = \sqrt{4-s^2}$ であるから，Rの座標は $(s, \sqrt{4-s^2}+s)$ となる．$Q(t+\sqrt{4-t^2}, t)$ と比較すると，x 座標と y 座標が入れ替わっているから $y=x$ に関して対称である．C は $y=x$ に関して対称である．T は図5の網目部分の面積の2倍で，網目部分は $y = x+\sqrt{4-x^2}$ と $y=x$ と y 軸で囲まれるから

$$T = 2\int_0^2 \left(x+\sqrt{4-x^2}-x\right)dx$$

$$= 2\cdot\frac{1}{4}\cdot 4\pi = \mathbf{2\pi}$$

なお，$\sqrt{4-x^2}$ の積分は半径2の円の面積の4分の1として求めた．

《平面の速度加速度（B20）☆》

532．ω および γ を正の定数とする．座標平面上を運動する点Pの時刻 t における座標 (x, y) が

$$x = \omega t - \gamma\sin\omega t,\ y = 1-\gamma\cos\omega t$$

で表されるとき，次の問いに答えよ．

（1） 点Pが描く曲線について，時刻 $t = \dfrac{\pi}{2\omega}$ に対応する点における接線の方程式を求めよ．

（2） 点Pの時刻 t における速度を $\vec{v}$，加速度を $\vec{\alpha}$ とするとき，速さ $|\vec{v}|$ と加速度の大きさ $|\vec{\alpha}|$ を求めよ．

（3） 点Pの速さの最大値とそのときの時刻 t を求めよ．

（4） $\gamma = 1$ とする．このとき，時刻 $t=0$ から $t = \dfrac{2\pi}{\omega}$ までに点Pが通過する道のり L を求めよ．
（23 山梨大・工）

▶解答◀ （1） $x = \omega t - \gamma\sin\omega t$，$y = 1-\gamma\cos\omega t$ より $\dfrac{dx}{dt} = \omega - \omega\gamma\cos\omega t$，$\dfrac{dy}{dt} = \omega\gamma\sin\omega t$ であるから

$$\frac{dy}{dx} = \frac{\frac{dy}{dt}}{\frac{dx}{dt}} = \frac{\omega\gamma\sin\omega t}{\omega - \omega\gamma\cos\omega t} = \frac{\gamma\sin\omega t}{1-\gamma\cos\omega t}$$

$t = \dfrac{\pi}{2\omega}$ のとき

$$x = \omega\cdot\frac{\pi}{2\omega} - \gamma\sin\frac{\pi}{2} = \frac{\pi}{2} - \gamma$$

$$y = 1-\gamma\cos\frac{\pi}{2} = 1$$

$$\frac{dy}{dx} = \frac{\gamma\sin\frac{\pi}{2}}{1-\gamma\cos\frac{\pi}{2}} = \gamma$$

よって求める接線の方程式は

$$y = \gamma\left\{x - \left(\frac{\pi}{2} - \gamma\right)\right\} + 1$$

$$\boldsymbol{y = \gamma x - \frac{\pi}{2}\gamma + \gamma^2 + 1}$$

（2） $|\vec{v}| = \sqrt{\left(\dfrac{dx}{dt}\right)^2 + \left(\dfrac{dy}{dt}\right)^2}$

$= \sqrt{(\omega - \omega\gamma\cos\omega t)^2 + (\omega\gamma\sin\omega t)^2}$

$= \omega\sqrt{1 - 2\gamma\cos\omega t + \gamma^2(\cos^2\omega t + \sin^2\omega t)}$

$= \boldsymbol{\omega\sqrt{1 + \gamma^2 - 2\gamma\cos\omega t}}$

また $\dfrac{d^2x}{dt^2} = \omega^2\gamma\sin\omega t$，$\dfrac{d^2y}{dt^2} = \omega^2\gamma\cos\omega t$ より

$|\vec{\alpha}| = \sqrt{\left(\dfrac{d^2x}{dt^2}\right)^2 + \left(\dfrac{d^2y}{dt^2}\right)^2}$

$= \sqrt{(\omega^2\gamma\sin\omega t)^2 + (\omega^2\gamma\cos\omega t)^2} = \boldsymbol{\omega^2\gamma}$

（3） （2）より $\cos\omega t = -1$ のとき速さは最大値

$|\vec{v}| = \omega\sqrt{1 + \gamma^2 + 2\gamma} = \boldsymbol{(1+\gamma)\omega}$

をとる．このときの時刻 t は

$\omega t = (2n-1)\pi$

つまり $t = \boldsymbol{\dfrac{(2n-1)\pi}{\omega}}$（**$n$ は整数**）である．

（4） $\gamma = 1$ のとき

$|\vec{v}| = \omega\sqrt{1 + 1 - 2\cos\omega t}$

$= \omega\sqrt{4\sin^2\dfrac{\omega t}{2}} = 2\omega\left|\sin\dfrac{\omega t}{2}\right|$

$0 \leqq t \leqq \dfrac{2\pi}{\omega}$ のとき $\sin\dfrac{\omega t}{2} \geqq 0$

$|\vec{v}| = 2\omega\sin\dfrac{\omega t}{2}$

$L = \displaystyle\int_0^{\frac{2\pi}{\omega}} 2\omega\sin\dfrac{\omega t}{2}\,dt = 2\omega\left[-\dfrac{2}{\omega}\cos\dfrac{\omega t}{2}\right]_0^{\frac{2\pi}{\omega}}$

$= -4(-1-1) = \mathbf{8}$

《水の問題 (B15)》

533．π を円周率とする．$f(x) = x^2(x^2-1)$ とし，$f(x)$ の最小値を m とする．

（1） $m = \dfrac{\square}{\square}$ である．

（2） $y = f(x)$ で表される曲線を y 軸の周りに1回転させてできる曲面でできた器に，y 軸上方から静かに水を注ぐ．

（i） 水面が $y = a$（ただし $m \leqq a \leqq 0$）のときの水面の面積は $\boxed{\alpha}$ である．（あてはまる数式を解答欄に記述せよ．）

（ii） 水面が $y = 0$ になったときの水の体積は $\dfrac{\square}{\square}\pi$ である．

（iii） 上方から注ぐ水が単位時間あたり一定量であるとする．水面が $y = 0$ に達するまでは，水面の面積は，水を注ぎ始めてからの時間の $\dfrac{\square}{\square}$ 乗に比例して大きくなる．

（iv） 水面が $y = 2$ になったときの水面の面積は $\square\pi$ であり，水の体積は $\dfrac{\square}{\square}\pi$ である．

（23　上智大・理工-TEAP）

▶解答◀ （1） $f(x) = x^4 - x^2$

$f'(x) = 4x^3 - 2x = 2x(2x^2-1)$

$f(x)$ の増減は次のようになる．

x	$\cdots$	$-\frac{1}{\sqrt{2}}$	$\cdots$	0	$\cdots$	$\frac{1}{\sqrt{2}}$	$\cdots$
$f'(x)$	$-$	0	$+$	0	$-$	0	$+$
$f(x)$	↘		↗		↘		↗

$m = f\left(\pm\dfrac{1}{\sqrt{2}}\right) = \boldsymbol{-\dfrac{1}{4}}$ である．

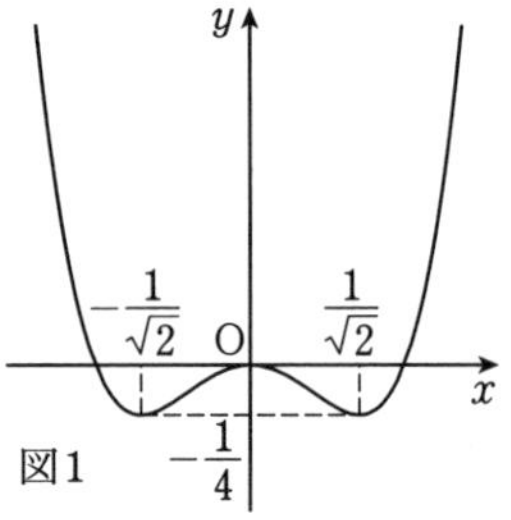

図1

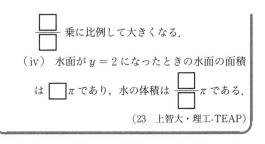

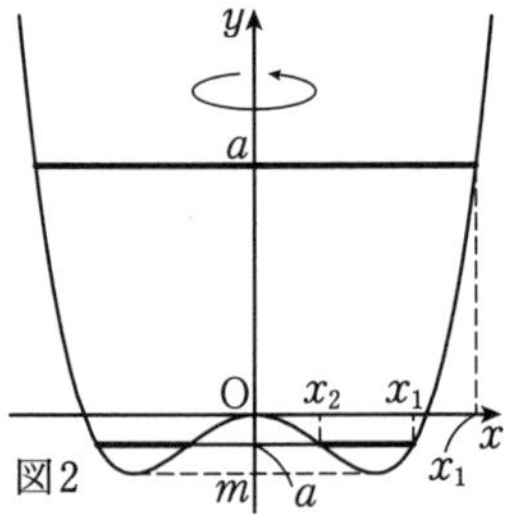

図2

（2）（i） $a \leqq 0$ のときの水面はアニュラス（穴あき円板）である．

$x^2(x^2-1) = a$　　$\therefore\ x^4 - x^2 - a = 0$

$x^2 = \dfrac{1 \pm \sqrt{1+4a}}{2}$

${x_1}^2 = \dfrac{1+\sqrt{1+4a}}{2}$，${x_2}^2 = \dfrac{1-\sqrt{1+4a}}{2}$ とおく．求める面積を $S(a)$ とおくと

$S(a) = \pi {x_1}^2 - \pi {x_2}^2 = \boldsymbol{\pi\sqrt{1+4a}}$

（ii） 水面が $y = a$ $\left(m \leqq a \leqq 0,\ m = -\dfrac{1}{4}\right)$ のときの体積を $V(a)$ とおく．

$V(a) = \displaystyle\int_m^a S(y)\,dy = \pi\int_m^a \sqrt{1+4y}\,dy$

$= \pi\left[\dfrac{1}{4}\cdot\dfrac{2}{3}(1+4y)^{\frac{3}{2}}\right]_m^a = \dfrac{\pi}{6}(1+4a)^{\frac{3}{2}}$

よって，$V(0) = \boldsymbol{\dfrac{\pi}{6}}$ である．

（iii） 体積 $V(a)$ は注ぎ始めてからの時間に比例するから，$S(a)$ と $V(a)$ を見比べて，$S(a)$ は時間の $\boldsymbol{\dfrac{1}{3}}$ 乗に比例する．

（iv） $a \geqq 0$ のとき，${x_2}^2 \leqq 0$ であるから水面は半径 x_1

の円である．

$$S(a) = \pi {x_1}^2 = \frac{1+\sqrt{1+4a}}{2}\pi$$

$y=2$ のときの面積 $S(2) = \boldsymbol{2\pi}$ である．

$0 \leqq y \leqq 2$ の部分の体積は

$$\int_0^2 S(y)\,dy = \frac{\pi}{2}\int_0^2 (1+\sqrt{1+4y})\,dy$$

$$= \frac{\pi}{2}\left[\,y + \frac{1}{6}(1+4y)^{\frac{3}{2}}\,\right]_0^2$$

$$= \frac{\pi}{2}\left(2 + \frac{27-1}{6}\right) = \frac{19}{6}\pi$$

$y \leqq 0$ の部分と合わせて，求める水の体積は

$$\frac{\pi}{6} + \frac{19}{6}\pi = \boldsymbol{\frac{10}{3}\pi}$$